JANE
GOOD
ALL

JANE GOODALL: The Woman Who Redefined Man by Dale Peterson

Copyright © 2006 by Dale Peterson

Korean edition was published by Chiho Publishing House in 2010 by arrangement with Dale Peterson c/o Sterling Lord Literistic, Inc., New York through KCC(Korea Copyright Center Inc.), Seoul.

초판 인쇄일 · 2010년 3월 23일
초판 발행일 · 2010년 4월   1일

발행처 · 출판사 지호 ‖ 발행인 · 장인용 ‖ 출판등록 · 1995년 1월 4일 ‖ 등록번호 · 제10-1087호 ‖ 주소 · 경기도 고양시 일산동구 장항동 751 삼성라끄빌 1319호 전화 · 031-903-9350 ‖ 팩스 · 031-903-9969 ‖ 이메일 · chihopub@yahoo.co.kr

인간을 다시 정의한 여자

제인 구달 평전

데일 피터슨 지음 박연진 · 이주영 · 홍정인 옮김

지호

차례

3부: 사회운동가

주요 등장인물

가족과 친지

모티머 허버트 모리스 구달: 제인 구달의 아버지. 부유한 집안에 태어났으며 뛰어난 카레이서로 활약했다. 제인이 어렸을 때 이혼을 하고 가족과 떨어져 생활했다.

엘리자베스 모리스: 제인의 친할머니. 구달의 할아버지인 레저널드는 자신의 성만이 아니라 아내의 성인 모리스를 합친 모리스 구달이라는 성을 자식들에게 물려준다. 대니 너트라는 애칭으로 불린다.

마가렛 미판웨 모리스 구달(밴): 제인의 어머니. 주로 밴이라는 애칭으로 나온다. 사랑과 합리적인 훈육의 중요성을 강조하는 자유방임 교육으로 제인 구달을 기르고 제인이 곰베에서 연구 기회를 잡았을 때도 동행을 해서 든든한 버팀목이 되어준다.

휴고 반 라빅: 제인의 첫번째 남편. 사진사로 곰베에 오게 되면서 제인과 만난다. 둘 사이에서 그럽이란 애칭으로 불리는 아들을 낳는다.

휴고 에릭 루이스 반 라빅(그럽): 제인의 아들로 그러블린 또는 그럽이란 애칭으로 불린다.

데릭 브라이슨: 제인의 두번째 남편. 젊은 시절 영국의 조종사로 참전하여 불구가 되었으며 전후 탄자니아로 이주했다. 탄자니아가 독립하고 탄자니아의 각료로 일한다. 국립공원 소장으로 있으면서 제인과 인연을 맺고 이후 결혼을 한다.

주디스 다프네(주디): 제인 구달의 여동생. 나중에 곰베 캠프에 사진사가 필요해졌을 때 곰베로 가기도 한다.

엘리자베스 조지프(대니): 제인의 외할머니. 제인이 어린 시절을 보낸 본머스의 버치스 저택의 가장이다. 주로 대니라는 애칭으로 불린다.

올웬(올리): 제인의 이모. 약혼을 몇 번씩이나 했지만 결혼하지 않고 본머스에서 어머니와 함께 살았다.

오드리: 제인의 이모. 사람들을 안아주길 좋아했으며 아이들이 하는 일에 늘 관심을 기울여주었다.

트레버 데이비스: 제인 가족이 다니는 본머스 리치먼드힐 교회의 담임목사. 제인이 청소년기에 첫번째로 흠모한 남자이다.

마리 클로드 망주(클로): 제인의 동창생. 졸업 후 아프리카로 이주한 아버지를 따라 아프리카에 정착한다. 클로의 도움과 권유로 제인은 아프리카로 간다.

로즈메리 샐리: 제인 아버지의 친구인 바이런의 딸로 제인의 소꿉친구이다. 평생 자매처럼 우정을 유지했으며 제인의 권유로 아프리카를 방문하도 한다.

로버트 영: 제인이 런던 동물원에서 일하던 시절에 사귀다 약혼을 한 남자 배우. 하지만 서로의 직업의 차이로 결혼에는 실패한다.

브라이언 헤르네: 아프리카의 백인 사냥꾼. 제인의 코린도 박물관 비서 시절에 만나 연인이 된다.

학자들

루이스 리키: 영국의 인류학자. 아프리카에서 선교사의 아들로 태어나 케임브리지 대학을 졸업하고 아프리카로 돌아와 40여 년 동안 인류학을 발전시켰다. 코린돈 박물관 관장으로 있으면서 제인 구달을 침팬지 서식지인 곰베로 파견해, 연구를 시작하게 했다. 이후 다이앤 포시의 고릴라 연구와 비루테 갈디카스는 오랑우탄 연구 또한 지원한다.

다이앤 포시: 제인 구달에 이은 루이스 리키의 두번째 유인원 연구 여성.곰베에서 제인에게 연구 방법과 여러 일들을 배우기도 한다.

비루테 갈디카스: 루이스 리키의 영장류 연구를 위한 세번째 여성으로 보

르네오에서 오랑우탄 연구를 수행한다.

셔우드 워시번: 시카고 대학의 형질인류학자. 야생 환경의 영장류 연구를 시작한 영장류 연구 개척자로 평가된다.

솔리 주커만: 런던 동물학회 회장. 20세기 초반 영장류학의 권위자로, 영장류 집단 내 수컷들의 지배력 경쟁을 강조했다. 잘못된 편견으로 제인의 새로운 발견 다수를 반대했다.

데스몬드 모리스: 영국의 동물학자이며 『털 없는 원숭이』의 저자. 제인이 런던 동물원에서 일하고 있을 때 포유동물원장으로 있던 그와 만난다.

버나드 버드코트: 나이로비 코린돈 박물관의 식물학자로 이후 제인과 친구가 된다.

콘라트 로렌츠: 노벨상을 수상한 저명한 동물행동학자. 막스 플랑크 행동생리학연구소 소장을 지냈다. 1965년에 제인은 이 연구소를 방문해 콘라트 로렌츠를 만난다.

아이블 아이베스펠트: 막스 플랑크 연구소 소속의 동물행동학자. 연구소의 대학원생들을 곰베로 파견해서 전문적인 연구를 수행하게 하게 한다.

존 네이피어: 왕립자유병원에서 근무하는 비교해부학자. 런던 동물원에서 일하던 제인을 만나 침팬지 연구계획에 관심을 보이고 영장류 동물학을 가르쳐주었다.

로버트 여키스: 예일 대학 교수로 인간 심리의 생물학적 측면을 연구하기 위해 플로리다 오렌지 파크에다가 예일 영장류생물학실험실을 설립하고 유인원을 이용한 행동실험을 진행했다.

헨리 니슨: 1930년 9주 동안의 침팬지 연구를 수행했던 미국 예일 대학의 학자. 아프리카 현지인을 동원해 몽둥이로 침팬지를 몰아가며 야생 침팬지를 관찰했다.

아드리안 코르트란트: 네덜란드 출신으로 처음에는 지리학자이자 심리학자였으나 이후에 동물행동학적 연구를 시작했다. 1960년 초 벨기에령 콩고의 바나나·파파야 농장에서 침팬지를 관찰한다.

조지 셜러: 위스콘신 대학 동물학과 출신으로 아내와 함께 동아프리카에서 마운틴고릴라 연구에 착수한다. 제인은 루리스 리키의 소개로 곰베에서 셜러 부부를 만나 서로의 연구 경험을 교환한다.

한스 크루크: 네덜란드 출신의 과학자로 제인과 함께 하이에나와 하이에나의 포식 활동이 세렝게티와 응고롱고로 분화구의 생태환경에 미치는 영향을 연구한다.

로버트 하인드: 매딩리 연구소 연구원으로 있으며 제인의 박사 논문을 지도한다. 제인의 박사과정 동안 제인에게 과학적 방법과 정량화의 과학적 기술을 가르쳤다.

데이비드 햄버그: 스탠퍼드 대학 정신의학 교수로 스트레스를 주제로 심리학과 생물학에 관심을 기울여오다 영장류 연구에 관심을 가진다. 1968년 곰베 캠프에 방문했으며 스탠퍼드 대학에 반야생 실험실을 운영한다. 나중에 많은 스탠퍼드 학생들을 곰베에 파견하고 곰베를 위해 기금을 마련하는 등 제인의 훌륭한 조력자가 된다.

압둘 음상기: 탄자니아 다르에스살람 대학 동물학과 교수이자 학장으로, 곰베 연구소와 협력하면서 탄자니아 학생들을 곰베로 보내준다.

내셔널지오그래픽과 출판 관련자

멜빌 벨 그로스브너: 미국 내셔널지오그래픽협회 회장.

레너드 카마이클: 내셔널지오그래픽협회 연구탐사위원회 위원장. 제인의 연구에 관심을 갖고 지원이 이루어지도록 힘을 쓰며 멜빌 페인 등과 함께 곰베를 방문한다.

토머스 맥뉴: 내셔널지오그래픽협회의 카마이클 박사의 동료로 그와 함께 동아프리카를 방문하고 런던에서 케임브리지에 있던 제인 구달을 만난다.

멜빈 페인: 미국 내셔널지오그래픽협회 부회장으로 루이스 리키와 제인과 곰베의 프로젝트 문제로 부딪친다.

프레더릭 보스버그: 내셔널지오그래픽협회의 부회장이자 부편집인.

윌리엄 콜린스: 윌리엄콜린스앤선스 출판사의 대주주. 밴의 소설『열대 우림 너머에서』를 출간했으며 이후 남편 휴고의 책과 제인 구달 베스트셀러 『인간의 그늘에서』를 출간한다.

곰베 캠프 관련자

라시디 키크왈레: 첫 곰베 탐사여행 때의 현지인 조수로 오랫동안 곰베에서 일하며 제인을 돕는다.

하산 살리무: 루이스 리키에게 고용된 아프리카인 보트 선장. 루이스의 배를 관리하며 리키의 명령으로 곰베 캠프의 일도 돕는다.

도미니크 찰스 반도라: 제인이 키고마에서 고용한 곰베의 요리사.

데릭 던: 제인이 케냐에서 보낸 첫 겨울에 알게 된 백인 사냥꾼이자 케냐에서 농장을 하고 있는 친구. 곰베 초기에 조수를 구해주는 등 여러 가지로 제인에게 도움을 준다.

에드너 코닝: 제인이 결혼 후 곰베 캠프로 돌아갔을 때 새로 고용한 비서. 「내셔널지오그래픽」에 실린 제인의 침팬지 기사를 읽고 페루 리마에서 편지를 보내 비서로 채용된다. 동물 행동에 관심이 많았으며 나중에 곰베에서 개코원숭이에 관한 연구를 진행한다.

소니아 이베: 에드너 코닝이 제인의 연구를 돕게 되면서 새로 고용한 비서. 중도에 척추 디스크로 인해 곰베를 떠난다.

미레이유 게일라드(밀리): 소니아 이베가 허리 통증으로 사직하면서 새로 고용한 비서.

존 맥키넌: 휴고의 조카로 곤충학 관련 지식이 많은 청년이다. 휴고의 일을 돕고 곰베 곤충에 대한 연구를 위해 곰베에 합류한다.

캐롤린 콜먼: 곰베에서 박사학위를 위해 침팬지 놀이행동에 대한 연구를 진행하는 젊은 영국 여성. 곰베의 세번째 연구원이다.

마이크 리치먼드: 나이로비에서 곰베 캠프의 연락 일을 맡는다.

앨리스 소렘: 캐럴린 콜먼 뒤의 연구원으로 캘리포니아 샌디에이고 주립대학을 졸업한 뒤에 곰베 캠프에 온다.

패트릭 맥기니스(팻): 샌디에이고 주립대학에서 동물학을 전공한 남자 연구원. 엘리스 소렘의 소개로 곰베 캠프에서 일하게 된다.

피터 말러: 록펠러 대학 출신 동물학자로 제인과 베너-그렌 학회에서 만나며 1967년 곰베에 침팬지 발성과 얼굴 표정을 연구하러 객원연구원으로 오게 된다.

게자 텔레키: 헝가리의 귀족 출신으로 조지워싱턴 대학에서 인류학을 공부하고 곰베 캠프를 돕기 위해 온다. 나중에 조지워싱턴 대학에서 인류학자로 있으면서 침팬지보존보호위원회의 초대 의장이 된다.

루스 데이비스: 조지워싱턴 대학에서 지질학 학사학위를 받은 다음 게자와 비슷한 시기에 곰베 캠프에서 일을 돕게 된다. 침팬지를 추적하다가 비극적인 추락사를 한다.

니콜라스 픽포드(닉): 루이스 리키의 큰아들 조녀선의 친구로 곰베의 관리자로 고용된다.

조지 더브: 사파리 안내인인 휴고의 친구. 제인의 가족들에게 여러 도움을 주었다.

에밀리 베르그만: 네덜란드 출신으로, 대형 농장에서 가축을 돌보는 수의 간호사로 일하다가 휴고와 만나게 되어 곰베에 온다. 이후 제인에게 많은 도움을 주었으며, 납치 사건 때는 인질이 된다. 곰베 연구원인 데이비드 리스와 결혼한다.

데이비드 리스: 스탠퍼드 대학의 의과대학 학생으로 인간생물학 프로그램에 참여하다 곰베로 오게 된다. 에밀리 베르그만과 사랑에 빠지며, 이후 결혼한다.

매리이서 로헤이(이서): 음웨카 대학의 아프리카 야생동물 관리자 과정을 이수하여 학위를 받았으며 탄자니아 국립공원에서 일하다가 데릭 브라이슨이 곰베를 위해 국립공원의 행정 업무를 맡을 직원으로 보낸다. 에밀리를 도와 행정 업무를 담당한다.

곰베의 주요 침팬지들

데이비드 그레이비어드: 제인에게 가장 먼저 마음을 연 침팬지. 첫 만남부터 제인을 두려워하지 않았다. 제인이 육식을 하는 침팬지, 도구를 쓰는 침팬지를 보고할 수 있게 된 것도 이 그레이비어드 덕분이었다.

골리앗: 그레이비어드와 함께 어울리던 단짝 수컷으로 덩치가 매우 큰 대장 수컷이었다.

마이크: 몸집이 크고 얼굴이 검은 거구의 침팬지. 캠프의 등유통을 굴려 위협을 주는 행동으로 자신보다 덩치가 크고 힘이 센 전임 대장 골리앗과 힘이 센 수컷들을 제압하고 대장이 된다.

험프리: 원래 대장 수컷인 마이크와 동맹관계에 있던 덩치 큰 수컷. 하지만 나중에 마이크를 물리치고 대장 수컷의 자리에 오른다.

플로: 곰베 수컷 침팬지들에게 인기 있는 암컷 침팬지. 피피와 피건, 플린트, 페이븐, 플레임 등 많은 자식들을 낳았다. 죽을 때 동물로서는 최초로 부고 기사가 「타임스」에 실린다.

플린트: 플로의 새끼로 짓궂고 영악스런 장난꾸러기 수컷 침팬지. 어미인 플로가 죽자 너무 슬퍼하다 죽는다.

피피: 플로의 새끼. 아주 오랫동안 살았으며, 프로이트와 페니라는 새끼를 낳는다.

피건: 플로의 새끼인 한 수컷 침팬지. 커서 형인 페이븐과 연합하여 대장 수컷의 자리를 차지한다.

에버레드: 개코원숭이에게 괴롭힘을 당하며 자랐으나 커서는 피건과 대장 수컷의 자리를 놓고 겨룬다. 처음에는 피건에게 일격을 가하고 대장 수컷이 되었으나 결국에는 피건·페이븐 형제를 이기지 못하고 대장 수컷의 자리를 내준다.

페이븐: 피건보다 두세 살 위인 침팬지로 아우인 피건과 연합하여 피건이 대장 수컷이 되도록 돕는다.

맥그리거: 달걀을 좋아하는 늙은 대머리 수컷 침팬지. 소아마비가 유행했을 때 제인과 휴고가 안락사를 시킨다.

서문

후광처럼 비치는 조명 속으로 걸어 들어간 그녀가 단상 위 얇은 노트와 물잔 옆에 원숭이 봉제인형을 올려놓는다. 그녀의 얼굴에 층층이 곡선이 어린다. 아치 모양의 눈썹, 곱게 뻗은 뺨, 머리칼의 웨이브는 뒤통수의 포니테일까지 흘러내린다(머리칼은 굵고, 끝은 순백색이며 점차 회색빛이 갈색으로 바뀌며 안쪽에는 벌꿀빛 금발 가닥이 있다). 그녀는 흰 단추가 달린 수수한 푸른색 원피스를 입고 있다. 안에는 검정색 터틀넥을 받쳐 입고, 화장은 가벼운 립스틱이 전부다. 그리고 그녀는 침팬지식 환영인사로 서두를 연다. 요란한 들숨과 '후후' 날숨이 점점 커지더니 클라이맥스에 이르러 비명으로 바뀐다.

말을 하는 사이 그녀의 손과 손가락들은 활짝 펼쳐져 마치 깃발처럼, 동작 신호나 수기 신호처럼 움직인다. 교양 있는 어투와 또박또박 정제된 발음으로 다듬어진 그녀의 부드러운 목소리는 마치 노랫가락 같다. 그녀는 자연스럽게, 흡사 청중들과 최면 상태에서 만나는 듯, 깊은 편안함을 일으킨다.

그녀가 어린 시절의 동물 사랑을 이야기하며, 지렁이를 침대로 데려온 일이나 몰래 닭장에 숨어든 이야기를 들려준다. 어머니의 격려도 떠올린다. 유년기의 책도 이야깃거리다. 곡마단 동물들을 풀어주기 위해 아프리카로 떠난 둘리틀 선생의 여행도 그중 하나. 그녀는 원숭이들이 직접 손으로 놓은 다리를 무척이나 좋아했다. 그러던 중, 그녀는 타잔을 만났다! 그리고 어린 시절, 그 어린 마음속 이미지들 가운데서 그녀는 자신의 미래가 어떤 모습일지를 깨달았다. 그녀가 "저는 아프리카에 가기로 다짐을 했답니다. 동물들과 더불어 살고, 그들에 관한 책을 쓰기로요"라고 말한다. 그녀는 거장 루이스 리키와의 만남과 그 후 침팬지를 찾아 숲으로 떠난 일들을 회상한다. 침팬지들의 이름과 그들에 얽힌 이야기를 떠올린다. 침팬지에게는 성격이나 정신, 감정이 없다는 말을 들어야 했던, 처음 케임브리지 대학에서 겪은 적대적인 태도도 이야기한다. 침팬지는 이름이 아니라 번호로 불러야 한다던…….

　타고난 이야기꾼인 그녀는 하나에 이어 또 하나, 완벽하게 펼쳐지는 이런저런 일화와 영상과 상징물로 강연을 구성한다. 미리 적어놓은 노트에는 거의 의존하지 않고, 제스처와 즉각적인 음향효과로 이야기에 생동감을 불어넣는다. "이야기를 하나 들려드릴까 합니다." 그녀가 말을 잇는다. "때로는 이야기가 무엇인가를 이해하는 가장 좋은 방법이니까요." 그리고 그녀는 이야기를 하는 동시에 이야기를 보여준다. 손으로 등장인물을 그리고, 행동을 따라하고, 생각을 눈앞에 펼쳐 보인다. 결정적 순간에 그녀가 뭔가를 찾는 얘기에서는, 찾는 동작을 한다. 한껏 팔을 벌린 채 털을 곤두세우고 돌격행동을 하는 성난 수컷 침팬지에 대한 묘사에서는, 흥분에 들떠 난폭하게 자신의 몸을 흔든다. 침팬지들이 두려움에 입을 벌리고 이빨을 드러내는 얘기에서는, 그녀도 한껏 치아를 드러낸다. "우리가 지금 숲에 있고, 그곳에 넝쿨이 늘어뜨려져 있다고 상상해볼까요." 이렇게 말하고는 한 손을 위로 올리고 허공의 넝쿨을 타기 시작한다.

　그녀는 작은 체구의 여성이지만 누구든 그 안에 깃든 분명한 에너지와 용기를 볼 수 있다. 어둡고 그림자 진 뒷면과 달리 그녀의 얼굴에는 빛이 가득 쏟아지고, 그 빛으로 머리칼은 은빛을 띤다. 그녀의 목소리는 강연장을 뚫고 수백 내지 수천 명의 청중들에게로 울려 퍼진다.

강연의 말미는 호소다. 아마도 동물원에 왔다가 용감하게 해자에 뛰어들어 물에 빠진 주주라는 이름의 침팬지를 구해낸 사람의 이야기를 할 것이다. 그는 후에 당시를 떠올리며 이렇게 말했다고 한다. "원숭이의 눈을 들여다봤는데 꼭 사람 눈을 보는 것 같았고 '누군가 나를 도와주지 않겠어요?'라고 말하는 것만 같았습니다." 그리고 청중들에게 질문 아닌 질문을 던진다. "왜 제가 작년 한 해 300일 이상을 이동하며 이렇게 정신없는 일정으로 세계 곳곳을 돌아다니고 있을까요? 그 이유는 저도 생존의 끝자락에 선 침팬지들의 눈을 들여다보았고, 그 눈빛이 하는 말을 읽었기 때문입니다. 누군가 나를 도와주지 않겠어요?"

유명인이자 영웅이자 아이콘인 그녀의 강연회에는 예상할 수 있는 모든 것이 있다. 열광적인 관심, 일시에 쏟아지는 눈물, 청중들의 기립 박수갈채로 특징지어지는 복음주의적 경험이 되기도 하며, 마지막에는 많은 이들이 열정적으로 몰려든다. 강연 후, 기금모집 단체의 사람들은 들뜬 청중들을 회원 가입, 기념품 판매, 엄청나게 쌓인 책—이제껏 그녀가 쓴 거의 모든 책—쪽으로 안내한다. 사람들은 책을 사고, 사인을 받길 바라며, 가능하다면 몇 마디 주고받기를 바란다. 길게 줄을 늘어선 열성 팬들이 조금씩 앞으로 다가서면, 제인의 개인 비서가 정리에 나선다. 질문에 답하고, 사인받을 페이지를 펼친 채로 몸을 숙여 특별한 요청 사항이 있는지 이야기를 주고받는다. 서 있는 비서는 쾌활한 인상이 한결같고, 자리에 앉은 여인은 참을성이 한결같은 듯하다. 그녀는 시간이 걸리면 걸리는 대로 한 시간이고 두세 시간이고 오래도록 사인을 하고, 미소를 짓고, 담소를 나누고, 또 사인을 한다.

사람들은 다가와 가까이에서 허리를 숙이고 마치 이전부터 그녀와 알던 사이처럼 행동한다. 그러면 그녀는 언제나처럼 더없이 편안하고 차분하게, 가만히 귀를 기울이고 상황에 맞게 답한다. "아루샤행 비행기를 탔었는데 선생님께서 비즈니스석에 계셨어요. 제가 말을 건넸죠. 그때가 3월 2일이었어요." 누군가가 말하자 그녀는 그 뒤로도 사오십 번이나 비행기를 탔다는 말은 꺼내지 않고 "아, 그래요" 하고 답한다.

동그란 얼굴과 들창코에 활짝 미소를 띤 한 젊은 여성이 말을 건넨다. "저는 멸종위기 동물에 관련된 일을 하고 있어요." 그녀는 관심을 보이며, 그러냐는 듯 고개를 끄덕인다.

이번에는 더 연배가 있는 남자가 다가선다. "지금 일이 일단락되고 언제 시간이 나시면, 선생님께 제가 겪은 침팬지에 관한 두 가지 이야기를 들려 드리고 싶습니다. 관심이 있으시리라 생각합니다."

그리고 십대 소녀 둘. "여자들의 초경 이야기로 문집을 만들고 있는데요, 선생님께서 글을 써주시면 정말 영광일 거예요."

(눈물짓는) 또 다른 청중. "선생님은 저의 영웅입니다. 선생님께 감명을 받아 평화유지군에 입대했습니다."

뒤이은 청중. "선생님이 하시는 일에 우주의 은총이 있기를 기원합니다."

"감사합니다." 막 사인한 책을 받아들며 또 다른 누군가가 말한다. "제 평생 가장 기억에 남을 순간입니다."

줄은 끝이 없는 듯하다. 그녀는 끈기 있게 모두에게 귀를 기울인다.

치열 교정기를 한 어린 소녀가 다가선다. "육학년 때 연구과제가 있었는데요, 침팬지를 주제로 했어요. 선생님에 대해서도요!"

(눈물짓는) 또 다른 이. "전부 다 감사 드려요. 저는 그저 선생님의 열렬한 팬 중 하나입니다."

뒤이은 청중. "그저, 제가 할로윈 때 선생님 복장을 했었다는 말씀을 드리고 싶었어요."

은빛 머리칼과 언제나처럼 차분한 미소의 이 현명한 여인은 대답을 한 후 책을 받아들고 이렇게 쓴다. "당신의 꿈을 좇으세요. 그리고 '절대 포기하지 마라!'는 우리 어머니의 말씀을 기억하게요." 그리고 그녀는 정갈하고 꾸밈없는 필체로 자신의 이름을 적어 넣는다. **제인 구달**

제1부

자연주의자

1
아빠의 자동차, 유모의 뜰

1930~1939

모티머 허버트 모리스 구달은 부유한 중산층 가문 출신으로 그의 집안이 지난 한 세기 동안 부와 지위를 일궈낼 수 있었던 것은 주도성과 근면성, 행운 그리고 트럼프카드 덕분이었다.

구달 가문의 조상 중에는 교수대와 꽤 인연이 깊은 사람이─목을 베는 사람으로든 혹은 목이 베이는 사람으로든─있었다는 이야기가 전해 내려온다. 하지만 집안 내력에 관한 좀더 믿을 만한 기록은 1785년 12월 4일 영국 노샘프턴에서 태어난 찰스 구달에서부터 시작된다. 1820년대 초반 찰스 구달은 런던에서 인쇄공 도제수업을 받은 뒤 트럼프카드와 각종 안부카드를 제작하는 작은 인쇄소를 차렸다. 사업은 순조로웠고, 찰스 구달은 사업장을 점점 확장해, 마침내 그레이트칼리지가街 24번지에 공장을 세우기에 이른다. 당시 회사 이름은 찰스구달앤선Charles Goodall & Son이었다.

1851년 찰스 구달이 사망한 뒤 아들 조너선과 조시아가 회사를 더욱 확장해 공장을 늘리고 고속 컬러인쇄기를 사들였으며 생산라인을 다변화하여 연감, 무도회 식순, 달력, 크리스마스카드, 메뉴판, 기념카드, 연하장,

발렌타인카드, 명함과 트럼프카드까지 제작하기에 이른다. 회사의 상표에는 하트 모양 안에 가족의 성씨인 'GOODALL'을 위아래로 각각 네 자, 세 자씩 나눠 넣었다.

1913년 찰스구달앤선은 연간 200만 갑 이상의 트럼프카드를 인쇄, 포장, 판매하는 기업으로 성장해 경쟁업체들의 생산량을 전부 합친 것보다 약 세 배나 많은 카드를 찍어냈으며, 1915년에는 판매량이 220만 갑에 달했다. 당시 회사의 경영은 찰스의 첫째, 둘째 손자가 맡고 있었는데, 이렇게 벌어들인 순이익 중 4분의 3은 모두 두 손자에게 돌아갔고, 세 손자 중 회사 일에 전혀 관여하지 않았던 막내 손자 레저널드는 순이익의 4분의 1을 받는데 만족해야 했다.

레저널드는 방탕아였던 듯하다. 집안의 뜻을 거스르면서까지 엘리자베스 모리스와 결혼한 그는 마치 자신의 결정을 내세우듯 부부의 성을 하나로 붙여 쓴 모리스 구달Morris-Goodall이라는 성을 아이들에게 물려주었다. 그 이후로도 다섯 번이나 되풀이된 그의 고집은 결국 그가 켄트 주 포크스턴 경마장에서 말을 타다 떨어지면서 바닥에 머리를 부딪쳐 뇌출혈을 일으켜 1916년 5월 3일 죽음으로써 끝을 맺는다.

레저널드가 사망했을 당시 그의 아들 모티머 허버트는 아홉 살이었고, 그 불행한 사건 이후 모티머의 가족은 여러 차례 이곳저곳을 떠돌며 거처를 옮겨 다니다 어머니가 재혼을 하고서야 정착하게 된다. 모티머가 너티라고 부른 풍채 좋은 새아버지 노먼 너트 소령은 영국 정부로부터 수훈 훈장을 받은—제1차 세계대전 당시 전진하는 탱크 위에 올라서 칼을 휘두르며 병사들의 진군을 독려했다고 한다—퇴역 군인으로 이후 포크스턴 경마장의 관리 감독으로 일했다. 관리 감독직에 제공되는 근무 혜택이 매우 좋앉던 덕분에 너트 소령과 가족은 포크스턴 경마장 소유의 고성 안 폐허에 있던 오래된 장원 저택을 사택으로 사용할 수 있었다. 그즈음 모티머는 랭커셔에서 렙톤 사립학교를 다녔는데 공부에는 별다른 흥미를 보이지 않았다. 고등학교 졸업 후 엔지니어링을 공부한 모티머는 캘린더스 전설회사에 취직했다. 영국 전역에 전화선 매설 공사를 하는 캘린더스 사에서 모티머가 맡은 일은 테스트 전화기를 들고 전국을 누비며 전화선이 제대로 연결되었는지 확인하는 것이었다. "재미있는 일이었다." 모티머는 이렇게 회상했다. "테스트 차량을 운전하면서 이곳저곳을 여행하는 일이라 내 성격에 꼭 맞았다. 나는 차를 모는 것이 무척 좋았다."

운전에 대한 열정은 그의 삶 전체를 지배했다. 열네 살 때 어머니 엘리자베스로부터 운전을 배운 모티머는 10대 후반 생애 첫 차로 날렵한 4기통 H.E.(허버트 엔지니어링) 차량을 구입했는데, 이후 1930년 이 차를 팔고 그에게 최고의 마법과도 같았던 자동차를 얻게 된다.

제1차 대전이 발발했을 무렵 레이싱카 제조사로 문을 연 애스턴마틴은 1920년대 연평균 12대 미만으로 고성능 자동차를 소량 생산했다. 이후 스포츠카와 투어링카(touring car, 장거리 고속주행에 적합한 경주용 자동차—옮긴이)도 생산하기 시작했는데, 1930년대 초 생산량이 급증하면서 1930~1932년에 걸친 3년 동안 210여 대나 생산했다. 그렇지만 빼어난 디자인의 애스턴마틴 자동차는 여전히 길거리에서 쉽게 볼 수 없던 차였다. 모티머가 매끈하고 광택이 흐르는 흰색 3인용 애스턴마틴 인터내셔널을 처음으로 본 것은 런던 그레이트포틀랜드가 110번지에 위치한 브룩랜즈 자동차 전시장에서였다. "너무나 아름다운 차였기에 반드시 손에 넣어야겠다고 결심했다." 모티머는 후에 이렇게 회상했다. 마침내 그는 H.E.의 크랭크축이 망가져버렸을 때 그 차를 팔고 유산을 담보로 돈을 빌려 애스턴마틴 인터내셔널을 샀다. 반짝반짝 광이 나는 인터내셔널을 몰고 전시장을 빠져나오던 모티머는 잠시 차를 멈추고 무언가를 생각하더니 곧 판매 사원에게 공장의 위치를 물었다. 그는 애스턴마틴 공장이 전시장에서 멀지 않은 런던 교외에 있다는 것을 알아냈다.

모티머는 공장을 찾아갔다. '더웍스'라는 이름으로 알려진 애스턴마틴 공장은 거대한 벽돌 건물 네 채로 이루어져 있었는데, 건물들은 덩치에 어울리지 않게 작은 석탄난로 네 대로 난방을 하고 있었고, 그중 한 건물 구석의 깨진 창문으로 쏟아져 들어오는 빗물을 교묘하게 피할 수 있는 위치에 레이싱카의 프레임이 세워져 있었다. 모티머는 공장 안으로 들어가 사장이 어디 있는지 물었다. 누군가가 "저기 계시네요" 하고 알려주었고, 이렇게 해서 모티머 허버트 모리스 구달은 이탈리아 출신의 골초 엔지니어이자 카레이서인 아우구스투스 체사레 베르텔리를 만나게 된다.

모티머는 이제 막 애스턴마틴 인터내셔널을 구입했으며, 그 차로 레이싱을 해보고 싶다고 이야기했다. 베르텔리는 진지하게 레이싱을 하고 싶다면, 차를 몇 군데 손보고 성능을 대폭 개선시켜야 할 것이라고 말했다. 또, 시간제한이 있는 실전경기에 바로 참여하기보다는 장거리 시험운행을 통해 중압감을 느끼는 상황에서도 차를 제어할 수 있는 방법부터 배우는 것이 좋다고 조언해주었다.

1930년부터 그 이듬해까지 1년 조금 넘게, 모티머는 자신의 인터내셔널로 장거리 시험주행에 나섰고 시간제한이 있는 레이싱에도 몇 차례 참여했다. 그리고 런던에서 랜즈엔드, 런던에서 에든버러를 잇는 장거리 운행을 통해 차의 안정성에 대해 신뢰할 만한 결과를 얻어냈다. 일반주행에 맞게 튜닝된 모티머의 인터내셔널은 순간 최대속도가 시속 129킬로미터에 육박했지만, 당대의 레이싱카 성능을 감안한다면 딱히 빠른 축에 속하는 것도 아니었다. 다만 인터내셔널의 훌륭한 핸들링과 우수한 브레이크 덕분에 혹독한 경주 조건 속에서도 고속주행이 가능한 수준의 평균속도를 이끌어낼 수 있었다. 마침내 좋은 성과를 얻은 모티머는 1931년 중반에 이르러서는 진짜 레이싱카의 운전대를 잡을 준비가 됐다는 자신감을 얻었다.

당시 애스턴마틴은 최고급 스포츠카와 투어링카 판매에 열을 올리고 있었으며, 자사의 공식 레이싱팀을 회사 홍보에 활용하는 전략을 내세웠다. 1930년대 초 애스턴마틴의 레이싱팀은 레이싱 대회 중 가장 혹독하면서도 화려한 '르망 24시간 내구 자동차 경주 대회Le Mans Grand Prix d'Endurance'에 전력을 쏟고 있었다. 르망 대회에 참여한 다른 경주차들—메르세데스, 알파로메오, 버거티, 탈보 등—과 달리 애스턴마틴은 경량급이었던 탓에 여러모로 부족한 점이 많았지만 날쌔고 안정적인 주행이 가능하다는 장점도 있었다.

1931년 베르텔리는 애스턴마틴의 일곱번째 르망 경주용 차인 LM7을 모티머에게 보냈다. 레이싱의 고전기였던 당시 유럽의 자동차 경주는 민족주의를 표방했고, 각국의 레이싱카는 국가 식별을 단순화하기 위해 단색으로 칠했다. 프랑스는 파란색, 이탈리아는 붉은색, 독일은 흰색, 영국은 녹색이었다. 당연히 모티머의 LM7은 부드러운 색조의 올리브 녹색으로 칠했다. 컷아웃 도어 구조의 LM7에는 와이어휠, 조수석 쪽으로 우아하게 뻗어 나온 외부 배기관, 가죽끈으로 감싸고 볼트를 조여 고정시킨 긴 루버(빗살 모양의 통풍구—옮긴이)를 부착한 후드, 전방 휠 모양에 맞게 휘어져 브레이크 플레이트에 부착된 바이크 형 전방 펜더, 작은 전면 유리, 짤막한 폴 위로 대형 돌튐방지식 전조등이 장착되어 있었고, 차의 뒤꼬리는 공기역학적으로 설계되어 점점 가늘고 늘씬한 모양이었다. LM7을 손에 넣자마자 모티머는 운전석 왼쪽 면에 올이 거친 두터운 녹색 모직 안감을 꼼꼼히 댔다.

한편 캘린더스 사의 일도 병행하고 있던 모티머는 렙톤 고등학교 시절에 만난 동창생 바이런 가드프리 플랜태저넷 캐리와 런던 퀸스게이트의 하숙방을 나눠 쓰고 있었다. 모티머와 바이런의 방은 아래층 계단 근처에 있었다. 두 젊은이는 매일 오후 늦게 숨이 막히도록 매력적인 아가씨가 열려 있는 자신들의 방문을 지나쳐 두 층 위 단칸 자취방으로 올라간다는 사실을 알아냈다. 물론 모티머와 바이런의 방문은 일부러 열어둔 것이었고, 두 청년은 매일 저녁 같은 시간에 퇴근해서 집으로 돌아오는 그 아가씨를 훔쳐

볼 속셈으로 방과 복도 사이에 반쯤 걸쳐 서서 시시껄렁한 잡담을 나눴다.

본명 마가렛 미판웨 조지프, 애칭은 밴인 그 젊은 여성은 활궁처럼 휜 눈썹과 또렷한 얼굴 윤곽이 아름답게 조화를 이루고, 따뜻하면서도 자신감 있는 미소를 띤, 발그스레하고 도톰한 뺨과 강인한 턱 선이 인상적인 아가씨였다. 청년들은 그녀를 두고 "머릿결이 마치 윤기 나는 밤 같군요"라고 칭찬하거나, 그녀의 눈을 보고 "당신은 혹시 녹색 눈의 여신인가요?"라며 감탄을 늘어놓곤 했다. 1920년대 후반 본머스의 가족을 떠나 런던으로 온 밴은 러셀 광장 인근의 피트먼 비서학교에서 비서 일을 배운 다음 극단주인 찰스 B. 코크런 밑에서 비서로 일하고 있었다.

별명이 카키였던 코크런은 올드본드가 49번지 꼭대기에 작은 사무실을 내고 1930년대 초반 연극, 뮤지컬, 댄스 레뷔(춤과 노래, 시사풍자 등을 엮어 구성한 가벼운 촌극—옮긴이)를 창작, 제작하는 연예사업가로 활동하며 전성기를 누리고 있었다. 밴은 "리전트 1241호입니다"와 같은 전화 응대와 편지 작성, 문서 타이핑, 구술 기록 업무를 담당했다. 밴 본인의 말로는 그녀가 속기와 타이핑에는 "완전히 무용지물"이었다고 하는데, 사냥개 닥스훈트와 미모의 젊은 여성을 좋아하기로 유명했던 카키는 비서로서의 밴의 업무 능력을 그다지 꼼꼼하게 살피지는 않았던 듯하다. 어쨌든 카키는 밴의 기억 속에 유쾌하고 관대하며 정력적인 상사로 남아 있었으며, 그녀는 "유명 배우들, 가령 노엘 카워드 같은 사람들이 내 의자 팔걸이에 걸터앉아 속기를 도와주곤 했어요"라고 그 시절을 회상했다. 밴이 올드본드가 49번지 사무실에서 일하며 누릴 수 있었던 또 다른 혜택은 런던의 주요 무대 공연 대부분을 공짜로 구경하는 것이었다.

당시 사람들은 저녁 공연을 볼 때 꼭 성장을 했다. 밴도 실크스타킹(그때는 나일론이 발명되기 전이었다) 정도는 신었지만, 야회복은 옷 값의 절반 정도만 겨우 부담할 수 있었다. 나머지 절반은 본머스에 살고 있었던 언니 올웬이 대주었다. 그래서 큰 공연이 있는 날이면 밴은 언니에게 공연 날짜에 맞춰 야회복을 보내달라고 부탁했다. 그리고 공연 이튿날이면 옷을 다시 본머스로 부쳤다.

카키의 여러 창작 공연 중 하나였던 뮤지컬 〈에버그린〉(로저스 작곡 하트 작사, 1930)은 런던 관객에게 처음으로 회전식 무대를 선보였다. 공연을 보고 있던 밴은 카키 밑에서 일하는 직원이라는 특권을 이용해 슬쩍 무대 뒤로 들어갔고, 그곳에서 무용수들을 만날 수 있었다. 밴이 한껏 들떠 무용수들과 수다를 떨고 있는데 갑자기 무대가 회전하기 시작했다. 누군가가 "어머, 밴, 저길 봐요!"라고 외쳤다. 무슨 상황인지 채 깨닫기도 전에 밴은 이미 무대로 나와 시끌벅적하게 박수를 쳐대는 많은 관객들을 마주하고 있었다. 마치 자신이 무대에 선 진짜 배우라도 된 듯 그녀는 관객을 향해 열정적으로 손을 흔들었다.

하지만 밴이 진정으로 하고 싶었던 일은 그보다 정적이고 고독한 성질의 것이었다. "나는 늘 글을 쓰고 싶었어요. 실제로도 늘 글을 쓰고 있었죠." 음악에도 관심이 있었던 밴은(실제로 바이올린을 연주했다) 방안에 앉아 담배를 피우며 천재 바이올리니스트 예후디 메뉴인, 피아니스트이자 작곡가인 쇼팽 같은 음악가들의 전기를 써보곤 했다. "단어를 가지고 이리저리 궁리하면서 문장을 다듬고, 상황을 묘사하는 데 꼭 맞는 말을 찾는 게 마냥 좋았지요. 그게 글쓰기의 매력이거든요."

한편 밴은 저녁에 계단을 올라갈 때마다 젊은 남자 두 명이 방문 앞에 서서 이야기를 나누고 있다는 사실을 깨달았다. 그러다 어느 날 둘 중 키가 큰 금발의 한 청년이 계단에서 굴러 넘어져 밴 앞으로 쓰러졌다. 푸른 눈동자에 웃을 때마다 뺨에 보조개가 생기는 잘생긴 청년이었다. 밴은 그저 "전에도 해보신 솜씨네요"라고만 했다. 청년도 "네, 너무 낡은 수법이었군요"라고 답했다. 밴의 관심을 끌 만한 수법으로 청년이 생각해낼 수 있는 방법은 그게 전부였고, 그러다 청년은 그만 발목을 삐고 말았다.

이튿날 밴은 청년이 괜찮은지 보러 갔고, 그렇게 해서 두 사람의 대화가 시작되었다. 그 뒤로 청년은 밴에게 사무실까지 자신의 애스턴마틴으로 태워다주겠노라고 했고 밴은 그 제안을 받아들였다. 이렇게 우정이 피어났다. 청년은 친절하고 잘 웃었으며 좋은 친구들이 많았고, 이후 밴이 말한 "현기증 나는 인생"으로 그녀를 끌어들였다.

모티머의 좋은 친구로는 오랜 학교 친구이자 하숙방 룸메이트였던 바이런 캐리를 빼놓을 수 없다. 바이런은 포크랜드 가문의 14대 손인 포크랜드 자작의 차남이었다. 바이런의 딸 샐리는 아버지를 이렇게 회상한다. "워낙 재치가 넘치고 재미있는 분이라 아버지가 이야기를 꺼내면 여자들이 배꼽을 잡고 웃었어요. 실제로 한 친구 분은 아버지를 보기만 해도, 또 생각만 해도 재미있는지 아버지가 말도 꺼내기 전에 웃기부터 했죠." 그러나 바이런의 매력과 사교성은 거나하게 마신 술의 힘을 빌려 발휘된 것일 뿐, 그의 가슴 속에는 오히려 깊은 불행이 숨겨져 있었다. 전쟁이 끝난 뒤 바이런은 빈털터리가 되어 만족할 만한 직업을 찾지 못한 채 여러 일을 전전했다. 바이런의 조카인 캐리 경의 회상에 따르면 그의 말년은 여러모로 "불만족스러운" 것이었지만 "자녀들에게는 헌신적인 아버지"였다고 한다. "그는 괴벽한 성미가 있었지만 부유한 선박 가문에서 지브스(우드하우스의 코믹 단편 소설 지브스 시리즈에 나오는 캐릭터로 현명한 집사—옮긴이) 같은 위엄 있는 집사로 몇 년간 일했다."

물론 이것은 나중의 일로, 파괴와 분열의 암흑기였던 전쟁을 겪으며 온 세상이 광기에 휘말린 시절의 이야기다. 한 시대를 여는 희망찬 출발점에서 있던 당시에는 네 사람, 바이런과 친구이자 곧 그의 약혼녀가 될 다프네, 그리고 모티머와 역시 친구이자 곧 그의 약혼녀가 될 밴은 행복을 만끽하며 런던에서 현기증 나는 인생을 즐기고 있었다. 밴은 춤을 좋아했다. 왈츠를 가장 좋아했지만 탱고, 폭스트롯, 원스텝도 즐겼다. 카키가 베푼 호의 덕에 공짜 공연을 보고 나올 때면 네 친구는 웨스트엔드의 나이트클럽에 들렀다. 그때만 해도 여자는 펍(pub, 영국식 선술집—옮긴이)에 출입할 수 없었으므로 바이런과 모티머는 펍에서 술을 사서 차에서 기다리는 다프네와 밴에게 가져다주었다.

바이런은 적게나마 가족으로부터 용돈을 받았다. 모티머는 수중에 들어오는 돈은 모조리, 들어오는 것보다 나가는 속도가 더 빠를 정도로 흥청망청 써버리곤 했다. 언젠가 밴이 내게 이런 이야기를 들려준 적이 있었다. 돈이 없을 때에도 그들에게는 "늘 무언가 할 일이 있었어요. 공원에서 산책을 하거나 박물관에 구경을 갔지요. 화랑을 서성이며 구경하거나, 돈을 내지 않아도 되는 곳에 들어가 쉬고요."

1932년 9월 26일 모티머와 밴은 슬로안 광장의 트리니티 교회에서 결혼식을 올렸다. 식이 끝난 뒤 부부는 영국 해협을 건너 몬테카를로까지 모티머의 녹색 레이싱카를 타고 질주했다. 몬테카를로에서 묵었던 고급 호텔에서는 카지노에서 돈을 잃고 낙심한 사람들을 볼 수 있었다. 다시 그들은 굽이진 산길을 달려갔다. 밴의 회상에 따르면 둘은 "겨우 제시간에 맞춰" 영국으로 돌아와 런던 외곽의 유명 경주장인 브루랜즈에서 벌어진 레이싱 경기에 참가했다고 한다. 이후 두 사람은 슬로안 광장에서 멀지 않은 첼시의 클라본뮤 2번지에서 평범한 결혼 생활을 시작했다. 신혼집은 침실 두 개, 욕실, 거실, 작은 식당이 갖춰진 2층짜리 건물로 비슷한 모양의 건물이 일렬로 늘어선 주택가에 위치한 작고 고풍스러운 타운하우스였다. 한때 마구간이었던 1층은 모티머의 차고로 썼다. 밴은 일을 그만두고 전업주부가 되어 카레이서로서 빠르게 성장하고 있던 남편의 내조에 힘썼다.

1933년 모티머는 6월 17, 18일 양일 동안 개최되는 르망 국제대회에 출전하는 애스턴마틴의 LM9, LM10 레이싱팀에 그의 LM7과 함께 합류해달라는 초청을 받는다. 애스턴마틴의 레이싱팀과 응원단, 젊은 모리스 구달 부인을 포함한 가족 및 지인들은 애스턴마틴 공장 앞에 한데 모여 사진을 찍은 뒤 각자 차에 올라타 녹색 띠의 차량 행렬을 이루며 고속도로에 올랐다. 그들은 뉴헤이븐과 디페를 경유해 영국 해협을 건넌 뒤 소규모 원정대처럼 동쪽을 향해 질주했다. 차 측면에 고무공처럼 생긴 우가혼과 예비 바퀴가 장착된 세 대의 경주차가 선발대로 달렸고, 애스턴마틴의 투어링카 몇 대와 화물용 왜건 한 대가 그 뒤를 따랐다. 르망에 도착하기에 앞서 그들은 잠시 행진을 멈추고 지휘 차량의 라디에이터에 유니언잭을 꽂은 뒤 다시 요란하게 경적을 울려대며 시내로 진입했다. 레이싱팀은 가라주 르누아르에 본부를 세운 뒤 경주 트랙 시험주행에 나섰다. 트랙 안의 좁아지는 곳, 굴곡이 깊은 S자 만곡부, 자동차 바퀴살 높이 정도에 길게 패인 홈 자국이 선명한 길모퉁이 나무, 인디애나폴리스라는 이름으로 알려진 코너 안의 비가 오면 매우 미끄러워지는 자갈길 등을 점검한 것이다.

르망 대회는 24시간 내내 벌어지는 장거리 경주로, 대회의 목표는 오후 4시부터 다음날 오후 4시까지 쉬지 않고 최대한 빠른 속도로 최대한 긴 거리(최대한 여러 번)를 도는 것이었다. 경주차는 2인 1조로 운전했고, 차에는 사전 공식 확인 절차를 걸쳐 승인된 도구와 부품만을 싣도록 되어 있었다. 애스턴마틴 경주 차에는 빨랫줄이 추가로 실렸다. 가죽 헬멧과 고글을 쓴 선수들은 안전벨트나 멜빵도 없이 덮개가 없는 운전석에서 차를 몰았다.

6월 17일, 오전에 가랑비가 비치더니 정오가 되면서 습기가 걷히고 오후에는 간헐적으로 햇빛이 비쳤다. 마침내 4시가 되자 시동이 걸린 엔진에서 부르릉 하는 굉음이 울려 퍼지고, 꼬리에서 뿜어져 나오는 검은 매연과 함께 점점 속도를 올리기 시작한 26대의 경주차 위로 시작 깃발이 휘날렸다. 알파로메오 다섯 대가 선두 그룹으로 나섰다. 애스턴마틴 베르텔리 조의 LM10도 컨트롤을 잃고 빙글빙글 회전하면서 모티머 조의 LM7과 충돌할 뻔하는 아슬아슬한 순간을 맞으며 잠시 서로 뒤엉켰으나 이내 선두 그룹의 가운데로 파고들었다.

다음 날 새벽 2시, 베르텔리는 피트(pit, 경주팀 정비구역—옮긴이)로 가서 동료 운전사인 새미 데이비스에게 LM10의 운전대를 넘겼다. 첫 반환점에서 스티어링 시스템이 제대로 작동하지 않아 충돌 위기를 겪은 데이비스는 결국 한 바퀴만 채우고 다시 피트로 돌아와 차를 대고 휠허브 근처에 딱딱하게 얼린 킹핀을 가져다 설치하는 조치를 취해야 했다.

한편, 모티머의 LM7은 저녁, 밤을 지나 이튿날 새벽 3시 반까지 미리 계획한 속도에 따라 안정적으로 트랙을 돌았다. 새벽이 되자 모티머는 차를 코드라이버에게 넘겼다. 모티머의 코드라이버는 르망 대회의 몇 안 되는 여자선수 중 한 명인 레슬리 위스덤이었는데, 모두 그녀를 빌이라고 불렀다. 빌이 직선로를 달리던 도중 엔진 블록 옆면에서 봉 하나가 빠져 날아가는 사고가 발생했다. 그렇게 경주는 끝나버렸고, 차에서 빠져나온 빌은 트랙 가장자리를 따라 피트까지 걸어서 갈 수밖에 없었다. 빌이 참가 선수라고 전혀 생각지 못했던 관람객과 프랑스 경찰은 그녀를 트랙에서 끌어내려 했다. 그러자 빌은 사람들을 향해 부서진 헬멧을 휘두르며 자신이 아는 몇 마디 불어를 섞어 외쳤다. "부아튀르 뱅! 부아튀르 뱅!"(차가 꽝! 차가 꽝!)

경주 이틀째 날이 밝을 무렵, LM10의 앞쪽 흙받이가 망가져 느슨해졌다. 빨랫줄을 도구함에 넣어온 것은 바로 이런 종류의 사고에 대비하기 위해서였다. 그때 LM10을 몰고 경주 중이었던 베르텔리는 피트에 잠시 차를 댄 다음 줄을 이리저리 꼬아 덜렁거리는 흙받이를 솜씨 좋게 매어 고정시키고 차를 새미 데이비스에게 넘겼다. 한편, 알파로메오 한 대가 나무를 들이박아 트랙 쪽으로 나무가 쓰러지는 사고가 발생하면서 경주장을 질주하던 LM10과 LM9도 넘어진 나무 주위에서 미끄러졌다. 6월 18일 오후 4시, LM10과 LM9은 다른 11대의 경주차들과 함께 휘날리는 결승 깃발 밑으로 전력 질주해 들어왔다. 24시간 동안 2,549킬로미터를 달린 LM9은 5위를 차지했다. LM10은 2,354킬로미터를 달려 7위로 경기를 마쳤다.

애스턴마틴에게는 전체적으로 좋은 성적이었으며, 모티머 허버트 모리스 구달에게는 영국 최고의 레이싱 선수로서 경력을 쌓게 된 시작이기도 했다. 1년이 지나지 않아 모티머는 애스턴마틴 레이싱팀의 정식 단원으로 입단했으며 새로 개조한 레이싱카의 핸들을 잡게 되었다. 이후 선수생활을 은퇴할 무렵 모티머는 영국 출신으로는 유일하게 혹독하기로 유명한 르망 대회에 11번이나 참여한 독보적인 이력을 가진 선수로 기록되었다. 모티머는 영국과 유럽 대륙에서 열린 주요 레이싱 대회에는 모두 참가했으며, 1954년에는 수차례 세계 랜드 스피드 기록을 세운 바 있는 레이싱팀에 합류해 미국 유타의 염전에서 힐리를 몰기도 했다. 스털링 모스(Sterling Moss,

영국의 전설적인 레이싱 선수—옮긴이) 같은 유명세를 얻은 적은 없었지만 그는 스털링 모스와 팀을 이뤄도 될 만큼 실력이 좋았고, 실제로 1953년 이탈리아 밀레밀리아 경주 대회에서는 스털링 모스와 함께 한 팀을 이루어 재규어를 몰았다.

그렇듯 1933년 6월 말은 모티머 허버트 모리스 구달에게는 가슴이 두근 거리는 나날의 서막이 열리기 시작할 무렵이었으며, 한편 그로부터 약 9개월 뒤인 1934년 4월 3일 화요일 밤 11시 30분, 첫 아이인 발레리 제인 모리스 구달이 북런던 햄프스테드 히스의 한 병원에서 태어났다.

모티머는 카레이싱 선수로서는 성공을 거두었지만, 아기가 태어난 뒤 몇 년 동안 남편으로나 아버지로서는 그다지 좋은 성적을 거두지 못했다. 우선 그는 금전적으로 무책임했고, 밴의 말을 그대로 인용하자면 "매일같이 밖으로만 나돌았다"고 한다. 결혼 초에는 가스회사가 난방을 끊어버리는 일도 있었다. 수중에 돈이 단 한 푼도 없게 된 밴이 슬로안 광장 은행으로 달려가 자신의 에머럴드 반지를 빼서 지점장에게 건넨 적도 있었다. "점장은 그저 웃었죠. 제 손을 잡더니 손가락에 반지를 도로 끼워줬어요. 어휴!"

물론 모티머 자신이 아버지 없이 자랐다는 사실이—양부인 너트 소령은 오히려 큰형 같은 존재였다—그의 혼란과 방임을 설명하는 데 도움이 될 것이다. 모티머는 밴의 임신에 부정적인 반응을 보였고 임신으로 감정이 예민해진 밴을 달래거나 기운을 북돋워주려는 노력도 하지 않았으며, 딸이 태어났을 때에도 무관심으로 일관하며 딸과 아내로부터 거리를 두었다. 모티머는 이렇게 말했다. "딸아이가 막 태어났을 때 아이가 돌 정도 될 때까지는 아이와 같이 할 수 있는 일이 별로 없겠다고 생각했습니다. 그 후 집을 이사하고 런던에서 직장을 구한 뒤로는 밤에 퇴근해서 집에 도착할 때쯤이면 이미 딸애는 침대에서 자고 있었어요. 그런 일이 계속 반복되다 보니 1년 정도는 딸애를 제대로 보지 못했어요." 매력적이고 열정적인 성격에 누구와도 격의 없이 어울리던 모티머였지만, 딸에게는 가까이 다가서기 힘든 냉정하고 말없는 아버지였고, 발레리 제인은 어렸을 때 아버지가 자신을 "만져본 적이 단 한 번밖에 없었다"고 기억했다.

모티머가 비범한 딸의 인생에 기여한 부분은 아이의 성장보다는 출생 자체였다. 아버지는 아이에게 얼굴 생김새뿐만 아니라 자신의 체질적 특성을 놀라우리만큼 그대로 물려주었다. 모티머의 어린 딸은 카레이서에게 필요한 자질을 갖춘 여성으로 자라났다. 좋은 시력과 왕성한 활력, 천성적으로 경쟁을 즐기는 성격, 긴장감을 견뎌내면서 남보다 뛰어난 집중력을 발휘하는 능력, 강한 모험심, 신체적 스트레스나 심한 흔들림에도 잘 버티는 보기 드문 참을성을 타고났던 것이다. 덕분에 굳은 날씨에도 뱃멀미를 하지 않았고 비행 중에 난기류를 통과할 때도 팔걸이를 힘껏 잡고 버틸 필요가 없었다.

발레리 제인이 생후 3주 정도 되었을 무렵 클라본뮤 2번지로 유모가 찾아왔다. 갈색 곱슬머리에 푸른 눈, 윤곽이 또렷하고 한편으로 턱 선이 뾰족해서 다소 날카로운 인상을 주는 유모는 밴의 기억 속에 "자세가 곧고 튼튼한, 신발을 벗으면 152센티미터 정도밖에 되지 않는 아담한 체구의 여성이었다."

고아였던 낸시 소덴은 열여섯 살 때 학교를 자퇴한 뒤 사진관에서 일하며 야간 미술학교를 다녔다. 낸시는 그림을 그리고 싶었다. 하지만 낸시가 성년이 될 무렵 영국 노동자 계층은 어려운 시절을 겪고 있었다. 1929년 뉴욕 증시의 대폭락과 함께 전 세계적인 불황이 닥치면서 200만 명에 달하는 영국 근로자가 일자리를 잃게 되자, 낸시의 언니는 입주해서 일할 수 있는 안정적인 일자리를 구하라는 현명한 조언을 했다. 언니는 화가는 장래가 불확실한 직업이라며 낸시가 자격을 갖춘 유모가 될 수 있도록 햄프스테드 탁아소에서 12달간 정식 교육(아동심리, 위생학, 간호 관리, 아동미술 및 오락)을 받은 뒤 스위스 코티지 병원에서 3개월간 견습을 하도록 주선해주었다. 모든 과정을 수료한 낸시는 유모복으로 갈색 치마, 흰 앞치마가 달린 긴 튜닉과 흰색 깃, 흰색 모자(곱슬머리 때문에 모자가 똑바로 고정되지 않아 낸시는 이 모자를 싫어했다)를 구입했고, 추운 날씨를 대비해 갈색 모직코트와 챙이 넓은 갈색 모자도 샀다. 햄프스테드 탁아소 배지는 그녀가 어디에서 훈련을 받았는지를 증명해주었다.

모리스 구달 부인은 일반적인 근무조건을 제시했다. 1주일에 6일 반 근무(일요일 반일 근무)로 숙식과 함께 잡비 조로 1파운드를 지급하는 조건이었고, 낸시 소덴은 그것을 받아들였다. 그녀는 이렇게 회상했다. "발레리 제인이 태어난 지 3주되었을 때부터 그곳에서 일하기 시작했어요. 제가 바라던 일자리였거든요. 갓난아기를 돌보는 일이요."

클라본뮤 2번지의 타운하우스는 전면은 크림색 벽돌로, 테두리는 붉은 벽돌로 바른 건물로 캐도건 광장에서 갈라진 긴 U자형 자갈길 골목 안쪽 귀퉁이의 좁고 한적한 장소에 자리 잡고 있었다. 유모와 발레리 제인은 두 개의 침실 중 작은 방을 함께 썼다. 매일 아침 식사가 끝나면 유모는 날씨가 어떻든 개의치 않고 갓난아기를 꽁꽁 싸매어, 주름장식이 달린 베개와 흰색 침대보를 얹은 푹신한 유모차 등받이에 조심스레 아기를 기대어 앉혔다. 편안하게 자리를 잡은 아기는 얼굴을 앞으로 내밀었다. 그리고 현관문을 지나 바깥세상의 환한 빛과 일렁이는 공기 속으로, 울퉁불퉁한 자갈길로 나섰다. 울퉁불퉁한 길을 지나 평탄한 도로로 나간 유모차는 사유지인 캐도건 가든을 지나 곧 슬로안가에 도착했고, 그곳에서 유모와 발레리 제인은 다른 유모와 유모차들의 아침 행진에 동참해 하이드 파크와 켄싱턴 가든으로 향했다.

그들이 늘 가던 길은 슬로안가에서 북쪽으로 꺾어 여성 의류점들을 지나 에딘버러 게이트를 통과해 하이드 파크로 이어지는 길이었다. 미로처럼 얽힌 인도를 걸어 바람에 풀잎이 살랑거리는 푸른 풀밭에 들어서면, 천천히 로튼 승마도로를 달려 내려가는 말들과 지저귀는 새, 황급히 모습을 감추는 다람쥐들이 보였다. 유모차를 끌고 더 안쪽으로 들어설 때쯤이면 말들은 이미 멀리 사라져 보이지 않았고, 도시의 소음은 아스라이 멀어지면서 그저 웅웅거리는 소리로 나뭇잎 사이로 불어오는 속삭이는 바람과 서로 실랑이를 하듯 귓가를 맴돌았다. 때로는 귀족 집안의 유모들이 가문의 문장이 새겨진 유모차 옆에 자리를 펴고 앉아 뜨개질을 하는 장소로 애용했던, 데이지가 만발한 산책길로 향했다. 또 어떤 때에는 언덕을 올라 연못가로 가서 물에 반사된 햇빛에 실눈을 가늘게 뜨고 보트를 탄 사람들이 물살을 가르며 노 젓는 모습을 구경했다. 흐린 날이면 회색빛으로 물들었던 연못은 그저 잔잔하기만 했는데, 보트에 탄 사람들이 텀벙텀벙 노를 젓는 곳이나 오리와 물새가 떠 있는 곳에서는 검은 멍 자국 같은 물결이 일었다.

대다수의 영국 부모들이 육아에 있어 체벌을 중요한 부분으로 여겼던 시절에도 밴은 사랑과 합리적인 훈육의 중요성을 강조하는 자유방임 교육을 신봉했다. "제 어린 시절은 매우 행복했어요. 애정이 넘치면서도 훈육이 철저했고, 웃기도 많이 웃고 책도 많이 읽었지요." 하지만 유모의 기억으로는 자신이 맡았던 어린 아기에게 버릇을 단단히 가르쳐야 할 일은 거의 없었다고 한다. "아주 사랑스러운 아기였답니다. 참을성도 많고 늘 즐거워했고, 잘못을 저지르는 법도 없어서 혼낼 일이 없었다니까요! 정말 행복한 아이였어요."

밴의 어머니(할머니라는 뜻의 '그래니Granny'를 발음하기 힘들었던 아이는 외할머니를 '대니'라고 불렀는데, 다른 사람들도 그렇게 따라 불렀다)도 1934년 크리스마스에 아이가 외갓집에 왔을 때 밴에게 아이가 잘 지내고 있다고 이야기해주었다. "비제이(V.J., 발레리 제인의 애칭―옮긴이)가 지금 정원에서 잠이 들었단다. 어디 하나 모자람이 없는 아이야. 이렇게 말썽도 안 부리고 건강하고 착한 아이도 없을 것 같아. 아주 튼튼해서 벌써 그 작은 팔로 테니스도 치고 다리를 움직여 수영도 하는구나."

한편, 아기의 표정에서는 어딘가 남다른 집중력이 엿보였고 주의 깊은 구석이 있었다. 하루는 산책에서 돌아온 유모가 잔뜩 속상한 표정을 지었다. 그날 유모는 피터존스 백화점 정문에서 정중하게 인사를 하며 문을 열어주는 덩치 큰 경비와 맞닥뜨렸다. 유모는 밴에게 이런 이야기를 전했다. "오늘 백화점 경비가 발레리 제인을 두고 이상야릇한 말을 했어요." 그 덩치 큰 남자가 "아기가 마치 제 비밀을 다 안다는 듯이 저를 똑바로 쳐다보는군요"라고 했다는 것이었다. 밴은 그 말이 칭찬일 수도 있지 않겠냐고 말했지만 유모의 화는 쉽게 누그러지지 않았다. "아기한테 어딘가 이상한 데가 있다고 느껴서 꺼림칙해한 건 아닐까요?"

딸의 첫 생일을 맞아 모티머가 아이에게 준 선물은 어딘가 꺼림칙한 구석, 좋게 말해서 좀 특이한 구석이 있었다. 유모는 그 물건을 보고 깜짝 "놀랐"다. 아이만 한 크기의 침팬지 봉제인형이었던 것이다. 인형에는 검은 단추로 된 빛나는 눈, 밝은색 펠트 재질의 얼굴과 눈꺼풀, 쉼표 모양의 콧구멍이 도드라지는 주먹코, 깔때기 모양의 귀가 달려 있었으며 턱은 부드러운 하얀 털로, 얼굴 아래로 몸 전체는 부드러운 짙은 밤색 털로 덮여 있었고 펠트로 만든 손과 발에는 엄지손가락과 큰 발톱이 달려 있었다. 아이가 인형의 배를 누르면 오르골 소리가 흘러나왔다.

그 인형은 1935년 2월 15일 런던동물원에서 태어난 새끼 침팬지를 기념해서 주문제작된 것이었다. 진짜 새끼 침팬지에게는 다가오는 5월 6일 조지 5세 왕위 계승 25주년 기념일에 맞춰 주빌리라는 이름을 붙였다. 사실, 런던 동물원 우리 안에서 처음으로 출산에 성공한 새끼 침팬지였던 주빌리는 「타임스」가 사진이 실린 특집기사를 내고 리전트가의 햄리스 인형가게가 침팬지 인형 특별제작에 들어갈 만큼 중요한 존재였다. 그런데 생일 선물을 고르러 나갔던 모티머가 우연히 햄리스 인형가게를 지나치다 그 침팬지 인형을 발견하고 산 것이다. "아이가 껴안고 다니기에 적당한 크기의 인형을 살 생각이었는데, 그 인형이 눈에 들어오더군요. 다른 이유는 없었습니다. 그저 껴안고 다니기 딱 좋은 인형이었지요. 그걸 집으로 가져올 때는 그 인형 때문에 그렇게 큰 소동이 벌어지리라고는 생각지도 못했습니다."

유모는 회상했다. "아이가 그 인형에 푹 빠져버렸어요. 가는 곳마다 인형을 항상 데리고 다닐 정도였지요." 나중에 아이는 동물 모양 장난감과 좋아하는 인형을 한 줄로 세워놓고 인형들을 가르치는 시늉을 하곤 했는데, 자신의 전용의자에 앉혀둔 것은, 비록 아무도 입지 않아 버려진 것이기는 했지만 진짜 아동용 원피스를 입힌 주빌리뿐이었다.

1935년 봄, 가족—모티머, 밴, 유모, 발레리 제인 그리고 주빌리까지—은 런던을 떠나 세계 최초의 전용 자동차 경주장이자 영국의 가장 중요한 자동차 경기장인 브룩랜즈가 있는 웨이브리지 교외로 이사를 갔다. 브룩랜즈는 1906~1907년에 걸쳐 콘크리트로 지어진 5.6킬로미터 길이의 타원형 경기장이었다. 새 집의 이름은 원나츠로, 도시 외곽의 작은 동네에 위치한 호젓한 골목길 우드랜드그로브 27번지에 있었다. 에드워드 양식의 3층짜리 붉은 벽돌집 원나츠로 이사하면서 처음으로 자기 방을 갖게 된 발레리 제인은 꼭대기 층에 있는 삼각형 모양 천장의 다락방을 혼자 썼고, 유모는 그 아래층에 있는 방 다섯 개 중 하나를 사용했다.

밴의 생각에 그 집은 너무 컸다. "방 두 개짜리 옛 집의 물건을 전부 모아서 넣어봐야 새 집 현관홀 구석조차 채워지지 않을 정도로 큰 집이었고 그 집에 가구를 제대로 채워 넣기란 꿈도 못 꿀 일이었다." 유모도 마찬가지로 아래층 육아방을 "엄청나게 큰" 방으로 기억한다. 그렇지만 궂은 날이면 종종 그곳에서 발레리 제인과 즐거운 한때를 보냈다. 발레리 제인은 크레파스로 색칠놀이를 하거나, 인형에 옷을 입혔다가 벗기거나, 주빌리와 놀기를 좋아했고, 때로는 유모와 같이 뱀 사다리 보드게임을 하며 주사위를 던지고 놀기도 좋아했다. 런던에 비해 웨이브리지는 적막한 곳이었고, 저녁 내내 혼자 시간을 보냈던 유모에게는 외로운 곳이었다. 하지만 외로움을 달래줄 동무로 라디오를 갖고 싶다는 유모의 요청에 모티머가 라디오를 한 대 사다주었고, 그 후부터 라디오에서 흘러나오는 춤곡은 유모와 어린 발레리 제인이 낮에 즐길 수 있는 또 다른 오락거리가 되었다.

원나츠에는 커다란 떡갈나무가 세 그루 있었는데, 두 그루는 현관 앞에,

나머지 한 그루는 집 뒤에 있었다. 현관 쪽으로는 작은 정원과 조그마한 연못이 있었으며, 집 뒤편에는 작은 꽃밭과 가장자리를 따라 전나무가 심어진 넓은 뒷마당이 있었다. 밴의 미출간 회고록에 따르면 어린 발레리 제인은 육아방에서 "검은지빠귀나 개똥지빠귀의 노랫소리, 교회 뒤 숲속에서 들려오는 작은 새들의 지저귐, 올빼미 울음소리에 멍하니 귀를 기울이곤 했다." 봄이 되면 계곡에서 쑥부지깽이, 라일락, 백합꽃 향기가 바람에 실려왔으며 "자신만의 정원에서 뛰어노는 것은 아이에게는 이제껏 누려보지 못한 새로운 즐거움이었다. 정원은 오랫동안 사람의 손길이 닿지 않은 채 텅 비어 있었다⋯⋯. 한때 깨끗하게 다듬어왔던 잔디밭을 점령한 자연은 무성하게 자라난 잡초 사이로 야생 괭이밥과 작고 억센 청색 조개나물, 미나리아재비와 데이지, 황금빛 별 같은 민들레를 곳곳에 뿌려놓았다." 가족은 가끔 정원으로 소풍을 나갔는데, 발레리 제인은 그곳에서 "보석 같은 딱정벌레, 거미, 개미, 파리, 말벌, 꿀벌 그리고 그 모든 황홀한 생명체들 중 빼놓을 수 없는 지렁이(꿈틀대는 지렁이는 이내 발레리 제인의 눈앞에서 사라져 땅속으로 기어들어 갔다)가 살아가는 새로운 세계와 만났다."

어느 날 저녁, 아이가 지렁이를 집 안으로 들고 들어오자 유모는 당장 아래층으로 내려가 밴에게 그 사실을 알렸다. "아유, 지저분해. 발레리 제인이 지렁이를 잔뜩 잡아와서는 그놈들을 베개 밑에 넣어두고 자겠다지 뭐예요. 지금은 심지어 만지작대고 있기까지 해요. 도무지 어떻게 해야 할지 모르겠네요."

딸의 방으로 올라갔을 때 밴이 발견한 것은 침대에 누워 쏟아지는 저녁 햇살 아래에서 더없이 행복한 표정을 짓고 있는 딸의 얼굴이었다. 발레리 제인은 "보세요!"라고 외치며 베개를 들어 지렁이를 보여주었다.

밴은 "있잖니, 발레리 제인, 지렁이를 밤새 그런 곳에 두면 아침에는 다 죽고 말 거야. 지렁이들은 원래 살던 정원으로 돌아가야 해"라고 타일렀다. 그러자 아이는 한숨을 쉬며 지렁이를 쳐다보았다. 엄마와 아이는 함께 지렁이를 밖으로 가지고 나가 정원에 얕은 구멍을 파고 지렁이를 다시 땅으로 돌려보냈다.

뒤뜰 정원은 아이가 뛰어 놀고, 주빌리와 다른 인형들을 줄지어 세워 다양한 공상놀이를 하고, 달팽이들에게 경주를 시키며 놀기에 충분한 크기였다. 또 조니워커라는 이름을 붙인 애완 거북이를 두기에도 좋았다. 그 조니워커가 자꾸 없어지는 통에 유모는 거북이를 쉽게 찾을 수 있도록 등껍질에 밝은 빨강색을 칠해두어야 했다. 또 개를 기르기에도 좋은 곳이었다.

당시 가족이 기르던 개는 불테리어 종으로 이름이 페기였다. 유모의 말로는 발레리 제인이 "페기와 함께 할 수 있는 일이 무궁무진했다"고 한다. "페기의 등을 타고 밥그릇을 뺏기도 하면서 여러 가지 놀이를 할 수 있었으니까요." 하지만 페기는 낯선 사람이 문으로 들어서면 이빨을 드러내는 사나운 개였다. 한번은 페기가 우체부를 무는 바람에 유모가 우체부의 구멍 난 바지를 수선해줘야 했던 일도 있었다. 그러나 저녁에 유모가 혼자 남게 되면 페기는 항상 유모의 방으로 올라와 그녀의 곁에 앉았고, 그런 행동이 유모에게는 위로가 되었다.

페기는 가끔 집 밖으로 뛰쳐나가곤 했다. 동네 술집에서 사람이 찾아와 "댁의 개가 여기 있으니 와서 데려가세요"라고 한 적도 두 번이나 있었다. 아마 페기는 모티머가 밤에 그 술집에 자주 들린다는 사실을 기억하고 주인을 찾으러 그곳에 갔었던 것 같다.

웨이브리지에서 유모는 아침마다 페기에게 목줄을 씌우고 세발자전거를 탄 발레리 제인과 함께 셋이서 양쪽으로 진달래꽃이 만발한 모래 길을 따라 동네 상점가로 향했다. 그리고 신문가판대에서 멈춰 서서 주간 「육아세계」를 한 부 집어 들곤 했다. 한번은 발레리 제인이 서커스 생활을 주제로 광대와 사회자, 동물들을 그린 알록달록한 그림으로 채워진 얇은 싸구려 그림책을 집까지 들고 왔다. 집에 돌아왔을 때 밴이 책에 대해 뭐라고 하자, 아이는 얼굴이 빨개져서는 그대로 책을 덮어 깔고 앉아버렸다. 책을 훔친 것이었다. 밴은 아이의 손을 잡고 돈을 내지 않았으므로 책을 돌려줘야 한다고 타일렀다. 신문가판대로 가는 길 내내 훌쩍거리며 딸꾹질을 하던 발레리 제인은 마지막 순간에야 마음을 진정시키고 얌전히 까치발을 서서 가판대 위에 부정하게 손에 넣은 물건을 다시 올려놓았다.

유모와 밴, 그리고 발레리 제인과 페기는 종종 브룩랜즈로 나들이를 나가서 모티머가 경주장을 질주하는 모습을 지켜보거나 클럽하우스 안에서 편안하게 자리를 잡고 앉아 차와 패스트리 빵을 먹곤 했다. 모티머는 레이싱카에 유모를 태우고 트랙을 달리기도 했다. 하지만 무엇보다 신나는 일은 양가 할머니들, 외할머니 대니나 친할머니 대니 너트의 집을 방문하는 것이었다. 아주 어릴 때도 발레리 제인을 기차에 태워 열차로 몇 시간이 걸리는 본머스의 대니 집으로 아이를 보내곤 했다. 겨울에는 어쩌다 한 번씩 들러 짧게 묵고 떠났지만 여름에는 계절 내내 머무르는 경우가 잦았다. 그러나 매번 밴이 동행하는 것은 아니었으므로 그럴 때면 제인을 돌보는 일은 유모와 대니가 맡았다. 더운 날이면 유모와 대니, 발레리 제인은 대니의 여름 오두막이 있는 바닷가로 가서 함께 물장구를 치고 샌드위치를 먹고 모래사장에서 구덩이를 파며 놀았다.

대니 너트의 집을 방문해서 좋은 점은 상상할 수 있는 가장 매력적인 장소인 장원 저택에서 지낼 수 있다는 것이었다. 아주 갓난아기였을 때부터 발레리 제인은 대니 너트의 장원 저택을 방문해 며칠씩 머물렀다. 1935년 4월 11일도 그런 날 중 하루였다(당시 밴에게 보낸 편지에서 대니 너트는 이렇게 썼다. "축복 받은 작은 천사가 많이 그립겠지, 나도 안다. 하지만 이곳의 생활이 그 아이에게 얼마나 도움이 될지 생각해보거라. 여기서 신선한 공기를 많이 마시고 가면 아이의 볼에는 그 어느 때보다도 건강한 혈색이 돌 거야. 유모더러 비제이에게 필요한 건 무엇이든 주저하지 말고 나에게 말하라고 일러 두렴"). 장원 저택은 18세기에 지어진 2층짜리 붉은 벽돌집으로 응접실이 네 개, 침실은 여덟 개, 욕실도 네 개나 있었다. 크고 작은 회랑이 여러 갈래로 뻗어 있는 그 오래된 저택의 뒤편은 유서 깊은 웨스턴행어 성채의 마지막 남은 탑과 맞닿아 있었다. 사실 저택은 이제는 흔적만 남은 고성의 해자로 둘러싸여 있었고 과거 12세기와 16세기에는 헨리 2세와 헨리 8세가 살았던 큰 건축물이었으나 지금은 쓰러져가는 장방형 석조건물의 잔해 속에 자리 잡고 있었다. 1701년 안타깝게도 기업형 부동산 개발업자가 성의 대부분을 부숴 헛간과 농장 건축용 자재로 팔아치웠고, 그 사실은 이 성이 왜 이토록 폐허가 되었는지를 짐작케 한다.

폐허이기는 하지만 그곳은 흥미진진한 장소였고 기분 좋은 우수가 어려 적당히 낭만적인 곳이기도 했다. 후일 제인은 성의 잔해를 "보기만 해도 무서웠고 온통 잿빛에, 무너져 내린 돌과 거미줄로 가득했다. 아직 지붕이 다 무너져 내리지 않고 일부가 남아 있던 어떤 방에는 박쥐들이 잔뜩 매달려 있었다"고 회상했다. 폐허 속의 저택에 대해서는 "집 한쪽 끝에서 다른 끝으로 걸어가다 보면 어디서는 한두 발자국을 내려가야 하고 다른 곳에서는 오르막을 올라가야 하는 식이었는데, 집의 내부가 지어진 시대가 제각각인 탓이었다"라고 이야기했다. 1930년대 말까지도 전기가 들어오지 않아 매일 저녁 석유등을 켰던 탓에 집 안에는 늘 등유 특유의 고소한 기름 냄새가 배어 있었다.

그 오래된 시골 저택은 이웃에 대형 농장이 있었으며 벨벳처럼 부드럽게 물결치는 푸른 초원에 둘러싸여 있었다. 초원에는 양떼가 희끄무레한 덩어리로 무리를 지어 풀을 뜯었고 곳곳에 소, 때로는 농장의 말, 또 가끔씩은 인근 경마장에서 온 암말과 망아지 모자가 노닐었다. 대니 너트가 거위를 좋아했기 때문에 주변에는 늘 거위 대여섯 마리가 어슬렁거렸고, 너트 소령은 펄럭이는 귀에 혀가 축 늘어진 사나운 여우 사냥개를 몇 마리 길렀다. 달콤한 블랙베리도 열려 있었고 밤이면 작은 달을 여기저기 흩어놓은 듯 데이지가 환히 빛났다. 너트 부부는 암탉을 키우느라 울타리를 쳐놓고 그 안에 닭장 다섯 채를 지어놓았는데, 어린 발레리 제인은 그 닭장에서 닭에게 모이를 뿌려주고 달걀을 모아오곤 했다. 닭장보다는 덤불 속에 알을 낳기를 좋아하는 닭들이 많았기 때문에 달걀을 찾아내는 일은 그 자체로 흥미진진한 모험이었다.

애칭이 렉스였던 모티머의 동생, 레저널드도 당시 장원에서 지내면서 경주마 목장을 운영했다. 발레리 제인이 처음으로 탄 말은 아주 어릴 적(두 살 무렵) 렉스 삼촌이 태워준 페인스테이커라는 이름의 갈색 경주마였다. 렉스는 제인에게 고삐를 부드럽게 잡아당겨 말의 방향을 바꾸는 방법을 가르쳐주었고, 제인은 길을 따라 늘어선 나무들 주위를 8자형으로 돌며 "혼자 힘으로도 말을 이리저리 몰 수 있었다." 제인은 "스스로가 매우 자랑스러웠다"고 회고했다.

거북이 조니워커가 죽었다. 정원의 퇴비 더미에서 겨울잠을 자고 있던 거북이는 텅 빈 껍질만 남긴 채 사라졌다. 그 다음에는 페기가 오랫동안 집을 나갔는데, 가출한 페기가 그사이 나름대로의 생존 기술을 터득했는지 양을 사냥해버리기까지 했다. 어느 날 양 목장주가 보낸 경고장과 함께 페기가 경찰차에 실려 집으로 돌아왔다. 개는 곧 여왕연대에서 복무 중인 모티머의 친구에게로 보냈다. 밴의 말에 따르면 페기는 연대의 마스코트가 되어 "사랑을 받고 응석받이가 되었으며 귀여움을 독차지했다"고 한다.

발레리 제인도 마찬가지로 사랑을 받았고 응석받이로 귀여움을 독차지했지만 제인이 네번째 생일을 맞은 1938년 4월 3일, 찡찡거리며 울어대는 불길한 물체가 택시 뒷좌석으로부터 등장했다. 배가 고프다고 울어대는 통통한 아기, 여동생 주디스 다프네였다. 유모는 낡은 유모차의 먼지를 털어냈으며, 새로운, 그리고 네 살짜리 아이의 시각에서 볼 때 불쾌하기 짝이 없는 일들—가령 냄새 나는 기저귀, 지저분한 젖병, 어른의 관심을 구하는 새된 아기 울음소리 같은 것—에 온통 신경이 쏠려 있었다. 발레리 제인은 말할 수 없이 불행했다. 유모가 기억하기에 한번은 유모차에 아기를 태우고 발레리 제인과 함께 산책을 나갔는데 아이가 자기가 생각해낼 수 있는 가장 혐오스러운 단어를 외쳐댔다고 한다. "설사! 설사! 설사!" 발레리 제인은 그 일을 이렇게 기억했다. "아, 제가 샘이 나서 그랬었죠. 엄마 때문이 아니고 유모 때문이었지요. 유모가 아기를 너무 예뻐했거든요. 주디가 태어나자 유모가 (어떤 의미에서는) 저를 방치하다시피 했어요. 그래서 한동안 난폭해졌지요. 통제불능으로 거칠어져서 못된 짓을 일삼았어요."

한편 모티머와 밴의 절친한 친구이자 같은 시기에 결혼한 바이런과 다프네도 두 딸, 로즈메리 샐리(발레리 제인이 태어나고 약 1년 뒤인 1935년 6월 18일에 태어났다)와 수잔 발레리 제인(주디가 태어나기 두 달 전쯤인 1938년 1월 30일에 태어났다)을 얻었다. 이후 샐리와 수잔, 발레리 제인과 주디스는 사총사가 되어 함께 즐겁게 뛰어놀곤 했다. 그렇지만 그때에 발레리 제인이 동생에 대해 품었던 애증 어린 마음을 이해하거나 발레리 제인에게 새로운 놀이친구가 생겼음을 눈치 챌 수 있는 나이의 아이는 샐리뿐이었다.

발레리 제인에게는 디미라는 상상 속의 친구가 있었다. 하지만 발레리 제인에게만큼은 그 아이는 말을 걸고 쳐다볼 수 있으며 함께 웃을 수도 있을 정도로 실제적인 존재였다. 디미는 매우 빠른 속도로 움직이는 아이였던지, 밴의 회상으로는 발레리 제인이 그 아이와 이야기를 나눌 때면 말이 빨라졌고 "디미와 농담을 주고받을 때는 킥킥대는 웃음으로 대화가 뚝뚝 끊어졌다"고 한다. 하루는 샐리가 방문 앞으로 밴을 데려와서 이런 장면을 직접 보게 했다. 밴은 이렇게 묘사했다. "발레리 제인의 모습에 흠칫 놀라 문에서 멈춰섰다. 아이의 크고 푸른 눈에는 근심이 어려 있었다. 발레리 제인은 천장 꼭대기 근처를 날아다니는 디미에게 말을 거느라 방 이쪽저쪽을 부산스럽게 뛰어다니고 있었다."

네다섯 살밖에 안 된 나이에도 발레리 제인에게서는 상상적 자아와 분석적 자아를 긴밀히 연결시키는 재능이 엿보였다. 어릴 때부터 발레리 제인은 내면의 것을 외부로, 꿈을 현실로, 상상을 행동으로 쉽게 옮길 수 있는 뛰어난 집중력과 명석함을 지닌 듯했다. 그랬다. 어떤 징후, 가능성, 장래성이 이 어린 소녀의 삶에서 엿보였다. 물론 그것은 열성적인 부모들이 커 가는 자녀를 지켜보며 기대 또는 우려 속에서 발견하게 되는 자질이나 가능성, 장래성 등과 크게 다르지 않았는지도 모른다. 아이에게는 소질과 재능이 있었다. 하지만 아이는 그것들을 어떻게 사용하게 될까?

이 운 좋은 아이가 누릴 사회적 · 경제적 특권, 다시 말해 트럼프카드 인쇄업으로 일궈낸 가문의 재산 중 일부를 유산으로 물려받을 상속녀라는 신분은 생각만큼 대단한 것이 아니었고, 런던과 웨이브리지에서 보낸 유년시절의 환경은 아이의 재능만큼 희망적이지도 못했다. 아버지는 잘생기고 매력적이었지만 한편으로는 책임감이 결여되어 있었고 아이의 곁을 지켜주지 않는 때가 허다했다. 어떤 환경에서든 늘 즐겁게 적응하고 모험심을 발휘할 수 있었던 어머니 밴은 모티머보다는 성정이 차분하고 지각이 있으며 인격적으로 성숙한 사람이었지만, 딸이 어렸을 때는 밴도 남편의 생활습관에 그대로 물들어 결혼 생활과 모티머의 자동차 경주 인생에서 벌어지는 온갖 모험에 완전히, 그리고 열렬히 빠져들어 있었다. 밴은 자신이 그 시절에 한마디로 "무책임한 변덕쟁이"였다고 이야기했다. 유모는 처음에는 제인에게 제2의 엄마와 같은 존재였지만 저녁마다, 주말마다, 휴일마다 밴의 외출이 잦아지면서 점차 진짜 엄마처럼 되어갔다. 그런 분위기 속에서 어린 발레리 제인은 어떻게 자라는 감옥을 탈출했을까? 그녀는 어떻게 해서 모두가 자신을 애지중지 떠받드는 세상의 중심이라는 완벽한 자리에서 세상 끝자락 고난의 땅으로 옮겨갔으며, 그곳을 좀더 나은 방향으로 이끌려 애를 쓰게 되었던 것일까? 한때 재능이 엿보여 나중에 훌륭한 어른으로 성장할 수도 있을 아이들의 발전을 방해하는 유아기의 자기중심적 성향을 초월한 삶을 어떻게 발견하게 된 것일까? 세월이 흘러 성인이 된 그녀가 갖춘 품성에서 너무나 중요한 몫을 차지하게 되었던 도덕적 이상과 자제력을 그녀는 어디에서 찾아 받아들였던 것일까? 어떤 조용한 혁명 혹은 격렬한 위기가 마치 도둑이나 괴물처럼 아이의 방을 침입해 이 아이를 사로잡았기에, 귀하게만 자란 아이가 겪을 수 있는 잠재적인 위해와 무책임한 변덕이 지배하는 현기증 나는 인생의 화려한 유혹으로부터 벗어날 수 있었던 것일까?

2

전쟁, 그리고 아버지의 부재

1939~1951

1939년 캘린더스 사를 그만두고 레이싱에 전력을 쏟기 시작한 모티머는
웨이브리지를 떠나 가족과 함께 프랑스에 정착하기로 결심한다. 주요 레이
싱 대회가 대부분 유럽대륙에서 열리기 때문이었다. 1939년 5월 영국과 프
랑스가 외부의 침략으로부터 폴란드를 보호하겠다는 조약을 맺은 지 한 달
남짓 되었을 무렵, 모리스 구달 가족은 영국 해협을 건너 르투케 해안 관
광지 인근 소나무 숲 끝자락에 들어앉은, 지붕에 창이 네 개나 달린 대저택
'레샤르메'로 이사를 했다. 무화과나무가 현관 테라스 위로 시원한 그늘을
드리운 이 집의 뒷마당에는 수풀이 우거진 정원과 개구리로 가득한 큰 연
못이 있었다. 모리스 구달 가족은 저택으로 찾아오는 손님들의 행렬을 즐
겼지만, 유모는 "극심한 외로움"을 느꼈다고 회상했다. 주인 부부는 자동차
경주나 사교생활에 몰두해 있었고, 유모는 불어로 떠드는 덩치 큰 정원사
가 낯설고 무섭기만 했다. 그래도 영어를 몇 마디 하는 요리사와는 친구가
될 수 있었다.
 아이는 화창한 햇살과 시골의 향내에서 즐거움을 찾았고, 다행스럽게도

그들 주변으로 어두운 폭풍우가 모여들고 있다는 사실은 아직 까맣게 모르고 있었다. 늦봄이 지나고 여름으로 접어들 때까지도, 희미한 기억과 잔상으로나마 어릴 적 겪은 제1차 세계대전을 기억하고 있던 밴에게조차 전쟁은 여전히 먼 남의 일이었다. 밴은 어느 칠흑 같은 밤, 기차역의 깜빡이는 가스등 불빛 아래 한데 모여 있는 부상병들 옆을 아버지의 손을 잡고 지나쳐갔던 일을 기억하고 있었다. "회색 돌 위에 널린 병사들의 때 묻은 담요, 붕대가 감긴 팔다리, 파리한 얼굴에 퍼지는 기이한 미소가 무섭게만 느껴졌다. 아버지는 '이제 저 사람들은 집에 온 거란다. 전쟁터에서 겪었던 일에 비하면 여기는 천국이겠지'라고 하시며 나를 안심시켰다." 밴은 오빠인 에릭이 운 좋게 죽음을 피했던 일화를 종종 떠올리곤 했다. 당시 열여덟 살이었던 에릭은 뒷자리에 정찰병을 태우고 지붕이 없는 소형 비행기를 조종하고 있었다. 전선 후방에서 사진을 찍는 동안 두 사람을 보호해주는 유일한 무기는 정찰병의 무릎 위에 올려둔 소총 한 자루뿐이었다. 그러다 적의 공격을 받았고 비행기는 프랑스에서 비상착륙을 하게 되었는데, 그때 에릭은 발목뼈가 으스러지는 부상을 입었다. 30년이 지나 이제는 어엿한 외과 의사가 된 에릭은 여전히 한쪽 다리를 절었다. 그렇게 75만 명이나 되는 영국 청년의 목숨을 앗아간 제1차 세계대전을 직접 겪었지만 밴은 여전히 다시 한 번 전쟁을 견뎌야 할 일은 없으리라고 생각했다.

그러나 가끔 르투케를 다녀온 밴은 점차 관광객이 줄어들면서 바닷가가 한산해지고 상점들이 일찍 문을 닫는다는 사실을 눈치 챘다. 군복 차림의 영국군과 프랑스군도 보이기 시작했다. 나중에 밴은 이렇게 기록했다. "동네 술집은 술을 마시러 온 손님들 주변으로 담배 연기가 자욱했고, 지친 표정이 역력한 피아노 연주자는 한 번 들으면 끈질기게 머릿속을 떠나지 않는 구슬픈 멜로디를 연주했다. 그곳에는 그레이엄 그린 첩보소설의 한 장면 같은, 금방이라도 무슨 일이 터질 것 같은 긴장감과 어딘지 호기심을 불러일으키는 비현실적인 분위기가 감돌고 있었다. 나중에 알게 된 사실인데, 그해 여름 르투케로 몰래 숨어든 스파이가 진짜 있었다고 한다. 사람들이 코냑 잔을 기울이며 낮은 목소리로 주고받은 스파이들에 대한 소문은 마치 전염병처럼 마을을 휩쓸었다."

여름이 다 지나갈 무렵의 어느 아침, 저택에 전화가 울렸다. 전화선을 타고 들려온 목소리의 주인공은 모티머의 여동생 조앤과 약혼한 마이클 스펜스였다. 인도의 대법원장인 아버지 덕분에 고급 정보를 접할 수 있었던 마이클은 밴에게 당장 프랑스를 떠나라고 설득했다.

그날 밤 밴은 유모와 아이들을 위해 부르고뉴에서 떠나는 마지막 배편의 표를 샀다. 쌀쌀한 밤공기가 감도는 갑판에 자리를 잡은 유모는 두 아이를 힘껏 끌어안았다. 두려운 마음도 들었지만 프랑스를 떠난다는 사실에 한편으로는 마음이 놓였다. "영국으로 돌아간다는 생각에 기뻤어요." 하지만 사방이 캄캄한 데다 붐비는 배 위에서 극도의 혼란 상태에 빠져 있던 사람들은 도버 항에서 서로 내리려고 아우성을 쳤고 그 와중에 유모와 아이들은 유모차를 잃어버리고 말았다.

여전히 레샤르메에 머물고 있던 밴은 다음날 아침 평소보다 늦게 출근해 눈물을 글썽이며 경찰이 자신의 자전거를 징발해갔다고 겨우 반쯤이나 알아들을 불어로 잔뜩 흥분해서 떠들어대는 요리사에게 임금을 지불하고 작별 인사를 했다. 자동차 경주 일로 이탈리아에 머무르고 있던 모티머는 르투케로 돌아오는 데 어려움을 겪었지만 하루, 이틀 정도 지난 뒤 밴과 함께 자동차를 싣고 함께 배에 올라 풍랑 없이 잠잠하고 맑게 갠 영국 해협을 건널 수 있었다. 도버로부터 해안을 따라 서쪽으로 달려 하이드에 도착한 뒤, 다시 북쪽으로 방향을 돌려 시골길을 달려간 부부는 오후 티타임에 맞게 장원 저택 현관 앞 자갈이 깔린 차도로 들어섰다. 객실 층에는 애완견들이 엎드려 있었고, 가장 아끼는 도자기 잔과 수증기를 내뿜는 찻주전자가 놓인 은쟁반을 앞에 두고 앉은 대니 너트의 모습이 보였다. 계단을 뛰어내려오던 발레리 제인은 엄마, 아빠를 발견하고 기뻐서 어쩔 줄 몰랐다.

모티머에게는 누이가 세 명이 있었다. 마조리(밴에 따르면 "키가 크고 훤칠한 금발의 여성"), 바버라(버밍햄 주 의원인 올리버 로커 램프슨과 결혼했다), 조앤. 남동생으로는 렉스가 있었다. 당시 바버라를 제외한 나머지 형제자매들은 모두 장원 저택에 모여 있었다. 가족들은 할아버지와 함께 차를 마시며 안부를 나누고 세상 돌아가는 소식과 소문을 주고받았다.

8월의 마지막 날, 히틀러의 친위대인 SS가 감옥에서 막 출소한 12명의 독일 범죄자들에게 폴란드 군복을 입히고 폴란드 국경 인근 숲으로 데려갔다. 그리고 그곳에서 죄수들에게 독극물 주사를 놓고 그들을 총으로 쏴 죽인 다음, 마치 그들이 독일 국경을 넘다가 살해된 것처럼 꾸몄다.

폴란드가 먼저 침략을 저지른 것처럼 조잡한 연극을 꾸민 히틀러는 다음 날 9월 1일 아침, 동이 트기도 전에 독일의 모든 군사를 폴란드를 향해 진격시켰다. 국경을 가로질러 날아온 독일의 고공 폭격기 부대가 전선 후방을 맴돌며, 아직 이륙하지 않고 지상에 대기 중인 폴란드 공군 부대와 열차, 기차역, 교각, 통신선, 공장과 도시의 민간 거주지에 폭탄을 투하했다. 고공 폭격기들이 전선에서 폴란드군을 공격할 때면, 랜딩 기어에 사이렌을 장착한 저공 스투카 급강하 폭격기 중대가 적군의 사기를 꺾는 사이렌 소리를 울려대며 아군을 지원했다. 찢어지는 굉음을 내며 가파르게 수직으로 하강한 폭격기들은 폭탄을 투하하고 다시 원위치로 날아올라 폴란드군의 반격을 피해 달아났다. 지상에서는 열두 곳에서 동시에 출발한 150만 명의 병력이 걷거나, 오토바이, 장갑차, 탱크, 병력 수송차량에 올라 2천8백 킬로미터가 넘는 독일-폴란드 국경을 넘어 서쪽과 남쪽, 북쪽으로 물밀 듯이 진군하였으며, 이미 바르샤바로 진격 중이던 몇몇 쾌속 기갑사단들이 이동 중에 일으킨 먼지를 들이마실 정도로 빠르게 그 뒤를 따라갔다.

이틀 뒤 오전 11시 15분, 모티머의 가족들은 며칠 전 들여온 라디오 앞에 모여 네빌 체임벌린 총리의 대독 개전 연설에 귀를 기울였다. 선전포고를 들은 직후의 순간을 밴은 이렇게 기록했다. "우리는 충격에 휩싸인 나머지 그저 말없이 서 있었고, 할아버지의 시계에서 흘러나오는 초침소리는 제2차 세계대전이라는 냉혹한 현실 속으로 무자비하게 우리를 몰아넣고 있었다."

체임벌린의 9.3선포가 공포되고 약 15분 후, 런던 전역에 공습경보가 울렸다. 잘못된 경보였다. 그러나 이미 영국인들은 부지런히 등화관제용 커튼을 꿰매고 있었다. 폭탄으로부터 건물을 보호하기 위해 건물 주위에는 모래주머니를 쌓아올렸다. 런던 동물원도 여러 이유가 있었지만, 특히 야생동물들이 탈출할 수 있다는 위험을 우려해 이미 폐쇄된 상태였다. 9월 3일까지 백만 명이 넘는 아이들이 특별 수송열차에 올라 런던에서 시골로 대피했다. 한편 영국군은 프랑스 방어군 지원에 나섰는데, 9월 말경에는 영국군 파견병력 16만 명과 군수물품 14만 톤, 군용차량 2만 4천 대가 영국해협을 건넜다.

전쟁 초, 포크스턴 경마장은 폐쇄되었고 마구간과 사무실, 별채는 군에 징발되었다. 카키색 군복을 입은 남자들이 오래된 장원과 성으로 몰려들었고, 군인들은 곧 성의 정방형 석탑(헨리 2세의 아름다웠지만 불운했던 연인 로자문드가 한때 감금되었던 곳으로 알려져 있다)에 주둔해도 좋다는 허가를 얻어냈다. 그들은 오래된 탑을 물로 씻어 수 세기 동안 켜켜이 내려앉은 새똥을 제거한 뒤 그곳을 장교들의 식사 장소로 탈바꿈시켰다. 한편 대니 너트는 경마장 술집 중 하나를 군인 매점으로 고쳐 뜨거운 차와 둥근 빵, 담배와 초콜릿을 병사들에게 팔았고, 밴은 매일 오후 2시부터 4시까지 일을 돕기 위해 매점으로 건너갔다. 그때가 장원이 조용한 시간이었다. 주디는 낮잠을 자고, 유모는 집을 지키고, 할아버지는 꾸벅꾸벅 졸고, 요리사 그레이스는 하인들이 쉬는 방에서 고양이들 옆에 앉아 선잠을 자고, 발레리 제인은 마구간으로 가서 말 등을 쓰다듬으며 마부 밥과 시시콜콜한 잡담을 나누었다.

그렇게 잠에 취해 있던 어느 오후, 발레리 제인의 모습이 보이지 않았다. 그날 밴은 매점에서 일하느라 늦어서야 집에 돌아왔다. 집에 도착한 밴은 의자에 기대어 앉아 신발을 벗고 눈을 감았다. 조금 있으면 유모가 발레리 제인과 주디를 데리고 차를 마시러 올 시간이었다. 하지만 30분이 지나도 집 안에 인기척이 없었다. 밴은 위아래 층을 오가며 사람들을 불렀다. 부엌 안을 들여다보니 난로 위 찻주전자에는 물이 끓고 있는데 그레이스는 어디에도 보이지 않았다. 늘 4시면 응접실로 차를 가져왔는데 오늘따라 늦어지는 것이었다.

밴은 마구간에 가보기로 했다. 그런데 가는 도중에 만난 할아버지로부터 사람들이 모두 발레리 제인을 찾으러 나갔다는 말을 들었다. "유모는 그 아이가 밥과 있을 거라고 생각했고, 밥은 발레리 제인이 집으로 돌아가 유모와 있겠거니 했다는구나."

다섯 시가 다 되었는데 아이는 거의 세 시간 동안이나 행방불명 상태였다. 마구간 울타리 앞에서 보초를 서고 있던 병사가 이 사실을 다른 병사들에게 알려 수색에 나섰고, 저녁에 집에 돌아온 렉스, 조앤, 마조리도 각자 세 대의 차에 나눠 탄 뒤 함께 찾으러 나섰다. 경찰에도 알렸다. 7시가 되어 밖이 어둑어둑해지자 아이를 찾으러 나갔던 사람들의 표정도 어두워졌다. 마침내 밴은, 나중에 기록했듯이, "닭장 옆 덤불에서 작은 형체가 기어나오는 것을 발견했다. 아이는 조금 지친 표정에 머리는 부스스하게 잔뜩 헝클어져 있었고, 옷과 머리에는 지푸라기가 붙어 있었으며, 피곤했는지 눈 주위가 거뭇거뭇했지만 눈빛만은 초롱초롱했다." 누군가 "아이를 찾았어요!"라고 외쳤고 잠시 후 수색을 하던 사람들은 모두 마구간 마당에 모여들었다. 밴은 무릎을 꿇고 앉은 뒤 최대한 인내심을 발휘하며 아이에게 물었다. "어디 갔었던 거니?"

"닭이랑 있었어요."

"거의 다섯 시간이나 나가 있었잖니. 그 시간 내내 닭이랑 도대체 뭘 했어?"

"그게요, 닭이 어떻게 알을 낳는지 알고 싶어서, 그래서 닭장 안에 들어갔는데, 내가 들어가니까 닭이 모두 밖으로 나가버렸어요, 그래서 빈 닭장 안에 들어가서 구석에 앉아서 기다렸어요. 내가 있어도 가만히 있을 것 같은 닭을요."

"그래서, 어떻게 됐니?"

"그러다 한 마리가 들어왔어요. 아주 오래 기다렸지만요, 결국 한 마리가 들어와서 알을 낳았어요. 제가 그걸 봤어요. 그래서 이젠 닭이 알을 어떻게 낳는지 알아요."

마음이 놓인 병사들이 재미있다는 듯 싱긋 웃더니 제자리로 돌아갔다. 렉스는 단골 술집으로 사라졌고 조앤은 매점의 저녁 업무를 교대하러 갔다. 그 자리에 남아 있던 마조리는 가볍게 꾸짖는 목소리로 아이에게 말했다. "발레리 제인, 너 때문에 우리 모두 얼마나 걱정했는지 아니? 경찰에 전화를 해서 찾지 않아도 된다고 알려야겠구나. 아마 아무도 여기 있었으리라고는 생각 못했을 거야." 손을 꼭 맞잡은 밴과 발레리 제인은 점점 짙어지는 어둠을 헤치며 집으로 돌아갔다.

훗날 발레리 제인은 1988년에 출간한 아동용 전기 『제인 구달: 침팬지와 함께한 나의 인생』에서 당시 닭장 안에서 실제로 본 것을 다음과 같이 회상했다. "내가 웅크리고 앉아 있던 곳은 몹시 후덥지근했다. 지푸라기가 내 다리를 간지럽히고 있었다. 그곳은 어두컴컴했지만 나는 어두운 가운데서도, 짚으로 만든 둥지 위에 앉아 있는 닭을 볼 수 있었다. 닭은 닭장 건너편, 나에게서 1.5미터 정도 떨어진 곳에 있었다. 닭은 내가 그곳에 있는 것을 전혀 눈치 채지 못하고 있었다. 만약 내가 움직인다면 모든 것을 그르치고 말 것이었다. 그래서 나는 움직이지 않고 가만히 있었다." 한참 후에야 암탉이 짚더미 속 둥지에서 천천히 몸을 일으켰다. "나에게 등을 보인 채 몸을 앞으로 숙이고 있었다. 닭의 다리 사이로 둥글고 하얀 물체가 서서히 튀어나왔고, 그것은 점점 커졌다. 갑자기 닭이 가볍게 몸을 흔들었고, 그 물체가 '퐁' 하고 짚 위에 떨어졌다. 닭은 기쁜 듯 큰소리로 꼭꼭거리며, 깃털을 털고 부리로 달걀을 움직인 후 자랑스럽게 닭장에서 걸어 나갔다."

이것이 다섯 살 때 수행한 제인 구달의 첫번째 동물 연구 프로젝트였다.

아이가 사라졌을 때 외출 중이었던 모티머는 늦어서야 새 군복 차림으로 집으로 돌아왔다. 당시 포크스턴 경마장에는 영국 공병대의 물류하역 지원 대대가 야영 중이었는데, 대대의 지휘관이 모티머에게 장교직을 제안한 것이었다. 그러나 정작 모티머가 입영을 지원했을 무렵, 그 지휘관은 이미 멀리 전속된 다음이었고 결국 모티머는 집 바로 옆의 마구간에서 노숙 중이던 대대에 사병으로 입대했다. 얼마 뒤 모티머는 병참 하사관으로 진급했는데, 아마도 그가 "덧셈을 하고 숫자를 잘 다룰 줄 아는 유일한 사람이었기 때문"이었을 것이다.

밴과 유모, 아이들은 장원을 나와 하이드의 얼스필드로路 10번지에 작은 집을 얻었다. "와서 보시면 이 아담한 집이랑 다른 것들 모두 마음에 드실 거예요." 그해 11월 밴은 본머스의 어머니와 자매들에게 보낸 편지에서 이렇게 썼다. "바다와 폭포 소리에 잠을 청할 수 있는 매우 아늑한 곳이거든요." 또 그 집은 벽을 사이에 두고 옆집과(레샤르메 저택과는 판판으로) 붙어 있어서, 밴은 편지에 이런 말도 썼다. "유모도 제가 저녁 외출을 나갈 때 전혀 신경을 쓰지 않는 것 같아요. 실제로도 그렇다고 하고요. 이 정도면 정말 안전한 곳이죠?!!"

한편 유모는 이곳에서 훗날 남편이 될 레슬리 릴스턴을 만나게 된다. 레슬리를 만날 생각으로 크리스마스 휴가 계획을 세우는 유모를 보며 밴은 편지에서 유모가 "결국에는 레슬리가 마음에 든 것 같다"라고 했다.

그해 12월 모티머는 영국 해외파견군의 군수물자하역 지원차 프랑스로 파병되었으며, 1940년 3월 소위로 진급했다. 한편 1940년 초 영국 데본에 사는 유모의 친구가 유모에게 아이 한 명과 머물 수 있는 장소를 마련해주겠다고 해, 유모는 주디를 데리고 데본으로 떠난다. 밴은 하이드의 집을 떠나 친정어머니네로 거처를 옮기기로 결정했다. 발레리 제인과 함께 기차를 탄 밴은 어느 추운 초겨울 저녁 소등시간 직전에야 어머니의 집 현관 앞에 도착할 수 있었다. 현관 앞 자갈 진입로까지 마중을 나온 대니가 두 사람을 맞았고, 밴에 따르면, 당시 대니의 "뒤로 열려 있는 현관문에서 따스한 불빛이 흘러나왔다"고 한다. 발레리 제인은 "대니, 우리가 왔어요!"라고 외치며 할머니에게 뛰어가 안겼다.

얼마 후 유모와 주디도 발레리 제인과 밴, 그리고 외갓집 가족과 함께 살게 되었고, 본머스의 더블리 차인 남로 10번지에 자리한 저택 '버치스 Birches'는 이제 아이들의 진정한 고향이 되었다.

본머스는 한때 모래 둔덕이었지만 이제는 철쭉이 무성한 언덕 위에 펼쳐진 고장으로, 거친 파도가 몰아치는 바다와 굴곡진 만, 길게 펼쳐진 모래사장 위로 우뚝 선 황금빛 사암 절벽이 특색인 곳이다. 이곳은 좁고 깊은 계곡이 절벽들 사이로 쭉 늘어서서 배를 대기가 좋았기 때문에 침략군이 상륙경로로 이용할 수 있는 장소였다. 그래서 본머스의 해변에는 지뢰가 매설되었고 철조망과 강철 장벽이 세워졌다. 절벽의 콘크리트로 된 경비 초소는 중화기로 무장했다. 내륙 쪽에는 도로표시판을 철거했으며, 들판 한가운데에는 군인들이 낙하산 착륙을 방해하려고 말뚝을 박고 수백 킬로미터나 되는 철조망을 설치했으며, 적군 탱크의 진격 방해를 위한 긴 콘크리트 장벽도 세웠다. 본머스 지역 안은 방문객 출입이 금지되었고, 대형 호텔 40곳 정도가 군대에 징발됐다. 한편 본머스의 중앙 해변으로부터 이어진 거대한 잔교는 적이 심해 상륙지로 사용하지 못하도록 가운데 부분을 끊어버렸다.

발레리 제인과 주디, 그리고 다른 모든 가족들은 버치스 집 현관 복도에 둔 커다란 참나무 상자—'관'이라고 불렀다—에 개인용 가스마스크를 넣어두고, 관 옆에는 언제든지 들고 갈 수 있도록 생필품을 챙겨 넣은 작은 여행 가방을 세워두었다.

1940년 4월 9일, 나치가 노르웨이와 덴마크를 침략해 반나절도 지나지 않아 코펜하겐을 접수했다. 몇 주 후 네덜란드와 벨기에를 손에 넣고 프랑스 영토 한복판으로 진격한 독일군의 기갑사단은 연합군의 절반에 가까운 병력을 전멸시켰다. 5월 20일 해안에 도착한 독일군은 북쪽으로 방향을 틀어 불로뉴와 칼레의 주요 항구를 점령하고 됭케르크를 향해 진군했다. 연합군에게 이제 됭케르크는 마지막 탈출구였다. 5월 말 프랑스, 네덜란드, 벨기에의 잔존 병력과 뒤섞여 기나긴 대열로 정처 없이 퇴각하던 수십만 영국군은 됭케르크의 해변으로 내려가 물에 젖는 것에도 아랑곳하지 않고 바닷물 속으로 뛰어들어 급조한 구조대가 그들을 탈출시키기만 기다렸다. 닥치는 대로 모은 900여 대의 영국 해군 소형 함정과 상업 선박, 바지선, 소방선, 외륜선, 저인망 어선, 요트, 소형 모터보트, 이 밖에 물 위에 뜰 수 있는 것은 모두 구조대로 동원되었다.

　본머스에서는 라디오 방송이 독일군의 진군 소식과 연합군의 패배, 퇴각 소식을 전했다. 가족들이 알기로는 모티머는 "프랑스 어딘가"에 있었으며, 6월 초 됭케르크에서 철수한 선발 퇴각군이 본머스에 그 모습을 드러냈다. 어느 날 아침 밴은 우체부와 우유배달부로부터 이 소식을 전해 듣고 발레리 제인과 함께 해안으로 이어진 내리막길을 걸어 내려갔다. "병사들의 모습에 가던 길을 멈추어 섰어요. 기진맥진한 병사들은 총성 없는 영국의 따뜻한 인도 바닥에 평화로이 누워 있었지만 섬뜩할 정도로 조용했고 전혀 움직이지 않았죠." 하지만 그들 가운데 밴의 남편은 없었다.

　르아브르에서 받은 공습으로 소속 대대가 뿔뿔이 흩어지자 모티머는 대대의 수송물품 중 남은 것들을 대형 트럭 한 대에 실어 해안으로 운반하라는 지시를 받았다. 그러나 애초 계획했던 경로를 독일군이 폐쇄시켰기에 모티머는 샤르트르를 가로질러야 했다. 그러면서 모티머는 '여기서 르망이 멀지 않겠구나' 하고 생각을 했다. 모티머는 잠시 우회하여 이제는 폐허가 된 르망 경주장으로 향했다. 그곳에서 10여 킬로미터의 서킷을 차로 한 바퀴 질주한 다음 다시 서쪽으로 달려 생라자이르로 향했고 부두의 끝까지 트럭을 몰았다. 생라자이르에서 모티머는 다양한 계급장을 단 영국 병사 20여 명과 합류했다. 이들의 관심은 온통 해안에서 조금 떨어진 바다에 정박해 있는 영국 운송선에 쏠려 있었다. 그들은 담배를 입에 문 한 프랑스인에게 도움을 요청했지만 주저하는 모습을 보이자 바로 총부리를 겨누었고, 청을 들어주지 않을 수 없게 된 프랑스인은 자신의 작은 보트에 병사들을 태워 운송선으로 데려갔다.

운송선 근처에 도착한 모티머는 보트에 탄 채로, 운송선 갑판 위에서 경계근무를 서고 있는 스코틀랜드 병사를 향해 외쳤다. "승선해도 됩니까?"

"더 탈 자리가 없소!" 스코틀랜드 병사가 소리쳤다.

"나 혼자뿐이오!" 그렇게 외친 모티머는 20명의 동행자와 함께 이미 사람들로 빽빽한 배에 올라탔다. 그 배는 주기적인 총격과 폭탄 공격 속에서도 영국으로 돌아가는 호송선과 합류하기 전에 한 명의 탈출자라도 더 태워가기 위해 대기하던 배였다.

한편 유모는 낭종이 생겨 이를 제거해야 했기에 5월이 끝나갈 무렵 퍼스턴 병원에서 응급 수술을 받고 입원 중이었다. 돈에 심하게 쪼들리게 된 밴은 더 이상은 유모를 쓸 수 없다는 결정을 했다. 이 통보를 받은 유모는 망연자실했다. 또 공교롭게도 마침 정부가 됭케르크에서 쏟아져 들어온 연합군을 위해 병원을 징발하면서 투병 중이던 유모는 건강이 채 회복되기도 전에 강제 퇴원을 당하기까지 했다. 그러자 유모의 언니는 유모를 택시에 태워 함께 보그너 레지스로 향하는 피난길에 올랐다.

당연히 아이들은 갑작스러운 환경변화에 힘겨워했다. 나중에 대니는 유모에게 발레리 제인이 "몇 주 동안 유모가 보고 싶다며 밤마다 울어댔다"고 이야기해줬다. 유모 역시 밤마다 자신이 애지중지했던 발레리 제인을 생각하며 잠에서 깨곤 했다. "그 아이가 너무나 보고 싶었어요. 발레리 제인과 헤어질 때 가슴이 찢어지는 것 같았죠."

몇 달 후 건강이 조금 나아진 유모는 본머스를 방문했고, 방에서 발레리 제인과 주디가 뛰노는 소리를 들었다. 그러다 유모는 큰 아이가 작은 아이에게 하는 말을 들었다. "낸시는 내 유모지 네 유모가 아니야. 네 유모보다 내 유모로 더 오래 있었어. 내가 너보다 나이가 많으니까 낸시는 내 유모야!" 이후 레슬리 릴스턴과 결혼한 유모는 남편과 함께 톤턴으로 건너가 살았으며, 거기서 부부는 예쁜 두 딸을 낳았는데 아이의 이름을 자신이 사랑했던 아이들의 이름을 따 캐서린 발레리 제인, 주디스 앤이라고 지었다.

모티머는 영국 땅을 밟자마자 집으로 전화를 걸어 밴과 아이들을 찾아왔다. 하지만 곧 장교 훈련과정을 밟고 서포크의 제79기갑사단에 배속되었다. 이후 전시 정보국 참모과장으로 차출되었으며 그해 말에는 소령으로 진급하였는데, 진급은 곧 이듬해에도 군에 머물러야 한다는 것을 뜻했다.

1942년 모티머의 동생 렉스가 사망했다. 영국 공군에서 비행교관이 된 렉스는 훈련 비행 중이었는데, 조종을 맡은 학생이 당황하여 조종대 앞에서 얼어붙는 바람에 비행기가 추락하고 만 것이다.

모티머가 가족과 만나는 횟수는 점점 줄어들었다. 편지도 거의 쓰지 않았다. 물론 밴은 가끔이지만 그가 보내오는 편지가 여전히 "좋았다"고 기억했다. 모티머는 가끔 휴가 때 본머스에 나타났지만 출발 전에 미리 연락을 하는 일은 드물었고, 어쩌다 집에 들를 때에도 잠깐 머물다 곧 떠나버렸다. 9살이 된 발레리 제인은 1943년에 쓴 일기의 앞부분에서 아빠의 짧은 방문에 실망스러운 마음을 이렇게 표현했다.

7월 10일 토요일…… 모두들 오후에 아빠가 오시기만을 기다렸다. 나는 아빠께 드릴 선물도 준비했다. 비가 많이 와서 점심을 먹고 난 뒤에도 아빠가 아직 안 오셨다. 차를 마셨는데도 여전히 아빠는 오지 않으셨다. 나는 계단을 올라가서 목욕을 하고 요정처럼 꾸몄다(잠옷으로 꾸몄다). 그리고 폴짝폴짝 마법 지팡이를 휘두르면서 내려왔다. 아빠가 우리한테 전화를 해서 내일까지는 안 온다고 하셨다. 그래서 올리 이모가 흰색 털코트를 입혀줬고, 주디랑 엄마랑 나는 카드 맞추기 놀이를 하고 다시 자러 갔다. 그리고 이 작은 일기장에 일기를 썼고 엄마가 우리방의 불을 껐다. 잘 자요, 안녕.

7월 11일 일요일. 아침에 주디하고 내가 동네를 돌고 집에 오니까 아빠가 와 계셨고 점심까지 계시다가 가셨다. 그리고 우리는 산책을 나갔다. 나는 가파른 절벽을 기어 올라갔다. 집에 와서 차를 마시고 카드 맞추기 놀이를 하고 다시 방으로 올라가서 숙제를 했다. 엄마가 책을 좀 읽어주셨고, 내가 불을 껐다. 잘 자요, 안녕.

1944년 모티머는 인도로 파병되어 퀸빅토리아 마드라스 지뢰 공병대에 배속되었으며, 1945년에는 말레이 반도 침공 작전인 지퍼 훈련에 참여하기 위해 버마(현재 미얀마)로 떠났다. 그러나 원자폭탄 투하로 마침내 일본이 항복하면서, 모티머는 콸라룸푸르에서 몇 년간 평화로운 시간을 보낸다. 1949년 르망 대회 참가를 위해 6개월간 휴가를 받은 모티머는 영국으로 잠시 돌아왔다. 휴가가 끝나가던 8월 11일, 발레리 제인은 올웬 이모와 함께 아빠가 말레이시아 콸라룸푸르행 이스턴프린스호를 타고 사우샘프턴을 떠나가는 모습을 지켜보았다. 발레리 제인은 밴에게 보낸 가슴 아픈 편지에 그 일을 이렇게 묘사했다.

사우샘프턴에 도착한 뒤 이리저리 부둣가를 헤매다가 거기서 얼굴에 피부병 같은 게 난 경찰관을 만났어요. 올리 이모랑 겨우 선착장에 도착해서 "이스턴프린스" 호를 찾아갔어요. 아빠가 제2갑판에 서 계셨는데, 모자 쓴 모습이 무척 근사했어요. 아빠는 조금 있다가 오겠다고 하셨어요. 지금은 선실로 돌아가야 된다고 하시면서 우리가 너무 늦게 왔다는 말을 하셨어요. 이모가 아빠한테 줄 짐 꾸러미를 들고 배로 연결된 다리를 올라가려고 하니까 헌병이 못 가게 막더라고요. 이모가 다시 모리스 구달 소령한테 짐 꾸러미를 전달해 줄 수 있겠냐고 물었더니 그 말을 들은 헌병은 영 어리둥절한 표정만 지었어요. 그때 모자를 잃어버려서 화가 잔뜩 난 아빠가 나타나 다른 병사들 머리 위로 몸을 던져 그 짐 꾸러미를 잡으면서 "10분 뒤에 올게"라고 외쳤어요. 군악대가 연주할 때까지 안 보이시다가 나중에야 아빠가 아래 갑판으로 나왔어요. 군인들 함성소리 때문에 귀가 다 먹먹했어요. 아빠가 아빠보다 계급이 낮은 사람들 사이로 사라졌다가 배 뒤편의 갑판에서 다시 나타나셨죠. 군인들이 모두 환호성을 질러대 정말 귀가 멀 정도로 시끄러웠어요. 그러다 헌병이 육지로 올라오니까 군인들이 막 '우우' 하는 소리를 질렀어요. 크레인이 다리를 끌어당기자 "이스턴프린스"호가 천천히 항구를 빠져나갔어요. 아빠는 우리가 보이지 않을 때까지 계속 손을 흔드셨어요. 군악대도 계속 연주를 했고요.

중령으로 진급한 모티머는 장제스가 중국에서 추방된 1950년 홍콩으로 이동했다. 홍콩에 주둔한 병사들의 사기는 매우 낮았다. "할 일이 전혀 없었습니다." 모티머는 나중에 이렇게 설명했다. "우리는 계속 대기상태로 지내고 있었거든요. 병사들이 축구 같은 걸 할 손바닥만 한 땅도 마련해줄 수가 없었어요. 병사들이 대기상태를 유지하도록 관리하는 일은 힘들기만 하고, 나 자신도 사기가 바닥을 친 상태였습니다. 의기소침하고 우울했어요. 그 편지를 쓰게 된 건 부분적으로 그런 이유도 있었어요. 당시 우리는 그곳에 파병된 이유를 전혀 몰랐습니다. 어떤 일로 그곳에 있는지 작전 브리핑을 받은 건 아니었지만 어쩐지 끝이 좋지 않을 것 같다는 불길한 예감이 들었고, 다시 본국에 돌아갈 수 있는지조차 확신할 수 없었어요. 이런 생각들이 한꺼번에 밀려오면서 그런 편지를 쓰게 됐던 겁니다."
밴에게 보낸 그 편지는 이혼을 요구하는 것이었다.

3

아이의 평화

1940~1945

극악한 망상이 2,500만 명의 목숨을 빼앗고 문명을 산산이 부숴버렸다. 망상은 가정을, 민족을, 국가를 파괴했다. 수백만 명이 넘는 사람들을 집단수용소로 밀어 넣었고 런던, 드레스덴, 히로시마를 포화로 뒤덮었다. 망상은 렉스 삼촌을 죽이고 아빠마저 데려갔다. 그러나 화염 가득한 대참사의 한가운데 격변의 소용돌이 속에서 나라가 생존을 위해 몸부림을 치던 시대에도 아이는 바깥세상과는 동떨어진 평화가 감도는 정원과 집과 안전한 가정의 품속에서 온전하고 건강하게 자라날 수 있었다.

아이의 정원은 널찍했고 쥐똥나무 울타리가 높게 쳐져 호기심 어린 외부의 눈길을 피할 수 있었다. 그곳에는 갖가지 나무(아르부투스, 물푸레나무, 너도밤나무, 자작나무, 밤나무, 월계수, 소나무)와 화초(대나무, 크로커스, 수선화, 데이지, 민들레, 물망초, 호랑가시, 수국, 라벤더, 백합, 박하, 팬지, 앵초, 진달래, 집장미와 야생장미, 금어초)가 가득했다. 발레리 제인에게는 언제든 오를 수 있는 나무와, 숨을 곳과, 들어가 놀 수 있는 자기만의 작은 오두막이 있었다. 오두막 지붕 위로는 키가 큰 아르부투스나무들이 그늘을 드리웠고, 앞에는 좁은 대나무 숲이 호위병처럼 서 있었으며, 주변에는 높은 쥐똥나무 울타리가 푸른 외호처럼 빙 둘러쳐져 있었다. 오두막의 문 양 옆에는 커튼이 내려진 창이 달려 있었다. 햇볕이 쨍쨍한 더운 날에 오두막의 문을 열고 들어서면 서늘한 그늘과 축축한 흙냄새가 발레리 제인을 맞이했고 인기척을 느낀 거미들이 거무죽죽한 제집으로 소리 없이 돌아가는 걸 볼 수 있었다. 비 오는 날이면 아이는 오두막집 안에 앉아 지붕 위로 빗물이 떨어지는 소리에 귀를 기울였다.

발레리 제인이 살았던 버치스는 1872년에 지어진 웅장하고 오래된 빅토리아 양식의 붉은 벽돌집으로 지붕은 석판으로 덮이고 곳곳에 화려한 진저브레드 장식(빅토리아 시대에 유행한 건축 장식 중 하나—옮긴이)이 달려 있었다. 정문 너머로 작은 탑이 세워져 있었고, 집 뒤편에서 정원으로 이어진 곳에는 지붕이 하늘 높이 솟은 유리 온실이 자리하고 있었다.

아이를 지켜준 안전한 가정은 남자들이 모두 전쟁에서 싸우러 떠나버린 상황에서 흔히 그랬듯이 여자들로만 구성된, 말하자면 모계가족이었다. 모계가정에서 크는 것은 여러모로 장점이 있었다. 훗날 제인 구달은 이렇게 말했다. "넌 여자아이니까 안 돼, 하는 말은 들어보지 못했어요." 집안의 최고 어른은 단연 대니였다. 대니는 자신감과 확신이 넘치며 엄격하면서도 자애로운 여성이었다. 곱슬머리가 하얗게 센 대니는 가족들에게 늘 크나큰 존재였다. 밴은 어머니를 "불굴의 여인이셨지요. 장난도 좋아하고 명석하고 매력적이셨어요. 또 무척 용기 있는 분이셨습니다"라고 회상했다. 시련과 인고의 세월을 견뎌온 대니는 회중파 교회(영국 국왕을 수장으로 삼는 성공회교에 반발하여 성립된 영국 청교도의 일파—옮긴이) 목사의 미망인으로 이 세상에서 자신이 짊어지고 맡아야 할 역할을 분명히 아는 사람이었다.

대니의 본명은 엘리자베스 혼비 르가드로 어릴 적에는 베스라고 불렸다. 부유했던 베스의 가족은 요크셔에서 살다가 1888년 한창 각광 받던 휴양도시 본머스로 이사를 오게 된다. 남부 도시 본머스의 햇빛과 소나무향이 실린 산뜻한 바람이 예전에 한쪽 다리를 잃고 결핵으로 휠체어에 의지하게 된 베스의 어머니의 치유에 도움이 되지 않을까 하는 기대에서였다. 베스의 어머니는 가끔씩 허리에 심한 경련이 오곤 했고 그럴 때면 이젠 제법 나이를 먹은 베스가 통증을 누그러뜨리기 위해 매듭을 묶은 수건으로 어머니의 허리를 두들겨주었다. 베스의 오빠도 소아마비로 다리를 절었다. 아버지 역시 심각한 만성질환을 앓고 있었는데 사람들은 어린 베스에게 아버지가 "어지럼 귀신"에 씐 것이라고 했다. 베스는 아버지의 병이 삼촌이 키우던 암탉한테 실험 삼아 포트와인을 먹였을 때 나타났던 어지럼증과 비슷한 것일 거라고 짐작했다. 아버지의 술버릇은 당사자뿐 아니라 다른 가족에게서도 많은 것을 앗아갔다. 한번은 아버지가 어머니를 휠체어에 태워 본머스의 상점가로 바래다준 뒤, 어머니가 여름옷을 만들 천을 둘러보는 동안 잠깐 어디 좀 다녀오겠다며 자리를 비웠다. 근처 호텔에 들러 친구와 맥주 1파인트를 마신 아버지는 그 뒤로 홀연히 종적을 감추었다. 베스의 아버지는 일 년이나 지난 뒤에 마오리족 공예품이 가득 든 트렁크를 끌고 집으로 돌아왔다. 술에 취한 채 배에 실려 호주와 뉴질랜드까지 갔던 것이다.

베스는 튼튼하고 활기찬 아이였고, 절름발이 오빠를 놀리는 골목대장을 때려눕힐 정도로 활달한 성격의 말괄량이였다. 자라서는 런던 인근의 마담 오스테르베크 체육교육대학에 입학했는데 얼마 안 돼 키가 큰 푸른 눈의 목사 윌리엄 조지프와 사랑에 빠져 결혼한다. 스무 살이나 연상이었던 윌리엄 조지프는 매우 지적이었으며 거침없는 달변가였다. 웨일스의 작은 마을에서 사 형제 중 장남—네 형제 모두 목사안수를 받았다—으로 태어난 그는 카디프대학교에서 장학금을 받으며 공부해 신학 학위를 마쳤다. 그 뒤 예일대에 진학해 주말이나 휴일에 순회 설교자로 활동하여 학비와 생활비를 마련해가며 사학을 공부했다. 예일대를 졸업한 뒤 다시 영국으로 돌아온 윌리엄은 본머스 외곽의 웨스트본에 자리한 회중파 교회의 목회자가 되었으며 이곳에서 르가드 일가를 처음 만나게 된다. 그들과 친분을 쌓던 윌리엄 조지프는 친구로서, 이어 구혼자로서 르가드 저택을 자주 드나들게 되고 결국 혼인을 하여 르가드가의 일원이 된다. 결혼 후 둘은 윌리엄이 고전학을 공부하며 학위를 받을 때까지 옥스퍼드에서 살았고 공부를 마친 뒤에는 본머스로 돌아와 목회 활동을 계속했다.

베스는 남편을 '복서'라는 애칭으로 불렀고, 두 사람은 첫 아들 에릭을 얻은 후 딸 셋―올웬, 마가렛 미판웨(밴), 오드리―을 더 낳아 화목하고 유쾌한 가정을 이루었으나, 윌리엄이 1921년 암으로 먼저 세상을 떠난다. 밴이 겨우 열다섯이었을 때 베스는 아이들을 데리고 교회 사택에서 나와 일 년에 14파운드씩 지급되는 미망인 연금으로 살아가야 했다. 하지만 알코올 중독자였던 베스의 아버지가 술로 가산을 거의 다 탕진한 와중에도 다행히 연립주택 열두 채를 유산으로 남겨준 덕분에, 남편이 죽고 난 뒤에도 베스는 부동산을 조금씩 처분하고 본머스에서 여자아이들을 위한 요양소를 운영하며 간간이 얻는 수입으로 그럭저럭 살림을 꾸려나갈 수 있었다.

그들 가족이 더없이 행복했던 시절, 베스와 복서는 마음에 꼭 드는 예쁜 집을 봐두었다. 울타리가 높게 쳐져 한적한 분위기를 자아내는 넓은 정원이 딸린 빅토리아 양식의 붉은 벽돌집이었다. 둘은 복서가 은퇴하면 이 집을 사서 그곳에서 여생을 함께 보내기로 약속했다. 비록 남편이 먼저 세상을 떠났지만 그로부터 17년 뒤인 1938년, 베스는 그 벽돌집 버치스를 2천 파운드에 사들여 아직 미혼인 두 딸, 올웬, 오드리와 함께 정착했다. 그보다 조금 앞선 1934년 4월 3일 베스는 첫 손녀를 보았고 그 손녀딸이 할머니라는 뜻의 '그래니'를 대니로 발음한 탓에 그때부터 대니로 불리게 되었다. 1940년 봄, 밴이 두 딸을 데리고 버치스로 옮겨와 대니, 올리(올웬), 오드리와 함께 살기 시작했다. 버치스에는 그들 말고도 늘 하숙인이 함께 살고 있었는데 이곳에 살던 하숙인들은 모두 나이 많은 여성들이었고 그중 일부는 전쟁을 피해 런던에서 온 피난민들이었다.

물리치료사 교육을 받은 올리는 붉은 곱슬머리에 주변 사람까지 덩달아 웃게 만드는 유쾌한 사람으로 가끔 야한 농담을 하기도 했다. 약혼을 몇 번씩이나 했지만 매번 남자들은 그녀에게 실망을 안겨줄 뿐이었다. 그 뒤로 올리는 전 남자친구들 사진에 핀을 꽂는 장난을 하기 시작했다. 그러던 어느 날 사진에 핀이 꽂힌 남자들 중 하나가 심장마비를 일으키자 올리는 이 일을 계기로 그 장난을 멈췄다. 하지만 아이들에게만큼은 올리는 신나고 재미있는 이모였다. 훗날 주디는 이렇게 회상했다. "올리 이모는 우리를 가만히 두는 법이 없었어요." 올리는 아이들이 식탁에서 식사를 할 때면 주방에 와 농담을 늘어놓곤 했다. 한번은 커스터드 냄새를 맡으려고 고개를 숙인 발레리 제인의 머리를 꾹 눌러버리기도 했다. 이럴 때면 대니는 "올리, 넌 애들만도 못하구나" 하며 꾸짖었다. 고음도 무리 없이 올라가는 노랫소리가 퍽 아름다웠던 올리는 종종 아이들 방에 놓인 피아노를 치며 성가대에서 자신이 맡은 소절을 연습하곤 했다. 그럴 때면 뜰에서 놀던 아이들은 올리 이모의 노랫소리에 귀를 기울이며 즐거워했다.

　오드리(그녀 자신은 웨일스식 이름인 기네스를 더 좋아했지만 아무도 그 이름으로 불러주지 않았다)는 올리에 비하면 과묵했다. 태어날 때 입은 장애로 오드리는 경미한 경련성 마비를 앓았다. 걷고 말하는 것이 힘겨워 보였고 표현은 어눌했으며 양손을 자연스럽게 쓰지 못했다. 하지만 옳지 않다고 생각하는 점이 있을 때에는 서슴없이 의견을 표현했으며, 천성적으로 선하고 긍정적이어서 누구에 대해서도 험담하는 법이 없었다. 타인의 감정과 고통에 직감적으로 예민했던 오드리는 사람들을 안아주길 좋아했으며 아이들이 하는 일에 늘 관심을 기울여주었다.

　버치스에 머물던 하숙인들은 종종 새로운 이야깃거리를 만들어주곤 했다. 그중 노처녀 미스 로빈슨은 아침마다 응접실에 앉아 「타임스」에 실린 십자말풀이를 하는 게 낙이었는데, 언제부턴가 비정상적인 행동을 하기 시작했다. 어느 날 아침 대니가 눈을 떠보니 미스 로빈슨이 한 손에 칼을 들고 침대로 점점 다가오고 있었다. 대니가 "미스 로빈슨, 이러면 안 돼요"라고 말하자 늙은 여인은 칼을 내려놓았다. 대니의 전화를 받은 의사는 대니에게 아이들을 데리고 침실로 가 문을 잠그고 있으라고 일렀다. 잠시 후 의료진이 도착해 불쌍한 미스 로빈슨을 폐쇄형 간호시설로 데려갔고, 그녀가 쓰던 하숙방은 곧장 다른 사람으로 채워졌다.

제인이 세월이 지나서 썼듯이 대니는 "강인하고 자제력이 대단한, 강철 같은 의지를 지닌 빅토리아 시대의 사람이었다. 가족들 사이에서 가장 권위 있는 분이셨지만 세상의 굶주린 아이들을 모두 감싸 안을 만큼 넉넉한 마음의 소유자"이기도 했다. 아침마다 찬물로 씻는 것을 습관으로 삼았던 대니는 어떠한 상황에서도 의연함을 잃지 않았다. 누군가 기침을 하더라도 열이 심하지 않으면 대니의 관심을 전혀 부르지 못했다. 누군가 관심을 끌려는 모습을 보이면 "엄살 피우지 마라"는 핀잔을 들어야 했다. 그렇지만 가족들 사이에 감정 상하는 일이나 다툼이 있을 때에는 그 일이 해결될 때까지 잠자리에 들지 않았다. "해가 지도록 분을 품고 있지 말라"는 대니가 즐겨 인용하던 문구였다.

대니는 집안에 "기독교 윤리가 서서히 배어들도록 했다." 매일같이 성경을 인용했고 일요일마다 오드리, 올리와 함께 교회에 갔다. 밴은 교회에 가지 않았고 아이들도 식사 전 기도를 하라는 말을 들어본 적이 없지만 모두들 잠들기 전이면 침대 옆에 무릎을 꿇고 앉아 기도를 올렸다.

대니가 명실상부한 이 집안의 가장이었지만 아이들이 가장 먼저 따라야 할 어른은 엄마인 밴이었다. 밴은 항상 아이들에게 엄격한 규칙을 제시했고 바라는 바를 분명히 했다. 외출할 때에는 목적지를 분명히 밝힌다. 허락받지 않은 일은 하지 않는다. 타인에게 늘 사려 깊게 행동한다. 식사 때는 바르게 앉고 예절을 지켜 공손하게 행동한다. 정해진 시간에 잠자리에 들며 정해진 시간에 불을 끈다. 하지만 아이들은 가끔 이불 밑에 숨어 들어가 손전등을 켜고 책을 읽곤 했다. "우리는 규칙을 어기는 데 재미를 느끼기도 했어요." 제인은 이렇게 말했다. 하지만 항상 규칙은 존재했고 밴은 그 이유를 늘 설명해주었다. "부당하다거나 말도 안 되는 규칙은 하나도 없었어요."

아이들 놀이방은 응접실 옆에 있었다. 놀 거리가 부족했던 적은 없었다. 밴은 이렇게 회상했다. "늘 즐거웠어요. '이런, 이것 살 돈도 없고 저것 살 돈도 없는데 이를 어쩐다' 하는 생각은 해본 적이 없어요. 우리에겐 책이 있었죠. 늘 웃음을 잃지 않았고요. 가족들끼리만 통하는 농담도 있었답니다. 애정과 사랑, 이해, 인정이 넘쳤지요. 함께 생각해볼 일들도 많았고요. 어머니께서 피아노로 흘러간 노래를 연주하면 우리는 연주에 맞춰 노래를 부르곤 했지요. 옷도 부족했고 넉넉한 거라곤 하나도 없었죠. 구두 수선을 못해서 속에 폐지를 구겨 넣어 신었던 게 생각나는군요. 우린 그걸 보고 또 깔깔대며 웃어대곤 했답니다."

매월 셋째 주 주말이면 밴의 오빠 에릭이 버치스에 왔다. 런던 외곽의 휩스크로스 병원에서 최고 지도외과의를 지내고 있던 윌리엄 에릭 조지프는 이 집안에서 가장 보수적인 인물이었다. 부드러운 갈색 눈과 짙은 눈썹의 에릭은 늘 과묵하고 진중하고 근엄했다. 중절모를 즐겨 쓰던 그는 제1차 세계대전 때 겪은 비행기 사고로 다리를 절었고, 금요일 저녁에 런던에서 출발하는 본머스벨 열차의 최고급 풀맨 차량 객실에 앉아 본머스로 내려오는 여행길을 좋아했다. 그의 눈빛은 마치 타인의 마음을 꿰뚫어보는 것 같은 느낌을 주었는데 공항에서 그를 스쳐간 어떤 사람은 그를 "눈 둘에 모자 하나만 보이는 사람"으로 묘사하기도 했다. 에릭 외삼촌은 페기 외숙모와 불행한 결혼 생활을 했으며 평생 자식이 없었다. 그러다 보니 여자가 네다섯이나 되고 거기에 여자애까지 둘이나—샐리 캐리와 수 캐리가 놀러왔을 때는 넷으로 불어났다—북적대는 버치스는 그에게는 사뭇 낯선 세상이었다. 에릭이 오면 대니는 각별히 신경을 썼다. 아침식사를 방까지 가져다주었으며 아이들에게 떠들지 말라고 주의를 주었고 "하지 마라. 에릭 삼촌이 계시잖니"라는 말로 북새통 같은 집안 분위기를 애써 다잡았다.

대니에게는 적게나마 가끔 들어오는 수입이 있었다. 밴은 모티머가 보내주는 월 20파운드와 장교 부인에게 지급되는 열차탑승권으로 아이들과의 생활을 꾸려나갔다. 물론 전쟁은 그 자체로 생활고를 안겨주었다. 1940년 1월 배급제가 시작되었고 영국 식품부는 배급수첩을 배포해 버터, 설탕, 햄 소비를 제한했다. 3월에는 육류가, 7월에는 마가린이 배급 대상이 되었다. 사람들은 편지봉투를 다시 쓰고 실을 모아두었으며 깡통이나 뼈다귀, 빈 병을 다시 썼다. 밴은 이렇게 얘기했다. "페인트칠이 필요하면 모두 직접 했어요. 특별한 그림이 필요하면 그것도 직접 그렸어요. 크리스마스카드도, 생일 축하 카드도 직접 만들었어요. 선물도 직접 만들곤 했지요. 나가서 쇼핑하는 사치 같은 것은 누려보지 못했어요. 그럴 수가 없었지요."

대니가 예순네번째 생일을 맞아 받은 선물 목록을 보면 당시 이들 가족이 겪은 생활고가 어느 정도 수준인지 짐작해볼 수 있다. 발레리 제인이 쓴 1943년 7월 13일 일기를 보면 대니는 이날 오드리에게서 코트걸이 한 개, 올리에게서 크레이븐에이 담배 열 개비, 밴에게서 크레이븐에이 담배 몇 개비와 10실링, 주디에게서 "압핀과 편지봉투로 직접 만든 엽서"를, 발레리 제인에게서 "잉크 한 병과 직접 만든 엽서랑 연필 한 자루"를, 마지막으로 에릭에게선 가장 큰 선물인 2파운드짜리 수표를 받았다.

그러나 대니는 예수가 행한 빵과 물고기의 기적처럼 아주 적은 양의 음식으로 여러 명을 배불리 먹이는 훌륭한 요리사였다. 가끔은 여섯 명이 계란 한 알을 나누어 먹어야 하는 상황도 있었는데 그럴 때면 대니는 푼 계란에 옥수수 가루를 넣고 휘휘 저어 6인분의 음식을 만들어내는 부엌의 기적을 일으키곤 했다. 아이들 간식을 만들 때는 당밀을 썼다. 금빛 사자와 벌들이 그려진 녹색 깡통에 담긴 당밀 시럽을 히틀러, 힘러, 괴링, 괴벨 등의 초상화가 되게끔 빵 위로 멋들어지게 흘려주었다. 그러면 아이들은 나치 지도자들의 머리를 베어 먹었다. 그렇게 먹는 빵은 맛도 있었지만 기분 전환이 되는 효과도 있었다.

1940년 8월 15일 독일이 영국 공습을 개시하면서 영국 본토 항공전Battle of Britain이 시작되었다. 밤마다 윙윙대는 어둠의 사자들이 영국 상공을 떼 지어 날며 부두, 비행장, 공장에다 고성능 소이탄을 퍼부었다. 폭격기 성능에서는 독일 공군(루프트바페)이 영국 공군(RAF)을 단연 앞선 듯했지만 전투기 성능에서만큼은 쉽게 우열이 가려지지 않았다. 게다가 자국 영토를 수호하기 위해 출격하는 영국 공군기와 달리 독일 공군기는 늘 비행거리를 초과하여 운행할 수밖에 없었다. 또 영국은 레이더 기술을 개발해 밤이나 악천후에도 적기의 위치를 찾아낼 수 있었다. 결국 영국 국민의 사기를 꺾어놓으려고 시작한 독일의 런던 폭격은 오히려 애초 의도와 상반되는 결과를 초래했다.

본머스는 영국 본토 항공전과 그 뒤 이어진 대공습에서 전략적 목표물에 포함되진 않았지만, 주변에 비행장이 있었고 인근 해안도시 풀, 포틀랜드, 웨이머스에도 해군 주둔지가 있었다. 본머스에 첫번째 폭격이 있던 1940년 7월 3일, 고성능 폭탄 하나가 투하되어 집 한 채가 불타고 18명이 다쳤다. 그러나 이어진 독일의 기나긴 공습기간 동안에 독일 폭격기들은 본머스 해안 위를 그냥 지나쳐서 영국 내륙의 목표물을 향해 들어왔다 빠져나가곤 했을 뿐이다. 그래도 본국으로 돌아갈 때 남은 폭탄이 있기라도 하는 날이면 해상 진입 전에 무작위로 폭탄을 투하하고 가버렸다.

당시 영국 내 모든 주택이 거의 다 그랬듯 버치스에도 자체 대피공간이 있었는데 바로 주방 옆 작은 방에 두었던 정부에서 배급한 모리슨(윗면은 철판, 옆면은 철망으로 된 가로 1.5미터, 세로 1.8미터, 높이 1.2미터의 강철 상자)이었다. 매트리스와 담요 여러 장, 그리고 통조림 몇 개(주디는 이 중 파인애플 통조림이 늘 맛있어 보였다고 회상했다)를 비축해두던 모리슨 박스는 주로 아이들을 위한 대피공간이었지만 가끔은 밴을 비롯해 다른 어른들도 좁은 공간을 비집고 기어 들어가곤 했다. 밴은 회고록에서 이렇게 회상했다. 첫 공습이 있던 날 발레리 제인은 이불 속으로 파고들며 대피소로 들어가길 한사코 거부했다. "난 안 내려갈 거야. 폭탄 따윈 상관없다고요" 하며 고집을 부렸다. 밴은 양팔로 아이를 침대에서 들어 올려 아래층으로 데려갔다. 갑자기 "폭탄 하나가 인근 절벽에 떨어지고 우두둑 무너지는 소리가 나더니 이어 비슷한 굉음이 연달아 들려왔다. 건물 전체가 흔들리고 창문이 덜컹거렸다. 한동안 소름 끼치는 정적이 흐르더니 거리에서 누군가 달려가는 발소리와 고함이 어렴풋이 들려왔다. 제인은 아무 말도 하지 않았다……. 하지만 아이는 교훈을 얻었다."

주디가 회상하는 어느 날이다. 뜰에서 놀다 무심코 하늘을 바라본 주디는 밴에게 "엄마, 저것 보세요. 비행기에서 종이가 떨어져요" 하고 말했다. 그러자 밴은 즉시 아이를 들어 올려 대피소로 데려갔다. 주디가 종이라고 생각한 것은 사실 폭탄이었던 것이다. 또 햇빛 찬란한 어느 오후, 밴과 제인은 부서진 독일 폭격기 한 대가 빠른 속도로 하강하는 것을 보았다. 폭격기는 "나무 높이 정도"까지 하강하여 정원 위를 스쳐 지나갔다. "조종사의 창백한 얼굴과 독일 비행기 옆에 그려진 검은색 나치 문양"을 똑똑히 본 밴은 그야말로 "기겁"을 했고 폭격기는 몇 분 후 바다에 떨어졌다.

"우리 어린이들은 전쟁 때문에 큰 영향을 받지는 않았다." 제인 구달은 후에 회상했다. 사실 1941년 봄 무렵에 대공습의 수위가 낮아지면서 대부분의 영국인들은 예전보다 일상적이고 안전한 나날을 보냈다. 하지만 전쟁은 여전히 예기치 못한 방식으로, 때로는 고통스럽게 아이들의 평화를 깨어놓곤 했다.

1941년 12월 7일 일본이 진주만을 폭격하자 미국이 전쟁에 뛰어들었다. 본머스에서는 1942년 초부터 미군이 많이 보이기 시작했다. 이어 1944년 5월 말에서 6월 초 미군이 대거 투입되면서 제인의 가족은 미군을 더 자주 보게 되었다. 하루는 두 줄로 늘어서 걸어가던 미군들이 버치스 앞길에 멈추고 그들 뒤를 따르던 탱크 역시 천둥소리를 내며 멈췄다. 남에게 구걸하는 것은 금지된 일이었지만 주디는 미군들 주변을 걷다 저도 모르게 "껌이요, 껌이요" 하고 외쳤고 그러면 군인들은 주디에게 껌을 건네주곤 했다.

그해 11월 잭 마셜이라는 젊은 미군장교가 버치스에 찾아와 초인종을 눌렀다. 자신이 지금은 세상을 떠난 대니의 남편, 윌리엄 조지프 목사와 예일대에서 함께 공부했던 학우의 외손자라는 것이었다. 이후 잭은 낮이나 저녁 시간에 몇 차례 버치스를 방문했다. 밴은 회고록에 이렇게 썼다. "다른 가족들이 모두 분주한 날이면 잭은 발레리 제인을 옆에 앉혀두고 즐겁고 여유로운 표정으로 뱀과 악어, 웅덩이가 등장하는 이야기나 자신이 살던 후덥지근한 플로리다 이야기를 들려주곤 했다." 하지만 잭은 곧 유럽 대륙으로 전출되었다. 발레리 제인은 꼭 편지를 쓰겠다고 약속했다.

발레리 제인이 보낸 첫번째 편지는 12월의 어느 날 벨기에의 눈 내리는 전장에서 누군가가 잭의 지갑에서 꺼내 아들을 잃은 슬픔에 빠진 그의 어머니에게 보냈다. 후에 이 편지는 "이후 평생토록 두 가족을 우정으로 묶어준 소중한 끈"이 되었다고 밴은 기록했다.

밴의 회고록에 따르면 1942년 네 살배기 주디는 밤마다 놀라서 깨어나 히틀러가 우리 집을 불태우려고 한다며 흐느껴 울었다고 한다. 당시 여덟 살이었던 발레리 제인은 아돌프 히틀러가 불타는 자기 집 침실 창문 밖으로 고통스럽게 비명을 지르는 모습이 담긴 그림을 그려 동생에게 건네주었다. 주디는 이 그림을 베개 밑에 넣고 곤히 잠들었다. 그러나 며칠 지나지 않아 악몽은 다시 시작되었다. 잠에서 깨어난 주디는 "나 마당에 묻어줘! 머리만 빼놓고!"라며 소리 질렀다. 발레리 제인은 곧장 새로운 그림을 그려주었다. 정성껏 색칠한 그림 속에는 비스듬하게 기울어진 묘비가 달빛을 받으며 서 있었고 그 옆으로는 눈을 동그랗게 뜨고 환하게 웃는 주디의 얼굴이 그려져 있었다. 이번에도 동생은 그림을 베개 밑에 넣었고 또 며칠 밤을 달게 잘 수 있었다.

하지만 밤을 가르는 비명과 흐느낌이 또다시 시작되자 발레리 제인은 좀 더 긍정적인 이미지를 사용했다. 창문 밖으로는 반달이 보이고 침대에서 곤히 잠든 주디 옆에 '깜깜 어둠 아저씨'가 붓을 들고 침실 벽에 하얀 구름을 그려 넣는 그림이었다. 발레리 제인은 이 그림을 시가 적힌 마분지에 붙였다.

해님, 해님, 기운찬 해님이
하늘에 빛나요
해님과 함께 있으면 신나는 일이 가득하지요
찬란한 낮이 다하고
어둠이 방에 드리워도

마녀가 아니니 걱정 말아요
바로 깜깜 어둠 아저씨가
웃음 나는 그림을 그리는 거랍니다

시와 그림이 있는 마분지를 주디의 침대 위에 붙여두자 그 뒤로는 다시 악몽을 꾸지 않았다.

발레리 제인은 전쟁으로 심한 마음의 상처를 입지는 않았지만 전쟁에서 많은 영향을 받았다. 사랑하는 삼촌이 죽었으며, 전쟁에 참전한 아빠는 모습을 보기 힘들었다. 그녀는 이후로도 물자가 부족하여 배급을 받던 시절을 잊지 않으며 평생 검소하게 살았다. 제인 구달의 학창시절이 끝나갈 무렵, 입고 다니던 튜닉이 너무 헤져 올이 드러난 일이 있었다. 어느 날 결국 밴이 "중고가게에 가서 튜닉을 새로 사야겠다. 이젠 너무 낡았구나" 하고 말했다.

"아니에요. 이번 학기 끝날 때까지는 아마 괜찮을 거예요" 하고 제인은 대답했다.

"이런, 안 되겠다. 이젠 뒤쪽까지 다 닳았어." 한두 달 후에 밴이 다시 말했다.

"뭐, 어때요. 사람들이 뒤쪽까지 들춰보는 것도 아니잖아요. 안 그래요, 엄마?"

배급제가 끝난 지 60여 년이 지난 지금도 제인 구달은 적게 먹고 소박한 옷을 입는다. 그녀는 지금도 편지봉투를 다시 쓰고, 부치지 않은 편지의 우표는 수증기를 이용해 떼어내며, 호텔 방문 앞 룸서비스 쟁반 위에 남은 설탕을 가져가고, 기내에서 나누어주는 작은 술병도 받아서 모아둔다.

하지만 전쟁이 당시 아직 어린 아이였던 발레리 제인에게 남긴 가장 큰 영향은 무엇보다도 인간이 얼마나 폭력적일 수 있는지, 어느 정도까지 파괴적이고 악할 수 있는지를 보여준 것이다. 전쟁은 발레리 제인이 다섯 살일 때 시작해 열한 살이 되던 해에 마침내 끝났다. 그 기간 동안 아이는 라디오, 신문, 잡지, 때로는 텔레비전 뉴스에서 보도되는 영사 슬라이드에서, 때로는 어른들의 대화를 엿들으며 이제까지 몰랐던 보다 큰 세상을 알게 되었다. 그리고 연합군이 유럽으로 진군하며 전쟁이 막바지로 접어들었던 마지막 몇 달 동안, 그때까지 대중에게 공개되지 않았던 집단수용소 사진이 신문에 실리기 시작했다. "그때 나는 열한 살이라는 매우 감수성이 예민하고 상상력이 풍부한 그런 나이였다. 가족들은 내가 잔혹한 홀로코스트 사진을 보지 않기를 바랐으나, 이전에 신문을 읽지 못하게 한 적이 없었듯이 그때도 막지는 않았다"고 후에 제인 구달은 썼다. 굶주려 앙상하게 뼈만 남은 사람들, 아무렇게나 쌓은 산더미 같은 시체더미 등, 그때 목격한 장면들은 이후 그녀의 기억과 양심에 끈질기게 남아 결코 지워지지 않았다. "그러한 일이 일어날 수 있다는 것을 도저히 이해할 수 없었다."

4

숲속의 아이

1940~1951

발레리 제인—이 즈음에는 거의 모두 비제이V. J.라는 애칭으로 불렀다—이
울적해할 때면 밴은 딸에게 책을 건네주었다. "가서 이 책을 읽어보렴." 그
러면 아이는 책을 받아 들고 자신만의 은밀한 쉼터, 정원의 나무로 향했다.

　비제이가 제일 좋아한 나무는 가지가 무성했던 밤나무 누키와 너도밤나
무 비치였다. 그중 더 좋아했던 나무는 비치였다. 아이는 이 나무 위에서
몇 시간 동안을 혼자 앉아 있곤 했다. 비제이가 비치를 어찌나 좋아했던지
아이가 열네 살이 되던 해 대니는 비치를 손녀에게 양도해주었다. 펜으로
정성껏 쓴 각서—비제이가 작성하고 대니가 서명을 했다—를 특별수여라
는 문구가 적힌 작은 봉투에 담아 봉한 뒤 비제이에게 건네주었던 것이다.

　〈증서〉
　본 증서는 1948년 4월 3일 엘리자베스 조지프가 발레리 제인 구달에게
　'비치'를 양도함을 증명함.

　전망대로 사용하기에도 좋고 차분히 쉴 수 있는 휴식처이기도 했던 이

나무는 바람을 쐬며 자기 혼자만의 시간을 누릴 수 있는 아이의 작은 왕국이었다.

숲속의 아이는 아주 어릴 적부터 혼자 있기를 좋아했다. 친구들이나 가족들과 함께하는 시간도 좋아했지만 혼자 보내는 시간을 더 각별하고 소중하게 여겼다. 아이의 풍부한 내면세계는 수천 가지 다양한 생각과 상상으로 가득 찼다. 그중에는 동물과 친구가 되는 상상이 있었다. 날개가 달렸거나 털이 수북한 친구들, 분명 언어가 필요하지 않을 그 친구들은 주로 다리가 넷 달린 동물들이었다. 동물 친구들은 소리 없이 땅 위를 스치듯 빠르게 달리는 재주가 있었고 감각은 예민했다.

비제이에게는 느릿느릿 기어 다니는 동물들을 여러 마리 모아놓은 작은 동물단이 있었다. 1945년 11월 비제이가 친구 샐리 캐리에게 보낸 편지에는 이렇게 쓰여 있다. "나에게는 애벌레가 꽤 많아." 그중에는 "박각시나방 애벌레"도 있고 "마가목 잎사귀를 먹는 녹색 자벌레도 있는데, 얼마 전에 고치가 되었어." 그리고 "어디서나 흔히 볼 수 있는 배추흰나비 애벌레도 한 마리 있는데 이제는 고치가 되었지. 검은 털보 들신선나비 애벌레도 있는데 이건 쐐기풀을 먹어. 쪼그만 노란색 자벌레는 라임을 먹고, 양배추 잎을 먹는 초록색 애벌레는 지금 갈색이 되었어."

비제이에게는 "사랑스럽고 커다란 슬로우웜"(다리 없는 도마뱀)도 있었는데, 이보르 노벨로라고 이름 붙인 이 도마뱀은 1951년 4월 3일에 열일곱 번째 생일을 맞아 오드리 이모가 선물로 준 것이었고, 나중에는 솔로몬이라는 이름의 도마뱀이 한 마리가 더 생겼다. 또 경주용 달팽이 선수단도 있었다. 비제이는 달팽이들을 서로 구분하기 위해 등껍질에 물감으로 번호를 쓰고 바닥이 뚫린 상자로 덮어 정원에 두었는데, 덕분에 앨리스, 앤디, 갤리, 조니라는 이름이 붙은 이 달팽이들은 상자 안에서 안락하게 지내는 호사를 누렸다. 이 용맹한 달팽이 선수단은 1949년 부활절에 프라이즈위너가 합류하면서 다섯 마리로 불어났다. 프라이즈위너는 합류한 바로 그날 출전을 위해 앤디와 함께 종이봉투에 담겨진 채로 교회에 갔다. 비제이의 일기에 따르면 존 쇼트 목사가 "당신은 주님께 자신의 전부를 바칠 것인가, 극히 일부만 바칠 것인가, 아니면 조금도 바치지 아니할 것인가"를 주제로 "무지 좋은 설교"를 하고 있었던 시간에 프라이즈위너는 교회의 위층 별석 난간 위를 앤디와 함께 질주했다고 한다.

비제이는 녀석들에게 가끔 민달팽이를 먹이로 주었고, 땅거북 제이콥과 크리스토벨, 북미산 거북 테러핀을 운동시키러 정원으로 데리고 나갈 때는 달팽이들도 함께 데려가곤 했다.

기니피그인 간디(갠디라고도 불림)와 지미는 야외에 자주 풀어주었지만 대개는 울타리 사이로 도망가지 못하도록 목줄을 매어두었다. 1951년 간디와 지미에게는 스핀들이라는 새 친구가 잠깐 생겼지만 스핀들은 고양이 피클스 때문에 그다지 오래 살지 못했다. 햄스터 햄릿은 스핀들보다 훨씬 오랜 시간을 함께했다. 소파 팔걸이에 자리를 잡고 앉아 있곤 했던 햄릿은 언젠가 전화선을 갉아서 아예 끊어놓는 일을 저지르고 말았다. 피터라는 카나리아도 있었다. 피터는 밤에는 새장에 있었지만 낮에는 집안 구석구석을 자유롭게 날아다녔고 가끔은 정원 밖으로 날아가기도 했다.

비제이는 보통 학교 가기 전에 규칙적으로 동물들에게 먹이를 주고 씻기고 운동을 시켜주었다. 비제이가 1949년 2월에 쓴 일기에는 이렇게 적혀 있다. "새장 문을 열어 피터를 꺼내 내 손가락 위에 얹었다. 그런데 이 일기를 읽는 사람이 시샘이 나겠지만 피터가 제법 여러 번 내 손가락 위에 스스로 앉았다! 하지만 학교에 지각할 것 같아서 피터를 다시 새장에 넣어야 했다." 그해 4월 오드리가 실수로 새장을 떨어뜨리는 바람에 피터가 크게 다쳤다. "정신없이 뛰어 내려가보니 오디(오드리) 이모가 새장을 떨어뜨려서 피터가 바닥에 웅크리고 있었다. 내가 피터를 들어 올려 물을 먹여주는 동안 엄마는 애완동물 가게에 전화를 하셨다. 가게에서는 피터의 상태가 나아지지 않으면 상자에 넣어서 데려오라고 했다……. 피터가 입을 다물지 않고 계속 벌리고 있어서 우리는 커다란 우산을 쓰고 피터를 가게에 데려갔다……. 가게에서는 피터에게 성냥개비로 모이를 주라고 했다. 우리는 다시 피터를 집으로 데려왔고 내가 피터에게 빵 부스러기와 우유를 먹여주었다." 안타깝게도 피터는 고비를 넘기지 못했다. 피터의 부리가 부러져 결국 안락사를 시켜야 했다.

체이스는 비제이가 기른 개 중 유일하게 자신의 돈으로 산 개였다. 고풍스러운 빅토리아풍 인형의 집—올리 이모가 어릴 때 가지고 놀았던 장난감이었던 듯하다—을 선물로 받은 비제이는 수집가에게 이 장난감 집을 팔아 그 돈으로 1945년 7월 초 흑백 점박이 스패니얼을 한 마리 샀다. 1945년 11월에 샐리에게 쓴 편지에서 비제이는 체이스에 대해 이렇게 썼다. "귀엽기"도 하지만 "무척 장난꾸러기라 무엇이든 닥치는 대로 물어뜯어. 부르면 올 줄도 알고 나랑만 하는 특별한 놀이도 있어. 내가 마구 달리면 날 따라오다가 지쳐서 앉아버리거든. 그러면 그때 내가 바닥에 누워. 그럼 체이스가 다시 전속력으로 내 쪽으로 달려와. 그러면 나는 얼른 벌떡 일어나지. 안 그러면 체이스가 내 머리카락을 모두 다 삼켜버릴지도 모르니까. 체이스는 먹을 거에는 욕심이 아주 많고, 먹는 속도도 엄청나게 빨라." 불행히도 다음 해 여름 체이스는 트럭에 치이고 만다. 1946년 7월 비제이는 샐리에게 이런 편지를 보냈다. "우린 너무 슬퍼. 체이스가 죽었거든. 체이스가 길 한가운데에 있었는데 트럭이 문 밖으로 후진해 나오다가 (그래서 못 봤나 봐) 체이스를 치고 말았어. 어떤 아저씨가 보고 수의사에게 데려갔지만 결국 죽었어. 정말 끔찍해. 체이스가 불쌍해."

그해 "작고 다정한 아기고양이 재퍼"가 체이스 자리를 대신했다. "재퍼는 하는 짓이 꼭 강아지 같아. 날 좋아해서 어딜 가든 나를 꼭 따라와." 그러나 재퍼 역시 교통사고를 당하고 만다. 몇 개월 뒤에 쓴 편지에서 비제이는 이렇게 말한다. "슬픈 소식이 있어. (솔직히 말해서) 나는 결국 울고 말았어! 재퍼가 개에게 쫓겨서 도로로 나갔다가 차에 치여 다리 하나가 차에 깔리고 말았어. 수의사 아저씨가 굉장히 빨리 오시긴 했는데 결국은 편히 잠들게 해주고 가셨어." 재퍼의 뒤를 이은 개는 피클스였다. 피클스만큼은 버치스에서 수 년 동안 가족들과 함께 건강하게 탈 없이 살았다.

숲속의 아이는 말과도 친숙해졌다. 앞에서 나왔듯이 비제이는 이미 두 살 때 렉스 삼촌의 페인스테이커 등 위에 올라타 본 경험이 있었고, 다섯 살 무렵에는 어른들의 허락을 받아 장원 저택 마구간 근처에서 체리라는 이름의 조랑말을 원을 그리며 타보기도 했다. 비제이가 처음으로 일기를 쓰기 시작한 1942년 여름 무렵에는 이제 제법 승마의 기본을 익혀 말에 탄 사람들의 모습을 스케치하고 자세에 대한 논평을 남길 정도가 되었다. "좋은 자세다. 하지만 걷는 자세인데 다리가 너무 뒤에 있고 고삐를 너무 헐렁하게 잡았다."

1945년 무렵 정식 승마수업을 받기 시작한 비제이는 학기 중에는 토요일 아침마다, 방학 중에는 한 주에 두세 번씩 시내버스를 타고 롱햄이라는 작은 마을에 있는 롱햄하우스로 갔다. 롱햄하우스는 키 큰 느릅나무와 목초지로 둘러싸인 앤 여왕 양식의 웅장한 저택으로 그 안에는 마구간 여러 채와 20~24만 제곱미터에 이르는 농장, 그리고 미스 셀레나 부시가 소유하고 운영하는 승마학교가 있었다. 아이들은 부시 원장을 미스 부시 또는 부셸이라고 불렀다. 부시 원장은 활력과 생기가 넘치는 사람이었다. 혈색 좋은 얼굴에 늘 덥수룩한 머리에는 지푸라기를 군데군데 달고 다녔고, 항상 —주디의 눈에는 그렇게 보였다—고양이를 목에 두르고 다녔다. 원장은 무게가 족히 45킬로그램은 되는 감자 포대를 몇 개고 들어서 던질 수 있을 정도로 힘이 세고 마당을 한가득 채운 꼬마아이들도 문제없이 다룰 수 있었다. 부시 원장은 50여 년의 세월이 흐른 후에도 비제이가 처음으로 롱햄에 나타났던 어느 늦가을 오후를 기억해냈다. "다섯 시쯤 집으로 들어가 차 한 잔을 마시며 '드디어 애들이 다 갔구나. 휴! 이제 좀 한가하군.' 그런 생각을 하고 있었죠." 그런데 한 시간쯤 지나 다시 나가보니 작고 가냘픈 여자아이 하나가 아직 마당에 남아 있었다. 어둑어둑해진 하늘에는 이미 별이 보이기 시작하는데 눈을 커다랗게 뜬 그 여자아이는 말없이 홀로 우두커니 서 있었다. "너무 평화로워요!" 아이가 조용히 말했다. 팔다리가 가늘고 긴 모습이 꼭 물렛가락을 닮았다고 생각한 부시 원장은 아이를 물렛가락이라는 뜻의 스핀들이라고 불렀다. 부시 원장의 눈에 비친 비제이는 "여느 아이들과 많이 달랐"다. "굉장히 달랐어요. 무엇보다 무척 차분했지요. 생각이 깊고 관찰력도 좋았어요. 늘 풀밭에서 말과 함께 살다시피 하는 아이였답니다. 아이가 밖에 나가서 삼십 분이 지나도 돌아오지 않으면 처음에는 걱정을 했는데 나중엔 그러려니 하게 되었어요. 한참이 지나서야 발가락을 다친 개구리 같은 걸 들고 나타나곤 했거든요. 그래요. 정말 남다른 아이였어요."

롱햄에 오는 아이들 중 몇몇은 자동차를 타고 왔다. 자기 소유의 말이 있는 아이들도 있었다. 집에 차가 없는 비제이는 한 시간이 족히 걸리는 거리를 버스를 타고 왔으며 언제나 낡은 승마복을 입었다. "제가 좀 꾀죄죄하죠!" 비제이는 스스로에 대해 그렇게 말했다. 조랑말을 한 번 탈 때마다 드는 비용이 2실링 6펜스였는데 비제이가 한 달에 승마에 쓸 수 있는 돈도 그 정도뿐이었다. 하지만 부시 원장은 비제이를 특별히 배려해주었고, 가끔은 동생 주디나 친구 샐리와 수에게도 그렇게 대해주었다. 비제이는 조랑말과 말을 빗겨주고 먹이를 주고 마구간을 청소하고 마구를 씻는 일을 했다. 말안장 씻는 비누로 거품을 내어 안장과 말굴레를 박박 씻어내는 일도 맡았다. 삽으로 비료를 뿌리거나 잡초를 뽑았으며, 부시 원장을 도와 감자밭에서 잘 자란 감자를 골라 자루에 담고 벌레가 먹은 감자는 추려서 스미스감자칩 회사로 보낼 자루에 던져 넣는 일도 했다. 감자 캐는 일을 하다 보면 온통 진흙으로 뒤덮인 감자를 주워들 때도 있었는데, 그럴 때면 부시 원장은 "그래, 안에 감자가 들었다고 믿기만 한다면야 사람들이 요 흙덩이를 사주겠지"라고 말하곤 했다.

그렇게 열심히 일한 덕분에 비제이는 곧 조랑말을 타러 온 손님들을 응대해도 좋다는 허락을 받았다. 그리고 얼마 후 포니클럽 행사와 승마대회에 참가해보라는 권유도 받았다. 학교가 쉬는 날이면 비제이는 롱햄으로 와서 셸라 맥노튼과 함께 밤을 보내곤 했다. 그녀는 마구간 옆 숙소에 사는 일꾼 두 명 중 한 사람이었다. 스코틀랜드 사람인 셸라가 "푸시!"(밀어)를 "푸우시!"라고 발음한 탓에 아이들은 그녀를 '푸우시'라고 불렀다. 푸우시와 함께 자는 날이면 비제이는 대개 다음날 새벽 동이 트기도 전에 일어나 차를 마시며 비스킷을 베어 먹었고, 하루해가 찬란한 빛을 비출 때쯤 들판에 나가 풀을 뜯는 조랑말들을 한데 모으곤 했다.

부시 원장은 아이들에게 당나귀를 타고 승마를 배운 경험을 이야기해주었다. 당나귀는 본래 말을 잘 듣지 않는 동물인데, 자신은 그런 당나귀를 타면서 필요한 승마 기술을 다 배울 수 있었다는 것이다. 부시 원장은 당나귀를 졸업하고 첫 조랑말로 본래 탄광에서 부리던 조랑말인 대니얼을 탔는데, 이 검정말 대니얼은 원장이 처음 승마를 배울 때 당나귀로 시작하지 않았더라면 탈 엄두를 내지도 못했을 정도로 세상에서 가장 다루기 힘든 고집불통이었다고 했다. 하지만 역설적이게도 나이가 들어 털까지 하얗게 센 지금의 대니얼은 승마 초보자에게 더없이 적합한 말이 되었다. 사실 대니얼은 기갑(말의 목과 등이 만나는 지점—옮긴이) 부분에 뭔가가 닿으면 질색을 했고, 초원을 달리다 갑자기 멈춰 서서 십여 분간 허공을 응시하는—승마자로서는 퍽 당황스러운—버릇이 있었다. 비제이와 샐리는 그게 대니얼이 시를 지으려 시상을 가다듬는 시간일 거라고 서로 얘기했다. 어쨌거나 대니얼은 착하고 안전한 조랑말이었기 때문에 초심자들은 모두 대니얼을 탔다.

대니얼은 비제이가 타던 롱햄의 다른 말들처럼 망아지일 때 뉴포레스트 지역의 야생 조랑말 무리에서 잡아온 말이었다. 비제이가 타던 점잖은 조랑말 임프나 영리한 크라이슬러도 마찬가지였다. 마침내 조랑말을 졸업하고 큰 말을 타기 시작한 아이는 이내 승마대회에 재미를 붙이기 시작했다. 원래 우유 수레를 끄는 말이었던 외눈박이 블리츠는 점프를 잘했다. 한번은 비제이가 마을 승마대회에 블리츠와 함께 참가했는데 블리츠가 점프를 하던 도중 발부리가 걸려 다리가 꺾인 채 바닥에 넘어졌고, 비제이도 안장에서 떨어져 블리츠의 목 아래로 미끄러졌다. 하지만 블리츠가 일어나 다시 걷기 시작하자 비제이도 다시 말에 올라탔고, 도랑과 울타리를 뛰어넘으며 달려 결국 결승선을 통과했다. 그리고 또 퀸스가 있었다. 푸우시의 말이었던 퀸스는 털색이 누런 잘생긴 순종으로 다리 아래 부분과 얼굴 한가운데에 흰색 무늬가 있었다. 비제이는 가끔 퀸스에게 점프 연습을 시켜주었다. 주디는 "퀸스의 점프는 우리 같은 아이들의 눈엔 정말 어마어마하게 거대한 점프로 보였지요" 하고 회상했다.

열일곱 살 무렵, 이제는 제법 노련하게 말을 타게 된 비제이는 디보트라는 말을 타고 여우사냥에 참가한다. 후에 그녀는 이 일을 이렇게 회상했다. "사냥꾼들과 함께 말을 탈 생각에 무척 신이 났었지요. 사냥꾼들은 '핑크'색 코트를 입는데 사실 엄청나게 붉은 색깔의 옷이었어요. 거대한 산울타리와 철제 펜스 위를 점프해 넘어볼 수도 있겠구나, 또 사냥 나팔소리도 들리겠구나, 저는 그런 생각으로 온통 들떠 있었어요." 여우사냥에 참가하는 것은 큰 모험이었고, 평소의 기량을 마음껏 발휘하고 뽐낼 수 있는 기회였다. 당시에는 여우 자체에 대한 생각이 별로 들지 않았다. 그때는 단지 꼬리를 높이 세우고 요리조리 도망치는 사냥감으로만 생각한 것이다. 그러나 사냥이 시작되고 세 시간 정도를 열심히 달리고 나서 마침내 여우가 "흙투성이가 되어 지칠 대로 지쳐 사냥개들에게 잡혀 갈가리 찢기"는 모습이 눈에 들어왔다. 소녀는 경악했다. "어떻게 내가 단 한순간이라도 이렇게 잔인하고 끔찍한 일에 끼고 싶어 했을까? 사납게 짖어대는 개들이 그 작고 불쌍한 여우 뒤를 맹렬히 쫓아 달리고 그 뒤를 그 많은 어른들이 말, 자동차, 자전거를 타고 따라다니는 그런 대회에!"

말을 타기 시작하면서 몸집이 큰 동물 주변에서 침착성을 유지하는 능력을 기르고 말을 할 수 없는 동물을 조용하고 끈기 있고 솔직하게 대하는 태도를 배웠다면, 비제이는 개를 통해서 또 다른, 어쩌면 앞의 것보다 더 소중한 많은 교훈을 배웠는지 모른다. 스패니얼 종 체이스가 안타깝게 그들 곁을 떠나고 한두 해 뒤 비제이는 혈통이 별로 대단치 않은 동네 개인 버들리, 러스티와 친해졌다. 버즈라는 애칭으로 부르기도 했던 버들리—콜리 또는 콜리 잡종견이었던 듯하다—는 버치스 부근에서 담배나 과자를 파는 상점을 하던 처처 부인이 기르는 개였다. 어린 소녀는 날마다 버들리를 데리고 절벽이나 계곡을 기어오르거나 해변을 거닐며 놀았다. 또 버들리에게 몇 가지 간단한 재주를 가르쳐주기도 했다. 1948년 즈음 비제이와 버즈는 털이 반지르르 윤이 나는 열성적인 새 친구 러스티를 만난다. 스패니얼 종으로 보이는 이 검정개는 가슴팍에 새하얀 털이 나 있었고 무척 예민해 보였다. 버치스 옆의 산레모 호텔 매니저들이 키우는 개였던 러스티는 호텔에서는 줄곧 테이블 다리에 묶여 지내는 신세였기 때문에 비제이를 만나기 전에는 줄곧 지루하고 따분한 나날을 보내고 있었다.

비제이는 곧 러스티가 관심 받기를 좋아하며 주의력이 뛰어난 영리한 개임을 알아보았다. 비제이가 처음부터 러스티에게 재주를 가르쳤던 것은 아니다. 러스티는 비제이와 버즈가 산책 나갈 때 그저 신나게 따라다닐 뿐이었다. 그러던 어느 날 비제이가 버즈에게 악수하는 법을 가르치고 있는데 옆에 앉아 이를 지켜보던 러스티가 대뜸 발을 들었다. 러스티의 뜻을 알아챈 비제이는 그날부터 러스티에게도 재주를 가르치기 시작했다. 버즈는 신호가 떨어지면 코에 올려둔 간식을 먹는 재주를 여러 번의 시도 끝에야 겨우 익히기 시작했지만 러스티는 단 세 번 만에 성공했다. 게다가 러스티는 "오케이"라는 신호를 주면 코로 비스킷을 공중에 띄운 뒤 받아먹는 화려한 재주까지 덧붙였다.

호텔에서 아침 6시 반경에 러스티를 풀어주면 개는 곧장 버치스로 달려와 현관문 앞에 서서 어서 들여보내 달라고 짖어댔다. "짧고 날카로운 개 소리"에 계단을 내려가 보면 "털이 북슬북슬한 귀를 쫑긋 세우고, 문 앞에 앉아 총기가 가득한 눈을 반짝이며 꼬리를 세차게 흔들어대는 꼴이 당장이라도 제인의 침실로 쳐들어갈 기세"였다고 밴은 썼다. 그러면 이내 어린 소녀는 애정을 듬뿍 담아 "우리 검둥이", "돼지", "검은 마왕", "검은 천사" 같은 별명으로 러스티를 불러주었다. 1951년 6월 24일 비제이의 일기에는 이렇게 쓰여 있다. "우리 검은 천사가 짖는 소리에 잠에서 깨어났다. 내려가서 러스티에게 문을 열어주었다. 러스티가 말을 무척 잘 들었고, 또 아침에 일찍 왔길래 나는—물론 옷부터 갈아입고—러스티를 잠깐 산책시켜주었다. 우리는 절벽 위에도 올라갔고 다른 데도 여기저기 돌아다녔다. 그리고 러스티는 아침을 먹으러 제집으로 돌아갔다. 나도 아침식사를 하러 우리 집으로 왔다."

러스티는 버치스에서 자주 시간을 보냈다. 가끔은 종일 눌러앉는 경우도 있었는데 그런 날에는 저녁에 산레모 호텔로 잠깐 밥을 먹으러 갔다가 다시 정원이 있는 버치스 저택으로 돌아와 잠자리에 들 시간까지 그곳에서 머물렀다. 말을 잘 들으면 보상으로 주어지는 소녀의 애정 표현에 적극적으로 반응했던 러스티는 '납작 엎드리기' 같은 흔한 재주부터 후프 통과나 사다리 타기 같은 흔치 않은 재주에 이르기까지 다양한 묘기를 단번에 익혔다. 러스티는 비제이와 게임도 했고, 아이가 밀어주는 외바퀴 수레를 타고 빙빙 돌거나, 눈을 가린 채로 숨겨둔 물건을 찾거나, 정원에서 장애물 통과 놀이 같은 것도 했다. 또 러스티가 옷 입는 것을 좋아해서, 가끔 비제이는 러스티에게 파자마를 입혀서 낡은 유모차에 태워 밀고 다녔다. 하지만 누가 그 모습을 보고 웃기라도 하면 러스티는 무척 불쾌한 반응을 보였다. 그리고 누가 자신을 지나치게 우스꽝스럽게 여긴다 싶으면 즉시 놀이를 끝내고 옷을 질질 끌며 가버렸다.

그렇게 러스티는 호텔 맞은편 집 소녀에게서 많은 것을 배웠고 소녀 역시 개에게서 많은 것을 배웠다. 소녀는 후에 이렇게 기록했다. "러스티는 나에게 동물의 행동에 대해 너무도 많은 것을 가르쳐주었다. 그때 배운 내용들은 일평생 기억해왔다." 비제이는 러스티에게서 개가 눈앞에 없는 사물에 대해서도 사고할 수 있다는 사실을 배웠다. 러스티가 곁에 있을 때에 비제이는 종종 위층 창문에서 정원 밖으로 공을 던지곤 했는데 그러면 러스티는 먼저 공이 어디로 떨어지는지를 확인한 뒤, 뒤돌아서 방문을 열어달라고 비제이를 향해 계속 짖었다. 아이가 문을 열어주면 계단 아래로 정신없이 달려가 또 누군가가 밖으로 나가는 문을 열어줄 때까지 계속 짖었고, 문이 열리면 정원으로 돌진해 곧바로 공을 찾아냈다. 러스티는 또한

"내가 본 개 중 유일하게 공정함에 대한 개념이 있던" 개였다. 스스로 보기에 명백한 잘못을 저질렀고, 비제이가 이에 대해 정당하게 화를 내거나 신경질을 부리면 러스티는 유순한 미소를 지으며 바닥에 드러누워 겸손하게 용서를 빌었다. 하지만 비제이가 평소 태도와는 달리 부당하게 화를 내거나 신경질을 부리면 러스티도 기분이 상했고, 그런 모습을 눈으로도 쉽게 알아차릴 수 있었다. 한번은 이런 일이 있었다. 비제이가 러스티에게 명령에 따라 방문을 닫는 법을 가르쳐준 이후의 일인데, 그날 러스티는 발이 진흙투성이였다. 비제이가 문을 닫으라고 하지도 않았는데 러스티가 방문을 닫았고 그 때문에 문에 잔뜩 진흙이 묻었다. 이를 본 비제이는 바로 "나쁜 강아지!"라고 외쳤다. 러스티는 그런 비제이의 반응이 평소 태도와 비교해 무척 부당하다고 생각했는지 비제이를 잠깐 동안 빤히 쳐다보더니 이내 벽 쪽으로 걸어가 코가 벽에 닿을 만치 얼굴을 벽 가까이 대고 서서 꼼짝도 하지 않았다. 이유를 깨달은 비제이가 부랴부랴 간곡히 사과하자 그제야 조금씩 반응을 보였다.

숲속의 아이는 꿈이 많았다. 광활한 꿈을 꾸는 몽상가였던 아이는 자라면서 말하기와 쓰기라는 언어의 날개를 얻게 된다. 여섯 살이 되던 해인 1940년, 성 크리스토퍼스St. Christopher's로 알려진 본머스의 작은 학교에 다니면서 비제이는 첫 정식교육을 받기 시작했다. 비제이의 첫 선생님이었던 필리스 힐브룩은 평소 버치스 가족과 가깝게 지내는 사이였다. 아이들에게 필리 이모라고 불린 필리스 선생은 일주일에 한 번씩 버치스에 찾아와 브리지 게임을 하곤 했다.

사실 비제이는 어떤 학교에서든 교실에서의 수업을 좋아하기에는 너무 활동적이고 상상력이 풍부한 아이였지만 필리스 선생님만큼은 끔찍이 좋아했다. 하지만 아이를 입학시키고 몇 달 후에 필리 이모가 보낸 성적표를 받아든 밴은 걱정에 잠겼다. 비제이의 학습능력이 정상적인 발달을 보이지 않고 있으며 다른 학생들에 비해 글자나 단어의 습득이 느려 '고양이가 매트 위에 앉았다' 정도의 언어 구사 수준을 넘어서지 못하고 있다는 것이었다. 그러던 어느 날 밴이 집에서 딸아이의 행동을 관찰하는 동안 그간의 우려는 놀라움으로 바뀌었다. 이날 저녁 비제이가 침대에 누운 뒤에 아이 방의 열린 문 앞을 지나던 밴은 "정말이지 깜짝 놀라" 멈춰 서고 말았다. "아이가 그 어느 때보다도 빠른 속도로" 책을 읽고 있었던 것이다. 밴은 방으로 들어가 아이에게 말했다. "드디어 책을 읽게 됐구나!"

"네, 하지만 훨씬 전부터 읽을 줄 알았는걸요."

"그러면 왜 그동안 못 읽는 척 한 거니?"

"그게요, 제가 책을 읽을 줄 알게 되면 필리 이모 수업을 들을 수 없잖아요. 저는 오래오래 필리 이모한테 수업을 받고 싶거든요."

밴은 웃었다. "그럼 열두 살이 되도록 D-O-G를 캣으로 읽겠다는 거니?"

하지만 사실 비제이는 훨씬 후에 스스로 고백했듯이 "학교 다니는 일에 그다지 열성적이지 않았다. 나는 자연, 동물, 멀리 떨어진 신비로운 야생의 장소를 꿈꾸었다. 우리 집은 책장으로 가득했고 바닥에는 늘 책이 널려 있었다. 춥고 비 오는 날이면 벽난로 옆 의자로 가서 몸을 웅크리고 앉아 다른 세계 속으로 빠져들곤 했다." 글을 깨우치기 전에는 어머니가 『북풍의 등에서』나 피터 래빗 시리즈, 『비밀의 화원』, 『버드나무에 부는 바람』, 그리고 스텔라 미드의 『자라지 않는 아이들의 나라』(1937년에 받은 크리스마스 선물), 아그네스 기번의 『별들 사이: 또는, 하늘 위의 경이로움』(1940년 올리 이모가 준 선물) 등 다양한 어린이 명작소설이나, 해롤드 휠러의 『생명의 기적』(대니가 그동안 모은 시리얼 쿠폰과 교환하여 1939년에 선물로 준 것)의 글귀를 소리 내어 읽어주었다. 『생명의 기적』은 전문가들이 어린 독자들을 위해 쓴 백과사전식의 에세이 모음집으로 비제이가 가장 아끼는 보물 중 하나였고 아이는 이 책을 늘 곁에 두고 몇 번이고 반복해서 읽었다. 하얀 가운을 입은 과학자가 실눈을 뜨고 현미경 안을 들여다보는 모습이 그려진 책표지가 아이의 마음을 언제나 끌었다.

하지만 제인 구달이 유년 시절 가장 즐겨 읽은 책을 꼽는다면 아마도 휴로프팅의 둘리틀 선생 시리즈일 것이다. 1942년 11월 비제이는 『둘리틀 선생 아프리카로 간다』의 원작 시리즈를 마을 도서관에서 빌려왔다. 그녀는 후에 이렇게 썼다. "단숨에 끝까지 읽어버렸다. 다 읽고 다시 한 번 읽었다. 그만큼 좋아했던 책이 없었다. 책을 돌려주기 전까지 세 번을 읽었다. 어머니가 불을 끈 다음에도, 이불 밑에서 손전등을 켜고 책을 끝까지 읽었다." 대니는 그해 크리스마스에 이 책을 비제이에게 선물로 주었다.

둘리틀 선생의 환상적인 이야기는 도입부부터 그동안 아이가 동물과 자연에 대해 느껴온 황홀한 일체감을 강렬하게 표현하고 있었다. 유능한 외과의사 둘리틀 선생은 집안 가득 애완동물을 키우며 살았다. "뜰 한쪽 구석 연못에 사는 금붕어 말고도, 찬장에는 토끼, 피아노 안에는 흰쥐, 선반 안에는 다람쥐, 지하실에는 고슴도치가 살고" 있었다. "그리고 암소와 송아지, 스물다섯 살 먹은 늙은 절름발이 말, 닭과 비둘기까지. 양도 두 마리나 있었고 그 밖에 더 많은 동물들이" 있었다. "그중에서 선생님이 유달리 귀여워한 동물은 다브다브라는 이름의 오리와, 개 지프, 새끼돼지 가브가브, 앵무새 폴리네시아, 그리고 올빼미 투투"였다. 동물들을 너무나도 사랑했던 둘리틀 선생은 결국 앵무새 폴리네시아로부터 동물의 언어를 말하고 이해하는 법을 배우게 된다. 그리고 이런 재주 덕분에 수의사로 성공한다. 둘리틀 선생이 동물과 대화할 수 있다는 사실을 안 동물들이 찾아와 선생에게 아픈 곳을 설명했고 둘리틀 선생이 그에 따라 치료를 해주었던 것이다. 둘리틀 선생은 동물의 감정을 이해하는 수의사로 명성을 떨치게 되었고 나중에는 원숭이들이 끔찍한 병으로 하나둘씩 죽어가고 있던 아프리카로까지 왕진을 가게 된다. 하지만 아프리카로 떠날 여비를 제대로 마련할 수 없었던 둘리틀 선생은 한 선원에게서 보트를 빌리고, 둘리틀 선생과 그의 친구들(악어, 원숭이, 앵무새, 오리, 돼지, 올빼미, 여기에 배에 몰래 올라탄 하얀 생쥐까지)을 태운 배는 무려 6주 동안이나 어렵사리 파도를 헤쳐 나갔지만 결국 아프리카의 어느 해안에서 난파되고 만다.

비제이는 둘리틀 선생 시리즈를 하나도 빼놓지 않고 다 읽었다. 또 모글리의 다양한 모험이 등장하는 키플링의 소설 『정글북』도 즐겨 읽었다. 그리고 이내 아프리카의 '정글'에서 유인원 어미의 손에 자라난 영국 귀족 부부의 잃어버린 아들, 정글의 왕자 타잔이 등장하는 에드거 라이스 버로스의 훨씬 더 길고 구성이 복잡한 모험시리즈를 읽기 시작한다. 비제이는 날씨가 춥고 비가 오는 날에는 불가에 앉아 책 읽는 것을 좋아했다. 화창하게 갠 날에는 담요와 간식을 준비해 비치의 가장 높은 나뭇가지로 올라가 좋아하는 책을 펼쳐 들고 읽었다. "타잔 책은 모두 상공 10미터나 그 이상 되는 높이에서 읽었을 거예요. 그때 정글의 왕 타잔에 완전히 빠져 있어서 타잔의 여자친구 제인을 무척 질투했지요."

비제이가 동경한 소설 속 우상이 모두 남성이었다는 사실은 성적 정체성과 관련한 문제였다기보다는 그만큼 소녀나 여성을 소재로 한 좋은 모험 판타지가 부족했음을 반증하는 것이다. "나는 늘 내가 남자였으면 했어요. 꿈속에서 나는 늘 남자였죠. 꿈에선 늘 남자처럼 행동했어요. 하지만 그렇게 한다고 남자가 되진 않더군요." 둘리틀 선생과 마찬가지로 타잔 역시 자연이나 동물과 친밀한 관계를 맺으며 살았고, 그렇게 정글 속 원숭이들과 어울려 사는 타잔의 생활을 꿈꾸던 어린 소녀는 언젠가는 꼭 아프리카로 갈 것이라는 결심을 하기에 이른다. 소설에나 어울릴 법한 낭만적이고 환상적인 꿈이었지만, 가족들, 그리고 친구 샐리와 수는 비제이가 언젠가는 아프리카의 정글로 떠날 거라고 생각했으며 마치 그것이 이미 정해진 사실인 양 믿게 되었다. 수는 이렇게 회상한다. "비제이가 나중에 하고 싶은 일이 그거라고 입버릇처럼 말했기 때문에 우리 모두는 꼭 그렇게 하고 말 거라고 믿었어요."

둘리틀 선생이나 타잔 시리즈는 비제이의 유년 시절을 함께 한 책이었다. 열여섯, 열일곱 살 무렵에는 아가사 크리스티의 추리소설이나 당시 베스트셀러였던 제프리 파놀의 로맨스 소설, 브램 스토커의 『드라큘라』, 마크 트웨인의 『왕자와 거지』, W. H. 허드슨의 『그린 맨션』과 셰익스피어의 희곡 같은 작품을 읽었다. 하지만 그때도 비제이는 자주 유년 시절의 환상으로 돌아가곤 했다. 1951년 일기 맨 뒷장에 적힌 '올해 읽은 책' 목록을 봐도 그해 읽은 총 129권의 책 가운데 7권이 타잔 시리즈였고 10권이 둘리틀 선생 시리즈였다. 이 책들은 그때까지도 여전히 그녀의 서가에 꽂혀 있었다.

이 시기에 비제이는 시도 읽기 시작했다. 브라우닝, 키츠, 밀턴, 셰익스피어, 셸리는 물론 루버트 브룩, 월터 데 라 메어, 알프레드 노이스, 윌프레드 오웬, 프랜시스 톰슨의 시도 읽었다. 비제이는 이 위대한 시인들을 "녹진녹진한 시인들"이라고 불렀다. 그 시인들의 책 대부분을 집과 학교 중간에 있는 웨스트본 아케이드 안의 헌책방 지하실에서 울룩불룩하거나 녹진녹진한 가죽으로 장정된 것들로 구해 읽었기 때문이었다.

1941년 즈음 비제이는 글자나 단어를 끼적거리다 이것들을 조합해서 문장을 만들기 시작한다. 1941년, 겨우 일곱 살의 나이에 비제이는 "어리석은 기린"이라는 제목의 (목이 너무 길어서 달에 닿을 정도인 어느 순진한 기린의 고초를 그린) 이야기를 썼다. 그리고 1942년 2월 16일에는 대니 너트의 장원 저택에서 처음으로 엄마에게 연필로 직접 쓴 편지를 보냈다.

사랑하는 엄마에게
그저께 스펜스 아저씨 아줌마가 재키라는 커다란 개를 대려왔어요. 마클 아저씨가 올 때까지 여기서 살꺼래요. 아저씨 이름을 어떻게 쓰는지 잘 모르겠어요. 어재 너트 할머니가 도자기 강아지를 두 개 주셔서 제가 트러블이랑 테리라고 이름을 지었어요. 주빌리에게 새 옷이 생겼어요. 나무잎으로 만든 상자에 새둥지랑 애벌래를 넣었어요. 재가 그림을 그려볼께요.

오늘 추워서 얼어죽은 까마귀를 보았어요. 엄마가 이 편지를 읽으면 좋겠어

요. 차 마실 때 껍질을 버긴 계란도 먹었고요 새 빵에 진짜 버터도 발라 먹었
어요. 차 마시러 갔을 때 그레믈린이 왔는데 그래스가 차를 가져올 때까지
밤새 옆에 있었어요. 생쥐가 엄마에게 사랑한다고 뽀뽀를 보낸대요. 애기가
엄마보고 안녕히 게시래요. 재키랑 트러블도 엄마에게 뽀뽀를 보낸대요. 암
탁도 엄마에게 꼬꼬해요. 모두 다 엄마를 사랑한대요.

사랑을 듬뿍듬뿍 담아
비제이

1943년 가을, 태어나 처음 다녔던 성 크리스토퍼스 학교를 졸업한 비제
이는 본머스 서부의 학부모 국립교육연합 학교에 입학한다. 비제이의 첫
담임이 1943년 12월 21일에 보낸 성적표에는 "비제이가 새로운 학습 환경
에 잘 적응하고 있습니다. 학습능력 발달수준도 매우 만족스러운 편입니
다"라고 적혀 있다.

그녀의 학습능력 발달은 줄곧 만족스러운 수준을 유지했다. 하지만
1944년 여름 작문 평가에서 "아주 잘 쓴" 에세이기는 하지만 아쉽게도, 열
살이라는 나이에 비해 "글이 지나치게 길다"는 지적을 받는다. 하지만 아이
는 긴 글을 썼고, 편지, 일기, 장부, 이야기, 시를 통해 자신의 생각과 감정
그리고 생활 속의 소소한 이야기들을 자주 쏟아냈다. 점점 커가면서 비제
이는 가끔 아이러니가 담긴 매우 낭만적인 글을 편지에 써 보내기도 했고,
한번은 우연히 펜촉 끝에 손가락이 찔리고 나서 피로 글씨를 써보는 드라
마 같은 행동을 해보기도 했다. 종종 시도 썼는데 그중에는 가벼운 시(만드
릴[원숭이의 일종—옮긴이]에게 바치는 시인 "푸른 엉덩이")도 있었고 사춘기
청소년다운 시('아무렇게나 쌓인 썩은 살 무더기'로 시작하는 시)도 있었으며
제법 흥미롭고 진지한 시도 있었다. 후에 제인 구달은 영국의 위대한 계관
시인이 되는 것 역시 그녀가 유년 시절에 품던 환상 가운데 하나였다고 고
백했다.

전쟁이 막 시작될 즈음 샐리와 수는 휴일이나 여름에 정기적으로 버치스로 찾아와 머무르곤 했다. 주디는 이 둘이 "우리 가족의 일부나 다름없었다"고 회상한다. 비제이가 둘을 초대하자고 하면 다른 모든 가족들도 동의했다. 1945년 비제이는 샐리에게 보낸 편지에서 "너희 둘 이번 휴가에 꼭, 꼭, 꼭, 꼭, 꼭, 꼭, 꼭, 꼭, 꼭, 꼭, 꼭 우리 집에 와야 해. 우리 엄마가 너희 엄마한테 그렇게 해달라고 편지를 보내셨어. 그러니까 올 수 있다고 꼭 답장 보내줘"라고 썼다.

처음에는 엄마만 같이 올 때가 더 잦았지만 종종 부모님과 함께 오기도 했고, 나중에는 애들끼리만 오는 것도 예삿일이 되었다. 아이들 아빠인 바이런이 애들을 기차에 태우고 승무원에게 반 크라운을 지불한 뒤 열차가 출발하면, 아이들은 신이 나서 창밖으로 머리를 내밀고는 얼굴과 두 눈에 열차 매연과 탄가루를 맞으며 본머스까지 기차여행을 했다. 열차가 도착할 즈음이면 마중 나온 제인과 주디가 서서히 정차하는 기차를 따라 달리며 둘을 맞이했다. 샐리는 이렇게 말했다. "버치스에 있으면 자유롭고 행복한 기분이 들었어요. 농담도 많이 하고, 자주 웃고, 신나는 일이 많았지요. 우리가 벌인 일들은 대부분 다 좋게 끝났어요. 버치스에 가서 자유로운 시간을 보내면서 제 유년 시절이 크게 달라졌지요."

1942년과 1944년 두 해 여름 동안 이 네 소녀들은 몇 주 동안을 해변에서 놀며 시간을 보냈다. 본머스의 긴 해변은 나치 침공에 대비해 바리케이드가 세워지고 출입제한 구역이 되었지만 밴이 스터드랜드(스와니지 부근)까지 올라간 지점에서 바리케이드가 없는 해변을 발견했다. 사람들에게 잘 알려지지 않은 이 해변에서 밴은 작은 별장을 하나 빌려 비제이와 주디를 데리고 묵었고, 다프네는 두 딸을 데리고 인근의 작은 호텔에서 지냈다. 네 꼬마친구들은 해변에서 물놀이를 하고 조개껍질, 꽃, 블랙베리를 모으고 농장의 동물들을 염탐하며 종일 함께 놀았다. 비제이의 1942년도 일기에는 스터드랜드에서 보낸 목가적인 날들이 이따금 등장한다. 돼지와 양을 구경하고 놀았던 어느 날의 일기이다.

7월 28일. 우리는 아침에 바다까에 갔다. 샐리의 고무튜브를 타고 해엄을 치고 나서 집에 가서 점심을 먹고 또 바다까에 가서 놀았다. 가는 길에 우리 고무튜브도 가져갔다. 튜브 위에 누어서 발로 물장구를 치며 놀았다. 정말 재밌었다. 우리는 샐리와 수보다 일찍 집에 왔다. 차를 마시고 샐리와 수를 보러 동물농장에 갔다. 우리 모두 말한테 주려고 당근을 하나씩 가져왔는데 찾아봐도 말이 보이지 안아서 그냥 돼지한테 줬다. 나는 검은 돼지한테 주고 주디는 분홍색 돼지한테 줬는데 당근을 다 먹고 우리한테 코를 킁킁거려서 다른 동물을 보러갔다. 걸어가다가 길에서 암탉을 봤다. 한 마리가 울타리를 넘어가버려서 엄마가 가서 잡아왔다. 그러자 돼지가 철망 사이로 뛰쳐나오더니 공터까지 가버렸다. 나는 어쩔 줄을 몰랐다. [그리고 나서] 비어 있는 걸 보더니 다들 철망 사이로 다시 돌아갔는데 어떤 돼지는 길 쪽으로 갔다. ~~왜냐면~~ 왜냐면 그 돼지는 철망 사이에 난 구멍을 찾지 못했기 때문이었다. 마침 아주머니 한 분이 나타나서 돼지를 문 쪽으로 몰고 가더니 안으로 밀어 넣었다. 가다가 나는 양 울타리 위로 손을 뻗어서 양을 만져보았다. 집에 가다가 어떤 어주머니가 양에게 먹이를 주는 걸 보고 한 마리를 쓰다듬었는데 느낌이 좋았다.

넷 중 가장 나이가 많은 비제이가—샐리는 14개월, 수와 주디는 4살 정도 더 어렸다—이들의 대장이자 모든 일의 주동자였다. 비제이 대장은 무엇을 어떻게 할 것인가에 대해 늘 열성적이었고 그 누구보다도 확신에 차 있었다. "늘 그랬죠." 주디의 회상이다. "저는 그저 신이 나서 쫄래쫄래 따라다니며 언니가 하라는 대로만 했어요. 네, 맞아요. 언니는 우두머리처럼 굴었죠. 하지만 늘 좋은 아이디어를 내놓았고 재미있는 일을 곧잘 꾸며내곤 했어요. 그래서 가끔 제가 '싫어'라고 하면 언니는 무척 당황했죠."

정말로 비제이는 긍정적인 에너지로 가득 찬 아이였다. 밴은 이렇게 말했다. "그 아이는 늘 아침식사 시간 전에 일어났어요. 그 누구보다도 훨씬 일찍 일어났지요. 정원으로 내려가 거미집도 살펴보고, 딱정벌레도 살펴보고, 아침마다 두루두루 살펴볼 게 많았어요." 또 집중력이 매우 뛰어났다. 샐리는 말한다. "뭘 하든 항상 열심히 했어요. 또 즐기면서 했지요. 예를 들어 놋쇠를 닦는 일 같은 건 보통 하기 싫어하잖아요. 생각만 해도 진이 빠지는 일이니까요. 그런데도 비제이와 함께 하고 있으면 그것도 재미있는 일이 되었어요. 우리 모두 즐겁게 했지요. 하다 보면 어느새 놋쇠가 다 닦여 있었죠. 그러면 비제이는 '정말 근사하지?' 하고 말하곤 했죠. 비제이와 함께 하면 모든 게 다 즐겁고 신나는 일인 듯 느껴졌어요." 네 명 모두 자전거가 없었기 때문에 소녀들은 집 주변에서 달리기 경주도 하고, 버스도 자주 타고(그러면서 어른들 몰래 버스의 행선지 알림판을 돌려놓는 장난도 치곤 했다), 매일 먼 곳까지 산책을 갔다 오곤 했다. 찌는 듯이 더운 날이면 모두 웃옷을 벗어던졌고, 비제이는 호스로 아이들에게 시원한 물을 뿌려주었다. 그것도 재미가 없어지면 마른 옷으로 갈아입고 나가 산울타리 옆 나뭇가지에 몰래 숨어서 방심한 채 거리를 지나가는 사람들에게 호스로 물을 뿌렸다. 비가 오는 우중충한 날에는 오두막이나 집 안 놀이방으로 들어가 일기장에 글을 쓰거나 낙서를 했다. 구슬치기를 하거나 퍼즐을 맞추기도 했고, 그것도 아니면 수다를 떨면서 작전을 짰다. 놀이방 가운데 놓인 테이블에는 바닥까지 내려오는 긴 탁자보가 덮여 있었는데 저녁이 되면 아이들은 불을 끄고 테이블 밑으로 들어가 곰 흉내를 내며 놀았다. 어떤 때는 온 집 안의 불을 다 꺼놓고 여기저기 뛰어다녀 사람들을 놀라게 하기도 했다. 또 어떤 날은 커다란 매트리스를 거실 층계 끝까지 끌고 내려와서 그 위에서 마냥 뛰어 놀기도 했다. 한번은 스멜리라는 이름의 남자에게 장난전화를 걸었다가 발신번호를 알아낸 남자가 항의전화를 걸어온 일도 있었다. 때때로 비제이가 직접 쓴 희곡을 연습해 연극을 공연하기도 했다. 〈잘생긴 피터 왕자와 차밍 공주〉, 〈농부와 분홍 돼지〉(수가 분홍색 내복을 입고 돼지 역을 맡았다) 같은 제목의 연극이었다.

1946년 봄 열두 살이 된 비제이는 악어 클럽이라는 이름의 자연 활동 클럽을 창단한다. 회원명은 반드시 동물 이름을 따서 지어야 했다. 창립자이자 단장인 비제이는 아름다운 나비의 이름을 따 붉은제독Red Admiral(한글 이름 붉은까불나비—옮긴이)이라는 이름을 지었다. 다음 연장자인 샐리는 바다오리로 정했다. 수는 무당벌레를, 가장 어린 주디는 송어를 골랐다(나중에 샐리와 수의 어린 남동생 로버트도 가끔씩 클럽에 끼워주곤 했는데 가장 어리고 남자아이인 것에 대한 페널티였는지 회원명을 '코브라'로 지어주었다). 클럽 활동에서 산책이 있는 날이면 네 명의 회원이 계급 및 연장자 순으로 서서, 붉은제독이 머리가 되고 그 뒤를 바다오리와 무당벌레, 마지막으로 송어가 꼬리를 이루어 다리가 여덟 개 달린 악어의 모습을 흉내 내며 행진했다. 정원 구석 소나무 아래 공터가 '악어 캠프장'이 되었다. 소녀들은 여기에 모닥불을 피울 터를 짓고, 걸터앉을 통나무를 끌어다 놓고, 절벽에서는 땔감을 주워오고, 낡은 트렁크를 가져와 각 회원의 야영필수품(개인 머그잔, 코코아나 차가 담긴 깡통, 숟가락)을 넣어두었다. 수와 샐리가 버치스에 오면 악어 클럽은 한밤의 비밀 축제를 준비했다. 일단 낮에 주방에서 몰래 가져온 음식을 숨겨뒀다가 밤이 되면 준비한 음식을 꺼내 들고 정원으로 몰래 빠져나갔다. 그리고 한껏 들떠서 서로에게 소곤소곤 귓속말을 주고받으며 한바탕 춤을 췄고, 춤이 끝난 다음에는 조용히 앉아 나뭇잎이 사각거리는 신비한 소리, 오래된 교회에서 매 시간마다 15분 동안 울려오는 종소리, 옆집 버드나무가 짙게 어둠을 드리운 곳에서 들려오는 갈색 올빼미의 낮고 부드러운 '부엉부엉' 하는 울음소리에 귀를 기울였다. 그리고 작게 피운 불 위에 얹은 야영 솥('빌리캔')에 축제 음식을 요리하며 진짜 캠프파이어를 시작했다.

이렇게 한밤의 축제가 열리던 날에 아이들이 마주치는 가장 큰 난관은 다른 식구들의 잠을 깨우지 않도록 조용히 '꼬맹이들', 즉 수와 주디를 침대에서 데리고 나오는 일이었다. 비제이와 샐리는 살금살금 움직였지만 수와 주디는 깨우면 여기저기에 부딪히기 일쑤였고 숨소리도 지나치게 커서 너무 시끄러웠다. 붉은제독은 1949년 일기에 어느 한밤의 축제 중에 있었던 일을 이렇게 기록했다.

12시 15분경 샐리와 나는 몰래 일어나 옷을 입고 오디 이모가 목욕을 마치기만을 기다렸다. 기다리다 못해 결국 오디 이모의 목욕이 다 끝나기 전에 나가기로 결정하고 문을 열었다. 그런데 바로 욕실 문이 열려서 우리는 서둘러 방으로 달려가 숨었다. 잠시 후 다시 시도했는데 이번에는 다행히 성공이었다. 우리는 꼬맹이들 방으로 가서 애들을 깨웠다. 얼굴을 잔뜩 찌푸린 꼬맹이들이 양말부터 시작해 옷을 입기 시작했는데 계속해서 시끄러운 소리를 냈다. 주디가 숨소리를 너무 심하게 내서 온 식구가 다 깨는 줄만 알았다. 잠시 후에 일단 밖에 아무도 없는지 확인하기로 하고 내가 문을 살짝 열어봤는데 바로 그때 오디 이모가 계단을 내려가는 소리가 들렸다. 우리는 이모가 찻잔을 들고 돌아오는 것을 확인하고 나서 나, 수, 주디, 샐리 순서로 차례차례 계단을 기어 내려갔다. 우리는 이것저것 모아들고 야영장으로 갔다. 땔감으로 쓸 나무를 모으고 빌리캔을 장작 위에 올렸다. 그리고는 먼저 물을 넣은 냄비를 올렸는데 장작에 불을 붙여야 해서 도로 내렸다. 불이 잘 안 붙어서 애를 먹고 있는데 주디가 물이 든 그릇을 엎질러서 그나마 있던 불도 다 꺼져버렸다. 다시 불을 붙이자 조금 있다가 물이 끓었다. 우유가 없었지만 차 맛이 꽤 괜찮았다. 그러고 나서 내가 오믈렛을 만들었는데 기름이 잘 녹질 않아서 결국 스크램블이 되었다. 맛은 나쁘지 않았다. 우리는 다른 냄비에다 물을 부어 코코아를 끓이고 토스트를 구웠는데 이번에는 맛이 너무 이상해서 아무도 먹지 않았다. 우리는 횃불 대신 쓰려고 막대모양 폭죽 두 개에 불을 붙였는데 불빛이 점점 희미해졌다. 코코아는 너무 묽었고, 솥이 식는 동안 맛있는 초콜릿을 나누어 먹었다. 그러고는 자리를 치웠다……. 우리는 다시 생쥐처럼 살금살금 기어들어갔다. 샐리가 내 침대에 와서 같이 이야기를 나눴다. 그리고 잠이 들었다. 친구들, 안녕. 다음에 또 만나요.

악어 클럽은 또한 좀더 진지한 활동을 벌이기도 했는데 노쇠한 말들을 위한 모금 운동이 그중 하나였다. 1951년 9월 소녀들은 유리 온실을 깨끗이 치우고 캐비닛과 선반을 들여와 박물관으로 꾸민 뒤 깃털, 조개껍질, 독버섯, 박제한 새(집에서 가져온 것) 따위를 전시했다. 온실 정중앙에는 에릭 삼촌의 의대생 시절 잡동사니 사이에서 우연히 발견해 보관하던 해골을 두었다. 붉은제독은 일기에 이렇게 썼다. "우리는 해골도 가지런히 정리해놓았는데 그게 제법 근사해 보였다." 소녀들은 울타리 바깥쪽에 공고문을 줄지어 붙였고 수와 주디는 "잠복하고 있다가" 거리를 산책하는 사람들이 전시를 관람하도록 설득하는 임무를 맡았다. 관람을 마친 사람들은 준비된 원형 모금통에다가 '벚나무농장 노령마 보호협회' 기부금으로 잔돈을 넣어달라는 권유를 받았다. 전시회를 마칠 무렵 노령마 구호금은 총 3파운드 13실링 6.5펜스가 모였다. 붉은제독은 일기에서 이를 "꽤 괜찮은 액수"라고 자평했다.

휴가 기간이나 여름이 다 지나고 악어 클럽 회원의 절반이 버치스를 떠나면, 붉은제독이 직접 편집, 정리, 발행하고, 전부는 아니더라도 대부분 붉은제독이 직접 쓰거나 그린 글과 화보가 실린 「악어 클럽 소식지」가 회원들에게 정기적으로 우송되었다. 소식지에는 퀴즈, 퍼즐, 스케치, 자연관찰 기록, 또 곤충의 겹눈, 새알의 유형, 동물 발자국 등의 주제를 다룬 기사 등이 실렸다. 주디는 소식지에 실린 글들이 "탁월하고 매우 유익했으며 뛰어"나긴 했지만 독자들은 다양한 방법으로 퀴즈나 퍼즐에 대한 답을 제출해야 했다고 회상했다. 답장이 없으면—주로 없을 때가 많았다—기분이 그다지 유쾌하지 못한 붉은제독에게서 잔소리를 들을 각오를 해야 했다. 1948년 「악어 클럽 소식지」 성탄호의 별첨에서 화가 잔뜩 난 대장이 회원들에게 보낸 편지를 볼 수 있다.

악어 클럽 회원들에게
이번 호에 대한 답장을 반드시 정해진 기간 내에 보내주기 바랍니다. 저는 바다오리와 무당벌레 회원이 이곳을 방문한 동안 있었던 일을 소식지에 담아 전하는 일에 조금 지친 상태입니다……. 수많은 시간을 들여 이루어낸 결과물이 그저 간단히 무시되고 마는 상황은 정말이지 결코 고무적이지 않습니다. 앞으로도 여러분에게서 답안을 받을 수 있을 것 같지 않습니다. 여러분은 소식지를 방치해두고 있습니다. 앞으로 여러분 중 한 사람이라도 답안을 보내지 않으면, 이제 악어 클럽 소식지는 없습니다. 혹시 소식지 발행이 불필요하다고 느낀다면 제발 그렇다고 편지를 보내주십시오. 그러면 저는 결코 소식지를 만드는 수고를 더 이상은 하지 않을 것입니다. 이런 잔소리를 하게 되어 무척 유감스럽지만 지금으로서는 이것이 최선의 방법입니다. 답안 작성을 완료한 소식지 회신이 11월 말까지 이루어지지 않으면 이번 호가 마지막이 될 것입니다. 아무튼 여러분 모두가 조금만 더 노력을 기울여준다면 우리 클럽은 훨씬 더 발전할 것입니다.

붉은제독

붉은제독은 또한 다른 회원들에게 주제를 할당해주고 해당 주제에 대한 짧은 기사를 써 보내도록 했으며, 1946년 7월 28일 샐리에게 보낸 편지에서 볼 수 있듯이 생물의 유형과 범주에 대한 몇 가지 기본 내용을 완전히 익혀서 가능한 한 빨리 1급 대원이 되라고 독려했다.

잊지 말고 1급 공부를 해두기 바랍니다. 이번에 버치스에 와서 머무를 때 회원 여러분 모두 시험에 통과해야 합니다. 수 회원, 2번에 대해 잘 모르겠다면 제가 몇 가지를 알려드리겠습니다. 1급 시험을 통과하려면 조류 10종, 개 10종, 나무 10종, 나비 또는 나방 5종을 구분할 수 있어야 합니다.
(조류 10종) (1) 유럽붉은가슴울새 (2) 검정지빠귀 (3) 지빠귀 (4) 푸른박새 (5) 굴뚝새 (6) 참새 (7) 갈매기 (8) 매 (9) 찌르레기 (10) 숲비둘기
(개 10종) (1) 코커스패니얼 (2) 테리어(스무스 및 와이어) (3) 콜리 (4) 독일산셰퍼드 (5) 불도그 (6) 불테리어 (7) 페키니즈 (8) 올드잉글리시쉬프도그 (9) 달마시안 (10) 에어데일
(나무 10종) (1) 떡갈나무 (2) 자작나무 (3) 전나무 (4) 소나무 (5) 플라타너스

(6) 마가목 (7) 플레인 (8) 라임 (9) 물푸레나무 (10) 마로니에
(나비 또는 나방 5종) (1) 붉은까불나비 (2) 여섯점알락나방 (3) 오색나비 (4) 멋쟁이나비 (5) 줄홍색박각시. 여기 적힌 것들은 무척이나 많은 종들 중 일부에 지나지 않습니다. 야생화 10종은 흔히 볼 수 있어서 여러분 대부분이 잘 알고 있기 때문에 굳이 목록을 만들지 않았습니다.

1급으로 승격된 회원은 악어 클럽 배지를 달 수 있었는데, 이 배지는 붉은제독이 샐리 앞으로 같은 시기에 보낸 편지에 적힌 방법에 따라 직접 만들어야 했다. 두 회원이 다시 합류하면 붉은제독은 전원을 이끌고 절벽으로 긴급출동을 나가거나 자연활동 산책을 기획해 다 같이 새, 곤충, 깃털, 조개껍질 따위를 찾아보도록 했다. 자연활동 산책은 갈수록 더 진지해졌고, 회원들이 흩어져 있는 기간이 길어질 때면 종종 붉은제독 혼자 자연활동 산책을 나가 바다가 보이는 절벽 주변의 야생지역을 돌아다녔다.

5

유년기의 끝

1951~1952

1951년 슬픔과 절망의 시기를 통과하며 비제이의 유년기는 끝나가고 있었다. 자연과의 가슴 벅찬 교감을 경험하며 둘리틀 선생이나 타잔 같은 사람이 되겠다는, 전혀 실현 가능성이라고는 없는 어린애 같은 꿈에 젖어 있던 어린 비제이에게 신체적, 정서적, 정신적 성숙의 시기가 찾아들었고, 이젠 철부지 유년시절을 뒤로 하고 어리석은 꿈을 단념한 채 어른들의 세계로 발을 들여놓아야 할 때였다. 1951년 학교생활은 곧 꿈의 포기와 낯선 어른들의 세계로의 힘겨운 행군을 의미했다.

1945년 가을 비제이는 본머스 인근 파크스톤에 위치한 여학교 업랜즈스쿨에 입학했다. 주간부를 운영하는 기숙학교로 이후 주디도 같은 학교에 다녔다. 업랜즈스쿨에서는 모든 학생들이 교복을 입도록 하고 있었는데, 수수한 디자인의 네이비블루 스커트와 흰색 칼라 블라우스에 얇은 벨트가 달린 튜닉을 걸치고 안에는 네이비블루 속바지를 입었다. 비제이와 반 친구들 사이에서는 오르 벅스로 통하던 미스 오르 교장은 한 동창생의 기억을 빌자면 "키가 크고 엄격한 인상에 얼굴은 뾰루지투성이로 두꺼운 안경을 쓰고 다니는 여자"였다.

비제이는 1945년 9월 샐리 캐리에게 보낸 편지에서 새로 입학한 학교에 대해 이렇게 적고 있다. "체육관이 얼마나 좋은지 몰라. 가로대에, 말에, 로프까지 없는 게 없거든. 애들도 그런대로 괜찮은 편이고, 진짜 마음에 드는 애들도 있어. 물론 토 나오는(이런 표현을 써서 미안) 애들도 있지만……. 어제는 영어 예비반 수업이 있었는데 정말 끔찍했어. 앞으로 어떻게 공부할지 계획을 써 오라지 뭐니."

학교에 가는 날은 6시에서 6시 30분, 헨리 8세—비제이가 자명종에 붙인 별명—가 울리고 언제나처럼 올리 이모가 차 한 잔을 가져다주는 것으로 하루 일과를 시작했다. 7시 30분에서 8시에는 걷거나 전속력으로 뛰어 버스에 올라 자리를 잡았으며, 잠깐이지만 어른 승객과 두런두런 이야기를 나누기도 했다. 어떤 날은 "노부인"이, 또 어떤 날은 "공산주의자 아저씨"나 "목소리 톤 높은 아저씨", "스카프 아저씨", "중절모 아저씨"가 비제이의 말상대가 되었고, 그러다 보면 어느새 버스는 호파논 백작부인—비제이가 업랜즈스쿨에 붙인 별명—에 도착해 있었다.

호파논 백작부인에서의 첫 시간은 늘 채플이었다. 하지만 운이 좋은 날은 그보다 늦게 학교에 도착했고, 늦지 않은 날도 첫 시간에 들어갈지 말지는 마음먹기에 달린 일이었다. 채플 후에는 정규수업이 이어졌다. 영어는 미스 브룩이 맡았는데 하루는 비제이가 허둥지둥 교실로 들어서다 "교실 바닥에서 쭉 미끄러졌다. 애들이 와자지껄 떠들었고 나도 마구 웃음이 터져 나왔다. 그런데도 브룩 선생님은 눈만 한 번 치켜뜨고 수업을 계속했다"(1949년 1월 일기). 또 한 번은 브룩 선생이 "수업 중이었다. 나는 주먹으로 책상을 툭툭 친 것뿐이었는데 선생님이 나더러 교실 밖으로 나가라고 했다. 처음에는 아무리 생각해도 이유를 알 수 없었는데 한참 만에야 깨달았다. 내가 선생님 흉내를 냈다고 생각한 거다. 결국 선생님은 내게 특별지도 지시를 내렸다"(1949년 2월). 또 하루는 브룩 선생이 반 아이들이 모두 있는 자리에서 "내가 철자 틀린 걸 처음부터 끝까지 읽어 내려갔다. 돼지! 세상에서 브룩이 제일 싫다!"(1949년 3월). 1949~1951년까지 줄곧 영어는 "악랄한" 시험과 "쓸데없는" 수업으로 이루어진 과목이자 제멋대로 정해진 맞춤법과 쓸모없는 어휘들을 '바보같이' 익히는 시간일 뿐이었다.

1949년 역사 수업에서는 "체임벌린인지 하는 어떤 멍청한 사람에 대한 에세이 숙제"가 있었으며 수업은 "지루"하고 "짜증"스러웠다. 같은 해 기하학 시간은 "바보, 천치, 멍청이, 구닥다리" 같은 수업이었으며, 산수는 "연세 지긋하신 친애하는 '어허흠'" 선생이 맡았는데 실제로는 "친애는커녕……, 사납기가 맹수 저리 가라"인 위인이었다.

학기말시험에서는 매번 반에서 이삼 등 안에 드는 우수한 학생이었지만 비제이가 학교에서 가장 행복하고 신나는 순간은 수업보다는 쉬는 시간이나 점심시간, 운동시간처럼 가벼운 마음으로 아이들과 어울려 놀 때였다. 숲에서 몰래 담배를 피우는 친구들의 유혹에는 결코 흔들리지 않았지만, 어느 학교에서나 있을 법한 비밀스런 일이나 유치한 장난, 짓궂은 행동은 기꺼이 함께 했다. 그럼에도 불구하고 비제이에게 학교는, 1949년의 일기에서도 간간이 드러나듯, "반복되고 지루한" 일상이 이어지는 "끔찍한" 곳이었다. "우울하게 잠에서 깼다. 학교, 학교, 또 학교. 이렇게 조금씩 조금씩 시간이 흐르다 어느 날, 와락 날 집어삼키고 말 괴물을 마주하게 되지 아닐까" (1949년 11월 29일).

졸업 한 해 전이었던 1951년부터는 물리, 화학, 생물, 생물 실습과 같은 고학년 과정 수업이 시작되었다. 물리는 "뭐가 뭔지 알 수 없는 계산"으로 넘쳐났고 때로는 "말도 안 되는 소리"였는데 "절반은 못 믿을 얘기였다. 특히 태양과 신기루에 대한 것들은 모조리 그랬다." 화학은 "저런 걸 왜 해" 싶은 얘기들이었고, 그나마 해볼 만하다 싶을 때는 "과망간산칼륨 뷰렛"이니 "내가 쓰고 있던 피펫" 따위가 산산조각나기 일쑤였다. 어쩌다 "비커 하나만 깨고" 넘어가는 날도 있었지만 어떤 날은 "아수라장"이 되기도 했다. "막 뭘 쓰려는데 갑자기 펑 소리가 났다. 천정에서 질산 같은 게 후두두 떨어지더니 삼발이랑 쇠망 위에서 끓고 있던 비커가 싱크대로 와당탕 미끄러져 내렸다. 그 바람에 비커 안에 있던 게 모조리 쏟아져서 핸리랑 내 머리 위로 주르륵 흘러내렸다." 생물—또는 빌지(bilge, 허튼소리를 뜻하는 bilge를 biology의 약어처럼 쓴 것—옮긴이)라고도 불렀다—은 어쩌다 재미있기도 했지만, 화학과 더불어 "지루하기 그지없는 월요일 수업에…… 재미있는 거라곤 하나도 없는" 시간일 때가 훨씬 많았다.

그러다 1951년 일기에서부터는 전에 없던 불안과 고민이 드러나기 시작하며, 끝도 없이 이어질 것만 같은 학교, 학교, 또 학교의 나날은 깊은 절망으로 빠져든다. "또다시 잠에서 깬다. 또 어제와 같은 오늘. 잠에서 깨고, 아침을 먹고, 집을 나선다. 누구든 한 번쯤은 인생에서 처절한 절망의 시기를 거치겠지? 그래, 지금 난 그 시기를 지나고 있다. 다시 찾아든 아침은 어제보다 더 우울하고, 나를 지탱하는 건 아름다운 것들을 꿈꾸고 쉼 없이 책에 매달리는 일뿐이다" (1951년 2월 2일).

"잠에서 깼다. 새벽부터 저녁까지 '교육'이 넘쳐나는 곳, 잔소리와 수업이 이어지는 우울한 공간. 그곳에서 고문과도 같은 끔찍한 하루가 또다시 나를 기다린다" (2월 14일).

"잠에서 깼다. 오늘이면 이번 주 등교도 끝이지만 우울했다." 5월 4일의 일기에는 또 이렇게 썼다. "그 역시 또 다른 학교생활에 불과하다. 아, 끝없는 행렬처럼 이어지는 그 길고 지루한 날들. 긴긴 여름날의 찬란한 아름다움과 자유가 찾아온들, 기분은 여전히 엉망일 것 같다."

하지만 그 끝없는 행렬과도 같은 학교생활을 지나며 마침내 비제이는 학창시절 이후의 시기인 어른으로 성장해갔고, 어른이 되기에 앞서 이제는 지나가버린 유년기의 아름다움과 자유를 아쉬워했다. 당시 비제이가 얼마나 우울해했는가를 생각한다면, 1951년에 접어들면서부터 부쩍 아픈 날이 잦아진 것도 어쩌면 당연한 일인지도 모른다. 1월 15일 월요일에는 아마 독감이었을 것으로 짐작되는 감기 기운이 일주일을 내리 이어졌다. "2시 30분이나 3시쯤 됐을까. 잠에서 깼지만 다시 잠들 수가 없었다. 열은 나는데 뒤척일 때마다 동맥과 정맥을 타고 차가운 피가 흐르는 것만 같았다. 한

참 만에야 올리 이모가 차를 가지고 내 방으로 올라왔으며 나는 이모에게 물을 가져다달라고 했다. 아, H$_2$O 유동체의 그 황홀한 맛이란. 이모가 아스피린도 가져다줘서 차랑 같이 먹었다(맛은 별로였다)." 늦게 아침을 먹었지만 몸은 여전히 "찌뿌듯"했다. 어릴 때부터 즐겨 읽던『돌아온 타잔』을 꺼내 몇 줄을 읽었지만 "머릿속이 빙빙 도는 것 같아 오래 읽을 수가 없었다."

　이튿날도 "온몸이 지끈지끈"했지만 전날보다는 기분이 나았다. 끼니를 때우는 정도였지만 주디가 가져다준 아침을 먹고,『승리의 타잔』을 읽었는데 "정말 끝내줬다. 사도 바울의 시종이었던 남자와 그 남자랑 도망친 여자 노예에게서 시작된 한 잊혀진 부족에 대한 이야기였다. 부족의 남자들은 간질 발작에 시달렸지만 여자들은 아름다웠다." 이튿날은 데니스 위틀리의『이상한 싸움』을 읽었고, 목요일은 밴이 가져다준 전생에 관한 "기묘한 책"『나는 다시 태어났다』를 꺼내 들어 점심 무렵에 다 끝냈다. 점심식사 후, 비제이는 타잔 시리즈 중 처음 읽은 책이었던『정글의 왕자 타잔』을 읽기 시작했는데 "처음 읽었을 때보다 두번째가 더 재미있었다." 금요일에도 다시 타잔 시리즈 중 한 권인『무적의 타잔』을 골라들었다. "책을 들고 침대로 가 읽기 시작했다. 내 방에 점심식사가 도착했을 땐 마지막 줄을 읽고 있었다⋯⋯. 차를 마시고 큼지막한 의자에 앉아 동물들이 등장하는 두툼한 책 한 권을 다 읽은 후, 아직 시간이 이르긴 했지만 침대로 갔다. 주디 책장에서『어둠의 승리자』를 발견하고 끝까지 읽은 후 불을 껐다."

　토요일이었던 이튿날 1월 20일은 오후 내내 "축 늘어져서 내가 아무것도 하지 않으려 하자 엄마가 화가 났다. 아마 올리 이모도 화가 났던 것 같다. (결국)『세계의 포유동물』을 읽으며 시간을 보냈는데, 무척 재미있었다. 할머니와 원숭이 이야기를 한 후 침대로 갔다. 침대에서 저녁을 먹고, 읽다 만 책을 계속 읽었다. 그리고『버드나무에 부는 바람』을 조금 읽다가 불을 껐다. 세상의 모든 인류들아, 잘 자."

　학교생활이 너무도 끔찍했으므로 집에 틀어박혀 책을 읽는 나날은 더없이 행복했다. 하지만 몸이 찌뿌듯하거나 앓아눕는 날은 점점 더 많아졌고 상태도 더 심각해졌다. 하루는 에릭 삼촌이 아무래도 편도선을 떼어내야 할 것 같다고 말하자 비제이는 창문 밖으로 보이는 키 큰 나무 위로 잽싸게 기어 올라가 해질녘까지 나무 꼭대기에서 몇 시간을 버티다 내려왔다. 그런 필사적인 행동 덕분에 수술은 가까스로 모면했고, 이후 소아마비가 돌기 시작하면서 편도선 절제술은 없던 얘기가 됐다. 자칫 목에 상처라도 났다간 소아마비에 더 쉽게 감염될 수도 있기 때문이었다(그때는 아무도 몰랐지만, 열이 난 후 마비 증상이 온 것으로 보아 당시 비제이는 이미 소아마비에 걸렸던 것 같다. 다행히 한쪽 새끼발가락에만 마비 증세가 왔다). 또 한번은 머리를 세게 흔들 때마다 머릿속에서 요란한 소리가 나는 것 같았다. 그런 느낌이 들면 더럭 겁부터 났고 이내 지끈지끈 한쪽 머리가 아파오기 시작했다. "학교에 도착하자 조금 어지러웠다. 또 편두통이겠거니 했다. 실라에게 이런 기운 빠지는 얘기를 한 게 예배시간 직전이었는데, 예배시간이 되자 제대로 앞도 안 보일 정도였다. 보빈이 나더러 같이 앉자고 했는데 내가 앞이 보이질 않아 의자를 저만치 치워버리는 바람에 아이들이 키득거렸다. 보빈은 정말 당황한 것 같았다……. 최고로 이상한 걸음걸이로 정류장까지 갔지만 버스를 놓쳤고 머리가 지끈거렸다"(1951년 2월 5일).

　몸이 아팠던 1월 동안 비제이는 어릴 적 좋아했던 판타지 소설을 꺼내 다시 읽었다. 하지만 비제이가 타잔을 진지하게 읽은 건 그해가 마지막이었다. 그래도 여전히 비제이는 밖으로 나가길 좋아했고, 러스티와 절벽 산책을 즐겼으며, 매주 토요일이면 부셸이나 푸우시와 함께 말을 타고 나가 고요히 펼쳐진 풍경을 감상하거나 거친 대자연의 품으로 한껏 빠져들곤 했다. 폭풍우가 몰아치던 어느 일요일, 비제이는 "잠에서 깨 기분 좋게 침대에 누운 채 창문 밖에서 들려오는 거친 바람소리에 귀를 기울였다. 다시 폭풍우가 몰아치고 거친 바다의 성난 파도 소리가 귓가로 밀려들었다. 잠시 폭풍이 얼마나 대단한지를 생각하다 자리에서 일어나 아침을 먹었다." 러스티와 함께 집을 나서 "언덕마루에 오르자 바람이 몰아쳤고, 내려오는 데만 15분이 걸렸다. 가로등을 잡거나 담 뒤로 몸을 피해야만 했다."

그렇게 비제이는 동물과 자연과의 끈을, 또 유년시절에 느꼈던 모든 감정이나 경험과의 끈을 여전히 놓지 않고 있었다. 하지만 이 무렵 비제이는 유년의 끝에서 찾아든 깊은 슬픔에 사로잡혀 있었고, 그 슬픔은 시가 되었다. 1951년 1월 27일 토요일, "오늘은 학교에 가지 않아 정말 다행이라는 생각으로" 잠에서 깼다. 그날은 "날씨가 끝내줬고" 아침에 혼자 절벽 근처를 거닐었는데 "머릿속은 온통 시 생각뿐이었다." 그렇게 비제이는 고심 끝에 "지난 날"이라는 제목을 붙인, 이제는 지나가버린 즐거웠던 시절에 관한 시의 첫 행을 써 내려갔다.

삶의 경이로움으로
맑은 공기를 숨 쉬는 기쁨으로 충만하던
내 삶의 가장 행복한 순간
아무런 걱정도, 근심도 없던 그때

날마다 시골길을 거닐고
자연의 이치를 탐미하던 날들
지금 내 바람은 다시 그때로 돌아가는 것뿐
유년의 삶을 되찾을 수만 있다면!

날마다 더 먼 곳으로 떠나고
누구도 본 적 없는 새로운 경이로움을 마주하던
배가 고프고 발이 시큰거려도 가슴만은 따뜻해
밤이 찾아들면 사람들에게로 돌아가던 그때

내 돌아간 곳은 어머니의 사랑이 머무는 곳
유년의 축복을 안겨준 사랑
내 머리는 오묘한 삶의 수수께끼를 찾아 헤매고

내 건강한 몸은 쉴 곳을 찾아 헤매던 그때

삶의 열정으로
그 열정 가운데 있다는 기쁨으로 충만하던
내 삶의 가장 행복한 순간
아무런 걱정도, 근심도 없던 지난날

그날 오후 러스티를 데리고 다시 절벽으로 향한 비제이는 또다시 깊은 슬픔과 시상과 시를 쓰고 싶은 충동에 사로잡혔다. "머릿속이 시상으로 가득했다. 발길 닿는 대로 걸었고, 문득문득 멈춰 서서 시구를 적어 내려갔다. 집으로 돌아오는 길, 나는 길 한편에 멈춰 서서 그 구슬픈 시의 마지막 구절을 써 내려갔다. 그리고 오두막에 도착해 '내 영혼의 시 제1편'에 마침표를 찍었다."

학교는 지루하고 제인의 몸을 아프게 하는 공간이었을 뿐 아니라, 어린 비제이의 끓어오르는 감성과 환상의 세계와 완전히 유리되어 있었다. 학교의 궁극적인 목적이 학생들의 미래를 준비하는 데 있다면, 그렇다면 과연, 그 미래는 어떤 모습의 미래인가? 학교가 어떻게 비제이에게 유년의 꿈을, 아프리카의 야생동물들과 함께 살아가고 그들을 연구하며 그들에 대한 글을 쓰겠다는 꿈을 좇아가게 해줄 것인가?

학교는 반듯함을 강요했으며 규격화된 이성과 감성을 고수했다. 공장이나 사무실의 시스템 안에서 한데 얽혀 돌아갈 수 있도록 학생들의 행동방식을 규제하는 곳이었다. 기껏해야 일자리를 준비하는 곳에 지나지 않았고, 여학생들에게 있어 직업 선택의 폭이란 여전히 비서, 간호사, 교사에 지나지 않았다. 설사 비제이가 이른바 그 '3대 돌보기 직종' 외의 일을 찾아낸다 하더라도 그 다음은? 현장 생태연구가 등장하지도 않은 상황에서 생물학이 현장연구로 이어질 수는 없었다. 게다가 동식물학자나 동물행동학자, 동물학자가 된다는 것은 여자가 아닌 남자일 때나 가능한 얘기였고, 그런 직업을 가지려면 유럽이나 미국으로 가서 새, 곤충, 포유동물을 연구해야 했다. 혹 어느 전도유망한 동물학자가 아프리카 개코원숭이와 같은 독특한 동물을 연구하려 한다면—물론 그는 결코 여자일 수 없다—어딘가에 있는 동물원이나 실험실 우리를 찾아가야 했다.

업랜즈스쿨에는 일 년에 한 번 연례행사처럼 진로상담사가 학교를 찾곤 했는데, 멀쩡한 여학생이 어떻게 아프리카로 가서 야생동물을 관찰할 생각을 하는지, 상담을 맡은 여선생은 도무지 이해가 가질 않았다. 그러다 비제이가 개도 좋아한다는 말에 상담사는 이성적인 타협안을 제시했다. 사진학교에 진학해 애완견 주인의 마음을 사로잡을 멋진 애완견 사진 촬영기술을 익히라는 것이었다. 그런 일이라면 돈벌이가 될지도 몰랐다. 하지만 그 타협안을 받아들이지는 않았으며, 비제이는 앞으로 어떤 일을 할지 다시 걱정이 앞섰다. 진로 문제를 놓고 종종 밴과도 대화를 나누었다. "홀가분한 기분으로 [학교를] 나와 집으로 향하는 버스에 올랐다. 커피를 마시며 진로 문제에 대해 얘기했다"(1951년 5월 2일). 이날을 비롯해 일기의 몇 안 되는 부분에 등장하는 진로에 관한 대화가 구체적으로 어떤 내용이었는지는 적혀 있지 않지만, 이후 제인이 쓴 글에서 다음과 같은 짧은 문구를 찾아볼 수 있다. "어머니는 늘 이렇게 말씀하셨다. '진정으로 원하는 게 있어서 최선을 다해 노력하고, 찾아온 기회를 놓치지 않고, 무엇보다 결코 포기하지 않는다면 넌 네 길을 찾을 수 있단다.'"

한편, 1951년 5월 17일 미스 오르가 1951년도 맥닐 에세이상 수상자로 비제이가 선정되었음을 알리면서 비제이는 학교에서 뛰어난 글재주를 인정받는다. 그날 일기에서 비제이는 "예배시간에 들어갔는데 예배가 끝나고 오르 벅스 선생님이 맥닐 에세이상 결과를 발표하겠다고 했다. 유달리 뛰어난 작품이 한 편 있다고 운을 띄우고, 장황하게 설명을 하는 수상자를 발표했는데, 수상자가 바로 나였다!!! 아이들은 키득거렸고, 난 속이 메스

껍고 울렁거렸다. 거의 쓰러질 지경이었다. 게다가 예배가 끝나고 밖으로 나가는 시간이어서 하급생반 3, 4반의 모든 아이들로부터 '멋져요', '축하해요' 같은 말을 들어야 했다."

부상으로는 수상자가 고른 책 한 권을 살 수 있도록 기니 금화 두 개가 주어졌다. 선정된 책은 수상소감 발표일인 7월 2일 월요일에 공식적으로 수상자에게 전달될 예정이었다. 7월 2일, 밴과 대니는 맨 앞자리에 따로 마련된 좌석에 앉아 여러 수상자들의 연설에 귀를 기울였다. 일기에 따르면, 그날 비제이는 밴이 빌려준 나일론 스타킹("이런 징그러운 물건이 다 있다니")과 "제일 좋은 옷"으로 차려입고 친구인 힐러리 옆에 앉았다. 마침내 미스 오르가 수상자를 호명하고 비제이가 자리에서 일어서자 박수갈채가 쏟아졌으며, 부상으로 주어진 책을 건넨 미스 오르는 비제이에게 "잘했다! 정말 좋은 책을 골랐구나"라고 말했다. 자리로 돌아오자 "자꾸 웃음이 터져서 힐러리의 손수건을 빌려야 했다."

그날이 아마 비제이가 나일론 스타킹을 처음 신은 날이었을 것이다. 8월 5일은 여름휴가차 고모 내외인 마이클과 조앤이 있는 독일에 들렀다가 "처음으로 샴페인 칵테일을 마셨는데 맛이 꽤 좋았던" 날이었으며, 11월 7일은 빨간색 거들을 처음 산 날이었고, 이듬해인 1952년 1월 17일은 조앤 숙모가 때늦은 크리스마스 선물로 나일론 스타킹을 선물해준 날이었다("신으면 뭔가 께름칙한 느낌이다. 이유는 모르겠다. 좀 쑥스럽기도 하다").

비제이가 어른이 되어 가는 것을 보여주는 또 다른 징후는 1951년 가을 학기를 기점으로 학교에 대한 태도가 눈에 띄게 달라진 점이다. 새로 온 영어 선생님, 미스 루트비히는 첫인상이 "정말 똑똑해 보였다. 영어, 독어, 불어, 라틴어, 그리스어까지 다 완벽하고 게다가 진짜 잘 가르치기까지 한다." 또 루트비히 선생은 "초서나 키츠 같은 사람은 다루지 않을 거라고 말했다. 완전히 새로운 것들을 다룰 것이고 정말 재미있는 수업이 될 거라고도 하셨다. 우리는 『안토니우스와 클레오파트라』의 첫 부분을 읽는 것으로 수업을 시작했다." 새로운 영어수업에는 서사시, 서정시, 극시 같은 여러 종류의 시도 포함되었는데 "그 많은 시들을 누가 다 썼는지는 까먹었지만 아주 재미있는 수업이었다." 다음 수업은 스펜서의 "페어리 퀸"이었다. "어미 괴물의 피로 배를 채운 새끼가 배가 터져 죽는 부분까지 읽었다. 끝내줬다."

그 학기 생물수업에서는 유전과 진화에 대해 배웠다. 수업은 유전에 관한 "그럭저럭 흥미로운" 이야기로 시작되었는데 "완두콩으로 실험을 한 어떤 사람의 이야기가 계속 나왔다. 또 검은색 반점이 있는 흰색 종자를 흰색과 교배해 푸른색 종자를 만들어낸 사람의 이야기도 나왔다." 한 달 후에는 진화에 대해 배웠으며 "새로운 사실을 알아가는 재미에 수업이 즐거웠다." 한편, 생물실습 시간에는 토끼 해부실험을 했다. 9월에 있은 첫 수업에서 학생들은 토끼의 심장과 순환계를 관찰했다. "심장 주변의 혈관은 정말 놀라웠다. 난생 처음 궁금했던 것들을 모두 눈으로 확인할 수 있었다." 며칠 뒤에는 뇌("굉장했다")를, 3주 뒤에는 비뇨생식기("그럭저럭 재미있었다")를 관찰했다.

때로는 여전히 감응 없고 지루한 수업이 계속되기도 했다. 11월 12일, 두 시간 연속으로 진행된 생물수업에서는 지렁이에 대한 토론수업이 있었는데 작은 벌레 하나에 할애된 시간치고는 너무 길었다. "그 작은 분홍 벌레 하나에 80분이라니." 하지만 학기 전체를 놓고 보자면 갑작스럽고 뜻밖이기는 했지만 학교생활은 예전과는 전혀 다른 생각과 느낌으로 다가왔다. 1951년 11월 14일 수요일 일기에는 이렇게 적었다. "잠에서 깼다. 자리에서 일어나 아침을 먹었다. 평소처럼 버스를 타고 평소와 같은 기분으로 배움의 전당에 도착한다. 요즘은 학교에 오는 게 꽤 즐겁다. 사실 무척 놀라운 결론에 이르렀는데, 어쨌든 학교도 꽤 다닐 만한 것 같다."

비록 해결책을 찾지는 못했지만 직업이나 장래와 관련된 복잡한 문제에 대해서도 조바심을 덜 내게 되었다. 1952년 1월 13일 일기에는 이렇게 적었다. "오늘 아침만 해도 진로에 대한 걱정으로 우울했지만 지금은 아니다. 바람이 내 마음을 깨끗이 씻어주었다."

학교나 진로 문제뿐 아니라 제인은 반대쪽 성과도 이런저런 일을 겪기 시작했다. 그리고 그 상대는 이상한 남자와 나쁜 남자에서 그럴싸한 남자와 완벽한 남자에 이르는 여러 소년과 성인 남자였다.

첫번째 상대는 빌이었다. 비제이가 열네 살이던 1948년에 쓴 것으로 보이는 한 편지에 이런 내용이 등장한다. "하루는 빌이 나를 만나겠다며 노스본에서부터 우리 집까지 자전거를 타고 왔지 뭐야." 이웃에게 전해들은 바로는 빌은 한참 동안 비제이네 집 앞을 서성이다 마침내 문 앞으로 가 초인종을 눌렀다. "엄마가 누구냐고 묻자 빌이 이렇게 말했대. '실례가 아닌지 모르겠습니다만, 혹시 구달 부인이세요?'" 밴은 비제이가 해변이나 절벽을 산책 중일 거라고 대답했다. 빌은 비제이를 만나지 못한 채 다시 버치스로 돌아왔고, 그때 이미 집으로 돌아와 있던 비제이는 구운 통감자와 고기와 토마토를 곁들여 점심을 먹던 중이었다. 비제이가 "코에 묻은 감자 부스러기를" 털어내자 빌은 "왜 털어냈어? 귀여운데"라고 했다. 빌은 또 비제이가 "사람이 아닌 것만" 같으며 가끔씩 비제이가 공중을 붕붕 떠다니는 모습이 눈앞에 떠오른다고도 했다. "겨우겨우 빌을 돌려보냈는데 얼마나 다행이었는지 몰라. 그 다음에도 학교 끝나고 우리 집에 찾아왔는데 그때는 다행히 내가 집에 없었어. 빌은 진짜 별로야!"

나쁜 남자는 1950년 가을 어느 오후 비제이를 집까지 쫓아온 한 사내였다. 샐리에게 보낸 편지에 따르면 그날 비제이는 늦게까지 학교에 있었으며 "아주 깜깜해져서야" 집에 가는 버스에 올랐다. 늘 내리던 정류장에 내린 비제이는 휘파람을 불며 걷기 시작했다. 길모퉁이를 돌아서는 순간, "울타리 한쪽에 낡고 오래된 자전거 한 대가 세워져 있고 그 옆으로 웬 젊은 남자가 기대어 선" 게 보였다. 비제이는 직감적으로 수상한 낌새를 눈치 챘다. "온 몸의 신경이 다급하게 뇌로 '어서 뛰어'라고 신호를 보내는 것 같았어. 내 목소리도 비명을 지르고 싶다고 뇌에 간절히 요청했지만, 난 마음을 단단히 먹고 절대 계집애처럼 소리를 질러서는 안 된다고 뇌에게 명령을 내렸어. 나는 계속 걸음을 걸었고 휘파람도 멈추지 않았어." 비제이가 막

길을 건넌 순간,

그 남자가 움직이는 게 느껴졌어. 그러자 내 근육과 신경이 뇌를 향해 더 크게 소리를 질렀지만 난 좀더 빨리 걸으라는 명령을 내린 게 고작이었어. 그런데 그놈이 점점 더 가까이 다가오는 거야……. 어느새 내 옆까지 다가왔어. 경쾌한 휘파람 소리도 뚝 멈추고, 난 최대한 빨리 걷는 일에만 집중했어. 그 남자가 내 옆까지 왔을 땐 머리끝에서 발끝, 심장에서부터 머릿속이 온통 부들부들 떨리면서 이제 진짜 끝이구나 싶었지 뭐야. 그놈이 음흉하게 웃으면서—미친놈이나 지을 것 같은 미소였어—나를 구석으로 몰았거든. 그리고 알 수 없는 말을 지껄였는데, 정말 횡설수설이었어. 한마디도 알아들을 수가 없어서 말이라기보다는 그냥 소음 같았어. 그러면서 그 남자가 어딘가를 더듬기 시작했는데—어딘지는 너도 알 거야—다행히 노출은 하지 않았어. 그럴 찰나를 놓치고 말았거든. 나도 더는 강심장으로 버틸 수가 없어서 어서 다리 근육에 전속력을 가하라는 신호를 뇌로 보냈거든. 그 신호가 전해졌는지 내 근육은 명령에 따라서 정말 놀라운 능력을 발휘했어. 정신없이 달리다 뒤를 돌아봤는데 그놈이 미친 표정으로 계속 내 뒤를 쫓아오더라고.

그보다 더 나쁜 남자는 "오렌지 바지" 사내였다. 오렌지 바지 남자는 절벽에서 산책 중이던 비제이를 "어딜 가든 쫓아"왔으며, 이튿날은 "현란한 체크무늬" 옷을 입고 나타났는데 "쫓아오는 느낌이 들었지만 내가 언덕으로 꺾어져 올라가자 더 이상 보이지 않았다."

그럴싸한 젊은 남자로는 클리브가 처음이었다. 1951년 9월 22일 토요일, 롱햄에 온 클리브는 비제이와 함께 말을 탔다. 또 클리브는 비제이에게 "록케이크" 대회에 같이 나가자고 했는데, 다음 주 토요일 비제이의 손에는 급하게 반죽을 해 전날 밤에 구운 작은 건포도 록케이크 하나가 들려 있었다. 비제이의 록케이크에 대해 푸우시는 "향이 좋다"고 했으며, 부셸은 "달콤하다"고 했다. 모양만으로는 클리브의 록케이크가 더 나았지만 대회 결과

두 사람은 동점을 기록했다. 둘은 나란히 최우수상을 받았고 부상으로는 사탕 한 알이 주어졌다. 그 후 클리브는 군대에 가게 되었지만 몇 달 후인 1952년 6월 어느 토요일, 클리브가 다시 롱햄에 들러 두 사람은 그날도 같이 말을 탔다. "사실 진짜 좋았어. 이젠 혼자 타는 것도 지겹고, 멍청한 애들이랑 같이 타는 것도 질렸거든" (샐리에게 보낸 편지). 다음날 클리브는 비제이에게 전화를 걸어 같이 드라이브를 가자고 했다. 비제이는 그때 머리 모양이 "엉망진창"이었지만 "좋아"라고 대답했다. 그렇게 두 사람은 뉴포레스트까지 차를 몰았고 "폭풍우가 몰아치는 날씨에 루퍼스스톤까지 함께 걸었다. 그 바람에 머리칼이 일자로 쭉쭉 뻗쳤"다. 잠시 후 두 사람은 조랑말이 있는 근처 찻집에 들러 함께 차를 마셨다.

그런데 운이 없었던지 그때 두 사람이 찻잔을 앞에 놓고 나란히 앉은 모습을 한 학교 친구가 보고서 월요일 예배시간에 큰 소리로 물었다. "일요일에 너랑 같이 있던 그 젊은 남자는 누구니?" 주변의 모든 아이들이 "귀를 쫑긋 세우자" 비제이는 얼굴이 화끈거렸다. 또 다른 친구인 웬디는 비제이를 돌아보며 "내가 아는 그 남자야?"라고 했다.

웬디가 말한 그 남자는 조지였다. 1952년 초 롱햄에 온 조지는 얼마 지나지 않아 비제이에게 "윙크를 하고 손을 쓰다듬었으며" 일주일 뒤의 어느 일요일에는 느닷없이 버치스를 찾아왔다. "주디가 오더니 조지가 왔다고 했다. 난 꼴이 엉망이었다. 머리는 제멋대로였고 슬리퍼 바람이었다. 하지만 조지인데 뭘. 머리를 빗을 필요도 없었다." 조지는 같이 드라이브를 가고 싶어 했지만 비제이는 숙제가 산더미였으므로 결국 둘은 응접실에서 이야기만 나눴다. "조지에게 너무 무례했던 것 같다. 토요일에 정식으로 사과를 해야겠다."

그 다음은 피터였다. "머리는 거의 천재에다 선원이라 춤도 수준급"인 피터가 포니클럽의 댄스파티에 함께 가자고 했다. 그날 아침 비제이는 "저녁 약속에 갈지 말지 아직 잘 모르겠다. 피터는 과연 어떤 사람일까!" (1952년 1월 9일). 피터는 "음식을 가져다주는 데는 젬병"이었지만 그래도 두 사람은 꽤 즐거운 시간을 보냈다. 댄스홀에서 나온 두 사람은 친구 어머니의 차를 얻어 타고 돌아가는 차 안에서 "성질 긁기 대격돌"을 벌였다. 피터가 비제이에게 "코가 그게 뭐냐"고 하자, 비제이는 피터가 어린애 같다며 "기저귀나 갈고" 오라고 놀렸다. 그날 비제이는 일기로 긴 하루를 마무리 했다. "피터와 이야기를 나눴다. 피터가 마음에 든다. 잠자리에 들 시간. 잘 자."

하지만 비제이의 관심과 애정을 사로잡은 새로운 대상이 등장하면서 세 남자는 곧 비제이의 관심 밖으로 밀려난다. 바로 트레버였다. 어딘가 어쭙잖고 믿음이 가질 않는 나이 어린 남자들과 달리 트레버는 중심이 서고 자신감을 지닌 완벽하게 성숙한 남자였다. 실제로 그는 비제이보다 나이가 훨씬 많았지만 열정과 카리스마가 넘쳤다. 학사이자 석사이자 박사로 누가 보더라도 지적이고 생각이 깊은 사람이었던 트레버 데이비스는 비제이네 가족이 다니는 본머스 리치먼드힐 교회에서 1951년 겨우내 담임목사로 재직했다.

1951년 비제이가 정형화되고 제도화된 학교 교육에 서서히 적응해가는 사이, 교회에 대한 그녀의 태도 또한 비슷하게 변해갔다. 4월 15일 일기에는 "할머니가 내게 어째서 일요일마다 몸이 아프냐고 하길래 내가 화가 나서 그럼 할머니도 2주 내내 매일같이 몇 시간씩 말을 탔다고 생각해보시라고 짜증을 부렸다"고 한 바람에 대니와 밴이 말싸움을 했다는 이야기가 등장한다. 하지만 그로부터 석 달 뒤인 7월 15일, 비제이는 리치먼드힐 교회 임기 막바지였던 존 쇼트가 주관하는 예배에 참석했다. "예수님을 영접하고 신께 나를 맡기라는 좋은 말씀"을 들었다. "나는 정말 못되게 살아왔던 것 같다. 앞으로는 더 착해지자. 부디 목사님이 다른 교회로 가지 않으셔서 내 마음을 붙들어주셨으면 좋겠다."

그해 가을 데이비스 목사가 부임했고 비제이는 난생 처음 매주 교회에 나가 말씀을 듣기로 마음을 먹었다. 올리는 성가대 활동을 하고 있었다. 나머지 가족들, 대니와 오드리, 밴과 두 소녀는 교회에 가는 날이면 이층 맨 앞줄 한가운데에 앉길 좋아했다. 운이 좋아 원하는 자리를 잡은 날은 교회에 모인 신도들을 한눈에 내려다볼 수 있었고, 석상 위에 선 목사의 모습을 정면보다 조금 위에서 바라볼 수도 있었다. 때때로 목사가 그들이 있는 곳을 바라보고, 뒤편에서 비치는 스테인드글라스 벽으로 인해 은은하게 빛나는 그들의 모습과 실루엣에 눈길을 주기도 했다.

데이비스 목사는 11월 11일 일요일 일기에 처음 등장한다. "차를 마시고 할머니랑 오드리 이모랑 교회에 갔다. 데이비스 목사님의 훌륭한 설교를 듣고 라이온스 카페에 들러 아이스크림을 먹었다."

그리고 다음 주 11월 18일 일요일. "예배시간이면 목사님은 자신을 잊고 쉼 없이 설교를 이어나가신다. 가슴 깊이 와 닿는 말씀이었다. 기독교인이란 무엇인가? 기독교인이라면 반드시 예배에 참석해야 한다."

다시 2주 후인 12월 2일 일요일. "정말 재미있고 가슴에 와 닿는 설교였다. 모두 웃음을 터뜨렸다. 자신이 하느님보다 더 많이 안다고 생각하는 사람들에 관한 이야기였는데, 예수께서는 베드로에게 이렇게 이르셨다. '사탄아, 내 뒤로 물러가라.'"

열일곱이던 비제이는 이제 열여덟 살이 되었고, 서서히 스스로를 비제이, 스핀들, 붉은제독이 아닌 제인으로 여기기 시작했다. 이러한 변화는 편지 끝에 남긴 서명에서도 나타난다. 하지만 여러 가지 면에서 봤을 때 제인의 타고난 본성은 예전 그대로였다. 언젠가 밴이 쓴 것처럼 제인은 늘 "열정으로 빛나는" 아이였고 "그 아이가 매주 주일마다 한 번도 아닌 두 번씩 예배에 참석하는 열의를 보인 것도 천성이 그러해서"였다. 하지만 1952년 초, 가족들은 제인이 교회에 그토록 열심인 이유가 목사님에 대한 열정 때문이기도 하다는 걸 눈치 챘다. 밴이 이층 앞자리에서 바라보던 데이비스 목사의 모습을 떠올렸다. "설교 시간이 가까워오면서 오르간의 마지막 선율이 잦아들었어요. 트레버가 성큼 단상 위로 올라서더군요." 그녀의 눈에 비친 트레버는 "보통 키에 선이 굵은 얼굴"이었다. "나이보다 머리가 빨리 새고 머리칼이 굵은 편이었는데 머리는 늘 단정하게 자르고 다녔지요." 설교를 시작하자 "경쾌한 톤의 웨일스 악센트가 어렴풋이 남아 있었는데 목소리가 꼭 노랫가락 같으면서도 좌중을 휘어잡는 카리스마가 있었어요. 그의 언어가 제인에게는 아주 익숙하게 느껴졌을 거예요. 영혼의 깨달음을 말과 음악으로 바꾼, 시인의 언어이자 음악가의 언어였지요."

지금껏 제인이 만난 사람 가운데 그녀 못지않은 열정적 이상을 품고 사는 이는 트레버가 처음이었으며, 시인과도 같은 트레버의 언어와 지적인 설교는 제인에게 깊은 감동으로 다가왔다. 제인은 트레버의 설교를 받아적기 시작했는데, 집으로 돌아가서 특별히 마련한 말씀집에다 다시 옮겨적기 위해서였다. 또 제인이 직접 말씀 일기를 써보기도 했다. 트레버의 모습에서 제인은 트레버와 같은 웨일스 출신이자 회중교 목사였던 외할아버지 윌리엄 조지프 목사를 떠올렸다(어쩌면 서른 살 연상의 나이에도 불구하고 대니와 사랑에 빠져 결혼에까지 이른 그의 모습을 떠올렸는지도 모른다). 제인은 철학서가 가득한 할아버지의 서재를 뒤지기 시작했고, 트레버의 설교 내용을 실천에 옮겼다. 두 배로 더 정성을 다하라는 기독교인의 태도에 관한 성경구절, "누구든지 너로 억지로 오 리를 가게 하거든 그 사람과 십 리를 동행하라"는 말씀에 감명을 받은 제인은 집으로 돌아와 차를 마실 때 찻물을 두 번 우려냈고, 석탄은 두 통씩 날랐으며, 욕조 물은 두 번씩 받아 두 번 목욕을 했고, 가족들에게 잠자리 인사도 두 번 건넸다.

봄이 되자 어느새 신임 목사는 존경의 대상에서 사춘기 소녀의 가슴 절절한 동경의 대상으로 바뀌어 있었다. 제인이 주일예배에 세 차례 모두 참석했던 4월 13일 부활절, 목사님이 "끝내주게 멋있었다"고 제인은 4월 14일 샐리에게 보낸 편지에 적었다. "오늘 예배 때 목사님이 그러시더라고. '오늘 밤은 죽음에 대해 말씀을 증거하려 합니다. 내키지 않는 성도님은 나가셔도 좋습니다! 자, 나가십시오!' 손으로 문을 가리키며 목사님이 말했어. 그러자 사람들이 모두 웃었고, 우리는 어쩌면 오드리 이모가 나가버리지 않을까 하는 생각을 하며 이모를 쳐다봤지." 그리고 예배가 끝나고 **목사님과 악수를 했어!!!** 오늘까지 안 씻고 있다가 방금 씻었어. 사탕 때문에 손이 끈적거려서 어쩔 수 없었거든."

1952년 5월 18일에도 "일요일이라는 생각에 한껏 들떠" 잠에서 깼다. 그날도 설교를 받아 적었는데 설교 내용은 믿음—"주께서 그의 손 안에서 세상을 보호하시니 모든 것이 순탄하리라. 이 얼마나 희망 넘치는 말씀인지." —에 관한 것, "삶의 작은 하나하나와 그 작은 것들이 얼마나 소중한가"에 관한 것, "끝으로 갈수록 감동적, 아니 열정적이었던 밧줄에 대한 정말 좋은 말씀"이었다. 트레버가 나이가 쉰에 가까운 연상의 남자이자 행복한 결혼생활을 꾸려가는 유부남이라 육체적으로는 결코 가까이 다가설 수 없다는 사실마저도 제인에게는 낭만적 환상을 더욱 달콤하고 완벽하게 만들 뿐이었다. 물론 트레버는 꿈에도 나타났다. 하루는 "꿈속에서 그가 내게 해주었던 키스의 감촉이 잠에서 깨어서도 남아 있는 듯했다. 날아갈 것 같았다."

그해 봄 어느 금요일 저녁, 제인은 본머스 중앙공원 건너편에서 교회 사택의 창문 너머로 불이 켜진 트레버의 서재가 내려다보이는 장소를 발견해냈다. 제인은 한껏 들떠서 곧장 가족들에게 달려가 경애하는 우리 목사님께서 다음 일요일 설교 준비를 하고 있는 모습을 볼 수 있었다고 말했다. 그 뒤로 제인은 매주 금요일 저녁이면 어떻게든 우편물을 챙겨들고 주디나 올리와 함께 우체국으로 향했으며, 가는 길에 멈춰 서서 사택의 노란 사각 창틀 너머를 훔쳐보며 하얗게 센 머리가 나타나기를 기다렸다.

늘 그랬듯 대니와 밴과 나머지 가족들은 막 불붙기 시작한 제인의 열정을 모두 적극적으로 응원해주었다. 대니는 트레버와 그의 아내를 집으로 초대해 차를 대접하겠노라 약속했고, 밴은 안락의자에 앉아 책을 읽는 트레버의 사진을 어렵사리 구해다주었다. 사진을 넣을 액자를 올리가 사줘서 제인은 그 액자에 트레버의 사진을 끼워 넣었다. "아침 내내 더 이상 깨끗해질 수 없을 만큼 깨끗하게 액자의 유리를 닦고 또 닦았다. 그랬는데도 얼룩이 눈에 띄었다. 그러다 손가락을 베여서 액자 여기저기에 핏자국이 묻고 말았다. 커피를 마시고 드디어 액자 닦기를 끝냈는데 내가 봐도 대단했다"(6월 2일).

8월 12일 화요일 오후, 드디어 트레버와 그의 아내 앨리스가 강아지 키티를 데리고 본머스에 차를 마시러 왔다. 대니는 케이크를 구웠고, 화병에는 꽃을 꺾어 꽂았다. 제인은 집 안의 모든 은 식기와 청동 식기를 몇 번이고 광을 내고, 의자를 정리하고, 가족들 한 사람 한 사람에게 무슨 말을 하고 어떤 행동을 취해야 하는지를 지시하고, 트레버의 고귀한 엉덩이의 어루만짐을 입은 물건을 영원히 간직하고자 '트레버 의자'에는 면 실밥과 작고 부드러운 깃털을 놓아두었다.

8월 15일에 샐리에게 보낸 편지에 따르면 키티는 "사랑스러웠다." 하지만 그날 러스티는 "줄곧 뚱하게 문 앞에 드러누워 있었다." 제인은 "트레버 옆" 의자에, 대니와 데이비스 부인은 소파에, 밴은 "티테이블 뒤편에 놓인 등받이가 딸린 긴 의자에 앉았다." "난 흰색 드레스를 입고 있었어. 그런데 그가!! 내 드레스가 참 예쁘다고 하지 뭐야." 네 사람은 "하늘 아래 모든 것에 대해 이야기를 나눴"다. "조그마한 체구에서 어쩌면 그렇게 활력이 넘치는지. 그런 사람은 처음이었어. 늘 활기찼고 대화에도 빠지는 법이 없었지. 자기 부인이 이야기 하는 걸 싫어했는데 부인이 말을 꺼내면 매번 한 마디씩, 정확히 말하면 여러 마디씩 꼭 자기 얘길 덧붙였어." 그날 제인은 트레버가 "콧날이 길고 멋지고 개를 무척 사랑"한다는 사실도 알게 되었다. 그러다 데이비스 목사와 데이비스 부인이 자리에서 일어서 집을 나서려는데 키티가 보이지 않았다. "그런데 말이야! 내가 눈치를 못 챘더라면 두 사람은 키티 없이 그냥 돌아갈 뻔 했다니까! 그만큼 즐거웠다는 거 아니겠니. 키티 없이 차에 시동까지 걸었으니까. 키티가 없어진 걸 알고 난 그와 함께 키티를 찾아다녔고, (기니)피그 근처에서 오드리 이모가 키티를 찾아냈어. '여보, 여기에요, 여기'라고 데이비스 부인이 말하자 그가 내 뒤에서 달리기 시작했는데, 무릎을 높이 치켜들고 손은 위로 올리고 머리는 뒤로 젖힌, 왜 그렇게 크게 몸을 흔들면서 달리는 자세 있잖아, 딱 그런 모습이었어. 얼마나 웃기던지. 갔더니 그 장난꾸러기 키티 녀석이 철사 울타리에 떡하니 구멍을 뚫어놨지 뭐야. 오후 내내 웃음이 끊이질 않았어. 그리고 중요한 건! 트레버 부부와 키티가 3시 45분부터 6시 30분까지 우리 집에 있었다는 거야."

집으로 돌아가기 위해 자리에서 일어선 트레버의 외투 뒷자락에는 미리 의자에 놓아두었던 작은 깃털과 실밥이 달라붙어 있었다. 그 모습을 보고 가족들은 웃음을 참느라 애를 먹었다. 트레버가 돌아간 뒤 제인은 의자에 남은 깃털과 실밥 몇 가닥을 주워 담았다. "지금도 깃털과 실밥을 간직하고 있어. 그가 남긴 담배와 성냥과 찻잎도. 그리고 그날 밤엔 그가 썼던 쿠션을 베고 소파에서 잠이 들었어." 그날 오후에 트레버 데이비스 목사는 설탕을 넣지 않고 차를 마셨는데 그래서 제인은 이제부터는 절대 차에 설탕을 넣지 않겠다고 결심했다. 그리고 두 번 다시 설탕을 넣지 않았다.

찬란하게 빛났던 유년의 마지막 여름은 그렇게 끝이 났다. 학교생활도 그보다 삼 주 앞서 잘 마쳤다. 그해 제인은 또 한 차례 맥닐 에세이상을 수상했고, 상급반 영어, 생물, 역사 시험성적도 우수했다. 집안 형편만 뒷받침이 되었다면 대학 진학도 고려했겠지만, 그럴 형편이 아니었으므로 진학을 고려하지는 않았다.

그 뒤 3주간, 제인은 앞으로 있을 석 달간의 독일 생활을 준비하느라—어느 독일인 가정에서 영어를 가르칠 계획이었다—필요한 신발이며 치마를 사러 다녔다. 마지막으로 학교를 찾았으며, 러스티와 함께 몇 차례 절벽으로 찾아갔고, "밤새" 트레버를 꿈꾸며 행복해했다. "계속 그를 바라봤다. 그에게 가까이 다가서고 싶었다. 그러다 머리에 롤을 만 느낌이 들어 머리를 더듬었다."

1952년 9월 7일은 제인이 오랜 시간 트레버를 바라볼 수 있는 마지막 일요일이었다. 제인은 "자리에 앉아 들뜬 마음으로 단상에서 울려 퍼지는 그의 아름다운 목소리에 귀를 기울였다. 그와 눈이 마주쳤다. 마음에 와 닿는 예배였다. 그와 악수를 하고 오늘 저녁에 작별 인사를 드리러 와도 되냐고 물었다." "설교가 감동적"이었던 저녁 예배 후 제인은 트레버를 찾아갔다. "그를 만나러 들어갔다. 그가 우는 나를 달래주었다. 엄마에게는 말하지 않았지만 아빠 얘기를 털어놓았다. 왠지 그래야만 할 것 같았다." (아마 이혼 요구가 적힌 편지에 대해서였을 것이다). 그리고 마지막으로 "몇 시간"을 기다린 끝에 교회 사택 입구에서 다시 한 번 트레버를 만났다. 두 사람은 "따뜻한 작별 인사"를 나눴고 트레버는 제인에게 "그럼 '배스bath'에 'h'가 들어가는지 아닌지, '캐슬castle'에는 'h'가 있는지 없는지를 가르치게 되겠구나"라고 물었다.

다음날인 월요일에 제인은 반스 부인네 사진관으로 가서 유년의 마지막 모습을 사진으로 남겼다. 뒤로 묶은 고슬고슬한 갈색 머리에 흰색 블라우스와 넥타이, 그리고 제일 좋은 승마복으로 단장한 제인의 곁에는 가슴에 밝은 흰색 털이 난 검정개 러스티가 놀란 표정으로 꼿꼿이 허리를 세우고 듬직하게 주인 곁을 지켰다. 그로부터 이틀 뒤, 제인은 파운드를 마르크로 바꾸고 서점에서 영독사전을 샀으며, 사람들에게 마지막 작별 인사를 전한 뒤, 본머스에서 런던, 도버를 거쳐 어른들의 세계로 떠나는 2시 30분발 독일행 기차에 몸을 실었다.

6

미뤄진 꿈

1952~1956

3개월간 영국을 떠나 있기로 한 결정은 스스로 얼마나 성숙하고 독립적으로 살아갈 수 있는지를 알아보기 위한 첫번째 시험대였다. 당시 독일 쾰른에는 제인의 고모 내외인 조앤 스펜스와 마이클 스펜스 부부가 살고 있었으며, 제인은 마이클이 점령 독일의 영국 관할 통치부에서 중요한 직책을 맡아 처음 쾰른으로 이주했던 때인 1951년 여름에도 고모와 고모부를 만나러 한 차례 독일에 들른 적이 있었다. 훗날 제인은 당시 폐허가 된 도시를 한참 동안 바라보다 "주변 건물들의 파편에 해를 입지 않고 높이 솟아 있는" 건재한 쾰른 대성당의 모습이 눈에 들어왔던 장면을 떠올리며, 그 모습이 마치 "악을 이기는 선의 궁극적인 힘을 상징하는 것" 같았다고 회상하기도 했다. 1951년 제인이 잠깐 독일을 다녀간 후, 조앤은 조카가 1952년 9월 중순에서 12월 중순까지 3개월 동안 독일인 가정에서 머물 수 있도록 알아봐주었다. 제인도 독일어를 배울 수 있어 좋고, 그 집의 네 자녀도 제인과 영어로 대화를 할 수 있으니 서로 좋겠다는 생각에서였다.

제인은 독일에서 펼쳐질 모험을 손꼽아 기다렸다. "독일에 가다니 난 참 운이 좋은 것 같아." 하지만 한편으로는 "다른 이유는 없어. 트레버에게 편지를 쓸 수 있고 그럼 그도 분명 답장을 보내겠지. 그 순간의 행복을 어떻게 말로 다 하겠니"라는 생각도 있었다(7월 6일 샐리에게 보낸 편지).

9월 13일 퀼른의 기차역에서 제인을 만난 조앤과 마이클 부부는 9월 15일 월요일에 뒤스부르크에 있는 마기스 씨 집으로 제인을 데려다주었다. 부유한 상인 집안이었던 마기스 씨네 집은 그야말로 대저택으로 "드넓은" 응접실에는 "거실 창가를 장식한 화분과 카나리아 두 마리, 육중하고 멋진 가구"가 놓여 있었다(9월 13일 일기). 마기스 부처는 두 딸 빌트루트, 헬가와 두 아들 한스, 네 살배기 부비를 제인에게 소개했다. 잠시 후 "영국과 나를 잇는 마지막 끈이 떠나가버렸고, 난 눈물이 쏟아질 것 같았지만 애써 미소를 지었다."

금세 집이 그리워졌다. 러스티는 잘 지내는지, 기니피그는 별 탈은 없는지, 꿈에서는 트레버가 보였다. 책도 많이 읽고, 음식도 맛있게 먹었으며, 아이들과도 재미있게 놀았고, 영국 라디오 방송—특히 제인이 좋아하는 〈미세스 데일스 다이어리〉—도 들었으며, 뒤스부르크에 있는 동물원에도 한 번 갔다. 그곳 동물원은 "잘 꾸며져" 있었지만 "동물들이 다들 춥고 불쌍해 보여 런던 동물원보다는 별로였다." 헬가와 함께 간 승마수업에서는 말은 훌륭했지만 승마 선생이 "얼마나 엄격한지, 트랙을 벗어났다간 금세 불호령이 떨어졌다." 또 마기스 씨 집에서 기르던 닥스훈트 럼피와도 놀았다. "털이 길고 무척 활발한 녀석이에요. 같이 놀고 싶을 땐 다가와 옷자락을 잡아당기죠. 오늘은 럼피를 데리고 들판 멀리까지 산책을 나갔는데, 그 녀석이 예쁜 새끼 토끼 한 마리를 찾아냈어요. 뭐, 잡지는 못했지만요"(9월 23일 오드리에게 보낸 편지).

제인은 아침에는 주로 혼자 방에서 독일어를 공부했고, 일요일은 매주 성경책과 트레버의 설교집을 읽었다. 낯선 가족, 낯선 집, 낯선 언어, 낯선 문화와 씨름했고, 몹쓸 샴푸와 이상한 칫솔과 불면을 부르는 침대 같은 생뚱맞은 일상용품과도 씨름을 해야 했다(샴푸는 "튜브 관으로만 나오고 거품은 도무지 나지 않았으며", 칫솔은 "솔이 아주 넓게 박혀 있고 재질도 아기들

빗솔처럼 가늘고 부들부들해서 매번 양치 때마다 입 안 가득 거품이" 일었고, 침대는 "머리맡이 가파르게 경사져" 있었다).

처음보다는 집 생각도 덜했을 테고 마기스 가족도 다정하게 대해주었지만, 12월 17일 집으로 돌아간다고 생각하자 제인은 그제야 마음이 놓였다. 도버에는 밴이 마중을 나와 있었고, 런던에는 에릭 삼촌이, 본머스의 역에는 주디가 나와 있었으며, 버치스의 현관 입구에서 대니를 만난 제인은 너무 반가운 나머지 대니를 훌쩍 들어 응접실까지 안고 갔다. 러스티도 옆에 있었지만 일기에 적기를, "다들 야단법석을 떠는 바람에 하도 어리둥절해서 처음에는 나를 못 알아봤다." 제인과 가족들은 다함께 응접실에 모여 차를 마시고 이야기를 나눴으며, 잠시 후 제인이 몸은 피곤하지만 세상 부러울 게 없는 기분으로 이층으로 올라가 샤워를 하는 사이 주디는 제인의 짐을 옮겨놓았다.

다시 집에서 맞는 첫번째 일요일이었던 12월 21일, "잠에서 깨니 기분이 날아갈 것 같았다. 즐겁고 신나는 아침식사 후 주디와 함께 힘차게 집을 나섰다. 발걸음은 가벼웠고 일찍 {교회에} 도착해 내가 좋아하는 자리에 앉았다." 트레버는 자애로움에 관해 "사랑은 관념에 그칠 수 있지만 베풂에는 언제나 대상이 있다"라는 훌륭한 설교를 들려주었다. 예배가 끝나고 제인은 "껑충껑충 신나게 집으로 향했다."

12월 22일 저녁에는 트레버 데이비스, 앨리스 데이비스 부부와 데이비스의 아들인 마이클이 함께 저녁식사를 하러 버치스를 찾았고, 그날 식탁은 로스구이 닭, 민스파이, 당근 요리로 차려졌다. 당근이 트레버의 입맛에는 맞질 않는 것 같았지만 그래도 세 손님은 자정까지 머물렀고, 그리고 무엇보다 그날 트레버가 겨우살이 밑에서 제인에게 키스를 했다. 제인의 일기에는 이 대목이 강조되어 있다. "M{mistletoe, 겨우살이} 밑에서 그가 **내게 키스를 했다**." 물론 모두가 지켜보는 자리에서 점잖고 가벼운 키스를 한 게 다였지만 그래도 올리는 다른 사람들에게도 다 키스를 해줘야 하는 것 아니냐며 트레버에게 괜한 으름장을 놓기도 했다(크리스마스 때 남자가 겨우살이 밑에 서 있는 여자에게 키스를 해주는 풍습이 있다—옮긴이).

크리스마스에는 "일 년 내내 크리스마스처럼 활기차게 지내기"로 다짐했다. 하지만 그 다짐을 지키기에는 이듬해는 분명 만만치 않은 한 해였을 것이다. 러스티와 산책하기, 기니피그 돌보기, 가족행사, 일요일에 교회가기 같은 제인의 일상은 전혀 달라진 게 없었지만, 이젠 무엇을 하며 살아야 할까라는 결코 피해갈 수 없는 문제와 맞닥뜨려야 했다. 제인의 생일 사흘 뒤이자 부활절 다음날이었던 4월 6일 월요일, 제인은 일기에 이렇게 썼다. "고난의 수난일을 지나 영광의 부활절이 찾아왔지만 어젠 그 어느 때보다도 슬프고 우울했다. 오랫동안 기다려온 부활절이 끝나버려서였을까(아니, 지금도 우울한 걸 보면 '였을까'가 아니라 '그래서일까'라고 해야겠지). 식구들의 생일도 모두 지났고 이젠 손꼽아 기다릴 그 무엇도 남아 있지 않은 것 같다……. 게다가…… 이제부턴 돈을 벌어야 한다고 생각하니 무섭기까지 하다."

제인도 나름대로는 언론계에 진출해 돈을 버는 게 어떨까라는 현실적인 대안을 갖고 있었으나, 밴은 어딜 가든 일자리를 구할 수 있다는 이유로 비서학교를 추천했고 모티머도 이미 3월경에 학비를 대기로 동의한 상태였다. 그렇게 해서 4월 말에서 이른 5월 초에 런던으로 거처를 옮긴 제인은 첼시 보퍼트가 보퍼트하우스 8번지에 있는 애거서 힐리어의 아파트에서 하숙생활을 시작했다. 제인에게는 힐러 또는 A. A.(애거서 아줌마Aunt Agatha의 약칭)로 통했던 힐리어 부인은 넬리라는 이름의 작은 애완견 한 마리와 함께 살았고, 곧 제인도 그녀가 아끼는 트레버의 사진 한 장을 하숙방 벽에 걸었다. 보퍼트가에서 사우스켄싱턴의 퀸스 비서학교까지는 걷기에는 멀지만 지하철로는 가까운 거리였고, 그곳에서 제인은 1953년 5월 4일부터 속기, 타자, 부기 수업과 정규과정 외로 '작문기법' 강의를 듣기 시작했다.

퀸스 비서학교는 젊은 여성들의 타자 직능훈련을 목표로 1925년에 설립된 학교였다. 제인이 입학했을 당시에는 퀸즈베리 플레이스 20번지와 22번지─런던 자연사박물관 근처─에 나란히 위치한 5층짜리 타운하우스 건물 두 채를 쓰고 있었고, 학생 수는 125명에서 150명 사이로 모두 여학생이었으며, 학생들은 아침 9시 반에서 오후 4시까지 매 45분 수업으로 비서 업무를 배우고 익혔다. 정규수업 외로는 점심시간 45분과 하루에 한 번 90분 동안 타자실습이 있었다. 고급스러운 석재 바닥과 카펫으로 꾸며진 건물 입구와 미스 힐의 교장실과 달리 쌍둥이 타운하우스의 교실과 복도는 실용성이 우선이었다. 또 쉽게 짐작해볼 수 있듯 시끄러운 곳이기도 했는데, 타자 훈련에 쓰이는 그 대형 사무용 기기는 한 줄 입력이 끝날 때마다 '칭' 하고 쇳소리를 냈다. 그 소리가 끊이지 않게 하고 수업에 활기를 불어넣고자 교사들은 전축 판을 걸어놓기도 했는데 휘파람 코러스가 깔리는 "보기 대령 행진곡"도 단골 곡 중의 하나였다.

퀸스 생활이 시작되고 3주 후, 제인은 샐리에게 보낸 편지에서 이렇게 털어놓았다. "진짜 죽을 것 같아. 속기는 몸도 엄청 고된 데다, 익히고, 익히고, 또 익히는 수밖에 없어서 너무 지루해. 타자는 아주 싫은 건 아닌데, 이것도 좀 재미가 없긴 해." 하지만 제인은 언젠가 나에게 퀸스 생활이 조금도 지루하지 않았다고 말한 적이 있는데 "어쨌거나 기술도 나름대로 익히는 맛이 있고" 마음에 드는 친구들도 있어서였다고 했다. 점심시간에는 친구들과 사우스켄싱턴 전철역 부근의 값싼 레스토랑에서 점심을 먹곤 했으며, 길 건너편의 자연사박물관에 들러 잠깐 전시물을 둘러보기도 했다.

매주 금요일에는 기차나 에릭 삼촌의 차를 타고 버치스로 향했다. 러스티와 함께 절벽 너머나 바닷가를 따라 신나게 산책을 하기도 하고, 일요일에는 리치먼드힐 교회에서 마음에 드는 자리에 앉아 트레버의 설교도 들으며 주말을 편히 쉬었다. 또 어떤 때는 켄트로 가서 밴의 친한 친구인 뎁 시브룩의 남편이 운영하는 사과농장 '챈트리'에서 말을 타기도 했다. 애거서 힐리어가 뎁 시브룩의 어머니이기도 했으며 시브룩의 딸 조는 주디의 친구였다. 조에게는 조커와 집시라는 조랑말 두 마리가 있었는데, 제인과 조는 "열에 아홉 번은" 그 두 말을 탄다고 5월 27일에 샐리에게 보낸 편지에 적었다. "말 위에서 내가 하고 싶은 대로 할 수 있다는 게 얼마나 신나는 일인지 몰라. 얌전하게 굴 필요도 없고 말이야." 얌전하게 굴지 않는 바람에 "웃다가 말에서 떨어져 크게 다칠 뻔한 위험천만한 승마"를 한 적도 있다. 그날 도그 쇼에서 막 돌아온 제인과 조는 즉흥적으로 조커와 집시를 타고 밖으로 나갔다.

우린 입고 있던 옷 그대로 말에 올라탔어. 나는 먼저 신발을 벗고 스타킹도 벗었어. 물론 조도 나를 따라 했고. 우린 양말도, 신발도, 승마바지도, 모자도, 안장도 없는 채였지. 과수원을 가로지르는데(마침 사과꽃이 참 장관이었어) 조커가 줄곧 엉덩이를 들썩이며 거칠게 굴어댔어. 그 바람에 나는 웃음이 터졌고, 그래서 거의 떨어질 뻔 했는데, 조를 봤더니 웃겨 죽겠다는 듯이 깔깔대는 거야. 내가 왜 그리 웃냐고 물었더니, 내 치마가 바람에 나부끼면서(이건 자주 있는 일이야) 속바지 밑으로 가터벨트가 덜렁대는 게 보인다는 거야. 그 얘기에 나도 그만 웃음이 터지고 말았는데, 정말이지 그렇게 많이 웃긴 생전 처음이었어. 너도 알지, 말 위에서 깔깔대고 웃는 게 얼마나 우스꽝스러운 일인지. 결국 우리 둘 다 웃다가 힘이 빠져서 바닥으로 내던져지고 말았어. 상처가 낫는 데 이틀이나 걸리더라.

이성교제와 관련해서는 조용한 해였다. 지난해 함께 승마 수업을 들었던 독일 청년 오르스트 펠레티르를 비롯해 제인을 흠모하는 한두 남자로부터 편지가 왔고, 같은 아파트에 살던 존 배로는 제인이 힐리어 부인의 개 넬리를 데리고 나가는 것과 같은 시간에 그의 어머니가 키우는 페키니즈와 고양이를 산책시키는 경우가 종종 있어 서로 우연히 마주치곤 했다. 그러던 어느 날, 마침내 존이 자신의 어머니에게 부탁을 하나 했다. 제인네 현관문을 두드린 존의 어머니는 자기 아들에게 〈피그말리온〉 연극표 두 장이 생겼다며 '우리 아들이랑 같이 보러 가지 않겠니?'라고 물었다. 샐리에게 보낸 편지에서 제인은 1954년 2월 16일 저녁 공연은 "대단히 멋있었"으며 존은 "매너가 지나치게 깍듯한" 사람이었다고 전했다. 일주일쯤 후에 같이 보러 간 〈런어웨이 버스〉는 "재밌고 유쾌"했다. 그날 집으로 돌아온 두 사람은 현관문 앞에서 "몇 시간 동안" 이야기를 나누었는데 그사이에 힐러 부인은 소리가 새나가는 줄 뻔히 알면서도 현관문 앞에서 우유병을 달그락거리거나 이리저리 수선을 피워대다 결국 "얼른 안 들어오느냐며 소리를 꽥" 질렀다. 제인은 십 분을 더 밖에 있다가야 안으로 들어갔다. "어찌나 꼬장꼬장 퍼부어대는지 화가 나서 나도 소리를 지를 뻔했다니까. 구닥다리 빅토리아 할멈 같으니라고!"

하지만 존은 국민의무병에 소집되고, 제인도 학기말 시험 준비와 마지막 실무 수업인 모델 오피스—미스 힐 교장의 학교통신문 작성을 돕는 등, 실제 비서 업무에 투입됐다—를 이수해야 했다. 졸업생들이 교장에게 편지를 보내오면 "불쌍한 우리 모델 오피스 학생들이 교장 대신 답장 초안을 작성해야 돼. 그것도 친근하게 보이게 말이야. 너무 싫어"라고 제인은 샐리에게 보낸 편지에 썼다. 한편, 제인은 시간이 날 때마다 사람 같은 얼굴 생김새에 개인의 특성을 표현한 물고기 카툰을 재미삼아 그렸는데, 제인이 모델 오피스 감독교사인 크리스티 부인에게 보여준 그림 몇 점 중에는 물고기 힐이 물고기 학생에게 편지를 받아쓰게 하는 재기발랄한 그림도 있었다. 크리스티 부인은 힐 교장에게도 그림을 보여주었다. "그림이 마음에 쏙 든다면서 어머님이 아파서 누워 계신데 내가 그린 그림을 보내드리면 좋아하실 것 같다는 거야. 그래서 교장이랑 작품 의뢰 계약서까지 썼어!"

비서학교 과정을 모두 끝낸 1954년 3월 6일, 제인은 타자와 속기로 분당 무려 51단어와 110단어를 입력하고 받아쓸 수 있게 되었다. 부기에서는 최고점을 받았고 물고기 그림 덕분에 힐 교장에게도 좋은 인상을 남긴 듯했다(혹은, 내심 물고기 그림을 그리는 창의성과 훌륭한 비서로서의 반듯함이 서로 상반된다는 생각을 했는지도 모른다). 제인이 퀸스에서 받은 비공개 종합평가서에는 이렇게 적혀 있다. "두뇌 명석하나 자만하는 경향이 있고, 배울 게 전혀 없다는 듯한 태도를 보이기도 함." 따라서 모델 오피스는 "학생이 모르는 것이 얼마나 많은가!"를 보여주었다는 점에서 "학생에게 꼭 필요한 수업이었음." 타자, 속기, 부기 실력이 완벽하게 합격선에 들었음에도 모리스 구달 양은 "현저히 미성숙하며 책임감이 결여되어 있고, 글쓰기에 흥미가 많으나" 앞으로는 이 같은 미성숙한 환상에서 벗어나 적절한 직업과 삶에 안착할 수 있을 것으로 판단됨. "최종적으로는 뛰어난 비서가 될 수 있을 것으로 보임."

퀸스 졸업장을 손에 든 제인은 그녀의 생일과 부활절 예배에 맞춰 버치스로 돌아갔다. 4월 3일이 제인의 스무번째 생일이었고, 4월 18일은 부활절을 맞은 신도들로 리치먼드힐이 북적이는 때였다. 그리고 5월로 접어들자마자 비서 자리를 알아보러 옥스퍼드로 떠났다. "어쨌든 언론 쪽 일을 포기한 건 아니야. 그렇지만 읽을 만한 가치가 있는 글을 쓰려면 아직 몇 년은 더 살면서, 흔히 얘기하듯 인생 경험을 더 쌓아야 한다는 결론을 내렸어"(4월 26일 샐리에게 보낸 편지).

원하는 일자리를 얻지 못한 제인은 다시 본머스에 머물면서 올리가 근무하던 신체장애아 물리치료 센터에서 서무 일을 도왔다. 급료는 시급 2실링 6펜스로 최저 수준이었고 일은 지루했다.

업무는 지루하지만 병원에서 일하면서 여러 환자들을 접한다는 게, 지루함을 보상받을 만큼 참 의미 있는 일이란 생각이 들어. 사실, 몸이 불편한 아이들과 늘 함께 있다 보면 마음도 좀 싱숭생숭하고 그래. 내 몸이 다른 평범한 사람들과 같다는 게 얼마나 천만다행인지를 새삼 깨닫게 되거든. 가슴이 먹먹해질 만큼 가없은 아이들도 있지만, 그래도 어느 아이 할 것 없이 다들 참 구김 없이 밝고 긍정적이야……. 여덟 살 때 소아마비를 앓고 허리 아래가 마비돼서 영영 걸을 수 없게 된 여자아이가 하나 있는데, 워낙 활동적이던 아이라 소아마비의 충격도 그만큼 클 수밖에 없었겠지. 그런데도 난 아직 그 애가 불만 가득한 표정을 짓거나 화를 내는 모습을 본 적이 없어. 그 아이를 보면서 나도 많은 걸 배우게 돼!(6월 26일 샐리에게 보낸 편지).

그러다 마침내 옥스퍼드 대학 학적계장으로부터 8월부터 기본적인 비서 업무를 맡아 일하지 않겠냐는 편지 한 통이 도착했다. 학적계장의 사무실이 위치한 클래런던관館은 클래런던 백작 1세가 1712~1713년에 축조한 3층 높이 좌우대칭형의 웅장한 신고전주의 건축물로서 브로드가街로 접어들면 건물의 돌층계가 모습을 드러냈고, 층계 위로는 고전적인 문양의 프리즈가 새겨진 도리아식 사주 기둥의 주량 현관이 서 있었으며, 현관 위 지붕은 로마 신전 양식의 화려한 조각상으로 장식되어 있었다.

옥스퍼드에 도착한 제인은 곧 젊은 직장동료 두 명과 클래런던관 탐험에 나섰다. 제인이 가족들에게 보낸 편지에서처럼 클래런던관의 건물 옥상에 서면 "세상의 꼭대기에 선 것처럼 황홀"했다. 세 사람은 다락방 입구를 찾아내 안으로 기어 들어갔는데 다락방 안은 흥미진진했다. "어둡고 구석구석 거미줄이 가득했고 바닥은 군데군데 푹 꺼져 있었어요. 바닥 아래에 으스러지기 일보직전인 나무판자가 보였죠. 셀라랑 전 모험심이 발동해서 여기저기를 막 헤집고 다니다 판자랑 판자 사이에 부들부들한 무슨 이상한 게 한데 뭉쳐 있는 걸 발견했어요. 도대체 뭘까 하다가 한 움큼 집어 들고 갖고 갔던 손전등에 비춰봤죠. 그러지 말았어야 했는데. 하얗고 밀가루처럼 보이는 것이, 바구미인지 뭔지, 왜, 전쟁 때 할머니 밀가루 포대에 들어있다 할머니가 구워준 빵에서 불쑥불쑥 튀어나오곤 하던 그런 놈들과 엉켜 있더라고요!"

우드스탁로路 225번지에 방을 얻은 제인은 일주일에 엿새, 매일 아침 우드스탁로 초입에서 버스를 타고 옥스퍼드 중심가에서 내려 브로드가까지 걸어간 뒤 클래런던의 돌계단을 올랐다. 철문과 아치를 통과한 제인은 다음 층으로 연결되는 목재 오크 층계가 놓인 방향에 따라 각 층에서 오른쪽 또는 왼쪽으로 방향을 바꿔가며 2층을 지나 3층으로 올라갔고, 아침 9시 30분 무렵이면 타이핑과 서류정리 업무를 시작했다.

나무의자에 앉은 제인은 나무책상 가죽 상판 위에 올려진, 여느 사무실에나 있을 법한 흔한 사무용 기기로 타이핑을 하거나 만년필로 직접 글을 써서 문서를 작성했다. 천장은 높고 창문은 큰 아치형이었다. 남자들의 출근 복장은 하나같이 정장에 넥타이였고, 여자들은 무릎 훨씬 아래까지 내려오는 원피스나 치마를 입고 스타킹과 구두—무더위가 한창일 때는 예외적으로 샌들을 신기도 했다—를 신었다. 10시 30분 오전 커피타임, 점심시간 90분, 오후 티타임이 있었고, 업무 마감은 6시였으며, 근무일인 토요일 업무는 9시 30분에 시작해서 1시에 끝났다.

직속상관인 미스 시어러는 신입직원이 찍찍대는 작은 애완용 햄스터 햄릿을 데리고 출근해도 잔소리를 않을 만큼 무던한 사람이었음에도 불구하고, 제인은 내게 당시 생활이 "따분한 서류정리에 간간이 타이핑이나 좀 있을까, 단순 그 자체"였다고 했다. 그래도 가끔은 평소답지 않은 사건도 생겨 그나마 지루함을 덜 수 있었다. 한번은 명예학위를 받기 위해 옥스퍼드를 내방하는 에티오피아 황제가 쓸 학사모를 구해달라는 요청이 들어왔다. 치수를 전달받고 제인은 온 가게를 뒤졌지만 하일레 셀라시에 황제의 머리가 너무 작았으므로 결국 제일 작은 사이즈를 사 모자 안에 신문지를 넣어야 했다. 또 한번은—아마 8월 중순이었을 것이다—행진하는 데 걸리는 시간을 재느라 학적계 직원들이 총동원되기도 했다. 버치스에 보낸 편지에서 제인은 그 일을 설명했다. "그냥 나가서 '걷는' 거였어요. 담당자들이 영국학술협회 학위수여식 때 있을 행진 시간을 재야한다고 했거든요. 신학대학에서 셸도니언까지 이열 종대로 길게 늘어서서 행진을 하는 거였죠. 시장과 시장 부인에, 경찰국장까지, 오늘 옥스퍼드 시의 높으신 분이란 높으신 분은 다 나왔어요. 다들 가운이나 이브닝드레스를 걸친 시늉을 하며 앞사람 꽁무니를 쫓아가는 모습이라니, 그렇게 우스꽝스러운 장면을 또 어디서 보겠어요. 덕분에 여행객이랑 관광객들은 무척 재미있어 했죠." 하지만 이런 이례적인 일은 어쩌다 한 번이었다.

일은 따분했지만 그래도 옥스퍼드는 재밋거리가 많은 곳이었으므로 그런대로 위안을 삼을 만했다. 옥스퍼드에서 비서로 지내기란 옥스퍼드에서 학생으로 지내기와 별반 다르지 않았는데, 그만큼 재미있는 일은 많으면서도 공부에 대한 압박은 전혀 없었다. 제인은 독일어 저녁 수업에 등록했고 내키지 않는 날은 언제든 수업에 빠졌다. "여태껏 본 것 중 가장 짙은 안개"(가족들에게 보낸 편지에서 그렇게 말했다)가 드리웠던 11월의 어느 저녁, 독일어 수업을 빼먹은 제인은 평소 궁금했던 유니콘에 대한 자료를 뒤적이며 도서관에서 한참을 머물다가 안개 속을 헤쳐 집으로 가는 버스에 올랐다. 하지만 "버스가 어기적어기적 기다시피 했어요. 그 와중에 버스가 자꾸만 인도랑 차도 사이 턱을 타고 올라가버려 그때마다 휘청휘청했는데 얼떨결에 저도 줄곧 엉덩방아를 찧어댔죠. 앞차도 생고생을 하긴 마찬가지"였다. 하숙방으로 돌아온 제인은 빵과 비스킷을 먹으며 집주인인 미스 커지와 이야기를 나누었는데, 커지가 자기도 안개 속을 거니는 걸 무척 좋아한다고 말하자 제인은 "용감하게 밖으로" 나섰다. "혼자 기분 내키는 대로 걸었어요. 기분이 정말 좋았죠. 날씨가 그 모양이라 불쌍한 운전자들은 무척 난감했을 테고, 담벼락이며 길가에 서 있던 우편함도 쓰러져 있었지만 제 기분으론 별로 안됐다는 생각이 들지 않더라고요. 이리저리 길을 헤매다 한참만에 집으로 돌아왔어요."

샐리에게 보낸 편지에 따르면, 미스 커지는 "참 다정한" 사람이었다. 커지는 코코라는 이름의 새끼고양이를 키우고 있었는데 코코는 곧잘 제인의 방에 들어왔다. "코코랑 같이 있으면 온기가 느껴져서 좋아." 1층이었던 제인의 하숙방은 차들로 북적이는 우드스탁로의 길가 쪽을 바라보고 있었다. 처음 하루 이틀 밤은 요란한 소음 탓에 정신이 사나웠지만 금세 익숙해지면서 "한 번씩 유난히 시끄러운 버스나 오토바이 소리에 짜증이 나는 것(특히 누가 라디오를 켜고 지나갈 땐 진짜 화가 나)만 빼면 시끄러운 줄도 모르고" 지냈다. 미스 커지는 정원에 사과나무도 몇 그루 키웠는데 떨어진 사과는 제인이나 다른 세입자들이 주워가도 됐다. 또 힐러 부인과 다르게 성격도 수더분했고 간섭도 덜했다. "이래라저래라 하는 일은 절대 없어. 집주인이 이상하게 생각지나 않을까, 눈총을 받지나 않을까, 그런 걱정 없이 밤낮 언제든 집에 들어갈 수 있고 말이야. A. A.와는 좀 다르다고 할 수 있지."

우드스탁로 225번지의 모든 세입자들은 부엌을 공동으로 사용했으므로 제인은 다른 하숙생들과도 알고 지냈다. 스튜어트 램즈던과 존 버틀러는 둘 다 물리학과 대학원생이었다. 음악을 좋아하는 스튜어트는 "밤늦게까지" 전축을 틀어놓을 때도 있었지만 워낙 "대단한 음악"들이라 다른 세입자들의 신경을 거스르지는 않았다. "스튜어트의 방에서 들려오는 베토벤의 멋진 선율"이 처음엔 라디오에서 흘러나오는 줄 알았던 제인은 같은 주파수를 찾으러 부리나케 방으로 달려갔다가 허탕을 치기도 했다.

얼마 지나지 않아 스튜어트, 존, 제인, 그리고 또 다른 거주자인 아일린까지 네 사람은 주말이면 함께 시내도 돌아다니고 교외에도 몰려나가는 등 곧잘 뭉쳐 다니는 사총사가 되었지만, 안타깝게도 스튜어트가 아일린을 이성으로 바라보기 시작하면서 제인과 존도 서로 짝이 되는 불편한—적어도 제인에게는—사이가 되고 말았다. "환상적인 주말이기는 했어요." 12월 밴에게 보낸 편지에서 제인은 이렇게 전했다. "그렇지만 225번지의 로맨스는 제 바람과 달리 진도가 너무 빠른 것 같아요. 그것도 일방적으로만요!"

1955년으로 접어들면서 연애 감정을 둘러싼 묘한 분위기는 한층 더 복잡해져 갔다. 아일린이 잠시 캐나다에 머물고 있는 다른 남자와 사귀고 있었는 상황에서 스튜어트가 아일린에게 빠져버린 것이다. "넷이 다 모이면 마냥 즐겁고, 둘씩 만나면 좀 어색하고, 이젠 속마음을 털어놓으려면 오히려 불편한 사이가 돼버렸어요"라고 2월 가족들에게 보낸 편지에서 적었다. 존에 대해서는 "예전엔 같이 있으면 참 좋았는데. 재미도 있고 흥미로운 구석도 있는 친구였거든요. 그런데 지금은 진지한 구석은 아예 없는 듯 굴면서 속마음을 숨기려고만 드니, 사람을 너무 지치게 해요."

그 무렵 제인에게는 또 다른 걱정거리가 생겼다. 사교계 입문자로서 여왕 앞에 서게 된 것이었다. 영향력 있는 후원자—고모부 마이클—의 간곡한 청원으로 모자와 '데이 드레스day dress'를 갖춰 입고 3월 2일 오후 3시

30분까지 버킹엄 궁에 입궁하라는 여왕폐하의 명령이 떨어졌다. 당연히 격식에 맞는 인사법은 알고 있어야 했으므로 제인은 2월 옥스퍼드에 사는 아담한 체구의 한 헝가리 귀부인으로부터 인사법을 배웠다. "인사를 할 땐 시선을 낮추라고들 합니다만, 천만에요. 반드시 여왕폐하의 안정眼精을 마주보세요!" 귀부인은 또 우아한 걸음걸이와 머리를 뭔가를 얹은 채로 걷는 법도 가르쳐주었다.

이브닝드레스라면 이미 멋진 옷—밴이 2파운드를 주고 산 패션쇼 중고품으로 백조 깃털, 반짝이, 레이스가 장식된 터키옥색과 흰색의 이브닝드레스—이 있었지만 여왕을 알현하는 자리에는 격에 맞질 않았다. 2월17일 샐리에게 보낸 편지에 제인은 이렇게 적는다. "사교계 데뷔 때문에 너무 화나. 머리가 돌아버릴 지경이야. 아직 입을 옷도 없어서, 사실 이번 주말에는 곧장 집으로 내려가서 본머스에 있는 드레스란 드레스는 다 입어봤어. 엄마가 한번 입어보라며 옷을 산더미처럼 꺼내놓으셨거든. 이런 말도 안 되는 난리법석을 떨어야 하다니." 하지만 일주일 후에는 상황이 달라졌다. "결국 아빠가 날 구해주셨어. 얼마나 고마운지 몰라. 본머스의 최고급 드레스숍에 가서 그중에서도 최고로 좋은 드레스를 사는 날이 오리라곤 상상도 못했으니까. 게다가 마음에도 쏙 들어!"

새 드레스는 레이스가 장식된 플레어스커트 타입의 선홍색 드레스로, 제인은 검정 레이스 모자, 검정 장갑, 검정 구두를 매치해 멋을 냈다. 3월 2일 제인은 옥스퍼드의 고급 헤어살롱에서 머리를 하고 버킹엄 궁에 도착했다. 그런데 어찌된 일인지 참석자 명단에 제인의 이름이 잘못 올라가 있었다. 제인만 빼고는 다들 작위가 있는 사람들이었다. 차라리 발레리 제인 모리스 구달로 되어 있었더라면 눈에 덜 띄었겠지만 안타깝게도 제인의 이름은 '미스 발레리 구달'로 올라 있었다. 제인이 싫어하는 '발레리'라는 이름에, 성은 절반만 들어가 있었던 것이다. 제인은 참석자들을 호명하는 사람이 누구인지를 묻고서 고급스런 차림의 한 신사에게 다가갔다. "이건 잘못됐습니다. 이건 제가 아니에요. 이렇게 부르시면 안 됩니다." 제인이 말했다.

"그럼, 존칭을 어떻게 해드릴까요?" 신사가 물었다. "제 존칭을 어떻게 해달라는 게 아니에요. 제가 누구인지가 잘못되었다고요."

길고 우아한 행렬을 이룬 제인과 다른 사교계 입문자들은 붉은 카펫을 지나 여왕의 옥좌 앞까지 천천히 걸음을 옮겼으며 그곳에서 한 사람씩 여왕에게 소개되었다. 이름은 '미스 발레리 제인 모리스 구달'로 정확히 호명되었고, 제인은 여왕과 필립 공에게 순서대로 눈을 맞추고 인사를 건넸으며, 다른 참석자들과 왕실 정원으로 이동해 사교계 입문자를 위한 가든파티에 참석한 후 옥스퍼드로 돌아왔다.

타자와 서류정리 같은 학적계 업무로의 복귀는 클라이맥스 후의 순간처럼 느껴질 수도 있었지만 그래도 스물한번째 생일이 기다리고 있었다. 그러던 어느 날 저녁, 삐걱대던 창틀이 내려앉아 제인의 양 손등을 찍고 말았다. 황급히 병원으로 가 엑스레이를 찍고 붕대를 감고 사흘간 병가를 내야 할 만큼 심각한 사고였지만—뼈는 부러지지 않았다—생일 즈음 몸을 회복한 제인은 3월 26일 우드스탁로 225번지에서 열린 생일 파티에서 사교계 데뷔 때 입은 선홍빛 드레스를 입고 우아하게 손님맞이에 나섰다. 사람들은 제인을 위해 축배를 들었고, 제인은 짧게 소감을 말했으며, 초 스물한 개를 단번에 불어 껐다.

하지만 그런 즐거운 시간들에도 불구하고 그 무렵 제인은 옥스퍼드를 떠날 결심을 하고 있었다. 그해 2월 집으로 편지를 보내 "이렇게 지루한 일을 꾸역꾸역 하고 있다니, 요 몇 주는 너무 비참"했다며 좀 덜 지루하고 하기 싫은 생각도 덜한 일이 어디 없겠냐며 밴에게 도움을 청했다. "이젠 다른 일을 해볼 때가 된 게 아닐까요?" 병원 비서직이라면 보람 있기도 할 것 같고, 어쩌면 에릭 삼촌이 일손이 필요한 누군가를 알지도 몰랐다. 외무부 같은 곳은 "10시 반에서 5시까지 근무에 파티도 많을 테니 꽤 재미있을" 테고, 마이클 아저씨가 도움을 줄 수 있을지도 몰랐다. 그러다 마침내 평소 제인 가족과 친분이 있던—전시 BBC 라디오에서 푸근한 목소리의 주인공으로 영국인들에게 이름을 알린—알바르 리델이 런던의 한 광고물 제작 스튜디오에 면접 자리를 주선해주었다.

그해 4월 런던행 기차에 오른 제인은 런던에서 주디와 밴과 모티머를 만났다. 모티머는 제인을 면접장까지 데려다주었고, 면접 후 네 사람은 모티머의 '스티어링휠' 클럽에 모여 면접이 잘 끝났음을 축하했다. 밴과 주디가 본머스행 기차에 오른 다음 모티머는 술과 연어, 아스파라거스가 차려진 '스포츠카' 클럽의 저녁식사 자리로 제인을 데려갔다. 그로부터 얼마 후 제인은 "일하기로 확정"됐다는 소식을 샐리에게 전했다. "걱정이 이만저만이 아니야. 책임도 너무 막중하고 신경 쓸 것도 무척 많은 일이라 걱정이 되는 게 당연하긴 하지만 말이야. 출근할 날이 다가올수록 더 그럴 것 같아. 날 위해 기도해줘."

6월 초 옥스퍼드 생활을 정리하고 한동안 버치스에서 지낸 제인은 7월에 다시 런던으로 돌아가 켄싱턴 앤드 첼시 자치구 레드클리프 가든 88번지에 방을 얻었다. 주당 35실링으로는 침대 하나, 의자 하나, 열어봐야 휑한 담벼락뿐인 창문 하나, 취사용 가스풍로 하나가 딸린 우중충한 지하방이 고작이었다. 그래도 아끼는 책이 있었고, 트레버의 사진도 걸어두었다. 독립해 혼자 산다는 게 좋았고, 예전보다는 확실히 일할 맛이 나는 새 직장도 마음에 들었다. "나 정말 행복해. 속기도, 타자도, 남의 편지 대신 써주기도 이젠 다 안녕이야"(8월 샐리에게 보낸 편지).

스탠리스코필드 프로덕션은 약 25년 전 밴이 일했던 찰스 코크런의 사무실에서 걸어서 얼마 안 되는 거리인 올드본드가 6~8번지에 자리한 3층 건물의 2층과 3층을 사무실로 쓰고 있었다(1층은 나이트클럽과 사진관이었다). 층계를 오르면 보이는 안내데스크에는 당시 열여덟 살의 안내 직원이었던 마가렛 아서가 근무했다. 그로부터 45년 뒤 마가렛 아서는 스물한 살의 신입직원이었던 제인을 첫인상부터 "풋풋한 매력"이 풍기던 "장밋빛 뺨과 금발머리"의 아가씨로 기억했다.

스코필드 프로덕션은 여성용 스타킹, 남성용 전기면도기, 카레이싱, 오토바이, 출산, 선천성 샴쌍둥이 분리수술을 다룬 의학 필름과 같은 짧은 극장용 광고·홍보·캠페인 영상을 제작하는 곳이었다. 스타킹 광고를 찍는 날이면 스코필드의 사무실에서 열리는 개별 면접에서 그 많은 젊고 예쁜 여성들이 모두 스코필드 앞에서 다리를 걷어 올리는 진풍경이 연출되기도 했다.

당시 직원 수는 스코필드와 제인을 포함해 17명가량이었고 이들 대부분은 비서, 안내 직원, 청소부, 음향기술자, 카메라 기사, 필름 편집자 등 각자 특정한 업무 영역이 있었으나 스튜디오의 전담 사환격이었던 제인은 이런저런 일들을 조금씩 다 거들었다. 응대, 배경음악 선택, 필름 상영·편집·커팅, 심지어는 우유병을 따르는 손과 팔 모델로도 잠깐 출연했다. 한편, 제작 스튜디오가 있는 3층이 더 재미있어 보였던 마가렛은 2층 안내데스크를 신임 후임자에게 넘기고 제인에 이어 두번째 사환을 자처하고 나섰는데, 곧 제인과 가장 친한 직장동료 사이가 되기도 했다. 스코필드가 두 사람을 함께 맥스팩터 본사에서 진행되는 메이크업 훈련과정에 보내주어서, 당시 유명한 권투선수였던 브루스 우드콕이 나와 전기면도기로 수염을 깎는 광고 촬영 때 제인과 마가렛이 브루스의 분장을 맡을 수도 있었다. 점심시간이면 같이 빵과 과일과 치즈를 넉넉히 사들고 사무실로 와 건물 옥상에서 점심을 먹기도 했다. 옥상에서는 분주한 거리를 내려다볼 수 있었고, 화창한 날엔 작은 손거울에 반사된 햇빛을 지나가는 행인들에게 쏘는 장난을 치기도 했다. 내키는 대로 대상을 골라잡고는 손거울로 행인들의 발걸음을 쫓아가며 바짝 약을 올렸다.

옷차림은 둘 다 말쑥했다. 마가렛은 항상 정장에 모자, 하이힐, 스타킹 차림이었는데 제인의 말로는 당시만 해도 여자가 바지를 입고 출근하는 것을 "기가 막힌 꼴불견"으로 여겼다고 한다. 또 다 들리게 큰 소리로 '스튜디오' 생활을 얘기하는 게 멋있게 보인다는 생각에 둘이서 같이 만원 전철을 타기도 했다. 마가렛이 그때 이야기를 들려주었다. "겉멋이 들긴 했었죠. 말끝마다 '스튜디오', '스튜디오' 하며 우리끼리 키득키득 웃기도 하고 그랬으니까요. 둘 다 어렸었죠."

가족과 함께 살고 있던 마가렛은 이따금 제인을 저녁식사에 초대했는데 그런 날 제인은 마가렛 집에서 자고 가기도 했다. 제인은 그나마도 적은 급료—주당 7파운드가 안 됐다—를 아끼느라 끼니를 거르는 때가 종종 있었으므로 영양 보충 면에서는 마가렛과의 저녁식사가 분명 중요한 역할을 했을 것이다. 물론 모티머나 고모부인 마이클이 점심이나 저녁을 사는 때도 있었고, 제인에게 목을 매다시피 했던 청년들, 브라이언과 두 직장 동료 데이비드, 피터가 식사를 사기도 했다.

옥스퍼드 시절부터 알고 지내며 제인을 흠모해왔던 브라이언 호빙턴은 런던에서까지 끈질기게 제인을 쫓아다녔다. 극장이나 촛불이 밝혀진 커피숍으로 제인을 데려가 자정까지 철학과 종교를 논하거나, 주말이면 제인을 차에 태우고 옥스퍼드로 가 작은 화분에 담긴 선인장을 선물하거나, 책장 선반을 달아주거나, 그림을 그려주었으며, 새해 전날에는 함께 피카딜리 서커스를 거닐기도 했다. 그날 저녁, 제인은 풍선을 귀걸이처럼 귀에 걸었고 브라이언은 취해 있었다. 제인은 집으로 보낸 편지에서 브라이언에 대해 이렇게 전했다. "완전히 흥분해서는 갑자기 셰익스피어를 읊어대질 않나, 내친 김에 말도 안 되는 시까지 즉석에서 지어내더라고요(진짜 말도 안 되는 시였죠). 취한 척을 하는데, 정말 웃겼어요." 활달한 성격의 제인은 상황이 어떻든 분위기를 즐기는 편이었고, 브라이언과 공연이나 연극을 보러 가는 것도 좋아했으며, 브라이언과의 식사도 마음에 들어 했다. 하지만 제인에게 공을 들인 만큼 그 결실이 있으리라는 확신을 키워갔던 브라이언의 마음과 달리 두 사람의 관계는 그 무렵 제인과 다른 남자들과의 관계와 마찬가지로 한쪽만의 연애에 그치고 있었다. 1956년 3월 밴이 런던에 들렀을 때 극구 두 모녀에게 연극 관람과 저녁식사를 대접하겠노라 고집을 부리는 브라이언의 모습을 본 뒤로는 제인도 더 이상 마음이 편치 않았다. "불쌍한 브라이언에게 자꾸만 말려드는 느낌이야. 솔직히 브라이언과는 끝이 어떻게 될지 모르겠어. 브라이언이 죽어버리겠다고 하거나 아님 날 죽이려 들지도 몰라!"(4월 샐리에게 보낸 편지).

브라이언에게서 벗어나야 할 때였다. 주말을 맞아 브라이언이 제인을 버치스까지 데려다주기 며칠 전이었던 5월 어느 날, 제인은 꼭 물어봐야 할 것이 있다며 밴에게 편지를 보냈다. "B가 저를 집까지 데려다주겠다는데, 그래도 되는 걸까요? 지난번에 전화로 말씀드렸을 때보다 더 확실히, 브라이언이 제 남편감이 아니라는 확신이 섰어요. 브라이언도 제 마음을 알고 있어요. 제가 예의상 베푸는 친절에 대한 보답으로 저를 집까지 데려다주려는 거예요." 제인은 거침없이 이야기를 이어나갔다. "브라이언과 절대 결혼할 수 없는 이유라면 얼마든지 댈 수 있어요. 현실에 안주하기만 하지, 맛있고 편한 것만 찾아다니지, 책에는 취미도 없지, 자세도 구부정하지, 뚱뚱보에, 잘생기지도 않았지, 이유야 끝도 없지만 결국 중요한 건 제가 브라이언을 조금도 사랑하지 않는다는 것. 그러니 더 무슨 말이 필요하겠어요. 게다가 브라이언도 그 사실을 알아요."

마가렛과의 우정은 이보다는 훨씬 덜 복잡했다. 둘은 빠듯한 형편에도 용케 값싼 티켓을 구해 연극이나 공연을 보러 가곤 했는데, 1955년 9월 중순에는 앨버트 기념관에서 열린 브람스 바이올린 협주곡 2번 연주회에 가기도 했다. "대단했어요. 제가 사랑하는 멘델즈존(써놓고 보니 좀 이상하네요!)의 바이올린 콘체르토만은 못했지만 그래도 여느 심포니쯤은 다 저리 가라였죠"(집으로 보낸 편지).

런던 정경대학에서 비정기적으로 열리는 무료 야간강좌에도 다녔는데 목요일 신지학神智學 수업도 그중 하나였다. 1956년 3월 27일 수 캐리에게 보낸 장문의 편지는 새로운 소식으로 넘쳐난다. "플라톤, 스피노자, 헤겔 같은 대단한 철학을 다루는 게 아니야. 굳이 이름난 사상가를 꼽으라면 동양의 고대 철학자 정도야. 선생님은 늘 우파니샤드나 붓다의 말을 인용하곤 해." 읽기자료도 어느 것 할 것 없이 모두 흥미로웠으나, 정작 제인을 사로잡은 건 교재보다는 활기차면서도 상대방의 감응을 불러일으킬 줄 아는 담당강사였던 것 같다. 수업 후에는 학생들 열 명가량이 커피 잔이나 찻잔을 앞에 두고 줄곧 엉덩이를 붙이고 앉아 "다양한 주제로 이런저런 이야기에 빠져"들곤 했다.

런던 생활이 주는 즐거움이 적지 않았음에도 불구하고, 또다시 뭔가 빠진 듯한 불안감이 밀려들었다. 스튜디오 일은 마음에 들었지만 여전히 어딘가 부족함이 있었고, 브라이언과의 일도 개운치 않았으며, 손바닥만 한 우중충한 지하방에서 겨울날을 보내자니 그런 고역이 또 없었다. 봄이 찾아들면서 제인은 "어둡고 작은 이 지긋지긋한 방"에서 벗어나기로 결심했다. "잠에서 깨 아직도 한밤중인지 아닌지 헷갈려하다니, 이건 정말 아니야"(3월 27일 수 캐리에게 보낸 편지).

곧 사우스켄싱턴 코트필드 가든스 6번지에 새 하숙방을 구했다. 예전 하숙방만 한 크기에 방세는 주당 7실링이 더 비쌌지만 바깥을 내려다볼 수 있었다. 세 층을 더 올라간 덕분에 새 하숙방에서는 나무와 참새와 비둘기가 있는 광장 한복판이 내려다보였고 이따금 검정지빠귀의 노랫소리도 들려왔다.

하지만 막 새 보금자리를 틀었을 즈음, 러스티가 차에 치여 죽었다는 소식이 전해졌다. 제인은 수에게 보낸 편지에서 자신의 심정을 털어놓았다. "엄마 편지를 받고 너무 화가 났어. 왜 난 다시 버치스로 돌아갈 생각조차 하지 않았던 걸까. 그렇게 러스티를 사랑했으면서도 말이야." 그 주 주말 제인은 집으로 가 슬픔에 잠긴 가족들을 마주했다. "무슨 생각을 하고 있는지, 서로가 서로의 마음을 너무나 잘 알고 있는 순간엔 긴 침묵뿐이었어. 누구도 러스티 얘기를 입 밖에 내지 않았지. 개 짖는 소리라도 들리면 내가 또 러스티를 떠올리지나 않을까, 다들 애써 다른 할 말을 찾았어. 그게 더 우릴 힘들게 했지만 말이야. 할머니는 내가 런던으로 떠나고서야 눈물을 쏟으셨대. 내 앞에서 우셨다면 나도 얼마나 가슴이 슬펐을까."

제인에게 러스티는 마음의 고향—제인이 성인이 되어 옥스퍼드나 런던으로 떠나 있던 시기에도 마찬가지였다—이었고, 제인은 러스티가 살아 있는 동안에는 "행여 자기를 버렸다고 생각할까 봐 걱정이 돼" 영국을 떠난다는 건 생각조차 하지 않았다. 그랬던 만큼 러스티의 죽음은 진지하게 삶을 되돌아보는 계기가 되었다. 이제껏 제인은 뻔한 일이나 그저 모날 것 없는 일만 하며 살아왔고, 이렇다 할 장기적인 목표나 목적도 없이 그날이 그날 같은 런던에서의 일상에 안주해왔다. 밴에게 브라이언을 비난하며 했던 말—"현실에 안주하기만 하지, 맛있고 편한 것만 찾아다니지, 책에는 취미도 없지"—에는 어쩌면 미래의 자신이 그렇지 않을까 하는 마음 깊은 곳의 우려가 숨어 있었는지도 모른다. 더욱이 그때까지도 끈질기게 제인을 따라다니던 브라이언이 자칫 그녀를 결혼으로까지 몰고 가는 게 아닐까 하는 걱정도 컸다. 그런데 러스티가 죽자 언제든 영국을 떠나도 상관없다는 생각이 들었고, 한편으로는 꼭 그래야만 한다는 생각마저 들었다. "너무 늦기 전에 떠나야 한다는 결심이 섰어. 지금은 스웨덴에 일자리가 있을지 알아보는 중이야"(4월 26일 샐리에게 보낸 편지).

올리가 아는 사람 중에 스웨덴 사람들과 친분이 있는 이들이 있었으므로 올리에게 도움을 받을 수 있을지도 몰랐다. 혹시 뭔가 조언이라도 얻을 수 있지 않을까 하는 기대에서 제인은 당시 동물 관련 저서로 유명했던 제럴드 맬컴 더럴에게 편지를 보내기도 했다. 물론 아프리카로 가서 야생동물들과 더불어 살겠다는 어린 시절의 꿈도 있었다. 지난해 여름에 친한 친구이자 업랜즈스쿨 동창인 마리 클로드(클로) 망주가 편지를 보내왔다. 자기 아버지가 식민지령 케냐 나이로비 교외의 한 구릉지에 있는 농장을 매입해 자기도 그곳에 가게 됐으니 제인도 오지 않겠냐는 것이었다. 스튜디오 일을 시작한 직후였던 1955년 여름, 제인은 샐리에게 클로의 편지 얘기를 꺼냈다. "마침 클로가 부모님이 계신 케냐로 가게 됐대. 나더러 꼭 와서 반년쯤 있다 가라는데, 스튜디오 일이 지겨워지면 그땐 케냐로 가보는 것도 재미있지 않을까." 러스티의 죽음으로 힘겨웠던 시절, 제인은 클로 망주에게 답장을 보냈다. 정말 케냐로 찾아가도 되는 걸까?

7

되찾은 꿈

1956~1957

제인은 1956년 봄 어느 날 런던에 들른 어머니와 함께 본드가 인근의 한 식당에 점심을 먹으러 나간 얘기를 들려주었다. 식사 중 밴이 버치스로 배달된 편지 한 통을 건넸고, 제인은 편지를 펼쳐들었다. 클로가 보낸 편지였다. 지금 아버지의 농장에서 지내고 있으니 제인도 이곳으로 오라는 것이었다. 들뜬 제인이 당장 일을 그만두겠다고 하자 밴은 기다리라고, 다시 한번 생각을 가다듬고 서두르지 말라고 타일렀다(정말 가도 되는지 클로에게 다시 한 번 편지를 보내라고도 했던 것 같다). 5월 중후반 무렵, 제인은 밴에게 "클로에게서 편지가 도착했어요. 정말 내년에 와도 괜찮다고요(기대했던 만큼 그렇게 빨리는 아니네요)"라고 전했다. 밴은 아프리카로 가기 전까지는 런던 스튜디오 일을 계속하라고 이른 터였지만 제인의 대답은 "불가피하게 사표를 내야만" 했다는 것이었는데, 구체적으로 어떤 상황이었는지는 전혀 언급이 되어 있지 않지만 편지에는 이런 내용이 적혀 있다. "머릿속에선 이미 계획이 다 정리가 됐고 또 그만둘 수밖에 없었어요. 스탠리[스코필드]는 매사에 처신이 엉망이었어요(절대 저랑 관계가 나쁘다는 뜻은 아니에요). 아무튼 이 부분에 대해선 주말에 다 말씀드릴게요." 어쨌거나 일을 계속하더라도 몇 푼 안 되는 월급을 쪼개 돈을 모을 형편이 못 되었으므로 제인은 물가가 비싼 런던 대신 돈이 적게 드는 본머스로 가 호텔 일을 알아볼 생각이었다. 버치스 오두막에서 지내면 방세도 굳고 끼니도 싸게 해결할 수 있으니 그렇게 해서 아프리카로 갈 여비를 마련하기로 마음을 먹었다.

제인의 그런 무모한 결정이 그럴듯해 보였던지 마가렛 아서도 덩달아 스튜디오를 그만두었고, 두 사람은 다가올 여름 동안 본머스의 오두막에서 함께 캠핑을 하는 데 필요한 준비에 열을 올렸다. 같은 날 쓴 편지에서 제인은 밴에게 "6월 15일이나 16일쯤 마가렛이랑 같이 집으로 가도 될까요?"라고 물었다. "오두막에서 잔다는 생각에 우리 둘 다 애들처럼 즐거워하고 있어요. 그래도 우리가 갈 때까지 절대 오두막은 치우지 마세요. 오두막을 직접 치우는 것도 재미의 절반은 될 테니까요. 다시 집에서 지내게 되다니, 그것도 여름을 버치스에서 보낸다니 정말 기대돼요."

6월 중순, 제인과 마가렛은 에릭 삼촌의 1937년식 오픈카 벤틀리를 타고 본머스로 내려갔다. 두 사람은 곧 정원 오두막에 짐을 부리고 일자리 찾기에 나섰다. 막상 가서 보니 오두막은 전기 같은 기본 설비도 없는 데다가 거미줄투성이였지만, 어쨌거나 때는 여름이었고 밤엔 촛불로 오두막을 밝히면 됐다. 마가렛은 곧 인근 호텔에서 객실 침구와 청소부를 관리하는 객실관리인 자리를 구했다(하지만 얼마 못 가 호텔을 그만두고 런던으로 돌아가 다른 일자리를 얻었다). 제인은 버치스에서 걸어서 얼마 되지 않은 곳에 위치한 호손스라는 호텔의 레스토랑에 웨이트리스로 들어갔다. 말쑥한 차림새의 호텔 지배인은 깔끔한 외모와 작은 체구에 얼굴에는 수염이 조금 나 있었다. 호텔로 들어가 일자리가 있는지를 물어볼 때만 해도 제인은 객실 청소부를 염두에 두고 있었으므로 지배인은 객실 총책임자가 있는 2층으로 제인을 안내했지만, 객실 직원은 더 이상 필요하지 않다는 대답이 돌아왔다. 그러자 지배인은 "객실이 여의치 않으니 호텔 레스토랑은 어떤가요?"라며 제인을 데리고 레스토랑 매니저가 일하는 아래층으로 내려갔고 지배인은 그에게 제인에게 일자리를 주라고 했다.

근무는 낮부터 저녁까지 꼬박 이어졌다. 서빙은 세끼 식사와 오후에 두 차례 티타임이 있었고, 쉬는 날은 2주에 한 번이었다. 제인은 한 손에는 서빙용 접시를, 다른 손에는 서빙스푼과 서빙포크를 들고 능수능란하게 양을 조절해가며 음식을 접시에 옮겨 담는 법을 익혔다. 이제 쟁반 없이 한꺼번에 접시 여러 개—최대 열세 개—를 옮기는 것쯤은 일도 아니었다. 물렛가락처럼 키가 껑충한 웨이트리스가 그 비좁은 음식운반용 승강기에 몸을 완전히 구겨 넣다시피 해서 부엌으로 내려와 샐러드용 야채를 가져가는 모습은 아래층 부엌 식구들의 감탄을 자아냈다. 도어맨과도 친구가 되었는데 제인이 맥주 거품을 좋아한다고 생각한 그는 거품이 이는 큰 맥주잔을 손에 들고 이리저리 제인을 찾아다니기도 했다.

그해 여름 제인은 "뼈가 으스러지도록" 일했다. 샐리에게 보낸 편지에는 "한창 바쁠 땐 진짜 힘들긴 한데" 그래도 "주문이 마구 쏟아질 때만 아니면(특히 점심시간엔 정신이 하나도 없어) 나름대로 재미있는 일도 많아"라고 적었다.

매주 주말이면 주급과 팁으로 두둑이 주머니를 채워 집으로 돌아갔으며, 가져온 돈은 무슨 의식이라도 치르듯이 응접실 카펫 귀퉁이 아래에 숨겨둔 돈더미에 차곡차곡 쌓았다. 240파운드쯤 되는 케냐 행 왕복표 뱃삯, 그 마법의 돈을 마련한 건 10월이었다. 훗날 제인이 쓴 글에는 이런 내용이 등장한다. "내가 웨이트리스 일을 시작한 지 네 달이 지난 어느 날 저녁, 우리 가족은 응접실에 모여 커튼을 친 후(아무도 들여다보지 못하도록) 내가 번 돈을 세어보았다. 얼마나 신났던지! 런던에 있을 때 저축했던 약간의 돈을 합치면 아프리카 왕복 여비가 됐다."

원래 예약한 항로는 12월 12일이었으나 "크리스마스 직전에 떠난다고 했더니 가족들이 너무 서운해해서 크리스마스를 보내고 가기로" 했다(10월 샐리에게 보낸 편지). 가기 전까지는 쉴 생각으로 호손스 일은 10월에 그만두었다. 호손스 근무 마지막 날 저녁, 제인은 웨이터, 웨이트리스, 요리사

—아래층에서 올라와 문틈으로 제인을 지켜보았다—까지 레스토랑 식구들이 모두 지켜보는 가운데 잔과 잔 받침 두 개, 커피포트, 우유, 설탕이 가득 담긴 쟁반을 머리에 이고 왕실 인사법을 선보인 후, 구경거리에 즐거워하는 손님들 앞으로 쟁반을 내갔다.

한편, 여름 내내 오두막에서 지내는 동안에 손님들 차지가 됐던 제인의 방은 찬바람이 불기 시작하면서 다시 주인을 찾았다. 제인은 오두막에 있던 책이며 다른 짐들을 모두 꺼내 방으로 옮기고, 오두막 쓸기, 먼지떨기, 정리정돈을 마쳤으며, 마지막으로 오두막 외벽에 콜타르를 다시 칠할 준비를 끝냈다. "아침부터 부리나케 달려 나갔어. 머릿속이 온통 콜타르 생각뿐이었거든." 제인은 샐리에게 보낸 편지에서 이렇게 적었다.

한 손에는 콜타르 통을, 다른 손에는 솔을 들고 공기의 요정처럼 폴짝 탁자 위로 뛰어올랐어. 그런데 이런, 탁자 아래로 내려서는 순간 탁자가 기우뚱하면서 전혀 요정답지 않은 꼴이 돼버렸네. 그 고약한 검은 액체를 옴팡 뒤집어쓰고 말았거든. 콜타르를 질질 흘리면서 반쯤 정신 나간 아이처럼 소리를 지르며 걸었어. 걸음을 옮길 때마다 콜타르가 뚝뚝 떨어졌고. 할머니랑 엄마가 소스라치게 놀라 밖으로 뛰쳐나오셔서 내 옷을 벗기고 헝겊으로 정신없이 내 몸을 닦았어. 때마침 오드리 이모가 집으로 돌아왔는데 이모는 처음에는 홀딱 벗은 조카를 보고 기겁을 했다가 나중에는 길길이 화를 내시더라고. 곧장 욕조로 뛰어들어가 몸을 다 씻은 다음에도 내가 점심 식탁에 앉은 이모 앞에 다시 나체로 등장했거든! 덕분에 한참을 키득댔지. 어쨌거나 내 옷은 다 망가지고 말았어.

제인은 늘 가족들의 관심을 한 몸에 받는 아이였다. 에너지가 넘치는 활동적인 아이였고, 기분 좋은 농담이나 웃음을 즐겼으며, 일상생활의 드라마를 가슴으로 느낄 줄 알았고, 겉으로는 외향적이되 안으로는 한없이 차분했다. 그리고 이제 어른이 된 제인은 또 다른 자질까지 갖춰나갔다. 그 첫번째는 애써 신경을 쓰거나 공을 들이지 않았음에도 불구하고 세월과 함께 무르익은 빼어난 안정감, 우아함, 균형미가 묻어나는 외모였다. 또 다른 하나는 점점 커져가는 이성에 대한 관심을 드러내는 방식이었는데, 제인은 이성을 대할 때 늘 순수하고 솔직하고 거침없이 다가섰다. 한 마디로 제인은 매력이 넘치는 여인으로 성장했고, 그사이 사내들은 관심, 이끌림, 사로잡힘, 집착 등 이런저런 수위로 제인에게 마음을 빼앗긴 채 그녀 앞에 줄을 섰다.

더디고 어색한 방식으로 하던 브라이언의 끈질긴 구애도 점점 사그라졌다. 그는 어쩌다 한 번씩 제인과 만나 차를 마셨고, 딱 한 번 저녁 파티에 왔으며, 한번은 케냐로 가는 여비에 보태라며 40파운드짜리 수표를 건네기도 했다(물론 제인은 바로 돌려주었다).

그해 봄 런던에서 만난 한스와는—유부남이었다—주로 열렬한 정신적 교류나 편지로 서로의 마음을 읽거나 정신적 교감을 나누는 사이로 발전했다. 불륜에 가까웠던 이 관계는 훈훈한 우정으로 시작해 잠시나마 뜨거운 사이로까지 발전했다. 런던 정경대학 봄 학기 마지막 신지학 수업 뒤에 두 사람은 육체적인 관계는 없이 하룻밤을 함께 보냈다. 며칠 후 제인은 절대 비밀로 하라며 샐리에게 그날 밤 일을 털어놓았다. "아, 그날 밤, 난 이제껏 상상조차 못했던 완벽한 천국을 경험했어. 꿈에서조차 상상하지 못했던 사랑하고 또 사랑받는 것의 그 온전한 축복. 너무나 벅찬 희열이었고, 말할 수 없는 경이로움이었고, 신성함 그 자체였지. 혈관을 타고 온몸의 피가 요동치는 그 느낌. 다른 그 누구보다도, 심지어 내 자신보다도 한없이 소중한 누군가와 함께할 때의 그 가슴 벅찬 기쁨. 아, 샐리야. 사랑이 찾아오기 전까진 무조건 기다리렴. 그와 나는 내 영혼 저 깊숙이 자리해 있던 것들에 대해 이야기했고, 우리는 이미 알고 있었어. 우리의 인연이 전생에서부터 서로 맞닿아 있었다는 것을." 그러나 그런 열정과 환희에도 불구하고 10월에 샐리에게 보낸 편지에 따르면 두 사람의 관계는 "너무나 복잡해져만"가고 "편지는 갈수록 난해해져" 결국 둘의 관계는, 비록 영적 차원은 아닐지라도 서신 교환의 차원에서는, 그 운명을 다했다.

그사이 숲에서는 또 다른 구애자들이 나타나 나뭇가지를 흔들어놓았다. 그해 여름, 독일인 친구 오르스트 펠레티르가 버치스를 찾아왔다. 가족들은 그를 "마음에 들어했지만(평소 같으면 독일 놈이라고 막 뭐라고 하셨을 할머니까지) 난 오르스트에게선 아무 감정도 느껴지질 않았"다. 해변 파티에서 만난 더글러스라는 청년은 "또래 중에 이렇게 지루하지 않고 마음에 드는 남자는 처음일 만큼 정말 재미있는 사람"이었다. 더글러스와는 이후 두세 달간 정기적으로 만났다. 호슨스 근무 마지막 주, 한 손님이 본머스 파빌리온에서 열리는 호화 연회 겸 댄스파티 초대권 두 장을 제인에게 줬는데 꽤 재미있을 것 같았다. "사실 굳이 그래야 하는 파티는 아니었는데, 더글러스를 잘 구슬려서 디너재킷을 입혔어. 덕분에 나도 이브닝드레스를 입을 수 있었고. 파티는 정말 재미있었어."

12월 3일 무렵에는 각종 암호를 동원해 샐리에게 편지를 써야 할 만큼 연애사가 복잡하게 돌아갔다. 브라이언은 이 "엉킨 실타래" 같은 연애사에 그때껏 버티고 서서 '새우'라는 암호로 불리고 있었지만 이미 "잘라"내긴 한 터였다. "남은 실밥 없이 깔끔하게 잘라냈어야 하는 건데. 가위질이 어설펐던지 여태 실오라기의 절반은 댕강댕강 매달려 있는 중이야."

한스는 오메가인 제인과 짝을 이루어 알파라고 일컬어졌다. "이 별에서는 두 번 다시 만나서는 안 될" 인연이었다. 그는 유럽에서 의약품 판촉 업무를 하느라 몸이 너무 고되다는 얘기와 함께 "끓어오르는 열정을 잠재우고 영원한 '안녕'을 고하기까지" 반년이 걸렸다는 내용의 편지를 보내왔다. 그렇지만 "이제부터는 더 강인하게 버텨내길, 그래서 훗날 훨씬 더 높은 곳 어딘가에서 당신과의 인연이 다시 맞닿기를" 바란다고 했다.

얼마 후 "여태껏 만난 남자 중 가장 낭만적인" '신비한 밤Night'(기사Knight가 아니다)이 등장했다. 제인은 어린 남자보다는 연배가 있는 남자에게 매력을 느끼곤 했는데, 나이가 지긋할수록 대화거리도 풍부하고, 생각에도 깊이가 있고, 나름대로 중심도 서 있으며, 연륜과 진중함과 신비로움이 있기 때문이었다. '신비한 밤'은 스무 살 연상의 독신남으로 감성도 풍부하고 추구하는 이상향도 훌륭했다. 그해 가을 제인은 막 시작하는 연인처럼 '신비한 밤'과 함께 런던에서 행복에 겨운 오후 한때를 보냈다. 두 사람은 함께 차를 마셨고, 제인은 그가 "완벽한 남자"라는 결론을 내렸다. '토요일에 당신을 만날 수 없다니 이렇게 안타까울 수가요. 전화번호를 여쭤봐도 될까요?' 그가 물었다. 제인이 댄스파티에 가려고 준비를 서두르던 어느 날, 준비를 막 끝냈을 무렵 전화벨이 울렸다. '신비한 밤'이었다. '어떤 색 옷을 입었나요?' 그가 궁금해했다. '흰색인가요?' 그는 빙글빙글 댄스홀을 누빌 제인의 모습을 머릿속으로나마 저녁 내 그려보고 싶다고 했다. '토요일 1시에 다시 전화 드리겠습니다.' 그리고 그에게서 전화가 걸려왔다. '오늘 오후에 만날 수 있을까요?' '네, 그래요.' 두 사람은 함께 영화를 보고 차를 마셨다. "그리고 템스 강을 따라 어둠 속을 거닐었어. 안개가 자욱한 묘한 날씨였는데, 정말 낭만적이었어! 어쩜 그렇게 매력적이고 친절하고 다정한 남자가 다 있을까."

'백색의 밤'도 있었다(아마 트레버였던 것 같다). 하지만 안타깝게도 '붉은 여왕' (아마 트레버의 부인인 앨리스)이 "그가 신을 두려워하도록 만들었어. 그래서 내게 단 한 마디도 건네질 않았던 거야. 왜 언니한테는 말을 안 거냐고, 주디까지 어제 나한테 물어볼 정도였다니까. 그는 이제 내게서 멀리 달아나버렸어. 어쩜 이런 말도 안 되는 바보 같은 일이 생길 수 있니."

"손에 잡을 수 없는" 존재 '대합조개의 껍질'도 있었다. "참고 참아야지. 언젠가는 때가 올 거야."

마지막 남자는 그 무렵 새롭게 등장한 '열쇠'로, 이름은 키스였다. 그해 12월 원만히 진행 중이던 두 사람의 관계를 설명한 편지를 보면, 실제 상황에 어울리기보단 프로이트적인 유비에 가까운 암호가 등장한다. "현재로서는 어느 정도 자물쇠에 맞는 열쇠를 찾은 것 같아. 되도록이면 앞으로 몇 달간은 계속 열쇠구멍에 꽂아둘 생각이야." 키스는 개성도 있고 중심도 서 있는 남자였다. "의지도 굳고, (자기만의) 뚝심이 있다고나 할까, 게다가 고

집도 나 못지않아." 군 장교였던 키스는 "전혀 수려하지 않은" 외모에 키는 제인만 했으나, 그해 가을 헥키클럽 댄스에 제인을 데려갔을 때 입은 제복은 "정말 멋있었"다. "애초에 기대조차 없었거든. 그런데 옆선에 빨간 줄무늬가 들어간 딱 달라붙는 바지랑, 휘장이랑, 전부 다 멋있었어. 양쪽 어깨에 체인 견장이 달려 있었는데, 그것도 진짜 멋있더라." 그는 대단한 춤꾼이기도 했다. "세상에, 그 남자 춤까지 잘 춰. 나까지 덩달아서 생전 못 추던 스텝을 밟고 있더라니까. 그것도 정말 편안하게 말이야. 기분이 끝내줬어."

그해 연휴 동안에는 우체국에서 일하며 돈을 더 모았다. 12월 18일부터 웨스트본의 익숙한 거리 구석구석을 돌며 편지를 배달하는 일이었다. 원래 근무하던 우체부 태피가 잠시 자리를 비워서 그를 대신한 것이었는데 태피는 제인이 출근한 첫날 길을 알려주었다. "꼭 예전부터 알던 사람 같아. 성격도 쾌활하고 뭐든 아는 척척박사야"(샐리에게 보낸 편지). 그는 가게에서 훔친 겨우살이 잎사귀를 제인의 머리 위에 몰래 꽂고 제인을 짓궂게 놀려대기도 했다.

　주말에는 홍역이 도졌으나—붉은 반점이 돋아 병원에 갔더니 홍역이라고 했다—다행히 크리스마스였던 화요일에는 다 나아 아침 7시부터 자리에서 일어나 일찌감치 우편배달에 나섰다. 그날은 우편물이 아주 적었고 그 무렵엔 지름길도 훤히 꿰고 있었다. 7시 45분에 배달을 시작해 잽싸게 정해진 구역을 다 돌고 다시 우편물 분류실로 돌아온 시간은 8시 30분 무렵이었다. 네 시간치 일을 채 한 시간도 안 돼 해치운 것이었다. 분류실로 돌아온 시각, 감독관은 아직 아침식사 중이었고 돌아온 우체부는 제인뿐이었다. 사무실은 "우체국에서 서열 2위의 미남" 잭이 지키고 있었는데 잭은 그날 제인의 업무 마감 결재자이기도 했다. 제인을 바퀴가 달린 분류함 바구니에 앉히고 이리저리 밀어대던 잭은 문득 날이 날이니만큼 제인도 크리스마스에 "걸맞게" 집으로 배달돼야 하지 않겠냐고 했다. 제인이 우편물 자루 안으로 기어들어가자 잭은 자루를 번쩍 들어 대형 우편 배송차량의 앞좌석에 밀어 넣고 뒷좌석에는 제인의 자전거를 실은 후 더블리 차인 남로 10번지를 향해 차를 몰았다. 버치스 진입로에 차를 댄 잭은 우편물 자루 주둥이를 단단히 동여맨 후 현관문 앞까지 그 무거운 포대를 끌고 갔다. 초인종을 누르자 주디가 문을 열었다. 응접실까지 포대를 옮긴 잭이 자루를 내려놓자 자루 안에서 제인이 모습을 드러냈다. 밴이 맥주와 민스파이를 내왔고, 잭은 한참을 응접실에 앉아 맥주를 마시고 파이를 먹으며 제인의 가족들과 담소를 나누었다.

잭이 돌아간 뒤에는 가족들과 모여 양말을 열어보고, 크리스마스의 아침식사를 함께 했다. 아침식사 후에는 다른 가족들을 방문하기 위해 모두 집을 나섰는데 제인은 일단 자전거를 타고 키스네에 들러 그 집 식구들과 함께 술을 마신 후 예전부터 가족끼리 알고 지내던 다른 몇몇 집을 찾아갔다. 한참 만에야 집으로 돌아왔을 때는 "최고의 깜짝 선물"이 기다리고 있었다. 집 앞 진입로에는 빨간색 소형 스포츠카 오스틴힐리가 서 있었고, 집 안 응접실에는 아버지가 제인을 기다리고 있었다. 밴은 해마다 크리스마스 때면 모티머를 버치스로 초대했는데 올해는 정말 그가 나타난 것이었다.

"물론 몇 시간밖에 못 머무르셨어. 아빠가 바보같이 외투에 달린 모자도 안 쓰고 그 먼 길을 달려오셨지 뭐야. 그래서 집에 도착하셨을 땐 몸이 꽁꽁 얼어 있었어. 점심으로 칠면조가 준비돼 있질 않아서 좀 아쉬웠지만, 어쩔 수 없었지 뭐." 모티머는 크리스마스 때면 흔히 주고받는 선물꾸러미—세 모녀에게 줄 나일론 스타킹, 부르고뉴 와인 두 병, 과자 한 봉지 등—를 한 아름 챙겨와 가족들에게 선사했다. 모두 모여 라디오에서 흘러나오는 여왕의 크리스마스 축사에 귀를 기울였고, 잠시 후 모티머는 집을 나섰다.

새해 전날에는 키스와 저녁식사 겸 댄스파티에 갔다. 키스가 제대로 격식을 갖춰 연미복을 입고 싶어 했으므로 제인도 터키옥색과 흰색의 백조 깃털 장식 드레스를 입기로 했다. 깃털 몇 개가 떨어져나가 다시 꿰매야 했던 데다 바느질을 한 뒤에는 드레스 전체를 다시 다려야 해서 조바심에 "숨이 넘어갈 것만" 같았지만 "가까스로 지각만 면하게 준비"를 끝냈다. 그래도 바느질이며 다림질로 마음을 졸인 보람은 있었다. 키스는 제인의 모습에 "홀딱 반한" 듯했고, 그날 저녁 키스의 귓가로는 제인의 드레스에 관한 이런저런 찬사들이 들려왔다. "물론 그는 그런 찬사에 흠뻑 취했어!" 저녁 식사는 "끝내줬고", 그날 저녁은 "천국이 따로 없었다." 두 사람은 진 두 잔으로 시작해 저녁식사에 와인 한 병을 곁들였으며 식사 후에도 다시 몇 잔을 더 마신 후 마지막으로 신년 카운트다운 때에 샴페인 한 병을 비워냈다. 음악은 완벽했으며 밴드가 "록큰롤과 자이브는 빼고 어울리는 모든 종류의 댄스 음악"을 연주하는 사이, 키스는 이번에도 탁월한 춤꾼으로서의 면모를 과시했다. 2시 30분쯤 댄스파티를 끝내고 마침내 버치스로 돌아온 두 사람은 오렌지주스와 커피를 들고 응접실로 향했고, 키스는 제인에게 청혼했다.

하지만 야생의 장관이 펼쳐질 아프리카의 모습은 어느새 제인의 마음속에서 도저히 떨쳐낼 수 없는 큰 부분으로 자리해 있었다. 그로부터 두 달 반 후인 3월 13일 수요일, 제인은 밴과 에릭 삼촌과 함께 워털루 역에서 사우샘프턴 부두로 향하는 열차에 올랐다. 짐꾼이 선창으로 제인의 짐을 나르려 왔고 눈물로 얼룩진 작별 인사가 뒤따랐다. 잠시 후 스물두 살의 제인 모리스 구달은 아프리카 서해안과 남해안을 거쳐 몸바사로 향하는 증기여객선—전장 약 176미터, 1만 7천 톤 크기의 선체에는 라벤더가 그려져 있었고 굴뚝에는 검은색과 붉은색이 칠해져 있었다—케냐캐슬호Kenya Castle의 트랩 위로 발을 내디뎠다.

승차권을 확인하고 여권을 다시 건넨 검표원이 제인을 선실로 안내했다. 우르릉, 엔진과 프로펠러가 물살을 가르자 힘찬 뱃고동 소리가 울려 퍼졌다. 오후 4시 정각, 선창을 벗어난 케냐캐슬이 영국 해협과 대서양을 향해 미끄러지듯 사우샘프턴 해를 빠져나갔다.

이튿날 제인은 집으로 보낼 첫번째 편지를 썼다. "목요일 오후 4시예요.

아프리카로 가고 있다는 게 도무지 실감이 나질 않아요. 세상에, 아프리카 라니. 이제부터 긴 여정이 펼쳐지겠다는 건 어렵지 않게 상상이 가지만 몸 바사, 나이로비, 사우스키낭곱, 나쿠루 같은 지명이 현실이 된다는 건 도무 지 믿기질 않아요."

이 편지를 쓸 때 케냐캐슬은 비스케이 만을 빠져나가는 중이었고, 파도 는 마치 승객들의 뱃속을 다 뒤집어놓기라도 하려는 듯 거칠게 바뀌어 있 었다. 아침식사가 시작된 이후 줄곧 식당 칸의 승객들은 각각 어느 정도 메 스꺼움을 호소하며 식당 밖으로 뛰쳐나갔고, 제인의 선실 동료들도 다들 꼼짝없이 침대에 드러누워 "끙끙 앓는 소리를" 냈다. 하지만 그날 오후 제 인은 갑판에서 마음에 드는 자리를 골라 악천후와 거친 파도를 만끽하며 시간을 보냈다.

최대한 앞으로 가서 마음에 드는 자리를 잡아요. 요동치는 파도가 가장 먼저 와 닿는 곳. 그곳에 앉아 바다를 바라보노라면 천국이 따로 없죠. 바람이 가 장 세찬 곳, 추위가 밀려드는 그곳은 다른 사람들이 찾질 않죠. 갑판 아래를 넘실대는 푸르른 쪽빛 바다는 금세 밝고 투명한 초록빛 파도가 돼서 솟구쳤 다, 이내 하늘색과 흰색의 포말로 부서져요. 하지만 무엇보다 장관은, 다시 밀려든 파도 아래에서야 제 몸을 부서뜨린 포말들이 아련한 물안개를 일으 키며 옅디옅은 푸른색 우윳빛을 띠며 수면 아래로 흩어져가는 모습이에요.

제인의 선실 동료는 모두 네 명이었다. 모피 코트를 입고 배에 오른, 도 통 정나미라고는 가질 않는 "나이 든 아가씨"—곧 '낡은 모피코트'로 불리게 됐다—와 그보다 어린 "정말 괜찮은" 여자 셋, 업랜즈스쿨 한두 해 후배인 헬런 패터슨, "얼굴은 진짜 예쁜데 나처럼 좀 제정신이 아닌" 아가씨 팸, "셋 중에서 제일 멋진" 아가씨 수였다. 제인의 침대 바로 위 칸을 쓰고 있던 수 와는 금세 친해졌고, 수가 제인의 실내복 가운이나 헐거워진 침대 커버의 모서리를 잡아당기는 장난을 걸면 제인도 수의 실내복 가운 끈을 잡고 흔들거나, 불시에 수의 얼굴을 간질이거나, 선실 환풍기의 방향을 돌려 수의 얼굴로 바람이 가게 해서 응수를 하곤 했다.

선상에서 집으로 보낸 두번째 편지에 따르면, 출항 후 일주일이 안 돼 케냐캐슬이 적도에 접근하면서 "찌는 듯한 무더위"가 찾아왔다. 평소에는 모두 "반바지에 블라우스나 수영복 차림"이었고, "갑판이 후끈 달아오르기 전까지는 맨발"로 지냈다. 발에 물집이 생긴 승객도 있었고, 햇볕에 화상을 입어 의무실 신세를 지게 된 승객도 있었다. 제인도 "산들바람이 불어와 볕이 뜨거운 줄도 모르고" 선실 밖으로 나갔다가 그날 바로 경미한 화상을 입고 말았지만, 일주일이 지나자 피부는 보기 좋은 구릿빛으로 물들었다. 버치스의 가족들도 그리웠고, 고양이 피클스는 잘 있는지, 애벌레 클라라는 얼마나 자랐는지도 문득문득 마음이 쓰였지만 그 무렵 제인은 인생에서 가장 행복한 한때를 보내는 중이었다. "그동안 모은 돈이 제 값을 하고도 남을 만큼, 이번 여행은 정말, 천국에 온 것 같은 기분이에요. 사실 이렇게 신나는 일일 줄은 몰랐거든요." 난생 처음 상어와 날치를 직접 보며 탄성을 질렀으며, 선상에서 항해사 전용구역 경계가 쳐진 갑판 한켠에 묶여 있던 네발짐승("어제 뙤약볕 때문에 거의 죽을 뻔"한 "가엾은 작은 강아지")을 발견하곤 기뻐했다. 제인은 그 강아지를 데리고 선상 이곳저곳을 오가며 산책을 시켜주었고, 사무장에게 부탁해 강아지가 쉬는 곳에 차양 그늘을 만들어주라는 지시를 내리게끔 했다.

물론 이런 일도 재미가 있긴 했지만 뭐니 뭐니 해도 케냐캐슬 선상에서 누리는 즐거움은 사람들과 어울리는 데 있었다. 한편 케냐캐슬이 남반구를 달려 희망봉을 돌아 나가는 사이, 청혼을 거절당한 키스가 본머스에서 보내온 우울한 편지들이 우편물 집하 차량에 실려 주기적으로 밀려들었다. 키스를 생각하면 제인도 분명 미안하고 심지어 죄짓는 기분까지 들었겠지만 항해가 시작된 지 이틀이 채 안 돼 제인은 또 다른 키스, 우간다로 가는 스물여섯 살의 영국인 엔지니어를 만난다. 그는 "나쁜 남자"도 "빼어난 춤꾼"도 아니었지만 에너지가 넘쳤다. 케냐캐슬이 적도에 다다르고 태양의 열기가 최고조에 달했던 "오늘 아침 다들 선실에 누워 헉헉대는 사이" 제인은 키스와 선상 테니스 세 게임을 즐겼다.

다른 선실 동료 아가씨들도 금세 어울리는 청년을 찾아 짝을 지었다. 헬런은 케냐 경찰대로 복귀 중인 "멋진 남자" 피터와 짝이 되었고, 팸은 제인이 종종 머리 색깔을 가지고서 '생강 머리'라고 불렀던 "재밌는" 남자 팻과, 수는 "매부리코랑 노랑머리에 몸은 야위고 키만 멀쑥해 하는 짓도 좀 굼뜨지만 그럭저럭 흥미로운 구석도 있는" 측량기사 데니스와 짝이 되었다. 이 세 쌍과 제인과 키스 커플, 그리고 다른 몇몇 커플—3년간 나환자 수용소에서 일할 계획인 "같이 있으면 진짜 재밌는 인물" 모시 페이스도 그중 하나였고, 스코틀랜드에서 온 부부도 있었다—은 "내키는 대로 우르르 몰려" 다니며 "늘 신나게" 놀았다. 저녁이면 곧잘 댄스파티가 벌어졌는데, 그럴 때면 "배가 출렁이는 바람에 사람들이 균형을 잃고 이쪽 끝에서 저쪽 끝까지 우스꽝스럽게 미끄러지는 진풍경"이 연출되기도 했다. 대낮의 선상 테니스, 탁 트인 망망대해를 가르는 바다에서의 수영, 야외 마술쇼, 카나리아 제도 라스팔마스 해안으로 떠난 짧은 산책까지 즐길 거리들이 많았다. 어느 저녁인가는 가장무도회가 열렸는데 제인은 하와이 공주 복장으로 등장했다. 윗도리와 아랫도리는 팸의 수영복 상의와 녹색 주름종이를 가닥가닥 엮어 만든 '풀 치마'였으며, 어깨에는 원래 테이블 장식보로 쓰던 단풍무늬 천을 숄처럼 두르고, 목에는 흰색 주름종이로 만든 화환을, 발목과 손목에는 흰색과 초록색 목걸이를 걸쳤다. 물론 귀에 꽃을 꽂는 것도 잊지 않았다. "그날 저 인기 최고였어요."

제인은 다른 사람들, 특히 남자들이 보기에 자신이 얼마나 매력적인 여자인지를 새삼 깨달아가는 중이었다. 얼마 후 제인은 재밌고 뿌듯하면서도 한편으로는 신기하고 어리둥절한 기분으로 가족들에게 소식을 전했다. "케냐캐슬의 모든 항해사들이 절 쫓아다녀요! 선장만 빼고요. 1등 항해사, 2등 항해사, 사무장, 의사가 특히 열심이에요."

케냐캐슬의 선의船醫 렉과는 배가 케이프타운에 닿기 전에 인생에 관해

장시간 진지한 대화를 주고받는 사이로 발전했다. 가족들에게 보낸 편지에서는 렉은 "정말 사람도 좋고 나름대로 꽤 미남"이라고 표현했으나 두 달 후 샐리에게 보낸 편지에서는 "아주 음흉한 남자"이기도 하다고 털어놓았다. "나더러 같이 잘 마음의 준비가 됐냐고 묻는 거 있지. 그래서 그럴 맘이 없다고 했는데, 그 뒤로도 계속 다정하게 대해주긴 해. 두 번 다시 성가시게 굴지도 않고 말이야." 하지만 케이프타운에서 승선한 그의 "반쯤 약혼자"는 "보기 드물게 매력적"이었고, 제인은 "재미삼아 렉과 노닥거리는 것도 이제 끝"이라는 생각에 잠깐 "처량한" 기분이 들기도 했다.

3월 22일 오후 8시 18분 케냐캐슬은 케이프타운을 출발했다. 이틀 후면 더반에 입항할 예정이었고, 이젠 뱃길에서도 육지가 보였다. 이튿날 아침 갑판으로 나와 집으로 보낼 편지를 써 내려가던 제인은 한 번씩 고개를 들어 눈앞을 응시했다.

아프리카의 해안! 물결에 일렁이는 아프리카의 해안선. 눈을 뗄 수가 없어요. 황량한 초원이 바다까지 이어져 있고, 구름 같은 포말을 일으키며 허공을 향해 돌진하는 파도가 해안가의 울퉁불퉁한 바위에 가 부딪혀요. 나지막이 드리운 푸른 언덕 가까이에 두런두런 자리한 원주민들의 작은 오두막과 홀로 외로이 선 해안경비대 초소는 마치 작고 하얀 점 같아요. 이젠 이곳에도 문명이 밀려들어 작은 마을이나 도로나 공장이 눈에 띄기도 해요. 산비탈에는 나무가 무성하고, 어여쁜 엷은 노란색을 띤 해변은 저 멀리까지 뻗어나가 파도를 마주하죠.

4월 1일 저녁 다르에스살람을 출발한 케냐캐슬이 잔지바르 해협을 지나 북으로 향하는 사이, 제인은 근사하게 차려진 저녁 송별 만찬에 참석하러 선실 동료, 배에서 만난 친구들, 다른 승객들과 함께 널찍한 식당 칸으로 향했다. 이튿날 아침 5시 정각, 사우샘프턴을 기점으로 약 1만 4,484킬로미터에 이르는 3주간의 항해를 끝낸 케냐캐슬은 몸바사 항 부두에 안착했으며, 11시 50분에는 세관 화물 창고가 열리면서 육지에 상륙해도 좋다는 허락이 떨어졌다. 그날 오후 제인은 섭씨 37도의 열기를 뿜어내는 숨 막히는 태양 아래에서 친구들과 함께 아랍 시장을 기웃거리거나 더위를 식혀줄 오렌지 과일즙을 찾아 호텔에 잠시 들르기도 하며 이곳저곳을 돌아다녔다. 다시 배로 돌아간 제인은 케냐캐슬에서의 마지막 샤워와 작별 인사를 끝낸 뒤에 배에서 내려 나이로비 행 기차에 올랐다.

제인은 선실 동료인 헬런, 팸, 수와 같은 열차 칸에 올랐고, 바로 옆 칸에는 배에서 만난 친구들과 케냐에서 합류한 수의 약혼자 켄 등, 남자 여섯이 탔다. 남자들이 있는 칸으로 자리를 옮긴 제인 일행은 훌륭한 저녁식사와 디저트, 비에라산 와인 한 병, 케이프타운산 진 한 병, 케냐산 맥주 터스커를 나눠 마시며 "함께 신나게 놀았"고, "모두 유쾌하기 그지없는" 시간을 보냈다.

다음날 아침 여자들이 샤워를 하고 옷을 갈아입고 있을 때 갑자기 기차가 어느 역에 멈춰 섰다. 순간, 차창을 사이에 두고 넋 나간 표정으로 멀뚱멀뚱 네 여인을 바라보는 마사이 족 전사 넷—오렌지색 로브 차림에 큼지막한 귀걸이를 걸고 손에는 창을 쥐고 있었다—과 눈이 마주쳤는데, 네 전사는 차창에서 눈을 뗄 생각을 않고 있었다. 하지만 그 사내들 뒤로 열차 안 자신들과 마찬가지로 걸치다 만 가벼운 차림의 마사이족 여인들이 수돗가에서 몸을 씻고 있는 것을 본 제인 일행은 "우리도 계속 하던 일을 그대로 하기"로 했다. 잠시 후 열차가 다시 출발을 알렸다. "근사한 아침식사" 후 제인 일행은 차창 밖을 스쳐 지나가는 거대하고 거친, 반쯤은 황량한 풍경(간간이 소영양, 톰슨가젤, 타조가 생동감을 불어넣기도 했다)을 바라보았다.

열차는 그날 아침 10시 45분에 나이로비에 도착했다. 1957년 4월 3일 토요일이었던 그날은 마침 제인의 스물세번째 생일이기도 했다.

제인이 케냐캐슬의 친구들에게 작별 인사를 건네고 있을 즈음 군중들 사이에서 제인의 옛 학교 친구 클로가 모습을 드러냈다. 남자친구 토니와 아버지 롤랑 망주와 함께 마중을 나온 클로는 제인과 같이 짐을 나눠들고 나이로비 역을 빠져나와 롤랑의 초대형 인터내셔널하비스터 트럭에 짐을 던져 넣은 뒤, 자리에 앉아 식사를 할 수 있는 한 호텔로 향했다.

클로는 졸업 한 해 전에 업랜즈스쿨을 그만두고 부모님이 계시던 스위스로 갔으므로 두 사람은 얼굴을 못 본 지가 거의 6년이 되었다. 때때로 편지를 주고받거나, 카드를 보내거나, 생일이나 특별한 날에 작은 선물을 보내긴 했지만, 두 사람이 여전히 친한 친구일 수 있을까? 조금 걱정이 되긴 했지만, 호텔에서 점심을 먹으면서 이런 우려를 즐겁게 떨쳐낼 수 있었다. 옆 테이블에 앉은 한 사내가 음식을 칼로 찔러 집어먹는 광경을 우연히 둘이 같이 보고서, 금방 자지러지기라도 할 듯 함께 깔깔대며 웃음을 터뜨리면서 둘 사이의 간격이 사라진 것이다. 케냐에 도착해 집으로 보낸 첫 편지에서 제인은 클로가 "하나도 변한 게 없다"고 했고, 클로는 제인의 편지에 동봉해 밴 앞으로 보낸 짧은 편지에서 둘이 같이 있으면 "금세라도 까르르 웃음이 터질 것 같은 게, 꼭 마냥 들떠 있던 어린 시절로 되돌아간 것 같다"고 전했다.

점심식사 후 클로의 아버지는 세 사람을 차에 태우고 나이로비 해발 약 1,524미터를 출발, 약 2,560미터 높이의 사우스키낭곱 고지대까지 흙먼지를 날리며 긴 오르막을 올랐다(지구대 경사면에서 잠깐 차를 세우고 길게 안개를 드리운 케냐 지구대 저편의 시원하고 한적한 풍광을 감상하기도 했다). 마침내 망주 집안의 농장인 그레이스톤스에 다다르자 망주 부인과 개 여섯 마리, 고양이 두 마리, 제인의 생일선물, 그리고 본머스에서 키스가 보낸 장문의 편지가 그들을 반겼다. 저녁식사 후 클로는 정성스레 만들어 모양을 낸 팬지 모양의 분홍색과 흰색 장식꽃 세 송이를 올린, 바람결에 흔들리는 초 스물 세 개가 켜진 큼지막한 둥근 케이크를 들고 나타났다. 집 안을 밝히고 있던 오일램프가 꺼지고 조용히 소원을 빈 제인은 촛불을 한 번에 불어서 껐다.

8
아프리카!

1957

아프리카에 도착한 제인은 마치 고향에 온 기분이었다. 케냐에서 한 주를 보내고 난 제인은 영국 가족들에게 편지를 썼다. "전 케냐에 푹 빠졌어요. 야성적이고, 문명의 손길이 닿지 않은, 원시적이고, 제멋대로에다가, 흥분되고, 종잡을 수 없는 곳이죠. 기질이 약한 사람들에게는 이곳이 다소 촌스러워 보이겠지만 어쨌거나 전 지금 여태껏 그토록 갈망해온, 줄곧 제 피를 요동치게 하던 바로 그 아프리카에 살고 있답니다." 5월 말 친구 샐리에게 보낸 편지에는 아프리카에서의 느낌을 이렇게 표현했다. "도착한 그 순간부터 고향에 온 느낌이었어. 여기선 아무도 날 보고 미쳤다고 하지 않아. 왜냐면 다들 미쳤거든."

제인은 나이로비가 상당히 더웠던 것에 비해 케냐의 고지대는 제법 선선한, 저녁에는 추워서 난롯불을 피워야 할 정도라는 것에 놀랐다. 그래도 역시 그레이스톤스 농장은 "진정한 <u>천국</u>"이었다.

클로의 아버지 롤랑은 프랑스인으로 한때 싱가포르에서 고무나무 농장을 운영했다. 전쟁이 터지자 영국 해군 잠수함 부대에 자원입대했지만 복무 중 일본군에 포로로 붙잡혔고 결국 몇 년 뒤에 몸도 마음도 만신창이가 되어 나타났다. 장거리를 이동하기에는 롤랑의 건강 상태가 너무 나빴던 탓에 그의 가족은 인도에서 2년여 머물렀고 그 뒤 유럽에 와서도 2년 동안 병원 치료를 받았다. 마침내 한 친구가 (클로가 옮긴 말에 따르자면) "이보게. 케냐로 와보지 그러나. 내가 여기서 사업이며 농장을 많이 벌여놓았거든. 제충국 농장을 하나 알아봐주겠네. 작고 하얀 꽃인데, 살충제 효능이 있지. 그런 게 건강하게 사는 길이지. 계속 유럽에만 있으면 안 돼" 하고 권했다. 음울한 유럽보다는 청명한 케냐의 날씨가 건강에 더 도움이 될 것이라는 말에 설득된 롤랑은 결국 그레이스톤스라는 이름의 0.6제곱킬로미터가 조금 안 되는 크기의 농장을 사들였다.

롤랑의 케냐 집 본채는 삼나무와 돌로 지은 커다란 방갈로로 골함석 지붕에 바닥은 석재였고 벽난로가 딸린 방이 두 개 있었는데 둘 다 전기는 들어오지 않았다. 제인은 집에 "개가 수천 마리" 있었다고 표현했지만, 실은 닥스훈트 리거스, 도버맨 쉬노키와 트리거, 독일산 셰퍼드인 플리카, 잡종견 샐리와 패치까지 모두 여섯 마리였다. 그 외에도 샴 고양이가 두 마리가 여섯 마리 개들과 섞여 다니고, 집 밖에는 암소 떼, 말 일곱 마리, 다 세어볼 수도 없이 수많은 토끼, 닭, 칠면조, 수소, 그리고 "사랑스러운 새끼 카멜레온"이 함께 사는 그레이스톤스는 멋지게 "미친"—제인의 몇 안 되는 최고의 찬사 표현 목록에 오른 형용사 가운데 하나—장소였다.

곧 패치는 밤마다 제인의 침대를 찾아들었다. 제인이 버치스에 두번째로 부친 편지에서 장난스럽게 표현했듯, 패치는 "굉장히 로맨틱한 애인이에요. 밤 2시 반쯤이면 어김없이 찾아와 절 아주 부드럽게 깨워요. 그리고는 침대로 기어들어와 제가 다시 잠들고 싶어 할 때까지 계속 어루만져주죠."

그레이스톤스에서 첫 아침을 맞은 4월 4일 제인은 클로와 들뜬 기분으로 다시 나이로비에 나가 무타이가 클럽에서 점심을 먹고 목욕을 했다. 칵테일 드레스로 갈아입은 뒤, 차를 마시고 클럽 정원에서 "꽃향기 유람"을 한 바퀴 돈 뒤("어떤 향은 <u>천상의</u> 느낌이었어요.") 칵테일 파티에 참석했다. 이곳에서 만난 마르크 드 보몽이라는 24세의 프랑스 남자는 "분명히 제게 반했고" 어느 "백인 사냥꾼"은 제인더러 꼭 돈을 버는 대로 열흘짜리 사파리 여행을 떠나보라 권했다. 그날 나이로비에서 돌아오는 길에 두 사람은 스프링벅과 하이에나를 봤고, 이웃 농장을 돌아본 다음날에는 가던 길을 멈추고 "바깥 깃털은 윤기가 흐르는 곱디고운 감청색이고, 날아오를 때 드러나는 날개 안쪽은 선명한 진홍빛인 어여쁜 새"를 보았다. 새를 구경하다 콜로부스원숭이 한 가족("검은 털과 흰 털이 뒤섞여 있고 복슬복슬한 꼬리가 귀여운, 유쾌한 생물체들"), 그리고 "수리새, 황새, 두루미, 꿀잡이새, 그리고 또 많은 새들"도 발견했다. 그리고 곧 제인은 태어나 처음으로 기린을 구경했다. "몸집이 생각했던 것보다 훨씬 더 크고 인상적이에요." 무리 중 한 마리는 길 위까지 어슬렁어슬렁하고 나왔다가 "아주 겸손하고 품위 있는 몸짓으로 걸어가더라고요."

그레이스톤스에서 보낸 첫째 주 금요일에는 그레이스톤스 인근에 농장을 소유한 아이버 요크 데이비스가 두 젊은 아가씨와 자신의 아들 휴고에게 그날 오후 상영 예정인 〈왕과 나〉를 보여주려고 셋을 차에 태우고 나이로비로 향했다. 제인이 버치스에 부친 두번째 편지에 따르면 길을 나섰을 당시에는 "모두 즐겁고 유쾌한" 기분이었지만 도중에 그들이 타고 있는 메르세데스 자동차 엔진이 길에서 갑자기 멈춰버렸다. 부자는 자동차 보닛을 열고 서툴게 차를 만지작거렸고 한참 후, 휴고가 견인차를 불러오겠다며 혼자 나이로비를 향해 걸어가버렸다. 그런데 잠시 후 지나가던 랜드로버에서 "아주, 아주 잘생긴" 남자가 내리더니 제인 일행을 돕겠다고 자청했다. 남자는 오전 내내 "사실상 차를 완전히 분해하다시피" 했고 그동안 제인과 클로는 "줄곧 남자의 엉덩이를 감상하면서 나이로비에 여자친구를 만나러 가는 그가 온몸에 기름때를 잔뜩 묻히는 것을 안쓰러워"했다. 몇 시간이 지나고 차는 결국 시내까지 견인해가지 않고서는 어떻게도 할 수 없는 상태가 되었다. 일행은 지나가는 트럭을 세워 밧줄을 빌렸다. 제인은 랜드로버 운전자 옆에 올라타고, 클로와 아이버는 망가진 메르세데스에 탔다. 몇 킬로미터 못 가서 나이로비를 향해 무작정 걷는 휴고를 발견했고 그도 차에 태웠다. 그때 아까부터 조금씩 내리던 비가 이내 폭우로 변했고 짙은 안개가 몰려오더니 이어 흰개미들이 날개를 펴고 흡사 거대한 구름처럼 떼를 지어 달려들었다. 나이로비에 도착했을 때에는 이미 날이 다 저물었으며 영화도 놓쳐버려 그들은 정비소에 차를 맡기고 무타이가 클럽으로 직행해 씻고 옷을 갈아입었다. 그 뒤에 뉘상조르주에서 저녁식사를 했고, 이어서 모감보 클럽에서 샴페인과 춤을 즐기며 밤새 놀았다. 그들은 토요일 새벽 4시 30분에 모감보 클럽을 떠나, 제인과 클로는 새벽녘 그레이스톤스에 돌아와 차를 마신 뒤 침대 위로 쓰러졌다.

같은 주 마지막 날, 또 한 번의 시내 나들이에서 제인과 클로는 때마침 갈라고원숭이(학명 *Galago senegalensis*, 넓은 지역에 분포해 있는 야행성 영장류)를 파는 애완동물 가게에 들렀으며 녀석들이 "마음에 쏙" 들었던 제인은 그 자리에서 4파운드를 주고 한 마리를 샀다. 조그만 동물 한 마리 가격치고는 꽤 비쌌지만 후에 제인이 가족들에게 설명했듯 "녀석은 <u>너무도</u> 사랑스러웠다. "제인은 갈라고원숭이에게 레비라는 이름을 붙여주었고 레비는 새 엄마, 그리고 시원한 새 집에서의 삶에 금세 적응하는 것 같았다. 레비는 "별의별 곳에서 갑자기 제 쪽으로 날아들어서는 그 조그마한 양손으로 꽉 잡고 매달려요. 손톱은 또 얼마나 작은지. 쿠션 뒤에 숨거나 사람 손바닥에서 뛰어오르는 놀이를 하면서 저랑 놀기도 잘 해요. 제 스웨터를 덮고 자는 걸 무척 좋아해요."

클로는 금발에 몸집이 풍만하고 생기가 넘치는 매력적인 아가씨였다. 그녀의 한 동갑내기 친구는 클로가 "꽤 야성적"이고 "상당히 관능적"인 여성이었다고 회상했다. 제인은 차분한 가운데 자기 확신과 열정과 에너지가 있었고, 몸매는 잘 균형 잡혀서 군살 없이 날씬했으며 얼굴은 이목구비가 뚜렷하고 다정한 인상을 풍겼다. "다들 제인이 굉장히 섹시하고 매력적이라고 여겼죠." 클로가 내게 한 말이다. 클로에 따르면 제인은 "원하는 남자는 누구든 가질 수 있었다"고 하는데 이는 제인이 "함께 있으면 즐거운 상대"인데

다 "무척 용감한 여성"이었으며 "자제력이 뛰어"나고 누구에게든 잘 통하는 그녀만의 눈빛이 있었기 때문이었다고 한다. 클로는 제인의 가장 인상적인 부분으로 그녀의 눈빛을 꼽았다. "간혹 바라는 게 생기면 제인은 상대에게 그녀 특유의 눈빛을 보내요. 제인의 눈빛이 점점 더 차분하고 깊어지면서 상대는 곧 굴복하고 말죠. 제 생각에 제인에게는 최면술사적 기질이 있는 것 같아요. 아마 마음만 먹었으면 훌륭한 최면술사가 되었을 걸요. 맞아요. 제인은 자신의 눈빛을 이용할 줄 알고—전 그걸 제인의 '시선'이라고 불러요—그 시도는 늘 성공하지요."

그 무렵 클로의 이웃집 남자 아이버 요크 데이비스는 클로에게 마음을 빼앗겼고—무척 열렬한 사랑에 빠져 있노라고 직접 제인에게 털어놓았다—클로가 자기와 결혼해준다면 지금의 아내와 헤어지겠다고 선언했다. 같은 시기에 클로의 남자친구 토니는 자신이 제인에게 더 관심이 있음을 인정했고, 곧 제인을 차에 태워 나이로비 시내나 교외로 나가기 시작했다.

하지만 제인은 나이로비에서의 첫번째 밤에 만난 청년 마르크 드 보몽을 "남자친구"로 정했다. 제인은 가족들에게 약간의 아이러니를 포함해 마르크가 "제대로 된 남자"라고 소개했다. 스물넷에 여행 경험이 많으며, 부유한 아버지가 있지만, 커피 농장에서 커피 감별 일을 하며 자신의 생계를 스스로 책임지는 성숙한 남자라는 것이었다. 마르크는 부활절에 제인을 찾아 그레이스톤스를 처음 방문한 뒤 두 주가 채 지나지 않아 차를 마시자며 제인을 나이로비까지 데리고 나갔다. 두 사람은 영화를 보고 나서 더이퀘이터라는 식당의 구석 자리에서 촛불이 있는 편안한 좌석의 테이블에 앉아 저녁식사로 랍스터와 닭고기 요리를 먹었다. 마르크는 제인에게 불어를 가르쳐주었다. "정말 프랑스 남자다운 데다가 무척 다정했어요." 제인은 이렇게 썼다. "식사하는 내내 서로에게 미친 듯이 눈짓을 보냈죠." 제인은 그가 와인을 구분할 줄 알았기에 프랑스 남자와 데이트하는 것이 퍽 즐거운 일이라고 생각했다. 저녁식사를 마친 두 사람은 모감보 클럽에서 "춤추고 또 춤추며 계속 서로 시시덕거렸다." 클럽에서 나와 제인의 집을 향해 평소와는 다른 경로를 택해 차를 몰아가던 마르크는 어느 지점에서 차가 갑자기 앞으로 나가지 않는다고 했다. 제인이 마르크에게 "음흉해!"라고 말하자 마르크는 시원스럽게 웃으며 제인을 집에 데려다주었다.

하지만 그 뒤에 있었던 케냐 폴란드인연합회 연례 무도회에서의 데이트는 이날만큼 좋지 않았다. 무도회장은 축제 분위기가 나도록 꾸몄는데 제인은 조명이 계속 너무 밝아서 분위기가 별로라고 느꼈고 제인이 너무 지루해하자 두 사람은 자리를 일찍 떴다. 돌아가는 길에 마르크는 자신은 "전형적인 프랑스 남자"이기 때문에 "무도회가 끝나고 여자를 집에 데려갈 때 무엇을 해야 할지에 대한 생각이 분명"하다고 속내를 드러냈다. 제인은 화를 냈고 한동안 그를 만나지 않았다.

한편, 제인과 클로는 4월 마지막 주에서 5월 초까지 총 일주일을 망주 부부의 친구들인 욜란드와 프랜시스 맥도널의 농장이 있는 톰슨 폭포(현재의 나뉴키)에서 지냈다. 톰슨 폭포에서 제인은 밥이란 이름의 남자를 만났다. 제인은 밥의 농장에서 점심을 먹었고 그의 개 세 마리와도 금세 친해졌다. 제인이 5월 6일에 쓴 편지에 따르면, 점심식사 후 두 사람은 콜로부스원숭이를 보고 싶은 마음에 숲길을 거닐었는데 녀석들이 예고도 없이 불쑥 나타나는 바람에 제인이 "특히 더 놀랐다. "밥은 "여자들과 함께 있는 걸 굉장히 쑥스러워"했고 승마를 하다 입은 발목 부상으로 다리를 절었는데 승마 부츠를 신은 날이면 특히 눈에 띄었다.

클로는 밥이 "무척 잘생긴" 데다 "굉장히 친절"했다고 회상한다. 하지만 제인의 관점에서 밥에게서 가장 매력적인 부분은 바로 그가 소유한 말이었다. 덩치 크고 힘 좋은 파이어 플라이라는 이름의 암말로, 밥 외에는 아무도 다루지를 못해 결국 그가 소유하게 되었다. 어깨부터 발끝까지 키가 170센티미터가 훌쩍 넘는 장신의 파이어 플라이는 제인이 그제까지 타본 말 중 가장 컸다. 몸에 부츠가 닿으면 "미친 듯이 날뛰던" 이 말은 당시 "거기서 악명을 떨치고" 있었다. 당연히 제인은 이 파이어 플라이를 꼭 타보고 싶어 했고 다음날, 밥은 자신은 다른 말에 탄 채로 파이어 플라이를 끌고 맥도넬의 집에 찾아왔다. 말에 안장을 얹는 데만 30분이나 걸렸지만 막상 제인이 말 위에 앉자 파이어 플라이가 "순한 양"으로 돌변해 모두를 놀라게 했다. 희열과 자부심을 느낀 제인은 이 말에 완전히 마음을 빼앗겨버렸다. "이런 말을 타본 건 정말 오래간만이에요. 몸집이 크고, 작은 동작에도 믿을 수 없을 만큼 어마어마한 힘이 느껴져요." 맥도넬 부부의 이웃인 매리온, 호보 스위프트 부부는 영국식 여우사냥과 비슷하긴 하지만 주로 '벅'이나 재칼을 잡는 사냥대회를 열었다. 밥은 이름은 사냥대회이긴 해도 짐승을 실제로 잡는 일은 거의 없다며 제인을 안심시켰고, 욜란드 맥도넬의 경고에도 불구하고 제인이 사냥대회에서 파이어 플라이를 타도 좋다고 허락했다. 물론 대회에 참가하려면 승마복을 갖춰 입는 것이 중요했는데, 클로와 제인은 둘 다 승마복이 없어서 대충이나마 쓸 만한 것들을 급히 마련했다. 클로는 욜란드에게서 장갑과 그녀의 첫번째 남편이 쓰던 양말과 반바지, 그리고 지금 남편 소유의 가죽 재킷을 빌렸다. 제인은 장갑은 있었기 때문에 바지와 부츠만 매리온 스위프트에게 빌렸다. 하지만 둘 다 사냥 모자는 구할 수 없었다. 그 때문에 제인과 클로가 대회에 나타났을 때 "(이 주변에서 꽤 많이 볼 수 있는) 속물스런 인간들 중 몇몇이 우리를 보고 모자도 없이 왔다고 큰 소리로 지적"했다. 제인과 클로는 모자를 준비하지 못한 것에 대해 사냥 대장에게 정중히 사과했다. 곧 밥이 그날 자신이 탈 말인 신데렐라와 제인이 탈 파이어 플라이를 끌고 나타났다. 두 사람은 파이어 플라이에 안장을 얹었다. 그런데 제인은 그때까지 파이어 플라이에 올라탈 때는 등자를 바로 밟고 오르면 안 된다는 것을 모르고 있었다. 제인이 등자에 발을 걸치자 거대한 짐승은 거칠게 뒤로 몸을 빼다가 위로 솟구치더니 결국 뒤로 쓰러져버렸다. 다행히 제인은 안전하게 뛰어내렸고 안장도 망가지지 않았지만 이 상황은 파이어 플라이가 위험한 말이라는 모두의 의견에 힘을 실어 주기에 충분했다. "그 망할 놈의 말을 당장 치워버리고 제 말을 하나 내주세요!" 매리온 스위프트가 소리쳤다. 또 다른 사람도 "세상에! 저 사나운 짐승을 어서 빨리 치워요!"라고 외쳤다.

이들의 말에 자극을 받은 제인은 (집으로 보낸 편지에 썼듯) 파이어 플라이 외에 다른 말은 탈 생각이 없다고 "차분히 말했다." 밥은 손바닥을 펴 제인의 발을 받쳐주었고 제인은 다시 한 번 파이어 플라이에 올라탔다. 그때쯤 사람들은 이미 술을 마시기 시작한 뒤였는데 그들은 이때에도 여전히 "제 말이 안전하지 않다며 이런저런 무례한 말들을 늘어놓고" 있었다. 결국 제인과 밥은 "천박한 사람들이 모여 있는 곳을 떠나" 다른 곳으로 말을 몰았고 사람들이 "미쳤다"고 하는 그들의 말이 실은 "오늘 가장 뛰어난 말들"이라며 조용히 서로를 위로했다. 실제로, 그날 대회에서 파이어 플라이가 달리는 모습은 실로 아름다웠다. "단 한 번도 발을 헛딛는 법이 없었고, 경로를 벗어나지도 않았으며, 사냥개를 걷어차지도 않았고(파이어 플라이의 평소 나쁜 버릇 중 하나였던 듯하다), 울타리 앞에서는 망설임이 없었죠." 사냥 코스에서 가장 위험한 부분은 높은 수풀 사이에 군데군데 숨어 있어 눈에 잘 띄지 않는 큰개미핥기 굴이었는데, 전속력으로 달리는 말에게 치명적인 해를 입힐 수 있는 심각한 장애물이었다. 파이어 플라이 역시 딱 한 번 굴에 뒷발이 처박혔지만 곧장 일어나 달리기를 계속했다.

결국 대회 참가자 중 두 사람은 자신들이 앞서 한 말에 대해 사과했고, 다른 몇몇은 제인이 그 악명 높은 파이어 플라이를 탔다는 사실을 도저히 믿을 수 없다고 말했다. 뒤에 사냥 대장은 제인에게 경주마를 여럿 가지고 있는 어느 백만장자에게 그녀를 소개해주겠다는 제안을 했으며, 그로 인해 제인과 밥은 톰슨 폭포에서 말을 기르며 사는 미래를 그려보기 시작했다. 두 사람은 가끔 야생 지역으로 일주일 동안 승마여행을 나갈 것이다. 또 제인은 폴로를 배울 것이다. 제인은 파이어 플라이나, 남자들조차도 몹시 버거워하는 드센 말인 오페라도 관리하고 훈련시킬 만한 능력을 갖추고 있었다. 한 가지 문제라 할 게 있다면 제인에게 제대로 된 승마복이 없다는 점이었다. 그래서 제인은 5월 중순경 기수 모자를 구입하고 승마용 긴 바지와 반바지를 맞추었다. "당연히 이런 걸 살 형편은 아니에요." 제인은 가족에게 쓴 편지에서 말했다. "하지만 미래를 위한 투자라고 할 수 있죠. 또 족히 몇 년은 입을 수 있을 거예요."

실제로 제인은 톰슨 폭포에서 말을 다루는 일을 하며 살 수 있기를 무척 바라면서 실제 계획 또한 열심히 세우고 있었고 이미 나이로비를 지긋지긋하게 여기기 시작한 터였지만, 그래도 아직은 생활비를 벌어야 하는 처지였기에 나이로비 시내에 있는 영국계 건축회사 W. & C. 프렌치에 타이피스트로 취직했다. 첫 근무일은 5월 6일 월요일로 아프리카에 온 지 한 달이 약간 넘은 때였다. 그레이스톤스에서 나이로비까지 매일 통근할 수는 없었기 때문에 제인은 나이로비 대성당 옆 커크로드 하우스에 방을 구했다. 식대가 포함된 방세가 한 달에 16파운드 10실링이었던 이곳은 '호스텔'이었다. 낮은 목재 오두막이 길게 이어진 건물이었는데, 오두막 하나가 대략 여섯 개 정도의 2인실로 나뉘어 있었으며 방들은 지붕이 달린 쪽마루를 통해 서로 연결되어 있었다. 화장실과 욕실은 공용이었고 역시 공동으로 사용하는 휴게실과 "그럭저럭 괜찮은" 주방이 있었다.

한 가지 문제점은 제인이 기르던 갈라고원숭이 레비였다. 부부가 운영하는 이 호스텔의 여주인은 제인이 도착하자 애완동물은 들일 수 없다고 했다. 마뜩찮아 하는 집주인에게 제인은 (버치스로 보낸 5월 6일 편지에 썼듯) "일단 레비를 직접 보고 나서 다시 판단해달라"고 끈질기게 부탁했고 이 조그마한 영장류 짐승을 두 눈으로 확인한 여자는 "무척 즐거워하면서" 이 녀석만은 특별히 집에 들일 수 있도록 남편을 설득해보겠다고 말했다. 제인은 이미 집주인 남자에게 좋은 인상을 준 뒤였기에("처음 도착했을 때 이미 집주인 남자를 향해 윙크했지요.") 제인은 결국 레비를 들여도 좋다는 허락을 받았다. 제인과 갈라고원숭이는 함께 이곳으로 이사했다.

제인의 룸메이트가 된 린다라는 젊은 여성은 자신이 동물들을 무척 좋아한다고 말했는데 퍽 다행스러운 일이었다. 제인은 밤 시간이면 온 방을 휘젓고 돌아다니는 레비를 위해 이사 첫날부터 목줄을 풀어주었는데 레비가 눈 깜짝할 틈도 없이 룸메이트 린다의 모기장에 달려드는 바람에 곤히 자던 린다가 놀라서 깨는 일이 벌어졌기 때문이다. 이튿날 아침에는 옷을 입는 린다의 다리를 공격하기도 했다.

제인은 레비를 데리고 출근했다. 큰 무리가 없을 듯해서 회사 측에 미리 양해를 구한 것이었지만, 제인이 집으로 보낸 편지에 따르면 제인의 상관 중 한 사람은 어느 날 아침 자신의 말을 받아 적고 있는 제인의 카디건이 제멋대로 움직이는 것을 보고 ("거의 눈알이 튀어 나올 정도로") 깜짝 놀랐다. 사실 레비는 낮 시간 대부분을 잠으로 보냈고 거의 밤에만 활발하게 움직였다. (제인이 5월 28일 샐리에게 쓴 편지에서 레비에 대해 이렇게 말했다) "아, 너무 사랑스러워. 점프도 잘하고, 곡예도 훌륭하고, 매우 짓궂기도 해. 내 머리카락을 잡아당기는 걸 정말 좋아해." 하지만 룸메이트 린다는 밤마다 짓궂은 행동을 일삼는 이 야행성 동물에 대한 애정이 점점 줄기 시작했다. 린다는 결국 자기와 원숭이 둘 중 하나는 나가야 할 것이고 커크로드 하우스는 원칙적으로 애완동물 반입을 금하기 때문에 레비가 이 집을 떠나야 한다고 선언했다.

주말에 밥이 톰슨 폭포에서 찾아왔으며 제인은 그에게 "우리 아가"를 잘 돌봐달라고 부탁했다. 밥은 이미 레비의 친구가 되어줄 만한 어린 나무타기바위너구리를 한 마리 키우고 있던 터였다. 하지만 밥이 레비를 데리고 톰슨 폭포로 떠나버리자 제인은 상실감에 빠졌으며, 이내 룸메이트에게 강한 적대감을 드러냈다. 제인은 샐리에게 보낸 편지에서 이렇게 고백했다. "솔직히 그때 이후로 지금까지 서로 한 마디도 주고받지 않았어……. 으! 으. 으. 정말이지 이러다 살인이라도 저지를 것 같아."

제인은 여전히 자신이 늘 꿈에 그려온 아프리카에 있다는 사실에 들떠 있었지만 그 꿈이 자신을 어디로 데려갈지에 대해서는 방황하고 있었다. 레비를 맡긴 톰슨 폭포로 돌아가서 애초 계획대로 말을 다루는 일자리를 구한다면 조련사나 기수 아니면 폴로나 승마 애호가 정도가 될 것이었지만, 그 다음에는? 그러다 아프리카 식민지에 기반을 마련한 승마에 취미가 있는 부유한 남자와 결혼? 그들의 세상에 성공적으로 안착하기 위한 사교술 내지 그 밖에 필요한 모든 것들을 제인은 거의 갖추고 있었지만, 그런 세상에서 품위를 지키며 오래 버티기에는 제인은 너무도 자유롭고 독립적인 여성이었다. 아니, 그녀의 꿈은 그보다 훨씬 더 야성적이고 거칠고 근원적이며 자연과 동물에 가까운 아프리카를 향해 있었고, 바로 그 대륙으로 들어가기 위한 열쇠는 톰슨 폭포의 사교계처럼 그저 편안한 삶에 안주하는 활기 없는 엘리트 사회에서는 결코 찾을 수 없었다. 그 열쇠를 가지고 있는 사람은 다름 아닌 아프리카인들과 함께 자랐고 자신을 하얀 피부의 아프리카인으로 여겼던 53세의 괴짜 천재, 당시 코린돈이라는 나이로비의 자연사박물관(현 케냐 자연사박물관)에서 관장으로 있던 루이스 리키였다.

루이스 세이모어 바제트 리키는 1903년 8월 7일 영국 출신 개척 선교사였던 해리 리키와 메이 리키 부부 사이에서 예정된 산달보다 두 달 앞서 케냐의 카베테스테이션에서 태어났다. 루이스는 그들의 세번째 아이였는데 부부는 이미 슬하에 두 딸, 줄리아와 글래디스가 있었다. 몸이 약하고 내성적이었던 그의 어머니는 이후 둘째 아들 더글러스를 낳고 곧 네 아이 모두를 키쿠유 출신의 보모 마리아무에게 맡겼다. 보모는 거드름쟁이 사자나 욕심 많은 하이에나를 기지로 따돌리는 날쌘 산토끼 같은 동물이 등장하는 재미있는 우화로 아이들을 즐겁게 해주곤 했다. 루이스 리키의 아버지는 교회에서 세례식을 거행하고 신도들을 설교하고 성경을 키쿠유어로 옮기는 일을 하는 한편 아이들에게는 자연과 자연사에 대한 관심과 사랑을 불어넣어주었다.
　아이들은 여기저기서 알이나 깃털을 수집해왔고 집안에는 커다란 새장도 있었으며 어미 잃은 새끼들—갈라고원숭이, 다이커영양, 가젤, 제넷고양이, 산토끼, 바위너구리, 생쥐, 원숭이, 서벌고양이 등—이 집에 가득했다. 루이스는 주로 키쿠유 부족 출신인 동네 아이들과 어울려 놀았는데 그러면서 그들의 언어를 말하고 그들의 놀이를 익히게 되었다. 그는 키쿠유족 친구 조슈아 무히아에게 몰래 동물의 뒤를 밟고 사냥하는 법과 창을 던지고 전투용 몽둥이를 휘두르는 법을 배웠으며 청년기에 들어설 때는 동년배 친구들과 함께 키쿠유 소년이 진정한 남자가 되기 위해 반드시 거쳐야 하는 은밀하고 고통스러운 의식인 할례를 치렀다. 루이스는 그의 초기 자서전 『하얀 아프리카인 *White African*』(1937)에 이렇게 썼다. "사용하는 언어나 세계관 측면에서 나는 영국인이라기보다는 키쿠유 사람에 더 가까웠고 키쿠유 사람들과 다르게 행동해야 한다는 생각은 한 번도 하지 않았다." 열세 살에 키쿠유 남자가 된 그는 부모님의 집을 나와 하얀색 점토층이 있는 진흙과 윗가지로 지은 자신만의 거처로 집을 옮겼다. 선교단 소유 부지에 지은 루이스의 집은 그가 직접 모은 새 가죽, 알, 둥지와 짐승 털가죽 따위로 장식을 했다. 이렇듯 선교사 부부의 아들로 태어난 루이스 리키는 키쿠유어로 말하고 생각하고 꿈꾸었지만, 동시에 그는 키쿠유 친구들에게 축구를 가르쳐주기도 했고, 집에서는 라틴어와 수학을 배웠으며, 부모와 형제자매들과 함께하는 저녁 식사 시간에는 불어로 대화를 나누었다.

박물관 일, 그리고 인류학과 고고학은 루이스의 두 가지 다른 세상을 하나로 이어주는 통로가 되었다. 나이로비 자연사박물관의 초대 관장으로 있던 아서 로버리지는 수집 원정을 가면 카베테 선교단을 자주 방문하곤 했는데, 그는 루이스에게 표본을 수집하는 방법과 조류 분류법을 가르쳐주었다. 또한 루이스는 그에게서 선사시대 영국을 배경으로 '티그'라는 젊은 영웅의 경험담을 그린 H. N. 홀의 아동 모험 소설 『역사 이전의 시대』를 선물로 받고 고고학자가 되리라고 결심한다. 돌로 만든 무기나 도구가 그려진 이 책의 삽화를 찬찬히 관찰하던 어린 루이스는 방금 파헤친 땅속에서, 또 물에 자연스럽게 깎여나간 곳에서 흔하게 보이던 매끄러운 돌조각들을 떠올렸다. 그는 이내 흑요석 조각을 주워 모으기 시작했고 마침내 어느 날 떨리는 마음으로 그동안 모은 것들을 아서 로버리지에게 보여주었다. 이를 본 박물관장 로버리지는 루이스가 모아온 표본 중 몇몇이 석기시대에 실제로 사용하던 도구가 맞다고 확인해주었다. "내가 그동안 모아온—아버지가 '시커먼 돌덩이'라고 부르던—것들이 석기시대 사람들이 실제로 사용하던 것임을 확인한 뒤 나는 전보다 두 배는 더 집중해 수집에 몰두하기 시작했다." 그리고 그가 열세 살이 되었을 즈음 루이스는 인생의 행로를 결정한다. 동아프리카에서 "석기시대의 모든 것을 완벽히 파헤칠 때까지 계속 노력하기로 결심"한 것이다.

1919년, 루이스 리키의 가족은 2년 동안 머무를 계획으로 영국으로 돌아갔다. 이제 열여섯 살이 된 루이스는 도싯에 위치한 웨이머스 사립학교에 입학했다. 하지만 그는 친구를 쉽게 사귀지 못했다. 학교 규율은 불합리했으며 급우들은 하나같이 "어이없을 정도로 유치"했다. 그는 그동안 에세이를 한 번도 써보지 않았고 연극을 관람한 적도 없었으며 크리켓 솜씨도 부끄러울 정도로 형편없었지만, 아버지가 졸업한 대학교인 케임브리지 대학에 입학하겠다고 결심했다. 웨이머스의 교장은 그가 은행에 직장을 얻는 것이 좋겠다고 권유했지만 루이스는 현대 언어와 인류학 및 고고학을 다루는 연구 과정에 입학 신청서를 냈다. 그런데 이 과정에 입학하려면 두 가지 현대어에 능통해야 했다. 루이스는 처음 자신이 할 줄 아는 외국어라곤 "고작 불어 하나"라고 생각해 이내 낙담했지만 곧 대학규정 어디에도 그 두 가지 외국어가 반드시 유럽 언어여야 한다는 언급이 없음을 알게 된다. 그는 키쿠유어를 자신의 제2외국어로 제출했다. 케임브리지 대학 입학담당자들이 키쿠유어로 된 글이나 문학작품이 많지 않다는 점을 들어 그의 입학을 반대하자 루이스는 성경이 키쿠유어로 번역되었다고 반박했다(번역자는 그의 부친이었다). 케임브리지의 그 누구도 그에게 문어적 차원에서 키쿠유어에 대한 상세한 지식을 전달해줄 수 없다는 것이 너무도 분명하다는 점이 거론되자 루이스는 자신에게 키쿠유어를 가르쳐줄 교사를 스스로 구해왔다. 바로 루이스 그 자신이었다. 결국 대학 관계자들은 그가 선택한 언어로 입학 자격을 심사할 전문가를 수소문했다. 그들이 받아든 목록에 등장한 영국 내 키쿠유어 최고 권위자는 단 두 명이었는데 그중 한 명은 다름 아닌 입학지원자인 루이스였다.

케임브리지 재학 시절, 그는 개교 이래 학부생으로서는 최초로 테니스 경기장에 반바지를 입고 나타났으며 역시 개교 이래 최초로 '풍기 문란'을 이유로 경기장에서 퇴장을 당했다. 짧게 말해 그는 괴짜에 사회적 통념을 거부하는 철저한 아웃사이더였지만, 그의 신체적 활력, 잘생긴 외모, 뛰어난 지적 능력 덕분에 어쨌든 사회적 아웃사이더들이 흔히 겪는 경멸이나 비난을 피해갈 수 있었다. 휴학계를 내고 일 년 동안 탕가니카 동남부로 힘든 화석 채취 탐사를 부책임자 자격으로 다녀온 뒤에는 루이스는 학교에서 유명인사가 되었다. 그는 아직 학부생 신분이었던 21세의 나이에 케임브리지 대학 길드홀에서 천여 명의 관중을 대상으로 첫번째 공개 강연을 열었고, 케임브리지 대학 졸업생에게 주어지는 최고의 영예(두 과목 1등급 학위)를 누렸으며, 1926년 여름, 23세의 나이로 동아프리카에 돌아갔을 때에는 이미 고고학 탐사의 총책임자였다. 이후 루이스 리키는 땅을 파고 고대 유물이나 두개골, 뼈 화석을 캐내며 40여 년의 세월을 보냈고, 이러한 평생의 작업은 궁극적으로는 고생물학을 혁명적으로 발전시켰을 뿐 아니라, 아프리카라는 정원에 뿌리를 둔 우리 인류가 나무가 갈래를 뻗어가듯 진화해왔다는 현 과학계의 통념을 형성하는 데 이바지했다.

제인이 루이스 리키를 처음 만난 1957년 5월 당시, 그는 지금만큼 대단한 유명인사는 아니었지만 이미 과학자로서 널리 인정받고 있었다(케임브리지 대학 철학박사, 옥스퍼드 대학 이학 명예박사로서 당시 코린돈 박물관 전임 관장을 맡고 있었던 그는 제3차 선사학 범아프리카대회 의장으로 막 당선되었으며 8권의 책을 쓴 저술가였다). 갈색이던 그의 머리카락은 이제 백발이 되었고 콧수염도 희끗희끗하게 세었으며 몸에도 살이 붙기 시작했다. 작업할 때 즐겨 입는 낡은 카키색 커버올스는 단추가 군데군데 떨어져 나갔고 주머니는 늘 불룩했으며 무릎 부분이 축 늘어져 있었다. 치아가 좋지 않았고 목욕을 자주 할 수 없는 데다가 잎궐련을 자주 피워서인지 악취를 풍기는 때도 많았다. 제인을 만났을 때도 늘 그렇듯 쉴 새 없이 열정적으로 (그의 전기를 쓴 소니아 콜에 따르면) "부드러운 음성"과 "노래하는 듯한 어조"로 말했고 "숨을 헐떡이는 기관지염 환자처럼 소리 없는 스타카토"로 웃었다.

리키는 당시 케냐의 백인 사회에서 잘 알려져 있었으며 제인의 관심사에 비춰볼 때 두 사람의 만남은 어쩌면 필연적이었다. 후에 제인이 회상한 바에 따르면 그해 5월 어느 날 누군가가 제인에게 "동물에 관심이 많으면 루이스 리키를 꼭 만나보세요"라고 말했다. 제인은 가족에게 보낸 편지에서 "클로가 제게 그 사람에 대해 얘기했어요"라고 썼다. 리키 박사를 한두 번 만나본 적이 있는 클로는 꼭 소개시켜주겠다고 약속했지만 제인은 아마도 조급한 마음에서 박물관에 직접 전화를 걸었다. 수화기 건너편으로 목소리가 들려오자 제인은 "리키 박사님과 면담 약속을 잡고 싶습니다"라고 말했다. 건너편의 대답이 돌아왔다. "제가 리키 박삽니다. 무슨 일이죠?"

루이스 리키는 5월 24일 금요일 10시에 박물관으로 제인을 초대했고 마침 그날은 나이로비의 법정공휴일이었기 때문에 제인은 하루를 온전히 자유롭게 보낼 수 있었다. 끓어오르는 흥분을 주체하지 못하고 당장 가족에게 쓴 편지에서 볼 수 있듯 이 대단한 과학자는 "오전 내내" 그녀와 함께 박물관을 돌며 "영양 중 어떤 종은 왜 머리가 특정 각도로 기울어 있는지 또 어떤 종류의 돼지는 이쪽이 거칠고 딱딱한 반면 다른 종류는 왜 다른 쪽이 그런지 따위를 설명해주었다." 그는 또 박물관에 소장된 여러 종의 뱀을 보여주었고 제인은 "당연히 큰 흥미를 느꼈다." 그는 한 실험을 통해 폐어肺魚가 가뭄을 견뎌내는 놀라운 능력이 있음을 증명해보인 것에 대해서도 얘기했다. ("폐어라는 이 대단한 물고기는 먹이나 물기가 전혀 없는 바싹 마른 진흙 구멍 속에서—한 마디로 상상도 안 되죠—꼬박 3년을 버텼다는데 그걸 [리키 박사가] 증명해냈대요!!!!! 3년이 지나고도 여전히 살아 있긴 했지만, 이미 신체가 너무 상해서 물고기들을 그 상태로 살도록 두는 것이 비인도적인 처사라고 판단하게 되었다고 하네요.") 루이스 리키는 이날 제인에게 오전 내내 거의 쉬지 않고 말했던 것 같다. 제인은 "놀랍고 신기한 이야기들을 너무도 많이 들어서" 그걸 다 적으려면 "몇 페이지는 될 것"이라고 편지에 썼다.

두 시간의 박물관 투어를 마치고 둘은 커피를 마시려고 자리를 잡았다. 루이스는 전에 자기 밑에서 일하던 비서가 고릴라 관찰을 떠났다며 9월부터 비서 일을 맡아주지 않겠냐고 제안했다. 그는 또 물었다. "승마를 합니까?"

제인은 승마를 무척 좋아한다고 대답했다.

루이스는 제인을 찬찬히 뜯어보더니 다시 물었다. "개와 잘 지내는 편입니까?"

제인이 당연히 그렇다고 대답했다.

"나와 아내가 집을 떠나 있는 동안 말한테 운동도 시키고 다른 동물들이 괜찮은지 살펴보면서 우리 집에서 지낼 의향이 있나요?" 그는 동물들에는 말, 개 여럿, 갈라고원숭이들, 나무타기바위너구리 한 마리, 비단구렁이 한 마리, 그리고 마당 한 가득 다른 종류의 뱀들이 더 있다고 했고, 집으로 보낸 편지에 썼듯 제인은 그의 제안에 "숨이 멎을 지경"이었다. 루이스는 물론 아내 메리와 먼저 상의해보아야 한다고 덧붙였다.

한편 박물관에 상주하는 곤충학자 로버트 카카슨이 "거미를 썩 좋아하는 편은 아니었기" 때문에 박물관에 필요한 거미를 채집하는 일을 제인이 대신 맡기로 했다. 제인은 돌아오는 월요일에 회사 일을 마친 뒤 박물관에서 카카슨을 만나 거미 채집에 대한 설명을 듣고 필요한 장비를 받았다. 우연히 이날 루이스가 박물관에 늦게까지 머무르고 있어서 제인에게 또 두 시간여 동안 표본을 보여주었고 9월부터 자신의 비서로 일해달라고 했던 제안이 유효한 것임을 분명히 확인해주었다. "속기나 타자 실력은 보지 않겠대요. 철자만 틀리지 않으면 된다는데요!!!! 그래서 저는 철자법이 그야말로 형편없다고 했어요! 그랬더니 박사님이 그건 자기도 마찬가지라는군요"). 제인은 그날 "엄청나게 많은 것"을 배웠고, 거미 채집병과 보존액 그리고 루이스가 쓴 책 두 권을 받아들고 집으로 향했다.

거미 채집은 그리 오래가지 못했다. 지시에 따라 몇 마리를 잡아오는 것에는 전혀 문제가 없었지만, 처음 잡은 두 마리 말고는 차마 더 죽이지 못했다.

돌아오는 금요일에 다시 박물관에서 제인을 만난 루이스는 이번에는 자신의 랜드로버에 제인을 태우고 나이로비 국립공원으로 향했다. 늦은 오후 가랑비가 내리는 가운데 루이스는 두 사람 눈앞에 보이는 여러 동물, 톰슨가젤, 그랜드가젤, 소영양, 임팔라, 딕딕 등의 이름을 제인에게 물어보며, 6월 6일 버치스에 부친 편지에 썼듯, "역량을 평가"했다. 둘은 또한 공원의 최고관리인의 사택에 들러 어미를 잃은 8개월짜리 새끼 사자 프린스를 구경했는데 "무척이나 사랑스러웠고" "몸집, 특히 발이 엄청나게 큰" 이 녀석은 배부른 집고양이처럼 게으르고 느긋한 모습으로 다리를 쭉 뻗은 채 불앞에 누워 있었다.

이후 집을 봐달라는 부탁은 다시 구체적으로 언급되지 않았지만 비서직 제안은 다시 한 번 정식으로 이루어졌다. 제인은 다시 박물관을 방문한 6월 어느 날, 루이스는 제인이 속기 시험을 치러야 한다고 말했다. 그는 어느 고대 종의 이빨 화석에 대한 편지 견본을 작성해오더니 이 종의 라틴어명 철자를 하나하나 불러주었다. 루이스가 "자, 잘 받아썼지요?"라고 묻자 제인은 그렇다고 대답했는데 이것이 속기 시험의 전부였다. 그러고 나서 그는 제인에게 철자 시험이 필요하겠느냐고 물었다. 제인은 빙긋 웃더니 앞으로 해야 할 일이 철자 시험 결과에 달려 있다면 아예 치르지 않는 것이 낫다고 말했다. 이 말에 그 역시 빙긋 웃더니 시험을 치르지 않았다.

마침내 9월 임용을 위한 모든 절차가 완료되자 루이스는 한동안 "깊이 생각하더니" 무척 과감하게도 오는 8월에 대해 "영예스러운 제안"을 내놨다. 그와 그의 아내 메리가 탕가니카 올두바이 협곡에 고고학 탐사를 다녀올 예정인데, 한 명분의 물과 식량이 추가로 준비되어야 가능한 일이지만, 그렇게만 된다면 탐사에 동행하겠느냐는 것이었다. 며칠 뒤 집으로 보낸 (6월 20일) 편지에 제인은 이렇게 썼다. "만일—정말 만일이에요—추가 인원에 필요한 물과 식량을 마련할 수만 있다면, 저를 데려가겠대요!! 만일, 만일, 만일에 말이에요. 하지만 꼭 그렇게 되도록 애쓰겠다고 하시네요. 만일 가게 된다면 사자와 코뿔소의 나라에서 몇 킬로미터 떨어진 곳에서 열심히 땅을 파서 뼈를 찾아 모으는 일을 하게 되겠죠. 무척 열악한 환경일 테지만, 그야말로 진정한 천국이기도 할 거예요." 루이스는 또한 키쿠유에 관한 연구 내용을 담은 그의 미출간 원고를 제인이 읽어볼 수 있도록 빌려주었고 제인은 이를 "영광"으로 여겼다.

6월 28일 금요일 오후, 루이스는 제인의 직장에 전화를 걸어 그가 집필하고 있는 책의 원고 몇 장章을 더 건네주러 차를 가지고 제인이 퇴근할 무렵 그녀의 직장 쪽으로 가겠다고 했다. 그날 오후 4시 30분경 그는 커다란 사파리 트럭을 타고 나타나 세 장章 분량의 원고를 그녀에게 전해준 뒤 올두바이 탐사에 같이 가고 싶은 마음이 지금도 여전한지 그녀의 의향을 물었다. 제인은 간절히 가고 싶다고 답했고 루이스는 저녁에 아내에게 의견을 물어보겠다고 말했다. 만약 그의 아내가 반대하면 거기서 끝이었다. 하지만 가능할 수도 있겠다고 말해준다면 제인은 랑가타의 포니 클럽에서 일요일 아침에 열릴 '냄새 사냥'(산 짐승을 잡기보다는 남겨진 동물 냄새를 사냥개가 쫓도록 한 뒤 말을 타고 사냥개 뒤를 따르는 것)에 참가해 메리를 만나봐야 할 것이었다.

리키 부부는 나이로비 교외 지역인 랑가타에 살고 있었다. 일요일 아침 제인을 차에 태우고 그곳까지 16~20킬로미터를 달리는 동안 루이스는 제인에게 메리에 대해 여러 가지 주의를 주었다. 그는 아내 앞에서 성을 뺀 채 이름만으로 제인을 불렀다가는 아내가 둘을 "지나치게 친밀한" 사이로 오해할 수 있기 때문에 그러지 않도록 주의할 것이라고 했다. 사실 그 당시는 메리가 루이스의 전 비서가 그를 유혹하려 들었다는 의심을 거두지 않아 부부가 이 일을 두고 맹렬히 싸움을 하고 난 뒤였다. 루이스는 "아내는 합당한 이유도 없이 사람에 대한 호불호가 강해요"라고 말을 끝맺었으며 나중에 제인은 집에 "메리를 만나는 게 <u>무섭게</u> 느껴졌어요"라고 편지에 썼다.

둘의 부부관계는 사실 루이스가 말한 것 이상으로 훨씬 심각했다. 루이스와 그의 아내는 화석 발굴과 고생물학이라는 리키 일가의 위대한 가업을 위해 전문가로서 함께 팀워크를 발휘할 때는 최상의 한 조를 이루었지만, 사적인 부부관계에서는 그리 좋은 팀이 아니었다. 루이스는 외향적이었고 매력과 활기가 넘치는 사람이었지만, 다른 한편으로 남모르게 애정 결핍에 시달렸기 때문에 근본적인 외로움이 깃들어 있었다. 그의 주변 사람은 말했다. "여자들이 부나방처럼 몰려들었지요. 그도 그걸 '즐겼'고요. 그런 면에서 그 사람도 그저 평범한 한 남자였습니다." 루이스 리키의 몇 차례의 여성 편력 중에서 박물관에서의 전 비서와의 사건은 가장 최근의 일이자 또 무척 심각했던 사건으로 그의 아들 리처드의 말에 따르면 "세번째 리키 부인"이 나올 뻔한 상황까지 갔었다.

1954년 루이스가 돼지 화석 연구를 하며 런던 대영박물관에서 일하던 무렵, 그는 로잘리 오즈번이라는 젊고 매력적인 여성과 불륜에 빠졌으며 1955년 여름 이 여성은 케냐로 건너와 그의 박물관에 비서로 취직했다. 메리는 이미 전에 있었던 루이스의 불륜 행위를 한 차례 인내했었지만 이번 일은 전보다 훨씬 더 심각했다. 메리는 점차 술에 의지하기 시작했고 루이스는 이를 참을 수 없어했다. 결국 그해 말 랑가타의 리키 부부 집은 처절하고 시끄러운 싸움터로 변했다. 리키 부부의 세 아들, 조너선, 리처드, 필립은 이러한 가정불화 사태에 각기 다른 방식으로 반응했다. 당시 열한 살이 다 되어가던 둘째 리처드는 부모의 불화에 가장 많은 영향을 받은 아이였다. 두 사람이 싸움을 시작하면 아이는 부모 앞에 서서 "제발 그만 좀 해요! 제발 소리 좀 그만 지르라고요!"라고 외쳤다. 그러면 루이스가 집을 나가겠다고 으르렁댔고 그의 어린 아들은 "아빠, 제발 우리를 떠나지 마세요. 가지 말아요, 아빠"라고 애원했다.

그러던 어느 날 리처드가 말에서 떨어져 심한 뇌진탕을 입는 일이 발생했다. 아이의 회복은 더뎠다. 죄책감에 빠진 루이스는 이윽고 가족의 불화로 인한 스트레스가 아이에게 어떤 영향을 미치고 있는지, 그리고 부모의 이혼을 리처드가 과연 감당할 수 있을지 고민하기 시작했다. 루이스는 결국 로잘리와의 관계를 정리했으며 로잘리는 1956년 2월까지 박물관의 일을 하다가 루이스의 소개로 빅토리아 호 루싱가 섬에 화석 채취 및 어류 수집 여행을 떠났다. 그리고 몇 달 후 그녀는 우간다에서 마운틴고릴라를 연구하기 위한 초기 작업을 시작했다. 하지만 고릴라 서식지에서 4개월을 보내고 난 성과가 썩 대단치 않자 로잘리는 1957년 초 영국으로 돌아가 한동안 대영박물관에서 일한 뒤에 결국에는 케임브리지 대학 뉴냄 칼리지 동물학 학사과정에 입학했다.

제인은 전임자에 비해 겨우 1개월 정도밖에 어리지 않았으며, 루이스는 ―물론 더 좋은 의도도 충분히 있었겠지만―그녀가 제2의 로잘리가 되어주기를 바라고 있었는지도 모른다. 루이스에게 큰 감명을 받았고 이미 그를 무척 좋아하게 된 제인이 지금 자신이 얼마나 복잡한 상황 속으로 뛰어들고 있는지를 알았다면 아마도 큰 충격과 혼란에 휩싸였을 테니, 오히려 이 모든 것을 그녀가 모르고 있던 편이 더 나았을 것이다.

두 사람은 가게에 들러 포니 클럽에 가져갈 음료수를 산 뒤, 달마시안 다섯 마리와 야생 바위너구리 한 쌍이 반가이 나와 인사하는 리키의 집에 들러 리처드(당시 열두 살)와 필립(겨우 여덟 살로 가끔 피넛이라는 별명으로 불렸다)을 차에 태웠다. 루이스와 제인은 두 소년과 함께 포니 클럽 행사장으로 향했고 그곳에서 제인은 메리를 처음 만났다. 제인은 메리를 "아담한 체구의 마른 여성으로 늘 담배를 피웠고 치아가 검게 변색되었으며 짧은 곱슬머리"였다고 기록했고 첫 인사를 나눌 때 "다소 거리감"이 느껴졌다고 썼다. 제인은 리키 가족의 친구로서 올두바이 탐사에 동행할 19세의 여성 질리언 트레이스를 소개받았다.

제인이 탈 만한 여분의 말이 없었기 때문에 그녀는 냄새 사냥의 진행을 관람하는 루이스의 랜드로버에 동승했다. 어떻게 해도 절대 부서지지 않을 것처럼 단단해 보이는 그 차를 다루는 루이스의 솜씨가 몹시도 탁월하여 그날의 "기막히게 즐거운" 경험이 되었다. 그녀는 집에 이렇게 써 보냈다. "태양은 빛나고, 저는 무척 행복했어요."

루이스와 제인이 포니 클럽 행사장으로 돌아오자 메리는 제인에게 샌디라는 "작고 심술 맞은 망아지"를 타보라고 권했다. 샌디는 겁이 많기로 소문이 자자했고 사람이 오르면 뒷걸음질치는 망아지였다. 하지만 아무도 제인에게 샌디의 뒷걸음질하는 버릇에 대해 미리 말해주지 않았으며, 제인은 당시에 대해 회상하기를 그녀가 말에 올라탔을 때 "말이 뒷걸음질을 치는데 무언가가 이상한 점이 있다고 느꼈다"고 한다. 모두가 그 모습을 보고 큰 소리로 웃었지만 제인은 바닥에 내려 말이 어딘가 아픈 것 같다고 말했다. 말의 안장을 벗겨낸 그녀는 샌디의 등에서 "안장에 피부가 쓸려 발갛게 부어오른 큰 상처"를 발견했다. 아마 이 사건이 메리가 제인을 괜찮게 여기게 된 가장 큰 계기였던 것 같다. 양가죽 따위를 찾아 말에 덮어주고 루이스와 메리가 필립을 태우고 집으로 돌아가는 동안, 제인은 리키의 두 아들 조니와 리처드 그리고 열네 살쯤 되어 보이는 "썩 괜찮은 여자아이"와 크로스컨트리 승마를 즐겼다. 당시 열여섯 살이었던 조니는, 제인의 표현에 따르면 "뱀에 광적인 관심"을 보였다. 조니는 돌아가는 길 중간 중간에 멈춰 뱀에게 먹이로 줄 개구리를 모았으며 조니와 제인은 "뱀에 대해 이야기했다." 리처드는 나비를 쫓아다니는 데 정신을 팔았다.
　　제인이 아이들을 이끌고 집에 돌아와 보니 루이스와 메리는 벌써 점심을 먹고 있었다. 루이스는 제인에게 시장한지 물었고 그녀는 "꽤" 그렇다고 답했다. 그러자 메리는 "가정교육을 잘 받아서 그렇지, 사실 '배고파 죽겠다'는 말이죠"라고 말했다. 호의나 냉대가 드러날 만한 메리의 말과 행동에 촉각을 세우고 있던 제인은 이 말을 "좋은 신호"라 판단했다.
　　점심식사 후 리키 가족은 손님에게 서로 다른 열아홉 개의 수조에서 헤엄치고 있는 물고기들을 구경시켜주었다. 그리고 나서 조니는 자신이 기르는 비단구렁이를 꺼내왔다. 길이가 무려 3.6미터가 넘는 이 사나운 뱀이 소년의 팔을 물었지만, 조니는 이에 개의치 않고 계속해서 독성은 없지만 역시 흥미로운 뱀인 잭슨나무뱀을 꺼내 보여주었고, 이어 똑같이 흥미롭지만 독이 굉장히 치명적인 붉은꼬리초록뱀을 보여주었다. 그 다음에는 다 같이 바깥으로 나가 뱀 정원을 구경했다. 조니는 맹독성 밤살모사와 아프리카살모사가 들어찬 미끄덩한 그 속을 맨발로 걸어 다녔다. 제인은 조니가 "그리 공손한 아이는 아니었어요"라며 "사실 세 아이 모두 그렇죠"라 적었다. 모두들 "어른 대접을 받고 커선지 좀 버릇들이 없더군요."

맨발의 조니와 그의 독사 친구들을 구경하며 즐거운 시간을 보내던 그때 갑자기 전화벨이 울리더니 방금 표범 한 마리가 나타나 이웃집 사냥개 아이리시울프하운드를 죽였다는 다급한 소식이 전해졌다. 루이스에게 건너와서 덫을 놓아달라고 부탁했다. 당시 지나친 사냥 열기로 비비원숭이와 멧돼지를 먹이로 삼는 포식자가 전멸하다시피 한 상황이었기 때문에 표범을 생포하면 차보 국립공원에 도움이 될 것이라고 판단한 것이다. 루이스는 곤충채집망을 휘두르는 둘째와 셋째 아들과 함께 랜드로버에 다시 올라타 인근 마을에서 표범을 잡을 덫—나무와 철망을 엮어 만든, 길이 약 2.4미터, 높이 1.5미터 정도의 그물망—을 빌려 몹시 속상해하는 아이리시울프하운드 주인에게 갔다. 제인의 기록에 따르면 그 이웃은 "심장 약한 노인"이었고 그 옆에는 "근육질" 사위도 보였다. 노인과 근육질 사위와 루이스와 제인 그리고 농장의 아프리카인 일꾼 여섯은 힘을 모아 차에서 덫을 내렸고, 내린 덫을 끌고 바위를 넘고 개울은 건너, 또 가시덤불과 빽빽한 숲을 지나 표범이 죽은 개를 끌고 간 흔적을 쫓았다.

날이 몹시 뜨거워서 큰 나무 밑에 수풀이 우거진 자리가 오래 버티기 괜찮을 듯싶어 일행은 일단 이곳에 덫을 내려놓고 표범이 나타나길 기다렸다. 루이스는 표범이 남긴 흔적을 따라가보며 앞으로 어떻게 할지를 고민했다. 그리고 아프리카인 일꾼 여섯 모두가 같은 흔적을 쫓아 자리를 떠났다. 결국 제인과 노인과 근육질 사위도 조심스럽게 그들 뒤를 따르기 시작했다. 그때 갑자기 떠들썩한 소리가 났다. 소리를 쫓아가보니 아프리카인 일꾼들이 방금 표범이 나무쪽으로 사냥감을 끌고 가려는 것을 목격했다는 것이었다. 표범은 이미 사라진 뒤였고 바닥에는 꼴이 "너무도 처참해" 차마 눈뜨고 볼 수가 없는 거대한 아이리시울프하운드가 "내장이 다 쏟아져 나오고 목에는 표범이 물어뜯은 흔적인 구멍 두 개가 난 채" 누워 있었다.

이 배고픈 표범에 근접한 지점에다가 아이리시울프하운드를 미끼로 덫을 설치해두자는 쪽으로 의견을 모았으며, 노인과 그의 사위가 죽은 짐승을 지켜보는 사이에 나머지 일행은 아까의 자리로 되돌아가서, 힘겹게 커다란 바위 위를 지나 숲을 가로지르고 가시덤불을 헤치며 덫을 끌면서 죽은 개가 있는 곳으로 다시 왔다. 일꾼 여섯 중 셋은 나이가 많거나 몸이 허약했기 때문에 실제로 힘을 쓰는 사람은 나머지 세 일꾼과 루이스 그리고 제인이었다. 뒤에 제인은 집에 보낸 편지에다 이렇게 썼다. "솔직히, 그렇게까지 열심히 힘을 써본 게 워낙 오랜만이라 정말 무지하게 힘들었어요." 5분마다 쉬어가며 밀고 당기고 신음하는 이 지리하고 힘겹고 무더운 노동을 지속해야 했지만, 마침내 개가 있는 곳에 도착해 아이리시울프하운드를 덫 안에 설치하여 표범을 잡을 준비를 마쳤다. 루이스는 "고맙네"라고 했다. 그와 제인은 일행과 떨어져서 랜드로버를 세워둔 곳까지 함께 돌아왔는데 이것만으로도 제인에게는 "충분한 보상"이 되었다.

랑가타 집으로 다시 돌아와서 루이스는 메리에게 제인을 가리켜 "어쨌거나 일을 썩 잘하는데"라고 했다. 모두들 차를 마시러 한자리에 모여 앉았고 루이스는 그 와중에도 제인에게 새로운 것을 보여주고 싶어서 몇 번이고 자리에서 일어났다. 이때 보여준 것 중에는 고슴도치 새끼가 있었는데 제인은 가족에게 보내는 편지에 이 녀석에 대해 "이렇게 익살맞고 사랑스러운 작은 동물은 한 번도 못 보셨을 거예요"라고 썼다.

오후에 메리 리키는 손님을 태우고 다시 나이로비 커크로드 하우스로 향했고 차 안에서 제인에게 이렇게 말했다. "우리와 함께 올두바이에 가고 싶어 한다고 들었어요."

제인은 "세상에서 제일" 하고 싶은 일이라고 대답했다.

메리가 말했다. "뭐, 아주 좋은 생각인 것 같아요. 물론 질리언만 개의치 않는다면."

9

올두바이

1957

7월 1일 월요일, 루이스, 제인, 질리언 트레이스는 점심 약속을 하고 박물관 옥상에서 만났다. 루이스는 자리에 함께한 아가씨들에게 올두바이의 환경에 대해서 주의를 주었다. 일단 물이 부족했다. 겨우 일주일에 한 번 트럭으로 물을 실어오는데 씻을 때는 한 사람이 하루에 한 번씩 한 대접 정도의 물만 사용하고 한 주에 한 번 캔버스로 된 통을 이용하여 간단히 목욕하는 것으로 만족해야 한다고 했다. 루이스는 이어 탐사 중 필요한 물품 목록을 훑어 내렸다. 우유와 코코아 가운데 어떤 걸 더 좋아하나? 저녁식사 후에 마시는 음료로 브랜디가 괜찮은지?(두 사람은 "오렌지 과일즙이 좋습니다"라고 대답했다.) 루이스는 이어서 혹시 피해야 할 음식이 있는지, 맹장절제술을 받았는지 물었다. 둘 다 가리는 음식은 없었고, 맹장을 제거한 사람도 없었다.

W. & C. 프렌치 사무실 타자기 앞으로 돌아온 제인은 너무도 흥분되어서 가만히 앉아 있기가 힘들었다.

화요일에 제인과 질리언은 시내에서 함께 점심식사를 한 뒤 커피에 핫도그를 먹으며 루이스의 지시사항에 대해 이야기를 나누었으며 올두바이에 있을 동안 머리를 어떻게 할지 의논했다. 일상적인 세수나 목욕에 필요한 물이 충분히 조달되지 못하는 상황이라면 제인 말대로 "기름기가 떡칠이 된 지저분한 머리"가 될 테니 커트나 단발로 짧게 자를지 아니면 그냥 뒤로 묶고 다닐지를 결정하자는 것이었다. 둘은 결국 "뒤로 묶어서 새침한 분위기를 내보자"고 결정했으며 이렇게 해서 제인 구달의 트레이드마크인 포니테일 머리 스타일이 시작되었다.

주말이 되자 톰슨 폭포에서 밥이 찾아왔다. 두 사람은 금요일에 함께 저녁식사를 하고 춤을 추러 갔으며, 토요일에는 함께 나이로비 공원으로 드라이브를 나갔다. 제인을 위해 여분의 담요와 베게, 시트를 준비해온 그는 남은 여름 동안 갈라고원숭이 레비를 잘 돌봐주겠다고 약속했다. W. & C. 프렌치의 상관은 접을 수 있는 캠핑 침대를 빌려주었다. 리키 부부가 매트리스와 모기장을 빌려주겠다고 약속했다. 이렇게 거의 모든 것이 준비된 듯했다. 남은 한 가지는 나이로비 시내 재단사에게 맡긴 "오지에서 입기 편한 잠옷바지"였다.

그리고 7월 15일 월요일 아침, 마침내 원정대가 길을 나섰다. 원정대에게 구비된 차량은 랜드로버였는데 제인이 며칠 뒤 집에 부친 편지에 썼듯, 일반 랜드로버에 비해 뒤쪽 공간이 두세 배는 더 커 보였다. 차에 짐이 빽빽하게 실린 탓에 제인과 질리언은 각종 물품과 침구 그리고 두 마리의 개가 자리한 애완견 바구니가 층층이 쌓인 위에 모로 누운 채로 이동해야 했다. "개의 베개 또는 이불"이 되는 것이 유쾌하지 않았던 질리언은 차 속에서의 시간이 그리 즐겁지 않았던 것 같은데, 제인은 더할 나위 없이 만족스러운 마음으로 따스하고 다정한 개들과의 여행을 즐겼다. 제인과 강아지들은 운전석 쪽으로 난 작은 유리창을 통해 루이스와 메리가 앉아 있는 모습을 볼 수 있었다.

중간에 트럭을 타고 온 아프리카인 일꾼들(루이스의 평생지기이자 작업 동료인 헤셀론 무카리와 그의 지시를 받는 여섯 명)과 만난 뒤로 그들과 함께 팀을 이뤄 계속 달렸다. 날이 저물자 일행은 텐트를 설치하고 별빛 아래에서 스테이크와 소의 콩팥으로 만든 푸딩을 먹었고, 다음날 아침 6시 30분경, 요리사 물리가 깨우는 소리에 자리에서 일어나 뜨거운 차를 마신 다음에 아침식사를 했다. 아침 무렵에는 날씨가 상당히 쌀쌀했는데, 높고 높은 응고롱고로 분화구 테두리로 이어지는 긴 비탈길을 따라 오르기 시작한 뒤로는 기온이 더 뚝 떨어지기 시작했다. 앞장 서 달리는 랜드로버 뒤를 트럭이 힘겹게 쫓아가길 반복하면서 어느덧 일행은 하얀 안개가 사방에서 휘감겨오는 부드럽고 신비로운 세계에 도착했다.

분화구 테두리 위에 오른 일행은 약 760리터 용량의 물탱크를 트레일러에 실어야 했기에 응고롱고로의 캠프에 잠시 정차했다. 곧 트레일러를 끌고 갈 트럭이 도착했지만 트럭의 스프링이 망가진 상태였다. 일행은 한참 힘을 들인 끝에야 겨우 망가진 스프링을 뽑아냈고, 루이스와 메리는 새 스프링을 구하기 위해 랜드로버를 타고 아루샤로 이동했다. 아프리카인 일꾼들에게는 트럭을 맡기고, 제인과 질리언은 세렝게티 공원의 관리소장 고든 하비와 그의 아내 에디스 하비에게 부탁했다. 에디스는 두 사람에게 점심식사를 대접했다.

제인이 보기에 하비 부부는 "굉장히 매력적인" 사람들이었고 그들이 사는 작은 관저 또한 "상당히 쾌적"했으며 저녁이면 들소와 코뿔소가 풀을 뜯거나 뛰노는 바깥 풍경을 볼 수 있었다. 점심식사 후 고든 하비는 제인과 질리언을 차에 태우고 길이 채 닦이지 않은 도로 위를 달려 응고롱고로 분화구 중심부의 평원으로 데려갔는데 다른 곳에 비해 동물들이 유난히 많이 눈에 띄었다. 한참을 달린 끝에 길이 끝나자 관리소장은 성능 좋은 쌍안경을 꺼내들고 멀리 보이는 까만 점들을 가리키며 하마, 코뿔소, 사자 따위라고 했다. 제인과 질리언은 번갈아서 쌍안경을 들여다보았지만 "아무리 들여다봐도 도통 알아볼 수가" 없었다. 셋은 캠프에서 쓸 물의 공급 상태를 살펴보기 위해 좁게 난 옆길을 따라 "속삭이는 듯한" 대나무 숲을 가로질러 달렸다. 그들은 오후 늦게 고든의 사택으로 돌아와서 이제 막 아루샤에서 트럭에 쓸 새 스프링을 구해 온 리키 부부와 함께 티타임을 가졌다.

루이스와 메리가 꼭 좀더 따뜻한 저지대에서 밤을 보내고 싶어 했기에 5시 15분경 리키 탐사대—짐을 가득 실은 랜드로버 그리고 물탱크가 실린 트레일러를 끌어줄 방금 수리를 마친 트럭—는 응고롱고로 캠프를 떠나 세렝게티 공원의 좀더 낮은 평야로 향했다. 제인이 집으로 부친 편지에 묘사했듯, "바닥의 굴곡이 심하고 노을빛을 받아 황금색이 된 수풀과 관목과 가시나무 덤불로 뒤덮인" 곳이었다. 바람이 "날카롭게 윙윙댔으며" 저 멀리 차갑고 아득한 어둠 속에서 사자가 포효하고 하이에나가 몸을 떨며 우는 소리도 들려왔다.

이튿날 아침 텐트 밖으로 나와 보니 사방에서 조용히 풀을 뜯고 있는 일런드영양과 가젤 위로, 힘찬 하루를 여는 태양이 뿜어내는 강렬한 빛이 쏟아지고 있었다. 아침식사를 마친 일행은 붉은 먼지바람을 일으키며 흙길을 벗어난 뒤, 덜컹대는 차를 천천히 몰고 마침내 (중간에 바람 빠진 타이어를 교체하기 위해 한 번 정차했고, "매우 아름다운 치타 한 마리가 겁도 없이 우리 차 곁으로 다가오더니 우리가 타고 있는 시끄러운 기계가 취향에 맞지 않는다는 듯 몸을 돌려 가까운 가시덤불로 유유히 들어가는" 것을 지켜보려고 한 차례 서행했다) 오전 늦게 올두바이 외곽에 도착했다. 일행은 협곡 기슭에 캠프를 세우며 남은 하루를 다 보냈다.

올두바이 협곡은 동아프리카 평원에 위치한 불규칙한 형태의 두 개의 골짜기—길이 약 40킬로미터, 깊이 약 90미터인 주 골짜기를 길이가 약 24킬로미터인 다른 골짜기가 가로지른다—로, 세찬 바람이 윙윙거리며 먼지를 몰고 다니는 고온 건조한 환경이며, 가시 형태의 식물이 주로 서식하고 독침을 품은 전갈이나 하이에나, 재칼, 사자, 코뿔소 등의 다양한 종류의 포유동물을 볼 수 있다. 마사이의 목동들은 이 평원에 단순히 야생 사이잘삼의 땅이라는 뜻의 '올 두바이ol duvai'라는 이름을 붙였다. 그러나 1911년 카튄켈이라는 이름의 독일의 곤충학자가 나비를 쫓아 우연히 이 지역까지 오게 되었는데 작은 관목과 아카시아, 야생 사이잘삼이 주로 보이는 평평하고 메마른 대지의 한가운데에 갑자기 가파른 협곡이 나타난 것을 보고 깜짝 놀랐다(알려진 바에 따르면 사실 그는 협곡 밑으로 떨어지기 직전까지 갔다고 한다). 협곡 아래를 내려다본 카튄켈은 화석이 몇 개 노출되어 있는 것을 발견했다. 그는 곤충채집망을 내려놓고 의심이 가는 돌들을 모아 나무상자 몇 통 가득 채울 만큼 담은 뒤에 분석을 의뢰하기 위해 독일로 보냈다. 그가 독일에 보낸 돌들 가운데에는 그때까지 알려지지 않았던 종인 발가락이 세 개인 말의 화석 조각이 있었으며, 이 화석의 발견으로 학계의 비상한 관심이 올두바이 협곡에 쏠리기 시작했다.

2년 뒤에 독일의 식민지 총독부는 지질학자 한스 레크를 파견하여 독일령 동아프리카, 특히 지구대 화산지역 및 올두바이 협곡의 지질학적 특성을 샅샅이 조사하라고 지시했다.

레크는 협곡의 대략적인 위치 외에는 이곳에 대해 아는 것이 아무것도 없었다. 따라서 "낙천적이고 꾀를 부릴 줄 모르는 성품"을 지닌 이 푸른 눈동자의 키 큰 독일인은 약 백여 명의 아프리카인 짐꾼들을 이끌고 동아프리카의 평원을 무작정 걷기 시작했으며, 고대의 칼데라인 응고롱고로의 가파른 테두리 위까지 올랐다가 다시 아래쪽으로 걸어 내려온 끝에 마침내 올두바이 협곡에 당도했다. 레크는 갈라진 협곡 사이로 고대부터 형성된 일련의 퇴적층이 검은색 화산성 실트암의 최하층(레크가 지층 I으로 파악한 부분)까지 드러나 있는 것을 확인했으며 이 사실만으로도 올두바이 협곡이 지질학적으로 매우 중요한 곳임을 직감했다. 최하층 위를 대부분 적색이나 불그레한 갈색을 띠는 네 개의 사암층(지층 II~V)이 줄무늬를 이루며 덮고 있었는데 그 지층들은 고대의 어느 알칼리성 호수의 바다 위에 형성된 퇴적물들을 시대별로 보여주고 있었다. 당시 레크는 이 다섯 개 퇴적층의 연대를 대략적으로만 짐작했을 뿐이었지만 후대 지질학자들은 새로운 연대측정술을 이용해 최하층인 지층 I은 최소 2백만 년 전에 형성되었고 최상층인 지층 V는 대략 2만여 년 전에 형성되었음을 밝혀냈다. 또 지질학자들은 호수 바닥의 퇴적물이 다섯 번에 걸쳐 형성되고 나서, 거대한 지진이 발생해 호수물이 모두 빠졌으며, 이후 계절마다 강물이 범람하여 땅이 갈라지고 협곡이 형성됨으로써 그동안 올두바이가 말없이 품고 있던 시간의 증거들이 마침내 그 모습을 드러내게 되었다는 데 대체로 동의한다.

올두바이 협곡은 또한 선사시대에 형성된 호수의 주변부를 따라 갈라졌기 때문에 호숫가에 살던 동물 화석이 풍부했다. 1913년에 레크는 이곳에서 화석을 수집하며 3개월을 보낸 후 이전에는 알려지지 않았던 코끼리 종(학명 엘레파스 렉키*Elephas recki*, 발견자 한스 레크에 경의를 표하여 명명됨)의 화석과 웅크린 자세로 묻힌 인간의 해골 전체를 포함해 여러 가지 주목할 만한 화석을 발굴하여 베를린으로 돌아갔다.

올두바이에서 발굴된 인간 골격은 베를린에서 큰 반향을 일으켰다. 하지만 과연 얼마나 오래전의 화석일까? 비교적 최근에 매장된 현대인의 유골일 수도 있었고, 또는 레크가 확신했던 것처럼, 헤아릴 수 없이 오래된 과거에 매장된 어느 고대인의 것일 수도 있었다. 레크는 그 유골을 고대에 형성된 퇴적층인 지층 II에서 발굴했다고 주장했지만, 골격의 형태로 판단하건대 이 유골은 해부학적으로 현대인에 가까웠다. 호기심이 생긴 독일제국의 황제는 탐사 자금을 조성하도록 지시하면서 1914년에 다시 한 번 원정대를 파견하려 했지만, 곧 전쟁이 일어났으며 전쟁이 끝났을 때에는 케냐가 독일령에서 벗어나 국제연맹에 속하게 되면서 영국의 통치를 받게 된다. 더구나 전후 독일의 경제 사정이 최악으로 치달으면서 올두바이에 다시 원정대를 파견하겠다는 독일의 계획은 모두 물거품이 되고 말았다.

루이스 리키가 아직 케임브리지 학부생이던 때에 아프리카의 활과 화살에 대한 연구차 유럽 소재 박물관의 소장품을 검토해야 할 일이 있었다. 1925년에 베를린 자연사박물관에 간 기회에 그는 미리 결심했던 대로 당시 저명한 학자가 된 한스 레크 박사를 방문하는 데 성공했다. 올두바이 해골은 이미 뮌헨의 학자들에게 넘겨진 후였지만 레크는 동아프리카에서 캐온 다른 여러 화석을 루이스에게 보여주었고, 루이스는 "저는 동아프리카의 선사시대 유적 연구에 제 일생을 바칠 계획입니다"라고 포부를 밝힌 다음, 불쑥 언젠가 자신이 유적이나 화석을 찾으러 올두바이에 갈 테니 그때 레크가 반드시 동행해달라고 말했다.

전설적인 올두바이 협곡을 찾는 것을 목적으로 1931년에 떠난 루이스의 세번째 동아프리카 탐사는 대영박물관을 비롯해 여러 기관의 후원을 받았으며(대영박물관에서는 포유류 화석을 전담할 사람을 직접 파견했다), 탐사 예산도 한스 레크와 동행할 수 있을 만큼 충분했다. 그의 지질학자로서의 전문성도 중요했지만 레크가 1913년 올두바이를 떠난 이래 그곳을 다시 가본 유럽인이 달리 아무도 없어서 일단 길을 안다는 이유만으로도 레크는 이 탐사에 없어서는 안 될 인물이었다. 하지만 레크가 이전에 이용한 경로는 단순하기는 했지만 이번에도 그렇게 가려면 또다시 아프리카인 짐꾼을 백 명은 동원해야 할 것이었다. 차를 이용해 이동할 수 있다고 본 루이스는 아프리카에서 베테랑 크로스컨트리 경주 선수로 이름난 J. H. 휴렛 단장을 파견해 차량으로 이동할 수 있는 경로를 파악해오라고 지시했다. 성공적으로 임무를 마치고 돌아온 휴렛은 차량 이동에 전혀 문제가 없을 것이라고 보고했고, 1931년 9월 22일 낮 4명의 유럽인과 18명의 아프리카인 일꾼들이 각종 도구, 장비, 예비 부품, 연료, 식량, 물을 빼곡히 실은 대형 시보레 트럭 3대와 일반 시보레 승용차 1대에 나누어 타고 나이로비를 출발했다. 거친 흙길이 끝날 때까지 남쪽으로 달린 뒤 너른 평원을 가로지르자 차를 태워버릴 듯한 뜨거운 열기를 내뿜는 길이 나왔으며, 저속 기어 상태를 유지하며 덜컹거리는 차를 평균 시속 8킬로미터 정도로 천천히 몰며 며칠을 달린 끝에야 군데군데 무리지어 자라는 야생 사이잘삼이 보이는 협곡의 북쪽 끝에 당도했다.

3개월 동안 지속된 1913년의 올두바이 탐사에서 레크 교수는 화석만 여럿 발견했을 뿐 인간이 사용한 것 같은 도구는 단 하나도 찾지 못했다. 그는 아프리카 홍적세의 손도끼 및 다른 도구들이 유럽 홍적세 시기 도구들과 같은 재료, 즉 부싯돌로 만들어졌을 것이라고 추측했다. 그는 부싯돌을 쉽게 식별할 줄 알았지만 아프리카에서는 좀처럼 이 돌은 발견되지 않았다. 아프리카인들이 부싯돌 대신 이곳에 더 흔하고 강도가 높은 광물, 즉 흑요석이나 석영을 사용해 도구를 제작했을 수 있다는 것까지는 생각이 미치지 못한 레크는 결국 올두바이에서는 인간의 유적이 발견되지 않을 것이라고 결론을 내렸다. 하지만 어릴 때부터 동아프리카에서 석기시대의 흑요석 유물들을 많이 주워 모은 루이스의 생각은 달랐다. 1931년에 다시 올두바이로 탐사를 떠나기 전 루이스는 레크에게 탐사지에 도착해서 24시간 안에 도구를 발굴해내겠다며 10파운드를 걸고 내기를 하자고 했다. 그리고 올두바이에 도착한 다음날 새벽, 루이스는 현장에서 완벽한 흑요석 손도끼를 원위치(in situ, 유적물이 애초 존재한 원래의 위치―옮긴이) 그대로 발굴하면서 이 내기에서 이겼다. 그는 5년 뒤에 이렇게 회상했다. "너무도 기쁜 나머지 제정신이 아니어서 남들과 기쁨을 함께 나누고픈 마음에 곧장 캠프로 돌아가 곤히 자는 사람들을 다짜고짜 흔들어 깨웠다."

탐사대 일행은 화석을 열흘 간격으로 나이로비까지 트럭 가득 실어와 지금은 멸종한 동물들의 광물화된 유해―고대 영양, 악어, 코끼리, 물고기, 홍학, 하마, 말, 거북 따위의 특이한 형태의 화석들―를 수레로 날랐다. 올두바이는 루이스가 나중에 썼듯 참으로 대단한, "고생물학자나 선사학자들에게 진정한 천국"이었다. 그 뒤 20여 년 동안 루이스와 그의 두번째 아내 메리(1936년 결혼)는 수차례의 간략한 예비 답사를 마치고 유적이나 화석을 찾아 협곡의 노출된 표면을 조금씩 전부 조사했으며 그 뒤 한층 더 심도 깊은 연구를 위해 집중할 지역을 추려냈다.

1950년대 초 리키 부부는 그들의 연구를 좀더 심층적으로, 말 그대로 좀더 깊게 파헤칠 수 있을 만큼 많은 지원금을 받았다. 두 사람은 일단 지층 II에 위치한 BK와 SHK라는 명칭의 현장부터 파보기로 결정했다. 지층 II BK 현장에서는 1만 1천 개가 넘는 유적과 굉장한 양의 화석이 발굴되었는데 대부분은 아름답다고 일컬을 수 있을 만큼 보존이 잘 되어 있었고, 그중에는 온전한 형태의 두개골과 원래의 형태를 거의 다 갖추고 있는 인체 골격처럼 보존 상태가 아주 양호한 화석이 많았다. 또 돼지 종 화석이 많이 발굴된 것도 특이한 점이었는데 그 가운데는 엄니가 사람 팔만 한 정도로 그 크기가 어마어마한 것도 있었고, 그 밖에 거대한 초식동물들, 특히 굽어 있는 양 뿔 사이의 너비가 거의 2.4미터에 이를 정도인, 들소와 비슷하게 생긴 펠로로비스 올도웨이엔시스*Pelorovis oldowayensis*가 있었다. 리키 부부는 고대인 또는 선행 인류[호미니드(현생 인류 이전 사람과 동물의 통칭—옮긴이)]가 습지로 몰아넣고 한꺼번에 도살한 것으로 추정되는 펠로로비스 올도웨이엔시스 떼의 화석화한 유해를 발굴했다. 도살로 추정하는 근거는 군데군데 절단된 화석 뼈 주변에 돌로 만든 도구들이 상당히 많이 널려 있다는 점이었다.

도구는 도구를 제작한 사람들이 존재했다는 사실을 뜻했다. 그리고 이들 도구가 멸종한 동물 종의 화석과 더불어 발견되었다는 사실은 도구를 제작한 사람들이 멸종 동물과 같은 시대에 살고 있었다는 것을 암시했다. 그렇다면 1931년 루이스가 첫 올두바이 탐사를 온 첫째 날 이미 직감했듯이, 이곳에서는 단순히 유적뿐 아니라 고대인 또는 호모 사피엔스의 선조 격인 호미니드의 실제 화석을 발견할 수도 있을 것이었다. 레크가 발견한 올두바이인 신체 골격은 결국 비교적 최근에 묻힌 현대인의 뼈로 확인되었지만, 리키 부부는 1935년 호미니드의 두개골 조각을 소량 발굴했고 이어 1955년에는 BK 현장에서 호미니드의 치아—아래쪽 송곳니 한 개와, 형태는 3세 아동의 것으로 추정되나 크기가 그 두 배에 이르는 어금니 한 개—를 발굴했다. 그러나 1959년 지층 I에 대한 첫 채굴 탐사를 시작하기 전까지 호미니드 화석이 출토되는 일은 매우 드물었으며, 제인과 질리언 트레이스가 함께한 1957년 여름에 그들은 여전히 지층 II의 BK와 SHK 현장 구덩이에서 부지런히 땅을 파고 체질을 하고 흙을 털어내며 구덩이를 정비하고 있었다.

발굴 작업은 7월 18일에 시작되었다. 먼저 이틀에 걸쳐 BK 현장에서 채굴 구간을 정비한 뒤 곡괭이와 삽으로 화석층이 나타날 때까지 해당 구간의 겉흙을 제거하고, 암석에 엉겨 붙어 있는 흙을 사냥칼로 파냈다. 루이스는 뼈 화석이 발견될 때마다 보다 세밀한 작업을 위해 치과용 기구를 꺼내들었고 화석이 부서지기 쉬운 상태일 때는 흙을 긁어내기 전에 축축한 두루마리 휴지와 소석고로 암석을 감쌌다. 어느 날 제인은 인간의 치아처럼 보이는 이빨 하나를 발견했다. 아니면 그저 암컷 개코원숭이 이빨이었을까? 또 어떤 날은 작은 쥐 뼈와 이빨을 채굴하며 하루를 보냈다. 그녀는 이따금씩 이제는 화석이 되어버린 뼈를 손에 들고 감상에 젖기도 했다. 제인은 (그로부터 40여 년 후에 썼듯) "보거나 느끼면서 갑작스레 경외감이 샘솟는 순간들도 있었다. 바로 이 뼈가 수백만 년 전에는 걷고 잠자고 종을 번식시켰던, 한때는 살아서 숨 쉬던 동물의 일부였다. 눈과 머리카락과 자신만의 독특한 냄새와 목소리를 가진, 품성을 지닌 한 생명체에 속했던 것이다. 어떻게 생겼을까? 어떻게 살았을까?" 하지만 당시 가족에게 보낸 편지에 적었듯이 "우리의 원대한 목표는 그 모든 도구—자갈로 만든 원시 도구와 한층 더 진화한 형태의 손도끼의 시초가 된 도구들—를 만든 인간을 찾는 것"이었다.

탐사대 일동은 매일 새벽에 일찍 일어났고 아침을 먹은 뒤에는 1.6킬로미터 정도 떨어진 발굴 현장까지 걸어갔다. 오전 중반 무렵에 커피를 마시며 숨을 돌렸고 정오가 지나면 다시 캠프로 돌아가 하루 중 가장 뜨거운 세 시간을 방수천 아래 그늘에서 표본을 닦고 분류하고 이름표를 붙이고 휴식을 취하며 지냈다. 그리고 오후 중반에 다시 현장으로 돌아가 발굴을 계속했다.

하루 일과가 끝나면 질리언과 제인은 올두바이 협곡 기슭을 타고 올라가 평원을 둘러보기를 좋아했다. 제인은 편지에 썼다. "사실 관목 사이를 돌 때마다 늘 사자나 코뿔소와 마주친다 하는 정도는 <u>아니에요</u>. 하지만 가젤이나 작고 사랑스러운 딕딕을 볼 수 있죠. 모양이 독특한 발굽 끝으로 걷는 바위타기영양, 재칼, 몽구스, 그리고 <u>이따금씩</u> 뱀도 한 마리씩 본답니다. 하지만 기대했던 것처럼 많진 않아서 서운해요." 진드기가 끝없이 꼬였고 작고 성가신 파리 떼는 머리와 귀 속을 파고들었으며 가끔은 전갈이 나타나기도 했다. 밤에는 훔칠 것을 찾는 재칼이나 어딘가 숨어 있던 하이에나가 캠프에 몰래 숨어들어와 일행을 불안하게 했고, 낮에는 그들에게 반쯤은 길들여진 한 쌍의 갈까마귀인 '헨젤과 그레텔'이 찾아왔다. 변소로 쓰는 장소에서는 초원수리가 사는 둥지가 보였기 때문에, 변소 앞 표지판은 한 면에는 '탐조 활동 중', 다른 한 면에는 '독수리 이상 무'라고 쓰여 있었다.

헤셀론 무키리를 비롯한 아프리카인 일꾼들은 불을 따로 피우고 텐트도 따로 세웠다. 루이스와 메리는 트럭 뒤편에서 달마시안 두 마리와 더불어 잠을 잤다. 제인과 질리언은 텐트 하나를 같이 썼다. 두 사람은 곧 텐트 안에다 두개골이나 배설물 표본 따위를 모아 작은 박물관을 만들었고, 밤에는 야영 침대를 텐트 밖으로 꺼내 끝없이 들려오는 곤충들의 합창소리와 간간이 섞여 들려오는 짐승들의 울음소리에 귀를 기울이다가 "주변을 감싸고 있는 신비로운 우주가 실로 가깝게 느껴지는 이곳 아프리카 세렝게티의 깊고 완전한 광활함" 속에서 별빛을 받으며 잠이 들었다. 보통 저녁 시간에는 선선한 미풍이 불었지만 이따금씩 잔잔한 미풍이 세찬 강풍으로 바뀌더라도 그냥 귀 위쪽까지 담요를 끌어올리고 계속 잠을 청했다.

제인이 생각하기에 음식은 훌륭했고 모두들 "엄청나게" 먹었다. 탐사대에게 공급되는 식량에는 산 닭도 있었는데 어느 날 밤에는 "야생의 아프리카 한가운데서 모닥불을 피우고 닭 내장 따위를 곁들여 멋지게 요리한" 로스트치킨과 구운 감자를 먹으며 떠들썩한 잔치를 벌이기도 했다. 또 제인은 다른 사람들도 곤충을 자신과 비슷한 감정으로 대하는 것이 좋았다. "발굴 중에 거미나 딱정벌레가 보이면 꼭 안전한 곳에 옮겨준답니다." 그리고 루이스, 경애해 마지않는 루이스는 내내 "진정 사랑스러운" 모습을 보여주었다. "헝클어진 반백의 머리는 이마를 덮었고 회색빛 눈동자는 그 속에 온 세상을 다 담으려는 듯 반짝반짝 빛나는 것이 꼭 장난기 많은 소년" 같았다. 루이스는 온화하고("너무 다정하고") 너그럽고("어떤 일에도 지나치게 마음 쓰지 않아요") 일에 통달한 사람이었다("그가 못할 일은 없어요"). 제인은 전반적으로 캠프의 "화기애애하고 웃음이 넘치고 유쾌한" 분위기가 자신과 굉장히 잘 맞는다고 썼다. 단, 그러한 분위기가 유지되는 것은 "저녁시간이 되기 전까지만"이었다.

루이스의 장남 조너선이 언젠가 내게 말했듯 그는 "마음만 먹으면 사람을 굉장히 즐겁게 하는 재주"가 있는 사람이었지만 그의 이러한 매력과 카리스마는 아름답고 매력적인 젊은 여성들—예를 들자면 제인이나 질리언—앞에서 한층 더 빛을 발했다. 메리는 도저히 그들의 상대가 될 수 없었다. 대신 메리는 그녀의 달마시안 빅토리아와 플리커(투츠와 바텀바이터라는 별명으로 불리기도 했다)에게 애정을 쏟았고, 하루의 노동이 끝나고 공기가 선선해지는 초저녁이 되면 혼자 바닥에 앉아 브랜디 병의 코르크마개를 뽑고 몇 잔이고 연거푸 술을 마시기 시작했다. 그러다 저녁시간이 되면 취하기 일쑤였다. 제인이 집에 보낸 편지에 따르면, 식사 준비 때 야채를 퍼담는 일을 맡았던 메리는 테이블 쪽으로 "곤드레만드레" 취한 채 비틀거리며 걸어와 음식을 엉뚱하게 나눠담곤 했다. "한 사람 앞에 콩 반쪽에 감자 여섯 알을 주는가 하면 테이블 위에 꽃양배추를 전부 다 올려놓기도 해요."

저녁식사 시간에 긴장감이 감도는 경우가 많았는데 어떤 주에는 메리가 수프가 너무 묽다고 일주일 내내 불평을 늘어놓아 분위기가 한층 더 어색했다. 결국 어느 날 저녁 루이스는 수프를 더 걸쭉하게 해보려고 수프에 분유 가루를 부었는데 수프에 국자를 담갔다 들어 올려보니 국물이 흘러내리는 속도가 너무 느렸다. 너무 진해진 것이다. 다음날 저녁 메리는 "평소보다 더 심하게 비틀거렸고" 제인과 질리언은 그날따라 유난히 더 쾌활하고 웃음이 많았다. 수프를 더는데 너무 진해서 "둔하고 단단하고 맛없게 생긴 덩어리"가 철퍼덕 소리를 내며 접시에 떨어졌다. 숟가락으로 분유 덩어리를 짓이기며 눈짓을 주고받던 제인과 질리언이 결국 참고 있던 웃음을 터뜨렸다. 제인은 손으로 입을 가리며 기침소리를 냈고 질리언은 수프가 뜨거워 입을 데었다고 변명을 했다.

이렇듯 거북한 저녁식사 시간을 견뎌내야 하긴 했어도 올두바이 생활 제인이 평생토록 기억하는 대단한 경험 중 하나였다. 그녀가 집에 부친 편지에 분명하게 드러나듯, 제인은 올두바이에서의 일이 힘들고, 다소 위험하기도 하고, 또 이래저래 사소한 불편한 점이 있어도 오히려 그 때문에 더욱더 올두바이가 흥분되고 즐거운 곳으로 느껴졌다. 유년시절의 꿈이 손에 잡히는 현실이 된 것이다.

이처럼 손에 잡히는 현실 속에서 그녀가 겪은 경험 중 가장 꿈같은 사건은 8월의 어느 늦은 오후에 일어났다. 그날 제인과 질리언은 달마시안 투츠와 바텀바이터를 데리고 협곡 기슭을 따라 저녁 산책에 나섰다. 그런데 갑자기 투츠와 바텀바이터가 쥐를 쫓기 시작하고 넷은 요리조리 피해 도망치는 생쥐를 따라 아카시아 나무 아래까지 떼 지어 달려갔는데 바로 그 순간 제인은 누군가가 그들을 보고 있는 듯한 이상한 느낌을 받았다. 그리고, 며칠 뒤에 집으로 보낸 편지에 썼듯이, 자신의 머릿속에서 '제인. 저기 위에 나무 아래, 사자가 한 마리 있어'라고 말하는 작은 목소리를 들었다. 뒤돌아보니 불과 수백 미터 떨어진 곳에 기세 좋은 젊은 사자 한 마리가 그들 쪽을 살피고 있었다. 사자는 "더 이상 가까이 오지 말라고 경고하듯" 낮게 으르렁거렸다. 다행히 개들은 아직 사자의 존재를 눈치 채지 못한 듯했고, 제인은 질리언에게 둘 중 한 마리를 들고 아주 천천히 걸어가라고 조용히 일렀다. 이어 제인은 남은 한 마리에게도 목줄을 씌우고 질리언의 뒤를 따라갔다. 자리에서 몇 발자국 벗어난 제인은 "너무 흥분되고 신이 나서 춤이라도 추고 싶었지만" 아직까지는 사자가 여전히 느린 걸음으로 뒤에 따라오고 있었다. 그때 갑자기 투츠가 다리를 절기 시작했다. 가시를 밟은 것이었다. 제인과 질리언이 가던 길을 멈추고 가시를 뽑아주었다. 다시 길을 걷기 시작했지만 투츠가 가시를 또 밟았으며 다시 멈춰 뽑아주고 난 뒤에도 또다시 가시를 밟았다. 제인은 줄곧 어깨 너머로 젊은 수사자를 지켜보고 있었는데 수백여 미터를 따라온 사자는 여전히 그들의 동정을 살피고 있었다. 질리언은 걱정스러운 목소리로 협곡 기슭의 덤불 속으로 숨는 것이 좋겠다고 했지만 제인은 사자의 시야에서 자기들이 먼저 사라져서는 안 된다며 평원이 나타날 때까지 조용히 협곡을 타고 올라가자고 고집했다. 그래서 그들은 협곡을 탔다. 그런데 투츠가 어느 지점에서 갑자기 튀어나가더니 방금 빠져나온 협곡으로 다시 달려가버렸다. 두 사람은 투츠의 이름을 외치고 또 외쳤다. 투츠가 돌아오자 둘은 허리띠로 두 마리 개를 한데 묶고 녀석들을 끌면서 평원을 가로질러 캠프로 향해 걸었다. 어느덧 날은 저물었고 마침내 둘은 랜드로버를 타고 나온 루이스, 메리와 마주쳤다. 둘 다 걱정에 찬 표정이었으되 한 사람은 "총을 들었고" 다른 한 사람은 "술에 취한" 채였다.

"후, 재미있었어요." 제인의 결론이었다.

그해 여름이 끝나갈 무렵, 제인과 질리언은 이틀 휴가를 받아 응고롱고로 분화구의 고든 하비와 에디스 하비의 집을 방문했다. 마침 옥스퍼드 대학에 재학 중인 아들 해미시도 잠시 집에 와 있었다. 뜨거운 물에 목욕을 할 수 있다는 이유에서라도 무척 소중한 휴가였다. 제인은 "**목욕!!** 더운 물에 몸을 담그고 누워 마음껏 빈둥거리는 기분이란"이란 말로 그 기쁨을 표현했다.

해미시는 고든 부부 집 방문을 마치고 올두바이로 돌아가는 제인과 질리언을 차로 바래다주고서 방문객 자격으로 며칠을 머물렀다. 리키 부부의 세 아들과 그들이 데려온 두 친구인 이안 맥래와 닉 픽포드, 그리고 집안끼리 알고 지내는 친구인 진 하이드도 함께였다. 제인은 "캠프가 꽉 들어찼고" "무척 즐거웠다"고 썼다.

어느 일요일 아침, 루이스는 올두바이에 모인 젊은 손님들을 즐겁게 해주려는 생각에 안전을 위해 총을 소지하고, 코뿔소를 찾아 협곡 기슭의 덤불을 가로질러 작은 물웅덩이가 있는 곳으로 그들을 데려갔으며, 일행은 결국 코뿔소 어미와 갓 낳은 새끼가 머무른 흔적을 발견했다. 이튿날 작업을 빨리 마친 제인과 다른 젊은이 일행은 저녁 무렵 곧바로 코뿔소 찾기에 나섰다. 루이스와 총은 이번에는 함께하지 않은 채였다. 일행은 협곡을 따라 걸었다. 가다 보니 전날보다 멀리까지 가게 되었고 결국 형태나 냄새로 볼 때 "더욱 코뿔소다운" 느낌이 나는 곳에 이르렀다. 일행은 짐승이 지나간 흔적과 아직 굳지 않은 배설물을 발견했다. 좀더 멀리까지 걷던 중 문득 제인이 협곡을 타고 오르기 시작했다. 그러자 나머지 일행도 일제히 따라오르기 시작했는데 갑자기 한 사람이 "저기 있다!" 하고 외치자 거무스름하고 맷집 좋은 짐승이 모습을 드러내더니 사팔눈을 하고 콧김을 씩씩 내뿜으며 일행이 걸어온 길을 빠른 걸음으로 쫓아왔다. "그 불쌍한 녀석은 두려움에 사로잡힌 채로 근시로 잘 보이지도 않는 작은 눈으로 주변을 바쁘게 살피며 공연히 콧김만 뿜어댔고" 일행은 모두 그런 코뿔소의 모습을 지켜만 보았다. "마침내 코뿔소를 실제로 봤다는 사실에 다들 한껏 들떴어요."

밤이 되면 젊은이들 모두 야외에서 잠을 잤기 때문에 올두바이 캠프는 갑자기 "기숙사라도 된 것 같았다." 제인과 질리언은 매트리스를 캠프보다 훨씬 더 위쪽인 협곡 기슭 중간 지점으로 옮겨 놓고 싶어 했지만 총도 없이 떨어져 있기에는 너무 멀다며 루이스가 말렸다. 하지만 총을 들고 온 해미시 덕분에 두 젊은 여성은 드디어 협곡 중간쯤에 방수천을 깐 다음 그 위로 매트리스를 끌어다 놓을 수 있었으며, 모닥불을 피운 채로 서로의 온기를 구하며 며칠 밤을 꼭 붙어 잤다. 올두바이 탐사가 끝나갈 무렵 어느 날, 루이스가 아내와 개들을 밴에 남겨둔 채 "유유자적하게" 올라와 야영 중인 세 사람에게 보온병에 담아온 차를 조용히 나누어주었다. 새벽 3시 반경, 야영지로 다시 기어 올라온 그는 질리언과 해미시가 자는 동안에 제인에게 플레이아데스성단과 오리온자리를 보여주었다. 그리고 난 뒤 제인이 집에 부친 편지에 썼듯 "고마운 한밤의 유령은 비탈길을 기어 내려가 별이 전혀 보이지 않는 갑갑한 상자 속으로 다시 들어갔고 밤새도록 투츠가 깰 때마다 이불을 덮어주었"다.

올두바이 탐사가 끝나갈 즈음—아마 함께 별자리를 바라본 그날—루이스는 제인에게 처음으로 아프리카 유인원(침팬지, 보노보, 고릴라) 연구를 후원하려는 자신의 원대한 계획에 대해 이야기를 꺼냈다. 발견된 화석들은 분명 인간의 과거에 대한 중요한 질문들을 제기할 것이다. 치아의 크기나 형태에서는 고대인의 식생활에 대한 단서를 얻을 수 있을 것이다. 해골을 통해서는 걸음걸이나 이동에 대한 중요한 사실을 밝힐 수 있을 것이다. 하지만 선조들의 일상적인 행동이나 사회적 생활상은 어떻게 알 수 있을까? 인간이 금속을 사용하기 전, 불을 발견하고 음식을 익혀 먹기 전에, 말과 언어를 쓰기 전에, 그들의 생활상은 어떠했을까? 루이스 리키가 끈질기게 발굴 조사를 계속하면 할수록 그 결과는 그를 더욱더 미궁으로 몰아넣었다. 그의 호기심은 직립보행을 하고 뇌가 컸으며 수렵과 채집을 하던 호모 사피엔스가 활동하던 시대 이전으로 확장되고 있었다. 다시 말해 그의 관심은 인간의 조상이 언어를 쓰지 않는 선행 인류로 변화되는 시점, 그리고 선행 인류가 궁극적으로 현대 유인원의 조상으로 바뀌는 시점까지 거슬러 올라갔다. 달리 말하자면, 현대 유인원은 현존하는 동물 중 인류와 가장 가까운 친척이었다. 그리고 만약 현대 유인원과 현대 인간이 보이는 기본 행동들 중 동일한 행동을 찾아낼 수만 있다면, 논리적으로 둘의 공통 조상 역시 동일한 행동을 했다고 간주할 수 있다는 것이 리키의 추론이었다.

물론 유인원 현장연구는 힘들고 위험한 일이었다. 좋은 선례도 없었다. 그때까지 아무도 성공적으로 해내지 못했다. 유인원 현장연구가 가능하다고 생각하는 사람조차 드물었다. 거칠고 위험한 야생동물인 유인원은 깊고 외딴 숲에서만 정상적으로 살 수 있었다. 어느 과학자든 이러한 연구를 성공기시려면 용기와 인내심, 기존 관념을 철저히 무시할 수 있는 굳은 심지가 필요했다…….

후에 제인은 이날의 대화에 대해 이렇게 썼다. "나는 루이스가 찾는, 초인적인 힘이 드는 어려운 일을 할 과학자는 어떤 사람일까 궁금해했던 것이 기억난다."

그해 9월, 탐사를 끝마친 후 나이로비로 돌아오고 며칠 뒤에 루이스가 제인에게 외딴 숲에서 자유롭게 서식하는 유인원들을 대상으로 과학적 연구가 필요하다는 이야기를 다시 꺼내자 제인은 화를 벌컥 내며 말했다. "루이스, 침팬지에 대해 더 이상 얘기하지 말았으면 좋겠어요. 왜냐하면 그건 바로 제가 진정으로 하고 싶은 일이거든요."

"제인, 나는 자네가 그렇게 말해주기를 기다렸네. 자네는 내가 도대체 왜 침팬지들에 대해 이야기했다고 생각하나?" 루이스가 답했다.

루이스는 유인원 연구의 중심은 침팬지가 되어야 한다고 이미 결심을 굳힌 뒤였고 어디에서 연구를 수행할 것인지도 미리 다 정해둔 터였다. 20세기 초, 독일 식민통치 당국은 침팬지 서식지인 탕가니카 호에 자리한 어느 무성한 숲에 경계선을 쳐둔 바 있었다. 그리고 제1차 세계대전이 끝나고 탕가니카 지역의 관할권을 넘겨받은 영국 정부 역시 곰베 강 침팬지 보호구라는 이름으로 알려진 그 숲의 보호조치를 그대로 유지했다. 루이스는 곰베 지역을 잠시 방문한 적이 있는 케임브리지 대학 인류학자 잭 트레버에게서 1945년에 처음 이 지역에 대해 알게 되었다. 이 보호구에 서식하는 침팬지들은 인간의 침입―말하자면 사냥 따위―에 방해를 받지 않았기 때문에 상대적으로 관찰이 용이할 것이었다.

나이로비로 돌아온 제인은 곧 영국의 가족들에게 루이스의 제안에 대해 설명했다(곰베의 위치가 헷갈렸는지 편지에는 이 지역이 탕가니카 호 부근이 아닌 케냐 북부 어디쯤이라고 썼다). "루이스 밑에서 꼭 일하고 싶어요!" 그녀는 특유의 열정으로 가득 찬 편지를 썼고, 편지에는 루이스 편지의 먹지 사본을 동봉한 것으로 보인다.

오늘 아침에 생각지도 못한 루이스의 편지를 받았어요. 저더러 보조연구원으로 일해달라고 쓴 것 보이시지요? 루이스가 제게 맡기려는 그 일자리를 만들기 위해 필요한 돈을 확보하려고 지금 어느 굉장히 부유한 사람에게 연락을 취하고 있어요. 정말 엄청난 일이죠! 저처럼 보잘 것 없는 사람에게 북쪽 국경의 야생 지역에 가서 새로운 동물 종, 혹은 새로운 하위 동물 종일지도 모르는 낯선 침팬지 무리에 대해 두세 달에 걸쳐 연구해볼 수도 있는 기회가 열리다니요. 생각만 해도 꿈만 같아요. 그(루이스)의 말로는 제가 여자라서 그곳 D.C.[지역판무관]의 도움을 받아야 할 거래요. 그래서 저는 그 부분에 대해서라면 전적으로 제게 맡기라고 했지요!!

이후의 그녀의 삶이 증명하듯 제인은 이 프로젝트의 최적임자였지만 사실 루이스가 처음부터 제인만을 염두에 두었던 것은 아니다. 그는 이미 1946년에 탕가니카 호숫가에 한 남자를 보내 침팬지를 연구하도록 한 적이 있었지만 이 불운의 사나이는, 루이스의 표현에 따르면, "철저하게 실패"하고 돌아왔다. 그리고 앞서 언급했듯 루이스는 또한 전임 비서 로잘리 오즈번을 고릴라 관찰을 위해 우간다 동부 비룽가 화산 지역 산속의 숲에 보낸 적이 있었다.

루이스가 우간다에 서식하는 이 마운틴고릴라에 대해 처음 들은 것은 독일 태생의 사업가 발터 바움게르텔에게서였다. 바움게르텔은 우간다, 르완다, 벨기에령 콩고를 가르는 국경 근처에 위치한 양철 지붕의 부실한 호텔 트레블러스레스트의 지분 중 절반을 실제 건물을 보지도 않은 채로 구입했다. 1955년 3월 호텔을 방문해 인근 화산 지대의 숲속에 야생 고릴라들이 산다는 말을 들은 바움게르텔은 성에 차지 않는 건물의 외관 따위는 이내 싹 잊어버렸다. 그는 곧 마을에서 산짐승 몰이에 뛰어나기로 소문난 중년의 미남자 로브니 르완자지르와 힘을 합쳐 고릴라를 찾아 나섰다. 그러던 어느 날, 바움게르텔은 처음으로 작은 가족 일행(성년 수컷과 암컷, 새끼)이 대나무 숲에서 나와 개울을 건너가는 것을 목격했고 그는 유인원이 "놀랍도록 인간적인" 특성을 많이 지니고 있다고 확신하게 되었다. 고릴라 관찰에 대한 그의 열정이 시작되는 순간이었다.

그러나 호텔은 외관이나 재정이 갈수록 더 악화되었다. 바움게르텔은 노후한 호텔 내부를 개조하고, 외관에 페인트칠을 새로 하고, 나무를 심어 정원을 꾸몄으며, 화산암을 발파해 깊은 구덩이를 만들어 야외 화장실로 꾸몄다. 그는 이윽고 고릴라를 호텔의 주요 볼거리로 활용하기로 결심한다.

바움게르텔은 고릴라를 구경하러 관광객들이 모여들 거라고 확신했지만 과연 고릴라들도 관광객들을 반가워할까? 그는 고릴라가 다니는 길목이나 여러 환하게 트인 장소에 다양한 먹이를 놓아두고 유인원을 유인해보려 했다. 처음에 시도한 사탕수수가 먹히지 않자 이어 고구마와 바나나를 써봤고 다음에는 옥수수, 그마저도 안 되자 소금을 놓아둬보기도 했다. 그러나 그 어떤 먹이도 유인원을 트인 장소로 끌어내지 못했다. 필사적이 된 바움게르텔은 조수까지 구해 먹이 실험을 더 적극적으로 시행했고 심지어 고릴라에 대한 학문적 연구를 어느 수준까지 시도해보고 싶다는 결심을 하기에 이른다. 그는 1956년 초 나이로비 코린돈 박물관의 저명한 관장인 루이스 S. B. 리키 박사에게 편지를 보내 도움을 청했다. 숙식을 제공하는 대가로 고릴라 유인 작업을 수행해줄 수 있는 좋은 사람이 있으면 추천해달라고 요청한 것이다.

리키는 답장을 썼다. "적절한 사람이 있습니다. 반드시 남자여야 한다는 단서만 없다면 말입니다." 당시 루이스는 로잘리 오즈번과의 관계를 정리했던 차였고 나이로비에서 멀리 떨어진 곳에 오즈번의 마음을 끌 만한 좋은 자리를 구해주고 싶었던 듯하다. 루싱가 섬에서 어류 수집 탐사를 마치고 돌아온 로잘리 오즈번은 그해 늦봄 또는 초여름 트레블러스레스트로 떠났다. 바움게르텔의 회고록에 따르면 당시 오즈번은 "스물두 살의 스코틀랜드 출신 아가씨"였다. 정식으로 과학 교육을 받은 적은 없었지만 "영민하고 유능하며 의지가 강한 젊은 여성"으로서 "관찰력"이 뛰어났다. 오즈번은 곧바로 로브니 르완자지르를 비롯해 바움게르텔이 고용한 몰이꾼들과 더불어 화산 고지대 숲에 캠프를 세우고 고릴라를 찾기 시작했다.

오즈번이 고릴라를 처음 목격했을 때 그녀는 숲속에 앉아 조용히 점심을 먹고 있었다. 문득 위를 바라보니 고릴라 한 마리가 나무 위에 앉아 그녀를 물끄러미 내려다보고 있었다. "무슨 생각을 하고 있니?" 하고 그녀가 말을 건넸지만 고릴라는 몸을 틀고 사라져버렸다. 그 뒤 얼마 지나지 않아 오즈번은 유인원들을 더 자주 보게 되었지만 어떤 경로를 통해서였는지 그

녀가 고릴라를 처음 만난 날의 이야기가 스코틀랜드까지 전해졌고 어느 에
든버러 지역신문에 "스코틀랜드 아가씨와 젊은 수컷 고릴라의 오찬"이라는
제목을 단 기사가 실리기에 이르렀다. 딸이 줄곧 나이로비의 코린돈 박물
관이라는 안전한 장소에 머무르며 리키 박사 밑에서 타이핑이나 하고 있을
것이라 믿고 있던 오즈번의 어머니가 이 기사를 읽었으며, 즉시 로잘리에
게 연락을 취해 고릴라 연구 작업 따위는 그만두고 케냐로 돌아오라고 다
그쳤다.

발터 바움게르텔은 나이로비 지역 신문에 광고를 내 후임자를 구했고
("석 달간 공짜로 휴가를 보내며 고릴라 실험을 도와줄 야생동물 애호가를 구
함.") 곧 질 도니소프라는 이름의 지원자를 고용했다. (영어 이름이 익숙치
않은) 바움게르텔은 도착한 질을 보고 이번에도 여자임에 놀랐다. 하지만
그녀는 로잘리보다 나이가 많고 더 성숙한 인물이었으며 정신력이나 능력
면에서도 전임자보다 뛰어났다. 그녀는 운 좋게 고릴라를 잘 찾아냈고 트
레블러스레스트의 고릴라 관광 프로그램을 개발해 한 번에 호텔 손님들을
두세 명씩 고릴라 서식지로 안내하는 일을 맡았지만 불과 8개월 정도 지난
다음에 그 일을 그만두었다.

한편 바움게르텔은 자신의 호텔을 고릴라에 대한 과학 연구의 세계 중심
지로 만들겠다는 구상을 세우기 시작해 런던 동물학회에 지원금을 신청했
다. 그러나 당대의 저명한 학자 솔리 주커만 경은 협회를 대표해 거절 의사
를 밝히는 짤막한 답신을 보냈다. 바움게르텔의 표현을 빌면 "우리의 시도
가 아마추어적이라서 자금 지원에 적합하지 않다는 것"이었다.

로잘리 오즈번의 우간다 고릴라 연구가 1956년 말 종료된 후 루이스는 탕
가니카 호 지역 영국인 지역판무관인 제프리 브라우닝과의 접촉을 시도했
다. 여러 정황에 미루어 짐작하건데 루이스는 그 당시에 곰베 강 침팬지 보
호구로 오즈번을 보내고 싶어 했던 것 같다. 어쨌건 그가 1957년 9월 제인
에게 이 프로젝트를 제안한 당시에는 그 지역판무관이 한 가지 중요한 규

정을 고수하고 있다는 사실을 잘 알고 있었다. 바로 곰베 강 침팬지 보호구에 유럽인 여성이 혼자 입장할 수 없다는 규정이었다.

제인이 루이스의 제안을 적극적으로 수락하자 그는 자금지원처를 물색하기 시작했다. 그해 가을, 그는 시카고 대학의 인류학자 셔우드 워시번에게도 편지를 보내 다양한 재단에 지원금을 신청하고 있으며 그의 도움이 꼭 필요하다고 부탁했다. 침팬지 프로젝트는 "자연 상태에 있는 서식지 침팬지의 사회적 생활상과 행동을 연구하는 사업입니다. 본 서식지는 확 트인 초원과 강을 따라 형성된 몇 개의 숲으로 이루어져 있고 침팬지들은 종종 강에 모습을 드러내곤 합니다. 가끔은 침팬지들이 호숫가까지 내려오는 일도 있습니다"라고 루이스는 설명했다. 기간은 4개월 정도로 예상하고 있지만 연장될 수도 있으며, 이 연구는 주로 인류학의 이론적 관점에서 매우 중요한 사업이라는 것이었다. 워시번에게 보낸 이 서신에서 루이스는 제인 모리스 구달 양이―"성격이나 관심사 면에서, 또 제가 모리스 구달 양을 연구지로 파견할 즈음에는 필요한 훈련 과정을 모두 마쳤을 것임을 감안할 때"―이 프로젝트에 가장 확실한 "최고의 적임자"라고 썼다. 워시번은 이 편지에 답장을 쓰지 않은 듯하다.

또한 루이스는 발터 바움게르텔이 그랬던 것처럼 솔리 주커만 경에게 편지를 보내 런던 동물학회에도 유인원 연구 지원금을 신청했지만 이 역시 거절당했다. 말하자면 당시 명성을 드높이던 루이스 S. B. 리키 박사마저도, 이처럼 실험적인 성격이 강한 연구 계획에 기성 과학자들과 저명한 기관이 자금을 지원하도록 설득하는 것이 어려웠다는 뜻이다. 특히나 사업의 주요 연구자가 첫째, 관련 학위가 전무했고, 둘째, 여자였다는 점을 감안할 때 이는 더욱 그럴 수밖에 없었다.

루이스는 여성에 대한 당시 사람들의 편견에 크게 개의치 않았다. 오히려 그는 직관적으로 동물 행동 연구에서 여성들이 더 뛰어난 능력을 발휘할 수 있다고 생각했다. 그가 보기에 여성은 일반적으로 남성에 비해 인내심이 강하고, 야생동물들에게 덜 위협적인 존재였으며, 무엇보다도 인간을 닮은 영장류 사이에 섞여 있을 때 수컷 영장류의 공격을 받을 가능성이 훨씬 적었다. 그리고 종종 그러했듯, 그의 지성에 기초한 판단은 그의 정서적 선호도와도 부합했다. 루이스는 여자들을 좋아했고 여자들은—상당수가—그의 매력에 쉽게 빠져들었다.

루이스는 또한 학위나 정식 교육이 지니는 의미에 대해 상당히 회의적이었다. 1957년 당시 야생동물에 대한 현장연구가 성공적으로 끝난 사례는 극히 드물었기 때문에 그 상황에서 정식 교육이란 당연히 사실로 뒷받침되지 않은 이론의 습득에 그칠 수밖에 없었다. 루이스의 관심은 이론보다는 사실에 있었다. 그는 후에 제인이 표현했던 대로 "단순명료하고 이론적 편견이 없는 정신 상태"의 소유자를 찾고 있었던 것이다. 그렇다 하더라도 사실 대학 학위는 이러한 학문적 시도에서 주요 연구자에게 요구되는 절대적인 최소 자격 요건이나 다름이 없었고, 루이스는 기성 과학계가 정식 교육을 받지 않은 아마추어 여성이 무언가를 시도하거나 성취할 수 있을 가능성을 일고의 여지도 없이 부인하리라는 사실을 분명 예상했을 것이다.

루이스가 그로부터 2년간 지속적으로 자금 지원처를 물색하는 동안에 제인은 키고마 지역판무관이 정한 조건을 충족시킬 방안을 궁리했다. 다행히도 브라우닝은 유럽인 여성 연구자를 동행할 보호자에 대한 요건(예를 들면 성별)은 구체적으로 명시해놓지 않은 상태였다. 따라서 1958년 1월 초 제인은 유년시절부터 가장 친한 친구였던 샐리 캐리에게 탐사 지원자가 돼달라고 청하는 편지를 보낸다. 샐리가 크리스마스를 맞아 제인에게 빨랫줄을 선물로 보내주었기 때문에 제인의 편지는 샐리가 보내준 선물과 "네가 여전히 살아 있다는 소식"에 대한 감사의 말로 시작했다. 부득이 "급히 쓰는 탓에 글씨가 엉망"이었던 제인의 편지는 "약간은 제안서의 성격"을 지니고 있기도 했지만 사실 "'만일 여건이 된다면 너 혹시' 운운하는" 글이었다.

그리고, 제일 중요한 건데, 이 일은 반드시 비밀에 부쳐야 해. 꼭 부탁해. 물론 만일 여건이 된다면야 그때는 비밀로 할 필요는 없겠지. 자, 이제 설명할게. 리키 박사가 1933년에 탕가니카 호 북쪽 끝에서 독특한 환경, 즉 수풀이 빽빽한 숲이나 정글이 아닌, 숲 옆쪽으로 길게 형성된 트인 장소에서 서식하는 침팬지 무리를 발견했어. 어쩌면 새로운 속屬의 동물일 수도 있고. 지금까지 연구된 적은 없고 이곳은 현장연구에 필요한 시간과 자금이 마련되기 전까지 침팬지 보호구로 지정되어 있을 거야. 리키 박사는 나보고 이 일을 맡아달래. 나 혼자 또는 다른 여자 한 명과 같이. 석 달 예정이야. 연구 자금만 확보되면 난 바로 착수할 거고. 그런데 나와 동행할 만한 사람은 너밖에 없어. 아마 이곳까지 올 교통비가 있어야 하겠지. 그 외에 드는 비용은 전혀 없어. 일단 오기만 하면 모든 비용은 여기서 해결해줄 것이고 어쩌면 적게나마 보수를 받을 수도 있을 거야. 일이 끝나고 집으로 돌아가는 여비는 쉽게 벌 수 있을 거야. 내가 장담해.

탐사는 그해 5월이나 6월에 시작할 것이며, 샐리는 그곳까지 오는 데 필요한 항공비 100파운드 또는 수에즈 운하를 건너 유니온캐슬호를 타고 온다면 80파운드에 기찻삯 3파운드만 마련하면 될 것으로 제인은 생각했다. 제인은 "살면서 다시 만나기 힘든 귀한 기회"라며 "잘 생각해보고 답장 부탁해"라는 말로 편지를 끝맺었다.

10
사랑, 그 외의 문제들

1957~1958

그해 9월 올두바이 탐사에서 돌아온 뒤로 루이스가 박물관에서 약 2.4킬로미터 떨어진 프로텍토레이트로路에 있는 나이로비 기술연구소(현 나이로비 대학)의 여자기숙사 메리스 홀에 제인이 쓸 방을 마련해주었다. 제인은 집에 편지를 보내 이 소식을 알렸다. "너무 좋아요. 나만의 방을 다시 갖게 된다고 생각하니까 그만 저도 모르게 '소리까지 지를 뻔했어요." 기숙사 방은 제인이 "그동안 살았던 방 중 가장 괜찮은 곳"이었으며 방세도 아주 싸서 한 달에 6파운드—제인의 한 달 치 월급의 10분의 1—만 내면 됐다. 아침은 연구소에서 사 먹을 수 있었고, 점심은 박물관에서, 저녁은 자신의 방에서 간단히 만들어 먹을 수 있었다. 지어진 지 얼마 안 된 터라 기숙사 여학생 동에 입실한 기숙사생은 제인을 제외하고는 겨우 젊은 여자 세 명밖에 없었고 건물의 문은 원래 밤에는 잠가두게 되어 있었지만 기숙사 사감이 제인에게 뒷문 열쇠를 쓰라며 줬다. "**이보다** 더 좋을 수 있을까요. 저보다 운 좋은 사람은 없을 거예요, 그렇죠?"

일단 코린돈 박물관 관장의 개인 비서일은 그녀가 꿈꿔오던 일 전부였다. 우선 시간을 자유롭게 쓸 수 있었다. 저녁 늦게까지 일하면 다음날에는 일찍 퇴근하거나 아니면 주말을 길게 쓸 수 있었다. 루이스 대신 타자를 친 편지의 내용은 제인의 흥미를 끄는 것들이었고 일터의 분위기도 "끝내줬으며" 직원들도 모두 "좋고 재미있고, 하여튼 모두들 즐거운 사람들"이었다.

박물관에서 일하는 헤셸론 무키리 같은 아프리카인들은 제인이 스와힐리어로 말하려고 애쓰는 모습에 "웃음을 터뜨리며 야단법석"을 떨었다. 박물관 곤충학자 로버트 카카슨은 제인에게 거미에 대해 가르쳐주겠다고 약속했다. 박물관 상주 조류학자인 존 윌리엄스는 조류 분류법을 터득하도록 도와주겠다고 했다(그러나 제인은 소장품, 그러니까 죽은 새로 꽉 찬 수많은 수납장을 보고 처음에는 깜짝 놀라 몹시 가슴 아파했다). 사무장이자 회계사인 게리 헬링스도 상냥한 사람으로 보였다. 박물관 기술자이자 수리공인 노먼 미턴도 제인이 금세 좋아하게 된 사람이었다. 노먼은 비록 교육 수준이 그다지 높지는 않았지만 제인의 생각에는 박물관 직원들 사이에서도 가장 지적인 사람들 중 하나였으며 음악을 사랑하고 '유아론唯我論' 같은 단어의 뜻도 알며 셰익스피어 작품 한 구절쯤은 너끈히 인용할 수 있는 사람이었다. 제인의 생각에 "끝내주게 귀여운" 그 사람은 자신에게 "미칠 듯이 반해" 있었다. 노먼은 제인에게 뼈와 두개골의 본을 뜨는 법을 보여주려고 애를 쓰기도 했고 얼마 전 제인이 되찾아온 갈라고원숭이 레비가 쓸 대형 야외 우리도 루이스와 함께 만들어주었다.

박물관에는 정기적으로 방문하는 귀빈들이 있었다. 그럴 때면 제인은 루이스, 그리고 미국 출신의 신경해부학 객원연구원과 함께 나이로비 공원에서 타조의 구애 춤을 감상하거나 "매력적인 포르투갈인 교수"를 접대했으며, "어느 화창한 날"에는 박물관에 방문한 또 다른 귀빈을 모시고 루이스의 초기 발굴지 중 한 곳인 감블 동굴로 견학을 떠나 즐거운 한때를 보내기도 했다.

박물관에서의 생활은 정말 신났다. 그곳에서는 생각할 거리나 해볼 만한 새로운 일들이 거의 매일처럼 있었다. 어떤 날은 나무에서 떨어진 새끼 매에게 모이를 주는 법을 물어보러 전화를 거는 사람도 있었다. 또 글씨를 전문가 수준으로 잘 썼던 루이스가 나쿠루 법원의 정부 측 증인으로도 자주 불려가곤 했는데 그렇게 나쿠루에 일이 있을 때면 으레 개인 비서인 제인도 하루 일을 접게 하고 데리고 가곤 했다. 어떤 때는 이런 전화가 오기도 했다. 나이로비 외곽 지역의 어느 교육대학 건설현장에서 지반 공사를 하던 중 건설 엔지니어들이 인골을 발견했다는 것이었다. 루이스와 그의 개인 비서는 서둘러 차에 올라 현장으로 달려갔으나 결론적으로 뼈는 300여 년밖에 되지 않은 것이었다. 그래도 역사적으로 흥미로운 것은 사실이었는데 발견된 인골들이 현지민의 근대 장례 풍습과는 다르게 얕은 무덤에 묻혀 있는 데다가 그 옆에 구슬도 함께 매장되어 있었기 때문이다. 그날 오후 늦게 루이스가 고심 끝에 잠정 결론을 내리는 사이 제인은 혼자서 굉장히 즐거운 시간을 보내고 있었다. 건설 엔지니어들도 근사했으며 치과용 기구가 한가득 담긴 그릇을 머리에 이고 꽤 긴 거리를 걸어가는 묘기를 선보이고는 맥주 1파인트까지 얻어 마셨다.

루이스는 제인에게 이튿날 현장에 다시 나가 인골 제거 작업을 맡으라고 지시했다. 그런데 그날 밤, 루이스로부터 이야기를 전해 들은 메리가 처음에는 긍정적인 반응을 보이더니 브랜디 한 병을 마신 다음부터는 난데없이 반대로 돌아섰다. 좋지 못한 기분은 좋지 못한 말로, 곧 이어 고함으로 이어졌고, 결국 메리가 욕실로 들어가 문을 걸어 잠그고 오랫동안 나오지 않는 소동이 벌어졌다. 루이스는 한참 후에야 걱정이 되어 욕실 문을 억지로 열어보려 애를 썼지만 곧 포기해버리고는 집을 뛰쳐나가서 차를 몰고 어둠 속으로 사라져버렸다.

메리의 변덕스러운 기분과 돌발적인 행동에 대해서는 시간이 흐르면서, 그리고 루이스가 제인에 대한 자신의 감정을 여러 방식으로 드러내기 시작하면서 어렴풋이 그 이유를 짐작할 수 있게 되었다. 10월의 어느 일요일 아침 방문을 두드리는 시끄러운 소리가 제인의 잠을 깨웠다. 실내복을 입고 방문을 연 제인의 눈에는…… 마치 영화의 한 장면처럼 낭만의 상징인 붉은 장미 한 송이를 든 손이 건물 벽 모서리에서 나와 있는 것이 보였다. "정말 아이처럼 굴지 뭐예요." 제인은 집에 보낸 편지에서 그 일을 두고 이렇게 썼다. "메리가 어쩌다 브랜디 술독에 빠지게 되었는지 이제 이해가 될 것 같아요."

처음에는 제인도 루이스의 행동을 너그러이 보고 고향의 가족에게 그가 "더할 나위 없이 사랑스럽고 아이 같아서" 진심으로 화를 내기가 어렵다고 이야기했다. 그러나 곧 루이스는 사랑스러움과는 멀어져갔다. "그 노인이 열에 들떠서 유치하게 굴고 말도 안 되는 일을 제안해요." 한번은 루이스가 몸바사로 기차를 타고 가서 법정에서 전문가 증언을 할 일이 있었는데, 돌아오는 길에 차보 국립공원에 하루 정도 들렀다 갈 생각이라며 제인에게 중간에서 만나자고 했다. 그러더니 목요일 몸바사로 출발하기 바로 직전에는 기차표를 주면서 금요일 자정에 만나 공원 입구에서 야영을 하고 다음 날 일찍 일어나 출발하자고 했다. **"사실 그 일 자체만 보자면**, 그래도 될 것 같았어요. 그분, 믿을 만하다고 생각하니까요. 저한테 못된 짓을 하기에는 그분이 저를 너무 좋아하거든요." 그렇지만 박물관 사람들이 이 약속에 대해 알면 어떻게 생각할까? 메리는 어떻게 받아들일까? 하지만 루이스가 그녀에게 기차표를 건네주며 여행계획을 의논했을 당시 사무실에는 박물관 이사회 위원들이 여럿이나 있었던 터라 제인은 적당한 핑계를 대며 거절할 수가 없었다.

토요일이 되자 루이스는 박물관에 있던 제인에게 전화를 걸어 왜 차보 역으로 나오지 않았는지 물었으며, 사무실에 있는 다른 사람들의 눈치를 보던 제인은 우물쭈물하며 납득할 수 없는 변명을 늘어놓을 수밖에 없었다. 월요일에 루이스가 화가 잔뜩 나 있을 거라고 짐작한 제인은 두려움에 가득 찬 채 출근했다. 정오 무렵 머플러에 녹이 슬 대로 슨 루이스의 랜드로버가 주차장으로 들어오는 소리가 들리자 제인은 공황 상태에 빠졌다. "겁에 질려 머릿속이 하얘져서 오로지 본능에 의지할 수밖에 없었어요." 제인은 조류학 사무실 안을 가로질러, 곤충학 사무실을 마구 달려 지하실에 있는 노먼 미턴의 방으로 뛰어 내려갔다. 다리는 후들거리고 심장은 터질 것만 같아서 "야단을 맞으러" 위층으로 다시 올라가기 전까지 한동안 용기를 짜내야 했다.

"왜 거짓말을 했지?" 루이스가 다그쳤다.

제인은 전화로 사적인 이야기를 하기는 어려웠다고 설명했다.

루이스는 차디차게 대꾸했다. "정말 실망이군. 진실을 말하지 않다니 정말 실망이야." 그러곤 그대로 방을 나가버렸다.

모욕감을 느낀 제인은 아래층으로 내려가 친구이자 동지인 노먼에게서 위로를 구했다. 나중에 제인이 점심을 먹으러 박물관을 막 나서려는데 루이스가 찾아왔다. "사과하러 왔네." 루이스는 말했다. "내가 무례하고 야만스럽게 굴었어. 미안하네."

제인은 사과해야 할 사람은 자신이라고 말했고, 둘은 함께 박물관 주방으로 가 점심을 먹었다.

그날 밤 친구들과 시간을 보내느라 늦게 기숙사 방으로 돌아온 제인은 베개에 놓인 루이스의 쪽지를 발견했다. "당신을 얼마나 사랑하는지를 말하고 싶어 왔소." 제인은 집으로 보내는 편지에 루이스가 밤늦은 시간에 자신의 방에 들어왔다는 생각이 들어 그 쪽지 때문에 "기분이 불편했다"고 적었다. 하지만 며칠 후에는 제인은 그날 일을 재미있는 일이라고 여길 수 있었으며, 특히 노먼이 그날 밤 루이스로부터 제인을 보호할 작정으로 그녀의 방 주변으로 차를 천천히 몰며 지나갔다는 이야기를 털어놓자 더욱더 재미있어 했다.

23살의 제인은 여전히 자신이 남자들에게 얼마나 매력적으로 보이는지 깨달아가고 있었다. 자신에게 묘한 힘이 있다는 사실을 인식하게 되면서 때로는 그런 일이 즐겁기도 했으며, 확실히 그녀만의 조용한 기쁨이 되었다. "저를 들뜨게 하는 건 제가 하는 일일까요? 아니면 제 발 앞에 굴복하는 남자들의 마음일까요?" 그해 11월 집에 보낸 17장짜리 편지 끝머리에 제인은 장황한 질문을 남겼다. 그녀는 스스로 답을 적었다. "아, 물론 일이지요. 박물관의 분위기, 재미있고 좋은 사람들, 직원들, 그 외에도 동물들을 기르고 동물과 대화를 나누고 연구할 수 있다는 사실이 좋아요. 그리고 제가 원할 때나 필요할 때 개인 시간을 낼 수 있다는 점도요."

그해 10월의 어느 날 제인과 질리언 트레이스가 여름 동안 응고롱고로에서 만난 세렝게티 공원 관리소장의 아들 해미시 하비가 박물관에 나타났다. 질리언에 대한 연정에 이끌려 나이로비까지 왔지만 그는 이내 그것이 자기만의 감정임을 깨달았다. 제인은 "인간 본성에 대한 믿음이 산산이 부서진" 하비를 위해 "접대부장"을 맡아 온종일 봉사했다.

어느 아침 제인은 아침도 거른 채로 하비를 배웅하러 공항으로 갔다. 제인이 아침도 먹지 못했다는 이야기를 들은 하비는 "아, 그렇다면 우리 이모와 식사를 함께 하시죠"라고 제안했다. 하비의 이모인 이브 미첼도 공항에 있었던 것이다. 나이로비 기술연구소 여자기숙사 바로 옆에 있던 미첼의 집으로 간 제인은 그곳에서 아침을 먹었다. 몇 달 후 이브와 제인은 마음이 잘 맞는 친구 사이가 되었으며 제인은 미첼 가족 모두가 "유쾌한" 사람들이라고 생각했다. 그 집에서 정기적으로 아침을 먹게 된 제인은 그에 대한 보답으로 가끔 미첼의 세 아이들을 돌봐주기도 했다.

그해 여름 응고롱고로 분화구에서 제인과 질리언은 응고롱고로 캠프 관리인의 아들 브라이언 헤르네를 만났다. 브라이언이 제인에게 남긴 첫인상은 그다지 좋지 못했다. 몇 주 후에 집에 보낸 편지에 썼듯이 처음에는 그와 "통하는 데가 전혀 없었다."

우선 브라이언은 백인 사냥꾼이었다. 그 말은 그가 큰 짐승을 잡는 직업 사냥꾼이자 사파리 안내인이라는 뜻이었다. 사실 브라이언은 살아 있는 동물—수컷코끼리나 검은 코뿔소, 덩치 큰 사자, 거대한 들소, 뿔이 큰 영양—을 사냥해 전리품으로 가져가는 짜릿함을 즐기러 오지를 찾아오는 유럽과 미국의 부자 고객들을 위해 길안내를 하는 식민지의 노련한 야외 수렵가들 중 한 명이었으며, 특히 그 사이에서도 정예 중 한 명이었다. 브라이언이 사냥을 즐기는 데다가 케냐 역사상 최연소로 전문 수렵가 자격증까지 보유한 사냥꾼이라는 점은 늘 제인의 마음에 짐이 되었다. 물론 브라이언의 기억 속에 "사냥이나 사파리 여행을 즐기는 생활 방식이 둘 사이에 문제가 된 적은 없었다." 어쨌든 브라이언은, 수년 뒤에 제인이 말했듯, 그녀의 "진정한 첫사랑"이 되었다.

브라이언은 잘생기고(짙은 갈색 머리에 밝은 푸른색의 눈) 키가 컸으며 (186센티미터) 날렵한 체형의(74킬로그램) 혈기 왕성한 열아홉 살의 청년이었다. 아마도 제인이 처음 브라이언을 만났을 때 그가 이곳저곳을 다쳐 부러진 뼈를 붙이느라 몸 전체에 깁스를 해서 그의 큰 키나 혈기왕성함이 잠시 가려지고 오히려 보살핌이 절실히 필요한 처지였던 것이 제인의 관심을 끌었을 것이다. 제인은 몸이 아픈 사람, 특히 모험심에서 비롯된 사고를 겪은 사람에겐 늘 동정적으로 대하는 경향이 있었다.

그때 브라이언은 동아프리카 지구대의 서쪽 벽을 형성하는 마냐라 호 주변에 펼쳐진 대초원 중 하나인 킬리마차템보(코끼리 무덤)의 내리막길을 달리는 트럭에 타고 있었는데 속도를 늦추려고 운전사가 브레이크를 밟았지만 차가 말을 듣지 않았다. 브레이크가 고장이 난 상태에서 U자형 도로가 여섯 개나 이어진 내리막길을 그대로 질주하던 트럭은 결국 낭떠러지에서 추락했다. 트럭 운전사는 즉사했고 브라이언은 아루샤 병원으로 옮겨졌다가 나중에 응고롱고로 캠프로 옮겨져 부모의 보살핌 속에 건강을 회복했다. 여름이 끝날 무렵에 전신을 감은 깁스를 풀자 브라이언은 비록 한 번에 단 몇 발자국밖에 떼지 못하는 상태였지만 친구를 만나러 나이로비까지 동생 소유의 요란한 소음을 내는 빨간색 MG 자동차를 끌고 갈 정도는 되겠다고 생각했다. 그 친구가 바로 사랑에 빠진 해미시 하비였다. 그렇지만 브라이언은 나이로비에 도착해서 먼저 코린돈 박물관을 찾아갔다.

자동차 소리를 들은 루이스와 제인의 눈에 낡은 MG 차가 박물관 주차장으로 들어오는 모습이 보였다. "아는 사람인가?"라는 루이스의 물음에 제

인은 모르는 사람이라고 생각했다. 헤셀론이 문을 열고 들어와 다리를 저
는 젊은 청년이 제인을 찾는다고 알렸다. 제인은 브라이언과 함께 박물관
후문 계단에 앉아서 해미시와 연락을 하고 싶은데 주소를 잃어버렸다는 사
정을 들어주었다.

브라이언의 최근 회상에 따르면 제인은 "나긋나긋한 목소리로 말하는 모
습이 무척 예뻤"지만 말투에 "좀 고상한 척"했다고 한다. 그녀는 "포미" (식
민지로 이주한 영국출신자)였고 "아프리카 황무지 최고의 풋내기"처럼 보였
다. 하지만 매력적이고 생기가 넘치며 재미있는 여자여서 브라이언은 또다
시 박물관으로 찾아왔다.

제인은 집에 보낸 편지에서 처음에는 그가 "굉장히 어리"고 "냉혹하고 거
친, 전형적인 백인 사냥꾼의 모습"을 하고 있다고 생각했지만 함께 시간을
보내보니 "겉모습을 뚫고" 들어가 "생각보다 쉽게 그 속에 숨겨진 성격을 알
수 있었다"고 적었다. "제가 이곳에서 만난 사람들 중 제일 괜찮은 사람이
에요. 의리도 있고 정직하고 성실하고, 아무튼 그런 사람이에요." 브라이언
은 큰 짐승을 사냥하는 일을 즐기면서도 한편으로는 사람에게 길들여진 작
은 동물들도 귀여워했다. 어쨌든 어느 날 그가 다리를 절뚝거리며 자신의
방으로 올라왔을 때 제인은 반가워했고, 이내 자신이 그와 그의 가족, 친구
들을 무척 좋아한다는 사실을 깨닫게 되었다.

브라이언의 가족으로는 아루샤 인근 대형 커피점의 부지배인인 남동생
데이비드가 있었다. 데이비드도 형처럼 대담한 성격이었으며 때로는 말썽
을 일으켰다. 그런 문제아 기질로 인해 형 브라이언이 몸에 깁스를 하고 있
던 여름 동안에 데이비드도 심각한 차 사고를 일으켰는데, 11월에는 운수
가 사나웠는지 무장한 마사이족 전사 10명과 싸움을 벌여 팔이 부러지고
머리에는 심각한 자상까지 입었다. 브라이언의 다른 가족으로는 나이로비
에 사는 친척 빌 레그와 몰리 부부가 있었다. 철도회사에서 회계사로 일하
는 빌은 음악에 재능이 있어 멜로디언스라는 밴드에서도 활동하고 있었다.
브라이언은 빌과 몰리 부부가 제인을 진심으로 좋아했으며 자신이 나이로

비에 올 때마다 묵었던 빌의 집으로 제인이 자주 찾아왔다고 회상했다.

브라이언의 친구들은 또래의 떠들썩한 사고뭉치 케냐인들이었다. 그들 중에는 잘생긴 데이비드 옴매니와 붉은 머리에 처진 눈의 데릭 던처럼 브라이언과 같은 직업 사냥꾼도 있었다. 제인은 그의 친구들이 하나같이 "완전히 미친" 사람들 같지만 또 한편으로는 재미있고 생각도 깊으며 친절한 사람들이라고 여기게 되었다. "이 말썽꾸러기 친구들은 서로에게 정말 잘해요. 참 보기 좋은 모습이에요. 친구를 위한 일이라면 <u>무엇이든</u> 마다하지 않고, 아무리 화가 나도 친구를 실망시키는 일은 절대로 하지 않는 사람들이죠." 얼마 안 가 제인도 밤새 열리는 파티와 춤, 폭주, 철부지 모험에 휩쓸렸다. 맥주잔이나 케냐 연대의 깃발을 슬쩍하거나 한밤중에 나이로비의 가로등을 총으로 쏴 터뜨리고 교통신호등을 훔치거나 도로 표지판을 뒤집어버리는 장난을 치는 일에 합류한 것이다.

제인이 자랑스럽게 집으로 써 보낸 편지에 따르면 브라이언의 친구가 그녀를 두고 이렇게 말했다고 한다. "브라이언은 다른 사람들과도 잘 어울리는 아가씨를 여자 친구로 됐으니 정말 행운아라고 말하더라고요. 보통 <u>얌전한</u> 아가씨들은 속도 내는 걸 무서워하고 심한 장난치는 걸 싫어한다나요. 그래서 저 보고 그 사람들에게 그야말로 꼭 필요한 사람이래요!" 브라이언의 기억 속에 제인은 "모험심이 강해 무엇이든 도전해보려는 투지가 있는" 사람이었다. 한번은 브라이언이 제인을 데리고 틈만 나면 자동차와 오토바이를 수리하고 튜닝을 일삼는 게 낙이며 "질주", 즉 시속 160킬로미터로 달리는 모험에 대한 이야기만 나오면 경건해지는 친구들을 찾아간 일이 있었다. 제인은 '질주'를 해보고 싶다는 말을 꺼냈고, 그 말이 떨어지자마자 바로 브라이언의 AJS 모터사이클 뒷자리에 타게 되었다. 그러고는 나이로비 외곽의 군데군데 갈라져 바닥이 고르지 못한 좁은 아스팔트 길을 계기판의 붉은 바늘이 시속 170킬로미터를 가리킬 때까지 질주했다. 제인은 황홀했다.

브라이언의 사려 깊음도 마음에 들었다. 그는 밤하늘 별 아래 제인의 곁에 조용히 앉아 있는 것을 결코 지루해하지 않았다. 제인은 집에 보낸 편지에 "이렇게 단둘이 같이 있는 게 좋은 사람은 이 사람이 처음"이라고 썼다. 브라이언이 춤을 좋아한 터라 둘은 탱고도 함께 배웠다. 둘 다 돈이 궁할 때가 많았지만 그래도 이따금씩 저녁에 외식을 하고 영화관에도 갔다. 브라이언은 영화 〈긍지의 이름으로〉를 보러 갔던 일을 기억했다. 게슈타포에게 붙잡혀 고문을 당한 영국 첩보요원 바이올렛 사보의 삶을 바탕으로 제작된 이 영화를 보며 "제인이 어찌나 감동했던지 울음을 터뜨리면서 자신의 인생은 사보의 삶에 비하면 너무나도 보잘것없다고 말했다"고 한다.

이런 일도 있었다. 어느 우스운 결혼식(영국인 신랑이 이탈리아 출신의 신부 이름을 제대로 발음하지 못하는 일이 벌어졌다)에 참석했던 제인과 브라이언은 본식과 지루한 피로연이 끝나자 몇몇 친구들과 함께 티카에 있는 블루포스츠 호텔—아름다운 풍광의 차니아 폭포까지 너른 잔디밭과 정원이 펼쳐진 작고 우아한 식민지 시대풍의 호텔—로 춤을 추러 갔다. 춤을 추다 잠시 쉬는 동안에 제인은 머리에 맥주잔을 얹고 떨어지지 않도록 균형을 잡으며 이리저리 돌아다니기, 술이 가득 담긴 잔을 입으로 물어 들어 올려 내용물을 꿀꺽 마셔버리기, 성냥개비 마술 같은 장난을 쳤다. 호텔에는 큰 야외 수영장이 있었는데, 제인은 일행들 앞에서 이번에는 수영을 해볼 시간이라고 선언했다. 밤기운이 쌀쌀한 데다 누구도 수영복을 챙겨올 생각을 미리 안 했었지만 친구들 중 몇몇은 이내 어둠 속으로 비틀거리며 달려갔고, 펜스를 넘어 채소밭 안을 껑충거리며 뛰어갔다. 마침내 수영장에 도착하자 제인은 옷을 벗고 속옷 바람으로 수영장에 뛰어들었고 브라이언과 다른 친구 하나도 그 뒤를 따랐다. 나머지 친구들은 여전히 옷을 입은 채로 오들오들 떨며 수영장 주위에 몰려 서 있었다. "정말 환상적이었어요." 나중에 가족에게 보낸 편지에서 제인은 그 일을 그렇게 떠올렸다.

하지만 그런 시간들이 브라이언에게는 그렇게 즐겁지만은 않았다. 차 사고 때 입은 부상으로 통증에 시달렸을 뿐더러 일자리도 구하기 힘들어 돈이 거의 없는 상황이었던 탓이었다. 그가 일했던 탕가니카 로렌스-브라운 사파리는 명목상의 월급이란 것을 지불해주기는 했지만 사냥 사파리 일을 하지 못하면 받는 돈은 얼마 되지 않았다. 제인은 루이스를 통해 브라이언이 얼마 안 되는 돈이라도 벌 수 있게 해주려고 묘안을 짜내었다. 미국의 한 박물관에 보낼 진드기잡이새나 버팔로 뿔을 가져다주는 대신 몇 파운드씩 받도록 주선해준 것이었다. 또 1958년 1월에 둘은 동업의 꿈도 키우기 시작했다. 제인은 미국 잡지에 동물 관련 기사와 사진을 판매할 헤르네앤구달이라는 회사를 만들자는 계획을 세웠다.

그해 4월 브라이언이 안드레 건이라는 네덜란드인 사진사의 사진촬영 사파리 길 안내를 맡아 떠났을 때, 제인도 그 여정에 포함된 케냐 북중부 지역 루무루티에 위치한 약 89제곱킬로미터 넓이의 카 하틀리 동물 목장에서 며칠간 같이 묵기로 했다. 하틀리는 덩치 큰 짐승을 차로 쫓아가면서 도망가는 동물과 평행하게 달릴 수 있는 위치만 확보하면 바로 올가미 밧줄을 던져 포획할 수 있을 정도로 건장하고 힘이 센 남자로, 영화사와 동물원에다 아프리카산 야생동물을 파는 사업으로 톡톡히 재미를 보고 있었다. 그의 사업에 대한 제인의 생각은 집에 보낸 편지에서 드러나 있다. "제가 생각했던 것보다도 훨씬 더 끔찍했어요."("좁디좁은 우리. 더러움. 지독한 냄새. 갇힌 동물들은 하나같이 소유 표식이 찍혀 있고 흉터투성이에 상처가 나 있었죠. 어떤 임팔라는 불쌍하게도 걷지도 못했어요. 햇빛을 가려줄 그늘도 없었어요. 후우, 정말 <u>소름 끼치는</u> 곳이었어요.") 하지만 바로 이곳에서 제인은 전문적인 사진촬영 작업을 구경할 기회를 얻었고, 브라이언은 자신의 사진 재능을 스스로 입증해 보이기 시작했다. 둘은 안드레 건이 북부흰코뿔소 두 마리가 목장을 달려 풀이 무성한 늪지로 뛰어들어 뒹구는 모습을 사진에 담는 작업을 도왔다. 제인이 그 코뿔소들 중 사람에게 완전히 길들여진 지미("그 어떤 코뿔소보다도 매력적인 놈") 등 위에 올라타면 브라이언은 그 모습을 사진기로 찍었다.

제인과 브라이언은 코끼리 상아 거래에 대한 글을 함께 쓰기 시작했다. 사진 확대기도 구입했는데, 이내 자신들이 쓰고 싶은 글을 가지고서 티격

태격 다투기 시작했다. 제인은 가족에게 보낸 편지에서 그 창작 과정을 두고 이렇게 썼다. "브라이언은 자기가 글을 쓸 수 있다고 생각하는 것 같은데, 저는 제가 더 잘 쓴다는 사실을 너무나도 잘 알고 있다고요." 브라이언은 제인더러 글은 자신이 완성할 터이니 초고 정도만 써달라고 하곤 했다. 그러면 제인은 즉시 일에 달려들어 밤새 글 전체를 써냈다. 글을 받아 검토하던 브라이언은 잘못된 곳을 찾아내려고 애를 써봤지만 그래봤자 아주 살짝 수정하는 정도에 그칠 뿐이었다. 다음날이면 제인은 그 글을 다시 타이핑하면서 "그가 수정한 부분을 다시 수정"했다. 둘이 쓴 글은 대개 과학에 문외한인 사람들을 위한 대중적인 것이었으며, 제인은 밴에게 사진이나 그림이 담긴 글—예를 들자면 코린돈 박물관의 생활이나 갈라고원숭이, 큰귀여우에 대한 것—을 실어줄 영국의 정기간행물로는 어떤 것이 있을지 생각해달라고 물어보기도 했다.

제인이 갈라고원숭이에 대해 알고 있었던 전문적인 지식은 레비로부터 얻은 것이었다. 그렇다면 큰귀여우는 어디에서였을까? 12월의 어느 일요일 저녁 브라이언이 커다란 상자를 품에 안고 제인의 방으로 찾아왔다. 상자 안에는 큰귀여우 네 마리가 담겨 있었는데 모두 세렝게티에서 발견한 어미를 잃은 새끼들이었다. 브라이언은 네 마리 중 가장 온순한 녀석을 제인에게 건네주었다. "너무 작고 귀여워요." 제인은 집에 보낸 편지에 이렇게 적었다. "자기 가족을 그리워할 것 같아서 저도 바닥에 침낭을 깔고 잤어요. 녀석은 상자 한 귀퉁이에 몸을 돌돌 말고 잤고요. 그 녀석 옆에 손을 내내 얹어두고 잤더니 나중에는 쥐가 다 났지 뭐에요! 녀석은 자다 깨서 일어나 놀고, 계속 그랬어요. 그래서 둘 다 잠을 겨우 <u>두세 시간밖에</u> 못 잤답니다."

얼마 후 루이스가 이 새끼 여우를 키워도 된다는 정식 허가를 받아다주었다. 제인은 작은 녹색 목줄을 사고 방에는 새끼 여우를 위해 흙으로 채운 상자를 두었는데 그 작고 영리한 짐승은 이내 상자를 어느 정도 배변 상자로 이용하는 법을 익혔다. 그렇지만 새끼 여우는 흙 파헤치기를 좋아했다.

그래서 배변 상자 바닥까지 파고 들어가려고 하곤 했으며, 잠이 들었을 때는 개들이 마치 달리듯 발을 약간 움찔거리는 것과 달리 이 여우는 땅을 파는 것같이 움찔거렸다. 흙을 파헤치는 지독한 습성 덕분에 여우의 이름은 침바(스와힐리어로 '땅을 파다'는 뜻)로 지었다. 짐작할 수 있듯 침바는 늘 제인의 곁을 지키는 동반자가 되어주었다. 제인이 침대 위에서 『옥스퍼드 종교시 모음집』을 읽는 동안 침바는 그녀 옆에 평화롭게 엎드려 있곤 했다. 때로는 방 안을 미친 듯이 뛰어다니며 나방을 앞발로 휙 낚아채기도 하고 흙 상자를 열심히 파대기도 했으며 제인이 박물관 사무실에서 서류를 타이핑하는 동안에는 발밑에 엎드려 더없이 행복한 단잠을 잤다. 납작 내린 귀로 자신의 감정을 드러내며 쉴 새 없이 꼬리를 흔들며 뽀뽀를 해주는 그 작고 사랑스러운 동물은 개하고도 싸우지 않고 잘 지냈다. 데이비드의 보더콜리 그린고와는 "사랑에 빠졌고" 브라이언의 스프링어스패니얼 호보와도 금세 친해졌다.

마침내 제인과 브라이언은 사랑에 빠졌으며 1월 무렵 제인은 밴에게 자신의 연애에 얽힌 복잡다단한 사정에 대해 언급하기 시작했다. "브라이언은 여러모로 제가 결혼을 생각해볼 만한 사람이에요." 편지는 이런 말로 시작되었다. "하지만 제가 엄마께 편지를 쓰는 이유는 제가 약혼 같은 멍청한 짓을 저지르려는 것은 아니라고 안심시켜드리고 싶어서예요. 우선 브라이언이 적어도 앞으로 3년 정도는 당장 결혼할 마음이 없어요. 저와 결혼을 하려면 그 3년 동안 아마도 그 사람이 많이 변해야 될 것 같아요. 중요한 것은 제가 브라이언을 정말 사랑한다는 거예요. 지금 브라이언에게는 이것저것 근심거리가 많아요. 솔직히 그 사람은 지금 인생의 지옥 같은 단계를 거치고 있는 중이거든요." 그럼에도 결론은 이랬다. "그이보다 정직하고 천성이 착하고 마음이 넓은 남자는 없을 거예요. 브라이언이 사냥을 좋아하지만 않았더라면, 음악과 문학을 진정 사랑했더라면, 제 이상형이 될 수도 있었을 텐데."

한편 루이스는 점점 대하기 곤란한 사람이 되어갔다. 제인의 친구이자 이웃인 이브 미첼에게 전화를 걸어 제인의 침대보를 잊지 말고 빨아주라거나 제인의 방에 자기가 가져간 장미 가지를 잘라주라는 등 잔소리를 하기 시작한 것이다. "하지만 저하고 이야기를 좀 한 뒤 루이스는 그런 짓을 그만두겠다고 약속했어요." 제인은 편지를 보내 밴을 안심시켰다. "루이스가 제 손을 잡고 언젠가는 제가 자기를 사랑하게 될 거라느니 그런 말을 하지 않을 때는, 정말 멀쩡하게 행동할 때는 저도 그분을 다시 좋아하게 되고 미안한 마음을 갖게 되요. 이런 끝도 없이 반복되는 악순환이란."

아마도 제인은 자신이 누려보지 못한 아버지의 사랑을 갈구하고 있었던 듯하다. 반면 루이스는 애인으로서의 사랑을 구하고 있는 것이 분명했다. "그래요. 루이스는 저에게 빠져 있어요." 제인은 다른 편지에서 밴에게 이렇게 썼다. "다정하고 친절하며 뭐든 저를 도와주려한다는 점에 대해서는 저도 고맙게 여기고 있어요. 하지만 그가 저한테 기대하고 바라는 것에 대해서는, 그 사람이 그런 걸 기대할 권리는 없는 거잖아요? 간단히 그의 말을 인용하자면, '내가 당신을 사랑하는 만큼 당신도 나를 사랑하게 될 거요'라네요. 그 나이에, 벌써 결혼도 두 번이나 한 사람이 어떻게 그런 걸 기대하고 바랄 자격이 있다고 생각하는 거죠?" 편지는 계속되었다. "물론 이건 전부 제 잘못이에요. 엄마도 아시다시피 제가 알게 된 순간부터 그분을 동경했으니까요. 올두바이에서 있었던 일에 대해서는 정말로 진심으로 미안함을 느끼고 있어요. 여전히 그분을 존경하고 믿고요. 어떤 면에서는 절대 루이스가 제 신뢰를 악용했다고 할 수는 없어요. 하지만 내가 자기와 사랑에 빠져 있기를 기대했다는 사실을 알았을 때 느낀, 구역질까지 나려고 했던 그런 불쾌감은 말로 다 표현이 안 돼요. 전혀요."

루이스와의 계속된 감정싸움은 결국 최고조에 달했다. 박물관에도 거의 나가지 않게 된 제인은 루이스와 "끝도 없는 대화를 거듭한 끝에 결론을 지었고", 집에 보낸 편지에 적혀 있듯 마침내 루이스는 "단지 아버지 같은 존재"로 남기로 약속했으며 제인도 "루이스가 저와의 우정을 이 세상 그 무엇보다도 중요하게 여기듯 저도 그분을 모든 면에서 신뢰하기로" 약속했다. 제인은 루이스의 그 약속을 믿어줬고, 이후 "이제 모든 것이 편안하다"는 편지를 집에 보낼 수 있게 되었다.

제인이 기대했던 것처럼 빠르게는 아니지만 결국 루이스는 걱정을 억누르고 좀더 절제된, 아버지 같은 사랑을 보내줬다. 제인은 그를 "아빠"라고 부르기 시작했고, 나중에는 루이스가 그녀의 인생과 일에 있어 이끌어주고 조금 더 발전되도록 도움을 주기 시작하면서 그를 "꿈만 같은 양아버지"라고도 부르기도 했다.

한편 메리 리키는 자기 남편의 애정을 빼앗으려는 의도가 제인에게 없었다는 사실을 깨닫고, 브랜디를 마시고 부린 난동의 대상이 잘못되었음을 알게 되었던 것 같다. 12월 메리는 제인에게 구피 네 마리, 검상꼬리송사리 두 마리, "마우스브리더(그렇게 부른 이유는 새끼에게 위험이 닥치면 어미가 바다가 조용해질 때까지 자신의 입에 새끼를 넣어두기 때문이래요) 수컷과 암컷 한 쌍"이 담긴 수조를 주었는데, 아무래도 화해의 선물이었던 듯하다. 제인은 또한 랑가타에 있는 리키 부부의 집에 주말 동안 와 있으라는 초대를 받기도 했다. 메리가 기르는 성질 나쁘고 뒷걸음질 치기로 악명이 높은 말 샌디를 제인이 훈련시켜주기를 바라며 기대에서 초대를 한 것이다. 제인은 이 도전 과제를 받고 매우 기뻐했다. "말 안 듣는 녀석들을 다시 맡게 되었어요." 제인은 집에 보낸 편지에 이렇게 썼다. "하지만 저는 말과 씨름하는 게 좋아요. 인생에 골치 아픈 문제나 고난으로 가득하기만 하고 내가 어디로 가고 있는 건지 알 수 없을 때라도 말을 훈련시키며 씨름할 수만 있다면, 내가 원하는 방향으로 말이 가도록 몰 수만 있다면, 훈련이 아무리 힘들더라도 정말 멋진 일이지요."

얼마 후 샌디가 점프를 잘 뛰게 되자 2월 무렵 메리는 제인에게 샌디를 데리고 일요일에 열린 포니 클럽 모임에 가보라고 설득했다. 제인은 파이퍼 소령 부부가 주임 승마강사로 있었던 그 포니 클럽에 갔으며, 제인의 눈에 비친 그날의 모임은 "즐겁고 근심 걱정 따위는 찾아볼 수 없는 모두가 행복했던" 시간이었다. 승마를 하러 온 어린아이들은 영국 포니 클럽의 말보다 "훨씬 더 큰 말"을 탔으며 "전반적으로 말을 더 잘 탔고 자신감도 넘쳐 보였"다. 그날 오전 보물찾기 행사 후 아이들은 소풍을 가고 어른들은 푸짐한 오찬을 들었다. 점심 후에는 점프 시범이 있었다. "마침내 제가 우리 마왕 위에 올라탔고 샌디는 이제 점프를 하게 되리라는 것을 금세 알아챘어요." 불행하게도 샌디가 너무 흥분했던지 이전에 하던 식으로 돌아가버렸다. "사람들이 웃어대면서 재빨리 길을 터줬어요. 그런데 갑자기 샌디가 줄지어 앉아 수다를 떠들고 있는 나이 든 숙녀들 틈 사이로 뛰어들더니 맥주잔, 홍차, 케이크 같은 것이 놓인 탁자 두 개를 향해 달려들었어요. 사람들이 우왕좌왕하는 모습이 얼마나 웃겼는지 몰라요. 다들 탁자 위에 놓인 물건을 집어 들고 피해준 덕분에 우리가 이리저리 부딪히고 지나가도 별다른 불상사가 생기지는 않았어요. 우리 뒤로 리처드가 물 한 양동이를 뿌렸지만 샌디는 별로 신경도 쓰지 않는 것 같더라고요. 그래서 파이퍼 소령이 사냥 채찍을 들고 구조하러 왔죠. 그 방법은 잘 먹혔어요." 마침내 샌디가 점프를 했는데 심지어 "제법 잘" 뛴 편이었다. 물론 "샌디가 뛴 것치고 잘 뛰었다는 거지 일반적인 기준으로는 어림도 없죠!"

어쨌든, 샌디를 다루는 제인의 기술이 인상적이었던 파이퍼 부부가 그녀에게 말을 한 마리 선물하기로 했다. 4분의 3은 아라비아 종, 4분의 1은 서러브레드 종 피가 섞인 큰 암말로 이름은 가즐이었다. 리키 부부가 마구간을 늘려줘 말을 한 마리 더 돌볼 수 있게 되면서 제인에게는 랑가타로 가야 할 또 다른 이유가 생기게 된다. 가즐을 타고 랑가타 외곽으로 달려가면 응공 언덕 옆으로 펼쳐진 대초원을 가로질러 지평선 아래로 지는 해를 지켜볼 수 있었다. "숨이 막힐 정도로 아름다워"서 그녀가 "나무 사이로 보이는 해와 정면으로 마주했을 때는 심지어 가즐조차도 귀를 쫑긋 세운 채 꼼짝도 하지 않았"다.

1958년 2월 말 혹은 3월 초, 나이로비 기술연구소 여자 기숙사에서 제인에게 방을 비워달라는 통보를 했다. 제인의 표현을 그대로 빌리자면 "토요일에 방에서 쫓아낸다는 고지서를 받았"다. 갈라고원숭이 레비는 박물관에서 살고 있었으므로, 아마도 누군가가 큰귀여우를 못마땅하게 여겼던 것 같았다. 어쨌든 제인과 물고기들과 여우는 리키 부부의 집으로 이사하게 되었고, 제인은 랑가타의 생활을 "꽤 재미있어" 했다. 응공 언덕 서쪽으로 아름다운 일몰을 즐길 수 있는 경사진 잔디밭이 펼쳐진 약 2만 제곱미터 크기의 땅에 세워진 루이스의 자택은 1950년대 초에 일어난 마우마우 봉기 때에 요새 형태로 지은 양철 지붕 집으로 몸체는 콘크리트 벽돌에다 치장 벽토를 발랐고 창문 위로는 촘촘한 보호 그물망이 쳐져 있었으며 집 내부에는 안마당이 있었다.

샌디 훈련, 가즐 씻겨주기, 자기만의 마구간 짓기 등 할 일이 아주 많았지만 제인은 "이곳에서의 생활은 좋아요. 루이스의 아이들도 마음에 들고요. 메리는 종잡을 수 없는 사람이라 아주 조심스럽게 대해야 해요. 저는 금방이라도 폭발할 지경이에요. 그저 아무 일만 없길 바라고 있어요"라고 설명했다. 맞추기 어려운 메리의 기분이나 성미, 루이스의 복잡하고 때로는 고압적인 성격을 비추어 볼 때, 제인은 루이스의 세 아이들이 매우 차분하고 상냥하다는 사실에 놀라지 않을 수 없었다. 맏이인 조니는 수줍음이 많은 데다가 다른 사람들 앞에서 어색해하는 성향이 있었고, 속내를 알기 어려웠지만 "아주 매력덩어리에, 유머 감각도 뛰어나고, 모든 동물을 진정으로 사랑했다." 둘째인 리처드는 "정말 매력적인 아이로 머리가 매우 좋고 이해도 빨랐다." 제인은 가족들에게 이런 이야기도 적어 보냈다. 어느 날 저녁 제인과 리처드는 카펫처럼 넓게 펼쳐진 잔디밭에 함께 앉아 있었다. "아름다운 보름달 아래에서 철학에 관해 이야기를 나눴어요. 그 아이는 겨우 12살인데 말이에요. 어쩐 일인지 그 아이의 생각이 저와 똑같더라고요. 환생이나 그런 점에서요."

나이로비 외곽으로 약 19킬로미터 떨어진 랑가타에 살게 되면서 교통수단이 문제가 되었지만 제인은 85파운드를 주고 산 1948년형 8마력짜리 모리스 자동차로 운전을 배워 그 문제를 해결했다. 알고 보니 케냐의 교통경찰서장인 어니스트 스테이플턴은 제인 아버지 모티머가 카레이싱을 하면서 만나 친해진 사람이었다. 2월 즈음 스테이플턴이 제인에게 운전 연습을 시켜주었다. 4월에는 운전면허 시험을 통과했다. 1958년도의 「AM 매거진」에는 저 유명한 모티머 모리스 구달의 귀여운 딸이 긴 머리를 하고 애완 여우를 품에 안은 채 광택이 흐르는 매끈한 애스턴마틴 차의 열린 문 앞에 서서 스테이플턴 서장으로부터 면허증을 건네받는 사진이 실렸다.

그러나 그 무렵 제인은 스테이플턴이 "기분 나쁜" 사람이라고 단정 짓게되었다. 스테이플턴이 아내가 집을 비운 틈을 타서 몰래 제인을 저녁식사에 초대하는 등 여러 부적절한 접근을 한 데다가, 운전 연습을 시켜주겠다며 데리고 나가서는 자신이 제인이라는 불치병에 걸려 심각하게 아프다는 호들갑스러운 고백을 했기 때문이었다.

그리고 핍―랑가타 포니 클럽의 파이퍼 소령―도 그랬다. 제인은 그가 "정말 바람둥이지만 같이 있으면 매우 재미있는" 사람이라고 생각했는데 그도 마찬가지로 제인에게 "정말 지독하게 푹 빠졌다." 얼마 안 가 (아마도 루이스의 마구간에서 젖은 행주들과 물이 뚝뚝 떨어지는 연못 가래풀을 집어던진 그 "엄청나게 큰" 소동이 벌어진 후의 일인 듯하다) 핍이 베푼 친절에는 점점 더 커져만 가는 연정이 묻어났다.

심지어 제인과 질리언이 1957년 여름에 만난 세렝게티 공원 관리소장인 고든 하비도 애욕의 덫에 걸리고 말았다. 7월 중순에 응고롱고로 분화구로 그들을 차에 태워다 준 하비는 리키 탐사대가 응고롱고로를 떠나 올두바이로 출발하던 날 제인이 입고 있었던 카디건의 돌돌 말린 소매 속에 작은 래디시(서양순무)를 밀어 넣었다. 묘한 여운을 남기는 정표였다. 이틀 후에 말라비틀어진 래디시가 옷 밖으로 떨어지자 제인은 거기에 담긴 뜻을 이해하게 되었고, 나중에 썼듯, 놀라울 정도로 "애수"에 잠겼다. 고든을 무척 좋아하게 된 제인은 1958년 4월 나이로비로 그가 찾아오자 다시 한 번 그 남자가 얼마나 "잘생기고 다정"한지 새삼 느꼈다. 고든이 준비해온 래디시를 재료로 만든 소풍 점심을 먹으며 둘은 래디시를 볼 때마다 당신을 떠올렸노라고 서로 고백했다. "새가 지저귀고 햇빛은 화창했어요." 제인은 집에 있는 가족에게 이렇게 썼다.

그리고 우리는 그늘이 드리운 나무에 기대어 동물과 다른 여러 가지 것들에 대해 이야기를 한참 동안 나눴어요(3시까지요). 고든은 자신에게 무슨 일이 벌어진 거냐고 저에게 물었어요. 더 이상 젊지도 않고 이미 행복한 결혼 생활도 하고 있는데 이게 무슨 일이냐고요. 이런 일이 일어나리라고는 꿈도 꿔보지 못했다고 했어요. 그 사람에게 이런 상황이 어떤 의미인지, 제가 난데없이 나타나 그의 인생 속으로 걸어 들어간 것이 어떤 의미인지를 저로서는 앞으로도 이해할 수 없을 것 같아요. 고든이 오지로 사파리를 떠날 때마다 얼마나 자주, 얼마나 간절히 제가 그의 곁에 있기를 소망했는지, 동물들과 함께하는 시간을 나누고 인생의 작지만 너무나 중요한 순간들을 함께하기를 얼마나 원했는지 저는 절대로 실감하지 못할 거예요. 그는 너무나도 진지했고 너무나도 정직했고 너무나도 감동적이었어요. 정말 달콤한 순간이었죠.

중년의 유부남을 포함한 무수한 남자들이 제인에게 이끌리는 이유를 이해하기란 별로 어렵지 않다. 그녀는 젊고 예뻤다. 사교적이었던 데다가 원래 타고나기를 자신의 감정과 동정심을 잘 절제할 줄 모르는 성격이었다. 다른 사람의 관심을 즐겼고 남자를, 그것도 많은 남자들을 좋아했다. 그러나 남자들의 진지한 반응과 제인의 덜 진지한 연애 감정은 결국 문제로 이어질 수밖에 없었다. "중년의 유부남들과 무슨 짓을 하는 건지 모르겠어요, 도대체 저에게 무슨 악마라도 썬 걸까요?" 제인은 도저히 이해할 수 없다는 듯 자조적으로 밴에게 물었다. "그 사람들이 제 팔다리와 목에 고리와 밧줄을 걸고 매달려 있어요. 다들 너무너무 매력적인 사람들이에요. 휴. 엄마, 24년 전에 도대체 무슨 일을 저지르신 거예요? 제가 엄마 품 안에서 작고 연약했던 그때는 엄마도 제가 이렇게 될 줄 전혀 모르셨을 거예요!"

11

동물 군단

1958

"오랫동안 소식을 못 전해드려서 죄송해요." 1958년 4월 2일 제인이 집에 보낸 편지는 이렇게 시작되었다. "이번에는 정말 이유가 있었어요. 아무튼 이유가 될 만한 일이에요. 정말 끔찍하고 안 좋은 일이 벌어졌어요. 이번에는 정말 끔찍한 일이에요. 침바가 죽었어요. 어떤 유럽인 하나와 아프리카인 넷이 던진 돌에 맞아 죽었어요."

박물관으로 출근하기 전 챙길 물건이 있어 브라이언의 친척 집으로 차를 몰고 갔던 어느 날 아침 침바가 제인의 차에서 홀연히 사라져버렸다. 브라이언과 함께 자신이 애지중지하는 애완 여우를 찾으러 가볼 만한 곳은 샅샅이 다 뒤졌지만 어디에서도 찾을 수 없자 제인은 하는 수 없이 출근을 했으며 대신 브라이언이 수색을 계속했다. 박물관에서 점심을 먹고 있는데 브라이언이 찾아와서 "덜덜 몸을 떨며" 소식을 전해줬다. "침바가 죽었어." 눈물까지 그렁그렁 고인 브라이언의 말로는 학교에 가던 몇몇 아이들이 백인 남자 하나와 아프리카인 넷이 침바에게 돌을 던져 죽이는 걸 봤다고 했으며, 브라이언 본인이 응가라로路에 있는 콘크리트 지하 배수관 안쪽에서 새끼 여우를 찾았다는 것이었다. 처음에 제인은 "아무 생각도 할 수 없었다." 브라이언이 여우를 묻어주러 나간 뒤, 순간 제인은 "공포에 휩싸였다." 그즈음 박물관 직원들은 모두 그 소식을 들었고, 주변에서 "눈물로 젖은 손수건들을 <u>많이</u> 볼 수 있었다."

그날 저녁 내내 제인과 브라이언은 그 일을 다시 떠올리지 않으려고 박물관 암실에서 사진 인화와 확대에 몰두했고, 다음날 제인은 경찰과 지역 RSPCA(영국 왕립동물학대방지협회—옮긴이)에 사육 허가를 받았고 목줄로 매어둔 애완동물이 죽임을 당했다고 신고했다. 제인과 브라이언은 랑가타의 리키 부부 집에서 말을 타고 나와 초원으로 달려갔다. 그때 제인은 "참을 수 없는 이상야릇한 기분에 사로잡혀 초초한 상태"였던 듯했다. 제인은 브라이언에게 사냥은 나쁜 짓이라며 트집을 잡았다. 급기야 둘은 서로 반대 방향으로 말을 달렸고 시간이 한참 흐른 뒤에야 마구간에서 뿌루퉁한 얼굴로 다시 만났다. 브라이언을 나이로비까지 차로 바래다주기로 미리 약속했었는데 차가 갑자기 고장 나 서버리자 제인은 차를 길에 버리고 다시 루이스의 집까지 걸어가 랜드로버를 빌려달라고 부탁했다. 한편 말다툼을 한 뒤 아직 화가 풀리지 않았던 브라이언은 나이로비까지 히치하이킹하거나 안 되면 걸어가기로 마음을 먹었다. 브라이언을 따라잡은 제인은 그에게 랜드로버에 타라고 했지만 브라이언은 싫다고 거부했다. 차를 계속 몰고 가던 제인은 눈물이 앞을 가려서 길옆에 차를 세웠다. 그러자 브라이언이 다가와 운전대를 잡았다. 한참 후 제인은 "그의 옆으로 그만 맥없이 쓰러졌으며" 이성을 잃은 채로 "못하게 해! 그들이 그런 짓을 못하게 막아! 이럴 수는 없어!"라고 소리를 지르기 시작했다. 브라이언이 제인을 친척인 빌 레그의 집으로 데리고 가서 침대에 눕혔을 때에도 제인의 몸부림은 계속됐다. 브라이언이 침바를 죽인 거라는, 또 모두 다 자기의 잘못이라는 중얼거림이 끝없이 이어졌다. 제인의 히스테리가 멈추지 않자 레그 부부는 그녀의 몸을 담요로 따뜻하게 감싼 뒤에 차에 태우고 병원에 데리고 갔다.

병원에서 제인은 주사 한 대를 맞고 청록색 알약 세 개를 받았다. "약을 뱉었어요?" 간호사가 묻자 입에 물고 있던 알약 중 하나를 꺼내 들고 "아니요, 여기 있어요"라고 대답했다.

약에 취해 몽롱한 상태로 병원에서 하룻밤을 보낸 제인은 다음날 정오쯤 브라이언과 빌의 부축을 받으며 병원을 나서서 빌의 집에서 하루 더 머물며 몸을 추슬렀다. 그러는 사이에 한동안 평화로웠던 랑가타의 리키 부부의 가정 상황이 다시 악화되었다. 어느 날 저녁에 술에 잔뜩 취한 메리가 분에 못 이겨 고함을 치기 시작했으며 한밤중에는 그만 창문 밖으로 뛰어내리려고 하는 소동을 일으킨 것이다. 그러다가 침바가 죽은 뒤 그 다음날, 랜드로버를 빌려간 제인이 병원에서 진정제 기운에 취해 침대 신세를 지게 되었던 그날, 메리는 심술궂게 차를 도난당했다고 신고해버렸다.

다행스럽게도 4월 초순 제인은 박물관 직원들의 사택으로 쓰이는 코린돈 박물관 바로 뒤에 위치한 2층짜리 건물에 방을 구할 수 있었다. 이 일명 박물관 아파트에 방을 구한 제인은 임시 거처였던 루이스의 집에서 곧장 나와 이사를 했다. 건물 1층의 오른쪽에 있었던 새 집은 공간도 넓고 안락했으며, 바닥에는 나무 마루가 깔렸고 벽은 크림색 페인트가 칠해져 있었다. 거실 겸 식당, 부엌, 넉넉한 크기의 침실 두 개, 타일이 깔린 욕실에다가 앞쪽에는 큰 베란다도 나 있었다. 아파트 뒤쪽으로 난 창문으로는 정원과 꽃이 무성하게 핀 관목 숲이 내다보였다. 원래 가구는 없었지만 박물관 동료가 탁자, 의자 두 개, 침대, 매트리스를 빌려주었다. 제인은 집을 꾸미기 시작했다. 창문 선반에는 박제한 새 두 마리를 올려두었고 마루에는 서발고양이 가죽 깔개, 벽에는 코뿔소 한 마리와 고양이과 동물 두 마리의 사진(브라이언이 찍은 것)을 끼운 액자들, 아프리카풍 가면 두 개, 북 두 개, 뿔 달린 영양 머리 두 개, 쟁반 입술을 한 우방기족 여인 목상 한 개를 걸어두었는데, 모두 박물관 창고에서 임시로 구해온 것들이었다.

바로 윗집에는 로버트 카카슨(박물관 곤충학자)과 그의 아내, 아들이 살고 있었는데, 제인은 윗집 이웃들이 아래층에서 들려오는 낯선 소리 때문에 방해를 받거나 혹은 즐거워하지 않을까 혼자 상상을 하곤 했다. 4월 중순 대니에게 보낸 편지에는 이런 구절이 있다. "오페라 한 소절을 부르다가 레비가 제 발을 무는 바람에 큰 소리로 '하지마!' 하고 여러 번이나 아주 큰 소리로 외쳤어요. 책을 읽다가 깔깔대며 웃기도 했죠. 그러다 T. S. 엘리엇과 셰익스피어의 책을 낭독하기 시작했어요, 당연히 큰 목소리로요!" 한편 카카슨 가족은 그런 호의 아닌 호의를 축음기로 튼 베토벤 4번 교향곡 선율로 되갚았다. 물론 제인의 구미에 맞을 정도로 시끄러운 소리는 아니었지만. 다시 혼자만의 공간을 갖게 된 제인은 너무 기뻤다. 또 큰 귀에 둥근 눈, 털이 복슬복슬한 꼬리를 한 레비가 마음껏 이리저리 뛰어다니며 부엌에서는 컵, 욕실에서는 유리병을 떨어뜨리거나 밥 먹을 시간에는 껑충거리며 사육 상자에서 풀려나와 사방으로 튀어 다니는 메뚜기를 잡으러 다니는 모습을 보면서 흐뭇해하기도 했다. 얼마 후 레비에게는 새 친구들이 생겼다. 랑가타로부터 가져와 거실에 둔 수조 안의 물고기들과, 박물관이 기증을 받을 것이지만 제인이 기르기로 한 크고 "정말로 아름다우며 다리가 무척 두껍고 털이 잔뜩 난" 거미였다. 키르케라는 이름이 붙여진 거미는 부엌에 놓아둔 큰 병 안에서 살았다.

이미 앞에서 이야기했듯 1958년 1월 제인은 친구 샐리 캐리에게 침팬지 연구를 위해 탕가니카 호 연안으로 3개월 동안 떠날 탐사여행 계획에 대해 써 보냈었다. 하지만 루이스가 마땅한 자격이 없는 자신의 개인 비서가 주도할 탐사여행의 경비를 지원해달라고 후원자들을 설득하는 데 어려움을 겪게 되면서 결국 탐사는 연기되고 말았다. 그러는 사이, 이색적인 유인원을 찾으러 가는 탐사대에 끼지 않겠냐는 제인의 이상한 꾐에 넘어간 것은 아니지만 어쨌거나 샐리는 아프리카로 왔다. 4월 2일 케냐캐슬호에 몸을 실은 샐리는 수에즈 운하를 거쳐 3주 후 나이로비에 도착했다. 그곳에서 작은 학교의 교사 일을 구한 샐리는 박물관 아파트에서 제인과 함께 살았다.

샐리가 도착한 4월의 마지막 주 무렵 키르케에게는 또 다른 친구들이 생겼다. 마찬가지로 큰 유리병들 안에 각각 넣어둔 커다란 거미와 몸을 축 늘어뜨리고 있다가 때때로 잔뜩 똬리를 틀어대던 초록나무뱀이었다. 하지만 5월 중순 제인은 거미들을 풀어주었고 초록나무뱀은 스스로 도망을 가 이제 제인의 동물 군단에는 레비와 물고기들만 남게 되었다. 제인이 브라이언과 해안 지대로 1주일간 휴가를 떠남에 따라 샐리가 동물들을 돌보게 되었으니 잘된 일이라 할 수 있었다.

그 무렵 계절성 강우 구름이 나이로비로 몰려와 춥고 눅눅한 날이 잦았으며 빌 레그가 제인과 조카 브라이언을 기차역으로 데려다줬던 날에는 폭우가 쏟아져 온통 물바다가 된 길을 운전해 가야 했다. 역에도 물이 들어와 주차장에는 빗물이 무릎 높이까지 차올랐으며 역 안의 음식점과 술집의 바닥에도 물이 발목 높이에서 찰랑댔다. 제인은 신발을 벗고 치마를 말아 올린 채 물을 헤치고 다니면서 역 안에서 대기 중인 승객들에게 말을 걸며 금세 친해졌다. 전등이 모두 나가고 역이 폐쇄되어 기차가 예정시각보다 무려 9시간이나 늦게 출발했지만 그녀는 그런 상황을 명랑한 태도로 받아들였다.

몸바사의 날씨가 건조하고 적당히 더웠던 터라 제인과 브라이언은 차로 번화가 주변을 한 번 돌아보기만 하고 곧장 바닷가로 내려갔다. "파도 소리를 다시 들을 수 있어서 얼마나 좋던지." 제인은 그 기쁜 마음을 편지에 담아 집으로 보냈다. "얼굴에 와 닿는 바닷바람과 몸을 적시는 포말, 그리고 다시 한 번 바다 냄새를 들이마실 수 있어서 너무나 기뻤어요. 도착한 첫날 밤은 너무너무 더웠어요. 이불을 덮고 잘 수가 없을 정도로요. 그러고 보니 이곳에서는 밤에 담요를 덮는다는 말을 들어본 적이 없네요."

둘은 휴양 도시인 말린디 인근 바닷가에서 야영을 했으며 샤워를 해야 할 때만 이따금 근처에 있는 호화 호텔(브라이언 가족의 지인이 운영하는 신밧드 호텔)에 들렀고, 대개는 파도 속으로 뛰어들거나 모래사장에 앉아 사탕이나 비스킷을 먹거나 맥주를 마시며 놀았다. 하루는 통나무 카누를 빌려 1.6킬로미터쯤 떨어진 암초까지 노를 저어 갔다. 거칠지만 비교적 평평하고 넓은 이 암초 표면에는 물이 괴인 작은 못, 웅덩이와 물길이 여기저기 나 있었다. 제인은 편지에 이렇게 썼다. "저희가 거기서 본 황홀한 것들에 대해 다 쓰려면 며칠도 모자랄 거예요. 엄청나게 큰 조개껍질, 아름다운 색깔의 물고기들, 기이하게 생긴 말미잘, 불가사리, 성게를 봤어요." 브라이언이 약 1미터 길이의 곰치를 잡았는데, 처음에는 먹어볼까 하다가 결국 그만두기로 마음먹고 다시 바다로 돌려보냈다. 또 조개껍질도 모으고 모래 속의 작은 굴에서 끊임없이 기어 나오는 게들을 지켜보기도 했다.

하지만 활력을 충전시켜준 이 해안가 휴가에서 가장 중요한 사건은 주말 즈음 몸바사로 다시 돌아갔을 때 일어났다. 목요일 밤 제인과 브라이언은 어느 외진 동네의 꼬불꼬불한 거리들을 몇 개나 거쳐 동물 판매상으로 알려진 콤보라는 이름의 아랍 상인이 있는 곳을 찾아갔다. 촛불 옆에서 카레를 먹고 있던 콤보가 꺼내온 몽구스는 제인의 눈에 "세상에서 제일 귀여운 동물"이었다. 상인은 몽구스를 탁자 위에 올려두고 어르며 계속해서 장난을 걸었다. 갈라고원숭이도 두 마리나 판매 중이었는데 레비보다는 조금 큰 종이어서 레비의 동무로는 적당치 않았다. 제인과 브라이언은 밀고 당기는 협상 끝에 20실링을 내고 몽구스를 샀으며, 이튿날 아침 "많은 구멍 사이로 쿡쿡 들이밀어대는 작은 분홍 코가 보이는 커다란 조롱박"을 배달받았다. 같은 날 아침 시내의 다른 곳을 돌아다니던 둘은 빵을 굽는 아프리카 여인들 한 무리가 작은 버빗원숭이를 팔고 있는 모습을 봤다. 원숭이가 "너무너무 귀여운 데다가 생전 처음 보는 우리를 아주 잘 따르지 뭐예요. 브라이언이 나더러 그 녀석을 꼭 사라고 부추겼어요." 원숭이도 마찬가지로 20실링을 내고 사서 몽구스를 판 상인의 이름을 따서 콤보라는 이름을 붙였다.

그날 가엾은 꼬마 콤보는 감기에 걸려 열이 펄펄 나고 기침에 콧물까지 나서 둘은 원숭이에게 아스피린과 브랜디 한 방울, 그리고 감기약을 조금 먹였다. 토요일에 브라이언과 제인은 브라이언의 부모님이 묵고 있던 호텔 방에 두 녀석을 각각 서로 다른 가구에 묶어둔 채로 잠시 맡겨두고 나갔다.

점심을 먹고 돌아온 둘은 몽구스가 목줄에서 빠져나와 원숭이의 품에 안겨 있는 모습을 발견했다. "그날부터 이 두 녀석은 떼려고 해도 뗄 수 없는 사이가 되었답니다"(가족에게 보낸 제인의 편지). 하지만 밤이 되면 콤보는 침대에서 재웠다. "이렇게 해주지 않으면 달리 콤보를 따뜻하게 해줄 방법이 있어야죠."

일요일 저녁 늦게 몽구스와 원숭이를 데리고 제인이 박물관 아파트로 돌아오자 샐리가 졸린 표정으로 잠옷 가운으로 몸을 감싼 채 나왔다. 제인의 친구는 제인이 데리고 온 새로운 애완동물들을 보고도 전혀 놀란 것 같지 않았으며, 새 식구들은 레비와 함께 다른 방에다 두었다.

몽구스에게는 킵이라는 이름을 붙였고, 한편 6월 초순경 킵, 콤보, 레비, 물고기들에게 새 친구가 생긴다. 케냐와 영국 순종의 혈통을 물려받은 6주 된 코커스패니얼 강아지였는데 동아프리카애견협회가 제인에게 준 것이었다. 강아지는 "사랑스럽고 흰색과 주황색이 섞인 몸은 동글동글, 통통하고 털이 복슬복슬"했으며 제인의 집으로 온 첫날밤에도 낑낑거리지도 않고 얌전하게 굴었다. 강아지의 이름은 브라이언이 제인에게 늘 보여주고 싶어 했던 악어가 많은 어느 케냐 강의 이름을 따 타나라고 지었다.

한편 카카슨 가족에게는 덩치가 큰 흑백 얼룩의 개 해피가 있었는데, 5월에 주인 가족이 휴가를 떠나면서 제인에게 잠시 맡겼을 때 다른 애완동물들과 2주 정도 함께 지내보더니 이후로는 아래층으로 자주 내려와 점점 늘어만 가는 제인의 동물 군단과 함께 뛰놀곤 했다.

카카슨의 옆집 플리트우드 가족도 부지라는 이름의 애완동물을 기르고 있었다. 부지는 레비(galago senegalensis)보다 몸집이 큰 종류의 갈라고원숭이(galago crassicaudatus)였다. 부지는 제인의 집에서 재미있는 일이 많이 벌어진다는 사실을 알아차렸다. 꼬맹이 레비는 몸집이 큰 부지를 무서워했지만 원숭이 콤보는 부지와 잘 지냈다. 이 단짝친구들은 서로 껴안은 채 앉아 있곤 했는데, 부지가 콤보의 얼굴을 핥아줄 때면 콤보는 "기분이 좋아 눈을 지그시 감곤 했다." 처음에는 저녁 6시 반부터 10시 사이에만 와서 놀 수 있었지만 부지는 점차 제인의 "가족의 일원으로 받아들여졌다."

얼마 뒤 제인, 브라이언, 데릭 플리트우드는 몇몇 동물들에게 집을 만들어주려고 베란다에 큰 야외 우리를 세웠다. 하지만 저녁이 되면 대부분(콤보와 물고기들은 제외)은 제인 집의 사람이 자지 않는 다른 방에 두었다. 제인, 샐리, 콤보(이 녀석은 늘 제인의 담요 속으로 파고들곤 했다)는 같은 침실을 썼으며, 물고기는 거실에 있는 자기들의 수중 공간에서 희미한 빛을 내며 천천히 헤엄을 쳤다. 주중에는 아침마다 타나를 데리고 박물관으로 출근했는데 타나는 그곳에 개집으로 삼은 상자 속에서 잠을 자거나, 주인의 얼굴을 바라보며 시간을 보내거나, 주인에 대한 사랑이 담긴 애잔한 갈색 눈망울을 한 채로 따뜻한 무릎 위에 올라가 주인의 손길을 느낄 순간만을 고대하곤 했다.

일주일에 세 번씩 샐리가 오후에 일찍 퇴근해 동물들을 돌봐줬다. 주말이 되면 동물 방을 열어놓고 환기도 시키고 청소도 할 생각으로 콤보는 긴 끈에 묶어 정원에 두었고, 목줄로 묶어두지 않은 킵과 타나는 콤보의 주위에서 놀게 했다. 제인은 처음에는 저녁때가 되면 되도록 동물들을 모두 부엌과 거실에 풀어주려고 했지만 엄청난 난장판이 되었기에 저녁조차 먹기 힘들었다. "콤보와 킵은 제 어깨에 앉아 접시에 놓인 음식들을 먹어치우고 레비는 팔을 뻗어 제 포크에 꽂힌 음식을 양손 가득 낚아채가요. 바닥에 앉아 있는 깜찍한 강아지의 애걸하는 두 눈을 보면 그쪽으로도 몇 입 안 줄 수 없다니까요." 얼마 후 애완동물의 대부분을 침실에 몰아넣고 밥을 먹이기 시작하면서 샐리와 제인은 평화롭게 저녁 식사를 즐길 수 있게 되었다. 하지만 꼬맹이 레비는 콤보가 있으면 밥을 먹으려고 들지 않아서 거실에서 먹게 했으며, 타나는 부엌에서 밥을 먹였다. 저녁 식사가 모두 끝나면 동물들도 거실과 침실로 다시 들어올 수 있었지만, 콤보의 경우에는 꽃병을 둘이나 깨뜨리고 액자 한 개를 망가뜨리는 등 말썽을 저지르며 점점 다루기가 힘들어져서 결국에는 부엌 식탁 다리에 묶이는 신세가 되고 말았다.

어느 날 타나가 없어졌다. 제인이 타나를 찾아 정신없이 정원을 헤매고 다니자 몽구스 킵도 끽끽 울며 따라다니면서 수색을 도왔다. 마침내 부엌 찬장 냄비들 사이에서 몸을 둥글게 만 채 잠이 든 타나를 발견했다. 그런가 하면 킵은 집에 남은 달걀 네 개 중 세 개를 깨서 먹어치우는 말썽을 저질렀다. 게다가 원래 타나와 함께 잘 자던 녀석이 갑자기 잠자리를 거부하더니 대신 제인의 침대 위로 올라가겠다고 고집을 부렸다. 제인과 침대를 나눠 쓰는 콤보가 질투를 했지만 제인은 너무 지쳐서 마음을 단단히 먹은 그 몽구스 녀석을 쫓아낼 기운도 없었다. 아침이 되자 킵은 또 일어나지도 않겠다고 고집을 부렸다. "결국 침대 이불을 걷어버리고 그 녀석이 눈부신 햇살을 그대로 받도록 만들어버렸어요. 요 녀석, 일어나서 몸을 한 번 핥고 기지개를 쭉 펴더니 기분이 좋았는지 난리법석을 떨더군요." 전반적으로 동물 군단을 돌보는 일은 손이 많이 갔다. "그래도 집에 동물들을 둘 수 있다니 저에게는 얼마나 낙원스러운(이게 맞는 단어인가요?) 곳일지 상상이 가세요?"(6월 둘째 주에 집으로 보낸 편지)

6월 셋째 주 무렵 가시투성이의 고슴도치 딘키가 새로운 식구가 되었다. 그 무렵 벽을 향해 뒷다리 사이로 달걀을 굴려 깨는 법을 익힌 킵은 병뚜껑, 펜, 조개껍질, 그 밖에 다른 작은 물건들을 대상으로 똑같은 기술을 연습하기 시작했는데, 이번에는 몸을 둥글게 말은 딘키를 상대로 그 기술을 써먹기 시작했다. 그러나 킵은 "몸의 부드러운 부분을 가시에 찔려서 높게 폴짝대며 물구나무 서기"를 하며 오히려 된통 당하기만 했고, 몸집이 더 컸던 딘키는 "눈꼽만큼도 신경 쓰지 않았다."

한편 로버트 카카슨의 친구네 집 샴고양이가 새끼를 많이 낳았던 덕분에 6월 말 무렵 고양이 낸키 푸가 제인의 집에 왔다. 그해 여름 제인의 동물 가족은 계속 불어나기만 했는데 샐리의 학교에서 흑백 실험쥐(유리 상자에서 길렀다) 한 마리를 데리고 왔고, 부지를 위해 암컷 갈라고원숭이도 한 마리 데리고 와서 슬로시(8월에 왔다)라는 이름을 붙여줬다. 한편 킵의 각시로는 암컷 몽구스 미시즈 킵(9월 초순에 왔다), 콤보를 위해서는 암컷 버빗원숭이 심블을 데리고 왔다. 물론 호보(브라이언의 스프링어스패니얼)와 그린고(동생 데이비드의 보더 콜리)도 정기적으로 집으로 놀러왔다.

제인의 가족이 점점 불어나는 동안, 브라이언과의 관계는 점점 삐걱거리기 시작했다. 그해 여름 브라이언의 기분은 좋았다 나빴다를 반복했고 예측하기 힘들었다. 질투의 노도와 분노의 폭풍 사이사이 따사로운 평온이 아주 잠시 반짝하고 찾아드는 식이었다. "요즘은 시간 대부분을 브라이언하고 싸우느라 다 써버리는 것 같아요." 7월 25일 집에 보낸 편지에는 이렇게 썼다. "무슨 이유인지 몰라도 브라이언 상태가 평소보다 나빠진 것 같아요. 정말 아무것도 아닌 일에 열을 받아서 화를 내요. 이제는 방에 들어서는 브라이언의 얼굴 표정만 봐도 언제 화를 벌컥 낼지 알 수 있을 정도라니까요. 3일 전에는, 벌써 이번이 <u>네번째</u>인데, 자기 물건을 몽땅 내버리더라고요. 그러더니 햇볕도 뜨거워 죽겠는데 화가 잔뜩 난 채로 자기 이불을 들고 제 아파트에서 자기 집까지 걸어가버렸어요." 결국 제인은 끝내야 할 시간이 왔다고 생각했다. 하지만 "이튿날 저녁 브라이언이 기가 팍 죽어서 들어서는 걸 보고 한 번 봐줄 수밖에 없었어요. 어제 저녁에는 우리하고 같이 밥을 먹고 사진 인화도 했는데, 그 애도 기분이 좋은 것 같더라고요. 그런데 오늘 저녁에는 또 못되게 굴었어요. 엄청나게 화를 내더니 조금 전에 일해야 한다고 차를 몰고 가버렸네요."

제인의 동물 군단은 어느 정도 자기들끼리도 잘 지낼 수 있었고, 게다가 샐리와 박물관 아파트의 동료 중 한둘이 먹이를 주고 돌봐주는 일을 도와줬던 덕분에 그해 여름 제인은 브라이언을 만날 시간을 제법 많이 낼 수 있었다. 몸바사에서 이번 주말을 보내면 다음 주말은 키낭곱에 사는 클로와 그녀의 약혼자를 만나러 갔으며, 오후에 결혼식이 있으면 거기에 참석한 뒤 저녁시간에는 내내 춤을 추면서 시간을 보내는 식이었다. 영화를 보러 시내의 자동차 극장에도 자주 갔다. 판촉행사를 많이 하는 곳이라 마음이 끌렸다. 한번은 극장으로 차를 운전해 입장하는 여자 고객은 누구나 공짜 입장을 시켜주는 행사가 있었다. 제인은 샐리와 같이 둘 다 공짜로 들어 갈 속셈으로 자신의 무릎에 샐리를 앉히고 운전 연습을 하기도 했는데 이 작전을 실행에 옮기기로 한 날 정작 샐리가 너무 피곤하다 해서 계획이 무 산되고 말았다. 다른 날에는 샐리는 머리에 진한 붉은 색 리본을 매고 품에 큰 인형을 안은 뒤 어린이 입장권을 받아 들어갔고, 제인은 다른 사람들의 눈에 띄지 않도록 브라이언과 친구 데이비드 케언스 사이의 앞좌석 바닥에 다 몸을 공처럼 둥글게 말아 쭈그리고 앉아서 영화를 봤다.

한편 제인의 차가 스티어링이 위험할 정도로 불안정해지고, 전조등과 와 이퍼가 제대로 작동하지 않고, 스위치는 접촉 불량이 되고, 부속품도 구하 기 어려워지면서 주저앉기 일보 직전이 되어버렸다. 어느 날엔가는 수리공 이 심각하게 "죄송하지만, 아가씨. 너무 구형이라 부속을 구하기 어렵겠어 요" 하고 말하는 수준이 됐다. 구형이건 아니건, 제인은 그 차를 몰고 주기 적으로 리키 부부의 집으로 가서 가즐에게 먹이를 주고, 운동과 훈련을 시 키고, 점프를 뛰게 했다. 또 딘키와 생쥐만 빼고 나머지 동물들을 차에 태 우고 랑가타로 소풍을 가 동물들에게 운동을 시켜주었다. "테디베어 피크 닉'이었죠." 샐리가 그때 일을 그리워하며 기억을 떠올렸다. "우리는 랑가 타 초원으로 소풍을 갔어요. 차에다 동물들을 모두 태우고요. 초원에 도착 해서 문을 열면 녀석들은 모두 어디론가 사라져버렸지요. 원숭이들은 나무 위로, 킵은 수풀 사이로, 개들과 고양이, 그리고 나머지 녀석들은 사방으로 흩어져 이리저리 헤매고 다녔어요. 모두들 어디론가 사라져버리곤 했답니 다. 그러면 우리는 우리들만의 소풍을 시작했어요. 집에 갈 시간이 되면 제 인이 뿔 나팔을 불었고, 그러면 녀석들이 모두 우르르 달려와 차로 뛰어들 었죠."

8월 중순에 제인과 샐리는 번갈아가며 동물들을 돌보면서 케냐 카카메 가 숲에서 표본을 채집하는 2주 일정의 코린돈 박물관 탐사를 일주일씩 나 눠서 다녀왔다. 루이스의 아들 조니 리키와 데릭 플리트우드와 함께 탐사를 떠난 제인은 그곳에서 처음으로 진정한 열대림의 삶을 맛보았으며 그로부터 2년 뒤 접하게 될 탕가니카의 곰베 강 침팬지 보호구에서의 삶을 미리 체험해보는 흥미로운 경험을 했다. 탐사대는 모두 막사에서 잤는데 습기도 없고 공간도 넉넉했지만 개미의 공격이 끊이지 않았다. 집에 보낸 편지에서 제인은 처음에는 개미들을 "별로 좋아하지 않았다"고 썼다. 하지만 음식 보관 용도로 쓴 탁자에 개미 방제를 하면서—탁자 다리를 물이 담긴 깡통에 담갔다—바닥에서만 기어 다니게 된 개미들은 "식사 후 남은 음식 부스러기를 치우는 데에는 그 어떤 빗자루보다 나은" 존재로 변신했다.

데릭 플리트우드는 제인의 생각에 별로 상냥하지도 않고, 우둔하며 상상력도 없는, "터벅터벅 부츠 소리를 시끄럽게 내고 파이프 담배나 피우는 지루한 사람"이었지만, 조니 리키는 늘 그랬듯이 사려 깊고 재치도 뛰어나며 상냥했다. 탐사 동안 조니와 제인은 대개 단둘이 탐험에 나서 바위와 썩은 나무 밑동을 뒤집으며 뱀과 벌레를 찾기에 몰두했다. 한번은 제인이 개구리를 잡느라 여념이 없는 조니를 작은 냇가에 두고 혼자 숲속으로 들어간 일이 있었다. "상상할 수 있는 것들 중 가장 이상하고 낯선 동물들의 울음소리 한가운데 서 있다는 사실을 깨달았어요. 전에도 콜로부스원숭이의 울음소리를 들어본 적이 있었지만 그건 멀리서 들어본 것이지, 이번처럼 그 원숭이들한테 실제로 둘러싸인 적은 한 번도 없었어요." 게다가 "새들이 한꺼번에 울어대기 시작했고" 제인은 순간 비이성적인 공포에 사로잡혔다. "갑자기 표범이 근처에 있는 것만 같은 소름끼치는 기분이 들었는데, 실제로 그랬던 건 아니었던 것 같아요." 그러나 공포가 사라지고 이내 그 자리는 호기심과 경외감으로 채워졌다. "살그락거리는 소리들과 낯선 소음들, 영원의 샘에서 똑똑 흘러나오는 물방울 소리가 들려왔어요. 밤이 되면 더 많은 소리를 들을 수 있었고요. 숲 귀뚜라미의 찢어지는 울음소리, 두꺼비 울음소리, 마치 노래를 부르는 듯이 청개구리가 '꾸륵, 꾸륵, 꾸륵' 하는 소리, 박쥐의 찍찍거림, 포토원숭이가 내는 기묘한 소리들."

한편 런던발 나이로비행 비행기 티켓을 살 수 있을 정도로 월급을 착실하게 모은 제인이 선물로 비행기 티켓을 보내자 밴은 9월 2일 런던을 출발해 3일에 나이로비로 왔다. 도착하자마자 밴은 "잠을 충분히 자서 상쾌하다"는 편지를 보내 본머스의 대니, 올웬, 오드리를 안심시켰다.

그동안 딸을 만나기만을 고대해왔지만 어머니로서 제인의 건강과 행복에 대한 걱정과 (4월에 집에 보낸 편지에 따르면) "브라이언 문제"로 밴의 마음은 영 편치 못했다. 밴이 도착했을 즈음 브라이언은 멀리 떠나 부재중이었으며, 본머스 가족에게 보낸 9월 10일 편지에서 밴은 다음과 같이 적었다. "도착해서 보니 아이가 안쓰러울 정도로 마르고 신경이 날카로워져 있어서 정말 충격이었답니다. 그래도 일찍 자고 조금 더 먹고, 그 남자애가 없이 그렇게 일주일 정도 지나니까 애 상태가 한결 나아지는 게 눈으로 보이더군요. 이곳 상황이 힘은 힘대로 들지, 게다가 제대로 되어가는 일도 하나 없지, 혼자 끙끙대며 걱정하느라 몸이 많이 상한 모양인데, 쉽게 해결할 수 있는 게 별로 없어 보이네요." 그런 문제에도 불구하고 밴이 보기에는 제인은 여전히 "힘이 넘쳐 나서", 늘 그랬듯 "매우 현기증 나는" 삶을 살아가고 있었다. 가령 나이로비로 떠난 쇼핑 여행은 이랬다. "말도 마세요, 눈으로 보지 않으면 믿기 힘들어요. 뒷좌석에는 샐리가 한쪽에는 커다란 스프링어스패니얼 호보, 다른 한쪽에는 몸집이 어마어마한 흑백 얼룩무늬 개 럭키와 함께 앉아 있고, 작은 스패니얼 강아지 타나(크림색과 갈색이 섞인 반질반질한 털이 매우 예쁜 개랍니다)는 바닥에 앉아 있어요. 보통 제가 앞좌석에 앉아 몽구스 킵과 미시즈 킵을 붙잡고 있어야 하는데, 어제는 원숭이 콤보까지 같이 붙들고 있어야 했어요. 몽구스 가족은 치마 속에 들어가 여행하는 걸 좋아하더군요!"

얼마 후 밴은 나이로비에서 브라이언의 절친한 친구인 데이브 케언스와 미키 오브라이언 켈리를 만났으며 두 사람 모두 "매우 다정한" 사람들임을 알게 되었다. 어느 저녁 제인의 아파트로 저녁을 먹으러 온 그 청년들이 나무랄 데 없는 예의를 갖춰 행동한 데다가 도착하자마자 "즉시 코트를 벗고 앞치마를 입은 뒤 베이컨, 소시지, 달걀로 요리를 시작"해 밴에게 좋은 인상을 남겼던 것이다. 밴은 영국 본토 남자들보다 케냐에서 태어난 남자들이 "더 성숙"하다는 생각까지 하게 되었다.

일주일 정도 더 있어야 시내로 돌아올 예정이었던 브라이언에 대해서는, 밴이 만난 사람들 모두가 그를 "매력이 넘치는 청년"이라고들 하며, "말만 하면 누구나(제인도 포함해서) 그를 따른다고 해요. 게다가 놀랍게도 겨우 스무 살밖에 되지 않았답니다"라고 적은 편지를 집에 보냈다. 그래도 밴은 편지에서 가장 중요한 사항인 "약혼은 하지 않을 듯" 이라는 말에 밑줄을 두 번이나 그어 강조했다.

9월 중순경 마침내 브라이언을 만난 밴은 이미 가지고 있었던 선입견과 우려를 대체로 확신하게 되었다. 편지에서 밴은 브라이언이 "잘생겨서 영화배우감"이지만 "제 취향은 아니네요"라고 했다. 제인은 여전히 "그에 대한 애착이 매우 강했는데" 밴은 딸의 애정이 감상적인 통속극 같은 건강하지 못한 감정적 이끌림에서 시작된 것이라고 생각했다. "언제나 **사건**이 터져요!" 밴은 더 자세한 이야기를 이어나갔다. "브라이언이 다 죽어가거나 시무룩하던가, 아니면 자살이라도 하려 들거나, 차를 팔아버린다거나, 제인을 버리려고 한다거나, 루이스의 목을 비틀어버리려고 하거나, 머나먼 곳으로 떠나버리겠다고 한다거나, 조용히 구석에서 자학을 하는 식의 행동을 일삼더군요. 어떤 때는 세상을 다 가진 양 기분이 좋을 때도 있는데 그럴 때면 주위 사람들도 편안해지더군요. 하지만 그런 날은 드물어요."

그해 가을 제인의 남자친구가 즐거움과 불안을 동시에 안겨준 것처럼 동물들도 그런 존재가 되기 시작했다. 밴이 아파트에서 동물들이 사용하던 방에 묵게 되자 원래 방 주인들을 다른 곳으로 옮겨야 했다(물론 그들 중 몇몇은 이미 야외 숙소, 즉 베란다의 철조망 우리에 정착한 지 오래였다). 밴이 도착한 후 레비와 미시즈 킵이 우왕좌왕하기 시작하더니 끝내 도망가버렸다. 제인과 샐리가 몇 시간 동안이나 이름을 부르며 찾아다녔지만 찾지 못했고 결국 "매우 근심스러운 얼굴"을 한 루이스가 아파트로 찾아와 제인에게 지역 라디오 방송국 9시 뉴스에 긴급 구조 방송을 요청해보라고 권했다. 몽구스 미시즈 킵은 다시는 돌아오지 않았으며, 갈라고원숭이 레비는 다음날 아침 "겨우겨우 발걸음을 떼며" 아파트로 돌아왔는데 밴의 말에 따르면 "반쯤 죽은 거나 마찬가지인 상태"여서 밴은 그 가엾은 동물이 건강을 회복하도록 정성껏 돌봤다.

몇 주 후 킵이 계단을 기어 올라가 2층 윗집으로 들어가서 갓난아기의 유모차로 뛰어드는 실수를 저지르고 말았다. 밴의 표현으로는 "요크셔의 여자 생선장수(fish wife, 거칠고 사나운 여성의 대명사─옮긴이)처럼 생긴" 아기 엄마가 자신의 베란다에서 제인을 향해 소리를 질렀다. 이후 킵이 유모차를 또다시 공격하는 일이 벌어지자 아기 엄마는 나이로비 공중보건국에다 민원을 제기했다. 그러자 공중보건국은 코린돈 박물관 이사회에 이 사실을 알렸으며, 이사회는 다시 루이스에게 이 사실을 알렸고, 결국 루이스가 자신이 알아보겠다는 말로 사람들을 진정시켜야 했다. 그즈음 시 검역관이 아파트를 방문했다. 밴이 가족에게 보낸 편지에 따르면 제인이 "치명적인 매력을 그 남자에게 발휘한 덕분에 더 이상 어떤 불평도 듣지 않고 지낼 수 있게 되었지만" …… 결국에는 킵이 또다시 계단을 올라가 유모차 안으로 뛰어든 사고가 발생하고 말았다. "그 생선장수 같은 여자가 내려왔는데 비쩍 마른 몸 전체에서 우리와 우리 집 동물들에 대한 미움이 활활 뿜어져 나오는 것 같더군요. 그 여자는 허리에 양손을 얹고 서서 제인에게 한 번만 더 망할 몽구스 놈이 자기네 아파트로 기어 들어오면 그놈의 목을 비틀어버리고 말겠다고 경고했어요."

그 일로 해서 킵을 집 안에 가뒀는데 이미 정원에서 온종일 땅을 파며 노는 자유를 누려본 뒤라 감금 생활을 못 견뎌 했다. 킵 자신에게도 그랬고 집을 보는 밴에게도 힘든 나날이었다. 한편 호보는 뭔가에 물려 눈이 부었고 타나는 백신 주사를 맞은 뒤 경미한 디스템퍼에 걸리는 작은 소동을 일으켰으며 그린고는 "진드기 열"에 걸리는 등 개들도 관심이 필요한 상황이었다. 그나마 다행하게도 제인의 동물들을 보살피고 돌보는 일을 공평하게 분담한 덕분에 밴은 쇼핑을 하고 소설을 쓰고 제인과 샐리, 그리고 아이들의 친구들과 시간을 보낼 수는 있을 정도로 충분한 여유를 가질 수 있었으며 루이스의 도움을 받아 광활한 아프리카 대륙의 흥미로운 지역을 조금이나마 둘러보는 시간도 가질 수 있었다.

그해 봄 밴이 아프리카로 오기 전 영국을 방문 중이던 루이스는 제인의 어머니인 밴을 만나보려고 미리 약속을 했다. 4월 1일 화요일 밴은 본머스에서 오전 기차를 타고 런던으로 와서 오후 일찍 해롯 백화점 정문 앞에서 루이스와 만났다. 둘은 루이스가 예약해둔 근처 식당에 함께 점심을 먹었다. 나중에 밴은 제인에게 보낸 편지에서 "점심식사는 훌륭했고" 점심을 먹는 동안 "루이스가 나에게 케냐와 너에 대해 그리고 자신의 일에 대한 이야기를 들려줬는데 화제는 늘 또다시 너에게로 돌아갔단다"라고 썼다. "너에 대한 이런저런 이야기를 듣고 있으려니 그곳에 하루 종일이라도 앉아 있을 수 있을 것 같았고", "그 자리에서 일어나고 싶지가 않을 정도였단다." 밴은 또 루이스가 "대화를 재미있게 이끌어 나가는 재주도 있고 개성도 강렬한 게 마음에 들더구나"라고 썼다.

그해 9월 밴이 나이로비를 방문했을 때 손님을 접대하는 우아한 주인 역할이 마음에 들었던 루이스는 밴을 위해 시골로 떠나는 짧은 여행을 몇 차례나 주선해주었다. 우선 랑가타에 있는 자신의 집으로 초대해 마구간에서 이루어진 동물 사진 촬영을 구경시켜줬고(밴과 서로 어색한 인사를 나누게 된 메리는 마구간 밖으로 우물쭈물하며 "안녕하세요" 하고 인사를 겨우 내뱉었는데 나중에도 메리가 "너무 무례하게 굴어서 루이스가 대신 사과를 했다"고 한다), 키쿠유 보호구를 거쳐 리무루로 짧은 드라이브를 시켜주기도 했으며, 화이트하이랜즈("영국 사람들이 많이 정착한 곳이라 그런지 최대한 영국식으로 꾸몄더군요. 아주 지루하게요!")에 데려가주기도 했다. 또 밴은 하루짜리 탐험여행을 떠나기도 했다. 진짜 아프리카 오지를 몇 킬로미터나 달린 뒤 도착한 동아프리카지구대의 계곡 바닥으로 내려가 메리의 숙모 토디와 지나치게 차려 입은 두 명의 "전형적인 미국인 숙녀들"과 함께 올로르게사일리에의 선사 유물 지역을 방문해 그곳의 놀라운 풍광을 구경했다 (1942년 루이스와 메리는 인근 모래사막 초원에서 엄청난 양의 거대한 돌도끼, 돌칼, 둥근 팔매돌 등의 놀라운 유물들이 땅속에 파묻혀 있는 것을 우연히 발굴했다).

10월의 어느 주말에는 빅토리아 호에서 루이스가 제인과 밴을 자신의 연구용 선박 "마이오세 레이디"에 태워주었다. 금요일 아침 브라이언과 데이비드 케언스가 두 모녀를 키수무 항구로 바래다주었으며, 거기서 배의 선장인 하산 살리무와 2등 항해사 하미시와 만났다. 세계에서 두번째로 큰 민물 호수에서 보낸 그 유쾌한 주말 여행 동안 제인과 밴은 원숭이가 많이 서식하는 무인도 롤루이 섬에서 하루 동안 탐험을 했다. 그 탐험은 밴에게는 (집에 보낸 편지에서 적었듯) "영원히 기억에 남을 꿈같은 여행"이었다. "열대의 맑은 하늘 아래 배를 타고 가고 또 가서 한참 만에 무인도에 내렸지요. 백만 마리도 넘는 것 같은 개구리의 울음소리와 하마가 물가에서 뒹굴면서 내는 팀벙팀벙 물소리에 잠을 청하고, 새벽에 눈을 뜨면 지금까지 본 것 중 가장 아름다운 하늘이 눈에 들어와요. 화요일에 집으로 돌아왔을 때는 이미 지상낙원을 본 뒤라 이젠 나이로비가 낡은 건물처럼 답답하게 느껴지더군요."

11월 5일 대니에게 보낸 편지에서는 루이스가 자신을 데리고 올두바이로 짧은 유람을 시켜줬다는 소식을 전했다. 캘리포니아 대학 버클리 캠퍼스(UC 버클리)에서 지구과학자 잭 에번든이 새로운 연대측정기술을 개발하기 위해 올두바이의 다양한 지질층에서 암석 표본을 채취하러 케냐로 왔었는데 그 젊은 미국인을 협곡까지 안내를 해줄 사람이 필요했다. 밴에게 설명했듯 루이스는 제인을 함께 데리고 가고 싶어 했지만 "데리고 가고 싶다는 그 이유 말고는 달리 이유가 없는" 상황이었다. 하지만 밴은 박물관 직원이 아니었기 때문에 특별한 이유를 댈 필요가 없었던 터라 10월 28일 화요일 오전 9시 30분 루이스와 잭 에번든, 그리고 밴은 랜드로버를 타고

"저 멀리 지평선을 뚫고 길을 떠났다." 해질 무렵 응고롱고로 분화구에 도착한 일행은 루이스가 마련한 저녁("그가 만든 음식이 늘 그렇듯 무척 맛있었어요")을 먹고 별빛 아래 야영을 했다. 차 옆에 야영용 침대들을 설치하고 밴이 가운데 자리에, 루이스와 에번든은 그 양편에 누워 잤다. "그날 밤잠을 거의 잘 수가 없었어요. 귀뚜라미들의 교향곡이 울려 퍼지는 가운데 달이 떠올라 우리 캠프를 조명이 환하게 켜진 무대처럼 비추었고 오래지 않아 새들이 또다시 노래하듯 지저귀기 시작했거든요. 우리는 모두 일어나 앉아 밤하늘 사이로 열려오는 새벽을 지켜봤답니다."

밴은 에번든이 "미국인치고 개중에 제일 괜찮은" 사람이라고 생각했으며 셋은 "사이좋게 잘 어울려 지냈다." 다음날 계란 프라이, 베이컨, 차를 들며 아침을 먹은 뒤 짐을 챙겨 세렝게티로 출발했는데, 그곳은 "예상했던 것보다 훨씬 더 낯설지만 아름다운 곳"이었다. 루이스의 랜드로버는 "마른 풀잎 사이로 아지랑이가 피어오르는 세렝게티 초원"을 가로질러 달렸으며 일행은 "가시나무 아래 낮잠을 자는 치타도 보고 물론 타조, 소영양, 기린, 그 외 여러 다른 종류의 영양들도 지나쳤다."

루이스와 에번든이 미국으로 운반할 연대측정용 암석을 파내기 시작한 올두바이 협곡은 그 자체로 밴을 "진한 우수에 젖어들게" 했다. "고요하고 세상과 동떨어진 채 모든 것이 말라붙은 그곳의 절벽을 마주하고 있노라면 숨겨진 이야기를 읽을 줄 아는 사람들만 알아들을 수 있는 오랜 세월의 이야기가 들려옵니다. 그곳에서는 나라는 존재가 한없이 작고 헛되고 유한하게만 느껴졌어요."

암석 표본 채취가 끝나자 셋은 여정의 두번째 밤을 보낼 캠프로 이동했다. 협곡 아래쪽의 바닥에 루이스는 밴을 위해 "거울, 뜨거운 물과 찬 물을 모두 구비한 개인 세면대(빈 궤짝 위에 둥근 그릇을 얹어준 것)를 마련"해주었다. 그런데 "제대로 씻을 여건은 되었지만 아무리 잘 닦아도 머리카락, 손톱, 발에 낀 아프리카의 붉은 흙을 깨끗이 씻어낼 수는 없더군요." 셋은 땔감을 주워 와서 불을 지피고, 잠자리에 들기 전 불 앞에 둘러 앉아 "근사한 저녁 식사"와 커피를 마시는 시간을 가졌다. 다음날 새벽 셋은 벼랑 옆쪽을 타고 올라가 일출을 구경했으며 돌아오는 길에 응고롱고로 분화구의 광활한 분지를 탐험하며 하루 더 보냈고 나이로비로 오기 전에 못내 아쉬워하며 마지막으로 하루 더 초원을 이리저리 헤매면서 구경했다.

그렇게 밴은 루이스 리키의 삶과 개성이 빚어낸 극적인 사건들과 즐거움에 사로잡히게 되었으며, 둘 사이에는 소중한 우정이 자라나기 시작했다. 그때만 해도 둘의 우정은 숨김없이 솔직하고 평범한 것이었다. 그렇지만 이후에 (아마도 박물관에서 우연히 메리와 마주친 날, 처음에는 루이스의 부인임을 알아보지 못하다가 계단으로 내려온 루이스가 잔뜩 얼굴을 찌푸리는 것을 보면서 그녀가 누구인지 알게 되면서) 루이스와의 우정이 결코 단순한 것이 될 수 없다는 사실을 깨닫게 되었다. 미묘한 낌새를 알아차린 뒤에 대니와 자매들에게 보낸 편지에서 밴은 이렇게 적었다. "지금껏 이렇게 많은 음모에 휘말려본 적이 없어요. 너무 많은 격앙된 감정들이 서로 충돌하고, 쉬쉬해야 하는 비밀들도 너무 많고, 알려질까 알려지지 않을까 조마조마한 일들도 너무 많아요. 말 그대로 머리가 빙빙 돌 지경이고 어떨 때는 침대만이 유일한 피난처예요!!!" 그래도 루이스가 제인을 아버지 같은 마음으로 대하겠다는 약속을 지킨 덕분에 밴과 루이스는 어쩔 수 없이 신경을 써야 할 공통분모를 적어도 하나는 가질 수밖에 없었다. 바로 밴의 어린 딸이자 루이스의 어린 피후견인의 장래였다.

둘은 브라이언 문제를 의논했고 또 제인을 탕가니카 호 기슭에서 실시할 단기 침팬지 연구 여행에 보내려는 루이스의 오랜 계획을 두고 함께 고민했다. 탐사 자금을 구하느라 분투하는 와중에 루이스는 키고마 지역의 판무관 제프리 브라우닝이 제기한 걸림돌도 해결하느라 속을 썩고 있었다. 브라우닝은 곰베 강 침팬지 보호구에 유럽 여성이 "홀로" 들어가는 것을 허락하지 않았는데, 다시 말해 적당한 유럽 출신의 동행인이 없으면 안 된다는 것이었다. "어느 날 루이스가 그 이야기를 모두 해줬을 때", 그때 밴이 보낸 편지는 이렇게 되어 있다. "제가 왜 갑자기, 예전에는 그런 생각을 해본 적도 없으면서 곰베에 가고 싶다고 이야기했는지 저 자신도 모르겠네요." 이리하여 밴은 제인이 필요로 하는 동행인이 되어주었다.

하지만 지원금을 구하려는 루이스의 노력에도 불구하고 그때까지 별다른 소득을 얻지 못했으며, 대니에게 보낸 편지처럼 "제인의 장래를 예측하기란 불가능했다." 제인의 처지에서 가장 현명한 처신은 영국으로 돌아가 몇 달 동안 쉬면서 몸을 추스르고 앞으로의 삶을 위해 준비하는 것이었다. 런던에서 일자리를 구하는 것도 한 방법이었고, 어쩌면 루이스가 도움을 줄 수도 있을 것 같았다. "요즘 루이스는 제인에게 런던에서 다닐 직장을 구해주려고 분주하게 돌아다녀요." 11월 중순 밴이 쓴 편지에는 이런 내용이 있다. "크리스마스 이후부터 이곳 아프리카로 다시 돌아오기 전 그사이비는 시간 동안 다닐 일자리를 말이죠. 루이스는 마치 마술사 같아요. '자, 일자리를 어디로 구해줄까요? 대영박물관? 동물원? 자연사박물관?' 이러더라고요."

당시 밴은 애초에 단지 3개월 정도 머물 생각으로 아프리카로 갔으며, 제인도 이미 밴과 함께 영국으로 돌아올 계획을 세웠던 참이었다. 모녀는 11월 30일 몸바사에서 출발해 수에즈 운하를 거쳐 아덴, 포트사이드, 몰타, 바르셀로나에 기착하고 12월 20일 사우샘프턴에서 하선 예정인 영국령 인도의 케냐호 배표를 예약했고, 크리스마스는 버치스에서 보낼 계획을 세웠다.

샐리는 박물관 아파트에서 몇 주 더, 1월 17일까지 머물러 있다가 그 중간에 할머니를 만나 함께 유럽을 거쳐 돌아오기로 했다. 샐리와 박물관 친구들은 제인의 동물들 중 대부분에게 새로운 가족을 찾아주기로 했는데 생쥐만은 실험용 쥐로 쓰라고 다시 학교로 돌려보냈다. 그해 12월 레비는 병이 들어 죽었고 고슴도치 딘키는 야생으로 풀어줬으며 부지와 킵은 12월 말 영국으로 비행기 편에 운반해 본머스 집으로 보내기로 했다.

밴은 대니에게 킵에 대해 미리 귀띔을 해주었다. "처음부터 킵에게 애정을 쏟아줄 수는 없으실 거예요. 어머니가 보시기에는 아마 쥐처럼 뛰어다닐 테니까요. 하지만 러스티가 쥐가 아닌 것처럼 킵도 마찬가지이고, 사실 몸집은 아주 작지만 성격이 만만치 않아서 그 누구도 무시할 수 없어요." 밴은 다음 같은 예로 설명했다.

이런 장면을 상상해보세요. 덩치가 큰 개 두 마리가 서로 뒹굴며 거칠게 놀고 있는데, 예쁜 금발 꼬마 타나가 끼어들더니, 또 거기에 뚱뚱보 샴고양이까지 끼어들면서 동물들의 몸과 다리가 엉망진창으로 뒤엉키죠. 그러면 방끄트머리에서 자기 혼자 바쁘게 놀던 킵이 그 소동을 지켜보다가 난데없이 그 속으로 뛰어들어요. 사람 발목 정도 되는 작디작은 녀석이지만 어찌나 사나운지 이내 개들이 머리를 가리며 숨어버리고 고양이는 냅다 뛰어 도망가요. 킵은 자기 앞을 방해하는 것이 있으면 자기 키만큼 껑충껑충 뛰면서 반항적으로 끽끽 울어대죠.

11월 22일 토요일 오전에 제인은 박물관 직원들에게 작별을 고했으며 저녁에는 몸을 씻고 짐정리를 했다. 이튿날 12시 30분 브라이언의 랜드로버를 타고 길을 나섰다. 마지막으로 함께 사파리 여행을 떠날 참이었다. 밴은 딸이 "배를 타고 떠나기 전에 브라이언에게 영원히 작별 인사를 할 것"이라고 믿었고, 제인과 브라이언 모두 그런 우울한 예상을 하고 있었다.

브라이언은 제인이 몇 달 후 아프리카로 돌아와도 자신의 길을 찾아 다른 지역으로 가서 새로운 위치에서 탕가니카 호 기슭의 야생 침팬지 연구 계획을 실현시키려고 애쓰리라는 것을 알고 있었다. 물론 그것은 무모한 계획이었다. 제인의 활력과 인내심, 그리고 모든 것을 쏟아부을 수 있는 결단력을 잘 아는 브라이언에게도 그 계획은 불가능해 보였다. 게다가 제인이 그에게 그 계획을 들려준 것도 불과 몇 달 전 일이었기에, 그 지역과 상황을 잘 알고 있는 브라이언으로서는 불안감을 품는 것이 당연했다. "그때 저는 제인이 그런 곳에서 일을 도와줄 아프리카인 몇 명과 함께 스스로 알아서 잘 지낼 수 있을지 의구심이 많이 들었습니다." 브라이언은 이렇게 회상했다. 제인은 '숲속의 생활'에 대해 아는 것이 거의 없었고, 스와힐리어조차도 제대로 익히지 못한 상황이었다. "키고마에서 남동쪽으로 한참 더 가야 하는 탕가니카 호 기슭의 지형에 저는 좀 익숙한 편이었습니다. 그곳에서 몇 달 동안 지내봤기 때문에 사람이 지내기는 힘든 곳이며 외부로 알려진 것도 별로 없는 오지임을 잘 알고 있었어요."

어쨌든 그 순간에 두 연인은 차보 국립공원에서 함께 마지막 사파리 여행을 할 생각으로 몸바사를 향해 동쪽으로 운전해 가고 있었다. 공원 정문으로 차가 도착한 것은 그날 저녁 6시경이었다. 겨울 우기 동안에는 비 때문에 도로가 유실되는 위험이 있다는 이유로 공원이 폐쇄되지만, 공원 관리인은 루이스 리키가 개인적으로 보낸 편지를 검토한 뒤에 "곧장 우리를 향해 자신의 두 팔을 넓게 벌렸"다. 12월 1일 제인은 샐리에게 보낸 편지에 이렇게 적었다. "그리고 공원은 우리 둘만의 것이 되었어. 당연한 일이지!" 몇몇 사냥터를 제외한다면 2만 7백여 킬로미터의 그 황야에서 볼 수 있는 사람이라고는 브라이언과 제인밖에 없었으며, 둘은 음지마 온천이라는 곳으로 차를 몰았다.

"사막처럼 마르고 거친 오지에 있는, 마치 불에 탄 듯한 관목에 둘러싸인, 찌는 듯이 뜨거운 온천이야." 제인은 이렇게 묘사했다. "놀라움에 가득 찬 우리들의 눈앞에 갑자기 야자수, 꽃, 푸른 잔디로 이루어진 울창한 녹색 수풀이 펼쳐지는 거야. 온천에 도착해서 차에서 내리는 순간 찰랑거리는 물이 빚어내는 음악소리를 듣게 되지. 겉보기엔 거칠고 메마른 바위틈에서 얼음처럼 차가운 물이 물살에 곱게 닳은 자갈 위로 졸졸 흘러나오는데 하마들에게는 황홀한 수영장이겠더라." 얼마 후 약 열댓 마리 정도의 커다란 하마 떼가 나타나 "둔하게 보이는 작고 붉은 귀를 앞뒤로 흔들면서 돼지 눈 같은 붉고 작은 눈으로 우리들을 훔쳐봤어. 그중 한 마리가 끔찍한 소리를 내질렀지. 그 암컷은 우리가 물가로 다가가자 머리를 돌려서 우리를 향해 오랫동안 악의에 찬 눈빛으로 쳐다봤어. 암컷의 옆구리 쪽에서 새끼 하마가 머리를 삐죽 내미는 걸 보니 어미가 그렇게 화를 낸 이유를 이해할 수 있었어. 새끼도 우리를 쳐다봤는데 그건 호기심이 어린 눈이었어. 정말 귀여운 새끼였어. 그러다 우리는 악마 같은 형상이 물로 미끄러지듯 들어가는 걸 봤어. 브라이언의 말로는 그곳에는 악어가 별로 없다던데, 운 좋게도 그날 내가 악어를 봤던 거야."

둘은 물에 발을 담그고 점심을 먹었다. 커다란 '**수영금지**' 표지판이 세워져 있었지만 브라이언과 제인은 하마들의 수영장 바로 위에 있는 물웅덩이에서—물론 물에 돌을 던져 악어가 없는지 먼저 확인하고—잠깐 동안 수영도 했다. 음지마는 스와힐리어로 "살아 있다"는 뜻이었는데, 브라이언의 기억으로는 확실히 그곳은 물가로 가는 길에 둘의 야영지를 거쳐 가는 "수많은 코뿔소, 코끼리, 얼룩말, 임팔라, 사슴영양 같은 동물들의 끊임없는 행렬과 하루 종일 울려오는 사자 울음소리"로 살아 움직이는 곳이었다. 브라이언과 제인은 그날 밤 야영을 하는 동안 코뿔소 때문에 세 번이나 깼는데 한번은 코뿔소들이 그들의 잠자리로부터 불과 9미터 앞까지 접근하는 일이 발생했다. 제인은 안전을 위해 랜드로버 쪽으로 뛰어갔으며 그 뒤로 브라이언도 따라왔다. 제인은 그 일을 두고 이렇게 썼다. "쿵쿵거리는 엄청나게 큰 발소리에 깨어나는 그 긴장감을 제대로 묘사할 수 있을까. 마치 땅이 흔들리는 것 같았어. 달빛을 받아 마치 유령처럼 보이는 그 어마어마한 몸집의 짐승들을 그렇게 가까이서 보다니. 놀라운 장면이었어." 통조림 배로 아침을 때운 뒤 둘은 엄청난 규모의 개코원숭이 떼가 물가로 내려가는 모습을 구경했다. "늙은 원숭이가 무릎에 손을 얹고 앉아 우리를 지켜보며 무엇을 하는지 보려고 기다리고 있었어. 마치 가부좌를 튼 나이 많은 부처 같더라고."

차보를 떠난 둘은 해안 지역으로 이동했고, 말린디 해변에서 파도에 뛰어들어 수영을 하면서 하루 이틀 정도 쉰 뒤, 마침내 몸바사를 향해 차를 몰았다. "지금까지 내 인생에서 **가장** 즐거운 한 주였어." 12월 1일 샐리에게 보낸 편지에 제인은 휴가에 대해 한마디로 이렇게 요약했다. 브라이언에 대해서는 "지난 주 내내 너무 근사한 모습을 보여줘서 나는 다시 그와 사랑에 빠져버렸어. 물론 그렇게 될지 알고 있었지만"이라고 썼다.

토요일이 되자 몸바사행 기차를 타고 온 밴이 짐을 들고 도착했고, 일요일에 브라이언과 그의 어머니, 친구들이 케냐호까지 제인 모녀를 배웅해주었다. 마지막으로 서로 포옹하고 키스를 나누며 인사를 했다. 밴드 음악이 울려 퍼지는 가운데 닻이 끌어올려지고 풀린 밧줄이 던져진 다음 다시 배 위로 끌려 올려가는 사이 다채로운 색깔의 긴 종이테이프가 뿌려지고 바람에 휘날렸다. 눈물로 범벅이 된 제인과 밴은 대양의 따뜻한 바람을 맞으며 뒤로 멀어져가는 아프리카를 향해 열렬히 손을 흔들었다. 아프리카는 이제 1년 동안, 아니 어쩌면 영원히 안녕이었다.

12
런던 간주곡

1959~1960

다시 영국으로, 런던으로 돌아온 제인은 행복감을 만끽하며 곧장 세인트제임스 공원으로 가서 오리를 구경했으며, 템스 강의 강둑길을 따라 산책하면서 첼시의 화가들 옆을 기웃거리며 그림도 구경했다. "다시 '집'으로 돌아왔다는 실감을 하며 세계 최고의 도시"(나이로비에 있는 친구에게 보낸 편지에 제인은 이렇게 썼다)를 활보하는 일은 신나기 그지없었다. 본머스로 돌아왔을 때에도 버치스가 "예전 그대로 변함이 없어서 내가 멀리 떠나 있었던 것조차도 믿기지 않을 정도"였다.

그해 크리스마스는 케냐의 크리스마스와는 사뭇 다르게 "진탕 술을 마시지 않아도!" 흥겨운 축제였다. 술의 힘을 빌리지는 않았지만 대신 버치스는 온 가족과 집으로 방문한 지인 두 사람이 만들어내는 음악소리로 명절 분위기에 흠뻑 취해 있었다. 주디는 피아노와 클라리넷을 번갈아 연주했고, 한 친구는 플룻을, 다른 친구는 바이올린을, 그리고 올리는 고운 목소리로 노래를 불렀다. 제인 역시 빠지지 않고 이리저리 가족들 사이를 돌아다니며 "누구라도 듣는 이에게는 호소하듯, 하지만 꼭 한 사람을 향한 것은 아닌" 채로 자신이 가장 좋아하는 셰익스피어 구절을 읊었다. 크리스마스가 되기 얼마 전 녹음기를 구입해두었던 에릭 삼촌이 이 오후의 음악 낭송회를 몰래 녹음해 나중에 틀어주었다.

새해 전날 제인은 런던으로 돌아가 친구와 함께 피카딜리 주변을 돌아다니다가 중국 음식을 사 먹었으며, 다음날 아침 7시 15분 공항 검역소에서 킵과 부지를 찾아 본머스로 데리고 갔다. 가족이 기르던 고양이 피가로는 낯선 새 식구들의 도착에 어리둥절했지만 몽구스 킵과 갈라고원숭이 부지는 전혀 거리낌 없이 자기 집인 양 굴었다. 킵은 맹렬한 속도로 단 몇 분 만에 집과 정원을 탐색했고, 부지는 주방 복도에 자기 영역을 정한 뒤 그곳에서 "낯가림도 없이 아무나 보면 뛰어올라 친한 척하며 품에 안겨서는 꼭 끌어안고 정답게 뽀뽀를 퍼부었다." 한편 제인은 지독한 감기에 걸렸던 터라 불이 활활 타오르는 거실 석탄난로 앞의 마룻바닥에 옴짝달싹도 않고 앉아 있었다. 손은 얼고 다리는 불에 익어버릴 것 같았지만 거기 있으면 다른 방에서 주디가 치는 베토벤 곡의 피아노 선율을 들을 수 있었고, 올리가 코끼리에 대한 책을 얼굴 위에 펼쳐 엎은 채 의자에 기대 잠이 든 모습도 흐뭇한 기분으로 바라볼 수 있었다.

1959년 1월 5일 월요일, 제인은 다시 기차를 타고 런던으로 향했으며 그곳에서 새로운 거처를 정한 뒤 자신의 새 일을 준비했다. 켄싱턴 파크 가든스의 '더 로지' 19호는 사실 아버지의 아파트였지만 모티머가 자신의 예측이 불가능한 일정에 따라 대중없이 들렀던 데다가, 적어도 딸 둘은 데리고 살아도 될 정도로 공간도 넓었다. 런던 길드홀 음악원 학생이었던 주디는 이미 그곳에서 살고 있었으며, 곧이어 제인도 함께 지내게 되었다. 밤이 되면 길 건너 커다란 회색 교회에서 흘러나오는 시계 종소리를 들으며 잠에 들 수 있었고, 창밖으로는 나무 너머로 멀리 홀랜드 공원까지 펼쳐진 멋진 풍광과 아파트 바로 아래, 빙 둘러진 쇠 울타리와 닫힌 문으로 출입을 막은 정원들의 풍경이 눈에 들어왔다.

아파트로부터 일터인 런던 동물원까지는 도보로 45분 거리였다. 출근 첫날 제인은 일찍 도착해서 가벼운 마음으로 동물원 안을 돌아다니며 무스, 엘크, 공작, 독수리를 구경했다. 본머스의 밴에게 보낸 편지에서 제인은 동물원에서 자신이 최근에 아프리카에서 직접 봤던 하늘을 "당당하고 자유롭게" 날아다니는 "운이 좋은 사촌들과는 달리 털이 젖어 매우 지저분해" 보이는 물수리와 "아프리카 땅 위로 날아오르는 모습을 흔히 볼 수 있었던" 달마수리를 구경했다고 적었다. 그날 오후에는 온종일 아직 낯설지만 한편으로는 익숙하기도 한, 새로운 세계에서 들려오는 "세렝게티 초원에서 들었던 굶주린 사자의 낯익은 으르렁거림"에 귀를 기울였다. "사슴의 '그르륵'거리는 울음소리, 새들의 호기심 어린 삑삑거림과 울음소리. 조금 있으면 아마 하이에나들이 내는 웃음 같은 짖는 소리도 들려올 텐데, 그럼 그곳이 그리워 정말 미칠지도 몰라요!"

제인은 조류 우리 옆의 크고 오래된 건물 안에서 일했는데, 그곳은 원래 수의사실이 있던 곳이었다. 수의사가 현대식 건물로 옮겨 간 뒤로는 자료실 겸 런던 동물학회 산하 그라나다 텔레비전 영화제작부의 제작 스튜디오로 사용되고 있었다. 1950년대 중반에 설립된 그라나다 텔레비전 영화제작부는 심도 깊은 학술용 동물 행동 영상물과 런던 동물원에 사는 동물들을 등장시킨 일반 대중용 주간 텔레비전 프로그램을 제작했다. 동물원이 제작한 그 30분짜리 생방송 프로그램 〈동물원 시간〉은 매주 일요일에 방영되었는데, 이 프로그램의 제작과 진행을 맡은 데스몬드 모리스(영국의 동물학자이며 『털 없는 원숭이』의 저자—옮긴이)는 전도유망하고 텔레비전 화면도 잘 받는 젊은 동물학자로 한때 옥스퍼드 대학에서 조류의 구애와 과시행동을 연구했으나 1956년 동물원 측의 설득으로 옥스퍼드 연구직을 떠나 텔레비전 영화제작부를 맡게 되었다. 그의 아내 라모나도 〈동물원 시간〉 프로그램의 자료 조사원이 되었다.

데스몬드는 동물 행동을 담은 심도 깊은 영상물 제작을 보장해준다는 약속에 혹해서 런던으로 왔지만 막상 와보니 자신은 출연하는 방송인에 불과했으며, 프로그램은 성공을 거두었지만 매주 방송을 해야 한다는 부담이

만만치 않았다. 이렇게 예상치 못했던 방향으로 상황이 변하자 데스몬드는 불만을 품었고 그만두겠다는 으름장을 놓았다. 그러자 동물원 당국은 데스몬드에게 포유동물원장을 맡기며 그에게 전권을 위임한 연구부서와 박사과정 학생들을 배정해주고 그라나다 텔레비전 영화제작부 조직도 확대해주었다. 새로운 상영관과 함께 편집, 촬영 담당 인력을 확충한 텔레비전 영화제작부는 드디어 본연의 업무 중 학술용 심화 영상물 쪽을 본격적으로 다루기 시작했으며 한편 〈동물원 시간〉 방송도 계속되었다. 여전히 〈동물원 시간〉의 제작자 겸 진행자를 맡고 있었던 데스몬드는 제인이 그라나다에서 일을 시작할 무렵인 1959년 1월에는 포유동물원장으로 취임해서 새 건물의 새 사무실로 옮겨갔다. 아내 라모나는 텔레비전 영화제작부에 남아 이전과 마찬가지로 〈동물원 시간〉 제작에 사용될 기초 조사 업무를 담당했는데 아울러 동물 행동을 촬영한 흑백영상 자료실도 관리했다.

텔레비전 영화제작부의 영상자료 사서직을 맡고 있었던 라모나는 제인을 보조자로 고용해서 주로 영상 화면의 목록을 작성하는 단조로운 일을 맡겼다. 영상자료실의 필름통 속 내용물을 모두 확인하고 동물의 종류, 행동에 따라 영상을 분류하는 일이었다. 라모나는 그해 1월 초에 있었던 제인의 예비 면접을 지금도 기억한다. 그때 제인은 밴의 모피 코트를 입고 있었다고 한다. 포유동물원장이 된 이후로는 그라나다 제작부 건물로 올 기회가 별로 없었던 데스몬드도 12월 18일 텔레비전 스튜디오에서 열린 '1959년 직원 크리스마스 파티'에서 제인과 춤을 췄던 일을 지금도 생생하게 기억한다. 최근 데스몬드를 만났을 때 그는 나에게 이런 말을 들려주었다. "당시에 제인의 잠재력을 알아보지 못했다는 사실은 저와 라모나 모두에게 언제나 조금은 부끄러운 일이죠. 사실 텔레비전 제작부의 어느 누구도 예상하지 못했죠. 그때는 우리 중 누구도 그녀가 나중에 그런 굉장한 성공을 거둔 사람이 되리라고는 미처 생각하지 못했어요. 제인은 그저 매력적이고 아름다운 금발의 젊은 아가씨였고 영상자료실에서 영상화면 목록 작성 같은 지루한 일을 하고 있을 뿐이었죠. 유인원에 대한 자신의 열정을 딱히 겉으로 드러내지도 않았습니다. 그녀가 아프리카 같은 곳을 가본 경험이 있다는 사실은 우리도 알고 있었지만, 제인은 '저의 꿈은……' 이런 말을 해본 적이 없었습니다. '침팬지 연구의 위대한 선구자가 되고 싶어요' 같은 말도 물론 없었죠. 단 한 번도요. 오로지 맡은 일만 했을 뿐이었습니다."

아마도 제인은 주로, 출근할 때 애완동물로 몽구스와 갈라고원숭이를 데리고 온 것으로 기억에 많이 남았을 것이다. 그해 봄 제작부 사무실에는 부지를 위해 크고 근사한 우리를 마련했으며, 부지는 곧이어 영화에도 잠시 출연하게 되었다. 10월 무렵 킵도 연예계 활동에 나서 동물의 놀이 행동을 주제로 한 영화에서 비중 있는 역할로 출연했다.

그즈음 제인은 친구 버나드 버드코트와 이따금씩 연락을 주고받고 있었다. 버나드는 1958년 여름 동안 코린돈 박물관과 연계해 식물표본집을 작성하는 일의 감독을 맡아 나이로비로 온 식물학자였다. 1959년의 어느 날 큐왕립식물원에서 연구를 진행하러 런던으로 온 버나드는 가끔 제인을 찾아오곤 했으며 그녀에게 사무실에 두라며 작은 식물 화분 몇 개를 안겨주기도 했다. 11월에 다시 케냐로 돌아갔을 때는 제인에게 부지에게 짝을 맺어주라며 항공화물로 수컷 갈라고원숭이를 보내주었다. 제인은 그 수컷에게 비숍이라는 이름을 붙여주고 (버나드에게 보낸 편지에 따르면) 여행용 '집'에 가둔 채 제작부 사무실로 데려가 부지와 첫 만남을 주선해주었다. 부지는 "부끄럽지도 않은지 앞으로 달려들더니 비숍의 집 안으로 뛰어들어 그르렁거리며 비숍을 놀라게 했어. 분명히 비숍은 부지를 뻔뻔한 말괄량이로 여길 거야."

비숍과 부지 커플은 만남과 헤어짐이 반복되는 관계를 이어갔다. 첫날 말괄량이 부지는 수줍음을 타는 비숍의 몸 전체를 핥아주려고 했다("겁에 질렸지만 뽀뽀를 받는 건 좋아하더군"). 하지만 며칠 못 가 심하게 싸우기 시작했고 둘이 서로를 죽이기라도 할까 봐 무서워진 제인은 낯선 장소에서 둘의 우리를 붙여놓고 함께 지내게 하는 방법을 시도했다. 그러나 결국 12월에 제인은 부지를 옥스퍼드의 지인에게 보살펴달라고 보내야만 했다.

그곳에서 부지는 3개월 동안 새끼 쥐를 받아먹고 지내며 (버나드에게 보낸 1월 21자 편지에 따르면) "완전히 버릇이 나빠져"버렸다. 부지는 2월 중순에 그라나다로 다시 돌아와 영장류의 손을 주제로 다룬 텔레비전 프로그램에 잠시 출연했다. 그날 늦게 제인은 다시 한 번 부지를 데리고 비숍에게 갔다. 둘을 우리에서 꺼내주면서 제인은 싸움이 일어날 거라고 예상했다. 하지만 그러기는커녕, 부지와 비숍은 서로 핥아주기 시작했다. 그것도 각자의 우리로 다시 들여보내기 전까지 내내. 제인은 참을성 있게 그런 식으로 점점 접촉을 늘려보기로 했다. 그러곤 4일 동안 오후 늦은 시각에 2시간 정도 만나는 시간을 갖게 하고 밤에는 각자의 우리로 되돌려 보내는 일을 되풀이했다. 닷새째 되던 날, 별 탈 없기만을 기원하며 이번에는 둘을 밤새 같은 우리에 넣어두고 아침에 확인했는데 마침내 둘이 친해진 모습을 볼 수 있었다. 그렇게 이틀 밤을 보낸 뒤 부지와 비숍은 짝짓기를 시작했다.

제인은 몽구스와 갈라고원숭이들 이외에도 탱고라는 이름의 잉꼬를 일터에 데려다 두었다. 이 작고 영리한 호주산 잉꼬—몸의 털은 녹색이 섞인 노란색이었고 뺨의 털과 꼬리 깃털은 푸른색이었다—는 하루 종일 우리 밖에서 지냈는데, 제인이 타자를 칠 때면 그녀의 머리 위로 깡충 뛰어 오르거나 그녀의 움직이는 손가락들을 따라 부리로 쪼아대곤 했다.

제인은 점심시간에 동물원을 이리저리 돌아다니기를 좋아했다. 하지만 버나드에게 보낸 편지에서 썼듯이, "어떤 동물들은 우리에 갇힌 모습을 차마 지켜보기가 안타까울 정도였는데, 특히 아프리카산 동물들이 그랬다." 제인은 그해 여름 그녀에게 장미를 바친 정원사와 동물 사육사들과 친구가 되었다. 사육사들 중 한 사람이 허락해준 덕분에 우리 안에서 "최고의 남자친구"인 오랑우탄 알렉스와 시간을 보낸 적도 있었다. "오랑우탄들은 정말로 사랑스러워. 야생에서 관찰하는 것이 어렵지만 않았어도 나는 그들의 습관을 연구하고 싶어 했을 거야. 매력적인 동물이야. 뭐 어쨌든 어릴 때까지만 그렇지만." 비숍에게 줄 먹이를 모을 때면 조류 우리로 가곤 했는데, 이따금씩 그곳의 수석 사육사의 허락을 받아 동물원의 거대한 코뿔새 호라시오에게 포도와 거저리(딱정벌레목의 거저리과의 곤충—옮긴이)의 유충을 먹이로 던져주었다. 호라시오는 길들여진 새여서 모이를 주는 사람이 마음에 들면 그 호의에 보답하려고 애쓰곤 했다. 그런 면에서 유충보다는 포도가 훨씬 더 큰 재미를 얻어낼 수 있는 모이였다.

한편 케냐의 루이스 리키는 침팬지 프로젝트를 도와줄 후원 단체를 찾지 못하게 되자 기존 자금원에게서 지원을 구하는 것을 단념하고 미국인 친구 레이턴 윌키에게 지원을 요청한다. 전형적인 미국인과는 거리가 멀었던 윌키는 상상력이 풍부하면서도 실리적인 사람이었는데, 1933년 금속 절삭 띠톱을 개발하고 절삭기구 제조 및 유통업체인 두올이란 회사를 세워 큰돈을 벌어들였다. 사업가로서 활동하던 무렵 윌키는 이동식 도구 전시관 '도구로 본 문명'을 기획한 적도 있었으며, 1951년에는 두 남동생과 함께 자선 단체인 윌키브라더스 재단Wilkie Brothers Foundation을 세웠다. 1955년에 설비가 잘 구비된 대형 트레일러하우스를 타고 남아프리카를 여행하던 윌키는 북로데시아(현 잠비아) 리빙스턴에서 7월에 열린 제3차 범아프리카 선사학 대회에 비전문 참관인으로 참석했다. 당시 회의에 참석했던 70여 명의 아프리카 지역 과학자들은 대부분 선사시대 유물을 통해 인류의 선사문화를 이해하는 데 헌신적인 노력을 바친 사람들이었는데, 다른 여러 회의 참석자들과 마찬가지로 윌키는 특히 두 건의 발표를 듣고 큰 감명을 받았다.
　첫번째는 남아프리카 비트바테르스란트 대학의 레이몬드 A. 다트(남아프리카 공화국 출신 자연 인류학자이자 고생물학자. 최초의 화석 인류를 발견—옮긴이)가 발표한 논문이었다. 30년 전 다트는 채석한 석회암 덩어리에서 흥미로운 생명체의 화석화된 두뇌 주형, 두개골, 안면부 뼈 조각을 발견하였다. 치아 감별 결과, 약 6세 정도 된 것이었는데 인간과 유인원의 특징이 놀라우리만큼 절묘하게 뒤섞여 있었다. 이 화석은 장차 인간의 직립 자세, 인간 같은 얼굴과 이빨, 유인원 크기의 뇌를 가진 집단이 오래전에 전 세계적으로 널리 분포되어 있었음을 확인해줄, 그야말로 홍수같이 쏟아져 나올 화석들 중 최초의 것이었다. 이 최초의 화석이 남아프리카에서 발견되었기에 다트는 자신이 발견한 초기 호미니드에게 '오스트랄로피테쿠스 *Australopithecus*' 즉 '남방의 유인원'이라는 이름을 붙였다. 리빙스턴에서 발표한 1955년 논문에서 다트는 오스트랄로피테쿠스가 뼈와 이빨과 뿔을 사용한 연모공작 문화를 가지고 있었다는 증거를 제시했다. 오스트랄로피테쿠스 화석 사이의 석회암에서 발견된 포유동물의 화석화된 뼈 조각 수십만 개를 분석한 결과를 설명하고 이들 인류의 조상들이 무기, 즉 전쟁 도구로 포유동물의 뼈를 사용했다고 주장했다. 다트는 오스트랄로피테쿠스가 다른 포유동물의 뼈를 사용함으로써 "적절한 약탈 도구와 지식"을 갖추게 되었는데, 이로써 해부, 생리에 대한 구체적인 경험적 지식의 토대를 쌓았다며, "이것이 언어적 인간이 궁극적으로 획득해야 하는 그 무언가에 대한 근본적인 배움의 기회를 열어주었던 계기라는 것이 저의 의견"이라고 주장했다. 간단히 말해, 유인원같이 생긴 우리의 조상들은 뼈를 살상 도구로 사용하게 되면서 점차 인간의 모습을 갖춰가기 시작했다는 것이다.

1955년 범아프리카 선사학 대회 의장을 맡았던 루이스 리키도 또 하나의 기억에 남을 만한 발표를 했다. 몇몇 회의 참석자의 요청에 따라 루이스는 갓 죽은 동물의 가죽을 석기로 벗기고 살과 뼈를 발라내는 작업을 실연하기로 했다. 표본을 제공하기 위해 인근 지역에 거주했던 회의 참석자가 밤에 사냥을 나가 작은 영양을 총으로 쏘아 잡아서 자기 집의 부엌에 가져다 둔 뒤 잠자리에 들었다. 다음날 아침, 자기 집의 요리사가 이미 영양의 가죽을 벗기고 고기를 요리하기 시작한 것을 알게 된 이 참석자는 다시 한번 영양을 사냥해서 그날 밤 로데스 리빙스턴 박물관 사무실에 가져다 두고 박물관 경비원이 지키도록 했다. 다음날 아침 영양을 바깥으로 끌어내어 박물관 마당으로 옮겼다. 나무 그늘 아래에서 루이스는 죽은 영양의 옆에 무릎을 꿇은 채 밤새 마당 분수에 두었던 덕에 수분을 잔뜩 흡수해 부드러워진 부싯돌 몇 개를 이용해 작업을 시작했다. 우선 부싯돌 두 개의 가장자리를 갈아내고서 자신이 올두바이에서 발견한 도끼 종류의 모습을 본 따

거친 손도끼를 만들고 죽은 영양의 몸통에서 가죽을 분리해내기 시작했다. 작업이 점점 힘들어지자 루이스는 잠시 중단한 뒤 두번째 도구, 날카롭고 정교해 마무리 작업을 하기 좋은 돌칼을 만들었다. 마침내 날카로운 외날 칼 제작을 솜씨 좋게 완료하고 루이스는 가죽을 벗겨둔 영양을 요리할 수 있는 크기로 작게 칼로 토막을 내었다. 루이스가 막 일을 끝내려는 순간 옆에 서 있던 구경꾼들 중 한 사람이 "한 입 드셔보시죠?"라고 외쳤다. 루이스는 주저하지 않고 다리를 집어 들고 물어뜯었다. 소니아 콜이 쓴 루이스 리키의 전기에 따르면 그날 이 모습을 지켜보던 사람들은 "필요한 도구를 만들어 동물을 토막 내는 것을 얼마나 빨리 해낼 수 있는지"를 눈으로 확인시켜주는 그 광경을 보고 "경탄"했다고 한다.

이렇듯 아프리카 고생물학의 창시자 중 한 명인 레이몬드 다트의 발표를 듣고 너무나 감명을 받은 레이틴 윌키가 학술대회 이후 윌키 재단을 통해 남아프리카에서 활동 중인 과학자들의 연구비용을 대기 시작했다. 루이스에게도 1955년 천 달러짜리 수표를 보내 연구자금을 대기 시작했으며 1957년에는 올두바이 발굴 작업 지원을 위해 다시 천 달러를 지원했다. 윌키의 지원은 계속되어 1958년과 1959년에 각기 천 달러를 지원했다.

1959년 2월 12일 윌키 재단으로부터 그해 지원금의 지급 통보를 받은 루이스는 윌키에게 감사 편지를 쓰면서 또다시 추가 자금을 요청했다. 그 돈이 들어오면 9월에 시작하기로 예정된 탕가니카의 침팬지 프로젝트 자금을 댈 수 있을 것이었다. 감사 편지에 동봉된 제안서에 제인은 "연구 직원" 두 사람 가운데 한 사람으로 거론되었으며 비서로 일했던 경력이나 과학 분야 경력이 전무하다는 사실은 당연히 언급하지 않았다. 윌키에게 보낸 제안서는 이랬다. 제인 모리스 구달 양이 "케냐에서 리키 박사와 함께 일한 직원"이며 "현재 런던에서 추가 연수 중입니다. 야생동물에게 가까이 접근하는 데 뛰어난 능력을 보였으며 야생 환경의 악조건에서도 무리 없이 지낼 수 있습니다." 또한 제인이 빅토리아 호의 한 섬에서 버빗원숭이에 대한 단기간의 연구를 진행하게 될 것이라는 점을 언급했다. 루이스는 버빗원숭이 연구에 250파운드, 4개월간의 침팬지 연구 프로젝트에는 겨우 800파운드가 들 것이라는 예산을 제시했고, 여기에는 연구 직원들의 생활비가 모두 포함되어 있으며 그들의 임금은 제외되었다고 밝혔다.

2월 18일 레이턴 윌키로부터 곧장 뜨거운 호응이 담긴 편지가 도착했는데 거기에는 "매우 흥미로운" 침팬지 연구 프로젝트 자금으로 3천 달러를 재단이 보낼 준비가 되어 있다고 적혀 있었다. 윌키는 루이스의 계획에 매우 열성적인 반응을 보이며 침팬지 연구용으로 대형 지프차 한 대와 주문 제작된 대형차를 빌려주겠다는 제안까지 했다. 그 "신형 광폭 타이어" 지프차는 캡오버 형(주로 트럭에서 사용하는 구조로 엔진이 운전실 내에 위치—옮긴이)으로 "공간이 넉넉한 접이식 침대 두 개와 여닫을 수 있는 캔버스 천으로 된 덮개"가 있었다. 또한 2천5백 와트 규모의 발전기가 내장되어 있어 전기 오븐과 전기 프라이팬으로 요리를 할 수 있고, 내장된 수조의 물을 끓일 수도 있으며, 또한 차 양 끝의 강력 권양기(밧줄, 쇠사슬로 무거운 물건을 들어 올리거나 내리는 기계—옮긴이)를 작동시킬 때 쓸 전기 공급이 가능했다. 곰베 강 침팬지 보호구가 지형이 거친 오지에 위치해 있다는 사실을 알고 있었던 윌키는 그 지프차가 "거친 땅 위를 달릴 때 필요한 최신 설비를 모두 갖추고 있다"며 루이스에게 효용성을 납득시키고자 했다.

두번째 운송 수단인 대형차의 경우 매우 험준한 지형을 지나갈 때는 지프차의 도움이 필요할지 모르지만 일단 침팬지 보호구로 들어가면 연구자들에게 훌륭한 시설이 될 것이라고 했다. 야생동물을 놀라게 하는 일을 피하도록 대형차는 완벽하게 코끼리 모양의 위장을 할 예정이었다. 고무로 처리가 된 회색 외피로 싸고 영화나 텔레비전 방송국에 동물 모형을 공급하는 어느 할리우드의 회사가 제작한 실물 크기의 가짜 코끼리 머리를 앞에다 설치하는 것이다. 윌키는 계속해서 그렇게 대형차를 충분히 위장시킨다면 "심지어 코끼리도 속여 넘길 수 있을 것"이라고 확신한다며, 분명 사진사가 야생 개코원숭이와 침팬지에게 접근해 사진을 찍을 수 있도록 해줄 것이라고 말했다. 윌키는 "코끼리는 동아프리카 거의 어디에서나 발견할 수 있고, 또 인간 이외에는 천적이 없으므로 우리 계획이 잘 실행될 수 있을 것이라는 느낌이 듭니다"라는 말로 편지를 맺었다.

루이스는 광폭 타이어 지프차와 코끼리 위장을 한 대형차는 거절했지만 지원금은 받아들였다.

그러나 곧 루이스의 학문 인생에 있어 중대한 발견을 하게 되면서 그 희소식은 뒷전으로 밀려났다. 1959년 7월 17일 리키 부부는 매년 하던 올두바이 발굴 작업을 시작하면서 처음으로 협곡 지층 I의 가장 낮은 층을 파보기로 결정했었다. 발굴 작업이 시작되던 날 하필 루이스가 독감에 걸려 앓아누워버리는 바람에 메리는 혼자 달마시안 두 마리를 데리고 협곡으로 가 지층 I의 노출된 곳 근처를 이리저리 돌아다녔다. 중앙과 측면 협곡이 서로 만나는 지점에서 최근에 온 비로 인해 표면으로 드러난 부분을 별 생각 없이 바라보던 그녀의 시선은 곧 땅 표면에 불쑥 튀어나온 화석 뼈 조각에 고정되었다.

"두개골의 일부로 보였다." 메리는 자서전 『과거를 밝히며 Disclosing the Past』에서 이렇게 서술했다. "유양돌기(귀 뒤에 만져지는 볼룩한 뼈)가 달려 있었다. 사람의 얼굴을 하고 있었는데 뼈가 무척 두꺼워 보였다. 확실히 너무 두꺼웠다. 뼈 주위의 흙을 솔로 조심스럽게 털어내고 나니 위턱 공간에 자리 잡은 두 개의 커다란 이빨 일부가 보였다. '호미니드'였다. 그것은 호미니드의 두개골이었고, '원래 위치'에 있었으며 그 주위에 두개골 조각이 아주 많이 있었다. 나는 캠프로 달려가 루이스에게 그 이야기를 했으며, 남편은 침대에서 뛰쳐나와 나와 함께 현장으로 달려가서 내가 발견한 것을 함께 관찰했다."

당시 랑가타 리키 부부의 옆집에는 우연히 야생생물 및 자연사 영화촬영 팀으로 활동하며 성공을 거두고 있었던 아르망 데니스와 미카엘라 데니스 부부가 살고 있었다. 그해 여름 리키 부부는 데니스 부부의 촬영기사 데 바틀레가 발굴 작업을 일부 촬영할 수 있도록 허락했다. 아내와 어린 딸과 함께 오기로 된 데바틀레가 도착하려면 이틀 정도 더 걸릴 예정이었던 터라 루이스와 메리는 반쯤 땅 위로 드러난 뼈 조각을 우선은 육안으로만 조사하고 그 주위에 조심스럽게 돌무더기를 쌓아 보존하는 것에 일단 만족하기로 했다. 데바틀레가 도착해서 카메라를 설치하고 나자 발굴은 본격적으로 진행되었고, 그해 여름 8월 6일까지의 올두바이 현장 발굴 기간 동안리키 부부는 최초로 발견된 뼈 조각 주위를 메운 상당량의 흙을 천천히 발굴 절차에 따라 제거하고 체로 거르고 물로 씻어내는 데 집중했다. 그 결과400여 개의 뼈 조각을 발굴해냈는데 메리가 이것들을 하나하나 공들여 접착제로 붙여서 크게 세 조각으로 복원한 뒤 이 조각들을 끼워 맞춰서 얼굴형상 하나를 만들었다. 평생 잊을 수 없는 얼굴이었다. 한눈에 봐도 유인원과 사람의 얼굴처럼 보였고 위턱뼈에 달린 커다란 어금니가 눈에 띄었다.

  메리의 책에 따르면 처음에 루이스는 그 뼈를 보고 이미 철저하게 발굴조사된 오스트랄로피테쿠스속屬에 해당하는 표본을 찾은 것뿐이라고 여기고서 "조금 실망"했다고 한다. 당시 이미 레이몬드 다트가 동료 필립 토비아스, 그리고 다른 몇몇 동료들과 함께 오스트랄로피테쿠스와 파란트로푸스 두 계열의 속으로 분류되는 오스트랄로피테쿠스아과亞科의 300여 개가넘는 개체로부터 화석 표본들을 채집한 상태였다. 리키 부부가 이미 알려진 오스트랄로피테쿠스속의 화석 표본을 갖고 있다면 그것도 흥미로운 일이기는 하겠지만 루이스가 기대했던 대단한 발견은 아닌 것이다. 물론 리키 부부의 발견 자체도 놀라운 것이었다. 뼈의 상당 부분이 양호한 상태로발견되었으며, 발굴을 계속하면서 같은 해골에서 나온 다리뼈(경골)를 찾아냈고, 다수의 석기, 고대 영양류, 조류, 양서류, 돼지, 파충류, 설치류의 뼈도 다량 발견했다. 큰 동물들의 뼈는 사방에 흩어져 있었지만 호미니드의 두개골 조각들은 모두 너비 30센티미터, 길이 30센티미터, 깊이 15센티미터의 흙 한 덩어리 속에 파묻혀 있었다. 주변의 점토가 팽창하고 수축하면서 그 지점의 두개골이 조각난 것으로 보였으며, 석기와 다른 뼈들이 흩어져 있던 것은 두개골의 주인이 그 도구의 제작자이자 사용자이고 동물을 사냥해서 손질해 먹었음을 강력하게 시사했다.

하지만 나중에 기존의 두 개의 오스트랄로피테쿠스속 호미니드 표본과 자신이 발견한 두개골을 가지고 광범위한 비교 조사를 마친 다음에 루이스는 자신들이 제3의 속으로 분류할 수 있는 개체의 유물을 발견한 것이라는 결론을 내렸으며 이것을 "지금까지 발견된 것 중 가장 오래된 석기 제작자"라고 불렀다. 새로운 속의 이름은 동아프리카의 고대 아랍 이름과 그리스어로 '인간'이라는 뜻의 단어를 합쳐서 지었다. 종 분류 명칭으로는 당시 자신을 꾸준히 도와준 재정후원자 중 한 명인 찰스 보이스의 성을 라틴어식으로 고쳐 사용했다. 그래서 1959년 7월의 이 위대한 발굴물을 진잔트로푸스 보이세이Zinjanthropus boisei라고 명명했다.

루이스는 '진지Zinj'를 전 세계에 널리 알리기 위해서 발 빠르게 움직였다. 그리하여 8월 15일자 「네이처」에 실을 계획으로 짧은 기고문을 작성해 보냈지만 런던에서 인쇄업자들이 파업을 벌이는 바람에 이 기사의 게재는 9월로 미뤄졌다. 8월 후반에는 두개골 화석의 주요 세 조각이 담긴 나무 상자를 들고 메리와 함께 비행기에 올랐다. 상자를 메리의 무릎에 올려둔 채로 벨기에령 콩고(현 콩고민주공화국)에 있는 레오폴드빌까지 여행한 부부는 8월 22일에 열린 제4차 범아프리카 선사학 대회의 개회 발표를 진행했다. 진지 두개골이 새로운 속의 호미니드로 분류된다는 리키 박사의 주장에 학회장에서는 두개골을 보려는 사람들로 한바탕 소동이 벌어지긴 했지만 회의에 참석한 대표자들 중에는 진지하게 의문을 제기하는 사람들도 많았다. 그렇지만 저명인사인 레이몬드 A. 다트가 그 발견에 대해 대단히 기쁘다고 언명했고, 특히 리키 부부가 이뤄낸 발견이라 더더욱 기쁘다는 발언까지 했다. 다트의 젊은 동료 필립 토비아스도 진지를 보고 매료당했는데 루이스는 동업자적인 관대함이라는 영리한 처세술을 발휘해서 토비아스에게 연구 및 분석 보고서 작성을 맡기고 싶다는 제안을 했다. 메리의 책에 따르면 그는 "놀라움과 기쁨"을 금치 못하며 그 제안을 수락했다고 한다(나중에 토비아스는 매우 자세히 분석한 보고서에서 안타깝게도 이 화석이 이미 널리 알려진 2개 속으로 분류할 수 있는 표본이라는 결론을 내렸다. 하지만 새로운 종인 것은 사실인 점을 감안해 토비아스가 두개골의 이름을 오스트랄로피테쿠스 보이세이로 변경하였고 루이스도 결국 이를 받아들였다).

한편 리키 부부는 그 두개골을 '디어 보이Dear Boy'라고 부르고 있었는데, 범아프리카 학술대회 동안에 이 두개골의 엄청나게 큰 어금니 때문에 마치 어린아이의 나무 장난감인 호두까기 인형처럼 보인다고 생각했던 토비아스가 이후 대중적으로 널리 알려지게 된 '호두까기 사람Nutcracker Man'이라는 새 이름을 지어주었다. 덕분에 두개골의 이름과 분류를 둘러싸고 다소 난해하며 학술적인 토론을 벌이며 학자들이 즐거워하는 동안 대중들에게 이 화석은 단순히 '호두까기 사람'이라고 알려졌다.

진지 또는 디어 보이 또는 호두까기 사람의 발견은 널리 홍보되었으며 (아르망, 미카엘라 데니스 부부의 〈사파리에서〉 시리즈에 삽입된 데바틀레가 찍은 화석 발굴 장면과 뼈를 짜 맞추는 과정의 영상이 BBC에 방영된 덕분이었다), 이 일은 리키 부부를 유명 과학인사의 반열에 올려놓는 발판이 되었다. 루이스는 이미 11월 24일부터 28일까지 시카고 대학에서 개최될 다윈의 『종의 기원』 출간 100주년 기념행사에 특별 연사로서 49명의 국제적인 저명 과학자들과 함께 초대를 받은 상태였다. 시카고 대학에서 루이스의 첫 미국 방문길에 사용할 비행기 표를 보내주자, 그는 이 공짜 여행의 기회를 이용해서 영국에 잠시 들르기로 했으며 디어 보이도 박스에 넣어가기로 결정했다. 런던에 온 루이스는 영국과학아카데미를 가득 채운 열광적인 청중들 앞에서 이 놀라운 물건을 마치 연극을 하듯 선보였다. 가죽끈으로 묶은 나무상자를 품에 안은 채 방으로 걸어 들어가 바닥에 내려놓고서 상자의 끈을 풀어 두개골 조각이 담긴 세 개의 비닐봉지를 꺼내 벗기고 조각들을 맞췄다. 그리고 나서 낡은 수조에서 떼어내 만든 유리판 상자 안에 두개골을 넣고는 마침내 입을 열어 청중들에게 (참석한 신문기자의 표현으로는) "미스터 호두까기 사람"에 대한 이야기를 시작했다. 그 강연회에는 제인, 주디, 밴도 참석했으며, 강연이 끝난 뒤에 이제는 저명인사가 된 루이스와 저녁식사를 함께 했다. "이렇게 즐거운 식사는 정말 오래간만이었어. 박사님의 기분이 아주 좋아 보였어"(11월 7일 버나드에게 보낸 편지).

그 행복한 순간은 루이스가 윌키로부터 받기로 한 지원금이 마침내 승인을 받았다는 소식이 전해지면서 계속 이어졌다. 제인은 버나드에게 "침팬지 프로젝트가 내년 6월로 확정"되었다는 소식을 알렸다.

한편 미국으로 떠나면서 루이스는 귀중한 화석들과 상자는 안전하게 따로 자물쇠를 채워 런던에서 보관시킨 뒤에 원 화석의 석고 모형만 들고 갔으며, 그곳에서도 역시 압도당할 정도의 열광적인 호응을 얻었다. 그는 시카고 대학에서 '사람속屬의 기원'이라는 제목의 강연을 하던 중 기회를 빌려서 자신의 발견에 대해 소개하면서 청중 모두에게 다윈 역시도 아프리카의 유인원이 인류와 가장 가까운 친척들일지도 모르며 아프리카가 "인간 진화의 증거를 찾기에 가장 가능성이 높은 대륙"이라고 이야기했음을 상기시켰다. 시카고 다음은 솔트레이크였으며 그곳의 유타 대학에서 두 차례 강연을 했다. 지역 신문들은 모르몬교도들에게 강연회에 참석해도 좋지만 "절대 믿어서는 안 된다"는 논조의 기사를 냈다. 그럼에도 불구하고 많은 사람들이 강연의 내용을 믿게 되었는지, 그 이후로도 10년간 이 저명한 고생물학자 선생은 유타 대학으로 수차례 초청을 받아 강연을 하러 왔으며 1971년에는 명예학위까지 받았다.

이번 강연여행 동안 루이스는 17개 대학 및 과학기관에서 총 66차례의 강연을 했는데 가장 큰 성공을 거둔 곳은 워싱턴 D.C.의 내셔널지오그래픽협회 본부였으며, 그곳에서 그는 회장인 멜빌 벨 그로스브너를 만나게 된다. 1959년 여름 메리와 함께 진지 발굴을 끝낸 뒤 루이스는 내셔널지오그래픽협회에 편지를 보내서 협회가 발행하는 고급 과학 잡지로 인기가 높았던 「내셔널지오그래픽」에 자신의 발굴에 대한 글을 싣고 싶다고 제안한 적이 있었다. 당시 협회는 그 제안을 거절했지만, 아르망 데니스가 힘쓴 덕분에 이번에는 그로스브너와 만날 수 있게 되었던 것이다.

달변에 설득력이 있는 루이스의 모습으로부터 좋은 인상을 받은 그로스브너는 11월 9일 내셔널지오그래픽협회의 연구탐사위원회 참석 명단에다 그의 이름을 올려줬다. 회의록에 따르면 "위원회가 리키 박사에게 2만 200달러의 지원금을 지급 승인"했다. 그 대가로 협회는 진지 발굴기의 미국 내 독점 출판권과 자체 기자 및 사진작가를 발굴팀에 합류시킬 권한을 얻게 되었다.

그때까지만 해도 리키 부부의 연구 자금은 주기적이기는 했지만 비교적 적은 액수에 그쳤던 여러 자금원에서 나왔다. 꾸준하지도, 넉넉하지도 못한 재정 탓에 루이스 부부는 개인적으로 거래하던 은행에서 늘 자신들의 계좌 한도를 초과해서 돈을 빌렸으며, 그런 부족한 재정 때문에 올두바이 발굴을 좀더 큰 과학 연구 사업으로 확대시킬 여력이 없었다. 그런 의미에서 내셔널지오그래픽협회의 이번 지원금은 리키 부부와 협회 간의 장기적인 관계의 시작을 알리는 신호탄이었으며 리키 가족이 재정난에 시달리면서도 자존심만 세울 수밖에 없었던 처지로부터 벗어나는 데 큰 보탬이 되었다. 이제 충분한 인력의 보조 연구원들과 일꾼들을 쓸 수 있게 된 리키 부부는 다음 해 올두바이에서 지난 30년간 투자했던 총 시간과 노동력의 두 배인 9만 2천 인시(person-hour, 사람 한 명이 한 시간에 처리하는 작업량—옮긴이)를 단 한 계절 동안 사용할 수 있었다. 루이스가 「내셔널지오그래픽」에 최초로 기고한 1960년 9월호 기사 "세상의 첫 인간을 찾아서"는 리키 부부의 대중적인 흡인력을 확실히 증명한 계기였으며, 특히 루이스가 스타로 발돋움하게 되는 계기가 되었다.

1959년 12월 중순 루이스는 미국을 떠나 케냐로 돌아갔다. 가는 길에 루이스는 다시 런던에 잠시 들렀다. 12월 19일 버나드에게 보낸 제인의 편지에는 "지난 며칠간 루이스 박사님을 만났어. 박사님은 나와 어머니를 저녁식사와 극장에 데리고 갔지"라고 적혀 있다. 그때 루이스는 제인에게 탕가니카로 떠나는 침팬지 탐사가 확실히 결정된 일임을 확인해주었다고 한다. "나의 '침팬지 탐험'이 완전히 확정되었어. 솔직히 버나드, 진지하게 생각해

보면 두렵기만 해. 일이 힘들 것 같아서 그러는 건 아니고, 책임감이 무겁게 느껴져서 그래. 박사님이 미국에서 있었던 영장류 연구회의에서 사람들에게 자기가 그 일에 관해서는 더 나은 사람을 찾지 못할 만큼 최적인 사람을 찾아두었다고 얘기했대. 나더러 자기 평판이 걸린 일이라는 말을 하더라니까."

앞서 이야기했듯, 루이스는 이미 몇 달 전인 3월에 침팬지 프로젝트 지원금을 받은 바 있었다. 하지만 지금, 제인에게 확답을 해줬음에도 불구하고, 그는 속으로 치명적인 배신을 준비하고 있었던 것 같다. 미국에 있는 동안 루이스는 신시내티 대학의 학생과장이자 지질학 교수인 조지 바버가 마련한 저녁식사에 참석했었다. 친절하고 인정이 많은 사람이었던 바버는 캐서린 호지어라는 젊은 여성을 그 자리에 초대했다. 호지어의 회상으로는 바버가 전화를 걸어와 "내 친구인 루이스 리키가 저녁식사에 우리와 함께 할 것"이며 리키 박사가 그녀에게 일자리를 알선해줄 수도 있을 거라고 말했다고 한다.

호지어는 금세 루이스가 마음에 들었다. 그가 "매우 친절하며 나무랄 데 없는 신사"로 보였기 때문이었다. 이후 신시내티 대학에서 열린 루이스의 강연회에 참석한 호지어는 그만 압도당하고 말았다. 그의 탁월함뿐만 아니라 인내력과 겸손함, "강연 후에도 남아서 질문을 받으려고 하는 놀라운 성의"에 큰 감명을 받았다. "어린아이가 질문을 하면 대답을 해주려고 연단에서 내려올 정도였지요."

당시 캐서린 호지어가 아프리카로 가고 싶어 하며 인류학 관련 일을 구하고 있다는 사실을 알게 된 루이스는 신시내티 강연이 끝날 무렵에 그녀에게 자신의 다음 행선지인 시카고 대학에서 만나자고 청했다. 시카고 대학의 강연에 온 호지어는 이후 루이스의 호텔 방에서 그를 만났다. 둘은 침대 위에 앉아 아프리카에 대해 이야기를 나눴다. 오래전에 루이스는 간단한 묘기들, 즉 쉬운 마술과 실뜨기를 익혀둔 적이 있었는데 그 묘기들은 아프리카는 물론 다른 어느 곳에서나 새로운 사람들을 만날 때면 늘 요긴하게 써먹을 수 있었다. 그날도 그 자리에서 루이스는 실을 꺼내 실뜨기를 하며 이야기를 트기 시작했다. 그러면서 호수 근처의 머나먼 오지에 사는 침팬지들에 대한 이야기를 끄집어냈고, 자연 환경 속에서 살아가는 유인원을 연구하러 누군가를 보내고 싶다는 소망에 대해서도 말했다. 몇 년 전에도 연구를 하러 남자 연구원을 보냈지만 그 불쌍한 친구는 그곳에서 버티는 힘과 인내력을 갖추지 못했다고도 말했다. 그래서 이번에는 여성이 참을성이 더 많으니까 여자를 보낼 생각이라고 했다. 흥미로운 연구이지만 오지인 데다가 사람이 접근하기 쉽지 않은 장소에서 수행해야 하는 힘겨운 작업이 될 것이 분명하므로 맹장수술도 감수해야 할 것이다. 당신은 그 정도를 각오할 수 있는가?

끊임없이 움직이는 손으로 모양을 바꿔가며 실뜨기를 하던 루이스는 코린돈 박물관의 젊은 비서에 대해서도 이야기했다. 그가 한 말을 호지어는 다음과 같이 떠올렸다. "내 사무실에 그 일을 하고 싶어서 안달이 난 여자애가 있지요. 하지만 학력 조건이 맞지 않아요."

루이스는 계속 이야기를 이어나갔다. 호지어에게는 아프리카인이 아닌 누군가가 동행자로 필요할 것이다. 그게 아주 중요한 사항은 아니지만, 불행하게도 고지식한 식민지 판무관이 요구하는 조건 가운데 하나다. 더 중요한 것은 늘 곁에 지원 인력으로 아프리카인이 따라다니게 되므로 연구지가 오지이긴 하지만 안전하게 지낼 수 있으며 야생 침팬지들을 연구하는 동안 그 사람이 당신을 잘 돌봐줄 것이다. 이 일은 어디서도 할 수 없는, 극한의 고난을 각오해야 되는 일이다.

이렇게 이야기를 하던 루이스는 말을 잠시 멈추고 뜨고 있던 실을 "제가 방금 했던 대로 해보세요"라는 말과 함께 호지어에게 건네주었다. 그것은 전형적인 L. S. B. 리키 관찰력 테스트였으며, 호지어는 루이스가 만든 모양의 순서를 그대로 되풀이해냈다. 그러자 루이스는 "잘 해낼 수 있겠군요. 아프리카에 가서 유인원 연구를 해보실 생각 없으세요?" 하고 물었다.

결국 루이스는 제인에게 오랫동안 약속했던 바로 그 일을 호지어에게 제의한 것이다. 그 제의가 매우 진지한 것이었던지 이후 몇 달 동안 루이스는 런던의 제인에게는 비밀에 부친 채로 캐서린 호지어와 이 문제를 두고 지속적으로 연락을 주고받았다. 호지어에게 들려준 루이스의 설명은 명확하고 합리적이었다. 그녀에게는 인류학 학사라는 학력이 있었다. 물론 루이스는 학위라는 공허한 뜬구름 잡기에 대해서 인습타파주의자가 느끼는 본능적인 경멸감을 가지고 있었으며, 장기간 진행되는 현장연구의 성패를 가르는 근본적인 자질은 열정과 성격임을 너무나도 잘 알고 있었다. 무엇보다도 그 일에는 남이 가르쳐줄 수 없는 끈기와 고립감, 단조로움, 위험을 견뎌낼 수 있는 강한 인내심이 필요할 것이다. 제인은 이미 그런 면에서 적합한 후보임을 스스로 입증했다. 그녀는 그 일을 할 수 있을 것이다. 하지만 아무도 결과에 관심을 가져주지 않는다면 그 일에 무슨 의미가 있을까? 이 프로젝트를 수행하러 누가 가든 그 사람은 루이스를 대신하는 것이고, 그 일은 단순히 유인원들을 찾는 것이 아니라 그들을 관찰하고 그들에 대해 무언가를 배우는 것이다. 또 자신이 한 일의 가치를 설명하며 다른 사람들, 누구보다도 과학자들을 납득시킬 수 있어야 한다. 그런데 그 어리고 예쁘고 열정에 넘치며 동물을 사랑하는, 지금은 런던에 사는 그의 예전 비서가 탕가니카 숲에서 관찰한 것을 과학계 전반이 인정할 만한 결과로 빚어내는 일을 어떻게 할 수 있단 말인가?

한편 제인 본인도 비밀을 감추고 있었다. 사실 배신이라고 할 정도는 아니었지만 루이스가 안다면 기분이 썩 좋지는 않으리라는 점을 제인은 잘 알고 있었다.

그 비밀의 이름은 로버트 영이었으며 제인은 그를 얼스코트 올드브램튼로路 265번지에 있는 커피숍 트루바두르에서 만났다. 트루바두르는 머리 위로는 천장 들보가 그대로 드러나 있고, 벽에는 골동품 장식이 걸려 있는 크고 오래된 가게였다. 한 층 아래 공간에는 시인들이 시를 읊고 음악가들이 연주를 할 수 있는 작은 무대가 설치되어 있었으며 바닥에는 기댈 수 있는 쿠션들이 널려져 있었다. 1959년 가을의 어느 날 트루바두르 공연장에서 열린 플라멩코 기타 연주회에 우연히 제인과 로버트—그녀는 이내 그를 '밥'이라고 불렀다—가 한자리에 있게 되었다. 스물여섯 살의 고전적인 미남형 배우였던 로버트는 "사람들로 꽉 찬 방의 건너편에 있는 그녀를 봤다"고 회상했다. 그는 방을 가로질러서 그녀와 이야기를 나누었는데 "한 순간에 호감"을 느꼈다고 한다. 로버트는 제인이 "엄청나게 재미있고 매력적인 여성"이라고 생각했다. 그녀는 야심만만했다. 그녀에게는 계획과, 목표와 자신이 하고픈 일은 무엇이든 할 용기가 있었으며, 로버트의 생각에 그녀의 그런 모든 태도는 "시대를 앞선" 것이었다.

서로가 서로에게 이끌렸다. 어느 월요일 저녁에, 아마도 1월 말이나 2월 초순에 있었던 일인 듯한데, 로버트가 제인의 아파트로 찾아갔다. 그때 제인과 주디, 크리스라는 이름의 친구가 함께 부엌에서 저녁을 준비하고 있었는데 로버트가 응접실에 있었던 모티머에게 옛날 방식으로 "댁의 따님과 결혼해도 되겠습니까?" 하고 물었다. 모티머는 멍하게 그를 바라보다가 물었다. "어느 애하고 말인가?"

로버트는 적당히 분위기를 맞추며 즐거운 시간을 보냈다. 그 일이 있은 직후 집에 보낸 편지에서 제인은 둘의 대화에 대해 언급하며 그때 모티머가 "극도로 흥분해서" 아버지라면 응당 물어볼 법한 사항들을 모두 따져 물었다고 썼다. 모티머는 로버트의 직업이 무엇인지, 가족을 어떻게 부양할 계획인지를 알고 싶어 했다. 로버트는 자신이 배우라고 대답했다. 모티머는 생활을 꾸려 나가기에는 "앞날이 불확실한" 생계수단이라 생각한다고 말했다. 그러자 로버트는 카레이싱 역시 앞날이 불확실한 종류의 일 아니냐고 대답했다. 레이싱은 단순히 취미일 뿐이라고 모티머가 반박하자, 이번에는 죽음으로 이어질 수도 있는 취미는 더 나쁘지 않으냐고 대꾸했다. 응접실로 들어선 제인, 주디, 크리스는 두 남자가 "진지하고 유쾌한 대화"에 몰두해 있는 모습을 발견했다.

제인은 그 일이 있은 뒤 곧 밴에게 전화를 걸어 "무슨 일이 있었는지 아세요? 엄마 딸이 약혼을 했어요" 하고 말했다고 기억한다. 한편 대니의 일기에는 로버트가 본머스를 방문해서 다른 가족들을 만났을 때의 일이 다음과 같이 적혀 있다. "우리 모두 로버트가 매력적이라고 생각했다. 제인과 로버트는 서로 아주 잘 어울리는 한 쌍인 것 같지만 앞으로 어떻게 될지는 잘 모르겠다. 너무 신경을 곤두세우지는 않을 생각이다. 그 아이들이 행복한 것, 그 이외에 중요한 것은 없으니까." 일기에 담긴 그런 자신 없는 어조는 당시 가족 사이의 전반적인 분위기를 암시한다. 로버트는 처음 밴을 만났을 때 그녀의 점잖기만 한 절제된 태도 뒤에 감춰진 은근한 장벽을 느꼈던 일을 기억하고 있었다. 그의 말에 따르면 "현관문을 들어섰을 때 보니 그다지 기뻐하는 기색이 아니었다."

아마도 가족들은 로버트 영이 선택한 직업의 안정성이나 현실성에 대해 의구심을 품고 있었던 것 같다. 게다가 배우로서의 그의 장래가 아프리카에서의 침팬지 연구라는 제인의 계획과 어떻게 어우러질 수 있을까 하는 걱정도 앞섰다. 로버트가 제인의 동물을 향한 관심과 야심에 끌린 것은 사실이지만 본인 스스로 말했듯 "며칠 동안이나 사랑하는 여자가 침팬지들과 함께 지내는 모습을 보며 텐트에 앉아 있을 그런 남자는 아니었다." 하지만 그때만 해도 그 어느 누구도 제인이 앞으로 모든 일생을 아프리카에서 침팬지 연구에 바치리라고는 상상도 하지 못했으며, 다만 가족들 사이에서 의논했던 계획은 제인이 아프리카로 가서 연구를 한 뒤 영국이나 유럽으로 되돌아와 일자리를 구하지 않겠냐는 것, 아무튼 어느 나라에서든 동물원에 취직을 하지 않겠냐는 것이었다.

1960년 3월 3일 버나드에게 보낸 편지에는 당시 제인의 심경이 담겨 있다. 그녀는 자신과 로버트가 "모든 면에서 정말로 잘 맞고 서로의 관심사도 대부분 일치했지만" 그럼에도 불구하고 "둘의 직업이 이보다 더 극과 극일 수 없어. 믿겨지지 않겠지만 그이는 배우야'라고 적었다. 편지는 계속 이어졌다. "물론 그는 내가 떠나기 전에 결혼을 하자고 하지만 나는 그러지 않을 거야. 우선 내가 아프리카 없이도 살 수 있는지 확인해야 되거든. 로버트는 나를 위해 기꺼이 아프리카로 함께 가서 내가 원하는 한 오래오래 현장연구를 같이 하겠다고는 하는데, 그렇게 하는 게 맞는 일인지 모르겠어. 로버트도 이 연구가 3년이나 걸릴지라도 반드시 완결되어야 한다는 건 알고 있어."

그렇게 그해 봄 새로운 사랑과 약혼 문제는 복잡해지고 있었다. 하지만 그 순간에도 제인은 본격적으로 침팬지 연구를 위한 준비를 하고 있었다. 다시 1959년 10월로 되돌아가보자. 그때 제인은 우연히 왕립자유병원에서 근무하는 비교해부학자이며 유인원에 관심이 지대했던 존 네이피어를 만났다. 루이스가 한두 번 이름을 언급한 것을 들었던 터라 이미 그의 명성을 익히 잘 알고 있었던 제인이 네이피어가 그라나다 텔레비전 영화제작부에서 당시 제작 중이었던 영상물을 보러 방문했을 때에 알아본 것이다. 그래서 제인은 네이피어에게 말을 건넸고, 네이피어는 제인의 침팬지 연구계획에 관심을 보였다. 그리곤 제인에게 두서너 달간의 개인교습을 통해 영장류 동물학을 가르쳐주겠다고 했다고 한다. (버나드에게 보낸 편지에 따르면) "특별히 나에게 맞춰서 가르쳐주겠다고 했어. 벌써 나에게 책도 많이 줬고. 내 앞에 놓인 일에 대한 생각에 큰 변화를 가져다줬어."

1960년 3월 말 제인은 그라나다 텔레비전 영화제작부를 그만둔 뒤 영장류 연구에 대한 개인교습을 시작하기 전에 몇 주 동안 쉬러 집으로 돌아왔다. 그 기간 동안 제인은 네이피어가 건넨 책과 논문들을 탐독하며 앞으로 자신이 어떤 내용을 배우게 될지를 예습할 겸 기존의 영장류 선행 연구 결과에 대해 집중적으로 공부했다.

20세기 초에 아프리카에 간 경험이 있는 사람들은 극히 소수였는데, 그 중 가장 두드러지는 사람으로는 죽은 고릴라 몇 마리를 수집하러 떠나는 표본 채집 탐사대에 대원으로 참여했던 미국 자연사박물관의 칼 에이클리, 하버드 대학의 해롤드 쿨리지 같은 사람들이 있었다. 포획한 영장류의 행동과 심리를 탐구하는 초기 연구를 진행한 사람도 몇몇 있기는 했다.

1912년 볼프강 쾰러는 프로이센 과학아카데미가 카나리아 섬의 테네리페에 세운 영장류연구소에서 침팬지들 사이의 창의적인 문제 해결 과정을 실험하며 그 결과를 기록으로 남긴 바 있었다. 틀림없이 통찰력이 엿보이는 순간들과 그때그때 달라지는 도구 응용, 즉 멀리 걸려 있는 바나나를 가져오려고 쓸모 있는 도구를 만들거나 사다리 대용물을 사용하는 모습을 관찰해서 기록으로 남겼던 것이다. 같은 시기에 예일 대학의 로버트 여키스는 새끼 침팬지로 보이는 동물 두 마리(한 마리는 사실 피그미침팬지, 즉 보노보였던 듯하다)를 구해 기르기 시작했다. 1916년 「사이언스」에 보낸 기고문에서 여키스는 유인원과 원숭이류, 다시 말해 '인간 아래 단계의 생명체'를 '인간 복지에 중대한 기여'를 하도록 활용하자고 제안하며, 그들이 '과학의 종복'이 될 수 있도록 전 세계의 온난한 지역에서 영장류 교배 및 연구를 진행할 연구소를 세우고 국제적인 공조 체제를 구축하자는 미래상을 제시했다. 그는 또한 1930년 플로리다 오렌지 파크에다가 예일 영장류생물학실험실을 건립했으며, 이곳에서 인간 심리의 생물학적 측면을 연구하기 위한 수단으로 유인원을 이용한 행동실험을 진행했다.

로버트 여키스는 유인원이 인간과 유사한 많은 감정들에 좌우되고 이성적이고 상징적인 생각도 처리할 능력이 있을 것이라고 믿었다. 실제로 "침팬지와 다른 유인원들이 말을 하지 못할 명백한 이유가 없다"는 글을 쓰기도 했다. 오렌지 파크 연구소는 그 명제를 시험하기 위해 '구아'라는 이름의 새끼 침팬지를 심리학자 윈스럽 켈로그와 아내 루엘라의 집으로 보냈으며, 부부는 몇 개월 동안 자신들의 갓난아기인 도널드와 함께 구아를 길렀다. 하지만 도널드는 말문이 트이기 시작한 반면 구아는 그때까지도 여전히 말을 하지 못했다. 그럼에도 켈로그 부부는 새끼 침팬지가 약 100여 단어의 의미를 이해하고 있다고 믿었다. 이후 그 실험은 결국 조기에 종결되었는데 소문에 따르면 아이가 침팬지 소리를 흉내 내기 시작했기 때문이었다고 한다.

야생 유인원의 자연에서의 행동을 조사할 결심을 단단히 세웠던지 여키스는 1929년 여름에는 해롤드 C. 빙햄이라는 이름의 젊은 예일 대학의 심리학자를 동부 벨기에령 콩고의 앨버트 국립공원(현 비룽가 국립공원—옮긴이)으로 보내 마운틴고릴라들을 연구시켰다. 빙햄과 아내 루실, 일을 도와줄 아프리카인들—한때 짐꾼의 수만 40여 명이나 되었다—은 현장에서 약 두 달간 생활하며 고릴라의 흔적을 추적하고 그들의 거처도 조사했다. 빙햄 부부는 이따금 고릴라들을 직접 눈으로 보긴 했지만 그들의 관찰은 매우 제한적이었을 뿐만 아니라 관찰 대상에 대한 관찰자 본인의 공포감이라는 편견까지 섞여 있었다. 그 공포감이 특히 심했던 어느 날 흥분한 수컷 고릴라가 위협을 하자 두려움에 빠진 해롤드 빙햄이 그 고릴라를 사살한 일도 있었다.

빙햄의 탐사 이후 여키스는 또 다른 예일 심리학자 헨리 W. 니슨을 1930년 프랑스령 기니아(현 기니아)의 어느 관목 숲으로 보내 9주간 침팬지들을 좇도록 했다. 니슨은 아프리카인 조수 3명, 짐꾼 및 안내인 6명을 고용한 뒤 그의 표현에 따르면 "1인 탐사" 형태로 야생 유인원들을 찾아 나섰다. 자연 상태의 유인원 관찰 분야에서 참고할 만한 좋은 기존 연구 자료가 없었던 탓에 연구를 어떻게 진행해야 할지 몰랐던 니슨은 자신이 생각할 수 있는 방법을 총 동원했다. 말하자면 그는 시행착오를 거듭하며 작업을 진행해나갔고, 나중에 그는 이 방식을 "시간을 두고 갈고 닦은, 자연을 모방한 작업"에 기반을 두고 "점진적으로" 쌓아온 "방법과 테크닉들"이라며 그럴 듯하게 설명했다.

그렇게 시간을 두고 갈고 닦은 방식들 가운데 하나인 잠복관찰지에 숨어 있는 방법은 "눈치가 빠른" 침팬지들이 "덤불 속의 인공적인 이상 물체"에 예민하게 반응하기만 해 별 소용이 없었다. 또 "미끼"(즉 "같은 장소에 오랜 시간 동안 침팬지가 좋아하는 먹이를 두는 것")를 사용해볼 생각도 했지만 한정된 연구 기간 때문에 그 방법은 시도하지 않기로 했다. 니슨은 자신이 고용한 아프리카인들을 시켜 침팬지 무리를 에워싸서 하루 정도 유인원들의 이동을 저지하면 무리의 크기나 구성, 연령, 성별 등의 기초 정보를 쉽게 얻어낼 수 있을 것이라고 확신했다. 하지만 40명이나 되는 아프리카인을 데리고 침팬지들 주변을 에워싸려고 몇 번이나 시도했지만 모두 실패로 돌아갔으며, 니슨은 그 원인을 자기 대원들의 "경험 부족과 멍청함"에서 찾았다(그리고 물론 그가 총을 쏴대며 풀밭에 불을 지르는 아수라장을 일으킨 것과 아프리카인들이 곤봉을 휘둘러대며 숲 바깥으로 새끼 침팬지를 몰아내는 일을 저지른 것도 한몫을 했을 것이다). 그러다 니슨은 그곳의 땅이 발자국을 남기기에는 너무 단단한 데다가 풀밭이나 수풀 속으로 난 흔적들은 사방으로 흩어져 있기 때문에 평범한 추적 방식은 실망스러울 만큼이나 비생산적인 방법임을 깨닫게 되었다. 결국 그는 침팬지들이 우우거리거나 울부짖는 소리, 나무뿌리를 발로 차거나 주먹으로 때려서 내는 마치 북을 치는 듯한 흥분한 소리에 귀를 기울인 뒤에 이런 소리들을 추적하는 방법에 의지하게 되었다. 그래서 침팬지들에게 가까이 접근하면 니슨은 아프리카인 조수들은 뒤에 남긴 채 혼자서 조금씩 몰래 침팬지들에게 다가갔는데 이렇게 해서 가끔이나마 침팬지 몇몇을 쌍안경으로 관찰할 수 있었다.

9주라는 기간이 야생 유인원에 대해 어떤 신뢰할 만한, 유의미한 사실을 배우기에는 짧은 시간이었던 터라 니슨이 내린 몇몇 결론들은 단순화되었거나 아니면 한마디로 틀린 것들이었다(가령 "침팬지는 유목 생활을 하며 영구적인 집을 갖지 않는 것"으로 보인다거나 "침팬지 무리는 4마리에서 14마리로 구성"된다는 식의 결론들이 그렇다). 하지만 니슨의 연구가 야생 침팬지에 대한 체계적인 연구로는 최초였기 때문에 새로운 연구 내용(침팬지는 밤에 나무 위 둥우리에서 잠을 자고, 일찍 일어나며 낮에는 깨어 있는데 그 시간 동안 대부분을 과일, 견과류, 기타 먹이를 찾아 돌아다니는 데 쓰며, 물을 두려워함 같은 사실)이라는 측면에서 본다면 그가 관찰한 것들 중 많은 내용들이 전혀 쓸모없지는 않았다. 게다가 니슨은 심지어 자신이 내린 해석이 명백한 사실을 평범하게 나열한 수준밖에 되지 않을 때에는 여키스의 선례에 따라 그동안 갈고 닦아둔 현학적인 문제를 활용해 그런 문제점을 감추곤 했다("소변은 대변만큼 자주 발견되지 않았으며, 그 이유는 두 물질 간의 본질적인 차이로 쉽게 설명할 수 있다").

마침내 로버트 여키스는 영장류를 찾으러 열대우림으로 세번째 예일 대학의 심리학자를 보냈다. 이번에는 클래런스 레이 카펜터라는 이름의 젊은 청년이었는데, 그가 찾으려는 영장류 종은 이미 카펜터가 1931년 파나마의 바로콜로라도 섬에서 연구를 한 바 있었던 망토고함원숭이라는 원숭이 종이었다. 카펜터는 바로콜로라도 섬에서 1935년까지 처음에는 망토고함원숭이들을, 나중에는 거미원숭이들을 관찰했다. 1937년에는 한 태국 탐사대에 합류해 기번원숭이에 대한 연구를 4개월 동안 했으며, 그 이후 1940년 이전까지는 푸에르토리코의 한 섬에서 독자적인 영장류 연구 부지를 개척해 그곳에 수백 마리의 수입 히말라야원숭이들을 방사했다. 그가 선택한 영장류가 꼬리가 있는 일반 원숭이들과 꼬리가 없는 작은 유인원 종류인 기번원숭이들일 뿐 침팬지 같은 큰 유인원 종류는 아니었지만 어쨌든 카펜터는 최초의, 그리고 1950년까지 야생 영장류의 장기간 현장연구를 성공적으로 수행해낸 전 세계에서 유일한 사람으로 손꼽힌다.

1960년 봄 동안 제인은 선배 과학자들이 수행한 한정적인 수준의 연구 중 어떤 것과 친숙해졌을까? 1925년 발간된 볼프강 쾰러의 포획 침팬지에 대한 연구요약『유인원의 지성The Mentality of Apes』이란 책을 읽은 것만은 확실하다. 한번은 제인이 나에게 그 책을 두고 "나에게는 성경이죠. 쾰러는 침팬지에 대해 올바르게 이해했으며, 나는 아직도 그가 쓴 글들이 침팬지의 성질을 묘사한 것 중 단연 최고라고 생각합니다"라고 한 적도 있었다. 아프리카에서 유인원 연구를 위해 애쓴 로버트 여키스의 두 피후견인들에 대해서는, 고릴라 발견에 실패한 경험담을 주로 언급했던 해롤드 C. 빙햄의 1932년 보고서 "자연서식지의 고릴라"는 읽어볼 생각도 하지 않았지만, 헨리 W. 니슨의 열정은 가득하나 골동품이나 다름없는 1931년 저서『침팬지 현장연구』는 그래도 읽어보기는 했다고 말했다. 하지만 니슨의 글을 읽으며 "충격"을 받았다고 한다. "그 많은 짐꾼들과 함께 여행을 하면서 아무 것도 보지 못하다니!" 한편 그런 니슨의 글을 로버트 영에게 보여주자, 제인이 밴에게 보낸 편지에 따르면, 로버트는 "읽으면 읽을수록 걱정이 늘어만 간다"고 말했다고 한다.

그해 봄 제인이 스스로 공부를 하며 준비를 하는 동안, 루이스에게서는 통 연락이 없었다. 사실 루이스가 12월에 나이로비로 가던 중 잠시 런던을 방문한 이후, 1960년 3월 3일 제인이 버나드에게 보낸 편지에서 언급했듯이, 아무런 소식이 없었다. "리키 박사님으로부터 아무 소식도 없어. 어머니도 아무 연락을 못 받으셨대. 우리는 조금 걱정이 되기 시작했어. 지금 무엇을 하고 있을까? 발굴, 아니면 과학자들 사이에서 정치라도 하고 있는 걸까? 속을 알 수 없는 분이셔. 아마 박사님 머릿속에는 모든 준비가 만족하리만큼 깔끔하게 정리되어 있을 거야, 마지막 세부 사항까지. 하지만 우리도 그 일을 조금은 알고 싶어 한다는 사실을 깨닫지 못하고 있는 것 같아. 박사님에게 이런 이야기는 하지 말아줘. 분명히 기분 나빠하실 테니까."

제인과의 연락이 뜸해진 동안 사실 루이스는 캐서린 호지어와 여전히 편지를 주고받고 있었으며, 호지어는 탕가니카 야생 침팬지 연구라는 굉장한 제안을 두고 고민하고 있었다. 젊은 호지어는 아프리카로 가기를 열망하기는 했지만, 그곳에 가본 경험도 없었고 이 프로젝트로 인해 달라질 앞날에 대해 구체적인 예상도 할 수 없었다. 게다가 루이스가 5년 동안이나 이 일에 전념을 해야 한다는 터무니없는 요구를 하자 결국 "일생일대의 기회"라는 것을 알면서도 루이스의 제안을 거절하고 만다.

1960년 5월 13일 「데일리텔레그램 앤 모닝포스트」의 "궁정 및 사회 단신" 면에 로버트 영과 제인의 약혼 소식이 실렸다. "첼튼엄 찰턴킹스 오차드 하우스의 R. W. 영 부부의 장남 로버트 윌리엄과 본머스 더블리 차인 10번지 M. H. 모리스 구달 소령 부부의 장녀 발레리 제인의 약혼을 알림." 그때쯤 마침내 루이스로부터 침팬지 탐사 준비가 모두 끝났다는 연락이 왔다. 그래서 1960년 5월 31일 제인은 로버트에게 작별 인사를 했다. 잠시 이별하는 거라고 둘은 서로에게 약속했다. 로버트는 공항에 가는 차에 오른 제인과 밴이 "주체할 수 없는 눈물"을 흘렸으며, 자신은 그녀가 돌아와 결국 둘이 결혼하게 될 것이라는 생각을 하며 스스로를 달랬던 일이 기억난다고 했다.

13

롤루이 섬, 그리고 곰베로 가는 길

1960

1960년 5월 31일 제인 모녀를 태우고 런던을 출발한 4발 프로펠러 여객기 비커스 비스카운트 833기는 모녀가 점심으로 닭요리를 먹는 동안에 알프스 위를 지나친 뒤 급유지인 로마를 거쳐 이튿날 나이로비에 도착했다. 도착 후 이틀 동안 모녀는 프로텍토레이트로路에 있는 이브 미첼의 집에서 신세를 졌고, 도착 3일째 되던 날에는 박물관 인근의 작은 호텔 에인즈워스로 옮긴 뒤에 탕가니카 당국이 그들에게 곰베 여행 허가를 내려주기만을 기다렸다.

6월 7일 소인이 찍힌 영국의 가족들에게 보낸 편지에는 이후 벌어진 일에 대한 밴의 느낌이 솔직히 적혀 있다. "방금 전화로 소식이 왔는데, 너무나 실망스러워. 리키 박사님이 판무관 사무실의 사람들, 경찰, 그 외 관계자들에게 그 지역을 조사하도록 부탁했는데 바로 우리 쪽 호수 기슭에서 두 무리의 어부들이 어획권을 둘러싸고 서로 싸우고 있다는 사실을 알았다고 해." 밴과 제인의 안전을 고려하지 않을 수 없었던 루이스는 마지못해 그 소식을 전하면서 탐사를 연기해야겠다고 알려왔다. 이 이야기는 이후 제인 모녀가 곰베 침팬지들로부터 3보 후퇴하는 대신 롤루이 섬의 버빗원숭이들을 향해 1보 전진해야 했던 공식적인 이유로 자주 거론되었다. 제인이 자신의 책 『인간의 그늘에서In the Shadow of Man』에서 썼듯이, "침팬지 보호구의 호숫가에서 생활하는 어부들 사이에서 말썽이 생겼다"는 그 소식은 "첫 난관"에 해당했다. 하지만 곧 루이스가 수완을 발휘해 "빅토리아 호수의 어떤 섬에 사는 버빗원숭이를 시험 삼아 잠시 연구할 수 있도록 주선해주었다."

그런데 루이스는 1960년 7월 말 무렵 프로젝트 후원자인 레이턴 윌키에게 연락을 할 때에는 제인에게 했던 제안과는 조금 다른 내용으로 알렸다. 자신의 "연구원이 훈련을 마치고 이곳 나이로비로 돌아왔을" 때 마침 "정치 선동가들이 침팬지 보호구 호숫가에서 반反백인 소요를 일으켜" 계획을 변경하고 연기해야 하는 등의 차질이 빚어졌다고 한 것이다. 무슨 꿍꿍이었는지 몰라도, 루이스는 적어도 1년 반 전부터 버빗원숭이 연구를 계획했던 것 같고 1959년 초반에 이미 윌키에게도 이를 명확하게 밝혔다. 그해 2월 12일 루이스가 보낸 편지에는 자신의 "버빗원숭이 연구(두번째 첨부서류 참고 요망)를 동일한 연구원이 수행할 것이며 일부는 침팬지 프로젝트 이전에, 그 나머지는 이후에 수행할 것입니다"라고 쓰여 있다.

롤루이 섬은 1958년 가을 제인과 밴이 빅토리아 호로 즐거운 주말여행을 떠났을 당시 방문한 적이 있던 무인도였다. 예전에 그랬던 것처럼 이번에도 모녀는 키수무 항으로 가서 하산 살리무와 그의 젊은 조수 하미시를 만났다. 루이스의 배인 마이오세 레이디의 선장인 하산은 누구나 좋아하고 존경했던 인물이었던 듯하다. 메리 리키의 자서전에는 하산이 물에 빠진 리처드를 구해준 "가족이나 다름없는" 사람이라고까지 묘사되어 있다. 밴은 본머스에 보낸 편지에서 그를 가리켜 "우리의 작지만 위엄 있는 선장", "어딜 가나 존경을 받고 인기가 있는 인물", "뛰어난 하산"이라고 불렀다.

리키 부부는 1940년대부터 빅토리아 호의 여러 섬에서 마이오세 시기 화석 퇴적물들의 탐구를 진행해온 바 있었다. 1948년 한 후원자가 보내준

1천6백 파운드 덕분에 몸바사에서 쌍발 엔진이 장착된 13여 미터 길이의 중고 유람용 대형 모터보트를 구입할 수 있었던 루이스는 그 배를 키수무까지 기차로 운반했다. '마이오세 레이디'라는 새 이름이 붙여진 그 배는 안에 타륜, 엔진 제어장치, 침대 두 개가 장착되어 있었으며, 매달 수 있는 랜턴 한두 개와, 몸이 날씬한 제인이 시험 삼아 비집고 들어가볼 정도의 크기인 현창도 몇 개 있었다. 밴의 생각에 그 배는 "작지만 매우 매력적인 배"였으며, 그녀는 롤루이 섬으로 떠난 첫번째 여행에 대해 자세한 기록을 남겼다. 그들은 1958년 10월 어느 저녁 키수무 항에서 출발했으며 밤새 정박지에서 더위와 벌레에 시달렸다.

그날 모녀는 새벽 4시 30분경 일어나 담요로 둘둘 말고 갑판으로 나가서 어두운 밤이 새벽으로 바뀌는 모습을 지켜봤다. 5시 15분경 하미시가 닻을 끌어 올리고 하산이 엔진에 시동을 걸어 출발하자 여섯 마리 정도의 "부리가 노랗고 날개 끝이 엷은 황갈색인 펠리칸들이 뒤따라왔는데 아침 해의 첫 햇빛이 새들의 깃털을 장밋빛으로 물들였다." 7시경 추위를 느낀 제인과 밴은 선실로 돌아왔으며, 제인이 베이컨과 달걀 프라이를 굽고 부치는 동안 밴은 청바지의 찢어진 부분을 수선했다. 아침나절에 커피를 마신 뒤에 제인이 배의 조종간을 잡아보는 동안에 배는 루싱가 섬을 지나쳤다. 바나나와 치킨롤로 점심식사를 하고 난 뒤 오후 2시경에 수평선 너머로 어렴풋이 마치 푸른색이 섞인 잿빛의 기묘한 덩어리처럼 생긴 롤루이 섬이 눈에 들어왔다. 호수는 점차 "잔잔해져 수면에 기름칠이라도 한 듯 부드럽게 일렁거렸으며 열대의 태양이 우리 위로 내려쪼였지만 부드러운 바람이 여전히 우리를 시원하게 해줬다. 제인과 나는 따뜻한 물에 발가락을 담그고 물살을 가르는 장난을 치다가 선실 지붕으로 올라가 누워서 끝없이 펼쳐져 있는 이 광활한 호수의 거대함과 아름다움에 빠져들었으며, 계속 모습을 바꾸는 언덕들, 열기로 인한 나른함, 반짝이는 햇살, 때로는 섬을 거의 가려서 흐릿하게만 보이게 하는 몽환적인 아지랑이는 우리에게 최면을 걸었다."

3시 15분이 되자 푸르른 나무와 덤불들과 호박빛깔의 모래사장을 구분할 수 있을 만큼 섬에 가까워졌다. 섬은 "길고 낮은 호숫가 부근에는 나무가 울창하게 우거져 있었고, 섬의 둥글게 솟은 봉우리에는 풀밭이 펼쳐져 있었다. 무척 더워 보였다." 총 23제곱킬로미터 넓이의 롤루이 섬 내륙에는 곳곳에 암석이 널려 있었고 풀이 길게 자랐으며, 군데군데 관목과 키 큰 나무들이 서 있었고 간간이 야생 오이도 보였다. 섬 주위에는 빽빽하게 들어선 낮은 잡목들과 울창한 삼림이 마치 섬을 보호하는 띠처럼 둘러져 있어서 내륙으로 들어가려면 그 촘촘한 나무들 사이로 난 몇 개 안 되는 자연적으로 생긴 틈과 하마가 지나다니는 통로를 이용해야 했다. 하마들은 연안의 얕은 물에서 뒹굴며 물장구를 치고는 했는데, 이따금씩 악어들이 호숫가의 그 좁은 모래사장을 기어 다니기도 했다. 물가에는 호수의 파리와 모기들이 웅웅대며 떼를 지어 몰려 있었으며 작은 도마뱀들이 바위 주변에서 몸을 불쑥 내밀었다가 쏜살같이 도망치는 모습도 보였다.
　롤루이 섬으로 향한 이번 두번째 여행길에서는 1960년 6월 11일 토요일 오후에 섬에 도착했다. 롤루이 섬에서 쓴 제인의 현장일지는 6월 12일 일요일부터 작성되어 있으며 일지를 늦게 쓰게 된 이유에 대한 고백을 서두로 다음과 같이 시작한다.

원래 계획대로 일찍 일어나지는 못했지만 7시까지는 섬으로 올라갔다. 어머니는 뒤에 남아 아침식사로 빵을 준비하시고 짐정리를 하셨다⋯⋯. 나는 숲지대 안으로 걸어 들어갔다. 20분 정도 지나자 나뭇가지들 사이로 어떤 움직임이 느껴졌다. 휴대용 쌍안경을 꺼내어―천천히―들여다보니 굉장히 큰 분홍색 젖꼭지가 달린 성숙한 암컷이 보였다. 나는 쌍안경을 흔들리지 않게 들고 있으려고 덤불 위에 앉았다. 원숭이 세 마리가 짙은 색의 과일이 달린 두 그루의 나무 꼭대기에 앉아 먹이를 먹고 있었다. 5분 정도 원숭이들을 지켜봤는데 갑자기 수컷이 위협적으로 짖어대기 시작했다. 대여섯 번 짖더니 더 무시무시한 소리―세 번 정도 짖으며 그 사이사이 거친 숨소리를 토해냈다—를 냈는데 마치 돼지가 꿀꿀거리는 소리 같았다. 입도 꽤 크게 벌렸다.

좀더 탐사대다운 하루는 새벽 5시 45분, 아직 동도 트지 않았을 때 시작되었는데 제인이 일어나 옷을 입으면 하산이 작은 보트에 그녀를 태우고 노를 저어 섬으로 데려다줬다. 제인은 옅은 아침 안개가 낀 호숫가에서부터 걸어서 반지처럼 섬을 빙 둘러싼 관목 숲을 지나 풀이 길게 자란 섬의 안쪽으로 들어가서 관측소를 세운 뒤 손에는 쌍안경, 무릎에는 공책을 펴든 채로 아침의 첫 햇살이 원숭이들을 깨우기를 기다렸다.

9시가 되면 아침을 먹으러 배로 돌아와 원숭이들이 물을 마시러 호수로 내려오는지를 관찰했다(한번은 원숭이들이 물만 마시는 것이 아니라 호수로 뛰어들어 목까지 물에 몸을 담그고 수영을 하는 듯한 장면을 보기도 했다). 아침식사 후에는 모녀가 함께 섬으로 돌아가서 제인은 관측소에 (모기와 파리들이 극성을 부릴 때는 긴 소매의 잠옷 윗도리를 입고서, 햇볕이 뜨거울 때는 나뭇잎으로 엮은 모자를 쓰고 버티면서) 머물렀으며, 밴은 [눈 위로 그늘이 지도록 녹색의 테니스 모자를 쓰고 허리춤에 두른 띠에는 칼을 매달고 커다란 나비 모양의 그물, 채아병(곤충을 잡아 손상 없이 빠르게 죽일 때 사용하는 병—옮긴이), 죽은 곤충을 담을 봉투 12개를 챙겨 들고는] 표본 채집에 나섰다. 2시쯤 되면 밴은 배로 돌아와 여유롭고 따뜻한 한낮의 시간을 즐기며 곤충들의 몸통에 핀을 꽂든지 꽃들을 눌러 표본을 만들거나 글을 쓴 뒤, 해지기 1시간 전인 6시경 섬으로 다시 가서 마지막으로 한 번 더 표본 채집을 했다. "그런데 그 시간 내내" 밴은 6월 26일 가족에게 쓴 편지에 이렇게 썼다.

제인은 거의 꼼짝도 하지 않고 개미탑이나 풀언덕에 앉아 원숭이들을 노려보고 또 노려보면서 본 것을 머릿속에 담고, 기록하고, 기다리고, 관찰을 한다니까요!! 햇빛이 내리쬐든, 개미가 몸 위로 기어 다니든 말든, 콧잔등이 벗겨지든, 앞이마의 허물이 벗겨지든 말든, 그 아이는 그곳에서 단 1초도 자기 일을 멈추지 않아요. 제인이 지금처럼 행복해하는 모습을 본 적이 없는 것 같아요. 지금 제인은 구릿빛으로 그을려서 얼굴에는 진홍색과 갈색이 오묘하게 섞인 주근깨와 주황색 기운이 감돌지요. 저도 그 아이 같은 모습이었으면 좋겠어요. 구릿빛 피부, 포니테일 머리, 카키색 바지와 블라우스, 모두 그 아이가 하는 일에 완벽히 어울리죠. 섬의 풍경 속에 그대로 녹아들어서 할 수만 있다면 1년이라도 그곳에 머물 수 있을 듯이 보이네요. 원숭이 가족들을 <u>어찌나 좋아하는지</u> 지난 밤에는 꿈에서 깬 뒤 침대 옆으로 늘어뜨린 자기 팔이 보드라운 갈색 원숭이 털로 덮여 있으면 좋겠다고 하더라니까요!!

해가 진 후 졸음에 겨운 원숭이들이 나무 위로 올라가 자리를 잡고 앉으면 제인과 밴도 배로 돌아가 하루 중 유일하게 따뜻한 식사인 저녁을 먹었다. 그러곤 흔들리는 랜턴 불빛 아래 1시간 정도 모기에 물려가며 제인은 현장 기록을 작성하고, 잠이 오기 시작하면 마지막으로 9시 라디오 뉴스— 루이스가 뉴스 방송에서 탐사대원들의 나이로비 귀환 일정을 알려주기로 했기 때문에 성실하게 청취했다—에 귀를 기울이다가 잠자리에 들었다.
제인은 이후 침팬지 연구 때 사용하게 된 방식과 마찬가지로 버빗원숭이를 연구하기 시작했다. 심도 있는 선행 연구나 정립된 개념, 기준으로 삼을 만한 연구방법도 없이 시작한 것이었다. 야생 버빗원숭이를 연구한 사람은 그때까지는 아무도 없었다. 영장류를 연구한 사람조차 드물었다. 토대로 삼을 것이 없어 거의 모든 것을 새로 배워야 했으며 애초에 연구 대상물에 어떻게 접근할 것인가 하는 가장 근본적인 문제도 해결해야 했다.
1930년 9주 동안의 침팬지 연구를 수행했던 헨리 니슨은 당시 세 가지의 "시간을 두고 갈고 닦은, 자연을 모방한 작업"—잠복관찰지, 미끼 사용, 시각 단서 추적—을 하면서 해결책을 모색한 바 있었는데, 그때 최종적으로 선택한 방식은 세번째 방법의 변형, 즉 시각 단서들이 아닌 청각 단서를 찾는 것이었다. 니슨의 방식은 대상물이 관찰 범위로 들어설 때까지 소리 없이 몰래, 조심스럽게 기어서 다가가는 사냥꾼의 기술과 별반 다르지 않았다. 그렇게 몰래 접근하는 방식이 니슨에게는 어느 정도 효과가 있었으나 사실 그 방법에는 중대한 결점이 하나 있다. 관찰대상이 관찰자의 존재를 인지하는 순간 몰래 숨어 있는 행위는 위협으로 받아들여지게 되는데, 몰래 숨어 있다는 것은 보통 포식자가 공격 준비를 하고 있다는 의미이기 때문이다. 제인은 자신만의 직관을 따라가기로 결정을 내리고 버빗원숭이들에게 접근할 때 네번째 기법, 즉 어릴 때 본머스의 벼랑에서 새와 작은 야생동물들을 관찰할 때 썼던 방식을 선택했다. 숨어서 다가가기보다는 공개적으로 모습을 드러내는 것이다. 물론 그런 접근 방식을 야생 원숭이들이 얼마나 참아줄 것인가를 알아내야만 했다. 얼마나 가깝게 다가가도 되는지, 어떤 동작을 취해도 되는지, 하면 안 되는 동작에는 어떤 것이 있는지, 입어도 되는 옷의 종류는 무엇인지를 알아야 했다. 제인의 현장기록은 그런 배움의 과정을 일부 전하고 있는데 6월 15일의 기록이 그런 예다. "2시 15분 내가 있던 나무와 가장 가까이에 있는 키 큰 관목 두 그루 쪽으로 젊은 원숭이 한 마리가 들어섰는데 내가 녀석과 너무 가까운 위치에 있었다. 그 수컷원숭이가 경고의 소리를 내기 시작했고 곧이어 성년 암컷, 수컷, 그리고 어린 원숭이 한 마리가 거기에 동참했다. 나는 몸을 둥글게 말고 자는 척했다. 그러자 원숭이들이 울음을 멈췄다."

제인에게 던져진 첫번째 문제가 '어떻게' 연구할 것인가—관찰을 잘 하려면 어느 정도 가까이 접근할 것인가—였다면 두번째 문제는 '무엇'을 연구할 것인가였다. 제인은 버빗원숭이들의 행동을 구체적으로, 너무나도 분명한 사실조차 빠짐없이 모두 기록하기 시작했다. 쉬는 자세, 이동 방식, 털 고르기, 교미, 먹이를 먹는 법, 원숭이들이 내는 소리를 전부 적은 것이다. 자신이 관찰하는 원숭이 군집과 이웃 군집 사이의 거리를 재느라고 몇 시간을 보낸 적도 있었다. 6월 21일 오전에는 운 좋게도 그동안 관찰하던 원숭이들이 숲 지대로부터 나와 호숫가에서 목욕을 하는 모습을 볼 수 있었다. "무리 전체가 물가에서 노는 놀라운 광경을 봤다. 녀석들은 물속으로 바로 뛰어들었다!"

그러나 제인이 주로 사용한, 아직 검증되지도 미리 계획하지도 않았던 이 연구 방법은 버빗원숭이 종 전체의 전반적이고 일반적인 모습을 그려내기보다는 롤루이 섬의 버빗원숭이들을 개별적으로 이해함으로써 그 종의 성질을 파악하려는 방식이었다. 따라서 그녀가 가장 중요하게 생각한 과제는 원숭이들 각각을 연극의 등장인물처럼 마음속에 기억해두는 것, 즉 원숭이들을 구분하고 각각의 행동과 상호반응 동작을 기록해두는 일이었다. 원숭이들을 구분하려면 우선 원숭이 한 마리 한 마리마다의 특징을 기록하고 기억해야 했는데, 제인의 초기 현장기록을 살펴보면 "어른 수컷—한창 혈기 왕성한 시기의 잘생긴 녀석", "굉장히 큰 분홍색 젖꼭지가 달린 성숙한 암컷" 같은 묘사들이 적혀 있는 것을 볼 수 있다. 일단 각각의 원숭이들을 구분할 줄 알게 된 뒤로는 원숭이들에게 이름을 붙여줬다. 연구가 시작된 지 4일째 되던 날 "거대한 암컷"의 품속에 안긴 모습을 자주 볼 수 있었던 작은 새끼는 새미라고 이름을 지어주었다. 연구 13일째 새미의 엄마가 확실해 보이는 암컷은 베시, 몸집이 작은 성년 수컷 한 마리는 피에르, 덩치가 큰 어른 수컷은 브루투스라고 명명했다. 그리고 같은 날에 "다른 어른 암컷들보다 작은" 젖꼭지가 달려 있고 "새끼를 밴 것이 확실한" 젊은 암컷에게는 로터스라는 이름을 지어줬다. 16일째 되던 날 로터스가 새끼를 품에 안고 나타났을 때, 제인은 그 새끼에게 글록이라는 이름을 붙였다.

나는 근처에 있는 동물을 알아차렸다. 내 머리 위쪽, 취침용 나무 2호의 오른쪽 부분에 홀로 앉아 있던 그 작은 녀석을! 녀석을 10분간 관찰했다. 녀석은 아주 가만히 앉아 있었다. 그러다 위로 기어 올라가기 시작했는데, 바로 로터스였다. 그리고 녀석이 새끼를 데리고 있었다!! 나는 몹시 흥분했다. 로터스는 내가 다 보이는 위치에서 10분쯤 더 앉아 있었다. 녀석은 나무 열매 세 개를 따서 먹었다. 로터스 품 안에 있는 작은 물체의 까만 몸은 온통 축축하게 젖어 있었다. 로터스는 새끼에게 그다지 많은 관심을 주지는 않았지만 그래도 새끼 몸을 팔로 자주 감싸 안아주었다. 그러더니 다시 일어났는데 새끼(글록)가 자리를 제대로 잡는 동안 잠시 멈춰 있다가 나뭇가지에 가려 새끼가 제대로 보이지 않는 자리로 옮겨가서는 그곳에 주저앉았다.

6월 25일 라디오 저녁뉴스에서 흘러나오는 루이스의 메시지가 롤루이 섬에서 단 며칠밖에 더 보낼 수 없게 됨을 전한 뒤, 마지막 날 아침인 6월 29일 수요일 제인은 아침에 일어났을 때 "가야만 한다는 사실에 매우 슬픈" 기분을 느꼈다고 적었다. 모녀는 섬으로 마지막 여행을 떠났으며 원숭이들에게 작별의 방문을 한 뒤 마이오세 레이디로 돌아왔다. 10시경 하미시가 돛을 올렸고, 다음날인 6월 30일 낮 키수무 항에 도착한 일행은 오후 늦게 차를 타고 출발해 자정 무렵 나이로비에 도착했다.

나이로비로 돌아온 제인은 루이스에게 제출할 버빗원숭이 보고서를 작성해둔 뒤 일요일에 박물관에서 그를 만났다. 루이스에게 보고서를 건네주자 그는 제인이 있는 자리에서 보고서를 검토했는데, 제인이 영국의 가족들에게 쓴 편지에 따르면, 루이스가 "크게 한숨을 내쉬고…… 방을 가로질러 오는데 예감이 불길!"했다. 최종적으로 루이스가 "괜찮다"고 평가를 내리며, 그렇지만 언젠가는 다시 연구를 마무리하러 섬으로 돌아가야 할 것 같다고 말했다. 그래도 첫 현장연구 결과에 제인은 만족했다. "전체적으로 우리의 작은 탐사가 매우 만족스러웠다고 생각해요."

모녀는 곰베 탐사에 필요한 물품과 장비를 (밴의 편지에 따르면 "여행 가방, 배낭, 텐트, 의자, 물병, 물주전자, 접시 등과 모기장, 얼굴 크림, 그리고 다른 것들도 잔뜩") 사기 시작했고, 월요일 저녁쯤에는 박물관에 물품들을 종류별로 분류해 꾸려놓는 일까지 모두 마쳤다. 다음날인 7월 5일 화요일 아침 일찍 모녀는 버나드 버드코트가 랜드로버에 물건들을 채워 넣는 작업을 감독하는 모습을 지켜봤다. 루이스는 제인에게 전 케냐 총독 이블린 베어링 경이 한때 소유했던—아직도 작동되는—리볼버 총 한 자루를 건네주었다(그 총은 나중에 곰베에서 양철 트렁크 밑바닥에 던져두고 한 번도 꺼내지 않아 녹이 슬어버리고 말았다). 그 후 박물관 직원들이, 밴의 표현으로는, "왕실 같은 송별행사"를 거행해주었으며, 그 후 모녀는 탕가니카 키고마 항으로 데려다주라는 지시를 받은 버나드가 운전대를 잡은 차를 타고 박물관 진입로를 빠져나와 나이로비 외곽을 달려 남쪽으로 향했다.

그들의 고물 자동차가 브레이크가 다 망가지고 용수철이 닳아버린 데다가 짐을 너무 많이 실어 속도를 낼 때면 아슬아슬하게 기우뚱거렸기에, 키고마로 향하는 4일 동안에는 조심조심하며 운전을 했다. 하지만 3일째에 브레이크를 긴급히 수리하고 타이어에 난 구멍 한두 개에 땜질을 하고서, 탕가니카 호 끝자락에 도착했다. 1850년대 후반에 영국인 탐험가 리처드 프란시스 버턴과 존 해닝 스피크가 아프리카인 안내인들의 도움을 받으며 이 전설적인 내해를 찾아갔었다. 저서 『중앙아프리카의 호수지역 The Lake Regions of Central Africa』(1860)에서 버턴은 그곳을 "연하고 부드러운 푸른빛 초원이 5,60킬로미터나 펼쳐져 있으며 조그만 초승달 모양의 순백색 거품이 상쾌한 봄바람을 타고 흩날리는 곳"이라고 묘사했다. 눈부시게 아름다운 푸른 초원이 숨 막히는 절경을 이루며 펼쳐진 그 끝에는 버턴이 다녀오고 난 뒤 25년도 채 지나지 않아 벨기에 왕의 개인 소유로 점령당해 착취당하기 시작했던 대지의 산들이 늘어서 있었다. 버턴은 고개를 들어 위를 바라봤을 때 자신의 눈에 비친 산의 모습을 이렇게 묘사했다. "정상과 산턱 군데군데에 진주빛 안개가 얼룩을 남긴 강철색 산의 울퉁불퉁한 장벽이 창천을 향해 마치 날카로운 필치로 그린 그림처럼 서 있다. 그 장벽 사이로 입을 커다랗게 벌린 거대한 짙은 보라색 균열이 파도 속에 발을 담근 고분 크기의 난쟁이 언덕들을 향해 내려와 있다."

그 웅장한 광경을 처음으로 본 1960년 7월 7일 일몰 무렵 모녀는 야영을 할 장소를 찾았다. 하지만 밴이 집에 보낸 편지에 적혀 있듯이 랜드로버를 세울 때마다 "체체파리(사람에게 수면병을 감염시키는 흡혈파리—옮긴이)가 달려드는 바람에 죽을힘을 다해 도망쳐야 했다." 손으로 만든 작고 조악한 나룻배를 타고 광대한 파피루스 습지와 강을 건넌 뒤에 마침내 떼를 지어 몰려들어 물어대는 체체파리들을 피해 야영할 장소를 찾아냈지만 그곳은 산불로 까맣게 타버린 지대라 신발과 옷, 침대와 담요, 식량과 물에 온통 검댕이 내려앉고 말았다. 새벽에 마지막 여정을 나선 일행은 덤불과 숲을 뚫고 몇 킬로미터나 이어지는 소규모의 경작지들을 지나 키고마로 가는 기나긴 언덕 내리막길로 들어섰다.

키고마는 언덕에 대형 노상 시장, 중턱에는 작은 상점들이 늘어선 작은 상업지구가 있고 그 아래로 행정중심지—먼지투성이의 광장, 철도역, 지금은 행정부 관청, 우체국, 경찰서가 자리 잡은 오래된 독일군 요새—가 밀집한 하나의 중심 거리로 이루어진 도시로 더 아래쪽으로 내려가면 끝자락에 부두와 항구가 있었다. 시내에는 호텔이 두 군데 있었는데, 짐을 잔뜩 실은 탐사대의 랜드로버는 그중 나아 보이는 호텔 정문 앞에 멈춰 섰다. 다소 옆으로 길게 퍼져 있긴 했지만 근사해 보이는 외양의 레지나 호텔에는 작지만 쾌적한 식당과 항구가 내려다보이는 긴 돌 베란다가 있었다. 주인은 뚱뚱한 그리스인이었고 직원으로는 붉은색 터키식 모자에 흰색의 길고 헐렁한 겉옷을 걸쳐 입은 아프리카인이 둘 있었다. 도착 후 제인과 밴은 오래지 않아 토요일이라 관청이 모두 휴무라는 사실을 깨달았지만 그럼에도 키고마 지역 판무관을 찾아냈는데, 그 사람이 모녀에게 최근 들려온 암울한 소식을 전해줬다. 탕가니카 호 반대편에서 최근 벌어진 일들이 이쪽에도 심각한 우려를 불러일으켜서 곰베 강 침팬지 보호구로 가려는 탐사 계획이 다시 한 번 연기될 수도 있다는 것이었다.

탕가니카 호의 키고마 반대쪽 지역에서는 벨기에인들이 아주 큰 이익이 되는 식민지를 경영하고 있었으며(1959년에 전 세계 구리 생산량의 10분의 1, 코발트는 거의 절반 가까이, 공업용 다이아몬드는 10분의 7을 생산했다), 안타깝게도 그 지역의 원주민들은 독립의 준비가 전혀 되어 있지 못했다. 벨기에령 콩고에는 드러내놓고 인종 차별과 분리 정책을 고수하는 행정부가 들어서 있었던 탓에 1959년에 중등교육을 받은 흑인 졸업생 수가 겨우 136명 남짓했고, 거의 5천 명에 달하는 벨기에인에 토박이 콩고인은 3명밖에 없는 행정부와 백인 장교들과 흑인 사병으로 이루어진 2만 5천 병력의 치안군이 국정을 장악하고 있었다.

제인 일행이 도착하기 겨우 1주일 전인 6월 30일 정치권력이 공식적으로 새로운 콩고인 정부로 이양되어 조제프 카사부부가 대통령으로, 패트리스 루뭄바가 수상으로 집권했는데 당시 레오폴드빌(현 킨샤사)에 주둔하고 있었던 치안군 병사들이 벨기에인 장교 군단의 존속에 거세게 반발하는 사건이 벌어졌다. 루뭄바 수상은 분노한 병사들과 회견을 가진 뒤에 7월 6일에는 모든 고위 벨기에인 장교들을 해산시켰고 자신의 개인비서(전직 군 서기관 조제프 모부투)를 육군 참모총장으로, 전직 하사관 빅터 룬둘라와스를 치안군 사령관으로 임명했다. 하지만 이런 자의적인 명령 체계의 변동은 이내 전국적인 폭동으로 이어졌으며, 와해된 정부군이 무장 폭도들로 변해 예전의 식민 지배자들을 대상으로 잔혹한 피의 보복을 가하기 시작하자 대규모의 피난민 탈출이 일어났다. 수천 명의 피난민들이 새로 들어선 나라의 국경을 빠져나가 북쪽으로, 남쪽으로, 서쪽으로 대피했고 탕가니카 호를 가로질러 동쪽으로 이동한 사람들의 수도 수백 명이나 되었다.

현지 판무관이 이미 제인과 밴에게 이야기했듯이 키고마에서는 콩고의 폭력 사태가 호수를 건너와 그곳까지 번지지 않을까 우려하고 있었다. 이 문제를 의논하러 호텔로 돌아온 모녀는 충격에 휩싸인 채로 탕가니카 호를 건너온 수백 명의 벨기에 피난민들이 갑작스럽게 들이닥친 것에도 신경을 써야 했다. 레지나 호텔로 사람들이 밀려들어 빈 방을 만들어줘야 하자 버나드는 제인과 밴이 쓰는 방으로 옮겨왔다. 불편하고 갑작스러운 일이었지만 셋은 훌륭한 유머 감각을 발휘하며 이를 받아들였다.

투숙객이 60여 명 가까이 되었지만 레지나 호텔에는 욕실과 화장실이 두 개씩밖에 없었는데, 그나마 화장실은 모두 고장이 나 있었다. 이제 제인 모녀와 탐사 장비, 거기에 버나드와 그의 장비까지 더해지자 모녀의 작은 1인실 방은, 밴의 편지에서 적혀 있듯이, "직접 보지 않으면 믿기 어려운 지경"이 되었다. 정방형의 작은 방에 놓여 있는 흰색 페인트칠을 한 주철 침대에는 "회색 모기장이 쳐져 있고 바닥에는 매우 얇은 밀짚 매트 두 개가 깔려 있어요. 그 외에도 금이 간 세안용 물병이 놓인 옛날식 세면대, 얇은 침대보, 침대 밑으로 쌓인 15센티미터 높이의 흙더미, 날아다니는 모기들에다가 그나마 바닥의 나머지 공간도 짐들로 꽉 차 있어요. 버나드의 식량 상자, 코트, 보온병들, 낡을 대로 낡은 타자기, 옛날 옛적에는 제법 희고 깨끗했을 수건 여섯 개, 야전침대 등등 짐이 한가득인데 거기다가 중간에 놓인 야전침대에서 버나드가 잠을 자기까지 해요!! 아이구 정말!!! 다행히 다들 크게 개의치는 않지만 그래도 조금만 덜 지저분하면 얼마나 좋을까!"

그 후 며칠 동안 밴과 제인은 부두로 가서 피난민들과 인사를 나누고 샌드위치를 만들거나 스프를 담아 아이들에게 음식을 먹여주고 과일, 담배, 초콜릿, 맥주를 나눠주는 일을 했다. 대다수가 여성과 아이들이었던 벨기에 피난민들은 밴의 눈에 "너무나 불쌍해 보이고 하얗게 질려 있었으며 낙담해 얼이 빠져" 보였다. 나중에 통조림 스팸을 잘라 단 하루 저녁에 2천 개 분량의 샌드위치를 만든 일을 회상하면서 제인은 "그런 일이 있은 뒤로 나는 다시는 스팸 통조림을 쳐다보기도 싫었다"고 했다. 얼마 후 벨기에 피난민들은 기차를 타고 동쪽의 다르에스살람으로 갔으며 이내 키고마는 뜨겁고 먼지 바람이 불고 졸음이 가득한 평소의 상태로 돌아갔다.

여전히 공식 허가를 기다리고 있었던 침팬지 탐사대는 한정된 자금—키고마 은행에 100파운드 좀 넘게 예치 중이었다—을 고려해 호텔에서 나와 호수가 내려다보이는 절벽에 위치한 키고마 감옥의 마당에 텐트를 세우기로 결정했다. 아름다운 풍광이 보이는 그곳에서는 감옥 안의 과수원으로부터 흘러나오는 코를 톡 쏘는 감귤 향내를 맡을 수 있었지만 윙윙대는 모기떼에게 뜯기며 시달려야 했다. 그 주의 남은 시간 내내 밴, 제인, 버나드는 밤에는 절벽에서 자고 낮에는 시장들을 돌아다니거나 집에 편지를 쓰며 시간을 보냈으며, 키고마의 유력 인사들과도 친분을 맺기 시작했다. 주로 정부 관료들과 그들의 배우자들이었는데 제인은 나중에 그들이 "매우 친절하고 우호적이었다"고 평했다. 셋은 주위의 소개로 빔제라는 작은 가게의 주인과 친분을 쌓고 그의 가게에서 필수품들을 사서 챙겨두기도 했다. 한편 요리사도 고용했는데 밴은 고향의 가족들에게 도미니크 찰스 반도라라는 그 남자가 "추천장도 많이 들고 온 데다가 우리 은행 지점장도 아는 매우 착한 사람"이라는 편지를 보내 안심시켰다.

마침내 탐사를 진행해도 좋다는 허가가 내려지자 7월 14일 목요일 아침 일찍 셋은 텐트를 걷었다. 루이스가 다르에스살람에서 철도편으로 소형 알루미늄 보트를 보냈다고 해 제인은 버나드가 모는 차를 타고 보트를 찾으러 철도역으로 갔으며, 한참 만에야 소화물 사무실에서 붉은색 분필로 '리키'라고 쓰여 있는 거대한 판지 상자로 포장한 보트를 찾을 수 있었다. 나머지 짐을 챙기러 키고마 감옥으로 돌아온 버나드는 밴과 함께 부두로 가서 서부 탕가니카의 수렵 감시관, 노란 머리의 30대 중반 남성인 데이비드 앤스티를 만났다. 그러고 나서 짐 상자와 가방을 탕가니카 수렵관리부의 대형 보트에다 부렸으며, 선미에는 그들의 소형 알루미늄 보트를 쇠밧줄로 매두었다.

키비시호는 강철 선체에 디젤 엔진이 달린 배로, 내부에는 선실과 잠을 잘 수 있는 설비가 있었으며, 짐을 다 싣고도 제인, 밴, 도미니크 반도라, 데이비드까지 모두 탈 수 있을 정도로 공간이 넓었다. 쿠르릉거리는 소리와 함께 배가 검은 연기를 내뿜으며 출발해 북쪽을 향해 나아가기 시작하자, 제인과 밴은 이제는 짐을 내려 가벼워진 낡은 랜드로버 옆에 서서 점점 작아져가는 부두의 버나드에게 손을 흔들었다. 밴은 버나드에게 "키고마에서의 환상적인 생활과 우리 사이의 마지막 연결 고리가 뒤로 사라지는 모습을 지켜보면서 슬퍼졌어요"라는 편지를 써 보냈으며, 수년 후에 그때 "갑자기 밀려드는 우울함에 휩싸였다"고 시인했다.

하지만 호수는 (지금도 그렇지만) 정말 아름다웠다. 세계에서 두번째로 수심이 깊은 탕가니카 호는 아마 가장 깨끗한 호수 중 하나이기도 할 것이다. 호수의 물이 놀라울 정도로 맑고 마치 따뜻한 액체 유리가 물결치는 것 같아 제인은 곰베 현장기록 첫머리에 "믿을 수 없을 정도로 맑고 깨끗했다"고 썼다. 뒤이어 그녀는 더 좋은 점은 주혈흡충, 즉 달팽이에서 생기는 기생충—이것이 없었더라면 아프리카의 물은 깨끗하고 신선했을 것이다—

이 없었던 덕분에 호수에서 수영과 목욕을 할 수 있는 것이라고 썼다.

푸르고 둥근 지붕 같은 하늘이 밝게 빛나던 날, 안개가 많이 끼어 서쪽으로 40킬로미터 떨어진 곳에 있는 콩고의 산들이 보이지 않는 가운데, 탐사대의 배는 살을 에는 듯한 바람에 풍랑이 이는 물결을 타고 들쭉날쭉한 연안선을 따라 바위 곳들을 하나하나 헤치며 북쪽을 향해 나아갔다. 동쪽으로 이따금 모래사장이 보였지만 호숫가에는 대체로 바위가 널려 있었고, 그 호숫가의 뒤로는 가파른 절벽이 솟아올라 있었으며, 그 끝에는 고원이 펼쳐져 있었다. 깊은 암석 골짜기와 나무가 울창하게 숲을 이룬 계곡들 사이로는 작은 강물들이 흘러 탕가니카 호로 쏟아져 내려왔다. 탐사대는 10킬로미터를 달린 뒤에야 그 험준한 대지에서 인간이 개간하고 경작한 땅을 볼 수 있었다. 드문드문하게 보이는 집들과 작은 어촌들은 계곡의 품속에 폭 안겨있거나 위험한 절벽 틈새에 못으로 박아둔 듯 자리 잡고 있었다.

한 시간도 되지 않아 키비시호는 광맥이 겉으로 드러난 암석 지대에 도착했으며, 데이비드는 이곳이 곰베 강 침팬지 보호구의 남단이라고 알려줬다. 거기서부터는 호숫가에 에메랄드 빛깔의 식물들이 울창하게 우거져 있는 것이 눈에 띄었다. 제인의 현장기록에 따르면 그때 "목구멍이 쑤시며 감기가 들락 말락 하는" 몸이 아픈 상태였지만, 제인이 나중에 쓴 첫 곰베 탐사 후기인 『인간의 그늘에서』에 따르면 그녀가 느낀 것은 "흥분도 놀람도 아닌, 단지 고립된다는 것에 대한 호기심"이었다. "청바지를 입고 배 위에 서 있는 소녀인 내가 며칠이 지나지 않아 야생의 침팬지를 찾아 산을 헤매게 되다니!"

제인보다 10살 위였던 데이비드 앤스티가 언젠가 나에게 해준 이야기로는 머리를 뒤로 질끈 묶은 그녀가 "매우 어려" 보였고 목소리는 다소 "어린 여자애"처럼 들렸다고 한다. 그러나 데이비드는 하고자 하는 일이 무엇이든 간에, 그 일을 해낼 수 있는 그녀의 능력을 의심하지 않았다. "사실 생각조차 해보지 않았습니다. 단지 저는 콩고의 상황으로 인해 부랑자, 건달, 깡패 패거리, 살인자 같은 놈들이 호수를 건너와 제인의 머리를 갈겨버리

는 것은 아닐까 그런 걱정밖에 안 했었죠." 사실 그랬다. 다른 사람들에게
는 침팬지 연구 탐사대가 조금 낯설게 느껴졌겠지만 데이비드 앤스티는 그
지역에 와서 풀을 연구하고 진드기를 조사하고 비행기를 조종하는 것 같은
"온갖 종류의 이상한 일"을 하는 여자 괴짜들에 익숙했다. "그때 제가 제인
한테 조금 이상한 구석이 있다고는 생각하지 않았습니다." 사실 데이비드
는 오히려 밴에게서 깊은 인상을 받았다. 그의 생각에 밴은 데이비드가 종
종 "대영제국의 기개"라고 부른 것의 가장 좋은 모범이 되었다. "존경심을
불러일으키는 분이었습니다. 술이나 마시는 어리석은 여자가 아니었지요.
현실적이었고 책임을 질 줄 알았어요." 그랬다. 제인의 어머니는 "인상적인
숙녀"였다.

숲이 줄지어 있는 호수 연안을 지나치면서 탐사대는 연안의 어부들이 그들
의 주요 어획물—'다가야'라는 이름의 작은 정어리 같이 생긴 은빛 물고기
—을 모래사장에 군데군데 펼쳐놓은 광경을 바라보았으며, 제인은 현장일
지에 그 모습이 마치 "흰색 회칠"을 한 듯했다고 기록했다. 숲이 펼쳐진 연
안선을 따라 "산등성이 사이 계곡으로 강물이 흘러나가고 그 언저리의 빽
빽한 숲 안에 침팬지들의 집이 있었다."
　마침내 바위 곶, 강, 작은 만을 지나 도착한 탕가니카 호 기슭에는 꽤 많
은 사람들이 몰려 서 있었다. 탕가니카 수렵관리부에서 나온 사람들과 카
세켈라 마을이라고 불리는 어촌에 거주하는 사람들이었다. 키비시호는 닻
을 내렸고 승무원들과 승객들은 작은 보트를 타고 노를 저어 모래사장으로
올라갔다. 처음에는 수렵관리부의 수렵 감시원들이, 다음에는 붉은 유럽
풍의 외투를 예복처럼 멋지게 차려 입은 풍채가 당당한 백발노인이 그들에
게 인사를 건넸다. 노인의 이름은 이디 마타타, 카세켈라 마을의 비공식적
인 우두머리였다. 이디 마타타가 갓 도착한 손님들을 공손히 맞으며 스와
힐리어로 기나긴 환영사를 하자 제인과 밴은 데이비드 앤스티의 조언에 따
라 그에게 작은 선물을 답례로 주었다. 의례적인 인사가 끝난 뒤에 데이비

드 앤스티와 수렵 감시원 두 사람, 그리고 제인 모녀는 키비시호에서 호숫가 모래사장으로 모든 짐을 옮기는 좀더 땀이 나는 일에 집중했으며, 마타타의 여섯 아이들의 도움을 받아 캠프를 세웠다.

도미니크의 텐트는 모래사장 바로 위쪽에 세웠고 제인과 밴이 지낼 좀더 큰 텐트는 마을의 길 쪽으로 몇 미터 더 들어간 평평한 공터에 세웠다. 기름야자나무 몇 그루가 그늘을 드리우고 덤불로 호숫가 모래사장과 분리되는 최적의 장소였다. 야영용 침대 두 개를 나란히 둔 모녀의 텐트—뒷부분에 별도의 세면용 공간을, 앞쪽으로는 챙을 걷어 올린 베란다를 둘 수 있을 정도로 컸다—는 왼쪽으로 호수를 낀 채 북쪽을 향하도록 세웠다. 오른편의 가파르게 솟아난 고원으로부터 (밴이 집에 보낸 편지에 따르면) "거품이 부글부글 올라오는 작은 강"이 흘러내려왔다. "우리 텐트 바로 옆으로 요동치며 내려가는데 물이 너무나 맑고 빠르게 흘러내려가 우리는 그 속에 발을 담그고 씻거나 어떤 때는 더위를 식히려고 그 안에 앉아 있기도 한답니다." 또 밴은 머리를 감기에 적당히 깊어 보이는 작은 물웅덩이를 발견했는데 그 시기에 그녀의 머리카락은 "먼지 때문에 뻣뻣해져 마치 성상의 후광처럼 꼿꼿하게 섰다."

그날 오후에는 내내 짐을 풀고 정리하고 텐트를 세우느라 땅을 파는 데 시간을 다 보냈다. 텐트 입구 전체를 가리기 위해 루이스가 챙겨준 특대 모기장 중 몇 개를 꺼내 설치했으며, 밴은 처음에 그곳에 "모기가 없다"고 (그런 판단은 시기상조였음이 밝혀졌지만) 안도하며 편지를 써 보내었지만, 나중에 밤마다 불가 주위에 둘러앉을 때면 다들 발목 높이의 모기 방지용 부티 장화를 신었다. 얼마 후 탐사대에게는 그럭저럭 쓸 만한 화장실이 생겼다. 그 "작고 사랑스러운 화장실"은 바닥에 깊은 구멍을 판 뒤 품행 유지를 위해 야자수 잎을 엮어 만든 울짱을 둘렀다.

도착한 첫날 오후 5시경, 제인의 현장기록에 따르면, 수렵관리부의 직원 중 한 명인 아돌프 시웨지가 어부 몇몇이 침팬지 한 마리를 목격했음을 보고하러 왔다. 제인과 아돌프는 호숫가 모래사장으로 급히 내려가 유인원을 뚫어지게 바라보고 있는 어부들 무리를 발견했다. 그 거무스름한 동물이 꽤 멀리 떨어져 있었던 데다가 나무들에 가려 잘 보이지 않았지만 의심의 여지없는 침팬지였다. 하지만 제인과 아돌프가 가까이 다가가려고 하자 침팬지는 숲속으로 도망가 버렸으며, 둘이 근처 산기슭을 올라가 조용히 수색에 나섰지만 그 유인원을 다시 찾을 수는 없었다. 날이 점점 어두워지자 할 수 없이 제인과 아돌프는 호숫가 모래사장으로 돌아와 캠프로 갔다.

도착한 첫날 밤 도미니크가 훌륭한 저녁 식탁을 차려냈다. 스프, 감자와 양파를 쓴 스튜, 통조림 오렌지, 커피로 이루어진 멋진 식사였다. 제인 모녀는 데이비드 앤스티와 함께 저녁을 먹고, 제인이 현장일지에 썼듯, "기나긴 수다를 나눈 다음" 휴대용 라디오를 "이리저리 돌려 뉴스를 들으려고 애쓰다" 곧 "감사하는 마음으로 잠자리에 들었다."

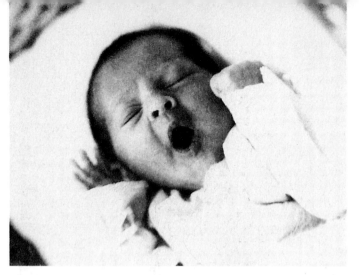

주인공이 잠에서 일어나다.

첼시 클라본뮤 2번지에서 모티머, 밴, 제인이 함께

두 자매. 제인과 주디

내니, 주디, 주빌리와 함께

새에게 모이 주기

가족(왼쪽부터): 주디, 올리, 대니, 오드리, 제인, 에릭, 밴

승마학교에서 대니얼을 타고

악어 클럽(위에서부터): 제인, 샐리, 수, 주디

등교 준비, 1940년대 말

숭배했던 트레버 데이비스

러스티는 옷 입는 것을 좋아했다.

모티머와 그의 열아홉 살 된 딸이 저녁식사를 가지다. 1953년 런던

몸바사의 포트 지저스에서.
1958년 5월

응고롱고로 분화구에서 브라이언 헤르
네와의 춤을 추다.
(브라이언 헤르네 제공)

말린디에서 통나무 카누를 타고. 1958
년 5월
(브라이언 헤르네 제공)

왼쪽: 올두바이 협곡에 있는 루이스 리키. 1957년경

아래: 밴과 제인이 몸바사에서 론돈으로 항해해 가던 중 구명조끼를 시험해 보고 있다. 1958년 12월

곰베의 텐트에서 밴과 함께 표본을 보존하고 있다.

밴과 진료소에 새로 도착한 사람들

곰베에서 침팬지를 따라다니는 중

등불 아래에서 현장일지를 기록하며

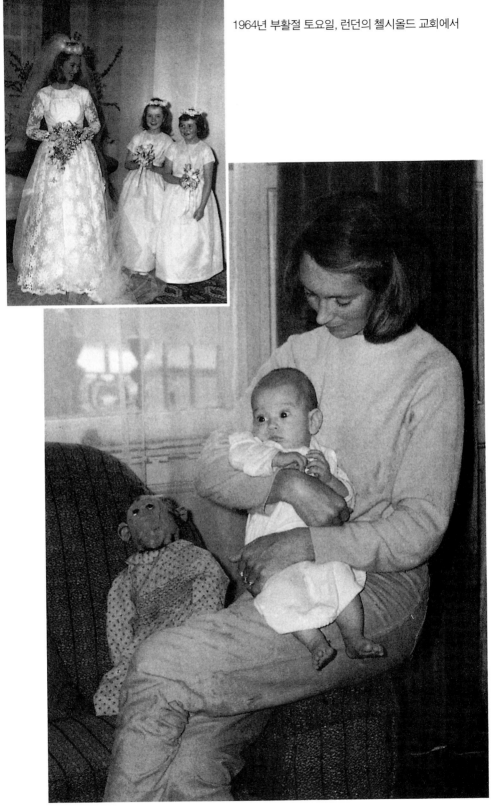

1964년 부활절 토요일, 런던의 첼시올드 교회에서

제인과 아들 휴고 에릭 루이스 라빅. 주빌리와 함께. 1967년 영국

세렝게티에서 좋은 이웃이자 최고의 친구인 조지 더브와 함께

세렝게티에서 휴고가 그럽에게 밥을 먹이고 있다. 1968

휴고가 그럽에게 수영을 가르치고 있

곰베에서 그럽이 빨래를 돕고 있다. 1968년 여름

그럽이 그의 어린 시절의 영웅 마울리디 양고와 함께

로버트 하인드와 멜리사가 동
시에 캠프를 방문하다.

왼쪽부터: 야시니 셀레마
데이비드 리스, 주만네 무쿠
(에밀리 반 지니크 베르그
제공)

데릭 브라이슨이 곰베를 방문하다.

모성애: 패니와 팩스

엄마의 노동: 플로, 플린트, 프레임

(패트릭 맥기니스 제공)

플레임을 임신한 플로. 1968
년 여름

수컷인 험프리와 J.B.가 자신들의 존재를 드러내고 있다.

제인과 데릭. 1976년

미망인이 된 제인이 1981년에 줄리어스 니에레레 탄자니아 초대 대통
령의 조문을 받고 있다.

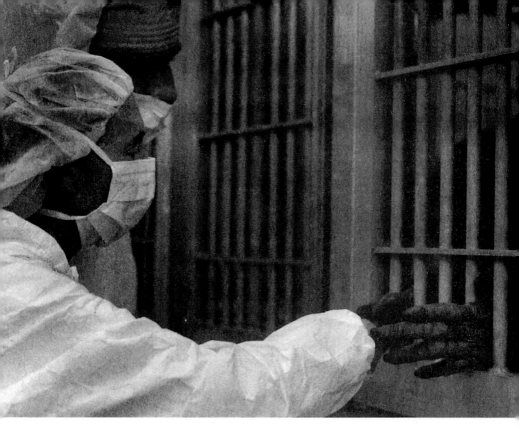

LEMSIP의 침팬지들을 방문하다. 1988년

여행 중에 메리 루이스와 Mr. H와 함께

코피 아난 사무총장이 제인을 UN 평화 사절로 임명하다.

거대한 평화의 비둘기가 그랜드티턴 산에서 날고 있다. (데이비드 곤잘레스 제공)

1997년 가족모임. 서 있는 사람: 그럽과 그의 딸 엔젤. 마리아, 제인, 주디와 그 딸 핍과 엠마. 자리: 올리, 밴, 멀린. 위스키가 바닥에 있다.

14

천국에서 보낸 여름

1960

곰베에 도착한 지 일주일이 지났을 무렵 제인은 영국에 있는 가족들에게 소식을 전했다. "딱 하루만이라도 여기 와보실 수 있으면 좋을 텐데. 수정처럼 맑고 파란 호수, 작고 뽀얀 호숫가 조약돌, 얼음처럼 차가운 반짝이는 계곡물, 야자나무, 익살스러운 개코원숭이까지 정말 아름다운 곳이에요."

부시벅도 봤어요. 작고 소심해 보이는 녀석이 아가씨 둘을 데리고 풀밭을 지나는데, 두 아가씨가 그 녀석 발자국을 그대로 쫓아가고 있더라고요. 들소 일곱 마리는 산마루 꼭대기에서 한가롭게 풀을 뜯고 있었고요. 털이 까맣고 머리 위엔 선홍색 관머리를 쓴 멋쟁이 원숭이도 있었어요. 한 시간 동안 그 녀석 무리를 지켜봤는데요, 어미는 제 허리춤에 찰싹 달라붙은 꼬맹이 아기 원숭이랑 함께였고, 늙은 수컷은 그늘에서 쉬고, 새끼원숭이 몇 마리는 겅중 겅중 이 가지 저 가지를 옮겨 다녔죠. 또 진짜 작은 물총새도요. 몸집이 기껏해야 앵무새만 한데 반짝반짝 보석처럼 빛이 났어요. 제가 지금 얼마나 행복할지 짐작이 가시죠? 전 지금 제 어린 시절의 꿈 아프리카에 와 있고, 제 앞엔 미지의 세계로 향하는 모험이 펼쳐져 있어요.

그로부터 30여 년 뒤에 나는 곰베로 제인 구달을 찾아간 적이 있다. 그 날 저녁 우리는 호숫가 앞에 작은 모닥불을 피워놓고 제인 구달이 1960년 7월 14일 곰베에 처음 발을 내디뎠던 바로 그 자리에 앉아 있었다. 우리는 식사 후 스카치와 음료수로 목을 축이고, 호수에서 불어오는 시원한 산들바람에 몸을 맡겼으며, '솨— 슈—' 하며 자갈둔덕과 모래둔덕 사이를 파고들 었다가 다시 밀려나는 파도 소리에 귀를 기울이며, 밝게 빛나는 은하수의 온기가 스며드는 차가운 검은 우주를 유영했다. 호수 연안에 거주하던 고 대 호미니드 유적 발굴로 평생을 보내다시피 한 루이스 리키가 애초에 제 인을 이곳에 보낸 목적은, 호숫가에 거주하는 오늘날의 침팬지를 통해 그 의 연구 대상인 호미니드들의 삶에 대한 실마리를 찾을 수 있지 않을까 하 는 기대에서였다고 한다. 애초의 상황으로 보자면 호수 연안에서 지내게 된 목적이 침팬지는 아니었던 셈이다. "그래도 전 운이 좋지 않아요? 아프 리카에서 침팬지를 연구할 수 있는 곳이 얼마나 많은데 이런 천국엘 오게 되다니 말이죠!"

곰베가 천국일 수 있는 것은 탕가니카 호가 준 선물 덕분이다. 호수는 삼림 생태계를 형성하고, 양분을 공급하고, 사람들에게 먹을 것과 마실 것을 제 공하며, 뙤약볕 아래에서 산길을 헤매느라 진을 뺀 날에는 풍덩 뛰어들기 에도 그만이다. 두 모녀가 곰베에서 보낸 첫해 여름, 어부들이 놀랄 수 있 으니 호수에서는 목욕을 하지 말라는 데이비드 앤스티의 말에 따라 둘은 바람에 일렁이는 나무 장막과 석양에 반짝이는 호수가 내다보이도록 텐트 의 폴을 한껏 밀어젖히고 뒤편에 놓인 캔버스 욕조에서 훗훗한 저녁 목욕 을 즐기거나 텐트 뒤의 냇가에서 몸을 씻곤 했다. 하지만 두 사람이 곰베에 온 지 몇 년이 지나고부터는 현지인들에게도 저녁 목욕이나 호수 수영의 즐거움은 일상이 되었다.

곰베가 천국인 또 다른 이유는 상대적으로 인구밀도가 낮기 때문이다. 사람이라고는 없을 것 같은 깊은 산중에서, 의도적으로 숨은 것 같은 장소에서 한때 사람이 살았던 흔적—줄지어 세운 거대한 돌들stone circle 몇 개—을 보게 되는 경우가 있다. 어떤 가설에 따르면, 그 돌은 과거 아랍의 노예상인이 일시적으로 이곳에 거주했음을 뜻한다고 한다. 또 다른 주장으로는, 물론 큰 돌을 이 지역의 일반적인 건축자재로 볼 수는 없으나, 제1차 세계대전 당시 독일군 강제징집을 피해 도망친 아프리카인들이 숲으로 숨어들을 때 옮겨놓은 것이라는 설도 있다. 그러나 곰베는 아랍 상인이나 독일 식민주의자들이 오기 훨씬 전부터도 외지고 인적이 드문 곳이었다. 이는 토착민인 하족이 독특한 지형과 숲, 야생동물 때문에 곰베 땅을 신성하게 여긴 탓으로, 이들은 곰베가 땅의 정령인 비시고와 마싱가의 거처이므로 정령에게 엄숙히 예의를 표해야 한다고 믿었다. 20세기 초를 전후해서 독일 식민통치자들이 곰베의 지역 경계선을 세밀화하고 이곳을 침팬지 서식지 법정보호구로 정해서 신성한 숲이 훼손되는 것을 막았으며, 제1차 세계대전 후에는 영국 정부가 이를 이어받아 법정보호구로서의 지위를 유지시켰다.

한편 1930년에서 1940년대에 탕가니카 호 곰베 유역에서 다가아라는 물고기의 어획이 큰 돈벌이로 떠올랐다. 다가아는 크게 무리를 지어 이동하며 유달리 빛을 따라가는 습성이 있어 보름달이 뜨는 날이면 달빛에 정신이 팔려 제 무리가 어디에 있는지도 잊고 잔물결이 일렁이는 반짝이는 수면 위로 넓게 흩어져 있곤 한다. 그보다 어두운 달밤에는—초승달이나 그믐달일 때—뱃마루에 불을 지펴 불빛을 한곳에 모아 그 작은 물고기들을 어망으로 유인해내는 식으로 다가아의 약점을 최대한 이용한다. 물론 불을 피우기 위해서는 땔감이 필요한데 곰베에서 땔감으로 나무를 베어가는 경우가 왕왕 있어 영국 탕가니카 수렵관리부의 초기 업무 중 하나가 곰베에서의 벌목 감시인 시절도 있었다(이 업무는 1940년대 후반에서 1950년대 초반, 폭풍우에도 끄떡없는 등유 랜턴과 램프 등이 땔나무를 대신하게 되면서 점차 사라졌다).

제인이 도착한 1960년까지만 해도 곰베에는 동아프리카 삼림지역 동물

상의 표본들이 예외적이리만치 풍부하게 남아 있었다. 160여 마리라는 풍성한 개체수의 침팬지(동부 아종인 판 트로글로디테스 스크웨인푸르티이*Pan troglodytes schweinfurthii*)와 그 밖의 다른 영장류를 대표하는 여섯 종, 아누비스개코원숭이, 붉은콜로부스원숭이, 푸른원숭이, 붉은꼬리원숭이, 버빗원숭이, 바늘발톱갈라고원숭이를 비롯해 기타 포유류로 작은 두 무리의 들소, 덤불멧돼지와 부시벅, 하마 몇 마리, 간간이 눈에 띄는 하이에나, 좀처럼 보기 힘든 몇 안 되는 개체수의 표범이 있었고 몸집이 작은 동물로는 사향고양이, 제닛고양이, 긴코땃쥐와 각종 다람쥐 및 설치류, 몽구스 등이 있었다. 제인이 도착했을 당시에는 더 이상 사자의 흔적은 발견되지 않았으며 의뭉스럽게 몸을 숨기곤 하는 악어나 하마, 들소도 자취를 감춘 뒤였다. 그러나 현재까지도 새는 수많은 종과 개체수가 남아 있으며, 땅에 사는 거대한 나일왕도마뱀(최대 약 1.8미터)과 카멜레온, 개구리, 도마뱀붙이, 도마뱀, 두꺼비, 거북을 비롯해 희귀동물인 우지지둥근코지렁이도마뱀도 그 모습을 찾아볼 수 있으며 엄청난 크기의 독성 노래기와 전갈, 침노린재, 딱정벌레, 메뚜기, 병정개미, 거미, 흰개미, 체체파리, 말벌, 끝도 없이 출몰하는 말라리아모기 등도 있었다.

천국에는 어디든 뱀이 있기 마련이라면 곰베에는 곰베의 왕인 비단구렁이가 있다. 5미터가 조금 못 되는 크기까지 자라는 비단구렁이는 이빨 크기가 커다란 개의 이빨만 하며 먹이를 삼키기 좋도록 이빨이 안으로 휘어져 있어 덤불멧돼지와 부시벅도 비단구렁이의 먹잇감이 된다. 곰베에 있는 뱀 24종 가운데 굴파기독사, 밤살모사, 모래뱀, 덩굴뱀은 독성이 약한 반면, 흑백 무늬의 숲코브라, 검은맘바, 붉은꼬리초록뱀, 숲살모사, 탕가니카호 물코브라, 아프리카살모사, 독뱉기코브라는 맹독성이다.

숲살모사는 원래 나무 위에 살지만 그 아래 목초지 풀밭을 더 좋아하기도 하며, 크기가 작고 상대적으로 생성되는 독이 적어 다 자란 성인이 숲살모사에게 물려 죽을 확률은 없다시피 하다. 또 다른 나무 위의 뱀인 붉은꼬리초록뱀은 독니가 뒤쪽으로 나 있고 이빨이 무딘 편이라 먹잇감을 질근 씹어야만 독을 주입할 수 있다. 독의 활성화도 느려 붉은꼬리초록뱀에 물린 사람이 상처치료용 구급상자를 찾기까지는 며칠 동안의 여유가 있을 정도이다.

이 두 뱀은 그나마 선량한 축에 속하지만 나머지 뱀들은 사정이 다르다. 바위가 많은 연안을 즐겨 찾는 탕가니카 호 물코브라는 공격성이 강한 맥동성 독사로서 다행히도 곰베에는 바위보다는 모래나 자갈 연안이 대부분이기 때문에 매우 드물다. 또 위는 광택이 나는 검은색, 아래는 노란 겨자색, 턱의 줄무늬와 입술은 검은색인 숲코브라는 은둔성, 야행성 뱀으로서 사람의 눈에 띄는 경우가 거의 없다. 개체수가 적거나 은둔성이 두드러진다고는 볼 수 없는 아프리카살모사는 공격 속도가 매우 빠른 파충류로서 덩치가 작은 사냥감을 노리는데 주로 먹잇감이 오가는 길에서 매복해 있다가 공격을 하며, 사람이 그 길을 지나다가 미처 자리를 피하지 못한 아프리카살모사를 밟는 경우도 종종 있다. 한편, 독뱉기코브라는 고운 레몬에이드 빛 몸체와 어두운 색감의 목 줄무늬 등, 다양한 스펙트럼의 배색을 띠고 있으며, 독뱉기코브라가 내뿜는 분사—사람들의 놀란 눈을 향해 미세한 입자 형태의 독을 뿜어내는 등, 빛을 내는 모든 표적을 향해 침을 분사한다—는 일종의 방어기제에 해당하지만 무는 것으로도 치명타를 가할 수 있다. 몸길이가 무려 2미터에 가까운 검은맘바는 곰베에서 수차례 발견되었으며 머리가 유달리 납작해 위에서 내려다보면 꼭 관 모양을 연상시켜 '아, 제대로 물렸다가는 30분도 안 돼 관에 들어가는 신세가 되겠구나' 하는 사실을 새삼 상기시켜주기도 한다.

제인은 예측이 불가능하고 아주 위험할 수 있는 뱀과 들소를 항상 경계했으며, 어쩌다 눈에 띄는 표범에 대해서는 언젠가 글에서 쓴 것처럼 "거의 무조건적인 두려움"이 있었다. 하지만 동물과 더불어 사는 삶은 워낙에 제인이 꿈꿔왔던 삶인 만큼, 이보다 더 제인을 힘들게 한 건 아마 곰베의 험준한 지형이었을 것이다.

곰베는 길고 좁은 직사각형 지형으로 서쪽 끝은 호숫가, 동쪽은 지구

대 단층애의 끝자락이 길게 경계선을 이루고 있다. 숲에서 호수로 단층애의 고원을 따라 흐르는 물은 거칠게 부서지고 부딪히고 요동치며 12개가 넘는 세찬 물길과 12개가 넘는 깊은 협곡을 만들어낸다. 곡예에 가까운 활약상을 보이는 침팬지들에게는 곰베의 이러한 험준한 지세가, 상대적으로 약하고 움직임이 둔하며 직립보행을 하는 인간이라는 유인원을 앞설 수 있는 강점이 된다. 침팬지는 인간이 땅에서 달리는 것만큼 빠른 속도로 나무에 오를 수 있으며, 나뭇가지가 부러지더라도 떨어지는 중간에 뭔가를 잡고 버틸 수 있을 만큼 힘이 세며, 상당히 높은 곳에서 떨어지더라도 살아남을 수 있을 만큼 강인하다. 침팬지를 쫓는 인간에게는 불가능한 장벽이 되고 마는 절벽이나 협곡에서도 침팬지는 잠깐만 멈출 뿐 금세 A에서 B로 가는 유용한 다리 혹은 사다리로 쓰기에 적합한 넝쿨이나 나무를 찾아낼 수 있다.

그러나 의외로 인간도 곰베의 가파른 지형을 잘 활용할 수 있는 부분이 있는데, 우선 서쪽을 바라보고 있는 산기슭이 믿을 만한 나침반 구실을 해 여간해서는 완전히 길을 잃을 일은 없다. 지세가 험해 멀리까지 침팬지를 쫓아갈 수는 없지만 봉우리가 높고 계곡이 깊기 때문에 시야만큼은 그 어느 곳에서보다도 넓게 확보할 수 있다. 성능 좋은 쌍안경이 있고 좋은 관측지점만 찾아낸다면 나무꼭대기 저 너머, 능선과 능선을 지나 그 아래로 여기저기 자리한 수풀 속까지도 들여다볼 수 있다.

지세보다 더 큰 어려움은 보호구 마을 사람들과의 관계가 아니었을까. 도착한 지 이틀이 지나서 데이비드 앤스티는 북쪽 음왐공고에서 온 스무 명 남짓한 어민들과 구경하러 온 예순 명의 마을 사람들에 둘러싸였다. 어민들은 공격적이고 기세등등했다. 그중 일부는 곰베 강가에 살던 사람들로 등유 램프가 들어오기 전까지는 이곳에서 어선용 땔나무를 해가던 사람들이었다. 이 사람들이 무리의 대변인을 자처하고 나섰다. 곰베는 자기네 땅이고, 이 두 유럽 여자는 정부의 첩자이며, 침팬지 수를 부풀려서 토착민들이 곰베에 못 들어가게 할 구실을 만들려고 이곳에 왔다는 것이었다.

팽팽한 긴장감이 감도는 상황이었음에도 앤스티는 상황에 잘 대처했다. 침팬지를 관찰할 때 동행할 조수 몇 사람을 현지인 중에서 뽑겠다는 데 서로 합의를 보고 사태를 일단락 지은 것이다. 첫번째 조수는 음왐공고 마을 부부족장인 흐트왈레로 그에게는 제인의 일을 감시하는 임무가 맡겨졌다. 제인을 쫓아다니며 제인이 일을 정확하고 정직하게 하는지를 확인하는 일이었다. 두번째 조수도 음왐공고 사람이었는데 (집으로 보낸 편지에 따르면) "키가 크고 호리호리한 체구에 조용한" 라시디 키크왈레는 길잡이 겸 짐꾼을 맡았다. 마지막으로 "밝고 쾌활한" 아돌프 시웨지는 보호구에 상주하는 탄자니아 수렵관리부 직원으로 (제인의 현장일지에 따르면) "내가 지시한 곳으로 가기, 그리고…… 어부들 사이에서 도는 나쁜 소문을 알려주기"의 일을 맡았다. 시웨지는 이미 수렵관리부에서 임금을 받고 있었으므로 제인은 흐트왈레와 라시디 키크왈레에게만 품삯으로 하루에 2실링을 지불하기로 했다. 또 가외로 일이 있을 때는 음왐공고 주민 한 사람을 더 부리기로 약속하고 부족장의 아들 미키다디에게 캠프 안팎을 돌보는 일을 맡겼다.

그렇게 해서 데이비드 앤스티는 참을성 있게 협상을 하고 타협안을 이끌어냈다(이후 그는 곰베를 떠나 키비시호를 타고 키고마로 돌아갔다). 그전까지만 해도 제인은 자연에 심취해 혼자서 우아하게 야생동물이 노니는 숲을 거니는 자신의 모습을 상상하고 있었으므로 그날 밤은 "우울하고 처량하게" 잠자리에 들었다. 하지만 이튿날 아침 자리에서 일어나자 우울한 기분은 씻은 듯 사라지고 주어진 상황에 최선을 다하리라 마음을 먹었다. 집으로 보낸 편지에 썼듯 제인은 "모든 일이 순조롭기를" 바랐다.

실제로 곰베에 온 첫 두 주일은 순조로운 출발을 보이며 예상외의 큰 수확을 거뒀다. 보호구 북단에 서식하는 침팬지들이 그들 나름의 수확이라 할 수 있는, 한창 먹기 좋게 익은 열매를 찾아 거대한 음술룰라나무 주위로 신이 나 몰려든 것이었다. 음술룰라는 보호구 북단 골짜기에 위치한 미툼바 계곡에서 자라고 있었는데 데이비드 앤스티는 수렵 감시원으로부터 그 지역에서 침팬지 울음소리가 들렸으며 침팬지 둥우리를 목격했다는 말을 전해 들었다. 그래서 7월 17일 이른 아침, 보호구에서 자리 잡은 지 사흘째에 제인은 공식적인 첫 침팬지 관찰에 나섰다. 제인, 라시디, 아돌프 일행은 소형 알루미늄 보트를 타고 호숫가를 따라 북쪽으로 가 미툼바 계곡 초입에 배를 대고, 그곳에서 음왐공고 부副부족장인 흐트왈레를 만났다. 부부족장은 제인에게 침팬지 관찰을 하러 가려는 곳이 정확히 어디냐고 물었다. 제인이 앞에 보이는 숲과 그 너머로 높이 솟은 산등성이를 가리키자 자기는 며칠 앓아누웠더니 아직 몸이 개운하지 않다며 오늘은 같이 갈 수가 없겠다고 말했다. 한참 기억을 더듬던 제인이 그때 일을 들려주었다. "나중에야 알았어요. 흐트왈레는 내가 배에서도 안 내리고 그저 호숫가나 오르락내리락하며 눈에 띄는 침팬지 수나 세겠지 싶었나 봐요. 흐트왈레는 산에 오를 생각이 아예 없었던 거예요. 그 후로는 두 번 다시 흐트왈레를 보지 못했죠."

덕분에 조수는 좀더 홀가분한 숫자인 두 명으로 줄어들었고, 제인 일행은 그날 미툼바의 "얕은 급류를 따라" 서둘러 "수풀이 우거진 계곡 위로 올라갔다."

너무나 아름다웠고 또 시원했다. 초목이 우거지고 야생의 기름야자도 무성했지만 걷는 데는 문제가 없었다. 덤불멧돼지 두 마리가 눈에 띄었다. 우리보다 앞서 가고 있었는데 가까이 다가가도 살짝 몸을 움직인 게 다였다. 우리는 걸음을 멈추고 나무 사이에서 덤불멧돼지를 지켜보았으며, 덤불멧돼지들은 걸음이 빠르기는 했지만 서두르는 기색 없이 우리가 있던 곳에서부터 멀어져갔다. 이전까지는 덤불멧돼지가 지나간 흔적만 보았을 뿐이었다. 들소 발자국도 여러 개가 눈에 띄었으나 정작 들소는 보지 못했다. 8시 30분 계곡 북쪽 수풀이 우거진 산비탈에서 침팬지 한 무리가 울부짖는 소리가 들렸…… 잠시 후 나무에서 열매를 먹고 있는 침팬지 몇 마리가 모습을 드러냈다.

제인 일행은 산중턱에서 이상적인 관측지점을 찾아냈다. 숲에서 멀리 떨어진 곳이라 열매를 먹는 침팬지들을 방해하지 않아도 됐고, 제법 높은 곳이라 쌍안경 너머로 음술룰라나무를 유심히 들여다보면 나뭇잎이 드리운 그림자 사이사이로 부산스레 나타났다 사라지길 반복하는 침팬지들의 한쪽 팔이나 양팔을 발견할 수 있었다.

대략 열 마리 정도인 것은 확실했지만 열매를 먹고 있는 나무가 워낙 두터운 장막 구실을 했고 침팬지들도 쉴 새 없이 나무를 오르내려 정확히 몇 마리인지는 세기가 힘들었다. 한두 마리는 어른 침팬지와 비교해 확연히 덩치가 작았으나 새끼로 분류할 만한 침팬지는 보이지 않았다. 먹이 섭취는 단시간에 집중적으로 이루어졌다. 대개는 손을 이용해 나뭇가지에서 열매를 딴 후 입으로 가져갔지만 가지에서 바로 주둥이로 따 먹는 경우도 있었다.

침팬지를 지켜본 지 20분쯤 지났을 무렵, 한 마리를 제외한 무리 전체가 나무 아래로 내려왔으며 잠시 후 다시 등장한 또 다른—혹은 같은?—무리가 나무에 올라 열매를 먹기 시작했다. 나무에 있던 침팬지들은 규칙적으로 일제히 '우우' 하는 소리와 비명소리를 냈는데 처음 한 시간 동안 여섯 차례에 걸쳐 소리를 냈으며 마지막 여섯번째에는 침팬지 세 마리의 모습이 또렷이 보였다. 잠시 후 9시 45분, 무리 전체가 나무에서 내려와 아래 숲으로 이동한 듯했다. 약 10분 뒤에 제인 일행은 침팬지들이 먹던 장과류의 열매 표본을 채취하기 위해 나무 근처로 이동했다.

판단착오였다. 아래쪽 나뭇가지에 아직 침팬지들이 있었고, 남은 침팬지들은 우리 때문에 놀란 것 같았다. 그래도 약 20분 동안은 멀리 달아나지 않았다. 이리저리 움직이며 잔가지를 꺾는 소리가 들렸고 마치 우리 속 침팬지가 애타게 기다리던 식사나 특별한 진미를 먹게 됐을 때 내는 것과 유사한 낮게 그르렁대는 소리를 냈다. 그르렁대는 소리가 들렸을 때 눈에 띈 침팬지는 한 마리뿐이었다(작은 나무에 올라가 있었다). 그마저도 어두운 형상으로만 보일 뿐이었다.

첫 한 주 동안 제인은 새벽부터 밤까지 침팬지를 쫓아다녔고, 아침에 잠에서 깬 침팬지들의 모습을 관찰하기 위해 이틀 밤은 침낭에 의지해 숲속에서 보냈다(라시디와 아돌프는 추위를 피하기 위해 불가에서 잤다).

뭇 침팬지들이 장과류의 주황색 열매를 목표로 음술룰라나무 주변의 야자수를 사다리 삼아 음술룰라의 거대한 수관樹冠으로 이동했으나, 거리가 멀어 보는 데는 한계가 있었고 더욱이 무성한 나뭇잎마저 시야를 가렸다. 제인은 초기에 쓴 일지에서 "울적함과 우울함"이 밀려들었다고 적고 있다. "대체 행동이라 할 만한 걸 언제쯤 볼 수 있단 말인가? 보이는 거라곤 각종 열매들을 닥치는 대로 먹어치우는 모습뿐이다." 그나마 제인은 이미 "나무에서 열매를 먹을 때 보이는 행동에서 주목할 만한 사실을 한두 가지"를 발견했다는 것으로 위안을 삼았다. 침팬지들은 "가지를 탈 때는 매우 민첩했지만" 먹는 동안에는 움직임이 극히 적었다. "최소 1분간 열다섯 마리가 어떠한 움직임도 보이지 않았다고 확신할 수 있는 야자수를 찾기란" 어려운 일이 아니었다.

또한 제인의 기록에 따르면 침팬지들은 열매를 먹는 동안에는 한쪽 손과 팔로만 윗가지에 매달려 있었다. 한번은 아침에 암컷 한 마리가 한쪽 팔로 15분을 매달려 있다 다시 반대쪽 팔로 10분을 더 매달려 있는 모습을 목격하기도 했다. 그사이에 암컷은 힐끗힐끗 자신을 지켜보는 관찰자들의 눈치를 살펴가며 조금씩 열매를 입에 넣었다. 또 어떤 때는 나뭇가지에 몸을 기댄 채로 잠시 드러누워 있기도 했는데 "한쪽 팔꿈치로 머리를 받치고 다른 손으로 느긋하게 열매를 따 먹기도" 했다.

음술룰라나무를 관찰하는 첫 주 동안 무엇보다 제인의 흥미를 끈 것은 침팬지들이 무리를 이루는 방식이 전혀 종잡을 수 없으리만큼 뒤죽박죽이라는 점이었다. 특정한 숫자가 무리를 이루고 야자수를 사다리 삼아 우르르 음술룰라나무로 기어올랐다가 몇몇이 내려오기도 했으며, 또 어른과 새끼, 수컷과 암컷이 한데 뒤엉킨 첫번째 무리가 뭔가 일을 시작하면 두번째 무리가 그 일을 끝냈다. 꽤 큰 무리가 나무에 모습을 드러냈는데 뒤이어서 아주 작은 무리(한 마리뿐일 때도 있었다)가 등장하기도 했다. 그보다 더 흥미로운—혹은 더 혼란스러운—때는 침팬지들이 나무에 있지 않고 인근 숲의 푸르른 미로 속을 이리저리 헤맬 때였는데 그럴 때면 마치 각각의 무리들이 서로 연락이라도 주고받듯 한 번씩 '우우' 하는 소리를 내거나 일제히 비명을 질렀다. 가끔씩은 여기저기서 여러 무리의 침팬지 소리가 한꺼번에 들려오기도 했다. 원숭이와는 분명 달랐다! 롤루이 섬에 서식하는 버빗원숭이의 경우 이동할 때는 일정한 숫자나 무리구성을 유지하며 안정된 군집을 이룬다. 7월 내내 궁금증을 해결하지 못한 상태에서 제인은 종잡을 수 없는 방식으로 이합집산을 반복하는 침팬지들의 사회적 구성단위를 '무리 troop'라는 표현을 써서 설명했으나, 집단 구성 면에서 볼 때 침팬지 집단은 원숭이식의 '무리'와는 전혀 달랐다. 7월 20일 오전의 관찰 내용을 기록한 일지에는 제인이 침팬지들이 무리를 짓는 방식에 대해 얼마나 혼란스러워했는지가 나타난다.

한 마리도 보이지 않다가 7시 30분경 다섯 마리가 음술룰라나무에 올라가 열매를 먹는 모습이 보였다. 아무런 소리도 내지 않았다. 1시간가량이 지나자 한 마리씩 순차적으로 나무에서 내려왔는데, 대부분은 음술룰라 가지를 타고 나무 왼쪽으로 내려왔으며 야자수를 사다리처럼 이용해 내려간 침팬지는 한 마리뿐이었다. 침팬지들이 사라진 뒤에 여기저기서 일제히 '우우' 하는 소리와 서로 뭔가 외치는 듯한 소리가 들렸는데 각기 멀리 떨어진 서로 다른 네 지점에서 반복적으로 들려왔다. 이런 소리는 이후 30분간 수차례에 걸쳐 무리와 무리 사이를 오갔다. 주로 세 무리 사이에서 소리가 오갔으며, 비명

소리는 없었다.

오전 9시경, 세 마리가 나무 위로 올라갔다. 그중 두 마리(한 마리는 수컷)는 음술룰라나무에 올라가자마자 바로 내려왔으며, 잠시 후 다른 여섯 마리가 나무 위로 올라갔다. 이번에도 야자수 사다리가 아닌 왼쪽 나뭇가지로 올라간 침팬지가 많았다. 이후 45분간 단 한 마리만이 돌연 비명소리 등을 냈을 뿐, 나머지 일곱 마리 모두 소리를 내지 않고 열매를 먹었다. 9시 45분에는 모두 나무 아래로 내려와 더 이상 보이지 않게 되었다.

그로부터 얼마 지나지 않아 음술룰라나무에는 더 이상 탐스러운 열매가 남아 있지 않게 되었다. 7월 말 제인은 두 조수와 함께 보호구 곳곳을 헤집고 다녔지만 이전만 한 관측지점을 찾지 못했고 산중턱에서 북쪽과 남쪽으로 뻗은 계곡 몇 개를 발견한 게 고작이었다. 8월 10일 일지에는 이런 지지부진했던 시기의 한 장면이 기록되어 있다.

오후 2시 우연히 침팬지 두 마리를 발견했다(상당히 먼 거리였다). 나무 위를 오가고 있었지만 내가 발견한 것과 거의 동시에 사라졌다. 멀리 보이는 산의 정상 근처였다. 그즈음 바람이 조금 잦아들었으며, 오후 2시 30분 침팬지 소리가 들려왔다(같은 산의 정상이었다). 잠시 후 이번에는 더 먼 곳에서 소리가 들렸고 다시 한 차례 소리가 들렸을 때는 너무 멀어서 거의 들리지 않았다. 산 정상까지 가려면 족히 한 시간은 걸리기 때문에 가볼 엄두가 나지 않았다. 어느새 3시 30분이었으므로 그냥 돌아갈 수밖에 없었다!

거리나 장애물로 침팬지 관찰에 어려움을 겪었을 뿐만 아니라 더 시급히 해결해야 할 현장 일꾼 아돌프와 라시디의 문제도 더해졌다. 7월 말 또는 8월 초순에 쓴 한 편지에서 밴은 영국에 있는 가족들에게 짧게나마 당시 상황을 전했다. "그나저나 침팬지들이 협조라고는 해주질 않네요. 제인도 하루가 다르게 신경이 날카로워지는 것 같고요. 원체 산이 많은 곳이라 침팬지를 찾아내기가 여간 힘들지 않은가봅니다. 날도 건조해서 침팬지들 흔적을 따라가기도 만만치 않고요. 더욱이 어딜 가든 두 사람과 동행해야 하니 그애가 얼마나 거추장스러워할지 짐작이 가시죠. 게다가 그 둘은 좀처럼 아침에 일찍 일어나지도 못하는 데다가 제인이 그들보다 더 빨리 걷고 빨리 올라가니 말이죠. 그렇다 보니 공공연히 대드는 지경에 이르기까지 제인이 일꾼들을 닦달하곤 합니다!"

제인은 지치지도 않고 새벽부터 저녁까지 걷고 관찰을 계속했으며, 매일 밤 10시 30분 무렵까지 현장일지를 썼다. 심지어 두 조수가 쉬는 날인 일요일에도 편지를 쓰고 표본을 채집하고 침팬지를 찾아 호수 연안이나 캠프 주변의 숲을 서성였다. 능력이나 수완으로 보자면 아돌프와 라시디도 분명 뛰어난 사람들이었지만 제인에게 버금가는 기운과 활력과 의지를 지니기란 어려울 수밖에 없었다.

현장일지에는 이런 이야기가 구체적으로 기록되어 있는데, 7월 18일 새벽 5시에 일어나 6시 즈음에 나설 채비를 이미 마친 제인과 달리 조수 두 사람은 누구 하나도 그 시간까지도 캠프에 나타나질 않았다. "화가 치밀었다." 6시 50분이 다 되어서야 나타난 아돌프에게 제인은 "언성을 높일 수밖에" 없었다.

7월 19일 밤, 세 사람은 미툼바 계곡 음술룰라나무 근처에서 잤다. 저녁은 통조림 콩으로 때웠고 아마 아침은 걸렀을 것이다(아니면 빵 한 조각과 커피 한 잔으로 입치레만 했을 것이다). 줄곧 침팬지를 지켜보고 싶었던 제인과 달리 점심때가 되자 라시디는 배가 너무 고프다며 불평을 늘어놓기 시작했다. "이야기인즉, 라시디가 배가 고파 죽겠다는 것이다. 그러니 내 뜻을 접고 캠프로 돌아가는 수밖에. 노예 부리듯 할 순 없지 않은가! 이게 현장 관찰에 일행을 동행할 때 생기는 문제다. 어쨌거나 사람들은 때가 되면 먹어야 하고 여러 가지를 필요로 한다. 이 점을 잊지 말아야겠다."

이런 배려와 함께 동트기 전에 잠에서 깨기 위해서는 기계의 도움이 필요한 사람도 있다는 사실도 깨달았던 것 같다. 7월 20일 저녁 제인은 아돌프에게 자명종을 건넸고, 시계가 제 역할을 해준 덕분에 세 사람은 21일에는 예정대로 6시 45분에 캠프를 나섰다. 하지만 그날 오후 제인이 침팬지를 관찰하는 사이, 긴 점심식사를 끝낸 아돌프와 라시디는 거의 오후 내내 꿈속을 헤맸다. 그러던 7월 22일, 8시 45분이 다 되도록 아돌프가 나타나지 않자 "더는 안 되겠다" 싶었던 제인은 아돌프 없이 혼자 캠프를 나서 텐트 뒷길을 따라 카콤베 강을 올라갔다.

8월 5일 라시디는 "건너편 산에 있는 침팬지의 행동 변화를 식별"해냄으로써 "남달리 뛰어난 시력"을 과시했으나 그날 저녁 캠프에 도착했을 때에는 낮에 본 모습과는 영 딴판이었다. "어찌나 피곤해하는지 텐트까지 나를 쫓아오는 것도 힘들어했다. 어디 제대로 걸을 줄 아는 사람 없는지." 8월 6일에는 라시디와 아돌프 둘 다 완전히 진이 빠져 더 이상 제대로 일을 할 수조차 없게 되었다.

1.6킬로미터를 넘게 갔지만 아무것도 없었다. 그러자 아돌프와 라시디가 쉬어야겠다고 했다. 더는 왈가왈부하고 싶지도 않아 나는 물길이 아주 좁아질 때까지 계속 계곡을 따라 올라갔다. 그래도 기특하게도 두 사람이 내 뒤를 쫓아오기는 했다.

잠시 후 왔던 길을 되돌아갔다. 라시디는 줄곧 피곤하다는 말을 늘어놓았고 코끼리마냥 어슬렁어슬렁 내 뒤를 쫓아왔다. 아무것도 없었다. 원숭이 한 마리도 보이질 않았다. 하지만 막 호숫가에 도착한 순간 침팬지 울음소리가 들렸다(이미 지나온 니아상가 개울 쪽이었다). 라시디는 털썩 그 자리에 주저앉았고, 내가 다시 가보자고 했지만 내켜하질 않았다. 결국 아돌프랑 둘이서 왔던 길을 다시 올라갔다. 침팬지들은 산맥 꽤 높은 곳에 있었는데 바위산이나 마찬가지였다. 아돌프가 다시 강을 거슬러 올라가고 싶지는 않다며 라시디와 같이 큰 망고나무 밑에 드러누워버렸으므로 나는 혼자 산을 올라갔다. 최대한 멀리까지 올라갔지만 침팬지 소리는 들리지 않았다. 소리가 날까 하고 30분 정도를 기다리다 결국 되돌아가기로 했다. 더 가고 싶었지만 워낙 산세가 가파르고 행여 무슨 일을 당할지 몰라서였다. 어떻게든 꼭 일할 의지가 있는 착실한 사람을 구해야 한다(일찍 일어나고, 필요하다면 하루 종일 걸을 수도 있고, 늦게까지도 일할 수 있는 사람 말이다).

곯아떨어진 숲속의 두 야수가 있는 곳으로 돌아갔다. 침팬지 소리는 들리지 않았다. 호숫가를 따라 캠프로 돌아왔다. 너무 피곤했다. 3.2킬로미터 남짓한 거리가 그렇게 길게 느껴지긴 처음이었다.

제인이 자취를 감춘 침팬지와 지칠 대로 지친 현장 일꾼들로 골머리를 앓는 사이, 밴은 보호구 외곽에 거주하는 음왐공고 주민들과 현지 어민들의 태도라는 또 다른 문제를 처리했다. 이런 사람들과 더불어 살아가야 함을 진작 알고 있었던 루이스 리키는 밴이 집으로 보낸 편지에 썼듯이, 현지인들과 "친구가 되는 가장 확실한 방법은 구급약을 나눠주는 것"이라는 조언을 해주었으며 탐사대의 그 많은 보급품 상자 안에 붕대, 아스피린, 기침약, 화상치료제, 설사약 등도 넉넉히 챙겨가도록 신경을 썼다.

밴이 필요하다면 누구에게든 간단한 치료를 해주겠다고 알리고 나서 몇몇 사람들이 다리 두 곳에 고름이 심하게 생긴 한 노인을 데려왔다. "발목이 검붉은 색으로 부어올랐는데 어찌나 끔찍하던지, 그런 건 난생 처음 봤어요. 발부터 무릎까지 다리가 죄다 부은 데다 심한 곳은 온통 빨갛고 노란 게, 귤 크기만 하게 부었더군요." 행여 다리를 못 쓰게 되진 않을까 염려스러웠던 밴은 키고마에 있는 병원으로 가셔야 한다고 분명히 말했지만, 이미 기력도 쇠하고 병세도 깊었던 노인은 멀리 움직이려 들질 않았다. 결국 밴은 뜨거운 물과 소독약으로 매일같이 노인의 다리를 씻기고 족욕을 하게 했다. 고름이 빠져나오는가 싶더니 3주 만에 부종이 가라앉아 이후 염증도 사라지면서 어느새 노인의 다리가 낫기 시작했다.

그렇게 해서 진료소가 탄생했다(기둥 네 개와 원형으로 이엉을 엮은 지붕으로 금세 모양새도 갖추었다). 첫날, 노인의 열대성 농양 처치를 끝내기가 무섭게 상처 소독을 해야 하는 환자 둘이 진료소를 찾아왔고, 밴이 상처를 소독하는 사이 치료를 받기 위해 줄을 선 환자는 어느새 스무 명 남짓으로 늘어났다. 둘째 날에는 서른 명까지 늘어났다. "기침, 감기, 변비, 두통, 요통에 당최 뭔지도 모를 병까지. 뭔지 모르는 병일 때는 죄다 아스피린을 나눠줬답니다. 그 사람들은 아스피린을 만병통치약처럼 여기거든요."

일주일 뒤에는 줄을 선 사람의 수가 예순 명으로 늘어났고, 개중에는 아기에게 줄 기침약을 구하러 몇 킬로미터나 되는 거리를 걸어서 온 말끔한 흰옷 차림의 남자 두 사람도 있었다. 자원봉사자 조수도 한 명 구했다. 라시디의 아들 중 하나인 여덟 살짜리 꼬마 주만네는 사리염을 섞고, 아스피린을 삼킬 물을 따랐으며, 붕대를 자르거나, 약을 한 번 받고 또 받는 사람이 없는지 살피는 등, 부지런하고 열심히 진료소 일을 도왔다. 제인이 훗날 책에서 썼듯 꼬리에 꼬리를 물고 이어지는 아침진료는 "많은 질병을 치료했을 뿐 아니라, 우리가 새로운 이웃과 좋은 관계를 만드는 데 도움을 주었다."

여름이 깊어가자 무더위도 기승을 부렸다. 벤이 집으로 보낸 편지에서 썼듯 "아침 9시면 숨이 턱턱 막힐" 지경이었고, 머리칼은 "노상 눅눅하고 뜨거웠다." 밴은 더위가 최고조에 달하고 모두 낮잠에 빠져 드는 오후 시간이면 매일 면으로 된 헐렁한 옷을 걸치고 개울가로 나가 물에 발을 담그곤 했다. "개울이 워낙 얕아 물살이 반질반질한 돌멩이 위를 겨우 훑고 지나가는 정도지만 그래도 그렇게 시원할 수가 없어요."

하지만 때로는 밴도 뜨거운 날씨와 어깨에 진 무거운 짐들이 버겁게만 느껴졌다. "일이 끊이질 않네요." 진료소의 응급상황에 대처하거나 이따금 진료소를 찾는 깜짝 손님들을 접대하는 일이 없을 때도 밴은 응당 해야 한다는 의무감에 곤충과 식물 표본채집에 나서거나, 그보다는 좀더 홀가분한 마음으로 타자기 앞에 앉아 있곤 했다. 이런저런 이유로 호수를 오르내리던 사람들이 간간이 진료소에 들렀는데 외부 세계와의 소통이 극히 제한적이다 보니 이런 방문은 깜짝 이벤트나 다름없었다. 데이비드 앤스티가 야생동물 관련 일로 키비시호를 타고 캠프에 오기도 했으며, 키고마에서 친구들이 와 당일로 진료소를 다녀가기도 했다. 어떤 날은 선교 사업으로 쾌속정을 타고 호수를 오가던 '백인 신부' 구에르츠가 잠깐 진료소에 들르기도 했다. 이른 9월 어느 오후에도 구에르츠 신부는 두 수녀와 함께 진료소를 찾았다. 호수에 배를 대기에는 물살이 너무 거셌기에 신부와 두 수녀는 호숫가에서 떨어진 곳에 배를 대고 세 사람을 실어다줄 통나무 카누를 기다렸다. 두 수녀(그중 한 명은 나이가 얼추 여든이었다)가 "치맛자락을 추스르고 이쪽 배에서 저쪽 배로 쿨렁대는 뱃마루 위를 잽싸게 건너뛰자 사공이 호숫가로 노를 저었다." 뭍으로 뛰어내린 세 사람은 잠깐 오렌지 과일즙과 비스킷이나 얻어먹고 갈 생각으로 캠프에 들렀다가 다시 키고마로 길을 떠났다. 밴은 편지에 "챙이 넓은 큼지막한 군모에 기다란 카키색 재킷을 걸친 구에르츠 신부님과 산들바람에 수녀 두건이 나부끼던 두 수녀님이 그야말로 맹렬히 물살을 가르며 금세 멀리 있는 곳을 돌아 사라지던 모습은 아마 평생 잊지 못할 것 같아요" 하고 썼다.

이런 일상의 변주는 때로는 뜻밖의 반가움이 되기도 했지만 간혹 그렇지 않은 때도 있었다. 어쨌든 밴은 성가신 표본채집 일 때문에 한 가지에 집중할 수 없었다. 처음부터 그 일을 하겠노라 동의를 한 터이니 주기적으로 표본채집을 나가야 한다는 의무감은 있었지만, 여름이 무르익고 더위가 기승을 부리자 애초의 의욕도 시들해져갔다. 집으로 보낸 편지에서 밴은 속내를 털어놓았다.

당최 곤충은 찾을 수가 없고, 저는 찌는 듯한 무더위에 그놈들을 한 마리라도 담아보겠다고 또 길을 오르내려요. 거기에 식물채집은 어찌나 **복장이 터지는지**! 이젠 그놈들 채집 생각만하면 몸서리가 난답니다. 재미없는 직업이 어디 한두 개겠냐마는 식물학자만 하겠어요……. 잘 접어놓았다 싶으면 어느 틈에 채집철 밖으로 쏙 달아나버리지, 나뭇잎은 꼭 판판하게 넣어줘야 된다고 하지……. 하필이면 채집철을 닫는 찰나에 도로 죄다 앞으로 와버리지.

뙤약볕에 그러고 있다 보면 이러다 더워 죽지 싶답니다. 날이 서늘해지기를 기다렸다 야책(채집한 식물을 종이 속에 펴 넣어 보관하는 채집 도구—옮긴이) 안에서 안전하게 꺼내려 하면 반은 바람결에 날아가버려요!! 게다가 꽃도 있었는데!! 열매를 집어넣으면 야책이 불룩해지고, 중요한 표본을 찾았는데 이튿날 종이를 갈아주러 가면 개미가 득실득실해요!

그래서 밴은 이렇게 요약한다. "그러니 식물 채집이 제 장기가 될 리가 있겠어요!" 그나마 식물보다는 곤충채집이 재미가 있었지만 그렇다고 채집에 대한 생각을 바꿀 정도는 아니었다. "어차피 저야 채집망을 요리조리 잘 피해가는 나비를 보면 참 다행이다 싶은 사람이니 곤충학계 입장에서도 타고난 천재 곤충학자를 잃은 셈은 아니라고, 저 나름대로는 그렇게 결론을 내렸답니다."

밴이 정말 마음을 두고 있던 일은 글쓰기였다. 제인과 밴이 처음 곰베에 도착했을 당시 누군가 밴을 위해서 나무탁자를 만들어주었는데 밴은 앞이 탁 트여 텐트에서는 베란다격이었던 개폐식 출입구에 탁자를 놓았다. 먼지가 덜 나게 할 요량으로 사람을 써서 호숫가에서 조약돌 여러 양동이를 가져와 텐트 입구에 깔기도 했다. 발아래에는 조약돌을, 머리 위엔 캔버스 챙을, 등 뒤로는 숲을 두고, 왼편 멀리로 반짝이는 호수가 내려다보이도록 북쪽을 향한 채로, 그해 여름 제인의 어머니는 조악한 나무탁자에 앉아 타자기를 두드렸다. 타자기로 밴은 영국에 있는 어머니나 형제들에게 보낼 장문의 편지를 써 내려갔으며, 소설도 썼다. 하지만 머리칼과 얼굴과 손등을 타고 흘러내리는 땀으로 타자기는 언제 녹이 슬지 몰랐고 잉크리본도 점점 색이 옅어지는가 싶더니 8월 말에는 결국 잉크가 동이 나고 말았다.

잉크리본이 옅어지는 사이 밴도 기력을 잃어갔다. 제인의 현장일지에 따르면 8월 13일 밴은 목이 "너무 아프다"고 했고 증상은 이내 심해져 15일에는 키고마에 있는 병원에 들러 "주사"를 맞아야 할 정도였다. 원인을 알 수 없는 병은 순식간에 제인에게까지 옮아갔고 8월 16일 아침 제인은 "몸이 평소 같지 않은 느낌"이 들었다. 그래도 라시디와 함께 산으로 가 침팬지를 찾아다니는 일쯤은 평소처럼 할 수 있지 않을까 싶었지만 그날따라 유난히 날이 더웠다. 침팬지 소리와 흔적을 쫓아 "깎아지른 듯 가파른 협곡"에 이른 제인 일행은 다시 족히 몇 킬로미터는 될 거리를 오르락내리락 하다 마침내 어느 높은 곳에 자리를 잡고 침팬지가 나타나기를 기다렸다. "그때쯤 되자 몸이 제 상태가 아니었다. 현실감이 없어서 잠시 누워 있었다. 침팬지 두 마리를 놓치지 않은 건 순전히 본능이었다."

그날 오후 침팬지 관찰은 대단한 성과를 거두었으나, 저물녘 캠프로 돌아오는 여정은 "진짜 악몽"과도 같았으며 캠프로 돌아와 열이 38.3도까지 오른 것을 알게 된 제인은 곧장 침대로 파고들었다. 8월 17일에는 두 모녀 모두 "온종일 골골"댔고 이튿날 밴은 열이 40.5도까지 올랐다. 열이 40도까지 오른 제인도 몸 상태는 "별반 나아지질 않아 너무 우울"했다. 8월 20일에는 "온몸에 정체 모를 분홍색 물집이 퍼지기 시작하더니 시간이 흐를수록 더 심해져갔다." 이튿날에는 두 사람 모두 열이 조금 내리면서 월요일이었던 8월 22일에는 괜찮아진 것 같았다. "훨씬 괜찮아진 것 같지만 기운이 하나도 없다. 머릿속이 둥둥 울리는 것 같다." 그사이에 요리사 도미니크는 두 여인에게 키고마에 있는 병원에 가보자고 거의 애원을 하다시피 했지만 둘 다 몸을 움직일 기력이 없었으므로 "계속 곁에서 부산을 떨며" 두 사람을 돌보았다. 어느 날 밤인가는 텐트 밖에서 정신을 잃고 쓰러져 있던 밴을 도미니크가 발견하고 침상으로 옮기기도 했다.

몸이 낫고 며칠 후 밴이 영국에 있는 가족들에게 보낸 편지를 보면 이 역경의 2주를 보낸 후일담이 가볍고 즐거운 사건처럼 묘사되어 있는데, 행여 두 모녀에게 무슨 일이 생긴 게 아닐까 하는 가족들의 걱정을 덜기 위해서였을 것이다. "제인도 저도 뭐든 잡아야 일어설 수가 있었으니, 둘 다 참 가관이었지요!" 후끈 달아오른 텐트 안에서 두 모녀는 나란히 누워서만 지냈고 텐트 안은 천천히 평소와는 다른 모습이 되어갔다. "먼지가 소복하더군요. 텐트 귀퉁이에는 층층이 나뭇잎이 쌓였고 설탕이랑 오렌지주스 탓에 골풀깔개도 끈적끈적해졌고요." 아침마다 제인은 밴에게 체온계를 달라고 했고 그러면 밴은 30분이나 지나서야 겨우 "기력을 모아" 체온계가 어디에 있는지를 알려주었다. "그러고는 또 둘 다 말없이 꼼짝 않고 누운 채로 한 시간이 흘렀고, 그제야 제인이 아주 천천히 체온계가 있는 곳까지 팔을 뻗곤 했어요." 밴은 체온을 재는 일에 대해 이런 얘기도 덧붙였다. "그나마 유일하게 머리를 쓰는 즐거움이 있는 일이었어요! 그렇게 한 번 하는 데만도 한참이 걸렸지만 그래도 기력이 좀 난다 싶을 땐 하루에 세 번씩도 체온을 쟀다니까요!!"

도미니크가 거듭해서 차와 "입맛을 돋우는 음식"을 가져다주었지만 두 사람은 대부분 손도 대지 않았다. 그렇지만 앓아누운 채로 이틀이 지나자 제인은 기력을 차려야 한다는 생각에 꼭 저녁을 푸짐하게—소시지, 완두콩, 감자, 수프—먹겠다고 고집했고, 억지로 몸을 움직여서라도 식사를 하려고 애를 썼다. 그러면서 두 사람은 "텐트 안에, 그것도 열대의 뙤약볕이 내리쬐는 곳에 누워 있다는 게 어떤 건지, 영화에서처럼 **고열**에 시달리는 게 뭔지, 그래서 제대로 걸을 수 없는 게 어떤 건지!!!!"를 절감했다. 밴은 두 모녀가 앓았던 병이 특이한 "호수열"이었다고 여겼다. "아니면 이곳 원주민들에게 옮은 병이 아닐까 싶어요. 현지인들도 한 번씩 이런 고열에 시달린다는데 그 이유를 결국은—뭔지 짐작하시겠어요?—**날씨** 탓으로 돌린다는군요." 밴은 재미있다는 듯 이야기를 이어나갔다. "원주민들이 뙤약볕이 내리쬐는 하늘을 가리키며 '이렇게 열이 나는 게 다 무더위와 날씨와 비가 부족한 탓'이라고 말하는 걸 들으면 참 재미있단 생각이 들어요. 영국이나 여기나 날씨만 한 만만한 핑계거리가 없나보네요."

사실 이탈리아인들이 말라 아리아mala aria라고 부르기도 한 '나쁜 공기'를 유럽인들이 전통적으로 질병의 원인으로 여겼던 것처럼, 날씨는 두 사람이 겪은 증상의 원인으로 보기에 어느 정도 타당한 측면이 있다. 어쨌거나 밴은 말라리아에 대해서는 극구 부인했다. "말라리아는 아니에요. 뭔지는 모르지만 현지인들도 우리랑 같은 병에 걸린 사람이 많아요. 그리고 이제 그 사람들에겐 늘 해열제를 나눠주고 있어요." 7월 중순, 곰베에 오기 전에 두 사람은 키고마에 있는 병원에서 의사로부터 무슨 종류가 됐건 '열대열'에 대해서는 걱정할 필요가 전혀 없다는 얘기를 들었다. 그렇지만 이제 제인 과 밴은 키고마에 있던 친구들과 지인들의 조언에 따라 당시 널리 보급되 었던 항말라리아 예방약이었던 팔루드린이라는 약을 복용하기 시작했다. 이 약을 밴은 늘 '해열제'라고 불렀다.

실은 말라리아였을 가능성이 컸던 그 병의 증세가 채 낫기도 전인 8월 23일과 24일, 제인은 침팬지 관찰을 강행했다. "새벽녘에 잠에서 깬" 24일 수요일 현장일지에는 이렇게 기록하고 있다. "하지만 일어나기는 무리였 다. 머리가 너무 아팠다." 7시 30분까지 침대에 누워 있던 제인은 자리에서 일어나 차 한 잔을 마셨고 밴과 "모든 상황이 너무 엉망"이라는 얘기를 나 눴다. "그리고 곧 산에 올랐다. 몇 번이나 더는 안 되겠다는 생각이 들었다. 자꾸만 땅이 꺼져내리고 머릿속은 발동기마냥 둥둥거렸다. 하지만 결국 봉 우리에 올랐다."

이튿날 조금 괜찮아졌다가 잠깐 다시 병세가 도지기도 했지만 제인은 8월 30일경에는 "거의 다 나았다"고 믿었다.

15

데이비드의 선물

1960

동서로 이리저리 뒤얽힌 곰베의 네모난 지형을 넘나드는 열두 개의 험준한 골짜기 하나하나를 오르내리던 한 달간의 시간이 지나고 그해 여름이 한창이었을 무렵, 제인은 캠프 바로 뒤쪽을 따라 남북으로 뻗은 린다, 카세켈라, 카콤베, 음켄케 계곡을 집중적으로 살피기 시작했다.

말라리아 초기 증상을 보였던 날인 8월 16일, 제인은 라시디와 함께 린다 계곡 위쪽의 수풀지역을 관찰하고 있었다. 오후 1시 30분쯤 두 사람은 높은 곳에 조용히 자리를 잡고 앉아 조금 전 침팬지 두 마리가 지나간 풀밭을 지켜봤으며, 제인은 조용히 세번째 침팬지를 관찰했다. 이 수컷 침팬지는 앞서 본 두 마리보다 나이가 들어 보였으며 "잘생기고" 흰 수염이 인상적이었는데 어쩌다 제인이 있는 곳에서 10미터도 안 되는 곳까지 근접해왔다. 놀라운 조우였다. 침팬지는 놀람에서 충격, 이어서 침착한 호기심에 이르는 일련의 복잡다단한 감정들을 드러냈으며 잠시 동안 관찰자를 관찰 대상으로 바꿔놓았다. 현장일지에는 당시 상황이 자세히 기록되어 있다.

잠시 후 조심스레 발을 내딛는 소리가 들렸고, 산비탈 아래에서 내가 있던 쪽으로 꽤 잘생긴 수컷 침팬지 한 마리가 올라왔다. 흰 수염이 나고 얼굴색은 옅었으며 길고 까만 털에는 윤기가 흘렀다. 10미터도 안 되는 거리까지 다가와서야 불현듯 내가 있다는 것을 눈치챈 것 같았다. 깜짝 놀란 표정이었다. 갑자기 걸음을 멈추고 나를 빤히 쳐다보았다. 이쪽저쪽으로 고개를 갸우뚱하더니 돌아서서 초목이 우거진 풀숲 사이로 보통 속도로 걸어갔다. 발자국 소리가 빨라지는 것이 들려왔다. 일단 우리 시야에서 벗어나자 다시 제 속도로 걸었고 아래쪽, 우리와 마주쳤던 곳에서 일직선상에 있는 곳에 이를 때까지 정확히 반원을 그리며 걸었다. 그리고 우리 쪽에서 녀석의 머리가 보이는 높이까지 작은 나무 위로 올라가 다시 이쪽을 내려다보기 시작했다. 호기심이 다 풀린 후에야 나무에서 내려와 협곡 쪽으로 이동했다.

말라리아열이 누그러든 8월 마지막 주까지는 계속해서 캠프 뒤편의 산과 계곡을 돌아다녔다. 처음에는 더 멀리 갈 기력이 없어서였지만, 곧 아주 훌륭한 관찰대상이 생기면서 그곳에서 즐거운 시간을 보내게 되었다. 제대로 관찰을 못하고 있다는 생각에 괜히 기운이 빠지곤 했던 8월 셋째 주까지의 상황과 비교한다면 정말 반갑고 놀라운 변화였다. 사실 그 변화는 제인에게는 그야말로 돌파구였다.

8월 말 집으로 보낸 편지에서 제인은 의기양양하게 이 사실을 알렸다. "제가 캠프 바로 뒷산에서 침팬지를 얼마나 많이 찾아냈는지, 엄마가 혹시 얘기하던가요? 지난 몇 주는 정말 암담하기만 했는데 이제껏 본 침팬지 수보다 열이 내린 뒤 닷새 동안 찾아낸 침팬지 수가 더 많아요. 침팬지들이 길을 따라 걷는 것도 보고, 나무 아래에서 쉬는 것도 보고, 또 자기네들끼리 노는 것도 봤죠. 제가 있든 없든 상관도 없다는 듯 걸어가는 걸 고작 10여 미터 앞에서 지켜보기도 했어요." 이렇게 많은 성과를 거두며 바삐 보내던 중 8월 26일 이른 오후, 제인은 나이 든 흰 수염 수컷 침팬지와 두번째로 가까이에서 마주쳐 깜짝 놀랐다.

어느 순간, 아주 가까이에서 발소리가 들렸다. 고개를 드니 늙은 흰 수염 수 컷 침팬지가 이쪽으로 올라오는 게 보였다. 9미터 앞까지 다가왔다가 잠시 후 산비탈 끝으로 방향을 틀었다. 기적적으로 나를 보지는 못했다. 흰 수염 침팬지가 조심스레 비탈 아래로 내려갔다(매우 가파른 지점이었다). 침팬지 가 사라지자마자 나는 조심스레 그쪽으로 가보았는데 산비탈에서 자라고 있 는 키 큰 나무를 타고 깎아지른 낭떠러지 아래로 내려가는 모습이 보였다. 나무 아래에 내려서자 옆걸음으로 가파른 산기슭을 올라갔다. 잠시 후 경사 가 완만해지자 꽤 진지한 표정으로 개코원숭이가 지나다니는 길을 따라 평 범한 네발짐승처럼 육중하게 발걸음을 옮겼다. 중간 중간 팔을 목발 삼아 팔 사이로 다리를 휙휙 끌어당기며 걸음을 내딛기도 했다.

정말 이 침팬지가 제인이 열흘 전에 보았던 그 흰 수염 수컷 침팬지였을 까?

8월 마지막 한 주 동안 제인은 "공식적으로 표출될 불만을 무릅쓰고" 혼자 탐험에 나섰다. 그렇게 한 데는 아직 말라리아에서 회복 단계에 있는 자신 의 '약한 모습'을 두 아프리카인 동료에게 보이고 싶지 않은 이유도 있었지 만 한편으로는 혼자 숲을 거니는 게 좋았고, 도무지 제인의 속도를 따라잡 지 못하는 두 남자를 챙겨가며 이견을 조율하는 것에 지쳐서이기도 했다. 또 혼자 다녀야 야생의 유인원들이 겁을 덜 먹는다는 평소의 지론도 있었다.
그리고 얼마 후 제인은 더없이 좋은 관찰지점을 찾아냈다. 텐트 뒤로 카 콤베 강을 따라 올라가다 다시 매우 가파른 비탈—괴물 같은 그 비탈은 곧 '도깨비'라는 이름으로 불리게 됐다—을 따라 높이 솟은 산등성이를 오르 면 바위투성이의 그 관측지점에 이르렀다. 그곳에서라면 카콤베 계곡을 따 라 곳곳에 자리한 숲을 침팬지들의 눈에 띄지 않고도 관찰할 수 있었으며 계곡 너머로 뻗은 산봉우리 전체가 시야에 들어왔다. 또 이 높은 조망대에 서 산길을 따라 걸어가면 카세켈라 계곡과 계곡 너머가 내려다보이는 훌륭한 두번째 전망대까지도 어렵잖게 갈 수 있었다. 제인은 현장일지에서 즐겨 찾던 이 조망대를 처음에는 "유리한 고지"라고 부르다가 이후 곧 "그 봉우리"를 거쳐 그냥 "봉우리"로 불렀다. 매일 아침이면 으레 곧장 '봉우리'로 향하곤 했으며 그곳에 앉아 쌍안경 저편으로 펼쳐진 카콤베 계곡의 드넓은 전경을 지켜보았다. '봉우리'에는 이미 제인이 9월 중순께 만들어놓은 두번째 캠프─주전자, 커피, 담요, 스웨터, 콩 통조림 몇 개를 넣어둔 양철상자─가 있었다.

하지만 단독 산행은 오래 가지 않았다. 단독 산행 기간은 말라리아 회복기부터 녹초가 된 아돌프와 라시디를 대신할 새로운 아프리카인 조수 소코와 윌버트 두 사람이 온 9월 1일까지로, 다해야 일주일 남짓이었다.

새로 온 두 사내는 8월에 곰베에 들른 적이 있었던 케냐인 데릭 던의 소개로 오게 되었다. 데릭은 제인이 1957년 가을 나이로비에 머물 당시 친분을 쌓은 브라이언 헤르네의 친구였다. 언젠가 제인은 집으로 보낸 편지에서 데릭을 "얼굴은 넙적하고, 눈은 축 쳐지고, 덩치는 산만한 데다 그다지 똑똑하지도 않은" 사람이라고 표현했으나, 데릭과 친해진 후로는 그가 첫인상과는 완전히 다르고, 사실 "이곳에서 만난 사람 중 제일 친절"하고 "머리가 비상"한 사람이라고 전했다.

케냐에서 보낸 첫해 겨울에 제인은 데릭과 그의 아내인 조이, 부부의 어린 두 자녀인 마이클과 발레리 앤과 가깝게 지냈다. 데릭은 케냐에서 농장을 하고는 있었지만 브라이언과 마찬가지로 탕가니카 로렌스 브라운 사파리에 소속된 백인 사냥꾼이기도 했다. 그러던 1960년 여름, 데이비드 앤스티로부터 제인이 곰베에 캠프를 세우고 침팬지를 관찰 중이라는 말을 우연찮게 들은 데릭이 8월 13일 사파리 손님을 데리고 자갈과 모래 더미로 뒤덮인 보호구 연안에 나타났다.

제인은 옛 친구를 만나 기뻤다. 밴이 보기에 데릭이 데려온 돈 많고 나이지긋한 미국인 사파리 손님은 위스키와 담배라면 사족을 못 쓰고 어니스트 헤밍웨이풍의 사파리 복장을 한 우스꽝스럽고 이상한 사람이었지만, 두 사

람이 잔뜩 싸온 초콜릿과 진저에일 같은 음식은 정말로 반가웠다. 또 무엇
보다 밴이 가족들에게 보낸 편지에서 말했듯 데릭을 다시 만난 "덕분에 데
릭이라는 사람을 새롭게 볼 수 있어 다행이었다." 실제로 데릭은 "제인을
참 친절하게 대하고 또 잘 도와줬다." 밴이 그런 평가를 내릴 만도 했던 게
데릭은 침팬지 연구가 제대로 되질 않아 제인이 마음고생이 심하다는 말을
듣고는 자기가 데리고 있던 사파리 몰이꾼 중 실력이 가장 출중한 사람 둘
을 사비를 털어 곰베로 보내준 것이다. 그렇게 해서 8월 28일 곰베에 전보
한 통이 도착했다. "소코 외 1명, 9월 1일 도착 예정."

제인은 현장일지에 적기를, 그 소식에 "당혹스러웠지만" 직접 두 남자를
만나자 생각이 달라졌다. "정말 기쁘고 행복하다. 이제야 드디어 제대로 일
을 할 수 있게 되었다."

세 사람이 뭉친 첫날인 9월 3일 아침, 제인은 "기대에 부풀어" 새벽 4시
45분에 잠에서 깼다. "6시, 두 남자가 일어나는 기척이 들렸다. 말로 다 할
수 없을 만큼 기분이 좋았다." 찻물을 올리고 간단히 아침식사를 끝낸 제인
일행은 "쏜살같이 산에 올랐다. 정상에 오르자 나는 완전히 지쳤다! 봉우리
끝까지 올라간 지 얼마 되지 않아 왼편에서 침팬지 울음소리가 들렸다. 꽤
가까웠으며 산기슭에서 능선 안쪽으로 제일 가까운 곳에 있는 작은 풀숲에
서 들려왔다."

이후로도 계속 캠프 뒤편의 보호구 중간 지점을 관찰지로 삼았으며, 관
찰을 시작하는 장소는 늘 '봉우리'였다. 물론 남자들은 추적 기술보다는 체
력에서 더 많은 도움이 되었지만, 제인은 좀처럼 포착하기 힘든 침팬지의
위치를 좀더 효율적으로 파악하기 위해 둘 중 한 사람과만 조를 이뤄 이동
하고 나머지 한 사람은 다른 곳으로 보내 접근로 파악과 정찰 임무까지 직
접 맡겼다. 일단 관측하기 좋은 지점을 찾아내면 두 조수는 조용히 뒤로 빠
지고 제인이 살금살금 앞으로 다가서는 식이었다.

윌버트는 훤칠한 큰 키에 "돼지가 다니는 길을 배를 깔고 기어다녀도 먼
지조차 묻지 않을 것처럼 깔끔했으나" 캠프 음식에는 적응을 하지 못했고

소코와도 그다지 사이가 좋지 않아 잠은 캠프 요리사인 도미니크의 텐트에서 잤다. 하지만 고작 2주 만에 소코가 캠프를 떠나면서 데릭 던이 고용한 세번째 몰이꾼, 작은 키에 에너지가 넘치는 쇼트라는 별명의 사내가 바통을 이어받았다. 10월 중순에는 월버트마저 캠프를 떠나면서, 제인과 쇼트는 몇몇 시에 무슨무슨 지점에서 만나 서로 정보를 교환하자고 미리 약속을 하고 각기 다른 길로 흩어져 이동하는 방식으로 관찰을 진행했다. 쇼트는 제인이 침팬지 관찰을 시작한 이래 처음 휴가를 냈던 12월 1일까지 제인과 함께 일했다.

롤루이 섬에서 버빗원숭이를 관찰할 때와 마찬가지로 제인은 침팬지를 관찰할 때도 자신의 모습을 드러냈지만, 침팬지들이 편안해하는지 그렇지 않은지 나타내는 신호를 보고 조심스럽게 접근했다. 옷도 자연 풍경의 무늬나 색에 배치되지 않게 수수하게 입었다. 또 침팬지들이 누군가 자신을 지켜본다는 사실에 신경을 쓰거나 그 때문에 스트레스를 받는 게 분명한 경우에는 애초부터 그들을 지켜보는 데 전혀 관심이 없었다는 듯 보이기 위해 최선을 다했다. 다른 의도는 전혀 없이 숲길을 거니는 또 하나의 영장류에 불과한 것처럼 행동하기 위해 제인은 눈에 보이게 몸을 긁는다거나 먹을거리를 찾는 것처럼 손을 앞발 삼아 땅을 파는 시늉을 했다. 10월 15일에는 "첫번째 침팬지가 줄기 가까이 다가오더니 잎사귀에 몸을 숨긴 채 나를 지켜보았다. 나는 손으로 땅을 파 벌레를 찾기 시작했으며 먹는 시늉을 했다." 이러한 나름의 요령을 제인은 "개코원숭이식 행동"이라고 불렀다.

때로는 관찰 대상과 관찰자 간의 입장이 역전돼 관찰 대상이 관찰자를 지켜보기도 했다(호기심 또는 불안감 때문이었을 것이다). 9월 7일에는 "순간, 암컷 침팬지 두 마리가 우리를 발견하고 자리에서 일어나 조금 전 내려왔던 나무쪽으로 몇 걸음 뒷걸음질을 치며 뚫어져라 우리를 쳐다보았다. 그리고 곧 시야에서 사라졌다." 9월 9일에는 "90미터 남짓 떨어진 곳까지 걸어오다 멈춰 섰다. 작은 그늘에 각각 한 마리씩 네 마리가 있었다. 나이든 첫번째 침팬지는 무릎을 세우고 팔로 무릎을 감싼 채 팔에 턱을 괴고 앉아 있었다. 덩치가 큰 다른 한 침팬지만 유독 편안해 보이지 않았다. 나머지 두 마리 모두 아주 편안하게 앉아 있었으며 둘 다 우리 쪽을 보고 있었다." 9월 11월에는 "비탈 쪽에 다섯 마리가 있어 가까이 가면 둥우리를 짓는 걸 볼 수 있을 것 같았지만 허사였다. 우리가 다가서자 비탈 아래로 내려가 시야에서 사라졌다."

어쩌다 한 번이긴 했지만 자신들의 숲에 새롭게 등장한 영장류를 전혀 개의치 않는 듯한 침팬지도 있었다. "한참 만에야 침팬지들이 우리를 발견했고, 잠깐 멈춰 서서 우리 쪽을 쳐다보았다. 신경을 쓰는 것 같지는 않았고 서두르는 기색도 없었으며 유유히 다시 나무를 타고 올라갈 뿐이었다" (9월 14일). 특히 9월 16일에 본 "나이 많고 털이 희끗희끗한 흰 수염 수컷 침팬지"는 고작 13미터 남짓 떨어진 곳에서도 태연하게 앉아 제인을 지켜보았다. "전혀 두려워하질 않았다. 한쪽 어깨를 긁다 다른 쪽 어깨를 긁었으며 턱을 문지르기도 했다."

제인은 생각할 수 있는 것은 뭐든 연구했는데, 침팬지의 생김새도 그중 하나였다. 9월 9일 현장일지에 썼듯이 제인은 침팬지의 겉모습이 어떠한가를 파악하기 위해 애를 썼다. "가까이에서 수컷 침팬지의 생식기를 보기는 이번이 처음이었다. 늙은 수컷 침팬지의 고환은 마치 큰 가방을 매단 것 같았는데 크기가 엄청났다. 성기는 발기되지 않은 상태였으며 탁한 분홍색을 띠었다."

또 침팬지들이 내는 소리를 식별하고 침팬지들의 발성에 실질적인 어떤 의미가 있는가를 밝혀내기 위해 노력했다. 예를 들어 9월 12일 일지에 이렇게 적었다.

12시 45분 산 정상 부근에서 외치는 소리, '우우' 하는 소리, 비명소리가 들렸고 그보다 아래쪽 카롱가 [계곡]에서 낮게 '우우' 하는 소리가 들렸다. 오후 1시부터 산 정상에 있던 침팬지 다섯 마리가 아래로 내려왔을 때까지 줄 곧 10분에서 15분 간격으로 비명소리가 들렸다. 매번 소리가 날 때마다 고음 의, 상당히 짧고, 큰 소리가 연이어 들려왔다. 고통? 아니면 공포일까? 한 동 물이 낸 소리가 분명했다. 성대를 거칠게 울려서 내는 소리였다. 가끔 비명 소리에 이어 무리의 다른 침팬지들의 외침 소리도 들렸는데 그럴 때면 아래 카룽가 쪽 침팬지들이 그 소리에 반응을 보이는 경우도 종종 있었다. 카룽가 쪽 무리 중 일부가 협곡 위로 이동하면서 반응을 보이던 무리는 다시 두 집 단으로 나뉜 것 같았다. 아직 카룽가 아래쪽에 남아 있는 침팬지는 한 마리 뿐인 것 같았다. 한 마리만 소리를 냈고 매번 같은 소리였다. 다소 낮고 구슬 픈 소리였다. 구슬프게 들린 이유는 '우' 소리가 길게 늘어져서였다.

9월 13일 일지에도 비슷한 내용이 등장한다. "낮게 '우' 하듯이 두 음절로 된 '우-허 우-허' 소리를 냈다. 7시 30분 위쪽에서 또다시 들렸고 잠시 후 에는 더 크게 세 차례에 걸쳐 들려왔으며 다시 두 번 낮은 소리가 들렸다. 8시 15분 고음의 비명 같은 '우아우아 와와' 소리가 연속해서 들렸다(몇 차 례 반복되었다)."

침팬지가 어떻게 움직이는가도 기록을 하고 의미를 찾으려 했다. "매우 가파른 길이었으며 모두 상당히 빠른 속도로 이동했다. '목발 짚고 걷기' 식 의 자세로 두 팔을 앞으로 뻗어 손으로 땅을 짚고 두 발을 앞으로 끌어당겼 다. 발로 바닥을 디딜 때에는 손을 땅에서 떼서 '반동' 효과를 주었다"(9월 8일).

침팬지들이 뭔가 먹는 것을 볼 때마다 표본을 수집하고 맛을 봄으로써 침팬지들의 먹이섭취에 대해서도 되도록 많은 자료를 모았다. "두껍고 단 단한 겉껍질 안에 도토리처럼 생긴 견과류의 열매가 들어 있다. 껍질은 밝 은 분홍색으로 기름기가 있는 섬유질이며, 열매 맛은 야자열매와 비슷하 다. 열매에도 기름기가 있으며 썩은 음식 같은 고약한 맛이다(그 맛이 입에 서 가시기까지 한참이 걸렸다)."(9월 20일) "침팬지들이 오래 머물렀던 자리에 새로운 종류의 열매가 자라고 있었다(과일이라고 보는 게 맞을 것 같다). 모양은 둥글고 색은 보라색으로 작은 씨가 들어 있다. 나무에는 노란색 꽃이 핀다(지금은 꽃이 없어 침팬지들이 새순을 먹고 있었다)."(10월 15일) 다른 부분에서도 새로 발견한 것은 무엇이든 수집하고 관찰을 계속했다. "배설물은 짙은 갈색의 섬유질로서 말라 있으며, 작은 보라색 과일의 씨가 여러 개 들어 있었다. 이 작은 씨 가운데 하나를 쪼개보았는데 기름진 편이었다. 견과류의 갈색 열매도 몇 개 발견되었다. 모양은 깍정이를 벗긴 도토리 같았으며 겉은 어제 린다 강 부근에서 보았던 종류와 마찬가지로 딱딱한 껍질에 싸여 있었다"(9월 18일).

제인은 원래 나무 위에서 사는 침팬지들이 잠자기 전에 나무 어디에 둥우리를 트는지와 어떻게 둥우리를 만드는지도 관찰했다.

운이 따랐던지 잠시 후 침팬지 한 마리가 둥우리를 짓는 모습을 관찰할 수 있었다. 안타깝게도 가까이에서 볼 수는 없어 성별은 확인하지 못했다. 잎이 무성한 어느 나무의 꼭대기 언저리에 웅크리고 앉아 있었는데, 잠시 후 손을 사방으로 뻗어 잎이 무성하게 돋은 잔가지를 재빨리 제 쪽으로 긁어모은 다음, 발로 자근자근 가지를 밟아 둥우리의 모양새를 만들어나갔다. 그리고 잠시 둥우리 위에 앉아보더니 다시 일어서서 더 높은 곳에 있는 가지를 꺾어 덧대었다. 이러한 행동을 네 차례 반복했으며 약 30초 간격으로 가지를 꺾어 덧대었다. 그 후에는 둥우리에 누웠으므로 더 이상 보이지 않게 되었다. 몇 분 후, 팔을 뻗어 나뭇잎 몇 장을 뜯어냈는데 머리맡에 잎사귀를 까는 것 같았다. 잠시 후 몸을 쭉 뻗자 둥우리 밖으로 다리가 튀어나왔다(9월 9일).

그리고 마침내 제인은 그 둥우리 가운데 하나에 직접 들어가 누워보았다. "매우 아늑하고 푹신푹신하다"(11월 18일).

어린 침팬지들의 상상력 넘치는 행복한 놀이 행동도 제인의 마음을 사로잡았다. "입을 벌렸다. 침팬지들의 웃음이다. 서로 간질이기라도 하는 걸까? 놀이는 45분간 계속되었고 그사이 소리를 낸 건 딱 두 번이었다. 한 번은 작게 내지르는 소리('아하, 아하, 아하')로 두 침팬지가 서로 밀고 당기며 장난을 치는 와중에 들려왔다. 한 번씩 떨어질 듯 쑥 미끄러져 내리는 경우도 있었지만 그때도 상대방을 놓지는 않았다. 나머지 한 번은 가볍게 숨을 할딱일 때 나는 '후-에 후-에 후' 하는 소리였다"(10월 26일). "어린 침팬지가 혼자 조용히 놀고 있었다. 어미 침팬지가 있는 곳 위에 굵은 가지가 높게 뻗어 있었는데 그 가지를 타고 올라가기도 했고, 아래로 기어 내려와 가지 끝을 구부려보기도 했고, 양쪽 팔이나 한쪽 팔로 가지에 매달려 발을 버둥거리거나 거꾸로 매달리기도 했다. 왼쪽 무릎 사이에 잎사귀가 돋은 잔가지붙이를 끼고 한참 동안 나무를 타기도 했다. 한 번씩 한쪽 팔과 한쪽 다리로만 나무를 타고 아래로 내려오기도 했으며 어미 침팬지의 머리나 나뭇잎을 쓰다듬기도 했다"(10월 29일).

얼핏 보기에도 살갑고 다정해 보이던 어미 침팬지와 새끼 침팬지의 관계도 제인의 호기심을 끌었다. 어미 침팬지가 "열매 두 개를 먹은 다음(두 개 모두 손으로 땄으며 오른손과 왼손을 똑같이 번갈아가며 사용했다)에 오른팔을 뻗어 새끼 침팬지를 들어올렸다. 어미 침팬지가 젖먹이 새끼를 가슴에 품더니 사람이 하는 것과 똑같이 오른손은 새끼 침팬지의 어깨에 두르고 왼손으로는 새끼를 안아 좌우로 가볍게 흔들었다. 새끼는 약 5분 동안 어미의 젖을 빨았고, 왼쪽 젖가슴만 물고 있었다"(9월 22일).

침팬지와 개코원숭이처럼 한 번씩 서로 다른 종들이 복잡하게 뒤얽히거나 둘 사이에 긴장감이 흐르는 상황도 제인의 시선을 사로잡았다.

2시 30분 문득 어른 침팬지 네 마리를 발견했다. 그중 몸집이 큰 둘은 수컷인 게 확실했고 나머지 둘은 암컷인 게 거의 확실했으며 네 마리 모두 개코원숭이 무리에 둘러싸여 있었다. 돌연 개코원숭이 몇 마리가 침팬지 쪽으로 달려들자 침팬지들도 달리기 시작했다. 침팬지가 쫓기는 상황인 것 같았다. 몸집이 작은 침팬지 두 마리는 곧장 작은 나무 하나씩을 타고 나무둥치 위로 올라갔다. 앞장 서 가던 덩치 큰 수컷이 나무 근처에서 걸음을 멈추자 뒤따라오던 또 다른 수컷 한 마리가 몇 발자국 나무를 타고 올라가는가 싶더니 이내 동작을 멈추고 다시 아래로 내려와 전속력으로 가까이에 있던 개코원숭이를 쫓기 시작했다. 그러자 나무 앞에 멈춰서 있던 수컷도 먼저 달려간 수컷이 한 것처럼 자신들을 괴롭히는 무리 쪽으로 돌아서서 두 발을 사용해 몇 미터를 달려 나갔다. 여기저기서 시끄러운 소리가 들려왔지만 구분하기는 어려웠다. 침팬지들이 내는 낮게 으르렁대거나 그르렁대는 소리에 개코원숭이들이 짖는 소리까지 뒤섞여 있었으며 한 차례 비명소리도 들렸다(9월 14일).

보호구 전체로는 서식하는 침팬지의 수가 160마리에 달했지만 제인의 캠프 바로 뒤편 계곡과 비탈에는 다 해야 50, 60마리 정도만 살았다. 그 정도 숫자라면 침팬지들이 제인에게 익숙해지는 사이 제인도 침팬지를 개별적으로 식별해낼 수 있으리라는 기대를 걸어봄직했다. 그러나 침팬지 각각의 두드러진 특징을 찾아내기란 쉽지 않았다. 우선, 당시만 해도 관찰자와 침팬지 사이의 거리가 너무 멀었고, 빡빡한 지원금 탓에 쌍안경도 2배율밖에 되지 않는 제품이라 먼 곳의 풍경은 흐릿흐릿했고 그래서 제인은 자주 가늘게 실눈을 떠야 했다. 물론 그래도 별 소용은 없었다. 그러던 9월 5일, 정해진 일정에 맞춰 키고마에 들른 제인은 마이클 비어드모어라는 영국령 관할 공무원을 만났는데, 제인의 것보다 훨씬 좋은 현장연구용 쌍안경을 갖고 있던 그는 인심 좋게 자신의 쌍안경을 제인에게 내주었다. 독일산이었다. "초소형, 초경량. 7×25, 조류 관찰용, 어마어마한 성능, 최고급 제품."

그렇더라도 개별 침팬지 식별이라는 수월찮은 과정에는 수개월이 걸렸으며, 그사이 제인은 특징적인 것이 보이면 언제든 그 내용을 기록하는 등, 관찰 대상의 모습을 세세히 적어나갔다. 10월 24일자 현장일지에 적힌 어미 침팬지와 새끼 침팬지에 관한 상세하고 체계적인 기록만 보더라도 개별 침팬지 식별 과정의 어려움을 조금이나마 엿볼 수 있다.

이 암컷 침팬지는 얼굴색이 검고 얼굴에 희끗희끗한 털이 나 있다. V자 모양으로 얼굴에 주름이 잡혀 있으며 얼굴 왼쪽과 눈 아래, 눈 옆에 검은 반점이 있다. 대체로 한 곳에 머물러 있는 편이며, 팔을 뻗거나(두 팔 중 하나), 몸 쪽으로 잔가지를 끌어당기거나, 입술로 열매를 따 먹기도 한다. 젖가슴은 눈에 띌 만큼 크지 않고 젖꼭지도 크지 않다. 이전 일지에 기록했듯이 암컷 침팬지의 얼굴과 손은 검정색보다는 '회색'에 가깝다. 갓 태어난 새끼는 몸집이 매우 작고 얼굴은 아주 옅은 살색이다. 암컷의 둔부는 크고 하얗다. 왼쪽 정수리에는 하얗게 패인 주름이 있다(아, 드디어 눈에 띄는 특징 발견!).

성실함과 실력에 동기부여까지 확실한 신참 현장 인력, 갈수록 쌓여가는 관찰자와 관찰 대상 간의 친숙함, 훨씬 좋아진 현장연구용 쌍안경에 힘입어 서서히 눈에 띌 만한 특징과 표시를 찾아내기 시작했으며, 몇몇 침팬지들은 누가 누구인지 알아볼 수 있다는 결론을 내리게 되면서 제인은 잠정적으로나마 몇몇 침팬지에게 이름을 붙여줄 정도로 자신감이 생겼다. 며칠 후 좀더 확신이 선 제인은 가족들에게도 소식을 전했다. "이젠 이곳 침팬지들이 얼마나 사랑스러운지 몰라요. 어디로 가야 녀석들을 만날 수 있는지도 알게 됐고, 어떤 녀석은 딱 보면 누가 누군지도 알아요. 진짜 못생긴 어미 침팬지 소피랑 그 아들 소포클레스도 알아볼 수 있고요, 털이 희끗희끗한 수염 난 할아버지 클로드랑, 털이 다 빠지다시피 한 늙은 노부인(애니가 틀림없어요)도 알아볼 수 있어요. 이젠 그 녀석들도 제가 익숙한가봐요."

9월 중순을 지나면서 제인의 침팬지 현장연구 기간이 이 분야의 저명한 선배인 예일 대학의 헨리 W. 니슨의 1930년 현장연구 기간 64일을 이미 넘어섰다.

몽둥이를 휘두르는 아프리카인 조수들을 거느리고 총을 소지했으며 초원에 불을 지르기도 하는 등, 야생 침팬지 연구에서 저돌적이고 결과적으로는 서툰 접근법을 시도했던 니슨은 단 한 번도 침팬지라는 종을 각기 다른 개성을 지닌 개별적인 존재의 집합체로 보지 않았다. 오히려 생물학적 단일체로 개념화하는 쪽에 무게를 두었다. '침팬지는 동료와 함께 다니기를 좋아한다', '침팬지는 유목생활을 한다', '야생 침팬지는 일찍 일어난다'와 같이 명료하고 단정적인 행동법칙만으로도 종 전체의 특성을 추론할 수 있는, 극단적으로 획일화된 하나의 단일체로 봤던 것이다. 하지만 당시로서는 제인의 연구와 관찰 결과 중 그 무엇도 침팬지에 대한 니슨의 일반화된 결론—무리의 크기는 각 집단별로 상당한 차이를 보이며, 이동량이 많고, 각종 과일과 채소를 섭취하며, 기온이 높은 낮 시간에는 휴식을 취하고, 저녁에는 잠 잘 둥우리를 짓는 등—을 적극적으로 반박하거나 그 결론을 명백히 뛰어넘었다고 할 만한 것은 없었다. 전반적으로 볼 때 그해 여름을 지나 겨울까지도 제인은 여전히 과학계의 선배가 내린 일반화된 결론이 맞는지 아닌지를 검증하는 일에만 급급했다.

그 무렵 조지 셜러가 등장했다.

큰 키, 호리호리한 몸매, 말쑥하고 잘생긴 외모에 침착하고 명석한 두뇌를 갖춘 조지 셜러가 위스콘신 대학 동물학과에 재학 중이던 1957년 1월, 존 엠런 교수는 미국 국립과학아카데미에서 야생 고릴라 현장연구에 자금을 지원할 예정이니 당시 셜러가 관심을 쏟던 조류 대신 그보다 덩치도 크고 털도 있는 동물을 연구해보는 게 어떻겠냐고 제안했다. 셜러는 바로 그 자리에서 그렇다면 새는 포기하고 고릴라를 연구하겠노라 대답하고 즉시 고릴라와 관련된 모든 자료를 섭렵해나갔는데, 그러면서 곧 고릴라에 대해 알려진 것이 얼마나 없는지를 깨닫게 되었다.

셜러는 19세기의 탐험기와 사냥 일지, 과학 연구를 명분으로 고릴라를 살상했던 칼 에이클리가 훗날 자신의 과거를 후회하며 쓴 글, 그리고 해롤드 C. 빙햄이 1929년 원정 당시 너무 두려운 나머지 고릴라를 총으로 쏘고 말았다는 내용이 담긴 짧은 논문 등을 훑어보았다. 셜러는 곧 발간될 예정인 로잘리 오즈번과 질 도니소프의 논문에 기대를 걸었다. 정식 교육은 받지 않았지만 용감무쌍한 열정가였던 두 사람은 트레블러스레스트 호텔의

사장인 발터 바움게르텔의 지원을 받아 당시 우간다에서 연구를 진행 중이었다. 먼저 로잘리 오즈번이 1956년 10월에서 1957년 1월에 걸쳐 우간다령 비룽가 산맥에서 마운틴고릴라를 관찰했고 이후에 질 도니소프가 바통을 이어받으면서 연구는 1957년 9월까지 계속되었다. 하지만 드디어 두 사람의 논문이 활자화되어 위스콘신 대학에 도착한 날, 청년 조지 셜러는 "깊이 낙담했다." 그의 부연 설명은 이러했다. "1년 365일을 다 바쳐 정말 진지하게 고릴라를 연구하겠노라 나선 사람이 있다고 해보자. 그런데 그 연구자가 고릴라라는 유인원의 행동에 대해 알아낸 구체적인 정보라는 게 지극히 미흡한 수준에 지나지 않았다."

셜러와 그의 아내 케이는 존 엠런, 지니 엠런 부부와 함께 1959년 2월 동아프리카에 도착했으며, 셜러와 존은 이후 6개월 동안 마운틴고릴라의 분포에 관한 개괄 연구를 진행했다(당시로서는 매우 야심 찬 연구였는데 그 이유 중 하나는 두 사람이 내린 '마운틴고릴라'의 정의대로라면 오늘날 동부 저지대 고릴라로 분류되는 수천 마리의 유인원이 모두 마운틴고릴라에 포함되기 때문이다). 8월에 연구가 일단락되면서 엠런 부부는 집으로 돌아갔지만, 셜러 부부는 비룽가 화산 안의 벨기에령 콩고 지역으로 넘어가 앨버트 국립공원 카바라 초원에 언제 쓰러질지 모를 창 세 개짜리 양철 지붕 막사를 세우고 그곳에 살림을 부렸다. 카바라 초원은 박제술에 일대 혁신을 가져온 박제사이자 표본 수집가인 칼 에이클리가 병든 몸을 이끌고 1926년 고릴라 연구 캠프를 세웠던 곳이기도 하다. 실패로 끝난 당시의 연구는 초원 한 구석에서 비바람을 맞고 서 있는 초라한 묘비—에이클리의 무덤—로만 남았다.

셜러의 아내 케이는 산속 막사에서 살림살이, 막사 관리, 물품 조달 등의 여러 중요한 일을 맡았으며, 조지는 혼자 또는 공원 관리인과 함께 고릴라를 찾아 음습한 화산 산맥의 수풀 곳곳을 헤매고 다니다 마침내 고릴라를 찾아냈다.

제인과 마찬가지로 조지 셜러는 자신만의 고릴라 접근법을 개발했다. 고릴라들이 두려움보다는 호기심이 앞서길 기대하며 너무 요란스럽지는 않게 자신의 모습을 드러내면서 고릴라에게 위협이 되지 않도록 조용히 다가선다. 천천히 걷고, 흥미가 없는 척을 하고, 총은 절대 지니지 않으며, 연구 대상과 직접 눈을 마주치는 일은 되도록이면 피한다. 또 제인과 마찬가지로 그도 고릴라들이 "사람이 한 명일 때보다는 두 명일 때 더 감정이 격앙되고 흥분한다"는 사실을 알고 있었으므로 공원 관리인과 동행한 날은 관리인에게 고릴라를 발견하면 뒤로 물러나 있으라고 당부했다. 그 역시 제인과 마찬가지로 집합적인 종으로서 고릴라가 지니는 여러 의문점을 해결하는 최선의 방법이 각각의 고릴라들을 개별적으로 파악하고 구별해내는 데 있다고 믿었다. 제인이 그랬듯, 그 역시 자신의 연구대상이 인간과 유사한 감정을 지닌 감성적 생명체임을 직관적으로 파악했고, 기억에 남는 외형적 특징뿐 아니라 고릴라들의 두드러진 성격까지 고려해 이러한 특성이 드러나도록 고릴라에게 이름을 붙여주었다(빅 대디: "무엇보다 회색 등에 있는 밝은 은색 점 두 개로 구분할 수 있음", D.J.: "아직 일인자에 오르지는 못했지만 고군분투하는 고위층 유형", 아웃사이더: "무리 주변을 천천히 배회함", 그 외 스플릿노즈, 주니어, 미시즈 셉템버, 미시즈 배드아이, 미시즈 그레이헤드, 맥스, 모리츠 등이 있었다).

비룽가 산맥에서 진행된 조지 셜러의 고릴라 연구는 틀림없이 야생 유인원에 대한 최초의 과학적 연구였으며, 유인원 연구에서 커다란 전환점이 되었다. 그런 만큼 그는 곰베에서 혼자 고군분투하고 있는 제인을 이해하고 조언을 해줄 만한 자격을 갖춘 유일무이한 사람이었다. 원래 계획대로라면 그는 분포 조사 연구에 이어 고릴라 종 연구를 하러 아내 케이와 함께 1961년 2월까지 18개월간 카바라 막사에 머물 예정이었다. 그러나 1960년 7월 중순, 제인의 연구 일정을 지연시킨 원인이기도 했던 벨기에령 콩고 지역의 정치적 혼란이 예정보다 빨리 그의 연구를 종결시켰고, 셜러 부부는 현명한 판단을 내려 막사를 정리하고 국경을 넘어 우간다로 갔다. 그 후 케이는 캄팔라에 위치한 마케레레 대학 여자기숙사로 거처를 옮겼으며 조지는 우간다 남서부에서 2개월간 더 고릴라 연구를 계속했다.

그해 가을, 루이스 리키는 당시 연구 막바지에 있던 조지에게 전보를 보내 다음에 나이로비에 올 기회가 있거든 코린돈 박물관에 한번 들러달라고 당부했다. 케이 셜러가 최근 들려준 이야기에 따르면, 셜러 부부는 그 후로 한참이 지나서야 루이스 리키의 사무실에서 그를 만나게 되었는데 책상머리에 앉은 그의 모습은 "거만하고 성미가 까다로워" 보였다. 백발의 박물관장은 "세상에서 제일 달갑잖은 사람을 만나기라도 한 것처럼 우리를 쳐다보았으나 내가 누구인지를 밝히자 돌연 너무나 친절하게" 대했다.

조지 셜러는 루이스 리키를 이렇게 기억한다. "점퍼 차림에 꽤 덩치가 큰 남자였는데 열정이 대단했습니다. 신이 나서 제게 직접 발견한 화석 몇 점을 보여주더군요. 제가 아는 게 많질 않아 화석을 제대로 감상하고 말고 할 계제는 못 됐습니다만, 그래도 그분의 열정만큼은 충분히 느낄 수가 있었습니다." 어쨌거나 루이스는 탕가니카로 가서 제인 구달이라는 사람과 그녀가 연구 중인 침팬지를 꼭 만나보라며 조지 셜러를 설득했고, 마침내 셜러 부부는 나이로비에서 폭스바겐을 몰고 키고마로 가 1960년 10월 8일 토요일, 리자이나 호텔에 거처를 정했다.

제인은 이미 목요일에 루이스로부터 이틀 후 셜러 부부가 키고마에 도착한다는 전보를 받았다. 그래서 하루 전에 배를 타고 마을로 나가 키고마의 한 병원에서 다리에 생긴 피부병 치료를 받고서 토요일에 셜러 부부와 함께 리자이나 호텔에서 차를 마셨다. 짧게나마 현장일지에 기록한 것처럼 "두 사람 모두 정말 좋은 분들이었다."

일요일에는 셜러 부부와 함께 호텔을 나와 배를 빌려 타고 정오경 곰베에 도착했다. 캠프에서 함께 점심을 먹은 뒤에 케이는 밴과 함께 시간을 보내고, 조지는 제인과 함께 침팬지를 찾아 산으로 향했다. 안타깝게도 어디에서도 침팬지가 전혀 눈에 띄질 않았다. 수풀이 우거진 산기슭 아래 어딘가에서 '우우' 울부짖는 소리나 외침 소리가 들려오긴 했지만 그게 다였다. 제인의 일지에 따르면 두 사람은 일찍 캠프로 돌아와 "정말 즐겁고 재미있는 저녁 시간"을 보냈다. 이튿날도 곰베를 찾은 손님과 함께 "늘 다니던 곳을 모두" 훑어보았지만 "여전히 운이 따르지 않았던지" 한 마리도 찾지 못했다. "그렇지만 그분을 통해 아주 많은 것을 배웠고, 함께 나눈 대화도 무척 흥미로웠다." 물론 "그날 저녁 시간도 무척 즐거웠다." 다음날인 10월 11일 아침 셜러 부부는 키고마로 떠나는 배에 올랐다.

오래전 곰베에 들렀던 이 일에 대해 셜러 부부는 몇몇 단편적인 기억만을 희미하게 간직하고 있었는데 케이는 밴이 마음에 들었다는 이야기를 들려주었다. "그날 낮, 제인과 조지가 침팬지를 찾으러 나간 사이 밴과 많은 얘기를 나눴죠. 그 뒤로 줄곧 밴을 존경해왔습니다." 조지는 제인이 "조용하고 매력적인 여성"으로서 "산을 타는 재주가 뛰어나고 연구에 대한 의지가 굳건한 사람"임을 한눈에 알아보았다. 또 연구기간이 너무 짧고—4개월에 불과했다—빌린 물건인 데다 그마저도 썩 좋지 않은 쌍안경에 망원경은 아예 없고 사진기는 형편없는 등, 딱하리만치 허술한 제인의 각종 장비를 보고 깜짝 놀랐다는 이야기도 들려주었다. 지원금만 넉넉해도 자료를 더 많이 수집할 수 있을 텐데 하는 생각도 들었다고 했다. 셜러는 침팬지를 찾아다니다 혹시 비가 오면 우비 삼아 쓰라고 제인에게 작은 선물로 폴리에틸렌 커버를 건네주고 떠났다.

두 사람이 나눈 "무척 흥미로운 대화"가 정확히 어떤 내용이었는지는 기록이 남아 있지 않으나, 어쨌든 제인은 침팬지 연구기간이 이대로 끝난다는 사실이 속상했던 것 같다. 행여 연구가 실패로 끝나 루이스를 실망시키지 않을까 염려스럽기도 했다. 게다가 지금까지 연구 자금 확충, 총 연구기간 연장, 지원 범위 확대, 현장연구 확대 등을 보장받을 만한 성과가 무엇이 있단 말인가? 집으로 보낸 편지에서 제인은 셜러 부부의 방문 소식과 함께 "내가 대체 무엇을 왜 하는가를 진심으로 이해하고 또 나를 정신 나간 사람으로 보지 않는 누군가와 이야기를 나눈다는 게 그렇게 좋을 수가" 없었다고 전했다. 그리고 조지 셜러가 제인에게 남긴 무엇보다 중요한 말도 짧게 덧붙였다. "조지 말로는 만약 침팬지가 육식을 하는 모습이나 도구를 사용하는 모습을 발견한다면 연구기간 1년을 보장받을 수 있을 거라고 했어요."

일 년간에 걸친 고릴라 근접 관찰의 결과, 셜러는 고릴라가 섬유질이 풍부한 식물을 먹는다는 사실을 확인했는데 장소를 옮겨가며 땅에서 자라는 식물을 먹는 경우가 일반적이었다. 반면 침팬지는 당시 대부분의 학자들이 동의한 것과 같이 장과류, 견과류의 열매와 과일을 주로 먹는 등 고릴라보다 더 귀하고 영양분이 풍부한 음식을 선호하는 것으로 알려져 있었다. 또한 침팬지의 식생활은 인간의 식생활과 크게 다르지 않지만, 단 한 가지 이 털북숭이 유인원들은 사냥이나 육식을 하지 않는다는 중요한 차이가 있다고 여겨져왔다. 니슨은 자신이 연구한 침팬지를 토대로 침팬지의 식단으로 추정되는 수십 가지의 채식 목록을 기술한 바 있는데 이 가운데 육식은 빠져 있었다. 고릴라와 마찬가지로 침팬지도 채식주의자라 여긴 것이다.

그러나 이미 학계에서 동의한 바라 하더라도 실제로 이 점을 백 퍼센트 확신을 할 수 있는 사람은 아무도 없음을 조지 셜러는 인식하고 있었다. 그리고 이제 침팬지의 육식성이라는 숨겨진 가능성에 주목하게 된 제인은 10월 30일 일요일 아침 7시 40분경, 쇼트와 나란히 '봉우리'에 앉아 쌍안경 너머 숲속에서 펼쳐지는 야생의 드라마에 시선을 붙박고 평소보다 더 바짝 신경을 곤두세웠다. 침팬지들이 있는 부근만 유독 시야를 가로막는 장애물이 두터웠으므로 상황을 파악하기가 쉽지 않았지만 제인은 격렬하게 흔들리는 나뭇가지에 시선을 고정시켰다. 그러다, 제인의 현장일지에 따르면, "작게 들려오는 성난 비명"을 들었고 드디어 침팬지 세 마리를 발견했다. 그런데 그중 한 마리의 손에 "분홍색으로 보이는 뭔가"가 들려 있었다.

처음에는 그 분홍색 물체를 갓 태어난 새끼 침팬지가 아닐까 생각했다. 제인은 계속해서 아래에서 펼쳐지는 한 편의 작지만 흥분되는 드라마를 지켜보았고, 곧 근처에 있던 네번째 침팬지를 발견했다. "아주 가까이에" 개코원숭이 세 마리가 있었으며 분홍색 물체를 든 침팬지가 바짝 접근한 덩치 큰 회색 개코원숭이를 쫓는 듯한 상황이 벌어지는 가운데 나뭇잎 사이사이로 비명과 격렬하게 충돌하는 소리가 들렸다. 그리고 잠시 후, 나무 밑동 근처를 오가는 덩치 큰 회색 덤불멧돼지 두 마리를 찾을 수 있었다. 때마침 아래 가지에 올라가 있던 어린 침팬지 한 마리가 아래로 내려왔고 잠시 후 비명소리가 들리는가 싶더니 어린 침팬지가 다시 황급히 다른 나무 위로 올라갔다. "덤불멧돼지 중 한 마리에게 쫓기고 있었던 게 분명하다." 그러나 제인이 또한 현장일지에 썼듯 잘못 본 것일 수도 있었고, 덤불멧돼지가 "으르렁대던" 소리도 실은 개코원숭이가 "씩씩대며 콧김을 불 때 나는" 소리일 수도 있었다.

그날 아침 8시 정각, 제인은 나무에 나란히 앉은 침팬지 두 마리를 발견했다. 그중 한 마리는 덩치가 큰 수컷으로 분홍색 물체를 먹고 있는 듯했다. 제인은 일지에 "고기로 추정됨"이라고 기록했다. 한편 개코원숭이는 다섯 마리가 한데 모여 서로 으르렁댔다. 잠시 후 시야에 들어온 두번째 침팬지는 암컷이었고 새끼 침팬지를 데리고 있었다. 개코원숭이들 사이에서 소란스레 싸우는 소리와 비명, 으르렁대는 소리, 쫓고 쫓기는 소리 등이 이후 1시간 15분에 걸쳐 계속 들렸다 끊겼다 반복했으나, 침팬지 두 마리는 줄곧 나란히 나무 위에 앉아 있었으며 몇 분에 한 번씩 암컷은 정체를 알 수 없는 물체를 손에 든 수컷에게 접근을 시도했다. "혹시 꿀 같은 게 아닐까 하는 의문이 들었다. 그렇다면 암컷이 손을 담근 후 손가락을 빠는 동작을 취해야 하지 않을까? 손을 주둥이로 가져가는 것처럼 보이지는 않았다."

수컷이 아래 가지로 내려오자 암컷도 새끼를 품에 안고 수컷을 좇아 내려왔다. 5분 후 수컷이 다른 가지로 이동하자 이번에도 암컷이 새끼를 데리고 수컷을 따라갔다. 10분 후 수컷은 세번째 위치로 이동했고 다시 암컷도 수컷 옆으로 자리를 옮겼다. 덩치 큰 개코원숭이로부터 맹렬한 공격을 받은 후인 9시 20분경, 수컷 침팬지는 그 알 수 없는 분홍색 보물을 들고 "이파리라고는 전혀 없는 나무 꼭대기 가지로 태연히 자리를 옮겼으며" 덕분에 제인의 시야도 좀더 또렷해졌다.

그 물체는 고기였다. 조금 전과 마찬가지로 수컷은 그 물체를 가슴 가까이 왼손에 쥐고 있었다. 오른손에는 나뭇잎이 달린 잔가지 두세 개를 잡고 있었다. 수컷은 나뭇가지에 걸터앉은 자세로 고기를 쥔 왼손을 '무릎' 위에 올려놓았다. 고기를 주둥이로 가져갔으며 다리처럼 생긴 부위의 끝을, 물어뜯는다기보다는 '빠는 것' 같았다. 이미 그 고기를 찢었거나 껍질을 벗겨낸 게 아니라면 그 물체는 어떤 동물의 새끼로 추정된다. 머리는 없었다. 덜렁덜렁 매달린 부위는 다리인 것 같았다. 하지만 그게 뭔지를 알기는 불가능했다. 크기는 작은 토끼만 했다. 고기를 물어뜯은, 혹은 빤 다음에 수컷은 다시 손을 내려놓았으며 다른 손에 쥐고 있던 나뭇잎 한 움큼을 주둥이에 밀어 넣었다. 얼굴은 옅은 살색에 다소 얼룩덜룩했으며, 흰 수염이 도드라졌고 진분홍색 고환은 '축 쳐져' 있었다.

새끼 침팬지를 안고 나뭇가지를 탄 암컷은 어느새 흰 수염 수컷의 맞은편까지 올라가 있었으며 수컷에게 그 보물 한 점을 구걸하는 중이었다. 뒤로 돌아서서 성적인 유혹이자 복종의 몸짓으로 "수컷에게 엉덩이를 보여준" 다음 가지에 앉아 수컷을 마주보았다. 수컷은 고기를 집어 들고 암컷이 손을 대지 못하도록 제 팔 밑에 숨겼다. 암컷이 팔을 뻗어 수컷의 팔을 건드렸으나 수컷은 본체만체했다. 암컷은 오른팔을 뻗어 자신의 손가락을 수컷의 입술에 갖다 댔다. 그리고 수컷의 오른손을 건드렸다가 잠시 후 다시 한 번 수컷의 주둥이에 손을 갖다 댔다. 수컷은 다시 고기 한 점을 뜯더니 이번에도 고기를 겨드랑이 사이에 끼워 넣어 암컷의 손이 닿지 못하게 했다. 다시 한 번 암컷이 손을 뻗어 수컷의 팔을 만졌다. 간간이 암컷은 나뭇잎을 뜯어 먹기도 했지만 수컷이 분홍색 살점에 초록색 잎을 곁들여 조금씩 고기를 다 먹어치우는 내내 흰 수염 수컷—또는 고기—에서 눈을 떼지 않았다. 그 짧지만 팽팽한 신경전은 약 10분간 지속되었으며, 수컷이 다시 한 번 자리를 옮겼고 이번에도 역시 집요하고 애절하게 암컷이 새끼를 데리고 수컷을 따라 이동했다.

저녁 무렵 제인은 직접 수기로 그날 있었던 모든 일을 세세히 써 내려가며 그날의 발견을 다시 한 번 되짚었다. "지켜보는 동안 너무나 흥분되었다. 하지만 마지막 장과 첫 장이 빠진 추리소설 같았다. 우리는 희생자가 누구인지 모르고, 그 희생자가 어떻게 죽었는지 모르며, 살인자가 누구인지도 확신할 수 없다. 살인자가 누구인지를 모르는 것이 제일 답답하다."

그렇지만 제인은 결국 희생자가 갓 태어난 새끼 덤불멧돼지였다는 결론에 이른다(그래서 나무 밑동을 오가던 다 자란 덤불멧돼지 두 마리가 흥분해 날뛰었던 것이다). 그리고 훗날 수십, 수백 건에 이르는 관찰 사례를 통해 결국 입증된 바와 같이, 그 새끼 덤불멧돼지는 침팬지라는 포식자의 손과 이빨로 인해 결국 죽음에 이른 것이다. 그날의 관찰은 야생 침팬지의 육식성을 직접 목격하고 상세히 기록한 최초의 사건으로서 이후 엄청난 파장을 몰고 온다. 그리고 그로부터 채 일주일이 지나지 않아 이번에는 더 깜짝 놀랄 만한 사실을 목격했다.

실험실 침팬지를 대상으로 1920년대에 볼프강 쾰러가 실시한 선행 연구를 통해서도, 이미 침팬지들이 손이 닿지 않는 곳에 있는 바나나를 어떻게 잡을까 같은 새로운 문제를 해결하는 과정에서 일반적인 사물을 창의적인 방식으로 도구로 활용할 만큼 영리하다는 사실은 밝혀졌었다. 조지 셜러도 야생 고릴라들의 도구 사용 장면을 직접 목격하지 못했다는 아쉬움은 있었지만, 적어도 야생 침팬지 중 일부 집단은 일상생활에서 도구를 사용한다는 목격담이 두 차례 보고된 바 있음을 이미 알고 있었다.

첫번째 목격자는 미국인 탐험가 해리 비티였다. 1948년, 무성하게 우거진 라이베리아의 수풀을 헤치고 침팬지를 따라다니고 있던 중 그는 놀라운 장면을 목격했다. 개중 몇 마리가 갑자기 하던 행동을 멈추고 돌 받침 위에 딱딱한 호두를 올려놓더니 돌을 망치처럼 이용해 호두를 깨는 게 아닌가. 그의 목격담은 2년 후에 과학 잡지에 게재되었다. 또 한 번은 1956년에 꽤 유명세를 탔던 사건으로, 목격자는 영국인 고릴라 사냥꾼 프레드 머필드였다. 그는 침팬지 여덟 마리가 벌집 입구에 모여 앉아 막대기나 잔가지로 꿀을 찍는 모습을 쌍안경으로 관찰하고 이를 글로 남겼다. "침팬지들이 저마다 잔가지 하나씩을 들고 있었으며 그 잔가지를 구멍에 집어넣은 후 꿀범벅이 된 가지를 다시 빼냈다." 비티가 침팬지를 목격한 곳은 서아프리카 산맥 서단에서 멀리 떨어진 침팬지 서식지였고, 머필드가 딱 한 차례, 짧게나마 도구를 이용하는 고릴라를 목격한 곳은 중앙아프리카였다. 제인은 이와 유사한 행동을 동아프리카 침팬지에게서도 목격하기를 바라고 있었다.

바라던 순간이 11월 4일 금요일에 찾아왔다. 쇼트가 심부름을 하러 키고마로 간 탓에 제인은 그날 혼자 산을 오르내렸다. 출발지는 캠프 뒤편의 카콤베 계곡이었지만 제인은 울부짖는 소리와 '우우' 하는 소리를 쫓아 린다 계곡 위의 높은 산등성이를 따라 북쪽으로 이동했다. 흰개미 둔덕에서 90미터 남짓 떨어진 곳을 지나고 있던 8시 15분에 우연히 둔덕 앞에 있는 "검은 물체"를 발견했다. 일지에 기록한 것처럼 "그 지점에서는 나무밑동을 본 기억이 없었다." 가까이에서 살펴보고서야 제인은 그 물체가 침팬지임을 눈치 챘다. "재빨리 몸을 숙이고 기어서 드문드문 마른 풀이 돋은 곳을 지나 나무둥치에 풀이 자란 곳까지 갔다." 나뭇잎에 몸을 숨긴 제인은 약 50미터 떨어진 거리에 있는 흰개미 둔덕에서 침팬지가 "물체를 집어" 주둥이에 넣는 모습을 지켜보았다. 뭔가를 먹고 있었다. 침팬지가 등을 돌리고 있었으므로 제인은 좀더 자세히 살펴보기 위해 조심스레 둔덕 쪽으로 다가갔으며 그사이 어느새 뒤로 돌아앉은 침팬지가 제인을 마주보았다. 하지만 그때까지도 누군가 자신을 지켜보고 있다는 사실은 눈치 채지 못한 것 같았다.

잠시 후 침팬지가 다분히 의도적으로 굵은 풀줄기 하나를 뽑아 약 1.3미터 길이로 잘랐다. 그리고 안타깝게도 뒤로 돌아앉았다(오른손으로 풀잎 이파리를 뜯어냈다). 몇 분 뒤에 흰개미 둔덕 꼭대기로 올라갔는데 여전히 돌아앉은 상태였다. 다시 둔덕 아래로 내려와 한동안 내 쪽을 응시하다 비탈 아래로 사라졌다. 5분 남짓 지났을까, 나를 발견하고 사라진 게 아닐까 싶던 찰나에 다시 모습을 드러냈는데 태연히 내 앞을 지나쳐 다시 멀어졌다. 잠시 후 걸음을 멈추더니 왼손을 뻗어 아래 가지를 잡고 일어서서 주위를 살폈다. 뒤돌아서서 곧장 이쪽으로 온 것으로 보아 마음이 바뀐 게 분명했다. 걸어오는 동안 좌우로 가볍게 머리를 흔들었는데 "걸음걸이가 활기차" 보였다. 머리털은 상당히 벗겨졌고, 얼굴색은 어두운 편은 아니었으며 흰 수염이 나 있었다.

제인이 앉아 있던 곳에서 9미터 남짓한 곳까지 접근한 흰 수염 침팬지는 "나를 보더니 얼어붙은 듯 돌연 그 자리에 멈춰 섰다. 이유는 알 수 없었지만 화들짝 놀란 표정이 확연했다." 잠시 후 흰 수염 침팬지는 풀숲 비탈 쪽 언덕을 따라 빠른 속도로 사라졌다.

개미, 벌, 딱정벌레, 귀뚜라미, 나방 유충, 말벌이 모두 곰베의 침팬지에게는 중요한 영양 공급원이었으나 제인은 곤충 중에서 가장 중요한 음식이 둔덕을 쌓는 흰개미 종 마크로테르메스 벨리코수스*Macrotermes bellicosus*가 아닐까 하는 결론에 이르렀다. 이 흰개미 종은 10월에서 12월 사이에 날개가 돋으며, 군체의 일부가 좁은 통로를 지나 둔덕 밖으로 나와 무리를 지어 멀리 이동해서 새로운 군체를 형성한다. 날개가 돋은 흰개미는 몸집이 커지고 살이 올라 포식자—개코원숭이 등의 각종 원숭이와 침팬지, 작은 포유동물, 조류, 인간 등—누구에게든 영양 면에서 구미를 당길 만한 다량의 단백질을 제공한다. 그러나 흰개미 둔덕 깊숙이 손을 넣어 주로 군체의 구성원 가운데 날개가 없는 병정 흰개미를 낚아 올리는 기술을 갖고 있는 포식자는 오직 침팬지뿐이다. 우선 도구로 쓰기에 적합한 나무껍질이나 야자수 나뭇조각, 잔가지, 긴 풀줄기 중 하나를 고른 다음, 고른 것을 다듬어 길고 매끈하고 잘 휘어지는 꼬챙이로 만들고, 마지막으로 그 도구를 둔덕의 좁고 구불구불한 입구 중 한곳으로 깊숙이 밀어 넣는다. 이물질의 침입에 저항하는 병정 흰개미는 반사적으로 그 물체를 아래턱으로 움켜잡기 때문에 턱이 도구에 걸린 채 서서히 밖으로 끌려 나오게 된다. 흰개미가 달라붙은 꼬챙이를 진득하게 끝까지 빼낸 침팬지는 꼼짝없이 꼬챙이에 매달린 신세가 된 그 곤충들을 입술로 쓱 훑어내 게걸스레 먹어치운다.

둔덕 앞에 웅크리고 돌아앉은 흰 수염 수컷 침팬지를 통해 흰개미 낚시를 처음 목격하고 나서 이틀 뒤인 11월 6일 일요일에 제인은 같은 흰개미 둔덕에서 좀더 자세히 침팬지를 관찰할 수 있었다. 이번에는 두 마리였고 둘 다 수컷이었다. 제인이 그 둘을 발견한 것과 동시에 둔덕 왼쪽에 있던 수컷은 시야 밖으로 사라졌으나 나머지 한 마리는 줄곧 둔덕 오른쪽에 앉아 있었으므로 계속 지켜볼 수 있었다. 제인이 몸을 숨길 데라곤 웃자란 풀이 고작이었으므로 웅크리고 앉은 침팬지는 이미 제인을 본 듯했다. 하지만 잠시 불안하게 제인을 살피던 그 수컷은 더 중요한 일이 있다는 듯 조용히 뒤돌아 앉아 흰개미를 낚았다.

몇 분 후—도착했을 때가 8시 45분이었다—수컷 침팬지가 나를 발견했고, 뚫어져라 쳐다보더니 자리에서 일어나 둔덕 꼭대기로 올라갔다. 둔덕 위에서 나를 바라보았다. 잠시 후 다시 아래로 내려와 자리를 잡고 앉더니 계속 흰개미를 먹었다. 줄기를 어떻게 사용하는지 조금이나마 더 잘 볼 수 있었다. 왼손에 들고 있던 줄기를 땅속으로 밀어 넣었고 잠시 후 흰개미가 잔뜩 달라붙은 줄기를 빼냈다. 줄기를 주둥이로 가져가 가운데 지점부터 입술로 훑자, 줄기 길이만큼 흰개미가 떨어져 나왔다. 한 번씩 둔덕 입구에 얼굴을 들이밀기도 했다. 매번 한 입씩 가득 채워 우물우물 씹었으며, 다시 꼬챙이를 빼낼 때에 맞춰 입을 미리 벌리고 앉아 있기도 했다.

제인은 눈앞에 보이는 침팬지가 이틀 전 보았던 그 흰 수염 수컷과 같은 침팬지임을 알아챘다. 다만 더 가깝고 햇살도 밝은 데서 보니 수염은 흰색보다는 회색에 가까웠다. 제인은 현장일지에서 이 수컷 침팬지를 이렇게 묘사했다. "회색 수염, 회색 손가락, 검은 얼굴, 아주 조금 벗겨진 머리.

매우 잘생겼음." 지켜본 지 45분가량 지났을 무렵, 멀리 떨어진 흰개미 둔덕 한편에서 씨름하던 두번째 침팬지가 다시 모습을 드러냈다가 이내 다른 곳으로 옮겨갔다. 곧 이 동료 침팬지를 쫓아 첫번째 회색 수염 침팬지—앞서 현장일지에서 묘사한 내용에 부연 설명을 덧붙여 제인은 이 침팬지에게 '그레이비어드'라는 이름을 붙여주었다—도 자리를 옮겼다. 15분을 더 기다려 두 침팬지의 모습이 완전히 사라지자 제인은 "식사 현장을 살펴보기 위해" 이동했다. 하지만 제인이 도착한 순간, 낮게 '우우' 하는 소리에 이어 세찬 비명소리가 들렸고, 처음에는 한 침팬지만 소리를 냈으나 어느새 다른 한 침팬지까지 가세해 연달아 소리를 냈다. "그렇다면, 두 침팬지가 나를 지켜보고 있었다는 게 아닌가! 나는 흰개미를 먹는 시늉을 했다. 그러자 침팬지들이 매우 화가 난 듯했다! 잠시 후 조용히 뒤로 물러나 앉았다."

이후 제인이 내린 결론과 같이, 그레이비어드는 이틀 전 제인이 흰개미 낚기를 처음 목격했을 당시 제인을 보고 깜짝 놀랐던 바로 그 침팬지였다. 또한 제인이 일주일 전에 본, 한 손에는 분홍색 고깃덩어리를, 다른 손에는 나뭇잎을 쥐고 있던 바로 그 침팬지이기도 했다.

바야흐로 때는 흰개미의 계절이었으며, 비록 그레이비어드의 모습은 보이지 않았지만 이후 며칠 동안 제인은 침팬지 몇 마리가 둔덕 앞에 앉아 흰개미 낚시에 몰두해 있는 모습을 몇 차례 더 목격했다. 그러던 11월 9일, 산길을 걷던 제인은 우연히 지나가던 길 바로 아래를 지나고 있던 그레이비어드와 마주쳤다. 순간 제인도 그레이비어드도 걸음을 멈췄다. 제인이 앉은 자세를 취하자 한참 후 그레이비어드도 자리에 앉았다. 그레이비어드는 바로 정면에 무릎을 세운 자세로 앉아 대수롭지 않다는 듯 제인을 바라보았는데 "관찰하기에 매우 좋은" 위치였다. 제인을 지켜보던 그레이비어드는 오른쪽 손목과 무릎의 털을 매만졌고, 고개를 들어 다시 한 번 제인을 쳐다보았으며, 오른쪽 겨드랑이 아래로 왼팔을 넣어 등을 긁었다. "그리고 약 5분 동안, 왼손으로 수염을 쓰다듬고(마치 사람이 생각할 때처럼) 엄지손가락으로 윗입술을 문질렀다. 그러는 동안 대수롭지 않다는 듯 힐끗힐끗 나를 쳐다보곤 했다. 정말 순한 녀석이었다."

실제로 11월 26일에 다시 한 번 회색 수염 수컷 침팬지와 우연히 마주쳤을 때(이번에는 나무 위에 앉은 자세로 제인이 있는 곳에서 멀찌감치 비껴난 곳에 시선을 두고 있었다) 제인은 마치 오래 알고 지내던 친구와 우연히 마주친 것처럼 행동했으며 순간적으로 떠오른 느낌대로 그레이비어드라는 성에 더해 데이비드라는 이름도 지어주었다. "황급히 뒤로 물러나 나무 세 그루가 서 있는 곳 뒤로 몸을 숨겼다. 침팬지가 어디에 있는지 주의 깊게 살폈다. 조금 전 위치 그대로였다. 바로 데이비드 그레이비어드였다!" 제인은 몇 분간 조용히 그레이비어드를 지켜보았다. 그레이비어드는 오른쪽 다리를 아래로 늘어뜨리고 왼쪽 다리를 올려 무릎을 세운 자세로 줄곧 멀찍이 떨어진 곳을 바라보고 앉아 있었는데 그렇게 편안해 보일 수가 없었다. 그 위치와 자세 그대로 이따금씩 제인이 있는 곳 주위로 시선을 돌리기도 했으나 제인을 보지는 못한 것 같았다.

그리고 잠시 후 그레이비어드는 다른 침팬지가 앉아 있는 나무로 자리를 옮겼으며, 제인도 시야를 확보하기 위해 아주 천천히, 조심스럽게 나무와 풀숲 사이를 기기 시작했다. 기어가는 동안에는 주위에 신경을 쓸 겨를이 없어서, 고개를 들어 위치를 확인했을 때는 예상과 달리 두 침팬지의 오른쪽 옆이 아닌 앉아 있는 나무에서 고작 30미터밖에 떨어지지 않은 바로 정면까지 와 있었다. 평소보다 훨씬 가까운 거리였다. "데이비드 그레이비어드는 나무 중턱에 있었다. 등을 돌리고 앉아 있었지만 내가 자리에 앉자 돌아서서 나를 바라보았다. 내가 그곳에 있다는 것을 빤히 알고 있었다(줄곧 알고 있었던 것 같다). 내가 기어 다니는 걸 보고 한바탕 웃음을 터트렸을 게 분명하다."

나무에 앉아 있던 다른 수컷 침팬지는 그레이비어드와 달리 불편하고 불안했던지 코를 후비기도 하고, 한 번씩 제인을 가만히 쳐다보기도 했으며, 자세를 고쳐 앉기도 했다. 제인은 두번째 침팬지가 데이비드와 늘 붙어 다니는 침팬지 가운데 한 마리임을 눈치 채고 성경에 등장하는 좋은 친구의 이름을 따 요나단이라는 이름을 붙여주었다. "아래 가지에 앉아 있던 요나단은 더 조심스러운 편이었다."

데이비드가 나무 아래로 내려온 반면, 요나단은 나뭇잎에 가려 잘 보이지 않을 때까지 더 높은 곳으로 자리를 옮겼다. 왼쪽으로 몇 걸음을 옮겨 근처에 있던 다른 나무를 타고 올라간 데이비드는 이번에도 왼쪽 다리를 늘어뜨리고 오른쪽 무릎을 세워 오른팔을 다리에 올린 자세로, 제인이 잘 볼 수 있는 곳에 거리낌 없이 자리를 잡고 앉아 조용히 요나단을 바라보았다. "데이비드가 마지막 세번째 나무로 옮겨갔을 때까지도 요나단은 줄곧 처음 앉아 있던 나무를 떠나지 않았다. 두 침팬지가 앉아 있는 나무와 나 사이로 덩치 큰 수컷 개코원숭이 한 마리가 지나갔다. 개코원숭이는 아무렇지도 않은 듯 한 번씩 나를 힐끗거리며 연신 걸음을 옮겼다. 내 평생 가장 자랑스러운 순간이었다. 세 마리 모두 나를 받아들인 것이다."

다른 동물들과 달리 데이비드 그레이비어드는 거의 첫 만남에서부터 제인을 두려워하지 않았다. 다른 동물들보다 더 조용하고 더 차분했으며 호기심도 더 많은 것 같았다. 그로부터 25년 후 제인은 데이비드를 이렇게 추억했다. "육식을 하는 침팬지로도, 도구를 쓰는 침팬지로도, 숲에서 내가 가까이 다가서는 걸 허락해준 침팬지로도 모두 그 녀석이 처음이었죠." 더욱이 그레이비어드가 마치 제인의 입장을 헤아리기라도 한 듯 침착하고 너그럽게 그녀를 받아들여준 덕분에 "처음 몇 달간 습관화habituation 기간을 앞당길 수 있었다." 그레이비어드는 곰베 침팬지 가운데 그 누구보다 먼저 제인을 두려움이 아닌 호기심으로 대해주었고, 그레이비어드가 제인에게 준 선물—유유히 제 턱을 쓰다듬는 등, 숲속에 등장한 포니테일 머리의 낯설고 괴이한 여자를 편안하게 받아들여준 것—덕분에 주위의 다른 동물들까지도 제인을 태연하게 받아들이게 되었으며, 결과적으로는 그레이비어드의 행동이 무리 전체의 반응과 태도를 유순하게 바꾸어놓았다.

16

영장류, 패러다임의 변화

1960~1962

제인은 현장일지 사본을 먹지로 떠서 매주 나이로비로 보내는 등 곰베에서의 관찰 내용을 루이스에게 주기적으로 보고했고, 침팬지가 흰개미 둔덕에서 도구를 사용하는 모습을 두 번에 걸쳐 확실히 파악할 수 있을 정도로 가까이에서 면밀하게 관찰한 뒤에 도구 사용에 대한 내용도 써 보냈다. 인류의 조상이 사용한 도구를 연구하는 데 평생을 바친 루이스는 지금껏—그의 동료 학자들 역시 그랬던 것처럼—도구 사용과 제작이 본질적으로 '인간'을 정의하는 특징이라고 믿었다. 레이턴 윌키는 스코틀랜드 출생의 역사학자이자 철학자 토머스 칼라일이 남긴 명언을 자주 인용하여 '도구가 인간을 만드는 것'이라고 말하곤 했다. 따라서 침팬지가 단순히 도구를 사용할 뿐만 아니라 직접 제작하기도 한다는 새로운 사실을 접한 루이스는 놀라움을 금치 못했고 곧 그는 제인에게 인상적인 문구를 담은 전보를 보냈다. "'도구'를 다시 정의하거나 '인간'을 다시 정의하지 않는다면 우리는 이제 침팬지를 인간으로 받아들여야 하겠군."

제인의 연구는 1960년 12월 1일에 끝나기로 예정되어 있었다. 현장일지 기록 역시 같은 날 종료될 예정이었다. 특별한 변수가 발생하지 않는다면 제인의 곰베 연구는 과학 진보라는 두터운 사진첩 속에 아마추어 사진사가 찍은 일개 스냅사진 정도로나 남을 것이었다. 그러나 10월과 11월에 걸쳐 제인이 침팬지의 육식 행위와 도구 사용 현장을 목격하는 성과를 거둠으로써 동물 행동 연구에 있어 비전문적인, 또 어찌 보면 특이하기까지 한 접근 방식을 사용하는 제인의 연구가 학문적 타당성을 충분히 확보하게 되었으며, 루이스 역시 제인의 연구를 지속적으로 뒷받침해줄 필요가 있음을 확신하게 되었다.

상황이 이렇게 전개되자 루이스는 몹시 흥분했다. 그는 이내 자신의 어린 피후견인에 대한 열의로 가득 차 제인을 더욱 키울 방안을 마련하는 데 골몰했다. 그해 12월 제인이 휴가를 내어 나이로비에 머무르는 동안 루이스는 제인을 케임브리지 대학 동물행동학 박사과정에 등록시키겠다는 다소 무모한 계획을 밝혔다. 루이스는 제인의 침팬지 연구가 그 성과에 걸맞은 신뢰성을 확보하려면 제인에게 일종의 자격증이나 멤버십 역할을 해줄 학위가 반드시 있어야 한다고 주장했다. 제인에게는 박사과정 등록에 필요한 일반적인 요건인 학사학위가 없었기 때문에 제인이 케임브리지 대학의 박사과정에 입학하기 위해서는 다른 교묘한 술수가 필요했겠지만 루이스의 사고방식으로 이는 그리 대수로운 문제가 아니었다. 제인은 기회만 주어진다면 학위를 딸 수 있도록 열심히 노력하겠다고 약속했다. 12월에 밴에게 보낸 편지에서 제인은 아직도 어안이 벙벙한 자신의 감정을 꾸밈없이 표현했다. "박사님 계획대로 되기만 한다면야 참 신나는 일이 될 것 같아요. 석사만 있는 우리 집안에 최초로 '구달 박사가 나올 수도 있을 테니까요!!!"

루이스는 '피그말리온(조지 버나드 쇼의 희곡 제목. 런던의 한 교수가 꽃 파는 일을 하는 하층민 여성을 상류층 귀부인으로 변신시키는 내용으로 영화 〈마이 페어 레이디〉의 원작이다―옮긴이) 계획' 제2단계로 제인을 미국으로 보내 로버트 여키스의 플로리다 오렌지 파크 영장류 연구소에 조성된 반半야생 환경에서 살고 있는 포획 침팬지를 연구하게 할 계획을 세웠다. 1961년 봄, 일이 잘 추진되어 제인은 제반 비용을 지원해줄 교부금까지 받게 되었다. "플로리다에 정말 갈 수 있을 것 같아요. 마음이 몹시 들뜨네요. 리키 박사님 말로는 연구소에서 제게 교부금stipend도 지급한대요." 3월에 집으로 보낸 이 편지에서 제인은 이 말을 덧붙였다. "그런데 '교부금'이 정확히 뭐죠?"

마지막으로 연구기간 연장을 위해 지원금을 확보하는 일이 남았다. 제인의 영향력 있는 좋은 스승 루이스는 워싱턴 D.C.의 내셔널지오그래픽협회에 도움을 청했다. 그는 「내셔널지오그래픽」에 (1960년) 9월 처음으로 "세상의 첫 인간을 찾아서"라는 제목으로 기고문을 발표했고 이어 1961년 10월호에 실릴 두번째 원고를 준비하고 있었다. 한편 2월 말 두번째 미국 방문길에서는 스미스소니언협회, 미국 국립과학아카데미, 내셔널지오그래픽협회에서 강연회를 열어 미국 학계에 대단한 화제를 불러일으키고 있었다. 그는 내셔널지오그래픽협회의 컨스티튜션 홀에서 "가장 오래된 인간을 찾아서"를 주제로 두 차례에 걸쳐 발표자 연단에 섰다. 동아프리카와 올두바이에서의 발굴 현장을 담은 데 바틀레의 영상 상영과 더불어 진행된 루이스의 강연―특유의 위엄, 사전에 전혀 준비하지 않은 듯한 자연스러운 발표, 또 그만의 매력인 "괴짜스러움과 다소 대담하고 희극적인 과장"―은 청중을 사로잡았고, 내셔널지오그래픽협회의 핵심 인사들은 협회장이자 「내셔널지오그래픽」 편집인이었던 멜빌 벨 그로스브너가 영화감독 아르망 데니스에게 보낸 편지에 썼듯이, 자신들이 "범상치 않은 인물을 발굴"했다고 확신했다.

2월 24일 금요일 루이스는 자신의 연구에 대한 지원금에 더해 곰베 침팬지 연구기간 연장을 위한 지원금 소액을 추가로 확보하기 위한 로비 활동을 하러, 내셔널지오그래픽협회 산하기구 연구탐사위원회를 찾아갔다. 이날의 만남과 관련하여 2월 27일에 보낸 후속 편지에서 루이스는 침팬지 프로젝트에 대한 자신의 입장을 다시 한 번 강조했다. 자신이 "연구보조 중 한 사람인 제인 구달 양"이 수행하는 이 연구를 지원하는 근본적인 이유는 인류학적 관점에 기초한 것이라고 루이스는 썼다. "이 연구는 유사 생태 조건에서 서식했던 프로콘술Proconsul(2천만 년 전 아프리카에 서식한 몸집 큰 원숭이로 유인원과 인류의 공통조상으로 추정됨—옮긴이)의 행동 양식에 대한 상을 제시해줄 것으로 보여, 저의 초기 영장류 진화 연구에 절대적으로 필요합니다." 물론 이러한 주장은 루이스가 훨씬 전에도 작성했지만 레이턴 윌키 외에는 아무도 관심을 보이지 않았던 최초의 곰베 연구제안서와 똑같은 것이었다. 하지만 그때와 달리 루이스는 이제 이 연구보조의 "관찰 연구가 과학계에 상상을 초월할 정도로 큰 반향을 불러일으킬 만한 성과를 거두었다"고 당당하게 내세울 수 있었으며 심지어 일부 결과에 대해서는 그 내용을 구체적으로 밝힐 수도 있는 입장이 되었다. 단, 침팬지의 도구 사용과 관련한 내용은 구체적으로 언급하지 않았는데 이 부분만큼은 충분한 준비 없이 성급하게 발표하고 싶지 않았기 때문이었다.

내셔널지오그래픽협회 연구탐사위원회는 루이스의 올두바이 발굴 탐사 지원금 2만 8천 달러, 또 무척 이례적인 처우로 코린돈 박물관에서 1년의 휴가를 내는 그에게 연봉을 대신할 7천8백 달러, 그리고 구달의 곰베 연구를 몇 개월 더 연장할 수 있도록 1천4백 달러를 추가 지급하기로 표결했다. 이처럼 후한 지원금을 받게 되자 제인은 이제 당분간 침팬지 관찰에만 전념할 수 있게 되었다. 제인은 플로리다 여키스 연구소 방문을 12월 침팬지들의 흰개미 낚시철이 끝날 때까지 보류하기로 했고 케임브리지 대학 입학도 뒤로 미루었다. 화려한 경력을 향한 좋은 시작이었다……. 비록 그 화려한 경력의 시작이 한 해 미루어졌더라도 말이다.

2년 전 레이턴 윌키에게 보낸 최초 제안서에서 루이스는 1959년 9월 제인을 곰베로 파견하는 것을 골자로 하는 4개월짜리 침팬지 프로젝트에 대해 설명했으며, 윌키는 같은 해 3월 중순 프로젝트 지원금으로 3천 달러짜리 수표를 우편으로 보내왔다. 수표는 곧 현금화되었지만—아마도 루이스가 제인을 다른 사람으로 대체할 속셈이었기 때문에—프로젝트는 그로부터 꼬박 1년이 지날 때까지도 진행되지 않았다. 한편 레이턴 윌키는 또 다른 침팬지 연구탐사대에도 자금을 지원했는데 이 탐사대의 주체는 루이스 경우처럼 비서직에 종사하는 아마추어 연구가가 아닌 진짜 과학자였다. 그는 기발한 창의성과 강인한 의지력이 돋보이는 네덜란드 출신의 동물행동학자로서 이미 학계에 인상적인 연구 결과를 발표한 바 있는 아드리안 코르트란트였다.

코르트란트는 1962년 「사이언티픽 아메리칸」 9월호에 게재한 "야생 지역의 침팬지"라는 제목의 기고문을 통해 처음으로 자신의 연구 결과를 발표했다. 이 글은 "아프리카 대륙을 샅샅이" 쓸고 다닌 후 침팬지 연구에 "최적의 장소"인 벨기에령 콩고 동쪽 끝 베니에 위치한 바나나·파파야 농장에 정착해서 1960년 초 "몇 개월" 동안 수행한 탐사에 대한 내용을 담고 있다. 기고문에는 연구 일자나 기간이 분명하게 명시되어 있지 않지만 그가 나중에 발표한 글을 종합해보면 이 글에서 말하는 "몇 개월"이란 사실 2개월 정도를 의미하며, 그 2개월여 동안 코르트란트가 베니 농장에 정착하여 관찰 기지를 세우는 일도 했어야 했기 때문에, 침팬지 관찰에 쓸 수 있었던 기간은 7주밖에 되지 않았음을 확인할 수 있다. 어쨌거나 코르트란트는 제인이 곰베에서 연구를 개시하기 대략 2주 전인 1960년 6월 말께 베니에서의 예비 연구를 마쳤다.

야생동물 관찰자들은 본격적인 작업에 들어가기에 앞서 흔히 두 가지 문제에 부딪힌다. 첫째, 관찰 대상을 찾아내는 것, 둘째, 일단 관찰 대상을 찾은 후 동물들이 도망가지 않도록 조심하는 한편 자세하게 관찰할 수 있도록 대상에 가까이 접근하는 것이다. 제인의 경우, 두번째 문제에서 굳이 관찰자의 모습을 숨기지 않고 그저 멀찍이 떨어져 대상 동물을 관찰하면서, 관찰자와 관찰 대상 간에 미약하나마 편안함과 신뢰감이 형성될 수 있도록 인내심을 발휘해 아주 조금씩 거리를 좁혀가는 방식을 택했다. 이는 본질적으로 동물들이 그녀를 익숙한 존재로 여기도록 하는, 다시 말해 관찰자의 존재를 관찰 대상에게 길들임으로써 동물들을 습관화habituation하는 방식이었다. 이와는 대조적으로 베니 농장에 막 도착한 코르트란트는 습관화를 시도하기에 시간이 충분치 않다고 느꼈다. 대신 그는 자신을 철저히 숨기는 방식을 택했다. 침팬지들이 자신들을 관찰하고 있다는 사실을 눈치채지 못하도록 조심하면서 안전한 관찰 기지 안에서 몰래 지켜본 것이다.

베니 농장은 숲으로 뒤덮인 가파른 언덕 끝자락에 인접해 있다는 이유에서도 침팬지 관찰에 더없이 좋은 장소였다. 숲이 일반적인 유인원 서식 환경인 데다 이 숲에 사는 침팬지들이 개방되어 있는 농작지에 자주 나타나 바나나나 파파야를 훔쳐 먹곤 했던 것이다. 자신의 농작물을 훔쳐 먹는 유인원들에게 유난히 관대했던 농장주는 한 번도 총을 쏜다거나 다른 어떤 방식으로도 침팬지들을 쫓아낸 적이 없었기 때문에 침팬지들은 자주 그들의 천연서식지인 숲속에서 나와 인공의 열린 장소에 자리를 잡고 오랫동안 느긋한 향연을 즐겼다. 침팬지 관찰자에게는 더없이 소중한 기회였다.

코르트란트는 숲에서 농장까지 유인원들이 자주 다니는 길을 파악하고 관찰에 적합하다고 여긴 장소 다섯 군데에 잠복관찰처를 마련했다. 첫번째 잠복관찰처는 무려 24미터가 넘는 높은 나무 위에 지은 둥우리였다. 두 번째는 7.8미터 정도 높이의 탑이었다. 나머지 세 군데는 땅바닥에 설치한 "일종의 바구니로, 유인원들이 들여다보고서 이 새로 생긴 '덤불' 안에는 아무것도 없다는 것을 확인했다. 날마다 덤불에 잎사귀를 덧붙였으며, 마침내 침팬지들은 속에 아무것도 숨어 있지 않다고 받아들이게 되었을 쯤에는 내가 이미 안에 자리하고 있었다." 24미터 높이 나무 위에서는 부근의 전경과 주변을 어슬렁거리는 침팬지들이 한눈에 들어왔지만 바람이 너무 강해 쌍안경을 사용할 수 없었다. 또 폭풍우라도 치는 날이면 이곳은 무척 위험한 장소가 되었다. "그저 벼락으로 감전사만 당하지 않게 해달라고 기도할 뿐이었다." 그런 와중에 침팬지가 현장에 나타나기라도 하면 "내 존재가 노출되어 침팬지들이 영영 도망가버리지 않을까 하는 생각에서 해질녘이 될 때까지도 감히 내려갈 생각을 하지 못했다." 낮 시간에는 주로 지상 잠복관찰처에서 관찰을 수행했는데 어느 날 한 수컷 침팬지가 불과 3미터 정도 떨어진 곳에서 구조물을 살피기 시작했고 코르트란트는 이내 "잠복관찰처의 관찰 구멍 사이로 침팬지와 눈이 마주치는" 장면을 상상했다. 상상은 곧 현실이 되었고—코르트란트가 추측한대로 상황의 "불확실성"으로 인한 불안감 때문이었는지—수컷 침팬지는 몸을 벅벅 긁다가 "도주도 공격도 하지 않고 그저 성큼성큼 걸어가버렸다. 아마 수풀 더미 속에서 목격한 회색빛이 도는 푸른 눈동자의 정체가 무엇인지 궁금했을 것이다. 그날 일은 과학자로서의 일생에서 가장 중요한 경험이었다."

베니 농장 잠복관찰처에서 보낸 7주 동안 아드리안 코르트란트는 총 54회의 성공적인 관찰 활동을 통해 단일 연구기간 안에 무려 48, 또는 49마리의 침팬지를 발견했고, 침팬지 사회생활상의 다양한 측면을 관찰함으로써 침팬지가 복잡한 손짓이나 몸짓을 이용해 의사소통을 한다는 사실을 처음으로 밝혀냈다. 또한 처음으로 야생 환경 속 유인원의 모습을 사진과 영상에 담아내기도 했다. 그는 1963년과 1964년에 베니 현장으로 돌아와 총 6개월의 기간에 걸쳐 후속 연구를 실시했으며, 그의 평생에 걸친 주장에 따르면 이후로도 적어도 3년 동안 직접적으로나 제자들을 통해 간접적으로 아프리카 전역의 다양한 지역에서 야생 침팬지 현장조사를 수행했다.

따라서 의미 있는 성과를 거둔 아드리안 코르트란트의 이 유인원 연구는—조지 셜러의 연구와 더불어—제인의 곰베 침팬지 연구에 시기적으로 앞선다. 두 남성 학자 모두 제인처럼 학문적으로나 정신적으로나 자연주의 전통의 정신적, 지적 계승자였다. 산책하기 편한 신발을 신고 호기심에 가득차 지적인 고민에 끈기 있게 몰두하며 신이 창조한 오묘한 세계를 거닐던 빅토리아 시대 자연주의자들처럼, 그들 역시 설명하기 힘든 복잡한 감상에 이끌려 비단 영장류만이 아니라 모든 종류의 동물들을 탐구하려 했다.

셜러가 1959년 아프리카로 떠난 것은 고릴라를 연구하여 동물학적 지식을 넓히려는 이유에서였다. 그가 고릴라를 흥미로운 종으로 생각한 것은 영장목의 일원으로서가 아니라 동물 왕국의 일원으로서였다. 다시 말해 그가 고릴라에 쏟은 꼭 그만큼의 관심을 새나 해달, 사자, 자이언트판다 등 다른 동물에 쏟을 수도 있었던 것이었고 나중에 그는 실제로 그렇게 했다.

유럽에서는 빅토리아 시대부터 내려온 자연주의적 전통과 당시 새롭게 떠오른 학문 분야인 동물학이 20세기 동안 큰 변화를 겪었다. 일군의 학자들이 동물 행동 연구에 한층 더 분석적이고 실험적이고 정량적인 틀을 적용해야 한다고 주장하는 과정에서 동물행동학이라는 새로운 학문 분야가 탄생한 것이다. 북미 동물학자들처럼 유럽의 동물행동학자들 역시 세상 모든 동물의 행동 뒤에 숨겨진 비밀에 관심을 두고 있었을 뿐이며 연구 대상에서 영장류를 특별히 선호하지도 특별히 배제하지도 않았다. 아드리안 코르트란트는 애초에 지리학자이자 심리학자였는데 나중에 가마우지에 대한 동물행동학적 연구를 시작했고 그 뒤 침팬지로 관심 분야를 옮겼다. 이 역시 단순히 침팬지가 동물 행동의 관점에서 그 나름대로 또 다른 흥미로운 문젯거리들을 제시한다고 판단했기 때문이었다.

제인은 자연주의적 사고방식을 혼자 직관적으로 터득한 경우였고 제인의 후원자인 루이스 리키는 본래 인류학적 관점에서 곰베 연구를 구상했다. 그러나 그녀는 조만간 케임브리지 대학의 동물행동학 분과의 정식 학위과정, 즉 유럽 동물행동학 학파의 일원이 될 것이었다.

이 시기를 즈음하여, 포획된 것이건 야생의 것이건 상관없이 영장류(주로 원숭이)를 연구 대상으로 삼는 동물행동학자는 그리 많지 않았다. 그러나 1950년대 후반에서 1960년대 초반, 열정적인 청년 학도들이 원숭이나 유인원을 연구하려는 일념으로 열대 지역으로 모여들면서 영장류 연구붐이 일기 시작했는데, 이들을 영장류 현장연구에 몰려들게 한 진정한 동력은 다름 아닌 심리학 및 인류학 분야에서의 패러다임의 변화였다. 이러한 변화는 특히 미국 학계에서 두드러졌는데 이들 학문 분야에서 영장류는 인간에 대한 이해의 수준을 한 단계 높여줄, 인류의 거울과도 같은 특별한 동물로 여겨졌다.

예일 대학의 로버트 M. 여키스는 일찍이 1920년에 인간 정신의 내부 구조를 들여다보기 위해 포획 또는 야생 영장류, 그중에서도 주로 유인원을 연구 대상으로 삼는 새로운 심리학—여키스는 심리생물학이라는 용어를 선호했다—이 등장할 것이라고 예견했다. 하지만 여키스의 주장은 1930년대와 1940년대, 심리학계에 행동주의가 새로운 유행처럼 번지면서 이내 묻혀버렸다. 행동주의는 존스홉킨스 대학의 실험심리학자 존 B. 왓슨(미국의 행동심리학자. 동물 행동 연구를 통해 행동주의 학파를 창시함—옮긴이)이 1908년에 처음 주창한 사조로서 왓슨은 실험심리학을 물리학이나 화학처럼 단순한 질문에 대한 단순한 답을 하나하나 축적함으로써 발전하는 자연과학의 일부로 정립하고자 했고, 따라서 그는 주로 쥐나 비둘기같이 몸집이 작고 번식을 잘하며 다루기 쉬운 동물들을 대상으로 한 실험 연구를 통해 인간의 학습 원리와 행동에 대한 모델을 제시하려 했다. 그러나 여기에는 인간의 마음이 본능이나 유전적 기질의 영향을 전혀 받지 않은 채 텅 빈 칠판 상태로 태어나며, 이 칠판 위에 '경험을 통한 학습'이라는 단 한 가지 분필만으로 그림이 그려진다는 불합리한 전제가 깔려 있었다. 행동주의는 당대의 실험심리학자 세대 전체에, 또 수 세대에 이르는 쥐, 비둘기에게 좋은 일거리를 제공해주었지만 과연 행동주의가 인간의 마음을 이해하는 데 얼마나 큰 도움이 되었는가는 지금도 분명치 않다.

중대한 변화는 1930년대 초 스탠퍼드 대학에서 쥐의 학습 메커니즘에 대한 논문으로 이제 막 학위과정을 마친 젊은 심리학자 해리 할로(미국의 심리학자. 심리학에서 애착 개념을 정립함—옮긴이)가 위스콘신 대학에 심리학과 교수로 임용되면서 시작되었다. 할로는 임용 후에야 위스콘신 대학에 제대로 된 쥐 실험실이 없음을 알게 되었고 할 수 없이 임시 방편으로 그 지역 내 소규모 동물원에서 영장류—오랑우탄 두 마리와 살찐 개코원숭이 한 마리—를 대상으로 몇 번의 실험을 수행했다. 그런데 그는 이 과정에서 오랑우탄인 매기와 직스, 그리고 개코원숭이 토미에게 각기 고유한 성격이 있음을 발견했다. 특히 개코원숭이 토미는 할로의 제자 중 한 사람인 베티에게 완전히 반한 듯했다. 베티가 토미에게 각별하게 대한 것은 사실이었지만, 할로가 이 사례에 대해 한마디로 논평했듯 만일 토미가 "쥐였다면 베티와 사랑에 빠지는 일은 절대로 없었을 것"이었다.

할로는 몇몇 학생의 도움을 받아 낡은 상자공장을 개조해 그의 첫 원숭이 실험실을 마련했고 남미산 거미원숭이와 꼬리감는원숭이, 그리고 인도산 붉은털원숭이를 구해왔다. 연구를 시작한 지 얼마 되지 않아 할로는 영장류가 매우 복잡한 정신 능력을 보유하고 있음을 암시하는 놀라운 증거들을 발견한다. 그중 하나는 창의적인 문제 해결이 가능하다는 것이었다. 원숭이들은 자극과 반응 경험이 여러 번 반복·누적됨에 따라 조금씩 터득한 방식으로 문제를 해결하기보다는 번개처럼 스치는 통찰로 해결책을 찾아내곤 했다. 이내 할로는 영장류를 더 많이 확보해야겠다고 느꼈으며, 이를 해결하기 위해 그가 생각한 창의적인 방법은 기존의 영장류들을 교배하는 것이었다. 원숭이들은 새끼를 잘 낳아주었고, 할로는 위생상 문제 때문에 어미가 새끼를 낳는 즉시 새끼를 어미로부터 떼어내고 기저귀 천을 깔아주었다. 그런데 희한한 일이 벌어졌다. 어미로부터 떨어진 새끼들이 바닥을 질질 기어 다니며 기저귀 천에 집착하듯 매달리는 것이었다.

고전적 행동주의에서는 유기체가 보이는 모든 행동은 외부 자극에 대한 단순한 반응이 집적되어 나온 것으로 가정하는데 이때 이러한 외부 자극은 해당 유기체의 기본적인 생리적 욕구(배고픔, 추위, 통증 따위를 해소하려는 욕구)를 덜어주느냐 혹은 더욱 심화시키느냐에 따라 정positive 또는 부negative의 영향을 준다. 이러한 단순한 동기화 개념에 따르면 포유동물은 무정형의 복합적 욕구(애정 또는 어미의 사랑에 대한 욕구 등)는 지니고 태어나지 않는다. 어린 새끼는 '마치' 어미를 사랑하는 것처럼 행동하도록 학습할 뿐인데 그 이유는 젖(배고픔이라는 생리적 경험을 해소시켜주는 주된 원천)을 제공하는 이에게 적극적으로 반응하도록 학습되었기 때문이다. 그렇다면 자연스럽게 다음의 질문이 제기된다. 기저귀 천은 과연 우리 속 원숭이들의 어떤 생리적 경험을 해소해준 것일까?

1950년대에 할로는 일련의 유명한 실험을 통해 당대 심리학계와 미국 대중들 사이에 폭발적인 반향을 일으켰다. 그중 가장 잘 알려진 실험은 새끼 원숭이들에게 그들의 '대리모'로 보드랍고 푹신한 천을 두른 인형 모양의 원숭이 모형과 차갑고 단단한 철사를 감아 만든 원숭이 모형 중 하나를 선택하게 한 것이다. 이 실험에서 새끼 원숭이들은 모두 천으로 만든 어미를 선택했는데 심지어 철사로 만든 어미만 젖을 주는 상황에서도 마찬가지 결과를 보였다. 다시 말해 스킨십이 매우 중요했다. 이와 관련해 할로는 미국 심리학회 1958년 9월 회의에서 한 연설에서 이렇게 말했다(이 연설을 마친 후 그는 곧 미국 심리학회 회장으로 선출되었다). "심리학자들은—전부는 아니더라도 적어도 심리학 교재를 쓰는 학자들은 모두—사랑과 애정의 기원과 발달에 대해 전혀 관심을 기울이지 않고 있다. 어쩌면 그들은 세상에 사랑과 애정이 존재한다는 사실조차 모르는 것 같다."

심리학계에서 할로가 주목할 만한 인물로 떠오르면서 행동주의적 패러다임은 쇠퇴하기 시작했고 인간 정신의 복잡성이나 인간 행동 연구 모델로서 영장류의 유용성에 대한 인식이—적어도 실험실에서만큼은—더욱 새로워지기 시작했다.

같은 시기, 북미 지역 인류학자들 사이에서도 이와 유사한 방향 전환이 일어나고 있었다. 앞서 나왔듯이 루이스 리키는 인간 조상의 행동양식은 일종의 삼각측량을 통해 합리적인 추론이 가능하다고 주장했다. 현대인과, 현존하는 생물 중 가장 가까운 친척인 유인원이 공유하는 기본적인 행동 패턴이 둘의 공통의 조상에서도 나타났을 것이라는 추측이었다. 그런데 이는 루이스 혼자만의 생각이 아니었다.

UC 버클리의 알프레드 크로버(미국의 인류학자. 아메리카 인디언에 관한 민족학적 연구와 멕시코 지역에서 고고학 탐사를 실시했다—옮긴이)는 1928년에 일찍이 "유인원 문화의 기원"이라는 논문을 통해 문화인류학자들이 인류의 문화에 대한 지식을 넓히기 위해서는 영장류로 눈을 돌려야 한다고 주장했다. 또 하버드 대학의 E. A. 후턴(미국의 형질인류학자. 인간의 진화와 인종적인 차이에 깊은 관심을 기울였으며 인성과 형질적 유형의 관계를 탐구함—옮긴이) 역시 각각 1930년대 후반과 1940년대 초반에 펴낸 두 권의 책(『유인원, 인류, 정신박약자*Apes, Men, and Morons*』, 『인류의 가엾은 친척들*Man's Poor Relations*』)을 통해 형질인류학자들이 야생 영장류 연구를 통해 한 단계 더 발전할 수 있다고 주장했다. 하지만 실용성과 패러다임이라는 두 가지 측면에서, 영장류 현장연구는 그 뒤로 20여 년이 지나서야 인류학 분야에서 의미 있는 연구 방식으로 인정받게 되었다.

실용적 측면에서는 1950년대에 기술 발달로 비행기 여행이 가능해진 것을 들 수 있다. 또 말라리아 예방약이 발명되어 외딴 열대 지역으로 연구조사를 나가는 것이 전보다 쉽고 안전해졌으며, 동시에 전후 미국이 경제적 번영을 구가하면서 야생 영장류 현장연구는 이 분야 연구자들에게 더욱 실현 가능한 분야로 다가왔다.

다음으로 패러다임 측면에서 두 가지 사건이 있었다. 첫째, 인간으로의 진화가 두뇌 용량의 갑작스런 증가와 함께 시작되었다는 이론이 결국 사망선고를 받은 것이다. 인간 진화에 대한 이 낡은 관점에 따르면 다른 동물과 구분되는 인간만의 고유한 특징—직립 보행, 도구 사용, 불의 사용, 언어, 문화 등—이 나타나도록 이끈 단 하나의 중요한 변화는 바로 인간 뇌 용량의 팽창이었다. 이러한 패러다임에서는 레이먼드 다트가 동아프리카에서 발굴해낸 화석화된 유해 오스트랄로피테쿠스, 즉 직립 보행을 하지만 뇌가 작고 유인원처럼 생긴 이 생명체는 기껏해야 유인원의 조상이 될 수는 있어도 호미니드의 직계는 될 수 없었다. 또 이는 동시대 유인원이나 원숭이에 대한 행동 연구가 인류학적으로 큰 의미가 없음을 뜻했다. 아무리 영장류라 해도 뇌 용량이 작은 동물을 연구하며 시간을 낭비할 이유가 있겠는가? 이 대용량 두뇌 패러다임은 1940년대 초까지도 일부 과학자들의 사고방식을 지배할 정도로 그 수명이 길었는데 주된 원인은 1912년 영국 서식스 지역의 필트다운 채석장에서 발굴된 한 줌 정도 되는 화석에 있었다. 그중에 두개골 크기는 현대인과 비슷한데 턱뼈의 크기는 유인원과 비슷한 신기하고 놀라운 유해가 있었던 것이다. 이는 필트다운인(화석 뼈의 본래 주인)이 유인원에서 인간으로 옮겨가는 진화 경로에서 이제껏 밝혀지지 않았던 '잃어버린 고리'임을 암시했다.

그러나 1920년대와 1930년대에 호미니드처럼 생겼으면서도 뇌 용량은 작은 화석들이 점점 더 많이 발굴되면서 필트다운인의 유해는 갈수록 더 특이 사례로 여겨지게 되었다. 그러다 1949년 새로운 연대측정 기술을 통해 필트다운인의 두개골과 아래턱뼈가 겨우 몇백 년밖에 되지 않았음이 밝혀졌다. 1953년 일군의 전문가들이 필트다운인은 누군가가 꾸며낸 지능적 사기임을 명백하게 증명하면서 진화 과정에서 인간의 조상과 유인원의 조상 사이에 급작스런 단절이 있었다는 그간의 잘못된 인식이 바로잡히게 되었다. 다시 말해 최초의 인간은 과학자들이 이제껏 생각해왔던 것 훨씬 이상으로 유인원과 비슷했다는 사실이 밝혀진 것이다.

같은 시기에 미국의 인류학자들은 정량적 생물학의 발전에 점점 더 관심을 갖게 되었고, 인류학자 셔우드 워시번(미국의 형질인류학자. 야생 환경의 영장류 연구의 포문을 연 영장류 연구 개척자로 평가됨—옮긴이)은 1951년 '신 형질인류학'을 주창하며 유전학과 생물학에서 거둔 최근의 성과를 인간의 진화에 대한 인류학 연구에 활용해야 한다고 주장했다. 워시번은 1948년 아프리카에서 레이먼드 다트를 만나 오스트랄로피테쿠스 표본 일부를 살펴본 적이 있었다. 1955년 7월, 그는 포드 재단의 지원금을 받아 리빙스턴에서 열린 범아프리카 선사학 대회에 참가하러 아프리카를 다시 찾았다(이 대회는 열성적인 사업가 레이턴 윌키가 참석하고 루이스 리키가 직접 대회의 사회를 맡아 사람들 앞에서 죽은 영양 가죽을 돌로 만든 도구로 직접 벗겨내는 시범을 보인 바로 그 대회이다).

대회가 끝나고 셔우드는 빅토리아폴스 호텔에 적당한 자리를 잡고 비교해부학자로서의 열정을 발휘해 절단과 해부에 몰두했다. 그가 해부한 동물은 정부 산림 감시인들이 소위 '해로운 동물 퇴치'를 목적으로 죽인 개코원숭이들이었다. 하지만 그의 제자 어빈 드보어에 따르면 해부가 생각보다 일찍 끝나버려 셔우드는 시간이 많이 남았다. "칵테일을 홀짝이며 베란다에 앉아 있던 그는 개코원숭이들이 나타나 호텔 정원에 들이닥치는 것을 지켜보았다. 어느덧 그는 개코원숭이들의 해부학적 구조보다 그들의 행동에 더 관심을 갖게 되었다. 그는 그 뒤에 아프리카에서 돌아와 더 큰 규모의 포드 재단 지원금을 따냈으며 그 덕분에 결국 내가 아프리카로 오게 되었다. 나중에는 그 역시 아내와 아들을 데리고 아프리카로 와 내가 그곳에서 머문 기간의 후반부를 함께 보냈다."

그해 1955년, 워시번은 인류학 연구에서 영장류 행동 연구의 중요성을 설파하리라는 굳은 결심을 하고 아프리카에서 돌아왔으며, 1959년에는 드보어와 함께 케냐에서 아누비스개코원숭이에 대한 공동 연구를 시작했다(우연히도 그들의 연구는 남아프리카에서 영국 출신 심리학자 K. R. L. 홀이 수행한 개코원숭이에 대한 선구적 현장연구에 일 년 정도, 또 워시번의 또 다른 인류학과 제자인 필리스 제이가 인도에서 1958년 10월 시작한 랑구르원숭이에 대한 연구보다 몇 개월 앞서 진행되었다). 드보어는 나이로비에 도착한 뒤에 루이스 리키에게 개코원숭이 서식지에 대한 조언을 구하려고 코린돈 박물관에 방문했다. 그때 루이스는 이미 로잘리 오즈번을 고릴라 연구에 내보냈지만 아직 그리 대단한 성과를 얻지 못하고 있었다. 드보어는 당시 루이스는 당시 "동물 행동에 대한 지식이 전혀 없었다"고 회상한다. "아는 거라곤 거의가 나이로비 술집의 백인 사냥꾼들에게서 주워들은 편협한 내용들이더군요. 그래서 그가 또 다른 비서인 제인 구달을 파견할 때에도 제 주변 사람들은 거의 다 별로 기대를 하지 않았습니다."

그러나 루이스 리키는 이미 오래전부터 유인원이라는 분명한 목표를 염두에 두고 젊은 비서들을 현장연구에 파견했던 반면, 셔우드 워시번은 아프리카와 아시아 지역에서 영장류이기만 하면 종류에 상관없이 무엇이든—주로 원숭이가 되었다—연구하라며 이제 막 대학원생들을 파견하고 있었다. 그들은 눈에 잘 띈다는 이유로 사바나에 서식하는 개코원숭이들을 첫 연구 대상으로 삼았으며, 이러한 연구 대상 중에는 차 안에 편히 앉아 쳐다보는 구경꾼들의 시선에 이미 많이 익숙해진 나이로비 국립공원의 개코원숭이들도 있었다. 워시번은 현장연구를 간략하게 몇 번만 실시하면 다양한 영장류 종을 아우르는 '영장류 패턴', 즉 인간을 포함한 모든 영장류가 공통적으로 보이는 행동의 기본구조를 금세 밝혀낼 수 있을 것이라는 지나친 낙관론에 빠져 있었다.

원숭이보다는 유인원에 집중하고 있던 루이스는 동시대 인류학자들보다 훨씬 더 앞서 있었다. 그런데 이는 일본의 학자들도 마찬가지였다.

일본의 영장류 연구는 어느 정도 서구 영장류 동물학과는 별개로 발전했으며, 그 시작은 하루살이 연구였다. 제2차 세계대전이 시작될 무렵 이마니시 긴지는 교토를 가로지르는 카모 강 유역을 날아다니는 하루살이의 서식지가 종에 따라 분할된다는 사실을 발견했다. 어떤 종은 얕고 따뜻한 강가를 선호하는가 하면 다른 종은 물살이 센 강물 중간 부분의 바위 아래 시원한 곳을 더 선호하는 식이었다. 이마니시 긴지는 이처럼 하루살이 서식지가 분리된 이유는 유사한 종끼리의 경쟁을 피하기 위한 것이라는 가설을 세웠다. 그는 자신의 이러한 견해를 피력한 책 『생물 세계의 이해*The World of Living Creatures*』(1941)를 발표한 뒤 군에 입대했으며 전선에 배치되었다. 자신이 전쟁 중에 죽을 것으로 예감한 이마니시는 이 책을 자연 연구에 새로운 사고방식을 제시할 자신의 학문적 유서라 생각했고, 자신이 죽고 난 후 누군가가 이 책에 자극을 받아 연구를 이어가주기를 바랐다.

다행히 전쟁에서 살아남은 이마니시는 그가 개인적으로 '동물사회학'이라 명명한 새로운 학문 분야의 발전을 위해 일본 곳곳을 돌며 다양한 종을 연구했으며 후학 양성에도 많은 노력을 기울였다. 1940년대 후반 그의 제자 중 하나는 일본의 사슴을 연구했으며, 또 다른 제자는 포획 토끼를 연구했다. 그러나 1948년 12월 야생 말을 연구하던 다른 제자 둘이 우연히 일본원숭이(*Macaca fuscata*) 무리를 발견한다. 이 우연한 만남 이후 이타니 주니치로와 도쿠다 기사부로를 비롯한 이마니시의 수많은 제자들은 일본원숭이의 사회적 생활상에 대해 구체적으로 고민하기 시작했다. 초기 동물사회학 연구는 주로 영장류가 아닌 종을 대상으로 이루어졌지만 1950년대 초 일본원숭이 연구에서 분명한 성과가 드러나기 시작하면서 이마니시와 그의 제자들은 일본원숭이에 집중하기 시작했다. 특히 영장류의 사회상을 이해하면 인간 사회의 기원과 구조에 대한 통찰을 얻을 수 있을 것이라는 인식이 퍼진 점도 이러한 변화를 일으키는 데 한몫을 했다. 1956년 나고야 메이테츠철도 회사가 일본원숭이연구소를 설립하고 이마니시의 연구가 이곳을 주된 기반으로 삼아 진행되면서 그가 과거에 창설한 동물사회학은 이제—서구 영장류 동물학과는 독자적으로 발전한—일본 영장류 동물학으로 완전히 탈바꿈했다.

일본 영장류 동물학이 인간의 사회체계를 탐색할 수 있는 길을 터주기를 기대했다면 가장 좋은 연구 대상은 일반적으로 인류의 가장 가까운 친척으로 여겨지는 대형 유인원이었을 것이다. 이마니시의 애초 의도는 동남아시아 지역 오랑우탄을 연구하는 것이었지만 일본 영장류 동물학자들은 주로 먹이 공급, 즉 동물을 꾀어낼 때 관찰 지역에 먹이를 놓아두는 방식을 사용한다는 점이 오랑우탄 연구에 큰 걸림돌이 되었다. 일반적으로 오랑우탄은 홀로 서식하며 나무 부근을 좀처럼 떠나지 않기 때문에 먹이 공급 방식으로는 적합지 않은 관찰 대상이었다. 게다가 오랑우탄에 비해 아프리카에 서식하는 유인원들—고릴라, 침팬지, 피그미침팬지(보노보)—이 인간에 더 가까운 종으로 인식되고 있었다.

1950년대 후반 이마니시 긴지는 우간다에서 트레블러스레스트 호텔을 운영하고 있는 발터 바움게르텔에게 다소 시적인 분위기를 풍기는 편지를 써 보냈다. "교토에서 이미 당신과 당신의 고릴라에 관한 이야기를 전해 들었습니다. 저희는 수 년 전부터 아프리카 고릴라 자연 그대로의 삶을 관찰하기를 꿈꿔왔으며, 마운틴고릴라의 비밀을 풀 열쇠가 당신 손에 있다고 들었습니다." 그리고 1958년 이마니시와 이타니 주니치로는 마운틴고릴라 서식지를 연구하기 위해 아프리카를 방문했으며, 조지 셜러가 비룽가 산맥 벨기에령 콩고 지역에 사는 마운틴고릴라들 사이를 거닐기 약 1년 전쯤인 1959년, 가와이 마사오와 미즈하라 히로키가 트레블러스레스트를 거점으로 우간다 쪽 비룽가 산맥의 마운틴고릴라를 관찰하기 시작했다.

1960년 이타니 주니치로가 그의 동료 가와이 마사오와 미즈하라 히로키가 시작한 초기 연구를 이어받기 위해 아프리카로 도착하여 준비해온 짐을 풀고 있을 무렵, 조지 셜러는 콩고를 뒤흔든 소요 사태로 인해 예정보다 빨리 자신의 연구를 마무리하고 짐을 싸고 있었다. 한편 그 소동으로 인해 이타니는 마운틴고릴라 연구를 접고 다른 유인원으로 연구 방향을 돌리기로 결정했다.

당시 정치적으로 안정된 탕가니카 지역의 탕가니카 호 동쪽 가장자리를 따라 형성된 숲에는 야생 침팬지가 많이 서식하고 있었고, 야심에 찬 젊은 영장류 동물학자 이타니 주니치로는 이곳에서 침팬지 연구를 본격적으로 시작하기 좋은 터를 찾아다녔다. 1960년 여름 루이스 리키와 연락이 닿은 이타니는 그로부터 이런 프로젝트에는 곰베 강 침팬지 보호구가 최적의 장소라는 말을 듣게 되었다. 이제 백발이 성성한 노신사가 된 루이스 리키는 곰베 지역에 침팬지가 많이 서식하고 있을 뿐만 아니라 지난 수 년간 사냥이나 기타 다양한 형태의 인간의 침입을 받지 않아 상대적으로 접근하기가 용이하다고 알려주었다. 물론 루이스 역시 자신의 연구보조(제인 모리스 구달이라는 젊은 영국 여성)를 보호구에 파견한 터였지만, 이타니가 보기에는 그녀의 프로젝트는 단기인 데다가 자금 조달도 원활하지 않았고 어쩌면 그다지 진지한 연구가 아닌 것 같기도 했다. 어찌됐던 간에 이 프로젝트는 조만간 종료될 예정이었기에 곧 일본 연구진이 독자적으로 연구를 시작하면 될 것 같았다. 당시 이타니 주니치로의 제자 중 한 사람이었던 니시다 도시사다에 따르면 루이스가 일본 연구진에게 그들이 곰베에서 침팬지 연구를 할 수 있도록 조처해주겠다고 "약속"했다고 한다.

이타니 주니치로는 훌륭한 학자인 동시에, 학문적으로나 문학적으로나 많은 책을 남긴 다작의 저술가였다. 아버지는 유명한 화가였으며 어머니 역시 잘 알려진 하이쿠 시인으로 유명한 일본의 전통 시를 많이 남겼다. 그의 제자였던 가노 다카요시는 "이타니 교수님을 처음 만났을 때 무척 마르고 여위었다는 인상을 받았습니다. 늘 안경 너머로 저를 부드럽게 바라보셨고 입가에는 항상 엷은 미소를 띠고 계셨지요" 하고 회상했다. 이타니는 성격이 느긋해서 어린 학생들이 경솔한 행동을 해도 화를 내는 법이 없었다. 가노는 이타니와 함께 원숭이 연구를 진행하던 때에 대해 이렇게 설명했다. "정말 체력과 재능이 탁월한 분입니다. 가파른 언덕길을 가뿐하게 오르내리셨고 종일 원숭이를 쫓아다닌 후에도 전혀 지친 기색이 없으셨어요. 교수님이 참으로 방대한 양의 정보를 노트에 적어내려가는 것을 볼 때마다 늘 감탄하곤 했습니다. 저보다 열 배는 빠른 속도로 정보를 수집하고 두 배나 빨리 글을 쓰시는 듯했어요. 현장에서 교수님과 함께 일할 때면 늘 제가 부족한 느낌이었죠."

리키와 통화를 마친 후 침팬지 프로젝트를 시작하기에 곰베 강 침팬지 보호구가 더할 나위 없는 최적의 장소라고 확신하게 된 이타니는 리키가 아직은 그곳에 찾아가서는 안 된다고 당부했음에도 불구하고 직접 곰베에 찾아갔다. 그는 키고마를 벗어나 마을 수상 택시를 타고 9월 29일 목요일 오후 늦게 곰베 강 유역에 도착했고 이타니는 마침 제인이 산에 나가 있는 동안 제인과 밴의 캠프로 걸어 들어왔다. 이제 막 자리를 잡고 소설 집필을 시작하려던 참이었던 밴은 이 예상치 못한 방문객의 갑작스런 출현이 그리 달갑지 않았다. 밴은 (집으로 보낸 편지에 쓴 것처럼) 다소 "쌀쌀맞게" '잠보'(안녕하세요)라고 인사한 뒤 독서용 안경을 벗고 무슨 용건이냐고 무뚝뚝하게 물었다. 그는 "저는 일본인입니다. ○○○○ 박사님이신가요?"라고 말했다. 밴은 뭐라 그랬는지 알아듣지 못했다. 그러고 나서 밴은 "어떤 상황인지 대충 감을 잡았다." 이타니는 자신이 아프리카 영장류를 연구하는 과학자라고 설명했다. 이윽고 그는 "리키 박사님이 이곳에 오지 말라고 분명하게 말씀하셨는데 제가 그만 와버렸습니다!" 하고 털어놓았다.

밴이 그에게 의자를 내주었다. 도미니크가 차를 내왔다. 늦은 오후의 엷은 햇빛이 점차 사그라지기 시작했다. 마침내 마지막 한 모금까지 차를 다 마신 이타니가 이제 가보겠다고 말을 꺼냈다. 밴은 이 시간에 돌아갈 방법이 있느냐고 물었다. "배를 타겠습니다." 이타니가 대답했다. "배가 끊겼을 텐데요." 밴이 조심스럽게 말했다.

그때쯤 제인이 침팬지 관찰을 마치고 돌아왔으며 셋은 함께 저녁을 먹었다. 9시쯤 되었을 때 밴과 제인 모녀는 하룻밤을 묵고 가라며 이타니에게 담요를 내주겠다고 했다. 그러자 (밴의 기록에 따르면) 이타니가 이렇게 대답했다. "담요는 필요 없습니다. 제 이불이 있어요. 산에 오면 늘 이 이불에 들어가서 잡니다!" 밴은 그가 매고 있는 "조그마한 배낭"을 미심쩍은 눈빛으로 쳐다보았지만 이타니는 재킷 속에서 늘어진 셔츠 한 장을 꺼내 억센 풀밭 위에 펴기 시작했다. 그가 말한 이불이란 이 셔츠임이 분명했다. 그런데 그때 호수를 가르는 뱃소리가 들려왔고 제인 모녀와 이타니는 호숫가로 다급히 달려가 배에 타겠다는 신호를 보냈다. "우리는 작별 인사를 나누고 그가 칠흑빛 호수 속으로 사라지는 것을 지켜봤어요."

밴이 편지에 기록한 내용도 그렇고 제인이 현장일지에 이 일에 대해 구체적으로 언급하고 있지 않다는 점을 볼 때 이 날 이타니 주니치로와의 만남은 다소 어색했던 것 같다. 루이스는 이후 자신이 일본인들에게 향후 연구 지역으로 곰베를 추천했다는 말을 제인에게 단 한 번도 언급하지 않았다. 이타니는 곧 일본으로 돌아갔으며 이듬해인 1961년에 이번에는 이마니시가 직접, 충분한 자금을 지원받는 대규모 프로젝트 팀 '교토 대학 아프리카 영장류 탐사대'의 대장이 되어 아프리카로 건너왔다. 침팬지 연구를 목적으로 결성된 이 탐사대는 6월부터 곰베 지역에 연구기지를 세울 계획이었다.

물론 이 때쯤에는 내셔널지오그래픽협회의 지원금 덕택에 제인이 곰베강 침팬지 보호구에서 연구를 지속할 수 있게 되었기 때문에 일본 연구진은 기지를 다른 곳에 세워야 했다. 일본인들은 탄자니아 서부 카보고 포인트라는 장소를 골랐지만 장장 2년을 기다려도 좀처럼 침팬지가 나타나지 않는 불운에 시달렸다. 1963년에 결국 카사카티 분지로 기지를 옮겼고 고생 끝에 야생 침팬지가 자주 나타나는 곳을 찾아내 이곳에서 몇몇 수컷 침팬지를 구분해내기도 하고 여러 가지 중요한 관찰 성과를 올리기도 했지만, 결국 관찰 대상을 습관화하는 데는 실패했다. 침팬지들은 연구자들을 교묘히도 잘 피해 다니며 비밀스러웠으며 그들과 마주치기라도 하면 깜짝깜짝 놀라며 겁을 냈다.

1964년 이마니시가 퇴임하고 교토 대학 탐사대의 새로운 수장이 된 이타니 주니치로는 끈기를 발휘하며 체계적으로 조직을 재정비했다. 먼저 필라방가와 마할레 산맥 두 군데에 베이스캠프를 더 세우고 야생 침팬지 접근 방법을 현장마다 다르게 했다.

먼저 카사카티 연구진들은 처음에는 일본 동물학 연구의 전통적 방식인 먹이 공급 방식을 사용했다. 침팬지를 꾀어내려고 바나나와 사탕수수를 재배했지만 코끼리들이 먼저 이곳을 발견해 작물을 다 먹어치워버렸으며, 그후에 이곳의 연구진은 인상기법impressing이라는 새로운 방식으로 관심을 돌렸다. 이곳의 책임자인 이타니는 케냐로 가 동물 판매상에게 브루시라는 이름의 새끼 침팬지를 샀다. 어린 침팬지와 인간이 함께 어울리는 모습을 보면 야생 침팬지들이 인간이 위험한 존재가 아니라고 받아들이게 될 것을 기대하며 그는 새끼 침팬지 브루시를 탄자니아 카사카티로 데려와 일부러 확 트인 곳에서 놀게 했다. 하지만 안타깝게도 브루시는 야생 침팬지를 보고 완전히 공포에 질려서 벌벌 떨었으며, 이후에는 짙은 숲속 끝자락에 커다란 털 짐승의 그림자만 나타나도 미친 듯이 소리를 지르며 몸을 숨기려 했다. 실험은 실패였다.

두번째로 필라방가 연구진들은 좀더 일반적인 방법인 습관화를 시도했다. 침팬지 서식지를 거리낌 없이 걸어 다니며 이곳의 침팬지들이 그들을 익숙한 존재로 받아들여주기를 기다렸다. 필라방가의 실험 역시 실패로 끝났다.

마지막으로 마할레 산맥 연구 기지에서는 먹이 공급법을 한 번 더 시도

해보았다. 마할레 프로젝트의 책임자였던 니시다 도시사다는 그가 이곳에서 작업을 시작할 무렵 침팬지들이 자기를 보기만 하면 곧장 도망가버렸던 일을 기억했다. 무려 180여 미터나 떨어진 곳에서도 마찬가지였다. 이 지역 주민들이 침팬지를 사냥한 적이 없는데도—주민들은 침팬지가 사람과 너무 닮아서 먹지 않는다고 했다—사람을 극도로 경계했다. 하지만 전에 몇몇 주민들이 사탕수수를 재배했을 때에는 침팬지들이 나타나서 작물을 다 먹어치워버렸다는 말을 전해들은 니시다는 사탕수수를 재배하면 침팬지들을 유인할 수 있겠다고 생각했다. 마을 대표가 전에 사탕수수를 재배하던 자리—길고 넓은 땅으로 이제는 부들이 빽빽하게 자라고 있었다—를 그에게 보여주었다. 니시다에게 할당된 연구비는 월 천 실링(150달러 미만) 정도로 아주 적었지만 그는 마을 주민 40명을 고용하여 부들을 뽑고 사탕수수를 심었다. 사탕수수는 무척 천천히 자랐고 덤불멧돼지나 쥐, 흰개미 따위가 자꾸 습격해왔다. 하지만 6개월이 지난 1966년 3월에는 제법 침팬지의 관심을 끌 만한 사탕수수 밭이 완성되었으며 실제로 침팬지들이 하나 둘 이곳을 찾아들기 시작했다. 드디어 연구자 몇몇이 쌍안경과 노트를 들고 침팬지를 관찰하기 시작했다. 마침내 다른 두 군데 연구기지가 철수되고 전 연구진 인력이 마할레 기지에 동원되었다.

1966년 니시다 연구가 큰 성과를 거두면서 마할레 기지는 이제 전 세계적으로 가장 성공적이고 또 가장 중요한 장기 유인원 연구 현장 중 하나로 손꼽히게 되었다. 일본 학자들은 지역 중심의 '단위 집단'(서구에서 흔히 말하는 '커뮤니티')에 기반을 두는 포괄적인 침팬지 사회체계를 발견한 공로를 인정받고 있다. 그리고 1970년대 초 니시다와 그의 절친한 친구이자 동료인 가노 다카요시는 자동차나 배, 자전거를 타거나 직접 두 발로 걸어 자이르 지역을 돌며, 온순한 성격과 왕성한 성생활로 유명한 희귀 유인원 종, 피그미침팬지(보노보)의 서식지 지도를 제작했다. 이어 가노는 자이르 중북부 지역의 왐바 마을에서 독자적으로 피그미침팬지 연구를 시작했고 후에 중요한 성과를 거두게 된다.

그러나 다시 뒤로 돌아가서 1960년 7월—코트르란트가 베니를 떠나며 이제 막 짐을 꾸리고, 제인은 곰베에 도착해 이제 막 짐을 내리고, 이타니 주니치로는 연구 대상을 고릴라에서 침팬지로 전환할 즈음—조지 셜러는 카바라에서 마운틴고릴라 연구를 마치고 잠깐 짬을 내어 케임브리지대 인류학과 학생 하나와 우간다 부동고 숲에서 덤불을 헤치며 걷고 있었다. 그러다 침팬지가 떼로 몰려 있는 것을 발견했는데 어느 순간 돌아보니 침팬지들의 모습이 전혀 보이지 않고 침팬지들의 공격적인 고함 소리만 그들 주변을 에워쌌다. 후에 셜러는 이 극적인 사건을 그의 책 『고릴라의 해*The Year of the Gorilla*』에서 이렇게 묘사했다. "침팬지들은 덤불 속에 모습을 감춘 채 사전 경고도 없이 갑자기 '우우' 하는 소리를 내며 우리를 사방에서 에워쌌다. 소리는 우리를 옥죄듯 점점 가까이 다가왔는데 마침내 소리가 바로 발밑에서 올라오는 것 같았다. 짐승은 단 한 마리도 보이지 않았고 수천의 성난 악마의 목구멍에서 울려나오는 듯한 고음의 괴성은 우리를 극도의 공포 속으로 몰아넣었다."

아마도 셜러는 부동고에서 침팬지 연구 프로젝트를 수행하려는 포부를 품고 있었는지도 모른다. 그는, 제인이 집으로 보낸 편지에 유쾌하고 가벼운 어투로 썼듯, 곰베에 "단지 [침팬지] 서식지도 보고, 보호구의 장래성도 살펴보고, 또 무엇보다 어떻게 하는지 훔쳐보러 왔다고 시인했다." 하지만 조지 셜러가 실제로 부동고에서 침팬지 연구를 수행할 생각을 품고 있었다 하더라도 실행은 일러야 그 다음 해에나 가능했을 것이다.

1962년 초 영국 런던 출신의 젊은 인류학자 버넌 레이놀즈와 그의 아내 프랜시스(프랭키로도 불렀다)는 침팬지의 행태를 연구하겠다는 일념 하나로 우간다 산림 보호소의 방갈로에 거처를 마련하고—아드리안 코트르란트의 조언과 격려 그리고 윌키 재단의 자금 지원을 받고서—부동고에서 8개월짜리 연구 프로젝트를 시작했다. 그런데 숲으로 탐사를 나간 지 얼마 되지 않아 레이놀즈 부부도 셜러처럼 무척 가슴 떨리고 두려운 경험을 겪는다. 불과 10미터 정도 떨어진 위치에서 놀라고 겁에 질린 침팬지 무리와 마주쳤는데 침팬지들은 이내 노골적으로 적개심을 드러내며 나무 사이사이에 서서 레이놀즈 부부를 에워싸고 거칠게 소리를 질렀다. 하지만 이 날의 극적인 첫 만남 이후로, 주로 나무에 붙어사는 침팬지들의 공격성은 점차 사람을 피하는 경향으로 변해, 몸을 곧추 세우고 땅바닥 위를 걷는 인간들이 그들 곁으로 다가오면 이내 침팬지들이 조용히 흩어져 사라져버리곤 했다. 버넌 레이놀즈가 썼듯이 "침팬지들은 우리를 보면 나무에서 황급히 내려와 숲의 땅바닥을 가로지르는 익숙한 길을 따라 조용히 풀숲 속으로 사라져버리는 식으로 반응했는데 이는 날이 갈수록 더 심했다."

　레이놀즈 부부는 면적이 무려 357제곱킬로미터에 이르는 부동고 숲에서 길을 잃으면 도저히 다시 나올 수 없을 거라는 판단에서 이곳 지형에 밝은 마누에리라는 남자를 고용했으며, 이후 늘 셋이 함께 다니며 침팬지가 우는 소리나 땅 위로 올라온 나무뿌리를 북 치듯 내려치는 소리 따위를 좇아 침팬지를 찾아 다녔다. 하지만 침팬지들은 이 삼인조 관찰단에게 끝까지 마음을 열지 않았으며—세 명은 너무 많았던 탓인 듯하다—마침내 부부는 침팬지에게 날마다 몰래 접근하는 방법을 택했다. 연구자들은 위장복을 입고 머리와 손과 쌍안경을 위장 그물로 감싸고서 접근했다. 이 방식은 이따금씩 50미터 정도 떨어진 거리에서 침팬지들의 음식을 먹는 모습을 관찰하는 데 성공하기도 했지만, 무리 중 하나가 그들의 존재를 알아차리면 침팬지들 전체가 한꺼번에 사라져버리는 일은 불가피했다. 어쨌건 레이놀즈 부부는 연구 과정에서 여러 가지를 느꼈으며 다양한 정보를 수집했다. 이동 방식을 설명하고, 둥우리 짓는 높이를 수치화하고, 무리의 규모와 구성을 연구하고, 침팬지들의 먹이 원천을 조사했다(유인원이 섭취하는 음식물의 90퍼센트는 과일이었고 나머지는 각종 이파리, 나무껍질, 초목 줄기, 곤충 따위라고 결론지었다). 하지만 그해 1962년 이 프로젝트가 진행된 8개월 동안 연구자들은 단 한 번도 침팬지들이 사냥이나 육식을 하는 모습을 보지 못했고 도구 사용을 암시할 만한 그 어떤 것도 발견하지 못했으며, 더 중요하게는 개별 침팬지들을 전혀 구분하지 못했다. 숲으로 갈 때마다 매번 다른 침팬지를 관찰하는 식이었던 것이다.

현대 현장 영장류 동물학의 초창기—1950년대에서 1960년대로 넘어가는 짧은 시기—부터 아드리안 코르트란트는 줄곧 자신이 베니에서 수행한 첫 번째 연구가 그 성과에 걸맞은 관심을 받지 못하고 있다고 공공연히 발언해왔으며 제인 구달의 연구 성과를 언급할 때면 "편협주의", "고립주의", "다소 비과학적인 태도" 따위의 표현을 사용해왔다. 코르트란트는 베니 농장처럼 좋은 연구 현장(농장의 바나나와 파파야 작물로 이미 자연스럽게 '먹이 공급'이 이루어졌던 곳)을 선택하는 기지를 발휘한 덕에 그가 쓴 글에서 보듯이 1960년 4월경에 "단 며칠 만에 근접 관찰 및 시험"을 개시할 수 있었다. 반면 1960년 7월 중순경 시작된 제인의 침팬지 연구는 (코르트란트의 평가에 따르면) 연구의 진행 속도가 매우 느렸기 때문에 시간당 생산성이 현저하게 낮아 "첫번째 수컷이 습관화되기까지 8개월이 걸렸으며 어미 침팬지들이 관찰자를 보고도 피하지 않기까지 수년이 소요되었다."

　둘의 방법론이 달랐던 것은 분명하다. 유럽의 주류 동물행동학자였던 코르트란트는 제인에 비해 더 직접적이고 실험적인 방식을 선호했다. 연구 현장을 자연 그대로의 실험실로 보고 근접 관찰 기법에 "윤리적으로 올바르며 무해한 실험"을 가미하는 방법론을 확립한 것이다. 1960년 베니 연구 이후 그가 수행한 가장 유명한 실험에서 그는 유인원의 "포식자 대처 기술"을 시험해본다는 명목으로 기계로 작동되는 무척 사실적인 표범 인형—가끔 발톱 밑에 침팬지 인형을 두기도 했다—을 야생 침팬지가 다니는 곳에 놓아두었다. 또 다른 실험에서는 알이 든 둥지, 카멜레온이 묶인 그물, "살아 있는 것처럼 꾸민" 이제 막 죽인 숲 영양을 길목에 놓아두고 야생 침팬지의 먹이 기호에 대한 자료를 수집하기도 했다. 이러한 실험을 시행하는 동안에 코르트란트는 야생 침팬지들이 그물 속에 든 카멜레온을 보고 혼란스러워하거나 두려워할 가능성은 고려하지 않았다. 그는 또 "살아 있는 것처럼 꾸민" 죽은 영양이 인간이 아닌 침팬지의 눈에도 그렇게 보일 것인가의 문제에도 큰 관심을 기울이지 않았다. 그는 이러한 실험 방식이 야생 침팬지의 생활상에 대한 타당한 과학적 정보를 획득하는 신속하고 효과적인 방법인데 반해서, 지상에서의 조용하고 느긋하며 장기적인 자연주의적 관찰을 선호하는 제인의 방법론은 호사스럽고 비효율적인 "아시시의 성 프란체스코(아시시 출신으로 청빈을 이상으로 하는 프란체스코 수도회를 창립했다. 동물들을 사랑했으며, 동물들과 대화를 할 수 있었다고 알려졌다—옮긴이) 방식"이라고 주장했다.

둘은 또한 이념적인 차이도 있었던 것 같다. 코르트란트가 말한 제인의 "다소 비과학적 태도"에는 어쩌면 기성 과학의 한 측면, 즉 과학자들이 스스로를 관찰 대상보다 우월한 존재로 인식하며 커튼 뒤에 안전하게 숨은 채 대상으로부터 멀리 떨어져서 관찰 대상을 기계 다루듯 조작하려 하는 관음증적 태도에 대한 제인의 혐오가 깔려 있었던 것이 아닌가 싶다. 이러한 상황에서 관찰자는 조작자로서 관찰 대상보다 우위에 서게 되는 반면 관찰 대상은 관찰 당하는 상황을 어쩔 수 없이 감내해야 한다. 제인의 방식은 관찰자와 관찰 대상을 동등한 위치에 두었으며, 이는 실제적, 물리적 의미에서뿐만 아니라 심리적, 지적 차원에서도 그랬다는 것이 내 생각이다.

아드리안 코르트란트는 스스로를 "야생 환경의 침팬지를 근접 거리에서 관찰한 최초의 인간"이라 여겼으며 이는 아마 사실일 것이다(아프리카 원주민과 침팬지 간에 충분히 있었을 법한 기록되지 않은 수많은 만남을 일단 논외로 한다면 말이다). 1960년 수컷 침팬지들이 먼저 다가와 그가 숨어 있는 잠복관찰처 안을 들여다보려고 시도한 몇 번의 사건들은 그에게 "등골이 오싹해지는" 순간이었고 진정 "과학자로서의 내 삶에서 가장 중요한" 매우 특별한 시간들이었다. 하지만 그로부터 겨우 몇 달 만에 제인은 그녀 스스로 야생 침팬지들—당시만 해도 야생 침팬지는 여전히 사나운 짐승으로 인식되고 있었다—에게 먼저 다가가고 있었다. 그것도 개방된 장소에서 가벼운 옷차림에 두 발로 걸어 아무런 무기도 지니지 않은 무방비 상태로 종종 혼자서 말이다.

요약하자면 아드리안 코르트란트의 침팬지 관찰법에는 뛰어난 발명가적 자질이 요구되었던 반면 제인의 관찰법에는 대단한 용기가 필요했다. 물론 용기라는 것이 과학적 성과를 재는 척도가 될 수는 없지만, 코르트란트가 초기에 잠복관찰처 안에만 숨어서 유인원을 관찰했다는 점을 강조한 것으로 보아 그가 단 한 번도 침팬지들을 따라 숲속 서식처까지 가본 적이 없음을 유추해볼 수 있다. 코르트란트가 수행한 침팬지 연구의 이러한 관찰의 한계만 보더라도, 그가 「사이언티픽 아메리칸」 9월호에 게재될 논문의 초안을 작성하던 1962년 봄 무렵까지도 어째서 여전히 야생 침팬지가 "자연 채식"을 한다고 쓰고 침팬지가 왜 도구를 제작하지 않는지를 궁금해했는지 그 이유를 충분히 짐작해볼 수 있다.

17

마법과 일상

1960~1961

1960년 11월 12일 밴이 곰베를 떠났다. 당분간 곰베를 맡아달라는 루이스의 부탁을 받고 마이오세 레이디의 하산 살리무 선장이 현장을 찾아왔으며, 이제 하산이 총책임을 이어받으면서 11월 27일 일요일 제인의 첫번째 관찰 시기도 끝이 났다.

제인의 친구 데릭 던이 그날 저녁 키고마에서 맥주와 빵 한 덩어리, 카레의 주재료로 쓸 살아 있는 수평아리 두 마리를 들고 찾아왔다. 데릭과 제인은 곧 한 마리를 잡아먹었지만 다른 한 마리는 제인이 버치스로 보낸 편지에 썼듯이 "무척이나 특별"했다. 캠프에 도착했을 때 수평아리는 두 다리가 끈에 묶여 있었는데 줄곧 끈을 끈질기게 부리로 쪼더니 한 시간 만에 끊어버렸고 제인이 목욕을 하려고 캔버스 욕조가 있는 텐트 뒤로 향하자 가만히 따라 들어가 그녀 쪽을 쳐다보았다. 수평아리는 제인에게 말을 걸었고 제인이―닭의 언어로―그 말을 받아주었더니 돌연 녀석의 태도가 논쟁적으로 변했다. "친구가 될 수 있을 거라고는 <u>한</u> 번도 상상해보지 못한 동물"이었던 이 괄괄한 젊은 수탉은 카레가 될 위기를 모면했을 뿐더러 힐데브란트라는 이름까지 얻었다.

12월 1일 아침, 텐트를 분해하고, 안에 자리 잡고 있던 "도마뱀 무리를 쫓아내고", 텐트 천을 접어 정리를 마친 제인과 데릭은 아침 9시쯤 각종 물품을 싼 가방 옆에 힐데브란트를 나란히 세워두고 호숫가에 서서 배를 기다렸다. 키고마에 도착해서는 한때 독일군 요새였던 보마의 행정사무소에 대부분의 짐을 맡겨둔 후에 제인의 절친한 친구들인 젊은 신혼부부 콜린, 호세 램의 집에서 하룻밤을 묵었다.

다음날 아침, 제인과 데릭은 힐데브란트를 호세에게 맡기고 작은 여행단을 꾸려 키고마를 떠났다. 랜드로버 안에서 뜨거운 인도식 튀김만두 한 봉지를 나누어 먹는 그들 뒤를 데릭이 고용한 아프리카인 조수 셋이 트럭을 타고 쫓아왔다. 둘은 출발한 지 일주일이 훨씬 지나서야 나이로비에 도착했는데, 도착이 이렇게 늦어진 것은 중간에 타이어에 펑크가 나거나 차축이 부서지거나 전면 유리가 깨지는 등 미처 예상치 못한 돌발 사고가 많았던 탓도 있었지만 무엇보다 미리 계획한 대로 탕가니카에 사흘간 총 없이 코끼리 사냥 사파리를 나갔기 때문이었다. 사파리는 퍽 "호사스러웠는데" 데릭이 뛰어난 몰이꾼 소코와 훌륭한 요리사 엘리아스를 데려왔으며, 최고급 텐트에 냉장고까지 구비해 와 저녁이면 차가운 음료를 마실 수 있었다. 하지만 이러한 호사는 사흘 내내 체체파리가 들끓는 무더운 삼림지와 사바나에서 커다란 쟁반 크기의 발자국들을 따라 힘겹게 걷기를 반복하며 겪은 고생으로 모두 상쇄되어버렸다. 전체적으로 진을 빼는 생고생이 따로 없었고, 여행 셋째 날 풀을 뜯거나 나무를 쓰러뜨리기를 반복하며 종횡무진 활보하는 수컷 코끼리 한 마리를 무려 열다섯 시간 동안 쫓아다닌 마라톤 경주가 끝날 무렵 고생은 정점에 이르렀다. 마침내 일행은 데릭이 이 경이로운 생명체를 잡을 수 있을 만큼 가까이 접근했다. 제인이 그곳에 없었다면 녀석은 총을 맞았을 것이 분명했지만 다행히 제인이 그 자리에 있었기에 코끼리는 무사히 살아남을 수 있었으며 대신 조지라는 이름도 얻었다.

사파리 여행을 마친 데릭과 제인은 데릭의 케냐 농장에서 이틀 밤을 묵고 12월 13일 화요일, 데릭의 딸 발레리 앤과 함께 드디어 나이로비에 도착했다. 제인이 집으로 보낸 편지에 썼듯이 루이스는 "반가이 맞아주었다." 그날 저녁 제인과 발레리 앤은 랑가타의 루이스 집에 초대되어 "특별한 저녁식사"를 했으며(메리는 집에 없었다), 루이스와 제인은 새벽 한 시까지 이야기를 나누었다.

1961년 1월 14일 일요일, 제인은 혼자 곰베에 돌아왔다. 이때쯤에는 다른 유럽인이 반드시 동행해야 한다는 규정은 조용히 잊혀진 터였다. 캠프 일꾼들로는 하산 살리무 외에도 라시디 키크왈레와 도미니크 반도라가 있었으며 도미니크의 아내 치코와 어린 딸 아도도 곧 합류했다.

키고마의 보마에 보관해두었던 짐을 포함한 모든 물품은 힐데브란트와 힐데브란트의 새 짝 힐다와 더불어 6일 뒤인 1월 21일 오후 키비시에 도착했는데 그날 밤 무지막지한 폭풍우가 몰아치는 바람에 제인은 급하게 텐트를 세워 미처 정리를 마치지 못한 물품들을 텐트 속에 아무렇게나 밀어 넣어두어야 했다. 그날 밤, 밴을 비롯한 영국 가족들에게 썼듯이, "새 지붕 아래에 누워서 듣는 빗방울 소리가 퍽 사랑스러웠다."

다음날 제인은 캠프를 "질서 정연하게" 꾸며 보려는 생각에서 침팬지 관찰을 평소보다 일찍 마치고 돌아왔다. 하산이 만든 닭장은 텐트 입구—'베란다'—옆에 자리를 잡았는데, 사람들은 이 닭장을 설탕이나 밀가루 따위가 담긴 커다란 깡통 여섯 개와 여타 다른 물품을 올려두는 선반으로도 썼다. 닭장 옆으로는 (만든 사람인 코린돈 박물관의 노먼 미턴의 이름을 딴) 작은 수납장 '노먼'을 두었다. 노먼 맨 위 칸에는 접시와 컵이 놓였다. 베란다 가운데에는 새 캠프 탁자를 두었는데, 날씨가 궂은 날 앉아서 식사를 하기에도 좋았지만 책상으로도 쓸 수 있어 무척 유용했다. 침상 위에 베개 두 개를 쌓은 뒤 그 위로 담요 한 장을 잘 개어 올리면 편안하게 앉아 글을 쓰기에 딱 좋은 높이가 되었다.

텐트 내부의 분리된 공간 중 뒤쪽에 위치한 세면실에는 커다란 상자를 놓고 그 안에 예비물품을 담아 두었다. 데릭이 방수가 되는 탄약상자를 세 개 구해주었는데 그중 하나에는 건전지나 말라리아 예방약 '니바퀸'처럼 "날마다 쓰는 자잘한 물건들"을 넣어 세면실 예비품 상자 옆에 두었다. 두 번째 탄약상자에는 식량—비스킷, 스파게티 면 등—을 담아 베란다로 가져가 노면과 닭장 옆에 두었다. 세번째 상자는 침상 위에 놓고 책을 넣었다. 제인의 텐트 안에는 탄약상자 외에도 여행용 가방이 두 개 있었는데 파란 가방에는 각종 서류가 들어 있었고 검은 가방에는 캠프에서 생활하다 보면 어쩌다 한 번씩은 필요할 법한 물건들이 들어 있었다. 검은 가방 위에는 알람시계, 베이비파우더와 함께 코끼리 '조지'를 쫓던 날을 기념하며 데릭이 제인에게 선물한 코끼리 모양으로 깎은 상아상像 '조지'가 놓였다.

텐트 정리 외에도 서둘러 처리해야 할 자질구레한 일이 많았다. 보트는 유백색과 초록색으로 다시 칠하고 '소코 무케(침팬지 여인)'라는 새 이름을 지어주었다. 식물을 채집해 납작하게 펴서 보존하고, 휴대용 석유등 불빛에 모여들거나 채집망에 잡힌 나방들—제인은 이것들을 '두두'(스와힐리어로 '곤충'이라는 뜻)라고 불렀다—을 수집하기도 했다.

그런데 3월 초순경 큰 쥐가 시트나 담요, 급기야 '두두'망까지 갉아 먹어 치웠다. 마침내 중순경 쥐덫에 걸렸지만 이내 커다란 다른 쥐가 또 나타나 똑같은 짓을 저질렀다. 한편 제인은 텐트 안 욕조에서 "화려한 붉은색 지네 형제들"을 발견했고, 어느 날 오후에는 스웨터를 바닥에서 집어 들었더니 "커다랗고 우아한 전갈이 한 쪽 소매에 매달린 채 나를 호전적인 눈빛으로 바라보고" 있었다. 그해 봄에 호숫가에 나타난 커다란 악어는 이디 마타타가 키우는 오리들을 잡아먹기도 했다. 또 비슷한 시기에 제인은 전부터 그 부근에 사는 것으로 짐작만 하던 표범을 드디어 두 눈으로 직접 확인했다. 제인은 버치스로 보낸 편지에 이렇게 썼다. "별안간 뭐라 형용하기 힘든 이상한 소리를 들었어요. 처음에는 수풀 위로 솟은 꼬리가 눈에 들어왔어요. 그리고 그 뒤편으로 표범의 등이 살짝 보였죠. 깜짝 놀랐어요. 표범은 들소 떼가 풀을 뜯어 휑해진 터를 향해 걸어갔고 저는 뒤에서 사랑스러운 그 뒷모습을 지켜보았죠. 몸집이 크고 털이 짙은 것이, 정말 아름다웠어요."

힐데브란트는 캠프에 활력을 주었다. 제인은 2월 17일 편지에서 힐데브란트를 "알을 깨고 나온 이 세상 새 중에 제일 정신없는 녀석"이라고 썼다.

힐데브란트는 텐트 말뚝 위에서 과시 행동을 하다 텐트 밧줄 위쪽으로 날아올라요. 말뚝에서 발을 떼자마자 기우뚱대지만 마치 처음부터 비스듬히 착륙하려고 했던 척하죠. 전속력으로 나무나 의자, 저, 힐다를 향해 달려오다가 멈추고서는 시끄럽게 울어대요. 오늘 새벽엔 이 멍청한 녀석이 제가 일어날 때, 동 트기 훨씬 전인데 울어대고 있었죠. 제가 닭장 문을 살짝 열고 그 틈새로 들고 있던 허리케인(랜턴)에서 나는 빛을 비춰주었더니 더 크게 울 준비를 하기에 제가 서둘러 닭장 문을 닫아버렸어요. 어쨌거나 소리가 문 뒤로 묻혀 조금이나마 작아졌지요! 가엾은 힐다!

하지만 가엾은 힐다 역시 자기만의 작업에 몰두하고 있었다. 3월경에는 달걀을 13개나 낳았고 4월 초에는 털이 복슬복슬한 까만 병아리들이 꼭 달걀 수만큼 태어났다. 하지만 병아리들은 곧 하나둘씩 사라져버리고 말았는데 거대한 나일왕도마뱀 한 쌍이 기회가 날 때마다 잽싸게 안으로 들어가 한 마리씩 잡아채갔기 때문이었다.

한편 데릭은 제인에게 답장 없는 연서를 계속 보내왔고, 한번은 제인이 언젠가 자기가 백만장자라면 아티초크 하트(식용 식물인 아티초크의 속으로 만든 요리—옮긴이)를 매주 먹겠다고 말한 것을 기억하고 아티초크를 가득 담은 커다란 상자를 제인에게 보냈다. 데릭에겐 안타까운 일이지만 그가 부친 소포는 어떤 이유에서였는지 배송이 계속 지연되었고 마침내 제인이 곰베에 도착한 상자를 열어보니 안에는 "아름다운 보라색 꽃이 한 가득"이었다. 아티초크를 본 적이 없던 하산은 흥분해서 "그 사람이 당신에게 아름다운 꽃을 보냈군요!!!"라고 외쳤다.

당시 제인은 약혼자 로버트 영과의 관계로 마음에 깊은 가시가 박혔다. 제인은 로버트에게 1960년 말 두 차례에 걸쳐 장문의 편지를 보냈고 그 내용은 나중에 제인이 요약해서 말했듯이 "모든 상황이 우리를 절망으로 몰아가고 있으며", "문제를 어디서부터 풀어야 할지 막막하다"는 것이었다. 하지만 로버트는 마치 편지가 런던에 도착하지도 않았다는 듯이 한동안 아무런 반응도 보이지 않았다. 그러다 마침내 3월, 로버트는 편지에서 자신의 너무 오랜 실직 상태와 친구 아파트 방바닥에 누워 꼼짝도 못할 정도의 허리 통증 등 자신의 절망적인 상황을 설명하고, 아프리카에서 이제 막 돌아온 이름난 외과의사인 친구가 "무척 유감스럽게도" 로버트의 약혼녀가 "현재 별거 중인 리키 박사와 동거"하고 있다는 소문을 들었다고 전해주어 무척 괴롭지만, (제인이 밴에게 전한 말을 옮기면) 제인의 "생각을 존중"한다는 답장을 보내왔다.

키고마의 친구들이 곰베에 뜸하게 찾아온 것을 제외하면 1961년 봄 제인의 친교는 전부 아프리카인들을 상대로 이루어졌다. 주로 하산, 라시디, 도미니크가 제인의 곁을 지켰고 치코와 어린 아도가 이따금씩 제인을 방문했으며, 카세켈라 마을에서 이디 마타타를 비롯한 몇몇 마을 사람들이 가끔 캠프로 찾아오곤 했다. 이디 마타타는 잡담을 나누거나 의약품에 대해 물어보러 제인을 자주 찾았으며 둘은 그녀가 3월 4일 집으로 보낸 편지에서 썼듯이 서로에게 "멋진 친구"가 되었다. 날마다 연습한 덕에 이때쯤에는 그가 하는 말을 거의 다 알아듣겠다고 자신할 정도로 제인은 스와힐리어가 많이 늘었다.
  이제 제인은 혼자 산에 올랐지만, 당시 제인의 행로를 기록하는 임무를 공식적으로 맡고 있던 탕가니카 수렵관리부 직원 사울로 데이비드가 오후에 잠깐씩 산에 오르기도 했다. 제인은 자신이 어디에 갔는지 적은 쪽지를 비닐봉지에 넣어 데이비드와 연락을 주고받았다. 제인은 1월 말 집으로 보낸 편지에 이 일을 빗대어 다음과 같은 내용을 적기도 했다. "날마다 종이 쪽지 추격전이 벌어져요. 그 사람에겐 그것도 하나의 재미거리가 되겠죠!" 제인은 이제 단독으로 다녔기 때문에 너무 축축하게 젖은 풀숲을 지나가야 할 때는 바지를 벗어 허리에 묶고 물에 잘 젖지 않는 폴리에틸렌 천으로 그 위를 감쌌다. 비가 오면 셔츠까지 벗어 허리에 묶고 역시 폴리에틸렌 천으로 덮어 위아래로 반은 벌거벗은 채 돌아다녔다.

　1961년 초반 제인이 집으로 보낸 편지에는 종종 발신지에 '침팬지 나라'라고 발랄하고 생기 넘치게 간단한 주소를 적었고, 그 안에 담긴 내용 역시 일상의 소소한 사건들에서 오는 뜻밖의 즐거움에 기뻐하는 제인의 활기찬 모습이 그대로 묻어났다. 우울한 감상을 적은 편지를 보내오는 일은 아주 드물었다. 하지만 사실 이때는 그녀에게 무척 고독한 시기였다. 그로부터 40년이 지난 후 그녀의 자서전 『희망의 이유』에서 제인은 "나는 어머니와 함께 모닥불 가에서 즐겁게 이야기를 나누며 새롭게 본 것들에 대해 토론하던 시간이 그리웠다"라고 고백했다. 그래도 한편으로는 "언제나 혼자 있는 것을 좋아했기에" 그녀는 혼자인 시간을 소중히 여기며 홀로 있음을 자신의 삶의 일부로 받아들였다. 하지만 제인은 간혹 평소와 다른 자신을 발견하기도 했다. 2월 말에 집으로 보낸 편지의 서두에서 그녀는 자조하는 것 같은 어투로 이렇게 썼다. "한마디로 미친 사람, 그게 요즘 제 모습이에요. 너저분하고 정신이 나가기 일보 직전." 편지는 이어 그녀의 일상을 요약해나갔다. "오늘은 새벽 5시에 자리에서 일어났어요. 어둡고, 별이 컸죠. 그리고 침팬지가 산토끼를 잡아먹었죠. 그들이 산으로 돌아왔어요. 저는 여기에 있고 그들은 산에 돌아왔어요. 콩고 언덕 위로 무지개가 떴어요. 무지개 위쪽이 하늘의 구름에 묻혀 보이지 않아요. 하느님이 약속을 어기려 하시는 걸까요? 개울물이 노래를 부르고 있어요. 하지만 노랫말이 잘 들리지 않아요. 분명 아는 단어들인데 들리지가 않아요. 무엇인지 말로 표현할 수가 없어요." 그렇게 개울물이 속삭이는 단어에 귀를 기울이며 사색에 잠겨 있던 그녀는 도미니크의 지극히 일상적인 질문에 다시 지상으로 내려왔다. "저녁으로 계란을 먹기로 했어요. 방금 도미니크가 뭘 먹을 거냐고 물었거든요. 이런 걸 보면 제가 정상이 맞네요. 계란이라고 대답한 걸 보면 당연히 정상이지요!"

『희망의 이유』에서 제인은 바로 이 '홀로'(5장의 제목)의 시기 동안 자연, 즉 자신을 감싸오는 "숲속에서의 삶"에 "완전히 몰입해갔다"고 적었다. "혼자 살았던 이 시기"에 "나는 항상 동물과 자연에 더 가까이 하고자 하였다. 그 결과 나 스스로에게 다가갈 수 있었고 점점 더 주변의 영적인 힘과 조화되어갔다." 특별한 순간에는 자연에서의 삶에 대한 오묘하고 생생하며 선명한 자각이 그녀의 머릿속을 휩쓸고 지나가곤 했다. "홀로 시간을 보내면 보낼수록 이제는 나의 집이 되어버린 마술적인 숲의 세계와 점점 더 하나가 되어갔다. 나는 생명이 없는 사물들에게도 모두 자신만의 정체성을 만들어주었다. 내가 가장 좋아하는 아시시의 성 프란체스코가 그랬던 것처럼 이름을 붙여주고 친구로서 인사를 하였다. 매일 아침 봉우리에 도착해서는 '좋은 아침이야, 봉우리야', 물을 뜰 때는 '안녕, 개울물아', 머리 위에서 바람이 세차게 불어 침팬지들의 위치를 알기 어렵게 되면 '아, 바람아, 제발 잠잠해다오'라고 말하곤 했다." 간혹은 "달빛이 비치는 봉우리 위에서 잠들지 않는 황홀한 밤들"이 있었고 "특히 비가 내릴 때 숲속에 앉아서 나뭇잎 위에 빗방울 떨어지는 소리 듣는 것을 좋아했으며, 저녁 무렵 초록색과 갈색의 어슴푸레한 세계와 회색 공기에 둘러싸여 있는 완전히 고립된 느낌이 드는" 날들이 있었다. 그리고 이 시기의 제인은 "특히, 나무라는 존재에 대해서 깊이 느끼게 되었다. 강한 햇빛을 받아 껍질이 따뜻해진 오래되고 거대한 나무나, 서늘하고 부드러운 껍질을 가진 어린 나무를 만지면, 보이지 않는 뿌리로부터 흡수되어 머리 위 높은 나뭇가지 끝까지 올라가는 수액을 이상한 직관적 감각으로 느낄 수 있었다."

물론 숲은 침팬지가 살아 숨 쉬는 곳이기도 했다. 제인은 1월 31일 나이로비에서 돌아오고 겨우 2주가 지났을 즈음, 이제까지 관찰한 그 어떤 것보다―"육식이나 흰개미 사건보다도"―훨씬 더 흥미진진하고 극적인 사건을 목격했고 곧 이 내용을 담은 편지를 집으로 보냈다. 제인은 그날 아침 린다 계곡에 모여 있는 여러 침팬지들을 관찰하는 것으로 하루를 시작했다. 일부는 먹이를 먹고 있었고 어린 침팬지들 몇몇은 나무 사이를 거칠게 뛰놀고 있었다. 침팬지들이 어찌나 빠르게 움직이는지 팔이나 다리, 얼굴, 발 따위만 순간순간 겨우 보일 뿐 그 모습을 제대로 관찰할 수가 없었는데 술래잡기 같은 서로 쫓아다니는 놀이를 하는 듯했다. 그러다 돌연 침팬지들이 모두 자취를 감추었다. 그러자 제인은 이번에는 나무 위에서 조용히 무언가를 먹고 있는 더 작은 규모의 다른 무리—성년 수컷 다섯 마리와 암컷 한 마리—쪽으로 다가갔다. 침팬지들은 앉아 있던 나무에서 내려와 다시 다른 키 큰 나무 하나에 우르르 몰려 올라가서 "평화롭게 휴식을 취하고 있었는데" 돌연 "아까 그 무리가 나타났어요. 땅에서 솟아나기라도 한 듯, 갑자기! 아이들은 아까 그대로였고 어른 침팬지들은 적어도 수컷 한 마리와 겁이 많아 보이는 젊은 암컷 한 마리 정도가 더 온 듯했어요. 아이들이 다시 장난을 치기 시작했고 큰 침팬지들은 어쩔 수 없다는 듯 아이들이 소란을 피우는 것을 묵묵히 지켜보고만 있었죠. 아이들의 놀이는 한 시간이 넘도록 계속됐어요. 이번에는 모든 게—몸싸움과 추격전—더 잘 보였죠. 아침 내내 그랬듯 모두들 조용했죠."

그리고 비가 내리기 시작했다. 침팬지가 떼로 몰려 올라가 있는 키 큰 나무는 나무 밑동만 드문드문 보이는 풀밭 언덕의 꼭대기에서 90미터 정도 내려온 곳에 자리하고 있었고, 제인은 침팬지들이 이제 비를 피해 나무 밑으로 피하거나 근처 다른 나무로 자리를 옮길 것이라고 생각했다. 그러나 침팬지들은 제인의 예상과 달리, 잎사귀가 빗물에 축 젖어버린 그 나뭇가지 위를 좀처럼 떠나지 않았다. 그러다 별안간 무리 중 나이가 많은 축에 속해 보이는 얼굴색이 엷은 침팬지 하나—제인이 '페일페이스Paleface'라는 이름을 붙여주었다—가 나무에서 내려오더니 구부정한 자세로 풀밭 위에 앉았다. 제인을 마주한 방향이었다. 그때쯤에는 비가 더욱더 세차게 내렸고 곧 좀더 젊어 보이는 "땅딸막한" 수컷 한 마리가 따라 내려와 페일페이스 곁에 앉았다.

이윽고 나머지 침팬지들도 풀밭으로 마저 내려왔고 이내 무리가 둘로 갈리어 서로 45미터 정도의 거리를 두고 떨어져 앉았다. 여전히 풀밭 언덕 맨

꼭대기에서 아래쪽으로 90미터 정도 내려온 지점이었다. "움직임이 무척 조직적이었어요." 제인은 편지에 썼다. 페일페이스가 가운데에 자리한 첫 번째 무리는 성년 수컷 한두 마리와 어린 새끼가 등에 매달려 있는 암컷을 포함해 최소 여섯 마리 이상으로 이루어져 있었다. 제인 왼편에 있었던 무리는 또 다른 성년 수컷—이 침팬지에게는 '베어범Bare Bum'이라는 이름을 붙여주었다—을 중심으로 모여 있었는데 적어도 다섯 마리 이상인 듯했다 (사실 풀이 꽤 높이 솟아 있어 제인은 검은 형체들이 움직이는 것을 어렴풋이 지켜볼 뿐이었다). 그러다 두 무리가 함께 세찬 빗속을 뚫고 어기적어기적 언덕을 오르기 시작했다. 여전히 서로 45미터 정도의 거리를 유지한 채 일렬종대로 나란히. 페일페이스 쪽 무리는 등에 새끼를 업은 암컷이, 왼쪽 무리는 베어범이 맨 앞에서 걷고 있었다.

1월 31일(1월 30일로 잘못 표기되어 있다) 현장일지에는 나머지 이야기가 이어진다.

두 행렬이 능선 꼭대기에 다다랐을 때, 왼쪽 무리의 침팬지 중 하나가 마치 낫질을 하듯 양팔을 휘저어 높은 풀숲을 가르며 다른 쪽 무리를 향해 달렸다. 줄곧 작게 '우휘, 우휘' 하는 소리를 내면서 달렸다. 오른쪽 무리 수컷 중에서는 페일페이스가 덤불을 향해 달리다 몸을 꼿꼿하게 세우고 서더니 오른손으로 덤불을 힘껏 치고 옆으로 비껴갔다. 그리고 다시 방향을 틀어 다시 언덕 아래쪽으로 비스듬히 달리더니 갑자기 위로 껑충 뛰어 나뭇가지 하나를 꺾어 들고 꺾은 나뭇가지를 흔들며 아래쪽으로 내달렸다. 나뭇가지를 흔드는 동작을 멈춘 뒤에도 나뭇가지는 여전히 손에 꼭 쥐고 있었다. 페일페이스는 45미터 정도를 더 내려가 어느 나무 둘레를 한 바퀴 빙글 돌고 난 다음 나무를 타고 올라갔다. 이때쯤에는 다른 침팬지들도 이미 나무 위로 올라간 상태였다. 줄곧 세찬 비가 쏟아지고 있었고, 그 다음부터 마치 꿈같은 장면들이 이어졌다. 덩치 큰 수컷들이 차례로 한 마리씩 능선 아래쪽을 향해 달리다 위로 껑충 뛰어 나뭇가지를 꺾어 손에 든 채 행진을 계속했다. 이따금씩 소리를 질렀지만 거의 대부분은 조용했다. 한번은 어떤 한 마리가 다른 침팬지를 향해 돌진했다. 둘은 이내 같이 나무를 타고 오르더니 나란히 나무 아래로 뛰어내렸다. 한 마리는 꺾은 나뭇가지를 쳐들고 앞으로 달렸다. 다른 한 마리는 50센티미터 정도도 높이 뛰었지만 나뭇가지가 꺾이기만 하고 떨어져 나오지 않아서 곧 다른 나무로 돌진해 뛰어올랐다. 침팬지들은 나무에 뛰어올랐다 그냥 다시 타고 내려오곤 했고, 내려올 때는 대개 나뭇가지를 손에 들고 있었지만 빈손인 경우도 많았다. 소리를 내는 것은 주로 나무를 향해 달릴 때였다. 침팬지들이 가끔 서로의 뒤를 쫓아다니는 경우는 있었지만 상대를 실제로 잡는 일은 없었다. 또 여러 번 뻣뻣하게나마 뒷발로만 걸어보려고 시도하는 경우도 많았는데 대개는 이내 균형을 잃고 앞발을 바닥에 디뎠다. 아마 성년 수컷 다섯 마리 정도가 '춤을 추고' 있었던 것 같은데 그것이 진정 춤이었는지는 확실치 않다. 분명한 것은 성년 침팬지들만 그러한 행동을 보였다는 것이다. 암컷이 춤을 추는 것은 보지 <u>못했다</u>. 그랬을 가능성은 매우 희박하다고 본다. 이 모든 일은 폭우가 퍼붓고 천둥이 울고 선명한 번개가 내리치는 가운데 벌어졌다. 모든 게 마치 꿈같았다.

제인이 이미 '비춤'으로 간주한 이날의 기념비적인 광경은 나머지 침팬지들이—마치 관중이라도 되는 양—언덕 꼭대기 부근 어느 나무 위에 조용히 앉아 지켜보는 가운데 약 30여 분간 지속되었다. 오후 2시쯤 되어 모든 것이 끝이 나자, 덩치 큰 수컷들이 나무를 타고 올라가 마치 그들의 유일한 인간 관객인 제인을 바라보듯 그쪽으로 방향을 틀고 앉았다. "지켜보는 내내 나는 침팬지들이 마치 나를 위해 그러고 있는 것 같은 기분이 들었다. 혹시 정말 그런 것은 아니었을까?" 제인은 현장일지에 그렇게 썼다.

다시 15분 정도가 흐른 후 페일페이스가 나무에서 조용히 내려와 언덕 위를 향해 걷기 시작했다. "그러자 다른 침팬지들 역시 모두 나무에서 내려와 능선을 따라 천천히 오르기 시작했다. 지평선 위로 비친 실루엣 몇몇이 나무에 올라가 앉았다. 나머지는 능선 너머로 사라졌다. 마침내 마지막에는 페일페이스만 남았다. 그는 여전히 왼손에 잔가지를 쥔 채 몸을 세우더니 내 쪽으로 돌아다보았다. 잿빛 하늘 위로 그려진 그의 거대한 실루엣이 어딘가 장엄하게 느껴졌다. 경외감이 드는 순간이었다. 그는 마치 커튼콜을 받은 배우 같았다."

'비춤'을 목격한 것은 제인의 초기 곰베 연구의 중요한 관찰 성과 중 하나였다. 그것은 마법과도 같은 명징한 깨달음의 순간이었다. 몇몇 사람들은 자칫 실상을 대강 뭉뚱그려서, 제인이 곰베라는 신비한 세계로 들어선 것 자체가 하나의 마법이었다며, 낭만적이긴 하지만 그릇된 결론을 내리곤 한다. 이렇게 생각하는 사람들은 흔히 이러한 제인의 성과가 그녀만의 남다른 직관력과 차분한 주의력으로 손쉽게 얻은 것이라거나, 또는 독창성 없고 낡은 남성 중심의 과학계에 여성적인 방식을 도입함으로써 나타난 혁명적인 결과라고 보지만, 사실 곰베에서의 작업은 어느 하나 쉬운 것도, 빨리 되는 것도 없었다. 물론 제인이 종종 즉흥적이고 직관적인 판단을 내렸던 것은 사실이다. 또 유난히 차분하고 수용적인 성격이었던 것도 사실이다. 뿐만 아니라 전에는 남성들만의 폐쇄된 영역이었던 동물행동학에 그녀가 도입한 혁신적인 접근 방법들이 어떻게 보면 여성 특유의 색채를 띠었던 것 역시 사실이다. 하지만 제인의 초기 곰베 연구를 성공으로 이끈 진정한 힘, 그녀가 날마다 주변을 맴돌며 관찰한 생명체를 이해할 수 있도록 본질적인 돌파구를 찾게 해준 바로 그 스타일, 혹은 테크닉, 혹은 접근법은 사실 특별히 남성적인 것도 여성적인 것도 아니었으며 성별과는 무관한 중성적인 것이었다. 이루 말할 수 없이 힘든 조건에서도 흔들리지 않고 꾸준히 밀고나가는 결연함과 필요하다면 언제까지라도 끈질기고 근면하게 작업에 몰두하는 자질이 그 비결이었다. 힘겨운 분투와 고된 작업. 이 두 가지가 곰베의 마법 같은 세계로 가는 문을 열게 해준 평범한 일상의 열쇠였다.

이루 말할 수 없이 힘든 조건 중에는 날씨가 있었다. 제인은 곰베의 위대한 자연미에 한껏 취하는 기쁨을 누리기도 했지만, 제인이 2월 중 버치스에 부친 편지에 묘사했듯, 이 빛나는 열대의 아름다움은 마치 그릇이 뒤집히듯 완전히 반대되는 효과를 발휘하기도 해서 한편으로는 "말도 못하게 무더운 뜨거운 온실" 속을 겪어볼 기회를 주기도 했다. 옷이나 침구는 늘 축축했고, 책, 서류에는 흰곰팡이가 기승을 부렸으며, 편지봉투가 한 덩어리로 엉겨 붙고 손바닥이 진득거리고 손가락도 미끌미끌해서 친지나 친구들에게 편지를 쓰는 간단한 일상의 작업에서조차 어려움을 겪었다. 거센 폭풍우가 거의 매일같이 몰려와 옷이나 캔버스 욕조 따위가 자꾸 썩어 들어갔고, 다리나 발에는 피부병이 떠나질 않았다. 피부병은 캠프 생활 중에서 의료적 처치가 필요한 부분 중 극히 일부일 뿐이었다. 2주에 한 번씩 말라리아 예방약 니바퀸을 복용했고, 매일 비타민 C를 섭취했으며, 이틀에 한 번씩 종합비타민제를 먹고, 다리에는 피부궤양 약을 뿌리는가 하면 발가락 사이에는 무좀치료 연고를 발랐다. 무좀치료 연고는 5월 1일경 발가락 상태가 말도 못하게 악화되자 제인이 올리 이모에게 "제 발가락에 난 이 끔찍한 것들"에 대한 조언을 받은 뒤 구한 것이었다. "발가락 사이에 허연 곰팡이 같은 게 생기는데 아무래도 무좀 같아요. 넉 달째 날이면 날마다 온종일 젖은 신발을 신고 있거든요. 그런데 이게 갑자기 발톱 아랫부분까지 번졌어요. 오늘 발견했는데 이러다가 제 발톱들이 떨어져 나가는 것은 아니겠지요? 어떻게 해야 하죠?"

제인은 이따금씩 찾아오는 극심한 두통과 고열과 싸웠으며 꽤 오랜 기간 동안 심각한 불면증에 시달렸다("이유가 뭘까요? 도무지 짐작이 가지 않아요. 정말 이상해요"). 제인은 그럼에도 변함없이 동이 트기 전에 일어나 깊은 밤까지 일했다. 그 즈음에는 거의 매일 침팬지를 봤으며 운 좋은 날에는 몇 시간을 연속해서 관찰하며 침팬지의 세세한 일상에 대한 지식을 날마다 한층 더 넓혀나갔다. 제인이 이 기간에 쓴 관찰일지는 세부 사항 하나하나를 정확히 기록한 한 편의 위대한 노작이라 할 만하다(4월 14일: "수컷이 암컷의 가슴 털을 매만지자 암컷이 오른손으로 수컷의 팔을 더듬으며 잠시 털을 천천히 긁어내리다 멈췄다. 둘은 양팔을 들어 상대의 털을 쓰다듬기 시작했다.

암컷은 수컷의 털을 짧은 동작으로 쓱쓱 쓸어내리는 것 같았다. 수컷은 암컷의 겨드랑이 주변에 난 긴 털 몇 가닥을 손가락으로 빙글빙글 꼬았다. 그러다 문득 수컷이 무언가를 발견한 듯 다른 손을 마저 뻗어 양손으로 같은 동작을 반복했다. 암컷이 황홀경에 빠진 듯 다른 쪽 팔을 위로 뻗었다. 수컷이 총 4번 제 입 안으로 무언가를 집어넣었다. 수컷이 다른 쪽 팔을 들어 올리자 암컷이 다시 수컷을 쓰다듬었다"). 그러나 그해 봄, 운 좋은 몇몇 경우를 제외하고는 대개 침팬지를 겨우 발견하고 나서도 수풀에 가리거나 거리가 너무 멀어 대상을 또렷이 관찰하는 데 실패하기가 일쑤였다.

거리가 정말 문제였다. 가끔은 침팬지가 모여 있는 곳을 우연히 발견하거나, 반대로 침팬지 무리가 자신들의 의도와는 다르게 제인에게 지나칠 정도로 가까이 다가오는 아주 예외적인 순간도 있었다(둘 중 어느 경우건 침팬지들은 매번 분노에 차 괴성을 지르며 자리를 떴다). 하지만 제인에게는 아직은 백여 미터도 "그리 먼 거리가 아니었다." 그리고 운 좋게도 20미터 가까이 접근했을 때도 제인은 여전히 쌍안경에 의지해야 했으며, 어미와 새끼의 대략적인 윤곽만 겨우 파악할 수 있을 뿐이었다. "성년 침팬지 머리를 봤다……. 그리고 새끼도 보였다. 새끼가 내 반대편 쪽으로 가지를 따라 걸어갔다. 주변의 가지가 흔들렸다. 어미가 잠시 내 쪽을 쳐다본 뒤 드러눕거나 옆으로 약간 자리를 옮기는 것 같아 보였는데 둘 중 어떤 동작이었는지는 분명치 않다. 어미 모습이 제대로 보이지 않았다. 이따금씩 제 몸을 긁었다. 대상으로부터의 거리는 겨우 20미터 정도. 잘 보이지 않아 짜증이 났다. 새끼가 돌아왔다. 새끼 역시 시야 밖으로 사라졌다"(4월 10일 일지).

이 정도 거리에서 개별 침팬지들을 구분해내기란 힘든 일이었고, 전에 봤다는 확신이 드는 침팬지를 단 한 마리도 다시 보지 못한 채로 몇 주가 훌쩍 지나가버리곤 했다. 몇몇 경우를 제외하고는 침팬지들의 얼굴은 늘 낯설었고 지난 가을, 다시 만나기를 소망하며 또는 다시 만날 것을 확신하며 이름까지 붙여주었던 침팬지들도 좀처럼 모습을 드러내지 않았다. 외모가 다른 침팬지들과 확연히 구분되는 제인의 오랜 친구 데이비드 그레이비어드만 해도 지난 11월에는 근처에서 꽤 자주 볼 수 있었다. 하지만 지금은 어디로 가버린 것일까? 제인이 우연히 데이비드의 얼굴을 다시 본 것은 4월 9일로 그때 데이비드는 3미터 정도 떨어진 나무 위에 올라 무언가를 먹고 있었다. 3미터 정도의 거리는 온순한 데이비드에게도 너무 가까웠는지 그는 뒤로 물러나는 듯한 모습을 보였고 제인은 그 자리에서 그를 계속 빤히 바라보는 것이 "무례"한 행동이라는 생각이 들어 자리를 피했다.

데이비드가 잎사귀를 먹고 있었다. 내가 다가가는 것을 데이비드가 <u>분명히</u> 눈치 챘던 것 같다. 어쨌거나, 데이비드가 내 쪽을 쳐다보았고 나도 데이비드를 쳐다봤다. 데이비드는 계속해서 입을 오물거리고는 있었지만 내 쪽에 정신을 <u>빼앗긴</u> 탓인지 씹는 것이 상당히 느렸다. 1분여가 지나자 데이비드가 일부러 좀더 낮은 가지로 옮겨가더니 위쪽 가지를 아래쪽으로 당겨 자기 모습을 가리려고 했다. 나는 당황했다. 그 자리에 계속 있으면 안 될 것 같은 기분이 들었다. 그건 뭐랄까, **무례**한 행동인 것처럼 느껴졌다. 바보 같은 생각일지 몰라도 그래선 안 될 것 같았다. 데이비드가 싫어한다는 것이 분명하게 <u>느껴졌던</u> 것이다. 그래서 나는 데이비드 쪽을 쳐다보지 않고 가던 방향으로 발걸음을 옮겼다. 30미터 정도 걸어간 뒤 걸음을 멈추었다. 10~15분 정도 그 자리에 멈춰 데이비드 쪽을 지켜보았지만 모습이 잘 보이지 않았다. 역시나 데이비드는 내가 쳐다보지 않기를 바랐던 거다! 그리고 데이비드는 가버렸다. 높은 풀숲에 가려 데이비드가 건너가는 모습을 볼 수 없었다.

제인이 새벽부터 저녁까지 체력이 바닥날 때까지 침팬지를 찾아다니는 동안에 캠프에서는 이따금씩 침팬지들이 머뭇거리며 하나둘 제 발로 찾아드는 일이 일어나기 시작했다. 제인은 2월 24일 저녁 6시 30분경 성년 수컷 한 마리가 "캠프 주변의 야자수에서 내려왔다! 바로 길가에! 잠깐 멈춰 나를 쳐다보더니, 사라졌다"고 썼다. 또 2월 26일 저녁 산에서 내려온 제인은 수컷 침팬지 한 마리가 낮에 치코를 "찾아왔었다"는 사실을 알게 되었다.

그때쯤 제인의 텐트 주변 풀밭에 서 있는 야자수 두 그루에 열매가 열리고 그보다 좀더 높은 지대에 서 있는 나무에도 씨를 먹을 수 있는 노란 꽃이 피기 시작했다. 3월 8일, 제인이 산에서 별다른 소득을 얻지 못하고 저녁이 되어 캠프에 돌아왔을 때 사울로가 얼굴 가득 미소를 띤 채 제인을 반갑게 맞으며 아침 9시쯤에 덩치 큰 침팬지 다섯 마리와 어린 침팬지 한 마리가 "온 캠프 곳곳"을 돌아다녔으며 야자를 따 먹고 갔다고 말해주었다. 침팬지들은 이어 3월 12일과 15일에도 나타났다. 15일, 사울로는 커다란 수컷 한 마리와 사춘기 침팬지 두 마리가 "노란 꽃 나무" 위에서 한껏 배를 불리고 돌아가는 것을 목격했다.

3월 말 침팬지들이 연이어 이틀째 캠프 주변에 나타나 야자를 먹고 갔다는 말을 들은 제인은 어느 날 오후에 침팬지가 찾아오는 것을 직접 보리라 결심했다. '봉우리'에서 보낸 오전 시간에는 별다른 흥미로운 점을 발견하지 못했고, 제인은 비를 맞으며 갔던 길을 되돌아 캠프 풀밭 쪽으로 이어지는 모퉁이를 돌던 중, 텐트 쪽에서 볼 때 호숫가 쪽에 서 있는 키 큰 야자수에 침팬지 두 마리가 앉아 있는 것을 발견했다. 두 마리 모두 제인을 보더니 깜짝 놀라 나무에서 내려와 황급히 텐트 뒤로 몸을 숨겼다. 텐트를 사이에 두고 침팬지들과 마주 서 있던 제인은 텐트 안으로 천천히 들어가 뒤쪽 세면실로 살금살금 발걸음을 옮겼다. 텐트의 천을 조심스레 들어 올리자 겨우 10미터 남짓 떨어진 곳에 한 마리가 보였다. 수염이 달리고 덩치가 큰 이 수컷 침팬지는 고개를 위로 쳐든 채 이제 제법 굵어진 빗줄기를 온몸으로 맞으며 급하게 내려올 수밖에 없었던 나무 위쪽을 아쉬운 듯 바라보고 있었다.

수컷 침팬지는 몇 분간 그대로 앉아 턱을 긁거나 이따금씩 고개를 돌려 야자수를 쳐다보더니 문득 일어서서 "침착하게" 야자수 쪽으로 걸어갔으며, 곧 나무의 반대편을 타고 위로 올라가서는(제인은 나무를 오르는 침팬지의 손밖에 보지 못했다) 제인 반대쪽으로 뻗은 높은 가지 위에 앉아 열매를 따 먹었다(이번에는 아예 아무것도 보이지 않았다). 그렇게 다시 한 시간 정도가 지나고 빗줄기도 다소 잦아들었을 때에 제인은 텐트 앞 입구 쪽의 천 바깥으로 머리를 내밀고 목을 길게 뻗어 나무 꼭대기를 올려다보았는데, 그때 똑같이 목을 내밀고 그녀 쪽을 내려다보고 있는 검은 머리털의 덩치 큰 침팬지를 발견했다. 그리고 10분이 흘렀다. 제인이 다시 텐트 천 밑으로 머리를 내밀었다. 침팬지 역시 다시 한 번 그녀를 내려다보았다. 제인은 다시 세면실로 들어가서 몰래 침팬지를 지켜보았고 침팬지는 5분 정도 지난 다음에 나무 아래로 내려오더니 이내 숲속으로 사라져버렸다.

스물일곱번째 생일이었던 4월 3일, 제인은 날이 채 밝기도 전에 달빛 아래 산을 올라 "둥우리 안에서 자고 있는 작고 사랑스러운 침팬지 여덟 마리"를 발견했다. 이중 "불쌍한 젊은 아가씨 침팬지"가 "아직 여명이 희미한데 짝짓기를 원하는 수컷이 들이닥치는 통에 깊은 잠에서 깨어났죠. 암컷은 공포에 질려 날카로운 비명소리를 지르며 자리에서 뛰쳐나왔어요. 몸단장 따윈 할 시간도 없었죠. 안됐어라! 소리를 들어보니 아침식사도 맘 편히 못하는 것 같더라고요!"(버치스로 보낸 편지). 수면을 방해하는 시끄러운 소란이 있은 후에 침팬지들은 모두 그 자리를 떠났으며 제인은 침팬지 둥우리 쪽으로 올라가 그들이 버리고 간 둥우리를 살펴보았다. 그러나 곧 어디선가 침팬지 소리가 더 많이 들려서 제인이 소리가 나는 방향으로 계속 따라갔으며, 걷다 보니 어느새 캠프까지 돌아오게 되었다. 이때 한두 방울씩 빗방울이 떨어지기 시작했고 곧 도미니크가 비를 피하며 애써 준비한 제인의 생일 케이크가 망가지고 있다며 "불에다 대고 욕지거리를 하는" 것이 보였다. 도미니크는 제인에게 케이크 빵이 식으면 제인이 빵에 직접 크림을 입히고 초도 꽂을 수 있을 거라고 했지만 굵은 비는 계속되었다. 마침 그날은 자신의 생일이었기에 제인은 텐트로 들어가 침상에 앉아 집으로 보낼 편지를 쓰기 시작했다……. 그런데 얼마 지나지 않아 텐트 주변에서 평소에 듣지 못한 이상한 소리가 났다. 제인이 위쪽을 올려다보니 덩치 큰 수컷 침팬지 한 마리가 텐트 바깥쪽 야자수의 나뭇가지에 낮게 매달려 있는 것이 눈에 띄었다. 수컷 침팬지는 나무에 오르는 중이었는데, 제인이 더 잘 보기 위해 재빨리 텐트 바닥에 눕자 반대편에서 두번째 침팬지가 나타났다. 제인에게서 불과 5미터 정도 떨어진 곳이었다. 바로 그때 야자수 쪽 수컷이 제인을 보고 낮은 목소리로 몇 차례 '우우' 하는 소리를 냈으며 아래쪽에 있던 두번째 침팬지는 풀밭을 가로질러 노란 꽃 나무로 옮겨갔다. 제인은 가족들에게 보낸 편지에 두 마리 모두 "성질을 부리며 큰 소리를 냈어요. 제게 한 것이었을까요" 하고 썼다. 하지만 나무에 앉아 있던 "대장 녀석"이 "혼자 작고 우스꽝스러운 목소리로 '우우' 하는 소리를 내고서" 아까 하던 대로 계속 "입 속으로 야자를 우겨 넣었다." 그러자 두번째 침팬지가 노란 꽃 나무 위로 조금 더 높게 올라갔다. 20여 분이 지났을 즈음 야자수 쪽 침팬지가 나무에서 내려왔으며 이윽고 둘 다 자리를 떠났다. 제인은 가족들에게 이렇게 말했다. "침팬지 관찰을 <u>이렇게도</u> 할 수 있네요!"

제인은 처음에는 침팬지들이 캠프에 이따금씩 찾아오는 것을 그리 대단하게 받아들이지 않았다. 끽해야 한두 마리 정도가 나타나서 잠시 주린 배를 채우고 사라질 뿐이었다. 이 시기만 해도 침팬지들의 캠프 방문은 주로 곰베의 일꾼들에게 좋은 구경거리를 제공해주는 정도의 의미일 뿐이었다. 하지만 제인은 4월 9일 편지에 "D[도미니크]와 H[하산]에게는 좋은 재밌거리예요"라고 쓴 뒤 이어 "만일 제가 하루 종일 캠프를 지키고 있으면 그날만큼은 침팬지를 한 마리도 보지 못하는 날을 면할 수도 있지 않을까요!"라는 희망 섞인 말을 남기기도 했다. 사실 도미니크는 야자수에 침팬지가 더 많이 찾아오도록 나무에 바나나를 매달아보기도 했고, 제인 역시 소금 조각이나, 짧은 기간 동안이었지만 죽은 쥐를 매달아놓기도 했다.

제인은 4월 중순부터 한 번 더 산에서 꽤 훌륭한 관찰 성과를 거두었다. 다시 침팬지들을 개별적으로 구분할 수 있게 되자 침팬지들에게 이름을 붙여주기 시작했다. 4월 18일에는 마이크("몸집이 크고 얼굴이 검은 수컷. 수염은 그다지 특징적인 데가 없지만 턱이 허옇다. 털은 그리 많이 벗겨지지 않았다. 이마에서 왼쪽 눈썹까지 작게 한 줄로 털이 벗겨져 있고 귀가 작고 검다.")를 발견했다. 같은 날 윌리엄("몸집이 무척 크고 턱이 둥글며 입이 크다.

무척 익살스러운 침팬지다. 아랫입술을 아래쪽으로 당기고 있을 때가 많은데 입술은 선홍색이다. 얼굴이 검다. 털은 많이 벗겨지지 않았다. 하얀 수염이 특징적이다. 귀는 검은색이고 마이크 귀에 비해 조금 더 크다.")도 발견했다. 4월 31일에는 빌헬미나, 5월 4일에는 드라큘라 군주, 5월 5일에는 루시, 헨리타, 피피를 만났다.

5월은 4월에 비해 산에서의 침팬지 관찰이 별다른 성과를 거두지 못한 달이었지만, 대신 캠프를 찾아오는 데이비드 그레이비어드를 많이 볼 수 있었다. 제인은 자신이 산에서 침팬지를 찾아다니는 동안 5월 5일과 6일 캠프를 찾아왔다는 침팬지가 데이비드가 분명하다는 확신이 들었다. 그리고 5월 7일, 제인이 아직 텐트에서 나오지도 않은 이른 아침에 데이비드가 캠프에 찾아왔다. 제인이 부스럭거리는 소리를 듣고 뒤를 돌아보자 어떤 털보 녀석이 날쌔게 나무를 타더니 잘 익은 야자를 따 먹기 시작하는 것이었다. 제인은 즉시 흥분된 필체로 가족에게 편지를 썼다. 편지는 "꼭 몇 마디 적어야겠어요"라는 말로 시작되었다.

도저히 믿기지 않는 일이 벌어졌으니까요. 제 두 눈을 도저히 믿을 수가 없어요. 지금 데이비드 그레이비어드가 야자수 위에 있답니다. 저는 텐트 밖에 앉아 있고요. D[도미니크]는 아침식사 설거지를 하고 있어요. 저는 텐트 밖에 앉아서 아침을 먹었죠. 방금 야자수 주변을 뱅뱅 돌며 사진을 찍었어요. 애석하게도 필름이 한 통밖에 없지만요. 그것마저도 습기 때문에 제대로 인화하기는 틀린 것 같아요. 심지어 바로 밑에서도 찍었어요. 데이비드와 같이 얘기도 나눴고요. 어떻게 이런 일이 다 있을까요? 흰개미 먹는 사진을 찍을 때 겪는 어려움도 이제 다 안녕이에요. 이젠 흰개미 둔덕에 올라서 데이비드를 찍으면 되니까요. 정말 대단한 일이예요. 그런 굉장한 사진들을 제가 직접 찍을 수 있게 되다니. 하나 아쉬운 점이 있다면 데이비드가 먹고 있는 게 소금이 아니라 야자라는 거예요. 야자는 이제 몇 개밖에 안 남았거든요. 하지만 전에도 확인한 것처럼 데이비드는 산에서도 제가 나타나도 별로 신경을 쓰지 않아요. 지금 계속 나무 위를 쳐다보고 있는데 진짜 침팬지가 저 위에 정말 앉아 있다는 게 믿어지지 않아요. 어머니가 여기 같이 계시면 얼마나 좋을까요. 아마 어머니가 부르면 데이비드가 냉큼 다가가 어머니 손에서 먹을 것을 바로 집어 채갈 걸요! 지금은 데이비드가 턱을 긁으며 무언가를 골똘히 생각하고 있어요. 저는 나무 아래에서 큰 소리로 데이비드에게 말을 걸고 있고요. 이 녀석, 이젠 저를 <u>쳐다보지도</u> 않네요! 나무 아래에 뚜껑을 따 놓은 콩 통조림, 소금 한 접시, 설탕 한 접시, 라임주스 한 컵을 늘어놓았어요!!! 저는 커피를 마시고 있고요! 글로 적으니 지금 제 꼴이 좀 우습죠?

그날 밤 제인은 모기장을 드리운 캠프 침상을 텐트 밖으로 끌고 나와, 아예 작정을 하고 야자수 아래에 자리를 잡았다. 다음날 5월 8일 아침, 역시나 데이비드가 캠프를 다시 찾아왔으며 제인은 "평생 가장 별난 아침!"을 맞았다. 데이비드는 야자수를 오르다 잠시 멈추어 아래쪽 모기장을 훔쳐보았다. 그러고는 아주 잠깐 몸을 긁더니 곧 한창 무르익은 야자가 알차게 모여 있는 나무 꼭대기까지 올라갔다. 제인은 모기장 위치를 다시 바로잡고 다시 침상에 누워서 "속으로 환희의 비명을 질렀다. <u>침대</u>에서 침팬지를 관찰하다니!!"

행운의 날이 계속되었다. 제인은 숲속에 숨은 야생 침팬지들을 관찰하기 위해서 매일 계속 산에 올랐지만 동시에 캠프 방문에 단단히 맛을 들인 데이비드의 카메오 출연에도 무척 흥분하며 기뻐했다. 이때쯤 데이비드는 제인의 텐트 주변 야자수뿐만 아니라 하산의 텐트 가까이에 서 있는 무화과나무 열매에도 관심을 보이기 시작했고 5월 중순에는 제인이 데이비드를 위해 잘 익은 바나나를 바닥에 놓아두기도 했다. 덩치 큰 데이비드는 바나나를 발견하는 즉시 그 자리에서 "껍질까지" 전부 "먹어치워버리곤" 했고 가끔은 바나나를 손에 몇 개씩 집어 들고 누군가에게 뺏길 새라 입에도 하나를 문 채로 짧은 거리를 도망치곤 했는데 제인은 이 모습이 마치 "시가를 입에 문 노인" 같았다고 썼다.

캠프 바깥에서도 데이비드와 마주치는 일이 흔했는데, 주로 데이비드가 숲속 무성하게 자란 풀숲 뒤에 서 있거나 어딘가를 향해 오솔길을 터벅터벅 걷고 있는 때가 많았다. 예를 들어 5월 14일, 제인은 '도깨비' 언덕을 오르기 전에 잠시 멈춰 '두두' 덫을 새로 놓을 자리를 궁리하고 있었는데 앞쪽 무성한 풀숲에서 소곤거리는 소리가 들렸다. 가만히 서서 귀를 기울이던 제인이 풀숲 쪽으로 다가갔다. 현장일지에 썼듯이 그녀는 이미 "어떤 일이 벌어질지 충분히 예상하고 있었다." 그리고 "나타난 것은 아니나 다를까 검은색 머리!" 목소리의 주인공은 "친애하는 데이비드"였다. 데이비드는 "멈칫하더니 무심히 내 쪽을 바라보고는 다리를 긁다가 숲길을 따라 걷기 시작했다." 아무래도 캠프 쪽 길을 가는구나 싶었던 제인은 말없이 옆으로 비켜서서 "가라고 손짓을 했다." 데이비드가 멈춰 서서 몸을 긁더니 우물쭈물 길을 왔다 갔다 했다. 제인은 그의 머뭇거림에 응답해서 몸을 돌려 캠프 쪽으로 천천히 앞서 걷기 시작했다. 이내 데이비드는 제인을 뒤따라왔다. "마치 개를 데리고 산책 나온 기분이었다. 내가 멈춰서면 뒤에 따라오던 데이비드도 멈춰서는 것이 느껴졌다. 하지만 뒤를 돌아보진 않았다."

데이비드보다 앞서 캠프에 도착한 제인은 카메라를 준비하고 야자수 아래 바나나를 몇 개 던져놓았다. 텐트 베란다 바닥에 앉아 십 분쯤 기다리자 데이비드가 나타났다. 그는 제인 쪽은 쳐다보지도 않고 바로 바나나 네 개를 집어 들더니 5미터 정도 떨어진 곳으로 가 몸을 반대편으로 돌리고 바닥에 앉았다. 잘생긴 얼굴의 데이비드는 앉은 자리에서 바나나를 모두 먹어치운 뒤 이따금씩 몸을 긁적이다가 마침내 제인 쪽으로 다가와 그녀 앞 1.5미터 정도 떨어진 곳에 놓인 바나나까지 마저 먹어치웠다.

제인은 집으로 보낸 편지에 데이비드가 "사랑스러운 관찰 표본"이라고 썼다. "털이 풍성해요. 이마도 벗겨진 데가 별로 없고, 뺨에 난 털도 길고 얼굴이 가무잡잡한 것이 참 잘생겼답니다. 꽤나 미남인 침팬지예요."

제인이 먼 훗날 그 당시 일들을 돌이켜보며 말했듯이 1961년의 첫 5개월은 그녀에게 무척 힘든 시기였고, 그 어느 때보다 체중이 줄어든 제인은 5월 말 잠시 곰베를 떠나 "문명사회"—나이로비—에서 휴식을 취했다. 산뜻하게 재충전을 하는 기간이 된 이 휴가 기간에 제인은 에인즈워스 호텔 방의 진짜 침대에서 새벽 너머까지 잠을 자고 발가락 사이 피부병을 치료—올리 이모가 보내준 효과 좋은 연고를 바르고 건조한 날씨에 샌들을 신은 것이 치료에 크게 일조했다—할 수 있었다.

코린돈 박물관은 제인이 기억하는 것과 많이 달라졌다. 제인이 집으로 쓴 편지를 보면 지금은 경리 직원이 사용하는 예전의 낡은 루이스 사무실은 이젠 "넓고 깨끗하고 번쩍번쩍"했고, 자료실 확장 공사가 마무리되었으며, "아무도 다루지 못하는 골칫덩어리"인 현대식 전화교환대가 설치되어 있었다. 메리 리키는 제인에게 말을 걸지 않았고, 루이스—그는 황당하게도 침팬지 소리를 녹음하라며 제인에게 사무용 구술 녹음기를 건네주었다—는 여전히 그 늙고 "제정신이 아닌" 상태에 있었지만 제인은 그래도 그가 그녀의 "말에 잘 따라주고 상냥했기" 때문에 그러려니 "제정신이 아닌 것 같다는 말 따위 하지 않았다." 옛 친구들을 다시 만나고 클로와도 함께 시간을 보냈는데 클로는 이때쯤 프랜시스 어스킨과의 결혼 생활에서 심각한 문제—그녀 목에 남은 상처와 멍 자국에서 상황이 충분히 짐작되었다—를 겪고 있었다. 제인과 클로는 어느 날 오후 YWCA에서 열린 화려한 사교 모임에 참가했는데 막상 가보니 둘의 옷차림이 지나치게 수수했고 "모인 사람들 중 절반가량이 클로의 친척들"이어서 클로가 "어쩔 줄을 몰라 했다." 하지만 제인은 얇은 스타킹과 굽 높은 구두, 긴 장갑으로 한껏 치장한 이 귀부인과 숙녀들이 다같이 "내가 잠시 떠나온 곰베의 산을 오르거나 그곳에서 들소와 마주치는 모습을 머릿속에 그려보며 속으로 혼자 엄청 웃었어요! 또 우리 호모Homo 집단 사이에서도 침팬지 특유의 동작이 자주 나타나더군요. 유사한 점이 꽤 많던데요!"

6월 16일 오후, 제인이 휴가를 마치고 곰베로 돌아오니 도미니크와 치코 사이에서 둘째 딸이 태어났고 그들의 어린 조카가 와 있었다. 한편 힐다는, 제인이 가족에게 썼듯이 푹신한 둥지 위에 도도하게 앉아 알을 한 번에 12개 이상 "미친 듯이 낳았으며" 밤이 되면 힐데브란트와 갈수록 불어가는 그의 새끼들이 보초를 서듯 닭장 옆에 모여서 잤다. 어린 새끼들 중 한 마리는 코를 골았는데 제인은 밴에게 쓴 편지에 그 소리가 "어머니가 내는 소리랑 어쩜 그리 똑같은지!!!"라고 썼다.

하지만 그보다 더 큰 소식은 곰베의 자연환경이 반갑고 극적인 변화를 맞았다는 점이었다. 기나긴 장대비의 나날이 마침내 끝이 났다. 불을 지피고 발로 밟아 웃자란 풀들을 몰아냈다. 찌는 듯이 무덥던 날씨는 이제 뜨겁긴 해도 건조하고 퍽 쾌적하다 할 만한 날씨에 자리를 내주었다. 제인은 7월 13일 친구 버나드 버드코트에게 다음과 같이 썼다. "지난번 연구 기간 동안에는 가끔 과연 내가 이곳에서 넉 달을 버틸 수 있을까 싶을 때가 있었어. 지금 생각해보면 그게 다 계속되는 비와 무성하게 자란 풀 때문이었던 것 같아. 그땐 모든 게 참 힘들었어. 비가 <u>그쳐도</u> 날이 지나치게 무더웠지. 그 탓에 힘이 많이 빠졌던 듯해. 사실 이번에 곰베로 돌아올 때도 암울한 예감으로 가득했었어. 하지만 이젠 우리 침팬지들과 아직 <u>충분히</u> 함께하지도 못한 지금 이곳을 떠난다는 건 생각도 할 수가 없어!" 그해 6월에는 "징글징글"한 진드기들도 많았지만 7월 초가 되자 진드기들도 다 사라져버렸다. "전날만 해도 발, 다리, 엉덩이, 허리, 가슴, 팔, 목, 손에서 진드기들을 떼어내느라 하루를 다 보냈는데 오늘 아침 일어나보니 한 마리도 남김없이 <u>모조리</u> 사라졌어."

하지만 이제는 바람이 문제였다. 너무 세고 시끄러워 소리로 침팬지를 추적하는 것이 거의 불가능한 지경이 되었고 어렵사리 침팬지를 발견했다 해도 강풍에 쌍안경이 심하게 흔들려 제대로 된 관찰이 힘들었다. 전반적으로, 침팬지를 발견하기가 예전보다 더 힘들었다. 하지만 제인이 버나드에게 썼듯이 이제 침팬지들은 "더없이 유쾌하고 다정했다." 전에 비해 덜 신경질적이었고 접근하기도 훨씬 쉬웠다. 이 야생 유인원들은 "전에도 꽤 온순한 편"이었지만 지금은 "갑자기 더 그렇게" 변해서 제인은 이제 더 가까이에서 유인원들을 관찰할 수 있었고 개별 침팬지들을 예전보다 더 확실하게 구분할 수 있게 되었다.

현장일지에 의하면 제인은 6월 22일 숲에서 잠깐 데이비드 그레이비어드를 봤고, 7월 6일 하루 일과를 마치고 캠프로 돌아와 데이비드가 다른 수컷 둘과 암컷 하나와 같이 캠프에 잠시 들렀다는 얘기를 들었다. 그 후 몇 주 동안 데이비드의 모습은 눈에 띄지 않았다. 대신 제인은 산에서 다른 친구를 사귀었다. 덩치가 큰 수컷이었는데—몇 달 전 윈스턴이라고 이름을 지어준 침팬지 같았다—이 침팬지는 7월 어느 오후, 한 시간 반 동안 제인 가까이에서 어슬렁거리다 제인에게서 불과 9미터 남짓 떨어진 곳에서 그녀를 등진 채로 햇볕을 쬐며 "한참을" 앉아 있었다. 그리고 그해 초여름 어느 화창한 날, 제인은 물이 말라붙은 작은 도랑 건너편 확 트인 넓은 장소에 앉아 쉬며 서로 장난을 주고받는 제법 큰 규모의 침팬지 무리—성년 수컷 넷, 성년 암컷 둘, 청소년기 침팬지 둘과 갓 난 새끼이거나 사춘기쯤으로 보이는 침팬지 하나—를 지켜보며 두 시간여를 여유롭게 앉아 있었다. 그중 수컷 하나는 "처음에 나를 보고 소리를 질렀지만" 나머지는 그저 자기들 좋을 대로 유유자적한 시간을 보냈다. 나머지 수컷 세 마리(홀리스, 헉슬리, 마이크)는 서로의 털을 손질해주었고 청소년기 침팬지들 중 하나(어린 휴)는 암컷 옆에 누워 더 어린 침팬지와 장난을 쳤다. "마치 구름 위를 걷는 기분이었어요. 이건 정말 대단한 성과예요. 마치 조지 [셜러]의 고릴라 연구 같아요. 이런 일이 진짜 가능하리라고는 한 번도 생각지 못했어요. 하지만, 휴, 오래 걸리기야 했죠!"(7월 5일 집으로 보낸 편지).

7월 14일, 제인은 영국의 가족들에게 "모리스 구달의 침팬지 탐사 출범 1주년!"을 기념하며 보낸 편지에 지난 일 년간 거둔 성과를 정리했다. 꼭 일 년 전, 원정을 시작한 그 엄청난 날이 이젠 "어느 모로 보나 아득한 옛날"처럼 느껴진다는 말로 편지를 시작했다. 하지만 제인은 지금도 가끔씩,

눈앞에 펼쳐진 저 많은 봉우리와 계곡들을 처음 그때의 시선으로 다시 돌아

보며 이제는 이 모든 것이 그때와 얼마나 다르게 보이는지 느끼곤 해요. 그 때는 모든 것이 낯설고 기이하고 혼란스럽게 느껴졌어요. 모든 게 도전의 대상이었죠. 특히 빗속에서는 더욱더 그랬어요. 하지만 저는 이제 너무도 멋진 삶을 살고 있어요. 도전 과제를 잘 푼 것이겠죠. 이젠 언덕과 숲이 저의 집이에요. 그리고 더 대단한 것은 이제 제가 무의식적으로 침팬지와 비슷한 방식으로 생각한다는 점이에요. 숲속을 거닐다 마주치는 무수히 많은 좁은 길들 중 침팬지를 만날 수 있을 것 같다는 확신이 드는 길 하나를 택해 계속 걷다보면 으레 녀석들을 만나요. 꽤 자주 그래요. 그렇다고 제 머리가 좋아서 그런 거라고는 생각하지 않아요. 왜냐면 아주 안 좋은 길로 들어서는 일도 많거든요. 또 가끔은 전에 한 번 가본 길이라고 생각했는데 막상 가보면 전혀 다른 길이고 의외로 운 좋게 침팬지까지 발견하는 일도 있어요. 제일 신기한 경우죠.

제인은 스스로 "침팬지와 비슷한 방식으로 생각한다"는 사실에 앞으로도 계속 놀라게 될 것이었지만 아마도 그녀가 이룬 가장 인상적인 성과는 침팬지들에게 마음mind이라는 것이 있다는 점을 알아보았다는 사실이다. 곰베에서 침팬지를 관찰하고 그들 사이를 거닐며 보낸 첫 일 년 동안 그녀가 거둔 가장 큰 관찰 성과는 유인원이 육식을 한다거나 도구를 만들고 사용한다거나 빗속에서 격렬한 춤을 춘다는 사실을 발견한 것이 아니었다. 그녀가 이룬 가장 큰 업적은 바로 그런 행위를 하는 침팬지가 각기 개성을 지닌 능동적이고 의지력이 있는 존재이며, 그들 역시 우리 인간과 비슷한 지적 세계에서 살며, 인간처럼 그들에게도 자아, 애정, 고통, 죽음의 신비로 가득 찬 강렬한 정서적·정신적 세계가 있음을 발견한 것이다. 사람들이 아주 서서히 받아들인 바로 그 사실이 제인이 곰베에서 보낸 첫 일 년 동안의 마법 뒤에 숨겨진 진실이었다.

18

촬영 실패

1961

내셔널지오그래픽협회에서 보내오는 지원은 항상 후했지만 여기에는 늘 대가가 따라붙었다. 협회는 연구 자금을 제공하는 대가로 모든 저작물과 사진에 대한 최초의 판권을 요구했다. 사실, 잡지 담당자들은 처음부터 '루이스 리키 침팬지 프로젝트'의 담당자인 구달과 그녀의 연구를 다룬 기사를 풍부한 도판과 함께 잡지에 실을 것을 염두에 두고 줄곧 이를 준비해왔다. 사실 루이스는 내셔널지오그래픽협회에 제출한 처음의 연구비 지원서에서 실제 현장에서는 좀처럼 보기 힘든 최상의 시나리오만을 제시하며 ("23마리 정도로 많은 침팬지가⋯⋯ 관찰자 주변에서 차분히 먹이를 먹고, 관찰자와 대상 간 거리는 5~6미터 이내"), 제인이 침팬지들에게 실제에 비해 대략 열 배 내지 스무 배 정도는 더 가깝게 접근하는 것처럼 묘사했을 뿐더러, 일단 루이스가 촬영을 '허락하기만' 하면("지금까지는 제가 사진기 소지를 금했습니다." 이는 "여건이 허락하는 한 [오랜 기간 동안] 침팬지들이 관찰자의 존재를 인식하지 않도록 하기 위해서입니다.") 좋은 사진을 만들어내기란 실로 간단한 문제라는 인상을 심어주었다. 루이스는 이 터무니없는 묘사에 계속 살을 붙이면서 사진을 아직 한 장도 찍지 않았기 때문에라도 제인의 현장연구 기간을 반드시 연장해야 한다고 말을 이었다. 그는 자신의 연구 보조가 침팬지 주변에 가만히 앉아 그들을 지켜보기만 하며 1년여를 보내고 난 뒤에는 그녀가 약간 새로운 것을 시도해도 침팬지들이 크게 개의치 않을 것으로 기대했다. 그때쯤이면 "침팬지들이 연구원에게 충분히 익숙해져서 더 이상 그녀의 존재를 크게 의식하지 않을 것이기에…… 그때는 망원 및 일반 카메라 그리고 비디오카메라 촬영 등 새로운 것들을 시도하도록 지시할 계획입니다."

내셔널지오그래픽협회 직원들은 이 루이스가 꾸며낸 이미지에 마음을 빼앗겼으며 침팬지 사진을 가능한 한 빨리 받아보고 싶어 했다. 또 사진 촬영을 내셔널지오그래픽협회 소속의 숙련된 전문 사진가가 직접 맡기를 원했다.

1961년 2월 말 워싱턴을 방문한 루이스는 멜빌 벨 그로스브너를 만나 이 문제에 대해 상의했다. 그로스브너는 루이스보다 겨우 두 살 위로 두 사람은 서로 나이도 엇비슷했으며 낙천적인 성격에 청년 같은 열정이 넘쳐 사람을 끌어들이는 매력이 있는 점도 비슷했다. 당시 내셔널지오그래픽협회 직원 중 한 사람은 그로스브너에 대해 이렇게 묘사했다. "늘 소년 같은 분이라서 같이 일하는 것이 항상 즐거웠습니다. 거리감이 없고 새로운 아이디어에 늘 귀를 기울이셨어요. 온화하고 너그러운 성품이어서 아랫사람이 논리로 설득할 수 있는 분입니다. 세상은 놀랍고 신기한 일이 가득하다는 믿음으로 늘 눈을 반짝이며 하루를 시작하던 분이지요." 둘은 곧 서로를 '멜, 루이스'라고 친근하게 불렀으며 서로에 대한 호감을 적극적으로 표시했던 것 같다. 루이스가 침팬지 프로젝트에는 여성 사진가가 필요하다고 멜을 설득하는 일은 전혀 어렵지 않았다. 루이스는 여성이기만 한다면 곰베에 「내셔널지오그래픽」 소속 사진가를 보내는 것에 기꺼이 동의한다고 말했다.

2월 미국을 방문한 뒤에 두 달이 채 지나지 않아 루이스는 다시 미국을 찾았다. 곰베에서의 삶과 침팬지를 사진에 담아오는 임무를 맡게 될 행운의 주인공을 그로스브너의 협조 아래 선발하기 위해서 내셔널지오그래픽 협회 본사를 5월 5일에 잠깐 방문한 것이다. 사진가가 반드시 여성이어야 한다는 단서 덕분에 선발 작업이 아주 간단했는데, 일러스트레이션 부서 직원 2,30여 명 중 여자 직원은 겨우 두엇이었고 그나마도 모두 사진사가 아니기 때문이었다. 그렇지만 루이스와 멜은 계속해서 일러스트레이션 부서 사무실 안을 활보했으며 이윽고 루이스 눈에 퍽 싹싹해 보인 젊은 편집 보조, 메리 그리스월드를 발견했다.

그로부터 몇 년 후에 메리 그리스월드가 이 행운의 순간을 회상하며 남긴 글에 따르면 어느 날 그로스브너 회장과 리키 박사가 함께 사무실에 등장했으며 이내 리키 박사가 조심스럽게 그녀에게 질문을 던졌다. "아가씨, 몇 살이지요?"

"스물일곱입니다."

"좋군요, 좋습니다." 루이스는 함박웃음을 지으며 두 손을 마주 대고 세게 비볐다. "제인도 좋아할 겁니다. 두 사람이 동갑이거든요."

이럴 때면 루이스가 보이는 이 특유의 무의식적인 몸짓과 함께 메리 그리스월드가 곰베에 갈 사진가로 선정되었고, 멜빌 벨 그로스브너는 5월 9일 서신을 통해 자신의 부친 길버트 H. 그로스브너 이사회 의장에게 메리 그리스월드가 그달 말 곰베로 떠날 것임을 알렸다. 메리 그리스월드는 이제 곰베에서 최고 수준의 사진뿐 아니라 쓸 만한 영상물까지 제작해오리라는 기대를 한 몸에 받게 되었다.

제인은 남자건 여자건 사진 촬영을 위해 사진사가 직접 곰베에 온다는 사실에 무척 당황했다. "자기가 진정으로 좋아하는 일을 하며 산다는 건 아무에게나 주어지지 않는 행운이에요." 제인은 3월 24일 집으로 부친 편지에 다음과 같이 썼다. "저는 제가 정말 좋아하는 두 가지—동물들과 함께하는 것과 글쓰기—를 이 일을 통해 한꺼번에 누리고 있답니다. 말로 다 표현할 수 없는 크나큰 행운이에요." 하지만 루이스는 "지오그래픽협회에 자신의 영혼을 팔았어요. 저는 그래서 불안하고, 가능한 한 이 일을 피하고 싶어요." 제인은 캠프나 침팬지 주변에 제2의 인물이 등장하는 점이나 자신이 지금까지 힘겹게 이뤄낸 성과가 어떤 식으로든 다른 사람의 공으로 돌아갈 수 있다는 점, 둘 모두가 무척 걱정되었다. "저는 지오그래픽협회에서 여성 사진가를 보내오는 것이 <u>전혀</u> 탐탁지 않아요. (1) 이곳에 잘 맞는 사람이 과연 있을지 모르겠어요. (2) 제가 직접 찍었으면 해요. 최소한 시도라도 해봐야죠. 제가 몇 달 동안 애써 얻은 걸 왜 다른 사람에게 넘겨야 하나요?" 나중에 외부 사진가가 꼭 필요하다 해도 자신이 잘 아는 사람, 예를 들면 최근 루이스의 올두바이 발굴을 영상에 담은 데 바틀레 같은 인물이 오는 편이 좋았다.

한 달이 채 지나지 않아 제인의 태도는 더욱 확고해졌다. 4월 말 제인은 가족들에게 썼다. "협회의 여성 사진가가 <u>절대</u> 여기 오지 못하게 하도록 하기로 결심했어요. 여기에 그 이유를 다 열거할 수는 없지만 어쨌건 저는 그 여자가 여기 오도록 내버려두지 <u>않을</u> 거예요." 자신이 직접 촬영하겠다는 것이었다.

제가 <u>찍은</u> 사진이 그 여자가 찍은 것만은 못하겠지요. 단, 그 여자가 어떻게든 침팬지 가까이에서 사진을 찍을 수만 있다면요. 루이스는 사진가가 와도 침팬지에게 방해가 되지 않도록 '원거리' 촬영만 할 거라고 하지만 그 원거리가 90미터라는 거예요. 루이스는 90미터가 결코 먼 거리가 아니라는 걸, 그리고 자신들의 몸을 숨길 수 있는 짙은 숲속이 아니면 다른 사람은 고사하고 저조차도 90미터 이내로는 결코 허용하지 않는다는 걸 전혀 이해하지 못해요. 더구나 제가 침팬지와 <u>함께</u> 있는 것도 찍겠다니, 도대체 무슨 생각을 하는 걸까요. 침팬지들이 얼마나 까다로운지 <u>전혀</u> 모르거나, 아니면 그런 점은 아예 생각도 하지 않으려는 것, 둘 중 하나겠죠! 이런 일들을 설명하려고 해봐야 아무 소용이 없어요. 그는 듣고 싶은 말만 듣는 사람이니까요.

또 5월 6일을 전후해 가족들에게 보낸 편지에서 제인은 방금 받은 "리키 박사의 편지에 더 황당한 소리가 적혀 있어요. 망원 렌즈를 쓰려면 <u>삼각대 가</u> 있어야 한대요!"라고 전했다. "둘 중 하나인데 어느 경우라도 지금 그 사람이 제정신이 아닌 거예요. (1) 망원 렌즈에 삼각대라니 말도 안 돼요. (2) 삼각대를 쓴다고 <u>가정</u>해도 이상한 여자들이 삼각대<u>까지</u> 들고 나타나서 자기들을 습격하려는 걸 보고 침팬지가 가만있으리라고 생각하는 걸까요? 리키 박사와 한판 대결이라도 벌이게 될 것 같아요. 사뭇 기대까지 돼요."

한편, 5월 10일 윌리엄 그레이브스라는 한 편집부 직원이 상사 멜빌 그로스브너에게 장문의 편지를 보냈다. "그리스월드 양의 동아프리카 파견 관련"이라는 제목의 편지는 "회장님께서 고려해보실 만한 제안 사항이 있어 편지 드립니다"라는 조심스러운 말로 시작되었다. 그는 일단 곰베에서 겪게 될 문제들을 언급하는 것으로 글을 열었는데, 그는 이 일을 그리스월드가 맡기로 결정된 것에 대해서는 분명하게 인정하면서 상사의 심기를 거스르지 않도록 그녀가 사진이나 영화 관련 경력이 없으며 아프리카 여행 경험도 전무하다는 점은 언급하지 않았다. 윌리엄 그레이브스는 그보다 실질적인 측면에서 고려해야 할 심각한 문제점들을 언급했다. 일단 그리스월드가 짊어지고 다녀야 하는 촬영 장비의 부피가 너무 크다는 점이었다. 또 그리스월드가 현장에서 혼자서 움직일 수 있으려면 적어도 아프리카인 조수가 한 명은 있어야 한다는 점도 문제였다. 제인의 아프리카인 조수들이 영어로 의사소통이 가능할까? 그럴 가능성은 낮았다. 메리 그리스월드는 분명 그 이상의 도움이 더 필요하게 될 것이었다. 뿐만 아니라 "최소한의 보호 대책" 역시 필요할 게 분명했다. 그레이브스는 루이스 리키가 수년 전에 곰베에서 침팬지를 연구하도록 '성인 남자'를 보내려고 했지만 "그 남자가 못하겠다고 해서 결국 포기"한 적이 있음을 그로스브너에게 상기시켰다.

그렇다면 해결책은? 그레이브스는 메리 그리스월드의 보조로 루이스의 열일곱 살짜리 아들 리처드 리키를 고용할 것을 제안했다. 리처드는 아프리카에서 자랐고 이곳의 악조건을 모두 경험해본 수완 좋고 유능한 젊은 이였다. 리처드는 또한 데 바틀레와 많은 시간을 함께 보낸 적이 있으며 그 자신이 "열정적인 사진학도"였다. 그는 마침 대학 등록금을 마련하고 있던 차였기 때문에 용돈을 벌 수 있는 기회가 생긴 것을 반가워할 것이었다. 리처드 리키를 그리스월드 양의 보조로 고용하는 데 가장 좋은 점은 무엇보다도 그의 아버지인 루이스 리키가 여기에 반대할 이유가 없다는 것이었다. "리처드 리키 군은 구달과 안면이 있기 때문에 필시 리키 박사도 리키 군이 구달의 집중력을 흐트러놓거나 그녀의 작업을 방해하지는 않겠다고 생각할 것입니다."

그레이브스의 제안이 매우 적절하다고 생각한 그로스브너는 그달 말에 조심스러운 장문의 편지를 써서 그 제안을 루이스에게 전하면서 메리 그리스월드 부분은 완전히 빼버렸다. 그로스브너는 다소 면목이 없었던지 메리 그리스월드에게 이 임무를 맡기기로 한 것은 "성급한 결정"이었다고 쓰면서 아무래도 "야생동물 관련 업무 경험이 아무것도 없는 사람을 파견하는 것은 현명하지 못한 처사"였으며 "불가피하게" 결정했다고 편지에 썼다. 편지의 나머지 부분은 역시 메리 그리스월드처럼 경험이 그리 많지 않은 또 다른 사람, 리처드에 대한 이야기로 채워져 있었다. "현장에서 구달과 동행할 사진가로 대부분의 후보들을 마땅치 않게 생각하는 리키 박사의 심정을 충분히 이해합니다." 내셔널지오그래픽협회의 명망 있는 협회장이자 편집인인 그로스브너는 루이스의 기분을 세심하게 고려했다. "하지만 리처드 군이라면 구달과 친분이 있으니 충분히 고려해볼 만하다고 생각합니다. 리처드는 동물을 잘 알고 정글에 혼자 남겨져도 크게 당황하지 않을 겁니다." 내셔널지오그래픽협회는 두 달여간의 작업에 대한 보수로 무려 최소 800달러를 보장할 것이며 리처드가 일을 성공리에 마친다면 더 많은 사례금을 받을 수도 있었다. "본인이 열의만 있으면 아주 잘 해낼 겁니다!"

그는 이어 내셔널지오그래픽협회 측에서 사진에 담고자 하는 대상에 대해 설명한 뒤 항공특송으로 롤라이플렉스 광각 카메라 한 대, 상당한 양의 엑타크롬 120 고감도 필름 뭉치, 그리고 특수 운송용 골판지 상자를 담은 소포를 나이로비에 벌써 부쳤다고 썼다. 그는 사진부 국장이 곧 해당 장비에 대한 상세한 설명서를 작성해 보내줄 것이라고 약속하면서 제인이 나이로비에 있는 동안 리처드와 함께 시험 촬영을 해보고 촬영한 필름을 운송상자에 넣어 워싱턴으로 부쳐주면 좋겠다고 썼다. 그리고 마침내 제인과 리처드가 "정글 속" 은둔 생활을 시작한 후에 찍은 필름을 워싱턴으로 매주 보내주면 내셔널지오그래픽협회 측에서 사진의 품질과 장비 상태를 꾸준히 점검할 수 있으리라는 것이었다.

런던에 가 있던 루이스는 6월 첫째 주 주말께 나이로비로 돌아와 박물관 편지함에서 멜 그로스브너의 편지를 발견했으며, 편지를 읽자마자 성난 어투로 짧은 답신을 써 보냈다. 메리 그리스월드를 파견하지 않기로 결정한 내셔널지오그래픽협회의 입장은 이해하지만 아들 리처드는 다른 계획이 있어 이렇게 갑작스럽게 일정을 변경하기란 불가능하다는 것이었다. 그리고 그는 깐깐한 선생이 어린 학생을 야단치는 듯한 말투로 이곳의 상황에 대해 너무 무지하다며 내셔널지오그래픽협회 회장을 나무라기 시작했다. "제인 구달이 이번에 나이로비에서 머무르는 기간은 겨우 일주일밖에 되지 않으며 지난 한 해 동안 제인 구달이 곰베에서 이곳 나이로비에 나온 것은 이번이 겨우 두번째라는 것을, 회장님께서는 (제가 그동안 이 부분을 누누이 설명했음에도 불구하고) 충분히 이해하지 못하신 것 같습니다." 이렇게 해서, 이제는 제인과 동행할 사진사를 새로 구할 시간적 여유 자체가 부족하게 됐기 때문에, 루이스 스스로 제인이 임시 카메라를 들고 가서 직접 사진을 찍을 수밖에 없다고 결정했다.

사실 제인의 이번 나이로비 휴가는 2주였지만 루이스가 그로스브너에게 답장을 보냈을 즈음에는 이미 휴가의 반이 지나가버린 뒤였기 때문에 이제 잡지의 사진부 국장이 직접 써 보낸 편지 내용대로 "침팬지들이 3미터 이내로 들어왔을 때 구달 양이 더 좋은 시야를 확보할 수 있도록" 광각 카메라 롤라이플렉스로 시험 촬영을 해볼 정도의 시간 여유밖에 남지 않았다.

롤라이플렉스는 이내 천덕꾸러기가 되었다. 제인은 영국으로 보낸 6월 10일 편지에서 대놓고 불평했다. "지오그래픽협회에서 그렇게 큰돈을 들여 보내온 카메라가 정말 <u>아무짝에도</u> 쓸모가 없네요. 이 롤라이플렉스 광각 카메라라는 아주 가까이 있는 것도 멀리 떨어진 것처럼 보이게 해요!!!! 그 사람들 정말 제정신일까요?" 루이스는 그로스브너에게 두번째 편지를 보내서 이 문제에 대해 노골적으로 불평했다. "내셔널지오그래픽협회에서 보낸 카메라로 시험 촬영을 해본 결과 카메라가 지나치게 무겁고 쓰기 불편해 현장에 가져가지 않기로 결정했습니다. 어떻게 이런 카메라를 보내셨습니까? 또 이 많은 필름들은 다 어찌합니까?"

루이스는 제인이 곰베로 떠나기 전에 단순해서 조작이 간편한 레티나 리플렉스를 80파운드 정도에 구입했다. 그로스브너에게 보낸 두번째 편지에서 그는 레티나 리플렉스가 "목에 걸 수 있는 카메라"라고 소개하면서 내셔널지오그래픽협회에서 카메라 구입비를 지급해주고 이 카메라의 부족한 기능을 보완해줄 여분의 카메라와 삼각대, 그리고 원거리 촬영을 위한 대형 망원렌즈를 보내주기를 바란다고 썼다.

워싱턴의 내셔널지오그래픽협회 본사 편집부는 곧장 루이스에게 혼선을 빚어 죄송하다는 사과 편지를 쓰고 카메라 반송 및 구입비 지급을 처리했고, 배송부에서는 부랴부랴 니콘 35밀리미터 카메라와 렌즈 3종(근거리용 50밀리미터 렌즈, 중거리용 105밀리미터 렌즈, 나무꼭대기에 부착할 수 있는 원거리용 300밀리미터 망원렌즈)을 포장했다. 또한 소포에는 전기 모터 드라이브, 모터 드라이브 구동을 위한 C타입의 건전지 8개, 전지 케이스, 제너럴 일렉트릭사 노출계, 알루미늄 삼각대, 캡션 카드, 필름 운반용 골판지 상자, 코다크롬 필름 15통, 글로브 트로터 여행 가방이 들어 있었다. 소포는 제인이 휴대가 간편한 레티나를 목에 걸고 곰베로 돌아간 뒤 일주일 후인 6월 22일 항공특송으로 나이로비로 부쳤다.

내셔널지오그래픽협회에서 적당한 사진사를 구하지 못한 것은 제인 입장에서는 희소식이었다. '사진을 누가 찍을 것인가' 대결에서 제인이 부전승을 거둔 셈이었기 때문이다. 제인은 6월에 버치스로 보낸 편지에 이렇게 썼다. "현재로서는 카메라는 얌전한 아기처럼 제 무릎 위에 있어요." 제인이 바로 그 여성 사진가가 된 것이었다.

니콘 카메라, 망원렌즈, 모터 드라이브, 그리고 삼각대에 이르기까지 모든 장비는 그해 여름 내내 나이로비에 보관되어 있었지만 조지프 B. 로버츠 사진부 부국장이 작성한 카메라 작동 설명서는 곰베로 바로 전달되었다. "사진 역사상 가장 짧은 편지 강의가 될 것입니다. 지금까지 과학적 연구조사를 수행하면서 사진 촬영 경험을 상당히 쌓으신 것으로 가정하고 쓰겠습니다."

로버츠가 "최단 편지 강의"를 작성할 때 제인에게 빈정거리려는 의도가 있었던 것 같지는 않지만, 제인은 두려우리만치 세세하게 작성된 설명서를 들여다보고 있으려니 곧바로 "엄청난 두통"이 시작되었다. 제인은 7월 5일 영국 가족들에게 보낸 편지에 당시 심정을 드러냈다. 편지는 이렇게 시작했다. "솔직히 말하면 저 지금 굉장히 두려워요."

지오그래픽협회에서 제게 보내는 장비—카메라와 렌즈 3종, 삼각대, 자동 제어기—에 대한 상세한 설명을 적어서 장문의 편지를 보내왔어요. 편지를 읽고 있으려니 너무 속수무책인 기분이 들고 자신도 없네요. 여기 계시지 않은 것이 차라리 다행이에요, 어머니. 3시 반인데 아직도 깨어 있답니다. 엄청난 두통에 진통제까지 복용하면서요! 이젠 조금 괜찮아졌어요. 그 편지를 쓴 남자는 제가 다른 과학 연구조사를 통해서 사진을 찍어본 경험이 있는 것으로 가정하고 글을 썼다고 해요. 날마다 산을 타고, 무더위를 견디고, 지친 몸을 다독이고, 침팬지까지 상대하는 것만도 벅찬데 여기에 삼각대에, 렌즈에, 긴 전선 등등까지. 지오그래픽협회 사람들이 이쪽 상황을 제발 조금만이라도 알아주었으면 해요. 우리 친애하는 리키 박사님도 마찬가지고요. 어제는 바위나 나무뿌리에 매달려 산비탈을 겨우겨우 조금씩 기어올랐어요. 그리고 침팬지들과 마주쳤죠. 침팬지들이 앉은 채로 제게 잠깐 소리를 지르다 잠시 몸을 긁으며 무언가를 먹더니 이내 자리를 떴어요. 훌륭한 광경이었지요. 분명 멋진 사진이 나왔을 거예요. 단, 찍을 수만 있었다면 말이죠. 하지만 산비탈에서 떨어지지 않으려고 애쓰느라 손발을 전혀 쓸 수가 없는 마당에 <u>어떻게</u> 카메라를 꺼내들 수 있겠어요? 지금 쓰는 작고 단순한 카메라조차도 이런데 하물며 그 수많은 렌즈나 삼각대는 말할 것도 없겠죠!

5주 후인 8월 14일 제인은 조지프 로버츠에게 답장을 써서 답신이 늦어진 것을 사과하면서, 니콘 카메라와 보조 장비는 모두 아직 나이로비에 보관된 상태이며 아직은 "근접 촬영을 할 수 있을 정도"로 침팬지에 접근하기는 이르기 때문에 이 장비들은 당분간 사용하지 않을 계획이라고 밝혔다. 제인은 또한 시험 촬영한 필름 한 통을 그가 보내준 특수 운송용 상자에 담아 따로 발송할 예정이라고 알렸다. 그러면서 필름에 담긴 사진의 품질이 "매우 실망스러울 것"임에 미리 양해를 구하며 해당 사진을 촬영한 때가 "전 연구 기간에 걸쳐 기상 조건이 그야말로 최악인 달"이었다고 설명했다.

제인은 이어 곰베에서 침팬지를 촬영하는 데는 크게 두 가지 문제점이 따른다고 설명했다. 첫번째 문제는 곰베가 지형적으로 굴곡이 무척 심하다는 것이었다. 두번째 문제는 "침팬지들의 태도"였다. 침팬지들이 이제 자신을 보고서 겁을 먹지는 않지만 아직까지도 관찰당하는 것을 달가워하지 않는다는 점이었다. 따라서 지금도 관찰 작업이 쉽지 않으며 15미터에서 30미터 이내로 가까이 접근하는 것도 아직 "불가능할 때가 많다"고 제인은 썼다. 그래도 가끔, 특히 나무 열매가 익어갈 무렵에는 근접 촬영이 가능할 것으로 예상해 몇몇 과실수 둘레에 잠복관찰처를 세워두었기 때문에 두번째 카메라—니콘—가 곰베에 도착할 즈음에는 잠복관찰처 안에 숨어서 사용할 수 있을 것이라고 했다. "유감스럽지만 저는 이전에 카메라를 다루어본 경험이 없습니다." 제인은 편지 말미에서 고백했다. 하지만 침팬지들이 다시 모습을 드러내기 시작하면 "협회에서 원하는 종류의 사진, 즉 서식지,

둥우리, 자세 등을 담은 사진들—저 역시 제 보고서에 꼭 필요합니다—을 받아볼 수 있을 것"으로 확신한다고 썼다.

숨기는 것 없는 솔직한 편지였다. 하지만 일러스트레이션 부서 담당자들이 받아보고는 낙담할 만한 내용임에는 틀림없었다. 제인은 니콘 카메라를 아직 만져보지도 않았고 카메라는 아직 포장도 뜯기지 않은 채 나이로비에 보관되어 있었다. 제인은 사진술에 대해 전혀 아는 바가 없다고 고백했다. 게다가 유인원들이 모습을 감추었음을—일시적인 현상이기를 바랄 뿐이었다—인정했다. 뿐만 아니라 두 달 동안 시험 촬영을 위해 쓴 필름은 겨우 한 통이었다. 사진 시험실에서 시험용 필름을 현상한 뒤 보내온 결과물은 더욱 암울했다. 일러스트레이션 부서 편집보조 로버트 길카가 현상 결과를 요약 정리한 내부 문건을 보면 총 37컷 중 16컷은 노출 부족으로 내용이 "판독 불가능"했고, 10컷은 카메라가 너무 흔들린 채로 찍혀 쓸 수 없었으며, 다른 6컷도 이런저런 이유로 도저히 쓸 만한 것이 없었다. 단 한 컷만이 "사용할 수도 있을" 것으로 판명되었다. 제인이 언덕 중턱에 앉아 혹시나 침팬지가 눈에 띌까 싶어 쌍안경을 들여다보는 사진이었다.

이때쯤에는 제인이나 루이스 둘 다 제2의 인물이 필요하다는 결론에 도달하고 있었지만 그가 꼭 전문적으로 숙련된 사람이어야 하는가에 대해서는 아직 회의적이었고, 7월 중순경 제인은 이 일의 적임자로 자신의 여동생 주디를 추천했다. 주디 역시 제인처럼 사진 수업을 들은 적도 실제 촬영 경험도 없었지만, 주디는 제인과 달리 온전히 사진 촬영에만 집중할 수 있을 터였다. 또 주디는 제인과 생김새가 닮았기 때문에 같은 옷을 입고 있으면 침팬지들이 주디를 자신들에게 이미 익숙한 사람인 제인으로 착각할 수도 있을 것이었다.

루이스는 7월 17일 온화한 어투로 짤막한 편지를 써 그로스브너에게 이 의견을 전하면서 제인의 여동생이 이미 "컬러 사진과 관련하여 약간의 경험"이 있다고 주장했지만, 정확히 어떤 종류의 경험이 얼마나 있는지에 대해서는 구체적으로 쓰지 않았다(사실 주디의 사진 관련 경험이란 제인처럼 소형 카메라의 버튼을 눌러 스냅사진을 몇 장 찍어본 게 다였다). 루이스는 이어 주디가 내셔널지오그래픽협회에서 보내준 니콘 카메라의 현란한 기능과 망원렌즈, 삼각대에 익숙해지려면 분명 '추가 교육'이 필요할 것이므로 10월에 주디를 곰베로 보내기 전에 데 바틀레에게서 사진 강습을 받을 수 있도록 주선하겠다고 했다. 주디는 현재 영국 자연사박물관의 직원으로 일하고 있지만 잠깐 휴가를 낼 수 있도록 루이스가 힘써보겠으며 내셔널지오그래픽협회에서는 주디의 비행기 표와 식비, 그리고 가능하다면 휴가 동안 받지 못하는 급여 정도를 보상해주면 됐다…….

운이 없었는지, 새로운 제안을 담은 루이스의 편지가 내셔널지오그래픽협회 본사에 도착했을 때 그의 의견에 늘 수용적이었던 멜빌 벨 그로스브너 회장은 캐나다로 휴가를 떠난 뒤였으며, 루이스의 편지는 그로스브너 회장보다 덜 수용적인 성격의 프레더릭 G. 보스버그 부회장 겸 부편집인의 책상 위로 떨어졌다. 보스버그는 당시 편집부 직원들 사이에서 "상상력보다는 완고함과 보수성"이 앞서며 "정확성에 관련해 지나치게 깐깐한" 인물이라는 평판을 얻고 있었다. 그에 관한 유명한 일화에 따르면 쉼표 하나가 누락되었다는 이유로 무려 3만 달러 손실을 무릅쓰고 인쇄기 작동을 정지시킨 적이 있을 정도였다(1964년 7월호에서였다). 더구나 '[그로스브너의] 과다 지출을 점검하는 책임'을 맡은 것으로 여겨지고 있던 그였기에 루이스 리키의 다소 엉뚱한 제안을 받아든 보스버그는 충분히 예상할 수 있듯 답신에서 냉정한 거절 의사를 밝히며 "내셔널지오그래픽협회에서 만족할 만한 품질의 사진을 찍기 위해서는 재능뿐 아니라 상당한 경험까지 갖춰야 하며, 이는 전문 사진가들에게조차도 아주 힘든 작업입니다" 하고 진지하게 설명했다. 보스버그는 형식적으로는 성심성의를 다한 답신의 형태를 취한 이 편지를 끝맺으며 "이 문제를 간단하게 해결할 가장 확실한 방법"은 내셔널지오그래픽협회의 전문 사진작가를 곰베에서 몇 주 또는 다만 며칠 동안만이라도 제인과 함께 상주하는 것임을 루이스에게 상기시켰다. "사회

관습 차원에서 문제가 된다면" 방문 기간 동안 제인이 친구 한 사람을 곰베로 초대해도 좋다는 것이었다.

보스버그는 사실 사리에 맞는 거절 편지를 보낸 것이었지만 루이스는 이를 일종의 도전처럼 받아들이고 곧장 답장을 써 보냈다. 다시 아이를 꾸짖는 교사의 말투로 돌아가서("귀사에서 곰베의 상황을 제대로 파악하지 못하고 있는 것 같습니다…….") 그는 곰베의 지리를 가공으로 꾸며내기 시작했다. 제인의 캠프는 배로만 접근할 수 있으며 캠프 공간이 너무 비좁고 엄격한 규제로 인해 공간 확장을 위한 벌목이 금지되어 있기 때문에 남성 전문 사진작가에 더해 제인의 친구이자 동반자가 될 여성까지 이곳에 와서 머무르는 것은 실질적으로 "절대 불가능"하다고 루이스는 편지에 썼다. 공간적으로 한 사람을 더 수용할 만한 여유가 없다는 것이었다.

여기까지 쓴 다음 루이스는 가공의 문제에서 벗어나 이제 실제의 문제에 대해 구체적으로 설명했다. 침팬지들은 숲속 응달처럼 주로 어두운 곳을 좋아하는 동물이기 때문에 이러한 침팬지들을 대상으로 좋은 사진을 얻기란 사실 무척 힘든 일이다. 루이스와 제인이 예상하기로는 앞으로 몇 달 안에 침팬지들이 높은 과실수에 달린 열매를 따 먹기 위해 모습을 드러낼 것이며 이때 원거리에서 망원렌즈로 이들의 모습을 포착할 수 있을 것이다. 제인은 현재 루이스가 나이로비에서 구입한 소형 카메라 레티나 리플렉스를 목에 걸고 다니고 있지만 이것보다 더 큰 니콘 카메라를, 더구나 렌즈에 삼각대까지 그녀 혼자 사용하기란 "거의 불가능"하다. 그 다음으로 루이스는 곰베에서 촬영한 사진 및 관련 기사가 「내셔널지오그래픽」에 실렸을 때 과학계와 대중에 일으킬 파장에 대해 다시 한 번 적어 내려갔다. 끝으로 그는 협박으로 편지를 마무리했다. 내셔널지오그래픽협회에서 이처럼 극적인 이야기를 배경으로 하는 몇 장의 사진을 위해 그 정도 지원금조차 기꺼이 내놓지 않겠다면, 그는 이것이 "어쨌든 꼭 성사되어야 하는 일"이기에, 다른 자금 지원처를 물색하겠다는 것이었다.

그해 8월 내셔널지오그래픽협회 부회장에게 보낸 후속 편지에서 루이스는 그들이 서로에게 달갑지 않은 "교착 상태"에 있다고 썼다. 그러나 이 편지를 쓴 시점은 루이스가 이미 300파운드에 저작물과 사진에 대한 최초 판권을 영국 주간 신문 「레벌리」에 팔아넘김으로써 '교착 상태'를 일방적으로 끝내버린 후였다.

제인은 동생을 맞이할 준비를 시작했다. 주요 과실수와 흰개미 둔덕 근처 편한 위치 몇 군데에 풀잎과 야자수 잎을 이용해 두 자매가 몸을 웅크린 채 카메라 한 대를 갖고 들어갈 수 있을 정도 크기의 잠복관찰처를 세웠다. 그리고 주디에게 편지를 보내 꼭 필요한 물품들, 말라리아 예방약(도착하기 2주 전부터 복용 시작해야 할 니바퀸), 성능 좋은 쌍안경("가장 중요함"), 선글라스, 적당한 옷가지(캔버스 천으로 된 운동화, 가벼운 청바지나 반바지, 가슴 양쪽에 주머니가 달린 "덤불을 대비한 셔츠" 최소 한 장)를 준비하라고 일렀다.

그러고 나서는 독자적인 사진 촬영 작업에 착수했다. 그해 8월 어느 멋진 밤, 제인은 보름달 아래에서 침팬지들과 함께 야영을 했다. 제인이 모닥불에 직접 죽과 콩 요리, 커피를 만들어 먹는 동안 침팬지들은 잠을 청하러 둥우리로 향했다. "살면서 그렇게 행복한 순간이 또 있을까요." 제인은 그달 집으로 보낸 편지에 썼다. "아래쪽에 우리 침팬지들을 두고, 담요에 몸을 말고 누운 채 5시까지 잔 뒤 아래쪽으로 가능한 한 가까이 다가가 침팬지들의 아침 기상을 지켜보았답니다." 하지만 제인이 좋은 장면을 잡아내기도 전에 침팬지들은 모두 사라져버렸다.

한번은 줄무늬몽구스가 열다섯 내지 스무 마리 정도 떼로 몰려 있는 것을 촬영할 기회가 있었다. 제인은 이 몽구스들이 "꼭 킵 같다"고 썼다. "작게 끽끽 소리를 내는 것은 똑같은데 킵처럼 쾌활한 느낌은 아니고 소리가 좀더 낮고 굵어요. 조그마한 몸집에 자꾸 흙을 파헤치고 허둥대는 것도 많이 비슷해요. 믿지 않으실지도 모르겠지만 제가 일 미터 정도로 가까이 있었는데도 제가 있는 걸 전혀 모르고 있었어요!!" 제인은 그 자리에 "동상처럼 가만히" 서 있었다. "덕분에 체체파리들에게 온몸을 뜯겼지만요!" 그리고 제인은 셔터를 눌렀다. "너무 가까웠던 모양이에요! '찰칵' 소리가 나자마자 녀석들이 전부 질겁하며 달아나버렸어요."

9월 초가 되자 마침내 침팬지들이 눈에 많이 띄기 시작했다. 제인이 집에 부친 편지에 썼듯 어느 활기찬 날에는 "신사 분들이 모두 호전적인 분위기였어요." 그래서인지 "서로 아무한테나 덤벼들고 나무를 세게 치고 팔을 이리저리 휘두르며 꽥꽥 고함과 비명을 질러댔어요." 어린 침팬지들이 춤추는 모습을 목격하는 특별한 순간도 있었다. "어제 두 살 정도의 어린 침팬지 두 마리가 <u>춤을 췄어요</u>. 이렇게 말고는 달리 표현할 말이 없네요. 두 마리가 함께 앞뒤로 5미터 정도를 왔다 갔다 하더니 서로를 스쳐 지나다가 뒤로 돌아 다시 서로를 스쳐 지나갔고 뒷발로만 서서 걸으며 양발을 번갈아 쿵쾅쿵쾅 내딛었어요(콩가 스텝과 비슷해요). 그리고는 리듬에 맞춰 손을 내리며 같이 머리를 끄덕였답니다." 하지만 춤이 길지 않아서 사진은 한 장도 찍지 못했다.

8월에 한동안 모습을 드러내지 않던 "사랑스러운 우리 데이비드 그레이비어드"도 9월 3일 다시 나타났다. 그런데 9월 12일, 사진 찍기 좋은 멋진 장면이 연출되는 짧은 순간, 제인의 카메라가 갑자기 작동을 멈춰버렸다. "하지만 휴, 이런 안타까운 일이 있다니." 제인은 이틀 뒤 집에 보낸 편지에서 이렇게 썼다. "윌리엄은 3.5미터 정도 떨어진 곳에서 한 손을 나무에 대고 서서 아주 조용히 '후' 하는 소리를 내더니, 바닥에 앉아 무화과를 찾는 듯 나무 위를 올려다보고 있었어요. 마이크는 비슷한 위치에서 발갛게 익은 야자 껍질 섬유질과 무화과 씨를 씹고 있었고요. 또 미세스 맥스 뒤를 새끼가 뒤쫓아 가고 있었죠. 다들 특별히 무언가를 하고 있는 것 같지 않고 마치 사파리 여행을 나온 일행처럼 그저 쉬지 않고 여기저기 돌아다니고 있었어요. 사진 찍기에 아주 좋은 광경이었죠. 이런 기회는 근 두 달 만에 처음이었는데, 정말이지 울고 싶어요." 제인은 카메라를 빨리 수리할 수 있도록 정신없이 포장해서 황급히 나이로비로 보냈다.

주디가 곰베에 도착하기만을 기다리며, 속절없이 흐르는 시간에 조금씩 초조해져 가던 제인은—9월 19일 일지는 "휴! 시간이 너무도 빨리 간다"라는 문구로 시작되었다—자주 격한 감정에 사로잡혀 불면의 밤을 보냈다. "아주 비관적인 사항이 두 가지 있어요." 9월 중순에 가족에게 보낸 편지다.

1) 짝짓기 관찰. 2) 지프[주디]나 제가 과연 사진을 찍을 수 있을지. 이건 능력 차원의 문제가 아니에요. 적절한 때에 적절한 장소에 자리하느냐의 문제죠. 6명 정도의 인원이 각각 망원렌즈를 준비하고 가능성이 있는 모든 지점에 숨어서 두 달 내내 하루도 거르지 않고 기다려야만 가능할 거예요! 그러니까 주디는 잠복관찰처 이곳에서 저곳으로 자리를 옮겨 다녀야 해요. 침팬지들이 늘 같은 시간에 같은 방향으로 움직이는 것이 아니거든요. 휴, 참 어렵죠.

'짝짓기 관찰'은 쉽게 해결되었다. 9월 22일 편지에서 제인은 "**짝짓기!**"라고 기록했다.

한편 주디는 9월 15일 나이로비에 도착해 공항에 마중 나온 루이스를 만났으며 내셔널지오그래픽협회에서 보내준 니콘 카메라를 삼각대 위에 설치하고 며칠 동안 사진 촬영술을 익혔다. 그리고 난 뒤 니콘을 들고 다르에스살람으로 날아가 키고마행 기차를 타고 이틀간 서쪽으로 이동한 후 9월 23일 토요일 하산과 만나 드디어 곰베 탕가니카 호에 당도했다. 원래는 주디가 곰베에 도착하면 바로 제인이 마중을 나갈 계획이었지만 그날 오후 제인이 아끼는 침팬지들 중 하나인 마이크가 짝짓기에 열중하고 있었기 때문에 도저히 그 기회를 그냥 놓칠 수 없어 캠프에는 저녁 늦게야 돌아왔다.

나중에 어머니에게 전했던 것처럼 주디는 몸이 몹시 수척해진 언니를 보고 깜짝 놀랐다. "뼈만 남았다"는 말이 딱 맞았다. 동생은 바로 다음날 이곳 유인원들에 대한 훌륭한 입문 강의를 들었다. 동이 채 트기도 전에 시작된 강의는 달빛 속에 '봉우리'를 걸어 오르는 저녁까지 이어졌다.

제인은 얼마 지나지 않아 주디의 경이로운 첫 침팬지 관찰을 기록한 편지를 집으로 보냈다. "25마리 이상이 모두 '구덩이' ['봉우리' 밑]에 넓게 펴져 있어요. 짝짓기를 하고! 뒷발로 걷고! 나뭇가지를 끌고! 그리고 오늘은 둥우리를 만들고 있어요!" 한껏 달뜬 수컷 다섯 마리가 줄을 서서 성적 포용력이 참으로 대단한 암컷 한 마리와 교미를 하던 상당히 극적인 이 짝짓기 사례는 관찰일지에 매우 객관적이고 절제된 어조로 상세히 기록되어 있지만, 영국 가족들에게 보낸 편지에서는 객관성과 진지함을 덜어낸 훨씬 더 흥미진진한 묘사를 찾아볼 수 있다.("그러고 나서 암컷이 큰 나무로 뛰어 올라갔고 이어 다섯 살배기 아이도 어미를 따라갔어요. 건장한 수컷 다섯 마리가 생生의 희열에 한껏 취해 고함을 치고 날카롭게 비명을 지르며 암컷이 있는 나무에로 따라 붙었죠. 시원하고 상쾌한 아침, 거칠게 소리 지르는 검고 거대한 몸뚱이들이 나뭇가지를 옮겨 다니며 수컷다운 힘과 정력을 과시했어요. 그러다 그중 한 마리가 암컷을 덮쳤죠. 암컷은 처음에는 비명을 질렀지만 이내 게임을 제대로 즐기더군요. 암컷은 1번을 잘 처리했어요. 1번 수컷은 그녀 옆에 잠시 앉아 있다가 몸을 날려 다른 곳으로 가버렸죠.")

하지만 안타깝게도 막 현장에 도착한 여성 사진가 주디는 햇볕에 심하게 그을려 입은 화상으로 촬영에 제대로 집중할 수 없었다. 곰베에 도착하고 나서 첫 두 주 동안은 피부가 부풀었다가 벌겋게 되고 껍질이 벗겨지면서 닿기만 해도 아픈 상태가 계속되었다. 또 제인이 가족들에게 낙천적으로 썼듯이 "이곳의 지형을 익히고, 매 걸음걸음마다 바닥만 쳐다보며 발 디딜 곳을 찾느라" 다른 데 신경 쓸 겨를이 없었다.

사실, 첫 두 주 동안 주디는 카메라를 별로 만져보지도 못했다. 레티나 리플렉스를 아직 돌려받지 못한 제인이, 주디보다는 자기가 침팬지에 더 가까이 다가갈 수 있다는 생각에 니콘을 직접 들고 다녔기 때문이다. 실제로 어느 오후에 제인은 다소 멀찍이 떨어진 곳에서 진행되는 교미 장면을 더 분명하게 관찰하려는 마음에서 성년 침팬지 마이크, 푸치, 험프리가 모인 곳으로 조금씩 기어 6미터 정도 이내로 근접했으며 적어도 1시간 동안 조용히 그들을 관찰할 수 있었다. 하지만 루이스에게 보낸 편지에 썼듯이 "아쉽지만 갑작스레 폭풍이 몰려오는 바람에 빛이 너무 부족해서 사진이 제대로 안 나올 듯"했다. "덩굴도 방해가 되었어요. 시야를 가리지는 않았지만 덩굴이 엉켜서 사진 찍기가 무척 고약했거든요. 게다가 카메라를 들고 있는 팔의 각도가 부자연스러웠던 탓에 손이 심하게 흔들려서 셔터 속도를 낮출 수도 없었고요."

주디를 곁에 두게 된 것은 유쾌한 변화였다. 모닥불 가에 앉아 함께 식사를 하는 저녁은 무척 즐거운 시간이었다. 늘 식욕이 왕성한 주디는 (제인이 버치스에 부친 편지에 썼듯이) "다가아를 몇 접시씩" 해치웠고, 바삭바삭한 흰개미 요리에도 맛을 들였다. 제인이 갖고 있던 버터는 상해서 고약한 냄새가 났지만 둘은 깜부기불에 감자를 구워 먹기도 했다. 자매는 제인의 너무 길게 자란 "몇 미터는 족히 될 밝은 금발 머리"를 양 갈래로 땋아 늘어뜨릴지, 양옆에 말아 붙일지, 아니면 왕관처럼 머리 위에 빙빙 두를지 등 자매들끼리 으레 나누는 대화에 열을 올리며 즐거운 시간을 보냈다. 제인은 저녁 늦게까지 현장일지를 작성했고(그 와중에 아무 생각 없이 케이크, 파파야 열매, 초콜릿 조각 따위를 조금씩 뜯어먹으며 커피를 홀짝였다), 잠자리에 들어서는 불면증으로 누워 있는 시간의 절반은 깨어 있다시피 했다. 제인이 집에 알렸듯이 주디는 "말 그대로 잠자는 숲속의 공주예요. 언덕 기슭에 등만 댔다 하면 금세 나지막이 코를 곤답니다!!"

마침내 수리를 마친 제인의 레티나 리플렉스가 곰베에 도착했지만 이번에는 니콘 카메라가 곰베의 고온과 습기를 견디지 못하고 망가져버렸다. 제인이 현장일지에 썼듯이 10월 4일에는 데이비드 그레이비어드가 "내 쪽으로 반듯하게 걸어왔다. 이내 작은 무화과나무를 타고 1미터 정도를 올라가더니 곧 낮은 야자수로 옮겨갔다. 기분이 좋은지 작게 그르렁거리는 소리를 내다가 뒤쪽으로 반원을 그리며 이동했다. 빛 조건이 좋지 않았지만 사진 찍을 준비를 했다. 5분 뒤에(그르렁거리는 소리와 낮은 '후' 하는 소리가 더 잦아졌다) 다시 이쪽으로 나타나 나무 아래로 내려왔다. 그런데 갑자기 셔터가 꿈쩍도 하지 않았다!"

그때쯤 주디는 수풀 잠복관찰처 안에 땀으로 범벅이 된 채 끈기 있게 장시간을 앉아 있는 것으로 사진 촬영 작업을 개시했다. 잠복관찰처는 밖을 내다볼 수 있는 구멍이 앞쪽에 하나밖에 없었기 때문에 한번은 거대한 동물이 잠복관찰처 뒤에서 쿵쿵거리며 다가왔지만 어떤 동물인지 확인할 수가 없었다. "이젠 끝이다 싶었죠." 주디는 내게 말했다. "어떤 짐승이 육중한 몸을 이끌며 제 쪽으로 다가오는 소리가 들렸어요. '세상에, 들소야!' 하고 생각했죠. 짐승 소리가 점점 더 커졌지만 잠복관찰처에는 구멍이 앞쪽에만 작게 나 있었기 때문에 아무것도 볼 수 없었죠. 짐승은 더 가까이 다가와 무거운 몸짓으로 느릿느릿 잠복관찰처 주변을 돌았어요. 그러다 마침내 녀석이 제 시야에 들어왔죠. 나일왕도마뱀이었어요. 진짜 큰 놈이었죠. 저는 크게 안도의 한숨을 내쉬었어요. 뒤늦게 아드레날린이 솟구치더군요."

그해 10월 어느 날 어부 몇이 어미 잃은 새끼 버빗원숭이를 캠프에 데려왔고 제인과 주디가 이 원숭이를 아주 싼 값에 샀다. 덕분에 잠복관찰처 속에 혼자 앉아 심심하게 지내던 주디의 어깨 위에 작은 원숭이 친구가 생겼다. 하지만 모시라고 이름을 지어준 새 원숭이 친구 때문에 잠복관찰처 안에서 침묵을 지키고 있기는 더 힘들어졌다.

그리고 비가 오기 시작했으며, 그해는 유독 비가 더 많이 오는 듯했다. 현장일지를 보면 10월 20일은 "끔찍한 날"로 기록되어 있다. 이어 21일은 "근래 몇 주간 최악의 날"이었다. 22일에는 한쪽 무릎이 걸리고 열이 나 몇 달 만에 처음으로 종일 캠프에만 있었다. 23일, "비가 많이 왔다." 24일, 침팬지를 발견해 온종일 함께 있었지만 "새로운 것은 없었고 비에 옷만 다 젖었다!" 그렇게 며칠이 지나고 10월 29일, 몸이 "영 찌뿌듯하고" 열이 있는데도 흰개미 둥우리를 보러 나갔다가 결국 열이 너무 심해서 캠프로 돌아왔다. 10월 30일은 종일 "비, 비, 비"뿐인 날이었다.

11월 1일에 제인의 카메라가 다시 고장 났으며, 어쩔 수 없이 주디가 카메라를 수리하러 키고마로 떠났다.

"세상에 어쩜 이렇게 비만 오는지 모르겠어요." 11월 3일 편지에서 제인은 지난 몇 주간의 상황을 설명했다. "이제 사진 걱정은 그만하고 그냥 다 웃어넘기기로 했어요. 개구리들은 침팬지 나라에 비가 그치게 해달라고 빌어주기는커녕 떼거리로 나타나 '여기도 저기도 온통 물 천지'가 된 이곳에서 축제를 벌이고 있답니다. 다만 식수가 부족할 일은 없네요." 침팬지에 대해서는 이렇게 언급했다. "침팬지요? 이젠 그게 뭔지도 잊어버린 것 같아요. 솔직히 말해 흰개미 사진 몇 장 찍은 것 빼고는 지난 몇 주 내내 시간 낭비만 했어요." 흰개미 사진을 찍은 11월 2일의 일지에는 "드디어 몇 장을 찍었다"라는 상서로운 글귀를 남겼다.

이날은 아마도 주디가 망가진 레티나 리플렉스를 들고 키고마로 떠난 뒤였으며, 곧 흰개미 철이 시작될 것을 염두에 둔 제인은 바나나를 충분히 준비해서 흰개미 더미 주변 잠복관찰처에 진을 치고 있었다. 그날 아침 잠복관찰처 안으로 모습을 숨기기 전에 여러 흰개미 더미 중 어느 한 곳 꼭대기에 바나나를 몇 개 흘려두었다. 9시30분경, 데이비드 그레이비어드가 나타나더니 그 더미 위로 바로 올라가 바나나를 먹기 시작했다. 제인이 사진을 몇 장 찍자, 셔터 소리에 깜짝 놀란 흰수염 데이비드 그레이비어드는 바나나를 좀 더 먹은 다음에 아무래도 무슨 일인지 확인해야겠다는 듯 잠복관찰처를 향해 조용히 걸어왔다. 제인은 가족에게 보낸 편지에 이날의 조우에 대해 자세히 묘사했다.

데이비드가 더미 위에 앉아 잠복관찰처 쪽을 흘끔 쳐다보더니 바나나를 먹기 시작했어요. '찰칵' 카메라 소리가 났어요. 제 쪽을 돌아봤죠. 그리고 바나나를 하나 더 먹었어요. '찰칵.' 다시 돌아봤어요. '찰칵.' 다시 바나나. 이번에는 돌아보지 않았죠. 몇 번 더 찰칵 소리가 났어요. 바나나를 다 먹고 나자 차분히 더미 밑으로 내려와 잠복관찰처 방향으로 10미터 정도를 걸어오더군요. 잠복관찰처 아래에 난 풀을 옆으로 젖히면 틈이 생기는데 그게 잠복관찰처 '출입문'이에요. 밖이 잠시 조용하더니, 손 하나가 '출입문'을 움켜쥐고 한 쪽으로 밀어 젖혔고 불쑥 얼굴을 들이밀고 안을 살펴봤어요(잠복관찰처는 두 사람 겨우 들어갈 정도의 크기이고 사람이 반듯이 서 있을 수가 없어요). '후' 하고 소리를 내더니, 두 발짝 뒤로 물러서 잠시 가만히 있더군요. 그리고 는 점잖게 제자리로 돌아가더니 그날의 주된 일과—흰개미 먹기—에 다시 몰두하기 시작했답니다.

데이비드가 흰개미를 낚아 올려 먹는 동안 제인은 이따금씩 사진을 찍으 며 그 모습을 똑똑히 관찰하기를 한 시간여, 이윽고 데이비드가 더미에서 내려와 아까 실수로 떨어뜨린 바나나 껍질을 집어 들었다. 그리고 바로 그 때 잠복관찰처 밖으로 기어 나온 제인이 바나나를 하나 집어 들었다.

제가 그러는 걸 마뜩찮아 하더군요. 어쨌거나 제가 들고 있던 바나나를 그쪽 으로 던졌어요. 조준을 잘못해 제 앞에 일 미터 정도 되는 곳에 떨어졌어요. 그때까지만 해도 데이비드가 특별히 저를 의식한다고 생각하진 않았어요. 그런데 5분 정도 지나니까 데이비드가 대뜸 가지를 흔들어대기 시작했어요. 동작이 갈수록 더 격렬해졌죠. 그리고 나무에 올라가더니 이번에는 나무를 아예 통째로 흔드는 거예요. 손에 닿는 것은 닥치는 대로 치고 나더니 잠복 관찰처를 굽어보고 서 있는 키 작은 나무 위에 올라가 나무를 흔들며 요동을 치는데, 당장이라도 잠복관찰처 지붕을 뚫고 바닥으로 떨어질 것 같았어요. 그러다 데이비드가 자리에 앉았죠. 다시 나무 밑으로 내려오더니 손으로 바 닥을 몇 번 내리치고 다시 더미 위로 올라가더군요. 저는 그때까지도 데이비 드가 왜 그런 행동을 하는지 잘 이해가 되지 않았어요. 그리고 5분 정도 지 나서 데이비드가 다시 잠복관찰처 쪽으로 오더니 바나나를 집어 드는 게 아 니겠어요. 그 모든 게 바나나가 제 쪽에 너무 가까이 있는 게 못마땅해서 그 랬던 거예요!! 그리곤 제 시야에서 사라졌어요. 그런데 잠시 후, 잠복관찰처 벽이 무척 두터운데도 바깥쪽 가까이에 수풀이 높게 우거진 데서 부스럭거리는 소리가 크게 들렸어요. 하지만 어떤 상황인지 볼 수는 없었어요. 잠깐 동안의 정적. 그리고 갑자기 손가락이 나타났어요. 제 발에서 겨우 10센티미터 떨어진 곳이었죠. 이번에도 <u>도무지</u> 무슨 일이 벌어지고 있는 건지 이해하지 못했어요. 그런데 알고 보니 지프[주디]가 아래쪽에 바나나 껍질을 꽂아 둔 게 있었는데 그게 먹고 싶어서 그랬던 거예요!! 정말 우스꽝스러운 상황이었답니다. 그러고는 도로 뒤로 돌아가 흰개미를 먹기 시작하네요!

하지만 이날 11월 2일은 이 시기 전체를 통틀어 사진 찍기 정말 좋은 유일한 날이었다. 다음날은 현장일지를 통해 알 수 있듯 역시나 평소처럼 "별 소득 없는" 날이었다. 11월 9일 루이스에게 보낸 짧고 절망적인 편지에는 갖고 있던 돈을 다 쓰고 키고마 은행 계좌에서 수표를 잔고를 초과해서 발행한 뒤 느낀 불안한 심정을 토로했다. "사는 게 우울해요. 자꾸 이어지는 비에, 침팬지들도 사라졌고, 이젠 무일푼이기까지 한 것 같네요. 박사님과 제가 최선을 다하고는 있지만, 저는 절대—다시 한 번 말하지만 <u>절대</u>—**운명**에 맞서 이길 수는 없어요. 운명이 아니라면, 제가 침팬지 곁에 다가가기만 하면 폭우가 쏟아진다거나, 최근에 들어와서는 카메라가 고장 나기까지 하는 것을 대체 어떻게 해석해야 할지 모르겠어요."

열흘 후 제인은 '비의 나라'라는 발신 주소로 루이스에게 다시 편지를 썼다. "지난번 편지를 썼던 때가 언제인지도 기억나지 않네요"라는 말로 편지는 시작했다. "얼굴 전체에 반점이 생겼었는데 그동안 앓은 이상한 열병 탓이었을까요? 반점이 그럭저럭 가시는 듯싶더니 이번에는 포진이 돋았어요. 이번에는 정말 걱정이 돼요. 키고마에서는 적당한 약을 구할 수도 없고 볼에 <u>마마 자국</u>이 남을 수도 있을 것 같아서요(수두 증상과 유사해요)." 사진 촬영에 실패한 것이 마치 인생의 실패처럼 느껴졌으며, 건강이 악화되면서 제인 특유의 낙천성도 함께 무너지기 시작했다. 제인은 사진 찍기를 방해하려고 공모한 듯 동시다발로 벌어지는 모든 정황을 열거했다. 계속되는 비, 강물의 범람, 하늘을 뒤덮은 구름, 열매를 맺지 않는 과실수, 썩어가는 식물 표본, 작동하지 않는 카메라, 호숫가에서 악취를 풍기는 물고기 사체, 진흙탕에 발이 빠지고 산기슭에서 미끄러져 엉덩방아를 찧는 두 자매 등등. 제인은 편지 말미에 썼다. "이렇게 우울한 소식만 전해드리는 게 저도 싫지만 그래도 미리 알고 계시는 게 나을 거예요. 이제는 제 작업 자체가 총체적인 실패인 듯 느껴져요. 그런 것은 아니라고 믿고 싶지만 모든 것이 절망적으로 느껴지는 것을 어쩔 수가 없네요."

한 해가 막바지를 향해 치달았다. 현장일지는 갈수록 길이가 짧아졌고 11월 12일에는 마침내 단 한 문장만 기록되었다. "포진이 돋아 캠프에 머무름." 11월 13일 일지는 두 문장이었다. 그 다음 사흘 동안에는 아무것도 기록되지 않았고 11월 17일 금요일 일지에는 딱한 사연이 짤막한 일곱 문장으로 묘사되어 있다. "데이비드가 강 저편 야자나무 위에 있는 것을 목격. 16컷을 찍었지만 거의 다 뒷모습! 20여 분 후 나무에서 내려옴. 나무 아래에서 1분 정도 앉아 있다 내 쪽을 쳐다봄. 걸어가버림. 강 건너까지 따라가 데이비드가 '산등성이' 쪽으로 트인 공간을 가로질러 가는 것을 목격. 풀숲이 높아 사진 촬영 불가능."

캠프 직원들과 이웃 주민 친구들이 함께한 성대한 환송 파티가 끝나고, 제인과 주디는 짐을 싸서 12월 5일 곰베를 떠났다. 새끼 버빗원숭이 모시는 키고마의 몇몇 지인이 데려가 키우기로 했다. 둘은 기차를 타고 나이로비로 향했다. 그리고 나이로비에서 두 자매를 맞이한 루이스 리키는 밴에게 전보를 쳤다. "비쩍 마른 소녀 하나와 통통하게 살찐 소녀 하나가 무사히 도착했습니다."

12월 14일, 대조적인 모습의 두 자매는 런던 상공을 지루하게 맴도는 비행기 위에 앉아 있었다. 창밖으로 잿빛 안개가 자욱한 세상을 내다보는 사이 비행기는 안개로 인한 비상조처로 본머스에서 불과 몇 킬로미터 떨어진 헌Hurn으로 경로를 우회하여 착륙했으며, 제인과 주디는 택시를 타고 더클리 차인 남로 10번지에 자리한—현관 앞에 흔히 놓이는 적색 카펫 대신

남루한 붉은색 수건이 펼쳐진—익숙한 고향집에 도착했다. 둘은 이렇게 크리스마스에 맞춰, 특히 제인은 케임브리지 대학 박사과정 학생으로서의 새로운 생활을 시작하기에 앞서, 집과 가족의 품으로 돌아왔다.

한편 촬영한 필름—흑백필름 1통과 컬러필름 23통—은 모두 현상을 위해 워싱턴 D.C.에 항공우편으로 발송되었다. 로버트 길카는 12월 13일 작성한 내부 보고서에 "개미 언덕에서 정찬을 즐기는 거구의 침팬지"가 등장하는 잘 나온 사진 한 장을 제외하고 사진이 모두 "신통치 않으며" 구달 양의 작업에 대한 짧은 기사 정도에나 "적당할" 것으로 판단된다고 적었다. 이튿날 멜빌 벨 그로스브너가 직접 사진을 검토했고, 그는 로버트 길카보다 더 단호하고 또 훨씬 더 부정적인 반응을 보였다. 그는 보고서 위에, 사진들이 한마디로 'NGM(*National Geographic Magazine*) 출판용으로 부적합"이라고 휘갈겨 썼다.

1962년 1월 2일, 길카는 제인과 주디에게 편지를 보내서("제인/주디 구달 앞") "자연서식지 동물 사진 중 상태가 양호한 컷의 부족"이 "무척 심각한 수준이어서 기사 화보로 사용하기 부적합"하다는 달갑지 않은 소식을 공식적으로 전했다. 하지만 그는 이어 (미약하나마 긍정적인 부분을 찾아서) 두 젊은 숙녀 분들이 분명 "열심히 노력"했으며 그 과정에서 "사진술에 대해 많은 것을 배웠을 것"으로 확신한다고 썼다. 또 몇몇 사진은 제인이 향후에 어떤 강연을 할 때 유용하게 쓰일 수도 있을 것이며 이번 경험은 나중의 사진 작업을 위해 좋은 준비가 되었을 것이 분명하다고 썼다. 말이 난 김에 덧붙이자면 현재 제인과 주디에게 대여 중인 고가의 장비 니콘 카메라의 상태가 어떠한지 알고 싶으며 두 사람 모두, 또는 사정이 여의치 않으면 한 사람만이라도 내셔널지오그래픽협회 워싱턴 본사에 방문하여 협회의 흥미로운 건축물과 각종 시설을 구경하고 아울러 무척 인상적인 내셔널지오그래픽협회의 편집 작업도 직접 눈으로 확인해보면 좋을 것이라고도 덧붙였다.

한마디로, 「내셔널지오그래픽」 편집 담당자는 제인 구달 양과 그녀의 침팬지 연구를 다룬 기사를 잡지에 싣지 않기로 단호하게 결정한 것이었다.

19

다른 언어

1961~1962

본머스에서 제인은 상점에 가 스페이스 바가 뻑뻑한 새 타자기를 사고서 1961년 12월 14일 목요일, 거트루드라는 다소 시원찮은 중고차를 몰아 대학 경력을 쌓으러 케임브리지로 떠났다.

일단 살 곳을 구해야 했다. 제인은 매그래스 애버뉴 1번지에서 남편과 함께 젊은 여성들을 대상으로 하숙집을 운영하는 트위디 부인을 찾았다. 제인이 버치스에 부친 편지에 따르면 트위디 부부는 "무척 좋은 분들"이었고 제인은 부부가 보여준 쾌적한 하숙방, 공동욕실, 찬장이 구비된 널찍한 주방이 마음에 들었다. 온수 사용료는 주당 2파운드 15실링인 하숙비에 포함돼 있었다. 제인은 곧장 짐을 옮겼다.

당시 케임브리지 대학교는 반半자율적으로 운영되는 26개의 단과 대학으로 이루어져 있었으며 그중 세 개—뉴냄, 거톤, 뉴홀—가 여자 대학이었다. 제인은 뉴냄에 등록한 뒤에 곧장 자신의 지도교수 페이션스 번을 만나보려고 했지만 그녀는 늘 부재중이었다. 사서대리인 드플라지 부인은 페이션스 번이 "젊고 예쁘고 유능하고 쾌활한 분으로 그녀가 정식 사서이지만 다른 기본적인 업무도 여럿 맡고 있어서 자신—드플라지 부인—이 사서대리를 맡고" 있다고 했다.

제인이 앞으로 3년 동안 절반은 케임브리지에서 절반은 곰베에 살며 마쳐야 할 가장 중요한 일은 지금은 단지 의욕 넘치는 아마추어일 뿐인 자신을 이름에 의미심장한 이니셜—Ph.D.—이 붙는 명망 있는 전문가로 탈바꿈시키는 것이었다. 케임브리지 대학 행정 관계자들은 제인이 학사학위는 없지만 곰베에서 연구를 수행하며 그에 상당하는 중요한 성과를 거뒀다고 주장하는 루이스의 추천을 받아들여 제인에게 대학 졸업장이 없는 점을 용인해주었을 뿐더러 박사학위 취득을 위한 기초 연구도 이미 마무리된 것으로 인정해주었다. 따라서 제인은 이제 지금까지의 연구 성과를 적절한 형식에 맞춰 정리만 하면 될 것이었다. 합리적인 처우였지만 제인이 좀처럼 보기 드문 지름길을 탄 것도 사실이었다.

이 문제에 대해 제인은, 또 제인에 앞서 루이스는 매딩리에 위치한 케임브리지 대학 동물학부 산하 동물행동학과의 지도를 맡고 있는 윌리엄 H. 소프 교수와 서신으로 미리 의견을 교환했다. 매딩리는 케임브리지에서 5킬로미터 정도 떨어진 작은 마을로 이곳에 위치한 동물행동학과는 애초 1950년에 소프 교수의 조류 연구를 지원하기 위해 '조류 현장연구소'라는 이름으로 개설되었다. 확 트인 공간과 대형 건물이 많은 매딩리의 환경(나무들이 서 있는 너른 들판, 낮은 층의 기다란 벽돌 건물들, 오래된 대장간, 수십 개의 새 사육장)은 제한된 공간밖에 사용할 수 없는 케임브리지 본교 터에 비해 조류를 관찰하고 실험하기에 적합했다. 하지만 새 이외 다른 동물들—가장 먼저 햄스터와 원숭이—이 이곳에 들어오면서 조류 현장연구소라는 명칭은 지금의 동물행동학과로 변경되었다.

매딩리 연구소에서 제인은 드디어 윌리엄 소프를 만났다. 제인은 훗날 그때 일을 회상하며 내게 말하길 "교수다운 분위기"를 풍기던 그날의 소프 교수는 "좀 엄숙"하고 "꽤 근엄한" 편이었고 또 "상당히 엄격"해 보였다고 했다. 그들의 첫 만남에서 제인은 그리 운이 좋지 않았다. 제인이 자기소개를 하고 본인의 견해를 피력하는 동안 연구실 안을 제멋대로 날아다니던 소프 교수의 구관조가 돌연 제인 위로 내려앉더니 그녀를 부리로 쪼아대기 시작했다. 제인은 피가 나는데도 이것이 일종의 시험일 것이라고 생각해 일부러 아무런 반응을 하지 않았다. 하지만 결국 제인은 교수에게 호감을 얻는 데 실패했으며, 나중에 소프 교수가 자신의 직속 부하이자 원숭이 연구가인 로버트 A. 하인드 매딩리 연구소 연구원에게 자신을 맡기기로 했다는 소식을 듣고 나서야 마음을 놓았다.

이렇게 해서 12월 중순 어느 날 오후 2시 15분, 제인은 세인트존스 칼리지에 위치한 하인드 교수의 개인 아파트에서 그를 처음 만났으며, 그녀는 "차디찬 네스카페 블랙을 대접받았어요. 따뜻한 걸 싫어하나봐!!" 하며 가족들에게 이날의 만남에 대해 전했다. "소프 박사에 비하면 하인드 박사가 백 배는 나은 사람이에요. 적어도 사악하지는 **않으니까요**!!! 그렇다고 소프 박사가 사악하다는 건 아니에요, 그저 친절하지 않았던 거겠죠." 제인은 하인드에 대해 "그분과 잘 지낼 수 있을 것 같다"고 쉽게 결론지었다.

두 사람이 처음 만난 그날 하인드는 "침팬지에 대해 아는 것"이 전혀 없지만 "도울 수 있는 것은 모두 도와주겠다"고 약속했다. 두 사람은 함께 수업을 하루에 하나 정도 듣기로 수강 계획을 세웠는데, 그 수업이 꼭 필요하지는 않더라도 유익할 것이었으며, 또한 제인이 생각한 것처럼 "책상 앞에 앉아 온종일 침팬지 이야기를 쓰는 일에 대한 적절한 휴식이 될 것!"이었다. 한편 제인은 곰베의 붉은콜로부스원숭이에 대한 보고서를 하루빨리 타자로 작성해야겠다고 결심했다. 하인드가 "제가 연구했던 계통에 대해 전혀 아는 것이 없다"고 (제인 생각에) 퍽 "애처롭게" 말했기 때문에, 이쪽 계통의 좋은 견본이 될 만한 원숭이에 대한 보고서를 작성하여 "저는 침팬지를 대상으로 동일한 계통에서 100퍼센트—아니 75퍼센트—더 철저한 연구를 수행했습니다" 하고 그에게 설명하고 싶은 마음이었던 것이다. 하지만 정확히 말해서 그런 계통이란 도대체 무엇이었나? 제인이 가족들에게 털어놓았듯 "동물행동학자들을 만나면 무력한 기분이 들었다". "그 사람들은 저와는 다른 언어를 구사한답니다. 우리 친애하는 조지 [셜러] 선생님은 달랐지만요."

로버트 하인드가 구사하는 낯선 언어는 동물행동학ethology이었다. 제인이 처음 이 단어를 접한 것은 아직 그녀가 곰베에 머무르고 있던 1961년 여름으로, 당시 제인은 앞으로 케임브리지에서 학업을 시작할 일이 슬슬 걱정되기 시작하던 터였다. 그해 7월 21일 편지에서 제인은 밴에게 "ETHOLOGY라는 단어가 있나요? 있다면 뜻이 뭐예요?"라고 물었다.

밴은 "ethnology(민족학)"를 철자를 잘못 쓴 것 같다고 답했지만 제인은 8월 11일 편지에 그렇지 않다고 썼다. "ethnology 말고 ethology가 맞아요. ethnology는 (희한하게) 제가 아는 단어이거든요! 제 느낌엔 ecology의 오자 같아요."

20세기 초 베를린 동물원 수족관 관장을 지낸 오스카 하인로스는 동물행동학이라는 신조어를 만들고 동물행동학의 목표를 규정한 최초의 인물이다. 그는 기성 학문 체제인 비교해부학에서처럼 동물의 행동 역시도 비교학적 방법론을 응용하여 과학적으로 연구하는 것을 동물행동학의 학문적 목표로 삼았다. 하인로스의 주장은 이러했다. 어떤 종이 보이는 특수한 행동은 해부학적 특성처럼 해당 종에 고정적이고 고유하며, 각 종의 고유한 해부학적 특성을 종 간에 비교·대조하는 것이 가능한 것처럼(예를 들어 해부학적 정보만 취합하면 종 간 진화적 관계까지 추정해볼 수 있듯), 해당 종의 고유한 행동적 특성 역시 종 간에 비교, 대조를 수행함으로써 같은 효과를 기대할 수 있다는 것이다.

하인로스는 동물행동학에 대한 이러한 자신의 이상을 1911년에 출간한 저서를 통해 세상에 소개했고 곧이어 유럽의 조류 행동 대백과사전 제작에 착수했다. 이 야심만만한 과업에는 그의 아내 마그달레나도 도움을 주었다. 두 사람은 아이를 갖지 않기로 하고 휴일도 반납한 채로 조류의 행동을 목록으로 정리하는 방대한 작업에 거의 강박적으로 매달렸고 마침내

1926년에서 1933년까지의 기간에 걸쳐 총 4권으로 구성된 조류도감 『중부 유럽의 새들Die Vgel Mitteleuropas』을 펴냈다. 하인로스의 책은 대자연의 원리에 매혹된 유럽의 자연주의자들에게 새로운 과학적 앎의 길을 열어주었으며, 이후 세 명의 천재 학자—카를 폰 프리슈, 콘라트 로렌츠, 니콜라스 틴베르헌—는 수십 년에 걸쳐 동물행동학을 학계에서 인정받는 분야로 발전시켰다.

카를 폰 프리슈는 1886년 빈의 부유한 오스트리아인 집안에서 태어났다. 그의 가족은 브뤼닌클이라는 소촌 부근에 여름 별장을 두고 있었는데 들판과 숲과 호수 그리고 곤충과 새와 자그마한 동물들이 함께하는 브뤼닌클을 둘러싼 목가적 세계는 소년의 예민한 감수성과 상상력을 더욱 깊이 자극했다. 어느 날 아버지가 오래된 제분소를 사들여 건물을 개조하기 시작하자 어린 자연주의자 폰 프리슈는 제분소 윗방을 자신만의 박물관으로 꾸며 그곳에 자신이 그동안 모아온 자연사 수집품—딱정벌레, 나비, 나방, 화석, 박제 새, 압화狎花 등—을 보관했다.

1905년 폰 프리슈는 빈 대학에 입학한다. 부친의 뜻에 따라 의사가 되려는 것이었다. 하지만 그는 이내 외숙부인 지그문트 엑스너 교수의 동물학 강의에 매료되었으며 물고기가 소리를 지각할 수 없다는 오토 쾨르너 교수의 주장을 반박하고 싶은 마음에 사로잡혀 결국 의학에서 동물학으로 전공을 바꾼다. 쾨르너가 물고기는 소리를 들을 수 없다고 주장한 근거는 단순했다. 물고기들을 수조에 기르며 연구자 자신의 휘파람이나 유명 소프라노가 부르는 오페라 아리아 등 다양한 소리를 들려주었지만 물고기들이 이에 반응을 전혀 보이지 않았다는 것이다. 물고기가 교수의 휘파람이나 오페라 가수의 노랫소리 따위에 반응할 까닭이 없다고 생각한 청년 폰 프리슈는 시각 능력이 퇴화한 메기를 대상으로 대체 실험을 수행했다. 메기들에게 모이를 주기 직전에만 휘파람을 불었던 것이다. 실험을 시작하고 채 엿새가 지나지 않아 메기는 (모이가 있거나 없거나) 휘파람 소리만 듣고도 모이를 먹으려 세차게 몰려들었으며, 이렇게 그는 메기가 소리를 들을 수 있으며 자신들에게 이득이 되는 경우에는 청각 신호에 반응한다는 것을 증명 해냈다.

제1차 세계대전이 발발하기 전 뮌헨 대학 강사로 재직 중이던 청년 폰 프리슈는 동물의 지각 능력과 관련한 또 다른 동물학적 논쟁에 휘말린다. 사람들은 작고 단순한 형태의 생명체인 곤충은 그 지각 경험 역시 당연 히 작고 단순할 것이라고 추론했다. 그토록 하찮은 유기체가 실제로 무엇 을 볼 수 있겠는가? 기껏해야 회색 음영 정도나 인식할 수 있지 않겠는가. 1912년 여름을 브뤼넌클의 정원에서 보내고 있던 폰 프리슈는 벌집에서 나온 꿀벌이 다채롭고 화려한 색채의 꽃들을 향해 날아가는 것을 바라보았 다. 사람들은 어떻게 해서 저토록 아름다운 색조의 꽃들이 벌에게는 밋밋 한 회색의 연속체로만 보일 것이라고 생각한단 말인가? 분명 벌들은 색채 지각 능력이 뛰어날 것이라고 생각한 폰 프리슈는 이를 증명하기 위한 실 험에 착수했다.

실험은 꿀벌들이 접시에 담긴 설탕 용액을 먹도록 학습시키는 것으로 시 작되었다. 다만 그는 이 접시를 늘 파란색 정사각형 판지 위에 올려 두었 다. 일단 벌들이 파란색 판지 위에 놓인 인공 먹이를 유의미한 수준으로 찾 아오기 시작하자, 그는 설탕 용액을 치우고 정사각형 판지만을 매트릭스 형태로 늘어놓았는데 이중 하나만이 파란색 판지였고 나머지는 다양한 명 도의 회색 판지였다. 그는 이내 벌들이 하나같이 파란색 판지만을 향해 날 아가서 사라져버린 먹이를 찾아 헤매는 광경을 목격했다. 꿀벌들이 다양한 밝기의 회색과 파란색을 구분한 것이다. 폰 프리슈는 같은 방식의 추론을 거듭하고 다양한 실험 검사를 반복한 끝에 벌들이 다른 색도 구분할 수 있 음을 증명했다(다만 붉은색에는 둔감하게 반응했는데 짙은 회색이나 검은색 을 붉은색으로 오인하는 경우가 많았다). 나중에 그는 벌이 인간에게는 보이 지 않는 자외선도 지각할 수 있다는 사실까지 발견했다. 실제로 벌들은 자 외선에 상당히 민감하다.

또 다른 실험에서 카를 폰 프리슈는 뮌헨 동물원 정원에서 벌 군체를 키웠다. 이때 꿀을 채집하는 벌은 다른 벌들과 구분되도록 몸에 살짝 페인트 칠을 해두었으며 관찰자가 벌집 안에서 벌들의 모습을 볼 수 있도록 한쪽 면이 유리로 된 실험용 벌집 또한 제작했다. 1919년 봄, 이 젊은 동물학자는 어느 날 벌집에서 나온 탐색벌이 설탕 용액을 새로 부은 그릇을 우연히 발견하고 곧장 집으로 돌아가는 것을 봤다. 유리면을 통해 벌집 안을 들여다보던 그는 실로 놀라운 광경을 목격했다. "내 눈을 믿을 수가 없었다." 폰 프리슈는 수년 후에 썼다. "탐색벌이 벌집에서 원형 춤을 추자 몸에 칠이 된 채집벌들이 몹시 흥분하더니 먹이가 있는 곳으로 곧장 날아갔다. 내 평생 가장 중요한 관찰이었다."

밀원蜜源을 발견한 탐색 벌이 채집 벌과 의사소통을 하는 장면을 목격했다고 판단한 이 신중하고 과묵한 젊은 학자는 "조용히 혼자 미소를 지었으며" 이후 평생 동안 벌의 의사소통 언어를 해독하기 위한 독특하고 경이로운 실험을 거듭 설계하고 실행했다. 폰 프리슈는 밀원의 방향과 거리를 다양하게 놓아둔 뒤 탐색벌이 매번 꿀을 발견하고 집으로 돌아가 벌집 안에서 춤을 추기까지의 과정을 꾸준히 관찰함으로써, 꿀벌이 춤의 구체적인 내용으로 밀원의 질이나 벌집으로부터의 방향과 거리를 알려주는 메시지를 전달한다는 것을 증명했다.

몸길이가 겨우 1.3센티미터 정도에 지나지 않은 벌이 꿀을 찾아 집에서 10여 킬로미터 떨어진 곳까지 날아가고, 또 멀리 떨어져 있는 밀원(예를 들어 꽃)과 벌집 사이를 왕복할 수 있을 정도의 방향 감각과 밀원의 정확한 방향과 거리를 서로 의사소통할 수 있는 능력을 갖추고 있다는 사실은 진정 놀랍기 그지없다. 그리고 벌 춤의 의미를 풀어낸 카를 폰 프리슈의 업적 역시 그 못지않게 놀랍고 비범했기에 1974년, 스웨덴 한림원은 독창적인 실험을 설계하고 이를 끈기 있게 실행에 옮긴 폰 프리슈에게 그의 평생의 업적을 기리는 노벨상을 수여하였으며, 동물행동학의 다른 두 창시자인 콘라트 로렌츠와 니코 틴베르헌도 함께 그 영광을 나누어 가졌다.

1903년 오스트리아 빈에서 태어난 콘라트 로렌츠도 카를 폰 프리슈처럼 부유한 의사 아버지 밑에서 태어나 여름마다 목가적 행복을 만끽하는 축복받은 유년 시절을 보냈다. 로렌츠 가족이 살던 집은 빈에서 몇 킬로미터 떨어진 다뉴브 습지 인근 알텐베르크라는 작은 마을에 위치한 대저택이었다. 어린 콘라트는 동물을 무척 좋아했으며 부모는 아이가 새나 개, 물고기, 여우원숭이, 각인된 야생 거위 따위를 집으로 들여 애완동물로 키우는 것을 너그럽게 봐주었다. 각인imprinting은 오스카 하인로스가 처음 만든 용어로서, 특정 조류 종의 새끼들이 결정적 발달 시기 동안 종류에 상관없이 무엇이든 움직이는 사물―닭, 오리 또는 사람―을 보면 마치 그 사물이 제 친부모라도 되는 것처럼 항상 그 뒤를 졸졸 따라다니게 되는 현상을 말한다. 하인로스에게 각인이라는 개념은 흥미롭기도 했지만 또 상당히 유용하기도 했다. 갓 부화한 새끼들에게 적절한 시기에 노출되기만 하면 녀석들이 항시 쫓아다녔기 때문에 새끼들을 근접 관찰하는 것이 용이했던 것이다. 단, 각인된 새들이 꼭 그의 연구실 의자 아래에만 있으려 했다는 점만 제외한다면.

콘라트 로렌츠가 겨우 여섯 살일 때, 그와 놀이 동무 마가레테(그레틀) 게브하르트는 다뉴브 습지에서 갓 부화한 오리 새끼 한 쌍을 데리고 놀고 있었다. 그런데 이 과정에서 이 복슬복슬한 새끼 오리들은 콘라트와 그레틀을 각인했고, 수년이 지난 후 콘라트가 농담처럼 말했듯, 콘라트 또한 오리들을 각인하고 말았다. 세월이 흘러 성장한 소년과 소녀는 결혼하여 아이들을 낳았고 로렌츠는 동물 행동 연구에 평생을 바쳤는데, 그 주된 연구 대상은 바로 새였다. '각인'은 그의 과학 연구의 작업 방식에서 핵심 요소가 되었다.

로렌츠는 부친의 뜻에 따라 처음에는 뉴욕의 콜롬비아 대학에서, 그리고 다음에는 빈 대학에서 의학을 전공했다. 그런데 그가 빈에 머무르던 중 어느 날 산책 중에 애완동물 가게 앞을 지나가다 우리에 갇힌 커다란 암색 새를 우연히 보게 되었다. 갈까마귀였다. 의대생 로렌츠는 새가 너무도 가엾게 느껴져("저 멋진 황색 목 안으로 좋은 음식을 넣어주고 싶은 충동을 느꼈다.") 값을 치르고 새를 사서 조크라는 이름을 붙여주고 알텐베르크로 데려 갔다. 알텐베르크의 집에서 조크는 위층 침실을 자유로이 드나들었고 침실 벽에 난 구멍을 통해 다락방에 올라갔다가 내친김에 지붕 위까지 올라가 있기도 했다. 그러면 로렌츠 역시 조크를 따라 지붕 위로 올라 갈까마귀의 생활을 일지에 기록하며 말없이 몇 시간이고 앉아 있곤 했다. 한편 그동안 학창 시절 로렌츠의 절친한 친구였던 베른하르트 헬만은 하인로스의 저서 『중부 유럽의 새들』 제1권을 읽기 시작했으며 책을 덮은 뒤 로렌츠의 일지 가 이 책에 필적한다고 판단했다. 그레틀과 짜고 친구의 갈까마귀 관찰 일 지를 잠시 빼돌린 헬만은 일지 내용을 타자로 쳐서 신중하게 읽어봐달라는 부탁과 함께 이 원고를 동물학계의 거장 하인로스에게 보냈다.

오스카 하인로스는 콘라트 로렌츠의 장래성을 알아보았고 로렌츠 역시 기쁜 마음으로 하인로스를 스승으로 모셨다. 당시 빈 대학 의대생이었던 로렌츠는 비교해부학에 관심이 많았고 일찍부터 비교생물학의 개념과 방 법을 동물 행동에 적용하여 비교행동학이라는 새로운 학문을 시도해볼 수 있지 않을까 하는 생각을 해오던 터였다. 따라서 그런 학문을 이미 정의한 하인로스를 만난 것은 로렌츠에게는 천운이나 다름없었다. 청년 로렌츠의 일지는 "갈까마귀 관찰"이라는 제목으로 「조류학회지」 1927년 상반기호에 처음 실렸고, 이것이 로렌츠의 동물행동학자로서 경력의 시작이 되었다. 로렌츠는 그해 그레틀과 결혼하고 이듬해 의대 공부를 마쳤지만 1928년 여름, 갈까마귀 군체 하나가 알텐베르크 집 다락방과 지붕에 둥지를 틀자 콘라트 로렌츠는 주기적으로 지붕 위로 올라가 갈까마귀 옆에서 잠을 자가 며 새들의 사회적 상호작용을 연구했다.

로렌츠는 이후 관심을 왜가리로 돌렸고 1930년대 후반부터는 회색기러 기에 집중하기 시작했다. 일반적으로 야생 기러기들은 관찰하기가 무척 까 다로운 동물로 속내를 파악하기 무척 힘들지만 로렌츠는 둥지에서 가져온 알들을 인공 부화시켜서 새끼들 중 일부가 자신을 각인하도록 했고, 그가 기르는 기러기의 수는 곧 스무 마리에 달하게 되었는데 이중에는 완전한 야생 기러기들과 인위적으로 각인은 되었지만 본래의 야생적 행동 양식을 거의 그대로 간직한 기러기들이 섞여 있었다. 로렌츠는 각인된 기러기들에게는 이름을 지어주고 다른 야생 기러기들에게는 단순히 번호만 붙여주었다. 그런데 이름을 붙여준 기러기들이 그를 아버지처럼 대하자 로렌츠 역시 이 기러기들에게 아버지로서의 의무를 다했다. 로렌츠는 새벽부터 일어나 녀석들을 불러 모아서는 카누에 타거나 헤엄을 치며 기러기들을 따라다니곤 했다. 어느 누구도 그만큼 기러기를 닮아갈 순 없을 것이었고, 그렇게 그는 기러기들의 전형적인 생애—구애, 짝짓기, 둥지 짓기, 새끼 양육—를 가깝고 친밀한 위치에서 관찰하면서 기러기들 사이에 풍부한 사회 체계가 존재하며 그들의 행동 양식이나 과시 행동이 복잡한 기호 체계를 이루고 있다는 사실을 발견했다. 그런데 그중에서도 가장 흥미로운 부분들은 야생 기러기들에게 있어 가장 전형적이고 또 가장 특징적인 것처럼 보이는 행동들이었다. 로렌츠는 이것들이 야생 기러기들의 본능적인 행동—무의식적이고 전형적이고 선천적인 행동—이라고 판단했고, 이렇게 그는 기러기들의 내밀한 삶에서 드러나는 풍부한 세부 사항뿐만 아니라 본능의 구조와 의미라는 한층 더 거대한 부분에도 빠져들게 되었다.

니콜라스 틴베르헌은 1907년 네덜란드 헤이그에서 태어났다. 아버지는 중등학교 교사였고, 그의 가족은 여가 시간을 야외에서 보내기를 좋아해 휴가 때마다 빙하가 쌓아놓은 모래사장 위로 히스와 소나무 숲이 조성된 휠쇼르트 인근 지역을 찾았다. 이곳에서 니콜라스는 동물들을 자연 그대로의 모습으로 관찰하고 그들의 행동을 스케치하거나 사진을 찍는 데 열성을 보였다. 하지만 학교에서는 그다지 적극적인 학생이 아니었던 그는 제도 교육을 받으며 우울하게 앉아만 있는 것보다는 야외에서 운동을 하거나 자연을 탐구하기를 더 좋아했다. 어린 틴베르헌에게 학교란 재미없는 억압의 장소일 뿐이었기에 그는 밖에서 보내는 시간에 제한을 받지 않을 정도의 성적만 유지했다. 그리고 그는 1925년에 중등교육을 마치고 운동에 대한 흥미를 살려 체육교사가 되겠다고 결심한다. 그러나 틴베르헌이 자연 현상

연구에 특별한 재능이 있음을 알고 있었던 주변의 현명한 친구들은 니콜라스의 부모를 설득하여 조류 이동에 관한 연구를 수행할 수 있도록 3개월 동안 그를 독일 동부 볼게바르트 로시텐에 보내게 했다. 연구를 마치고 돌아온 그는 곧바로 라이덴 대학 생물학과에 입학했다.

1930년 여름, 틴베르헌은 휠쇼르트 모래사장에서 흔히 볼 수 있는 나나니벌(*Philanthrus triangulum*)을 대상으로 첫 동물행동학 연구를 시작했는데, 그가 품은 질문은 언뜻 보기에는 단순했다. 모래사장 위의 똑같아 보이는 수천 개의 구멍 가운데 어느 하나에서 나온 나나니벌이 원래 구멍으로 돌아가는 길을 어떻게 찾는 것일까? 이 연구로 그는 1932년에 박사학위를 취득했고, 결혼하고 신혼여행차 그린란드로 반 년 동안 탐사를 다녀온 후(이 여행에서 그는 조류 2종의 번식 행동을 연구했다), 라이덴 대학 연구직 제의를 수락했다. 네덜란드에서의 동물행동학 연구방법론은—특히 1930년대 초 틴베르헌이나 그의 동료들이 이해하고 있던 방법론은—주로 동물행동학의 태두 카를 폰 프리슈의 영향을 받은 것이었다. 한 평론가의 말을 빌리면 폰 프리슈는 "동물이 스스로 답하게 하는 연구 기법을 정립"한 인물이었고, 라이덴 학파의 학자들은 폰 프리슈의 선례를 따라 동물의 인지, 즉 동물이 자신에게 의미 있는 사물이나 상황을 지각하는 방식에 관심을 집중하고 있었다.

그러나 지각은 오로지 행동 관찰을 통해서만 이해할 수 있기에, 동물의 행동을 연구 대상으로 삼는 학문인 동물행동학의 초점은 이제—로렌츠의 선례를 따라—특정 종이 일반적인 환경에서 보이는 무의식적이고 전형적이고 특징적인 행동, 즉 '본능'으로 옮겨졌다. 마침내 1936년 11월, 라이덴 대학은 로렌츠를 직접 초청해 본능을 주제로 강연을 부탁했다. 그리고 틴베르헌은 그날 로렌츠가 강연에서 피력한 사상에서, 그리고 이후 두 사람이 맺은 학문적 우정에서 심대한 영향을 받게 된다. 훗날 로렌츠가 자주 언급했듯이, 그와 틴베르헌은 "한눈에 통했다."

1937년 가을에 틴베르헌은 아내와 아이와 함께 알텐베르크에 위치한 로렌츠의 자택과 연구소에 초대받았으며, 알텐베르크에서 로렌츠와 몇 달을 함께하며 기러기의 공포심에 대한 여러 흥미로운 실험들을 수행한다. 틴베르헌은 상공 10여 미터 높이에 철사를 길게 매달고 종이를 오려 만든 새 모형—날아가는 새의 옆모습—이 줄을 따라 지나가게 하면서 새끼 기러기 떼의 반응을 관찰했다. 원형, 사각형, 그리고 새끼 기러기들이 상공에서 흔히 볼 법한 새들의 모습을 본뜬 모형이 줄을 타고 지나갔다. 대부분의 경우 새끼 기러기들은 별 반응 없이 바닥에서 그저 꽥꽥대기만 할 뿐이었지만 기러기들이 흔히 보는 포식자인 수리나 매의 옆모습 모형에는 분명히 다른 반응을 보였다. 시력이 좋은 회색기러기들이 투박한 종이 모형을 실제 새로 착각할 리는 없다. 그렇다면 새끼 기러기들을 두려움에 떨게 한 것은 무엇일까? 틴베르헌은 실험을 보다 정교하게 하고자, 한 방향으로 지나갈 때는 목이 길고 꼬리가 짧은 기러기의 옆모습처럼 보이고, 반대 방향으로 지나갈 때는 목이 짧고 꼬리가 긴 매의 옆모습처럼 보이는 종이 모형을 제작해서 다시 실험해보았다. 아니나 다를까 새끼 기러기들은 첫번째 방향으로 지나가는 모형을 보고는 아무런 반응도 보이지 않았지만, 똑같은 모형이 반대 방향으로 지나갈 때는 깜짝 놀라 꽥꽥거렸다. 이에 틴베르헌은 새끼 기러기들이 천적의 옆모습에 본능적으로 반응한 것이라고 결론지었다. 두 사람의 평생에 걸친 우정과 협력의 시작을 알리는 신호탄이 된 훌륭한 실험이었다(하지만 후에 이 결론은 잘못된 것으로 판명되었는데 수리는 기러기들이 좀처럼 보기 힘든 새이며, 새끼 기러기들은 단지 머리 위로 낯선 사물이 지나가는 것에 당황한 것이었다).

콘라트 로렌츠와 틴베르헌은 개인적인 성격이나 학문하는 방식에서 매우 대조적이면서 상호보완적인 면이 있었다. 일단 두 사람 모두 동물을 최대한 가까이에서 접하며 새로운 것을 배우는 데 열중했다. 하지만 로렌츠는 "외부에서 온 이질적 구성원이자 보호자"로서 동물들과 섞여 지냈고, 틴베르헌은 "숨은 비참여적 관찰자"로서 조심스럽게 그들을 지켜보기만 했다. 활달한 기질에 상상력이 풍부했던 로렌츠는 듣는 것보다는 말하는 것을 더 좋아했고 관찰 대상으로부터 인상적이고 깊이 있는 정보를 끌어내는 데 탁월한 능력을 발휘했지만 세부사항에는 꼼꼼함이 부족했던 반면, 틴베르헌은 자신의 의견을 피력하기보다는 상대의 말을 신중하게 경청하는 사람으로 개념을 명료화하고 증명하는 것을 좋아했다. 로렌츠는 동물 관찰 능력이 뛰어났지만 실험에는 그다지 큰 관심을 보이지 않은 반면 틴베르헌은 흥미로운 질문을 제기하고 정교한 실험을 설계하고 실행하는 데는 타고난 재능을 발휘했다. 결론적으로, 틴베르헌의 네덜란드인 동료 게르하르트 배어렌트가 훗날 이렇게 말했다. "두 사람이 동물행동학에서 일군 업적은 상호보완적이었다. 그들은 이에 대해 서로에게 고맙게 생각했고 서로가 각자에게 반드시 필요한 존재임을 인정했다. 이것이 두 사람이 절친한 친구가 되고 이후로도 계속 가깝게 지낼 수 있었던 이유였다."

1949년 니콜라스 틴베르헌은 옥스퍼드 대학의 교수직 제의를 받아들였으며, 1950년 (틴베르헌의 실험 방식에서 영감을 얻은) 윌리엄 D. 소프는 본능의 본질에 대한 로렌츠의 견해를 실험으로 검증해보려는 목적으로 매딩리에 옥스퍼드 대학 조류 현장연구소를 설립했다.

소프가 연구 대상으로 삼은 동물은 영국에서 흔히 볼 수 있는 푸른머리되새로 이 새는 영역 표시를 위해 "끝이 화려한 두세 소절의" 감미로우나 짧은 울음소리를 낸다. 그런데 푸른머리되새의 노래는 지역마다 다른 '사투리'가 있다. 런던 지역에 서식하는 푸른머리되새는 대체로 이 종에 고유하다 할 만한 노랫소리를 내긴 하지만 웨일스나 영국 안의 다른 섬에 서식하는 푸른머리되새의 소리와 분명 다른 데가 있다. 소프는 지역 사투리가 학습을 통해 후천적으로 습득되었을 가능성이 있다고 생각했고, 따라서 푸른머리되새를 연구하면 선천적인 행동과 학습된 행동의 관계에 대한 흥미로운 퍼즐을 풀 수 있을 것으로 생각했다. 푸른머리되새의 노래 중에서 어느 부분이 선천적인 것이고 또 얼마나 많은 부분이 학습된 것일까? 둘을 구분할 수 있을까?

봄과 초여름, 새들이 한창 둥지를 짓는 시기에 소프 연구진은 매딩리 주변 시골 지역에서 푸른머리되새 둥지를 찾아다녔다. 연구진은 부화한 지 닷새가 지난 새들을 둥지에서 꺼내 실험실로 데려간 뒤에 다양한 실험 규정에 따라 여러 집단으로 나눠 키웠다. 첫번째 집단의 새들은 동일종의 노랫소리에 전혀 노출되지 않도록 방음이 완벽한 상자 안에 담긴 채 철저한 고립 속에 자라났다. 울음소리를 내는 시기가 되었을 때 연구진은 이 고립된 새들의 노랫소리를 녹음해 스펙트로그램(파동의 특징을 시각적으로 보여주는 사진—옮긴이)을 분석했는데 그 결과 격리되어 자란 새들도 노랫소리를 내긴 했지만 발성이 불완전하여 정상적인 푸른머리되새가 내는 고유한 음조의 울음소리를 내지 못했다. 다른 한 집단의 푸른머리되새들 역시 앞 집단과 마찬가지로 다른 새들로부터 고립된 채로 사람 손에 자라기는 했지만 이 새들에게는 다른 종의 울음소리가 녹음된 카세트테이프 소리를 들려주었다. 그러나 새들은 다른 종의 녹음된 울음소리에는 반응을 보이지 않았다. 그렇지만 고립되어 키워졌어도 동일종의 노랫소리가 담긴 카세트테이프 소리를 듣고 자란 새들은 녹음된 소리에 적극적으로 반응했고 이에 소프 연구진은 푸른머리되새가 자기가 속한 종의 노랫소리에만 본능적으로 반응한다는 사실을 증명했다. 소프는 또한 푸른머리되새는 가을에 즈음해서 학습에 예민한 결정적 시기를 거치며 이 시기에는 핵심 사항을 단번에 암기할 수 있다는 사실도 발견했다.

한편 니코 틴베르헌은 옥스퍼드에서 변함없이 여러 연구 프로젝트를 진행하면서 세미나를 열고 대학원생들을 지도하고 있었다. 그는 당시 국내외에서 저명한 인사로 떠오르고 있었지만, 틴베르헌 제자였던 존 크렙스가 이십여 년이 지난 다음 회상했듯이, 거만한 구석이라곤 전혀 없는 실로 유쾌한 사람이었다. "같이 대화를 나눌 때 그를 학문적인 동료 이상으로 대해본 적이 없다. 대학 선배의 견해를 비판 또는 인정하는 것과 똑같은 방식으로 그의 견해를 대했다." 틴베르헌의 또 다른 제자는 그의 운동선수 못지않은 활력이 기억에 남는다며 그가 경사가 가파른 어느 강당에서 수업한 날을 회상했다. 그날 틴베르헌은, 강당 맨 뒤쪽에 앉아 활짝 펼쳐든 신문 뒤로 자신의 모습을 숨기고 있는 무례한 학부 학생을 보았다. 그는 침착하게 강의를 계속하면서 "맨 앞줄의 긴 의자 위로 훌쩍 뛰어오르더니 한 번에 두 칸씩 경중경중 건너가 제일 높은 곳까지 당도해 그 학생이 들고 있던 신문을 확 낚아채버렸다. 곧 신문을 공처럼 둥글게 구겨버리고는 아무 일도 없었다는 듯 다시 앞으로 돌아와 강의를 계속했다."

틴베르헌이 정의한 동물행동학의 과제는 동물의 행동을 "객관적이고 과학적 방법"을 사용해 연구하는 것이었다. 이는 종종 지나치게 순진하고 관찰자의 주관을 너무 많이 개입시키는 듯한 로렌츠의 연구 태도와는 정면으로 배치된다. 로렌츠는 아끼는 관찰 대상인 자신에게 각인된 기러기들에게 거리낌 없이 이름을 붙였을 뿐만 아니라 관찰 대상의 행동을 묘사할 때 의도적으로 인간의 행위를 연상시키는 표현─'사랑', '정혼', '결혼'─을 사용하였으며 이처럼 부주의한 묘사는 사람들로 하여금 기러기가 실제 이상으로 인간과 비슷한 것처럼 오인하게끔 하는 결과를 낳았다. 로렌츠의 동물행동학은 여러 가지 측면에서 어느 고립된 철학자의 재기 넘치는 성과물로만 남고 말았지만, 틴베르헌은 동물행동학을 보다 보편적이고 집단적인 작업, 즉 관찰자 개인의 주관이 미치는 영향을 구조적으로 최소화할 수 있도록 설계된 '과학적 앎의 방식'으로 발전시키고자 했다. 따라서 틴베르헌의 동물행동학적 이상을 충실히 실천하는 연구자라면 동물의 행동을 최대한 자연적인 환경에서 늘 열린 자세로 매우 철저하고 반복적이고 직접적으로 관찰하고자 노력해야 한다(여기까지는 로렌츠와 동일하다). 이런 자세로 대상을 철저하게 관찰하고 난 뒤에는(여기서부터 로렌츠와 다른 부분이 시작된다) 연구자는 관찰 결과를 정량적으로 설명하고 실험을 통해 검증하며 마지막으로 체계적인 방식으로 결과를 평가해야 한다. 그리고 궁극적으로는, 각기 다르지만 상호 연관된 네 가지 해석 단계에서 '왜?'라는 질문을 제기해야 한다.

틴베르헌의 "네 가지 이유" 이론은 인과, 발달, 기능, 진화로 요약할 수 있다. 이들 네 가지 질문 또는 네 단계 해석은 보통 '행동'에 적용되지만 이를 '해부'에도 쉽게 적용해볼 수 있으므로 여기서는 (로버트 하인드가 제시한 예인) 엄지손가락에 대해 생각해보자. 엄지손가락은 왜 다른 손가락과 다르게 작동할까? 이 질문에 대한 답을 즉각적인 인과 관계 차원에서 생각해보면 근육(힘줄과 힘살)과 뼈의 역동적 구조 때문이라고 말할 수 있을 것이다. 또는 발달 차원에서는 배아기에 다른 손가락과 다른 방식으로 자랐기 때문이라고 답할 수 있을 것이다. 또 어떤 사람은 엄지손가락이 있어야 물건을 꽉 움켜쥐거나 위로 집어 올리는 것이 쉽기 때문이라고 기능적 차원에서 답을 할 것이다. 또 다른 이는 엄지손가락이 존재하는 이유를 진화적 의미에서 찾으려고 할 것이다. 이 희한한 손가락은 인간의 오래된 조상, 즉 아직도 나무에서 생활하고 있는 영장류에서 진화되어 내려온 것이라는 설명이 그것이다. 영장류들은 엄지손가락이 있어야 중력을 이겨낼 정도로 손아귀의 힘이 세져 나무 밑으로 떨어지지 않고 생존할 수 있기 때문이다. 틴베르헌의 관점에서 훌륭한 동물행동학자는 이 네 가지 단계를 모두 고려하여 '왜?'를 질문할 준비가 되어 있어야 하고 이 네 가지 방식이 개별적으로도 유용할 뿐더러 흥미로운 방식으로 상호 연관되어 있음을 분명히 인식하고 있어야 하는 것이다.

케임브리지 대학에서 제인의 지도교수였던 로버트 하인드는 틴베르헌의 동료 교수인 조류학자 데이비드 랙에게서 동물행동학을 수학했다. 하인드는 한때 전쟁으로 학업을 중단했었다. 1940년에 17세의 나이로 영국 공군에 자원입대하여 조종사 훈련을 받고 1945년까지 호송 및 수송 작전을 수행했다. 전쟁이 끝나자 케임브리지 대학 늦깎이 학부 학생 신분으로 민간인 생활에 복귀했지만 이내 대학 생활에 싫증을 냈다. 마을 중심부에서 좀 떨어진 곳에 방도 구했지만 학교 수업을 잘 따라가지 못했다. 그는 내게 이렇게 말했다. "분명 나보다 한참은 어린 애들인데도—당시 제 나이는 무려 스물일곱이었습니다—다들 어찌나 똑똑한지 그만 주눅이 들고 말았죠." 그는 대학을 중퇴하고 항공사 조종사가 되겠다는 뜻을 밝히려고 지도교수의 사무실을 두 차례나 찾아가 조용히 문을 두드렸다. 그러나 지도교수가 "들어오세요!"라고 할 때마다 불안에 찬 이 청년은 계단 아래로 도망쳐버리고 말았다. "살면서 결정이라는 것을 해본 것은 그때가 유일합니다. 돌아보면 참 잘한 결정입니다."

그리하여 하인드는 비행기 조종 대신 조류 관찰을 시작했으며, 1948년에는 케임브리지를 떠나 옥스퍼드에서 데이비드 랙의 지도 아래 박사과정을 시작했다. 로렌츠가 '릴리서(해발인)releaser'라고 설명한 개념—본능적 행동을 유발하는 신호나 사건—에 특히 관심이 많았던 데이비드 랙은 수컷 유럽붉은가슴울새들은 붉은 얼룩만 보면 싸움을 시작한다는 것을 증명하였다. 유럽붉은가슴울새 수컷들은 붉은색 깃털 덩어리를 맹공격한 반면, 가슴에 갈색 털을 붙인 진짜처럼 보이는 침입자 형상을 보고는 별다른 반응을 보이지 않았다. 하인드가 옥스퍼드에서 자신의 연구를 수행하는 동안 랙의 동물행동학 연구 자세에서 영향을 받았음은 분명하지만, 동시에 그는 이제 막 새로 임용된 네덜란드 출신의 강사 틴베르헌과 소중한 우정을 쌓아가고 있었다.

수년이 지난 후, 니코 틴베르헌은 자신이 젊은 시절의 로버트 하인드를 만나고 "그가 긴 영국 공군 회색 코트를 입고 숲에서 새를 관찰하는" 동안에 그 주변을 따라다닐 수 있었던 것이 자신에게는 "행운"이었다고 회상했다. 하인드 역시 틴베르헌이 아직 동물행동학에서 선구자적 지위에 오르기 전이어서 "함께 이야기를 나누고 많은 가르침을 줄 수 있을" 만한 시간적 여유가 있을 때 그와 만났으며 "이는 나와 이후의 내 연구에 심대한 영향을 미쳤다"고 이야기한 바 있다.

하인드가 옥스퍼드에서의 학위 과정을 마치고 나자 윌리엄 소프는 그를 매딩리 조류 현장연구소의 연구원으로 임용했으며 따라서 하인드—이제는 하인드 박사—는 1950년에 다시 케임브리지로 돌아와 새에 관한 동물행동학 연구를 계속했다. 하지만 왜, 어째서 항상 새일까? 왜 이토록 한 가지의 특정 동물에만 집중하는 것일까? 콘라트 로렌츠와 니콜라스 틴베르헌이 동물행동학 연구에서—배타적으로까지는 아니었더라도—유독 새에 더 집중했던 것은 생물학적 다양성이 충분치 않은 중부 유럽에서 조류가 (곤충, 어류와 더불어) 그나마 쉽게 발견할 수 있고 또 큰 노력을 들이지 않고도 근접 관찰이 가능한 몇 안 되는 야생동물 중 하나였기 때문이었다. 뿐만 아니라 조류에게는 각인 본능이 있어 연구자들이 관찰 대상에 보다 신속하게 접근할 수 있었을 뿐더러 대상에 다가갈 수 있는 거리 또한 다른 동물과는 비교도 안 될 정도로 짧았다.

　그러나 동물행동학의 기본 원리는 인간을 포함해 어느 동물에나 두루 적용될 수 있어야 했다. 하지만 호모사피엔스를 연구 대상으로 삼게 되면 발생하는 문제가 상당했다. 일단 정치적인 문제가 있었다. 20세기 중반, 이 피비린내 나는 전쟁의 시대에는 인간 자신에 대한 이해를 높이고자 하는 과학적 시도는 무엇이든 정치적으로 위험한 것으로 간주되어 정치적 정당성을 중시하는 주류 세력에게서뿐만 아니라 정치적 올바름을 내세우는 주류 대항 세력으로부터도 압력을 받았다. 인간을 대상으로 한 동물행동학적 분석에 따르는 또 다른 개념상 문제는 인간의 행동은 여타 동물, 예를 들어 회색기러기에 비해 분석이 훨씬 더 난해할 것이라는 점이었다. 틴베르헌도 글을 통해 직접 "우리의 결과물을 (인간 행동에) 무분별하게 적용하는 것"에 대해 우려감을 표한 적이 있는데 그는 특히 자신의 제자 데스몬드 모리스가 동물행동학에서 발견한 사실들이 인간 본성에 대한 힌트를 제시할 수 있다며 과장된 추론을 시도함으로써 동물행동학에 대한 대중의 관심을 끌어올린 것을 특히 불편하게 여겼던 듯하다.

　어쨌건 로버트 하인드는 1950년대 후반에 연구 대상을 새에서 원숭이로 바꾸었다. 존 보울비라는 런던의 한 신경정신과 의사와 인간을 주제로 흥미로운 대화를 주고받은 뒤였다. 보울비는 청소년 비행의 원인을 유년 시절의 가정불화에서 찾을 수 있다고 생각했다. 동물행동학이나 로렌츠의 연구에 관해 충분한 식견이 있었던 그는 인간이 결정적 발달 시기—조류의 각인 학습 시기와 상당히 유사한—를 거친다고 보았다. 인간에게 결정적 발달 시기란 아이가 자신에게 중요한 성인과 정체성 유대 관계identity attachment라는 기본적인 성장 기반을 형성하는 시기로 이 시기에 중요한 성인이 부재할 경우에는 이러한 관계 형성에 실패한다고 보았다. 보울비의 관심은 단순히 이론적인 것에만 그치지 않았다. 당시 런던 소재 병원에서는 일반적으로 부모가 소아과에 입원해 있는 아이를 방문할 수 있는 시간을 엄격하게 제한하는 정책을 고수했다. 보울비는 자신의 관찰 연구 및 선례 연구 결과를 바탕으로 이러한 정책이 임상학적 시각에서 많은 폐해를 낳고 있음을 확신했고 자신의 이러한 견해를 실험 자료를 통해 보강하고자 했다. 연구 자금을 확보한 보울비는 하인드에게 지원을 요청했으며, 하인드는 이 문제를 실험적으로 검증해볼 것에 동의했다. 하지만 인간의 아이를 대상으로 한 실험에서 윤리적 문제를 일으키지 않으면서도 동시에 충분히 과학적인 자료를 얻기란 사실상 불가능한 일이었기 때문에 하인드는 인간이 아닌 다른 영장류로 주의를 돌렸다. 하인드는 당시 가장 쉽게 구할 수 있는 영장류인 히말라야원숭이를 실험 대상으로 정하고, 매딩리에서 히말라야원숭이 무리를 길렀다. 원숭이 무리는 총 여섯 개의 사회 · 번식 집단으로 구성되었으며 각 집단은 어른 수컷 한 마리와 암컷 네다섯 마리 그리고 그들의 자녀로 구성되어 있었다.

하인드의 히말라야원숭이 연구는 아마도 당시 영국에서 유일하게 진행되던 영장류 행동 연구였고, 이러한 연유로 해서 제인 모리스 구달이라는 젊은 야생 영장류 연구자의 박사학위 지도교수를 하인드가 맡게 되었다.

제인이 케임브리지에 도착한 1961년 말 로버트 하인드는 실로 엄청난 존재였다. 그의 제자 중 한 사람은 하인드가 "굉장한 미남"으로 "마음을 꿰뚫어보는 듯한 푸른 눈", "선이 굵고 뚜렷한" 얼굴, "은회색" 머리칼이 무척 매력적이었다고 회상한다. 또 하인드는 늘 자신감이 넘치고 확신에 차 있었으며 진지하고 똑똑하고 매사에 철저하고 결과에 쉽게 만족하지 않는 사람이었다. 당시 그는 남자 교수로서 비교적 많은 수의 여학생들을 맡아 지도하고 키웠다. 다른 제자의 말을 빌리자면 그에 대해 이렇게 회상했다. "자주 여학생들이 눈물을 쏟게 만드셨어요. 공격적이셨던 건 아닌데, 머리가 무척 좋은 분이셔서 같이 있는 사람이 스스로 바보가 된 느낌을 받게 되거든요. 늘 본질을 꿰뚫는 질문을 던지셨고 상대의 마음을 훤히 들여다보는 듯한 눈빛으로 쳐다보곤 했습니다." 하인드의 지도를 받은 남학생들 중 몇몇은 종종 하인드와의 세미나 수업 전과 후에 가슴팍 털의 수를 세어보곤 했다는데, 그들은 이것이 민첩하고 정확한 반백의 대장 수컷alpha male과 대면해 교전하는 동안 자신들의 정력이 얼마나 손실되었는지를 측정하기 위해 활용한 일종의 동물행동학적 테크닉이었다고 웃으며 설명했다.

제인은 늘 그렇듯 케임브리지에서도 자신에 대한 믿음이 분명한 차분한 모습을 보였는데 최소한 이곳에서만큼은 매우 고집스러운 태도를 보이기도 했다. 곰베에서 수행한 현장연구 덕분에 제인은 이미 세계 제일의 침팬지 전문가였다. 최근 하인드가 내게 말했듯 제인은 처음부터 "자기 일에 헌신적인 젊은 여성"이었다. 그녀가 케임브리지에 입학한 것은 사실 대학이나 로버트 하인드에게도 좋은 기회였다. "제인의 곰베 연구 이전에 수행된 현장연구는 모두 상당히 제한적이었고, 동물을 보는 제인의 통찰력은 (전임자들에 비해) 단연 탁월"했다는 것이 하인드의 평이었다. 그는 이렇게 말하기도 했다. "저 개인적으로 볼 때, (제인이 케임브리지에서 온 것은) 굉장한 기회였습니다. 덕분에 저도 곰베에 가볼 기회를 얻었고, 나중에는 매딩리를 거친 수많은 학생들이 제인을 도와 동아프리카에서 연구를 해보겠다고 줄을 섰지요."

"정말, 좋은 분이세요"라고 제인은 그해 2월에 집으로 부친 편지에 썼다. 제인은 내게 융통성이 부족하고 형식을 중시하는 윌리엄 소프와 하인드가 특히 대조되는 부분은 그의 사고방식이 놀라우리만치 "젊다"는 점이라고 했다. 예를 들어 하인드의 사택인 세인트존스 칼리지 아파트에서의 개별 지도 수업 시간에, 그는 제인의 보고서를 열심히 검토하며 열띤 토론을 벌이는 동안 벽난로 앞에 몸을 뻗고 누운 자세를 취하고 있는 경우가 많았다. "그가 제 앞에서 바닥에 배를 깔고 누워 있는 상황이 다소 낯설게 느껴지기도 했죠." 두 사람은 적절한 학문적 동료 관계를 넘어선 적이 없었고 전적으로 제인의 연구에만 집중했지만, 두 사람이 발산하는 빛과 열기가 너무도 강했던 탓인지 어떤 학생들은 그들이 내연의 관계를 맺고 있다고 생각하기도 했다. 제인은 몇 년이 지난 뒤에야 이런 소문이 떠돌았음을 알고 무척 놀랐다. "그저 어안이 벙벙할 따름"이었다고 제인은 말했다. "전혀 몰랐죠."

하지만 제인은 박사과정 초기에 하인드가 "크나큰 경외의 대상"이었다고 쓰기도 했다. 정기 면담 시간이면 하인드가 참을성 있게 "자료 해석 및 정량화 시도에서 논리가 어긋난 부분을 조목조목 지적하거나, 특정 용어가 당시 과학계에서 허용되지 않는 이유 등을 설명해주는" 동안 제인은 거의 아무 말도 하지 못하고 묵묵히 자리만 지켰다. 하인드는 때로는 제인에게 "내가 자네라면 이렇게 스스로를 계속 웃음거리로 만드느니 지금 자리를 박차고 나가 책부터 많이 읽어보겠네(하인드가 정확히 이러한 표현을 쓰지는 않았지만 그가 의미하는 것은 분명했다)"라고 말하기도 했다. 제인은 면담을 마치고 나올 때마다 "좌절감에 사로잡혔고 가끔은 자포자기의 심정이 되기도 했다. 숙소로 돌아와 손에 잡히는 건 모조리 방 한구석에 처박아버리곤 했다. 그토록 정성들여 작성한 보고서가 이제는 페이지마다 하인드의 코멘트와 논평으로 뒤덮여 있었다. 모든 것을 포기하고 침팬지와 숲이 있는 그곳으로 돌아가기를 얼마나 처절하게 갈망했는지 모른다." 하지만 다음날 아침 다시 눈을 뜨면 모든 것이 전날과는 무척 다른 느낌으로 다가왔다. "그의 말에 전부 다 동의하진 않더라도, 그가 왜 그런 말을 했는지 그리고 내가 침팬지의 행동을 묘사할 때 어느 지점에서 혼란을 초래했는지를 선명하게 깨닫곤 했다. 그러면 나는 사방으로 흩어진 보고서를 다시 주워 모으며 심기일전해서 다시 시도해보겠다고 결심하곤 했다."

가장 기초적인 문제는 전혀 가공하지 않은 자료—곰베의 숲에서 일 년

반에 걸쳐 매일, 매분 단위로 기록한 수기 현장일지—를 과학적으로 허용 가능한 형식으로 재구성하는 것이었다. 제인은 하인드의 지도에 따라, 일단 목차를 작성한 뒤 한편 한편마다 최대한 정량적이고 객관적으로 정보를 요약해나가는 방식으로 현장일지의 내용을 분류했다. 제인은 이 작업이 쉽지 않았고 또 합당하다고도 생각하지 않았다. 제인은 1월에 가족에게 보낸 편지에 이렇게 썼다. "정말 힘이 빠져요. 이곳 사람들이 인정하는 것은 오직 그래프와 통계뿐이에요!" 하지만 제인은 그녀 특유의 에너지와 집중력을 발휘하여 이 작업에 매진했고 두 달이 채 지나지 않아 나이로비에 머물고 있는 친구 버나드 버드코트에게 이렇게 전할 수 있었다. "나, 드디어 케임브리지에 적응하기 시작했어. 이곳에 처음 왔을 때는 몹시 우울했어. 이곳에 온 것 자체가 실수 같았지."

로버트 하인드의 목표는 제인에게 동물행동학의 언어를 가르치는 것이었고, 이는 단기적으로는 정확성과 타당성이 인정되는 작법을 익히도록 하는 동시에 곰베 침팬지에 대한 첫번째 보고서를 표준적이고 정량적인 틀에 맞춰 작성하도록 돕는 것을 의미했다. 더 장기적인 과제는 곰베에서의 자료 수집 방식을 표준화하는 것이었다.

하인드는 제인이 본래 사용한 방식—현장 수첩에 적은 상세한 이야기와 관찰 내용을 저녁마다 현장일지에 옮겨 적던 방식—을 '서술적narrative'이라 표현한 적이 있다. 하인드의 말은 이러했다. "서술적 기술 방식은 융통성이 있어 긴 시간 동안 단 한 번 일어났던 일까지도 기록할 수 있다는 장점이 있지만 늘 모든 것을 빠짐없이 적었는가를 스스로 확신할 수 없다는 단점이 있습니다. 하지만 특정 항목—말하자면 침팬지 교미 따위—의 경우엔 이 행위가 얼마나 자주, 그리고 언제 일어나는가를 아는 것이 중요하거든요. 그렇기 때문에 점검표를 작성해서 매 시간 단위로 침팬지가 무엇을 했는지 기록하는 것이 여러 가지 면에서 좋습니다. 제가 제인에게 소개한 점검표도 그런 종류였습니다." 이러한 점검표를 사용한다면 제인 또는 다른 관찰자가 침팬지 행동에 대한 단편적 사실들을 미리 정한 분류 항목에 근거해 시간대별로 기록해야 했다.

하인드는 이후 세 번(1968년, 1970년, 1972년)에 걸쳐 곰베 연구 현장을 방문하면서 곰베 연구에 표준화된 점검표 자료 수집 방법을 도입하게 했고, 훨씬 더 중요하게는 현장 작업을 도울 수많은 연구생들을 곰베에 보내주었다. 제인은 기존의 서술적 기술 방식을 계속 병행해나갔지만, 하인드의 자료 수집 체계는 연구자 교체가 가능함을 의미했기 때문에 침팬지 행동 정보 수집 작업이 어느 정도는 진정한 의미에서의 공동 작업이 되어갔다. 제인이 1970년대 후반에서 80년대 초반, 곰베 연구에 대한 위대한 저작(『곰베의 침팬지』)를 집필할 무렵에는 이미 백 명을 훨씬 넘는 사람들—학생, 직원, 동료—이 곰베 연구에 참여한 터였고 제인은 자신뿐만 아니라 이들의 관찰 결과물까지 활용함으로써 실로 방대한 정보를 집대성할 수 있었다.

하지만 하인드의 가장 야심만만한 프로젝트는, 제인 구달을 단순히 과학자답게 글을 쓰고 과학자답게 자료를 수집하는 사람으로만이 아니라 궁극적으로 그녀를 과학자답게 사고하는 사람으로 변화시키는 것이었다. 과학자답게 사고한다는 것은 무엇일까? 이 문제에서 두 사람은 심한 견해차를 드러냈고 둘 사이에서 가장 심각하고 장기적인 의견 대립이 벌어졌다.

동물행동학은 전통적으로 하나의 종이 반복적으로 취하는 것처럼 보이는 행동—꿀벌의 예측 가능한 의사소통 행동, 회색기러기의 전형적인 구애 행동, 수컷 유럽붉은가슴울새의 영토 표시 공격 행동 등—에 초점을 맞춰왔다. 동물행동학자들은 전형적인 동물 행동에만 관심을 두었을 뿐 비전형적인 행동에는 별 관심을 보이지 않았고 심지어는 이러한 행동들을 아예 무의미한 것으로 간주하기까지 했다. 곤충류나 어류, 조류의 경우에는 몸집이 큰 포유류 등에 비해 행동 예측이 훨씬 더 용이했기에 중부 유럽 지역에서 쉽게 발견되는 작은 생물체에서 시작된 동물행동학이라는 학문은 다른 동물들도 주로 전형적인 행동을 하리라고 쉽게 가정했던 것이다.

제인은 침팬지의 전형적인 행동들을 정리한 케임브리지에서의 첫 과학 연구보고서에 만족했다. 이 글에서 제인은 침팬지의 표준적 섭식 행동("야생 환경의 침팬지는 하루 중 6~7시간을 활발한 섭식 활동을 하며 보내며 나머지 시간 중 상당 부분을 여러 먹이 원천 사이를 이동하는 데 쓴다"), 둥우리를 짓는 일반적인 방식("일반적으로 둥우리 하나를 짓는 데 걸리는 시간은 1분에서 5분 사이이다. 둥우리 짓기에서 가장 기초적인 재료는 '토대' 역할을 할 큰 나뭇가지 한 개 또는 여러 개이며 그 위에 좀더 작은 가지나 교차 형태의 가지를 여러 개 구부려 올려 둥우리를 완성한다") 따위에 대해 서술했다. 침팬지의 전형적인 행동에 대한 지식은 침팬지 이해에 핵심적인 부분이었다. 하지만 다른 한편으로는 제인은 비전형적 행동—예를 들어 그녀가 데이비드 그레이비어드라고 이름을 붙인 잿빛 수염의 성년 수컷 침팬지의 이상하리만치 친근한 행동들—의 미스터리에도 강하게 이끌렸다. 달리 말해서 동물행동학이 기본적인 연구 단위로 개체보다는 종 전체에 집중하는 전통을 지니고 있었다면, 제인은 직관적으로 개체에 더 집중했다.

제인이 관찰 대상에 이름을 부여하는 행위는 해당 동물이 인간처럼 개성이 있는 존재임을 암시한다는 이유로 문제가 되었고, 제인은 자주 그리고 퍽 자랑스럽게 자신이 이 문제에서 철없는 고집쟁이처럼 굴었다고 회상했다. 제인은 최근 출간된 책에 이렇게 썼다.

1961년 동물행동학 박사학위를 취득하러 케임브리지 대학에 처음 들어갔을 때 나는 학사학위도 없는 사람이었다. 대학을 다니지 않았기 때문에 동물행동학에 대해 아는 게 별로 없었다. 예를 들어, 연구 대상에게 이름을 붙여주는 것이 적절하지 못하다는 것을 나는 알지 못했다. 이름 대신 숫자를 붙여주어야 더 과학적이라는 것이었다. 말문이 막힐 노릇이었다. 나는 침팬지들이 내 '연구 대상'이 아니라 고유한 성격을 가진 하나의 생명체라고 생각했다. 나는 그들에 '대해서' 배우는 것이 아니라 그들'에게서' 배우고 있었다. 실제로 만약 내가 침팬지들을 숫자로 구별했더라면 나는 누가 누군지 기억도

할 수 없었을 것이다.

더 나아가 동물행동학적 관점에서 개체에 초점을 둔다는 것은 적어도 일부 동물들이 인간처럼 진정한 의미의 개성—인간과 유사한 성격, 감정, 심지어 정신까지 갖춘—을 지닐 수 있다는 불온한 가능성을 암시했다. 제인은 다음과 같이 썼다. "나는 또한 케임브리지 대학의 학자들로부터 침팬지들이 각각 고유한 성격을 갖고 있다는 생각을 버리라는 권고를 받았다. 내가 카세켈라 집단에 속한 여러 침팬지들의 성격을 지어냈다고 생각하는 모양이었다! 이들은 유일하게 인간만이 성격을 갖고 있고 오직 인간만이 이성적인 사고를 할 수 있으므로 침팬지의 사고에 대해서는 말할 수 없다고 했다. 침팬지의 감정에 대해 말하는 것은 내가 저지른 '침팬지 의인화하기'란 죄 중에서도 가장 나쁜 것이었다."

어떤 동물이 특정한 방식으로 행동하는 이유가 성격, 또는 감정이나 정신 때문이라고 가정하는 것은 1960년대 초반에는 비과학적인 것으로 간주되었다. 혹은 비과학적까지는 아니더라도 최소한 비동물행동학적인 것이었다. 그러한 가정은 19세기의 몇몇 특정 열광자들의 어설픈 감상주의로 빠질 가능성이 농후했다. 그들은 비버들의 놀라운 토목 능력은 비버에게 복잡한 정신이 존재함을 증명하는 것이라고 단언했지만 곧 간단한 실험을 통해 비버들이 정교한 건축물을 세우는 것은 물이 흐르는 소리에 대한 본능적인 반응일 뿐이라는 사실이 증명되었다(물이 전혀 없는 방에서 비버를 넣어두고 녹음된 물소리를 기계로 들려주면 비버는 확성기 주변에 댐을 지을 것이다). 당시 동물행동학의 학문적 방법론은 형식적 절차를 엄격히 지키며 진리를 모색하는 것이었다. 작은 사실들을 찾아내고, 계획적으로 지식들을 하나하나씩, 벽돌을 한 장 한 장 쌓듯 쌓아나가, 신중하고 인내심 있게 완전한 진리의 체계를 구축하며, 아직 결론나지 않은 사항은 아예 배제하거나 그에 대한 일반화의 가능성을 남겨두는 것. 동물행동학은 이러한 방법론을 통해 일정 부분 탁월한 성과를 거두기도 했다. 하지만 한편으로는 본능과 단순한 학습으로 동물 행동 대부분을 설명할 수 있다는 학문적 편견에 지나치게 기울어진 측면 또한 무시할 수 없었다.

　제인은 이러한 과거의 지적 논쟁과 관련하여 회고록에 다음과 같은 말을 남겼다. "다행스럽게도 내게는 어린 시절에 동물행동을 가르쳐준 훌륭한 선생님인 나의 개 러스티가 있었다." 덕분에 제인은 "이 같은 '과학'의 경고를 무시할 수 있었으며" 당시에는 독특한 것으로 간주되었던 제인의 사고방식은 나중에 바로 그 '과학'의 일부가 되었다.

제2부

과학자

20

첫 학술대회

1962

1961년 8월, 아직 곰베에 머무르고 있던 제인은—케임브리지 생활을 시작
하기 전이었다—생전 처음 학술대회 참가 초청을 받는다. 미국인 인류학
자 셔우드 워시번이 주관하고 베너–그렌 재단Wenner-Gren Foundation이 후
원하는 학회였는데, 이듬해 7월 오스트리아에 있는 베너–그렌 재단 소유
의 성에서 개최될 예정이었다. 그 성에 대해 예전에 루이스가 이야기를 해
준 적이 있어서 초대받는 것만으로도 대단한 특권인 듯한 느낌을 주었다.
사실 제인이 초대 편지로부터 읽어낼 수 있었듯, 이 행사는 "종의 분류와
인간 진화"를 주제로 관련 분야—해부학, 인류학, 생물학, 유전학, 영장류
동물학, 심리학—의 중요 "전문가"만을 "엄선"하여 모은 자리였다.

  그런 초대장을 받게 되자 제인은 놀라움을 금치 못했다. 8월 3일 집에 보
낸 편지에서는 그런 놀라움이 묻어져 나온다. "제 미래를 생각해보면 정말
웃겨 죽겠어요. 저는 그저 바위에 침팬지처럼 웅크리고 앉아 풀잎이나 나
뭇가지의 가시를 잡아당기고 있는데, 이 무명의 '구달 양'이 어디선가 과학
대회에서 발표를 하고 있는 모습을 떠올리면 그만 웃음이 나와요. <u>나는 나</u>
인 게 훨씬 좋아요. 야외로 나가 그저 침팬지들처럼 살고 싶지, 이런 과학

학회 같은 건 저한테는 정말 어울리지 않아요!!"

하지만 루이스 리키가 참석할 예정이었고, 제인이 런던에 있을 때 개인 교습을 해주었던 영장류 해부학자 존 네이피어도 그럴 참이었다. 셔우드 워시번이 논문을 발표할 계획이었으며, 최근 그와 같이 활동 중이었던 공동연구자 어빈 드보어도 마찬가지였다. 한편 1950년대 후반 개코원숭이에 대한 기초적인 현장연구를 진행한 경험이 있는 워시번, 드보어, 그리고 또 다른 학회 참석예정자인 영국인 심리학자 K. R. L. 홀, 이 세 사람을 제외하고는 참석예정자 중 제인이 유일한 현장연구자가 될 터였다. 이미 제인은 세 사람의 현장연구 시간을 합친 것보다 더 많은 시간을 현장에서 보낸 연구자였다. 또 학회에 참석하기로 예정된 몇 안 되는 여성 연구자들 가운데 하나였으며, 석사나 박사학위는 고사하고 학사학위도 없는 유일한 참석자가 될 것이기도 했다. 한마디로 그 초대는 두말할 나위 없는 영광이었지만 한편으로는 두렵기만 한 자리였으므로, 1962년 여름 내내 곰베에서 침팬지 관찰을 맡기로 한 약속 때문에 학술대회의 일정(1962년 7월 8~21일)에 맞출 수 없게 되었다는 사실을 강조하는 회신을 보내면서 제인은 아마도 홀가분한 기분을 느꼈을 것이다.

셔우드 워시번은 하버드 대학에서 해부학과 자연사를 수학한 형질인류학자로, 그의 제자들 중 한 명이 저술한 책에 따르면 그는 "평균치에 조금 못 미치는 키"에 "지나치게 마르지는 않은 날렵하고 꼿꼿한" 체형의 사람이었다고 한다. 교수로서, 또 강연자로서 "명쾌하고 역동적이며 미래에 대한 넓은 시야도 갖춘" 워시번의 그 같은 명쾌함과 폭넓은 미래상에 "전파력이 강한 열정"까지 합쳐지면서 이후 형질인류학은 크나큰 혁명을 겪게 되었다.

1950년 남아프리카로부터 들려온 오스트랄로피테쿠스 화석 발굴 소식으로부터 어떤 깨달음을 얻게 된 워시번은 "인간 기원에 대한 문제들을 재고해야 할 상서로운 시기"가 도래했다고 선언한다. 더불어 1951년에 쓴 논문 "신新형질인류학"에서는 진화 자체가 본질적으로 여러 전문 학문을 아우르므로 인간 진화를 이해하려면 반드시 여러 전문 학계를 아우르는 접근방식이 필요하다고 주장했다. 진화의 원동력인 자연선택이 일으키는 변화는 단일한 고립 특질들(말하자면 뼈나 뇌, 생화학 혹은 행동 각 구조의 단일한 변화)에서 일어난다기보다는 기능적 복합체(뼈, 뇌, 생화학, 행동 구조의 동시적인 변경)에서 발생하는 것이었다. 따라서 인간 진화에 대한 의미 있는 연구를 도출해내려면 이 같은 기능적 복합체를 이해해야 하며, 이것은 각 분야 간의 합동 연구를 통해서만 가능하다. 계속해서 워시번은 이렇게 결론을 내렸다. "인간의 구조나 진화에 관심이 있는 사람라면 어느 누구나 신형질인류학으로부터 얻어갈 것이 풍부하며, 지금은 단지 시작일 뿐이다. 협동 체제를 구축하려면 반드시 사회과학자, 유전학자, 해부학자, 고생물학자와 협력해야 한다. 우리에게는 새로운 생각, 새로운 기법, 새로운 일꾼들이 필요하다. 우리가 오늘 하는 모든 일이 내일 더 좋은 결실을 거두는 데 이바지할 것이다."

이미 힘살, 뼈, 힘줄의 발달상 관계 실험을 진행해본 경험이 있는 비교해부학자였던 워시번이 애초에 하고자 했던 것은 그 기능적 복합체를 해부학적으로 설명하는 것이었다. 그래서 신형질인류학자로서 그가 지니고 다닐 연장통에 영장류 현장연구가 추가될 가능성의 기미를 아직까지는, 적어도 1951년에 발표된 워시번의 저작물들에서는 찾아내기가 힘들다. 1955년 북로데시아 리빙스턴에서 열린 범아프리카 선사학 대회에 참석했을 때만 해도 원래 계획은 개코원숭이 해부를 통해 영장류 해부학 연구를 한층 더 진전시키겠다는 것이었다. 당시 본인이 직접 밝힌 참석 동기도 "80퍼센트는 해부, 20퍼센트는 행동 연구"에 있었다. 하지만 빅토리아폴스 호텔의 베란다에서 살아 움직이는 개코원숭이의 행동을 지켜보던 워시번은 자신이 점점 매료되어가고 있음을 깨달았다. 시카고 대학의 한 동료에게 보낸 편지에 그는 이렇게 썼다. "완전히 새로운 차원에서 영장류 행동을 바라볼 수 있다는 것, 그러니까 동물의 종 전체와 개체가 지닌 특색 모두에 적용되는 보편성을 설명하는 일이 가능하다는 것을 깨닫게 되었다네. 야생의 큰 집단에 대해 알아야 할 테고 개코원숭이를 대상으로 그렇게 하려면 아마도 야외 현장에서 1년 내내 있어야겠지. 어쨌든 이번에 이동 방식 같은 누가 봐도 명백한 사실들에 대해서 많이 배웠더니 이제 개코원숭이의 습성을 다 뤘다는 기존의 연구 자료들은 더 이상 믿지 못하게 되었네."

워시번은 각종 저술과 강의, 여러 대학원생 제자들, 활동력과 자금 마련 능력, 학문 간 교류 학술회의를 지속적으로 주최하는 부단한 노력을 통해서 기존의 형질인류학(인체의 측정, 인종유형학을 주로 다룸)에 종지부를 찍고 신형질인류학을 창시하는 데 가장 직접적인 영향을 끼친 인물이었다. 그리고 그 신형질인류학으로부터 인류를 단일 종으로 보고 '우리는 어디에서 왔는가?'라는 진화론적인 질문 같은 큰 화두가 던져졌다. 워시번은 그 해답을 찾으려면 우선 인간 영장류가 어떤 영장류 조상으로부터 진화해 나온 것이라는 개념이 먼저 학계에서 일반화되어야 한다는 점을 잘 알고 있었다.

한편 행동연구를 위한 연구 대상 종으로 워시번이 개코원숭이에게 눈을 돌리게 된 까닭에는 우연과 편리성이 크게 작용했다. 빅토리아폴스 호텔의 베란다에서 본 영장류가 마침 개코원숭이였다. 또 개코원숭이들은 워시번의 제자 어빈 드보어가 이후 발견했듯이, 언제든 랜드로버에 탄 채로도 지켜볼 수 있고 나이로비에서 차로 다닐 수 있는 거리에 위치한 장소에 서식하는 영장류이기도 했다. 아마도 워시번은 1년 정도 개코원숭이를 연구하면서 영장류에 대한 궁금증을 풀 수 있게 되면 인간 이외의 영장류 행동의 기본 구조를 파악하게 될 것이고 따라서 인간 행동과 그 행동의 진화를 조명할 수 있으리라고 기대했던 듯하다. 하지만 영장류가 제기하는 문제는 상상했던 것보다 훨씬 더 복잡하다는 사실이 밝혀지게 되었다. 개코원숭이가 2,3백여 종에 달하는 원숭이류, 유인원류, 원원류로 구성된 영장류 가족의 대표라 할 수 없던 탓이었다. 게다가 1년 정도의 연구로는 개코원숭이 사회 내의 역학 정도를 규명하기에 충분한 자료도 얻지 못할 판이었다. 그렇지만 자연 속에서 자유롭게 살아가는 원숭이류, 유인원류, 원원류에 대한 더 넓은 범위의 연구는 워시번의 신형질인류학에서 지식의 측면에서나 영감을 불러일으키는 차원에서나 금세 핵심적인 과제가 된다.

제1차 세계대전 이전의 시기에 야생 영장류에 대한 진지하고도 체계적인 현장연구를 개시한 사람은 단 세 사람—빙햄, 니슨, 카펜터—밖에 없었으며 이들은 모두 로버트 여키스의 제자였다. 전쟁이 끝난 후에는 일본인 동물사회학자들이 이마니시 긴지의 지휘 아래 최초로 영장류에 대한 현장연구를 진행했는데, 1948년 처음 연구를 시작할 당시 이들의 초기 관심사는 모두 일본원숭이의 사회생활에만 맞춰져 있었다. 1960년대 초반이 되자 영장류의 현장연구에 발을 들여놓은 연구자들은 총 9개국의 50명이 넘었지만, 1962년에만 해도 전 세계의 모든 주요 현장보고서를 대학에서 한 학기 동안 모두 읽어버릴 수 있는 실정이었으며, 이론적으로는 전 세계의 저명한 고생물학 현장연구자들을 한 지붕 아래 모을 수도 있었다.

셔우드 워시본이 영장류 현장연구를 주제로 삼은 두번째 학술회의를 공동개최함으로써 후자, 즉 학자들을 한데 모으는 일을 시도한 셈이라 할 수 있었다. 스탠퍼드 대학 행동과학 고등연구소에서 1주 동안(1962년 9월 5~12일) 열린 이 학술대회는 장차 진행될 좀 더 장기간(9개월)의 영장류 프로젝트의 시발점이 되었다. 세미나, 토론과 함께 공동주최자들인 워시번과 스탠퍼드 대학 정신의학 교수 데이비드 햄버그의 논문발표가 이루어졌으며, 워시번의 옛 제자들 중 어빈 드보어(케냐에서 개코원숭이 연구)와 필리스 제이(인도의 랑구르원숭이)가 논문을 발표했다. K. R. L. 홀(남아프리카의 개코원숭이), 미즈하라 히로키(일본의 일본원숭이), 프랜시스, 버넌 레이놀즈 부부(우간다의 침팬지), 조지 셜러(벨기에령 콩고의 고릴라)의 논문들도 발표되었다. 9월에 열린 그 학술대회에서는 이 중요한 핵심 연구자들 이외에도 24명 정도의 학자들—주요 인사로는 클래런스 레이 카펜터, 해리 할로, 아드리안 코르트란트, 제인 모리스 구달—이 초청을 받았다.

1961년 12월 중순 막 케임브리지로 옮겨 왔을 때 제인은 셔우드 워시번으로부터 학술대회에 참석해달라는 초청을 또다시 받았다. 하지만 당시 곰베로 연구를 떠날 계획을 세우고 있었던 터라 다시 한 번 그 초청을 거절할 수밖에 없었다.

워시번의 두번째 초청을 거절했던 그 무렵, 제인에게는 학술대회에 참석해 달라는 초대가 두 건이나 더 들어왔었는데, 모두 그녀가 영국에 머무를 동안인 1962년 봄에 열릴 예정이었다. 3일 동안 "영장류"라는 제목 아래 열릴 첫번째 학술대회는 적어도 불편하지는 않을 행사였다. 존 네이피어가 주관하고 런던 동물학회가 후원한 이 학술대회는 런던 리젠트파크의 동물학회 본부에서 4월 12일에서 14일까지 개최될 예정이었으므로 케임브리지로부터 올라오는 기차삯 부담도 한결 덜했다. "인간의 친척: 인간 진화와 인간 이외의 영장류 진화 사이의 관계에 대한 현대 연구"라는 조금 더 장황한 제목의 다른 학회는 제목만큼이나 가기가 번거로웠다. 예일 대학 유전학자 존 뷔트너 자누시가 주관하고 뉴욕 과학아카데미가 후원하는 그 학회는 뉴욕에서 4월 27, 28일 이틀 동안 개최될 예정이었다. 하지만 여비를 걱정하는 제인에게 루이스 리키가 편지를 보내서 (제인이 집에 보낸 편지에 알렸듯) **"무조건** 가야 한다"고 강하게 주장했다.

결국 제인의 경비 부담을 덜어주고자 뉴욕 과학아카데미에서 160파운드를 보내주었고, 일전에 제인의 사진 기고를 거절한 것을 후회하고 있던 내셔널지오그래픽협회가 다시금 사진촬영을 격려할 의도로 제인이 뉴욕으로 가기 전 워싱턴의 내셔널지오그래픽협회 본부에 잠시 들리는 데 동의하는 조건으로 200파운드를 보내주었다. 그 여행에서 제인은 조금이지만 돈을 남길 수 있었다.

한편 케임브리지에서 제인은 열심히 공부했으며 뭐든지 빨리 습득해냈다. 1962년 3월경 벌써 첫 학술논문인 "야생 침팬지의 섭식 행동", "자유 서식 침팬지의 둥우리 짓기 행동"이 마무리 단계였다. 이 두 주제의 논문을 쓰는 동안에 제인은 런던 동물원의 그라나다 TV영화제작부의 예전 상사였던 데스몬드 모리스에게 자문을 구했다. 앞서 이야기했듯 모리스는 옥스퍼드에서 니코 틴베르헌의 지도 아래 동물행동학을 공부한 적이 있었으며 그즈음에는 동물원 동물들의 행동양식에 대한 풍부한 지식도 갖추고 있었다. 그래서 제인은 침팬지의 둥우리 짓기 습성에 대한 의견을 구하는 편지를 보냈다. "밤마다 침팬지가 새 둥우리를 만드는 여러 이유들에 대해 생각해봤습니다." 편지는 이렇게 시작되었다. "아시겠지만 포식자로부터 더 잘 보호되려고 하는 행동이거나, 아니면 신선한 나뭇잎이 오래된 잎보다 더 부드럽고 따뜻하다는 점 때문일 수도 있을 것 같습니다. 이유야 여러 가지를 생각해볼 수 있지만 그래도 여전히 그 행동을 완전히 설명하지는 못하는 것 같습니다. <u>원래는</u> 그런 이유들로 그 둥우리 짓기 행동을 시작했을지 몰라도 말이지요. 그래서 저는 이것이 아마도 단순한 습관이 아닐까, 마치 개가 자리를 잡고 엎드리기 전에 계속 빙글빙글 도는 것 같은 그런 것이 아닐까 생각하기 시작했습니다." 그해 봄 제인은 데스몬드와 아내 라모나를 적어도 한 번은 만나 저녁식사를 함께 했으며, 식사 후에 나눈 대화로부터 기운을 얻은 제인은 3월 6일 "많은 영감을 받아서, 또 정말로 힘든 작업을 할 마음의 준비도 단단히 하고서 제 '감옥'으로 돌아왔습니다"라고 적은 감사 편지를 보냈다.

4월 11일 제인은 케임브리지에서 기차를 타고 런던으로 가서 그날 저녁 학술대회 전야 파티가 열릴 런던 자연사박물관에 있는 존 네이피어의 연구실로 찾아가 네이피어를 만났다. 큰 정방형 연구실 중앙에는 흰색 상판으로 된 해부 탁자가 두 개 놓여 있었는데, 그 위에 포도주, 간단한 간식거리, 냅킨이 마련되어 있었다. 벽에는 해부 도구를 넣어둔 진열장들과 해골, 기타 해부 장기, 해부학용 관절 사진 몇 개가 놓인 선반들이 있었고, 네이피어의 애장 사진도 있었다. 인간과 침팬지의 정확한 손 쥐기 차이를 보여주는 사진이었는데 사람이 침팬지에게 포도를 건네주자 침팬지가 우리에서 손을 뻗어 뭉툭한 엄지로 둥글고 물렁물렁한 알을 움켜쥐는 모습을 포착한 것이었다. 그날 파티에 참석했던 앨리슨 비숍이라는 젊은 여성은 그 사진에 깊은 인상을 받았다. 마침 그녀가 파티 바로 전날 예일 대학에서 네이피어의 관심사와 밀접한 연관이 있는 주제를 다룬 자신의 동물학 박사논문 구두 심사를 받았던 참이었기 때문이었다. 비숍의 논문인 "하위 영장류 손의 사용"은 나무 위에서 사는 포유류에게 필수불가결한 움켜잡기가 가능한 손과 양안시의 진화적 발달이 도구 사용, 물체 조작, 지능의 진화로 이어지는 필수적인 특징이었는지를 연구한 것이었다. 네이피어는 정확한 쥐기가 가능하고 강력한 손아귀 힘을 낼 수 있는 영장류의 손 해부 분야에서 거물급 전문가였으며, 네이피어의 연구 결과는 비숍의 연구에 필수 불가결한 중요한 선행연구였다.

그날 밤 앨리슨 비숍은 네이피어의 연구실에 도착했을 때 시차로 인한 피로가 누적되어 현기증을 느끼는 상태였으며, 최근 그녀가 나에게 해준 이야기로는 그때 "어린 풋내기여서 위대한 네이피어 교수가 어떻게 생긴 사람이었는지조차도 알지도 못했다"고 한다. 주변을 둘러보던 비숍은 구석에 서 있는 덩치가 어마어마하고 백발이 성성하며 송충이 같은 눈썹을 한 남자가 네이피어가 아닐까 긴가민가하다가 이내 다른 사람에게 "네이피어 교수님은 어디 계시죠?"라고 물어보았다. 그러자 "저쪽에 잘생긴 검은 머리 청년이 보이시나요? 저기 탁자에서 카드 묘기를 보여주고 있는 사람이요. 그 사람이 네이피어랍니다" 하는 대답이 돌아왔다.

앨리슨은 그날 모인 사람들이 모두 "굉장히 유쾌한" 기분에 들떠 있었다고 회상했는데, 거기에는 이런 이유가 한몫을 했다. "특별한 행사라는 기분이 들어서였죠. 그 이전까지는 영장류에 대한 학술회의가 없었거든요. 모두들 새로운 학문 분야가 열리고 있다는 걸 느끼고 있었어요." 한쪽 벽에 서 있던 중 앨리슨의 눈으로 흐릿한 흑백사진을 붙여 세워둔 포스터 게시판 하나가 들어왔다. 가까이 들여다보니 막대기나 작은 나뭇가지를 사용해 흰개미집 안을 쑤시고 있는 침팬지들의 사진이었다. 앨리슨의 기억에 따르면 사람들이 그 사진 주변에서 "웅성"거리고 있었는데, 존 네이피어와 대화를 나누면서 그 이유가 이해되기 시작했다고 한다.

네이피어: "그 사진들을 보셨습니까?"

앨리슨: "네, 매우 흥미롭군요. 침팬지들이 흰개미 낚시를 하리라고는 상상도 못했습니다."

네이피어: "이해를 다 못하셨군요. 이 여성은 인간을 재정의했습니다. 리키 박사의 부탁으로 그녀를 이 학회에 초대했습니다만, 확실히 남다른 점이 있더군요. 이름도 알려지지 않은 이 여성이 리키 박사의 추천으로 오늘 이 자리에 왔는데, 그녀가 무엇을 연구하고 있는지 잘 보세요."

앨리슨: "아, 침팬지가 도구를 사용해 흰개미를 잡는 것이 그저 흥미롭기만 한 일이 아니라 인간을 재정의하는 것이라는 의미셨군요?"

곧이어 앨리슨은 제인 구달을 만났다. 잠시 대화를 나눠봤지만 머리를 뒤로 질끈 묶은 이 젊은 여성이 그곳의 다른 사람들보다 좀더 흥미롭다거나 인상적으로 보이지는 않았다. "그보다는 나이가 많고 유명하며, 제가 이름을 들어본 사람들에게 더 관심을 두었죠. 제인은 그저 괜찮은 여자로만 보였어요. 그때는 [미혼 여성을] '여자애들'이라고 불렀죠." 제인도 그런 "괜찮은 여자애"로만 보였다.

4월 12일 "영장류" 학술대회 첫날 제인과 함께 연단에 선 강연자들은 모두 11명이었는데 그중 세 사람은 상당한 현장연구 결과를 내놓은 사람들이었다. K. R. L. 홀은 개코원숭이에 대해 강연할 예정이었다. 아드리안 코르트란트는 자신의 "영장류의 원시호미니드 행동" 논문을 발표할 예정이었다. 1956년 초반까지 루이스 리키의 전 비서이자 애인이었으며, 현재는 케임브리지 뉴냄 칼리지의 동물학 학부에 재학 중이었던 로잘리 오즈번은 "마운틴고릴라의 행동 관찰"이라는 논문을 발표하기로 되어 있었다.

제인은 이미 로잘리 오즈번이 누구인지, 루이스와 과거에 어떤 관계였는지 정도는 알고 있었던 상황이었고, 또 둘 다 같은 뉴냄 칼리지를 다니는 학생들이었다. 그렇지만 그 둘이 서로에 대해 잘 안다고는 할 수 없었다. 어쨌든 오즈번의 발표는 새로운 정보가 부족하다는 점이 두드러졌다. 오즈번이 해롤드 빙험의 1929년 탐사 이후 고릴라 연구 분야에서는 최초로 협력연구를 펼친 것은 사실이지만 빙햄이 그랬던 것처럼 오즈번도 그 털북숭이 동물들을 많이 보지는 못했던 터라 발표 내용은 부실할 수밖에 없었다. 오즈번은 최대한 겸손하게 인정하며 다음과 같이 발표를 마무리했다. "일반화를 하거나 결론을 이끌어내기에는 예비 조사 동안 실시한 관찰로 얻은 자료가 불충분했습니다. 셜러 박사님의 연구와 제 연구를 비교해보면 흥미로운 점을 찾아낼 수 있을 것으로 생각되며, 본 연구의 관찰 결과의 중요성이나 그 해석에서 셜러 박사님의 연구가 새로운 실마리를 제공해줄 수 있을 것입니다."

뒤이어 제인의 발표가 시작되었는데 앞의 발표자와는 대조적으로 신선했고 세부적인 내용도 풍부했다. 제인은 이 발표에서 공식적인 자리에서는 처음으로 침팬지가 도구를 만들어 사용한다는 자신의 발견을 공개했지만 발표의 초점은 좀더 일반적이고 논란의 여지가 덜한 관련 주제인 침팬지의 섭식 행동에 맞춰져 있었다. 제인은 상당한 양의 독자적인 관찰 결과를 가지고 있었는데, 15개월 넘게 야생 침팬지를 약 800시간 동안이나 직접적으로 관찰했고 섭식 행동에만 쓴 시간이 300여 시간 정도 됐다. 그래서 곰베의 침팬지들이 먹이를 먹는 데 얼마나 많은 시간을 쓰는지를 대략적으로 제시할 수 있었으며 먹이를 찾아 구해오는 방법(어쩌다 본론에서 벗어난 흰개미 낚기와 관련 도구 사용에 대한 이야기도 포함되었다)을 밝히고 "섭식 습성"상 드러나는 각 개체마다의 차이점을 상세히 논하며 공통적으로 섭취하는 먹이의 종류—61가지나 되는 식물성 먹이, 4개의 곤충 종, 포유류의 고기가 포함되었다—를 구분해 설명할 수 있었다.

육식에 대한 제인의 묘사는 매우 풍부하고 자세했다.

현장에서 보낸 15개월 동안 육식을 관찰했던 경우가 세 번 있었으며, 침팬지가 갓 싼 대변에서 어느 종인지 모를 원숭이의 발 일부를 발견한 적도 한 번 있습니다. 먹잇감을 사냥하는 장면은 관찰하지 못했습니다만, 각 관찰 때마다 침팬지의 커다란 외침소리를 듣고 현장에 갔었고 그중 개코원숭이의 소리가 한데 섞여서 들린 경우가 두 번이나 되었습니다. 먹잇감은 처음에는 매우 어린 덤불멧돼지, 그 다음에는 1개월 정도 된 부시벅, 그리고 그 다음에는 종을 알 수 없는 작은 포유류였습니다. 위의 동물들은 관찰 당시 목이 잘리고 배가 갈린 상태였습니다.

각 관찰 때마다 먹잇감은 나무로 끌어올려졌으며, 성숙한 수컷 침팬지의 수중에 있었습니다. 종을 알 수 없는 먹잇감을 차지하고 있던 수컷은 나무의 중간쯤 내려오다가 본 관찰자를 발견하고 다른 곳으로 자리를 이동해버렸습니다. 덤불멧돼지를 사냥한 침팬지("샘"이라는 이름을 붙임)는 나무에서 3시간 정도 머물러 있다가 남은 먹이를 주둥이에 물고 사라졌고, 부시벅을 차지한 "헉슬리"는 자신의 나무에서 6시간 동안 배를 채운 뒤에야 자리를 이동했는데, 마찬가지로 사체의 남은 부분을 입에 물고 갔습니다.

살점을 먹을 때는 우선 목 부위를 뜯어내었는데 이때 앞니를 사용했습니다. 때때로 뼈를 갉아 먹는 소리를 들을 수 있었습니다. 살을 씹어 먹는 중간 중간 나뭇잎도 항상 한입 가득 넣고 먹었습니다. 부시벅을 먹도록 허락을 받은 암컷 역시 살을 씹어 먹는 와중에 나뭇잎을 먹었습니다.

고기의 획득은 침팬지 무리 중 단 한 개체만이 그 음식을 소유하게 되는 특이한 상황으로 이어지곤 합니다. 고기를 획득한 침팬지에 대한 다른 침팬지들의 행동으로부터 추론할 수 있는 것은 고기를 좋아하는 성향이 단순히 한 개별 개체의 이상 행동이라기보다는 침팬지 무리의 모든 개체에게 공통적인 성향이라는 것입니다. 침팬지들은 수중에 고기가 있는 침팬지에게 가까이 다가앉아 해당 침팬지의 동작을 샅샅이 관찰할 뿐만 아니라 그중 여러 마리가 손을 뻗쳐 고기를 가진 침팬지의 입술에 손가락을 가져다대면서 사실상 구걸을 하기도 합니다.

침팬지가 육식을 하는 모습을 본 것은 제인이 처음이었으며, 이 육식 행위에 대한 묘사는 제인의 발표에서 중요한 부분을 차지했다. 하지만 영장류의 육식성은 그날 전반적으로 중요하게 다뤄진 주제이기도 했다. 제인의 발표 바로 다음 순서로 오스트랄로피테쿠스를 발견한 레이몬드 A. 다트가 "개코원숭이의 육식 성향"이라는 논문을 발표했다. 학술대회 후반에는 어빈 드보어가 개코원숭이를 촬영한 영상물이 상영되었는데 고기를 먹는 수컷들의 모습을 담은 매우 인상적인 일련의 장면들 사이사이에 난도질이 된 살덩이, 덜렁덜렁 매달린 창자, 잘근잘근 씹어대는 이빨, 피로 얼룩진 주둥이를 클로즈업한 화면이 지나갔다.

이날 열린 학회는 오늘날 열리는 유사한 형태의 학회보다 좀더 격식을 차린 행사였다. 우선 참석자들은 모두 성장을 했다. 앨리슨 비숍의 회상에 따르면 의상에 관한 한 당시 학회에는 "다른 시대에 온 것 같은 아주, 아주 예스러운" 분위기가 감돌았다고 한다. 남자들은 정장에 넥타이를 차려 입었고, 앨리슨 비숍 본인도 굽이 높은 구두에 스타킹을 신고 검은 정장 상의, 긴 치마를 차려 입은 데다가 흰색 장갑을 끼고, 자신이 너무나도 좋아했던 "귀엽기 그지없는" 짧은 베일이 달린 납작하고 테가 없는 모자를 쓰고 왔다. 이처럼 딱딱한 형식치레는 행동에까지 적용되어서 학술대회 참석자의 행동거지는 공식 의장의 엄격한 통제를 받았다. 그 공식 의장은 당시 동물학회 회장으로 막강한 권력을 휘둘렀던 솔리 주커만이었다. 그의 1932년 저서 『원숭이와 유인원의 사회생활The Social Life of Monkeys and Apes』은 그때까지도 여전히 제2차 세계대전 이전 영장류 동물학의 유일한 이론적 종합으로 간주되고 있었다.

남아프리카 케이프타운에서 태어나고 자란 주커만은 케이프타운 대학에서 해부학을 공부했으며, 동물학으로 (비트바테르스란트 대학에서 온 최종 학위 심사관 레이몬드 A. 다트로부터 소소하지만 잊을 수 없는 창피를 당한 일에도 불구하고) 상위 우수성적 메달을 받으며 우등으로 졸업했다. 1926년 청년 주커만은 런던 동물원에서 연구 해부학자 자리를 얻어 동물원의 동물 사체를 검시하는 일을 했다. 당시 동물원에서는 개코원숭이 군집을 만들려는 과정에서 엄청난 실수를 저질러 많은 개코원숭이가 죽어버리는 사태가 벌어졌다. 바로 전해 '원숭이 언덕Monkey Hill'이라는 인공 절벽에 형성해둔 개코원숭이 군집은 약 100여 마리의 망토개코원숭이로 이루어져 있었는데 여섯 마리를 제외한 나머지가 모두 성년 수컷이었다. 아마도 수컷—몸집이 크고 이빨이 놀랄 만큼 날카로웠으며 망토를 두른 듯한 외양에 엉덩이가 분홍색이었다—이 동물원을 찾는 일반인들에게는 작고 덜 자극적인 외양의 암컷보다 더 흥미를 끄는 대상일 것이라는 생각에서 동물원 당국이 그렇게 선택했던 듯하다. 보통 망토개코원숭이는 하렘 사회에 살아서 성년 수컷 한 마리에 성년 암컷 여러 마리와 새끼들로 가족이 구성된다. 성년 수컷들은 자신보다 작은 암컷들을 여러 마리 몰고 다님으로써 자신의 하렘을 만들고 유지한다. 이러다 보니 여섯 마리밖에 안 되는 성년 암컷들을 둘러싸고 90여 마리의 성년 수컷들이 벌이는 경쟁은 치열했다. 병이 돌고 부상을 입게 되면서 1927년 망토개코원숭이의 군집이 겨우 56마리로 줄어들자, 다시 30마리의 암컷과 젊은 수컷 다섯 마리를 군집에 합류시켰는데 그 결과는 더 폭발적인 경쟁으로 이어졌다. 터줏대감인 늙은 수컷들이 새로 도착한 암컷들에게 접근하려고 사납게 싸워댔고 그 과정에서 암컷들 모두 한 달도 못 되어 떼죽음을 당했다.

　동물원의 연구 해부학자였던 솔리 주커만은 개코원숭이의 월경주기와 호르몬 생산의 관계에 관심을 가지고 열성적으로 탐구하고 있었는데, 점차 개코원숭이의 사회 행동에도 호기심이 생겼으며 나중에는 원숭이 언덕에서 벌어지는 매일 벌어지는 극적인 상황을 관찰하게 되었다. 1930년에는 표본 채집과 야생 차크마개코원숭이 연구를 위해 남아프리카로 돌아가 3개월을 지내며 총 9일 동안 개코원숭이 군집을 관찰하기도 했다. 그는 남아프리카에서 보낸 그 짧은 방문 기간 동안 관찰한 것 중 런던 동물원의 개코원숭이를 관찰하며 자신이 내렸던 결론과 어긋나는 부분을 아무것도 찾지 못했다. 그뿐만 아니라 다른 영장류 종에 대한 기존의 동물원 및 현장 문헌을 조사했을 때에도, 전 세계의 다른 원숭이 및 유인원 종들이 사회학적 견지에서 보면 개코원숭이와 거의 동일하다는 자신의 생각을 반박하는 사항이 거의 없다고 여겼다. 그리하여 남아프리카산 차크마개코원숭이들을 관찰한 현장기록과, 동물원 군집—병리학상으로 볼 때 기형적인 형태였다—으로 밀어 넣어진 그 북아프리카산 망토개코원숭이들에 대한 관찰기록을 이론적으로 분류한 뒤 여기에 호르몬, 해부 연구를 추가시키고, 영장류에 대해 자신이 찾을 수 있었던 일반 자료—동물원 및 현장연구 기록—도 함께 포함시킴으로써 1932년 솔리 주커만은 영장류 행동을 종합한 위대한 이론을 내놓았다. 영장류에게 사회적 접착제 역할을 해주는 것은 암컷의 성적 매력이며, 암컷에게 이끌린 수컷들이 지배권을 두고 싸우며 암컷에 대한 접근권을 놓고 연대와 위계질서를 형성한다는 것이었다.

주커만은 책이 출판되기도 전에 로버트 여키스로부터 플로리다 오렌지 파크에 소재한 여키스의 영장류 연구소 소장을 맡아달라는 요청을 받게 된다. 그리하여 주커만은 새로운 소장으로 부임하기 위해 1933년 초반 미국으로 건너왔다. 그렇지만 남아프리카 출신의 해부학자 주커만이 보기에 북미 출신의 심리학자 여키스는 금욕적이며 유머감각이 결여된 지루한 사람이었다. 게다가 뉴헤이븐에 있는 여키스의 집에서의 체류는 담배를 필 수도, 술도 마실 수 없는 우울하기만 한 생활이었으며(거기다 첫날 아침 식탁에는 거의 날것 상태의 달걀 요리가 올라왔고 주커만이 욕실에서 면도날을 가죽에다 갈자 여키스의 가족들로부터 불만의 목소리까지 흘러나왔다) 이후 플로리다 방문도 기대에 못 미치는 대실패였다. 세월이 흐른 뒤 주커만이 털어놓은 이야기에 따르면 오렌지 파크 연구기지에는 "연구 욕심이 아무리 많은 연구자라도 만족하지 않을 수 없을 만한 넉넉한 숫자의 유인원"이 있었지만 "그런 연구 노력에도 불구하고 그곳에서 진정한 과학적 목표는 전혀 찾아볼 수 없었다." 플로리다에서 보낸 첫날 저녁에 주커만은 다시 여키스 가족과 지내며 "심각할 정도로 소박한 저녁 식탁"에 앉아 호박파이에 대한 조짐이 불길한 소개를 들었다. 그 뒤 난롯가로 자리를 옮겨 앉아 지루한 시간을 견뎌내고 있던 중 여키스가 그에게 낭송 듣는 것을 좋아하느냐고 물었다. 별로 안 좋아한다는 주커만의 정직한 대답으로 한동안 침묵이 감돌았고 대화를 이끌어보려는 어색한 시도만 이어지다가 결국 다들 잠자리에 들었다. 이튿날 주커만은 여키스 부인이 저녁이면 중요한 가족행사로 남편 앞에서 낭송을 하는 습관이 있음을 알게 되었다.

영국으로 돌아온 솔리 주커만은 곧이어 옥스퍼드 대학에서 강의를 맡게 되었으며 그곳에 머무는 수년 동안 그 어느 곳에서보다 재능을 인정받았다. 좋은 머리, 그리고 그보다 훨씬 더 인상적인 사교능력이 합쳐지면서 점점 시간이 흐를수록 부유층, 유명인, 권력자들과 감탄할 만한 인맥도 쌓았다. 런던 동물학회가 주최하고 자신이 의장을 맡은 1962년 4월 12일의 영장류 학술대회 무렵에는 버밍엄 대학의 해부학부 학장과 영국 국방부의 수석 과학고문관으로 임명되어 높은 자리에 오르게 됐다. 무엇보다도 제2차 세계대전 동안에 했던 군복무로 기사 작위를 받아 이제는—흠잡을 데 없이 재단된 정장 차림에 선명한 가르마를 가른 물결치는 머릿결의 숨은 실력자—솔리 경卿이라 불렸다.

객석에 앉아 짧은 베일이 달린 납작한 테 없는 모자 밑으로 흘끔흘끔 주변을 훔쳐보고 있었던 앨리슨 비숍의 앞에 나타난 주커만은 "어깨가 떡 벌어지고 덩치가 좋은 인상적인 남자"였다. "얼굴이 불그스름하고 백발이었는데 지위가 있는 사람의 위엄이 풍겼죠. 그러니까, 항상 회의실 맨 앞부분에 놓인 의장 좌석에 앉은 채 사람들의 중심에 서서 결론을 내리는 그런 사람이요."

그날 마찬가지로 객석에 있었던 데스몬드 모리스에 따르면 주커만이 제인에게 "매우 적대적"으로 굴었고 개인적으로 그녀가 "아마추어들" 중 하나일 뿐이라는 비하하는 발언까지 했다고 한다(데스몬드와 다른 회의 참석자들은 이 견해가 부당하다고 생각했다). 데스몬드는 이렇게 회상했다. "제인을 아는 우리들로서는 그녀가 감당하고 있는 위험과 연구를 위해 들이는 모든 노력이 그저 경탄스러울 뿐이었습니다. 동물행동을 연구하는 학자인 우리들에게 제인이 가져온 침팬지에 대한 정보는 굉장한 흥분을 불러일으키는 것이었어요. 우리는 제인으로부터, 제인이 아니었다면 침팬지에 대해 알아낼 수 없었던 것들을 배우고 있었습니다. 그게 핵심이었죠. 제인의 연구는 유일무이한 것이었습니다." 물론 당시에도 영장류에 대한 현장연구를 진행한 사람들이 있긴 했지만, 다들 곧 문명사회의 안락함으로 복귀해서 연구 결과를 작성했다. 하지만 제인은 다른 사람과는 달랐으며, 데스몬드는 그 결정적인 차이는 그녀의 "철저함"이라고 인식한다. 제인은 자신의 모든 것을 쏟아부었던 것이다. "우리는 제인이 침팬지 본연의 모습을 최초로 관찰할 만큼 그들에게 가까이 다가갔다는 점을 깨닫게 되었습니다. 어떤 위험을 감수하고서라도 현장으로 나가는, 두려움을 모르는 그 결단력은 진정 존경할 만한 것이었죠."

당시 학술대회의 진행 절차로는 연사에게 질문을 할 때 연사 본인에게 직접 하는 대신 의장에게 해야 했고, 의장은 연사를 향해 답을 하라며 그 질문을 전달해주었다. 30년 전 런던 동물원에서 망토개코원숭이를 연구할 때 성년 수컷들이 암컷들을 몰고 다니며 하렘을 형성하는 모습을 관찰한 주커만은 이 박약한 증거에 근거해 하렘 구조가 전 영장류 사회의 특징이라는 결론을 내린 바 있었다. 제인의 발표 후 데스몬드 모리스가 손을 들어 침팬지들 사이에서도 하렘을 관찰했는지를 물었다. 그 질문은 의장에 의해 단칼에 무시되었다. 다시 질문을 했지만 또 무시를 당하자 데스몬드는 제인을 향해 직접 질문하려고 학술대회 절차를 무시하며 세번째로 같은 질문을 되풀이하여 물었다. 제인은 대답했다. 수컷 침팬지가 번식기의 암컷과 짝짓기를 할 기회를 얻으려고 활발한 경쟁을 보이는 것은 맞지만 자신이 관찰한 바로는 암컷 한 마리와 교미를 하는 수컷의 수가 많았다. 즉, 침팬지들의 성생활은 난잡한 양상을 띠며 수컷이 안정적인 하렘을 갖지는 않는다는 것이었다.

그날 발표가 모두 끝날 무렵 솔리 경은 회의 내용을 공식적으로 정리하기에 앞서 가시 돋친 어조로 말문을 열었다. "이곳에 모이신 참석자 중에는 일화적인 이야기를 선호하는 분들도 계시군요. 솔직히 고백하자면 저는 그런 이야기는 부풀려진 억측이라고 생각합니다." 또 "이런 유형의 영장류 행동, 또는 영장류 진화 연구를 과학에 대한 진정한 기여로 간주할 것이냐 아니냐를 순전히 개인적 취향으로 결정해서는 안 됩니다" 하고 주장했다. 이 명성 높은 학자는 계속해서 일화와 억측을 배제한다면 그날 학술대회에서 드러난 중요한 일반론들이 자신이 내린 기본 결론의 타당성을 놀라울 정도로 확인해줄 것이라고 이야기했다.

첫째 "지배관계" 개념은 "30년 전에도 강조했듯 최우선의 중요도를 갖는" 문제이다. 둘째, 영장류 성비율이라는 문제는, 주커만이 오래전에 발견했듯, 암컷을 둘러싼 혈투를 벌이는 "수컷들의 현저한 감소"로 인해 필연적으로 왜곡될 수밖에 없다(구달 양이 본인의 발표에서 "이 일반론에 의문을 제기하는 듯했지만" 그녀의 연구는 야생 침팬지의 행동에 대한 충분한 표본을 제공하지 못하는데, 그 이유는 이 침팬지들이 "포식자에게 거의 시달리지 않고 풍부한 먹이를 즐길 수 있는 매우 양호한 조건에서 사는 특별한 침팬지 무리"이기 때문이었다). 셋째, 솔리 경이 30년 전 내린 결론은 영장류가 "영역 동물 territorial animal"(특정 지역에서 무리를 지어 생활하며 세력권을 형성해 살아가는 동물들—옮긴이)이라는 것이었다. 솔리 경 스스로도 매우 만족해하는 이 개념은 "오늘 학술대회에서 우리의 관심의 대상이 된 몇몇 정확한 관찰 결과"에 의해 완전히 입증되었다고 주장했다. 마지막으로, 30년 전에 관찰했듯 이 세상의 모든 원숭이와 유인원은 채식주의자이고 늘 과일을 먹는 동물이지 육식동물도 잡식동물도 아니라고 했다. 솔리 경은 계속해서 개코원숭이가 고기를 먹는 모습이 드물게 관찰되었는지도 모르지만 개코원숭이들이 "대부분의 서식지에서는 비육식성 동물"임이 확실하기 때문에 그 같은 관찰 결과는 근본적으로 오해의 소지가 있다고 이야기했다. 침팬지가 육식을 한다는 구달 양의 황당한 주장에 대해서 솔리 경은 냉랭하고 오만한 태도로 "과학 연구를 진행하면서 자신의 주요 결론과 일반화에 대한 토대를 세울 때는 다른 사람들이 기대할 만한 설명을 제대로 제공해주지 못하는 몇몇 반대 사례와 고립적인 관찰 결과에 의존하기보다는 모순이 없는 다량의 자료를 근거로 삼는 편이 더 안전할 것입니다"라고 설교를 늘어놓았다.

다시 말해, 그날 다른 사람들이 무엇을 보고 듣고 상상했든지 상관없이, 솔리 주커만 경은 개코원숭이나 침팬지가 어떤 의미를 부여할 수 있는 수준으로까지 고기를 먹는다고 할 수 없다는 주장을 참석자들에게 납득시킬 수 있었다. 영장류는 육식을 하지 않는다.

학술대회가 끝난 후 데스몬드 모리스는 주커만으로부터 침팬지와 하렘에 대한 질문을 회피한 이유를 변명하는 회유성 쪽지를 받았다. "귀하만의 방식으로 토론을 북돋으려고 애쓰신 것은 잘 알고 있습니다……. 다만 제가 우려했던 것은 보통 비과학적이라는 취급을 받는 주제는 앞으로도 계속 비과학의 그늘 아래 두어야 하지 않나 하는 점이었습니다. 쓸데없는 매력에 현혹하는 일이 발생하니까요."

런던 학술대회 발표 후 11일이 지난 4월 23일 월요일 '반反과학적인 매력을 주는' 제인 모리스 구달은 비행기를 타고 워싱턴으로 가 처음으로 내셔널지오그래픽협회 본부를 구경했으며 국립 동물원에도 입장했다. 동물원에서 제인은 11개월 된 침팬지 룰루를 안고 좌우에 선 내셔널지오그래픽협회의 레너드 카마이클과 멜빌 벨 그로스브너와 함께(룰루는 카마이클의 콧수염을 잡아당기려 손을 뒤로 뻗쳐댔다) 생애 최초의 홍보 사진을 찍었다.

워싱턴을 뒤로 한 제인의 다음 여행지는 뉴헤이븐의 예일 대학이었다. 그곳에서 얼마 전에 새로 알게 된 동료인 앨리슨 비숍을 잠시 방문해 그녀와 그곳의 대학원생 여섯 명과 함께 오후 소풍을 떠났다. 청바지 같은 편한 차림을 한 다른 사람들과 달리 그때 제인은 협회에 갈 때 입고 간 복장—치마 정장, 스타킹, 구두—그대로였다고 앨리슨은 회상했다. 하지만 날이 점점 따뜻해지자 이 우아한 영국 손님은 잠시 동안 덤불숲 뒤로 사라져 부담스러운 스타킹과 구두를 벗어버리는, 그 당시로서는 대담해 보이는 행동을 했다. 그날 밤 앨리슨의 기숙사 아파트 바닥에 침낭을 깔고 잠을 잔 제인은 다음날 아침 일찍 뉴욕으로 이동했다. 뉴욕에서는 이스트 63번가의 신新이탈리아 르네상스 양식 빌딩에 위치한 뉴욕 과학아카데미를 찾아가 금요일부터 토요일 양일간 개최되는 "인간의 친척: 인간 이외의 영장류의 진화와 인간 진화의 관계에 대한 현대 연구" 학회에 참석했다.

이전에 셔우드 워시번이 주관했던, 영장류 동물학을 바탕으로 해서 인간의 진화를 다룬 학회와 마찬가지로 이번 학회도 해부학, 행동학, 생화학, 생태학, 면역학, 고생물학, 생리심리학적 접근법 등이 동원되면서 굉장히 다양한 각도에서 주제를 다룬다는 점이 특징이었다. 앨리슨 비숍은 자신의 첫 논문인 "하위영장류의 손 사용능력"을 발표했고 제인은 두번째 논문인 "자유 서식 침팬지의 둥우리 짓기 행동"을 발표했다.

발표는 무난히 진행되는 듯했으나, 갑자기 연단의 독서등이 터지고 이후 슬라이드를 스크린에 띄우기 위해 회의장의 조명이 낮춰지면서 사방이 어두컴컴해지는 바람에 작성해간 내용을 읽지 못하게 되자 할 수 없이 제인은 즉흥적으로 이야기를 풀어나가야 했다. 며칠 후 쓴 편지에 제인은 이렇게 썼다. "다행히 주제에 대해 충분히 잘 알고 있어서 그 순간을 모면할 수 있었지만 어쨌든 내내 짜증스러웠죠." 어쨌든 제인은 뉴욕에서의 학회는 전반적으로 "굉장히 흥미롭고 유익한" 것이라고 생각했다. "그동안 만나고 싶었던 사람들을 많이 만나볼 수 있었고 의욕을 북돋워주는 대화를 나눌 수 있어서 유익했죠."

학회가 끝난 후 제인은 영국으로 돌아와 케임브리지 대학에서의 학기를 마무리했다. 케임브리지의 생활이 끝나면 이제 다시 곰베로 돌아가 몇 달간 지낼 예정이었다. 한편 결혼을 하면서 이제는 앨리슨 졸리가 된 앨리슨 비숍은 마다가스카르에서 여우원숭이 종류들을 현장연구하는 쪽으로 방향을 전환했으며 오랫동안 저명한 영장류 동물학자로서 활동했다.

1962년의 학회들에서 제인은 과학자로서 데뷔했다. 어떤 면에서는 영장류 동물학이 현대 과학으로서 데뷔한 것이기도 했다.

솔리 주커만 경은 그 후로도 쭉 영장류에 대한 의문을 자신이 이미 해결했으며 그 답은 대부분 성과 폭력이라는 주제로 수컷들 간에 벌어지는 통속극 같은 것이라고 확신했다. 그러나 이미 1960년대 초반의 현대 영장류 연구에서조차도 점점 거의 정반대의 사실이 밝혀지면서 학계가 떠들썩해지기 시작하고 있었다. 극단적인 단순성—영장류의 모든 개체가 특징적으로 지니고 있는 포괄적 행동 패턴—대신, 연구 현장에서 새로이 도착하는 연구결과와 보고서들은 전 세계의 수많은 영장류 종들이 다양한 환경 속에서 드러내 보이는 적응 방식이 (자연선택을 통한 진화라는 단일 원칙을 넘어서) 놀라울 정도로 다양하다는 사실을 보여주기 시작했다. 이제 영장류의 사회생활 양식에는 안정적인 하렘뿐만 아니라 군거하지 않고 고립적으로 지내는 개체, 일부일처의 쌍, 난교적인 짝짓기, 안정적인 군집 내에서도 일 년 내내 이동(이합—집산)을 반복하는 무리도 있다는 사실이 받아들여졌고, 영장류의 행동을 유발하는 동력과 메커니즘은 주커만의 호르몬으로 자극된 성과 지배를 넘어 확장되면서 적응성, 동맹 구축, 선택, 혈족관계, 학습, 모성, 부성, 계획성, 정치적 역학 등의 무한한 가능성을 포괄하게 되었다. 영장류(적어도 침팬지)에게도 감정이 있고 이들이 사색할 줄 알며 진정한 개성과 활발한 지능을 갖춘 동물이라는 제인만의 통찰은 점점 타당성을 띠게 되었으며 마침내—도널드 그리핀이 발표한 『동물 의식의 문제The Question of Animal Awareness』(1976)와 『동물의 사고Animal Thinking』(1984)가 나오고 나서—정설로 받아들여졌다.

솔리 주커만이 세운 큰 공로는 복합적인 관점, 즉 호르몬과 행동이라는 관점에서 영장류를 바라봤다는 것이었다. 아마도 그가 저지른 여러 오류 가운데 가장 중대한 것은 간단한 현장연구로도 충분하다는 가정이었을 것이다. 그런 현장연구에서 체계적이고 확장된 방법론의 전형을 최초로 세운 사람은 주커만과 동시대인이자 로버트 여키스의 학생으로서 파나마에서 고함원숭이류에 대한 관찰 연구를 진행한 클래런스 레이 카펜터였다. 그러나 영장류 행동을 심도 있게 이해하기 위해서는 장기간 동안 극도의 몰입을 할 필요가 있음을 결정적으로 보여준 사람은 바로 제인 구달이었다.

주커만이 제인의 첫 학회 발표를 과학으로 치기에는 부족하며 본질적으로는 그저 매력 뽐내기에 지나지 않는다고 교묘하게 비하한 행동은 이후 제인의 학자로서의 삶 대부분 동안 지겹도록 따라다닌 맹목적인 편견의 전조였다. 오래도록 어떤 사람들은 제인이 말하거나 저술한 내용을 진지하게 받아들이기에는 제인의 다리가 너무 날씬하고, 머리가 금발이고, 얼굴이 지나치게 예쁘고, 태도도 너무 여성적이라고 생각했다. 그러나 이 새로운 영장류 동물학에서 한 가지 재미있는 점은 이미 많은 여성들이 현장연구에 뛰어들고 학계의 지도자로서의 위치를 차지하기 위해 '원숭이 언덕'을 기어오르고 있었다는 점이다. 신영장류 동물학, 특히 영장류 현장연구 분야에서 여성의 가치는 날로 높아졌으며, 오늘날에는 현직 연구가들 중 남녀 성비율이 거의 비등한 분야이기도 하다. 여성들은 여러 가지 이유에서 영장류 동물학자가 되었으며, 루이스 리키, 로버트 하인드, 셔우드 워시번 같은 저명한 남성 원로 학자들이 여성들의 참여를 많이 독려한 것도 분명 적잖이 기여했을 것이다. 그러나 또한 활발한 활동을 벌이며 주목을 받게 된 여성 역할 모델들과 스승으로 우러러볼 만한 여성들이 등장하기도 했다. 점점 대중적 인기를 얻기 시작한 제인 구달과 함께 다른 주요 개척자로 부상한 앨리슨 졸리와 (또한 1962년 뉴욕 학회 때 참석한) 신시어 부스, 필리스 제이가 그들이었다.

물론 누가 뭐래도 제인은 매력적이었으며, 그런 제인의 자연적인 매력은 「내셔널지오그래픽」의 렌즈를 통해 인공적으로 무수히 복제되었다. 이 과정에서 영장류 동물학 자체는 가장 많이 대중들에게 비춰지는, 그리고 때로는 잘못 비춰지기도 하는 과학 분야로 변모했고 제인은 현대의 가장 주목받는 과학자로, 역사상 가장 잘 알려진 여성과학자로 손꼽히게 되었다. 한편 영장류 동물들만의 거부할 수 없는 매력이 발견되면서 그들은 마법과도 같은 미디어의 기능을 통해, 점점 늘어만 가는 대중 독자들에게 스릴 만점의 교육과 오락, 자연의 거울 속을 깊이 응시하는 짜릿함을 선사했다.

21

성공적인 촬영

1962

앞에서 봤듯, 내셔널지오그래픽협회가 제인 구달의 연구에 처음으로 관심을 가지게 된 계기는 루이스 리키의 권유였다. 협회는 루이스의 침팬지 프로젝트를 후원하면서 「내셔널지오그래픽」에 기사를 실을 때 통상적인 고화질 컬러 사진을 삽입하려고 준비했다. 그러나 주디 구달이 찍은 사진들이 적합하지 못하다는 것을 알고서는 1962년 1월 로버트 E. 길카의 명의로 조금 오만하게 느껴지는 편지를 보내어 사진 게재를 취소해버렸다.

그 거절이 실수였음을 잡지사의 중역들이 깨닫기까지는 그리 오래 걸리지 않았다. 모두 루이스 리키의 설득 덕분이었다. 1961년 12월 초순 루이스는 케임브리지 대학에서 박사 첫해 과정을 밟고 있었던 제인을 지원하기 위해(루이스는 굳이 제인의 학생 신분을 밝히지는 않은 채로 단지 "구달이 연구 결과를 작성할 수 있도록"이라고만 썼다) 400파운드의 장려금을 요청했다. 협회의 연구탐사위원회는 모호한 태도로 그 요청을 거절하며 제인에 대한 자세한 신상 정보와 장려금의 구체적인 사용 용도를 알려달라고 요구했다.

1962년 1월 5일에 보낸 답장에서 루이스 리키는 제인의 스승으로서 최선을 다해 그의 인생에서, 그리고 제인의 인생에서도 가장 설득력 있는 추천장을 쓰면서 처음으로 제인을 더 이상 "내 연구 보조 중 하나"가 아닌 중심인물로 부각시켰다. 이전 편지에 이미 썼던 사항들을 요약하는 데 그치지 않고 이번에는 제인이 진행하고 있는 독자적인 연구의 중요성을 엄청나게 강조하며 침팬지의 도구 제작과 도구 사용을 제인이 발견했다는 사실을 처음으로 공개했던 것이다.

구달의 연구가 담고 있는 중요성을 감안하자면, 그 특별한 발견들의 내용이 무엇인지 지나치게 많이 언급하고 싶지는 않습니다만, 귀사에서 구달의 연구에 대한 간략한 개요를 요청하셨으므로 비밀 유지를 전제로 다음 정보를 제공해드리고자 합니다. 부탁드리고 싶은 점은 구달의 연구가 과학적으로 매우 높은 중요성을 가지는 만큼 기밀 유지를 철저히 해주십사 하는 것이며, 모든 연구 결과는 구달에게 귀속됩니다.

1. 구달은 18개월 동안 침팬지의 자연 서식지 내 거처에서 지내며 침팬지를 관찰했으며 지금까지의 어떤 기존 야생 영장류 연구보다도 상세한 연구 결과를 내놓았습니다.

2. 구달의 직접 관찰 시간이 1~2년 전 당시 가장 중요한 연구로 평가받은 조지 셜러의 고릴라 연구 시간을 훨씬 초과합니다.

3. 구달은 침팬지들과 우호적인 관계를 맺을 수 있었던 덕분에 매우 근접한 거처에서 …… 침팬지들의 일상적인 삶, 교미, 털 고르기, 새끼 돌보기, 놀이 외 기타 활동들을 지켜볼 수 있었습니다.

4. 구달이 가지고 있는 연구기록에는 굉장한 내용이 담겨져 있으며 제 판단으로는 이전에 들어본 적이 없는 것을 담은 사진, 즉 침팬지가 연중 특정 철에 흰개미를 잡을 목적으로 정기적으로 원시적인 도구를 제작하는 모습을 찍은 사진도 있습니다. 이 발견은 과학적으로 매우 높은 중요성을 띠는 것입니다.

5. 또한 구달은 이 용도로 제작된 '도구'의 견본을 확보했으며 저도 구달의 이

믿기지 않는 발견을 담은 흑백 사진을 몇 장 가지고 있습니다.

6. 구달에게는 침팬지가 어린 멧돼지 및 부시벅 등의 포유동물 고기를 먹는 모습을 묘사한 다량의 기록이 있으며, 어떤 기록에는 늙은 수컷의 주도하에 그 고기를 무리 내에서 나눠먹는 모습을 묘사한 내용도 담겨져 있습니다.

7. 야생 침팬지의 교미에 대한 구달의 기록은 굉장히 짜임새가 있으며 확신 컨대 고유한 것이기도 합니다.

8. 구달의 연구기록에는, 제 판단으로는 과학상 새로운 발견일 듯한데, 침팬지들이 연중 특정 시기에 절벽 면을 이빨로 파서 염분기가 있는 흙을 섭취한다는 내용도 담겨져 있습니다.

9. 열대 폭풍이 시작될 무렵 수컷 침팬지들이 나무에서 뜯어낸 녹색 이파리가 달린 나뭇가지를 들고 '비춤'을 추는 환상적인 모습을 묘사한 기록도 있습니다.

위의 자료와 기타 여러 기록을 담은 구달의 연구는 더할 나위 없이 우수하며 저는 구달이 논문을 작성하는 도중 생활비를 마련하려고 애쓸 필요 없이 조용히 작성을 마칠 수 있도록 돕기 위해 지원금을 모금하고자 합니다.

루이스의 추천서는 바라던 효과를 볼 수 있었다. 제인은 400파운드의 돈을 즉시 받았으며, 그녀의 연구에도 새롭고 갑작스러우면서도 집중적인 관심이 쏟아진 것이었다. 1월 16일 내셔널지오그래픽협회 멜빈 페인 부회장은 리키의 추천서를 연구탐사위원회의 레너드 카마이클 위원장에게 전달하며 "구달의 연구 개요에 상당히 재미있는 내용이 담겨 있어서 보시면 아마 특별한 관심을 가지게 되실 겁니다" 하고 귀띔했다. 마찬가지로 깊은 인상을 받은 카마이클은 곰베로 가기 위해 이곳저곳에 청을 넣기 시작했다. 일주일도 채 지나지 않아 그로스브너 회장에게도 그런 열성이 전염되었다. 그리고 다음과 같은 내부 문건을 작성했다. "본 연구는 유례가 없을 정도로 중요합니다. 구달이 그곳에서 침팬지들과 친구가 되고 구달이 근처에 있어도 침팬지들이 개의치 않는다는 놀라운 사실은 더 말할 필요조차 없습니다. 구달의 연구는 우리 잡지에 놀랄 만큼 멋진 이야깃거리를 제공해줄 것이므로 전력을 다해 연구 내용을 확보해야 합니다."

1월 23일경 모든 계획을 세우고 추진 방안도 마련했다. 우선 그로스브너는 루이스로부터 받은 편지의 사본을 사진작가인 데이비드 보이어에게 보냈다. "이 제안이 어째서 우리 잡지에 중요하며 흥분을 불러일으키는 사안인지를 보여드리고 싶습니다. 이 행동 연구는 새롭습니다. 침팬지가 작은 나무 도구를 직접 만들어 흰개미를 파먹는다고 합니다. 한번 상상해보십시오!"

같은 날 그로스브너는 2월 중순쯤 레너드 카마이클이 며칠간 곰베를 방문해도 될지를 묻는 전보를 루이스에게 보냈다. 전보에 뒤이어서는 편지들이 루이스와 제인 두 사람 모두에게 배달되었다. 그로스브너는 루이스에게 보낸 편지에 이렇게 알렸다. "귀하만큼이나 우리도 제인 구달의 연구 결과에 흥분하고 있으며 그 기사를 게재할 수단을 반드시 찾아야겠다고 생각하고 있습니다."

제인에게 보낸 장문의 편지에는 더 자세한 제안이 담겨 있었다. "리키 박사가 침팬지 행동에 대한 귀하의 훌륭한 연구와 발견을 일부 언급한 놀라운 편지를 보내주셨습니다." 내셔널지오그래픽협회 회장의 편지는 이렇게 시작되었다. "연구의 중요성이 매우 높은 점을 사서 본 협회에서는 「내셔널지오그래픽」에 귀하의 연구를 다룬 기사를 싣고자 합니다."

그로스브너는 현재 제인이 협회에서 "기쁘게 지원"(최근 보낸 400파운드를 가리킴)한 "연구 진행 및 결과 보고서 준비"에 "착수"한 탓에 매우 바쁘리라는 것을 알고 있다고 적었다. 그러면서도 「내셔널지오그래픽」에 침팬지를 연구하면서 경험한 일들과 최근에 새로이 발견한 침팬지 행동에 관한 글을 써줄 의향이 있는지 물었다. 그리고 "전문 사진작가가 새로 찍은 컬러 사진이 필수적"이기 때문에 케임브리지에서 논문을 작성하는 일을 잠시 멈추고 2월 중순에 잠시 곰베로 가서 사진작가의 일을 도와줄 수 있는지, 그리고 이때 레너드 카마이클 박사와 동행해줄 수 있는지도 물었다. 그로스브너는 당연히 협회에서 제인이 쓸 모든 경비를 지불하고 여기에 "이번 임무 수행에 대한 감사의 뜻"으로 천 달러를 추가로 지급할 용의가 있으며, 원고 작성비와 사진 촬영의 보조에 대한 수고비로 2천5백 달러를 더 주겠다는 말로 편지의 끝을 맺었다.

루이스는 즉각 답신을 보내 레너드 카마이클의 방문 제안은 "말씀하신 일정보다 더 긴 시간을 내지 않는 한 말도 안 되는 것"이라는 뜻을 전했다. 루이스는 어려운 이유를 하나하나 열거했다. 우선 나이로비로부터 키고마로 가는 데만 3일에서 5일이 걸린다. 돌아올 때도 3일에서 5일을 생각해야 한다. 키고마에서부터 연구 지역까지는 길이 없다. 도보로 오지를 여행하기는 불가능하다. 제인이 전에 사용했던 배는 여름에 제인이 돌아갈 때까지 운행이 중단될 예정이므로 사용할 배가 없을 것이다. 마지막으로 제인이 "연구 결과를 논문으로 정리하기" 위해 현재 영국에 있으므로 아프리카에 갈 여력이 없으며, "어느 누구도 침팬지 무리를 발견할 수 있는 정확한 위치를 알지 못하므로" 제인과 함께 가지 않는다면 곰베에 가도 헛된 일이 될 것이다.

1월 30일 루이스의 편지가 워싱턴에 도착하자 그로스브너는 즉시 카마이클에게 사본을 보냈으며 그에게 위로의 말("아직 실망할 필요는 없습니다. 제 생각에 헬리콥터나 수상 비행기, 보트를 이용해 그 지역으로 들어갈 수 있을 것 같은데요.")과 함께 이제 주시해야 할 진짜 장애물은 다름 아닌 루이스라는 결론을 전했다. 그로스브너는 카마이클에게 "루이스가 이 침팬지 서식지를 꽁꽁 숨겨두려는 작태는 정말로 우습군요" 하고 써 보냈다. "고상한 척하느라 제인을 사진작가들과 함께 보내지 못하게 하는 것이지요. 황당하다는 기분마저 드는군요." 그렇지만 어쨌든 루이스 리키는 그렇게 중요하지 않았다. 그들이 원하는 사람은 제인 구달이었고 제인을 리키로부터 떼어놓을 수 있는 방법이 있을 터였다. "제인 구달 본인에게 직접 보낸 제 편지가 결실을 거두길 바랄 따름입니다."

그러나 제인의 답장도 루이스의 반응을 좀더 우아한 방식으로 되풀이한 것에 지나지 않았다. 제인은 그로스브너에게 자신이 사실 케임브리지 대학에서 박사학위를 밟고 있는 중이며 덧붙여 2월은 한창 우기일 때라 사진을 찍기에는 최악의 시기라고 적어 보냈다. "풀이 제일 무성하게 자랄 때이고—많은 지역에서 3미터 70센티미터도 넘게 풀이 자랍니다—관찰자의 몸이 비를 맞아 하루 종일 마를 새가 없는 시기입니다. 게다가 들소가 자주 다니는 길마저도 풀이 무성하게 자라기 때문에 먼 지역까지 이동하기란 사실상 불가능합니다."

진지하고 훌륭한 구혼자라면 한두 번의 정중한 거절쯤은 그저 참아 넘기게 마련이듯, 멜빌 벨 그로스브너도 한 번의 거절에 포기하지 않았다. 그로스브너는 2월 13일 제인에게 편지를 보내 워싱턴으로 와서 잡지사 직원들과 연구탐사위원회 인사들을 만나달라고 요청했다. 거기에는 워싱턴으로 오는 여행 경비를 협회에서 모두 지불할 것이라는 말과 함께 새로운 계획에 대한 "구체적인 사안을 확정"해 6월까지 곰베에 사진작가를 보낼 수 있으리라 확신한다는 말도 적혀 있었다.

그로스브너의 초청 편지가 배달된 지 일주일도 못 돼 일러스트레이션 부서의 편집보조 로버트 길카가 보낸 좀더 구체적인 내용의 편지—이번에는 4월에 있을 뉴욕 과학아카데미 영장류 학회에 제인이 이미 참석할 예정이니만큼 워싱턴에도 잠시 들렀다 가면 어떻겠냐는 바람을 내비친 편지—가 도착했다. 제인과 주디에게 보낸 1월 2일의 그 유감스러운 거절 편지를 작성한 당사자였던 길카가 이제는 겸손하게 "예전에 제가 돌려보냈던, 선생님과 선생님의 여동생이 작년에 촬영한 사진을 다시 한 번 보고 싶습니다"라고 부탁을 하고 있었다.

3월 중순경에 내셔널지오그래픽협회의 대장 수컷인 레너드 카마이클 박사와 토머스 맥뉴 박사는 자신의 아내들과 동반해 동아프리카의 여러 관심 지역을 짧게 둘러보고 미국으로 돌아오던 길에 런던에 들러 제인을 만나기로 약속을 했다. 케임브리지에서 아침 기차를 타고 온 제인과 부부 동반으로 점심을 같이 먹고 나서 워싱턴의 내셔널지오그래픽협회 본부로 복귀한 카마이클은 자신과 맥뉴가 제인을 "면접"했는데 "구달의 과학적 지식과 인성에서 아주 좋은 인상을 받았습니다"라고 보고했다. 한편 협회는 제인이 뉴욕 과학아카데미 학회에 참석하기 전에 4월 말쯤 워싱턴을 방문할 수 있도록 그녀에게 2백 파운드짜리 수표를 보냈다.

내셔널지오그래픽협회가 제인에게 자신들의 관심을 적극적으로 표현하고 또 자신들에게 관심을 가지도록 유도하기 위해 썼던 회유책에는 어떤 것이 더 있었을까? 3월 22일 내셔널지오그래픽협회 이사회는 제인에게 1천5백 달러의 현금이 부상으로 주어지는 프랭클린 L. 버 지리지식 증진 및 확산 기여상을 수여하기로 의결했다. 또 마침 협회에서 주최한 여러 대중 강연 중 하나(3월 23일 금요일)를 맡아 워싱턴으로 온 루이스를 만난 자리에서 그로스브너 회장은 다음 해 곰베 연구에 "최고 5천 달러"를 지원하겠다는 뜻을 전달하기도 했다.

그러자 루이스가 곰베에 사진작가를 보내는 문제와 관련한 해결책을 제안했다. 1년 전에만 해도 적당히 둘러대며 남성 사진작가를 곰베로 보내는 일에 반대했던 루이스가 근래 자신의 강연 자료용 영상물을 제작해준 인연으로 친해진 휴고 반 라빅이라는 재능 있는 젊은 네덜란드인을 떠올렸던 것이었다. 이 반 라빅이라는 친구가 곰베의 침팬지를 촬영하는 데 가장 적당한 사람일 것이라며, 루이스는 "그 이유"는 (그로스브너와의 회동 후 내놓은 부연 설명에 따르자면) "반 라빅이 야생동물의 행동과 친숙하기 때문입니다. 게다가 나이로비에 살고 있어 단 며칠이면 침팬지 서식 지역으로 들어갈 수 있습니다"라고 말했다. 또한 "침팬지들이 구달에게 익숙해지고 과일 먹기와 흰개미 사냥을 시작하기 전까지 몇 주밖에 시간이 없으므로 타이밍이 가장 중요하다"고 지적했다.

휴고 반 라빅이 남자이므로 당연히 예전과 마찬가지로 적절성의 문제가 남아 있긴 하지만 루이스는 해결책이 간단하다고 단언했다. 내셔널지오그래픽협회가 곰베 연구 지원금 및 제인의 경비 지급에 추가해 제인의 어머니의 경비도 대준다면 밴이 다시 한 번 곰베로 가서 이번에는 "샤프롱(사교계에 나가는 미혼 여성을 돌봐주고 감독하는 역할을 하는 중년 여성—옮긴이)" 역할을 해줄 수 있다는 것이었다.

휴고 반 라빅 남작은 1937년 4월 10일 네덜란드령 동인도 제도(현 인도네시아)에서 태어났다. 휴고가 네 살 되던 해 네덜란드 해군 조종사였던 아버지가 비행기 충돌 사고로 사망하자 휴고의 어머니는 가족들을 데리고 처음에는 호주로, 나중에는 영국으로 이주했다. 휴고와 어머니, 남동생은 런던과 헐에서 전쟁 시기를 보내며 쉴 새 없이 닥치는 공습을 견디다 이후에는 데본으로 이사를 갔다. 런던에서 휴고는 가스 마스크와 어른들이 항상 들고 다니다가 가스 공격이 있으면 흔들어서 다른 사람들에게 경고해주라며 손에 들려준 나무 딸랑이를 가지고 다녔다. 헐의 집에는 모래 부대를 쌓아 만든 대피호도 있었는데 세월이 흐른 뒤 휴고는 전투기들과 V-1 로켓, V-2 로켓이 머리 위로 날아다니거나 말거나 어머니와 이웃들과 함께 정원에 앉아 차를 마시며 담소를 나눴던 일만 기억했다. 전쟁 후 어머니는 동생을 데리고 네덜란드로 돌아갔지만 학교가 마음에 들었던 휴고는 데본에 계속 남았다. 하지만 귀족 직위에 걸맞는 재산도 없었고 이어 1947년 어머니가 데본의 학교 등록금을 더 이상 댈 수 없는 상황이 되면서 휴고도 네덜란드 아메르스포르트에 있는 가족들에게로 돌아갔다.

늘 야생동물에 관심이 많았던 휴고는 열너댓 살이 되던 무렵 12명 정도의 또래 아이들로 구성된 자연 활동 클럽에 가입했으며, 이 클럽에서는 일년에 한 번 3일간 여행을 떠났다. 첫번째 여행은 홀랜드 주에 소재한 자연공원으로 떠났다. 아이들은 작은 동물들(새, 사슴, 개구리, 뱀)을 구경하다가 친구들 중 두 명이 들고 온 초보자용 소형 카메라들로 사진을 찍어보려고 애썼지만 장비가 너무 단순했기에 사진을 찍으려면 몰래 기어가야 하는 일이 많았다. 휴고는 사진 찍는 일에는 깜깜이었지만 포복을 잘 했기 때문에 친구들이 그에게 임무를 맡겼다. "나무에 올라가면 버튼을 눌러."

나중에 휴고는 사진을 통해서라면 자연과 가까이 지내는 삶이라는 자신의 꿈을 추구해볼 수 있겠다는 생각을 하게 된다. 대대로 군인 집안이었지만 어머니가 휴고의 포부를 펼칠 수 있도록 지지해준 덕분에 휴고는 네덜란드 군대에서 병역 의무를 마치고 찾아간 한 영화사에서 보조 촬영기사로 취직했고 그곳에서 광고 촬영 일을 시작했다. 필름 현상소에서 3개월간 근무한 뒤 1959년 11월 동아프리카로 떠나기 전까지는 한동안 사진작가로도 일했다.

아프리카는 처음부터 그의 마음을 사로잡았고, 도착하자마자 휴고는 나이로비를 기반으로 당시 유럽에서 TV용으로는 최초로 자연 다큐멘터리 영화를 제작해 유명해진 아르망, 미카엘라 데니스 부부 촬영팀에서 일자리를 구했다. 2년 후 그 일을 그만 두고 나서 돈이 필요해졌을 때에는 케냐 수렵관리부에 들어가 밀렵이 횡행하는 지역의 코뿔소들을 포획해 국립공원 안에 풀어주는 일을 했다. 일 없이도 한 달가량 살 수 있는 자금이 모이고 나자 시험 삼아 프리랜서 사진작가 일을 하기 시작했다.

데니스 부부 밑에서 일하는 동안 휴고는 데니스 부부의 이웃 중 하나인 리처드 리키와 친해졌는데, 그때 리처드의 아버지인 루이스 리키 박사로부터 랑가타의 집에서 머물다 가라는 초대를 받았다. 리키의 집에서 머문 지 이틀이 지난 다음 우연히도 휴고가 루이스의 등 뒤에 서 있었을 때 전화벨이 울렸다. 미국에서 걸려온 장거리 전화를 받은 루이스는 내셔널지오그래픽협회의 누군가와 다음에 미국에서 할 강연과 강연을 위한 배경자료 영상물을 만들어줄 사람을 구할 방법을 의논했다. 결국 그 영상물은 휴고가 맡아 몇 달 동안 작업을 하게 되었고 그 과정에서 루이스와 내셔널지오그래픽협회에 좋은 인상을 남길 수 있었다.

당시 네덜란드에서 떠나온 지도 2년이나 된 데다 이제 내셔널지오그래픽협회 영상물 제작으로 집에 돌아갈 경비도 충분히 마련해서 휴고는 어머니를 만나러 갔다. 1962년 4월 4일 어머니의 집에 머무는 동안 내셔널지오그래픽협회 직원이 보낸 한 통의 편지가 배달되었다. 강연 자료용 영상물 촬영 솜씨에 대한 칭찬과 함께 활동자금으로 부족함이 없을 월 백 달러를 활동비로 주고 거기에 잡지에 사용할 사진, 영상물에는 내부 요율을 적용한 추가요금을 지급하겠다는 내용이었다. 이어서 편지에는 협회 측에서 경비를 지원해줄 테니 즉시 워싱턴으로 와서 "사진에 대한 요건 및 요구사항을 숙지"하고 "쓸모가 있을 것으로 판단되는 장비, 필름, 사진 기술에 대해 함께 의논"하자고 적혀 있었다.

휴고는 동의한다는 뜻을 전보로 보내고 나서 4월 16일 월요일에 암스테르담을 출발하는 비행기 좌석을 예약했다. 하지만 워싱턴의 내셔널지오그래픽협회에 도착했을 때 자신의 사진 촬영 기술이 어떤 편인지를 진지하게 묻는 질문을 받자 주로 영상물 작업을 했던 휴고는 당황을 금치 못했다. 그러다 누군가가 그에게 카메라를 건네주며 말했다. "자, 워싱턴으로 가서 사진을 좀 찍어봅시다."

"저는 동물 사진을 찍지 사람은 찍지 않습니다."

"글쎄요, 둘 다 같은 일 아니겠습니까. 사진은 사진이니까요."

그 당시 수줍음을 많이 탔던 휴고는 도시를 거닐며 낯선 사람들의 모습을 두서없이 찍는다는 생각이 끔찍하기만 했다. 그래도 나가서 사진 몇 장을 찍어 필름을 현상소에 보냈다. 결과는 대실망이었다. 다음에는 국립 동물원으로 가서 동물이 아니라, 동물들을 구경하는 사람들의 모습을 찍었다. 맨 처음 눈에 들어온 사람은 동물을 구경하는 젊고 매력적인 여성이었는데 휴고가 사진을 몇 장 찍자 경계심이 가득한 남자친구가 나타나 적의에 찬 말투로 "뭐요?" 하고 캐물었다. 그 다음에는 할아버지가 손녀의 입에 사탕을 넣어주는, 좀더 문제가 되지 않을 것 같은 장면을 골랐다. 사진을 찰칵 찍자 노인이 휴고 쪽을 바라보며 미소를 지었다. 하지만 몇 장 더 찍자 노인은 벌떡 일어나 저만치 걸어가버렸다.

결국 휴고에게 일자리를 얻어준 것은 동물 사진이었다. 동물원에서 먹이를 먹고 있는 펠리칸의 모습이 담긴 사진을 본 멜빌 그로스브너가 그 사진이 굉장히 마음에 든다고 했던 것이다.

내셔널지오그래픽협회는 휴고 반 라빅이라는 그 청년을 고용했고 제인뿐만 아니라 밴의 곰베 체류 비용도 대는 데 합의했다(또한 곰베 연구를 토대로 작성한 7천5백 단어 길이의 글을 넘겨주는 대가로 2천 달러, 사진이 사용되면 추가로 장당 2백 달러를 지급하기로 했다). 「내셔널지오그래픽」의 부편집인 프레더릭 G. 보스버그는 4월(휴고가 온 뒤 일주일 뒤)에 제인이 워싱턴에 머무는 동안 그녀에게 "일반적인 것보다는 구체적인 것, 일인칭 화자가 부각되어야 하며 일화를 많이 담고 유머를 가미한 개인적인 서사 방식"을 사용해달라고 개인적으로 당부를 남겼다.

그해 3월에 루이스가 그녀에게 그 새로운 계획에 대해 알린 직후 제인은 데스몬드 모리스에게 보낸 편지에 이처럼 적었다.

마침내 딱 적당한 사진작가를 쓸 수 있다고 생각하니까 정말 오랜만에 그 어느 때보다도 행복한 기분을 느낄 수 있었답니다. 지금 이 사진작가는 장비를 얼마나 많이 짊어지고 다녀야 적당한지를 알아보러 아프리카의 숲이 우거진 산을 오르내리고 있다고 합니다. 또 다양한 종의 원숭이와 기타 동물들에게 플래시 촬영을 실험하면서 조명을 비추면 빛을 얼마나 받는지를 확인해보고 있대요. 그리고 동물이 조명에 익숙해지는 데 걸리는 시간도 알아보고 있고요. 진짜로 침팬지에 [사진을 찍고 싶어] 목숨을 건, 게다가 일류 사진작가인 데다 동물들과도 잘 어울리는 이런 사람도 있다니까, 그저 너무 좋아서 믿기지가 않을 정도에요.

「내셔널지오그래픽」의 권력층도 마찬가지로 만족했던 듯했지만, 여전히 그해 여름 이미 나이로비에서 체류 중이며 리키 가족을 다루는 기사에 실을 사진의 촬영 감독을 맡기로 되어 있었던 사람을 예비 사진사로 곰베에 보내는 것은 어떻겠느냐고 제안했다. 5월 10일자 편지에서 로버트 길카는 메리 그리스월드라는 이 "자부심이 강한 젊은 여성"이 "경험이 풍부한 사진작가"이며 그녀가 곰베에 가는 유일한 목적은 "캠프 생활을 담는 데 필요한 사진 몇 장만 찍는 것이며 연구에 방해될 수 있으니 침팬지 사진을 찍으려는 시도는 하지 않을 것"이라고 설명했다.

일러스트레이션 부서에서 보조 편집자로 일했던 메리 그리스월드는 1년 전 루이스와 멜빌 그로스브너가 제인과 침팬지의 사진을 찍기 위해 별 이유 없이 선정했다가 몇 주 후 역시 별 이유 없이 취소했던 바로 그 사람이었다. 처음 제안 때처럼, 그리스월드를 곰베로 보내겠다는 두번째 제안 역시 분별없기는 마찬가지였으며, 제인은 3월 15일 길카에게 편지를 보낼 때 이런 이유를 들었다. "정말로 우리들 중에서 그 여자 분이 휴고나 저보다 더 나은 사진을 찍을 수 있다고 생각하시는지요? 또, 솔직히 정직하게 말씀 드려서 그분이 얻어갈 수 있는 게 무엇인지 모르겠습니다. 제가 있는 캠프에는 아무것도 없고 심지어 하루 종일 텅텅 비어 있는데요."

다시 한 번 그리스월드 양은 프로젝트에서 제외되었다. 하지만 리키 가족 이야기를 작성하는 일을 감독해야 했기에 어쨌든 그녀는 케냐에 갔으며, 제인과는 6월 28일경 나이로비의 한 시내 음식점에서 결국 만나게 되었다. 당시 둘은 악수는 나누었지만 서로 시큰둥하게 대했다. 메리는 제인을 "어딘지 유약"해 보인다고 평가했으며 "아마 오래 버티지 못할 것"이라고 생각했다.

7월 4일경 제인과 친구 데릭 던은 나이로비를 빠져나와 남쪽을 향해 차를 달리고 있었다. 세렝게티를 거쳐 안개가 자욱한 응고롱고로 분화구를 지나가던 동안 중간에 뚝 끊긴 험한 도로에서 길을 잃고 헤매던 둘은 그날 밤 늦게 기진맥진한 채로 신기다에 도착해 화장실이 망가져서 평판이 좋지 못한 어느 호텔로 들어섰다. 다음날 제인은 이티기에서 기차를 타고 타보라로 가 그곳에서 하룻밤을 묵었는데 오랜 친구이자 캠프 요리사인 도미니크 반도라가 궁색한 행색에다 낙심한 표정으로 제인을 찾아와 밴이 아직 그곳에 오지 않았다는 소식을 전했다. 이튿날 아침 키고마행 서부선 열차를 타러 간 제인과 도미니크는 기차 안에서 기쁘게도 하산 살리무와 재회했다.

영국의 주도하에 유엔의 신탁통치를 받고 있던 탕가니카는 약 8개월 전인 1961년 12월 7일에 탕가니카 공화국이 되었다. 1964년 4월 26일에 탕가니카와 잔지바르의 통일로 태어난 지금의 탄자니아가 세워지기까지는 아직 한참 전인 그 당시로서는 한때 독일 식민지였다가 또 영국의 위임통치령으로 있었던 처지에서 독립을 하게 된 것만으로도 경사로운 일이 아닐 수 없었다. 기차에 탄 제인은 자신이 그곳에서 유일한 유럽인이라는 사실을 깨달았으며("아침 7시에 빵을 사려고 온 생기가 없는 백인 신부님"만 제외한다면 유일했는데, "그 신부님은 멀리 인적이 드문 작은 부락으로부터 오신 것 같았다."), 그날 오후 늦게 도미니크, 하산과 함께 키고마에 도착했을 때에는 예전의 레지나 호텔이 세심한 고려 끝에 레이크뷰로 이름이 바뀐 것(레지나regina는 영국에서 여왕을 뜻한다—옮긴이)과 보마에 있는 거의 모든 관공서의 사무실들이 아프리카인들로 채워진 것도 보았다.

7월 8일 곰베에 도착한 제인은 즉시 루이스에게 편지를 냈다. "아이고야, 하지만 이곳에 돌아와서 좋아요. 침팬지들을 잘 볼 수 없을지라도 이곳에 온 것이 기쁘기만 하네요."

그러나 최근 평소와 다르게 많은 비가 내려 탕가니카 호의 물이 불어나서 호수 연안을 따라 걷거나 카세켈라의 캠프 북쪽과 남쪽 지역을 탐사하기가 어렵게 되었다. 모터가 작동하지 않아 소형 알루미늄 보트는 무용지물이 되어버리는 바람에 제인은 작은 통나무 카누를 빌려 노 젓기를 연습했다. 여름 중반이 되면 대개 말라버리는 풀들은 여전히 물이 올라 푸르렀고 키가 높게 자라 3미터나 되는 곳도 많았다. 계절에 맞지 않게 길게 자란 풀들뿐만 아니라, 계절에 맞는 강한 바람 때문에 침팬지들이 나뭇잎을 흩트려놓은 곳을 보고 침팬지를 찾아내기도 힘들었고 울음소리, 외침소리를 쫓아 추적하기도 어려웠다. 나이로비의 아하메드 형제가 수선해주기로 했던 텐트는 아무렇게나 둘둘 말려서 방치된 상태였으며 세면대를 두었던 공간의 천장 쪽 천에는 찢겨나간 구멍이 보였고, 나무 망치는 사라졌으며, 텐트 줄은 오래돼 썩은 채로 드러나 있었고 텐트를 고정시킬 말뚝도 부족했다. ("그러니까 친애하는 우리의 지미 아하메드를 보시거든 혼 좀 내주세요"라고 제인은 루이스에게 부탁했다.)

그래도 숲으로 돌아와 텐트에서 다시 살게 되어 기뻤다. "제가 텐트에서 18개월 동안 살았다는 이야기를 들으면 사람들은 끔찍하다는 반응을 보이죠." 그해 여름 내셔널지오그래픽협회의 토머스 맥뉴에게 보낸 편지에는 이런 말이 적혀 있었다. "하지만 저는 텐트가 좋아요. 특히 폭풍우가 심하게 몰아닥칠 때 캔버스 천장 아래에 누워 있으면 가장 환상적인 기분을 느낄 수 있죠."

7월 말경 제인과 하산은 곰베 강 보호구 북단 인근의 호수 연안인 미툼바 계곡에 자라는 거대한 음술룰라나무가 이제 열매를 열어 무수한 침팬지들을 끌어 모으게 되리라 예상하고 그곳에 캠프를 세웠다. 하산과 함께 담요 몇 개와 기본 필수품을 담은 상자 두어 개를 운반한 뒤 제인은 자신이 침팬지를 찾아다니며 잡지 기사에 실을 괜찮은 사진을 찍을 낮 시간 동안 하산의 말벗이 되어주도록 음왕공고 마을에서 사람을 불렀다. 미툼바에서 침팬지 사진을 찍으려는 시도는 실망스럽기 그지없었지만 "완벽 그 자체"였던 밤 시간 덕분에 그런 좌절감은 상쇄되었으며, 그때의 심경은 토머스 맥뉴에게 보낸 편지에 잘 드러나 있다.

사람들과 함께 나간 호숫가에서 저는 작은 모닥불 옆에 앉아 한밤의 호수에 펼쳐진 암흑의 신비를 바라보았습니다. 사방은 아프리카에 오면 누구나 빠져들게 되는 소리들로 가득했지요. 무성한 풀들의 비밀스러운 살그락거림, 귀뚜라미의 끝없는 울음소리, 불가에 앉아 속삭거리는 아프리카인들의 낮은 목소리, 그리고 무엇보다도 호숫가 자갈에 부딪치는 물결의 속삭임과 한숨. 저 멀리 밝게 빛나는 별들이 광채가 되어 어두컴컴한 하늘을 환하게 비춰줬지만 어둠은 여전히 살아 있습니다. 머리 위로까지 높게 자란 풀들로 뒤덮인 산기슭을 기어 다녀야 하는 덥고 긴 하루가 끝난 후의 이곳은 마치 또 다른 세상 같답니다.

그렇지만 무엇보다도 긍정적인 부분은, 제인이 지금 예전에 만난 침팬지들을 기억하듯이 예전에 제인을 친숙하게 대한 침팬지들 역시도 여전히 그녀를 기억하고 있다는 점을 확인한 것이었다. 덕분에 제인은 6개월도 훨씬 전에 중단했던 부분부터 연구를 재개할 수 있었다.

곰베에 도착했을 때에 카세켈라에 거주하는 수렵 감시원들로부터 데이비드 그레이비어드가 마을 인근에 있는 커다란 무화과나무를 주기적으로 찾았다는 정보를 들었던 터라 제인은 곧 나무 위에 앉아 있는 데이비드를 찾을 수 있었다. 데이비드는 여전히 제인이 익숙한지, 제인이 나무 주위를 걸어 다니다가 나무 위를 바라보며 카메라를 들이대도 잠자코 있었다. 7월 17일 루이스에게 보낸 편지에 적었듯, 데이비드 그레이비어드는 "예전의 데이비드 그대로"였다. "정말 전과 똑같이 순해요. 착하기도 하지. 거대한 무화과나무 위에 앉아 무화과 다발을 평화롭게 씹는 모습을 보고 있노라면 웃음을 참을 수가 없답니다……. 사랑스러운 데이비드 G!"

무리 내 위계질서에서 서열이 높은 침팬지인 데이비드가 제인의 존재를 순순히 받아들이고, 더불어 캠프의 비장의 무기(예를 들어 바나나)에 약한 모습을 보이며 그곳을 자주 들락날락거리자 자연히 다른 세 마리의 수컷들 ─어글리, 찰리, 골리앗─도 캠프로 몰려들었다. 그중 골리앗은 내셔널지오그래픽협회에 보낸 첫 공식 보고서에 제인이 "정말 거인"이라고 묘사했듯, 침팬지 무리 안에서 덩치가 가장 큰 동물이었고 무리의 지배적인 수컷처럼 보였다. 어글리와 찰리는 데이비드 그레이비어드라는 중재자적 존재가 없으면, 희멀겋고 머리에 꽁지 털이 달린 이상한 유인원의 행동과 속셈에 대해 과도한 불안감을 드러내며 경계했다. 그런데 갑자기 골리앗이 데이비드 그레이비어드처럼 제인이 근처에 있어도 차분하게 행동하기 시작했으며 언뜻 보기에는 별 신경을 쓰지 않는 듯하기도 했다.

어느 날 한 관측지점에서 다른 관측지점으로 이동하다가 캠프를 지나쳐가고 있던 중이었다. 표본을 만들어두어야 할 식물들 때문에 캠프에 몇 분 동안 잠깐 들르게 되었는데, 정말 운이 좋았다고 생각한다. 내가 텐트 안에 들어가 있는 동안 텐트 위로 드리워진 기름야자나무에서 쿵하는 소리가 들려 조심스럽게 밖을 살펴봤더니 나무 위에 찰리가 있었다. 찰리가 혼자 있었으므로 녀석이 나를 보지 못하도록 조심스럽게 행동했다.

찰리가 머문 시간은 5분 정도 되었던 것 같았는데 그 후 어디선가 동행을 발견했을 때 내는 낮은 소리[침팬지 특유의 발성음]가 들려왔다. 그래서 나는 텐트 뒤편으로 가서 앞쪽을 지켜보고 있었는데 그때 마침 텐트 앞문 쪽으로 골리앗의 모습이 보였다. 나는 욕실 부근에 머무르며 모기장 망을 통해 지켜보았다. 골리앗이 텐트의 베란다로 와서 안을 들여다봤다. 안쪽 탁자에 놓여 있는 바나나 몇 개를 금세 알아차리고는 텐트 안으로 들어와 바나나를 집어 들고 주위를 이리저리 둘러보더니 밖으로 나가서 텐트 밖에 앉아 바나나를 먹기 시작했다. 이때 나는 카메라를 가지러 욕실에서 나왔으며 텐트 안에 바나나를 더 던져두었다. 막 나무에서 내려온 찰리가 나를 보더니 반대쪽 산기슭 쪽으로 슬쩍 자리를 피했다. 그래서 나는 다시 욕실로 되돌아왔다. 몇 분이 더 흐르자 골리앗이 다시 텐트 안으로 걸어 들어왔다(안타깝게도 텐트 안에는 햇빛이 들지 않아서 사진을 찍기에는 너무 어두웠다). 골리앗의 어마어마한 덩치가 텐트를 꽉 채웠다. 적어도 1분 정도 카메라 렌즈를 뚫어져라 바라봤던 걸로 미루어 내가 있다는 것을 확실히 아는 듯했다. 골리앗은 바나나를 들고 몸을 일으킨 뒤 탁자를 한 번 더 바라보고 나서 나가버렸다. "주방"에 앉아 손에 넣은 먹을거리를 먹기 시작한 녀석은 내가 9미터쯤 떨어진 베란다에 앉아 지켜보는데도 나를 별로 신경 쓰지 않는 듯했다.

8월 9일 레너드 카마이클에게 보낸 편지에 언급했듯 이제 완전히 "길들여진" 침팬지는 두 마리나 되었다. 데이비드와 골리앗이었다. 둘은 제인의 "친구들"이었으며 주기적으로 캠프와 텐트를 방문해 혹시 맛난 것들이 있는지 뒤지고 다녔다(먹을 수 있는 바나나뿐만 아니라 입으로 빨 수 있는 천도 찾았다).

한번은 이 수컷 두 마리가 텐트 안에 들어와 있을 때였다.

제 인생에서 이토록 웃긴 일을 본 적이 없는 것 같습니다. 눈에는 꿈만 같은
만족감이 어린 수컷 두 마리가 서 있는데 골리앗은 그 큰 입에다가 낡아빠진
차 수건을 걸치고 있고 데이비드는 요리사의 앞치마(요리사의 자존심과 기
쁨의 대상)를 수염이 난 입술에 대롱대롱 매달고 있더군요!! 둘은 바닥에 주
저앉아 뒤로 기댄 채 황홀경에 빠져 천 조각들을 입으로 빨기까지 했죠. 빨
고, 빨고, 또 빨았지요. 그러더니 마침내 그 두 녀석은 산 쪽으로 전리품을
질질 끌며 터벅터벅 앞서거니 뒤서거니 걸어 올라가다가 가끔 잠시 멈춰 서
서는 또 그 전리품들을 빨더군요!!

유인원들이 제인이 있어도 두려움 없이 행동했던 것이 경이로운 만큼이
나 제인이 유인원들에게 두려움을 느끼지 않는 것도 마찬가지로 놀라운 일
이었다. 침팬지들에게 전혀 거리낌 없이 다가갔던 제인의 태도는 데이비드
와 골리앗이 사실은 힘이 무지막지하게 세고 날래며 다른 대다수의 침팬지
들처럼 감정적으로 불안정했다는 사실을 너무나 쉽게 잊어버리게 한다. 특
히 골리앗은 늘 화를 벌컥 내는 경향을 보였다. 제인은 8월 9일 편지에서
이 점을 시인했다. "거느리고 다니는 암컷들 중 하나에게 대하는 모습을 봤
었기에 골리앗이 저에게 화를 내는 일이 없기를 바랐죠. 제가 관찰한 침팬
지 중에서는 그렇게 암컷에게 거칠게 대하는 수컷은 골리앗뿐이에요. 아무
것도 아닌 일에 끔찍할 정도로 성질을 부린답니다. 인근에 다른 침팬지 무
리가 나타나면 다른 수컷들보다 더 흥분하고 신경이 곤두서죠(다른 침팬지
들보다 두 배는 세게 쿵쿵 나무를 치고 가지를 마구 흔들어대며 껑충껑충 뛰고
소름끼치는 소리를 질러댑니다). 저한테도 그런 식으로 고함을 질러대고요!"

내셔널지오그래픽협회에서 마음껏 쓰라며 보내준 새 촬영 장비(카메라,
렌즈, 삼각대, 필름)를 받은 제인은 숲으로 돌아온 그 다음 주에 네 통이나
되는 노출 필름들을 워싱턴에 보냈다. 편집부 직원들은 8월 초순까지 초안

사진을 모두 현상해 검토했다. 1년 전 "모든 게 엉망진창이라며 심한 말을 늘어놓을 때"는 "늘 험악해 보이기만 했던"(영국의 가족에게 보낸 편지의 내용) 로버트 길카가 이제 험악함과는 거리가 먼 태도를 보였다. "첫 사진은 지금까지 보내주신 것 중 최고군요. 잘 하셨습니다! 필름 네 통 중 첫번째 것에 담긴 나무에 앉아 있는 동물들의 사진들은 정말로 재미있게 즐길 수 있는 것들이더군요. 확신컨대 데이비드 G의 사진들 중 적어도 한 장은 선생님의 기사에 실리게 될 것 같고, 나뭇가지 끄트머리에 앉은 침팬지가 먹이를 향해 팔을 뻗은 장면 역시 호응을 얻을 것입니다."

그해 여름에는 유난히 불운했던 순간도 있었다. 데이비드와 골리앗이 서로 털을 골라주는 놀라운 모습을 여러 장에 걸쳐 찍고 있었는데 하필 필름을 잘못 넣어 되감기가 안 되었던 것이다. 그러나 길카가 처음으로 긍정적인 회신을 보내오자 제인은 자연히 "징크스는 이제 끝"이라고 생각할 수 있었다.

한편 데이비드는 점점 더 제인을 편하게 대했으며 캠프와도 익숙해져갔다. 8월 17일 새벽에는 그 커다란 유인원이 침대 옆에 앉아서 제인의 나무 저장고에서 막 훔쳐온 바나나를 조용히 해치우면서 내는 기척에 제인이 잠에서 깨어난 일도 있었다. "그 녀석 정말 **악마**예요!!" 그날 제인이 집에 보낸 편지의 내용이다. "녀석을 쉬 하고 쫓아낸 뒤 눈을 감았어요." 하지만 5분 후 "살금살금 걸어오는 발소리"에 눈을 다시 떴다. 또다시 데이비드. 이번에는 제인이 소리를 지르자 허둥지둥 텐트를 빠져나갔는데, 데이비드는 도망가는 와중에 탁자에 쾅하고 '앙심 어린' 주먹을 날렸다. 그러나 그날의 대형 사건은 정오쯤, 그 잘생기고 흰 턱수염이 난 수컷이 캠프 청소에 나서면서 일어났다. 제인은 신이 나서 어쩔 줄 몰라 하며 그 순간을 다음과 같이 전했다.

지금까지 제 일생에서 가장 행복하고 자랑스러운 순간이에요. 데이비드 G—그래요, 그 녀석이요—가 **제 손에서 바나나를 가져갔어요**. 너무나도 온순하게요. 낚아챈 것이 아니에요. 처음으로 제가 바나나를 내밀자 데이비드가 몸을 일으키면서 소리를 지르더니 발을 바꿔가며 그네를 타듯 휘휘 돌다가 나무를 한 대 치고는 다시 자리에 앉았어요. 그래서 바나나를 그 녀석에게로 던졌죠. 다음 바나나는 직접 와서 받아갔어요. 제가 똑바로 서 있는데도 받아갔어요. 도미니크를 불러서 사진을 찍게 했는데 안타깝게도 간발의 차이로 늦었어요. 데이비드가 이미 제 손에서 바나나를 가지고 간 뒤였거든요.

한편 나이로비에서 오고 있었던 휴고 반 라빅은 새롭게 펼쳐질 상황에 조금 불안해하고 있었다. 1961년 6월 어느 날 반 라빅은 사진에 대한 조언을 구하러 온 제인이 랑가타에 있는 데니스 부부의 집으로 들어갈 때—제인은 그를 보지 못했던 듯하지만—그녀의 모습을 지나치면서 언뜻 봤던 적이 있었다. 반 라빅은 궁금했을 것이다. 울창한 숲속에 있는 작은 캠프라는 좁은 공간에 밀어 넣어진 두 사람이 잘 지낼 수 있을까? 미리 지정된 새프롱인 제인의 어머니는 두어 주 더 지나야 오기로 되어 있었다.

원래는 휴고는 8월 15일에 곰베에 올 예정이었지만 실제로는 며칠 지난 뒤에야 도착했다. 제인이 기억하기로는 타버린 풀밭에서 시간을 보낸 뒤 하루를 마치고 내려와 얼굴에 온통 검댕이가 내려앉았을 때 휴고가 그녀를 처음 봤다고 한다. 나중에 휴고는 제인에게 그녀가 자신에게 깊은 인상을 남기려고 일부로 그런 줄 알았다고 이야기했다.

또 휴고는 솔리 주커먼 경으로부터 퍼져 나온 소문, 즉 제인이 침팬지의 육식에 대한 이야기를 지어냈다는 말을 듣고 편견을 가지고 있었는데, 도착 후 첫 주가 채 지나기도 전에 휴고는 포식과 육식의 현장을 직접 목격하게 되었다. 아마도 그 장면은 8월 말 내셔널지오그래픽협회에 보낸 공식 보고서에서 제인이 "최고로 손에 땀을 쥐게 하는 관찰"이라고 묘사했던 어른 콜로부스원숭이를 사냥하여 죽이는 모습이었던 것 같다.

두 마리의 젊은 침팬지가 사냥감을 잡았는데 한 마리는 관심을 끌려고 원숭이 근처에 앉아 있었고 다른 침팬지는 원숭이가 앉아 있는 가지의 바로 윗가지로 잽싸게 기어 올라가 원숭이를 덮친 뒤 눈 깜빡할 새에 그 원숭이를 죽였습니다. 정확히 어떻게 죽이는지는 관찰할 수 없었지만 사냥감이 미처 소리를 낼 시간도 없이 일이 순식간에 이루어졌습니다. 그 뒤 다른 네 마리의 침팬지들이 나무로 올라가서 암컷 한 마리를 제외한 나머지 침팬지들이 모두 사체를 한 조각씩 얻어갔습니다. 원숭이를 죽인 젊은 수컷이 제일 큰 몫을 챙겼습니다(침팬지들 사이에 다툼은 없었으며 소리도 거의 나지 않았습니다). 사냥은 오전 7시에 이루어졌습니다. 오후 1시경에는 여전히 작은 살점을 입에 물고 있는 성숙한 수컷이 저를 지나쳐 가기도 했습니다.

얼마 지나지 않아 제인은 최근에 새로 온 사진작가가 상냥한 사람이며 자신처럼 그도 일에 전념하고 있음을 알게 되었다. 곰베에서 함께 틀어박혀 살다 보니 자연스럽게 어느 정도는 공동생활을 해야 했다. 휴고는 골초였는데, 제인은 그가 담배를 피우는 것을 싫어했다. 캠프의 스파르타식 생활 조건은 마다하지 않았지만 식탐이 많았던 휴고와 달리 제인은, 나중에 휴고가 나에게 말해주었듯, "거의 아무것도" 먹지 않은 채로 지냈다. 그래도 휴고 반 라빅은 캠프와 곰베에서의 삶으로 전반적으로 무난히 스며들었다. 제인은 친구인 버나드 버드코트에게 이렇게 적어 보냈다. "우리는 굉장히 행복한 캠프 가족이야. 휴고는 매력적인 사람이고 우리 둘은 서로 잘 어울려서 지내고 있어."

9월 초가 되자 이 행복한 가족에게로 옷가방에 (영국 집의 동생 에릭에게 보낸 감사의 편지에 적었듯) "덕분에 좋은 약"을 "<u>가득</u>" 채워 온 밴이 합류했다. 밴이 캠프의 진료실과 다른 시설물 운영에 집중하는 동안 두 젊은이는 다른 작업을 하며 바쁘게 지냈다.

제인은 자신의 카메라로 최대한 많은 사진을 찍었다. "가능한 한 좋은 사진 기록을 남기려고 <u>매우</u> 열중하고 있어. 지금까지는 <u>놀라울 정도로</u> 운이 좋은 편이야"(버드코트에게 보낸 편지). 휴고는 기사에 실을 사진뿐만 아니라 앞으로 내셔널지오그래픽협회에서 후원할 강연에 쓸 때를 대비한 영상 자료도 찍고 있었다. 그의 작업에 대해 제인은 이렇게 썼다. "그런데 맙소사, 가지고 다니기에 얼마나 무시무시한 장비들인지 몰라. 엄청나게 무겁다고. 우리가 그걸 사용하는 방법은 이래. 내가 운이 좋게 침팬지들이 돌아올 만한 장소를 찾아둔 뒤 다음날 휴고랑 같이 그 장비들을 가져다 두는 거야. 새벽이 되면 휴고와 함께 대충 잠복관찰처를 만들고 나서 나는 휴고에게 행운을 빌어주고는 누구도 방해하지 않는 나만의 관찰을 하러 가지."

휴고의 삼각대는 주로 나무로 만들어진 것이었으며, 그 무겁고 부피가 큰 물체를 질질 끌고 다녀야 했는데 거기에 여러 카메라, 렌즈 몇 개(촬영거리가 1미터인 600밀리미터 렌즈도 포함), 금속재질의 필름통까지 운반해야 했다. 하지만 더 중대한 문제는 빛의 부족이었다. 휴고가 쓴 필름은 감광도 16 ASA 등급이라 반응 속도가 너무 느려서 숲속 그늘에서는 길이가 매우 짧은 렌즈로 근접 촬영을 하지 않는 한 사진을 찍기가 불가능한 경우가 많았다. 그래서 애초에 필름에 담을 수 없는 것들이 많았다.

그래도 침팬지들이 제인에게 점점 길들여지고 이것이 어느 정도까지는 휴고에 대한 용인으로도 이어지면서, 휴고에게 사진가라면 누구나 꿈꿀 만한 상황이 펼쳐졌다. 레너드 카마이클에게 보낸 편지에는 이런 내용이 적혀 있었다. "작년 이후로 침팬지들이 사람에게 더 많이 익숙해져서 이제는 삼각대와 렌즈를 든 휴고의 존재도 훌륭할 정도로 잘 받아들이게 되었습니다. 제가 언제나 추구했던 방법—침팬지들로부터 숨지 않기, 나를 보고 도망갈 때 따라가지 않기, 침팬지들에게 특별히 관심이 있는 것처럼 보이도록 행동하지 않기—이 마침내 결실을 맺었어요."

제인이 얼마나 놀라운 방식으로 그 야생 유인원들의 삶에 드리워진 베일을 걷어내었는지 휴고는 제대로 이해하고 있었을까? "나는 그가 자신이 얼마나 운이 좋은지 알았으면 좋겠어." 제인은 버나드 버드코트에게 속내를 털어놓았다. "몇 달에 걸친 내 인내의 결과물을 수확할 수 있는 바로 그 순간에 왔다는 사실을 말이야. 그가 내 마음에 안 드는 사람이었다면 그런 일은 생각하기도 <u>싫었을 거야</u>!! 내 침팬지들을 지키려고 내가 얼마나 노력하는데!"

9월 14일 로버트 길카가 휴고와 제인에게 각각 편지를 내어 제인이 텐트 앞에서 데이비드 그레이비어드에게 바나나를 건네주는 모습을 담은 사진이 특히 만족스러웠다고 알려왔다. 둘의 "출발이 괜찮은 편"이라며 길카는 자신이 원하는 사진의 종류를 열심히 설명했다.

휴고에게는 캠프에 집중하는 것도 좋지만 제인이 근처 시냇가에 서서 머리를 감는 모습을 담은 사진을 찍을 수 있다면 특히 더 좋겠다고 했다. 좀 개인적인 사진이 될 수도 있겠으나(길카는 제인에게 보낸 편지에서는 휴고가 "그런 자세를 취해달라는 말을 꺼내기 부끄러워"할 수도 있다는 걱정을 몰래 내비쳤다), 그로스브너 회장 본인이 "힘들고 불편한 야생 생활을 보여주는 정보"를 원하기 때문에 그런 사진을 요청했노라고 알렸다. 길카는 독자들이 "지형의 모습과 그곳의 식물 종류를 잘 이해"하도록 돕기 위해, 제인이 "현장"에 나가서 "침팬지를 연구하거나 침팬지 연구 장면을 연출"하는 자세를 취해주었으면 좋겠다고 부탁했다. 탕가니카 호 연안의 아프리카 어부들의 사진도 더 찍기를 원했다. 침팬지 이외의 동물 사진, 예를 들어 아프리카물소도 찍어 달라고 했는데, 그런 종류의 사진들이 "저희에게 다양한 선택권을 주는 데다가 독자들에게도 선생님이 연구하시는 지역에 대한 정보와 그 지역에서 일어날 수 있는 위험들에 대해서 추가적인 정보를 줄 수 있기 때문"이라고 설명했다. 침팬지의 비춤은 명백히 사진에 담기가 거의 불가능했지만 길카는 제인에게 잡지사의 화가가 비춤 삽화를 그릴 때 사용할 수 있도록 나무와 나뭇가지의 더 자세한 모습을 찍어달라고 요구했다. "그러니까 필름을 아끼지 마세요. 그래도 쓰고 계신 장비 중 제일 싼 축에 속하니까요."

9월 26일 제인은 길카에게 보내는 답장과 함께 필름 한 통을 포장한 것을 같이 부쳤다. 제인은 편지에 자신이 머리를 감는 모습을 담은 사진을 보게 될 것이며 앞으로 휴고가 깊은 숲속에서 거품이 몽글몽글 피어오르는 사진을 더 많이 찍어볼 계획이라고 썼다. "휴고가 부끄러워할지 모른다는 걱정은 하실 필요 없을 것 같네요. 아직까지 그런 기미는 보이지 않으니까요!"

또 어글리라고 이름 붙였던 침팬지의 이름은 휴고로 바꾸었다고 적었다. 사실 그렇게 못생긴 침팬지도 아니고 어글리가 나무줄기에 등을 비빌 때마다 휴고가 매우 집중할 때 짓는 얼굴 표정과 똑같은 표정을 짓기 때문이라고 설명했다. 그러나 주된 소식은 부정적인 것이었다. "침팬지 생활을 담은 '밀착된' 사진"을 제일 잘 찍을 수 있는 시기는 보통 침팬지들이 모여드는 과일이 무르익는 시기인데 그 시기에 무화과가 흉작이어서 사진촬영이라는 견지에서 볼 때 휴고와 제인은 "매우, 매우, 나쁜 저주"에 사로잡힌 시기를 겪고 있는 중이었던 것이다. 사진은커녕, 침팬지들이 도움도 안 주고 모두 사라져버린 결과 "실제적으로 아무것도" 얻지 못했다.

나흘 후 상황이 더 악화되자 제인은 길카에게 현지에서 전개되는 상황이 "생각보다 더 절망적"이라 더 이상 보낼 사진이 없다고 알렸다. 제인은 특히 최근에 벌어진 일 때문에 속상해했다. "검은 털북숭이 친구들이 있는 곳으로 정말 가깝게 다가갔어요(6미터 이내로 접근했죠). 그렇게 가까운 곳에 침팬지들이 한 시간 이상 머물러 있었죠." 하지만 괜찮은 사진을 거의 건질 수가 없었다. "저와 침팬지들 사이에 나뭇가지나 그 외 다른 것들이 너무 많이 널려 있어서 쓸 만한 장면이 없는 데다가 덤으로 매우 어둡기까지 했죠. 흑백사진을 몇 장 찍기는 했는데 필름 한 통도 채 다 채우지 못했어요."

휴고는 다가아를 잡는 아프리카인 어부들의 사진을 그럭저럭 몇 장 찍을 수 있었는데 어부들이 화를 내며 사진 한 장당 5실링을 내놓으라고 요구했다. 제인은 호숫가 모래사장으로 내려가 오랜 시간 협상을 하며 그들이 아플 때 밴이 약을 무료로 주고 있다는 사실을 상기시키고는 사진이 현상되면 클로즈업한 사진들을 주겠다고 제안했으며 그 말에(길카에게 보낸 편지에 따르면) "어부들의 얼굴이 밝아졌다." 제인은 길카에게 휴고가 보낸 필름에서 컬러 사진을 몇 장 뽑아 보내줄 수 있는지를 물었다. "대부분 본인들은 고사하고 사람의 모습이 담긴 사진 자체를 본 적이 없는 사람들이라 의미가 크답니다. 특히 그물을 다루는 사람의 사진, 물고기를 뒤집는 사람의 사진, 호각을 부는 사람의 사진, 그리고 클로즈업으로 잡힌 사진들은 모두 보내주셨으면 좋겠습니다."

길카는 그 요청에 정중하게 응했으며 사진에 대해서도 여전히 긍정적인 입장을 취했다. 제인에게 보내는 답장에는 조언도 아끼지 않았다. "사진 작업은 전문가 손에 잘 맡겼으니 그런 부분에 대해서는 마음을 편히 가지시길 바랍니다."

사실 잡지사 측에서는 그때쯤 다른 문제들에 정신이 팔려 있었는데 그중한 가지는 제인의 연구가 곧 구닥다리 뉴스가 될지도 모른다는 찜찜한 가능성이었다. 1961년 여름 주디의 사진작업에 쓸 300파운드를 내셔널지오그래픽협회에 요청했다가 거절당하자 루이스는 영국의 주간신문 「레벌리」를 통해 그해 가을 자매가 떠날 탐사를 위한 자금 마련을 모색했었다. 따라서 이 신문은 대중독자를 겨냥한 삽화 기사에 대한 우선권을 취득한 상태였으며 제인과 주디가 12월에 영국으로 돌아왔을 때는 이미 「레벌리」의 기자와 인터뷰도 했다.

그러나 「레벌리」가 기사 게재에 늑장을 부렸고 그사이 제인은 1962년 4월 몇몇 신문기자들이 참석한 런던 동물원 학술대회에서 첫 과학 논문을 발표했다. 루이스가 나중에 그 일을 두고 한 말(7월에 보낸 편지)에 따르면 제인과 주디는 당시 학회 때 "신문기자들에게 둘러싸였지만" 둘 다 인터뷰는 거절했다고 한다. 그러나 감정을 절제하는 편이 아니었던 학술대회 의장 솔리 주커만 경이 한 시간 내내 언론을 향해 구달과 야생 침팬지에 대한 자신의 견해를 떠들어댔다. 그 결과 일부 "심각하게 오해를 불러일으킬 기사들이 등장"했고 그로 인해 "제인이 몹시 거슬려했다." 영국 내 몇몇 신문들이 "허위로 가득한 데다가 굉장히 원색적인 기사"를 쓰기까지 하자 마침내 「레벌리」가 3부작 연재 기사를 내보내게 되었다. 한편 기사 배급에 대한 모든 권리를 확보했다고 생각한 「레벌리」 편집장의 허락 아래 1962년 6월 18일 호주의 「워먼스데이」와 「워먼」도 "제인과 유인원들"이라는 선정적인 기사를 게재했다. "문명과 고향 런던으로부터 멀리 떠나와 아프리카 정글 속에서 살아가는, 위험한 야생동물과 비우호적인 원주민들과 마주한" 상태에서 "도와줄 타잔도 없는 야생 현장 속의 제인"의 이야기였다.

1962년 가을 무렵에는 「라이프」도 특종 경쟁에 끼어들었다. 내셔널지오그래픽협회로부터 현장에 있는 제인을 방문할 허가권을 얻는 데 실패한 「라이프」의 사진기자가 10월 제인에게 직접 편지를 보내어 곰베에서 사진을 찍어도 좋다는 내셔널지오그래픽협회의 전면적인 허가를 담은 서신이 아마 지금쯤 도착했을 것으로 생각한다면서 자신도 곧 그 뒤를 따라갈 것이라고 알렸다. 그때쯤 모티머도 제인에게 편지를 내어 「라이프」 사진기자가 자신에게도 연락을 해왔고 자신의 생각으로는 제인이 그 치를 꽤 마음에 들어할 것 같다고 썼다. 그 후 그 진취적인 미국인은 나이로비의 코린돈 박물관에 나타나 루이스 리키에게 곰베로 가는 길을 물었다. 하지만 루이스는 단단히 결심을 하고 와서 끈덕지게 달라붙는 사진기자를 포기하게 만들었다.

10월 말경 밴이 곰베를 떠났고 11월 4일에는 휴고가 떠났다. 약 한 달 뒤 한눈에 봐도 대성공이 확실한 사진들을 보여주는 포트폴리오에 마침내 만족한 로버트 길카가 그 구달 사진 파일을 「내셔널지오그래픽」의 편집부로 넘겼다. 12월 19일쯤 편집부의 윌리엄 그레이브스는 제인에게 편지를 보내 "사진 관점에서 볼 때 좋은 레이아웃을 만들어낼 충분한 재료 이상"이라고 안심시키며 이제 카메라를 내려놓고 타자기를 꺼내들라고 부추겼다. "본지의 기사 출판 준비 과정이 굉장히 세심하며 소요되는 시간도 상당하다는 점을 선생님께서도 이제는 아시리라고 봅니다." 서두를 의례적인 말로 시작한 그레이브스의 편지의 본론은 이랬다. "간단히 말해 보내주실 수 있는 한 빨리 원고를 받고 싶습니다."

그는 제인에게 그녀가 프레더릭 보스버그와 의논한 적이 있었던 「내셔널지오그래픽」이 선호하는 방향을 상기시켰다. "침팬지에 대해 수집한, 지금까지 알려지지 않은 놀라운 과학적 데이터뿐만 아니라 그 발견 과정에서 개인적으로 체험한 극적 경험담도 조금 가미해 일인칭 시점의 일화성 기사를 작성해주십시오. 사실 체험담은 조금이 아니라 많이 넣으셔도 됩니다." 제인은 또 보스버그와 7천5백 단어 길이의 원고를 "대략적인 목표"로 합의했지만 적은 분량보다는 많이 쓰는 것이 더 나으리라는 점을 깨닫게 되었다. 1천 또는 2천 단어를 추가하면 적당할 듯했다.

하지만 그레이브스가 제인에게 원고 작성을 '제발 서둘러달라'고 독촉하는 편지를 쓰고 있던 바로 그날 제인은 곰베의 캠프 내 한 곳에—아마도 텐트 앞의 탁 트인 베란다에 놓인 탁자에—앉아 보스버그에게 초고가 이미 거의 완결되었음을 알리는 편지를 타자기로 치고 있었다.

침팬지 나라
1962년 12월 19일

친애하는 보스버그 씨
주소를 장난스럽게 써서 죄송합니다만 답장을 받기 전에 이곳을 떠날 예정이라 저의 정확한 우편주소가 불필요해 보였답니다.
귀사에 보낼 초고를 거의 마무리했습니다. 물론 내용이 너무 길긴 합니다!
제가 묻고자 하는 것은 다음과 같습니다. 제가 영국으로 돌아가면 요구하시는 대로 적당한 길이로 줄여드릴까요? 아니면 처음부터 원본 그대로 보신 다음 기사감을 가려보시겠어요? 제 생각에는 이 방법이 더 좋을 듯한데요.
제가 줄이기로 결정한 부분들이 나중에 기사를 채우는 데 필요한 바로 그런 사건들이라면 굉장히 맥이 빠지는 일일 것 같아서요!(문법 틀린 것은 눈감아

주세요, 지금 교정하기에는 너무 늦은 것 같습니다……)

이곳 일이 잘 진행되고 있는지에 대한 소식은 이따금 전해 들으실 수 있을 겁니다. 제가 기대했던 것보다 과일이 훨씬 풍성하게 열렸거든요. 제가 내년에 귀국한다는 소식은 들으셨나요? 저희 가족들은 그동안 거의 포기 상태였답니다. 제가 늙고 비틀거리며 걸을 때까지도 침팬지들을 보러 여전히 곰베로 되돌아갈 거라고 생각하거든요. 하지만 침팬지들이 저에게 익숙해지는 데 시간이 매우 오래 걸리기 때문에 사실 이제 겨우 성과를 내기 시작한 단계랍니다. 흠, 제가 너무 거창하게 쓴 것 같네요. 이 편지가 기사 게재일과 관련한 귀사의 계획을 바꾸어놓을 수도 있다는 생각이 드는군요. 만약에 내년 연구가 끝날 때까지 기사 게재를 보류하기로 결정이 난다면 제가 되도록 빨리 아는 편이 좋을 것 같습니다!

행복한 크리스마스 보내시기를 바란다는 인사를 전하기에는 이미 너무 늦어버렸지만 행복한 새해를 맞으시라는 인사를 드릴 수 있을 것 같네요.

그럼 안녕히.

제인 드림

22
가까이, 더 가까이

1963

제인이 글을 다 썼다고 의기양양해하기에는 지나치게 이르긴 했다. 영국행 비행기에 오르고 런던에서 부랴부랴 케임브리지로 이동해 한동안 머물 곳을 찾은 1963년 1월 중순까지도 여전히 원고는 미완성이었고 대부분은 구상 단계였다.

머물 방은 뉴냄 칼리지 지도교수 페이션스 번이 알아봐주었는데 케임브리지에서 10여 킬로미터 외곽, 컴벌턴이라는 마을에 자리한 농가로 1500년대에 짓고 보수를 한 농가라 지붕은 짚단이었고 천장은 골재가 드러나 있었다. 크로스 농장이라는 이름의 이곳에는 다른 세입자 부부와 제인이 함께 쓰는 공용 거실, 중앙 난방장치, 석탄 난로가 있었다. 상냥한 성격의 농장주인 린 뉴먼 부인은 뒤뜰 마판馬板에서 염소와 거위와 양을 키웠고, 비둘기 축사를 개조해 글방으로 썼다(린 뉴먼은 그 무렵 집 거위 이야기를 다룬 처녀작 『거위의 뜰』로 반짝 유명세를 탔다). 곧 제인은 루이스 리키에게 소식을 전했다. "마음에 쏙 들어요. 여기서는 글이 술술 써질 것 같답니다. 이런 멋진 곳이 있었다니요."

1월 마지막 주에는 "대엿새를 줄곧 틀어박혀 타자기랑 혼연일체"가 된 덕에 "대상포진이 도졌지만, 엊그제 원고를 부쳤다." 그때가 1월 28일 월요일이었다.

활자화된 원고를 맨 처음 받아들고 대략 훑어본 윌리엄 그레이브스는 곧바로 제인에게 답신을 보냈다. "훌륭"한 원고이지만, "한 가지 의견을 말씀드리자면 이야기를 풀어가는 태도가 지나치게 겸손한 게 아닌가 합니다. 아마 아시겠지만, 구달 씨에 대해서는 리키 박사님께서 진작 귀띔을 해주셨지요. 참 대단한 일을 하고 계시다고, 과학적으로도 의미가 큰일이라며 칭찬을 아끼지 않으셨습니다."

곧 그레이브스는 워싱턴 사무실 동료들에게도 원고 이야기를 조목조목 늘어놓았다. "대단해……. 과학적 가치도 대단하고, 스토리도 흥미진진하고, 통찰력도 예리해. 경이로운 과학적 발견, 진귀한 모험, 유머, 삼박자를 고루고루 갖췄다고나 할까." 물론 '겸손함'이라는 소소한 문제가 남아 있기는 했다. 필자는 자신의 '비범한 용기'와 본인의 연구 성과가 지니는 '지대한 의미', '초기 인류에 대한 개념 자체를 뒤흔들어놓을 위력'을 전면에 부각시키려는 의도 혹은 재간이 없었다. '초기 인류에 대한 개념'만 하더라도, 그레이브스가 특별히 주목한 침팬지가 도구를 만들어 사용한다는 부분에 대해서, 물론 원고에 자세한 설명이 있긴 했지만 일전에 루이스가 말한 것처럼 그 행위가 갖는 궁극적 의미심장함에 대해서는 언급이 없다시피 했다. 결국 그레이브스는 리키나 다른 사람에게 다음을 골자로 한 서문을 부탁하기로 결론을 내렸다. "제인 구달이 과학계에 얼마나 지대한 공헌을 했는가. 또 이를 위해 어떤 위험을 감수했는가. 그녀는 절대 자기 스스로 말하지 않을 테지만 독자들은 즉각 이런 사실들을 알아야 한다. 그런 내용이 그녀의 좋은 글과 용기 있는 행동을 더욱 돋보이게 만들고 제대로 평가할 수 있게 해줄 것이다."

제인의 원고를 읽은 다른 편집자들도 글 솜씨나 스토리는 유려하고 흥미진진하지만 필자가 본인은 대단할 게 없다는 것처럼 글을 썼으니 이 분야의 권위자가 서두에 몇 마디를 보태주는 게 좋겠다고 의견을 모았다. 그럼 누가 좋을까? 회의 중 프레더릭 보스버그가 서류 귀퉁이에 밑줄까지 쳐가며 사람들에게 써서 돌린 쪽지에는 이렇게 적혀 있었다. "제발, 리키는 빼고요."

의도치는 않았겠으나 사실 그날 회의의 발단은 루이스 리키였다. 그는 3월 21일에 연구탐사위원회 앞으로 보낸 편지에서 흰개미를 낚을 때 침팬지들이 도구를 만들어 사용하는 모습을 제인이 직접 봤으니 이제 과학자들에게는 "인간 개념에 침팬지를 넣든지 '인간'을 다시 정의하든지 두 가지 선택지"밖에 없다고 했다. 또 지난해 여름 오스트리아 베너-그렌 성에서 열린 학회 이야기도 적혀 있었는데, 당시 세계적인 과학자 스물네 명이 "제인 구달의 연구 결과로 보아 인간 개념의 재정의"가 불가피하다고 판단해서 인간에 대한 "재정의 논의가 이루어졌고 그 결과 도구 제작을 인간의 특성에서 제외시키지는 않았으나 다른 기준을 추가함으로써 침팬지를 '인간'에서 제외시켰다"는 내용이 쓰여 있었다.

흥미로운 견해였으므로 그레이브스는 즉시 셔우드 워시번 교수에게 편지를 써 당시의 구체적인 정황과 현재는 '인간'을 뭐라고 정의하는지 정확한 문구를 알려달라고 했다. 그러나 한참만에야 전화로 연락이 닿은 워시번의 대답은(통화 내용을 기록한 자료에 따르면), "리키 박사의 기억과 달리" 베너-그렌 학회에서는 '인간'에 대한 논의조차 없었다는 것이었다. 구달도 초청을 받았지만 애석하게도 참석을 못했으며 침팬지들의 도구 사용 관찰이 "큰 화제"는 됐지만 "과학계에 인간 개념의 일대 혁신을 불러올" 수준은 아니었다. 그간 인류학자들이 한참은 더 가공해야 할 돌도끼 등의 둔중한 연장까지도 도구에 포함시켰으니 '도구' 개념을 재정의할 필요가 있을지는 모른다. 어쨌든 여러 가지 측면에서 봤을 때, 구달의 연구가 "침팬지 행동 연구로서 매우 방대한 자료를" 다룬 것이 사실이나 도구 사용에 방점을 두기는 "설부르다"는 것이었다.

이후 「내셔널지오그래픽」 편집진은 침팬지 도구 사용 논의가 "너무 복잡하게" 돌아간다고 보고, 서문 원고 청탁에서 리키 박사를 제외시켰다. 대신하기에 무난한 인물로 레너드 카마이클이 꼽혔고, 그는 곧 3백자 분량의 서문을 써 내려갔다. "현대 과학을 배운 동물학자"이자 "젊고 매력적인 영국 여성" 제인 구달은 대담하게도 "아프리카의 정글 속으로 들어갔으며" "위험하고 가공할 괴력을 지닌" 침팬지와 "혈혈단신" 수개월을 함께 지내며 인간의 가장 가까운 친척의 그간 알려지지 않은 여러 새로운 모습을 발견해냈다. 그녀는 한치 앞을 알 수 없는 위험을 감내하며 "독보적인 과학적 연구 성과"를 일구어냈다.

한편, 그사이 크로스 농장에서 제인은 편집부의 이런저런 의견에 답을 주고, 박사학위 논문을 쓰고, 어빈 드보어가 편집을 맡은 책에 들어갈 한 장章 분량의 원고를 작성 중이었다. 드보어의 책은 스탠퍼드 대학이 9개월간 진행한 '영장류 프로젝트'에서 발표된 글을 엮은 논문집으로, 제인도 "곰베 강 보호구의 침팬지"를 우편으로 보내겠다고 약속한 상태였다. 2월 4일 내셔널지오그래픽협회 토머스 맥뉴에게 보낸 편지에는 이런 내용이 나온다. "지금 코피가 터져라 현장 기록을 분석하고 있답니다. 스탠퍼드에서 준비 중인 영장류 행동 연구서에 침팬지 관련 내용도 넣기로 했거든요. 주어진 시간이 두 달뿐이라 마음이 천근만근입니다만, 자료 분석에 대한 제 열의 만큼은 그 무엇에도 흔들림이 없습니다. 침팬지를 더 많이 알고 더 많이 생각할수록 참 멋진 녀석들이란 생각이 들어요!"
　하지만 분량은 많고 기간은 짧았으며, 3월 중순 마감일을 넘기고 컴벌턴에서 짐을 챙겨 남은 휴가의 마지막 한 주를 본머스에서 보내는 와중에도 원고와 씨름하느라 매일 새벽 두 시까지 타자기를 잡고 있었다. 그 바람에 식구들 얼굴을 보는 시간은 그나마도 끼니만 때우기에 바쁜 식사 시간이 고작이었다. 그러던 어느 날, 얼마 전 케임브리지에서 알게 돼 막 연애감정이 싹트기 시작한 존 킹이 더를리 차인 남로 10번지의 초인종을 눌렀다. 잠깐 밴과 얘기를 나눈 그 케임브리지 청년은 자기 가족들을 만나러 가자며 단숨에 제인을 체셔로 데려갔다. 얼마 후 제인이 밴에게 보낸 편지에 따르면, "식사 시간만 끝나면 제가 타자기가 있는 이층으로 부리나케 사라져버려 다들 어리둥절"했겠지만 그래도 존의 부모님은 래브라도 태생의 "품위 있는" 분들로 "정말 친절"하고 "순박"했다.

3월 25일 존이 나이로비로 떠나는 제인을 개트윅 공항까지 배웅하겠다며 집을 나서자 존의 부모님도 젊은 연인 둘만 따로 이별하면 더 마음이 짠할 거라며 존과 제인을 따라나섰다. 게이트로 들어서는 제인에게 존의 부모님은 "진심어린 키스"를 전했고, 존은 되도록 빨리 꼭 제인을 만나러 가겠다고 했다. 이미 존은 아프리카행을 계획 중이었다.

비행기에 올라 뒤쪽에 빈자리 두 개를 발견했고, 가서 느긋이 늘어져 있을까도 싶었지만 잠을 청하기에는 영 마음이 뒤숭숭했다. 그리고 앞에 놓인 얇은 종이 위에 "상념. 상념. 상념" 하고 펜을 끍적였다. "강연회. 중요한 것. 존. 휴고. 중요한 것. 미완성. 그리고……" 스탠퍼드 논문집 원고도 아직 완결 짓지 못했고, 존과 너무 가까워진 것도 문제였다. 엔테베를 경유한 비행기가 울퉁불퉁한 활주로를 날아올라 다시 나이로비로 향하고, 근처에 앉은 연자줏빛 옷차림의 덩치 큰 여자가 멀미주머니에 먹은 걸 게워내는 사이, 제인은 휴고에게는 미안한 일이지만 더 망설이지 말고 솔직히 존 이야기를 털어놓자고 마음을 다잡았다. 하지만 막상 나이로비에서 휴고를, 얼굴 가득 번지는 그 밝고 환한 미소를 마주하자 처음의 다짐은 하릴없는 일이 되고 말았다. 더욱이 제인을 위한 그 넉넉하고 사려 깊은 마음 씀씀이란. 제인의 옷장 한 켠에는 해묵은 회색 드레스 대신 네덜란드에서 가져온 '더없이 아름다운 드레스 두 벌'이 걸려 있었다.

연인 관계로 발전하기를 기대하던 휴고의 바람에 대해 제인은 가족들에게 "매 순간순간이 가시방석이네요. 하지만 마음의 결정을 내렸답니다. 뭐랄까, 이젠 꼭 그래야만 할 때가 온 것 같아요"라고 전했다.

나이로비 도착 후 사흘째—스탠퍼드 논문집을 다시 손보느라 이틀이 다 갔다—날에는 다르에스살람으로 가서 탕가니카 학회가 주관하는 짧은 강연을 했다. 이틀이 걸리는 나이로비발 키고마행 열차 안에서는 미뤄뒀던 원고 캡션을 써 내려갔으나 그 와중에도 얽히고설킨 연애사에 대한 근심 걱정이 여전히 머릿속을 맴돌았다. 존이 다가올 인연이라면 휴고는 지나간 인연이었고, 그 지나간 인연이 제인에게 집착을 보인다면 서로 가까이 부대낄 수밖에 없는 캠프라는 고립된 공간에서 상황은 더 버거워질 수밖에 없었다. 물론 "이런 껄끄러운 상황이 영원히 이어질 리는 없고" 언젠가는 휴고도 "함께 일하는 동료로서 평정심을" 되찾겠지만, 자칫 함께 보낸 시간이 "악몽"으로 끝날 수도 있었다.

소형 알루미늄 보트에서 내린 제인은 조약돌이 깔린 카세켈라 연안에 발을 내디뎠다. 제인이 영국에 있던 사이 대신 캠프 일을 맡아준 도미니크는 매일매일 침팬지에게 있었던 사건을 기록하고 배설물을 용기에 모아두는 등, 제인이 집으로 보낸 편지에 따르면 일처리를 "아주 똑 부러지게" 해두었다. 휴고, 캠프 관리인 하산 살리무, 신참 요리사 아냥고—아냥고가 요리를 맡아준 덕분에 도미니크도 몇 주 휴가를 다녀왔다—도 속속 캠프로 복귀했고, 음왕공고 집으로 갔던 라시디 키크왈레도 돌아왔다. 한자리에 모인 캠프 사람들은 다시 텐트를 세우고, 캠프는 다시 예전처럼 돌아갔으며, 휴고와 제인도 사진 및 영상물 촬영과 침팬지 관찰 준비에 들어갔다.

우기 막바지라 아직은 수위도 높고 녹음도 짙을 때였다. 습한 데다 바람까지 거셌으며 간간이 매서운 추위까지 밀려들었다. 하지만 침팬지를 따라나섰던 "어느 춥고 흐린 날" 제인은 집으로 보낸 편지에 썼듯 상상으로 날씨를 바꿀 수 있었다. "마음속으로 상상을 해요. 등을 웅크리고, 눈을 감으면 어느새 태양이 떠오르고, 포근한 햇살이 따사로이 제 등을 감싸죠. 하지만 눈을 뜨면 다시 싸늘한 잿빛 구름이 저를 에워싸고 수줍은 태양은 순식간에 얼굴을 감춰버려요." 얼마 후부터는 "정말 깜짝 놀랄 일이" 그것도 자주 "벌어"졌다. 제인이 영국에 가 있는 사이, 침팬지 몇 마리가 언제든 차려져 있는 맛난 먹을거리인 바나나를 찾아 지속적으로 캠프 앞 풀밭을 찾기 시작한 것이다. 덕분에 이제 삼각대와 비디오카메라라는 바나나 공급장에 설치되었으며, 휴고는 사진이 잘 나오도록 주변의 관목과 덤불을 베어내고 주방 텐트와 '추'(변소)도 다른 곳으로 옮겼다.

도미니크의 일지로 보아, 바나나를 먹으러 온 침팬지의 관심사는 비단 바나나만이 아니었다. 한번은 골리앗이 꽥꽥대는 닭 두 마리를 움켜쥐고 나무 위로 올라가 먹어치웠고, 또 한번은 윌리엄이 암탉 한 마리를 밀쳐내고 닭장에서 달걀을 낚아채서 날름 제 주둥이에 밀어 넣기도 했다. 달걀을 낚아챈 이야기를 읽은 바로 그날, 제인은 베짜는새 종류의 까만 새 몇 마리가 캠프 야자수에 엮어놓은 아직은 엉성한 둥지 하나를 발견했다. 그로부터 이틀 후, 얼추 둥지도 완성되고 휴고도 그 과정을 모두 카메라에 담자 집으로 보낸 편지에 썼듯 "사악한" 생각이 든 제인은 휴고에게 이렇게 말했다. "야자가 영글면 윌리엄이 둥지를 찾아낼 텐데, 그럼 어떤 일이 벌어질지 정말 기대되지 않아?"

데이비드와 골리앗이 서로 반기는 장면, 미스터 맥그리거가 괴성을 지르며 바닥에 던져준 바나나를 낚아채는 장면, 개코원숭이들이 저돌적으로 윌리엄에게 달려드는 장면 등 침팬지의 일상생활을 촬영 중이던 휴고는 그로부터 얼마 지나지 않아서 야자수 아래에서 뚫어져라 베짜는새 둥지를 올려다보는 골리앗의 모습을 발견했다. 털이 곤두선 걸로 보아 윌리엄은 흥분 상태였다.

빛의 속도로 달려 나간 휴고의 카메라가 그림자가 드리운 나뭇잎을 포착해냈어요. 살해자는 나무를 타고 올라가 양손을 번갈아 사용하며 잎사귀를 걷어냈고, 잠시 후 정말 조심스럽게 두 손가락 끝으로 둥지 안을 더듬었어요. 몇 번을 반복하더니 걷어낸 잎사귀를 제자리로 돌아가도록 두고, 둥지에 손을 대지 않고 골리앗이 나무 아래로 내려왔어요. 대단하지 않아요? 새들은 다른 곳으로 떠나지 않았고 우리는 둥지를 올려다보며 뭔가 골똘히 생각하는 골리앗의 표정을 볼 수 있었죠. 왜, 케이크를 굽던 주부가 가만히 오븐을 들여다보다 시계를 올려다보며 짓는, '언제 꺼내지?' 하는 그런 표정이더라고요. 그 녀석 어제도 정말 다시 와서는 한쪽 다리를 덜렁덜렁 흔들며 나무 위에 앉아 잔뜩 기대에 부푼 얼굴로 그 작은 둥지에서 눈을 떼질 않더군요. 결국 둥지의 주인들은 이 탐욕스런 놈에게 갖다 바칠 맛난 오르되브레(흔한 요리인데 맞춤법을 모르겠네요. 멋지게 비유를 들고 싶었는데!)를 만드느라 괜한 고생을 한 셈이 되겠죠(전채요리를 가리키는 프랑스어는 오르되브르hors d'oeuvre이지만 제인은 h'oerdoevre로 잘못 적었다—옮긴이).

골리앗과 데이비드의 각별한 우정도 매번 제인을 놀라게 했다. 골리앗의 둥지 사건이 있은 지 얼마 후, 제인은 두 침팬지가 무성하게 웃자란 숲에서 서로 손을 맞잡고 간지럼을 태우고 원을 그리며 추격전을 벌이고 엎치락뒤치락하고 재미있어 죽겠다는 듯 소리 내서 웃는 모습을 목격했다. 이 일련의 사건들은 제인이 두 침팬지를 쫓아 강을 가로지르고 **빽빽하게** 우거진 수풀 사이로 들어섰던 어느 날에 벌어졌다.

데이비드는 낮게 뒤엉킨 덩굴 아래에 누워 있었어요. 골리앗이 몸을 날리다시피 녀석의 곁으로 다가갔죠. 잠시 후 둘이 손을 잡더니 손가락으로 장난을 치기 시작했어요(시작은 가벼운 장난이었지만 갈수록 격해졌죠). 4분쯤 지나자 엎치락뒤치락 구르기 시작했고요. 노년의 두 신사가(데이비드는 제가 생각했던 것보다 나이가 훨씬 많은 것 같아요) 두 살배기처럼 장난을 치고, 소리를 내서 웃고, 가슴팍을 간질였죠. 2분쯤 지났을까, 더는 못 참겠던지 데이비드가 마지막으로 크게 웃더니 벌떡 자리에서 일어나 반원을 그리며 달렸어요. 골리앗은 데이비드의 뒤를 쫓다 말고 털썩 주저앉아 갈대를 먹기 시작하더군요. 그러자 데이비드도 달랑 묘목 하나뿐인 어떤 곳에 자리를 잡고 앉았죠. 꽤 환한 곳이었어요. 이번에도 골리앗이 D(데이비드)의 발치로 몸을 날려 큰 대자로 엎어졌어요. 갑자기 골리앗이 한 손을 뻗어 D의 발을 잡았고, 곧바로 D의 손이 G(골리앗)의 손 위로 포개졌죠. 그리고 다시 한번 신나는 놀이를 시작했어요. 골리앗이 데이비드의 등 뒤에 넌지시 자리를 잡고 앉아 녀석의 겨드랑이를 간질이는 사이, 데이비드가 살짝 허리를 젖히고 고개를 뒤로 넘긴 채 앉은 채로 깍깍 웃어대는 장면을 촬영하는 데 성공했어요(아, 이 순간을 얼마나 기다렸던지). 다시 한 번 D가 벌떡 일어나 반원을 그리며 달렸고, 이번에도 둘은 손을 맞잡고 손가락을 만지작거리며 장난을 쳤죠. 이런 대단한 광경을 목격하다니, 도무지 믿어지지가 않았어요.

두 침팬지 친구의 정서적 친밀감은 자연히 중요한 정치적 동맹으로도 이어졌다. 둘은 서로 돕고 보호했으며, 개코원숭이와 대치했을 때와 같은 여러 상황에서도 나란히 적에 맞서 싸웠다. 그리고 이후 제인이 몸소 체험했듯, 굳이 그럴 필요가 없는 상황에서도 골리앗은 데이비드를 위해 몸을 던지곤 했다. 그 무렵 데이비드는 간혹 제인이 침팬지식 털 쓰다듬기로 조심스레 제 몸을 만져도 그냥 내버려두곤 했는데, 한번은 데이비드와 골리앗이 18미터가량 떨어져 각자 쉬고 있는 사이 제인이 데이비드에게 다가섰다. 등을 쓰다듬을 생각으로 제인이 손을 뻗은 순간, 멀찍이서 조용히 침팬지를 촬영 중이던 휴고가 갑자기 소리쳤다. "조심해!" 제인이 고개를 들자 한껏 덩치를 부풀리고 털을 곤두세운 골리앗이 두 눈을 부릅뜨고 제인을 향해 다가오는 게 아닌가. "악몽 속에서 귀신을 만난 기분이었죠! 덩치가 얼마나 큰지, 내가 알던 골리앗이 아니었어요." 제인이 손을 멀찌감치 치우자 골리앗은 제자리로 돌아갔다. 하지만 실험을 해보자는 생각에 제인이 다시 한 번 데이비드의 털을 어루만졌고 이번에도 결과는 마찬가지였다. "G가 자리를 박차고 일어나 무섭게 달려들었어요. 제가 동작을 멈추자 그제야 발길을 돌렸어요."

그해 봄, 제인과 휴고가 바나나로 점점 더 많은 침팬지를 캠프에 끌어들이게 되면서 수천 번의 근접 관찰과 영상 기록이라는 뜻밖의 행운과 함께 뜻하지 않은 사고가 일어나는 불운이 동시에 찾아왔다. 바람결에 흔들리는 나뭇잎과 우거진 수풀 사이로 많게는 스무 마리에 이르는 침팬지들이 연일 숲길을 따라 내려오기 시작하자 인근의 개코원숭이들도 덩달아 몰려들었다. 물론 침팬지도 힘이 세고 동작이 날쌔고 어깨가 유연하고 팔이 길어 상대를 움켜쥐거나, 일타를 가하거나, 연타로 주먹을 날리거나, 물어뜯을 재간이 있지만 개코원숭이 특히, 몸집이 성인 여성의 두 배인 코가 개처럼 생기고 송곳니 역시 개처럼 길고 날카로운 수컷 개코원숭이는 가공할 만한 적수였다.

한번은 휴고가 침팬지 세 마리—데이비드, 골리앗, 윌리엄—와 덩치 큰 개코원숭이 몇 놈이 싸우는 장면을 제대로 카메라에 담아냈다. 촬영 후, 침팬지 세 마리가 나무 쪽으로 후퇴한 사이에 제인과 휴고는 잔뜩 성이 난 원숭이들을 쫓아내기 위해 돌을 던졌다. 무리 중 가장 사나운 놈을 향해 위협적으로 괴성을 지르며 돌진한 휴고가 침팬지들이 올라가 있는 나무 바로 아래까지 원숭이들을 추격했는데, 애꿎게도 휴고와 제인의 행동을 자신들을 향한 위협으로 받아들인 침팬지들의 분노를 사는 꼴이 되고 말았다. 제인은 식물학자인 친구 버나드에게 편지를 보냈다. "순식간에, 흥분한 녀석들이 괴성을 지르며,"

세 놈이 풀쩍 아래로 뛰어내렸어. 화가 머리끝까지 치민 데이비드가 몸을 꼿꼿이 세우고 입을 '쩍' 벌리며 내 쪽으로 다가오지 뭐야. 내가 텐트 쪽으로 달아나자 녀석이 나를 쫓아왔어. 그나마 데이비드가 텐트 줄에 걸려 넘어졌으니 망정이지! 난 욕조 안으로 몸을 던졌고 녀석도 다시 내 뒤를 쫓기 시작했어. 나는 텐트 안으로 들어가 덮개를 닫았어. 데이비드도 진짜 날 어떻게 할 생각은 아니었던 게, 맘만 먹으면 텐트 덮개를 휙 밀어젖힐 수도 있었거든! 그사이 휴고는 G(골리앗)와 대치하고 있었어(그 녀석은 원래 휴고를 좋아하지 않아). 휴고가 부랴부랴 자기 텐트 안으로 뛰어들었는데 다행히 휴고 텐트에는 모기장에 지퍼가 달려 있어서 휴고가 지퍼를 닫았지(그러자 녀석들도 꽤 당황한 눈치였어). 그러자 G가 휴고 텐트 앞에 딱 멈춰 서고는, 글쎄 방향을 틀더니 내 텐트 쪽으로 달려오는 거야. 그사이 데이비드는 내 텐트

가까이, 더 가까이 **497**

앞쪽으로 돌아가서 막 안으로 발을 들여놓으려던 찰나였고. 휴고가 상황을 보아 하니 데이비드랑 골리앗이 한꺼번에 날 덮쳤다가는 정말 큰일이 나겠다 싶어서 얼른 밖으로 뛰어나와서 돌을 집어던졌지. 불행히도 G가 돌에 맞고 말았고, 그러자 G가 전속력으로 휴고를 쫓기 시작했어. 간발의 차로 휴고는 다시 텐트로 몸을 피했고, 이번에는 윌리엄까지 가세했어(그전까지는 개코원숭이와 한판 붙는 중이었어!). 골리앗이 텐트 폴대 하나를 툭툭 건드려 보더니 다른 한쪽 폴대를 타고 텐트 중간 높이까지 올라갔어(휴고 텐트 베란다 쪽에 폴대가 두 개가 있었거든). 그리고 골리앗과 윌리엄이 털을 곤두세우고 모기장 뒤편에 있는 휴고를 노려봤어. 바로 그때, 휴고가 꾀를 하나 생각해냈는데, Wm(윌리엄)이 제일 좋아하는 것을 주면 되겠다는 거였지. 마침 텐트에 달걀이 있었고, 휴고가 그 달걀을 모기장 밑으로 밀어 넣어서 윌리엄의 손에 올려놓자, 윌리엄 녀석 표정이 싹 바뀌더니 곤두섰던 털도 가라앉고 조심스레 그 달걀을 움켜쥐지 뭐야. 그러면서 데이비드 G(그레이비어드)도 흥분을 가라앉혔고, 욕조 앞에서 벼르고 있기가 지쳤던지 휘적휘적 발길을 돌리더라. 휴고랑 나는 조심스레 밖으로 나갔지. 데이비드가 다시 내 쪽으로 다가왔고 난 반갑게 인사를 건넸어. 그런데 그 녀석이 빈 상자를 뚫어져라 쳐다보고 있는 거야. 조금 불안했지만, 나는 바나나가 담긴 상자를 집어 들고 눈을 부라리고 있는 G를 지나쳐서 계속 걸었어. 공격은 하지 않더라. 다들 졸졸 내 꽁무니를 쫓아왔고, 열려 있는 큼지막한 바나나 상자 앞에 도착했어! 우리는 감히 그놈들을 막을 생각도 못했지. 녀석들, 배가 터져라 먹어댔어!

캠프에는 들쥐들도 꼬였는데, 제인의 텐트에서 먹을거리를 모아 휴고의 텐트로 나르더니 아예 휴고의 텐트에 살림을 차릴 기세였다. 제인과 휴고가 뱀 잡는 포대로 한 놈을 잡아 죽이려는 순간에 탄식이 흘러나왔다. "이런, 놓쳤잖아! 눈 깜빡할 새에 내 텐트로 달아나버렸어!"

하지만 진짜 골칫거리는 개코원숭이였다. 오죽했으면 이젠 제인이 침팬지뿐 아니라 이 저돌적이고 공격적인 개코원숭이의 면면까지 알아볼 정도였다. 실제로 몇몇 개코원숭이는 진작 이름까지 붙였는데, 그럴 때면 영예의 주인공은 내셔널지오그래픽협회의 지인들이나 원고 담당자들이 되곤 했다. 토머스 맥뉴 이사회 부의장의 이름을 딴 개코원숭이 맥뉴, 앤드류 포젠폴 디자인 팀장의 이름을 딴 개코원숭이 포젠폴, 캡션 담당자 필립 B. 실콧의 이름을 딴 개코원숭이 실콧 등이었다. 하지만 갈수록 제인은 놈들 때문에 속이 상했다. 침팬지들과 싸움도 모자라 이젠 베짜는새까지 괴롭혔다. 하루는 텐트 밖에서 뭐가 툭 떨어지는 소리가 들려 밖으로 나가보니, 베짜는새 둥지 세 개와 새알이 박살이 나 있었다. 화가 치민 제인은 집으로 보낸 편지에서 "망할 놈들"이라고 썼다.

5월 말에서 6월 초에 이르자, 개코원숭이들 기세에 눌려 침팬지들이 캠프에서 밀려나는 지경에 이르렀다. 특히 제인을 열불이 치밀게 한 것은 맥뉴의 소행이었는데, 휴고·골리앗 동맹을 당해낼 재간이 없자 당시 청소년기였던 순둥이 에버레드를 못살게 굴었다. 제인은 가족들에게 보낸 편지에서 이렇게 말했다. "정말이지, 어제 맥뉴가 에버레드 앞에서 으르렁대는 걸 보셨어야 해요. 에버레드 코앞까지 쫓아가선 위협적인 기세로 주둥이를 쩍 벌리고 가지덤불로 막 때리더라고요. 휴고랑 골리앗을 동시에 당해내지 못하니까 만만한 게 에버레드라는 거죠."

그로부터 채 십 년이 안 돼 곰베의 개코원숭이는 기질적 특이성과 독특한 사회상으로 침팬지 못지않게 과학계나 세간의 주목을 끌게 되지만, 당시 제인의 동정을 산 쪽은 단연 침팬지였다. 한편, 개코원숭이의 공격이 있은 다음에 침팬지들이 인간에게 위협적 행동을 보였다는 기록을 읽은 멜빈 페인 내셔널지오그래픽협회 부회장은 5월 28일 제인에게 우려 섞인 편지를 보냈다. "구달 씨가 그 친구들을 전적으로 신뢰하고 있다는 것은 잘 압니다만, 순간적으로라도 그들이 구달 씨와의 우정을 망각하지 않을까 하는 우려를 떨칠 수가 없습니다. 물론 현장연구에는 위험도 따르기 마련입니다만, 자칫 실험 과정에서 침팬지들의 격분을 사서 두 분 중 누군가가 다치는 일이 없도록, 반 라빅 씨와 구달 씨 두 분 모두 각별히 주의해주십시오."

제인은 서둘러 편지를 보내 페인을 안심시켰다. "부회장님이 보시기에 제가 침팬지를 대하는 방식이 다소 무모할 수도 있다는 점은 잘 알고 있습니다. 물론 실제로도 저는 데이비드 그레이비어드를 전적으로 신뢰하고 있습니다만, 다른 침팬지에 대해서는 전혀 그렇지 않습니다." 사실 골리앗은 전혀 신뢰하지 않고 있다는 말도 덧붙였다. "골리앗에게 친밀감을 표시한 적은 단 한 번도 없습니다. 골리앗은 정상적인 심리상태로 볼 수 없고 지능도 높지 않기 때문입니다." 따라서 자신도 휴고도 앞으로는 "어떤 상황에서든 골리앗을 자극하거나 도발하는 일이 없도록 각별히 주의"하겠다고 답장을 보냈다.

물론 자극과 도발은 이미 엎질러진 물이기는 했다. 휴고의 돌팔매질 이후 이 거구의 영장류는 한낱 조그만 인간에게 앙심을 품고 수 주간, 수차례에 걸쳐 휴고를 뒤쫓고 있었던 것이다. 하산이 키고마에 도착하고서야 그의 감독 아래 피신처로 쓸 철재 구조물을 만들 수 있었다. 제인은 7월 20일 페인에게 편지를 보내 피신처는 "걱정할 것이 없다"고 적었다. 문이 두 개이고 휴고의 카메라가 설치된 앞쪽에는 그물망을 늘어뜨렸으며, 비상시에는 "휴고가 재빨리 피신처로 몸을 날려 문을 닫을" 수 있도록 했다.

7월 초, 내셔널지오그래픽협회 관계자로는 처음으로 교육 위원회 사무관이자 기사 발표 이후로 예정된 제인의 공식 활동 및 강연용 영상 제작 공동 담당자인 조앤 헤스가 곰베를 찾았다. 루이스의 아들 리처드가 나이로비발 전세비행기에 헤스를 태우고 키고마에 왔다. 언젠가 회상했듯이 리처드는 곰베를 "아름다운" 곳이라 생각했으며, 그에게 "곰베 방문은 참으로 행복한 경험"이었다. 조앤 헤스도 온종일 곰베에 머물며 즐거운 한때를 보냈다. 침팬지 20여 마리가 출몰했으며, 이후 제인이 협회 관계자에게 보낸 편지에서처럼 "헤스 씨도 이곳을 마음에 들어"했다. 리처드도 마찬가지였으나, 몇 가지 우려할 부분이 있다고 판단한 리처드는 나이로비로 돌아간 뒤에 그

부분에 대해 아버지와 의견을 주고받았다.

9월 21일 제인에게 쓴 편지에서—타자기로 "꼭 읽어볼 것"이라는 글귀를 적어 넣었다—루이스는 깊은 우려를 드러냈다. 캠프에서 바나나를 나눠주다 소동이 생기면 사람만 위험한 게 아니라, 혹 누군가 심하게 다치기라도 하면 경찰이나 수렵관리부 소속의 "간섭하기 좋아하는 관리"들이 침팬지들을 사살할 수도 있으니, 결국 침팬지들까지 위험에 처할 것이라는 내용이었다. 루이스의 입장은 분명했다. "나는 예나 지금이나, 최상의 자료와 영상을 얻겠다는 욕심으로 위험도 불사한다는 태도에는 전혀 동의할 수 없네." 또한 루이스는 궁극적으로는 제인의 안전이 침팬지의 안녕과 직결된다며 설득력 있는 주장을 폈다.

우려 섞인 고언과 그 속에 숨은 비판에 제인은 마음이 상했다. 곰베에 직접 와본 적도 없으면서 전해들은 정보만 가지고 쓴소리를 하다니, 왠지 야속했다. "조앤이나 리처드가 말한 것과 다르다는 걸, 직접 와서 보시면 좋을 텐데요. 박사님께서 우리 침팬지들을 직접 눈으로 보셔야 하는 건데. 물론 일리가 있으신 말씀이지요. 침팬지 스무 마리가 캠프로 몰려들었을 때, 처음 두어 번은 저희도 어쩔 줄을 몰랐으니까요." 하지만 지금은 상황이 달랐다. "지금은 어떠한 위험도 없습니다. 제가 장담하겠습니다."

피난처도 "대피용"이라기보다는 "녀석들이 흥분했을 때 괜히 우리가 얼쩡거리다 애먼 일을 만들 필요는 없으니" 만들어둔 것뿐이라며, 걱정할 일은 아니라고 했다. 침팬지의 안전에 대해서는 이렇게 설명했다. "박사님, 제가 침팬지들의 안전을 얼마나 걱정하고 또 걱정하는지, 모르시는 건 아니시겠죠?" 만에 하나 생길지 모르는 유인원과 인간 간의 충돌에 대비해 어부들의 임시 막사를 카세켈라 연안에서 멀리 떨어진 곳으로 이전하는 방안에 대해서도 이미 수렵관리부와 협의를 거쳤고, 장기적으로는 관광 수익을 "조금만" 투자하면 침팬지 보호 및 서식지 보존비용을 충당할 수 있으리라는 구상도 하고 있었다.

제인의 결론은 낙관적이었다. "이렇듯, 착착 준비가 진행 중입니다. 관광

자원이야 침팬지가 있으니 됐고, 침팬지 안전 문제는 대책을 강구하고 있으니 문제가 없을 테고요." 강연 영상 수익금 전액도 곰베 보호구에 환원할 생각이었다. 그 정도 종자돈이면 호숫가 연안에 관광객용 소형 오두막을 한꺼번에 네 채는 지을 수 있었다. 오두막에서 관측용 잠복관찰처까지는 길도 놓고, 정찰꾼을 고용해 모든 관광객에게 침팬지 출몰 여부를 알리는 방안도 계획 중이었다. 제인은 마지막 당부의 말을 전했다. "박사님, 이번 프로젝트가 모두 수포로 돌아가지 않을까, (제게는) 절망뿐이던 순간에도 박사님은 저를 믿어주셨습니다. 감히 엄두도 내지 못했던 성과를 일궈낸 지금, 갑자기 그 믿음을 저버리시는 일은 부디 없으시길 바랍니다. 꿈에서조차 상상하지 못했던 결실을 이제야 거둬들이고 있으니까요."

바나나 공급은 이후 두고두고 비판의 표적이 되었는데, 대개는 잘못된 정보에 기초한 비난이지만 그렇다고 타당성이 전혀 없다고 볼 수는 없다. 그러나 야생 침팬지 연구에서 당시 제인이 이뤄낸 업적에 버금가는 성과를 낸 사람이 없었던 만큼, 대안으로 꼽을 만한 사례 역시 존재하지 않는다.

물론 조지 셜러가 먹이 공급에 의존하지 않고 벨기에령 콩고 동부와 우간다 지역 고릴라를 근접 관찰한 예가 있기는 하지만 기질적으로 고릴라는 침팬지보다 훨씬 유순하다. 침팬지 연구에서는 아드리안 코르트란트가 콩고 동부 베니에 일련의 기지 형태의 잠복관찰처를 세우고 관찰에 성공한 예도 있으나, 이 역시 침팬지를 숲 밖으로 끌어내는 수단으로 파파야와 바나나 경작지를 활용했다. 다시 말해 코르트란트가 오기 전에도 침팬지들은 먹이를 찾아 경작지로 나왔다는 얘기다. 1963년 여름에 일본 연구진은 야생 침팬지 습관화를 위해 갖은 방법을 동원하다 결국 사탕수수 먹이공급을 통해 마할레 산맥 침팬지들을 습관화하는 데 성공했다.

제인은 야생의 새를 길들이듯이 늘 야생의 침팬지를 '길들이는' 쪽에 무게를 두었다. 거리 좁히기. 신뢰 구축. 먹이 제공. 직감적으로 그녀는 침팬지들과 개인적인 친밀감을 형성하는 방향으로 나아갔다. 그들의 삶 속으로 들어가기 위하여, 또 어쩌면 이를 통해 둘리틀 선생처럼 자연과 야생동물을 벗해 살겠다는 어린 시절의 꿈을 이루기 위하여. 그 이상과 직감의 삶은 다행히 과학이라는 이성과 조우하였으며 제인이 먹이 공급을 하는 방식 어디에서도, 얼토당토않은 꼼수나 형편없는 비과학은 찾아볼 수 없었다. 실제로 이는 유럽 동물행동학의 조건조작 전통에 완벽히 부합하며, 콘라트 로렌츠가 야생 거위 연구의 출발점으로 삼았던 각인 실험과 비교한다면, 물론 논란의 여지는 있겠으나 훨씬 덜 조작적이라 할 수 있다.

또 다른 비판은 바나나 공급이 곰베 침팬지들의 공격성을 부추겼다는 것인데 물론 국지적, 단기적으로는 어느 날 갑자기 특정 지역에 새롭고 풍부한 먹이 원천, 즉 유인원들의 노다지가 출현했다는 점에서 문제의 소지가 있을 수 있겠지만 장기적으로 이루어진다면 그렇지 않다. 바나나 공급 방식은 어느 숲에 특별히 열매가 많이 안정적으로 열리는 과실수가 있는 경우와 생태적으로 본질적인 차이가 없다. 또한 이후 연구와의 비교분석에서도 드러나듯이 침팬지들의 사회상, 행동 양식, 폭력성은 먹이 공급 유무와 관계없이 아프리카 어느 곳에서든 유사한 양상을 띤다.

또한 바나나가 효과적인 유인책으로 작용한 덕분에 1963년 봄여름, 습관화 기간을 단축하고 청소년기, 영유아기, 어미 침팬지 등, 침팬지 사회에서 잘 눈에 띄지 않았던 구성원들을 외부로 노출시키는 의미 있는 결과를 이뤄냈다. 카를 폰 프리슈가 벌 관찰에 이용했던 실험용 유리 벌집과 마찬가지로 바나나 공급도 결과적으로는 숲을 바라보는 창을 제공함으로써 그렇지 않았다면 계속 신비로 남아 있었을 침팬지의 사회상을 효과적으로 들여다볼 수 있게 해주었다. 바나나 공급은 우연히 한두 개체와 마주쳐, 어쩌다가만 풍부히 관찰할 수 있는 방식을 뛰어넘게 해주었다. 그로인해 곰베에는 곧 더 많은 출연진, 즉 더 많은 침팬지들이 등장했으며, 놀랄 정도로 세세한 것 하나하나에 이르기까지 침팬지들의 모든 모습을 포착해내고 가까이에서 지켜보면서 서로 살갑게 마주하는 사이가 될 수 있는 기회를 가져다주었다.

"내 침팬지들. 린 아주머니, 요즘은 정말 모든 게 꿈만 같아요." 크로스
농장 안주인 린 뉴먼에게 보낸 8월 4일자 편지는 이렇게 시작된다.

침팬지들의 사회적 행동에 대해 알게 된 게 정말 많은데, 그 멋진 일들을 편
지로는 다 들려드릴 수가 없네요. 이제 정기적으로 우리 캠프에 오는 침팬지
가 스물한 마리나 된답니다! 덕분에 난생 처음으로 반복적이고 지속적인 관
찰도 가능하게 됐죠. 산에서 어떤 두 침팬지가 같이 있는 장면을 한두 번 이
상 보려면 운이 좋아도 두 주, 길면 한 달까지 걸리거든요. 지금은 모든 게
완벽, 그 자체에요. 게다가 워키토키까지 생겨서(바로 얼마 전에 하나 생겼
는데요, 다들 어린애마냥 신이 나 했어요) 캠프나 캠프 주변에서 어떤 무리
가 흥미로운 행동을 보이면, 곧장 캠프로 쫓아 내려갈 수 있어요.

하지만 제인은 신이 난 이유가 관찰 데이터 같은 연구 성과 때문만은 아니
라고 했다. "중요한 건 침팬지에요. 보면 볼수록 새록새록 감탄이 절로 나
온다니까요. 예전에는 저도 침팬지에 대해서는 좀 안다고 자부를 했었거든
요. 그런데 지금은 천만에 말씀이죠. 전 일자무식이나 다름없었어요. 그 녀
석들은 단순한 동물이 아니에요. 그럼요, 아니고말고요."
이어 제인은 수컷 침팬지 사이에는 심지어 이런 일도 있다고 했다.

일종의 '패거리 질서'란 게 있어요! 한번은 골리앗이랑 같이 앉아 있었는데,
녀석이 갑자기 털이 곤두서고 눈이 휘둥그레지더니, 벌떡 일어나 부리나케
어디론가 내빼버리지 뭐예요……. 뭐가 있나, 하고 우리도 골리앗이 보던 쪽
을 봤는데, 글쎄, 거기 꼭 악당 테디 보이스(1950~1960년대 영국의 반항적
인 청소년을 일컫는 말—옮긴이)처럼 휴고(물론 침팬지 휴고요!)랑 미스터
워즐 일당이 있더라고요. 두 놈 다 똑바로 서서 우리 쪽을 노려보더니 갑자
기 이쪽으로 달려왔어요. 그리고 우리를 지나쳐서, 골리앗이 지나간 길을 뒤
쫓기 시작했죠. 그러다 언저리쯤에서 어디로 가야 할지를 몰라 우왕좌왕하

더니……, 덤불 구석구석을 샅샅이 뒤졌어요. 그래도 없자 결국엔 바나나를 먹으러 돌아왔고요. 한 10분쯤 지나서 우리는 골리앗을 발견했죠. 큰 원을 그리며 맞은 편 언덕에 있는 나무로 가서 나무 허리까지 올라가더라고요. 나무에 몸을 숨기고, 휴고 일당을 지켜보았어요. 그렇게 한 시간을 놈들의 일거수일투족을 지켜보다, 무슨 이유에서인지 휴고 일당이 자리를 뜨자, 그제야 남들 눈에 띄지 않게 잽싸게 몸을 놀려 나무 아래로 내려왔어요.

하지만 그해 봄여름, 무엇보다 제인을 설레게 한 건 어미와 새끼를 관찰하는 일이었다. 번식기 침팬지의 짝짓기는 암컷 한 마리 대 수컷 여러 마리의 관계가 일반적이므로 침팬지의 부성을 목격하기란 곰베에 상주하는 인간들뿐 아니라 곰베 침팬지들에게도 드문 일이었을 것이다. 물론 새끼가 청소년기에 이르면 아비, 어미, 새끼가 짝을 이뤄 다니거나, 아비가 새끼와 놀아주는 경우도 종종 있지만, 새끼는 아비보다 어미와 함께 다니는 쪽을 선호하므로 가족의 핵심은 어미와 그 어미에게 의지하는 새끼로 구성된다. 그 무렵에 제인은 대망의 침팬지 가족 관찰로까지 시야를 넓혔는데 그 가족 중 하나가 올리네 가족이었다. "늙은 노모인데 제가 좋아하는 녀석이에요. 못난이도 그런 못난이가 없지만, 그래도 인상은 나쁘지 않아요. 요즘은 목에 (짐작컨대) 커다란 갑상선종이 생겨서 저도 마음이 아파요." 올리에게는 내셔널지오그래픽협회 로버트 길카의 이름을 딴 "한 살 남짓 된 귀여운 어린 딸" 길카와 일고여덟 살쯤 된 아들 에버레드가 있었다. "독립심이 강한 녀석이에요. 그래도 곧잘 엄마랑 어린 동생이랑도 같이 다니곤 해요. 여동생이랑은 얼마나 우애가 돈독한지 몇 시간이고 다정하게 놀아준답니다. 엄마랑 장난치길 좋아하고요."

플로네 가족도 있었다. "못생기기로는 침팬지 나라 일등"인 플로는 "왜소하고, 깡마르고, 균형 잡힌 몸매랑은 거리가 멀어요. 다리는 물렛가락처럼 비실비실하지, 한쪽 귓등은 혹인지 뭔지가 불룩 튀어나왔지, 콧등은 꼭 선사시대 여자처럼 생겼어요." 사람들의 눈으로 보자면 플로는 곰베에서 제

일가는 추녀였지만, 곰베 수컷 침팬지들의 눈으로는 둘째가라면 서러운 관능미를 뽐냈다. 그 무렵 플로는 "세 살배기 피피랑 여섯 살배기 말썽꾸러기 피건"을 뒤에 달고서나 안고 휘적휘적 숲길을 오가곤 했다. "늘 붙어 다니며 가족애가 대단했고," 피피는 "유독 어미에게 애착이 커서" 덩치가 제 어미랑 맞먹는데도 그해 7월 말이 다 되도록 젖을 빨았다. "그 덩치가 되도록 어부바를 해주다니, 너무 응석받이로 키우는 게 아닐까요."

하지만 제인이 편지를 쓰기 약 보름 전, 평화롭던 플로네 가족을 발칵 뒤집어놓은 일대 사건이 벌어졌다. 플로가 근 삼사 년 전 피피를 밴 이후 처음으로 생식기가 부풀어 오르면서 발정기에 접어든 것이었다. 발정기의 플로는 후끈 달아오른 수컷들을 떼거지로 불러들이는 커다란 붉은 깃발이나 다름없었다. 린 뉴먼에게 보낸 편지에서 제인은 이 흥미진진한 사건의 전말을 소상히 전했다.

아, 그건 그렇고, 플로 말인데요, 그 녀석 무진장 못생기긴 했지만 그래도 상스럽게 '거시기'라고 하는 게 생겼어요. 수컷들은 아주 홀딱 빠졌죠. 데이비드는 기쁨에 겨워 플로에게 감사 인사(이건 카메라에 담았죠)까지 하더라고요. 먼저 플로가 캠프에 도착하자 휴고, 골리앗, 데이비드가 쏜살같이 뒤쫓아 왔죠. 첫 상대는 휴고, 그 다음은 골리앗이었죠. 그리고 드디어 가장 가까운 남자친구 데이비드의 차례가 왔어요. 데이비드는 먼저 팔을 벌려 플로를 안고, 아주 세심하게 플로의 한쪽 젖꼭지에 '뽀뽀'를 하고, 한쪽 팔로 플로의 다른 쪽 젖꼭지를 살짝 꼬집더라니까요!!! 플로가 이 정도예요. 플로가 초미의 '관심사'가 된 후로 구애자가 줄을 섰습니다. 우리 '바나나 클럽'에도 플로 때문에 신규 회원이 많이 찾아왔고요…… 생식기가 부풀어 오른 지 이틀째 되던 날, 점심이 지나서 플로가 기운이 하나도 없이 비틀거리며 바나나를 찾아 내려왔어요. 그 뒤로 휴고, 골리앗, 데이비드 그레이비어드는 물론이고, 대머리 미스터 맥그리거, 미스터 워즐, 헉슬리(최근에 눈이 멀었죠), 휴, 험프리, 찰리, 마이크, 벤이 줄줄이 쫓아오지 뭐예요. 불쌍하게도, 녀석들은 결코 플로를 혼자 내버려두지 않았죠. 구애 동작의 최고봉인 서서 춤추기, 좌우로 몸 흔들기, 털 곤두세우기, 팔 휘젓기가 펼쳐졌어요. 플로는 순순히 응했지만—조용히 넘어가고 싶었나 봐요—어린 피피가 그 꼴을 참고 볼 리 없었죠. 적개심에 불타서는 어떤 사내놈도 감히 엄마 곁에 다가가지 못하도록 그림자처럼 플로 주위를 맴돌았어요. 힘차게 도움닫기를 해서 제 어미 등짝을 있는 힘껏 옆으로 밀쳐내기도 했는데, 어떨 땐 정말 중간에 짝짓기가 뚝 끊기기도 했답니다. 그래서 정작 수컷들이 귀찮아서 발길을 돌리면 플로는 제 몸을 긁적이며 짜증을 부렸어요. 그럴 만도 한 게, 플로도 지금까지 3년 6개월을 기다린 셈이니까요!

플로가 교미를 즐기고 혹은 견디고 있는 사이, 제인 또한 초미의 관심사가 되어갔다. 우선, 「내셔널지오그래픽」 편집진이 곧 게재될 원고가 얼마나 대단한 글인지를 알아보기 시작했고, 더불어 그로스브너 회장도 이 "대단한" 원고에 기여한 사람 전원에게 원래 예정했던 것보다 더 많은 금액을 지불해야 한다고 결정했다. 내부 전달 자료에 따르면, 그로스브너는 제인에게는 "필히" 7천 달러를 "상회하는" 원고료를 전달하고, 휴고에게는 촬영비 3천5백 달러, 루이스에게는 "제인 구달을 격려하고 원고 작성을 지도한" 대가로 2천5백 달러를 지급할 것을 지시했다. 이러한 전폭적인 증액을 감안하더라도, 구달 씨가 받는 돈은 비비언 푹스 경이 3천2백여 킬로미터 여정의 남극횡단 후기를 쓰고 받은 돈보다 적다는 말도 덧붙였다. "어쨌거나 지금과 같은 상황에서 침팬지 연구를 성공시켰으니, 위험하기로든 독보적이기로든 남극횡단에 맞먹는 일이 아니겠는가."

6월 중순 「내셔널지오그래픽」 8월호가 인쇄소로 넘어갔고, 7월 5일 메리 그리스월드는 제인과 휴고에게 전할 축하 인사를 써 내려갔다. "드디어 대망의 날이 다가왔습니다!" 들뜬 어조의 그리스월드는 8월호의 인쇄, 제본, 증정본 발송을 모두 마쳤다고 전했다. "선생님의 침팬지 친구들은 우리 기사를 다른 잡지에 흘릴" 일이 없겠지만 휴고와 제인 두 사람은 "8월호가 일반 독자들에게 배송될 때까지 증정본이나 기사 내용이 새나가는 일이 없도록" 각별히 주의해달라는 당부도 덧붙였다.

잡지사로서는 잘 숨겼다가 일시에 이슈를 불러 모을 욕심을 내는 게 당연했지만, 결국에는 뒤통수를 맞는 일이 터지고야 말았다. 7월 26일 「내셔널지오그래픽」 편집자 프랭크 쇼어로부터 전혀 반갑지 않은 소식이 전해졌다. 「하퍼스 매거진」 7월호 존 파이퍼 기자의 글에 "선생님 원고의 핵심 내용"이 실렸다는 것이었다.

파이퍼는 처음 협회와 루이스에게 연락을 해왔을 때에는 "선사시대 인간에 관한 책"을 위한 연구 조사 차원에서 리키 연구진의 발굴 현장을 취재하고 싶다고 밝혔지만, 나중에는 취재 범위에서 (이후 루이스와 메리에게 전한 궁색한 변명을 빌자면) "구달 씨의 연구가 제외"되는 줄 "미처 몰랐다"며 말을 바꾸었다. 기자는 케임브리지로 제인을 찾아가 인터뷰를 요청했고, 제인은 기자가 내민 자료를 대략 훑어보고 나서 인터뷰를 수락했다. "자료 한두 건 정도였는데—안타깝지만 내용은 기억이 나지 않네요—그럴싸한 문건이라 저도 철석같이 믿었죠." 인터뷰 내용은 주로 두 차례에 걸친 과학 강연회에서 이미 공개한 바 있는 침팬지 먹이 공급과 둥우리 짓기에 관해서였다.

하지만 그 후 그 기자는 솔리 주커만 경을 비롯한 다른 사람까지 찾아가 정보를 캐냈다. 속았다는 생각이 들자 제인은 평소의 그녀답지 않게 매우 분개했다. 제인은 쇼어에게 답장을 보냈다. "손 쓸 방법이 없나요? 저도 이대로 당할 수만은 없잖아요? 끝장을 봐야죠. 분해 죽겠습니다. 오죽하면……, '저 여자 침팬지랑 너무 오래 산 거 아닌가' 하고 사람들이 수군대든 말든, 그 기자 머리카락을 다 쥐어뜯어놓고 싶네요."

바깥세상에서는 불쑥불쑥 달갑지 않은 훼방꾼이 출몰했을지언정 그해 7월 곰베에서의 삶은 언제나처럼 한결같고 평온했다. 동이 트면 침팬지를 맞았고, 숲으로 돌아간 침팬지들이 둥우리를 틀고 잠자리에 드는 해거름이면 저녁식사를 하고, 지지직대는 라디오 뉴스에 귀를 기울이고, 불꽃과 잿불로 따스해진 불가에 가만히 자리를 잡고 앉아 암호와도 같은 벌레들의 소곤거림에 젖어들었다. 제인이 가족들에게 보낸 편지에 썼듯, 그러고 있노라면 거대한 바깥세상은 "아득히 멀게만 느껴"졌다. "우리는 또다시 침팬지, 침팬지, 침팬지 얘기를 나누죠. 저만큼이나 휴고도 녀석들을 아껴요. 덕분에 우린 멋진 영상을 담아내고 있답니다."

드디어 증정본이 도착했다. 금색 테두리의 표지를 넘기며 제인은 곰베에서 보낸 몇 년간을 떠올렸다. 고뇌하며 열정적으로 헤쳐나갔던 그 시간들이 이제 깨알 같은 글씨와 시원시원한 사진들이 늘어선 반짝반짝 광이 나는 서른일곱 쪽의 지면으로 기적처럼 나타나 있었다.

일부 컬러 도판이 기대에 미치지 못하기는 했다. 처음에 "컬러 사진을 봤을 때는 그저 끔찍하더라고요. 자꾸 봐서 지금은 눈에 익긴 했지만. 그래도 흑백사진과 비교하면 사진의 질은 깜짝 놀랄 만한 수준이죠"(린 뉴먼에게 보낸 편지). 그러나 컬러 인쇄와 관련된 일부 기술적 문제만 차치한다면, 도판 사진은 야생 침팬지들의 숲속 터전을 보여주는 전대미문의 작품이었으며, 글이 양陽이라면 비주얼은 음陰이 되어 완벽한 음양의 조화를 이루고 있었다.

글은, 물론 저자의 어조는 겸손하기 이를 데 없었지만, 곰베의 연구가 과학계에 가져올 일대 혁신을 예고했으며, 사진은 글보다 가벼웠지만 강렬한 인상을 주었다. 먼저, 사진들은 제인이 야생의 생명체에게 얼마나 가까이 다가섰는가를 보여주었다. 침팬지들은 태연스레 캠프를 오가고, 제인의 손에서 바나나를 낚아채고, 제인의 손길을 받아들였다. 또한 제인의 담대함과 일상에서 부딪히는 위험을 예리하게 포착해냈다. 사진 속의 제인은 젊고 날씬하고 예뻤으며, 맨팔과 맨다리로 단지 수수한 운동화나 맨발로 열대의 숲을 거닐었다. 마지막으로 자연과 포옹하고 자연과 사랑에 빠진 제인의 모습을 담음으로써 숲속의 분위기를 효과적으로 전달하고 있었다. 실제로 기사의 첫 두 쪽에는 목가적 낭만이 물씬 풍기는 사진이 지면 가득 펼쳐져 있었다. 널름거리는 불길, '타닥타닥' 타는 작은 모닥불이 뿜어내는 온기, 호수와 하늘이 빚어내는 은은한 빛과 그림자, 저 너머 잿빛 풍경 위로 드리운 은빛 푸르름과 노란 달빛, 그곳에서 담요로 몸을 감싼 채 사진으로는 겨우 보일까 말까 한 작은 책자 혹은 일지에 뭔가를 써내려 가는 제인의 모습. 총평을 하자면 제인의 기사는 개인사와 과학 연구를 동시에 아우른 성공작이었으며, 개인적으로는 제인 구달을 「내셔널지오그래픽」의 대표 아이콘으로 안착시켰다. 다만, 이런 성격의 잡지에 글이 실린다는 것이 안 좋게 비춰질 수는 있었다.

잡지의 성격으로 말하자면 그해 「내셔널지오그래픽」 8월호의 특집기사는 제인의 글이 아니라 대중의 판타지를 자극하는 연예오락 산업의 비화를 장황하게 다룬, 돌아서면 잊힐 기사인 "월트 디즈니의 마법 같은 세상"이 차지했다. 전반적으로 보더라도 「내셔널지오그래픽」은 오락성에 충실하고 대중성에 충성했다. 색감은 밝았고, 사진은 작위적이었으며, 이국의 풍경은 마냥 아름답고 유쾌했다. 또한 논박도 옹호도 않겠다는 오랜 편집 기조를 고수하면서, 전후에는 미국 중산층 가정의 금장 장식품으로 전락할 위기에 처하곤 했다. 그러나 수익 관점에서 보자면, 1963년 여름 당시 3백만 명을 상회하는 정기구독자와 최소한 그에 버금하는 숫자의 독자 내지는 관심층을 확보하고 있었던 만큼, 이런 편집 전략은 그야말로 매우 성공적이었다고 말할 수 있다. 또한 「내셔널지오그래픽」의 이런 방침은 어디까지나 지오그래픽협회의 본래 목적인 '지리학 지식의 증진과 보급'을 따랐고, 다만 이를 실천하는 데 있어 '지리학'의 개념을 대중적 차원에서 넓게 가져간 것뿐이라는 주장을 내세울 수도 있다.

어쨌든 획기적인 과학 연구와 별나고 재미난 사람 사는 이야기가 맞물린 제인의 글은 「내셔널지오그래픽」식 도판 디자인 및 편집 기조와 궁합이 맞았으며, 더욱이 제인으로서는 협회가 지속적으로 재정적 지원을 해준 데다가 마지막 보너스로 명성까지 안겨줬으니, 그저 감사했을 따름이었다.

그달의 마지막 날 총 적재 높이 24킬로미터, 장장 3백만 부에 달하는 반짝반짝거리는 금장 테두리를 두른 「내셔널지오그래픽」 8월호가 정기구독자에게 우송되면서부터 제인은 유명세를 타기 시작됐다. 곧 전 세계 각지에서 기사에 분개하거나 감명을 받은 사람들과 '정글의 공주 제인'을 직접 만날 자리를 희망하는 독자와 관심층의 편지가 날아들었다.

캘리포니아에서 온 한 노인은 편지에서 "40년 동안 가톨릭 신부로 봉직했고 게다가 그중 13년을 시카고 주립 종합병원 **'정신 이상자'** 담임 신부로도 일했기에 정상이 아닌 것이 무엇인지 아주 잘 알고 있지만" 침팬지가 도구를 만들어 사용하는 모습은 "충격적"이었다고 적었다. 이어서 그는 제인의 영성에 대해 질문을 던졌다. "이런 생각이 듭니다. 아이고, 이렇게나 젊고 아리땁고 똑똑하고 능력 있고 하느님이 주신 달란트로 넘쳐나는 처자가 **대체 '하느님' 께는 무슨 보답을 해드렸나??** …… 세상의 '학문적 영예'를 좇아서는 그렇게나 열심인데, **천국에서의 영광**을 위해서는 뭘 하셨지요??"

코네티컷에 사는 한 여성은 자신이 "내 몸을 가지고 직접 암 연구를 했으며, 나 자신을 대상으로 지금까지 수없이 많은 테스트를 실시했다"고 적었다. 지금에 와서는 "건강이 극도로 악화되었고 이제는 어떻게든 살아서 연구를 완수하고자 애쓰고" 있었다. 그녀는 "이제 이 싸움에서 남은 유일한 희망은" 기사에서 언급한 침팬지들의 섭취 음식물 81종의 정확한 명칭을 아는 것이라고 했다.

펜실베이니아에서 사는 한 남학생은 편지에 "'아프리카'나 '유인원'을 떠올릴 때면 늘 묘한 느낌이 들면서 등골이 찌릿찌릿"하다고 적었다. 집 뒤에 숲이 있는데 그곳에서 "'유인원'처럼 자유롭게 나무와 나무 사이를 오르내리고" 싶다는 것이었다. 이미 나무꼭대기에 아지트도 만들었고 밤에는 거기서 잠도 잔다. 고등학교를 졸업하면 제인처럼 아프리카로 가서 유인원들과 함께 지내기로 결심했다. 그렇게 되면 유인원들도 자신을 유인원으로 받아들이게 될 것이다. 그는 "유인원을 좇아다니는 일은 아무런 문제도 되지 않을 것"이라고 자신했다. "제 몸도 그들과 다르지 않게 만들어졌으니까요. 그렇게 해서 유인원을 만난 뒤에는 카메라와 각종 장비를 구해서 그들이 어떤 습관을 보이는지, 일상생활은 어떤 모습인지를 카메라에 담을 겁니다."

페루 리마에 사는 한 젊은 여성은, 어릴 때부터 줄곧 위대한 동물행동학자 콘라트 로렌츠와 니콜라스 틴베르헌을 우상으로 여겨왔던 사람으로 미국 리드 칼리지 심리학과를 졸업했고, 「내셔널지오그래픽」 기사가 "제 마음에 불을 지펴 새로운 세계에 도전하게" 되었으니 혹시 조수로 쓸 생각이 없는지 궁금해했다. "구달 선생님, 혹시 만에 하나라도 생각이 있으시다면 꼭 연락 부탁드립니다. 제가 어떤 사람인지에 대해서라면 얼마든지 말씀드리겠습니다. 외출도 자유롭지 않은 곳에서 저랑 같이 지내려면 저에 대해 사전에 충분히 알고 계셔야 한다는 점, 잘 알고 있습니다. <u>저는</u> 좋은 소식을 전해주시리라 믿고 있을 테니, <u>선생님께서는</u> 이 점만 기억해주세요. 저는 관찰력이 뛰어나고 '거칠고 불편한 생활'도 좋아하며, 선생님께 분명 큰 힘이 될 것입니다."

데스몬드 모리스도 축하 인사를 전했다. 제인이 일했던 영상제작소의 사장 스탠리 스코필드도 축하한다며, 다음에 아프리카에 갈 때는 자신도 동행을 하고 싶은데 혹시 그럴 여건이 되는지 물었다. 빅토리아 시대를 주름잡은 생물학자 T. H. 헉슬리의 손자이자 저명한 동물학자 줄리언 헉슬리 경도 같은 부탁을 해왔다. 영국 노동당 초대 당수의 아들로 하원의원과 각료를 지냈으며 당시에는 케냐 총독으로 재직 중이던 맬컴 맥도널드는 제인의 글을 읽고 놀라움을 금치 못했으며 8월호를 가죽으로 제본해 자신의 책장 영예의 전당 칸에 귀히 모셔둘 생각이라고 했다. 또 다음에 나이로비에 올 일이 있으면 만나보기를 바란다며 제인과 휴고를—가능하다면 플로도 함께—초대했다. 독일 학계의 영향력 있는 동물학자 베른하르트 그르지메크도 영화제작자 앨런 루트와 손잡고 곰베 연구를 영화로 만들어보자고 제안했다. 편지에는 영화가 "우리나라에서 성공을 거두면 동아프리카, 특히 탕가니카에서 과학연구 및 자연보호 자금을 상당액 벌어들일 수 있을 것"이라는 말도 적혀 있었다.

그르지메크의 편지는 실제로 걱정할 만한 것이었는데, 휴고가 협회에 보낼 곰베 영상물의 막바지 작업을 서두르는 사이에 탕가니카 정부의 지원을 등에 업은 그르지메크가 이미 영화화 계획을 실행에 옮기는 중이었다. 9월 1일 내셔널지오그래픽협회 담당자에게 보낸 서신에서 휴고는 당시 상황을 이렇게 전했다.

사람들이 워낙 침팬지 영상에 관심이 많다 보니 일이 이렇게까지 된 거라 믿고 싶습니다. 보호구에 들어오려는 사람도 그르지메크 박사뿐만이 아니고요. 이런 점에 대해서는 협회 측에서도 잘 알고 계시리라 생각합니다. 저는 제 인생의 근 일 년을 이곳에서 보냈으며, 이번 작업에 뛰어든 것도 이 영상을 전 세계에 퍼트려야 할 만큼 가치 있는 영상으로 만들어낼 자신이 있었기 때문입니다. 어쩌면 당장은 외부 사진가들의 접근을 막을 수 있겠지만 오래 버틸 수는 없습니다. 이 나라는 돈벌이와 여행객 유치에 혈안이 되어 있으니까요. 결론적으로, 서둘러 이 영상물을 시장에 내놓지 않는다면 우리는 다 잡은 물고기를 놓치고 마는 꼴이 될 것입니다.

같은 날에 제인도 평소 연락을 주고받던 담당자에게 편지를 보냈다. "8월호가 나간 뒤로 무슨 수를 써서라도 곰베에 들어오려는 기자, 사진가, 심지어 작가들까지 줄을 섰네요." 그 와중에 발 빠르게 미국과 영국의 대형 출판사 편집자들까지 가세해 "침팬지와 함께하는 삶이라니, 정말 대단한 글이었습니다. 책으로 출간할 의향은 없으신지요"라는 내용의 서신과 전보를 보내왔다.

그렇게 시간이 흘렀고 그해 여름에 곰베에는 인간 세계의 욕망과 아우성이 그칠 줄 모르고 휩쓸아쳤으며, 제인은 그 세속의 것들을 피하고 떨쳐내고자 최선을 다했다. 나이로비에서는 루이스가, 워싱턴에서는 멜빈 페인이 수차례에 걸쳐 탕가니카 정부 관료들에게 영화 제작 계획 백지화를 촉구하는 서신을 보내준 덕분에 고집 센 베른하르트 그르지메크 박사는 결국 손을 들었다. 의욕이 넘치던 기자와 사진가들도 하나둘 발길을 돌렸다. 끈질기던 출판사들도 개중 두 곳은 기다리겠다는 입장으로 돌아섰다. 이후 제인의 미국 출판권자가 되는 휴턴미플린의 편집자 폴 브룩스에게 11월 27일 제인은 이런 편지를 보냈다.

책에 대해서는, 솔직히 당장은 드릴 말씀이 없습니다. 제가 어떻게 할 수 없는 부분이기도 하고요. 협회에서 책을 낼 수도 있으니 제가 개인적으로 출판사와 어떤 약속도 해서는 안 된다는 내용의 편지를 협회 측에서 보내왔습니다(몇몇 출판사에서 협회 측에 출간 계획을 물어봤다더군요). 저도 여러 가지 이유에서 이런 정황이 탐탁치만은 않습니다만, 협회 측에 큰 빚을 진 입장이라 그쪽에서 양보를 하지 않는다면 저도 달리 도리가 없습니다. 아무쪼록 어느 정도 입장 정리가 된 뒤에 다시 한 번 편집자님께 연락을 드리겠습니다.

새로 얻은 제인의 유명세는 식을 줄 몰랐고, 인간 세계의 욕망과 아우성도 마찬가지였다. 오직 제인만의 것이었던 숲에서의 평화로운 한때도, 달콤한 고독도, 사랑하는 침팬지들과의 뜻밖의 만남도, 가끔은 정말 가까이에서 그들과 부대낄 수 있으리라는 기대도, 어느새 저물어가던 그해 1963년이 결국 마지막이 되고 말았다.

23

로맨스, 사랑, 열정, 그리고 결혼

1963~1964

더는 샤프롱이라 하기에도, 그렇다고 공식적인 직책이라 하기도 애매한 어정쩡한 상태에서—내셔널지오그래픽협회와의 계약은 아직 유효했다—밴은 1963년 7월 10일 수요일, 차창 밖 구름 사이로 얼굴을 내민 나이로비 공항에 도착했다. 오후 3시 밴이 비행기에서 내리자 루이스 리키가 그녀를 반겼다. 루이스 리키와 저녁식사 후 시내의 한 호텔에서 "꿈결 같은 단잠"에 빠져든 밴은 다음날 "발길을 멈출 새도 없이" 가게를 돌며 제인이 미리 마련해준 구매목록을 하나하나 채웠다.

며칠 후 카세켈라에 도착한 밴은 "예전 모습 그대로"인 작은 캠프에서 바나나 튀김과 소시지로 저녁 요기를 하고, 가족들에게 전할 편지를 써 내려갔다. 바람결에 흔들리는 휴대용 석유등 불 부근에서 벌레들이 부산스레 날개를 파닥였다. "산등성 너머로 해가 뜨면, 침팬지들이 오기도 하고 오지 않기도 하고, 그럴 때마다 캠프도 활기를 띠었다 잃었다 합니다." 언제나 그랬듯이 도미니크는 곰베 토속 차 '폼베'로 "작은 행복"을 음미했고, 새 텐트를 마련한 하산은 "제 아무리 세월이 흘러도 한결같을" 근엄하고 듬직한 사나이였으며, 신참 요리사 아냥고는 "음식이 입에 맞을까, 걱정이 가실 날이 없었고," 진료소는 "약을 타러 몰려든" 환자들로 넘쳐났다.

그리고 영국의 가족들이 무엇보다 궁금해할 제인의 연애 소식에 대해서도 조심스레 이야기를 꺼냈다. "아직 그 아이도 마음을 정하진 못했을 거예요. 저도 물어보진 않았고요." 카메라 담당이자 캠프 동료에 대해서는, 여느 예비 장모가 그렇듯 깐깐하고 냉정하게 됨됨이를 따져보는 중이었다. "휴고가 어쩐지 올해 들어서 둘 사이에 대해 진지하게 생각하는 것 같고 또 활기차 보이네요." 그렇더라도 "이 총각의 본디 심성이 어떤지 지켜볼 작정입니다. 작년처럼 죽상이나 짓고 있는지, 아니면 올해처럼 활기차고 의욕적인지를요!"

하지만 그로부터 며칠 후 밴은 "둘이 어찌나 다정한지. 제인도 한결 편안하고 즐거워 보이네요. 둘이서 늘 일 얘기를 하곤 하는데, 참말이지 그렇게 행복해 보일 수가 없어요. 그 아이도 휴고가 편한 눈치고, 휴고의 성격도 한결같이 좋습니다" 하고 전했다. 케임브리지 미남 총각 존 킹에 대해서는 "진작 마음이 떠났나봅니다. 더는 얘길 꺼낼 계제도 아닌 거 같고요"라고 적었다. 존이 **몹쓸** 편지를 보낸" 바람에 제인도 "영국을 떠나자마자 됨됨이가 글러먹은 위인이라는 걸" 깨달았다고 했다.

편지 말미에는 이렇게 요약했다. "제인이 영국으로 떠나고, 오래 떨어져 있고, 침팬지 나라에서 계속 연구를 하는 내내 여태 매력적인 남자로 남았으니, 휴고와의 인연은 다른 누구와도 비할 바가 못 되죠."

그 와중에도 연애·모험소설 『열대우림 너머에서*Beyond the Rain Forest*』를 손에서 놓지 않고 있던 밴은 8월 말까지 8만 단어를 썼는데, 그만하면 "일반적인 소설 한 권 분량으로" 충분했다. 이제껏 쓴 원고를 "한데 묶고," 새로 두 장을 더 보태고, 다시 또 두 장을 더 써 내려갔다. 남은 세 장도 서둘러 끝낼 생각이었다. 신출내기 소설가들이 대개 그렇듯 밴도 자기의심과 맞서 싸웠다. "보면 볼수록 이걸 누가 읽으려들까 싶네요." 하지만 소설쓰기를 방해하는 최대의 걸림돌은 물론 침팬지와 침팬지 나라에서 밴에게 주어진 각종 의무였다.

"얼마 전에 텐트 바로 옆에다 큼지막한 은신처를 하나 만들었답니다. 침팬지들의 접근을 알려주는 치밀한 경보 시스템까지. 여기저기 망대가 될 만한 곳을 지키고 있다가 침팬지가 접근하면 휘파람을 붑니다. 그럼 휴고는 카메라가 있는 잠복관찰처로 잽싸게 달려 들어가고, 제인도 어디에 있든 빠릿빠릿하게 몸을 놀리죠. 전 서둘러서 텐트 안을 살피고요. 캠핑용 베개처럼 데이비드가 혹할 물건이 어디 나뒹굴고 있진 않나 재빨리 확인을 하고는 얼른 은신처로 달려가지요." 철재로 지은 은신처 안에서 제인은 "캠프에 온 침팬지들의 일거수일투족을 이른바 실황 중계로 녹음할 소형 카세트테이프 녹음기를 손에 들고" 휴고 옆에 자리를 잡는다. 그사이 휴고는 "대단해 보이는 삼각대도 이리저리 매만지고, 카메라 위치도 잡고, 카메라 대당 세 개씩 렌즈도 끼어 넣지요." 밴은 휴고 뒤에 바싹 웅크리고 앉아 휴고 대신 녹음기 버튼을 누른다. "텐트를 찾은 손님들이 무슨 소리를 내건 죄다 채록할 준비를 합니다(낑낑대기도 하고, 비명도 지르고, 바나나를 뺏기면 화가 나 소리도 지르고, 좋아 그르렁대기도 하지요)." 그러고는 종이랑 연필을 들고 "누가 어떤 손으로 뭘 집었는지, 보행(양발), 울기, 똥 싸기, 짝짓기 횟수까지 다 기록할 채비가 되면 그제야 손님맞이 준비가 끝이 난답니다."

준비를 마친 세 사람은 은신처에 앉아 손님이 나타나기를 기다렸다. "시커먼 형체가 캠프 아래서 올라오기도 하고 불쑥 숲에서 달려 나오거나 어떨 땐 뒤뚱뒤뚱 강가에서 걸어 나오기도 합니다. 뒤이어 어미, 새끼, 어른 수컷, 청소년기 자식들까지 온 무리가 코앞까지 밀려들지요." 어떤 날은 색다른 광경이 펼쳐지기도 했다. "달랑 한 놈만 오기도 해요. 바짝 신경을 곤두세우고 바나나를 숨겨둔 구덩이께로 다가와선 배가 드럼통만 해져서야 자리를 뜬답니다." 바나나를 먹고, 쉬고, 소화까지 시킨 후에도 길게는 한 시간을 더 어슬렁대다 가기도 했다. "아가씨들은 숲으로 돌아가기 마련"이었으나 덩치 큰 몇몇 수컷은 "은신처 바로 앞이나 캠프 앞 풀밭에 드러누워 낮잠을 자기도" 했다.

9월로 접어들면서 소설쓰기는 더더욱 여의치 않았다. 6월 초부터 시름 시름 앓기 시작하던 휴고가 8월말에는 말라리아로 추정되는 고열에 시달렸는데 그래도 휴고는 한사코 쉬려 들질 않았다. 촬영은 연일 계속되었고 열이 39.4도까지 올라 어떤 날은 "카메라를 똑바로 들지도" 못했다. 그래도 "기어코 손에서 놓질 않더라고요!" 자신이 그렇게 아픈데도 8월에 한 이틀 제인이 목이 걸린다고 하자 "쫓아가 베개도 대주고 이것저것 챙겨줬답니다. 병 수발을 받아도 시원찮은데 도리어 제인부터 챙기니, 참 기특해 보이더군요." 그렇지만 9월에 휴고는 몸이 불덩이처럼 뜨거워져서 몸져눕는 신세가 되었다. 작고 무더운 휴고의 텐트 대신 두 모녀가 쓰는 큰 텐트가 휴고의 병석이 되었으므로 밴도 텐트에서 글을 쓰기가 어려워졌다.

설상가상으로 밴과 제인마저 말라리아에 걸렸고 휴고는 병세가 악화되면서 결국 키고마로 배를 타고 나가 병원을 찾았는데, 의사 말로는 이제껏 복용한 약이 말라리아 치료약이 아니라 예방약이었다고 했다. 그 와중에 하산마저 덜컥 요통으로 몸져누워 키고마로 가 병원 신세를 졌고, 도미니크도 원인 모를 병으로 골골대고 있다 결국 수면병 진단을 받았다. 다행히 손을 못 쓸 정도는 아니었다. 하산의 좌골신경통도 웬만큼 낫고 있었고, 밴과 제인도 병세가 누그러들었다. 휴고에 대해서는 제인이 9월 30일 내셔널지오그래픽협회 멜빈 페인에게 소식을 전했다. "이제야 괜찮아졌네요. 그새 부쩍 여위어서 뼈만 남긴 했지만요!"

이래저래 탈도 많고 몸도 시원찮은 와중에도 기력을 추스르고 조금씩이나마 글을 쓴 덕분에 밴은 탈고가 눈앞이었다. 1967년 출간된 『열대우림 너머에서』는 "청바지 차림, 포니테일 스타일의 흑갈색 머리, 날씬한 몸매"의 젊고 감성적인 이상주의자 새라 로벨이 아프리카에 도착하는 장면으로 시작된다. 그녀는 열대우림의 화산인 발라 산의 비밀을 찾아 오래전 가족을 떠나 아프리카 오지에서 시골 병원 의사로 살아가는 영국인 아버지 매튜 로벨 박사를 찾으러 아프리카로 간다. 드디어 아버지와 딸은 가슴 벅찬 재회의 순간을 맞이하고, 예민한 성격의 새라 로벨은 둔감한 성격의 케냐 태생 백인 사냥꾼 마크 호와스에게 사랑을 느끼지만 얼마 지나지 않아 성격 차이가 분명해지면서 이별을 결심한다. 마침내 새라는 아버지의 조수이자 든든한 지원군 하산 올랄레와 함께 결연히 열대우림으로 떠나고, 숱한 고비를 넘기며 발라 산 정상에 이르러서야 마침내 발라 산의 비밀을 밝히게 된다. 혹시 '다이아몬드?', '금광?'을 예상한 독자라면, 천만에. 비밀은 평범한 겉모습과 달리 비범한 효능을 지닌 약초, 푸른 꽃이었다. 그렇게 해서 이야기는 질병 치료의 전기를 마련할 의학계의 대발견으로 마무리된다.

밴의 소설은 연인이 아닌 아버지의 이야기였으며, 로맨스라기보다는 모험소설이었다. 밴은 여태 로맨스에 환상을 품고 있을 만큼 어리석거나 인생 경험이 일천한 사람이 아니었다. 돌이켜보면 남성의 대표격이라 할 수 있는 상대와의 실패한 결혼생활을 통해 이미 쓰디쓴 교훈을 얻었었다. 밴의 언니로 재미있고 밝고 쾌활한 성격의 올리도 로맨스와 남자들 때문에 가슴앓이를 한 적이 있었다. 실제로 그해 여름 오랜 약혼자였던 (밴의 표현을 빌자면) "나쁜 놈 D"가 올리를 배신하고 떠났다. 그해 7월 밴은 집으로 편지를 보내 상처받은 올리를 위로했다. 밴의 결론은 명확했다.

'남자란 (감성이 결여된) 비감성적 존재로서 자신에게 유리하지 않은 기억은 결코 되새기지 않으며, 그들은 천성적으로 일부일처제에 부적합하다.' 논문에나 나올 법한 얘기지만 이렇게 생각하면 좀 위로가 돼. 남편이 자기 차지만은 아닌 부인들이 부지기수잖아. 남자들은 너무나 자주 부인에다가 정부까지 따로 두니 말이야. 말 잘 듣는 비서에 연구실 동료에 수십 년 지기 마누라 친구까지(이게 처제일 때도 있고 말이야). 여자들 소유욕이 과한 탓인지도 모르지만, 어쨌거나 별의별 일이 다 있잖아. 그럴 때마다 사내들은 죄다 갖겠다고 탐욕을 부리니. 가끔은 남자나 여자나 각자 아내나 남편을 둘씩 두게 해서 서로 다 돌보고 보살펴준다면 세상이 더 좋지 않을까 하는 생각도

들어. 그럼 그런 별의별 일은 없을 테니까

이 시기 제인이 이성 관계나 휴고에 대해 어떤 생각과 느낌을 가졌는지는 편지에 쓰질 않았거나 썼다 하더라도 그 기록이 남아 있지 않다. 좋아하는 일이긴 하지만 집으로 보낼 편지를 쓰는 데 드는 시간이 만만치 않아서, 밴이 곰베에 머무는 동안에는 딸 대신 어머니가 편지쓰기를 도맡았다. 제인은 침팬지 연구에만 매달렸으므로 사실 이 네덜란드인 흡연가—캠프를 함께 쓰는 사이에서 밴이 곰베를 떠난 10월 중순 이후에는 텐트를 함께 쓰는 사이로까지 발전한—에 대한 감정을 되돌아볼 겨를도 없었을 지도 모른다. 물론 그는 미남이고, 매력적이었으며, 재담꾼이었고, 제인과는 어릴 적부터 동물을 좋아했다는 공통점과 꼭 이루고 싶은 공동의 목표가 있었고, 곰베와 침팬지에 대해 서로 무수한 생각과 계획을 함께 나누는 사이였다.

하지만 그해 무엇보다 제인을 들뜨고 설레게 한 순간은 따로 있었다. 10월 11일 혼자 어슬렁어슬렁 캠프에 내려왔던 데이비드 그레이비어드가 또 어슬렁어슬렁 카세켈라 계곡으로 발길을 돌렸다. 주변에 다른 침팬지가 없었으므로 제인은 굳이 신발을 신거나 쌍안경을 챙길 필요도 없이 그레이비어드의 뒤를 밟았다. "따라올 테면 오라는 듯 느긋했죠." 제인은 이튿날 내셔널지오그래픽협회 멜빈 페인에게 보낸 편지에 이렇게 썼다.

그러다 풀숲 사이로 사라졌습니다. 워낙 풀이 무성했는데 제가 그사이를 기어 한참만에야 녀석이 있는 곳까지 갔을 때는 (뭔가를 기다리는 듯) 자리에 앉아 있더군요. 저도 곁에 나란히 앉아 같이 풀을 뜯었어요. 그러다 발그스름 먹음직스럽게 익은 야자 하나가 눈에 띄었는데 분명 데이비드가 좋아하겠다 싶었죠. 그래서 열매를 따서 펼친 손바닥 위에 두었습니다. 이제 데이비드는 친구가 되고 싶어 하는 이 인간이 바보 같아 보이는 행동을 할 때 완전히 무시해버리는 척하는 데 도가 튼 것 같아요. 웬 쓸데없는 짓이냐는 표정으로 제가 건넨 열매를 쓰윽 쳐다보고는 고개를 돌려버렸죠. 저는 손을 좀

더 가까이 내밀었는데 그래도 본체만체 했습니다. 그러다 갑자기 제 쪽으로 고개를 돌리더니 열매를 향해 손을 뻗고는 한 10초쯤 따뜻하게 제 손을 꼭 잡아주는 게 아니겠어요. 너무 놀라기도 했고 또 그렇게 행복할 수가 없었죠. 그러고는 열매를 가져가 대충 살피더니 금세 땅에 내려놓았습니다.

제인은 이러한 행동이 지니는 의미를 데이비드의 시선에서 분석했다. "침팬지들이 종종 손을 맞잡는 경우에 대해서는 이미 보고서에서 설명을 드렸듯이, 대개 하급자의 위치에 있는 침팬지가 상대를 안심시키고자 손을 내밀고, 그러면 우세한 지위에 있는 상대방은 우호 의사가 있는 경우에 한해 그 악수를 받아주게 됩니다. 데이비드는 열매에는 관심이 없었죠. 그러나 인간이라는 낯선 생명체가 손을 내밀어 열매를 건넸으므로 일단 우호의 의미로 그 열매를 받아들였고, 제가 건넨 물건을 다시 땅에 내려놓음으로써 그 열매에 대해서는 전혀 관심이 없다는 뜻을 보여주었습니다."

제인에게 이 교감의 순간은 한발 한발 조심스럽기만 하던 지난한 연구의 세월—늘 마음을 졸였던 그 더디고 더딘 다가섬의 시간과 바나나로 침팬지를 유혹하고 먹이 공급장까지 끌어들이는 데 걸린 그나마 처음보다는 마음도 시간도 덜 초조하고 더뎠던 시간들—과 야생의 유인원 공동체를 길들이기 위한 그 모든 용감한 시도가 빚어낸 상징적 사건이었다. 제인은 "직접 겪지 않았다면 저도 절대 믿지 못했을 겁니다"라는 말로 편지를 끝맺었다. 너무나 다정하게 데이비드 그레이비어드가 제인의 손을 잡아주었다. 그 손길은 분명 상대를 안심시키려는 침팬지들의 일반적 행동이었으며, 분명 다른 종과의 의사소통이었고, 제인에게는 그로부터 40년이 지나서도 "내 인생을 바꿔놓은" 일로 기억될 일생일대의 사건이자 침팬지와 인간이 지적으로나 정서적으로 얼마나 유사한 진화의 과정을 거쳐 왔는가를 보여주는 순간이었다.

이 엄청난 사건은 곧 무선 전보를 통해 내셔널지오그래픽협회 워싱턴 본부로 타전되었으며, 내부 전달 자료에는 이런 내용이 덧붙었다. "나는 이것이 필연적인 일이었다고 생각한다. 드디어 제인이 데이비드 그레이비어드와 손을 잡았다." 무선 전보와 내부 메모를 읽은 토머스 맥뉴는 사안의 중대성을 간파하고 메모 하단에 이렇게 긁적였다. "필시 과학계에도 엄청난 파장을 야기할 것으로 확신한다."

제인에게는 동물 전반에 대한, 특히 곰베에서 만난 침팬지 하나하나에 대한 놀라운 열정이 있으며, 그 열정을 어떻게 다른 사람들이 이해하고 공감할 수 있는 방식으로 풀어내는가에 대해서도 잘 알고 있었다. 그녀는 심도 깊은 연구에 지식을 갖추고 뛰어들어 차근차근히 경력을 쌓아나가고 인간의 가장 가까운 친척에 대한 일반의 이해를 높이려 하고 있었으니, 과학에 대한 야심과 포부가 대단한 것처럼 보일 수도 있었다. 그러나 제인을 움직인 것은 결코 야심이 아니었다. 그것은 열정이었다. 다른 그 무엇도 아닌 열정이 그녀를 여기까지 오게 하고, 지금껏 이곳에 서 있게 했다.
  이제 제인에게 곰베 침팬지는 더 이상 '짐승'이 아니었다. 분별력과 사고력은 물론, 인간 못지않은 흥미롭고 다양한 감정을 지닌 생명체일 수 있다는 생각이 들었다. 하지만 다른 한편으로는 기술 진보를 앞세운 호모 사피엔스 형제들의 교만과 야욕 앞에서 나약해지고 무력해진 존재이기도 했다. 그 책임감이 맞물리면서 유인원에 대한 열렬한 애착은 곱절이 됐다. 이 세상 너머에 도사린 위험을 알기에 제인은 단지 그들과 함께 있기만을 바라지 않고 기필코 그들을 보호하겠노라 다짐했다. 그해 늦여름 제인은 루이스에게 보낸 편지에서 "박사님도 이 사랑스러운 녀석들에게 반하실 거예요"라며 앞으로 자신이 앞장서서 곰베의 안녕을 책임지겠다고 했다. "제 연구 때문에 침팬지들에게 무슨 일이 생기는 건 절대, 결단코, 용납지 않겠습니다. **분명**, 그래야 옳으니까요. **분명**, 그 옳은 방식으로도 보호구 연구는 가능하니까요. **분명**, 더는 이 문제들을 언급할 필요가 없을 때까지 저는 언제든 다시 이곳으로 돌아올 겁니다."
  장차 야기될 수 있는 복합적이고 광범위한 문제들에 비한다면 그해 여름에 바나나 공급으로 야기된 논란은 별것 아니었다. 가난에 찌든 탕가니카는 돈에 굶주려 있었으며, 근래에 들어서는 곰베의 거목이 돈이 된다는 말까지 나돌았다. 어부들은 연안 야영지가 더 넓어지기를 원했다. 예의 그렇듯 급속한 인구 증가는 농경지의 확장을 예고했다. 제인과 루이스는 또한 무신경한 관광객, 막무가내식의 기자, 의욕과잉의 과학자 등이 초래할 수 있는 각종 파괴 행위에 대해서도 새삼 깨달아가는 중이었다. 그들은 바로 제인의 연구 성과를 보고 이끌린 이들이지만 그녀가 계속 그들을 막는 것이 최선일 터였다.

제인은 이제 자기가 케임브리지로 돌아가고 나면 어떻게 될지 걱정이 이만저만이 아니었다. 케임브리지 조사연구위원회는 이례적으로 제인이 떠나 있는 것을 허용해주었으나 1964년부터는 케임브리지가 제인의 주 활동 무대가 될 것으로 생각하고 있었다. 그렇다 보니 이듬해가 가까워올수록 마음은 무거워졌고, 1963년 가을 루이스는 제인이 좀더 케임브리지를 떠나 있을 수 있도록 관계자 설득에 들어갔다. 조사연구위원회에서 정한 케임브리지 의무 체류 기간은 한 학기에 불과했지만 어쨌든 그 3개월 동안은 침팬지를 떠나 있어야 했다. 휴고도 휴고대로 해야 할 일이 있고 협회와의 관계도 신경 써야 하는 상황이었으므로 과연 누가 제인의 빈자리를 대신하느냐가 문제였다.

루이스가 첫번째로 추천한 알렉 맥케이라는 케냐 청년은 개코원숭이 연구와 캠프지기를 병행하겠다는 사람이었다. 그 제안에 제인도 처음에는 반색을 표했다. 10월 20일 루이스에게 보낸 편지에서 제인은 맥케이가 적임자라는 기대에 들떠 있었다. "정말 다행이에요. 이제야 가벼운 마음으로 떠날 수 있겠네요. 누군가 제 빈자리를 대신해준다면…… 그 적임자가 알렉스라면…… 하느님의 사자이고 제 기도에 대한 응답이겠죠." 하지만 이튿날 반색은 반감으로 바뀌었다. 문제는 생면부지의 맥케이가 아니라 그가 연구하겠다는 개코원숭이였다. 10월 21일 제인은 루이스에게 "긴급 추신"을 보냈다. "알렉스든 누구든 개코원숭이 연구가 **업**인 사람은 **사절**입니다……. 이미 <u>분명히</u> 말씀드렸지만, 지금 단계에서 한시라도 침팬지에게 눈을 뗀다는 건 **말도 안 되는** 얘기예요. <u>세세한 것 하나까지</u> 관찰을 해야 할 때에 말이죠." 결론은 간단했다. "저는 **침팬지 관찰 보조자**를 원합니다……. 제가 꼭 드리고 싶은 말씀은 부디 그 막돼먹은 개코원숭이를 연구하러 이곳에 오겠다는 사람을 위해 지원금을 요청하지는 말아달라는 것이에요. 그놈들 때문에 캠프 사람들도 침팬지 연구도 얼마나 애를 먹고 있는지 박사님도 아셔야 합니다!!!"

마침 알렉 맥케이가 코린돈 박물관에 취직을 하면서 11월 2일 루이스는 전보로 "알렉 파견 불가"를 알렸다. 소식을 들은 제인은 "오히려 앞이 깜깜" 하다며 바로 답장을 보냈다. "문제는 바통을 이어받을 사람이 오기 전까지는 제가 자리를 비우지 **못하고**, 그러면 박사학위도 끝이라는 거죠." 그리고 휴고의 친구로 "늘 이런 연구를 하는 게 꿈이었던 젊은 네덜란드인 동물학자"에게 루이스가 한번 얘기를 꺼내보는 게 어떻겠냐고 적었다.

정확히는 휴고의 친구의 친구였던 이 '네덜란드인 동물학자' C.H.B. 사스는 당시 캐나다 온타리오의 한 농과대학에서 야생동물 관리학을 공부 중인 스물다섯 살 청년이었다. 루이스는 곧장 사스에게 전보를 보내 곰베 캠프 관리 일을 해보지 않겠냐며 월급도 괜찮게 줄 것이며 항공료와 각종 경비도 지급하겠다고 제안했다. 그러나 사스가 고민도 하기 전에 루이스부터 앞섰다. 온타리오는 너무 멀고, 사스가 어떤 사람인지도 몰랐다. 기껏 아프리카까지 데려왔는데 엉뚱한 사람이면 어쩐다? 루이스는 제인에게도 편지를 보냈다. "전보로 그 친구 의중을 물어보았네. 이 일에 적임자라고 장담을 할 만큼 휴고가 그 친구를 잘 안다고 믿고, 또 응당 그러리라 바라네만…… 적합지 않은 사람인 바에야 없느니만 못하다는 데는 자네도 같은 생각일걸세."

한편, 그사이에 제인은 "진지하게 심사숙고"하고 휴고와도 많은 이야기를 나누며 "상의에 상의를 거듭해 모든 측면을 꼼꼼히 따져"본 결과 더는 방법이 없다고 보고 케임브리지의 박사과정을 포기하겠다고 전했다. 물론 앞으로도 로버트 하인드의 조언과 지도편달을 받을 수 있다면 "참 좋을 것" 이었지만. 제인은 루이스에게 이렇게 썼다.

그렇지만 박사님, 이 연구는 너무나 중요해요. 하루하루 연구를 거듭할수록 이 생명체들이 얼마나 놀라운 존재인가를 새록새록 깨닫고 있죠. 박사학위라는 세상의 명예를 좇느라 이 소중한 연구의 기반을 흔들 수는 없습니다……. 생각해보세요. 우리는 이틀 전에 비춤의 한가운데 있었어요. 어둡고 비까지 내려 카메라에 담지는 못했지만, 저는 그 춤이 어떻게 시작되었는지, 처음부터 끝까지, 몸짓 하나하나와 나름의 순서까지 똑똑히 지켜보았습니다(사실, 저도 순서가 있으리라고는 상상조차 못했죠). 먼저 춤을 추기 시작한 건 박사님과 이름이 똑같은 리키였어요(혹시 어머니께 이미 들으셨는지요?). 리키는 정말 멋진 녀석이랍니다. 조만간 박사님께도 사진을 보내드려야겠어요! 오늘도 깜짝 놀랄 일이 벌어졌죠. 플로가 진흙에 발을 담갔다 빼고(제가 그 녀석 발자국을 뜨려고 석고를 깔아둔 곳이었죠!!) 멀뚱히 발을 들여다보더니 잎사귀 한 줌을 뜯어 진흙을 닦더라고요. 지난주에는 피피가 이파리로 끈적끈적해진 입가를 닦아내기도 했고요. 일주일 만에 두 차례나 청춘남녀가 어울려 장난치고 깔깔대는 모습도 목격했습니다. 마지막엔 수컷이 아가씨 엉덩이를 간질였죠!!! 배가 볼록한 임산부도 있었고요(새로 태어날 앙증맞은 아기 침팬지를 떠올려 보세요!). 또 우리 귀염둥이 피건은 어떻고요. 플로가 수컷 떼를 끌고 다니던 시기가 지나면서 이제 그 녀석도 애늙은이 짓을 접고 엄마와 여동생 품으로 돌아갔답니다. 젖까지 빨았다는 사실에 로버트는 깜짝 놀랐죠. 피피(이제 세 살쯤 됐죠)를 임신(또는 출산)하고 다시 한 번 생식기가 부풀어 오른 뒤로는 플로가 젖이 나오질 않았거든요. 그런데도 플로는 젖떼기 행동을 않더라고요. 젖이 완전히 말랐는데도 예전처럼 피피가 젖을 빨도록 내버려뒀어요. 다 말씀드리자면 몇 장을 써 내려가도 모자라지만, 이만 줄여야겠네요!

제인은 후임자가 나타나기 전까지는 곰베를 떠나지 않을 생각이었고, 그토록 힘겹게 쟁취한 지식과 교감의 끈들을 비록 잠깐일지라도 손에서 놓는다거나 침팬지를 떠난다는 것은 상상조차 할 수 없었다. 더군다나 이름 뒤에 붙는 박사라는 두 글자가 그리 중요할 것도 없었다. "물론 학위가 있으면 좋겠죠. 하지만 남은 제 인생에서 단 하나 중요한 걸 꼽으라면 지원금을 받아 연구 기지를 세우고, 서아프리카에서 비교 연구를 하는 것입니다. 둘 중 뭐가 됐든 박사학위가 없다고 못 할 일은 아니죠. 솔직히 따져보자면, 그렇지 않은가요?"

제인의 학위 포기 선언에 가만히 앉아 있을 수만은 없었던 루이스는 마침 자연사박물관 일로 런던에 체류하던 틈을 타 급히 케임브리지로 가서 로버트 하인드와 윌리엄 소프를 만났다. 두 사람은 제인이 1964년 첫 학기만 채운다면 3월 중순부터 연말까지 자리를 비우더라도 조사연구위원회 측이 용인을 해줄 것이라고 루이스를 안심시켰으나, 루이스가 제인에게 보낸 편지에 썼듯 단서가 붙었다. "자네가 두 가지를 한다는 조건일세. 1965년에 두 학기를 마저 이수하고, 1965년 마지막 학기가 끝나기 전에 논문을 제출해야 하네. 논문 제출은 그때가 마지막 기회일세."

당장 급한 문제였던 후임자 물색에 대해서는 사스는 부적격이라고 보고 대신 큐왕립식물원에 재직 중인 젊은 폴란드계 영국인 식물학자 크리스토퍼 피로진스키의 이력을 꼼꼼히 검토 중이라고 했다. "한동안 곰베에 머물면서 자네 캠프와 침팬지를 돌봐줄 수 있을지도 모르겠군. 개인적으로는 식물 연구와 효모 재배를 할 테고 말일세."

얼마 후 피로진스키는 제인의 어머니와 여동생을 만나 검증을 거쳤고, 황열병과 수두 예방접종도 받았다. 루이스는 탕가니카 수렵 감시관 브루스 킨로치에게 부탁을 해 피로진스키가 법적으로 명예 수렵 감시관 지위를 부여받을 수 있도록 해주었다. 내셔널지오그래픽협회는 항공료와 기타 경비, 그리고 약간의 월급까지 총 3천 달러를 지급하는 데 합의했다. 조목조목 세심하게 설명을 단 장문의 편지는 이렇게 끝을 맺었다. "이제 다 해결이 되었으니 남은 짐은 이 청년에게 맡기기로 하세……. 이 사람이 침팬지도 지켜주고, 대단한 사건이 벌어지면 기록도 잘 해주리라 믿어도 좋을 걸세."

11월 20일 제인은 전보 한 통을 보냈다. "식물학자가 온다니 다행입니다. 도착 예정일이 언젠가요. 제인이."

크리스토퍼 피로진스키는 12월 첫째 주 나이로비에 도착했으며, 그달 8, 9일경 리처드 리키가 그를 키고마로 데려다 주었다. 제인은 며칠간 그를 지켜보며 이것저것 알려준 다음 12월 15일 휴고와 함께 나이로비로 떠났다(멜빈 페인에게 보낸 편지에 따르면 그는 "듬직하고 믿음직스럽기가 침팬지 나라 최고의 캠프지기"감이었다).

한편, 그즈음 제인과 휴고는 이후 제인이 쓴 글에서 밝혔듯 "사랑에 깊이 빠져" 있었다. 결혼 얘기는 나왔지만 전에 없는 열정이 "단순히 우리가 유럽 사회에서 멀리 떨어진 야생에 함께 던져졌기 때문"이 아닐까 하는, 어찌 보면 현명한 의구심이 들었다. 둘은 제인이 케임브리지에 머무는 3개월 동안 "우리의 사랑을 시험해 보기로" 했다.

크리스마스이브에 제인은 본머스 본가로 돌아갔으며, 크리스마스 다음 날 제인 앞으로 전보 한 통이 배달됐다. "나와 결혼해주오. 휴고가."

대답은 예스였다. 한편, 결혼 준비가 아니더라도 이미 스케줄은 차고 넘쳤다. 12월 28일에는 내셔널지오그래픽협회 조앤 헤스가 절반가량 편집을 마친 강연회 영상을 챙겨 본머스로 오기로 했으며, 이후 2주 동안은 오는 2월 28일 3천5백 석 규모로 컨스티튜션 홀에서 개최할 예정인 첫번째 대규모 공개 강연회 때에 쓸 휴고의 최신 곰베 영상물을 조앤과 함께 검토할 계획이었다. 당장은 강연회 준비가 급했고, 3월 2일 월요일에는 내셔널지오그래픽협회 관계자 및 초청자를 상대로 보다 '학술적인' 성격의 연구 보고회도 예정되어 있었다.

"조앤과 매일 아침 8시부터 밤 12시까지 영상물을 검토 중입니다. 둘 다

초죽음 상태이긴 합니다만, 필요한 부분은 대략 추려졌고요. 그간 부회장님을 비롯한 협회 관계자 여러분들이 저와 우리 침팬지들을 믿어주신 만큼, 공개 강연회와 연구보고회 모두 그 믿음을 저버리지 않는 성공작이 되었으면 하는 바람입니다!"(1월 7일 멜빈 페인에게 보낸 편지)

1월 10일경에는 케임브리지로 돌아가 박사논문과 결혼 준비에 매달렸다. 결혼식은 부활절 토요일인 3월 28일로 잡았다. "후다닥 다 정해버렸어." 2월 3일 제인은 둘도 없는 소꿉친구인 샐리 캐리에게 소식을 전했다.

전보랑 특급우편이 영국과 아프리카, 아프리카와 네덜란드, 네덜란드와 영국 사이를 슝슝 날아다녔다고 생각해봐. 물론 지금도 날아가고 있고. 어휴. 휴고가 보낸 편지 일곱 통이 한꺼번에 쏟아지기까지 했어. 한 특급우편은 이렇게 왔지―'난 에메랄드가 좋아!!' 그래서 전보를 보냈지―'에메랄드도 사랑하고 당신도 사랑해!!!' 다시 전보 도착―'반지 사이즈는?' 답장을 보냈지― 'J 사이즈.' 또 다른 전보― '카탈로그에는 J 사이즈가 없어.' 특급 전보―'결혼 서약에 필요하니 당신 어머님이랑 아버님 성함과 주소 전보로 보내줘.' (같은 내용을 담은 전보가 두 개야. 하나는 아프리카에서 보낸 거고 또 하나는 영국에서 보낸 거야. 휴고랑 내가 같은 전보를 보낸 거지!!) 네덜란드에서 온 전보―'휴고의 정확한 이름이 어떻게 되지?' 아프리카에서 네덜란드로 보낸 전보― '어머니, 혹시 제 세례식 초대장 가지고 계세요?' 아프리카로 보낸 답신―'얘야, 제인더러 전화 좀 하라고 전해주겠니.' 내게 온 전보― '오늘밤에 우리 어머니께 전화 좀 드릴래?' 아, 어떡해! 무슨 말을 해. 그래도 큰맘먹고 전화를 드렸는데, 다정하게 대해주셨어. 그런데 얘길 하다 보니까 어디서부터 일이 꼬였는지 휴고가 편지에 쓴 내용도 다 뒤죽박죽이더라고. 내가 결혼식 전에 휴고네 부모님을 만나러 가기로 했다고? 결혼식 의상이나 장식은 다 흰색으로 정했고? 휴고는 왜 굳이 세례식 초대장이 필요한 거야? 초대장을 인도네시아에서 일본 사람들이 불태웠다는 얘기는 또 뭐야?!! 어찌나 뒤죽박죽 엉망진창인지. 그 난리통에 영상자료, 녹음테이프, 추가 영상자료들도 아프리카에서 워싱턴, 워싱턴에서 아프리카, 워싱턴에서 영국, 영국에서 워싱턴을 오갔으니. 우리가 마지막으로 만난 뒤로 내 인생에 온통 특급우편, 일반우편, 전보 폭풍이 휘몰아쳤지 뭐야! 영상자료랑 서류 더미는 또 어떻고!! 지금은 꼼짝할 힘도 없어.

웨딩드레스는 집 근처 '신부의 방'이라는 가게에서 "정말 끝내주게 멋진" 하얀 드레스를 찾아냈다. 식장은 제인의 세례 교회인 런던의 첼시올드 교회로 정하고 모녀가 미리 부목사를 찾아가 부탁을 드렸다. 피로연 음식은 코든 블루 요리학교 출신이자 제인의 고모인 머조리(모티머의 누나)가 맡았다. 술은 에릭 삼촌이 일반 샴페인 대신 버블리 와인을 주문했는데 제인 생각에는 "얼토당토않은 낭비!"였다. 대미는 청첩장 인쇄와 발송이 장식했다.

M. H. 모리스 구달과 M. M. 모리스 구달의 장녀 발레리 제인이 H. A. R. 반 라빅 남작과 결혼하게 되었음을 기쁜 마음으로 알려드립니다. 예식은 1964년 3월 28일 토요일 오후 1시 30분, 첼시올드 교회에서 C. E. 레이턴 톰슨 목사님의 주례로 열릴 예정입니다.

그 무렵 제인은 유난히 피곤했고, 3월 13일에는 주혈흡충증이 의심돼 런던의 열대병 전문병원에서 검사까지 받았다(병원에서 우연히 리처드 리키를 만났는데 그는 작은 벌레에 물려 일시적인 마비 증세를 보이고 있었다). 다행히 결혼식 당일에는 다시 건강한 몸으로 순백색 신부와 노란색 신부 들러리 의상에 맞춰 근사하게 수선화와 칼라로 장식된 예식장에 섰다. 피로연장 벽면에는 데이비드, 골리앗, 플로, 피피를 찍은 대형 컬러 사진이 걸렸고, 웨딩케이크 상단에는 데이비드 그레이비어드를 점토로 빚어 올렸다. 부득이 참석하지 못한 루이스를 대신해 루이스와 그의 첫번째 아내 사이에서 태어난 딸 프리실라와 여덟 살짜리 손녀이자 두 명의 신부들러리 중 하나였던 앨리슨 데이비스가 예식에 참석했으며, 쩌렁쩌렁한 목소리로 결혼

축하 인사를 전한 루이스의 녹음테이프도 전달되었다. 결혼식 하루 전, 내셔널지오그래픽협회 연구탐사위원회는 작년에 이어 2년 연속으로—금년도 상금은 2천 달러였다—제인을 프랭클린 L. 버 상 수상자로 지명했고, 전보 내용이 피로연장 가득 낭랑히 울려 퍼지면서 제인은 수상의 영광과 상금 소식을 전달받았다.

이후 제인이 쓴 글에서처럼 제인과 휴고는 "우리의 결혼식보다 더 즐거운 결혼식에는 가보지 못할 것이라 생각했다."

24

새끼 침팬지와 바나나

1964

휴고 반 라빅 남작과 제인 반 라빅 남작부인은 당초 엿새 일정으로 네덜란드 신혼여행을 계획했으나 3월 초 특별한 출산 소식을 알리는 반가운 편지두 통이 배달되면서 허니문 휴가는 사흘로 줄어들었다.

먼저 도미니크가 소식을 전했다. "플로 아메크위샤 쿠자(플로가 새끼를 낳았습니다)." 이어 3월 1일에는 크리스 피로진스키가 자세한 내용을 적어 보냈다. "플로가 새끼를 낳았습니다! 2월 들어서는 도통 보이질 않더니 오늘 피피를 데리고 캠프에 왔더군요. 조그마한 젖먹이까지 안고 말입니다. 낳은 지 길어야 사나흘쯤 됐을까요(배꼽에 아직 탯줄이 달려 있었습니다)."

결국 이 행복한 신혼부부는 서둘러 네덜란드를 떠나 나이로비행 비행기에 몸을 실었다. 그날 비행은, 제인이 버치스로 보낸 편지에서 적었듯, "환상적"이었다. "지프랑 일등석에 탔던 때 이후로 그렇게 훌륭한 서비스는 처음이었어요. 기내식도 최고였고요. 승무원들은 어쩜 다들 그렇게 잘 웃고 친절한지……. 상쾌하게 하루를 시작하라고 아침엔 화장수에 적신 타월도 줬어요. 7시엔 땅콩이랑 포테이토칩이랑 칵테일 비스킷까지요. '와' 소리가 절로 나오더라고요." 게다가 이젠 귀빈 대접이 예삿일이 된 듯, 맬컴 맥도널드 영국령 케냐 총독의 지시로 나이로비 공항에 대기 중이던 근사한 공무용 리무진 두 대—짐차용 한 대와 귀빈 수행용 한 대—가 두 사람을 눈 깜빡할 사이에 총독 관저로 모셨다.

영국령이던 케냐는 1963년 12월 11일 독립을 맞았다. 그날 나이로비에는 거리를 가득 메운 25만 명의 인파가 퍼레이드를 벌이고 깃발로 파도를 만들고 몇 시간씩이나 떠들썩한 부족 댄스를 즐기는 장관이 연출되었으며, 각 부족의 족장들도 모두 모여 감격의 순간을 함께했다. 이후 정권이양 단계에 접어든 케냐는 1년간의 이행기를 거쳐 조모 케냐타 대통령이 이끄는 케냐공화국으로 탄생한다. 하얀 피부, 하얀 머리의 맬콤 맥도널드는 당시 산파 역할을 맡아 정권 태동 및 수립을 도왔다. 맥도널드는 스물일곱에 의원직에 선출되고 서른셋에 각료에 오른 인물로서 윈스턴 처칠이 정권을 잡았던 1941년 캐나다 고등판무관에 임명됨으로써 이후 25년간 이어질 치밀한 식민 정책과 식민 행정의 서막을 열었다. 그리고 이제 케냐가 영국령에서 벗어나 독립국가로서의 면모를 공고히 해가는 시점에서 그는 어느 역사가의 말마따나 '정치적 기민성이 탁월한' 핵심 정치인답게 다시 케냐로 복귀했다.

맥도널드가 관저에 도착한 제인과 휴고를 반갑게 맞았다. 손님맞이로는 커피와 비스킷을 내왔는데 정작 본인은 입맛이 까다로웠던지 비스킷에는 손을 대지 않고 차만 홀짝였다. 손님방으로 마련된, 제인의 표현을 빌자면 "초호화 스위트룸"을 둘러본 후 부부는 "수상께 보고드릴 일로 바쁘신 각하"를 대신해서 그의 아내와 딸과 저녁식사를 함께했다.

이튿날 저녁, 반 라빅 부부는 퇴역 공군 장성 스무 명을 모신 만찬 자리에 초대되었다. 강한 인상을 심어주겠다는 생각에서 제인은 새로 산 검은 드레스를 입고 머리를 어깨까지 늘어뜨렸다. 제인의 오른편과 왼편에는 각각 맥도널드와 퇴역 장군의 부인이 자리해 세 사람은 함께 이야기를 나누었다. "저녁 내내 침팬지 이야기를 나눴어요. 사모님도 대화에 동참하셨고, 다정하게 대해주셨으며, 제 이야기에 관심을 보이셨어요." 식사 후 남자들은 케냐식 일렬횡대 소변보기를 하러 다들 맥도널드를 따라 정원으로 나갔고, 두 여인은 난로 앞에 앉아 우아하게 커피와 술을 마셨다.

나이로비에서부터 억수같이 퍼붓던 빗줄기는 어느새 남쪽으로 내려가 탕가니카를 거쳐 곰베까지 이어졌다. 길도 질어진 데다 강물까지 범람해 결국 부부는 나이로비에서 키고마까지 4분의 3을 간 상태에서 핸들을 돌려야 했다. 두 사람이 열차에다 승용차와 보급품을 싣고 드디어 캠프에 도착한 날은 4월 14일이었으며, 그로부터 얼마 지나지 않아 신임 비서 에드너 코닝도 키고마행 마지막 열차—그 후 수위가 계속 높아져 키고마 선로가 50센티미터까지 물에 잠기면서 한동안 열차 운행이 중단되었다—를 타고 캠프에 도착했다.

부라부라 빗길을 헤치고 온 이유는 단순했다. 바로 멜빈 페인에게 쓴 편지에 나와 있듯, 플로가 낳은 "세상에서 제일 귀여운 아기" 때문이었다(이름은 플린트로 지었다). 플린트가 태어났을 때 그 자리에 있지 못해, 또 막 세상에 나온 후 며칠간 모습을 보지 못해 제인이 "못내 아쉬워"하자 크리스는 첫 5주간은 꼼지락하는 모습조차 없었으니 아쉬워할 것도 없다고 했다. 조막만 한 얼굴은 눈도 반밖에 못 뜬 채였고, 그 작은 손가락은 제 어미만 꼭 부여잡고 있었다고 했다. 그러다 제인과 휴고가 도착하기 이틀 전에야 "초롱초롱한 눈망울을" 두리번두리번하며 팔을 꼼지락거리기 시작했다는 것이다. 크리스의 얘기에 제인은 페인에게 이렇게 전했다. "저희가 운 좋게 딱 맞춰 도착을 했더라고요. 2주 후면 처음으로 기는 모습도 보겠죠!"

행여 페인이 걱정을 할까 봐 "곧 새 글 작성에 들어갈" 계획이라는 말도 잊지 않았다. 한편, 침팬지 새끼 말고도 하루 빨리 신경을 써줘야 할 일이 몇 가지 있었는데 신참 비서 교육도 그중 하나였다. 에드너 코닝은 「내셔널지오그래픽」에 실린 제인의 침팬지 기사를 읽고 패기 넘치는 편지 한 통을 페루 리마에서 보내온 그 아가씨였다. 감수성과 논리가 어우러진 인상적인 편지였고, 결정적으로 완벽에 가까운 맞춤법이 제인의 마음을 움직인 덕분에 이제 그 젊은 여성은 제인의 비서로 이곳에 와 있었다. 제인과 휴고는 나이로비에서 "작고 볼품없는 카세트테이프 녹음기"와 "나이로비 전체에 하나뿐일 우리가 쓰던 것과 똑같은 타자기"를 구해왔으다. 에드너의 주된 업무는 녹음된 하루 동안의 기록을 타자기로 옮겨 적어 제인의 일을 덜어주는 일이 될 터였다. 각종 업무 서신 작성도 맡길 생각이었는데, 우선 곰베와 곰베 침팬지에 관한 책의 출판 의향을 묻는 편지 30통을 출판사에 보낼 계획이었다.

제인은 매일 저녁이면 습관처럼 등불을 밝히고 손으로 휘갈겨 쓴 노트를 좀더 오래 남을 활자화된 현장일지로 바꿔 쓰곤 했던 만큼, 그 노고를 누군가 대신해준다니 여간 다행이 아니었다. 하지만 현장일지보다 더 시급한 문제는 먹이 공급이었다.

이제껏 해왔던 바나나 클럽 방식—캠프 앞 풀밭 곳곳에 과일이 가득 담긴 바구니를 흩어놓는 마구잡이식 먹이 공급—에 대해서는 이미 지난해에 대책이 필요하다는 결론을 내렸다. 침팬지들끼리 다투거나, 바나나를 숨기거나, 걸핏하면 개코원숭이와 싸움이 붙는 일을 줄이기 위해서 바나나 배분을 정교하게 통제하기로 한 것이다. 그해 2월 마침 나이로비에 가 있던 휴고는 직접 설계까지 해서 철사와 레버를 이용해 멀리서도 여닫을 수 있도록 만든 중량 68킬로그램의 강철 바나나 상자 10개를 주문해놓고 왔지만 휴고와 제인이 곰베로 돌아온 4월까지도 배송이 되지 않은 상태였다. 크리스 말로는 그사이 캠프 주변을 오가는 침팬지 수도 늘고 설사가상 텐트 안까지 겁도 없이 발을 들이고 내키는 대로 옷가지나 침구를 헤집어놓는 일까지 생겨 물건이란 물건은 모두 상자 안에 감춰두었다고 했다. 하물며 생전 그러질 않던 골리앗까지 캔버스 천을 잘근잘근 씹어대기 시작했고 다른 침팬지까지 속속 이 캔버스 씹기 클럽에 합류하면서 캠핑용 의자와 침상, 텐트에까지 이빨을 들이댔다. 캔버스 천에 이어 목재까지 씹어대기 시작했고 제인과 휴고가 캠프에 도착한 4월경에는 의자 다리와 찬장 버팀목도 남아나질 않았다. 더구나 연안에 있는 어부들의 임시 막사에까지 밀려들어 옷가지를 헤집어놓는 바람에 당장이라도 큰 사고가 터지지 않을까 신경을 곤두세워야 했다.

우선 바나나부터 연안이나 어부들의 막사에서 되도록 멀리 옮겨놓아야 했으므로 두 사람은 서둘러 장소 물색에 나섰다. 곧 연안 캠프에서 8백 미터 남짓 떨어진 얕은 골짜기에서 최적의 장소를 발견했다. 제인은 집으로 보낸 편지에서 그 자리를 이렇게 설명하고 있다. "딱 적당히 그늘도 지고, 야자나무도 우거지고, 시야도 탁 트여서, 웃자란 풀만 밟거나 베어주면 맞은편에서 휴고가 촬영을 하기에도 그만인 장소예요."

하산은 골함석 판을 이용해 침팬지들이 부수지 못할 만큼 튼튼하게 바나나 저장고를 만들고, 아프리카인 조수 두 명이 쓰기에 넉넉한 크기로 차양이 달린 취침용 막사를 세웠다. 하산의 작품이 완성되자 제인과 휴고는 텐트와 보급품을 봉우리 캠프로 옮기기 전에 새 캠프를 침팬지들에게 선보이기로 했다. "저장고에 바나나를 가득 채워 넣고 새벽 댓바람에 캠프로 올라갔어요. 일찍 잠에서 깬 녀석들을 맛난 바나나로 유혹해볼 생각이었거든요. 그런데 한 놈도 지나가질 않더라고요." 그사이 연안 캠프에 있던 휴고는 아침 9시경 침팬지 몇 마리가 연안 캠프에 나타났다고 워키토키로 교신을 해왔다. 그는 산길로 유도해 봉우리 캠프 쪽으로 데려가보는 게 어떻겠냐고 물었다. 제인은 그래보라고 답했다. "그래서 평소에 바나나를 넣어두던 빈 상자를 들고 휴고가 데이비드 옆을 지나갔대요. 그런데 별 반응이 없었나 봐요. 그래서 이번엔 상자를 치켜들고 흔들었더니, 그 순진한 녀석이 속아 넘어가서는 바나나 먹을 생각에 들떠서 꺅꺅 소리까지 질러대더래요." 잠시 후, 워키토키 저편에서 숨 가쁜 목소리가 들려왔다. "그쪽으로 가고 있어!" 제인은 "캠프 여기저기로" 잽싸게 바나나를 뿌렸다. "흥분했을 때 내는 비명과 울음소리가 점점 커지더니 마침내 녀석들이 모습을 드러냈어요. 휴고는 부스스한 몰골로 가쁜 숨을 몰아쉬며 계속 빈 상자를 흔들어댔고, 그 뒤로 길게 줄을 늘어선 시커먼 검은 형체들이 재빠르게 휴고를 뒤쫓

앉죠. 환호성이 터지는가 싶더니 일제히 바나나를 향해 달려들었어요."

침팬지에게 소개가 끝났으니 다음은 사람들을 챙길 차례였다. 사람들이 머물기 위해서는 높게 자란 풀부터 처리해야 했다. 하산이 품삯을 주기로 약속하고 어부 몇몇을 불러 모아 막대기와 판가(손도끼)를 챙겨와 풀을 뽑고 쳐내고 발로 다졌다. 제인과 휴고도 곧 그 대열에 합류했는데 풀을 밟는 편이 제일 낫겠다고 판단한 두 사람은 서로 손을 맞잡고 풀 밟기 왈츠를 췄다. 이튿날 네모나게 땅을 다진 다음, 그 위에 텐트를 세웠고, 곧 물품도 모두 옮겨 넣었다. 책장은 폴리에틸렌 소재로 덮개를 씌웠고 나머지 물건 대부분은 나무상자와 대바구니 안에 단단히 숨겨두었다. 침낭은 아침마다 매일 개고 베개나 담요는 상자에 넣어두었다(제인은 집으로 보낸 편지에서 "어느 날 문득, 침팬지들이 굳이 상자나 저장고를 부서 훔쳐낼 것 없이 평소에 우리가 입고 다니는 옷을 물어뜯으면 되겠다고 생각을 하면 어쩌죠. 정말 걱정이에요!!"라고 쓰기도 했다).

그사이에 줄곧 날이 궂었다. 그해 봄 어느 날인가는 "세상에 저런 비도 있구나" 싶게 폭우가 쏟아졌는데, 유유히 흐르던 카콤베 강은 "맹렬히 돌진하는 물줄기로 바뀌어 커다란 뭉우리돌을 쓸어내렸으며" 키고마가 고립되어 읍내 가게의 생필품은 조만간 동이 날 게 뻔했다.

홍수로 내셔널지오그래픽협회에서 보낸 우편물과 각종 장비는 물론, 에드너가 쓸 새 텐트마저 나이로비와 키고마 중간쯤에 발이 묶였다. 새 텐트가 없었으므로 에드너는 연안 캠프의 구형 텐트를 그대로 썼고, 마침 크리스도 식물원 일로 영국에 가서 제인과 휴고는 새로 마련한 봉우리 캠프의 텐트에서 둘만의 오붓한 시간을 즐겼다. 낭만적 고립과 둘만의 내밀함이 있는 "아담한 새 보금자리"는 물론 마음에 쏙 들었다. "최고로 멋진 건, 아늑한 저녁식사와 모닥불 가에서 마시는 커피 한 잔이랍니다. 아, 제가 여과기를 샀다고 말씀드렸나요? 유리로 된 꽤 근사한 물건인데, 물이 위로 올라갔다 다시 내려오면서 커피를 우려내요. 작은 불씨만 피우고 시간만 잘 맞추면 되니까 여기서도 정말 쉽게 사용할 수 있어요. 그럼 뚝딱 그윽한 커피

한 잔이 만들어지죠. 그리고 우린 다시 아늑한 텐트 안으로 들어간답니다."

그러던 5월 말, 빗발이 잦아들면서 흙탕길을 헤치고 키고마행 화물열차 운행이 재개되었다. 드디어 에드너의 텐트가 도착해 곧 봉우리 캠프에 자리를 잡았다. 6월 1일 제인은 캠프 새 단장 소식을 가족들에게 알렸다. "좀 아쉽긴 해요. 일이라는 측면에서야 정말 잘 된 일이지만, 둘만의 텐트에서 함께 있던 저녁시간이 참 아늑하고 좋았거든요." 에드너의 텐트는 "상상할 수 있는 최고의 텐트"였다. 가운데 폴대와 양쪽 폴대를 높이 세워서 텐트 안 어디서든 허리를 펴고 걸을 수 있도록 캔버스 천 지붕을 높였고, 앞뒤좌우에는 노란색 모기장을 쳐 "늘 따스한 햇살"과 낮에는 시원한 바람이 들도록 했다. 이 큰 텐트는 뒤에 좀더 작은 공간이 나 있었는데—여기에도 모기장이 있었다—원래 설계 용도는 세면실이었지만 짐 가방, 목재 탁상, 침상을 들일 만한 공간이 나왔으므로 에드너는 이 공간을 침실로 정하고, 큰 텐트는 책, 서류, 식물 표본, 옷가지 수납 겸 낮 시간 업무 공간으로 썼다.

호숫가 연안 캠프에 있던 조금은 헤진 캔버스 천으로 만든 A자형 텐트는 한동안 진료소 겸 약제 보관실로 썼다. 고된 하루 일과를 마친 제인과 휴고는 토마토 주스 잔을 손에 들고 연안 캠프 모닥불 가를 찾곤 했는데 "내려오면 내려오는 대로 또 환자들이 가득"했다. 게다가 6월 1일 제인이 버치스로 보낸 편지에 따르면 사흘에 한 번 꼴로 다들 "있지도 않은 병 핑계"를 대고 "우르르" 몰려와 에드너에게 기타 연주를 해달라고 졸랐다. 무리의 선동자 격인 두 사람도 기타연주자였으므로 에드너는 몇 곡을 치고 이 두 기타리스트에게 바통을 넘겼다. 그럴 때면 두 연주자는 "청중들의 열렬한 기대 속에" 아프리카 음악 단골 레퍼토리를 연주하곤 했는데, 도미니크가 저녁 식사 시간을 알리며 "그만 돌아가라는 손짓을 하고서야" 자리를 떴다. 그래도 제인은 "얼마나 좋으면" 그럴까 여겼고, 더욱이 에드너와 함께하는 기타 연주의 밤 덕분에 곧잘 달걀 선물이 들어오기도 했다.

하지만 "달걀이라면 사족을 못 쓰는" 늙은 대머리 침팬지 미스터 맥그리거 탓에 달걀이 넉넉하지는 않았다. "달걀 상자를 반쯤만 열어도 근처에 있다가 헐레벌떡 뛰어오죠. 최단거리로 오느라 텐트를 가로지르기도 하고, 사람 다리를 밟기도 하고, 서류뭉치며 판자를 전부 흩어놓기도 하면서 무조건 달려들어 달걀을 손에 넣어요." 맥그리거의 넘치는 달걀 사랑을 처음 알게 되었던 것은 연안 캠프에서 지내던 무렵이었다. 하루는 아침으로 삶은 달걀을 먹을 생각에 제인과 휴고가 도미니크에게 달걀 두 개를 건넸다. 때마침 "몇 킬로미터 밖에서 조용히 바나나를 해치우는" 중이던 맥그리거가 "벌떡 몸을 일으켰다". "그리고 (평소 무서워하던) 도미니크에게로 달려가 달걀을 낚아챘어요. 그 녀석도 그만한 배짱을 부리기가 쉽진 않았던지 손까지 파르르 떨면서요!"

맥그리거가 달걀 도둑 불한당이 된 것도 모자라 그 후 푸치("한 번에 여러 개를 노려요"), 피피("이 녀석은 한 개씩 자주 가져가고요"), 곧잘 훔치긴 해도 아직 달걀을 한입에 넣을 입 크기가 안 돼서 일단 깨기부터 하고 내용물이 바닥에 흘러내리기 전에 끈적끈적한 껍질을 씹어 먹는 꼬맹이 길카까지, 큰 침팬지 작은 침팬지 할 것 없이 너도나도 달걀 서리에 뛰어들었다.

봉우리 캠프는 새 바나나 먹이 공급 시스템(간간이 달걀도 몇 개씩 던져주었다)의 탄생을 알리는 첫 신호탄이었다. 휴고가 나이로비에서 주문한 강철 바나나 상자는 아직 감감무소식이었고, 어느덧 일상사가 되어버린 이 난리법석 바나나 쟁탈전을 잠재우려면 배급 방법을 어떻게 바꿔야 할까, 제인과 휴고는 이런저런 궁리를 짜냈다.

첫번째 묘안은 나무나 다양한 종류의 상자에 바나나를 숨겨두는 것이었다. 하지만 대부분은 찾는 데 도사가 된 몇몇 침팬지들이 금세 찾아버렸다. 게다가 그 침팬지들이 계속해서 다른 곳까지 온통 헤집고 다녔고 캠프 안까지도 서슴없이 들어왔다. 결국 바나나 사냥을 부추긴 꼴이 되어버려 불쑥 들이닥치거나 이것저것 망가뜨리기가 더 심해졌다. 마리나라는 침팬지는 제인이 상자 뚜껑을 열면 제 머리를 들이밀기에 급급해 제인을 옆으로 밀쳐내기 일쑤였다. 마리나는 제인의 가죽 신발과 휴고의 운동화를 먹어치

웠고 나무 밑창을 댄 에드너의 가죽 샌들에도 달려들었다. 거기다 피터팬
—이후 페페라고 불리게 된다—은 큰 커피 보온병 두 개와 큼지막한 손전
등 하나를 깨부수었는데 필시 안에 바나나가 들었는지 보기 위해서였을 것
이다.

　6월 말, 7월 초까지도 강철 바나나 상자가 도착하지 않자 하산이 직접 콘
크리트 상자를 만들었다. 상자를 봉우리 캠프에 묻고 강철 뚜껑을 덮었는
데, 뚜껑을 열면 침팬지를 유인할 수 있었고, 조금 떨어진 곳에 연결된 레
버로 철사를 팽팽히 당기면 뚜껑이 닫혔다. 누구든 레버를 고정시킨 핀을
뽑아 철사를 느슨하게 풀어주면 뚜껑이 열리고 바나나가 모습을 드러냈다.
새 장치는 루브 골드버그(과학 기술에 사로잡힌 미국을 풍자한 내용을 주로
그린 만화가. 단순한 과정을 쓸데없이 복잡하게 만드는 행위를 뜻하는 대명사
가 되었다—옮긴이) 같은 면이 없지 않았으나, 적어도 이론상으로는 안전
한 거리에서 바나나 분배량을 조절할 수 있었다. 7월 9일 멜빈 페인에게 보
낸 편지에서 제인은 새 시스템 덕분에 일이 순조롭게 풀리고 있다고 전했
다. "상황이 한결 좋아졌습니다. 한꺼번에 몰려들어도 통제가 수월해졌고
요."

　침팬지들도 봉우리 캠프와 먹이 공급장이 마음에 든 것이 분명했다. 연
안에서 멀어져 숲으로 더 많이 들어와 한결 편안하게 느껴진 것인지 어느
새 못 보던 얼굴까지 눈에 띄었다. 멜빈 페인에게 썼듯이 침팬지들은 이곳
을 "제집처럼" 드나들었고, 덕분에 어른 침팬지들의 놀이 행동을 볼 기회도
많아졌다. 실제로 못 보던 행동을 새로 보게 된 것이 너무 많아 제때 다 기
록을 하기에도 벅찼다. 휴고와 제인은 7월 9일에 편지를 보내기 전에 이미
두 차례나 침팬지들이 뱀에게 어떻게 반응하는지를 가까이에서 볼 수 있었
다. 이제는 북을 치듯 두드리는 모습을 관찰하고 있었는데 잔뿌리가 지면
위로 불룩 솟은 특정 종의 나무뿌리를 북을 치듯이 손으로 두드리거나 발
로 찼다. 플로는 돌격, 초목을 끌고 가기, 땅이나 나무치기 등과 같은 수컷
의 행동을 보였다. 애벌레, 날아다니는 흰개미 떼, "한 번에 왕창" 먹어치우

는 베짜기개미 등 침팬지들의 새로운 먹잇감도 관찰되었으며, 얼마 후에는 제인과 휴고도 베짜기개미에 맛을 들였다. "별미 중에 별미랍니다. 열대 진미로 한번 팔아볼까 봐요!!" 침팬지들은 나뭇가지 위에 올라가 있다 흰개미가 날아오르는 순간을 노려 한 손 또는 양손으로 공중에서 먹잇감을 낚아챘다. "참 신기하게 먹이를 낚아채더라고요. 수신호라도 주고받는 것처럼 말이에요!"

하지만 그해 최대의 관심사는 제인과 휴고에게 갓 난 침팬지의 야생 성장기 기록이라는 새로운 기회를 선사한 새끼 침팬지 플린트였다. 제인이 버치스로 보낸 편지에 따르면 7월 초 플린트는 "아랫니와 윗니가 꽤 많이 올라와서 위아래 각각 여섯 개쯤" 이빨이 났다. "걸음마도 뗐답니다. 아직 두 걸음도 못 가 넘어지긴 하지만요. 그래도 처음엔 넘어지자마자 울음보를 터트려서 플로가 얼른 안아주곤 했는데 예전보다는 좋아졌어요. 요즘엔 조용히 일어서서 다시 걷거든요."

간혹 플로가 업고 다니기는 했지만 다른 가족 구성원, 특히 누나 피피와 같이 있는 시간도 많아졌다. "피피가 데리고 나갈 때가 부쩍 많아졌어요. 같이 있는 시간도 더 길어지고요. 피피가 플린트를 데리고 나무를 오르면, 가엾은 플로는 헉헉대며 두 놈을 쫓아가죠. 아무래도 이것도 영아기 침팬지의 사망률이 높은 한 원인이 아닐까 싶어요!"

플로네 가족은 과거에도 관찰 집단 안에서도 중요한 연구 대상이었지만 이젠 연구의 핵심에 자리했다. 가족 수는 생각보다 하나 더 많은 것 같았는데, 페인에게 전한 바에 따르면 "피건보다 두세 살 위인 청소년기 침팬지도 플로의 아들이라는 결론에" 이르렀다. 정확히 알 수는 없었지만 그간 목격한 여러 정황을 토대로 제인과 휴고는 이 청소년기 침팬지에게 페이븐이라는 이름을 지어줌으로써 플로네 다른 식구들과 f로 시작하는 돌림자를 맞춰주었다.

결정적 증거는, 피건을 빼고 청소년기 수컷 침팬지 중에 플린트를 만지거나 플린트와 놀 수 있는 침팬지로는 페이븐이 유일하다는 겁니다. 플로와 지속적으로 함께 다니고, 피피나 피건과는 물론, 믿으실지 모르겠습니다만, 플로와도 곧잘 장난을 친답니다! 한번은 가슴팍을 간질이는 바람에 그 늙은 플로가 소녀처럼 몸을 웅크리고 새된 소리를 내기도 했어요! 어제만 해도 절대 잊지 못할 장면을 목격했습니다. 플로, 페이븐, 피건, 피피(물론 행여 떨어질새라 어미한테 꼭 붙어 있던 귀여운 플린트도)가 뱅글뱅글 야자나무 주위를 돌며 앞에 가는 녀석 꽁무니를 쫓았어요. 서로 발목을 움켜쥐기도 하면서요. 다들 이렇게 웃기는 장면은 처음이라고 입을 모았습니다.

제인이 버치스로 보낸 편지에 썼듯이 곧 플린트는 "넘어지지 않고 네 걸음을 걸었다." 그 다음 편지에서는 "드디어 플린트가 걸어요! 아직 불안하지만 그래도 뒤뚱거리며 못해도 여섯 발자국은 떼고 넘어진답니다. 속도를 내야 균형을 잃지 않고 목표물까지 갈 확률도 커진다는 걸 터득했나 봐요"라고 전했다.

그렇지만 제인은 출생 후 6주 동안 플린트를 지켜보지 못한 것이 너무 아쉬웠으며, 그래서 휴고와 제인은 그 관찰 공백을 앞으로 태어날 멜리사의 새끼를 통해서 매우리라 기대하며 멜리사를 예의주시했다. 마침내 9월 8일, 멜리사가 길어야 이틀이 채 되지 않은 갓 태어난 조그마한 새끼 침팬지를 데리고 나타났다. 9월 24일 제인은 멜빈 페인에게 보낸 편지에서 이렇게 묘사했다. "멜리사는 도대체 뭐가 어떻게 된 건지 모르겠다는 듯 어리둥절한 표정이었습니다. 허벅지와 한 손으로 조심스레 새끼를 받쳐 안고 걷느라 한 번에 움직여봐야 기껏 몇 미터였죠. 줄곧 다리를 구부린 채로 걸어야 했으니까요. 탯줄 끝에는 덜렁덜렁 태반이 달려 있었고요(채소밭을 지나다 태반이 엉키는 바람에 멈춰 서서 풀기도 했지요)."

이튿날 아침, 제인과 휴고는 새로운 등장인물을 처음 봤을 때 다른 침팬지들이 어떻게 반응하는지를 살폈다. 48개월 된 침팬지 피피는 "유달리 관심이 많아 가까이 다가가 빤히 쳐다보고 태반 냄새를 맡았다." 호기심이 생긴 데이비드 그레이비어드도 "다가가 뚫어져라 쳐다보고 또 쳐다봤다." 플로도 마찬가지였다. 새끼가 없는 암컷 침팬지 키르케가 갓 난 새끼를 만져보려고 손을 뻗자 멜리사가 놀라서 "얼른 키르케 손을 밀쳐내고 혹시 모를 위험에 대비해 골리앗에게 달려"가기도 했다. 플로의 큰아들 페이븐도 새로운 등장인물의 출현에 "호기심이 대단했다." "계속 눈을 떼지 않아서 멜리사가 불안했던지 연신 페이븐에게 손을 뻗어[짝짓기를 받아들일 때의 몸동작] 진정시키려고 애를 썼어요. 그 와중에도 일정한 거리를 유지했고요."

주변을 얼쩡거리는 두 인간에 대해서는 경계심이 덜했으므로 제인과 휴고는 가까이에서 새끼 침팬지를 지켜보고 카메라에 담았으나 성별을 확인할 수 있을 만큼 가까이 가지는 못했다. 암컷이기를 바라는 마음에 일단 이름은 제인으로 지어놓았다. 그런데 멜리사의 새끼를 이렇게 묘사했다.

못난이도 그런 못난이가 없어요. 도미니크나 크리스토퍼의 기록을 보면 플린트 애기 때와는 천지차이죠. 플린트는 얼굴도 뽀얗고 예쁘장하고 머리나 등에 털도 많지 않고 허리 아래로는 털이 없다시피 했다고 합니다. 그런데 이 녀석은 주름도 이상하게 잡혔고, 눈 꼬리와 입가만 밝지 눈두덩은 거무튀튀해요. 게다가 머리, 등, 팔다리 바깥쪽엔 털이 수북하고요. 아랫도리는 아직 확인을 못 했어요.

만약 새끼 침팬지 제인이 암컷으로 밝혀진다면, 영아기 초기 단계부터 암수 침팬지의 발달 과정을 비교해봄으로써 성별에 따른 차이를 데이터화할 수 있었다. 수컷 플린트와 비교뿐 아니라 월령이 높은 다른 두 암컷, 30개월 길카와 18개월 멀린과의 비교도 흥미로운 자료가 될 터였다.

멀린은 "하나부터 열까지 '사내아이' 같은 짓만 골라"했고, 놀이 행동도 길카보다 훨씬 "거칠고 수선스러웠다." "게임에서든, 침팬지에게든, 모든 것에 말 그대로 '온몸을 던져'요. 엄마에게 먹을 걸 달라고 조를 때도 그렇고요. 배가 고프다고 보챌 땐 어찌나 집요한지 백이면 백 성공합니다. 정말로 식탐이 보통이 아니에요!" 발정기에 접어든 키르케의 엉덩이가 부풀어오르자 그 어린 나이에도 관심이 대단했다. "몇 번이고 달려가 키르케의 엉덩이를 넙죽 끌어안질 않나, 심지어는 다리를 타고 올라가려 하더라고요!"

한편 플린트가 태어나면서 어린 길카의 사회적 상황도 달라졌다. 그렇잖아도 오빠 에버레드가 이젠 저도 나이를 먹었다고 어미나 동생과 함께 있으려 들질 않아 길카로서는 같이 다닐 친구가 없어진 마당에 곧잘 놀이 친구가 되어주던 피피마저 돌연 어린 남동생 플린트와 놀기에만 바빴다. 게다가 영아기의 행복을 무너뜨린 마지막 일격인 어미 올리의 젖떼기가 시작되었다. 이유 과정은 9월 24일 멜빈 페인에게 보낸 편지에 등장한다.

이유가 엄청난 충격이었나 봅니다. 올리가 젖을 그만 물리려고 하면 낑낑대며 울었죠. 젖을 빨고 싶을 때도 올리 앞에 서서 칭얼댔고요. 그래도 젖을 물릴 생각이 없을 때에는 올리가 자리에서 일어나 간지럼을 태우고 길카의 손목을 살짝 물거나 '깨물기 놀이'를 했습니다. 칭얼대던 녀석이 활짝 웃을 때까지 말이죠. 그래도 계속 칭얼대면……, 길카를 배에 끼고 몇 걸음 옮겨 머리를 바닥으로 향하게 하고 또 간지럼을 태웠죠. 몇 번은 그 방법이 통했지만 먹히질 않은 적이 두 번 있었는데 그땐 길카가 울음을 멈추질 않았어요. 올리도 마음이 아팠던지 다시 길카에게 다가가더군요. 그리고 녀석을 안아 무릎에 앉혔습니다. 이번에도 길카가 젖을 빨려는 것을 올리가 물리질 않았고 길카는 울면서 가버렸죠. 그래봐야 몇 발짝 돌아선 게 고작이라 올리가 다시 손을 뻗고 길카의 팔을 끌어당겨 녀석을 안아줬죠. 그리고 아주 잠깐 길카에게 젖을 물렸어요.

불쌍한 길카. 그런 딱한 처지였으니 또래 개코원숭이들을 친구로 삼은 것도 놀랄 일이 아니었다. 물론 곰베에서 청소년기 침팬지가 개코원숭이와 어울리는 경우는 종종 있지만, 성년이 되지 않은 개코원숭이는 대개 또래 침팬지를 무서워하므로 같이 놀더라도 아주 잠깐 일방적인 놀이에 그치기 마련이다. 하지만 길카는 새로 사귄 친구인 고블린을 함부로 대하지 않았다. 한번은 고블린이 길카에게 엉덩이를 들이밀자 길카가 자리에서 일어나 고블린의 엉덩이를 구석구석 살폈다. 그러더니 저도 고블린더러 보라며 엉덩이를 내밀었고, 고블린은 길카에게 매달려 친구의 엉덩이를 장난삼아 툭툭 찔렀다. 그러더니 "서로 목을 간질이고 깨물기 놀이를" 했으며, 잠시 후 고블린이 "길카를 뒤에서 안아 가슴팍을 간질이자 길카가 고개를 뒤로 젖히며 웃음을 터트렸고, 고블린이 한 것처럼 길카도 친구를 간지럼 태웠다."

얼마 뒤에 고블린이 암컷으로 밝혀지면서 이름을 고블리나로 다시 지어주었다. 마침 멜리사의 새끼 제인이 수컷으로 밝혀지면서—10월 초에 자세히 들여다볼 기회가 있었다—골격이 뭉그러진 괴물 같은 얼굴 생김새를 따서 이름을 고블린으로 다시 지어주었기에 원래 고블린의 이름을 바꿔주는 게 더 편하기도 했다. 10월 26일 제인은 멜빈 페인에게 편지를 보내 물론 멜리사의 새끼가 암컷이었더라도 두 새끼 침팬지간의 비교가 흥미로웠겠지만 둘 다 수컷이라니 "더더욱 흥미로울" 것 같다며 특유의 낙천적인 태도를 보였다.

11월 말에는 그해 들어 세번째 침팬지가 태어났다. 맨디의 새끼 제인이었다. 그 무렵 제인이 루이스에게 쓴 편지에 따르면 새끼 침팬지 제인은 "그 누구보다 사랑스러운 꼬마 아가씨"였다. 외모도 "출중"해 앞선 두 수컷과 "비교하면 누구보다 수려했다." 비교를 하자면 흥미로운 점이 한둘이 아니겠지만, 특히 자식을 돌보는 방식에서 멜리사와 맨디의 차이가 두드러졌다. 멜리사는 "자식 편하라고 자기를 희생하는 일이 절대 없었던" 반면 맨디는 정반대였다. "새끼가 잘 있는지 항상 신경을 쓰며, 뭘 먹느라 어쩌다 양손을 다 쓰고 있을 때는(사실, 뭘 먹는 데 어쩔 수 없이 양손을 다 쓰게 될 때라고 하는 게 더 정확한 듯합니다!) 발을 이용해서 새끼를 꼭 감싸 안는답니다(세상에 그런 부자연스러운 자세가 어디 있겠어요)."

이런 갖가지 관찰이 가능했던 데는 숲 안에만 머물러 있던 역동적인 유인원 사회를 숲 밖으로 끌어내준 바나나 공급의 공이 컸다. 9월 10일에는 오래전 휴고가 나이로비에서 주문한 강철 바나나 상자가 드디어 키고마에 도착했다. 제인은 가족들에게 "침팬지들이 마음대로 열 수 없는 상자 열세 개"가 조만간 도착할 예정이라고 전했다. "숨길 만하지도 않은 곳에다 여기저기 억지로 바나나를 숨기는 바보 같은 게임도 이젠 끝이에요. 하다하다 [텐트] 바닥 천 밑에까지 숨겼으니까요!"

9월 24일 제인은 멜빈 페인에게 강철 상자에 콘크리트 상자 몇 개를 추가해 먹이 공급장에 설치했으며 바나나 상자 작동이 "매우 잘 되고 있어 이젠 바나나를 주는 데 전혀 문제가 없다"고 전했다. 강철 상자의 작동 원리는 콘크리트 상자와 동일하게 철사를 풀어주면 뚜껑이 열리고, 뚜껑을 닫을 때는 조금 떨어진 곳에 있는 레버로 철사를 팽팽히 당기고 핀으로 레버를 고정시켰다. "아무 탈 없이 잘 해나가고 있습니다. 만반의 준비를 갖춘 후로는 위험한 일도 전혀 없었고요."

물론 이는 지나치게 낙관적인 견해였다. 새로운 바나나 배급 방식은 침팬지의 의지, 두뇌, 힘을 너무나 우습게 본 것이었다. 수컷 침팬지 J. B.(존 불)만 해도 진작 상자 파내기에 들어가 이젠 철사까지 잡아당겼다. 상자는 다시 설치되었고 상자 둘레에는 시멘트를 채워 넣었다. 하지만 12월 J. B.가 줄을 망가뜨리는 바람에 캠프 일꾼들은 하릴없이 오밤중에 등불을 켜고 철사에 금속 파이프를 덧씌워야 했다. 이때까지만 해도 허둥지둥 바나나 배급 시스템을 손보는 일이 이제 겨우 시작에 불과하리라곤—덕분에 마음은 편했겠지만—짐작도 하지 못했다.

25
상설 연구센터

1964~1965

1964년 3월 3일 오후, 예비부부 제인 모리스 구달과 휴고 반 라빅은 침팬지 기사 2탄, TV 특집 프로, 책 출간과 같은 앞으로의 계획을 논의하기 위해 워싱턴 D.C. 내셔널지오그래픽협회 회장실 원탁에 자리를 잡았다. 두 사람의 맞은편에는 멜빌 벨 그로스브너 회장과 이사 여섯 명이 자리했다.

신설 TV방송부 책임자 로버트 C. 도일이 지금까지 곰베에서 촬영한 영상으로도 한 시간짜리 프로그램 분량이 거의 나왔다며 먼저 운을 뗐다.

제인은 미국 출판사 맥그로힐이 계약금 10만 달러를 제안했다며 책 출간 문제를 언급하고 혹시 저서 집필이 협회 측의 계획과 상충되는지 물었다. 그로스브너 회장은 협회도 제인의 연구를 대중용 저서로 출간할 계획이니 물론 그럴 것이라며 온화하게 대답했으나, 곧 냉정하게 협회가 이미 "연구 지원금에 각종 보조금까지 상당한 자금을 투자한" 일을 상기시키고, "투자는 우리가 하고 수익은" 상업 출판사가 내서야 "페어플레이"라 할 수 없으며, 당장에는 10만 달러에 "마음이 혹하겠지만" 장기적으로는 협회와의 관계를 돈독히 해야 제인에게도 분명 "이득"이 된다고 말했다.

실제로 1964년 당시 처음 책을 내는 작가에게 계약금 10만 달러를 지급한다는 것은 어느 출판사에서든지 파격적인 일이었으며, 협회 이사진으로서도 움찔할 만한 금액이었을 것이다. 그렇다 보니 협회도—물론 제인은 향후 저술할 결과물에 대하여 협회에 아주 광범위한 권리를 양도하는 집필 계획으로 묶여 있었지만—향후 지속적인 관계 유지를 통해 협회가 제인에게 어떤 '이득'을 줄 수 있는가를 구체적으로 제시해야 했다. 다시 말해, 제인의 다른 계획이나 구상—특히 대략 짧게나마 '상설 연구센터 계획안'을 통해 설명한 부분—을 실현시킬 절호의 기회였다.

곰베는 아프리카 대륙에서 야생 침팬지를 연구하기에 가장 좋은 장소 중하나였던 만큼, 나름대로 설립 근거도 타당했고 제안서도 설득력이 있었다. 게다가 침팬지를 속속들이 파악하려면 최소 필요 연구 기간이 10년이었다. 센터가 없다면 곰베 침팬지들은 인간에게 영역을 빼앗기고 멸종위기로 내몰릴 게 뻔했다. 연구센터에는 연간 예산 2천에서 3천 파운드(연구진 및 지원인력의 임금과 식대, 선박 연료비, 바나나 구입비)와 1회 추가 지원금 5천에서 만 파운드(관찰동 및 주거동 건축 · 자재비)가 필요했다. 관찰동은 작게 지어 내부 공간을 세 개로 나누고 지붕은 연구자들이 올라가 관찰을 하게끔 평평하게 잇는다. 또 호수에서 거리를 둬서 숲이 넓게 내려다보이게 하고 관찰동 둘레에는 3미터 넓이의 해자를 파 안전을 확보한다. 관찰동에서 8백 미터 남짓 떨어진 곳에는 조립식 저가 알루미늄 '론다벨'(아프리카 전통 가옥으로 주로 돌을 이용해 원형으로 짓는다—옮긴이)로 주거용 구조물 여섯 채를 짓고 세 채는 연구진이, 나머지 세 채는 현지 직원이 사용한다. 구조물의 외벽에도 3미터 넓이의 해자를 에워싸 안전을 확보한다. 마지막으로 닭, 염소, 채소 등을 키울 터는 별도로 남겨둔다.

제인은 이러한 계획이 아직 구상 단계임을 강조했고 답변이나 지원을 기대하지도 않았다. 협회는 공식 기록을 남기지 않았으며 실제로도 아마 아무런 답변이나 지원이 없었을 것이다.

사실, 제인의 포부는 이 소박한 제안서보다 훨씬 원대했다. 당시 제인은 휴고와 함께 세계야생생물기금 네덜란드 지부에 낼 제안서를 작성 중이었는데, 그 내용은 곰베 상설 연구센터는 물론 유인원 보호·연구가 동시에 가능한 제반 시설을 아프리카 전역의 '침팬지 보호구'에 조성하자는 것이었다. 세계야생생물기금이 지원을 않는다면 동물행동학계의 선구자이자 현재는 오스트리아 제비젠에 위치한 막스 플랑크 행동생리학연구소 소장 콘라트 로렌츠에게 지원을 요청해볼 생각이었다. 작년에 편지를 보냈을 때 "언제든 환영"이라며 로렌츠는 제인을 연구소에 초대했고 부디 "현장기지 설립 자금을 마련하길 바랍니다. 연구 대상 침팬지의 집단행동을 꾸준히 관찰하려면 마땅히 기지 설립이 뒷받침이 되어야지요. 우리도 관찰기지에서 10년째 회색기러기를 연구한 덕분에 감히 상상도 못한 성과를 낼 수 있었습니다" 하는 따뜻한 격려의 말도 전했다.

3월 11일 루이스에게 보낸 편지에 썼듯이 뉴욕 동물학회 회장도 "연구센터를 적극 고려해보겠습니다"라고 긍정적인 답변을 보내왔다. 그해 여름 제인이 집에 보낸 편지에 따르면, 뒤이어 제네바에 있는 국제자연보호연맹이 "아프리카 전역의 침팬지 보호구" 조성에 필요한 "거금"을 지원해줄 의향이 "다분"했다. 혹시 이 모든 답변이 말뿐이라면 또 다른 곳을 찾으면 됐다.

그렇다면 지오그래픽협회는 어떤 입장이었을까?

협회는 이른바 '투자금'이라는 이름의 적은 지원금에 '출간 협약서'라는 짧은 문건까지 끼워 넣어 향후 제인의 행보를 단단히 옭아맬 태세였다. 제인은 이런 행태가 못마땅하다 못해 사람을 업신여기는 처사로까지 느꼈다. 특히, 이제 꼼짝없이 협회를 통해서만 내야 할 출간서의 향방을 생각하면 화가 치밀었다. 물론 협회의 지원은 고마운 일이었고 협회 사람들 중에는 괜찮은 사람들도 있었다. 그렇더라도 협회가 요구하는 대가가 지나쳤다. 5월 3일 버치스로 보낸 편지에 제인은 이렇게 썼다. "협회의 연구센터 지원안을 <u>어떻게</u> 받아들여야 할지 <u>도무지</u> 판단이 서질 않아요. **만약에** 협회에서 지원금을 받기라도 하면, 그렇잖아도 출간 문제를 놓고 질척대는데 또

548 과학자

얼마나 갖은 의무 조항을 들이밀겠어요? 단순한 문제가 아니긴 하지만, 연말이 코앞이니 어떻게든 빨리 결정을 내려야죠."

휴고도 진작 저작권 일임에 사인을 했으므로 속이 타기는 마찬가지였다. 첫번째 강연 영상 최종 편집본—있어도 그만 없어도 그만인 흥미 위주의 장면은 넘쳐나고 진지한 과학적 접근은 부족했다—도 영 마음에 들질 않았고, 방영 예정인 TV 특집도 잘 나올지 걱정이었다. 나름대로 포부는 컸지만 멀리 떨어져 있는 스크립터, 에디터, 프로듀서의 방식이나 제재를 그대로 따를 수밖에 없는 용역 사진기사로서는 무언가를 기대할 처지가 못 되었고, 곰베에서 촬영한 모든 영상에 대한 소유권과 통제권은 협회가 쥐고 있었다.

5월 초, 협회 직원 조앤 헤스가 6월 13일부터 3주간 곰베에서 TV 특집에 필요한 추가 영상을 촬영하겠다는 통보를 해온 뒤로는 당혹감과 불안감이 더 커졌다. 제인과 휴고는 콘라트 로렌츠와 니콜라스 틴베르헌이 6월 동아프리카 방문길에 곰베에 들를지도 모른다고 잘못 지레짐작하고 있었으므로 헤스의 갑작스런 촬영이 행여 학수고대 중인 두 사람의 방문과 겹칠까 마음을 졸였다. 또 버치스로 보낸 편지에 썼듯이 제인은 TV 촬영을 놓고도 의견대립이 커지지 않을까 마음이 쓰였다. "버럭 화를 내고, 의견이 엇갈리고, 얼굴을 붉히고, 분위기가 험악해지고, 다들 이성을 잃는 모습이 눈에 선해요. 만약 조앤이 단호하게 '내일 오전 10시, 캠프 인근 계곡의 큰 무화과나무 아래에서 머리 감는 장면을 촬영하겠습니다' 하고 말할 작정이라면, 이건 정말, 잘못 생각해도 한참 잘못 생각한 거죠!"

이 신혼부부는 상상할 수 있는 최악의 흥미 위주 장면들이 나올 가능성을 애초에 없애기 위해 캔버스 욕조—욕조가 두 개라 저녁마다 나란히 앉아 등을 밀어줄 수도 있었다—를 숨기고 욕조가 낡아 못 쓰게 됐다고 하기로 입을 맞췄다. 차가운 계곡물에서 씻는 장면은 찍어봐야 그림이 살 리 없다는 계산에서였다. 그 정도로 부부는 단단히 별렀고, 대처 계획은 이제 판타지 수준으로까지 나아갔다. "거미와 지네 채집해둔 거 있잖아, 무섭게 생긴 놈들이 꽤 있으니까 그걸 그 여자 텐트 근처에 몰래 푸는 거야. 그래서 여길 빨리 뜨게 하는 거지."

조앤의 방문은 우려했던 대로였다. 리처드 리키가 비행기로 나이로비에서 키고마로 조앤 헤스를 데려오고 캠프까지 안내해줬는데, 제인과 휴고에게 헤스가 두 사람이 삐딱하게 나오리란 걸 눈치를 채고 잔뜩 날이 서 있다고 귀띔을 해주었다. 사전 경고였다. 그렇지만 둘 모두 폐가 되든 말든 멋대로 불쑥불쑥 끼어드는 위인을 다루는 일에는 이골이 나 있었고, 두 사람다 정신없이 바쁘기도 했다. 제인은 집으로 보낸 편지에서 "숨 쉴 시간도 없어요. 그나마 한숨 돌리려 하면 미뤄둔 일이 산더미라 시간이 다 가버려요! 이 많은 일을 언제 다 할지, 휴고도 저도 참 막막해요"라고 전했다. 물론 조앤은 자기 일, 즉 되도록 흥미 위주의 그림—하나부터 열까지 연출되고, 스크립트에 따라 움직이고, 재연하는, 제인과 휴고가 질색하는 종류—만 많이 담으면 그만이었다. 길게 줄을 늘어선 이들에게 약을 나눠주는 장면에서 밴이 없으면 제인이 대신하게 했다. 어부들은? 일부로 데려와 수다를 떨게 했다. 제인이 '봉우리'에서 밤을 지새울 때는? 휴대용 석유등만 챙겼어도 멋지게 명암이 사는 건데, 하며 안타까워했다. "촬영은 완전히 끝났어요. 전 도무지 상상도 못할 그런 스크립트는 대체 누가 쓰는 건지. 그런데도 참, 키고마에 가는 것만 빼곤 스크립트대로 다 해줬어요. 도대체 왜 봉우리에 휴대용 석유등을 가져 왔네 않았네 따위로 옥신각신 입씨름을 해야 하는지, 진짜 마음에 안 들어요."

그런 불쾌한 상황을 여실히 짐작했던 루이스 리키는 6월 초, 평소와는 다르게("내 의중을 정확히 빠짐없이 전달하고자") 타자기로 친 장문의 편지 두 통을 제인과 휴고 앞으로 보내왔다.

루이스 리키는 자신이 보기에, 조앤 헤스는 배경이 밝을 때를 골라 "특별히 건기에 맞춰" 곰베에 왔으며, 이는 미국에서 그 영상을 수백만 대의 흑백 TV로 내보내려면 명암대비가 확실해야 하기 때문이라고 설명했다. 흑백 TV는 명암대비가 아주 선명해야 했다.

휴고에게는 협회의 "확고한 반대 의사 표명"에도 불구하고 TV 특집 "편집이 전문가들 손에" 넘어갔으니 걱정하지 말라고 했다. 한편으로는 현실을 일깨우기도 했다. "미국 TV 프로에서 요구하는 건 자네나 내가 좋다고 생각하는 것과는 영 딴판일세. 그랬다간 큰 방송사도 돈 많은 광고주를 놓치기 십상이지. 자네도 잘 알 걸세. 그나마도 맘에 들진 않았네만, 올두바이 필름에도 진지한 장면은 고작 11분이고 쓸데없는 내용이 태반이었지 않았나. 미국 TV 방송은 광고주들이 원하는 대로 가야지 협회도 별 수 없어. 내 생각이 틀리지 않을 걸세."

책 문제에 대해서는 자신이 아는 한 오로지 협회에서만 책을 내라는 얘기는 아닐 거라고 말했다. 물론 협회에서 발간하는 총서 한 권 정도는 제인이 맡아주길 원하겠지만 맥그로힐과 같은 "일반 단행본" 출판사에서 누구든 낼 수 있는 "그런 책은 논외"였다. 물론 협회야 자기네 책이 먼저 나오길 바라겠지만 그 기대가 "타당한지 아닌지"는 "협회가 지금까지 쓴 돈이 얼마이고 앞으로 얼마를 더 지원할 생각인지"를 따져봐야 했다.

마지막으로 곰베 상설 연구센터 제안서에 대해서도 언급했다. 물론 몇 달 전 이 문제에 대해 서로 가벼운 대화를 나누긴 했지만 일언반구도 없이 먼저 협회에 제안서를 낸 것이 매우 뜻밖—그리고 내심 불쾌했던 것 같다—이었다고 말했다("짐작도 못 했네"). 어쨌거나 아직 박사과정도 안 끝났고 시간 여유도 없으니 이런 계획을 세우기는 시기상조라는 것이었다. "일이 뜻대로 성사되면 이동도 잦고, 다르에스살람이나 어쩌면 워싱턴, 런던까지 가서 지지부진하고 갑갑한 회의에 수도 없이 참석을 해야 할 걸세." 또 탕가니카 당국이 과학 연구를 위해 곰베 강을 국립공원으로 지정해야 한다는 논의가 있다 한들, 꼭 지정이 된단 법도 없었다(보호구Reserve는 특정 동물상의 서식지로 포획·수렵을 금지하고 수렵 감시원이 파견되는 수준인데 반해 국립공원National Park으로 승격되면 공원 관리인의 파견과 더불어 보존·연구 등의 목적으로 보다 전면적인 국가적 보호와 지원이 뒤따른다—옮긴이). "당국이 센터 부지 설정에 합의하고 모든 계획을 승인했으며, 더 중요한 것은 센터를 이끌어갈 최고의 연구진을 찾아 이들의 수락 의사를 받아냈다는 사실을 직접 서류로 확인하기 전까지는 아무도—단 한 명도—돈을 대겠다는 사람이 없을 걸세."

요컨대 박사과정을 끝낼 때까지는 상설 연구센터니 하는 바보 같은 소리는 꺼내지도 말라는 것이었다. 그보다는 제인이 내년에 케임브리지에 가 있는 동안 매일 에드너 코닝을 도와 곰베의 운영을 맡아줄 사람을 찾는 게 훨씬 중요하다고 했다. "어쨌거나 이게 내가 자네에게 해줄 수 있는 충고일세."

에드너 코닝은 제2차 세계대전 직전 인도네시아 자카르타(옛 바타비아)에서 태어난 네덜란드인으로 3년간 부모와 함께 일본군 포로수용소에 갇혀 있었다. 탈출에 성공한 코닝 가족은 2년간 네덜란드에 기거하다 영국으로 이주해서 1년을 머물다 다시 페루로 거처를 옮겼다. 에드너는 페루에 있는 영국인 학교를 나와 미국 리드 칼리지에서 심리학을 전공했다. 1963년 제인에게 처음 편지를 보냈을 당시는 스물네 살로 페루 리마에서 사무직으로 일하고 있었으나, 늘 동물행동에 호기심이 있었다. "새나 곤충 등등을 연구하러 교수님들이 현장 관찰을 나갈 때 연구조교들이 같이 따라 나가잖아요. 그렇게 현장에 함께 나가는 것이 늘 제가 선망하던 일이었어요." 코닝은 침팬지 연구에 연구보조가 필요한지 어떤지도 묻기 전에 이런 말부터 꺼내며 자신만만하게 "선생님 연구를 도와드리는 게 제가 제일 하고 싶은 일이에요(성격이든 능력이든 저만한 인재는 찾기 힘드실 걸요!!)"라고 했다. 그렇게 해서 제인은 에드너 코닝을 비서로 채용했으며 코닝은 4월 중순 곰베에 도착한 이후 곧 자신의 성장 가능성을 보여주었다.

제인은 가족들에게 보낸 편지에서 이렇게 말했다. "잘 뽑은 것 같아요. 아직 '거침없이 부딪히기'는 잘 못하고 나중에라도 그럴 수 있을지는 모르겠어요. 그래도 열정도 있고, 관심도 많고, 관찰력도 좋고, 영리하고, 재미도 있어요. 종합 평가를 내리자면, 에드너는 탁월한 선택이었어요. 침팬지도 좋아하니까 분명 연말까진 버티겠죠. 그 뒤로도 계속 있겠다고 하면 그렇게 하고요. 이 일을 계속할 마음이 있냐고 대놓고 물어본 적이 있었는데, 그렇다고 하더라고요. 저도 바라는 바죠."

현재로서는 제인이 없어도 침팬지 연구가 돌아가게 얼개를 짜는 것, 즉 '시스템을 만드는 것'이 중요했다. 물론 제인의 빈자리를 채우기가 쉽지는 않겠지만, 인공적으로 조성한 바나나 공급장을 기본적인 운영 및 관찰 장소로 삼아 연구진 전원이 (1) 개체별로 오는 시간과 떠나는 시간 (2) 집단별 구성 (3) 오는 방향 및 떠나는 방향 등의 기초 데이터를 수집하기로 했다. 덧붙여 먹이 공급장에서는 (4) 암컷 침팬지 번식 현황 (5) 질병·사고 현황 (6) 개코원숭이가 오고 가는 정도 등의 추가 데이터도 기록할 수 있었다. 사실 이런 내용은 플로가 열성적으로 구애하는 침팬지 무리를 이끌고 캠프에 나타났던 발정기 시작 단계, 즉 1963년 초부터 이미 표준화된 일일 데이터이기도 했다.

몇 년 후에는 일일 기록지 항목이 대거 늘어났는데 예컨대 1969년부터는 털 고르기 및 놀이 행동을 2분 간격으로 기록했다. 또 1964년 여름에는 에드너가 지켜보는 가운데 제인은 매일매일 침팬지의 배설물을 조사해서 침팬지들이 섭취한 음식물의 성분을 분석하는 일을 시작했다. 성분을 눈으로 확인해야 했는데 고형 잔류물만 남을 때까지 배설물을 물에 헹궈내는 방법이 가장 효과적이었다. 제인이 '대변 헹구기'라 부른 이 방법은 6월 말에서 7월 초 집으로 보낸 편지에서 처음 언급된다. "생각보다 재밌어요. 그렇지만 시간이 꽤 걸려요."

그해 8월 제인은 크로스 농장주인 린 뉴먼에게 편지를 보내 대변 헹구기는 "침팬지가 평소 뭘 먹는지 알 수 있는 가장 정확한 방법"이라며 자세한 설명을 덧붙였다. "캠프에서든, 오가는 길에서든, 매일 똥이란 똥은 다 긁어모아요. 그 똥을 잔구멍이 송송 뚫린 깡통에 담고, 물을 붓고, 휘휘 깡통을 돌려주죠. 계속 물을 부어주면 마지막엔 알갱이만 남아요. 그건 다 깨끗하고 멀끔한 것들이에요. 그걸 망 위에 넓게 펴고, 하나씩 꼼꼼히 들여다본답니다. 전혀 소화가 안 되고 원형 그대로 나오는 게 얼마나 많은지, 아마 직접 보시면 깜짝 놀라실 거예요. 방금 뜯어낸 것 같은 이파리도 있고, 과일 덩어리가 나오거나 벌레가 통째로 나오기도 해요." 그리고 무엇보다 대변 헹구기를 통해 침팬지들이 얼마나 잡식성인지를 여실히 알 수 있었다. "불쌍한 솔리 주커만. 아시겠지만 그 사람은 침팬지가 하나같이 육식가에 벌레도 먹어치운다는 얘길 들으면 펄쩍 뛸 거예요. 그런데, 대변 헹구기를 시작한 뒤로 최소 한 덩이 이상에서 개미나 흰개미가 안 나온 날이 하루도 없었어요. 고기는 4주 동안 다섯 번, 애벌레는 2주 연속 매일 나왔고요. 다들 새 알이나 새끼 새도 좋다고 먹어치우는 고약한 놈들이지만, 그래도 흥미롭기는 해요."

새로운 시스템과 방법에는 새로운 책임과 노동이 뒤따르기 마련이었으므로 한여름에 제인과 휴고, 에드너는 최소 이틀에 하루 꼴로 봉우리 캠프에서 말 그대로 꼴딱 밤을 지새웠다. 뚜껑도 없는 보온병(모두 잃어버렸다)에 담아 나르다 보니 따뜻한 저녁식사가 금세 식어서 휴대용 석유 난로에 다시 데웠고, 제인이 바나나 커스터드를 만들거나 에드너가 팬케이크나 퍼지를 만들어 먹기도 했다. 가족들에게 편지로 썼듯, 목욕이나 불 지피기처럼 시간을 잡아먹는 호사가 없어서 "일을 많이 할" 수 있었다. "작업 텐트가 무척 아늑하고 편해서 여기 올라와 있으면 참 좋아요."

데이터 작성, 기록, 대변 헹구기 등, 에드너가 연구 지원에 꼭 필요한 존재가 되면서 비서를 다시 구해야 한다는 문제가 있기는 했다. 제인은 7월 9일 멜빈 페인에게 편지로 이 문제를 거론하며 "전체 업무량이 폭증해 세 사람으로는 그날그날 일을 처리하기도 역부족입니다. 근 이틀에 하루는 새벽 6시 30분부터 자정까지 일에 매달립니다"고 털어놓았다. 에드너의 월급은 자신이 사비를 털어서라도 내겠지만 두번째 인력은 순전히 "비서 일"만 할 테니 협회에서 급료를 부담해달라는 말도 덧붙였다.

한편 에드너는 물론 앞으로는 제인이 없는 동안 침팬지 관찰 및 기록을 책임지고 이어가야겠지만, 정말 본인이 원하는 바이기도 했던 개인 연구 프로젝트를 고민해야 했다. 어떤 주제가 좋을까? 제인은 9월 8일 루이스에게 "우리 캠프에도 개코원숭이 연구원이 생겼다"고 전했다. "에드너가 요즘 열의가 대단해요. 진행도 잘 되고 있고요. 일단 예비조사부터 시작해보라고 했습니다. 보고서도 나오고 촬영물도 나오면 분명 머지않아 지원금도 들어오겠죠." 실제로 에드너는 곰베 개코원숭이 군집 가운데 개체수 약 50마리 무리를 대상으로 9월 9일 예비연구에 착수했다. 그해 12월 완성된 에드너의 매우 구체적인 첫번째 보고서는 장장 150시간에 걸친 직접적이고 세심한 관찰의 결과물이었다.

그로부터 얼마 후, 영국에서 소니아 이베라는 신임 비서를 찾았지만 막상 에드너 코닝에 더해 내년부터 젊은 새 식구가 또 한 명 늘어난다고 생각하자 지금 같은 캔버스 텐트가 아닌 제대로 된 시설을 갖추는 일이 더더욱 중요해졌다. 제인은 텐트에서 지내길 좋아했지만 대부분은 그렇지 않았으므로 제인도 상설 연구센터 초기 구상 단계에서 머릿속에 떠올렸던 견고한 구조물의 필요성을 다시 절감하게 됐다.

집으로 보낸 편지에 썼듯이 사실 8월 초에 우연찮게 "연구센터 최적의 후보지"도 찾아낸 터였다. 봉우리 캠프에서 카콤베 계곡 상류로 약 8백 미터 올라간 곳으로 고지대라 나무가 적고 탁 트인 초원이 펼쳐져 "계곡 바로 건너편부터 저 멀리 산비탈까지 시야가 뻥 뚫려" 있었다.

2주 뒤에 제인과 휴고는 과학계 주요인사 두 손님을 맞이했다. 막스 플랑크 연구소("콘라트 로렌츠가 있는 기관이요"라고 제인은 8월 21일 가족들에게 보낸 편지에서 알려주었다) 소속의 생물학자이자 스쿠어다이빙의 개척자 한스 하스와 동물행동학자 이레내우스 아이블 아이베스펠트였다. 두 과학자는 봉우리 캠프 바나나 공급장에 들러 침팬지들을 둘러보았으며, 연구센터 후보지를 보여주자 "반응이 대단"했다. 실제로 이들은 "이곳의 모든 것—우리가 하는 연구, 침팬지, 앞으로의 계획—에 감탄했다." 가을쯤 콘라트 로렌츠와 니코 틴베르헌을 곰베로 불러들일 묘안도 제인, 휴고와 머리를 맞대고 "열심히 짜냈다." 두 사람 모두 "곰베 강 보호구에 침팬지 연구센터가 '반드시' 들어서야 함을 세상에 알리겠다"고 입을 모았다. 고맙게도 하스는 "적합한 모든 방송사와 몇 건에 달하는 방송 계약"을 따낼 수 있도록 휴고를 돕겠다고 약속했다. 아이블 아이베스펠츠는 곧 박사학위 취득예정인 대학원생들을 막스 플랑크 연구소를 통해 곰베로 파견해서 "전문적인 연구"를 수행토록 하겠다는 뜻을 분명하게 밝혔다. 이는 제인이 생각하는 "연구센터에 활력을 불어넣고 위상을 다지며 지속성을 확보"하는 방안이기도 했다.

한편 루이스에게는 편지로 센터 후보지와 구조물 두 동에 대한 새로운 구상을 상세히 전했으며, 이 신축 구조물이 어떤 형태를 띠게 될지 직접 그림까지 그려 동봉했다. 8월 19일 이번에도 루이스가 타자기로 친 장문의 답장을 보내왔다. 그는 연구센터에 대한 기본적인 생각에는 전혀 변함이 없었다. 많은 시간과 계획이 뒷받침되어야 하므로 당장은 지어줘도 감당하지 못하고 물론 탕가니카 당국의 허가도 필요하다는 것이다. 다만 에드너든 누구든 내년에는 캠프 일을 도와줄 식구가 더 늘어날 테니 간단하고 기본적인 구조물 한두 동이 더 필요하다는 데는 공감했다. 그는 "장비 및 각종 물품을 분실하거나 침팬지들이 부수는 사고를 미연에 방지하려면 텐트를 대체할 건물 형태의 구조물이 필요하다는 자네 말에 대해서는, 나도 전적으로 공감일세"라고 수긍했다.

루이스 리키는 현장에서 떨어져 있어도 음식 조리법, 사파리 준비법, 원정 장비 구비목록, 유적 발굴법, 연구 캠프 세우기 등 각종 필요한 일에 대해서 노하우가 풍부했고 재주도 있었다. 대개의 전문가들이 그렇듯, 그 역시 아는 것을 실행에 옮기고 싶어 했으므로 내년에는 곰베에 텐트 대신 구조물이 필요하다는 생각에 일단 수긍이 가자 그는 곧 어떤 식의 구조물이 적합할지 세부적으로 정확히 계획을 세우는 단계로 나아갔다.

8월 19일 편지에서 그는 영구 구조물을 짓기에는 아직 시기상조이지만 기후와 침팬지로부터의 안전 확보를 위해 임시 구조물 한두 동은 생각해 볼 만하다며, 축대를 세우고 짚을 써서 주거용 구조물부터 먼저 지어야 하지 않겠냐고 했다. 이엉을 엮어 가로세로 약 4.6×12.2미터 크기의 직사각형으로 짓되, 지붕은 위로 가파르게 올리고, 침팬지들의 접근을 막기 위해 벽과 지붕은 튼튼한 철망으로 에워싸며, 벽에는 이중 철망을 치고, 내부는 침실, 거실 겸 식당, 작업실 또는 실험실로 나눈다. 일전에 제인이 루이스에게 말한 구조물 두 동의 예상 건축비용인 거금 2천에서 3천 파운드를 협회에서 당장 내놓을 리는 없지만 자기 말대로 이엉을 엮어 구조물을 세운다면 비용을 한결 줄일 수 있다고도 했다. 짚은 한 푼도 안 들 테고, 축대는 보호구에서 구해오거나 키고마에서 사거나, 아니면 다른 곳에서 헐값에 사서 키고마까지 열차로 실어나르면 되는데 어떻게 구하든 돈은 많이 안 든다. 그럼 나머지는 못 값, 짚단 엮는 데 쓸 실 값 등등의 푼돈과 문, 틀, 철망 값이 고작이다. 물론 제대로 된 실험실도 갖추고 싶을 테니 따로 실험실을 짓고 중간에 철근으로 길을 놓아 주거동과 연결시킬 수도 있다. 루이스의 계산으로는 이 모든 것들을 짓는 데 드는 총 비용은 제인이 제시한 금액의 10분의 1인 2백에서 3백 파운드 정도였다.

관찰동은 주거동보다 작기에 제인과 휴고가 언제 시간 여유가 날 때 내구성 있는 자재를 써서 추가로 지을 수도 있었다. 루이스도 관찰동이 필요하다는 데에는 동감을 했고, 캠프에서 직접 만들거나 키고마에서 기성품을 구입하는 방식으로 콘크리트 블록을 쌓으면 되지 않겠냐는 의견을 냈다. 물론 그러려면 제인은 일류의 아프리카 펀디(숙련공 또는 전문가) 한 명과 보조 네 명을 고용하고, 이들에게 지급할 교통비와 두 달 치 식대를 마련해야 했다. 하지만 건축 비용을 계산하려면 키고마에서 구입할 수 있는 물품이 어떤 것인지부터 알아야 했다. 콘크리트 블록의 크기며 속은 찼는지 비었는지, 가격은 얼마인지, 시멘트, 모래, 골함석, 목재 같은 다른 자재는 구할 수 있는지, 구할 수 있다면 돈은 얼마나 드는지 등등……

이틀 뒤인 8월 21일 타자기 앞에 앉은 루이스는 또 한 번 제인에게 보낼 장문의 편지를 써 내려갔다. 나름대로 확신에 찬, 그럴듯한 계획이었다. 이렇게 하면 어떨까. 알루미늄 판을 이용해 나이로비에 있는 숙박용 구조물보다 조금 더 큰 조립식 건물을 짓는다면 비용이 670파운드 남짓일 테고, 작은 연구동 하나에 드는 추가비용은 225파운드면 된다. 조립판은 열차나 배로 나이로비에서 키고마로 옮기고, 물론 구매나 적재를 감독할 사람이 필요하겠지만 그래도 키고마까지 물건을 다 마련해 오는 데 드는 비용이라고 해야 1천2백 파운드 언저리다. 조립판을 호수에 띄워 곰베까지 운반하고 다시 캠프까지 나르는 데 추가로 3백 파운드가 드니까, 총 1천5백 파운드가 든다. 그래도 제인이 원래 계산한 액수보다는—이 부분에서는 약간 의기양양한 어투였다— "훨씬 싼" 가격이 아니겠느냐…….

한 달 후 루이스는 구매 물망에 오른 조립식 구조물의 상표명을 알려주었다. 나이로비의 부스무역회사가 제작한 유니포트였다. 부스무역의 유니포트는 알루미늄 판을 볼트로 연결하게 되어 있으니 미관이나 단열 효과를 고려해 벽이나 지붕 둘레에는 짚을 촘촘히 엮어서 얹고 침팬지들이 그 짚을 훼손하지 않도록 꼭 "철망"을 쳐라. 그리고 관찰동은 나중에 강화 콘크리트를 써서 추가로 지을 수 있지 않겠느냐…….

몇 주 후인 11월 2일 부스무역은 지붕이 경사진 직사각형 구조물의 제품 설계도를 루이스에게 건넸는데, 구조물 중 하나는 9.144×4.419미터 크기의 이중문 구조로 창문 9개와 4개 공간으로 분리하기에 충분한 양의 칸막이가 포함되었고, 나머지 하나는 4.572×4.419미터 크기 홑문 구조에 창이 3개였다. 부스무역은 미니포트라는 지붕이 둥근 알루미늄 재질의 원형 또는 다각형 구조물에 대해서도 설명을 덧붙였다. 이 세 가지 모두 조립식 구조물이었으며 키고마까지 운임과 펀디 식대와 교통비를 모두 합치면 비용은 정확히 1,253파운드였다…….

루이스는 그 무렵 제인이 곰베와 케임브리지에서 진행할 연구에 대한 내년도 지원금을 내셔널지오그래픽협회에 요청하는 신청서를 마무리 짓고 있었는데, 제출 기한이 얼마 남지 않아서 서둘렀다. 그렇지 않았다면 총 2천5백 킬로그램의 알루미늄 판을 키고마에서 곰베까지 호수로 이송하는 데 드는 운송비를 비롯해, 기반을 만들 콘크리트 제작비용, 인건비 등등 추가비용을 포함시켰을 것이다. 대신 그는 그냥 부스무역이 제시한 금액만 써넣었다. 11월 말, 연구탐사위원회는 세부 항목—침팬지 연구비용 9,920달러 40센트(3,543파운드), '조립식 구조물' 건축비용 3,508달러 40센트(1,253파운드)—을 모두 합쳐 총 1만 3,428달러 20센트를 1965년 연간 지원액으로 제시했다. 그리하여 1964년 11월 19일, 예산안이 승인되었다.

한편 독자적인 계획을 구상 중이던 휴고는 그해 9월 멜빈 페인 내셔널지오그래픽협회 부회장에게 편지로 자신의 계획을 전했다.

현재 협회 TV 분야의 책임자인 로버트 도일이 편집 중인 영상과 차별화될 훌륭한 작품을 구상 중이니 두번째 TV 프로그램의 편집은 자신에게 맡겨주면 어떻겠냐는 제안이었다. 물론 첫번째 영상에서 일부 화면을 따서 쓰기는 하겠지만 첫번째 작품과는 "완전히" 차별화된 영상을 만들어내겠다고 했다. 정확히 얘기하자면 휴고의 작품은 제인의 개인사를 완전히 "배제"하고 백 퍼센트 침팬지에만 역점을 둔 "과학 다큐멘터리"였다. 분명 이런 심도 있는 영상을 원하는 시장이 유럽에는 있을 것이고 어쩌면 미국에서도 "일부" 수요가 있지 않겠냐고 말했다. 또 만약 협회가 이런 역작을 지원할 용의가 있다면 제인이 케임브리지에서 박사과정을 이수하는 1965년 1년 동안 영국에서 작업을 진행하겠다고 했다.

이어 휴고는 이미 협회로 보내둔 영상에 대체로 기반하고 있는 곤충 기획물 등의 다른 구상안에 대해서도 설명을 했지만, 제인과 미리 의논을 해야 하니 우선 두번째 TV 프로그램의 일을 시급히 결정지어달라는 말로 편지를 마무리 지었다.

사진작가나 촬영기사로서는 휴고도 나름대로 인정을 받고 있었지만 영상 편집에는 문외한이지 않던가? 더욱이 협회 입장에서도 이미 제작 중인 작품과 비교가 될 것이 빤한 작품을 굳이 만들 이유가 없지 않을까? 게다가 침팬지가 나오는 두번째 TV 프로그램을 또 만든다손 쳐도 그 일은 도일이 맡아서 하면 충분했다. 게다가 휴고 부부가 영국에서 같이 시간을 보내려는 계획을 돕기 위해, 굳이 협회가 남의 사정까지 챙기고 이타심까지 발휘해가며 서둘러 결정을 내릴 이유도 없었다. 페인은 담당자들에게 휴고의 편지를 보여주며 회의를 소집하고 메모 한 장을 전달했다. "어쩌다 우리 위원회가 휴고 반 라빅 남작 내외 복지위원회가 다 됐군. 이 문제에 대해서는 조만간 회의를 소집하도록 하겠네."

몇 주 만에야 11월 18일자 소인이 찍힌 답장이 도착했는데, 페인은 모호한 표현으로 답장이 늦어 미안하다는 말을 전하고 휴고가 제안한 것과 같은 과학 다큐멘터리가 "반드시 필요하다"는 데는 의견을 같이하지만 도일이 준비 중인 작품과 "연장선상"에 있어야 한다는 뜻을 분명히 밝혔다. 이미 곰베 침팬지 촬영 비용에만도 막대한 돈을 쏟아부었다는 사실을 다시한 번 말했다. 또한 유럽 TV 방송사가 통상적으로 이러한 성격의 프로그램에 지급하는 "몇 푼 안 되는 프로그램 매입료"를 가지고는 휴고를 영국으로 보내는 데 드는 일반 경비와 차후 휴고의 영상편집을 도와줄 영상편집 전문가 인건비 등의 추가비용을 감당할 수가 없으며, 제인이 영국으로 떠나는 4월까지는 휴고도 곰베에 있을 테니 그사이에 아프리카의 각종 동물이나 곤충을 소재로 하는 다른 프로젝트를 진행해보는 게 어떻겠냐고 했다. 또 1966년 워싱턴에서 열릴 예정인 제인의 강연회 영상 "1차 초벌편집" 정도는 맡길 생각이 있다며, '그 일'이라면 1965년 하반기에 영국에서 작업을 하는 것도 고려해보겠다고 전했다.

11월 20일 루이스 앞으로도 멜빈 페인의 전보가 도착했다. "조립식 구조물을 포함한 차기년도 예산안 금일 승인. 제인에게 전달 바람." 루이스는 제인에게 소식을 전했고 부스무역에 유니포트 두 동과 미니포트 한 동을 주문했다.

부스무역이 포트를 제작하는 데 3,4주가 필요할 것이고 이후 동아프리카

철로항로공사 열차와 빅토리아 호 종단 고속화물선으로 나이로비에서 키고마까지 구조물을 운송하는 데 다시 평균 20일 이상이 소요될 것이다. 키고마에서 곰베까지는 일반 수상택시를 이용해 구조물 전량을 이동시킬 수 있었다. 경우에 따라서는 동아프리카철도항로공사의 운송 일정이 단축될 수도 있었다. 어떤 경우가 됐든 루이스의 계산으로는 1월 둘째 주면 키고마에 물건이 도착할 것이므로 12월 7일에 루이스는 제인과 휴고에게 편지를 보내 수풀이 무성하지 않으면서도 판판하고 너른 곳으로 구조물이 들어설 위치를 정확히 정하고, 초목을 베고, 콘크리트를 다뤄본 경험이 있는 펀디를 고용하고, 키고마에서 시멘트도 몇 포대 가져오고, 연안에 있는 자갈과 모래도 날라 미리 기반을 조성하는 등, 시간 낭비가 없도록 일정에 맞춰 일찌감치 준비를 해두라고 일렀다.

이 일은 휴고의 감독하에 진행되었고, 12월 말에는 그 많던 준비 작업—초목 베기, 땅 고르기, 운송—도 어느새 마무리가 되었다. 린 뉴먼에게 보낸 편지에 썼듯이 그사이 제인은 "침팬지 수십 마리"에 매달리며 부지런히 두번째 「내셔널지오그래픽」 기고문과 연구논문을 작성했다.

1월, 알루미늄 구조물 3개 동이 키고마 철도화물집하장에 도착했다. 하지만 조립을 미룬 채로 한동안 나무상자 그대로 방치해둘 수밖에 없었는데, 그보다 먼저 신경을 써야 할 중요한 일이 생겼기 때문이었다. 바로 미국에서 세 대장 수컷들이 방문한 것이다.

방문 계획은 하나부터 열까지 루이스가 꼼꼼히 챙겼다. 12월 루이스는 제인과 휴고에게 편지를 보내서 오는 1월 21일 오전에 내셔널지오그래픽 협회 핵심인사(레너드 카마이클 박사, T. 데일 스튜어트 박사, 멜빈 M. 페인 박사) 세 사람이 2기통 엔진 전세기를 타고 나이로비에서 키고마로 이동한 뒤, 휴고를 만나 소형 알루미늄 보트를 타고 곰베로 들어가 사흘밤을 자고, 24일 오전 다시 키고마로 나와 나이로비로 가는 비행기를 탈 예정이라고 전했다.

휴고는 11월 중순에 멜빈 페인이 TV 다큐멘터리 제안을 거절한 일로 의

기소침해져 있었지만 여전히 이 문제에 관해서 확신에 차 있었다. "그들은 전대미문의 걸작 동물 다큐멘터리를 만들 자료가 자신들에게 있다는 사실을 깨닫지 [못하는] 걸까요?" 휴고는 불만스러운 어투로 1월 초에 루이스에게 편지를 보냈다. 이번 방문이 기회인 것은 당연했다. 두런두런 모닥불 주위에 둘러앉아 저녁 커피나 초콜릿 음료를 들이키는, 정겹고 여유로운 분위기를 타서 협회 실세인 페인 박사에게 직접 말을 꺼내볼 작정이었다.

휴고는 이 모닥불 전략이 어떻게 전개되리라는 예상까지 매우 구체적으로 써 넣었고, 루이스는 다시 한 번 타자기로 친 장문의 답장을 보내왔다. 루이스는 조목조목 짚어가며 페인 문제에 합리적이고 전략적으로 접근하는 방법이 무엇인지를 설명했고, 편지 끝에는 신중하라는 충고도 잊지 않았다. 참신한 발상으로 페인 박사를 "깜짝 놀라게" 하겠다지만 루이스가 아는 페인은 "그렇게 불쑥 말을 던졌다가는 지원은커녕 십중팔구 대꾸도 않을" 사람이니 말을 어떻게 꺼낼지가 중요하다는 것이었다. "자네 말이야, 촬영 얘기 할 때 '다큐멘터리'란 말은 입 밖에 내지도 말게. 미국 사람들은 그 단어라면 질색한다네. 영국에서도 하루가 다르게 그런 분위기가 퍼지고 있지 않은가. 다큐멘터리가 이류 영상, 지루한 영상의 동의어쯤이 되어버렸으니 말일세."

그 무렵 루이스는 제인에게도 편지를 보내 방문 준비에 신경을 쓰라고 당부했다. 손님들이 "안락한 환경"까지는 바라지도 않을 테고 "좋은 음식, 음료, 침상, 침구, 모기장"만 잘 챙겨도 고마워할 거라고 했다. 그런데 편지를 잘못 읽었던지 제인은 세 신사가 안락한 환경을 '기대한다'는 뜻으로 받아들였던 것 같다. 그래도 어쨌든 침팬지와 연구센터의 미래에 이 손님들이 얼마나 중요한가라는 사실만은 제인도 분명히 알고 있었고 이는 1월 4일 린 뉴먼에게 보낸 편지에서도 드러난다.

요즘 준비 때문에 너무 바빠서 정신이 하나도 없어요. 반짝반짝 광이 나는 현대적인 검정색 변기용 시트까지도 구해왔다니까요!!!! 평상시에 우리가 쓰는 바닥에 뚫린 구멍 위에다 구멍이 난 상자를 올려 놓고 그 위에 시트를 깔 생각이에요! 아기 다루듯 해야겠어요. 여긴 아프리카니까 야채도 생으로 먹지 않게 하고, 물도 다 끓여서 대접해야겠죠(우린 몇 년째 그냥 마시고 있지만요). 빌하르츠 주혈흡충증에 걸릴 수 있으니 행여 손가락 하나라도 호수나 강물엔 절대 담그지 못하게 하고요. 그 말을 들으면 벌벌 떨걸요!

풀도 베고, 텐트도 단단히 고정시키고, 매트리스도 깔았다. 손님용 텐트와 나무상자와 광택이 나는 검은 시트를 구비한 '추' 사이에 있는 울타리와 길도 다시 손을 봤다.

미국 귀빈들의 문명적인 안락함과 더불어 숲속 생명체들의 안락함에도 신경을 썼다. 침팬지들은 이 낯선 세 직립보행 영장류에게 어떤 반응을 보일까? 제인은 울타리를 세우고, 모기장을 겸해서 쓰는 발도 검게 염색을 해 단단히 매두었다. 집으로 보낸 편지에 썼듯, 첫째 날 손님들은 휴고와 함께 꼼짝없이 그 발—혹은 모기장—뒤에서만 지냈다. "어슴푸레 보이는 네 물체"는 "찰칵 하며" 카메라 셔터 소리만 낼 뿐이었다. 하루는 이 방법이 통했지만 둘째 날은 상황이 달랐다.

우리가 쳐놓은 방어막들은 하나씩 뚫렸고 침팬지들은 무심한 눈빛으로 우리 귀빈들을 보더니 뒤로 돌아섰죠. 정말 놀라운 일이었죠. 꼭 이 녀석들이 어떻게 구느냐에 따라 자기네 미래가 달라진다는 걸 다 아는 것 같았어요. 올리는 그렇게 태연할 수가 없었어요. 피건은 페인 박사를 살짝 건드리고 지나가는 바람에 박사님이 의자에서 떨어질 뻔했는데도, 곧장 제 갈 길을 가더라고요. 겁쟁이 꼬맹이 맥[맥도널드]은 텐트에서 바나나를 찾는 중이었는데 그 녀석도 관심도 없다는 듯 힐끗 쳐다만 보고 하던 일을 계속했죠. 키르케도 개의치 않았고요. 게다가 꼬맹이 조미오는……, 우리도 그 녀석 앞에서는 지금도 눈에 띄지 않게 조심을 하는 편인데, 캠프 앞 풀밭에 사람들이 다 나와 있는데도 껑충껑충 산길을 내려오더라고요! 그리하여, 미국에서 온 신사들은 이틀 내내 마음껏 캠프를 활보할 수 있었답니다.

침팬지뿐 아니라 사람들도—대체로는—까다롭지 않게 굴었다. "손님들은 다 괜찮았어요. 지켜야 할 사항도 잘 따라줬고요." 손잡이가 없는 머그잔도, 침팬지가 너무 일찍 나타나는 바람에 미처 신경을 못 써서 차갑게 식어버린 아침식사도, 강에서 바로 퍼와 미처 끓이지 못한 물도 다들 괘념치 않고 마셨다. "아주 거인 같은" 레너드 카마이클 박사는 제인이 뜨거운 세숫물이나 목욕물이 필요한지를 묻자, 공손하게 자신이 보온병에 담아둔 면도 물로도 충분하다고 대답했다.

훤칠한 키와 침착한 성격의 카마이클은 언젠가 워싱턴의 한 골목에서 무섭게 자신을 노려보는 강도에게 침착한 어조로 "죄송합니다만, 사람을 잘못 보신 것 같습니다" 하는 말로 기를 죽인 인물이었으며, 영장류와 영장류 동물학에 꾸준히 관심을 갖고 2년 전부터 곰베에 오기 위해 부지런히 로비를 벌인 인물이기도 했다. 하지만 그가 처음 캠프에 왔을 때는 제인은 그를 대하기 어려운 사람이라고 생각했다. "대단한 사람인 것처럼 굴고, 내가 말만 하면—그걸 어떻게 아느냐, 그렇게 말하는 이유가 뭐냐, 증명이 된 얘기냐 등등—다 따지고 들 기세였어요." 사실 그는 단순히 "뭘 몰랐을" 뿐이었다. 제인이 그에게 실험실 침팬지는 보통 몇 살쯤에 걷기 시작하느냐고 묻자 그는 대답 대신 괜한 말만 늘어놓았다. "보행의 기원이 어떻다는 둥, 갓난 새끼들이 이동할 때 팔다리를 어떻게 움직인다는 둥, 보행 자세가 유영체의 C 형태와 S 형태에서 유래되었다는 둥, 5분 동안이나 일장연설을 늘어놓더라고요. 사실, 그 사람 답을 몰랐던 게 분명해요. 그래도 곧 죽어도 모른단 얘긴 않더라고요!"

침팬지의 어떤 특정한 동작이 얼마나 큰 의미를 지니는가를 놓고 긴 토론이 벌어졌으며, 마지막으로 그 덩치 큰 사내는 거들먹거리며 앞으로 과학 원고나 박사논문을 쓸 때 "이건 이렇게 써라, 저건 저렇게 써라" 하며 자기 말이 다 옳다는 듯 굴었다. 몹시 화가 난 제인이 "전 지금 논문을 쓰고 있는 게 아니라 박사님과 대화를 나누고 있지 않습니까"라고 말하자 카마이클도 더는 대꾸를 하지 못했다. "그 뒤로는 완전히 다른 사람이 됐어요. 앞으로 내가 논문이나 다른 글을 쓸 때 지금껏 자기가 얘기한 걸 그대로 다시 쓰게 될 거라며 큰소리를 치는 일도 없어졌답니다. 이제야 인간미가 느껴져요. 침팬지 얘길 할 때도 우리가 말하는 방식대로 말하고, 그리거(맥그리거)가 흐뭇한 표정을 짓더라는 말도 하고. 플린트에 대해서는 황홀해해요(그 이름은 다르게 발음하는 걸 보면 틀림없어요!). 사람들과도 잘 어울리고요. 제가 보기에는 제가 지금의 견해를 계속 가지되, 자기를 얕보거나 한 가지 이상의 주제에서 의견을 달리하지는 않길 바라는 것 같아요!"

카마이클과 마찬가지로 스미스소니언협회 자연사박물관 관장 T. 데일 스튜어트 박사도 처음에는 깐깐하게 나왔다. 그러다 스튜어트가 진화론적 주장 가운데 자신이 즐겨 언급하는 이론—초기 인류는 발성기관 등에 가해지는 압력을 줄이고자 직립보행을 하게 되었다—을 장황하게 늘어놓았는데, 제인은 전혀 동의할 수 없다는 반응을 보였다. 이튿날 아침에 스튜어트가 밤새 "발성기관이며 이런저런 것들을 누차 되짚어보았다"고 하자 어느새 대화에 끼어든 카마이클도 그 역시 전날 나눴던 대화를 "밤새 생각해보았다"고 했다. "그러니 제가 두 학자께 생각할 거리를 던져준 셈이죠. 그 후로 두 분 모두 즐겁고 편안하게 지내셨어요. 농담도 하시고요. 우리도 카마이클 박사님을 진심으로 좋아하게 됐죠. 진짜 머리가 좋은 사람인 것 같아요."

내셔널지오그래픽협회 부회장 겸 사무장이자 세번째 대장 수컷이었던 멜빈 페인은 어땠을까? "친애하는 우리의 박사님께서 본색을 드러내셨죠."

처음에는 "정말이지, 그렇게 호감이 가고 매력적일 수가 없었어요. 우리 연구에 대해서도 칭찬을 아끼지 않으셨죠." 하지만 휴고가 촬영 계획 얘기를 꺼내자 갑자기 말문을 닫고 방어적 자세로 돌변했다. 혹은 공격 태세였을까? 제인의 눈에 비친 그의 표정은 싸늘했다. "심사가 뒤틀려 차갑게 일그러진 표정이었어요. 솔직히 저까지 등골이 오싹했어요." 그리고 휴고와 이야기를 나누었는데 제인이 눈치 빠르게 읽어내기로는 이런 식이었다. "이를 테면 휴고가 자기가 사비로 5천 파운드를 내고 직접 영상 편집을 해 보겠다면 자기는 절대 말리지 않겠다는 거였죠. 하지만 조앤이 강연용으로 전체 영상을 이리저리 잘라놓지 않을지에 대해서는 장담할 수 없다고 했어요. 컨스티튜션 홀 강연 영상에 대해 휴고나 제가 아는 게 대체 뭔지." 이 껄끄럽고 일방적인 대화는 여기서 끝이 아니었다.

질문만 했다 하면, 빙빙 에두르거나 그냥 무시해버렸어요. 부탁이란 부탁은 죄다 비웃음으로 답했고요. 상대를 경멸하듯 어깨를 으쓱거리면서, '네, 그렇죠.' '네, 그래요' 하면서 도일이 작업을 엉망진창으로 하게 되면 그게 언제일진 몰라도 여하튼 그런 날이 오면 우리가 BBC 영상을 편집할 수 있을 것이라고 말했죠. 우리도 틀림없이 똑같이 그렇게 비웃어줄 날이 오겠죠. 결국 그 웃음의 의미는 얼마 되지도 않는 푼돈이나 받고 BBC에 팔 영상인데 무슨 졸작을 만들어내든 상관 않는다는 뜻 아니겠어요.

대화는 어느새 제인의 책 이야기로 이어졌다. 제인도 협회를 통해 책을 내야 한다는 점에 대해서는 수긍하고 있었지만, 과연 이후에 협회는 제인이 두번째 대중 출판물 발행을 독자적으로 진행하게끔 내버려둘까? 이 문제에 대한 페인 박사의 태도는 "더 실망스러웠다." "지오그래픽의 책 이후 두번째 책 문제에 대해 그로스브너가 반대 의사를 밝혔다는 얘기는 자긴 들은 적도 없다지 뭐예요. 그로스브너가, 협회 출판물이 우리가 모르는 어떤 곳을 통해 나온다니 그건 말도 안 됩니다, 하고 말했던 그 끔찍한 원탁회의 때 분명히 페인 박사도 자리에 있었는데, 어떻게 그렇게 딱 잡아뗄 수가 있죠."

이번에는 제인이 과학적인 설명을 들으러 온 참석자들에게 첫번째 강연 영상을 보여줘서 무슨 도움이 되겠냐고 하자 페인 박사가 "버럭 역정을 냈지만" 제인도 "지지 않고 화를 냈다." 그 후 다들 모닥불 가에 둘러앉은 자리에서 다시 첫번째 강연 영상이 화제에 오르자 제인은 이때다 싶었다. "이번에는 강연 영상에 과학과 아무 상관도 없는 부분이 왜 끼어들었는지 조목조목 예까지 들어가며 카마이클 박사랑 스튜어트 박사에게 따졌어요. 스튜어트 박사는 금세 제 편으로 돌아섰죠. 카마이클 박사는 뚫어져라 모닥불만 쳐다보다가 그저 어쨌든 침팬지와 환경 보존에 대한 관심을 불러일으키는 역할은 했다고만 말했죠. 그 사람도 내심 제 말에 수긍을 한 거죠." 그렇지만 페인은 "화가 나 아무 말도 않고" 앉아만 있었다.

마지막으로 개코원숭이를 연구하겠다는 에드너의 야심찬 계획이 화제에 올랐다. 페인은 "동물 연구는 할 만큼 하고" 있으니 협회는 분명 지원을 하지 않으리라고 확언했다. 제인은 다른 두 사람에게도 의견을 물었다. 뜻밖에 두 사람은 "지대한 관심을" 보였고 그 바람에 페인은 다시 "차가운 침묵"으로 일관했다. "그 사람 개인적으로 개코원숭이를 싫어하거든요."

그나마 다행스럽게도 상설 연구센터 문제는 대화가 잘 풀렸다. 레너드 카마이클은 "정말 인상적이었던지 우리 캠프가 **반드시** 상설 센터로 자리를 잡아야 한다고 생각했으며," 한 발 더 나아가 현재 미국 정부가 실험실 내 영장류 연구에 수백만 달러 예산을 쏟고 있는데 그중 일부는 야생 영장류 연구에 쓰여야 한다는 의견도 내놓았다. 또 제인과 휴고가 자리를 비운 사이 곰베를 맡아줄 "자질 있는 사람"을 직접 나서서라도 꼭 찾겠다고 했다. "지속적으로 관찰을 하고 데이터도 쌓아야 한다는 데는 카마이클 박사도 우리랑 같은 생각이더라고요. 정말로 이 일에 열의가 대단했어요."

카마이클만 한 열의는 아니었을지 모르지만 멜빈 페인도 키고마로 돌아가는 길에 3.6미터 남짓한 크기의 소형 보트가 곰베 강에서 쓰기에는 너무 작고 위험하다—현실적인 문제이기도 했다—는 생각을 했다.

귀빈 삼인방이 떠난 지 며칠 후, 「내셔널지오그래픽」에 보낼 두번째 글 초안 작성을 끝낸 제인은 워싱턴에 있는 프레더릭 보스버그 앞으로 원고를 부쳤다. 좀 느긋해지나 싶었지만 공교롭게도 마침 침팬지와 관련해 중요한 소식이 전해졌다. 키르케가 갓 태어난 새끼—성별을 파악한 후 신디라는 이름을 지어주었다—를 데리고 캠프에 나타났다는 것이었다. 며칠 후에는 지난 5개월 동안 행방이 묘연했던 마담 비가 조막만 한 핏덩이와 졸졸 어미 뒤를 따르는 리틀 비를 데리고 홀연히 모습을 드러냈다. 이 사건은 제인이 2월 초 내셔널지오그래픽협회 메리 그리스월드에게 보낸 편지에서 등장한다. "그렇잖아도 마담 비가 나타나기 불과 몇 분 전에 그 녀석 이야기를 하면서 아마 죽지 않았을까 하고 이야기했었죠. 왜냐하면 어젯밤 꿈에 마담 비가 나타났었거든요!! 리틀 비는 건강해 보였고, 어미는 잔뜩 긴장한 눈치였어요. 갓 태어난 새끼는 '타이니 비'로 부르기로 했습니다. 올 들어 벌써 두번째—이 계절에 들어서서는 다섯번째고요—새끼라니, 가슴이 벅차네요!"

두 새끼 침팬지가 가져다 준 벅찬 기쁨도 잠시, 곧 끔찍한 죽음이 찾아왔다. 맨디는 1964년에 출산한 침팬지 세 마리 가운데 제일 마지막으로 새끼를 낳은 어미로, 그 무렵 유달리 부모 노릇도 "잘하고" 새끼에게 신경을 많이 썼다. "갓 난 새끼가 어떻게 되지나 않을까 지나치게 노심초사"했으므로 12월 루이스에게 보낸 짧은 편지에서 제인은 이렇게 기대했다. "맨디의 그런 태도가 새끼의 발달을 지연시키는지 혹은 앞당기는지 지켜보는 것도 무척 흥미로울 것 같습니다."

1월 초에 맨디의 새끼 리틀 제인이 손가락에 상처가 나 한동안 물건을 움켜쥐지 못하게 된 일이 있었다. 그렇지만 지나치게 자상한 맨디는 새끼가 다 나은 뒤에도 늘 안고 다녔고 워낙 어미가 끼고 다니는 탓에 리틀 제인은 어미에게 꼭 붙여 다니던 습관마저 잊어버린 듯했다. 처음에는 아마도 작은 상처였겠지만, 극진한 보살핌 탓에, 결국에는 어느 날 맨디가 불쑥 몸을 트는 바람에 리틀 제인이 넘어지면서 한쪽 팔을 찢어지게 됐다. 제인은 2월 13일 멜빈 페인에게 보낸 편지에서 설명한다. "맨디가 제법 큰 무리와 함께 산등성을 내려오고 있었는데 중턱에 왔을 때쯤 고통스러운 비명 소리가 들렸습니다. 소리가 난 쪽을 돌아봤더니 제인—3개월 된 갓 난 새끼 침팬지 리틀 제인 기억하시죠—이었죠. 한쪽 팔 팔꿈치부터 손까지가 다 찢어져 있었어요. 그 작은 손 위로 살점들이 튀어나와 덜렁덜렁 매달려 있었죠." 맨디가 몸을 움직일 때마다 새끼는 고통스럽게 울부짖었다. "맨디 젖꼭지를 물려주었어요. 달래보려고 그랬겠지만 진정이 되지는 않았죠. 물론 맨디는 전혀 상황 파악을 못 했고, 소리를 지르는 리틀 제인을 꼭 껴안아주는 바람에 되레 더 아프게만 했어요. 세상에, 그런 끔찍한 광경이 또 어디 있겠어요." 이틀 후 다시 캠프에 왔을 때 맨디는 리틀 제인의 사체를 손에 들고 몰려든 파리 떼를 쫓고 있었다. 다시 이틀 후, 이번에는 맨디 혼자였다. "젖이 탱탱하게 부어오른 것 말고는 아파 보이진 않았어요. 하지만 한 번씩 자리에 주저앉아 다른 새끼 침팬지들을 한 녀석 한 녀석, 물끄러미 쳐다보았죠."

한편, 2월 중순에 이르자 조립식 알루미늄 세 동의 볼트 연결 작업을 모두 끝내고 인부들은 구조물 외관에 대나무와 짚을 엮는 작업에 들어갔다. 둘 중 큰 사각 유니포트는 주거용으로, 작은 유니포트는 연구·관찰동으로, 유니포트보다 조금 아래에 위치한 훨씬 작은 크기의 미니포트는 바나나 저장고로 쓸 예정이었다. 일단 구조물이 들어서자 1년 전 제인이 꿈꾸었던 상설 연구센터도 어설프게나마 외형을 갖추었다. 구조물 설립의 목적이 잘 전달되도록 공식 명칭은 '곰베 강 연구센터Gombe Stream Research Centre'로 정했다.

한편, 제인은 케임브리지에서 학업을 계속하기 위해 곧 곰베를 떠나야 한다고 생각하자 마음이 아팠다. 2월 17일 제인은 가족들에게 이렇게 전했다. "가장 슬픈 것은 협곡 너머에서 새로 발견한 장소에서 저녁을 못 보내게 된다는 점이에요. 해거름에 그곳에서 하는 저녁식사는 정말 멋지거든요. 그 순간은 정말 눈부시고, 매일 밤 새로운 아름다운 풍경을 보여준답니다." 새 프로젝트—협회가 출간할 예정인 동아프리카 동물상 관련 책의 도판—를 준비 중인 휴고와 오래 떨어지게 되는 것도 슬펐다.

2월을 지나 3월로 접어들면서, 원격 구동 바나나 상자를 실은 수레가 새 캠프에 도착했고 당장 쓸 수 있도록 이런저런 준비도 마쳤다. 신임 비서이자 조수인 소니아 이베는 1964년 말 이미 캠프에 도착해서 그 무렵에는 완전히 자리를 잡은 상태였다. 그리고 제인이 집으로 보낸 편지에 썼듯이 에드너는 "그렇게 쌩쌩하고 즐거워 보일 수가 없었으며," "무척 열심이었고," 그사이 제인과 휴고는 "시간이 얼마 없다는 생각에 정신없이 바쁘게 움직였다." 그 무렵부터 마담 비는 작은 리틀 비와 더 작은 타이니 비—허니 비라는 이름을 새로 지어주었다—를 데리고 주기적으로 바나나 공급장에 나타났다. "리틀 비와 허니 비가 커가는 모습을 지켜보지 못해 너무 슬퍼요. 그래도 그 모습을 하나하나 기록으로 남겨줄 누군가가 있다는 게, 또 그 기록이 영원히 남으리라는 게, 얼마나 다행인지 몰라요."

26

곰베 밖에서

1965

제인과 휴고는 텐트를 분해하고 떠날 짐을 꾸렸으며, 에드너와 소니아는 새 조립식 숙소 건물 팬 펠리스Pan Palace—건축자재 알루미늄 팬pan과 침팬지의 학명인 판 트로글로디테스*Pan troglodytes*에서 힌트를 얻어 지은 이름이었다—로 거처를 옮겼다.

3월 18일 캠프에서 출발한 제인과 휴고는 키고마부터 차를 몰아 나이로비에 도착해 랑가타의 루이스 집에 들러 장비와 짐을 맡겼다. 3월 25일에서 4월 5일 사이 두 사람은 마사이마라 야생동물 보호구 안의 여행자 숙소에 머물며 짧은 휴가를 보냈으며, 휴고는 이곳에서 내셔널지오그래픽협회가 기획한 책에 실릴 사진 작업을 시작했다. 그리고 둘은 아래쪽으로 잠시 우회해 다르에스살람을 방문했으며, 그곳에서 제인은 줄리어스 니에레레 탄자니아 대통령에게 강연을 하고 영상물을 보여주었다. 4월 11일에는 다시 나이로비로 돌아와 휴고는 동물 촬영 작업을 재개하고 제인은 영국으로의 비행기 여행을 준비했다.

제인의 구상으로는 곰베에서의 연구는 궁극적으로 침팬지뿐만 아니라

보호구 안의 거의 모든 생물체를 연구 대상으로 삼아야 할 것이었고 그 시작은 개코원숭이였다. 사실 에드너는 1964년 12월에 이미 개코원숭이 무리에 대한 3개월의 예비 연구를 마쳤고, 1965년 3월 말경 내셔널지오그래픽협회 연구탐사위원회는 1966년에 진행할 에드너의 개코원숭이 프로젝트에 연구비 1,162파운드를 지원하기로 승인했다. 위원회는 또한 「내셔널지오그래픽」에 개코원숭이를 주제로 기사를 실을 생각을 하고 있었는데, 휴고는 이 기사에 실을 사진을 찍을 사진작가는 물론 향후 에드너가 내셔널지오그래픽협회 컨스티튜션 홀에서 강연을 하게 될 경우에 강연에 쓸 영상물을 제작할 촬영기사 역시 자신이 될 것이라고 생각했다. 휴고는 영상물 작업 대상에 개코원숭이를 포함시켰고, 곤충을 주제로 한 영상물 역시 일부 제작해두었다.

1965년 2월 2일 휴고가 멜빌 벨 그로스브너에게 보낸 편지에 따르면 곰베는 지리상 동아프리카 생태계와 중앙아프리카 생태계가 겹치는 곳에 위치하는 까닭에 "제가 본 동아프리카 최고의 곤충 서식지"였다. 그는 멜빌 그로스브너에게 처음부터 줄곧 곤충을 대상으로 사진 작업을 진행해왔지만 지금까지 두 가지 난관에 부딪혔다고 설명했다. 첫째, 곰베에 와 있는 본래의 목적이 침팬지 촬영이기에 시기를 가리지 않는 침팬지의 등장에 곤충 촬영 작업이 자꾸 방해를 받는다. 둘째, 스스로 곤충학적 지식이 부족하기 때문에 섭식과 이동 등 알기 쉬운 것에만 집중하게 될 뿐 곤충의 일생이나 특이 행동 같은 것은 많이 다루지 못하고 있다. "그런데 이러한 특이 행동 중에는 굉장히 신기한 것들이 있습니다. 예를 들어 어떤 애벌레는 번데기가 되기 전에 자기 등에 달린 가시를 입으로 떼서 자기 몸 앞뒤로 나뭇가지 위에 꽂습니다. 번데기가 되기 전에 일종의 바리케이드를 쳐두는 것이지요." 그러니 곤충 전문가 한 사람을 곰베에 파견하는 것이 어떻겠는가?

휴고는 이미 한 사람을 염두에 두고 있었다. 맬컴 맥도널드가 제인과 휴고에게 편지를 써서 옥스퍼드 대학 학부 과정 입학을 앞두고 일 년 정도 휴학하려는 재능 있는 조카에 대해 언급한 바 있었던 것이다. 존 맥키넌이라는 이 젊은이는 곤충 행동이라는 주제에 관한 "공식 학위"는 없지만 "곤충학 관련 지식수준이 탁월"하며 독자적으로 박각시나방의 발광 효과에 대한 연구를 수행하기도 했다. 휴고는 내셔널지오그래픽협회에서 연구비 지원을 약속해준다면 맥키넌이 8월에 곰베 곤충 연구를 개시하고 몇 달 뒤에는 휴고가 작업에 합류하여 "결과물을 필름에 담을 수 있을 것"으로 예상했다. 그리고 또 하나 중요한 점으로는 존 맥키넌이 "침팬지 관련 업무를 담당할 두 젊은 여성"을 돌봐줄 "책임 있는 남성 동반자"로서의 역할 또한 할 수 있으리라는 것이었다.

6월 중순에 휴고는 내셔널지오그래픽협회가 그 제안을 받아들였으며 8월부터 시작하는 한 해 동안의 연구비로 맥키넌에게 1천5백 달러를 지급할 것이라는 통보를 받았다. 휴고는 곰베 곤충 연구를 보완할 사진과 영상물을 담당하고 이렇게 제작된 사진, 영상물은 잡지 기사나 TV 프로그램, 혹은 강연용 영상 자료로 쓸 수 있을 것이었다. 또 곤충 사진이 기사로 다룰 만하다고 판단되면 아마도 맥키넌이 해당 기사의 집필을 맡아야 할 것이기 때문에 그에게는 "추후 사용할 수 있도록 가능한 한 기록을 많이 남기라는 지시"가 전해졌다.

이렇게 해서 곰베에서의 연구는 두 가지 새로운 영역—개코원숭이와 곤충—으로 범위를 넓혀가고 있었으며, 케임브리지에서 서신을 통해 그간의 소식을 전해 듣던 제인은 내셔널지오그래픽협회가 약속대로 꾸준히 협력하는 모습에 분명 만족했을 것이다. 같은 시기 제인에게는 또 하나의 희소식이 전달되었다. 내셔널지오그래픽협회가 새 보트 구입비용으로 최대 3천 달러를 승인하고서 폭이 5미터에 이르는 유리섬유 재질의 보트, 보스턴 웨일러를 추천한 것이다. 편지에는 협회가 구입을 제안한 보트의 사진이 실린 세련된 광고 책자가 동봉되어 있었고 레너드 카마이클이 제인에게 남긴 짧은 편지에는 "곰베의 새 보트 구입에 대해 고려할 당시, 아시다시피 전직 해군 장교이자 크고 작은 보트에 대한 지식이 해박한 멜빌 그로스브너 박사가 곰베 연구에 보스턴 웨일러가 매우 유용할 것이라며 이 보트를 추천하셨습니다" 하는 글귀가 담겨 있었다.

40마력의 아웃도어엔진이 달려 있는 보스턴 웨일러는 기존의 노후한 알루미늄 보트에 비해 기동성이 훨씬 뛰어날 것이었으며, 또한 그보다 더 중요한 점은 더 안전하리라는 부분이었다. 제인 자신은 뜻밖의 불행한 사태, 즉 고장이나 파손으로 인한 불가피한 위험 상황이 발생할 가능성은 단 한 번도 크게 걱정해본 적이 없었으며, 어쩌면 새 보트를 구입할 때에도 이러한 측면에 대해서는 미처 생각지 못했을 것이다. 하지만 이제 제인은 곰베를 떠나 멀리에서 감독하고 관리해야 하는 입장에서 혹시 발생할 수도 있을 재난에 대해 충분히 숙고하고 대비책을 마련해야 했다.

아마도 제인의 곰베 연구를 이어받아 수행하고 있는 나이 어린 두 여성의 안전을 우려하는 휴고의 판단이 옳았을 것이다. 물론 에드너와 소니아는 유능하고 믿을 만한 아프리카인 직원들에게서 도움을 받고 있었다. 하지만 그들이 여태껏 그래왔던 것처럼 앞으로도 믿을 만한 사람들이 되어줄까? 휴고는 4월 13일 에드너에게서 "도미니크가 두 차례나 허락 없이 자리를 비움. 해고 조치 필요할지 조언 구함"이라는 전보를 받은 뒤에 스스로에게 이 질문을 던져보았을 것임이 분명하다. 이후 제인이 언급한 내용에 따르면, 도미니크는 그로부터 얼마 지나지 않아 일을 그만두고 가족들과 더불어 키고마로 돌아갔다.

하산은 변함없이 충실한 일꾼이었지만 "경미한 골관절염"으로 허리가 좋지 않아 지난 12월 나이로비의 의사가 루이스(그가 하산의 진료비를 치렀다)에게 알려준 대로 약물 복용과 물리치료를 병행했다. 하산은 이제 곰베로 복귀했지만 어느 정도는 약물에 의지해 생활하고 있었다.

어쨌거나 곰베에서 뭔가 일이 잘못되더라도 휴고가 바로잡으면 됐다. 휴고는 동물 촬영 작업을 진행하며 계속 동아프리카에 머무르다가, 내셔널지오그래픽협회에 선보일 제인의 두번째 강연 영상물 편집 작업을 위해 6월에 영국으로 이동할 계획이었다. 그러니 적어도 6월까지는 비상시에 휴고에게 연락을 취하면 됐다. 한편 휴고는 4월 21일 멜빈 페인에게 보낸 서신에서 이제까지 찍은 사진들—재칼, 얼룩하이에나, 아프리카들개(리카온이라고도 한다—옮긴이), 사냥에 열중해 있는 암사자와 한창 싸움 중인 수사자, 다양한 종류의 몽구스, 임팔라, 그리고 어미의 젖을 빨고 있는 새끼 코끼리—중 몇몇이 무척 잘 나왔다고 언급했다. 하지만 사실 이때는 사진 촬영에 썩 좋은 시기가 아니었다. 최근 들어 세찬 장맛비가 쏟아지기 시작한 데다 5월 초부터 휴고의 건강이 급격히 나빠진 것이다.

휴고는 네덜란드로 돌아가 며칠 머무른 다음 건강 검진과 치료를 위해 영국으로 날아갔다. "휴고 얼굴이 아주 핼쑥해졌어요." 제인은 5월 10일 메리 그리스월드에게 보낸 편지에서 다음과 같이 썼다. "열대병 전문병원에서 받은 검진 결과를 기다리고 있는데 많이 걱정되네요."

사실 휴고와 내셔널지오그래픽협회 사이에는 종종 불편한 분위기가 감돌곤 했다. 본래 내셔널지오그래픽협회는 휴고에게 정식 직원 자리를 제안한 바 있었다. 휴고는 이를 거절하고 대신 매주 백 달러의 활동비에 자신이 작업한 사진이나 영상물이 사용될 때마다 추가 요금이 지급되는 프리랜서 계약 관계를 지속할 것을 선택했다. 하지만 휴고는 끊임없이 새로운 아이디어를 내놓고 새로운 일을 기획했으며 그러는 와중에 유감스럽게도 더 많은 돈을 요구했다. 이 시기에 내셔널지오그래픽협회의 어느 직원은 내부용 서신의 하단에 "지금 휴고가 겪고 있는 문제에 대해 제가, 개인적 또는 직업적 측면에서 안타까움을 느끼지 않는 것은 아니지만 저는 분명 그가—아마도 본인이 미처 의식하지 못한 채로—내셔널지오그래픽협회의 관대함을 자신에게 유리한 방향으로 이용하고 있다는 느낌이 듭니다" 하고 쓰기까지 했다. 이러한 상황에서 이제 새로운 문제가 제기되었다. 휴고의 건강에 문제가 생기면 이에 대한 책임을 누가 질 것인가? 멜빈 페인은 5월 12일 휴고에게 보낸 서신을 통해 "그런 상황이 절대 발생하지 않기를 간절히 바라지만, 만에 하나 필요한 경우" 입원비를 충당할 수 있도록 최장 4주 동안 백 달러의 주간 활동비를 계속 지급하기로 결정했음을 휴고에게 통지했다.

이와 동시에 페인은 이번 기회를, 다소 단호한 태도로, 내셔널지오그래픽 협회가 이미 상당한 금액—"지금까지 지급된 사진 촬영 보수뿐만 아니라 필름 구입 및 처리 비용, 여기에 촬영 작업 과정에서 발생된 각종 임시 비용까지 합하여…… 매우 큰 액수의 자금"—을 침팬지 다큐에 할애했음을 휴고에게 상기시키는 계기로 활용했다. 이 액수는 "저희 측에서 예상한 수준을 이미 크게 뛰어넘었으며" 따라서 "현재까지 발생한 지출에 더해 사실상 불필요한 추가 비용이 더 발생하지 않도록" 앞으로 두 달 동안은 철저히 강연 영상물 편집에만 집중해달라는 것이었다. 그 기간 동안 내셔널지오그래픽협회는 주당 총 2백 달러를 지급하겠다고 페인은 이야기했다.

휴고는 아메바성 이질이 의심된다는 진단을 받고 치료를 받았다. 이질 치료와 더불어 꽤 대대적인 치과 치료까지 마친 그는 런던 얼스코트로路 요크 맨션 1호에 머무르며 서서히 건강을 회복해갔다. 요크 맨션 1호는 루이스가 임대한 아파트로, 그는 이곳을 대영 박물관에 출퇴근하는 주디에게 다시 임대했다. 주디는 남는 방 몇 개를—루이스가 런던 시내에 머무르는 동안에는 방을 비우는 조건으로—다른 젊은 여성들에게 다시 세를 놓았고 이렇게 해서 이 아파트는 루이스뿐만 아니라 모리스 구달 가족과 반 라빅 가족들에게도 런던 내 임시 숙소가 되어주었다.

한편 곰베에서는 소니아 이베가 심각한 허리 통증을 겪고 있었다. 5월 16일 소니아는 루이스에게 전보를 쳐서 병원에 치료를 하러 나이로비에 갈 것이며 아마 곰베에 복귀하지 않을 것이라고 알렸다. 나이로비에서 루이스는 소니아를 임시 대체할 인력으로 스위스 출신 젊은 여성 미레이유 게일라드(애칭 밀리)를 급히 채용했고, 밀리는 8월 말 존 맥키넌이 곰베에 도착할 때까지 에드너를 도와주기 위해 그달 말에 키고마로 떠났다.

소니아는 6월 첫째 주에 극심한 통증 속에 힘겹게 발걸음을 옮기며 나이로비에 도착했으며, 그녀가 끌고 다니는 무거운 짐에는 개인 소지품에다가 곰베에서 쓰던 타자기 두 대 중 하나가 들어 있었다. 타자기도 주인처럼 고장이 난 상태였다. 타자기 수리비는 내셔널지오그래픽협회 지원금으로 처리할 터였지만 소니아의 치료비는 누가 댈 것인가? 곰베 침팬지 연구가 공식적으로는 아직 루이스 리키의 프로젝트였다는 점을 감안하면 이는 궁극적으로 루이스 소관이었다. "소니아가 여기 와 있으며 볼 것도 없이 몸 상태가 몹시 안 좋네" 하고 그는 6월 8일 제인에게 편지를 썼다. "소니아를 직접 검진한 의사 둘 다 일주일 휴가를 낸 상태고(망할 인간들!), 동료 의사 말이 소니아의 디스크가 어긋나기만 한 게 아니라 닳기까지 했다는군." 루이스는 이어서 소니아의 고용주는 사실상 내셔널지오그래픽협회이지만, 내셔널지오그래픽협회는 모든 사람들에게 협회 측이 피고용자의 질병이나 사고에 대한 책임을 일절 지지 않는다는 내용의 의무 면제 각서에 서명을 받기 때문에 소니아의 첫 한 주일의 입원비는 (법적 의무로서가 아닌 <u>순수한 호의에서</u>) 루이스가 자신의 연구비로 치르겠다고 썼다. 그러면서 그는 이제 루이스 자신이나 제인이 곰베에서 멀리 떨어져 있는 상황에서 그들이 곰베와 관련하여 져야 할 재무적 책임에 대한 우려를 표했으며, "이번 입원 건과 관련해 자네가 소니아에게 져야 하는 의무가 어떤 것들인지 가려 낼 수 있도록" 제인에게 "자네가 소니아를 선발할 때 소니아에게 언급한 내용 또는 소니아가 편지로 동의한 조건 따위가 드러났을 만한 서신이나 서류 일체"를 보내달라고 부탁했다.

소니아가 나이로비에서 병원 신세를 지는 동안, 에드너는(이제 밀리를 보조원으로 두고) 침팬지 관찰을 지속하며 세 명의 이해 관계자—나이로비의 루이스, 케임브리지와 컴벌턴의 제인, 워싱턴의 멜빈 페인—에게 자유로운 편지글과 좀더 형식을 갖춘 보고서를 정기적으로 발송했다. 그해의 특별한 관심사로는 1964년(플린트, 고블린)과 1965년 초(신디, 허니 비)에 태어난 새끼 침팬지 네 마리에 관한 이야기가 있다.

키르케가 낳은 새끼 침팬지 신디는 에드너가 신디에 관한 첫번째 보고서를 작성한 6월 9일에 생후 5개월이었으며 "치아가 고르게 자라고" 있었다. 에드너는 신디의 움직임이 갈수록 더 활발해지고 있긴 해도 "어미 키르케가 아직 신디의 등을 자주 받쳐주고" 있다는 말로 신디 이야기를 끝맺었다.

멜리사가 작년 9월에 낳은 고블린은 이제 갈수록 더 긴 시간 동안—최장 5분—어미에게서 떨어져 혼자 돌아다녔다.

플로의 새끼 플린트는 언뜻 보기에 다른 새끼들처럼 정상적인 발달 단계를 따르고 있는 듯했지만, 어미 플로가 몸집 좋은 어른 수컷들과 어울려 놀 때는 종종 의외의 모습을 보이곤 했다. 이런 놀이 시간은 대체로 수컷이 플린트와 플린트의 손윗누이 피피에게 간지럼을 태우며 시작되었다. 일단 새끼들이 웃음보를 터뜨리기 시작하면, 플로는 몸을 간질이고 웃으며 몸을 굴리는 이 즐거운 유희를 늘 함께 했다. 한번은 에드너가 플로와 성년 수컷 헉슬리와 함께 노는 모습을 보며 "참으로 사랑스러운 광경!"이라 생각하고 있었다. 그런데 "질투심에 불타는" 플린트가 돌연 두 어른 침팬지 위로 몸을 내던지더니 관심받기를 바라며 찡찡거렸다. "서열이 높은 거구의 수컷으로 종종 성깔을 부려대는 마이크" 역시 플로, 플린트 모자와 함께 놀아주곤 했다. "마이크가 플린트와 무척 다정하게 놀아줍니다. 한번은 함께 놀다 플린트가 대뜸 [마이크] 등에 올라타니까 마이크가 플린트에게 어부바해주듯(!) 몸을 일으켜 세우고는 조심스럽게 작은 원을 그리며 걸었답니다. 마이크가 몹시 즐거워하는 것 같았어요."

그해 봄 마이크는 당시 두 돌 반이었던 또 다른 새끼 침팬지 멀린과 있을 때도 특이한 행동을 보였다. 그날 먹이 공급장에는 성년 침팬지 휴고가 무슨 이유에선지 "무서운 기색"을 띠며 앉아 있었는데 그때 마침, 아주 짧은 순간에 어린 멀린이 어미 마리나에게서 떨어져 나와서 이 지르퉁해 있는 폭발 직전의 성년 침팬지 휴고에게 다가갔다. 멀린은 친근함을 표하는 그만의 아이다운 친근한 인사법으로, 몸을 틀어 자신의 허연 둔부를 보여주었다.

휴고가 물끄러미 바라보자 어린 멀린이 뒷걸음질로 약간 물러났습니다. 그때 휴고가 멀린의 다리를 붙잡아 비틀었지요. 놀란 멀린이 비명을 지르면서 고개를 돌려 휴고를 쳐다봤죠. 휴고는 어린 멀린을 마치 나뭇가지 채듯 그러잡더니 이내 과시 행동을 시작했어요. 멀린을 높이 들어 올려 땅바닥에 내리친 뒤 질질 끌고 다니더니 결국엔 앞으로 내동댕이쳐버렸죠. 가여운 마리나는 새끼 멀린을 구해줄 수 있는 몸 상태가 아니었습니다. 도리어 마리나는 지붕 위로 몸을 피했죠. 그런데 마이크―당시 가장 우세한 수컷―가 18미터 떨어진 나무에서 내려오더니 온몸의 털을 곤두세우며 멀린을 향해 돌진했어요……. 저는 그날이 멀린의 마지막이 될 것으로 짐작했지만 이내 마이크가 멀린을 품에 안아 올렸고, 다가와 팔을 퍼덕거리며 다시 한 번 과시 행동을 보이는 휴고에게서 등을 돌려버렸죠. 참으로 도저히 믿을 수 없는 광경이었어요. 잠시 후 멀린은 마이크 품에서 빠져나와 어미에게로 돌아갔습니다. 마이크는 휴고를 지나쳐 제 갈 길을 갔고 휴고는 그를 향해 반항하듯 작게 한번 짖을 뿐이었죠!

멀린은 제인이 가장 아끼는 침팬지 중 하나였지만 1965년 봄, 멀린의 어미가 기력이 쇠해 걸음걸이도 둔하더니 5월 9일에는 그 어디에서도 모습을 볼 수 없었다. 어린 멀린도 함께였다. 한 달이 다 되도록 마리나와 멀린의 모습이 전혀 눈에 띄지 않자, 에드너는 둘 다 죽었을 것으로 짐작하고 페인 박사에게 보내는 보고서에 "최소한 어린 멀린만이라도 살릴 수 있었으면 했습니다!" 하고 썼다.

하지만 마리나의 다른 새끼, 6살 미프와 11살 페페는 아직 살아 있었다. 아직 어린 미프는 거의 항상 어미와 붙어 다녔지만 어미가 죽은 후에도 어떻게든 꿋꿋이 살아남아 바나나 공급장에 홀로 모습을 드러냈다. 하지만 가엾고 어린 멀린은 너무도 어려서 혼자서는 도저히 살아갈 수 없는, 누군가가 반드시 돌봐주어야 하는 상태였다. 그런 녀석이 어미도 없이 어떻게 살아남을 수 있을까? 하지만 신기하게도 멀린은 한 달 후인 7월 중순 먹이 공급장에 다시 모습을 드러냈으며 에드너는 7월 21일 루이스 리키에게 보낸 편지에 이날 일을 묘사했다.

멀린이나 멀린의 어미인 마리나에 대해 희망을 접은 상태였습니다. 마리나
가 근 두 달 동안이나 모습을 드러내지 않는 상황에서 어미와 항상 붙어 다
니던 미프가 이젠 여기에 늘 혼자 찾아오고 있었으니까요. 그런데 별안간 꼬
맹이 멀린—겨우 두 돌 반인—이 형과 함께 캠프에 나타났답니다. [침팬지
들] 모두 멀린을 반기며 품에 안았죠. 그때부터 멀린은 자기를 돌봐주는 누
나에게 꼭 붙어서 떨어지지 않고 있죠. 어미는 죽은 게 확실합니다. 저렇게
어린 녀석이 어떻게 혼자 살아남을 수 있었는지 정말 기적이죠! 그 조금만
얼굴을 다시 보게 되어 정말 기뻤습니다!

그해 여름, 멀린의 누이는 멀린을 입양해 제 자식처럼 보살펴주었다. 그
리고 그 후 한 해 동안, 날마다 몇 시간이고 아이의 털을 골라주기도 하고
장소를 이동할 때 뒤처지는 멀린을 참을성 있게 기다려주고 밤이면 둘의
잠자리로 다정하게 데려가는 등 늘 멀린을 가까이에서 돌보며 곁에 있어주
었다.

제인은 1965년 봄과 여름을 (자신에게 발송된 편지와 보고서로 전해지는 저
멀리에서 일어나는 사건들에 대해 읽어보긴 했지만) 컴벌턴 크로스 농장에
파묻혀 박사 논문을 위해 성실하게 타자기 자판만 두드리며 지냈다. 제인
은 컴벌턴에 도착한 지 얼마 지나지 않아 어느 지인에게 보낸 편지에다 이
렇게 썼다. "영아 발달에 전력을 다하고 있습니다. 이제 다 마쳤어요. 아주
반가운 일이죠. 꽤 많은 분량을 차지하는 주제이거든요." 하지만 제인은 늘
그렇듯이 한꺼번에 너무 많은 일을 하고 있었다.
　내셔널지오그래픽협회 본사에서는 제인의 두번째 협회 잡지 기고문 초
고(가제, "야생 침팬지에 대한 새로운 사실들")에 대한 편집부 담당자들의 검
토가 진행되고 있었다. 어떤 이는 이번 초고가 "구달의 첫번째 이야기에 비
해 전혀 손색없이 훌륭"하고 "소중한 발견이 기사 전체에 빼곡히 차 있다"며
"늘 그렇듯 함께 실릴 사진의 상태 또한 고려해야겠지만, 최대한 서둘러서

가능한 한 이번 호에 이 기사를 실을 것"을 주장했다. 다른 이는 구달의 글이 "이루 말할 수 없이 지루"하며 "글쓴이가 외부의 도움이 필요"한 것으로 판단했다. 또 어떤 이는 "침팬지의 성생활을 묘사할 때 좀더 세심하게 표현"할 필요가 있다면서 "글에 묘사된 침팬지들이 인간과 지나치게 유사하며, 세부 묘사가 지나치게 노골적"이라는 의견을 밝혔다. 최종적으로 프레더릭 보스버그가 모든 의견을 꼼꼼히 검토한 뒤 5월 11일 제인에게 간결한 코멘트와 함께 원고를 돌려보냈다. "본 글이 귀하의 첫번째 글에 준하는 완성도를 갖추려면 앞으로도 상당히 더 많은 공을 들여야 한다는 것이 저희 의견입니다." 보스버그는 초고를 대폭 수정하고 분량도 절반으로 줄일 것을 주문했다.

제인의 머리에 맨 처음 스친 생각은 모든 것을 어머니에게 넘기는 것이었다. 어쨌든 밴은 곰베에 머무른 적이 있었고, 이야기에 등장하는 침팬지를 거의 대부분 알고 사람은 한 명도 빼놓지 않고 전부 알고 있었을 뿐더러, 무엇보다도 글 솜씨가 빼어난 작가였기 때문이다. 하지만 제인은 곧 자신이 직접 하는 게 더 신속하고 간단하리라는 것을 깨닫고 6월 21일까지 원고 수정을 끝마쳤다.

워싱턴에서 편집위원들은 수정 원고에 만족하는 듯했다. 한 사람은 평했다. "매우 좋은 기사인 동시에 독특한 인류학 문헌입니다. 제인 구달은 글을 명료하게 쓰며(단, 콤마 사용은 다소 부정확합니다), 그녀 주변에서는 늘 무슨 일인가가 벌어지고 있어 앞으로도 풀어낼 이야기가 많을 것으로 보입니다." 이와 비슷한 시기에, 내셔널지오그래픽협회는 CBS에서 12월 22일 방영하기로 이제 막 확정한 TV 영상물을 후원해줄 스폰서—브리태니커와 에트나—를 찾았다. 협회는 제인의 기사를 12월에 같이 싣기로 결정했다.

한편, 제인은 또 다른 부담스러운 프로젝트 하나를 이제 막 끝마친 터였다. 데스몬드 모리스가 구성과 편집을 맡은 논문집 『영장류 동물행동학 *Primate Ethology*』의 한 장을 차지할 '자유 생활 침팬지의 어미-새끼 관계'에 관한 글을 완성했다.

그런데 이 무렵 「내셔널지오그래픽」의 한 편집 담당자가 제인의 "야생 침팬지에 대한 새로운 사실들" 기사의 긴장감을 더 살려야 한다는 의견을 냈다. 이에 앤드류 H. 브라운이라는 편집보조 사원이 이러한 편집 방향에 저자의 동의를 받아내는 임무를 띠고 영국으로 날아갔지만, 그가 7월 27일 본사에 보고했듯이 결국에는 소기의 목적을 달성하는 데 실패했다. "글의 문장이나 사건에 극적인 느낌을 부여하는 등, 편집자로서의 재량을 발휘하려는 것에…… 제인이 굉장히 까다롭게 반응했다"는 것이다. 제인은 침팬지들이 새로운 캠프를 향해 소란스럽게 돌진하는 장면으로 이야기를 열자는 편집자의 제안을 거절했다. 그녀는 "단어 사용과 장면 제시에 신중을 기하여 학자 층 독자들이 글을 오해할 소지가 없어야" 한다고 완강히 고집했다. 브라운은 침팬지 마이크가 "사회적 계급totem pole의 아래에" 있는 것으로 묘사하고 싶어 했으나 제인은 '토템totem'이 "인류학적으로 매우 다양한 의미를 함축하는 용어이기 때문에 이 맥락에서 사용할 수 없다"고 주장했다. 그렇지만 브라운은 본사 동료들에게 최근의 수정본은 "우리의 여류 작가께서 대략적인 내용이나 세부 사항에 대해서는 승인을 했다"고 알려왔다. 이렇게 해서 이 일은 이제 완전히 종결되었고, 제인은 다시 박사 논문에만 전력을 쏟을 수 있게 되었다.

그리고 또 한 가지, 강의 계획을 세우는 일이 남아 있었다. 제인은 오는 9월 오스트리아의 어느 성城에서 열리는 베너-그렌 재단 후원의 학술대회에서 중요한 강연을 하기로 예정된 터였다. 10월 27일 런던 왕립연구소에서도 강연이 있었다. 이듬해 2월 워싱턴에서 있을 컨스티튜션 홀 강연들에 대해서도 미리 고민을 해두어야 했고, 날로 늘어만 가는 미국에서의 강연 및 초청 건도 일정을 정해야 했다.

훗날 린 뉴먼이 전한 바에 따르면, 이 시기 제인은 일에 너무 집중한 나머지 거의 아무것도 먹지 않았다. "네스카페로 연명하면서 이따금씩 사과나 먹는 정도였어요. 충분한 양의 음식을 섭취할 수 있도록 하루 한 끼 정도는 제가 직접 요리해주었죠." 7월 말, 끝없이 계속되는 고독한 집필 작업에 짓눌린 데다가 도무지 끝이 보이지 않는 온갖 프로젝트와 책임들이 악몽처럼 이어진 끝에 결국 제인의 몸에 탈이 나고 말았다. 의사는 제인에게 빈혈 진단을 내리며 (휴고가 루이스 리키에게 7월 30일 보낸 짧은 편지에 전한 표현대로) "반드시 휴식을 취해야 하는" 시기라고 충고했다. 8월 2일 휴고는 워싱턴의 앤드류 브라운에게 편지를 보내 제인이 병원에 입원해 있으며 최소 일주일, 길게는 2, 3주 동안 병원에 머물러야 할 것이라고 전했다. 의사가 휴고에게 "앞으로 두 달 동안은 제인이 일을 못하게" 하라고 주의를 줬다는 것이다.

제인은 런던에서 며칠을 머무르며 진료를 받았다. 의사는 제인이 이러한 증상을 보이는 것은 부분적으로는 경미한 전염병에 감염된 탓이기도 했지만 주로 과로로 인한 극심한 피로 때문이라고 결론짓고 앞으로 6주 동안은 침대에 누워 절대 안정을 취해야 한다고 처방했다. 사실 현실적으로 불가능한 처방이었지만, 제인은 9월 초에 열릴 베너-그렌 학술대회에 참가하기 위해 떠날 채비를 할 겸 그달 중순 본머스에 돌아가 며칠을 보냈다. 학술대회가 끝난 뒤에 있을 행복하고 느긋한 휴가를 위해 휴고는 오스트리아 제비젠에 소재한 콘라트 로렌츠의 막스 플랑크 연구소 사무소 인근에 조그마한 시골풍의 오두막집을 빌렸다.

휴고는 멜빈 페인에게 편지를 써서 제인의 건강 문제와 향후 계획을 전하며 "제인이 12월까지 마쳐야 할 일이 너무 많은 탓에 안타깝게도 (이번 오스트리아 휴가 기간 동안) 충분한 휴식을 취하기란 불가능할 것"이라고 설명했다. 하지만 두 사람은 제인의 짐을 조금이나마 덜어줄 다른 조치 역시 모색하고 있었다. 예를 들어 케임브리지 대학 학사행정부를 설득하여 제인이 그해 12월이 아닌 이듬해 3월에 논문을 마칠 수 있도록 박사학위 준비 기간을 한 학기 연장하는 것을 생각해볼 수 있었다. 또는 문서가 훨씬 더 두텁게 보이도록 사진을 많이 싣는 것도 고려해보았다.

같은 시기 루이스는 제인의 케임브리지 대학 지도교수인 로버트 하인드에게 편지를 썼다. 제인이 "육체적으로도 아플" 뿐더러 "심적으로도 온갖 근심에 시달리고" 있으며 "박사학위 논문에 필요 이상으로 과중한 노력을 기울이고 있다"고 전했다. 루이스는 그에게 제인이 근 5년 동안 현장연구를 진행하면서 일지나 회고록 형식으로 타자 작성한 문서가 8천여 장이 넘음을 상기시켰다. 현재 제인에게 가장 중요한 일은 건강을 회복하는 것이라는 사실은 누구라도 납득할 것이기에―제인이 12월 논문 제출 마감 기한을 맞추기가 힘들 것을 가정하여―"이제까지 준비해온 상당 분량의 글"에다가 짤막한 개론과 결론만 첨부하여 제출토록 허용하는 것이 합당하다는 말이었다.

한편 나이로비에서는 소니아 이베의 담당의사가 소니아의 "탈출성 허리 디스크"에 대해 비관적인 진단을 내리며 "일부 활동은 재개 가능하나 지속적인 주의를 요하며, 코르셋 착용과 운동을 병행하도록 하고 허리에 힘을 주거나 허리를 구부리지 않도록 유의"해야 한다고 결론을 내렸다. 하지만 소니아는 곰베로 복귀할 결심을 굳혔고 결국 루이스는 그녀에게 설득당했다. 그러나 이 문제와 관련해서 자신의 책임사항에 대해 점점 더 예민해진 루이스는 소니아가 곰베로 떠나기 전에 "저, 소니아 이베는 다음의 사항에 대한 충분한 설명을 들었음을 밝힙니다……."로 시작하는 포기 각서에 서명을 요구했다.
　이즈음 존 맥키넌이 나이로비에 도착해 소니아와 함께 키고마로 출발했으며, 개인 짐과 커다란 여행 가방을 양손에 든 두 사람이 8월 26일 곰베에 도착했다. 루이스는 망가졌지만 이제는 말끔히 수리된 타자기와 의자 하나를 보호구에다 배편으로 보내주었다. 소니아가 타자 작업을 할 때 더 이상 낡아빠진 기름통에 앉지 않아도 되도록 배려한 것이다.

병약한 소니아가 나이로비에서 곰베로 돌아오는 동안, 병약한 제인 역시 9월 2일에서 12일까지 "영장류의 사회적 행동"을 주제로 열리는 베너-그렌 학술대회에서 "곰베 강 침팬지의 표현적 움직임 및 의사소통"에 대해 발표하러 휴고와 함께 영국을 떠나 오스트리아로 향했다. 부르크 바르텐스타인 성에 도착한 제인은 저명한 과학자들 사이에 있으면 상당히 불편할 것이라는 생각에 다소 두려운 기분이 들었다. 그러나 제인은 그들 중 몇몇과 이미 안면이 있는 사이였다. 어빈 드보어, 셔우드 워시번, 이레내우스 아이블 아이베스펠트(그는 1년 전에 곰베를 방문한 적이 있었다)이 그들이었다. 또 제인은 얼마 지나지 않아 과학자들 대부분과 잘 어울렸는데 그중에는 스탠퍼드 대학의 데이비드 햄버그, UC 버클리의 필리스 제이, 록펠러 대학의 피터 말러, 루이지애나에 소재한 델타 영장류 지역 연구소의 한스 쿠머와 윌리엄 메이슨이 있었다.

제인은 이곳에서 대단히 좋은 시간을 보냈다. 제인이 루이스에게 보낸 편지에 썼듯이 부르크 바르텐스타인 성은 "학회를 열기에 환상적인 장소"였다. 만찬 테이블에서는 "수천 가지 개념이 활발히 논의"되는 가운데 와인을 자유롭게 따라 마셨으며, 만찬 시간이 끝난 후 학회 참석자들은 예배당 정원으로 나와 클래식 음악에 귀를 기울였다. 제인은 이번을 스스로에게 있어 최초의 정식 학회 참석이라고 생각하고 있었고, 자신이 중요한 과학자로서 다른 참석자들과 동등한 동료로 대우받고 있다는 사실에 기분이 몹시 고조되었다. 유일한 문제는 휴고로, 그는 비참한 기분을 느끼고 있었다. 그는 어색하고 침울했으며 홀로 고립된 것 같았다. 둘째 날 저녁식사 뒤에 휴고가 어디론가 사라져버렸는데 제인은 곧 숙소 침대에서 잔뜩 골이 난 채로 담배를 피우는 휴고를 발견했다. 그는 제인이 "행복한 기분"인 것이 잘못이라며 그녀를 비난하기 시작했다. 제인은 훗날 내게 그가 이러한 반응을 보인 것이 "질투심, 순전히 질투심" 때문이었으며 그녀는 그날 "몇 시간을 내리 울었다"고 말했다. 제인은 이날 처음, 자신들의 결혼 생활이 길게 가지 못할 거란 예감이 들었다.

학술대회 마지막 날 저녁, 어빈 드보어와 셔우드 워시번은 제인에게 침팬지를 주제로 재치 있지만 약간은 외설스러운 노래를 불러주었고, 제인과 휴고는 계획한 대로 학술대회가 끝나고 보내기로 한 휴가를 위해 미리 빌려둔 오두막집으로 이동했다. 두 사람은 또 휴가 기간 동안 타고 다닐 작고 날렵한 MG 자동차도 한 대 대여했는데, 이는 제인이 루이스에게 보낸 편지에서도 인정했듯이, "엄청난 사치"이긴 했지만 드라이브가 무척이나 즐거웠으며 "야외 공기가 너무 좋았다." 제인이 가족에게 전한 내용에 따르면 두 사람이 머무른 오두막집은 "정말 아름다운 시골"에 있었으며 둘은 이곳에서 휴가 중에 할 수 있는 갖가지 즐거운 일들—산속으로 이어지는 케이블카 타기, 소나무 숲 걷기, 야생 블루베리와 라즈베리 따 먹기, "수다스러운 돼지"와 친구 되기—을 했다. 그제야 기분이 퍽 좋아진 휴고는 몸바사 인근의 인도양 위에 커다란 박물학 수족관과 관람 센터, 커피숍, 해양연구 기지를 세우자며 장황한 계획을 한참 동안 늘어놓았다.

두 사람은 함께 막스 플랑크 연구소로 콘라트 로렌츠를 방문해서 휴고가 이제 막 편집을 마친 강의 영상물을 보여주었다. 제인은 "호수가 있고 오리 울음소리가 울려 퍼지는" 로렌츠의 연구소가 "무척 아름답고 고즈넉하다"고 느꼈다. 저명한 로렌츠 박사는 몸이 좋지 않은 와중에도("복부 통증") "영상물을 보고 더할 나위 없이 만족스러워"했다. 그는 "침팬지들을 굉장히 빨리 구분해냈어요. 이제 저희는 로렌츠 박사의 진심 어린 지지를 받게 되었죠. 루이스와 닮은 점이 많아서 많이 웃었어요. 중간을 건너뛰어 결론으로 획 넘어가고 그저 그래야 하니까 그렇다는 식으로 주장하는 게 닮았어요!" 제인과 휴고는 이레내우스 아이블 아이베스펠트—제인은 그를 아이블이라고 불렀다—의 집에도 들러 유쾌한 저녁 시간을 보냈고 편지에 학술대회에서 만난 '성城'의 친구들이라고 표현한 한스 쿠머와 빌 메이슨도 손님 자격으로 이 자리에 함께했다. 쿠머는 에티오피아에서 망토개코원숭이를 연구하는 학자였는데, 식사 후 분위기에 한껏 취해 있던 휴고와 제인은 그의 망토개코원숭이들을 꼭 한 번 보고 싶다고 말했다. 쿠머는 몇 달 후에 에티오피아로 돌아갈 계획이었고 휴고는 그해나 이듬해 즈음하여 에티오피아에 갈 수 있을 것이라 단언했다. 제인은 땅 위에서 생활하는 이 원숭이들을 대상으로 독자적인 비교 영장류 동물학 연구를 수행해보겠다고 말을 보탰다.

이렇게 제인과 휴고는 유익하고 즐거운 9월 휴가를 보냈다. 이 기간 동안 제인이 쓴 글에는 영국에서 미처 끝마치지 못한 논문에 대한 걱정이나 불안은 전혀 찾아볼 수 없지만 곰베에서 벌어지고 있는 사건들에 대한 단서나 언사, 소소한 조치들은 간간이 눈에 띈다. 특히 그때 막 받아든, 에드너가 9월 8일에 쓴 장문의 편지에 묘사된 사건들에 대해서는 더욱 그랬다.

에드너는 편지에 존 맥키넌이 "썩 괜찮은 청년"이며 "자신의 일에 무척 열심이며 열의가 넘친다"고 전했다. 그는 줄곧 보호구 안을 살펴보고 다니면서 나비를 채집하며 지냈는데, 언제나 "여기저기 긁히고 물리고 더위에 벌겋게 익은 채로" 돌아와서는 "'이 나라도 싫고 곤충도 싫다!' 외치고 나서 크게 한 번 웃는다"고 했다. "여기서 잘 지내고 있는 것 같다"는 것이었다. 맥키넌은 벌써 몇몇 침팬지의 이름을 외웠고 숙달된 솜씨로 바나나 상자를 설치할 줄 알게 되었으며 저녁에는 보고서 작성에 열심이었는데, 누이가 넷이나 있어서인지 에드너, 소니아, 밀리의 도저히 피해갈 수 없는 짓궂은 장난도 곧잘 받아넘겼다. 또 누가 축음기와 레코드를 몇 장 빌려주어서 이제 그들은 "저녁이면 아름답고 감미로운 클래식 음악 소리"에 귀를 기울였다. "베토벤, 바흐, 푸치니, 비발디, 파가니니, 멘델스존이 아름다운 선율로 우리 모두를 사로잡았답니다. 조용히 음악을 듣고 있노라면 꽤나 문명 생활을 누리는 기분이 들어요."

하지만 테이프 녹음기는 고장이 났다.

호수의 운송수단인 배도 문제였다. 내셔널지오그래픽협회가 구입을 약속한 보스턴 웨일러가 아직 곰베에 도착하지 않은 탓에 곰베의 직원들은 별수 없이 알루미늄 조각배에만 의지해야 했는데 모터가 작동을 멈춘 것이다. "키[고마]에 몰려온 큰 파도로 배가 파손되었어요." 에드너가 전했다.

그리고 하산이 상을 당해 자리를 비웠다.

또 밀리는 곰베에서 무엇을 하고 있었을까? 그녀는 8월 초 루이스에게 편지를 써서 아버지가 세번째 심장마비가 와서 바로 당장 나이로비로 떠나야 할 것 같다고 전했다. 하지만 밀리는 계속 출발을 미루었고 시간이 지나자 아버지의 상태가 그렇게 심각한 것이 아니라는 사실이 밝혀졌다. 에드너는 9월 편지에서 밀리의 부친이 "무사"하다고 알려왔다.

소니아 문제는 훨씬 복잡했는데 이는 소니아가 계속 이곳에 머무르기를 원한 탓이었다. 아니나 다를까 소니아는 흔들리는 보트 안에서 다시 한 번 허리 부상을 입었으며 에드너가 전했듯이 "지난번과 똑같은 부위가 전부 아픈" 탓에 다시 "환자" 신세가 되었다. 소니아는 허리를 구부릴 수도 없고 바나나 상자를 열거나 닫지도 못했다. 루이스가 새로 보내준 의자에 앉아서도 겨우 30분밖에 버티지 못했다. 하루에 남들보다 2시간은 더 쉬어야 했다. 언덕을 오르내려서도 안 되었다. 소니아는 지금 극심하게 취약한 상태였다. "항아리 단지 같은 걸 들다가 디스크가 바로 어긋날 수 있고, 실제로 그러기라도 하면 몸 상태를 영원히 돌이킬 수 없다는 게 의사의 진단이에요."

하지만 분명 가장 우려를 불러일으킨 소식은 침팬지에 관한 것이었다. 그해 여름 침팬지들이 모두 병을 앓았는데 밀리는 8월 25일 루이스에게 보낸 편지에서 가볍게 이 소식을 전했었다. "하나도 빼놓지 않고 모조리 감기에 걸렸고 심지어 에드너와 저도 걸렸습니다. 오히려 저희들보다는 침팬지들 증상이 훨씬 덜 해 보이네요." 이제 에드너는 편지에서 플린트가 건강을 빨리 회복하지 못했다고 전했다. 콧물을 줄줄 흘려대는 다른 침팬지들의 증상은 점차 나아졌지만 유독 플린트만은 감기가 더 심한 무언가로 악화된 듯했는데 아마도 폐렴인 것 같았다.

플린트는 말도 못하게 약해졌는데, 늘 의지하던 플로에게조차도 매달리지 않네요. 플로도 무척 걱정이 되는지 플린트를 자주 내려다봐요. 플린트는 그저 바닥에만 앉아서 몸을 흔들며 끙끙대고 있어요. 열이 많이 나고 눈빛도 맑지 않습니다. 밀리와 제 몸 상태가 어땠을지 대충 짐작하시겠지요! 플린트에게 페니실린 알약을 먹여보려고 했지만 플로가 평소보다도 훨씬 더 경계

태세라서 그렇게 하지 못했어요. 어제는 조금 나아진 것도 같았습니다. B[바나나]를 하나 집어 들어 조금 먹고 젖도 다시 먹었지요. 저는 플린트가 병을 꼭 이겨내길 기도할 뿐이에요. 삶에 대한 애정이 충만한, 작지만 강한 녀석이니 꼭 그렇게 하겠지요. 요즘엔 다른 침팬지들한테도 신경질적으로 굴어요. 누가 자기 만지는 걸 절대 참지 못해서 '우라아' 하는 소릴 내며 가까이 오는 녀석은 모조리 물려고 들죠. 안쓰럽게도 몸이 너무 힘들어 그런 것 같아요. 이런 얘기를 전하는 저조차도 그 모습이 정말 싫었을 정도였어요.

플린트는 건강을 되찾았다. 하지만 이번 사건은 침팬지가 거의 모든 종류의 인간 전염병에 취약하다는 사실(반대 경우 역시 마찬가지였다)을 일깨워주었다. 일종의 경고였다.

루이스는 제인과 휴고가 영국으로 돌아온 뒤인 10월 11일, 편지를 써서 이에 대한 우려를 드러냈다. "요즘 나는 악몽에 시달리고 있네. 침팬지들이 사람들과 너무 가깝게 접촉하고 있으니 이러다 어느 날 인간의 질병이 침팬지에게 전염되어 결국에는 침팬지들이 사라질지도 모른다는 악몽에 말일세. 결코 기우가 아니네. 분명 벌어질 수 있는 일이고 곰베 연구원들이 이 사실을 충분히 인식하고 있는지 무척 의심스럽네." 사실 루이스는 곰베를 멀리 밖에서 관리하고 있는 지금 잘못될 수 있는 일이 수도 없이 많다는 사실을 갈수록 더 절실히 깨닫고 있었고, 편지에서 휴고에게 단호하게 압박을 주었다. "에드너, 소니아…… 하산이나 다른 직원들의 보험과 관련해 지금까지 어떤 조치를 취했는지 알려주게. 굉장히 중요한 문제일세. 직원 중 어느 한 사람이 사고라도 당하게 되면 금전적으로 엄청난 일들이 벌어질 수 있고 결국 끝없는 골칫거리가 될 테니." 루이스는 또한 침팬지들을 질병으로부터 보호할 수 있도록 더 엄격한 규정을 세울 것을 강력하게 권고했다. 누구든지 곰베로 들어가기 전에는 미리 결핵 검사를 받도록 하는 것이 좋을 것이라고 제안하기도 했다. 곰베에서 일하는 직원이 전염병에 걸리면, 그게 설사 감기라고 할지라도, "침팬지에게 감염되는 사태를 방지할 수 있도록 호숫가 캠프로 이동하도록 해야 한다"고 주장했다.

제인은 신속히 루이스에게 답장을 보내 침팬지들이 인간 전염병에 감염될 위험에 처해 있으며 "가능한 사전 대책은 전부 취해야" 한다는 루이스의 의견에 동의했다. 또 제인은 부정기적으로 찾아오는 방문객들이 먹이 공급장에 접근하지 않도록 하는 것이 중요하며, 만일 접근을 허락하더라도 한번에 최대 한 명만 허용해야 한다는 의견을 밝혔다. 하지만 사실 이러한 규정들은 멀리서 관리하기 사실상 불가능한 일이었다. 에드너는 이미 "여러 젊은 남자들을 몇 차례 현장에" 데려왔으며 "이는 절대 용납할 수 없는 일이지만 우리가 곰베에 있지 않은 한 이 규정을 실제로 시행하기란 불가능"했다.

루이스는 그해 말까지 계속해서 곰베 침팬지 연구 총책임 역할을 유지할 예정이었고 1966년 곰베 예산서와 지원금 요청서 제출도 그가 맡기로 되어 있었다. 하지만 제인이 학위 과정을 마치기만 하면 지원금은 곧바로 제인에게 지급되기 시작할 것이었고 회계, 법률, 운송, 관리, 의료 관련 골칫거리들도 함께 따라올 터였다. 그러므로 제인 입장에서 볼 때 인간과 침팬지 접촉과 관련하여 보험을 들거나 보다 엄격한 대책을 강구해야 한다는 것은 무척 좋은 의견이었으며, 곰베를 밖에서 운영하기 위해서도 이는 중요한 일이었다. 특히 이 시기에는 제인이 한창 상설 연구기지 설립을 구상하고 있기에 더욱 그러했다.

개코원숭이를 연구하는 에드너 코닝과 곤충을 연구하는 존 맥키넌에 더해, 세번째 연구가인 캐롤린 콜먼이라는 젊은 영국 여성이 11월에 곰베에 들어와 박사학위 작업의 일환으로 침팬지 놀이 행동에 대한 6개월짜리 연구를 시작하기로 되어 있었다. 또한 제인과 휴고는, 휴고가 그해 8월 루이스에게 편지를 보내 알렸듯이, 침팬지의 얼굴 표정을 연구하고 발성을 분석할 사람을 구하고 있었다. 요컨대 휴고와 제인은 "이 연구는 분명 빠르게 성과를 드러낼 것이고, 또 일이 잘 진행되고 있는 이때 침팬지에 대한 전문적인 연구를 더 적극적으로 권장해야 한다"고 확신하고 있었다. 물론 새로운 인원에게 숙소를 제공하려면 미니포트를 몇 채 더 지어야 했다. 편지를 보낸 8월, 휴고는 루이스에게 60파운드를 이체하며 존 맥키넌이 쓸 미니포트를 한 채 주문해달라고 부탁했다. 휴고는 이렇게 썼다. "그러니 키고마로 미니포트 한 채를 철도 화물 수송으로 보내주시겠습니까? 창문 두 개, 자물쇠가 달린 문 하나, 그리고 너트와 볼트가 넉넉히 든 것으로 말입니다."

루이스는 휴고의 부탁대로 미니포트를 보냈고, 1966년 곰베 예산서 최종안에 8채 추가 구입비 요청을 덧붙였다. 10월 말, 제인과 휴고는 내셔널지오그래픽협회가 지원을 아낌없이 보내주고 있음을 다시 한 번 확인했다. 앞으로 나올 잡지의 기사에 "이례적으로 많은 시간을 들이고 또 적극적으로 협조해준 데 대한 보답"으로 제인에게 2천5백 달러의 보너스를 지급했고 휴고에게도 같은 기사에 대한 보너스로 1천9백 달러를 지급했으며, TV 프로그램 제작에 협조해준 대가로 제인에게 총 1만 달러, 휴고에게 3천 달러를 지급했다. 워싱턴 본사의 대장 수컷들은 곧 발표될 글에 만족했던 듯하다. 또한 그들은 분명 드디어 TV 프로그램이 완성된 것에 안도하고 있었으며, 앞으로도 반 라빅 구달 부부와 많은 일을 도모하고 제작하길 기대한 것이다. 휴고는 내셔널지오그래픽협회에서 동의했듯이 동아프리카 동물에 관한 책을 위한 사진 작업을 재개할 예정이었다. 제인이 휴고와 같이 할 수도 있었지만 그녀 역시 침팬지 대중서 집필을 시작해야 했다.

휴고는 그해 10월 말경 내셔널지오그래픽협회 본사를 잠깐 방문해서 그동안 편집한 침팬지 강의 영상물을 보여주고 윗사람들, 특히 멜빌 그로스브너에게 (비록 그로스브너가 특유의 최소한의 "인간적 관심"만을 드러냈지만) 제작된 영상물이 괜찮다는 의견을 받아냈다. 그리고 11월 중순 런던에서 나이로비로 날아가 에인즈워스 호텔에 방을 잡은 그는 자신이 열이 펄펄 끓으며 수중에 돈이 한 푼도 없다는 사실을 깨달았다. 그는 협회에 전보를 쳤다. "사파리가 연기되고 고열로 누워 있음 1천5백 달러를 선지급 요청함.…… 이상." 하지만 내셔널지오그래픽협회에서 필요한 자금을 부치는 동안 그는 열이 차츰 낮아져 바로 나이로비를 떠났다.

한편, 제인은 11월 5일 즈음 (어느 지인에게 편지로 알렸듯이) "박사 논문 집필의 마지막 단계에서 혼신의 힘을 쏟아 작업"하고 있었으며 12월 16일에는 (또 다른 지인에게 보내는 편지에서 썼듯이) "이제 해방!"이었다. 논문을 마친 제인은 이제 휴식을 취하며 「내셔널지오그래픽」 12월호를 즐겁게 감상했다. 아름다운 제인의 사진이 12월호의 표지를 장식했으며 플로, 피피, 플린트, 그리고 무리지어 있는 다른 털북숭이 침팬지들의 모습도 있었다.

이어 CBS TV 특집 〈구달과 야생 침팬지들〉이 12월 22일 수요일 저녁에 방영되었다. 하지만 발광하는 젊은 제인 구달의 초상이 북미의 2천만여 개 텔레비전 브라운관 속 인광체를 밝히기 전에 현실 속 제인은 휴고를 데리러 나이로비로 돌아갔다. 버치스에 보낸 편지에 따르면 제인은 런던에서 돌아오는 기내에서 "한숨"도 못 잤지만 그래도 "좋은 여행"이었고 휴고는 "몸 상태가 상당히 좋아" 보였지만, "반드시" 일정 기간 치과 치료를 받아야 할 것 같았다. 하지만, 치과 의사를 만나기까지는 더 기다려야 했다. 지금은 두 사람이 랑가타 루이스 집의 창고 안을 부산스럽게 뒤지고 다니면서 "짐을 옮기고 매트리스를 끈으로 묶으며" 크리스마스와 새해 첫날을 보내러 남쪽 올두바이로 떠나는 육로 여행을 위한 필수품을 꾸리느라 열심이기 때문이었다. 제인은 올두바이 여행을 마치고 두 사람이 향할 곳을 다음과 같이 전했다. "침팬지에게로!! 온갖 골칫거리들을 해결해야죠!"

27
떠도는 반 라빅 박사와 석기시대 독수리

1966~1967

휴고의 아버지가 다른 형제 마이클이 얼마 전 네덜란드를 떠나와 1965년 12월 리키 박사의 올두바이 발굴지 근처에서 야영을 시작했다. 제인과 휴고는 마침 크리스마스이브 티타임을 가질 시간에 루이스의 평소 캠프 장소에서 야영을 하며 그들을 기다리는 마이클을 만났다. 일행은 티타임을 마치고 다 같이 동물 구경에 나섰고 곧 새끼 여덟 마리를 이끌고 지나가는 암컷 치타를 발견했다. 셋은 캠프로 돌아와 저녁 만찬으로 닭요리를 먹고, 제인이 영국에서 가져온 풍선으로 야영지를 장식한 뒤 함께 와인을 마시면서 크리스마스카드를 읽고 선물 포장지를 뜯는 즐거운 시간을 보냈다. 퍽 유쾌한 크리스마스이브를 보낸 다음날, 그들은 리키 박사 야영지에서 조금 떨어진 곳으로 이동해 자신들만의 캠프를 세우고 다시 한 번 축제 분위기에 취했다.

1월 초 제인, 휴고, 마이클은 남쪽으로 차를 몰아 키고마에 당도했고 이어 일행은 제인이 "온갖 골칫거리"를 해결해야 하는 곳, 곰베에 이르렀다.

젊은 스위스 여성 밀리는 지난 10월 어느 날에 곰베를 떠났다. 소니아도 치료와 원기 회복차 케냐로 휴가를 떠났는데 2월이면 곰베로 돌아와 후임이 정해질 때까지 몇 주 동안만 머무를 예정이었다. 에드너는 변함없이 곰베에 머무르고 있었지만 개코원숭이 연구를 하지 않기로 결심을 내린 터였고 이제 1월 13일이면 곰베를 아주 떠날 계획이었다.

존 맥키넌은 곤충 연구 작업에 몰두해 있었기 때문에 에드너가 떠나고 나면 침팬지 관찰을 이어갈 사람은 곰베에 온 지 갓 두 달된 스물세 살의 캐롤린 콜먼밖에 없었다. 그리하여 마이클—조용하고 예술가적 기질이 돋보였으며 감정 기복이 큰 남자였다—이 제인과 휴고가 없을 동안 곤충을 화폭에 담으며 존과 캐롤린의 동무가 되어주기로 했다. 제인과 휴고는 보호구에서 사흘간 머무른 다음에 휴고가 동물 촬영 작업을 할 수 있도록 1만 5천 제곱킬로미터에 걸쳐 펼쳐진 세렝게티 국립공원으로 떠났다.

1월 거의 대부분을 세렝게티에서 보낸 두 사람은, 제인이 린 뉴먼에게 편지로 전했듯이 "저 아래 응고롱고로 분화구 바닥에서 닷새 동안 멋진 나날"을 보낸 다음, 마침내 랜드로버와 트레일러에 짐을 잔뜩 싣고 "상상을 초월할 정도로 무시무시하게 가파른 길"을 타고 분화구를 거슬러 올랐다. 분화구 테두리의 가장 높은 곳에 도착한 둘은 응고롱고로 크레이터 로지 Ngorongoro Crater Lodge에 차를 세웠으며, 이곳 데스크 직원은 "아, 두 분께 편지가 와 있습니다" 하는 말로 그들을 맞이하며 루이스가 나이로비에서 보낸 큼지막한 서류봉투 두 개를 건넸다. 봉투에는—제인이 어림잡기로—거의 백 통은 됨직한 편지가 담겨 있었다.

동봉된 루이스의 쪽지는 비서직 지원자들이 면접시험을 치르기 위해 2월 6일 에인즈워스 호텔에서 대기하고 있을 예정이라는 것과 소프 교수가 전보로 제인의 박사학위 구두시험 날짜가 2월 9일 수요일이라고 통보한 사실을 알렸다.

제인은 2월 8일 저녁 케임브리지에 도착했으며, 다음날 제인과 제인의 논문은 중세기 의상을 입은 선배 학자들 앞에서 시험대에 올랐다. 구두시험을 마치고 시험장 밖 강당에서 결과를 기다리는 동안, 훗날 내게 말했듯이,

제인은 결과에 대한 걱정으로 "속이 다 울렁거렸다." 이윽고 로버트 하인드가 나타났다.

"결과가 어떻게 되었나요?" 제인이 물었다.

"통과했네. 당연히 그럴 거라 생각했겠지, 아니었나?"

"전혀요!"

이튿날, 제인은 감사와 만족 그리고 승리감을 표하는 작은 제스처로 루이스에게 짧은 전보를 보냈다. "유쾌한 여행이었습니다. 반 라빅 박사 올림."

반 라빅 박사는 2월 13일 일요일 워싱턴 D.C.행 항공편에 탑승했으며 그 주 목요일 저녁 내셔널지오그래픽협회 컨스티튜션 홀 대강당에 운집한 3천5백여 명 청중 앞에서 미주 지역 순회 강의를 시작했다. 「이브닝스타」의 한 기자는 제인이 "마치 밤비 같았다"면서 최근에 방영된 TV 특집의 전국 시청률이 〈정글의 왕자 타잔〉을 앞질렀다고 언급했다. 그리고 "흔치 않은 낭만적인 사랑 이야기"를 소개하며 제인과 유인원들을 영상에 담기 위해 "정글"로 들어간 한 사내, 휴고 반 라빅 남작은 이곳에 머무르다 그녀와 결혼하기에 이르렀고 그리하여 그녀는 제인 반 라빅 구달 남작부인이 되었다고 썼다. 제인은 과학자이자 학자이자 야수에 둘러싸인 미녀였다. "그녀의 나무랄 데 없는 케임브리지 억양을 듣고 있노라면, 이 학식 있는 여성이 수십 마리의 거세고 통제되지 않는 짐승들과 함께 있는 장면을 생각하기란 결코 쉽지 않다. 그럼에도 그녀는 그들 대부분에게 이름을 지어주었고 신뢰를 이끌어냈으며, 그들 각각이 지닌 습관에 대한 기나긴 이야기를 풀어놓았다."

이튿날 저녁 제인은 컨스티튜션 홀에서 두 차례(5시 정각, 8시 30분)에 걸쳐 추가 강연을 연 다음, 오하이오로 이동해 신시내티 자연사박물관에서 발표를 하고, 다시 그곳에서 메릴랜드 과학아카데미로, 다시 필라델피아 과학아카데미로 장소를 옮겼다. 제인은 남쪽으로 내려가다 서해안 쪽으로 방향을 틀어 툴레인 인근 지역에서 그리고 스탠퍼드 대학교에서 강연회를 열었고, 3월 6일 다시 동해안으로 돌아와 보스턴 과학박물관에서 강의를 한 뒤 뉴욕 동물학회로 이동했다.

밴과 휴고는 제인의 내셔널지오그래픽협회 컨스티튜션 홀 강연에 내빈 자격으로 참석했고, 제인이 미국을 순회하는 동안 휴고가 몇 차례 그녀와 동행했다. 휴고는 이 기간(3월 1일까지)에도 주간 활동비를 지급받고 있었는데, 이런 모습에 분노한 내셔널지오그래픽협회의 멜빈 페인은 내부 문건에 "내셔널지오그래픽협회는 그에게 제인의 '부군' 역할을 하라고 활동비를 지급하는 것이 아님"이라는 글귀를 남기기도 했다. 어쨌건 휴고는 침팬지 프로젝트의 1966년도 예산안 발표 및 검토를 위해 2월 24일에 열린 내셔널지오그래픽협회 연구탐사위원회 회의에 참석했으며 이곳에서 그는 짐작컨대 분명 제 역할을 제대로 해낸 듯하다. 1966년도 예산안은 루이스가 작년에 이미 제출했지만, 위원회는 제인이 반 라빅 박사가 되어 공식적으로 총책임 역할을 인계받을 때까지로 정식 검토를 미뤄두고 있었다. 루이스가 작성한 최종안은 사소한 수정사항 한 건—조립식 알루미늄 미니포트 추가 구입 대수를 8채에서 6채로 변경했다—을 제외하고는 거의 그대로였다……. 단, 제인이 "추가 지원금 요청서"를 덧붙인 것을 제외하면 말이다.

제인이 위원회에 설명했듯이 제인과 휴고가 갈수록 더 떠도는 생활을 하고 있다는 점에서 추가 지원금은 꼭 필요했다. 4월 말에 두 사람은 곰베로 돌아가 "일이 원활히 진행되고 있는지"를 확인하고 캐롤린 콜먼에게 변경된 데이터 수집 체계를 소개해줄 것이었다. 당연히 제인은 침팬지 대중서 집필도 병행해야 했으며 휴고 역시 곤충 영상물 작업을 해야 했다. 7월 중순경 두 사람은 활동 무대를 세렝게티 국립공원으로 옮겨, 휴고는 내셔널지오그래픽협회의 동아프리카 동물에 관한 책을 위한 사진을 촬영하고 제인은 침팬지 책을 마무리 지은 뒤 "최종적인 과학 학술서 준비를 위해—박사학위 논문을 작성할 때보다 더 많은 시간을 들여 훨씬 더 자세한 내용을 담을 수 있도록—그 시기까지 수집된 데이터를 모두 분석"해야 했다.

과거에는 긴급 상황(예를 들어 소니아의 허리 부상)이 발생하면 두 사람 중 어느 한 명이나 루이스에게 연락하면 되었다. 하지만 침팬지 프로젝트를 한때 매일처럼 관리하던 루이스는 이제 이 프로젝트에서 조금씩 손을 떼고 있었고 제인과 휴고는 더 먼 지역에 있을 예정이었다. 따라서 제인은 곰베에서의 연구가 원활하게 진행되도록 첫째, 그들이 어디에 있든 두 사람이 타고 있는 차에서 곰베에 연락을 취할 수 있도록 무선 전화기를 설치해줄 것을 요청했다. 무선 전화기는 고가―약 천 파운드―의 장비이지만 반드시 필요하다고 제인은 생각했다. 제인은 둘째, 나이로비에 머무르면서 두 사람이 "믿고 의지할 수 있는 연락책"이자 여러 잡다한 일을 해줄 사람을 내셔널지오그래픽협회에서 구해줄 것을 희망했다. 두 사람은 이미 한 사람을 염두에 두고 있었다. 바로 마이크 리치먼드로 나이로비의 동아프리카 영상 서비스에서 일하고 있었다. 마이크는 매달 10파운드의 보수면 쪽지나 편지를 전달하는 잔심부름을 해주고 전에는 루이스가 도맡아하던 일상적인 작업들 중 일부를 처리해줄 것이었다. 셋째로, 휴고의 작업 성격상 "동물들이 있는 곳을 찾아…… 저희 두 사람이 늘 야영지를 옮겨 다녀야 하기 때문에" 제인의 저술 작업 및 여타 학술 작업을 위한 안정된 거처가 필요했다. 제인은 그해 1월에 텐트 안에서 작업을 해보았는데 "열기, 바람, 먼지로 인해" 집필을 위한 이상적인 환경과는 거리가 멀었다. 제인은 내셔널지오그래픽협회에 탁자, 의자, 찬장, 서류 캐비닛, 에어컨이 구비된 "이동식 사무실"로 변신할 폭스바겐 버스를 한 대를 구입해달라고 제안했다.
　이렇듯 파격적인 요청서가 따라붙으면서 예산은 7,056달러나 늘어났고 그 결과 1966년 총예산은 20,900달러로 불어났다. 하지만 내셔널지오그래픽협회로서는 제인이 곧 집필할 침팬지에 관한 대중서에 대해 계약금을 아직 한 푼도 지급하지 않은 상태였기 때문에, 이러한 추가 비용은 협회가 예상한 액수에 비하면 미미한 수준일 것이었다. 간단한 토의를 거쳐, 위원회는 제인의 제안서와 예산안을 그대로 승인했다.

제인과 휴고는 영국으로 돌아갔으며 3월 11일에 제인은 런던 아파트에서 내셔널지오그래픽협회 동료들에게 감사의 편지를 쓰고 있었다. 두 사람의 원래 계획대로라면 이제는 아프리카로 직행해야 했지만 샌디에이고 동물원에서 초대장이 날아오면서 여행 일정이 복잡해졌다. 샌디에이고 동물원에서는 4월 초 열다섯번째 개원일을 맞이해 열리는 축하연에 제인과 휴고가 함께 참석해주길 바랐다.

두 사람은 3월 30일 샌디에이고를 향해 떠났고 그곳에서 열린 대규모 경축행사에서 주요 유명인사 대접을 받으며 (제인이 레너드 카마이클에게 보낸 편지에서 표현했듯) "환상적인 시간"을 보냈다. 가장 좋았던 부분은 우연히도 제인의 생일이기도 한 4월 3일에 열린 어린이들의 동물원 생일 축하 파티로, 이날 행사에서는 무려 90미터가 넘는 기다란 생일 케이크가 샌디에이고 동물원 영장류관을 따라 놓였다. "저더러 첫번째 커팅을 하라더군요! 대단한 행사였고 아이들이 무척 좋아했어요. 케이크 조각을 받아든 유인원들도 그랬고요." 제인과 휴고는 그 후 동물학회 회원들을 위해 샌디에이고 컨벤션 홀에서 열린 '사파리 만찬회'에 귀빈 자격으로 참석했다. 참석 인원이 4천여 명에 달한 이 행사는 (행사 기획자였던 셸던 캠벨이 후에 멜빌 그로스브너에게 알린 바에 따르면) 샌디에이고 역사상 최대 규모의 실내 만찬회였다. 식사가 끝난 후 휴고가 편집한 강의 영상물이 상영되었고 제인은 영상물에 대한 설명을 진행했다. 캠벨은 이렇게 썼다. "영상물 상영이 끝나자 박수가 터져 나왔고 제인의 발표는 거침없이 길게 진행되었습니다." 당시 내셔널지오그래픽협회 본사에서 휴고의 강의 영상물은 최근에 방영된 로버트 도일의 TV 영상물과 경쟁작으로 여겨지고 있었는데 셸던 캠벨은 그로스브너에게 쓴 이 편지에서 의도치 않게 이러한 논란에 불을 붙였다. "CBS에서 방영된 영상물보다 훨씬 뛰어났고 샌디에이고 관람객들도 눈에 띄게 뜨거운 반응을 보였습니다. 이 영상물의 '코믹한' 장면들에 관객들은 태어나서 가장 재미있는 장면이라도 본 듯이 반응했습니다. 기민한 관람객이라면 이 영상물이 어디에서나 같은 반응으로 환영받으리라는 점을 의심치 않을 것입니다."

제인과 휴고는 4월 8일 영국으로 돌아가는 비행기에 올랐으며, 영국에서 제인은 베너−그렌 학술대회에서 강연한 내용을 출판용으로 다듬는 최종 작업을 하고 휴고는 여행 짐을 꾸리는 등 아프리카로 떠날 여러 가지 채비를 했다. 4월 18일경 두 사람은 나이로비로 날아가 에인즈워스 호텔에 머무르며 필요한 짐을 더 싸고 다른 여러 가지 준비를 했다. 가장 주된 것은 무선 전화기를 마련하고, 부스무역에 새 알루미늄 미니포트 6채를 주문하고, 망원경, 테이프 녹음기, 나이프, 포크, 스푼, 캠핑용 의자를 구입하고, 에어컨이 구비된 이동 사무실로 개조될 폭스바겐 버스를 주문하는 일이었다. 두 사람이 고른 차—재고가 딱 한 대 남아 있었다—는 연회색이었고 내부가 매우 아늑했다. 에어컨을 제대로 가동하려면 배터리 손실이 크기 때문에 두 사람은 대신 선풍기를 샀다. 버스를 제인의 설계에 따라 개조하는 데에 한 달이 소요된다는 말을 들은 제인과 휴고는 4월 24일 탄자니아의 만야라 국립공원으로 사파리 여행을 떠나 6일간 동아프리카 동물에 관한 책을 위한 촬영 작업을 했으며, 여행을 마친 뒤에는 니에레레 대통령에게 새 강의 영상물을 보여주기 위해 다르에스살람을 향해 차를 몰았다.

드디어 두 사람이 곰베를 향해 떠날 채비를 마쳤을 때에 도로에 홍수가 나는 바람에 제인, 휴고, 그리고 곰베에 무선 전화기와 안테나를 설치할 기사까지 세 명은 자동차 대신 마이크 리치먼드가 모는 비행기로 이동해야 했다. 그런데 제인이 집으로 부친 편지에 썼듯이 불안하게도 이 단발 엔진 비행기가 "지나친 과적 상태"였던 탓에 기체가 몹시 덜컹거리고 운항이 불안정했다. 짙은 안개까지 낀 덕분에 제인의 관점으로는 "머리카락이 쭈뼛 쭈뼛 서면서"도 한편으로는 "기가 막히게 신나는" 비행이었지만 일행은 곧 얼마 전 '라빅 오두막'이라고 이름을 붙인, 더 작고 아담한 직사각형 유니포트와 그 안에 차곡차곡 쌓아 올린 매트리스, 상자들, 새 타자기, 짐과 더불어 무사히 캠프에 도착했다.

마이클 반 라빅은 여전히 곰베에 머무르고 있었다. 소니아 이베는 이제 이곳을 완전히 떠났고 후임 비서로 소니아보다 나이가 많은 샐리 에이버리라는 여성이 와서 캐롤린 콜먼과 팬 팰리스에서 함께 지내고 있었다. 제인이 버치스에 보낸 편지에 따르면 두 사람 모두 "호화로운 생활"을 누리고 있었다. 캐롤린은 "훌륭하게 잘 해내고 있어요. 우리가 생각한 꼭 그대로 매우 양심적이고 깔끔한 사람이에요. 매사에 철저해서 일을 미루는 법도 없고 질서 정연하게 잘 처리합니다. 또 침팬지를 무척 좋아하는 것이 눈에 보여요. 그런데 지난 두 달여 간 너무 힘든 시간을 보낸 탓인지 지금은 좀 지친 듯해요. 침팬지들이 온종일 이곳에 진을 치고 있어 차 한 잔 마실 여유조차 없었던 것 같아요!" 샐리 에이버리는 "잘 하고 있는" 것 같았다. "무척 다정하고 캐롤린과 마찬가지로 침팬지들을 아주 좋아하는 것 같아요. 타자 속도가 무척 빨라서 캐롤린이 노트 기록을 읽어주면 속기로 적고 있는데 덕분에 테이프가 많이 절약되네요."

존 맥키넌 역시 여전히 곰베에 머무르면서 곤충 연구를 계속하고 있었는데 지금은 봉우리 캠프에서 조금 떨어진 곳에서 지내고 있었다. 존은 지난 11월 또는 12월 즈음에 알루미늄으로 자기만의 오두막을 조립해 산마루에서 조금 위쪽, 호수 풍경이 멋지게 눈에 들어오는 작고 아름다운 곳에서 생활하고 있었다.

침팬지들 역시 잘 지내고 있었지만, 심히 걱정스럽게도, 침팬지를 절대 만지지 말라는 최근의 규칙이 캠프 직원들 사이에서 제대로 지켜지지 않고 있었다. "저희가 본 바로는 심지어 캐롤린마저도 줄곧 침팬지를 만져온 것 같아요. 정말 어떻게 손 쓸 도리가 없어요." 손 쓸 도리가 없는 또 하나는 데이비드 그레이비어드였다. "와서 하나를 손에 건네받고 난 뒤에는 꼭 다른 침팬지 하나를 희생양으로 잡아서 [바나나] 상자로 데려가요." 데이비드는 상자가 원격 조종으로 열린다는 것을 이해하기에는 "너무 아둔했으며" 누구든 "일단 잡히면 데이비드의 억센 손아귀에 붙들린 채로 상자 옆에 앉아 있어야 해요. 그리고 잠시만 지나도 상자를 열어주지 않는다며 점점 더 난폭하게 굴죠." 그래서 데이비드에게 그날 할당된 바나나를 모두 주고 난 다음에는 전원이 건물 안으로 들어가 녀석이 포기하고 돌아갈 때까지 꼼짝없이 안에 머물러 있어야 했다.

다른 침팬지들은 대부분 잘 지내고 있었다. 어린 플린트는 점점 "말도 못하게 짓궂고 영악스런 장난꾸러기가 돼가고 있어요. 잠시도 가만히 있지 않고 늘 장난을 친답니다." 플린트의 누이 피피는 흥미로운 방식으로 "아주 못돼졌답니다. 정말 영악해요. 요즘 한창 던지기에 열씸(이런, 맞춤법이 틀렸네요!)인데 그 심보가 아주 고약하죠. 그냥 돌멩이 하나를 던지는 게 아니에요. 손에 가득 돌멩이를 들고서 그날의 공격 대상으로 삼은 불쌍한 암컷 침팬지 쪽으로 발을 쿵쿵거리며 다가가서는 들고 있던 돌을 모두 쏟아버린답니다." 하지만 멀린—지난 여름 어미를 잃은 후 누이 미프가 키우기 시작한 경이로운 어린 "소년"은 이제 세 살 반 정도가 되었다—은 안타깝게도 그리 잘 자라지 못했다. 미프가 여전히 멀린을 돌봐주어야 했다. 제인과 휴고는 어느 날 저녁 둘을 따라가다가 멀린이 애벌레를 먹는 사이에 미프가 둥우리를 짓고서 둘이 함께 둥우리 안으로 기어들어가는 모습을 보았다. 멀린이 잠을 청하며 누이 곁에 바짝 붙었다. 멀린은 지금 "너무도 애처롭고 안쓰러운 어린아이"였다.

실제로 플린트보다도 작아요. 팔다리가 더 길긴 하지만요. 하지만 골격보다 더 문제는 무감각하다는 점이에요. 오늘 저녁에 플린트 대장이 멀린을 갖고 노는 걸 봤는데 꽤 끔찍했어요. 플린트가 멀린의 몸 위에서 함부로 뛰는데 멀린은 그저 몸을 웅크린 채 묵묵히 참고만 있었어요. 마치 수컷에게 공격을 받는 어미처럼. 멀린은 온갖 이상한 짓을 다 해요. 예를 들어 털을 고를 때면 항상 이빨로 털을 뿌리째 뽑아버리곤 하죠. 꼭 늙고 신경질적인 조그마한 노인네 같아요.

그리고 5월이 끝나갈 때 즈음에 제인과 휴고는 포식행위 및 육식의 놀랍고 극적인 사건 전개를 처음부터 끝까지 목격한다. 제인은 이 사건을 가족에게 설명했다.

육식. 휴고(침팬지)가 캠프에서 개코원숭이 한 마리(갓 난 새끼까지는 아니고 어린애)를 구타하는 것을 목격했어요!! 다리를 잡은 채로 머리를 위아래로 땅바닥에 세게 내리쳤어요. 육식의 전 과정을 모두 지켜보았답니다. 휴고는 무척 이기적이었어요. 마이크가 다른 침팬지들이 휴고에게 다가가지 못하도록 모두 쫓아낸 뒤에 간을 얻어먹었고, JB는 마이크에게 사정을 하다가 한 조각도 얻어먹지 못하자 결국 울부짖었어요. 휴고는 사체를 어깨에 매단 채 걸어 다니다…… 그대로 누워서 잠이 들었죠. 그러다 문득 일어나더니 사체를 그냥 바닥에 내려두더군요. 휴고를 꾸준하고 충실하게 따라다니던 다른 녀석들이 자신들의 눈앞에 벌어진 상황을 믿지 못하겠다는 듯 멀뚱멀뚱 쳐다만 보다가 이내 동시에 다 같이 달려들었지요. 마이크, 골리앗, JB, 헉슬리, 데이비드까지. 모두 사체를 잡고는 각자 제 쪽으로 잡아당겼죠. 마침내 마이크가 다른 침팬지들을 제압하고 사체를 독차지했지요. 빠르게 달아나서는 바닥에 여러 차례 사체를 내리쳤어요. 하지만 이내 다른 녀석들이 달려들어 도로 빼앗아버리고 말았죠. 결국 가장 좋은 부위를 손에 넣은 게 누군지 아세요? 데이비드였어요!! 엉덩이 한 쪽과 다리 하나를 들고는 나무 위로 올라가버렸답니다.

데이비드는 나무 위에 자리 잡고 앉아 나머지 침팬지들에게 등을 돌린 채 전리품을 씹어 먹으며 가끔, 아주 조금씩, 애원하는 몇몇 침팬지들에게 고기를 나누어 주었다. 골리앗에게는 "아주 조그마한 토막"이, 플로에게 "맨 뼈다귀"가, 맨디에게 "아주 작은 연골 세 조각"이 돌아갔다. 한편 마이크는 나뭇가지 위에 바로 누워 한쪽 발로 개코원숭이의 머리를 잡고서, 괴기스럽게도 가지를 잡고 있지 않은 손으로 몸에서 동강난 머리통을 쓰다듬고 있었다. 마이크는 갖고 있던 고기를 JB와 같이 먹었는데 돌연 JB에게 고기를 더 이상 주려 하지 않자 JB는 이내 포기하고—또는 포기하는 척하고—마이크가 있는 가지 바로 위에 있는 가지 위로 가서 앉았다. 그러다 갑자기 JB가 "마이크 옆을 빠르게 지나쳐 나무 아래로 쏜살같이 내려가더니 이내 사라져버렸어요. 저는 JB가 뭘 한 건가 싶어 그쪽을 내다보았죠. 마이크는 입을 반쯤 벌린 채 JB가 사라진 곳을 쳐다만 보고 있었어요." 제인은 곧 발견했다. "마이크의 고기가 사라졌어요! 제 평생 그렇게 완벽한 강탈과 도주는 처음 봤어요!"

제인은 곧 이 에피소드에 대한 기록을 좀더 다듬어 당시 집필하고 있던 침팬지에 관한 책 원고에 이 이야기를 넣었다. 다만 조금이라도 남편 휴고로 혼동할 가능성을 없애기 위해 침팬지 휴고의 이름을 루돌프로 바꾸었다. 제인은 6월 4일 가족에게 보내는 편지에다 "책을 꾸준히 쓰고" 있으며 벌써 "완전히는 아니지만 다섯 장章 정도"를 썼다고 알렸다. 하지만 제인은 내셔널지오그래픽협회에서 요구하는 것들이 무척 짜증스럽게 느껴졌다. "협회에서 하자는 대로 따르기가 굉장히 힘들어요. 시제를 현재로 시작해서 과거로 다시 현재로 메뚜기 뛰듯 건너다니라는 거예요." 마음의 휴식을 취할 겸 제인은 이따금씩 자신이 진정으로 쓰고 싶은 책, 즉 자신만의 방식으로 쓰게 될 침팬지 대중서에 대해 생각하곤 했다. 제인은 이 책을 은밀히 "진짜 책"이라고 불렀고 이젠 마침내 책 제목까지 정해둔 터였다. 같은 편지에서 제인은 책 제목에다 "특허권"을 신청할 수 있는지를 물었다. "제 책—진짜 책—에 붙일 만한 다른 제목이 생각났거든요. 전에 이미 사용된 이름이 아니기만 바랄 뿐이에요. 휴고나 제가 생각하기에 <u>분명</u> 누군가 벌써 사용했을 것 같거든요. '인간의 그늘에서' 어떤가요? 정말 최고이지 않나요?"

이때쯤 곰베 식구들은 무엇에든 이름을 붙이고 싶어 했던 것 같다. 예를 들어 드디어 도착한 새 보트 보스턴 웨일러는 '핑크 레이디'라고 부르기로 정했다. 그리고 새 봉우리 캠프의 '반다' —콘크리트 바닥, 낮은 담, 장대 위에 이어 올린 알루미늄 지붕으로 구성된 응달진 야외 식사 공간—에는 곧

'트로글로디테스 태번'이라는 이름을 붙였다. 이 시기에 팬 팰리스 내부를 하늘색과 유백색으로 페인트칠하고 한쪽 벽에 긴 책장을 짜 넣고 샐리가 타자 작업을 할 나무 테라스를 제작하는 등 봉우리 캠프 곳곳에 보수 작업을 하면서, 새로운 이름이 떠올랐고, 이제 팬 팰리스는 시험적으로나마 '침팬지 캐슬'로 불리게 되었다. 이름 바꾸기 놀이는 그 대상을 침팬지에게로까지 옮겨가 멜리사의 두 살 난 새끼 고블린의 이름은 이제 고블린그럽으로 바뀌었다. 그해 여름 제인이 집으로 보낸 편지에 썼듯 고블린의 이름에 그럽grub(땅벌레라는 뜻―옮긴이)이 붙게 된 것은 "고블린 얼굴이 언제나, 늘 지저분하기 때문"이었다.

곰베의 인간들이 이 희한한 이름 짓기 열풍에 휩싸여 있는 동안 침팬지들도 나름대로 바쁜 시간을 보내고 있었다. 세 젊은이―피피, 피건, 에버레드―들이 바나나 상자가 열리지 않게 하는 원격 레버 손잡이의 부착 핀을 제거하는 방법을 알아낸 것이다. 핀을 나사못으로 대체했지만 셋은 곧 나사못을 푸는 방법까지 터득했다. 나이 많은 침팬지들은 푸는 방법을 정확히 이해하지 못했지만 곧 이 어린 침팬지들이 비유적인 의미에서 상자를 여는 열쇠를 쥐고 있음을 깨달았고, 이제 천재 삼인방이 원격 손잡이를 만지작거리고 있는 모습을 보면 곧 어른 침팬지들이 상자 주변으로 몰려가 뚜껑이 열리기만을 기다렸다. 자신들의 재주가 이용당하고 있음을 깨달은 삼인방은 갖은 노력을 기울여 다른 침팬지들 몰래 상자를 열려고 했다. 제인은 멜빈 페인에게 이렇게 썼다. "가장 기록에 남길 만한 순간은 피건이 손잡이로 유유히 걸어가서 나사못을 풀더니 자리에 앉아 아직 뚜껑이 열리지 않도록 발을 손잡이 위에 무심히 올려놓고 사방을 둘러보았을 때입니다. 상자 주변에 어른들이 전혀 보이지 않는 것을 확인한 후에야 손잡이를 풀고 힘들여 얻은 음식을 먹으러 자리를 옮기더군요!!"

곧 기술 경쟁에 불이 붙었다. 나이로비의 마이크 리치먼드는 곧 강철과 유리섬유로 제작된 새 상자 40개를 주문했다. 이 상자들에 콘크리트를 두르고 자동차 배터리로 전원이 공급되는 전자자물쇠를 달 것이었다. 땅속에 묻힌 전기선으로 라빅 오두막 내부의 네 개의 제어판과 상자가 연결되어, 연구자들이 실내에서 (창밖을 내다보며) 숫자가 적힌 단추를 눌러 바나나가 체계적으로 공급되도록 원격 조종할 수 있었다. 제인은 상자 견본이 작동되는 것을 본 뒤 집에 이렇게 써 보냈다. "좀 이상하게 보이긴 해요. 하지만 피피 같은 교활한 어린 악마들을 속이는 건 가능할 것 같아요!!"

한편 제인은 내셔널지오그래픽협회를 위한 책을 쓰느라 고심하고 있었다. 7월 초, 제인은 "최종 장章들"의 타자 원고를 어머니에게 보내 피드백을 구했다. "이 부분을 읽어보시고 코멘트를 최대한 빨리 보내주시면 좋겠어요. 빨리 주실수록 제가 더 일찍 미국으로 떠날 수가 있거든요. 내셔널지오그래픽협회 사람들이 수정한 것을 제가 다시 수정할 시간이 그만큼 더 많아지는 것이니까요! 물론 지저분한 실수를 잡아낼 시간도요." 이 책은 제인이 린 뉴먼에게 썼듯이 "거의 논문만큼 엉망"이 되어버렸다. 어쨌거나 책은 정말 거의 완성되었으며, 혹은 좀더 정확히 말해 "이제 마지막 한 단계만을 남기고" 있었다. "마지막 두 장만 빼고 거의 다 했죠. 기억해두세요. 협회에서는 아직 원고를 받아보지 않았어요. 한마디로 모든 걸 처음부터 다시 시작해야 할 수도 있다는 의미예요. 만일 그곳에서 '인간적 관심'을 충분히 보여주지 않는다면!"

휴고는 7월 2일 곰베를 떠나 암보셀리 국립공원 안팎에서 열흘을 보내며 코끼리와 콜로부스원숭이를 사진에 담았고 또 다른 데에서도 며칠을 머무르며 오릭스, 게레누크, 스틴벅을 쫓아다녔다. 7월 25일 그는 곰베로 돌아왔으며 곧 제인, 마이클과 함께 나이로비로 날아간 뒤 또 다른 사파리를 떠날 준비를 했다. 제인은 "6년 전 이래 처음으로 머리를 짓누르는 무거운 작업이 없다는 사실"이 날아갈 듯 기뻤다. 그리고 나이로비에 도착해서는 내셔널지오그래픽협회에서 구입해준 맞춤형 폭스바겐 버스를 처음으로 살펴보았다. "더 바랄 것 없이 최고예요." 제인은 영국의 가족들에게 썼다. "우리의 작은 첫 집."

7월 말에 나이로비를 떠나 동아프리카의 광활한 초원을 향해 남쪽으로 달리는 그들 여행 차량은 폭스바겐 이동식 사무소(사티로스)와 휴고의 랜드로버(트로글로디테스)로 총 두 대였다. 제인은 처음으로 대초원의 거친 도로와 샛길 위로 차를 몰아보았고 며칠 후 집에 주행이 "재미있었다"는 편지를 썼다. 사티로스는 "드라이브에 최고이긴 하지만 좀 심하게 흔들리는 배 같은 느낌이에요. 정면으로 덮친 파도를 만난 그런 배요. 심하게 껑충대는 말 같기도 하고요!"

두 사람은 원래 휴고의 사진 작업을 응고롱고로 분화구에서 시작할 계획으로 분화구 테두리에 어스름께 도착했지만 "거기서 일하는 코뿔소 사내"가 사진 찍기는 세렝게티 공원이 더 낫다고 하는 말에 설득되어 곧바로 차를 돌렸고, 응고롱고로에서 세렝게티로 내려가는 길 중간에 두 사람의 첫 야영지를 세웠다. "그리고 아! 바람. 도저히 바람을 벗어날 수 없었어요. 우릴 거의 날려버릴 듯했답니다."

하루 혹은 이틀 뒤, 세렝게티 공원 중심부로 이동하던 두 사람은 놀라운 장면을 목격했다. 제인은 집으로 보낸 편지에서 "너무도 흥분되는 사실이어서 도무지 믿을 수 없어요(그리고 네이처에 발표할 때까진 절대 비밀이에요)"라고 적었다. 그들이 본 것은 "**새로운 도구!!!!!**"였다.

거대한 불길이 세렝게티 공원의 그 부근을 한 차례 휩쓸고 지나갔었다. 두 사람은 불길이 있기 전날 "사방이 시커멓고 무시무시한" 그곳으로부터 멀찍이 떨어져 있었지만, 불이 일어난 후(8월 2일로, 제인이 편지에 사건에 대해 쓰기 전 날) 알 다섯 개가 담긴 둥지를 지키고 있던 "목덜미가 붉디붉은 잘생긴 수컷 타조"가 어떻게 됐나 궁금해서 그곳으로 되돌아갔다 그들이 타조를 처음 봤을 때는 화염이 휩쓸고 간 직후였고, 제인과 휴고는 새, 둥지, 알 모두 그동안의 시간을 견뎌냈을 거라고 도저히 생각하지 못했지만 놀랍게도 모두 그 자리에 무사히 있었다.

그러던 중 휴고는 문득 멀리에서 새 한 무리가 높은 하늘을 뱅뱅 돌다 아래쪽을 덮치는 것을 봤다. 무슨 일인가 하고 그쪽을 향해서 다 타버린 거친 땅을 가로질러 차를 몰았다. 두 대의 차가 문제의 지점에 다다르자 무척 커다란 하얀색 알이 여럿 들어 있는 어느 버려진 타조 둥지 곁에 있던 하이에나 한 마리가 겁을 내며 도망갔고 이들이 사라지자 이십여 마리의 독수리가 요란스럽게 환희의 울음소리를 냈다. 흰등독수리, 루펠대머리수리, 주름얼굴대머리수리, 두건민목수리 등 그곳에서 흔히 보는 종류들로 대부분 몸집이 컸다. 단, 두 마리는 몸집이 작고 "좀더 예쁜" 이집트독수리로 흰색 몸통에 "목까지만 깃털로 덮여 있고 털이 없는 양 뺨은 부리와 같은 연노랑색이고, 두 다리도 연노랑"이었다. 제인, 휴고, 그 외 다른 사람들은 차에 탄 채 조심스레 새들이 모인 곳에 다가갔고, 아직 깨지지 않은 타조알이 단 여섯 개밖에 되지 않는다는 것을 목격했다.

그동안 몸집 큰 독수리들은 깨진 타조알을 사이에 두고 남은 노른자위를 쪼며 승강이를 벌이고 있었어요. 그런데 돌연 조그마한 몸집의 이집트독수리들 중 한 마리가 정말 희한한 행동을 했어요. 저희는 처음에 그 독수리가 타조 새끼의 조각을 물고 있다고 생각했죠. 그런데 곧 독수리가 커다란 돌멩이를 부리로 물고 있는 걸 본 거예요. 그렇다면, 그 뒤는 충분히 짐작하시겠지요. 남은 알 중 세 개를 독수리들이 직접 깨뜨렸답니다. 돌멩이를 부리로 집은 뒤 고개를 젖혀 최대한 높이 들어 올렸다가 갑작스럽게 아래로 움직이며 바로 알 위쪽으로 돌을 던졌죠. 빗나갈 때도 많았어요. 어떤 녀석은 여섯 번만에 성공했고 다른 녀석은 열두번째 정도에 성공했죠. 그놈은 영 서툴었어요. 녀석은 먼저 깬 알은 대충 다 먹은 듯했어요(물론 상당 부분이 바닥 위로 흐르고 있었지만요). 1.5미터 정도 떨어진 곳에 깨지지 않은 알이 있었죠. 먹던 알 옆에 선 채로 새로운 알을 바라보다 먼젓번 알을 깬 돌을 다시 집어 들어 땅에 던졌어요. 먹던 알 옆에 떨어졌죠. 그리고 다시 집어 들고 동작을 반복하더군요. 이번엔 집어 들어서 두 발짝 다가간 다음에 돌을 떨어뜨렸어요. 그렇게 세 번을 더 하고 나서야 새로운 알을 깼답니다!!! 조준을 잘 못한 것이었을 수도 있고 또는 아마 돌이 너무 무거워서 거기까지 옮기려고 일부러 그랬던 것일 수도 있어요. 그런데 후자일 가능성은 그리 높지 않아요. 왜냐하면 저희도 깜짝 놀란 것이, 일단 알에 금이 가자 작게 홈이 파인 자리를 잡고 땅에서 알을 통째로—1킬로그램도 족히 넘을 텐데—들어 올렸다가 아래로 내리쳤거든요. 이집트독수리는 독수리들 중에서 몸집이 아주 작은 편에 속해요. 이집트독수리들이 일단 알 하나를 깨니까 다른 몸집 큰 새들이 밀고 들어와 이집트독수리들을 쫓아내버렸지요. 우리가 차를 좀더 가까이 몰고 가자 겁쟁이 덩치들이 날아가버렸고 저희는 작은 이집트독수리들이 각각 다른 알을 깨뜨리는 것을 볼 수 있었답니다. 모두들 그렇게 배를 채우고 난 뒤에 날아갔어요. 정말 **환상적인** 일이었죠!

제인과 휴고는 그들이 방금 목격한 것이 동물이 사물을 도구로 쓰는 흔치 않은 광경임을 단번에 이해했다. 두 사람은 이미 곰베에서 침팬지들이 사물을 도구로 사용하는 새로운 사례를 필름에 담아오던 터였다. 예를 들면 잎사귀를 구겨 스펀지처럼 만들거나 야자 잎을 파리채로 사용하기도 했다. 하지만 침팬지가 아닌 다른 동물 중에서는 단 네 종의 동물만이 도구를 사용한다고 알려져 있었다. 캘리포니아의 해달은 바다에 누운 자세로 헤엄쳐 다니며 납작한 돌을 가슴에 얹고 다니다 조개를 돌 위에 내리쳐서 껍질을 깠고, 갈라파고스 섬의 딱따구리핀치는 벌레를 찾아 구멍을 쑤시는 데 잔가지나 선인장가시를 사용했으며, 모래나나니는 공학적 목적으로 작은 돌을 사용할 줄 알았으며, 바닷게는 촉수를 곤두세우는 말미잘을 방패 혹은 무기 삼아 붙들고 다니며 침입자가 접근하지 못하게 했다. 따라서 돌멩이 던지기를 하는 이집트독수리들은 도구를 사용하는 다섯번째 희귀 동물이 될 것이었고, 제인은 즉시 이 새로운 발견에 대한 이야기를 써서 영국 「네이처」에 보내기로 결심했다(「네이처」는 앞서 1964년 6월 곰베 침팬지의 도구 사용에 관해 쓴 제인의 두 쪽짜리 글을 실은 적 있었다).

제인과 휴고는 새들이 모두 떠나간 뒤에, 버려진 거대한 타조알들 중 세 개가 무사히 남아 있는 것을 보고서 남은 알을 캠프까지 옮겼다. 제인이 하나를 맛보고 싶어 해 휴고가 껍질에 구멍을 내 갖고 있던 것 중 제일 큰 프라이팬에 내용물이 "꼴꼴" 흘러나오도록 했다. "짙은 붉은색에 걸쭉해 보였고 [전체적으로] 진하고 끈적끈적한 젤리 같았어요. 마지막엔 거품이 좀 섞여 나왔고요. 하지만 몇 년 전부터 꼭 해보고 싶었던 것을 이번에는 꼭 해야겠다는 생각에 절반 정도를 더 작은 팬에 옮겨 부었어요(절반이 달걀 열 개 정도 분량이었죠). 그리고 연거푸 세게 휘저었어요. 그리고 팬을 불에 올리고 휘저으며 부쳤답니다." 처음에는 "향은 풍부했지만 너무 묽은 케이크 반죽처럼" 보였는데 계속 휘저어주니까 농도가 달라졌고 나중에는 보통 달걀 요리처럼 됐다. "음, 믿으실지 모르겠지만, 한마디로 최고였어요. 정말로 특히 잘 만든 스크램블에그 같았어요! 사람들이 타조알 맛이 무척 풍부하다는 말을 하는데, 아마 그 사람들이 먹은 건 방금 부화한 알로 요리를 한 거였나 봐요. 저희가 먹은 타조알은 맛이 그렇게 풍부진 않았고 기름기가 좀 많았는데, 어쨌건 자유롭게 풀어놓고 키우는 암탉이 낳은 달걀 맛과는 달랐어요."

그들은 그 뒤 3주 동안 타조알 주변을 서성이는 이집트독수리들을 찾아다녔고, 주변에 알이 없는 상황에서 독수리들을 만날 경우를 대비해 깨지지 않은 타조알 두 개를 늘 지니고 다녔다. 하지만 두 사람은 세렝게티 초원에서 더 이상은 독수리를 보지 못했으며 얼마 후 세렝게티 공원을 벗어나 올두바이로 갔다. 그들은 그곳에서 운 좋게도 금세 이집트독수리 세 마리를 만났고 두 사람은 갖고 있던 무거운 두 알을 꺼내 새들을 유인했다. "그리고 휴고는 환상적인 사진을 찍고 저는 8미리 필름에 정말 좋은(제가 바라는) 영상을 담았어요." 제인은 가족들에게 썼다. "환상적이었어요. 특히 저희가 내려놓은 두 알 중에 첫번째 알에서 그랬죠⋯⋯. 두 새(한 쌍)가 첫번째 알을 단번에 깨뜨리고는 서로를 제지하느라 한참을 다투었거든요. 정말 웃겼죠. 한 마리가 돌로 다른 녀석 머리를 거의 내리칠 뻔했다니까요."

이때쯤 제인과 휴고는 앞으로 다가올 몇 달 동안의 일정을 계획하기 시작했다. 휴고는 여전히 동아프리카 동물에 관한 책 작업을 하는 중이었지만 그사이 조지와 케이 셜러가 사자의 포식 활동이 세렝게티의 다른 동물들에게 미치는 영향에 대해 연구하러 세렝게티 초원에 와 있었다. 「내셔널지오그래픽」은 발 빠르게 셜러에게 "맹수의 왕과 함께 하는 삶"이라는 기사를 부탁했으며 휴고는 이 기사에 필요한 사진을 찍어달라는 요청을 받았다. 휴고는 이 작업을 하이에나 사진 작업을 마친 뒤인 이듬해에 시작하길 희망했다.

휴고는 또 한스 크루크라는 네덜란드 출신의 과학자와 친분을 쌓고 있었는데 이 과학자는 아내 제인과 함께 하이에나와 하이에나의 포식 활동이 세렝게티와 응고롱고로 분화구의 생태환경에 미치는 영향을 연구하고 있었다. 「내셔널지오그래픽」은 크루크와도 기사 기고 계약을 맺었으며 여기에도 역시 휴고가 사진사로 참여하기로 약속이 되었다.

그러면 휴고가 하이에나, 그리고 사자를 사진에 담는 동안 제인은 무엇을 할까? 침팬지에 관한 내셔널지오그래픽협회의 대중서 집필을 마친 지금 그녀는 다음 저술 프로젝트로 자신이 박사 논문에서 다룬 내용을 바탕으로 모노그래프(한정된 단일 전공 분야를 주제로 삼은 단행본 행태의 연구서—옮긴이)를 쓰리라고 결심했다. 제인의 판단으로는 휴고가 세렝게티 초원과 응고롱고로에서 사진 촬영 사파리를 진행하는 동안 그와 동행하면서 폭스바겐 버스에서 집필 작업을 할 수 있을 것 같았다. 물론 다른 한편으로 제인과 휴고, 두 사람 모두 세렝게티에서 석기시대 독수리를 발견한 것에 대해서 무언가 의미 있는 것—아마도 「내셔널지오그래픽」 기고문—을 만들어낼 구상을 하고 있었다.

8월 마지막 주에 나이로비로 돌아온 그들은 제인이 당시 가족에게 보낸 편지에 썼듯이 "몹시 끔찍한 호텔"인 아집에 머물렀다. 제인과 휴고와 마이클은 시내에서 사흘 동안 머무른 뒤에 풀었던 짐을 다시 꾸렸고 그동안 수북이 쌓인 편지들을 읽고 필요한 곳에 답장을 써 보냈다. 이어 그들은 몇 주 전에 주문한 40대의 전자식 바나나 상자를 차에 실으러 갔다가 작업이 완전히 마무리되지 않은 것을 알고서 20대만 싣고서 돌아왔다. 제인은 침팬지에 관한 책 원고를 내셔널지오그래픽협회에 부쳤다. 루이스를 만나서는 도구를 사용하는 독수리에 대해 이야기했다. 그리고 제인은 베너-그렌 학회에서 알게 된 '성城'의 친구들 중 한 사람인 필리스 제이와 재회했다. 마지막으로 제인은 8월 26일 멜빌 벨 그로스브너에게 극적인 내용의 전보를 부쳤다. "흥분되는 소식. 타조알 껍질을 깨기 위해 도구를 사용하는 독수리 발견. 조류 중 도구 사용 사례는 이것이 겨우 두번째. 사진 및 영상물 촬영 성공. 이상."

같은 시기에 휴고는 같은 주제를 다룬 사진 필름 10통과 영화 필름 2권 reel을 협회에 우편으로 부쳤다. 그런데 10월 말이 되어도 협회에서 아무런 반응이 없자 휴고는 조앤 헤스에게 짤막한 편지를 보내 사파리 촬영 여행 동안에 제인의 지출 일부를 내셔널지오그래픽협회에서 보조해야 한다고 요구를 했다. 현재 제인이 하고 있는 작업은 "사진과 이야기 면에서 굉장한 가치가 있으며 저는 사진 작업을 하느라 더 도울 수 없기 때문입니다. 제인은 지금까지 사진에 담긴 동물의 행동을 묘사하는 글을 2백 매 정도 작성했으며, 필요하다면 당장에라도 한두 편의 사실보도 기사를 써 보낼 수 있습니다(당연히 저는 독수리의 도구 사용 사례에 대한 기사를 특히 염두에 두고 있습니다)."

거의 같은 시기, 제인은 멜빈 페인에게 곰베의 최근 소식(새로 설치한 바나나 상자가 "훌륭하게 작동되고" 있다는 것 따위)을 요약한 정기보고서를 보내며, 자신의 향후 계획(세렝게티 초원에서 몽구스 연구를 병행하겠다는 구상 등등)을 함께 밝혔고 아울러 휴고의 사파리 촬영 여행에 자신이 동행해야 하는 이유에 대해서도 설명했다. "제가 휴고와 동행한 덕에 얻어낸 가장 흥분되는 결과물 중 하나는 단연, 저희가 함께 이집트독수리의 도구 사용 현장을 목격했다는 사실입니다. 저희는 이 모든 게 지금도 완전히 실감 나지 않습니다. 이제까지 야생 환경에서 도구를 사용하는 모습이 관찰된 척추동물은 침팬지, (완전히 증명된 건 아니지만) 고릴라, 해달, 갈라파고스의 딱따구리핀치를 제외하고는 이번이 처음이니까요. 휴고와 제가 다섯번째 사례를 발견한 것은 정말 저희의 운이 가히 환상적으로 맞아 떨어졌기 때문이라고 볼 수밖에 없네요!!" 제인은 이번에 발견한 사실을 「네이처」에 발표하기 위해 휴고와 함께 쓴 학술 논문을 정기보고서에 첨부했다.

그러나 제인이 8월 26일에 부친 전보에 대해서 그로스브너의 부하 직원이 예의상 보낸 답신 한 장을 제외하고는 내셔널지오그래픽협회의 그 어느 누구도 독수리의 도구 활용 소식에 일체 반응을 보이지 않았다. 게다가 마치 협회의 심드렁한 반응을 증명이라도 하듯, 휴고가 보낸 독수리 필름 중 일부가 분실되는 사태까지 발생했다.

사실 협회에서 별반 반응을 보이지 않은 것은 무관심 때문이었다기보다는 다른 사건들로 인한 주의산만, 그리고 제인의 곰베 밖 생활이 점점 더 길어지는 현상에 대한 경각심 때문이었다고 보는 것이 옳을 것이다. 협회가 제인에게 쏟아붓는 돈이 제 역할을 하고 있는지에 대한 내부 인사들의 의구심은 쌓이고 쌓여 마침내 1966년 말에 내셔널지오그래픽협회는 회계 사무소에 지금까지 제인과 침팬지 프로젝트에 쓴 모든 비용—두 차례의 프랭클린 L. 버 상賞 상금에 든 비용 포함—을 합산해보라는 지시를 내리기에 이르렀다. 회계사가 뽑은 금액은 총 6만 531달러23센트였다. 멜빈 페인은 우수리를 간단하게, 그리고 이상한 방식으로 처리해 이를 무려 7만 6천 달러로 만들었으며 12월 8일 아침에 열린 연구탐사위원회에 참석해 내셔널지오그래픽협회가 "구달의 과학 연구의 지원자가 아닌 구달 개인에 대한 후원자가 되고" 있는 상황에 대해 심각한 우려를 드러냈다.

이러한 우려감을 표하는 사람은 페인 박사만이 아니었다. 멜빌 벨 그로스브너의 아들이자 잡지 부편집인인 길버트 H. 그로스브너는 "제인 구달은 연구 분야를 끊임없이 넓혀가고 있습니다⋯⋯. 침팬지 연구는 분명 중요하며 이 연구를 지원하기로 한 것은 현명한 일입니다. 문제는 구달이 곰베 바깥에서, 침팬지가 아닌 다른 동물을 연구하는 것을 우리가 어디까지 지원해야 하느냐입니다." T. 데일 스튜어트도 한마디 거들었다. 제인이 "다른 영역을 시도함으로써 학문적 시각을 넓힐 수는" 있겠지만 그럼에도 그 역시 "다른 동물들을 연구한다며 남편 여행길에 동행하는 것은 썩 마뜩치 않다"는 것이었다. 토머스 W. 맥뉴는 곰베 침팬지 연구에 관한 한 "구달의 역할은 갈수록 현업 과학자라기보다는 관리자에 가까워지고 있으며, 이제 는 침팬지 이외에 다른 영역의 연구조사까지 포함하는, 훨씬 넓은 영역을 관장하고 있습니다" 하고 말했다. 결국 위원회는 제인이 곰베 연구의 다음 해 예산으로 신청한 지원금 23,909달러를 승인하기는 했지만, 레너드 카마 이클은 페인 박사에게 이날 논의된 내용을 제인과 휴고에게 전달해달라고 공식적으로 요청했다. "구달이 활동 영역을 확장해가는 것에 대해 위원회 에서 우려를 하고 있다는 것, 그리고 협회에서 구달의 침팬지 연구에 관심 이 있는 것은 사실이지만 협회의 연구 자금은 한정되어 있기에 그 밖의 파 생 프로젝트 지원은 원치 않음을 구달이 알고 있어야 합니다."

반 라빅 박사가 곰베 밖을 떠도는 일에 대해 위원회가 우려를 표하는 것 은 지나친 처사는 아니었다. 앞서 승인한 1967년도 침팬지 연구 예산이 더 해지면 협회가 제인과 휴고에 투자한 금액은 모두 합쳐 총 15만 달러 이상 이었다. 당시 협회의 연간 연구 예산이 겨우 75만 달러였음을 감안하면 이 는 상당한 액수다. 더군다나 위원회는 이날 회의에서 존 오웬 탄자니아 국 립공원 소장이 제출한 위협성이 다분한 지원서 역시 검토하고 있었다. 현 재 보호구로 지정되어 있는 곰베의 법적 지위를 국립공원으로 변경하는 데 드는 비용 가운데 2만 5천 달러를 지원해달라는 것이었다.

몇 달 전 제인과 루이스 리키, 두 사람 모두 자신에게 우호적인 협회 사 람들 측에다가 오웬 문제와 관련한 기밀 서신을 보낸 바 있었다. 제인이 5월 5일 레너드 카마이클에게 쓴 내용에 따르면 존 오웬이 내셔널지오그래 픽협회에 지원금을 신청했다 거절당하자 "극도로 분개"하여 "탄자니아 국 립공원의 내셔널지오그래픽협회 사진작가들을 모두 출입금지 조치할 것" 을 심각하게 고려했다는 것이다. 같은 날 루이스는 멜빌 그로스브너에게 한층 더 긴박한 표현을 써서 당시 상황을 묘사했다. 오웬이 "협회나 협회가 추진하는 사업에 다소 앙심을 품고 있는 듯하며 앙심까지는 아니더라도 최소 적대적"이 돼가고 있다는 것이었다. 곰베 강이 보호구에서 국립공원으로 승격된다면 이는 이곳의 지역적 중요도, 장기적 안정성, 물리적 보호책을 강화하는 계기가 될 것이 분명했다. 하지만 이러한 지위 조정을 통해 곰베는 "자동으로 완전히 [오웬의] 직접적인 관할 하에 놓이게 됩니다. 그렇게 되면 그가 제인의 연구 작업을 중단시키려는 시도를 하지 않을까 하는 생각이 듭니다" 하고 루이스는 경고했다. 그렇게 된다면 이는 분명 "비극적"인 일이 될 것이라는 이야기였다.

경각심을 촉구하는 이들 편지를 확인한 멜빈 페인은 오웬에게 곧바로 전보를 보내 "근거 없는 뒷공론"으로 치부할 만하나 내용이 자못 심각한 "루머"가 돌고 있다고 알리며 "이처럼 온당치 못한 소문을 일거에 불식할 귀하의 해명"을 부탁했다. 오웬의 반응은 신속했고 그는 답장을 통해 "귀하의 우호적인 어조와 또 협회와 저 사이에 오해가 발생하는 것을 우려해주신 점"이 무척 감사하다고 썼다. 하지만 이러한 문제를 글을 통해 효과적으로 풀기란 무척 어려운 일이기에 곧 있을 그의 미국 방문에 맞춰 직접 만나 논의할 것을 제의했다.

그리하여 그해 11월 초, 존 오웬, 멜빈 페인, 멜빌 그로스브너는 내셔널지오그래픽협회 본사 건물에서 사적으로 비공식 오찬을 가졌고 이날 오웬은 내셔널지오그래픽협회가 지난 수년간 곰베 강 보호구에 드나들면서 금전적으로 얻은 이익이 상당하다는 점을 언급했다. 세 사람은 세렝게티 공원 등 여타 탄자니아 지역 공원에서 있을 내셔널지오그래픽협회의 향후 촬영 프로젝트에 대해 논의했다. 논의 결과 제인은 보호구 입장료를 면제받을 것이며 휴고는 사진사가 아닌 연구가로 분류되어 그에게는 곰베에서 무료로 야영할 수 있는 특권이 부여되는 것으로 잠정 합의를 내렸다. 휴고는 또한 촬영한 사진이나 영상물이 TV나 여타 상업적 영상물에 사용되는 경우만 아니라면 전문 사진작가에게 징수하는 사진 촬영요금을 주당 50파운드가 아닌 10파운드만 내면 됐다.

그로부터 한 달 뒤에 연구탐사위원회에서 존 오웬의 지원요청서를 검토하게 되자 페인 박사는 자신들이 처한 상황을 직설적으로 설명했다. "오웬은 개인적으로 만났을 때 매우 공격적인 인물이었고 우리 쪽에서 이 사업을 지원하지 않는다면 우리가 추진하는 연구 프로그램에 호의적인 태도를 보이지 않을 것으로 생각됩니다." 페인은 이어 오웬이 "곰베 강 보호구를 국립공원으로 승격하는 데 내셔널지오그래픽협회에서 일익을 담당해주기를 기대"한다는 뜻을 분명히 했으며 사실상 그로스브너 박사와 페인 자신이 이 문제에 대해 협회에서 "일정한 도움을 줄 것"을 이미 "보장"한 바 있다고 설명했다. 당시 12월 회의에 참석한 위원들 중 상당수는 이러한 지원금 지급 "압력"이 "바람직하지 않다"며 불편한 심기를 드러냈지만 결국 그들도 현실을 인정했고, 곧이어 2만 5천 달러짜리 수표가 탄자니아 국립공원에 발행되었다.

이처럼 복잡한 사건들, 의구심, 예상치 않은 지출 등등을 생각해보면 협회나 잡지와 관련한 어느 누구도 도구를 사용하는 독수리 이야기에 왜 조금의 관심도 기울이지 않았는가를 납득할 수 있다. 하지만 크리스마스 전날, 「네이처」에 반 라빅 부부의 "이집트독수리Neophron percnopterus의 도구 사용"이 발표되었다.

소식은 영국 내 다른 언론지에 빠르게 퍼졌으며 금세 대서양을 가로질러 12월 27일에는 「워싱턴 포스트」, 1967년 1월 6일에는 「타임」에도 이 내용이 실렸다. 같은 날 「내셔널지오그래픽」 일러스트레이션 부서의 찰린 머피는 나이로비에 있는 휴고에게 다음과 같은 내용을 담은 전보를 보냈다. "잡지에 실릴 독수리 투석 사진 추가 필요. 모터드라이브 카메라 사용 권장. 향후 상황 알려주기 바람. 일단 갖고 있는 사진을 보내주면 편집부에서 본문 길이 통보 예정."

머피는 이후 보낸 편지에서 부연하여 설명하기를, 한 "지역 신문"에 실린 기사가 "이곳에서 관심을 불러일으켰으며" 몇몇 국상급들이 휴고가 현재 석기시대 독수리에 대한 관찰 및 사진 촬영을 지속하고 있는지 아니면 지금으로서는 다른 작업에 집중하고 있지만 나중에 이 주제를 다시 다룰 계획을 갖고 있는지 알고 싶어 한다고 전했다. 분실되었던 휴고의 필름도 곧 발견되었다. 이내 제인과 휴고는 최선을 다해 기사를 준비했으며 마침내 그들의 세번째 「내셔널지오그래픽」 기사, "조류의 도구 사용: 타조알을 깨뜨리는 이집트독수리"가 1968년 5월호에 발표되었다.

28

전염병

1966~1967

워싱턴의 멜빌 벨 그로스브너에게 도구를 사용하는 독수리의 발견을 알리는 전보를 보낸 8월 26일 바로 그날에 제인은 연이은 두번째 전보를 보내며 올리의 새끼가 태어났다는 흥분되는 소식과 함께 내셔널지오그래픽협회 회장에 대한 경의의 표시로 새끼에게 그의 이름을 붙였음을 알렸다. "침팬지 올리가 새끼 그로스브너를 출산. 어미, 아들, 형 길카 모두 건강."

9월 1일 필리스 제이와 함께 제인과 휴고, 휴고의 동생인 마이클은 새로운 전자식 바나나 상자 20개를 챙겨 곰베로 돌아왔다. 당시 존 맥키넌의 곤충연구는 마무리된 상태였으며 캠프 관리와 침팬지 관찰은 캐롤린 콜먼과 샐리 에이버리가 담당하고 있었다. 그런데 캐롤린은 일과 기후에 몸과 마음이 모두 지친 상태인 데다가 키고마 은행 지점장에 대한 억누를 수 없는 관심까지 품고 있었다. 한편 샐리는 침팬지와 충돌하면서 오른쪽 다리에 부상을 입었는데 그녀를 진료한 의사들은 모두 다 그 부상으로 다리에 관절염이 생겼다는 진단을 내렸으며, 이후 샐리가 관절염 완화를 위해 복용한 약들이 신장 질환을 일으키고 말았다. "샐리를 잃는 것은 아닐까, 우리 모두 두려워하고 있어요." 집에 보낸 편지에 제인은 상황을 전했다. "신장 수술을 받아야 할지도 모르겠어요. 설명하려면 길지만 어쨌든 샐리는 <u>아마도</u> 괜찮아질 것 같아요." 그래도 근사한 전자식 잠금장치가 달리고 라빅 오두막 텐트 속에서 단추로 눌러서 조작할 수 있는 새로운 바나나 상자는 "정말 <u>환상적</u>"이었다.

침팬지들은 대체로 상태가 좋아 보였지만 미프가 데리고 다니면서 돌보고 있었던 멀린은 여전히 허약했다. 흥미로운 사실은 멀린이 침팬지 무리 안의 다른 고아 침팬지와 함께 다니게 되었다는 것이었다. 어미 베시가 어디론가 사라지고 나서—아마도 죽은 듯했다—자식인 두 암컷 범블과 비틀이 홀로 남겨졌는데, 미프가 멀린을 데려간 것처럼, 언니인 범블이 여동생 비틀을 맡아서 길렀다. 새로 태어난 새끼와 그 어미의 사정을 살펴보자면, 늙고 긴 얼굴의 못난이 올리는 "최고의 엄마"였으며 갓 태어난 새끼는 "너무나 근사"했다. 그러나 그 자그마한 그로스브너는 "굉장히 목청이 좋은 젖먹이"였다. "자기가 낮잠을 자려는데 올리가 움직이기라도 하면 아주 야단법석이에요. 안락한 걸 너무 좋아한다니까요!"

사실 그로스브너는 비명을 많이 질렀으며 특히 어미가 움직이기라도 하면 그 동작 때문에 아프기라도 한 듯 소리를 질러댔다. 제인은 애초부터 어딘가 문제가 있는 것이라고 짐작했고 비명은 점점 더 심해졌다. 그러던 어느 날 어미가 상자로부터 바나나를 가져가려고 허리를 구부리자 간신히 매달려 있던 새끼가 거의 땅에 떨어질 뻔한 일이 벌어졌다.

이튿날 아침 일찍 올리가 어미에게 매달려 있으려고 하지도 않고 그저 울어대기만 하는 새끼를 움켜쥔 채로 먹이 공급장에 나타났다. 꼬맹이 그로스브너는 얼굴과 머리를 제외한 몸의 나머지 부분이 사실상 "심각한 마비상태"로 보였다. 그때까지도 올리는 계속 새끼를 "최대한 부드럽게 잡고 있었는데 새끼가 비명을 지르는 소리가 듣기 싫어서 움직일 때마다 용기를 내야 하는 듯했다." 그날 아침 느지막이 어미가 새끼를 안고 네 살배기 딸 길카와 청소년기 초기로 접어든 암컷 지지와 함께 이동을 할 때 제인은 뒤를 따라갔다. 올리는 나무로 올라가 새끼에게 젖을 먹이기 시작했다. 길카와 지지도 같은 나무 위로 올라가 함께 놀았다. 그러다 길카가 어미의 품에 안겨 있는 새끼에게 다가가 새끼의 털을 골라주려고 했다. 아침 10시부터 비가 내리다가 11시쯤 그쳤을 때 마침내 올리가 나무에서 내려왔는데 품에 안겨 있던 새끼는 불길하리만큼 조용했고 전혀 움직임이 없었다.

다음날 아침 올리와 길카가 함께 먹이 공급장에 모습을 드러냈을 때 올리의 목에는 그로스브너의 사체가 마치 털목도리처럼 둘러져 있었다. 그들이 캠프를 떠나자 제인이 다시 그 뒤를 6시간 동안 쫓아다녔는데, 그러다가 길카는 필사적으로 어린 남동생의 시체를 건드리며 놀자고 하고, 털을 골라주고, 심지어 껴안고 데리고 다니려 하고, 올리는 어린 길카의 과도한 애정 공세로부터 그로스브너를 구해내려고 달려드는 모습을 보게 되었다. "형언할 수 없을 만큼 끔찍했어요. 악취 때문에 속이 안 좋을 정도였고요." 얼마 후 침팬지들이 두터운 덤불 속의 돼지굴로 후다닥 달려 들어가자 제인도 그 속을("이리저리 얽힌 덩굴과 잎사귀 가까이에 밴 죽음의 악취를 맡으며") 기어들어가 쫓아갔지만 침팬지들은 이미 어디론가 사라져버린 뒤였다.

이튿날 점심때쯤 올리와 길카가 죽은 새끼 없이 다시 캠프로 모습을 드러냈다. "가장 비극적인 사건"이었던 그 우울한 일에 더해서 이번엔 멀린이 우기를 견뎌내지 못할 성싶었다. 현저하게 쇠약해진 데다가 신경질적으로 다리 털 대부분을 잡아 뜯고 몸의 다른 부위에서도 상당량을 뽑아 거의 털이 없는 지경에까지 이르렀던 것이다. 몸을 오돌오돌 떨어대던 멀린은 비를 맞고 나서는 얼굴까지 파랗게 질렸다. 아직까지는 밤이 되면 둥우리에서 미프와 껴안고 잠을 잤지만 제인은 조만간 미프가 그런 관계를 끝내버리라는 것을 확신했다. "이미 멀린은 미프가 있는 곳으로 갈 때마다 낑낑거리는 울음소리를 내고 있어요. 그 소리는 보통 새끼가 젖을 빨러 다가갈 때 결과가 그다지 좋지 못하리라는 두려움을 드러내는 것이지요. 가여운 것."

9월 17일 휴고의 동아프리카 동물에 관한 서적용 사진촬영 일로 곰베를 잠시 나오게 된 제인과 필리스, 마이클, 휴고는 랜드로버와 폭스바겐 버스를 타고 북쪽을 향해 달려 우간다의 머치슨 폭포공원으로 갔다. 정오 무렵 내내 기운을 차릴 수 없을 정도로 뜨거웠지만 제인은 린 뉴먼에게 보낸 편지에서 "멋진 풍경"과 수백 마리의 코끼리 떼를 보고 있노라면 그런 불편함도 감내할 만한 가치가 있었다고 썼다. 이튿날 아침 일찍부터 코끼리들은 일행의 캠프로 들어와 점잖게 텐트들을 기웃거리며 코로 텐트의 지지 줄을 슬쩍 건드리는 장난을 쳤다.

10월이 되어 제인의 사파리 원정대는 퀸엘리자베스 국립공원으로 이동했으며 10월 19일에는 다시 나이로비로 돌아왔다. 마지막으로 전자식 바나나 상자 20대를 찾아 실은 뒤에 24일에는 새로운 연구직원인, 캘리포니아 샌디에이고 주립대학을 최근에 졸업한 앨리스 소렘을 차에 태웠다.

11월 1일 제인과 휴고는 바나나 상자와 앨리스를 태운 차를 몰고서 키고마로 이동했다. 곰베로 돌아와서 그들은 캐롤린 콜먼이 2월에 결혼을 하고 떠나고 샐리 에이버리는 12월 초순에 떠날 예정이라는 소식을 듣게 되었다. 요리사 아냥고는 선교병원의 외과의사가 집도한 "복부 종괴" 절제수술을 받고 막 돌아와 있었다. 그러나 조금씩 회복이 되고 있긴 해도 아냥고가 여전히 기력을 제대로 찾지 못하자 제인과 휴고는 추가 검사를 받으라고 나이로비로 보냈다.

11월 10일 즈음 두 명의 방문객이 곰베로 찾아왔다. 내셔널지오그래픽협회의 본문 편집자와 화보 편집자가 제인의 책 출판 막판에 이루어진 수정을 검토하기 위해 온 것이다. 제인은 집에 보낸 편지에 본문 편집자를 두고 "지금까지 본 미국인 중 제일 괜찮다"며 칭찬했고 사진 편집자는 "조금 건방지고 자신을 너무 대단하게 생각하는 젊은 남자이지만 같이 지내기에는 제법 재미있는 사람"이라고 썼다. 어쨌거나 중요한 것은 "너무 놀랍"게도 "그 책이 정말 괜찮은 책이 될 것 같다"는 점이었다. 제인이 쓴 글이 재구성되어 있긴 했지만 중요한 흐름은 바뀌지 않은 채였다. "이대로라면 글은 제 것이에요. 그쪽에서 편집해버린 것은 '인간 이해'라는 문구뿐이더라고요!!!!!! 그리고 분홍빛 숙녀[발정기 암컷]들에 대한 내용을 더 달라고 요청했어요!!!!!! 책에 실린 스케치는 모두 실제로 동물 삽화를 그리는 남자가 그렸는데, 정말로 책에 큰 보탬이 될 것 같아요. 좀더 지켜봐야 하겠지만 그림 대부분이 상당히 매력적이에요. 그리고 색칠 그림도 들어갈 예정인데, 협회에 소속된 그림 작가들이 그린 게 아니래요. 협회에서 미국 전역의 작가 중에서도 최고의 삽화가를 고용했다고 하더라고요!!!!!"

편지 속의 좋은 소식들 사이에 찍힌 느낌표들은 끔찍하게 나쁜 소식들에 대한 정신적인 자기방어벽으로 세워둔 것인지도 모른다. 그 좋지 못한 소식은 올리의 네 살배기 딸 길카가 손목 마비라는 심상치 않은 병세를 보이며 캠프에 모습을 드러내면서 시작되었다. 다음은 페이븐(플로의 장남)과 마담 비가 보인 "무시무시한 증세"였다. "아 얼마나 끔찍한지." 편지에는 이렇게 적혀 있었다. 페이븐의 오른쪽 팔과 마담 비의 왼쪽 팔은 "힘이 하나도 없어서" "그저 질질 끌리고 축 늘어져" 있었다. 이동할 때 오른쪽 팔을 지지대로 쓸 수 없게 된 페이븐이 직립자세로 걸어 다녔는데, "녀석의 모습은 어딘지 섬뜩하고 으스스해서 마치 유령이 돌아다니는 것" 같았다. 새끼 허니 비를 품고 다니던 마담 비는 두 다리와 한 팔만을 써서 돌아다녔는데 다른 쪽 팔은 힘없이 늘어진 채로 그저 질질 끌리기만 했다.

페이븐의 모습을 보고 소아마비를 의심했던 제인과 휴고는 마담 비가 캠프에 도착한 이후 확신하기 시작했다. 페이븐과 마담 비 이외에도 희생자는 더 있었다. 9월에 몸이 허약했던 고아 멀린이 마지막으로 모습을 드러냈을 때 한쪽 발을 힘없이 끌고 다녔는데 이제는 죽었다고 추정하고 있었다. 미프와 J. B.도 사라졌다. 다른 침팬지들도 적어도 일시적인 마비 증세를 겪었던 듯했다. 올리는 걸을 때 한쪽 발에 문제가 있었고 스니프의 손은 힘없이 늘어져 있었으며 멜리사는 목이 뻣뻣해 몸을 제대로 가누지 못했고 데이비드 그레이비어드는 한쪽 다리에 힘을 싣지 못했다.

그리고 이번에는 페페였다. 제인이 침팬지 한 마리를 돌보고 있는데 "불쌍한 앨리스(침팬지 나라에서의 시작이 이렇다니)가 갑자기 제 쪽으로 휘파람을 불었어요. 산기슭을 올라가보니 앨리스가 눈물이 범벅이 되어 있더군요." 앨리스는 라빅 오두막의 문턱에 몸을 둥글게 웅크린 채로 앉아 있는 침팬지가 누구인지를 알고 싶어 했다. 제인은 집에 보낸 편지에 이렇게 썼다. "속이 울렁거렸어요." 페페의 한쪽 팔이 완전히, 다른 쪽은 부분적으로 마비된 상태였고 다리에도 힘이 없었다. "페페가 잔뜩 웅크린 채로 앉은뱅이 자세로 돌아다니더군요. 엉덩이를 땅에서 간신히 뗀 채 구부러진 다리로 뒤뚱거리며 앞으로 걸음을 내딛었어요. 너무나 끔찍한 모습이었죠."

이튿날 가까스로 발을 질질 끌며 캠프로 들어서던 페페는 험프리가 털을 곧추 세우고 공포에 질려 잔뜩 찡그린 얼굴로 자신을 뚫어지게 바라보고 있음을 알아챘다. "페페도 겁을 먹고 멍하니 입을 벌린 채로 그저 한참을 바라만 보더니 이내 몸을 돌려버리곤 등 뒤를 가만히 응시하더군요. '뭐가 있기에 험프리가 공포에 질린 거지?' 하는 식이었죠. 하긴 어떻게 페페가 자신의 애처로운 모습이 공포를 불러일으켰다는 걸 알 수 있을까요."

휴고가 보트를 타고 키고마로 갔더니, 그곳의 의사가 최근 시내와 키고마, 곰베 사이의 마을 두 곳에서 인간 소아마비 환자 발병 사례가 몇 차례 있었다고 확인해주었다. 당시 그 마을들이 곰베 침팬지 서식 지역 안에 위치해 있었고 침팬지들이 이따금 마을 경계에 나타나곤 했던 터라 아마도 경구로 전염되는 소아마비 바이러스가 버려진 음식물 쓰레기를 통해 퍼진 것 같았다. 그러나 지금의 당면한, 분명한 걱정거리는 바이러스가 침팬지로부터 사람으로 도로 전염될 수도 있다는 가능성이었으므로 휴고는 내셔널지오그래픽협회의 편집자들을 태우러 갈 비행기에 경구용 백신도 함께 가져오도록 주문을 했다.

11월 중순 첫번째 백신 상자가 도착해 곰베에 거주하는 모든 이들에게 배분되었다. 11월 22일 그 어느 때보다도 수척해진 아냥고가 검사를 받으러 곰베를 떠났는데 수일 후 루이스 리키가 무선전화로 아냥고의 죽음을 알려왔다. 오랫동안 곰베에서 일했고 사람들과의 관계도 매우 좋았던 사람이었다. 그가 암으로 죽었다는 소식에 사람들은 모두 슬픔에 잠겼다. 그러나 12월 둘째 주까지도 소아마비로 인한 사망이나 마비의 위협이 계속되자 모두들 정신이 없어졌다. 소아마비의 잠복기가 약 3주 정도 되었으므로 경구 백신 투약을 시작한 지 적어도 3주가 지날 때까지는 어느 누구도 감염을 모면했는지 확신할 수 없는 상황이었다.

곰베의 모든 거주자들에 대한 경구 백신 투약이 시작되자마자 제인과 휴고는 적당량의 백신을 바나나에 넣어 먹이공급 지역으로 오는 모든 침팬지들에게 약을 먹이기 시작했으며, 투약이 충분히 되도록 그러나 과도하게 먹지 않도록 세심한 주의를 기울였다. 제인은 집에 보낸 편지에 이렇게 설명했다. "대형 백신 차트를 만들어서 약을 먹은 침팬지들은 표시를 해두고 있어요." 하지만 그 일은 "전술과 걱정과 긴장"이 가득한 "힘겨운 작업"이었다. 바나나에 넣은 약을 먹은 침팬지 절반 이상이 "의심 없이" 먹었다. 그런 침팬지들 중에 플로와 그녀의 어린 새끼인 피피, 플린트는 "잘 받아먹었어요. 플린트가 바나나를 입에서 꺼내 킁킁거리며 냄새를 맡는 바람에 심장이 덜컥 내려앉은 일만 빼고요. 뭔가 이상하다는 것을 눈치 채더군요. 하지만 그다지 신경 쓰지는 않는 것 같았어요." 나머지 침팬지들 중에는 "어쩌다 대규모의 무리로 찾아오는 암컷들에게 약을 줄 때가 가장 무서웠어요. 이미 1회 분량의 약을 먹은 수컷이 암컷에 덤벼들어 약을 뱉어버리게 한 뒤 그걸 먹어버리면 어쩌나 해서요. 그렇게 되면 소아마비에 걸리게 될 거라고 보거든요." 어쨌든 12월 둘째 주까지 연구진에게 익숙한 침팬지들 중 ─작은 젖먹이 새끼들은 제외─4분의 3에게 약을 먹였다. 그러나 그즈음 미스터 맥그리거가 죽었다.

정수리와 목, 어깨의 털이 벗겨진, 달걀을 좋아했던 미스터 맥그리거는 제인이 처음 발견했을 당시 서른 살에서 마흔 살 정도로 추정되었는데 처음 친해지던 시기에는 사뭇 호전적이었다. 제인이 지나치게 가깝게 접근하기라도 하면 나뭇가지를 흔들거나 얼굴을 갑자기 들이대며 위협하곤 했다. 나이나 겉모습, 성격이 합쳐진 전체적인 인상이 여러모로 제인에게 베아트릭스 포터의 피터 래빗 이야기에 나오는 뿌루퉁한 늙은 정원사를 떠올리게 했고, 거기서 따와 이름을 붙였다. 그런데 노인이 다 된 맥그리거도 소아마비에 걸려 11월 마지막 주에 두 다리가 마비가 된 채로 숲에서 나타났다. "간신히 캠프까지 몸을 끌고 왔더군요." 12월에 버치스로 보낸 편지에 담긴 제인의 회상이다. "움직일 때는 몸을 똑바로 세우고 앉아서 팔을 목발 삼아 뒤로 조금씩 움직이거나, 배를 깔고 누워 앞으로 몸을 당기거나—식물이 충분히 질길 정도로 튼튼할 때만 그렇게 했어요—몸을 굴리거나, 팔을 써서 몸을 일으켜 앞구르기를 했어요. 방광 조절 능력이 사라졌는지 다리와 그 밖의 다른 부위에서 오줌 냄새가 났죠. 몸 전체에 파리 떼가 달려들어 있었고요. 파리들 때문에 <u>지긋지긋해했죠</u>. 우리는 녀석을 이리저리 따라다니며 먹이를 가져다주었어요."

일단 캠프로 오자 늙은 침팬지는 그곳에서 쉴 곳을 찾은 듯했다. 그 후 며칠 동안은 어슬렁거리며 돌아다니다가 아직 힘이 남아 있는 강한 팔을 뻗어 힘겹게 나뭇가지가 낮게 드리운 나무 위로 몸을 끌어 올려서 밤에 잠을 잘 둥우리를 만들었고, 아침에는 늦게까지 꾸물대다가 힘겹게 나무를 내려왔다. 제인과 휴고는 맥그리거가 둥우리에 있을 때면 야자나무 잎으로 된 바구니에 달걀과 나뭇가지가 달린 채로 베어낸 야자들, 꼬치에 꽂은 바나나를 담아 올려줬다. 처음에는 먹이도 거부했지만 며칠이 지나자 둥우리에서 내려올 때면 바닥에 등을 대고 누워 제인이 스펀지로 입 안에 물을 똑똑 흘려 넣어주는 것을 허락해줄 정도로까지 적응했다. 또 제인은 통통하게 살이 찌고 윤기가 흐르는 파리 떼가 맥그리거를 괴롭히자 손으로 분사하는 살충 분무기로 파리들을 잡아 죽이기 시작했다. 늙은 침팬지는 처음에는 겁먹었지만 이내 분무기로 뿌리는 자세를 취하면 고마워하는 듯한 행동을 하기 시작했다.

캠프의 침팬지들은 자신들의 영역에 들어온 이 불안감을 주는 동료에게 덜 동정적이었다. 두려움, 또는 집단의 평온함을 흔들어버리는 것에 대한 불관용에서였는지, 유심히 바라보던 침팬지들 중 덩치가 큰 수컷 몇몇이 맥그리거의 주변에서 공격적인 과시 행동을 했다. 그 상황에 처한 맥그리거의 공포는 "애처롭기 짝이 없을 정도"였다. 한번은 땅 위로 내려온 맥그리거에게로 골리앗이 다가가 코를 대고 킁킁거리며 냄새를 맡았다. "그리거(맥그리거)가 공포에 질린 채로 땅 위에 드러누워 손을 골리앗에게로 내밀었지만" 골리앗은 그저 뚫어지게 바라보다가 다시 한 번 냄새를 맡고는 풀이 죽은 맥그리거 주위를 어슬렁거리기만 했다. 최악의 사건은 맥그리거가 밤에 잠을 잘 둥우리로 들어갔을 때 벌어졌다. 흥분한 골리앗이 털을 부풀리고는 나무로 올라가 폭력적인 위협 자세를 취하며 나무를 마구 흔들기 시작했다. "그리거는 살기 위해 나무에 정말로 꼭 매달려 있었는데 자기 주변의 나뭇가지가 부러지고 둥우리—온갖 애를 써서 힘들게 만든 것이었는데—가 망가지자 머리를 푹 숙이더군요. 마침내 둥우리를 버릴 수밖에 없게 되자 아래쪽 가지로 내려와 대롱대롱 매달렸어요. 처음에는 그저 좀 무서웠던지 소리도 내지 않고 있더니 곧 끔찍한 비명을 지르고 공포에 질린 표정을 지었어요. 그러자 골리앗이 동작을 멈추고(다섯번째 동작에서) 땅 근처로 내려와 앉더군요." 맥그리거 역시 몸을 낮춰 골리앗 쪽을 향해 복종의 몸짓으로 한 손을 머뭇머뭇 내밀었다. 그 몸짓을 받아들이며 골리앗은 용기를 북돋아주기라도 하듯 "그리거의 손을 토닥토닥 두드렸어요. 그리고 모든 상황이 종료됐죠. 하지만 그 모든 상황은 지켜보기조차도 무서웠어요."

이윽고 맥그리거를 향한 전형적인 반응은 공격에서 무시로 바뀌었으며 다른 침팬지들은 악취가 나고 파리로 뒤덮인 이 유인원이 고통스러운 몸짓으로 기어 오거나 몸을 꿈틀대며 움직여 오거나 굴러 오면 다른 곳으로 몸을 피했다. 험프리만 빼고 모두 그랬다. 한때 험프리와 맥그리거가 단짝 친구로 붙어 다녔던 터라 제인은 분명 그들이 형제일 것이라고 생각하고 있었다. 맥그리거가 갑자기 병에 들자 험프리는 그저 "어쩔 줄을 몰라" 했다. 골리앗이 나무에서 포악하게 위협 행동을 하는 그 끔찍한 순간에도 근처에 있었던 험프리는 비록 효과는 없었지만 평소 골리앗에 품었던 공포를 이겨내고 나무로 뛰어올라 맞서서 똑같이 공격 행동을 취했다. 비록 오랜 친구의 털을 골라준다거나 만지지는 일은 없었지만 험프리는 매일 밤 맥그리거의 주변에서 잠을 잤다. 낮에는 캠프 근처에 머물며 맥그리거와 그다지 멀리 떨어지지 않은 곳에 앉아 있었는데 마치 자신의 친구, 또는 형제가 기운을 차리기만을 인내심을 갖고 기다리는 듯한 모습이었다.

제인과 휴고는 맥그리거가 회복하리라는 작은 희망을 키워봤지만 결국 총을 쏴 안락사를 시킬 수밖에 없다고 결정했다. 그런 결정이 불가피하다는 사실은 맥그리거가 한쪽 팔을 심하게 삐고 난 뒤 몸을 일으키는 데 쓸 수 있는 사지가 이제 단 하나만 남게 되면서 다시금 확인되었다. 이제 나무로 올라갈 수조차 없게 된 맥그리거는 무력해진 채 힘겹게 맨땅 위를 기어다녔다.

어느 초저녁 제인과 휴고는 불빛이 흔들거리는 램프를 들고 맥그리거에게로 가서 반쯤 잠이 들어 "깊게 쌕쌕거리는 숨소리"를 내며 거의 코를 골기까지 하는 맥그리거에게 모르핀 주사를 놓으려고 했지만 맥그리거가 주사기를 쳐냈다. 둘은 다시 한 번 시도했다. 다시 한 번 맥그리거가 주사기를 쳐냈다. 제인과 휴고는 침팬지를 뒤로 하고 9시에 배급되는 저녁을 먹으러 캠프로 돌아갔다. 그날 밤 늦게 제인은 손전등을 들고 자신의 오랜 친구를 보러 살금살금 걸어갔다.

내가 다가가자 졸음에 겨운 눈을 떴다. 바나나를 건네주자 그르렁거리는 소리를 내며 받아먹고는 나뭇잎을 몇 뭉치 집어 먹었다. 그러더니 잔가지 쪽으로 손을 내밀어 그것을 구부려 턱 밑에 받쳤다. 왜 난 전에는 그 생각을 못했던 걸까. 비록 손을 뻗어서 가지고 올 수 있는 것이 하나도 없어도 둥우리는 만들고 싶었을 텐데. 그래서 나뭇잎이 달린 가지를 잔뜩 주어다 주었다. 나뭇가지가 시끄럽게 꺾이고 불이 형형히 빛나는데도 맥그리거는 두려워하지 않았다. 나는 맥그리거의 쓸 수 있는 손에 나뭇가지 다발을 쥐어주었다. 맥그리거는 곧바로 아직 힘이 남아 있는 팔과 이빨, 턱을 이용해 나뭇가지들을 머리와 목 밑에 구부려 넣었다. 그리고는 아직 쓸 수 있는 팔을 둥글게 감고 그 위에 머리를 내려놓은 뒤 눈을 감았다. 나도 자리를 떠났다.

이튿날 아침 제인은 달걀 하나를, 휴고는 총 한 자루를 가지고 갔다. 땅 위에 여전히 처량하게 누워 있던 맥그리거는 조용히 달걀을 받아먹었다. "그는 등 뒤로 겨우 몇 미터 떨어지지 않은 곳에 있는 휴고를 무척 믿고 있는 것 같았다. 뛰어오르지도, 몸을 틀지도 않았다. 총알이 맥그리거의 비참한 생을 마감시키자 머리만 그저 조금 더 수그러졌을 뿐이고 맥그리거는 마치 여전히 잠들어 있는 것처럼 누워 있었다. 우리로서는 더욱더 견디기 힘든 일이었다."

"모습을 보이지 않던 침팬지들이 한 마리씩 마비가 된 채로 돌아오는 것을 보고 있으려니 그 모든 상황이 마치 악몽처럼 느껴졌습니다." 12월 15일에 레너드 카마이클에게 보낸 편지에 제인은 그렇게 썼다. "현재까지 일곱 마리가 감염되었으며 그중 세 마리는 매우 심각한 상태입니다. 거의 확신컨대 두 마리에서 네 마리 정도가 죽은 것으로 보입니다."

제인과 휴고는 마침내 유행병이 진정된 듯 보일 때까지 며칠 더 캠프에 머물렀다. 그리고는 12월 19일 앨리스 소렘과 캐롤린 콜먼에게 뒤처리를 맡기고 폭스바겐, 랜드로버에 나눠 탄 채로 방부제로 보존한 맥그리거의 사체를 싣고 나이로비를 향해 달렸으며, 도착하자마자 둘은 부검을 해줄 전문가를 찾을 때까지 맥그리거를 깊숙한 냉동고에 넣어두기로 했다. 그러다 보니 둘은 다가오는 연휴에 어떤 것도 할 수 없을 정도로, 심지어 집에 보낼 편지조차도 끼적일 기운을 내지 못할 정도로 무력한 기분에 빠져들었다. 12월 23일이 되어서야 겨우 제인은 뒤늦게 "크리스마스 종, 나무들, 건포도 푸딩 모두 여기에는 어울리지 않는 것처럼 보여요"라고 쓴 짧막한 크리스마스 무선전보를 나이로비에서 집으로 보냈다. 하지만 제인은 과거의 공포에 계속 머물러 있기를 거부했다. 그리고 나이로비에서 안타까운 소식—휴고의 독수리 사진이 분실되었고, 다른 한편 내셔널지오그래픽협회가 조지 셜러의 사자 사진 촬영 프로젝트를 다른 사람에게 넘기기로 결정해버렸다—도 들었지만, 어쨌든 그런 일은 근래에 겪었던 일에 비하면 대수롭기만 했다.

크리스마스를 맞아 제인과 휴고, 마이클은 케냐의 바링고 호수로 짧은 사파리 여행을 계획했다. 나이로비에서 만난 친구이자 연락책인 마이크 리치몬드도 "혼자라서 가엾다"는 이유로 함께 가자고 초대했다.

미국에서 온 루이스의 새로운 (제인의 말을 빌리자면) "고릴라 아가씨" 도 12월 22일 시내로 와 있었는데 이윽고 제인은 그녀를 만나게 되었다. 큰 키에 짙은 밤색 머리, 깡마르고 늘 어딘가 어색해하는 인상을 줬던 다이앤 포시는 원래 작업치료사(신체, 정신 장애인에게 어떤 목적을 띤 업무를 시켜 치료를 도모하는 업무를 수행하는 의료인—옮긴이)였다. 지난 3월 켄터키 루이스빌에서 열린 루이스의 강연에 참석했던 포시는 강연회가 끝나자 루이스에게 다가갔다. 사실 포시가 3년 전 짧은 올두바이 방문 일정이 포함된 동아프리카 사파리를 하던 중 리키 부부와 만난 적이 있기는 했는데 놀랍게도 루이스가 그녀의 이름을 기억했다. "포시 양, 맞습니까?" 그러더니 "이 사람들과 이야기를 마칠 때까지 기다려주시겠어요?"라고 부탁까지 했다.

루이스는 이제는 유명해진 제인 구달의 방식으로 마운틴고릴라를 연구해줄 사람을 찾고 있었다. 그래서 강연장의 사람들이 모두 빠져나가자 그 스물세 살짜리 미국인 아가씨와 함께 스토퍼스 루이스빌 호텔에 빌려둔 자신의 방으로 가서 한 시간 정도 면접을 봤는데, 대부분의 시간은 루이스의 이야기로 채워졌고 마지막은 연구직 제안을 건네는 것으로 마무리가 되었다. 루이스는 봉급 인상에 동의했으며 또한 비룽가에서 캠프를 칠 지역이 오지임을 감안해 포시에게 맹장수술을 받아야 한다는 말도 했다. 그다지 진지하지 않았던 발언임에도 포시는 그 말을 진지하게 받아들여서 그해 12월 나이로비로 왔을 때에는 수술을 받아 가벼워진 몸으로 나타났다. 루이스는 점심을 함께 하며 메리에게도 소개해주려고 포시를 랑가타 집으로 데리고 갔으나 메리는 그들을 바라보며 냉담하게 "그래, 그쪽이 셜러를 뛰어넘을 아가씨로군요, 맞아요?" 하는 말만을 내뱉었다.

포시는 나중에 그런 생각에 "겁을 먹었다"고 회상했다. 조지 셜러가 1959~1960년 약 1년 동안 포시가 연구하게 될 마운틴고릴라 중 겨우 일부만을 연구한 것뿐이긴 했지만, 그는 경험이 풍부하고 교육받은 동물학자였고 셜러가 머물던 카바라 초원의 막사는 대비가 철저히 되어 있었고 물품 공급도 잘 되어 있었으며 조력자인 아내도 있었다. 대조적으로 포시는 경험도 없고 교육도 받지 못한 데다가 준비도 안 되어 있었으며 조력자도 없었다. 그해 12월 근심에 가득 찬 "고릴라 아가씨"는 에인즈워스 호텔에 머무르면서 각종 물품과 캠프 장비를 잔뜩 사며 탐사를 준비하고 있었다. 또 릴리라는 이름의 캔버스 천 지붕이 달린 고물 랜드로버도 한 대 샀지만, 제인이 가족에게 쓴 편지에 따르면 포시는 여전히 에인즈워스 안에 혼자 "고립된" 듯했다. 그래서 다이앤 포시도 크리스마스 사파리 여행에 함께 가자는 초대를 받게 되었다.

벤자민이라는 이름의 요리사까지 포함하여 모두 여섯 명의 일행은 "수 킬로미터를 더 들어간 깊숙한 곳"인, 바링고 호수 상류의 나무 한 그루가 그늘을 드리운 지대에서 야영을 했는데, "훼손되지 않은 아프리카"의 풍광이 펼쳐진 그곳에서는 이리저리 몰려다니는 딕딕, 몽구스, 버빗원숭이들을 볼 수 있었다. 일행은 모두 호수로 내려갔는데, 호수 곳곳에 흩어진 검고 커다란 부석들에 "굉장히 매력적인 아가마도마뱀들"이 바글바글하게 매달려 있었다. 아가마도마뱀들은 제인의 생각에 "매우 얌전"했으며 일행은 도마뱀들에게 크리스마스 특식으로 마멀레이드 커스터드와 달걀부침을 조금 던져주었다.

제인은 이동 사무실로 사용하는 버스 안에 풍선과 주름 종이 리본을 매달고, 철사와 야자나무 잎을 엮은 것과 "반짝이"로 장식한 작은 나무를 가져다 두었고 탁자에는 선물 몇 개를 올려 두었다. 통조림 건포도·호두 케이크에는 크림을 입히고 "최상급 종이 주름 장식"을 달은 뒤 작은 플라스틱 동물인형—침팬지, 고릴라, 비비원숭이, 버빗원숭이—네 개를 얹었다.

제인의 말에 따르면 근사한 크리스마스 저녁식사를 한 뒤 모두들 반주로 마신 술("Pouille-Fouis인가? 철자를 어떻게 쓰죠? 푸이 후이!!") 두 병으로 거나하게 취했다고 한다. 달빛 어린 야외에서 사람들은 구운 감자와 콩을 곁들인 구운 오리고기 만찬과 커스터드를 넣고 살짝 구운 크리스마스 푸딩 통조림을 후식으로 즐겼다. 그러곤 버스로 돌아가 선물 포장을 풀었다. 휴고가 제인에게 준 선물은 "더할 나위 없이 우아한 흰색 스카프인데 손으로 그린 왜가리 무늬가 있어요. 사실 손으로 그린 것처럼 보이지는 않는데, 그렇지 않다고 생각하기엔 또 너무너무 근사하게 잘 그렸어요. 딱 제가 늘 갖고 싶었던 그런 스카프였어요." 고국의 가족들과 크리스마스 건배 시간을 맞추려는 시도를 해봤지만 두 장소 간의 시차를 알아내기가 힘들었기에 "7시부터 매 시간마다 건배를 하다가 그만 거나하게 취해버렸어요. 영국에서 우리를 향해 건배를 할 시간에 우리도 술을 마시려고 하다 보니 그렇게 되고 만 거죠." 제인의 건포도 케이크는 여섯 조각으로 잘라 나눴으며, 장식으로 얹어둔 네 마리의 동물 인형은 네 방향으로 배분되었다. 고릴라는 당연히 다이앤 포시에게 주었으며 포시는 "그걸 받고 정말로 기뻐하더군요. 우리도 그녀와 함께 오게 되어서 기뻤어요. 그녀는 마주치는 모든 것에 황홀해하며 몰입했거든요."

흔히 첫인상에 반하게 된 경우 그렇듯이, 이번에도 시간이 흐르면서 이런 감상은 재조정되었다. 12월 19일 사파리 여행단이 나이로비로 돌아오고 나서 제인과 휴고는 1월 3일에 다이앤과 함께 비행기를 타고 곰베로 날아갔다. 거의 20년이 흐른 후 포시는 저서 『안개 속의 고릴라 *Gorillas in the Mist*』에서 제인이 "캠프를 구성하는 방법, 자료를 수집하는 방법을 가르쳐주고, 또한 그녀의 사랑스러운 침팬지들을 소개해주기 위해" 연구지로 자신을 "친절하게도 초대했다"고 밝혔다. 포시는 계속해서 "감사하다는 인사"도 제대로 못 한 듯하다고 썼는데 마운틴고릴라를 향해 떠날 날짜가 다가와, 여행에 대한 걱정에 온통 정신이 쏠려 있었기 때문이었다고 했다. 제인이 밴에게 보낸 1월 중순의 편지 속에 담긴 당시 방문에 대한 언급은 좀더 직설적이다. "그녀와 함께 있는 동안 우리는 조금 짜증이 났었어요."

제인은 다이앤에 대해 이렇게 평했다. "처음 만났을 때는 굉장히 훌륭한 사람이었어요. 아시겠지만, 그래서 크리스마스 사파리에 그녀를 데리고 갔었던 거죠. 그녀를 마음에 들어하는 루이스에게는 이런 이야기는 하지 마세요. 제가 보기에 다이앤의 머릿속은 너무 낭만적인 생각으로 가득 차 있는 것 같아요." 다이앤은 조지 셜러와 케이 셜러의 거처였던 오래된 에이클리 오두막이 있는, 자신도 머물 예정인 카바라의 초원이 "고산 초원"이라며, 그곳에 암소를 몰고 가겠다고 고집을 부렸다. 암소의 목에 종을 둘러줄 것이고 암탉과 애완동물도 몇 마리 기를 것이며 거기서 갈까마귀를 모두 길들여보겠노라고 했다. 산딸기를 따서 잼도 만들겠다고 했다. 사실 제인도 처음 침팬지들을 연구하러 왔을 때는 "마찬가지로 낭만적인 생각"을 품고 있었지만 좀더 현실적이었다. "어떻게 하면 침팬지 무리와 함께 움직일 수 있을까, 동족으로서 그들에게 받아들여질 수 있을까, 나뭇가지들 사이를 뚫고 기어 올라가는 법을 어떻게 연습해야 할까. 그러니까 타잔이 할 법한 일을 미화한 것들이었죠." 게다가 더욱 암울했던 것은 다이앤이 "조지의 책을 꼼꼼하게 읽지도 않았다"는 점이었으며, "고릴라 연구 계획을 세운 이후로 지난 3년 동안 영장류에 대해 하나라도 배울 생각을 하지도 않았던" 것 같았다는 점이었다. 다이앤은 제인에게 "고릴라가 야생 산딸기를 먹지 않는 이유를 이해할 수 없다"며 자신은 그 문제에 관해서 "조지가 틀렸다"고 확신한다고 이야기했다. 하지만 제인의 지적에 따르면 사실 조지 셜러가 남긴 기록에는 "야생 산딸기를 먹는 덩치 큰 수컷에 대한 구체적인 묘사가 있었어요!"

마침내 1월 6일 다이앤 포시가 짐을 잔뜩 실은 랜드로버를 타고 나이로비를 떠나 동쪽으로 960여 킬로미터를 달려 비룽가를 향해 떠나는 여행길에 올랐고 제인은 시내에 머무른 채로 루이스의 박물관 사무실을 잠시 빌려 쓰며 캐롤린 콜먼을 대신할 비서를 구했다. 사람은 금방 구할 수 있었다. 밴에게 보낸 편지에 제인은 수잔 채이터가 "굉장히 괜찮은 아가씨"라고 적었다. 그 후 며칠간 채이터와 함께 시간을 보내는 동안 처음에 받은 인상이 맞았음이 확인되었다. 채이터는 "매우 겸손한 사람이고, 교육을 잘 받은 상류 계급 출신인데 재미있고 지적인 데다가 유머 감각도 뛰어나고 게다가 익살맞은 행동도 잘 해요."

다른 일도 잘 풀렸다. 첫째, 앨리스 소렘(곰베에서 일을 "**훌륭하게**" 잘하고 있었다)에게는 조만간 샌디에이고 주립대학에서 동물학을 전공한 패트릭 맥기니스라는 "그녀와 단짝이 될 만한 남성"을 붙여줄 예정이었다. 둘째, 워싱턴으로부터 제인의 책이 거의 완성되었고 제목도 '내 친구 침팬지My Friends the Chimps'에서 '내 친구 야생 침팬지My Friends the Wild Chimpanzees'로 변경되었다는 소식을 알리는 전화가 왔는데, 새 제목이 훨씬 좋았다. 일전에 내셔널지오그래픽협회의 편집자들은 "쓸모없는 일상 대화를 많이" 삽입하고 침팬지의 대화에 대해 제인이 쓴 내용을 삭제해버리면서 마지막 장을 완전히 바꾸어 놓아버린 적이 있었다. "믿으실지 모르겠지만 소아마비 사건에 대해 줄줄이 늘어놓았다니까요. 내가 넣고 싶지 않다고 누누이 이야기했던 부분을요!"

그런데 이번에 내셔널지오그래픽협회 측에서 제인이 쓴 마지막 장을 그대로 수용하기로 하고 그녀가 정말로 귀중하게 여겼던 단락인 "침팬지와의 우정이 무슨 의미인지 정의한 것"도 포함시켜줬다. 더욱이 인간과 침팬지의 근육 조직을 비교해 묘사한 일러스트레이션, 손의 자세와 이동 양식 등을 그린 스케치도 삽입한다고 했다. 결국 "우리가 예상했던 것에 비교한다면 굉장히 좋을 것 같아요. 유일한 문젯거리는 우리가 앞으로 내려고 하는 책에 쓰려고 아껴둔 내용을 그 사람들이 다수 사용해버렸다는 점이죠!!!!!!"

하지만 그때 1월에 찾아온 뜻밖의 선물 중 최고는 로열 리틀이라는 이름의 백만장자 미국인이 그들을 모두 태우고 곰베로 날아가 몸소 침팬지들을 보고 싶다며 보낸 전갈이었다. 그래서 1월 중순 제인, 휴고, 새 비서인 수잔 채이터는 사파리 에어의 쌍발엔진 쾌속전세기인 스카이나이트를 타고 캠프를 향해 날아갔다. 로열 리틀과 나머지 일행—아들, 며느리, "어떤 나이든 여성(누군가의 숙모인 듯했어요)"—은 그 다음날 나타났다.

제인의 생각에 캠프의 숙박 시설은 "조금 비좁았다." 로열과 나이든 여인은 팬 팰리스의 침실 두 곳을 쓰기로 했고 아들과 며느리에게는 라빅 오두막을 배정했다. 캐롤린 콜먼은 약혼자와 지내라고 키고마로 보냈다. 나머지—제인, 휴고, 수잔 채이터, 앨리스 소렘—는 팬 팰리스 작업실에 일렬로 깔아둔 매트리스 위에서 잠을 잤다. 사람들이 자리를 잡기 시작하자 사람에게 반쯤 길들여진 캠프의 제닛고양이가 어슬렁거리며 돌아다니기 시작했는데 일전에 로열 리틀이 그 작은 동물을 보고 싶다는 말을 한 적이 있는 터라 사람들은 리틀을 불렀고, 그 일로 모두들 매우 유쾌한 순간을 즐기게 되었다. 그때 제인은 수가 리틀의 백만장자용 파자마를 입은 모습에 "졸도"를 할지도 모르겠다고 생각했다. 그 파마자가 "일종의 추위 보호용 소재"로 되어 있었던 탓이었다. 꽉 끼는 감청색 상의에는 꼭 쬐는 흰색 깃이 대어져 있었고 흰색 커프스가 달린 통이 좁고 긴 소매가 달려 있었다. 셔츠를 꼼꼼하게 밀어 넣은 바지는 상의와 색구성이 반대였는데 감청색 허리춤과 종아리 바로 아래 촘촘하게 주름이 잡힌 감청색 바짓단을 제외하면 온통 흰색이었다. "정말 헉 소리가 났어요!" 제인은 이렇게 썼다. 또 자신이 마시는 샴페인 잔마다 설탕 네 스푼을 부어 넣는 리틀의 습관도 우습긴 마찬가지였는데 그것은 "오직 백만장자만이 할 수 있는 탈선"이었다.

그런 괴짜 행각은 귀로 듣기보다는 실제로 눈으로 봐야 더 재미있는 법이지만, 어쨌든 그의 괴짜 행각은 늘 환영받을 만한, 마음이 편해지는 우스운 이야깃거리를 제공해주었다. 한편 침팬지들도 진심으로 안도하게끔 해줬는데 이틀 동안의 백만장자식 침팬지 관찰은 "거의 성공적"이기까지 했다. 사실 모습을 드러낸 침팬지들이 많지는 않았지만, "어미들이 왔어요. 물론 플로도 포함해서요! 새끼들은 서로 장난을 치며 놀았죠. 플로와 지지는 싸움을 했고 워즐은 플로에 걸려 넘어졌죠. 마이크도 나타나 자신을 바라보는 사람들을 향해 돌을 던졌고요! 손님들은 내내 밖에 나와 있을 수 있었어요. 스니프와 피피는 앉아서 모기장 안을 들여다봤고 푸치는 로열과 함께 일종의 까꿍 놀이를 했는데 로열이 무척 즐거워하더군요. 컬러 폴라로이드를 가지고 피피의 사진을 찍어 플린트에게 보여주니까 플린트가 사진에 뽀뽀를 해서 손님들이 즐거워했죠!"

무엇보다 좋았던 일은 오랫동안 보이지 않다가 다시 모습을 드러낸 페페의 건강 상태가 괜찮아 보였던 것이었다. 캠프에 마지막으로 나타났을 때만 해도 페페의 겉모습 때문에 험프리가 겁에 질렸고 또 험프리의 얼굴에 드러난 공포가 페페를 두려움에 떨게 했었다. 예전에 페이븐이 한쪽 팔로 이동하는 식으로 마비에 적응했던 것과 달리 이번에 페페는 뒷다리로 꼿꼿이 선 채 걸어서 움직일 수 있었다. 페페가 다시 나타났을 때 공격과 위협이 가해졌지만 이미 페이븐이 무리에게 다시 받아들여졌기에 제인은 페페도 곧 받아들여질 것이라고 확신했다.

그렇게 전염병은 수그러들었다. 1967년 1월 27일이 되자 이 사실을 알릴 만큼 자신감을 얻게 된 제인은 레너드 카마이클에게 죽은 침팬지는 네 마리로 그중 두 마리(맥그리거와 맥도널드)는 사살되었으며 부분적인 마비 증세를 보인 침팬지는 다섯 마리(페이븐, 마담 비, 페페는 한 팔, 또는 양쪽 팔이 마비되었고 길카는 허리 부근에 경미한 마비, 윌리 월리는 발에 다소 마비 증세를 보였음)라고 쓴 최종 보고서를 전송했다. 제인은 미스터 맥그리거가 나이로비의 급속 냉동고에 여전히 보관되어 있고 "소아마비가 사망 원인인지를 확실히 판별하기 위해 뇌와 척수 표본을 검사해줄 바이러스 학자들을 찾았습니다" 하고 알렸다. 최종 해부 결과 확진을 할 수 없다는 결론이 내려졌으나(뇌, 척수 조직이 파괴되기 전에 냉동을 했어야 했는데 그러지 못했던 것이다) 이제 곰베의 침팬지들이 다시 안전하게 오래오래 살 수 있게 되었으므로, 실질적으로는 상관없었다.

29

그러블린

1967

1967년 초 제인은 임신 7개월이었지만 그 사실을 거의 모든 사람, 심지어 가까운 친구와 가족들에게도 비밀로 해두고 있었다. 하지만 루이스는 이미 12월 말 무렵 제인이 나이로비로 왔을 때 분명 눈치를 챘던 듯하다. 밴도 그때쯤 임신 소식을 듣게 되었는데 아마도 루이스를 통해서였던 것 같다. 주디도 마침내 런던 자연사박물관의 직장 동료로부터 이모가 된 기분이 어떠냐는 질문을 받고서 그 일을 알게 되었다.

2월 11일 응고롱고로 분화구의 캠프에서 린 뉴먼에게 보낸 편지에 제인은 이렇게 설명했다. "우리는 깜짝 소식을 전해주려고 숨기고 있었답니다 (그게 우리의 계획이었죠). 당연한 일이겠지만 그런 건 비밀 유지가 어려운 법이더군요!!" 어쨌든 현재까지는 "임신으로 인해 괴로운 것도 없고 일상생활도 별로 달라지지 않았어요. 들썩들썩 덜커덩덜커덩 달리는 차를 타고 동아프리카의 길을 달려도 전혀 이상이 없답니다!"

전과 다를 바 없이 열정적이고 숨 가쁜 속도로 자신의 삶을 살아가고자 했던 제인의 의지는 확고했다. 그것이 그녀의 기질이었고 본성이었으며 그녀의 아기라면 동아프리카의 울퉁불퉁한 길 위를 들썩이고 덜커덩거리면서 달리는 차를 타는 데도 빨리 적응을 해야 할 것이었다. 그 무렵 침팬지의 영아발달 연구를 하면서 인간 종에 대한 연구도 병행하기로 결정한 제인은 더불어 침팬지 육아 원칙—친밀한 스킨십을 장기간 유지하는 것—을 실천하는 본인의 육아 프로젝트도 같이 시작하기로 마음먹었다. 제인은 휴고와 함께 나이로비에서 아이가 태어나자마자 엄마와 함께 지내도록 허용하는 병원까지 찾아냈다. 그곳은 "굉장히 좋은 가톨릭 병원인데 작지만 출산 전문 병원이에요." 게다가 산파를 맡은 수녀님은 "침팬지 새끼를 연구하는 사람이 자신의 아이를 연구할 수 있다면 가장 이상적일 것!"이라는 점도 잘 이해해주는 듯했다.

당시 제인과 휴고는 응고롱고로 분화구 안, 그 "경이로운, 나만의 작은 세계"에서 근사한 시간을 보내고 있었다. 부부는 뭉게 강이라고 알려진 좁은 진흙탕 지류 옆에 캠프를 차렸는데 강의 반대편에서는 네덜란드 과학자 한스 크루크와 그의 아내인 제인이 한 칸짜리 오두막에서 잠복을 하며 하이에나를 관찰 중이었다.

그즈음 반 라빅 부부가 집중하고 있었던 대상은 도구를 사용하는 이집트독수리였다. 나이로비에 있을 때 부부는 농장에서 기른 타조가 낳은 알 여러 개를 구해 알 양 끝에 구멍을 내고 바람을 불어 넣어 속의 내용물을 빼두었다. 그렇게 불어서 꺼낸 내용물은 열을 가하고 휘저어 익혀서 몇 차례 근사한 아침 식사로 먹어 치웠고 빈 껍질을 따로 모아서 썩지 않도록 처리한 뒤에 운반해 왔다. 그리고는 약 1.3킬로그램가량 되는 원래 무게가 나가도록 빈 껍질 안에 소석고를 부어 넣었다. 이제 응고롱고로 분화구로 이동도 했고, 바람을 불어 넣고 소석고를 채운 타조알 더미로 무장도 했으니 일할 채비는 모두 갖춘 셈이었다.

이집트독수리 한 마리가 홀로 다니는 모습이 보이자 부부는 타조알 중 하나를 관찰 지점에서 약 30미터 정도 떨어진 곳에다가 올려 두었다. 알을 본 이집트독수리는 부리로 잠시 털을 다듬는가 싶더니 돌을 하나 집고서 다가오기 시작했으며, 그 커다랗고 하얀 목표물을 향해 접근하는 내내 몇 초마다 한 번씩 돌을 집었다 던졌다, 집었다 던졌다를 반복했다. 이런 성급한 투척은 투석 행동에서 공통적으로 발견되는 양상으로 밝혀졌는데 나중에 제인이 썼듯 마치 "알의 모습이 너무나 자극적[이라] 돌을 던지기에 앞서 먼저 목표물에 도달하기까지 걸리는 시간조차도 기다릴 수 없는 듯했다." 마침내 알에 돌을 던질 수 있는 사정권에 도달해 새가 돌을 날렸다. 보통 몇 차례 시도를 해야 했지만 그 이집트독수리는 몇 분 만에 알 속으로 구멍을 낸 뒤 고개를 숙여서 안을 살폈다. 평소와 같이 촉촉하고 맛있는 먹이를 발견하지 못하자 이 결의에 찬 작은 독수리는 돌을 몇 개 더 집어 들고 30분 동안 둥근 알을 계속 내리쳤으며, 결국 작은 껍질들이 쌓여 더미를 이루었다. 이 과정에서 독수리는 종종 몇 미터 뒤로 물러나 마치 적당한 돌이어야 자신이 원하는 노른자위를 얻을 수 있다는 원칙에 따라 작업을 하기라도 하듯이 새로운 돌을 찾고 골라내기를 반복했다. 시간이 흐름에 따라 제인과 휴고는 독수리들이 적당한 돌을 찾으려고 알로부터 45미터나 떨어진 곳까지 간다는 사실을 발견했으며 일단 사정권에 들어서기만 하면 목표물 타격은 거의 성공적이라는 사실도 알아냈다. 투척에 사용된 돌의 무게는 평균 142그램이었으며 무게 범위는 14그램에서 509그램이었다. 그러나 모든 이집트독수리가 돌을 이용한 것은 아니었다. 아직 성숙하지 못한 독수리 중 일부는 아무런 소득 없이 그저 타조알을 쪼아대기만 하는 사실로 보아, 투석은 탈 없이 자란 성년 독수리가 모방을 통해 습득하는 '학습 행동'인 듯했다.

그것은 독수리를 데리고 한 동물행동학적인 고양이와 쥐 게임이었는데, 반 라빅 부부는 그해 2월 어느 날 저녁 이번에는 다름 아닌 자신들—요리사 벤저민, 조수 토머스도 함께—이 그보다 훨씬 더 큰 고양이와 쥐 게임의 불안한 경계에 아슬아슬하게 놓여 있음을 깨닫게 되었다. 그 고양이들은 바로 사자들로, 밖에서 랜턴을 청소하던 토머스가 저물어가는 황혼을 등지고 첫번째 사자가 모습을 드러내는 것을 발견했다. 약 30미터 떨어진 곳에 있던 사자가 서서히 이쪽으로 접근해 오자 토머스는 그러면 안 되는 것이었지만 본능적으로 바닥으로 엎드렸다. 주방 텐트 안에서 일하고 있었던 벤저민은 토머스가 몸을 날리는 모습을 보고 나서 사자를 봤으며, 토머스에게 일어나서 주방 텐트 쪽으로 천천히 걸어오라고 말했다. 그 말을 들은 토머스는 주방 텐트로 돌아와 벤저민과 함께 텐트 문을 닫은 뒤 텐트 천 자락 사이로 밖을 내다보았다.

주방 텐트로부터 30미터 떨어진 곳에 있었던 사무실 텐트 안에서는 제인과 휴고가 텐트의 한쪽 천을 완전히 걷어둔 채로 일을 보고 있었다. 밖이 거의 어두워진 데다가 가스 랜턴의 밝은 불빛 때문에 반쯤 장님이 되어 있었던 부부는 사자가 있음을 눈치 채지 못했다. 벤저민은 몰래 접근하는 짐승을 향해 손전등 빛을 비추며 "조심해요!"라고 소리쳤다. 불행하게도 손전등 불빛이 희미했던 탓에 벤저민이 빛을 비추어 전달하려는 것이 무엇인지 알아내려고 휴고가 텐트 밖으로 나왔다. 벤저민이 알아들을 수 없는 말을 외치자 휴고는 더 걸어 나왔고 마침내 약 18미터 앞에 커다란 황갈색의 고양잇과 동물이 낮게 포복한 채로 기어오는 것을 봤다. 휴고는 임신으로 몸이 무거운 아내를 데리고 캔버스 천으로 된 피난처에서 강철로 된 랜드로버로 단숨에 뛰어갈 생각으로 서둘러 텐트로 돌아갔다. 하지만 부부는 자동차는 겨우 10미터 떨어진 곳에 주차되어 있었지만 그 차가 그들 방향으로 몰래 접근하는 두번째 사자의 사정권 안에 있음을 깨달았다.

부부는 걷어져 있었던 텐트 천 자락을 내리고 가스난로를 피운 뒤 사자들이 텐트 안으로 들어올 때를 대비해 둘둘 말은 종이에 불을 붙여 횃불을 만들 채비를 했다. 텐트에는 창도, 손전등도 없었고 천 자락 사이로 불빛을 비출 수도 없었기에 제인과 휴고는 그저 안에서 기다리며 밖의 소리에 귀를 기울일 수밖에 없었다. 다시 주방 텐트로부터 최대 음량으로 높인 라디오 소리와 고함 소리, 냄비를 두드리는 소리가 들려왔다. 그리고는 정적이 흘렀다.

휴고는 랜드로버 옆에 있던 사자가 물러갔다고 생각하고 다시 한 번 차

쪽으로 달려갈 궁리를 했다. 하지만 막 차 쪽 텐트 천을 열어 올리려는 그때 차 바로 뒤에서 세번째 사자의 재채기 소리가 들려왔다. 제인과 함께 벤저민, 토머스를 향해 소리쳐봤지만 아무런 대답도 들리지 않았다. 휴고는 만약 그 아프리카인들이 짐승들에게 잡혀서 물렸다면 자신과 제인이 비명 소리를 들었을 것이라고 추측했다.

그러다가 텐트의 캔버스 천이 찢어지는 소리가 들려왔다. 그리고는 천이 찢겨나가는 소리가 잠잠해졌다. 정적이 흘렀다. 그러더니 달려 나가는 발자국 소리가 들렸다. 두 아프리카인들 중 한 사람은 이미 공격을 당하고 다른 사람은 바로 등 뒤에서 달려오는 사자의 추격을 받고 있는 것이 분명하다고 확신한 휴고는 종이 몇 장에 불을 붙여 그것을 사자를 향해 던지거나, 더 낫게는(영화에나 나올 법한 일이지만) 텐트 바닥에다 불을 붙인 뒤에 안에서 텐트를 통째로 들어 세운 채 차 쪽으로 걸어갈 작정을 했다. 그런데 차 한쪽 문도 아닌 양쪽 문을 닫는 소리가 들려왔고 천 자락 사이를 통해 훔쳐보니 벤저민과 토머스가 희미한 불빛만 내는 손전등을 든 채 차 속에 들어가 있고 사자들은 주방 텐트를 기웃거리는 모습이 눈에 들어왔다.

휴고와 제인은 차 쪽으로 황급히 달려가 안으로 몸을 내던졌다. 네 사람 모두 랜드로버 안에 몸을 안전하게 숨기자 휴고는 사자들 쪽으로 차를 몰아 거대한 짐승들의 뒤를 쫓아다니며 캠프 밖으로 몰아내려고 애썼다. 하지만 사자들은 그 큰 기계가 그저 자신들과 같이 놀려고 하는 것이라고 생각했는지 차로 뛰어올라 덤벼들며 장난을 걸었다. 마침내 간신히 사자 삼총사를 캠프 밖 어둠 속으로 쫓아버린 뒤에 휴고가 돌아서서 캠프 쪽을 바라보니 텐트에 불이 붙어 있었다. 그래서 소화기로 불을 끈 뒤 그날 밤은 사람 좋은 한스, 제인 크루크 부부가 비워둔 강 반대편의 작은 막사에서 묵었다.

2월 26일 제인은 집에 보낸 편지에 그해 나이로비가 "미칠 듯이 뜨겁다"며 자신과 휴고는 데본 호텔에 빌린 방에서 그저 "땀을 줄줄 흘리고 있다"라고 전했다. 하지만 그 편지를 쓰기 하루 아니면 이틀 전에 부부는 시내에서 약 30킬로미터 떨어진, 기온이 조금 더 낮은 고원지대 리무루에 있는 주택 매물 광고를 신문에서 봐두었다. 그날 저녁 집을 보고 나서 부부는 다음날 집 보증금을 냈다.

제인은 흥분 어린 어조로 소식을 전했다. "우리한테 이 집이 너무나 좋은 점은 가구가 모두 딸려 있다는 거예요!" 그 집은 석재로 건축된 타일 지붕 건물로, 조금 작은 이층이 있었고, 한쪽 면에는 최근 증축한 손님용 별채가 딸려 있었다. 모두 만 평이 넘는 부지였으며 앞으로는 130킬로미터가 넘는 광활한 풍경이 펼쳐져 있었고 또 최근에 심은 아보카도나무, 텃밭 두 곳, 말 네 마리를 기르는 마구간, 그리고 "가장자리에 싱싱한 꽃들만 심으면 되는 잔디가 깔린 예쁜 앞마당"도 있었다. 집 안으로 들어가 카펫이 깔린 계단을 올라가면 부부용 침실과 "130킬로미터에 걸쳐 펼쳐진 경치를 바라보며 일하기에 굉장히 좋은 장소"인 책상이 딸린 작은 방이 있었다. 2층에는 욕실과 화장실, 그리고 이 외에도 자그마한 침실이 하나 더 딸려 있었다. 1층 중앙에는 선반이 달린 벽난로가 놓인 긴 거실 겸 식당이 있었으며 거실 앞쪽에는 창문이 달린 베란다가 있었다. 손님용 별채에는 작은 침실, 욕실, 화장실이, 집 뒷부분에는 큰 주방, 네번째 침실, 베란다가 있었다. 집 전체 너비만큼 넓은 공간에 타일이 깔리고 창문이 있는 이 뒤쪽의 베란다 공간을 제인은 "정말로 사랑스럽다"고 생각했으며 거의 다용도로, 예를 들어 "편히 앉아 쉬기, 식사, 파티용으로, 아이들이나 애완동물을 위한 방(생각할 수 있는 것은 모두!)"으로 사용할 수 있겠다 싶었다.

집 구경을 하던 제인과 휴고가 그 아름다운 뒤쪽의 베란다로 갔을 때 집주인은 휴고를 향해 "부인이 앉아 바느질하기에 좋은 방이랍니다" 하고 이야기했다. 바느질은 제인이 관심을 둘 만한 전통적인 여성의 일이 아니었지만 어쨌거나 제인은 어머니로서의 자세를 기르려고 애쓰고 있었다. "작고 귀여운 아기 옷들"은 가족들이 우편으로 보내줬고 휴고와 함께 간 나이로비에서의 쇼핑에서 "용케 기저귀를 구했어요!" 또 "작은 침대 시트랑 촉감이 부드러운 담요도요. 그리고 상하가 붙은 작고 귀여운 아기 옷도 한 벌 샀답니다."

3월 4일 새벽 2시경 예정일보다 일주일 빨리 진통이 시작됐다. 린 뉴먼에게 쓴 편지에 따르면 제인은 4시쯤 병원에 도착했는데 8시 20분쯤 세상의 빛을 향해 아기가 나오기 시작했다고 한다. 산모는 마취제를 맞지 않았으며 "초반부터 진통이 빠르고 모든 게 원활하게 진행되었어요." 그러다가 "산고가 길어졌죠." 9시쯤이면 아기가 나오리라 예상했는데 9시 45분이 되어도 나오지 않았다. 모두들 "제가 애를 다 낳을 때까지도 많이 지쳐 있지 않다는 데 깜짝 놀랐어요!! 문제는 제 자궁이 명백히 '게으르다'는 거였답니다. 또 제일 난감했던 점은 아기 머리가 커서 여러 바늘을 꿰매야 했다는 거였고요."

출산 다음날 산모가 쓴 편지로는, 불편하리만큼 컸던 그 머리가 "약간 찌그러져" 있었으나 이제는 "거의 제대로 된 모양"으로 돌아왔다고 했다. 또 아기에 대해서는 이렇게 이야기했다. "태어날 당시에는 확연히 턱살이 늘어져 있었는데 이 살이 뺨 쪽으로 '올라가는' 중이랍니다. 입은 꽃봉오리예요. 정말이요! 한쪽 귀가 바깥쪽으로 우스꽝스럽게 벌어져 있지만 우리는 그것도 제 모양을 찾아가는 중이라고 생각해요."

한편 아직 낳으려면 시간이 많이 남았으니 잠이나 자두라며 무뚝뚝하게 내쫓은 위세 좋은 야간 간호사 때문에 아이의 아버지는 출산 장면을 놓쳐버렸다. 다음날 멜빌 그로스브너에게 보낸 편지에 적었듯이, 휴고는 3.5킬로그램짜리 선물이 세상에 도착하던 그 순간에 회계사와 소득세 문제를 의논하고 있었다. 그렇지만 그는 신속히 산모와 갓난아기 모두 "매우 건강"하다는 소식을 들었다. 아이의 부모는 이름의 약자가 불운한 느낌을 풍김에도 불구하고 아이의 이름을 휴고 에릭 루이스 반 라빅Hugo Eric Louis van Lawick(이니셜이 지옥HELL이 된다—옮긴이)으로, 양쪽 가족과(반 라빅 가문에서 장자는 늘 휴고라고 이름 지었고, 제인은 다정하지만 아이가 없었던 에릭 숙부가 자신의 이름을 딴다면 기뻐할 것이라고 생각했다) "우리를 이어주고 그동안 너무나 많은 것을 베풀어준" 사람인 루이스 리키를 기리어 짓는 것에 합의했다.

제인의 말에 따르면 아이의 엄마나 아빠가 "전에 갓 태어난 실제 인간 아기를 본 적은 없었지만" 그들의 아기는 한눈에 봐도 "보통 아기보다 빨랐다." "사람들이 그러는데 태어난 지 이틀밖에 안 됐지만 2주는 된 것 같대요! 아기는 아주 건강해요." 아기가 태어난 바로 그날부터 어미 침팬지처럼 행동하기로 한 계획은 불행하게도 병원 측이 "말을 바꾸고" 방에 아기를 함께 두는 일을 허락하지 않으면서 어그러졌다. "우린 그냥 포기했어요. 그 사람들이 [이 문제를] 점점 더 접촉하기도 접근하기도 어려운 수녀님들과 원장 수녀님들께로 미루고 있거든요. 2, 3일 후에는 나가고 싶지만, 그동안 아마 생각할 수 있는 모든 억눌림, 집착, 강박 등등이 아기의 성격에 영향을 줄 수 있다는 점은 별 수 없이 감수해야겠죠."

병원에서 나와 일주일 정도 데본 호텔에 묵으며 리무루의 집이 준비되기를 기다리는 동안 제인은 엄마로서 새롭게 떠맡은 의무("기저귀나 다른 작은 옷들"을 세탁하는 것 등)와 이미 의욕을 잃은 수잔 채터를 대신할 새로운 비서를 구하기 위해 면접을 준비하는 일과 샌디에이고에서 새로 온 젊은 연구 조교인 패트릭 맥기니스를 맞이하는 일을 병행했다.

맥기니스는 1965년 동물학 석사를 취득한 뒤 한 학기 동안 치과 대학을 다니다가 큰 실수를 저질렀음을 느끼고 샌디에이고 주립대학의 동물학 대학원으로 다시 복귀한 대학원생이었다. 그곳에서 인연을 맺은 앨리스 소렘이 이후 곰베에서 일을 하게 되었으며, 몇 달 뒤 제인에게 맥기니스에게 연구조교 일을 맡겨보자고 설득했다. 최근에 그는 그해 3월 데본 호텔에서 만난 제인은 "매우 현실적이고 꾸밈없는 사람"이었다고 떠올렸다. "모든 일에 대해 그냥 담담한 사람이었죠. 제인을 놀라게 하는 일이란 없는 것 같았습니다. 보는 순간 그분이 좋아졌죠."

집에 보낸 편지에 제인은 휴고가 "우리 둘이 함께 해야 할 일을 혼자 몽땅 도맡아하려고 노력" 중이라고 전했는데, 여기에는 "세금 관련 일, 쇼핑,

수리 및 장비 관련 일, 외부와의 연락 및 보호구에 필요한 물품 구매, 패트릭을 교육시키는 일, 그리고 그 와중에 자신의 <u>사진작업하기</u>"가 포함되어 있었다. 그달 말경 부부는 장래성이 있어 보이는 비서를 구할 수 있었다. 니콜레타 마라신이라는 영어와 불어가 유창한 이탈리아인이었다. 그녀는 "손이 빠른 타자수"일 뿐만 아니라 "매우 매력적인 아가씨"로 "무보수라도 일을 할 듯했다."

4월 1일 아기 휴고가 수두 예방 접종을 받았고 다음날 아이와 어머니와 아버지—덩치가 큰 독일산 셰퍼드 두 마리(제시카와 러스티), 샴고양이(스 컹크)와 마음대로 갖고 놀 수 있는 곰 인형들과 함께—는 리무루의 집으로 이사를 했다. 4월 3일 어른 휴고는 맥기니스와 함께 곰베로 날아갔다. 그 후 며칠 뒤 제인과 아기 휴고는 밤 비행기를 타고 영국으로 떠났다.

아기가 도착하자 본머스의 버치스에는 갑작스런 애칭 만들기 소동이 벌어졌다. 그 결과 밴은 그룸이 되었고 올리는 그롤리로 변했으며 증조할머니가 된 대니는 그랜드 그래넌 또는 그런클이라고 불렸다. 얼마 후 제인이 린 뉴먼에게 보낸 편지에 따르면, 올리가 동네 도서관에서 빌려온 아동 발달에 관한 책이 아기 휴고가 "매우 조숙"하고 "매일매일 조금씩 인간"이 되어간다는 사실을 확인시켜주었다고 한다. 아기 휴고는 제인과 휴고가 결혼식을 올린 런던의 첼시올드 교회에서 5월 5일 금요일 오후 다섯 시에 세례를 받았다. 그 중요한 가족 행사 후에 얼스코트의 아파트에서는 파티가 열렸다.

아기와 아기 엄마는 6월 1일 오전에 나이로비로 돌아왔으며, 리무루의 집은 (제인이 도착하자마자 보낸 집에 보낸 편지에 따르면) "휴고가 가져온 꽃으로 가득 차 있어서 그런지 환영의 분위기가 물씬 풍겼다." 또 아기 휴고를 안은 제인이 차에서 내리던 그때 제시카가 마침 일곱 마리 강아지 중 첫번째 강아지를 낳고 있던 중이어서 집 안은 점점 더 불어나는 강아지들로 가득 찼다.

집은 수도가 줄줄 새고 저녁에는 소스라칠 정도로 추웠지만 그래도 돌아와서 좋았다. 그러나 6월에 제인이 그간 신봉했던 영아발달에 대한 논리적이지만 추상적인 이론들은 논리적이진 않지만 실제적인 기저귀, 보챔, 투정, 그리고 수면 부족이라는 현실에 무릎 꿇고 만다. 나이로비로 돌아오는 비행기에서 아기 휴고는 "너무나 순해서" 여행 내내 거의 새근새근 잠만 잤었고 리무루의 집으로 돌아와서도 "천사처럼 굴었다." 하루 동안은. 하지만 갑자기 "별 이유 없이" 울고 또 울기만 해서 거의 매 시간 제인이 안아서 이리저리 서성여줘야 울음을 그치곤 했다. 왜 그랬을까? 얼마 후 제인은 아기 침대 끝에 가져다둔 꽃이 아이를 진정시켜주는 듯하고, 아기가 때때로 자신의 작은 손가락으로 침대에 붙은 라벨을 긁어 떼어내기에 열중하며 즐거워한다는 사실을 알아챘다.

6월 중순경 제인은 가족에게 최근 일어난 "기적"에 대한 소식을 전했다. "이제는 모범생 아기에요. 요즘은 아침 6시 45분에서 7시 30분에 일어나요. 밥 먹고 놀고 11시 정도까지 잠을 자요. 다시 일어나서 놀고, 먹고, 놀고, 점심시간이 지나서까지 자고요. 일어나서 또 먹은 다음에는 정원 주변으로 산책을 나가서(유모차에 탄 채로요) 꽃들을 들여다보고 들어와서 5시 30분까지 잠을 자요. 벽난로 옆에 앉아 발을 차며 놀다가 목욕을 하고 6시에서 7시 사이에 우리 방에서 다시 젖을 먹죠. 그러곤 금세 잠이 들어 11시나 11시 반까지 자요. 그 다음엔 우리 침대에서 다시 젖을 먹고 놀다가 밤새 곤히 잔답니다!!!!!!"

그 기적은 8일 정도밖에 지속되지 않았고 6월 25일 결국 제인은 그 일이 그저 "어쩌다 있었던 달콤한 평화"였다고 결론을 내릴 수밖에 없었다. 여덟 밤이 지나자 정말 굉장하더군요. 울고 또 울고."

그래도 아기는 여전히 예뻤다. 그리고 잠이 부족하건 말건 제인은 이 흥미로운 새 대상을 관찰하는 데 온 관심을 쏟았다. 사실 성장이라는 면에서 6월에는 많은 변화가 있었다. 6월 초순이 되자 아기는 "딸랑이를 가지고 놀기 시작했어요. 딸랑이로 손을 뻗어서 그게 닿으면 그걸 붙잡고 한동안 흔들어요." 처음으로 알파벳 b 발음도 했다. 곰 인형을 손으로 때릴 줄도 알게 되었다. 6월 10일경에는 손을 뻗쳐 꽃, 책, 그림, 얼굴, 손을 만지고 지긋이 응시하기까지 했다. 아기는 손가락, 어머니의 반지, 마음껏 가지고 놀게 요람 안에 둔 곰 인형들을 가지고 놀기를 즐겼다. 어른 휴고의 얼굴을 찰싹찰싹 때리고는 큰 소리로 웃음을 터뜨리면서 좋아했다. 엄마아빠의 침대에서 뒹구는 것도 좋아했다. 누군가 딸랑이를 가까이 갖다 대면 손가락을 쫙 편 채 손을 붙였다 뗐다 하고 흔들어대면서 한 손이나 양손의 손가락을 서서히 그 매혹적인 물체 주변으로 뻗어서 붙잡았고, 딸랑이를 물끄러미 바라보다가 입으로 가져갔다. 6월 중순쯤이 되자 아기 휴고는 처음으로 "숟가락으로 받아먹기를 좋아하게 되었어요. 입을 벌렸는데 제가 숟가락을 넣어주지 않으면 그걸 붙잡아서 자기 입으로 넣으려고 애를 쓴답니다. 달걀 반 개 정도의 고형식 분량에서 셰리주酒 잔 한 잔 분량을 단번에 다 먹을 정도로 양도 늘었어요!"

6월 말경 아기 휴고는 "발목을 잡고 거꾸로 들어주는 놀이에 홀딱 빠졌어요. 어떤 때는 손을 잡고 빙글빙글 돌려줘요. 그럼 아기가 깜짝 놀라는데 그때 내려놓으면 '꺄르르' 웃음을 터뜨려요!" 그때쯤 먹는 양도 늘어 "아무거나 다 먹어요. 달걀 커스터드, 살구 커스터드, 닭고기 수프, 이런저런 야채를 섞어 만든 음식, 생선요리, 달걀 시리얼까지, 예쁘기도 하지!"

6월 23일 어른 휴고는 두 대의 차량으로 구성된 수송단에 합승해 나이로비를 떠났으며 나흘 후 키고마로 가서 이탈리아인 비서 니콜레타, 객원연구원 피터 말러와 그의 아내, 두 아이들, 제자 한 명을 태우고 돌아왔다.

록펠러 대학 출신 동물학자인 피터 말러는 1965년 베너-그렌 학회에서 만난 사람으로 제인의 또 다른 '성城' 친구였다. 그때 말러는 침팬지 발성과 얼굴 표정을 연구할 계획을 세우고 있었다. 6월 중순에 나이로비에 도착한 말러 가족이 리무루의 집에서 한 주 정도 묵는 동안 제인이 그들로부터 받은 첫인상은 이랬다. 피터와 주디스 말러는, 그녀의 편지에 따르면, "매우 괜찮은 편이고 함께 지내기도 원만했으며" 아이들도 "괜찮았다." 제자는 "한 눈에도 명석해 보였으나" "식탁에 앉아 음식에 얼굴을 거의 처 박듯이 하거나 자주 큰 소리로 흥얼(콧노래를요!)"거리는 꼴사나운 버릇으로 다른 사람들, 특히 니콜레타를 놀라게 했다.

휴고와 나머지 사람들이 곰베를 향해 출발한 뒤에도 제인은 마지막 남은 손님인 새로운 침팬지 관찰자 패트리샤 모엘먼이 모습을 나타내기를 고대하며 아기와 함께 며칠 더 집에 머물렀다. 모엘먼의 어머니가 보낸 모호한 전보에 따르면 모엘먼이 6월 20일에 도착할 예정이었으나 어찌된 일인지 그달 말이 될 때까지도 나타나지 않아서 결국 제인은 아기와 둘이서만 비행기를 타고 곰베로 이동했다.

그날 저녁 캠프에 도착하고 나서 아기 휴고는 새로 지은 식당에서 사파리 아기침대에 누워 아홉 사람들(조종사도 포함)의 대화와 웃음소리로 저녁 내내 시끄러운 가운데서도 평화롭게 잠을 잤으며 나중에 밤이 됐을 때는 라빅 오두막 안의 강철로 된 철창 안에서 잤다. 휴고에게는 이미 수두, 소아마비 예방주사도 맞춰둔 상태였으며 아이의 어머니는 비타민 D 물약과 월요일에 먹일 말라리아 백신의 양을 잴 계량 스푼까지 챙겨왔다. 하지만 저 철창이야말로 가장 중요한 예방책이었을 것이다. 철창은 용접해 심은 강철 막대와 묵직한 철사 그물로 조립했고 하늘색 페인트가 칠했으며, 바닥에는 스펀지 고무를 덧대었고 천장에는 새와 별 장식이 걸려 있었으며 겉에는 모기장이 씌워져 있었다. 엄마와 아기, 가구(사파리 아기침대, 유모차, 아기용 흔들의자, 1인용 의자)를 넣어둘 수 있을 정도로 컸으며, 침팬지들이 아기 휴고를 먹이로 착각하는 일이 벌어져도 그 안에 들어가지 못하게 막아줄 수 있을 정도로 튼튼했다. 실제로 몇몇 침팬지들은 라빅 오두막의 창문으로 훔쳐보기만 했지만 유독 피피만은 아마도 호기심에서 그랬는지 창문을 통해 손을 뻗어 아기를 만지려고 들었다.

침팬지들의 상태는 전반적으로 괜찮았다. 데이비드 그레이비어드는 이미 오래전에 올리와 함께 깊은 산속으로 사라지고 없었지만 길카는 곧 캠프에 모습을 드러냈는데, 제인이 집에 보낸 편지에 적혀 있듯이, 부분적으로 마비된 손은 "이제 많이 좋아진 데다가 몸의 근육을 최대한 활용하는 방법도 배운" 것 같았다. 윌리 윌리의 모습도 보였는데 한쪽 다리가 여전히 제 기능을 못해 "애처로웠다." 윌리 윌리가 거동이 불편한 다리의 허벅지를 배에 댄 채 오직 한 다리와 두 팔만 사용해 돌아다니는 모습이 기묘했기 때문에 다른 침팬지들이 혐오감을 드러내거나 악용하려 드는 일이 발생하곤 했다. 심지어 피피는 윌리 윌리가 등을 돌리고 있을 때에 나뭇가지를 던지면서 달려들더니 등짝 한가운데를 물어뜯는 공격을 했다. 한편 플린트는 피터 말러에게 "싫은 감정"을 품게 되었다. "플린트가 달려와서는 말러의 화를 살짝 돋울 정도로 때리더라고요! 그 사람의 수염을 싫어하거든요!" 또 플린트는 사람들과 몇몇 다른 침팬지들에게 돌을 던지기 시작했다. "의심할 것도 없이 피피를 따라하는 거죠(요 전날 피피가 돌을 여덟 개나 모아뒀거든요). 돌은 푸치를 향해 던졌는데 대부분 피피의 몸 위로 떨어졌답니다!"

7월 말경 아기 휴고가 "가벼운 감기에" 걸렸을 때 침팬지들도 모두 감기에 걸려버렸다. "아침부터 밤까지 둥글게 모여 앉아 콧물을 훌쩍거리며 코를 파고 코딱지를 먹고 재채기를 해대는 행동을 반복하고 있어요."

그해 어른이 된 피피가 7월 말경 처음으로 명백한 발정기 징후를 보이기 시작했다. 부푼 분홍색 엉덩이는 수컷들을 완전히 흥분시켰는데 피피 자신도 흥분하기는 마찬가지였다. 7월 말 또는 8월 초에 집에 보낸 편지에 따르면 피피가 "근처에 오는 수컷들에게 달려가 엉덩이를 반복해서 수컷들 쪽으로 치켜들면서 짝짓기를 하자고 졸랐다"고 한다. 그러나 흥미로운 점은 피피가 어린 남동생 플린트가 자신에게 하는 성적인 장난("작은 몸을 들이대기")은 용납하지 않았다는 점이었다. 피피와 두 오빠인 피건, 페이븐 사이에서도 성적인 관심이 명백하게 드러난 적은 없었다. 제인은 그 일이 "신기"하다고 생각했는데 그것이 침팬지에게 근친상간에 대한 금기가 있다는 점을 암시했기 때문이었다.

7월이 되자 새내기 침팬지 관찰자 패티 모엘먼이 드디어 도착했다. 그녀가 기타를 칠 줄 알았던 터라 캠프의 사람들은 7월 21일 밤 그녀가 연주하는 음악의 도움을 받아 보름달 기념식을 치렀으며 제인은 그 일이 "무척 재미있었다"고 생각했다.

여름 중반 무렵 그동안 제인의 마음속에 주로 "앨리스의 남자친구"로 분류되어 있었던 팻 맥기니스는 다른 카테고리로 옮겨졌다. "지금껏 우리가 같이 일한 사람 중 최고예요. 팻의 현장기록은 훌륭하고 사람도 정말 괜찮아요." 니콜레타 역시 "정말로 일을 잘 해내고 있어요." 제인은 새벽부터 황혼까지 타자기 앞에서 자판을 두드리는 그녀의 성실성에 감탄했다. 게다가 타자 속도도 제법 빨랐는데, 사실 충분히 빠르지는 않았다. 휴고와 피터 말러가 테이프에 녹음한 음성 기록들 때문에 타자를 쳐야 할 일거리가 너무 많았던 것이다. 그해 여름이 끝날 무렵 둘이 영화촬영 카메라와 음성 녹음 장비를 써서 만들어낸 영화 필름은 거의 200통에 달했는데 대부분이 동시녹음이었다. 소리, 안면 표현, 몸짓을 통해 침팬지 간의 의사소통을 분석할 생각이었던 말러는 테이프에 녹음된 방대한 음성 기록과 그 다큐멘터리 필름들을 합쳐 기초 자료로 쓸 예정이었다. 하지만 불쌍한 니콜레타가 시간에 맞춰 녹취록을 만들어내지 못하는 바람에 테이프에 녹음된 음성 기록의 상당수는 녹취록 없이 그대로 뉴욕으로 부치고 말았다.

한편 8월 초가 되자 아기 휴고는 무릎을 꿇고 몸을 일으킨 뒤 거의 곧게 뻗은 팔을 써 몸을 앞으로 밀고 나가는 법을 알아냈다. 일종의 토끼식 이동법을 활용해 이제는 단 몇 분 만에 매트리스 하나 길이의 거리를 기어 다닐 수 있었다. 그 기쁜 일은 매일 밤 툭하면 깨는 아기를 돌보는 육아의 노고를 잊게 해주는 확실한 위안거리가 되었다. 아기 휴고와 관련한 다른 문제 하나는 어른 휴고와 구별하는 데 드는 언어적인 수고였다. 편지에서는 아기의 이름을 소문자 'h'로 써서 그 수고를 줄이는 방법을 시도해볼 수 있었고 그래서 "아기 휴고Little Hugo"를 "휴고hugo"로 쓸 수 있었지만 이것은 글에서나 통할 뿐 말에서는 당연히 그렇지 못했다. 그러나 얼마 지나지 않아 그 문제는 해결책을 찾게 되었다. 그해 여름 제인이 아이를 데리고 돌아오기 전 곰베에서 너저분하게 먹는 것으로 유명한 것은 멜리사의 새끼 고블린Goblin이었다. 고블린은 작은 입으로 들어갈 수 있는 양보다 더 많이 음식을 꾸역꾸역 밀어 넣는 우스꽝스러운 식탐 때문에 이름에 그럽이 더해져 고블린그럽이라고 불렸다. 그래서 훨씬 더 어지르는 편이었던 아기 휴고에게는 그러블린Grublin이라는 새 애칭을 붙였다.

푹 자지 못하는 아기의 잠버릇과 제인과의 씨름은 여전히 계속되고 있었다. 8월 6일에 쓴 편지에 제인은 이렇게 하소연했다. "완전히 지쳤어요!" 그리고 8월 18일에는 "아이 때문에 우리 둘 다 다리가 막 후들거릴 지경이에요. 새벽 3시에 또 일어났어요. 3일 밤 내내 잠이 들었다가도 두 번이나 깨는 일이 반복되었고요. 3시나 5시, 아니면 3시나 6시예요. 진저리가 날 지경인데 어찌해야 할지 모르겠어요. 달 때문에 그런가, 도대체 왜 그러는지." 그렇지만 아기가 겪는 변화와 발달은 너무나도 다양하고 놀라웠으며, 그저 넋을 잃고 황홀하게 바라볼 뿐이었다.

한편 데이비드 그레이비어드가 마침내 올리와 함께 8월 중순에 바나나 공급 지역으로 나타났을 때에 제인은 크나큰 기쁨과 안도감을 느꼈다. 그달의 다른 방문자로는 아내 낸시와 함께 사흘간 캠프에 들른 어빈 드보어와 데릭 브라이슨 탄자니아 농림부 장관이 있었다. 휴고는 장관과 그의 수행원을 데리러 보스턴 웨일러를 타고 키고마로 가서 전쟁에서 비행기 충돌 사고로 심각한 부상을 입은 탓에 몸을 마음대로 쓸 수 없는 브라이슨 장관을 캠프에서 가져간 캔버스 천 의자—가죽 끈으로 묶어 장대에 고정시켰다—에 앉혀서 봉우리 캠프까지 모셔왔다.

하지만 그달에 가장 특이한, 확신컨대 제일 불유쾌한 방문객은 워즐이었을 것이다. 8월 10일 집에 보낸 편지에서 제인은 눈의 흰자위가 사람의 것과 무척 닮은 성숙한 수컷인 워즐이 "온 몸이 부스럼으로 덮인 채로 간신히 걸음을 떼며" 도착했다고 적었다. 덧붙여 "어떤 끔찍한 질병은 아닐까 두려워하고 있다"며 걱정하던 제인은 얼마 후 이런저런 방법을 동원해 피부 조직을 떼어내어 한센병 검사 의뢰를 위해 나이로비로 보냈다. 9월 초순 휴고와 함께 나이로비로 갈 때도 확실히 해둘 생각으로 2차 조직 샘플을 가지고 갔었는데 곧 G. C. 도커리 박사가 "딱지를 검사한 결과 한센병 세균을 발견하지 못했습니다" 하고 적어 보낸 9월 5일자 실험실 보고서를 받았다.

그즈음 들려오는 다른 소식은 이만큼 긍정적이지 못했다. 제인은 9월 5일에 다이앤 포시(루시, 데시라는 이름의 애완용 닭 두 마리도 함께)가 콩고의 비룽가 화산에 있는 그녀의 캠프에서 강제로 철수를 당했다는 소식을 들었다. 포시는 루망가보의 공원관리본부로 끌려가 수감되었으며 이후 그녀가 표현한 바에 따르면 어느 세력가 육군 장군의 사적인 관심을 받는 "소유물"이 되는 일을 당했다. 포시는 우리에 갇혀 사람들의 구경거리가 된 채로 오줌 세례와 침 뱉기를 당했으며 성폭행도 당했던 듯하다. 그렇게 2주가 흐른 뒤 포시는 술에 취해 해롱거리는 군인들에게 국경을 넘어 우간다로 가면 현금 4백 달러를 가져올 수 있으니 자신의 고물 랜드로버에 애완용 닭 루시와 데시, 그리고 무장경비 여섯 명을 태우고 가게 해달라고 설득할 수 있었다. 하지만 일단 국경을 넘자 포시는 속도를 마구 내어 발터 바움게르텔의 트레블러스레스트 호텔 진입로로 들어섰으며 차에서 뛰쳐나와 호텔 안으로 달려 들어가 가장 깊숙한 방의 침대 밑으로 뛰어들었다. 발터 바움게르텔은 침착하게 우간다 군대에 전화를 걸었다.

며칠 뒤 나이로비 공항으로 도착한 포시를 맞은 사람은 루이스 리키였으며 루이스는 포시가 일주일간 푹 쉬면서 몸을 추스른 다음에 필요한 물품을 재공급받을 수 있도록 도와주었다. "꽤 험한 일을 당했지만 이제는 끄떡없습니다." 내셔널지오그래픽협회의 멜빈 페인에게 보낸 편지에 사정을 설명하며 루이스는 자신의 피후견인이 세운 당장의 목표는 고릴라들에게 되돌아가는 것이라는 말도 잊지 않고 덧붙였다. 새로운 허가 서류와 장비를 챙긴 포시는 8월 중순 다시 한 번 비룽가를 향해 길을 떠났는데 이번에는 르완다 쪽 지역으로 가서 국경을 사이에 두고 옛 캠프가 마주 보이는 곳에 새로운 캠프를 세웠다. 하지만 이 일에 대한 제인의 생각은 집으로 보낸 편지에 여실히 드러나 있다. "저는 지금도 다이앤 포시를 고릴라들이 있는 곳으로 가도 된다고 허락한 [루이스의] 처사가 정말 분별없는 행동이라고 생각해요."

포시의 고난은 정치적 안정의 발판이 얼마나 취약하며, 신변 안전 확보에 얼마나 세심한 노력이 필요한가를 다시금 되새기게 하는 계기가 되었다. 그렇지만 지금은 자이르라는 신생국가로 거듭나 고난을 겪고 있는 옛 벨기에 식민지 콩고와 달리 이전에 영국 치하에 있었던 동아프리카 지역—우간다, 케냐, 탄자니아—은 우호적이었으며 평화롭고 안정되어 있었다. 9월 첫째 주에 리무루 집의 꽃밭은 "꽃이 많이 피어나지는 않았지만 그래도 여전히 굉장했으며" 텃밭에서는 콩, 당근, 옥수수, 양파, 완두콩, 대황, 그리고 몇몇 딸기 종류 등의 고운 결실이 거둬지고 있었다. 딸기밭을 급습할 때마다 제인과 그러블린은 매일매일 잘 익은 딸기 네 개 정도는 찾아냈다. 제대로 기어 다니는 법을 막 습득한 그러블린은 이제 더 나아가 의자나 다른 고정된 물체를 잡고 마치 자기 힘으로 아장아장 걸으려는 듯이 똑바로 서서 옆으로 걷는 법을 연습하기도 했다. 또 밖에 나가는 것을 즐기기 시작했고 기르던 개들 가운데 적어도 한 마리와는 노는 것을 좋아하기 시작했다.

9월 둘째 주 침팬지들로부터 잠시 떠난 휴고, 제인, 그러블린, 앨리스 소렘은 휴가차 응고롱고로 분화구로 이동했다. 분화구 안에 있는 뭉게 강 근처의 캠프 중앙에 위치한 단칸 막사에 짐을 풀고 휴고는 내셔널지오그래픽협회와 계약한 다음 프로젝트인, 한스 크루크가 연구하는 얼룩하이에나의 사진 촬영을 시작할 준비를 했다.

한편 그러블린의 첫 이—아랫니 중 왼쪽 앞니—의 하얀 끄트머리가 분홍색 잇몸 사이로 불쑥 나왔다. 이제 아기는 아기용 흔들의자를 다루는 요령도 알고 숟가락에서 먹을 것을 바로 물어 잇몸으로 씹어 먹는 법까지 터득했다. 그러블린에게는 장난감 인형, 예를 들어 기본 고리 모양의 공갈젖꼭지와 마음대로 가지고 놀 수 있는 곰 인형들이 무척 많았지만 아이가 제일 많이 골라 들었던 것은 필름통, 카메라 배터리, 빈 봉투, 아기 이유식 깡통, 재떨이였다. 아이는 스펀지 고무 매트리스 바닥이 깔린 놀이 울타리 안에서도 놀았고 밥을 먹을 때는 청색 아기의자와 음식물을 흘릴 때 받아줄 그물 포켓이 달린 펠리컨 모양의 신형 플라스틱 턱받이를 썼다. 제인은 영국의 가족들에게 아기가 "그 누구보다도 특별한 삶"을 살고 있으며 "그런 생활을 백 퍼센트 즐기고 있어요" 하고 전했다.

이어서 6개월 된 그러블린의 전형적인 하루를 묘사했다. 새벽 무렵 아기가 폭스바겐 버스 안에서 눈을 비비며 일어날 때쯤이면 버스 주위는 이미 숲 언덕에서 하룻밤을 보낸 뒤 초원으로 몰려나온 얼룩말과 소영양 무리들로 둘러싸여 있다. 하늘 높이 날고 있던 홍학들은 "잊혀지지 않는 구슬픈 울음"을 울면서 하강해 호수 위로 물을 튀기며 내려앉는다. 그러곤 "아침으로 먹을 벌레를 사냥하느라 날개를 위로 치켜들고 위 아래로 펄쩍펄쩍 뛰며 우아한 과시 춤을 춰요." 그러다가 "갑자기 한 순간에 평화가 깨져요." 제인과 휴고의 눈에 뒤에서 바짝 쫓아오는 하이에나 떼를 피해 언덕으로 마구 달려가는 얼룩말 무리가 들어왔다. "이따금 그 작은 얼룩말 무리가 멈춰 서고는 무리의 우두머리가 방향을 바꿔 쫓아오는 하이에나 떼를 공격한답니다. 얼룩말들이 언덕의 분지로 사라지면 그 다음에는 독수리들이 내려와요."

그러면 아이를 품에 안은 제인과 휴고는 폭스바겐 버스에서 뛰어내려 랜드로버로 갈아타고 안전띠를 채운 다음 그 뒤를 쫓는다. 한편 한스와 제인 크루크 부부 소유인 두번째 랜드로버도 먼지바람을 일으키며 같은 장소로 달려온다. 그들이 센 하이에나의 수는 총 42마리이며 "으르렁거리며 울어대는 두 무리의 하이에나들은 공격적으로 꼬리를 위로 바짝 세우고" 갓 죽인 얼룩말 한 마리를 사이에 둔 채 싸움을 벌인다. 하이에나 무리들 중 한 무리가 걸신들린 듯이 사체를 먹어 치우는 가운데 다른 무리가 촘촘한 대열을 이루어 사나운 기세로 밀고 들어오는 것이다.

알고 보니 얼룩말을 죽인 하이에나 무리는 한스가 뭉게 일족一族이라고 부르는 무리인데 얼룩말을 쫓는 동안 그만 스크래칭록스 일족一族의 영역을 침범하고 말았다. 이제 정렬한 대열로 진군해 오는 스크래칭록스 일족의 하이에나들이 뭉게 일족 하이에나들을 그들이 사냥한 먹이로부터 쫓아내기 시작한다. "여기저기에서 짧게 개별 전투가 이뤄지는 사이, 하이에나들이 하나둘씩 죽은 얼룩말의 몸을 한 조각씩 뜯어서 물고 멀리 도망가 평화롭게 전리품을 먹으려 하지만 헛된 짓이에요. 이 동물들의 신경질적인 높은 음역의 웃음소리가 사방에서 들려와요." 그러나 뒤쳐져 있다가 훔친 살덩이를 막 해치우고 돌아온 무리가 합류하면서 흩어진 뭉게 일족이 다시 뭉쳐 대열을 재정비하고 대거 반격에 나선다. 첫 공격은 "무시무시한 으르렁거림과 곧추 세운 갈기털, 꼬리들에 격퇴"되고 결국 뭉게 일족은 흩어져 퇴각한다. 하지만 다시 한 번 재정비하여 진격한 뭉게 일족은 죽은 얼룩말을 되찾아오려는 시도를 하는데 이번에는 잠시나마 성공을 거두지만 결국 스크래칭록스 일족에게 최종 격퇴당하고 만다.

이내 얼룩말의 머리와 조각나고 흩어진 뼈 조각만이 남고, 한스는 그 남은 사체가 있는 것으로 랜드로버를 몰고 가 하이에나들의 식사를 방해하며 마지막 한 마리의 하이에나까지 몽땅 몰아낸다. 한스는 그동안 추후 분석을 위해 하이에나가 사냥해 죽인 동물들의 턱뼈를 수집해왔으며, 이번에도 차에서 내려 칼과 도끼를 휘둘러 얼룩말의 턱을 절단한다. "하이에나들은 구경하느라 주변에 서 있어요. 지금쯤이면 나머지가 자기들 차지가 될 것이라는 사실을 깨닫고 있겠죠." 한스는 작업을 하면서 스스럼없이 하이에나들을 향해 고기 몇 조각을 던져주고, 하이에나들은 인간이 손에 묻은 피를 닦고 차로 돌아가 사라질 때까지 참을성 있게 기다린다. 다시 한 번 뭉게 일족 하이에나들이 접근하자 스크래칭록스 일족 하이에나들은 뭉게 일족 하이에나들이 둘씩, 셋씩 짝을 진 채 어슬렁거리다가 천천히 사라질 때까지 서성대며 지켜본다.

그러블린은 랜드로버를 타기를 좋아했다. 그날 아침에는 차에 시동이 걸리자마자 "시끄럽게 악을 쓰듯" 노래를 부르기 시작했는데 아이의 행복한 웅얼거림은 전투를 벌이는 동물들의 울음소리와 비명소리가 한데 섞인 불협화음과 썩 잘 어울렸다. 그리고 이제 하이에나들이 모두 사라지자 랜드로버를 몰고 다가온 한스가 열린 창문을 사이로 제인과 휴고에게 웃음을 지으며 "아기 휴고가 하이에나들에게 확실히 용기를 북돋워주더군요" 하고 농담을 건넨다.

얼룩말의 뼈와 갈가리 찢긴 가죽을 뒤로 한 채 어른 휴고가 제인을 태우고 돌아올 무렵이면 그러블린은 이제 노래를 부르기는커녕 축 늘어져 자고 있다. 마침내 폭스바겐 버스로 돌아오면 어머니는 "새로 산 노란색 옷을 입고 발그스름한 볼을 한 채 편안히 잠든" 아기를 아버지에게 건넨다. 휴고 부자는 차를 타고 아침을 먹으러 오두막으로 돌아가지만 제인은 회색 폭스바겐 버스를 타고 계속 길을 달리다가 잠시 멈춰 흰꼬리몽구스가 싼 똥을 찾는다. 제인이 탄 버스는 조용히 풀을 뜯는 얼룩말과 소영양 무리를 지나친 뒤 장애물을 돌파해가며 풀밭 사이를 질주해 먼지투성이의 땅으로 들어서고 그곳을 가로지르며 달리다 마침내 아침 11시 거대한 무화과나무 그늘 아래 있는 작은 오두막에 도착한다.

그날 오후 일찍 제인, 휴고, 앨리스, 그러블린은 랜드로버에 올라타고 달려간 곳은 이집트독수리들의 목욕 웅덩이로 달려간다. 대개 그곳에서는 약 40여 마리의 날개를 퍼덕거리는 새들이 모여 있는 모습을 볼 수 있으며, 이번에는 레임, 넘버 투, 옐로우, 모틀드라고 이름 붙인 네 마리의 이집트독수리들도 있다. 오늘 할 실험은 돌을 던지는 습성이 있는 그 독수리들을 일반적인 타조알보다 여섯 배나 큰, 유리섬유 재질의 특제 대형 알로 꾀어내는 것이다. 그렇다. 이집트독수리들에게는 크기가 중요했다. "굉장히 흥분한" 새들은 오랫동안 돌을 사용해 그 괴물 알을 열심히, 끈질기게 내리치는데 일이 잘 되면 제인과 휴고는 위로의 선물로 가짜 알을 치우고 집 암탉이 낳은 달걀 여섯 개를 준다. 마침내 실험이 끝나면—새들은 사라지고 거대한 알은 곳곳에 흠집이 난 채로 깨져 있으며 땅은 던져진 돌들로 어수선해져 있고 암탉의 달걀들은 뭉개져 있다—실험자들은 널려진 돌들을 주워 모아 이름표를 붙이는 작업을 한 뒤 뭉게 강의 막사로 돌아온다.

저녁식사 후 휴고는 카메라들과 전구가 세 개 달린 플래시, 녹음기를 점검하고 나서 사자 새끼를 찾으러 갈 요량으로 앨리스와 함께 랜드로버를 타고 나간다. 이 시간은 그러블린의 목욕시간이기도 한데 그때가 지나면 제인은 회색 폭스바겐 버스에 아기 카디건과 사용한 기저귀를 담을 가방, 바구니, 침구, 쌍안경, 깨끗한 기저귀, 옷, 코코아, 커피, 컵, 주전자, 오렌지, 보온병, 여분의 아기 잠옷을 싣는다. 팔에 그러블린을 안은 채 제인은 차에 시동을 걸고 둘은 함께 길을 떠난다. 그러블린은 노래를 부르며 석양과 "길 양 편에 빽빽이 몰려 서 있는 소영양과 얼룩말 무리의 검정, 은색이 섞인 실루엣"을 응시한다.

제인이 길 한편에 랜드로버 차를 세우고 시동을 끌 때쯤 황혼의 평화가 지평선으로 내려앉는다. 제인은 그러블린과 함께 버스 안의 뒷좌석 쪽으로 가서 마지막 저녁식사를 한다. "이제는 거의 잠들었군." 제인은 그렇게 생각한다. "하지만 젖을 떼도 될 만큼 깊이 잠든 것은 아니야. 흠, 잠시만 더 물게 하자. 오, 세상에. 지난번에는 오른쪽이었던가? 아니면 왼쪽이었나. 오른쪽이 틀림없는데. 아닌가? 아 맞다. 왼쪽 창문이 열려 있지. 그걸 닫으러 몸을 돌린 적이 없었어. 그럼 오른쪽이구나." 만족스럽게 쩝쩝 빨아먹는 소리를 내는 그러블린의 눈꺼풀이 점점 내려오고 숨소리가 잠잠해지면서 아기의 고개가 아래로 떨어진다. 그러면 아기는 바닥에 담요가 깔려 있고 모기장이 쳐진 아기 침대로 내려진다.

이때쯤 앨리스가 조용히 폭스바겐으로 올라오고 제인은 버스에서 내려 랜드로버에 올라타 휴고와 합류해서 하이에나를 쫓아간다. 7시 45분 응고롱고로 분화구의 끄트머리로부터 달의 가장자리가 처음으로 희미하게 모습을 드러낸 뒤 이내 거대한 노란색 원반이 솟아오르고 뒤를 쫓아가고 있던 하이에나 떼가 서로 갈라지고, 또다시 한번 패가 갈리고 10시 15분경 오직 두 마리만이 풀 위에 누워 있는 모습이 눈에 들어온다. 10분이 더 지나자 이제 제인과 휴고가 관찰할 수 있는 하이에나는 한 마리뿐이다. 이 시간은 커피를 홀짝거리며 마시기에 좋은 고요한 순간이나, 제인이 컵과 보온병에 손을 뻗치는 순간 쉬고 있던 하이에나가 귀를 쫑긋 세우며 경계를 하더니 자리를 박차고 달려 나간다.

우리도 그 자리를 떠요. 약 30미터 떨어진 곳에 두번째 하이에나가 전속력으로 소영양 한 마리의 뒤를 쫓는데, 그 동물은 이제 끝이라는 걸 아는지 소름이 돋는 울음소리를 냅니다. 우리가 쫓던 하이에나도 사냥을 하는 그 두번째 하이에나와 합류하는데, 세번째, 곧 네번째 하이에나가 사냥 현장으로 달려오죠. 소영양은 허겁지겁 무리를 향해 달려 다른 소영양들 사이에 숨으며 피하려 애를 씁니다. 하지만 하이에나들이 그런 속임수에 넘어가지는 않아요. 녀석들은 진정한 사냥꾼처럼 처음에 점찍은 사냥감을 고수해요. 빠른 속도로 달려가는 동물들에만 눈을 고정한 채 눈앞에 펼쳐진 초원을 달리면 속도계 바늘은 어느새 시속 50킬로미터까지 올라가 있죠. 거칠고 움푹 팬 구멍들(사실 하이에나, 재칼, 여우의 굴들!)로 가득한 시골길을 달리자면 절대 느린 속도가 아니에요. 운이 좋게도 이번에는 가는 길에 구멍이 없군요.

휴고는 전구 세 개짜리 카메라 플래시를 랜드로버 문 위에 얹어 놓은 판자에 세우고 배터리를 교체한다. "소영양이 갑자기 방향을 틀어요. 랜드로버도 회전을 하고—플래시가 찰칵 터지며—휴고가 소영양이 넘어지는 바로 그 순간을 초인처럼 사진에 담아내요. 몸 어딘가를 하이에나에게 물린 채 소영양은 공중에 붕 떠 있어요." 사방에서 하이에나들이 달려오고 쓰러진 소영양의 울음소리는 산 채로 먹히는 그 3분 동안 내내 들려오며 하이에나들은 "내장 조각들을 물고 다른 하이에나에게 쫓기며 도망을 다니는 내내 웃음소리를 낸답니다." 하지만 밤의 어둠으로부터 두번째 하이에나 떼가 달려 나오고 제인과 한스 크루크도 곧 랜드로버를 타고 뒤를 쫓는다.

그들이 방금 목격한 것은 스크래칭록스 일족 영역에서 이루어진 또 다른 뭉게 일족의 사냥이었으며, 이제 스크래칭록스 일족이 도착하자 뭉게 일족

하이에나들이 놀라 급히 도망가기 시작한다. 으르렁대며 울부짖는 웃음소리가 진동하는 혼란 뒤에 순간적으로 휴전이 찾아오자 인간 관찰자들은 뭉게 일족 전원이 사냥감으로부터 떨어져 나갔다고 결론을 내린다. 그러나 곧 그 결론은, 다 사라졌지만 하나가 남았다는 쪽으로 정정된다. "저길 봐." 휴고가 말한다. "놈들이 하이에나를 잡았어."

믿겨지지 않은 공포에 휩싸인 채 극단으로 치달은 종족간 전쟁의 한 장면을 지켜보고 있습니다. 한 하이에나 무리가 고의로, 그리고 냉혹하게, 자신과 같은 종족인 하이에나를 살해하고 있어요. 도망치지 못한 뭉게 일족 하이에 나죠. 이렇게 끔찍한 모습은 본 적이 없어요. 심하게 상처를 입은 소영양의 신음소리가 여전히 귓가에서 울리고, 그 끔찍한 장면에 몸이 조금씩 떨리는 것이 사실이에요. 하지만 이번이 훨씬 더 섬뜩해요. 확실히 하이에나가 소영 양보다 두뇌가 더 발달되어 있으며 감정도 더 풍부해요. 우리 눈앞에서 벌어지고 있는 비극은 오랫동안, 거의 10분이나 계속됩니다. 그러고도 여전히 끝나지 않아요. 난폭하게 난도질을 당한 그 하이에나는 으르렁거리며 끔찍한 비명을 질러대죠. 어떤 하이에나가 목덜미를 물어뜯으며 공격을 가합니다. 다른 녀석은 귀를 물고요. 세번째 하이에나는 엉덩이를 공격합니다.

처음에는 사로잡힌 뭉게 일족 하이에나가 약 10마리에서 15마리의 성이 난 스크래칭록스 일족 하이에나에 가려 부분적으로만 보이지만 이제 대부분의 하이에나들이 소영양을 먹으러 떠나자,

이번에는 살육의 구체적인 정황을 눈으로 명확히 볼 수 있군요. 귀를 물고 있는 하이에나가 으르렁거리며 마치 개가 쥐를 물고 흔들 듯 물고 흔들어요. 나머지 두 마리도 마찬가지예요. 공격을 당한 하이에나가 비명을 질러요. 모두 잠시 행동을 멈춥니다. 그러다 다시 공격이 반복되죠. 또다시 한 번, 또다시 한 번. 이제 네번째 어른 하이에나가 합류합니다. 놈은 다리를 물어요. 네

마리의 하이에나가 각자 다른 방향으로 잡아당깁니다. 비명소리가 무시무시해요. 귀를 물고 있던 하이에나가 갑자기 놓아버리자 귀가 떨어져 나가요. 그런 뒤에 공격을 당한 동물은 홀로 남겨져요. 부상을 입은 곳을 핥으려 몸을 돌려보지만 몸이 너무 망가져 그저 포기해버리네요. 일어설 수도 없어요. 하이에나 몇 마리가 몰려와 냄새를 맡는군요. 으르렁거려보지만 몸을 움직여 도망갈 수 없어요. 보고 있는 속이 메스꺼워질 지경이에요.

그때 "온몸이 동강 난 그 동물을 더 이상 지켜볼 수 없었던" 제인의 눈에 그들 쪽으로 다가오는 폭스바겐 버스로부터 나오는 전조등 빛이 보이고 그녀는 크나큰 위안을 느낀다. 휴고가 버스 쪽으로 랜드로버를 몰아가면 제인은 앨리스의 품 안에서 빽빽 소리를 지르는 어린 그러블린을 만난다. 제인이 폭스바겐 차로 이동해 울어대는 아기를 자신의 품에 안아주자마자 아기는 조용해지면서 다시 잠에 든다.

휴고는 랜드로버에 앨리스를 태우고 그녀가 잠을 잘 오두막을 향해 운전한다. 그리고는 다시 하이에나들이 있는 곳으로 돌아와 사진을 몇 장 더 찍고 드디어 제인과 그러블린이 탄 회색 폭스바겐 버스 쪽으로 돌아온다. 하지만 버스 밖에서 휴고는 10분 정도 잠시 멈춰 랜드로버의 전조등이 만들어내는 그림자와 실루엣을 바라본다. 버스 주위를 어슬렁거리며 배회하는 어린 사자 두 마리의 것이다. 사자들은 킁킁대며 냄새를 맡는다. 한 마리가 포효를 한다. 그러곤 슬그머니 사라진다. 그러면 휴고는 전조등을 끄고 버스 안으로 들어가 제인과 그러블린에게로 간다. 옷을 벗기 시작한 휴고가 어쩌다가 팔꿈치는 문에 찧고 머리는 천장에 부딪히고 발가락은 침대 머리 밑에 밀어 넣어둔 가스레인지에 끼어 혼자 투덜거리다가 마침내 아기까지 깨워 시끄러운 아기 울음소리가 터져 나온다.

아기가 조용해지면 휴고가 그날 밤의 마지막 담배에 불을 붙이고, 담배의 끝은 어둠 속에서 붉게 타들어가며 흔들린다. 움직이는 붉은 별을 어린 그러블린이 넋을 잃은 채 뚫어지게 바라보다 젖을 조금 빨더니 다시 잠에 빠져든다. 아기 엄마가 조심스럽게 아기를 아기 침대에 내려놓지만, "아이는 지금 이가 나는 중이에요. 그런데 침대를 더 이상 참을 수 없어 하네요. 자기가 얼마나 괴로워하는지를 우리에게 알려준답니다. 얼굴을 잔뜩 찌푸리는 거죠. 입을 열어 소리도 지르고요." 아기는 빽빽 울고 통곡하고 고함을 지르다가 제인이 다시 한 번 자기를 들어 안고 엄마의 침대 위에, 엄마의 바로 옆자리에 부드러운 손길로 눕혀주고 나서야 잠에 든다. 15분 후 셋은 모두 잠에 빠져든다.

창밖으로 보이는 하늘에 걸린 보름달이 점점 기울어갑니다. 멀리서 사자의 포효 소리가 들려오고요. 굶주린 하이에나의 서글픈 울음소리도 들려오는군요. 갑자기 재칼의 새된, 가볍게 컹컹 짖는 합창소리가 들립니다. 일시에 울어대는 소리가 북쪽으로 멀어져가면서 반복해서 들려오더니 다시 동쪽으로 소리의 방향이 바뀝니다. 그러다 다시 한 번 정적이 흐르죠. 휴고, 제인, 그러블린은 아침이 밝아올 때까지 잠을 자죠.

30

성공과 상실

1968~1969

1968년 2월 6일 화요일 아침 7시 30분에 일어난 사건을 시작으로 루이스 S. B. 리키의 개인비서 크리스프 부인에게 그 주일은 정말 운이 좋지 못했다. 코린돈 박물관의 옆문을 들어서려는 순간 근처 나무의 텅 빈 구멍으로부터 날아온 야생벌 떼가 그녀의 머리에 일곱 방, 몸에는 네댓 방의 침을 쏘았던 것이다. 벌들을 쫓으며 건물 안으로 달려 들어가서 문을 쾅 닫은 크리스프 부인은, 자리를 비운 상사 앞으로 보낸 편지에 썼듯이, "심장 부근에 이상한 느낌"을 받기 시작했다.

이틀 후 걸려온 전화도 거의 벌들만큼이나 불유쾌했다. 전화선을 타고 들려오는 레이디 리스토웰이라는 사람의 오만한 목소리가 문법도 맞지 않는 영어로, 크리스프 부인의 생각에는 "예외적이라고 할 만큼 무례"한 말을 늘어놓은 것이었다. 레이디 리스토웰의 친척인 게자 텔레키라는 이름의 청년이 토요일 밤에 나이로비 공항에 도착할 예정인데 리키 박사가 마중 나올 사람을 미리 주선해줘야 한다는 것이었다. 또 박사가 텔레키 청년을 1년 동안 고용(크리스프 부인은 완전히 처음 듣는 소식이었다)하기로 했는데, 왜 아무도 호텔에 방을 예약해두지 않았냐고 했다.

크리스프 부인은 게자 텔레키 씨를 위해 에인즈워스 호텔에 일주일 동안 묵을 방을 예약했으며 그에게 사정을 설명한 편지와 공항의 당직 교통 경관에게 보내는 첨부서를 동봉한 것을 인편으로 보냈다. 이제 그녀가 할 수 있는 일은 모두 다 했다. 주말 동안 쉬기로 한 크리스프 부인은 "텔레키라는 사람"이 월요일 아침에 박물관에서 우선 자신을 기다리도록 약속을 정해두고 "직접 그 사람을 응대하기로" 했다.

하지만 토요일 아침 마이크 리치먼드의 비서로부터 전화가 걸려와 반 라빅 부부를 대신해서 리치먼드 씨가 그날 밤 공항에 텔레키 씨의 마중을 나갈 것이며 데본 호텔에 이미 숙박 예약도 마쳤고 다음 주 초에 그를 비행기에 태워 응고롱고로 분화구로 이동할 것이라는 말을 전했다. 루이스에게 다시 쓴 편지에 크리스프 부인은 머리에 맞은 일곱 방을 포함한 총 열두 방의 벌침은 그녀 자신이 이런 건강상의 충격에 "자연적인 회복력"을 지니고 있긴 하지만 "누구에게라도 지나친" 것이었던 듯하다고 썼다. 하지만 레이디 리스토웰의 전화가 가져온 혼란과 텔레키 씨의 방문에 얽힌 미스터리는 여전히 남아 있었다. "이 모든 혼란이 어떻게 일어나게 되었는지, 그리고 레이디 리스토웰은 관장님이 그 청년을 1년 동안 고용하기로 했다는 정보를 어디서 들었던 것인지, 저는 정말 모르겠습니다."

2월 13일 메릴랜드 주 볼티모어에 체류 중이던 루이스는 그 문제와 관련한 크리스프 부인의 첫번째 편지를 받자마자 급하게 나이로비로 해외전보를 보냈다. "텔레키는 마이크 리치먼드가 맡음……. 침팬지에게로 감."

그래서 크리스프 부인은 게자 텔레키를 만나지 못하게 되었는데, 어쨌든 그의 매력과 잘생긴 얼굴을 감상할 기분이 아니기도 했다. 만약 마음의 여유가 있는 상태에서 텔레키를 그때 만났더라면 키 크고 늘씬한, 매부리코에 이마로부터 짙은 검은 머리를 단정하게 빗어 내린 한 청년을 볼 수 있었을 것이다. 유일한 신체적 결함은 이따금씩 오른쪽 눈이 초점이 없어지는 것이었는데 오히려 어디에 홀린 듯한 낭만적인 효과를 더해주었으며, 그의 눈빛에서는 진지한 지성과 충만한 자기 확신이 엿보였다.

텔레키의 그런 자기 확신은 헝가리에서 그의 가족이 과거에 누렸던 사회적, 정치적 명성이 남겨준 얼마 안 되는 유산 중 하나였다. 그의 조상인 사무엘 텔레키 폰 세크 백작은 1887년과 1888년 사이 유럽인 중 처음으로 살아서 키쿠유 부족의 땅을 통과해 5천에서 6천5백 킬로미터를 걸어 지금의 케냐를 횡단했으며, 그때 자신의 친구들을 기려 루돌프 호(현 투르카나 호)와 슈테파니 호(츄바히르 호)의 이름을 짓기도 했다. 그로부터 몇 세대 후에 게자의 증조부 폴 텔레키 백작은 제2차 세계대전 동안 헝가리의 수상을 지냈으며 고조부는 교육부 장관이었다. 그 둘 모두 노골적인 반공주의자였던 터라 전쟁이 끝나가던 마지막 몇 달 동안 소련군의 탱크가 진군해 오자 텔레키 부자는 재산 중 마지막 남은 것들을 모두 모아 급히 피난을 떠날 여비로 바꿨다. 그렇게 하여 게자 텔레키는 헝가리의 백작이 되는 대신 미국 시민이 되었으며 보이스카우트에 가입했고 조지워싱턴 대학에서 인류학 학사학위를 얻기 위해 공부했다.

학부 시절 텔레키는 워싱턴 D.C.에서 루이스 리키가 연사로 나선 강연회에 여러 차례 참석했으며 펜실베이니아 주립대학에서 인류학 대학원 과정을 시작하면서부터는 그 저명인사에게 편지를 쓰기 시작했다. 동아프리카에 있는 리키의 발굴 현장들 가운데 어느 한 곳에라도 가고 싶다는 부탁을 했던 것이다. 마침내 루이스가 면접을 보겠다고 해주었고, 면접은 워싱턴의 내셔널지오그래픽협회 본부 맞은 편 거리에 있는 제퍼슨 호텔 방에서 셰리주 병을 사이에 두고 이루어졌다. 루이스가 가장 관심을 두었던 면은 게자의 실용적인 재능이었던 듯하다. 보이스카우트에서는 무엇을 했는가? 차를 고칠 수 있는가? 요리를 할 줄 아는가? 마지막 질문에 게자가 그렇다고 대답하자 루이스는 점심식사를 만들어보라고 시켰다. 방에는 가스레인지뿐만 아니라 돼지 갈비살, 감자, 콩이 있었다. 물론 돼지 갈비살, 감자, 콩을 가지고 요리하기가 어려운 것은 아니었지만 당시 게자가 점심 준비를 마쳤을 때는 루이스가 이미 정오의 입맛을 망칠 정도로 셰리주를 많이 마셔버린 뒤였다.

게자는 올두바이에서 발굴을 하고 싶어 했지만 몇 달 뒤 나이로비에 있는 루이스가 전화를 걸어와 한 말(게자의 회상이다)은 그저 "비행기에 타게. 구달에게 사람이 필요하네"였다. 이렇게 해서 1968년 2월 초 나이로비로 오게 된 게자는 크리스프 부인이 아닌 마이크 리치먼드와 만나 데본 호텔에서 하룻밤을 보내고 응고롱고로 분화구로 와서 제인과 휴고를 만나게 되었다. 게자는 그것이 환상의 꿈만 같다고 생각했다. 뉴욕을 떠나(나이로비에서 그렇게 잠시 동안 체류한 뒤) 가물거리는 몽롱한 연무를 뚫고 내려와 분화구 속의 그 모든 야생동물이 주위를 배회하는 윤기가 반질반질 흐르는 초원으로 떨어졌다니.

　게자는 곰베로 가서 앨리스 소렘, 팻 맥기니스, 개코원숭이 연구자들인 팀 랜섬과 보니 랜섬, 세계국제친구단Friends World International이라 알려진 나이로비의 퀘이커교 학교 출신으로 최근 연구에 참여한 두 명의 단기 자원봉사자 캐롤 게일과 샌노 킬러와 합류하기 전에 분화구에서 잠시 시간을 보내며 제인과 휴고와 친해지고, 또 침팬지와 침팬지 관찰에 대한 사전 교육을 받고 앞으로 할 일에 대해 듣기로 계획을 세웠다.

　그때쯤 휴고는 내셔널지오그래픽협회와 맺은 주급 활동비 수령 계약이 종료되어 이제 안정적인 자금원이 사라지게 되면서—동아프리카 동물에 관한 책에 사용될 사진과 독수리, 하이에나 특집기사 작성도 마감되고 워싱턴 편집자들의 윤문도 끝난 상태였다—재정적으로는 불안했지만, 사진 촬영의 관점에서는 자유로워져서 자신이 직접 프로젝트를 고를 수 있었다. 그는 어느 영국 출판사로부터 계약금을 지원받고 동아프리카 육식 동물을 주제로 한 사진집을 만들기로 했다. 휴고가 그 책에 들어갈 본문과 사진(글보다는 사진이 대부분이었다)의 촬영 작업을 하는 동안에 제인은 로버트 하인드의 설득으로 착수하기 시작한 프로젝트인 모노그래프 집필에 본격적으로 힘을 쏟기 시작했다. 한 살짜리 그러블린에게 별 일이 없고 다른 사정이 허락할 때마다 제인은 자신의 작업 텐트 그늘 아래 앉아 쓰고, 다시 쓰고 내용을 늘였다가 줄였다가 되짚어보고 분석하는 등, 자신의 논문을 뼈

대로 과학 독자들을 위한 책을 써나갔다.

게자는 휴고의 일을 돕기 시작했다. 2월은 어느새 3월로 접어들었다. 그런데 예상보다 일찍 우기가 시작되고 기상이 악화되었다. 어느 날 밤 뭉게강의 검고 차가운 흙탕물이 밀려들어 무릎까지 차오르자 연구자들은 서로를 구조해야 했으며, 텐트와 소지품 더미들도 챙겨야 했다. 3월 20일경 휴고는 내셔널지오그래픽협회의 프레더릭 보스버그에게 편지를 보내 "비가 너무 많이 와 응고롱고로 분화구에 실질적으로 갇힌 상태이며 캠프 이동이 불가능합니다" 하고 알렸다. 게자도 다른 일행과 함께 홍수와 통행 불가능한 도로, 사용 불가능한 비행장 때문에 고립되었다. 그래도 그렇게 나쁘지만은 않았다. 사람들 모두 무사했다. 식량도 있었다. 게자는 이제 휴고를 돕는 데도 익숙해졌다. 그리고 아마 곰베에서 앞으로 펼쳐질 일들을 고대하고 있었을 것이다. 특히 제인과 휴고가 침팬지 관찰 보조 인력을 한 명 더 추가하기로 합의하면서 조지워싱턴 대학에서 지질학 학사학위를 최근에 받은 루스 데이비스라는 이름의 젊은 여성이 오기로 돼 있었는데 우연히도 그녀는 게자의 소중한 친구였다.

마침내 날씨가 잠잠해지자 게자는 분화구에서 간신히 빠져나온 뒤 비행기를 타고 키고마로 갔다. 분화구에서 아들과 며느리를 만나고 나이로비로 갈 생각으로 같은 비행기에 탄 휴고의 어머니 모에자도 함께였다. 곰베로 온 게자와 모에자는 팻 맥기니스와 처음으로 인사를 나눴다. 팻이 보기에 휴고의 어머니는 "천상 네덜란드 사람"이었고 말수가 적으며 깐깐한 인상을 풍겼다. 그렇지만 이런 수줍음은 이후 나이로비로 가는 단발엔진 비행기를 같이 타고 가다, 조종사조차 진땀을 흘릴 정도로 심한 악몽 같은 폭풍우에 요동 치는 비행기 안에서 함께 인간의 한없는 취약성을 실감하게 되면서 상당히 해소되었다. 팻의 회상으로는 나이로비에 비행기가 착륙하자 둘 다 "짐을 찾으러 가지도 않은" 채로 "술집으로 직행"했다고 한다.

부모님을 만나러, 또 곰베에서 잠시 나와 두 주일 동안의 휴가를 즐기기 위해 나이로비로 간 팻은 그 휴가가 끝날 무렵 마침내 제인을 만나서—반 라빅 가족은 응고롱고로 분화구에서 나와 리무루에서 한시적으로 머물며 짐들을 말리고 각종 잡일을 처리하는 중이었다—아직 끝나지 않은 불운한 소식에 대해 자세히 보고했으며, 제인은 그 소식을 멜빈 페인에게 보내는 4월 15일자 편지에 간략하게 요약했다. 그해 초 무렵 시작된 유행성 독감으로 어미 두 마리, 소피와 키르케가 죽었다. 그들이 남긴 고아들도 곧이어 어미와 마찬가지로 죽었다. 소피의 어린 새끼 소레마는 다섯 살 된 오빠 스니프에게 입양되어 오빠의 보살핌 속에 2주를 더 살았다. 어미를 잃은 다른 새끼 신디는 한 달 반 정도를 더 버텼다. 제인이 "내가 무척이나 아끼는 젊은 암컷"이라고 했던 푸치도 모두가 그녀의 첫번째 새끼를 간절히 기대하던 중에 유행성 독감의 또 다른 희생자가 되었다. "또 희생자가 있는데, 여전히 그 죽음이 믿기지도 않고, 벌써 죽은 지 3개월이나 지났지만 아직까지도 그 일에 대해 쓰고 싶지가 않아요. 바로 데이비드 그레이비어드예요."

게자가 곰베에 도착했을 무렵은 유행성 독감이 잠잠해진 뒤였다. 소피도, 키르케도, 소레마도, 신디도, 푸치도, 데이비드 그레이비어드도 만나보지 못했던 터라 게자에게는 그들의 집단적인 부재가 먼 남의 일 같았을 것이다. 어쨌든 새로 도착한 이 헝가리계 미국인은 이내 또 다른 문제에 봉착하게 됐는데, 4월 셋째 주 팻 맥기니스가 휴가를 마치고 돌아왔을 무렵 그 문제는 거의 위기처럼 보이기까지 했다. 먹이 공급 시스템이 통제 불능이 되어버린 것이다.

캠프의 바나나 공급은 숲속 내 양질의 먹이 공급원을 흉내 내도록 되어 있었다. 제인과 휴고는 어설픈 솜씨로 배급 시스템을 개조하는 데에만 몇 년이란 시간을 들였고 더 정교한 기술을 쓰고 침팬지들보다 앞서서 생각하기 위해 끊임없이 노력했다. 하지만 이상적인 유혹 수준, 즉 먹이 공급원이 부담스럽게 여겨지지 않도록 하면서도 침팬지들의 관심을 이끌어내도록 유지하는 일에는 늘 내재적인 어려움이 도사리고 있었다. 최근 곰베의 연구자들이 이틀에 한 번씩만 바나나를 상자에 넣어두는 식으로 인위적인 유혹 수준을 줄여놓았더니 그 패턴을 읽어낸 몇몇 침팬지들이 이틀째 되는 날에만 단체로 나타났다. 1968년 봄, 연구자들은 좀더 복잡한 방식을 동원해서 14일 가운데 7일은 바나나를 상자에 넣어두었지만 예정일이 헷갈리도록 상자를 꼭 하루걸러 채우지는 않았다. 그러자 36마리나 되는 흥분한 침팬지들이 그 마법 같은 바나나 횡재를 조금이라도 맞기를 기대하며 매일 그 지역에 나타나 배회했다. 더 좋지 않은 일은 개코원숭이 한 무리가 바나나에 이끌려 오는 바람에 이제 수십 마리가 넘는 개코원숭이들이 침팬지 무리 사이에 끼어 있게 되었다는 점이었다. 후일 게자가 그때의 일을 두고 한 말에 따르면 상황은 "엄청난 혼란"으로 치닫고 있었다.

6월 초순 무렵 곰베에 나타난 루스 데이비스는 그 문제를 신선한 시각에서 관찰할 수 있었다. "세상의 나머지 곳들이 얼마나 멀게 느껴지는지!" 6월 4일 부모님께 보낸 첫 편지에서 루스는 이렇게 썼다. "지금 우리가 있는 이 바나나와 침팬지의 세계 외의 다른 것은 현실이 아닌 것처럼 보일 정도랍니다." 그녀는 "천천히 일에 적응하기" 시작했으며 몇 차례 관찰도 했고 상황이 "비교적 평온할" 때에는 기록도 정리했지만 한편으로는 이런 생각도 들었다. "제가 과연 앞으로 신나는 '바나나의 아침'에 침팬지 30마리, 개코원숭이 50마리가 미친 듯이 싸워대는 걸 보면서 평정심을 계속 유지할 수 있을지 모르겠어요!"

6월 22일 편지는 더욱 구체적으로 썼다. 아침 일찍부터 찾아오는 침팬지들은 그날이 마침 '바나나의 날'이면 약 2시간 동안 40개의 바나나 상자에 담긴 바나나를 먹어 치운다. 바나나로 실컷 배를 채운 유인원 무리는 몇 시간 더 그 주변에 앉아 있거나 누워 있곤 하는데, 그사이 관찰자들 중 한 명이 침팬지들의 사회적 상호작용에 대한 기록을 작성한다. "작은 녹음기를 어깨에 얹은 채 어느 방향에서 누가 오는지, 그런 다음 이곳에 와서 무엇을 하는지를 녹음했어요. 여기에는 과시 행동, 공격, 짝짓기, 털 고르기, 인사 행동 같은 것이 포함되죠." 보통 관찰자 한 명이 두세 시간 동안 기록 녹음을 하면 다음 관찰자가 와서 일을 넘겨받았고, 그러면 첫번째 관찰자는 팬 팰리스 안으로 들어가 녹음테이프의 내용을 옮겨 적고 그 기록들을 도표화했다. 당시 2.5명의 관찰자들이 이 프로젝트를 맡아서 하고 있었으며— 0.5명은 루스였다—프로젝트의 표준 수행절차는 먹이 공급 지역이라는 단일 지역에서 침팬지들을 관찰하는 것이었다.

"침팬지들이 처음 올 때와 먹이를 먹는 동안은 대개 굉장히 흥분되어 있어서," 관찰자가 "온갖 유형의 야생 행동이 벌어지는 것"을 볼 수 있었다. 루스는 편지에 어떤 때에는 "이 큼지막한 검은 덩치들 중 한 녀석이 나를 향해 털을 곧추 세우고 때로는 거대한 야자나무 잎을 흔들며 돌진해올 때는 무서워요!"라고 쓰기도 했다. 하지만 진짜 문제는 개코원숭이들이었으며 침팬지와 인간 모두 "50마리의 못 생기고 혐오스럽고 넌더리가 나는 욕구불만의 개코원숭이들이라는 존재에 질려버렸다"고 한다. 루스는 예전에도 개코원숭이들을 한 번도 좋아해본 적이 없었는데 이제 그 크고 이빨이 날카로운, 개처럼 생긴 원숭이들에 대해 더 잘 알게 되면서 애초에 품었던 싫다는 감정은 혐오로 굳어졌고, 그래서 "이제 그들의 동작과 행동만 봐도 너무 불쾌해서 때로는 그들을 관찰할 때 속이 다 메스꺼울 정도"였다.

캠프에서 유일하게 한 사람만이 개코원숭이들에게 위협적인 존재였는데 다름 아닌 게자였다. 그 이유의 절반은 그가 덩치가 크고 침착해서였으며, 나머지 절반은 그가 돌을 던져 목표물을 잘 맞혔기 때문이었다. 개코원숭이들은 어떤 인간을 두려워해야 할지 말지를 금세 알아차렸으며, 비교적 가냘프고 돌을 끔찍하게도 못 던지는 루스는 두려워하지 않아도 될 사람 중 하나였다. 사실 루스는 이미 어느 개코원숭이에게서 공격을 받은 적도 있었는데, 그 일은 털북숭이 유인원들이 모두 캠프를 떠나고 그 개처럼 생긴 원숭이들 중 겨우 몇 마리만 남아 있었던 어느 오후에 벌어졌다. 루스가 밖에 서 있는데 마침 그녀로부터 2,3미터 정도 떨어진 곳에서 수컷 개코원숭이 한 마리가 지나가고 있었다. "너무 평온하기만 해서 무슨 일이 벌어질 수도 있다는 생각이 들지 않았어요. 이 개코원숭이가 걸어가다가 제 옆을 지나치게 되었는데 별안간 아무 이유도 없이 몸을 돌려 저를 덮쳤어요! 말할 필요도 없이 저는 엄청나게 놀랐고, 그 동물이 여전히 제 몸 위를 덮친 채로 바닥으로 넘어질 뻔했지만 다시 몸의 균형을 잡고는 공중으로 팔을 뻗어서 앞으로 막 휘둘렀어요. 그러자 이 으르렁대는 괴물 녀석이 떨어져나갔죠(하지만 심지어 그 순간에도 겨우 몇 미터밖에 떨어져 있지 않았어요)." 다행하게도 루스는 팔꿈치가 까지는 정도의 상처만 입었다.

제인과 휴고 부부는 원래 5월 1일에 곰베로 돌아가려고 했지만 폭우가 쏟아지는 바람에 도로가 유실되면서 복귀 날짜가 한 달 뒤로 미뤄졌다. 그때 제인은 학위 논문을 모노그래프로 바꾸는 작업에 짓눌려 있었는데 그 일역시 부부를 6월 중순에 원고를 마침내 우체국에 던져두고 나올 때까지 나이로비에 발이 꽁꽁 묶여 있도록 한 이유였다.

그 와중에 제인은 나이로비에 기반을 둔 퀘이커교 계열 학교인 FWI 출신 학생을 또 한 사람 만났으며, 던 스타린이라는 그 학생이 그럽(그러블린의 애칭—옮긴이)을 돌보는 일을 도와주겠다고 자청했다. 또 조니 리키의 오랜 친구를 고용하게 되었는데 알고 보니 그 사람은 11년 전 올두바이에서 며칠 동안 함께 지냈던 니콜라스 픽포드로 지금은 마가렛이라는 이름의 남아프리카 여성과 결혼해 유부남이 되어 있었다. 케냐에서 태어나고 자란 닉은 남자다우면서도 현실적인 사람이었으며 수완도 좋아 곰베의 관리자로 꼭 맞는 사람이었다. 그리하여 제인과 휴고가 마침내 과도하게 짐을 실은 차 두 대로 대열을 이루어 남쪽으로 출발할 때 부부의 랜드로버에는 그럽과 던이 탔고, 마가렛과 닉은 폭스바겐 버스를 타고 그 뒤를 따라왔다. 6월 30일 일요일 키고마에 "초죽음"이 된 채로 도착한 일행은 차를 주차하고 짐 가방과 물품을 수상 택시에 옮긴 뒤에 다시 길을 나서 탕가니카 호의 출렁이는 물살을 가르며 북쪽을 향해 요란한 굉음을 울리면서 나아갔다.

호수가 자신의 제일 좋아하는 인형을 삼켜버렸지만 그래도 그럽은 배 여행을 즐거워했다. 제인에게는 생각할 일이 많았으며, 곰베에 도착했을 때 일행을 맞이한 것은, 그 다음날 가족에게 보낸 편지에서 볼 수 있듯이, "침울함"이었고 "우리가 나타나자 대화는 허둥지둥 끝이 나고, 모두 하던 일을 멈췄으며" "절망에 빠진 대표자 몇몇"이 다가왔다.

새로운 소식은 "암울, 암울, 암울"하기만 했다. 우선 그때쯤 데이비드 그레이비어드가 죽었다는 사실은 부정할 수 없으리만큼 명확했다. 그리고 푸치도 마찬가지였다. 또 3개월째 페이븐이 보이지 않았다. 하지만 최악의 소식은 바나나 급식 시스템과 재난에 가까울 정도로 몰려든 침팬지, 개코원숭이들 무리에 대한 것이었다. "개코원숭이가 사람을 공격한다는군요. 게자가 돌을 던져 어떤 개코원숭이의 이빨을 부러뜨렸고요. 루스는 공격을 당했다고 하네요."

이후 제인은 상황이 얼마나 나쁜지를 전해 듣고 "굉장히 충격"을 받았다고 내게 말했었다. 긴급회의를 위해 사람들이 모두 모였으며, 이내 모두들 바나나 상자들을 침팬지들이 잠든 밤에만 채우기로 합의했다. 상자가 꽉 차 있든 비어 있든, 문을 닫아두어 침팬지들이 어느 상자에 화풀이를 해야 할지 절대 알 수 없도록 하기로 했다. 그리고 '바나나의 날'도 현저하게 줄이기로 했다. 앞으로는 5,6일에 하루만 바나나들을 가져다 두기로 했다.

'바나나의 날'을 거의 3분의 2로 줄이면서 시스템에 커다란 변화가 발생하기도 했지만 그것 외에도 훨씬 더 중요한 효과를 불러올 또 다른 변화가 있었다. 제인과 휴고는 몇몇 연구자들이 침팬지들을 캠프 밖으로까지 추적해서 숲에서의 모습을 연구하고 싶어 한다는 말을 듣게 되었다. 제인은 그 말을 듣자마자 바로 수용했다. 당시 집에 보낸 편지에서 그녀의 열광적인 반응을 읽을 수 있다. "제가 사람들이 침팬지 추적 연구를 시도해보기를 얼마나 원해왔는지 아시죠? 하지만 그동안 시도해본 사람이 아무도 없었다는 것도요? 글쎄, 게자, 루스, 캐롤(그리고 FWI에서 임시적으로 온 학생 두 명도 함께) 모두 추적을, 그것도 1인 추적을 해보고 싶다지 뭐예요. 산을 혼자 올라가고 싶대요. 지금 너무 흥분돼요. 이제 두 명은 매일 추적을 하고 한 명은 캠프에 남아요." 그 편지에는 다른 희망의 소식, 예를 들어 페이븐의 깜짝 귀환 소식도 담겨 있었다. "오늘 **페이븐**이 **돌아**왔어요! 너무 신나네요!" 그러나 침팬지를 언덕으로 계곡으로 숲으로 1인 추적하는 것, 그것이 중요한 일이었다. 외부 관찰을 나간 동안 침팬지의 행동에 대한 기록은 표준양식을 따라 작성하기로 했으며 이제 곰베의 연구자들은 앞으로 두 가지 종류의 자료를 추출할 수 있게 되었다. 먹이 공급 지역에서 축적한 일반 자료는 기록 A, 특정 개체를 추적하며 모으게 될 자료—일반적인 행동 양식, 먹이 선택, 무리 안의 사회적 관계 형성, 다른 동물 종과의 조우, 이동 경로 등—는 기록 B로 명명하기로 했다.

루스 데이비스는 푸른 눈에 짙은 검은 눈썹, 잘 정돈된 입술선과 턱선이 인상적인 여성이었다. 그녀는 옷을 차려입어야 하는 행사가 있는 날이면 길게 늘어뜨린 갈색 생머리(고수머리 기운이 있는 직모라서 곰베의 열기와 다습한 날씨에 머리카락이 꼬불꼬불해지자 루스가 무척 싫어했다)를 가볍게 틀어 올렸다. 6월 첫 주 동안 캠프의 단파 라디오를 통해 로버트 케네디(존 F. 케네디 대통령의 동생으로 민주당의 유력한 대통령 후보였으나 총격으로 암살당했다—옮긴이)가 샌프란시스코의 한 호텔에서 암살당했다는 소식을 들은 루스는 며칠 후 집에 보낸 편지에 적었듯이 "그 불쌍한 미국이 어떻게 되어가는 건지" 상상조차 하기 힘들었다. 스스로 이미 "자연에 매우 가깝게 살고" 있다고 느꼈던 터라 미국 본토의 문명화된 삶 전체가 "이제는 조금 어리석어 보이기까지 하고 요즘은 자주 철과 콘크리트로 된 세상에 사는 동안 잃어버리게 된 것에 대해 생각"하기까지 했다.

자연과 가까운 음식에 그녀가 늘 익숙해했던 것은 확실히 아니었다. 어떤 음식은 "매우, 매우 좋다"고 인정할 만했지만 다른 요리는 "엄청나게 역겨웠다." 루스는 구할 수 있는 음식의 다양성에 놀라워했는데, 낮 식사—달걀, 때때로 베이컨, 잼, 꿀, 치즈—는 질도 괜찮았고 양도 풍족했다. 최근 시장에 탕헤르 오렌지도 들어와서 캠프 사람들은 탕헤르 오렌지도 먹게 되었다. 그리고 바나나도 먹었다. 그러나 최고의 음식은 단연 이틀마다 굽는 빵이었다. 저녁에는 이야기가 또 달라졌다. 캠프에서는 일주일에 한 번, 매주 목요일 '키고마의 날'에만 신선한 재료를 얻을 수 있었다. 그런 날이면 키고마로 장을 보러 간 사람이 "굉장히 맛있는 신선한 생선"뿐만 아니라 시계꽃 열매 주스, 작고 매운 고기양념 패스트리인 사모사를 들고 돌아왔다. 그래서 목요일의 저녁식사에는 신선한 생선요리를 차렸지만, 굉장히 불행하게도 "그주의 다른 날 저녁에는 매일같이" 깡통 스테이크를 재료로 만든 스튜나 "역겨운 바나나 튀김을 곁들인 정말 먹기 어려운 카레" 또는 "고기파이 같은 것"을 만들어 먹었다.

음식과 별개로 루스는 곰베를 진심으로 좋아했다. 그녀는 변소를 "굉장히 재미있는" 곳이라고 생각했다. 땅에 판 구멍 위에 앉도록 만들어진 그 변소는 삼면이 풀로 엮은 낮은 울타리로 가려져 있었다. 그런데 열려 있는 네번째 면으로 밖을 바라보면 얼마나 근사한지! '쉬'를 하는 일을 "미학적으로 즐겁게" 해주는 멋진 경치, 특히 밤하늘의 은하수를 즐길 수 있었기 때문이었다. 또 카세켈라 강 하류에 있는, 목욕하기 딱 좋은 조그마한 못에서 목욕도 하기 시작했다. 루스는 탁 트인 작은 천연 수영장에서의 목욕은 "굉장히 상쾌한 경험"이었으며 "목욕통을 다시는 사용하고 싶어 할 것 같지 않아요!"라고 말했다.

루스는 급속도로 침팬지들에게 빠져들었으며 곧 혼자서 몇몇 침팬지를 높은 산기슭까지 따라가려는 시도도 했다. 그럴 때에 침팬지들은 "나에게 무관심"해서 그녀는 자신이 "자연의 일부"가 된 듯한 기분을 느꼈다. "그들의 삶이 얼마나 대단한지!" 루스는 그들을 부러워하는 자신의 모습을 발견하기도 했다. "밤에 야자나무 높은 곳에 둥우리를 짓고서, 위로는 아프리카의 밤하늘이, 아래로는 호수가 있고 거친 아프리카의 밤소리만이 들려오는 그곳에 누워 있다면 얼마나 아름다울까!"

6월 말 제인과 휴고가 마침내 돌아와 캠프 밖으로 침팬지들을 추적해도 된다고 허락해주었을 때 루스는 더 잘 돌아다닐 수 있도록 즉시 새 운동화를 키고마에다 주문했다. 제인과 휴고가 돌아온 직후 집에 보낸 편지에는 이렇게 적혀 있다. "요 며칠간 캠프 밖에서 탐험과 실험을 하고 있는데, 세상에 얼마나 아름다운지 몰라요! 가끔 너무나 황홀해서 그대로 멈춰서 꼼짝도 않고 그저 들려오는 모든 소리에 귀를 세우기도 하죠." 계곡 아래는 덤불이 빽빽해 돌아다니기 힘들었고 산기슭은 높게 자란 풀이 지독하게 미끄러워서 다니기 어려웠다. 그래도 곰베의 몇몇 식물 종 가운데서도 키가 높이 자라는 풀은 "잎이 연하고 섬세한" 종류였다. "몸이 완전히 감싸일 정도로, 거의 3미터나 되는 이 부드럽고 산들산들 흔들리는 풀 사이를 걸어가는 기분이 어떤지 상상할 수 있으세요???" 물론 이 3미터 높이의 풀밭에서 빽빽하고 거친 곳에서는 갇힐 수도 있었으므로 걱정이 전혀 안 된다고 할 것은 아니었다. 그렇게 높게 자란 풀 사이로 힘겹게 헤치고 가노라면 앞을 제대로 보기 어렵고 만약 그런 상황에서 성이 난 들소라도 만나면 곤혹스럽기 그지없을 것이다.

7월 27일 편지 내용에 따르면 몇 주도 채 지나지 않아 루스는 "이 동물들에 너무 몰두해서 절대로 떠나고 싶지 않으며, 적어도 나에게는 이 경험이 점점 더 절실한 것이 되고 있다"는 생각마저 하게 됐다. 처음 시작할 때는 몇몇 수컷 침팬지를 두려워했지만 이제는 처음에 무서워했던 침팬지들이 루스의 마음을 빼앗아버렸다. 정말 주기적으로 비합리적인 흥분에 사로잡힌 채 털을 곧추 세우고 사람들을 쫓아다녔던 형제 찰리와 휴가 특히 그런 존재가 되었다. 원래 이 두 침팬지를 "죽을 만큼 두려워"했으며 오랫동안 둘을 구분조차 못했던 루스였다. 그들이 그 누구라도 자신들을 따라오도록 놔두는 경우가 드물었지만, 이제 루스는 그들을 쉽게 추적할 수 있었고 심지어 휴가 사실 자신을 좋아하는 게 거의 확실하다고 느끼기에 이르렀다. 한번은 계곡으로 향해 가는 그 덩치 큰 수컷을 따라가던 중 휴가 갑자기 루스 앞에 나타나 마치 털 고르기를 해주기를 기대라도 하는 듯이 그녀 바로 옆 자리에 앉은 적도 있었다.

키가 크고 날카로운 풀밭, 빽빽한 덤불, 가시투성이 덩굴 속을 헤치며 침팬지들을 추적하는 데에는 "온갖 종류의 기묘하게 꺾은 자세"를 예상해둘 필요가 있었으며, 하루를 마무리하고 캠프로 돌아올 때쯤이면 루스는 "머리부터 발 끝까지 아팠으며, 거기다가 여기저기 긁히고 피가 맺혀 있었고 나무 조각, 가시가 온몸에 박혀 있었다." 때로는 길을 잃고 어디가 어딘지 몰라 조금 겁에 질리기까지 했다. 일지에 따르면 8월 23일이 바로 그런 날이었다. 그날 루스는 험프리를 따라가는 중이었는데, 사실 처음 얼마 동안은 험프리의 뒤를 놓치지 않고 잘 따라 잡고 있었다. 그러다 험프리가 골리앗과 페이븐과 마주쳤고, 루스가 그 세 침팬지들의 뒤에 있는 나무 뒤로 급히 뛰어간 사이 어찌된 일인지 갑자기 모두 사라져버렸다. 루스는 덤불을 헤치며 계속 나아갔지만,

이 악몽이 시작된 지 1시간가량 지난 후 저는 약간의 공황 상태에 빠져버렸어요(좀더 솔직하게 말하면 신경이 날카로운 상태였죠). 방향 감각을 잃기 시작했고 몸을 제대로 가눌 수 없었어요. 이때 어쩌다가 날카로운 나뭇가지에 머리를 박아서 이마에 피 한 줄기가 흐르기도 했어요. 어쩌면 그때 제 심리 상태가 그랬던 탓인지도 모르지만 몇 초 동안 눈에 보이는 것이라곤 제 앞에서 뱅글뱅글 도는 별들과 어둠뿐이었어요. 그러다 기절을 했죠. 제가 정신을 차렸을 때는 (그다지 오랜 시간이 지나지는 않았던 것 같아요) 괴물 같은 개코원숭이 한 마리가 저한테서 약 60센티미터 떨어진 곳에 서 있었어요.

그녀는 자문했다. "저 원숭이가 얼마나 오랫동안 저기에 있었던 것일까? 무슨 생각을 하고 있는 거지? 무엇을 하려고 했을까?" 일시적으로 몸을 움직일 수 없었던 루스는 "조금 두려워"졌다. 그녀가 몸을 움직였다. 개코원숭이는 놀라울 정도로 빠르게 하얀 눈꺼풀을 깜빡이고는 이빨을 드러내며 위협적으로 입을 쫙 벌렸다. 루스도 위협—으르렁거림, 끙끙거림, 얼굴 찌푸리기—을 하며 맞받아치려고 애썼다. "운이 좋게도 놈이 달아나버렸어요. 얼굴에는 여전히 뜨거운 피가 흘러내리고 있었죠. 그때 저는 이 일을 기록 B에 넣을 가치가 없다고 생각했어요. 그저 돌아가고만 싶었는데, 맙

소사, 가는 길이 얼마나 험난했는지." 그러다 들소를 발견한 루스는 몸을 피하기 위해 호숫가 모래사장으로 이어지는 길을 택했다. 마침내 호수에 도착하자 물속으로 뛰어들어 열을 식혔고, 그리고 기진맥진한 채로 모래사장에서 깜빡 잠이 들어 개코원숭이 꿈을 꾸었다. 루스가 반 라빅 가족이 머물고 있던 호숫가의 집에 도착했을 때 그럽이 그녀를 보고 울기 시작했다.

어떤 불쾌한 것들과 장애물과 잠재적인 위험이 있더라도, 루스는 자신의 일을 사랑했다. 숲속의 생활과 침팬지 추적을 좋아했으며, 특히 덩치 큰 침팬지 수컷들에게 애정이 많았다. 어느 날인가는 집에 보낸 편지에 이런 말을 쓰기도 했다. "숲속에서 휴와 단둘이 시간을 많이 보내고 나서부터 다른 침팬지들보다 휴에 대해 더욱 깊이 알아가기 시작했어요. 거대한 덩치의 두목(!)인 마이크도 마찬가지로 그렇고요. 휴와 마이크는 이제 제가 가장 아끼는 동물들이에요. 사실 세상에서 가장 좋아하는 생명체죠!"

반 라빅 가족도 해변의 말러 맨션에서 즐거운 여름을 보내고 있었다. 전해 여름에 팀 말러를 위해 지은 이 세 칸짜리 숙소는 그럽의 안전을 위해 바깥에 강철 그물을 못질을 해두어 이제는 침팬지—그리고 개코원숭이—침입을 방지한 피난처로 바뀌어 있었다. 제인은 집으로 보낸 편지에 이 새로운 거처가 "거대"하다고 묘사했으며 집 안은 놀랍도록 "시원하고 아름답다"고 적었다. 하루 종일 집 주변을 지나다니는 개코원숭이들 때문에 그럽은 그저 안에서 집에 들락날락하는 들고양이 새끼를 잡으러 와락 덤벼들거나 인형 놀이를 하면서 까르르 웃으며 놀았다.

그래도 그럽은 그저 물 가까이에 있는 것만으로도 만족했다. "다른 곳에서는 이렇게 행복해하는 걸 본 적이 없을" 정도로 호수에서 정말 신나게" 놀았다. 물속으로 발을 들여놓을 때 전혀 두려움이 없었던 아이는 자신의 발이 만드는 작고 둥글게 퍼져나가는 붉은 물결에 사로잡혔으며, 반짝반짝 빛나는 물방울과 찰싹찰싹 밀려오는 파도를 보고 즐거워했고, 배—사실은 노란색 플라스틱 물놀이장—를 타고 항해를 떠나는 것을 좋아했다. 그럽은 벌써 18개월이 되었지만 어찌된 일인지 말을 하려 들지 않았고, 말을 해보라고 하면 고집스럽게 고개를 저어 엄마를 걱정시켰다. 게다가 당나귀 흉내를 내고 개코원숭이나 침팬지 소리를 따라하며 행복해했다. 이제 엄마와 아빠의 신발도 구분할 줄 알 만큼 자란 아이는 깡통 네 개를 쌓아올릴 줄도 알았으며, 사진을 가리키며 사물의 이름도 몇십 개쯤 댈 수 있었다.

7월 중순경 로버트 하인드와 제인의 또 다른 "성城" 친구인 스탠퍼드 대학의 정신의학 교수 데이비드 햄버그가 그곳에 도착했는데, 7월 19일 집에 보낸 편지에 따르면 두 사람 모두 "동물행동 분야에서 이곳에서 벌어지고 있는 일은 전 세계 모든 곳을 통틀어 가장 흥분되는 일"이라고 말했다고 한다. 로버트는 "적극적으로 우리를 도와서 재정 및 인력 지원—영국의 과학 연구위원회의 교부금 지원을 받는 케임브리지 동물학 과정 대학원생들—을 해주려고" 했다. 그리고 데이비드 햄버그는 "확신컨대" 미국 국립 아동보건 및 인간발달연구소에서 침팬지 발달에 대한 과학 연구용 영상물 제작을 위해 쓸 수 있는 상당한 액수의 자금을 지원해줄 것이라고 했다.

한편 앨리스 소렘은 유아발달 연구가 잘 풀리지 않아 고전하고 있었다. 반면 팻 맥기니스는 이미 케임브리지 대학의 박사과정에 합격해서 이제 붉은콜로부스원숭이를 막 연구하기 시작한 참이었는데 제인과 로버트의 설득에 넘어가 결국 침팬지로 전환했다. 당시 제인이 집에 쓴 편지다. "팻을 설득해서—하느님 감사합니다—우리 쪽으로 돌아오도록 했어요. 콜로부스원숭이는 (감사하게도 제가 알기로는) 포기했고, 앞으로 6개월 동안 성性 행동을 연구한 뒤 케임브리지에서 6개월간 지내고 이곳으로 돌아와 2년간 성 행동을 연구하고 나서 1년간 케임브리지에서 논문을 쓰고 박사학위를 받아 떠나기로 했어요(다른 건 모르지만 적어도 박사학위는 분명히 따낼 거예요)."

로버트가 곰베로 온 까닭은 원래 자료 수집 체계를 전산화한다는 계획에 서였으며, 그 전산화 작업에는 컴퓨터용 천공카드 제작이 필요했다. 게자는 이렇게 회상한다. "천공키 다발이 든 바보 같은 상자를 들고 다니라더군요. 카드를 거기에 넣어둔 채로 다니다가 관찰을 할 때는 문자 그대로 천공 키들을 찍어서 카드에 구멍을 뚫어두라고 했어요." 게자의 생각으로는 그 시스템의 가장 나쁜 점은 "이 대단한 장치를 나르는 일 때문에 수기手記나 음성 기록을 동시에 남기기가 불가능해졌다는 것"이었다. 하지만 로버트는 전에 곰베를 와본 경험이 없었던 터라, 키가 큰 풀, 날카로운 가시, 뚫고 지나가기 어려운 덤불, 가파른 산, 깎아지른 듯한 절벽, 3차원 미로길을 빠져나갈 때 사람의 예상보다 훨씬 더 출중한 능력을 보이는 똑똑한 동물들 같은 실제적인 요소들을 신중하게 고려하지 않은 채로 단순하고 이론적인 침팬지 추적방식만을 상상했다. 캠프의 몇몇 연구자들은 로버트가 제안한 새로운 시스템의 핵심에 의문을 제기했고 결국 로버트는 스스로 시연을 해보이겠다고 했다. 게자의 기억에 따르면 결과는 이랬다. "눈을 감으면 그가 캠프로 걸어 들어오는 모습이 그려집니다. 마치 지옥에라도 다녀온 것 같더군요. 가시에 찔려 이리 찢기고 저리 찢겨져 있었어요. 머리부터 발톱까지 피도 흘러 있었죠. 옷도 다 찢어졌고요. 포로수용소에서 막 빠져 나온 것 같았습니다, 무슨 말인지 아시겠죠?"

그래도 로버트의 협조로 드디어 곰베에도 전산화 시스템은 아니지만 어쨌든 새로운 데이터 수집 시스템이 세워졌다. 기록 A의 경우 먹이 공급장의 연구자가 휴대용 음성 녹음기에 말로 무리 내 모든 개체 간 상호작용을 기록하게 된다. 기록 B의 경우 연구자는—먹이 공급장이든 숲속에 나가 있든—가능한 오랫동안 개체를 추적하고, 해당 개체에 대한 관찰 내용을 일련의 음성 기록으로 남긴다. 양쪽의 경우 음성 녹음된 기록은 1분 간격(때로는 30초)으로 작동하는 자동호출기로 끊어주며, 하루를 마감할 무렵 모든 연구자들로 하여금 이렇게 '삑' 소리로 구분한 음성 기록을 복잡다단하고 전후 참조된 확인기록표에 항목별로 기입하게 하여, 몇 가지 유형의 표준화되고 일정하게 측정된 자료(누가 누구에게 무엇을 언제, 얼마나 자주, 얼마나 오랫동안 등)를 구축하는 것이다.

제인은 로버트의 방문을 전반적으로 "대단한 성공"이라 여겼으며 그는

"모든 사람들과 잘 지내게 되었다." 마가렛 픽포드는 그를 "사랑스러운 귀염둥이"라고 생각했다. 닉도 그를 좋아했다. 다른 사람들은 "그의 지성에 전율"했다. 한편 로버트는 그럽을 귀여워하는 듯했고 "말수가 적지만 나긋나긋하고 지성적인 게자의 그녀 루스에게 무척 반했다." 제인은 그 케임브리지의 교수가 호수에서 검정색 비키니 팬츠 차림으로 목욕을 하긴 했지만, 그래도 "아주 근사"한 사람이었다고 평했다. "다른 사람들과 멀찍이 떨어져서 목욕을 해서 꽉 끼는 검정색 천 조각을 허리에 두른 우아한 형상을 어렴풋이 볼 수 있었죠……. 앨리스가 그 모습을 한 번 봤는데 그때 무척 놀랐으리라 장담해요."

데이비드 햄버그와 로버트 하인드의 방문을 제외하고 그해 여름에 있었던 가장 중요한 사건은 아마도 플로의 임신과 그에 이은 출산일 것이다. 7월 19일 집에 보낸 편지에서는 그 일을 이렇게 썼다. "**플로가 임신한 걸 아시나요!!! 믿어지세요?** 11월에 노바가 유산을 했고 팰리스도 2주 전에 새끼를 잃었죠(출산 예정일 직전에 사라져서 1주일 후 돌아왔을 때 새끼가 없더군요). 하지만 플로에게는 그런 일이 일어나지 않을 거예요!"

곰베에서 가장 육아 경험이 많고 엄마 역할을 잘 하는 어미였던 플로의 어린 새끼들 페페와 플린트는 엄마의 임신에 긍정적인 반응을 보이지 않았다. 막 젖을 뗀 플린트는 퇴행 현상까지 보였으며, 7월 말 집에 보낸 편지에 따르면 ,이제는 "진짜 아기 단계를 거치고" 있다고 했다. 플린트는 어미에게 끊임없이 매달리고 업혀 다녔다. FWI 자원봉사자 캐롤 게일이 어느 날 여섯 시간 동안 이 둘을 추적한 뒤 보고한 내용에 따르면 플로가 쉬거나 먹기 위해 속도를 늦추면 플린트가 낑낑거리며 움직일 때까지 계속 어미의 몸을 밀고 어미가 움직이면 등으로 다시 올라탄다고 했다. 한번은 플로가 가슴팍에 플린트를 안아서 잡아주지 않고 나무 아래로 내려가려는 시늉을 하자 플린트가 "엄청나게 성질을 부려대며 어미의 뒤를 쫓아 몸을 날렸다." 그리고 플린트는 플로가 자신이 아닌 다른 침팬지의 털 고르기를 해주면 낑낑거리며 울면서 그 사이를 비집고 들어가곤 했다. 하지만 7월 말 제인이 편지에 적었듯이, "정말로 웃긴 일"은 청소년기의 페페가 어미와 어린 동생과 함께 시간을 보내려 할 때였다. 페페는 곁에 있을 때마다 어미의 관심을 모두 독차지하려고 했다. 그래서 플로가 플린트의 털 고르기를 해주면 페페는 손을 벌리고 "버릇없는 꼬마아이처럼" 낑낑거렸다.

아마도 플로가 너무나도 애정이 넘치고 관심을 보내주는 어미였기에 새끼들이 그 품 안을 떠나기 힘들어했는지도 모른다. 어쨌든 그 작은 가족 안에서 벌어지는 흥미로운 역학 관계를 생각하며 모두들 새로운 새끼의 출생을 고대했다. 앨리스 소렘이 출산 동안의 플로를 관찰하고 싶어 했으므로 그해 8월에 매일 플로를 따라다니기 시작했다. 8월 중순 집으로 쓴 편지에 제인이 적었듯, 앨리스는 유아 발달 연구를 시작하면서 큰 좌절을 겪었지만 "정말로 자신을 잘 추슬렀다." 그때쯤 플로를 따라다닌 날수는 낮 시간을 기준으로 꼬박 일주일이나 되었다. 여전히 등을 타고 다니는 플린트 때문에 플로는 플린트의 기운을 빠지게 하려고 일부러 가시투성이 덤불 안의 좁은 굴을 따라 왔다 갔다 했다. 그런 행동은 앨리스의 기운을 더욱 빠지게 했으며, 특히 플로가 벌집을 습격한 날에는 더욱 힘들었다. 벌들이 자신의 뒤에서 들끓자 플로는 앨리스의 방향 쪽으로 뛰어와서는 바로 자리를 피해버려 벌들이 앨리스를 쏘도록 만들었다. 그래도 잠시 떨어져 있는 몇몇 경우를 제외하고 10일 동안 플로의 뒤를 그럭저럭 따라다닐 수 있었지만 앨리스는 하필 8월 22일 새끼 플레임이 태어난 그 중요한 날 아침에 플로를 놓치고 말았다.

이틀 후 집에 보낸 편지에 적혀 있기로는 그 새끼가 "작고 아주 귀여운 딸"이었으며, 플로의 가족 구성원들의 특징이 그렇듯, 새끼도 거의 완전히 분홍색이었고 털이 없었다(엉덩이, 머리통에 난 얼마 안 되는 털, 턱과 윗입술 사이에 난 긴 흰 털 몇 가닥을 제외하고 말이다). 사람들을 모두 놀라게 한 것은 플린트가 이 새 식구의 도착에 "무난히 잘" 처신했다는 것이었으며, 페페는 흥미를 보이기는 했지만("곁눈질을 했고 그냥 손이나 발을 몇 번 만지기만 했다") "우리가 예상한 것처럼 과도하게 기뻐하는 듯" 보이지는 않았다.

그해 여름 어느 날 저녁 곰베에서 이전에 요리사로 일했던 도미니크 반도라가 해변에 나타나 행복한 모습으로 가족에 대한 수다(딸 아도가 '음쿠브와 사나 사사', 즉 이제 다 컸다고 했다)를 늘어놓으며 일자리가 있는지를 물었다. 제인은 편지에 "요리사가 한 명 더 필요해서 그 늙은 악당을 다시 쓰기로 했어요"라고 써 보냈다.

루스도 집에 보낸 편지에 도미니크에 대해서 썼다. "몸집이 작고 재미있는 노인인데 굉장한 자신감에 넘치고 훌륭한 요리사예요." 아마 그녀의 관점에서 가장 중요한 것은 그의 복귀가 더 좋은 음식을 의미한다는 점이었을 것이다. "그가 돌아온 이후 식사가 얼마나 달라졌는지!" 도미니크는 심지어 디저트로 맛있는 애플파이와 초콜릿케이크도 구워냈다.

1968년 9월 10일 데스몬드 모리스에게 자랑스럽게 적어 보낸 편지에서 제인은 "이곳의 규모가 방대하게 불어나고 있어요"라고 썼다. 제인과 휴고에게는 이제 상근으로 침팬지 관찰을 맡은 학생이 여섯 명이나 되었다. 그중 두 사람은 1년 동안의 일반 기록 업무를 마친 뒤 본인들의 박사학위용 프로젝트에 집중하고 있었다. 어떤 학생은 "아주 잘 되어" 케임브리지로, "로버트의 휘하로" 들어갈 예정이었다. "두 버클리 학생들"인 팀 랜섬과 보니 랜섬은 최근 개코원숭이 연구를 마친 상태였다("그리고 굉장한 결과를 낼 훌륭한 연구도 끝난 상황이었죠"). 로버트의 또 다른 케임브리지 박사과정 학생인 팀 클루턴 브록도 곧 도착해 곰베의 붉은콜로부스원숭이 연구를 개시할 예정이었다. 제인의 편지는 계속 이어졌다. 사실 곰베 강 연구센터가 너무 커지는 바람에 상근 관리자 한 명과 그의 부인까지 고용했으며 내년 초부터는 박사과정 학생들이 연구 프로젝트를 진행하는 동안 감독을 맡길 선임연구원을 고용할 생각이라는 내용이었다.

인원이 늘어나면서 당연히 내부에서 문제들이 생겨났다. 그렇게 고립된 장소에서는 피할 수 없는 일이었겠지만 사람들이 이따금씩 서로의 신경을 긁었는데 생활, 작업 공간의 부족 탓에 상황은 더 악화되기만 했다. 팻과 앨리스에게는 둘만의 작은 론다벨이 있었지만 나머지 침팬지 관찰자들은 예를 들어 42×42센티미터 넓이의 팬 팰리스 작업실에서 타자—음성 녹음기로부터 기록을 채취하는 시끄러운 과정—를 치느라 곤욕을 치러야 했다. 더 나아가 적어도 그들 중 세 사람은 아침, 점심식사를 차리기 위해서 팬 팰리스의 작은 부엌 공간을 나눠 썼으며 1구짜리 가스레인지에서 함께 요리를 했다.

하지만 그해 여름과 가을 동안 가장 심각하고 끈질기게 대두되었던 근심거리는 패트릭 맥기니스의 징병 심사였을 것이다. 제인이 내셔널지오그래픽협회의 레너드 카마이클에게 보낸 편지에 언급했듯 팻 스스로가 "우리가 지금까지 만난 최고의 연구가"임을 증명하는 동안 샌디에이고의 징병위원회는 그 젊은이가 베트남에서 인간의 부자연스러운 행동에 대한 면밀하고 활발한 연구를 시작할 때라고 결정해버린 것이다. 제인이 위원회에 두 번이나 편지를 보내 팻이 하고 있는 침팬지 연구의 중요성을 설명하며 징병집행연기를 요청했지만 위원회 위원들은 요지부동이었다. 결국 제인은 미국 의무병역징병기구에서 과학 인력 확충위원회의 의장을 역임했던 카마이클 박사의 도움을 얻었다. 한편 게자 텔레키도 마찬가지로 징병 등급이 1등급으로 바뀌어 미 육군 입대 준비상태로 되었음을 알리는 통지서를 우편으로 받았다.

하지만 이따금 발생하는 인력 관리 문제와 패트릭과 게자의 징병 문제와는 별도로 9월 말 즈음 짐을 싸게 되는 사정이 생기면서 제인과 휴고는 적절한 자격을 갖춘 사람의 손에 침팬지 연구를 맡겨야 할 필요성을 느꼈다. 9월의 세번째 주 동안 휴고는 비행기를 타고 응고롱고로 분화구로 돌아가 사진작업을 재개했다. 며칠 후 제인과 그럽도 키고마를 떠나 휴고와 합류했다. 제인은 몇 달 동안 곰베를 직접 두세 번 비교적 짧게 방문해서 업무 상태를 확인하고 일을 정리했지만 대부분은 멀리에서—분화구의 캠프에서, 세렝게티의 캠프에서, 리무루의 집에서, 영국의 가족들이 있는 집에서—연구를 관리했다.

그해 10월 응고롱고로 분화구에 샌디에이고 출신의 또 다른 젊은 연구자인 캐슬린 클라크가 들러 몇 주간 머물며, 하이에나 촬영을 도우면서 곰베 공동체에 합류하러 가기 전 입국 서류를 정리했다. 캐시의 첫 인상은 좋았다. "우리 둘 다 끔찍하게 그녀를 좋아해요." 10월 21일 집에 보낸 편지에 적힌 말이다. 그 미국인은 "원시의 불편한 생활에 준비"되어 있었으며 비타민 약을 먹거나 일주일에 두 번 철갑상어 알을 먹기를 기대하지도 않았다.

또 제인은 10월 말까지 곰베로 보낼 선임연구원으로 예전에 로버트 하인드의 박사과정에 있었던 마이클 심슨을 낙점했다. 11월 22일 제인은 레너드 카마이클에게 "2주 후에 곰베로 돌아갈 것"이라는 편지를 보냈다. "그곳의 일은 모두 잘 진행되고 있습니다. 그리고 선임연구원 일을 맡길 사람을 찾았는데 그 사람은 1월에 도착할 예정입니다." 편지는 계속해서 심슨 박사가 "매우 착실한 과학자"이며 "곰베의 연구 학생들 감독에 우수한 능력을 발휘할 것입니다"라고 전했다.

1969년 2월 플로의 새끼 플레임이 죽었다. 3월 5일 제인이 카마이클에게 보낸 편지에서 볼 수 있듯, "무슨 일이 벌어졌는지 모르겠지만, 짐작컨대 그동안 침팬지들 모두가 걸려 괴로워했던 유행성 독감에 전염됐던 듯"했다. 플로도 아파 5일간 행방이 묘연했다가 다시 돌아왔는데 플린트, 페페는 함께 따라왔지만 플레임은 없었다. "우리 모두 굉장히 속상했습니다. 플로가 다시 한 번 임신을 견뎌낼 수 있으리라고는 생각되지 않기 때문입니다."

한편 제인은 프레더릭 보스버그의 설득으로 「내셔널지오그래픽」을 위해 곰베 침팬지들을 주제로 한 또 다른 기고문을 쓰기로 했다. 침팬지를 주제로 하기로는 이번이 세번째이며 잡지에 보내기로는 네번째였던 그 기사의 초고는 4월 초순경 완성됐다. 그 내용은 고아가 된 멀린, 플레임의 탄생, 플로의 말썽꾸러기 아들인 어린 플린트, 수컷 간의 계속되는 권력 경쟁, 철창 안에서 사는 그렙의 생활, 젊은 연구가들이 캠프 밖으로 나가 숲속을 돌아다니는 연구의 위험성(게자 텔레키는 성난 덤불멧돼지의 습격을 받았고 루스 데이비스는 공격적인 들소에 엉덩이를 들이받히고 나무 위로 쫓겨 올라간 일이 있었다)에 대한 것이었다. 초고에 공통점이 없는 이야기들이 지나치게 많이 섞여 있었는지도 모르지만, 사실 제인이 가장 걱정했던 것은 보스버그에게 알렸듯, 초고가 "침팬지들의 비극을 다소 많이 담고 있는 듯하다"는 점이었다. 하지만 이미 제인이 「내셔널지오그래픽」의 대중 독자들을 위해 슬픈 부분은 전략적으로 편집, 수정해뒀던 터였다. "사실 이미 써두었던 침팬지들의 죽음 중 몇몇은 삭제하고 좀더 행복한 이야기들로 대체하려고 노력해야만 했습니다."

어쨌든 잡지의 편집부에서는 제인이 제출한 원고에 퇴짜를 놓았다. 글을 읽은 어떤 이는 응집력이 부족하다고 지적했다. 또 다른 이는 기고문에서 "과학적 견지에서 바라본 연구의 타당성"을 좀더 명확히 썼으면 좋겠다고 했다. 일반 독자에게 이야기 대부분이 너무 슬프게 받아들여질 것 같다는 제인의 걱정은 세번째 퇴짜 이유의 요점이었다. "침팬지들 사이에 퍼진 소아마비, 유행성 독감과 병든 침팬지의 안락사에 대한 구체적이고 생생한 묘사 때문에 내용의 상당 부분이 노골적으로 끔찍하지는 않다고 하더라도 전반적으로 우울한 것은 사실입니다."

6월 초순 보스버그가 제인에게 이 사실을 통보했다. 제인은 6월 말에 쓴 답장에 편집부의 거절을 이해한다면서 차후에 보낼 기고문에 실을 좀더 행복한 이야기를 찾아낼 수 있을지도 모르겠다고 이야기했다. 조만간 피피가 새끼를 낳을 것 같은데, 플로가 계속 살아 있다면 필시 "놀라운 이야깃거리"가 될 것이라는 말이었다. 그리고 그 나이 많은 숙녀 본인도 "다시 출산을 해 우리를 놀라게 할 수도 있을 것 같습니다만, 플로의 안녕을 위해 저는 그런 일은 없기를 바랍니다." 계속해서 제인은 최근 기고문 게재가 성사되지 못해 우울한 심정을 털어놓으면서도 곰베의 일은 "지금껏 만난 연구팀 중 최고들을 보유"하고 있기 때문에 "매우 잘 진행되고 있습니다" 하고 썼다.

마침내 징병위원회로부터 징병연기 허가를 받은 팻 맥기니스가 케임브리지에서 두 학기를 마친 뒤 곰베로 돌아왔다. 학업 이유로 미국으로 돌아갔었던 게자 텔레키도 1970년 1월에 곰베로 돌아오기로 되어 있었으며 그때쯤 "루스 데이비스와 결혼할 예정(들소에게 습격을 당했던 장본인입니다)"이었다.

3월에 게자가 곰베를 떠났다. 나쁜 시력 때문에 통과하지 못한 신병 재검을 위해 집으로 돌아가기 전 게자는 루스와 함께 해안에서 일광욕과 수영을 하며 휴가를 즐겼다. 그리고는 미국에서 머물면서 침팬지 포식과 육식 행동에 대한 학위 논문을 작성하기 시작했다.

루스는 곰베를 떠나 있던 한 달간의 휴가—처음에는 게자와 떠났고 다음에는 세렝게티에서 제인과 휴고와 휴가를 보냈다—를 마친 뒤 돌아와 자신의 특별 프로젝트인 성년 수컷 여섯 마리 사이의 관계를 연구하기 시작했다. 이는 루스가 수컷들의 전반적인 영역권에서 각 개체들을 추적해야 함을 의미하는 것이었다. 매우 험난한 과제였다.

1969년 7월 13일 일요일 아침, 루스는 마이크의 뒤를 쫓아 캠프를 나섰다. 그날 저녁식사 시간에 루스가 나타나지 않자 모두들 염려하다가 이내 걱정을 하기 시작했다. 수색을 시작한 연구원들은 새벽 1시까지 찾다가 철수하고 다음날 새벽 어부 몇 명을 더 동원해 수색을 재개했다. 연구자들 중 한 명이 배를 타고 키고마로 가서 경찰에 신고를 했고, 경찰은 수색을 돕기 위해 12명의 남자로 구성된 수색팀을 파견했다. 국립공원 측에서도 연락을 받고 수색 항공기를 띄웠다. 공원 북쪽에 위치한 음왐공고 마을에도 경보를 내려 그 방향에서도 지원 인력이 도달했다.

그즈음 제인과 휴고는 휴고의 동생 고데르트의 결혼식 참석을 위해 네덜란드에 가 있었으며 제인은 곧이어 학술대회 세 곳을 참석하러 런던에 머물 예정이었다(18개월 만에 처음으로 아프리카를 떠나와 있었다). 부부가 자리를 비운 터라 팻 맥기니스는 화요일에 루이스 리키에게 전보를 보내 상황을 알렸다. "루스가 3일째 실종되었다고 제인에게 전화로 알려주십시오."
루이스가 제인과 휴고에게 연락을 취했고 부부는 즉시 버지니아 주 린치버
그에 사는 루스의 부모에게 전보를 보냈다.

　당시 데이비스 부부가 다른 딸들인 진과 앤, 그리고 사위와 손자, 손녀들
을 방문 중이었으므로 다음 며칠 동안 가족들 모두는 고통스러운 기다림의
순간을 함께 나눠야 했다. "하루 종일 전화가 울려댔고 밤에도 울리는 것
같더군요." 루스의 자매인 진은 이렇게 회고한다. "커피를 달고 살았어요.
거의 먹지도 않았죠. 잠도 이루지 못했습니다." 7월 19일 토요일 새벽 무렵
또다시 전화가 울렸다. 작은 아기용 침대에서 잠을 자고 있던 진을 앤이 흔
들어 깨웠다. 루스가 발견된 것이다.

　팻 맥기니스가 낀 수색대가 루스를 찾아냈다. 카하마 계곡 폭포 밑에 누
워 있었는데 머리가 심하게 파열되어 있었다. 아마 즉사했었을 것이다. 팻
과 그 소규모의 수색대는 나뭇가지와 덩굴을 꺾어서 임시 들것을 만들어
시신을 해변까지 운반했고, 시신은 배에 실어 키코마로 보냈다. 시신 옆에
서 루스의 녹음기가 발견되었는데 나중에 연구원들이 진상 규명을 위해 그
녹음된 음성 기록을 재생해 들었다. 음성 기록에 따르면 일요일 오전 당시
처음에는 마이크를 추적했는데 마이크가 사라진 후 휴와 찰리를 만나 그들
의 뒤를 쫓았다고 했다. 그러나 오후 3시 30분경 침팬지들의 흔적을 놓쳐
서 귀환하기로 결정하고 산에서 나와 해변까지 걸어갈 작정을 했다. 마지
막으로 남긴 기록은 숲속의 작은 공터에 대한 것이었는데, 그녀가 발견된
폭포 바로 위쪽의 작은 공터를 가리키는 듯했다⋯⋯. 짐작컨대 그곳에서
루스가 균형을 잃으면서 비극적으로 생을 마감했던 것 같다.

　딸이 생전에 사랑했던 곰베에 시신을 묻기로 결정하면서 데이비스 부부
의 힘든 여정이 시작됐다. 7월 20일 일요일 저녁 비행기를 타고 워싱턴으
로 가는 길에 강풍을 동반한 뇌우를 만나 늦게 도착한 부부는 마침내 제퍼
슨 호텔에서 몸을 누였지만 오랫동안 잠을 이루지 못하며 TV에 중계되는
미국인 우주비행사의 달에서의 첫 걸음을 시청했다. 월요일 저녁 무렵 부

부는 런던행 비행기에 올랐다.

7월 23일 수요일 오전 휴고가 나이로비 공항으로 마중을 나갔으며 잠시 후 셋은 4인승인 파이퍼컵 비행기에 올라 키고마를 향해 출발했다. 데이비스 부인은 자신의 일기에 "굉장한 비행"이었다고 썼다. "한 번도 땅이 보이지 않을 정도로 높이 날아본 적도 없었던 데다가 아프리카의 풍경은 이전에 꿈꿔보지도 못한 그런 것이었다." 세렝게티에 있는 휴고의 사진 촬영용 캠프에서 잠시 쉬고 타보라에서 재급유한 뒤 휴고와 데이비스 부부는 그날 오후 늦게야 키고마에 도착했다. 공항에 마중 나온 경찰서장이 그들을 태우고 항구까지 바래다 주었으며, 거기서 일행은 국립공원의 관광객 운송용 배인 대형 삼동선(선체가 세 개인 배—옮긴이)에 승선했다. 키고마의 주민들이 보낸 수많은 꽃들이 배로 실렸고, 나무 십자가가 정교하게 새겨진 루스가 안치된 수수한 목재 관도 배로 옮겨졌으며 꽃들이 그녀의 주위에 놓였다. 그리고 배는 키고마 항을 떠나 북쪽을 향해 떠났다. "길고, 매우 힘들고 슬픈 여행이었다."

곰베의 해변에 마침내 도착한 그날 저녁 7시 30분경 기진맥진한 데이비스 부인은 걸음조차 제대로 뗄 수 없었다. 해변에 마중 나와 있던 사람들은 데이비스 부인과 데이비스 씨를 따뜻하게 맞이해주었고 그들이 쉴 수 있도록 말러 맨션의 방으로 안내했다. 잠깐의 잠으로 기력을 회복한 뒤 부부는 캐시 클락, 팀 클러턴 브록, 캐롤 게일, 팻 맥기니스, 닉 픽포드, 마이클 심슨, 휴고, 그리고 도미니크가 준비할 특별한 저녁식사를 위해 최근에 초대된 로레타 볼드윈과 자리를 함께했다. 도미니크는 저녁식사를 위해 골라둔 야생 꽃바구니들과 감자, 야채를 곁들인 일등급 돼지구이 요리, 커스터드와 과일로 만든 맛있는 후식으로 상을 차려냈다. 저녁 만찬 후 사람들은 루스를 보러 갔다. 루스는 초가지붕을 두른 알루미늄 론다벨에 그날 밤 내내 안치해두기로 되어 있었으며 그녀 주변에는 많은 꽃들이 놓여 있었다. 데이비스 부인의 일기에는 그날의 심경이 담겨 있다. "아직도 모든 것이 꿈만 같아서 이제 잠에서 깨어나면 모든 일이 아무 이상 없는 정상으로 돌아올 것만 같다. 우리가 이곳에 와 있는 것이, 그런 일이 벌어졌음이 믿어지지가 않는다."

다음날 정오 무렵 24명가량의 조문객들("루스에게 마지막 작별 인사를 보내는 우리를 도와주러 온 아프리카인, 백인, 인디언들")이 국립공원의 삼동선을 타고 키고마로부터 도착하자 휴고는 이제 때가 되었다고 말했다. 캐서린 클락을 선두로 장례 행렬은 잠시 동안 해변 주위를 따라 걸은 뒤 작은 다리를 건너 가파른 길을 따라 걸어 올라가 언덕 중턱의 풀과 나무 몇 그루가 전부인, 호수가 한눈에 보이는 평평한 공터에 도착했다. 루스는 이미 그곳에 옮겨와 있었으며 그녀의 몸은 몇 마디의 추도사와 키고마에서 온 프류 신부의 성경 낭독이 있은 후 땅속으로 내려졌다. 그날 늦게 홀로 그곳을 다시 방문한 루스 부모의 눈에 보인 것은 "딸이 있는 곳의 아름다운 석양과 호수의 아름다운 풍경"이었다.

데이비스 부인은 "침팬지들이 그곳을 방문하러 오기"를 기원했다.

31
휴고의 책

1967~1970

1967년 휴고에게 사진작가로서 독립할 큰 기회가 윌리엄콜린스앤선스라
는 출판사의 대주주인 윌리엄 콜린스 경의 모습으로 찾아왔다. 윌리엄 경
―혹은 제인과 휴고가 그와 급속도로 친해지게 되면서 부르게 된 애칭으
로는 빌리―은 그해 초반 영국에서 출판된 밴의 낭만적인 모험 소설『열대
우림 너머에서』의 출판인이었다.

친구 줄리언 헉슬리 경을 통해 예전부터 제인의 연구에 대해 익히 들어
왔던 빌리 콜린스는 제인과 함께 침팬지를 주제로 한 대중서를 내고 싶어
했다. 1963년 여름에 「내셔널지오그래픽」에 게재된 첫 기고문 이후로 줄곧
출판사로부터 출판 제의 공세를 받아온 제인의 입장에서도 빌리는 최초의,
가장 신임할 수 있는 적임자였다. 그러나 현실적으로는 내셔널지오그래픽
협회를 위해 쓴 대중서(『내 친구 야생 침팬지』, 1967년 출간―옮긴이)와 기
고문들, 다른 책에 삽입될 글들, 논문, 영화, 강연 등으로 정신이 없었던 탓
에 그 침팬지 책을 쓰기까지는 몇 년의 시간이 더 흘러야 했다. 하지만 언
젠가 쓸 그 "진짜 책"(이 책이 이후 1971년에 출간된 『인간의 그늘에서』이다
―옮긴이)은 늘 그녀의 마음속에 있었다.

휴고도 책을 쓰고 싶어 했으므로, 아마도 반 라빅 가족이 콜린스와 계약을 맺은 최종 이유는 가족 차원의 일괄 거래—자신의 책을 낸 다음 제인의 책을 출판—제의 때문이었을 것이다. 그 상황을 휴고는 이렇게 설명했다. "여러 출판사들이 침팬지를 주제로 한 책을 내자고 제인에게 접근하고 있었는데 우리는 그 책이 나오기만 하면 많이 팔려나가리라는 것을 알고 있었죠. 하지만 출판이 어떻게 이루어지는 것인지 잘 몰랐기 때문에 내가 제인에게 제안을 했습니다. '우선 책 한 권을 내보고 그 책을 통해 출판 과정이 어떤 것인지 배운 다음에 침팬지 책을 내는 게 어떨까?'"콜린스는 그 방식에 동의를 해준 출판인이었다(보스톤의 휴턴미플린 출판사도 곧이어 이 선례를 따라 북미 출판권을 얻어냈다).

1967년 6월 나이로비를 방문한 빌리 콜린스는 뉴스탠리 호텔에서 제인과 휴고를 만났다. 큰 키, 송충이같이 짙은 눈썹에 얼굴이 잘생긴 장발의 남자였다. 날씨가 궂은 날에는 어깨에 망토를 둘렀다. 극적이고, 역동적이며, 강단이 있는 남자로서 휴고는 처음 휴고 부부가 그를 만났을 때 나눈 대화가 기분 좋게 간결했다고 회상했다. 원하는 바가 무엇입니까? 그가 물었다. 부부가 대답을 하자 그가 "좋습니다" 하고 대답했다. 원고료는 어느 정도를 원하십니까? 부부가 대답하자 그는 또 "좋습니다" 하고 말했다.

첫 책인 휴고의 책에 담길 것은 글과 여섯 종의 동아프리카 육식동물의 흑백 사진(얼룩하이에나, 재칼, 아프리카들개, 사자, 표범, 치타)이었다. 그들이 아프리카 초원에서 가장 아름답고, 지능이 높으며 사회적으로 복잡한 동물들이었기 때문에 고른 것인데 모두 육식동물이라는 공통점이 있었다. 제인이 이후에 썼듯이 그녀와 휴고는 하이에나가 사냥감을 산 채로 잡아먹는 모습에 "공포"를 느꼈다. 아마도 그것만큼 소름끼치는 장면은 아프리카들개들이 살아 있는 사냥감의 배를 가르는 모습이었을 것이다. 사자, 표범, 치타들은 보통 피해 짐승의 숨통을 끊고 질식시켜 사냥하는 깔끔한 접근방식을 취한다고 해서 좀더 고상한 야수들로 생각하곤 하지만, 질식으로 인한 죽음이 10분 이상이 걸릴 수 있다는 점을 감안한다면 과연 "어떤 방식의 죽음이 더 고통스러울지를 우리가 판단할 수 있을까?' 물론 스포츠로 사냥을 하고 자신들로 인해 발생한 고통을 이해할 능력을 갖춘 사람과는 달리 동아프리카 육식동물들은 "진화가 그들을 적응시킨 유일한 방법으로 먹고 살아가기 위해 사냥한다." 그래서 그 육식동물들은 "무고한 살육자Innocent Killers"로 볼 수 있으며, 이것이 이후 휴고의 책 제목이 되었다.

1967년 내내 휴고는 여전히 내셔널지오그래픽협회를 위해서 일을 하고 있었다. 이후 『무고한 살육자』의 토대가 될 동물 추적, 관찰, 잠복, 커피 마시기, 담배 피우기, 사진 찍기, 글쓰기는 1968년 1월 협회와의 정기 계약을 끝내고 독립적인 일을 시작했을 무렵에야 시작할 수 있었다.

그해 1월 제인과 그럽도 휴고를 따라 응고롱고로 분화구로 갔다. 제인은 분화구로 막 내려가는 순간을 늘 좋아했다. 칼데라의 높은 언저리 주변에 소용돌이치는 구름 사이를 뚫고 저속 기어 상태의 자동차가 천천히 가파르고 거친, 군데군데 홈이 나 있는 길을 내려가면 점점 옅어지는 안개 너머에서 1킬로미터 아래에 있는 녹색의 바닥이 서서히 모습을 드러냈다. 그렇게 높은 곳에서 내려다본 응고롱고로의 260제곱킬로미터나 되는 바닥은 처음에는 평평해 보이고 아무도 살지 않는 것처럼 보였다. 이내 제인과 휴고의 손가락은 "검은 덩어리처럼 뭉쳐 다니는 소영양 떼와 점점이 흩어져 있는 코뿔소들"을 가리켰다. 이어지는 내리막길에서 훔쳐본 것은 풀을 뜯는 얼룩말 무리와 "옅은 모래빛 그랜트가젤, 톰슨가젤 떼들"이었다. 햇빛을 받은 분화구 바닥의 탄산수 호수는 은빛이 감도는 푸른빛으로 반짝였고 호숫가는 수천 마리의 홍학들이 분홍색으로 물들이고 있었다. 호수 바로 위쪽의 에메랄드빛 숲속에는 코끼리, 들소, 일런드영양 떼들이 숨어 있었다. 그 풀을 뜯는 먹잇감처럼 눈에 잘 보이지는 않았지만 사자, 하이에나, 재칼 세 가지 종, 여러 종의 몽구스, 또 서발고양이, 표범, 살쾡이, 사향고양이, 제닛고양이, 치타 몇 마리, 아프리카들개 등의 포식자들도 그곳 어딘가에 있었을 것이다. 그 세계로 내려가는 여정은 넋을 잃게 만드는 경험이었고, 그곳에 캠프를 세우고 그런 야생 상태에서 야생동물들과 하나가 되어 사는 것, 뭉게 강의 작은 오두막과 태양빛을 받아 따뜻해진 녹색의 캔버스 천 텐트에서 몇 주일, 또는 몇 달을 지내는 일은 이루 말할 수 없는 기쁨이었다.

늘 사진 촬영에 열정적이었던 휴고였지만『무고한 살육자』에서 그가 구상한 것은 단순한 사진집 이상이었다. 학술적 연구와 더불어 여섯 종의 육식동물에 대한 자기만의 관찰을 더하고 제인이 침팬지 연구에 사용한 방식과 유사한 개념의 작업 방식을 도입할 생각이었다. 열린 마음으로 시작하라. 각각의 개체를 구분해 확인하라. 개개의 성격을 이해하라. 신중하면서도 폭넓은 관찰을 통해 개체의 상호작용을 추적하여 그로부터 복잡한 사회 행동을 이해하라. 그런 개념의 접근법은 침팬지 연구에서 훌륭한 결과를 도출해냈으며, 또 동물 개체의 삶에서 일반 독자가 즐길 만한 이야기를 끌어낼 수 있기 때문에 문체상으로도 적합한 방식이었다.

좀더 실제적인 접근법에는 많은 운전과, 그리고 오랫동안 앉아 있는 시간이 포함되어 있었다. 보름달이 뜨거나 유난히 달이 밝아 빛이 충분한 밤이면 휴고는 덜커덩대는 랜드로버를 타고 거친 초원을 껑충껑충 뛰어가는 몸집이 큰, 조금은 개처럼 생긴 야행성 동물의 유령 같은 행렬의 뒤를 추격하곤 했다. 일단 먹잇감을 발견하면 하이에나들의 움직임은 더욱 빨라지기 시작했는데, 곧 고성의 울부짖음이 들려오면 겁을 먹은 얼룩말 열둘 정도의 작은 무리가 어둠 속에서 방향을 틀고, 발을 구르며 전속력으로 달리는 모습을 볼 수 있었다. 뒤에서 흥분된 울음을 울어대는 검은 몸뚱이와 번뜩이는 눈의 강한 적들에게 쫓기며 얼룩말들은 펄쩍 뛰어 다녔고, 차도 급히 그 뒤를 따라 출렁대며 달렸다. 어두운 밤이라 운전이 너무 힘들 때면 휴고는 잠을 미리 자두고(그는 놀라울 정도로 깊은 잠을 자는 사람이었다) 새벽 직전에 일어나 뜨거운 물을 담은 보온병 몇 개를 들고 랜드로버에 올라 시동을 걸었다. 그리고는 길을 나서 재칼의 굴로 이어진 풀이 덮인 출입구를 지켜보면서 녹음기에 조용히 중얼거리는 목소리로 기록을 남겼다.

7시 50분. 재칼의 굴에 도착했으며 입구에서 제이슨과 새끼 두 마리를 발견, 사냥 중으로 추정됨.

7시 54분. 제이슨이 새끼 한 마리의 털을 골라줌. 그리고 어디론가 달려 나감.

운전자석 옆자리에는 뚜껑을 열어둔 알루미늄 여행 가방을 놔뒀는데 그 안에는 각각 거친 녹색천이 덧대어진 칸막이들로 구분된 다양한 종류의 카메라, 렌즈, 필터들이 있었다. 휴고는 5백 밀리미터 렌즈를 끼운 핫셀블라드 카메라를 꺼내서 차문에 설치한 특수 거치대 위에 장착시키고 재칼의 굴 입구에 초점을 맞췄다. 그리고는 커피 몇 숟가락을 플라스틱 머그컵에 넣고 뜨거운 물을 부어 설탕 두서넛 숟가락을 탄 뒤 앉아서 홀짝거리며 줄담배를 피면서 기다렸다.

그해 응고롱고로의 얼룩하이에나에 대한 연구를 시작한 휴고는 시간에 여유가 있고 낮에 일조량이 풍부할 때는 재칼도 연구했다. 얼룩하이에나의 경우 「내셔널지오그래픽」에 실린 한스 크루크의 기사 작성을 도울 때 만들었던 예전 작업을 이용할 수 있었다. 그 사진들 중 어느 것도 사용해도 된다는 허가를 받지는 못하겠지만(별도의 요청이나 은밀한 청탁을 해야 하거나, 아니면 내셔널지오그래픽협회에서 출판하기로 선택한 사진에 대해서는 비용을 지불해야 할지도 몰랐다) 크루크의 연구에 참여함으로써 동물과 그들의 사회 체계에 대한 기본적인 이해를 얻을 수 있었다. 대개 사람들은 하이에나를 그들보다 더 매력적인 야수들이 남긴 찌꺼기나 주워 먹으며 소름끼치게 웃어대는 동아프리카의 크고 못생긴 청소부로 간주했다. 크루크는 수천 건의 독립적인 관찰로 얻어낸 자료를 바탕으로 하이에나가 사실은 대담한 포식자임을 보여줬다. 세렝게티의 사자와 하이에나는 모두 독자적으로 사냥을 했으며, 응고롱고로 분화구의 사자는 독자적인 사냥을 굳이 하려 하기보다는 하이에나의 포식 행위 후 남겨진 찌꺼기를 찾아 다녔다. 또한 크루크는 얼룩하이에나가 모계 사회를 이루며, 힘이 세고 공격적인 암컷(수컷만큼이나 크고 몸무게가 59킬로그램까지 나감)들은 그들만의 안정적인 사회 단위—크루크는 이것을 '일족'이라고 불렀다—안에 머무는 반면 수컷은 비교적 주변부에 머무르며 때로는 한 일족으로부터 다른 일족으로 이동하는 습성이 있음을 증명했다. 크루크는 모계 일족—분화구 지역 안에 있는 일족은 여덟이었다—의 영역에는 뚜렷한 경계가 있었으며, 한 일족의 영역 내에 거주하는 암컷들은 이웃 일족 암컷들의 침략 공격에 맞서 집을 지키기 위해 혈투를 벌이기도 한다는 결론을 내렸다.

휴고는 스크래칭록스 일족이라고 부른 약 80여 마리의 개체들로 이루어진 공동체의 관점에서 바라본 하이에나의 삶에 초점을 맞추었는데, 1968년 연구와 사진 촬영을 막 시작했을 무렵에 제인이 돌아오자 일단 아내와 함께 나이로비로 이동해 리무루로 돌아갔다. 마침내 침팬지를 주제로 한 모노그래프를 마무리한 제인은 6월 중순 우편으로 원고를 보냈다. "그게 끝이에요. 휴, 드디어 끝이에요." 6월 16일 가족에게 편지를 보낸 뒤 그날 저녁 제인은 휴고와 자축의 시간을 가졌다.

그해 여름을 곰베에서 보낸 뒤 제인과 휴고는 9월 마지막 주 즈음해서 그러블린을 데리고 응고롱고로 분화구에 있는 뭉게 강의 캠프로 돌아왔으며, 휴고는 얼룩하이에나 연구를 재개했다. 제인은 본인의 연구 프로젝트만으로도 바빴다. 그렇지만 휴고의 일손을 덜어줄 닉과 마가렛 픽포드를 데리고 온 데다 이내 제인도 일손을 거들어줄 수 있었다. 휴고의 일은 진전을 보이기 시작했다.

"우리는 모두 하이에나 때문에 녹초가 되어 있어요." 10월 12일 집에 보낸 편지에는 이런 글귀가 있었다. 하이에나 연구는 저녁 5시 45분경 시작했으며 닉과 마가렛, 휴고는 랜드로버에 올라 안전벨트를 채우고 충격방지용 헬멧을 쓴 뒤에 초원의 울퉁불퉁한 길을 달리며 먹잇감을 찾아 헤매는 하이에나들을 찾아다녔다. 달이 환히 빛나는 밤이면 하이에나의 잔혹극을 관찰했고, 한편 제인은 그럽과 함께 하이에나 굴 앞에 세워둔 폭스바겐 버스에 앉아 저물어가는 해에 갈색 풀이 황금색으로 물드는 풍경과 새끼와 어미가 굴에서 나와 장난을 치는 모습을 앞 유리창을 통해 조용히 관찰하며 하이에나의 좀더 얌전한 가정생활에 집중했다. 그때쯤 제인과 휴고는 스크래칭록스 일족의 몇몇 개체들을 구분해 이름을 붙여주었는데 새끼들에게는 왈폴, 토페, 퍼지, 코울, H.H., 코크, 셸티, 울시 같은 이름을 붙여주었고, "거대한 뚱뚱보 엄마들"에게는 커피, 미세스 브라운, 미세스 월트, 미세스 스트래글, 슬루프 같은 이름을 지어주었다. "아, 이 덩치 큰 노부인들이 달빛 속에서 땅바닥에 엎드려서 서로 깡충대며 놀거나 새끼들과 장난치는 모습이란! 눈으로 보지 않으면 믿겨지지 않는 모습이에요! 어떤 늙은 할망구는 새끼 여섯 마리와 함께 놀더군요. 그 암컷은 흘깃 발이 보일 때를 제외하면 완전히 자취를 감춰버리는 경우도 왕왕 있어요. 그나저나 미세스 브라운은 항상 새끼들을 위해 땅을 파주고 있더군요."

10월 중순에 닉과 마가렛이 분화구를 떠났으며 그들을 태우고 떠난 같은 소형 파이퍼컵 비행기가 편지와 보급품(쇠고기, 돼지고기, 양고기, 토마토, 양상추, 바나나, 오렌지와 사과 상자, 깡통 제품 두 상자), 영국에서 온 젊은 기자를 싣고 왔다. 제인과 휴고를 흥미로운 "당대의 여행가"의 적절한 사례로 지목해 내용의 4분의 1을 할애한 『모험가들』을 집필 중이었던 티모시 그린이었다. 그린이 비행기 날개를 기어 건너와 땅에 내려설 때에 랜드로버에 올라타는 휴고의 모습은 관찰과 집필의 대상이 되기에 충분했다. 기자의 눈에 그는 "아프리카의 태양에 붉은 갈색으로 타고 다소 헝클어진 진한 밤색머리를 한 키가 작은 청년이었으며 그의 지친 두 눈은 강한 햇살에 끊임없이 살짝 찌그러지는 듯했다. 그는 편하게 입고 벗을 수 있는 카키색 셔츠에 반바지를 입고 있었고, 고무창을 댄 먼지투성이의 운동화를 신고 있었다." 곧 저 멀리에서 또 다른 자동차가 다가옴을 알려주는 점점 높아지는 갈색 연기 기둥이 둘의 눈에 들어왔다. 폭스바겐 버스가 멈춰선 뒤에 팀 그린은 버스에서 맨발에 청바지, 밝은 푸른색 셔츠 차림으로 내린 제인을 만났다. 그의 눈에 비친 제인은 "키가 크고 매우 호리호리하며 긴 금발머리를 간단히 끈으로 질끈 묶은 아가씨였다." 인사를 나눈 뒤 제인은 버스에서 "빨강, 흰색이 섞인 티셔츠에 갈색 반바지 차림을 한, 얼굴이 다소 지저분한 금발의 사내애"를 데리고 나왔다.

11월 중순에야 가족과 함께 분화구를 떠나 리무루로 돌아온 제인은 그동안 나이로비 시내로 가서 치과 치료—충전재를 무려 17곳이나 갈아야 했다—를 받아야 했던 듯하다. "비용이 얼마나 들었는지는 말하고 싶지 않아요." 12월 7일 영국의 집으로 보낸 편지에는 이렇게 적혀 있다. "왜냐하면 이곳의 치과 진료비 청구가 엄청나거든요. 하지만 휴고와 저는 꼭 그 치료를 해야 할 것 같았어요." 한 달 뒤에는 휴고가 엄청난 치과 치료를 받을 차례였다.

한편, 부부는 내셔널지오그래픽협회가 제인이 요청한 1969년도 곰베 지원금에서 그녀의 임금을 제외하기로 했다는 소식을 전해 들었으며, 이는 이제 그녀가 임금을 받지 못하는 자원봉사자로 일해야 함을 뜻했다. 또 제인과 휴고가 『무고한 살육자』로 휴턴미플린과 콜린스에서 받은 선금에 거의 전적으로 의지해야 한다는 것을 의미했지만 그 돈도 급속도로 줄어들고 있었을 뿐더러 여섯 종의 육식동물 중 첫번째 동물에 대한 첫 장章도 채 마치지 못한 상황이었다. 그렇게 점점 악화되는 재정 상태는, 이제 1969년에 제인이 곰베에 일에 대한 모니터링을 하러 가거나 그 밖에 여러 차례의 짧은 방문은 할 수 있지만, 1968년 여름에 즐겼던 것과 같이 3개월간 침팬지와 머물며 시간을 보내는 일에는 더 이상 비용을 댈 수가 없어졌음을 의미하기도 했다.

크리스마스 후에 집에 보낸 편지에 마침내 제인이 한마디로 압축하여 썼듯이 그들은 "현재 거의 파산상태"였다. 부부는 은박지로 만든 작은 나무는 구입했지만 다른 크리스마스 장식을 사기에는 주저했으며, 그 은박지 나무가 "앉아서 이 편지를 쓰고 있는 내게 윙크를 하며 반짝거릴 수 있게" 장식품을 보내준 영국의 가족에게 너무나 고마워했다. 크리스마스 만찬으로는 오리고기, 푸딩, 와인을 상에 올렸으며 뒤이어 제인이 무고한 살육자를 주제로, 플라스틱으로 된 사자 수컷과 암컷, 표범, 재칼 인형과 청색 양초 세 개를 꽂고 청록색 주름장식을 단 케이크가 나왔다. 짐작컨대 휴고는 그해의 암울한 작업 진도를 감안할 때 그해 크리스마스에 무고한 살육자 장식이 너무 많다고 속으로 생각했을 것이다. 하지만 그때쯤 편지에 썼듯이 "휴고가 하이에나 장을 쓰는 일을 돕기로" 결심한 제인의 의욕이 지나쳐 이미 "내가 낼 수 있는 속도보다 세 배는 더 빠르게" 타자를 쳐내는 일을 강행하고 있었으며, 그에 따라 수많은 실수도 저질렀다.

하이에나와 재칼에 여전히 할애할 것이 많았지만 1969년 봄 부부는 세번째 무고한 살육자인 아프리카들개(또는 케이프사냥개)로 넘어갔는데 이로 인해 캠프를 응고롱고로 분화구로부터 아프리카들개가 사는 세렝게티로 옮겨야만 했다. 1월 초순경 우선 휴고가 자원봉사자 겸 연구보조인 로저 포크와 장 자끄 메르모드와 동행해서 떠났다. 그해 1월 할머니로서 아기를 돌봐줄 요량으로 밴이 나이로비로 날아왔으며 제인과 밴, 그럽은 2월 둘째 주에 휴고의 캠프에 도착했다.

밴은 영국의 집으로 즉시 편지를 냈다. "우리는 그 유명한 세렝게티 초원에 와 있어요. 사막의 아름다운 탄산수 호수가 내려다보이는 고원지대에서 캠프를 치고 야영을 하고 있답니다." 캠프는 여덟 채의 녹색 텐트로 꾸려졌는데, 호수 쪽으로 완만한 경사를 이룬 낮은 언덕 위에 드문드문 자라난 낮은 아카시아 나무와 가시덤불로 된 작은 숲속에 초승달 모양으로 배열해 세웠다. 이따금 사자, 혹맷돼지, 타조, 기린이 아카시아 나무와 덤불 사이로 느릿느릿 걸어오거나 돌진해 왔으며, 텐트에서 반 라빅 가족은 초원 위로 끊임없이 이어지는 초식동물들의 행진을 지켜볼 수 있었다. 매년 봄비가 갈색 풀밭을 녹색으로 바꾸어놓으면 뿔뿔이 흩어져 있던 얼룩말, 가젤, 소영양 떼가 공원의 북쪽과 서쪽의 숲 지대에 모여서 기억과 비 냄새를 쫓아 대규모의 초식 대열을 이루며 남쪽과 동쪽으로 이동해 새싹이 싱그러운 초원으로 와 풀을 뜯었으며, 우기가 끝나 녹색의 향연이 끝날 때까지 새끼를 낳았다. 이후 제인은 이렇게 묘사했다. "초식 동물 떼들이 우리 캠프 주위에 머물러 있던 몇 주 동안, 소영양의 부드러운 울음소리와 냄새가 끊임없이 이어지고, 얼룩말들이 거칠게 뱉어내는 소리(당나귀가 내는 소리와 비슷한데, 그보다 빠르고 신경질적이다)가 울려 퍼지는 가운데서 생활을 했다. 수백 킬로미터에 펼쳐진 이 더럽혀지지 않은 땅의 찬란함과 자유, 수천 마리의 동물들이 검게 뒤덮은 초원 위로 드리우는 일출과 일몰, 밤에 들려오는 사자들의 울부짖음과 하이에나의 흥분된 외침은 내가 살아 있는 한 오랫동안 기억에 남을 것들이다." 또 동물들의 이주 동안 그 지역에서는 수천 마리의 소영양이 뛰고 춤추고 껑충껑충 뛰고 미친 듯이 빙글빙글 돌고 알칼리성의 호수의 물로 뛰어들어 한바탕 요란스럽게 물장구를 치는데, 그 과정에서 수백 마리가 물에 빠져 죽곤 했다.

그 아름다운, 때로는 치명적인 호수는 레가자Legaja 호수로 알려져 있었으며 그 이름은 마사이어로 인간의 소리가 방해하지 않는 평화롭고 신성한 장소라는 뜻을 담고 있었다. 무언가를 아련하게 떠올리게 하는 이름이었으나 누구도 영어로 번역할 때 어떤 것이 정확한 표기인지를 자신할 수 없었다. 제인은 편지를 쓸 때 실험 삼아 레가드자Legadja, 레가르가Legarga, 라가르자Lagarja, 라가자Lagaja, 레가자Legaja를 두루두루 써봤다. 결국 레가자가 『무고한 살육자』에서 공식 표기로 사용되었으나 휴고는 나중에 출판한 책에서 라가르자로 표기를 바꿨다. 한편, 호수 반대편에는 은두투Ndutu라고 부르는 텐트를 친 사파리 관광객 캠프가 있었는데, 세월이 흐른 뒤 1986년경 휴고가 방대한 사진집 『포식자와 피포식자 사이에서Among Predators and Prey』에서 식수로는 부적합하지만 넋을 읽고 바라보게 만드는 그 호수를 캠프의 이름을 따서 은두투 호수로 표현하면서 마침내 올바른 철자를 둘러싼 난제는 해결되었다.

그러나 당시에는 여전히 레가자로 통용되었으며 더 중요한 난제는 송곳니가 난 동물과 관련된 것이었다. 도대체 아프리카들개는 어디에 있단 말인가? 그들의 자취는 찾을 수가 없었다. 세렝게티의 아프리카들개는 방랑을 하는 사냥꾼들로 소규모의 무리를 지어 초원을 헤매는 습성이 있으며 명확한 영역 없이 광활한 지역을 확보한다. 무리가 한 지역에 머무를 때는 부양할 새끼나 굴이 있을 때뿐이다. 새끼들이 여행을 할 수 있을 정도로 크면 굴은 버려지고 점점 커가는 새끼들은 방랑 생활을 하는 어른들의 무리에 합류한다. 따라서 휴고가 염두에 둔 장기간에 걸쳐 근접한 거리에서 진행하는 행동 연구를 하기에는, 지평선을 따라 바쁘게 이동하는 무리들은 적절한 대상이 아니었다. 아직 어미에 의존해야 하는 새끼가 있는 굴을 찾아야만 했다. 지난 3년 동안은 매해 봄마다 레가자 호수 근처에서 굴을 만들어 새끼들과 함께 지내는 아프리카들개를 볼 수 있었는데 지금은 아직까지 휴고에게 그런 행운이 찾아오지 않았다.

휴고는 소형 비행기를 타고 수색을 해보기로 결정하고 한스 크루크와 함께 비행을 하기로 약속을 한 다음, 캠프의 다른 사람들이 아직 텐트에서 자고 있었던 어느 날 아침 새벽 동이 트기도 전에 캠프를 나섰다. 7시경에 일어난 제인과 밴이 차를 마시고 막 아침식사를 하려는 순간 랜드로버 몇 대가 캠프 안으로 시끄러운 소음을 내며 들어왔다. 밴은 집으로 보낸 편지에 "겉만 번지르르한 부자 사파리 관광객 유형의" 사람들 여섯 명이 차에서 내렸다고 썼다. "길 위에 랜드로버가 부서져 있어요!" 무리의 여러 사람들이 소식을 전했다(밴의 판단에는 "신이 나 소리를 치는" 듯했다). "완전히 망가졌어요!" "사방에 피가 튀어 있었어요!" "반 라빅이라는 사람이 차 주인이라던데!" "그 안에 누가 탔는지 모르지만 멀리 가지는 못 했어요!"

밴은 무리의 여인들 가운데 한 사람을 끌어와 제인이 있는 곳을 향해 고갯짓을 하며 조심스럽게 "저 사람이 아내예요"라고 알렸다. 여인은 우두커니 밴을 바라보다가 제인 쪽으로 몸을 돌려 "부인, 피를 많이 흘렸어요! 그리고 머리가 깨진 것 같던데, 어디론가 그냥 사라져버리더군요" 하고 말했다. 여인의 말은 계속되었다. "댁의 남편이 덤불 속으로 걸어 들어간 것 같은데 그곳에는 사자와 하이에나들이 득실득실하거든요, 세상에 이 일을 어쩐답니까."

밴, 제인, 그럽, 로저, 잭은 폭스바겐 버스를 타고 길에 나섰고 마침내 폭우가 삼켜버린 강 근처의 사고 지점에 도착해 길에 난 구멍에 꽂혀 있는 랜드로버를 발견했다. 놀란 제인이 주변을 헤집고 다니며 피 흔적과 발자국을 찾아다니는 사이 밴이 차를 이리저리 뒤져봤지만 단지 피 묻은 작은 화장지 뭉치 세 개와 문에 묻은 피 얼룩 한 점만이 발견됐다. 로저가 폭스바겐 차를 몰고 한스 크루크의 캠프를 향해 가보기로 하고 나머지 사람들은 각자 흩어져 물이 콸콸 쏟아져 내려가는 강을 따라 수색하며 키 큰 풀숲, 잡초가 우거진 못, 가시덤불 사이를 지나며 휴고의 이름을 불렀다.

마침내 엔진 소음이 들려오면서 이어 휴고가 운전대를 잡고 로저가 안에 탄 폭스바겐이 모습을 드러냈다. 휴고는 랜드로버가 망가진 다음에 아프리카들개 추적을 위한 2시간 동안의 비행을 하러 크루크의 오두막까지 마지막 남은 2.4킬로미터를 걸어갔고, 피는 사고 때 코를 부딪쳐 조금 흘렸던 것이었다고 설명했다. 아프리카들개나 아프리카들개의 굴을 발견하는 데 실패해서 기분이 엉망진창이었던 휴고는 다른 사람들이 황당해하는 이유를 이해할 수 없었다.

시간이 흐르면서 휴고, 로저, 잭은 이리저리 배회하는 아프리카들개 떼를 발견했으며, 무리를 발견할 때마다 교대제—오전 10시, 오후 4시에 서로 교대—로 그 지칠 줄 모르는 방랑자들을 차로 쫓았다. 휴고 일행은 은두투 호수 반대편에서 은두투 사파리 캠프를 운영하는 조지 더브라는 괴짜이지만 인심이 후하고 수완도 좋은 남자의 도움도 받았다. 더브는 관광객을 위한 사냥감 관찰 여행을 조직했고 자신의 운전기사들 전원에게 개를 발견하면 보고하도록 지시했다. 아프리카들개 떼가 발견되면 더브는 즉시 차를 몰고 반 라빅 캠프로 가 사람들에게 알리곤 했다. 그런 방법으로 휴고와 자원봉사자들은 이리저리 돌아다니는 아프리카들개 떼들에 대한 유용한 정보를 얻을 수 있었으나 새끼들과 굴은 여전히 찾지 못했다.

1969년 상반기 동안 제인은 프레더릭 보스버그의 부탁으로 「내셔널지오그래픽」에 보낼 기고문을 작성했다. 하지만 편집부나 이사회는 보스버그와 같은 관심을 가져주지 않았고, 제인도 보스버그의 부탁에 신경을 써야 한다는 의무감을 느꼈지만 이번 기고문에는 예전의 「내셔널지오그래픽」 기고문에 쏟았던 것과 같은 열의를 발휘할 수 없었다. 그런 열의의 부족은 4월 초 제인이 보낸 원고가 왜 두서가 없고 난삽했는지, 제목도 달지 않았 었는지를 설명해준다. 또 그렇게 열의가 식은 이유는 부분적으로 『무고한 살육자』에 점점 전력을 쏟은 결과이기도 했다.

사실 그때쯤 제인은 휴고의 책을 살려내려고 애쓰고 있었다. 여섯 종의 육식동물의 행동에 대한 좋은 사진과 읽기 쉬운 글, 그리고 독자적인 연구 의 수행이라는 휴고의 계획은 지나치게 야심차기만 했으므로 부부는 그 생 각을 재고하고 책을 다시 구상했다. 책을 한 권이 아닌 두 권으로 나누기로 했고 첫 권을 도입부와 하이에나, 재칼, 아프리카들개를 다룬 세 장章으로 구성하기로 했다. 또 제인이 공식적으로 집필의 일부를 맡기로 했다.

1969년 4월 11일 소꿉친구 샐리에게 제인은 그 결정에 대해 일부 털어놓 았다. "휴고가 더 이상 협회에 얽매인 채로 프리랜서 일을 하지 않게 되어 서 (내 말이 무슨 말인지 알겠지만) 돈이 참 어려운 문제가 됐어. 하지만 책 ―두 권이니까 책들이라고 해야 하나―이 정말 굉장히 좋고 아주 훌륭해." 사실 하이에나에 대한 추가 연구가 필요해서 분화구로 되돌아가야 하는 상 황이었지만, 어쨌든 제인이 하이에나 장章 집필을 맡게 되었고 출판사에서 도 이미 그런 방식에 동의를 해주었다. "빌리 콜린스는 내가 한 장章을 맡 아도 괜찮을 것 같다고 생각한대."

4월경 반 라빅 가족은 리무루의 집으로 돌아와 세렝게티의 먼지를 씻어냈 다. 그럽은 지역 유치원에 보내고, 부부는 여러 사무를 보고 각종 연락을 취하며 한편으로 곰베를 거쳐가는 다양한 부류의 사람들과 만남을 가졌고, 4월 12일에는 공항에서 영국으로 돌아가는 비행길에 오른 밴을 배웅했다.

4월 말쯤 레가자 호수로 돌아온 부부는 나무 위에서 사는 눈이 크고 꼬 리가 북슬북슬하고 작고 연약한, 4월 28일 집에 보낸 편지에 쓴 제인의 묘

사에 따르면, "매우 귀엽기"는 하지만 "쥐처럼 나쁘기는 매한가지인" 설치류
―겨울잠쥐―들이 캠프를 점령해버린 것을 보게 되었다. 캠프에 도착하자
마자 독감에 걸린 제인은 하루 하고도 반나절 정도를 몸조리하는 데 보냈
는데, 마침내 걸어 다닐 수 있을 정도가 되어 옷가방을 연 그녀의 눈에 들
어온 것은 스웨터 세 벌 중 두 벌을 해치운 겨울잠쥐들이었다. 잼 병에서도
한 마리가 발견됐고, 그럽의 인형 상자에서도 한 마리가 튀어나와 아이의
다리에 매달렸다가 도망갔다. 그 작고 귀여운 겨울잠쥐는 곰 인형의 다리
를 물어뜯어 내용물을 반이나 헤쳐놓았다.

　불행하게도 캠프에 우글대는 겨울잠쥐 수의 폭발적 증가는 다른 곳에서
의 감소로 균형이 맞춰졌다. 그해 세렝게티의 우기가 일찍 끝나버렸는데,
이것은 풀이 너무 빨리 말라버리게 되었음을 뜻했다. 그 지역 내 수백만 마
리에 달하는 초식동물이 보통은 5월 말이나 6월 초에 이동했지만 당시 4월
말에 이미 풀이 갈색으로 시들어버리고 초식동물들이 이동하게 되면서 육
식동물들에게는 힘겨운 날들이 찾아왔다. 휴고, 로저, 잭은 세 대의 자동
차를 나눠 타고 뿔뿔이 흩어져 아프리카들개를 찾아 광대한 지역에서 협동
수색을 펼쳤지만 여전히 별다른 소득을 얻지 못했다. 그해 1월 추적을 시
작할 때만 해도 셋의 "사기가 충만"했었지만 이후 휴고가 썼듯이 새끼와 굴
이 있는 아프리카들개의 위치 추적에 실패한 채 몇 주, 몇 달을 그저 흘려
보내면서 "우리의 희망은 서서히 사라져갔다."

　5월에 발생한 선페스트 때문에 탄자니아 보건당국이 아루샤 마을에 격
리 조처를 하면서 제인과 휴고의 식량 및 기타 물품 조달 경로가 막히게 되
었고, 5월 말이 되자 식량이 부족해졌다.

　유행병, 쪼들림, 좌절, 그로 인한 각종 후유증에도 불구하고 그럽은 더할
나위 없이 즐거운 시간을 보내고 있었다. 아이는 늘 야생동물을 보고 싶어
했으며, 초식동물들이 떠난 후에도 남아 있는 기린 여덟 마리, 혼자 방황하
는 늙은 수컷 코뿔소, 해가 지면 초원을 뛰어다니는 토끼들의 숫자를 세며
놀았다. 한번은 보기 드문 줄무늬하이에나가 느릿느릿 캠프로 걸어 들어왔

다. 그 다음엔 어둠 속에서 차를 몰고 가던 중 나무에 잔뜩 매달려 있던 야행성 갈라고원숭이들이 눈을 "붉은 크리스마스 전구처럼 반짝"이며 나뭇가지들 사이를 뛰어 날아오르는 광경을 지켜봤다. 텐트의 베란다에서 저녁을 먹게 되면서 그럽은 날아가는 "우아한 홍학의 기나긴 대열"이 "붉은색이나 황금색으로 물든 하늘을 배경으로 실루엣을 남기며 그날 밤의 먹이를 찾으러 호수를 향해 가는 동안 서로 주고받는 끽끽거리는 기묘한 울음소리"에 즐거워했다. 또 인형과 이리저리 질질 끌고 다니는 재미에 푹 빠져들게 만든 작은 외바퀴차, 요리조리 잘 차는 법에 능숙해진 킥볼도 가지고 놀았다. 그리고 초콜릿과 과자거리에 관한 한 믿을 만한 공급책이며, 늘 좋은 친구가 되어준 조지 더브가 있었다.

사실 반 라빅 가족은 더브와 점점 더 가깝게 지내기 시작하고 있었다. 덩치가 크고 쾌활하며 이야깃거리도 풍부했던 그 케냐인은 한때 농부였다가 지금은 사파리 안내인으로 일하고 있었으며 붉은빛이 도는 금발 머리에 턱수염, 그리고 왁스를 발라 끝을 뾰족하게 세운 콧수염이 유난히 눈에 띄는 남자였다. 당시 은두투 캠프를 방문했던 한 방문객의 말에 따르면 더브의 콧수염은 "거의 25센티미터"나 되었고 "말을 할 때마다 그 콧수염이 거리 측정용 안테나처럼 움직였는데 때로는 앞쪽으로, 때로는 옆쪽으로, 어떤 때는 귀를 따라 허공을 찔러댔다." 다른 관찰자들의 말로는 자신의 기분이 어떤지를 표시할 때 그 콧수염을 사용하곤 했다고 한다. 화가 났거나 기분이 나쁠 때는 콧수염의 끝을 아래로 향하게 했고, 행복한 기분이 들 때는 위쪽으로 움직이게 했던 것이다.

5월 7일에 제인은 "그럽이 제일 좋아하는 더브만큼 친절한 사람은 어디에도 없답니다" 하고 쓴 편지를 집에 보냈다. "아침이면 그러비{그럽}에게 줄 초콜릿과 신선한 식재료, 석유, 물을 담은 큰 박스를 들고 오죠." 하지만 그보다 더 중요했던 것은 아마도 휴고와 달리 더브가 차를 고칠 줄 아는 매우 쓸모 있는 사람이었다는 점이었을 것이다. 어떤 날엔 몇 시간에 걸쳐 엔진이 꺼진 폭스바겐 버스에 다시 시동이 걸리도록 하고 느슨해진 휠베어링을 수리하기도 했고, 또 휴고의 사고 난 랜드로버도 고쳐줬다.

제인과 휴고 부부는 세렝게티에서 응고롱고로 분화구로 짧은 여행을 떠나 재칼에 대한 자료를 좀더 모았고 그달 말경 제인은 서론과 재칼 장章을 마치고 여느 때와 같은 장애물들—시간, 다 닳은 잉크 리본, 종이를 날려버리는 강한 돌풍—에 맞서 미친 듯이 타자를 쳤다. 6월 3일쯤 거의 완성된 재칼 장의 초고를 빌리 콜린스에서 보냈고 나머지는 10일 후에 보냈다.

이제 재칼 장이 끝나고 도입부도 순조롭게 진행되자 제인이 정말 걱정해야 할 부분은 하이에나와 아프리카들개만 남았다. 6월 13일에 집에 보낸 편지에는 "아프리카들개에 대한 소식은 여전히 소득이 없어요. 휴고가 찾고, 또 찾고 있지만요" 하고 적혀 있다. 하지만 이미 그 방랑하는 아프리카들개 떼들을 그저 관찰하는 데서만도 굉장히 많은 정보를 습득해둔 상황이었던 터라 제인은 글의 4분의 3가량은 이미 만들어둔 것이나 다름없다고 생각했다. 빌리가 마감일을 1년 연장해준 덕분에 이제 1970년 초반까지만 마치면 되었고, 따라서 "우리가 아는 아프리카들개 무리가 나타날 때까지 기다려도 될 만큼 시간도 충분해졌기에 나중에 그 장을 고칠 여유가 있을 것" 같았다.

1969년 7월 초 제인과 휴고는 유럽을 향해 길을 떠났고, 우선 휴고의 형제 고데르트의 결혼식에 참석하기 위해 네덜란드로 갔다. 그러다 7월 15일 루스 데이비스가 3일째 실종되었다는 소식을 듣고 놀라 걱정을 하던 중 7월 19일에 그녀의 사망 소식을 듣고 깊은 슬픔에 빠졌다. 휴고는 아프리카로 돌아가서, 앞서 이야기했듯이 나이로비 공항에서 루스의 부모를 마중하고 장례식을 위해 그들을 곰베로 데리고 갔다. 그해 8월 제인은 루스의 부모에게 편지를 썼다. "제 슬픔을 온전히 전달할 말을 찾기도 힘듭니다. 이 사고는 일어나지 말았어야 했던 일입니다. 어느 면에서는 제 책임을 통감하지 않을 수 없네요. 제 연구만 아니었더라면 루스가 곰베로 가는 일은 없었겠죠."

그해 여름 곰베의 연구 절차는 루스의 죽음으로 중대한 변화를 겪었다. 1년 전 처음 제인과 휴고가 곰베의 연구원들과 기록 B 생성과 캠프 밖에서 침팬지들을 추적한다는 새로운 방안을 논의했을 때, 모두들 이미 그에 따른 위험을 인지하고 있었으며 연구자가 침팬지를 추적할 때는 모두 아프리카인 직원 가운데 조수 한 사람을 대동하기로 하는 '버디 시스템Buddy System'을 고려한 적이 있었다. 그러나 그때는 연구원들이 모두 그 방안을 거부했기에 대신 신호탄, 뱀독 해독제 등을 담은 작은 안전 도구상자를 가지고 다닌다는 방침에 합의를 했다. 하지만 루스의 죽음 이후 제인은 버디 시스템을 실행에 옮겼으며 이 제도는 마침내 날마다의 침팬지 연구 활동에는 아프리카인 조수를 동반한다는 장기적으로 중대한 효과를 가져왔다.

그해 여름 내내 제인은 그럽과 함께 영국에서 지내면서 휴고의 책에서 자신이 도와줄 수 있는 부분에 보탬이 되어주는 한편 침팬지를 주제로 한 논문을 썼다. 곰베로 잠시 돌아갔었던 휴고는 세렝게티의 레가자 캠프로 돌아갔는데, 놀랍고 기쁘게도 가장 최근에 온 자원봉사 조수인 제프 쇼페른과 함께 마침내 아프리카들개의 굴을 찾아냈다.

지난 2년 반 동안 휴고는 정기적으로 칭기즈라는 이름의 늙은 수컷이 이끄는 특정 아프리카들개 떼가 초원을 떠도는 모습을 보곤 했다. 이번에도 휴고와 제프가 칭기즈 무리를 다시 한 번 발견하고 랜드로버를 탄 채 그들 뒤를 추격하면서 칭기즈 무리가 가젤을 쫓아가서 잡아먹는 모습을 관찰했다. 공포에 질린 그 영양은 15분 만에 뼈로 변해버렸고, 무리가 다시 한 번 이동하자 휴고와 제프가 조용히 그 뒤를 따랐다. 휴고는 무리를 이끄는 칭기즈가 "초원 평지를 5.6킬로미터가량 계속 총총걸음으로 뛰어갔는데, 바로 우리 앞에 마치 땅속에서 나타난 듯한 또 다른 아프리카들개가 귀환 중인 사냥꾼들을 향해 달려가는 모습이 눈에 들어왔다."

그 아프리카들개는 무리의 성년 암컷 네 마리 중 하나인 주노였다. 주노는 꼬리를 흔들어댔으며 휴고가 한눈에 알아봤듯이 "젖꼭지[가] 불어난 젖

때문에 늘어져 있었다." 귀환대가 주변에 모여들자 주노는 그들 사이를 정신없이 뛰어다니며 "자신의 코를 수컷들의 입에 밀어대며 날카롭게 찍찍거리는 울음소리를 냈다." 이는 먹이를 구걸하는 것이었고, 주노의 특이한 행동에 뒤이어 몇몇 사냥꾼들이 방금 먹어 아직 소화도 되지 않은 고기 일부를 힘들게 게워냈다. 굴의 새끼를 보호하느라 사냥을 할 수 없는 어미를 위한 먹이였던 것이다. 주노는 먹이를 먹고 난 뒤에 땅속으로 난 검은 구멍속을 들여다보며 낑낑거리는 울음소리를 냈다. 그리고 휴고에게 꼬리만 보일 정도로 굴속을 내려갔다가 방향을 바꿔 여덟 마리의 어린 새끼들을 대동하고 나왔다. "내가 예상했던 것보다 그 연령대의 새끼치고 움직이는 속도가 훨씬 더 빨랐지만 아직 불안정한 다리와 큰 발로 곧추 서 있기에는 어려움이 많아 보였다. 성년 아프리카들개처럼 귀가 컸지만 완전히 쭈그러들어 있었으며 짙은색의 얼굴에는 크고 작은 주름살이 있어 어린 새끼라기보다는 나이든 노인을 연상시켰다."

새끼들이 굴에서 나오자 전체 무리가 찍찍거리는 울음소리를 내며 서로 모여들었다. "새끼들이 이쪽저쪽에서 걸려 넘어지고 비틀거리며 돌아다니자 어른 아프리카들개들이 따라다니며 몇 분마다 한 번씩 새끼들 배에 코를 들이밀고 머리를 휙 들어 올려 배가 보이도록 새끼들을 뒤집어놓았다." 어른 아프리카들개들이 부드러운 배를 핥아주자 등을 댄 채로 땅에 누은 작은 새끼들은 네 발을 하늘을 향해 들고 부드럽게 발차기를 하다가 간신히 똑바로 일어나 비틀거리는 걸음으로 도망을 치려고 용을 썼다. "종종 어른 아프리카들개 중 서너 마리가 작은 새끼 한 마리를 코로 뒤집고 혀로 핥으려고 한데 모여들었는데, 그 과정에서 서로 밀쳐댔고, 번갈아가며 내는 찍찍거리는 울음소리가 점점 빨라져 나중에는 새들의 지저귐처럼 들렸다."

그해 8월의 어느 날 발견한 칭기즈의 굴은 귀중한 돌파구였으며 이후 6주 동안 휴고와 제프는 날마다 아프리카들개의 굴을 관찰하며 칭기즈 무리의 사회 역학과 개체의 특성과 성격에 대해 더 많이 알 수 있었다. 예를 들어 아프리카들개는 늑대처럼 수컷과 암컷이 두 개의 서로 다른 평등한 사회적 위계를 이루며 살아감을 발견했다. 수컷의 위계서열은 알아내기가 훨씬 더 힘들었으며 휴고와 제프도 전체를 파악하지는 못했다. 확실히 알아낸 것은 늙은 지도자 칭기즈가 두목이고 달리기 속도가 빠른 스위프트 역시 상위 계급이었으며 나머지 여섯 마리는 하위 계층이라는 점이었다. 다 큰 암컷이 무리에 겨우 네 마리밖에 안 되는 암컷의 위계질서는 좀더 분명했다. 하복이 우두머리, 블랙엔젤이 두번째, 로터스가 세번째, 주노("단연코 가장 복종적")가 제일 아래였다.

9월 말이 가까워졌을 무렵에 레가자 캠프로 돌아온 제인은 루이스 리키에게 편지를 보내 휴고가 "아프리카들개에 대해 한마디로 엄청나게 굉장한 것"을 발견했고 "2, 3, 4월 내내 추적하고 찾아다닌 끝에 마침내 굴을 발견해 매우 다행이었습니다" 하고 알렸다. 이제 휴고가 새로운 정보를 충분히 축적했기에 제인은 "아프리카들개의 사회구조에 대해 알려진 현재까지의 이론이 잘못되었음을 입증하게 될 것"이라는 생각을 밝혔다. 그러나 그즈음 새끼들이 어른들과 함께 달릴 수 있을 정도로 자라자 칭기즈 무리는 굴을 버리고 그들 생활 주기에서 방랑기인 단계로 되돌아가고 있었다. 따라서 제인과 휴고는 레가자 호수를 떠나 그달의 남은 기간 동안 "하이에나에 대한 최종 자료를 확보하러" 응고롱고로 분화구로 돌아갔다.

하지만 부부는 먼저 곰베로 돌아가 침팬지들과 침팬지 관찰자들을 점검했다. 곰베 연구자들의 수는 최근 새로 도착한 세 사람들—앤 숄디스, 네빌 워싱턴, 그리고(개코원숭이 연구를 맡으러 온) 리앤 테일러—로 더 늘어난 상황이었다. 10월 말에는 순서상 네번째로 데이비드 바이곳의 도착을 기다리고 있었다. 앤 숄디스는 거의 1년 내내 머무르며 일반 기록을 담당하는 한편 어미-영아 간의 관계를 연구했고 이후에 선임연구원인 마이클 심슨과 친해지면서 결혼까지 했다. 네빌 워싱턴은 좀더 짧게 약 4개월가량 무리 내 침팬지 사이의 거리를 둘러싼 역학 관계를 연구하다가 떠났다. 리앤 테일러는 자신이 묵게 될 론다벨 집에 사는 거대한 검은맘바를 보고 곰베에 온 지도 얼마 안 되어 바로 떠나버릴 뻔했지만, 팻 맥기니스가 뱀 잡는 막대기와 만도 한 자루를 들고 들어와 단호하게 그 무단침입 파충류의 목을 베어주자, 곰베에 그대로 머물기로 했다.

10월 초순경 휴고, 그럽—신혼여행 중인 휴고의 형제 고데르트(고디)와 아내 보비, 조지 더브도 함께—과 곰베에 온 제인이 도착하자마자 집에 보낸 편지에 적었듯이 당시 네빌 워싱턴은 "매우 잘 하고 있었으며" 앤 숄디스는 "매우 영리하고 관련 문제들을 잘 해결하는 듯(사람들이 모두 그녀를 좋아해요)" 했다. 마이클 심슨도 갑자기 "훨씬 더 생기발랄해졌다." 닉 픽포드가 3주 안에 떠날 것이라고 통보를 한 일만 제외하면, 간단히 말해 모든 일이 잘 되어가는 듯했고 정상적으로 보였다. 그때쯤 아내 마가렛이 곁을 떠나자 닉은 연구자 캐슬린 클라크과 함께 떠날 계획을 세웠으며, 그의 급작스러운 출발로 곰베의 관리자 자리가 공석이 되었다. 제인의 말에서 격앙된 감정이 드러나듯이 이는 "충분한 시간 없이 보낸 통보!"였다. 하지만 그달 말 네덜란드로 돌아갈 생각이었던 고디와 보비가 캠프 관리 업무를 맡아서 하기로 해주었으며 적어도 1월까지 머물러주기로 했다. 덕분에 제인은 "우리의 마음이 한결 가벼워졌어요!"라고 본머스의 독자들에게 당당히 말할 수 있었다.

응고롱고로 분화구에서는 새로 시작된 우기를 맞아 이제 막 풀이 녹색으로 자라나고 있었고, 제인이 10월 14일에 집에 보낸 편지에 기원을 담아 적었듯, "친애하는 하이에나의 움직임[이] 활발해지고" 있었다. 이제 하이에나에 대한 최종 자료, 특히 그녀가 애타게 바랐던 짝짓기를 직접 관찰한 자료를 얻을 수 있으리라 기대했으며, 그 자료만 있다면 하이에나 장을 마침내 마무리 지을 수 있었다. 그러나 (그로부터 11일 후 집에 보낸 편지에 썼듯) 하이에나는 "전혀 협조적이지 않았어요. 전혀요." 그래도 "다시 한 번 익숙한 얼굴들을" 볼 수 있어서 좋았다. 또 "자라난 새끼들을 확인할 수 있었고, 새끼들을 데리고 다니는 이른바 젊은 수컷들을 많이 찾아볼 수 있었어요!" 그리고 휴고는 "굉장한 장관인 사냥 장면"을 담은 사진을 찍어왔다. 하지만 여전히 짝짓기는 보지 못했다. 제인은 대니의 고풍스러운 빅토리아풍 표현에 장난스럽게 빗대어 이렇게 썼다. "그들의 '그 특정 행동'에 대한 답을 얻을 수 있을 것 같지 않군요. 다시 말해 책에서는 많은 것들이 묘사만 되고 설명—추측을 빼고는—은 되지 않을 거예요. 휴우."

그때 반 라빅 가족은 매우 심각하게 돈에 쪼들리고 있었다. 제인은 10월 25일에 집에 보낸 편지에서 밴에게 빌리 콜린스에게 연락해 "정중하게 우리에게 대출을 해줄 수 있는지!"를 물어봐달라고 부탁했다. 제인과 휴고는 "근심스러워"했는데 11월 중순 집에 보낸 다음 편지에는 휴고가 어쨌든 "걱정이 이만저만!"이 아니라고 적었다.

그때쯤 가족과 함께 리무루로 돌아온 제인은 다시 타자기 앞에 앉았다. 빌리 콜린스가 아동도서도 원했던 터라 휴고가 찍은 어린 그럽의 사진 중 제일 잘 나온 것에 제인이 해설을 달아 구성한 책을 썼고, 제목은 『덤불숲의 아이 그럽*Grub, the Bush Baby*』으로 붙이기로 했다. 휴고는 『무고한 살육자』의 아프리카들개 장章을 쓰느라고 정신이 없었고 제인은 분화구로부터 만들어온 하이에나 기록들을 부지런히 타자로 옮기고 재칼 장을 다시 쓰면서 조만간 도입부를 시작해 마침내 "친애하는 하이에나들을 본격적으로 쓸 수 있기를!" 희망했다.

12월 1일 멜빈 페인에 보낸 편지에 드러난 그때의 사정은 이랬다. "저희는 휴고의 책 때문에 굉장히 숨 가쁘게 서두르고 있고 1월 1일까지는 출판사에 보내야만 한답니다. 물론 그렇게 될 수는 없을 것 같아요!"

12월 후반기 동안 곰베에 다시 돌아간 부부는, 제인이 가족에게 쓴 편지에 썼듯, 보비가 임신한 지 두 달 반이 되었다는 사실과, 고디가 "경이로운 솜씨를 발휘"해 캠프의 이것저것을 수리하고 새 가구와 변소를 만들어둔 것과 새로 온 세 명의 침팬지 관찰자들—앤, 네빌, 데이비드 바이곳—이 모두 "대단히 일을 잘하고" 있다는 것을 알게 되었다. 크리스마스 연휴로 하루 쉬게 된 사람들은 모두 서로 선물을 교환하고 수영, 수상스키를 즐기러 갔으며 "술을 많이" 마셨다. 다시 한 번 곰베 강 연구센터는 원활하게 성공적으로 돌아가는 듯했고, 보비의 임신으로 고디 부부가 다음 한 달 동안은 울퉁불퉁한 길을 가지 않겠다고 고집한 덕분에 적어도 1월 말까지는 곰베의 캠프 관리자가 공석이 되는 일은 면할 수 있게 되었다.

12월 30일 오후 제인, 휴고, 그럽은 곰베를 떠나 키고마의 레드라이언에서 저녁을 먹은 뒤에 밤새 북쪽과 동쪽으로 달려 12월 31일 오후에 마침내 레가자 호수에 도착했다. 그래서 1월 1일에는 은두투 캠프에서 조지 더브와 그의 아내 미브스와 함께 크리스마스 연휴 분위기에 젖어 신나게 논 다음 다시 리무루로 돌아와 『무고한 살육자』 집필을 계속했다.

당시 마감시한은 1월 13일로 연장되었는데 8일에 보낸 편지에 제인이 묘사한 그 정신없는 상황은 이랬다. "아프리카들개 장은 잘 풀리지 않은 채 막혀버렸고 하이에나 장은 시작도 못했어요. 참고문헌 목록, 용어집, 색인도 하나도 안 돼 있어요. 사진 설명은 조금 만들었지만 대부분 아직 못 만들었고요." 마침내 항공우편으로 빌리 콜린스에게 책 꾸러미("사진, 레이아웃, 사진 설명, 그림인데, 사진은 거의 200장이나 되고 대부분 8×10 크기이지만 일부는 심지어 10×12 크기")를 보냈으나 런던에 아직 도착하지 않아 근심을 더했다. 그리고 휴고는 "엄청나게 끔찍한, 공포스러운, 지독한 말라리아"로 몸살을 앓았다. 그때쯤 로버트 하인드의 설득으로 제인은 동물의 도구 사용에 대한 책에 들어갈 해설문을 쓰게 되었다. 마감일은 2월 말이었으나 제인은 로버트가 도구를 사용하는 영장류에 초점을 맞추기를 원하는지, 아니면 도구를 사용하는 모든 동물을 다루라는 것인지조차 파악하지 못했다. 또 제인은 최근 다이앤 포시가 밥 캠벨이 찍은 고릴라 사진—"고릴라여서 조금 단조로운 것이" 사실이지만 그래도 "굉장히 잘 찍은 사진들"—들로 모음집을 만들었다는 것을 알게 되었다. 제인은 밴에게 빌리 콜린스더러 다이앤이 쓴 『안개 속의 고릴라』의 판권을 사들이도록, 그래서 자신의 책 『인간의 그늘에서』의 출간과 겹치는 일을 피해서 다이앤의 책 출판 시기를 정하도록 설득해달라고 부탁했다.

1월 10일경 휴고는 "말라리아인지 뭔지 모를 것을 떨치고 일어났다."

1월 21일경 빌리가 마침내 사진을 찾았다는 소식을 듣고 제인은 안도했다. 제인은 빌리가 도입부에 "정말 만족"했기만을 바랐고 재칼 장에도 "앞으로 만족할 수 있기를" 바랐다.

한 달 뒤에 제인과 휴고는 레가자 호수의 캠프로 돌아왔으며 그곳에서 곧 빌리 콜린스와 만날 예정이었다. 제인은 여전히 도구를 사용하는 동물에 대한 해설과 하이에나 장을 쓰고 있었는데 2월 20일의 편지에 묘사했듯이 후자에는 여전히 "여러 하이에나들이 뒤죽박죽"이 된 상태였다. 그런데 말라리아에서 막 회복되어가는 그럽에 이어 제인이 아프기 시작했다. "오늘 아침 굉장히 야릇한 기분이 느껴지더니 머리도 좀 아픈 것 같았고 마치 독감에라도 다시 걸리는 것처럼 몸이 아프기 시작했어요. 물론 그건 불가능한 일이에요. 어쨌든 진심으로 독감이 아니길 바랄 뿐이에요." 하지만 며칠 후 편지에서 볼 수 있듯, 제인은 빌리의 캠프 방문과 맞물려 끔찍하게 앓았다. "독감, 말라리아인지 저도 모르겠어요. 매일 땀을 양동이로 쏟고 지칠 대로 지쳐서 머리고 눈이고 모두 아파요. 이보다 더 나쁠 수도 없군요."

그 정체불명의 질환은 일주일도 넘게 지속되었으며 마침내 머리가 다시 맑아지자 제인은 하이에나 장을 다시 써야겠다고 마음을 먹는다. 3월 중순에 집에 보낸 편지에는 "밤이나 낮이나 폭스바겐 버스에 갇혀서 하이에나 장을 손보고 있어요. 아시겠지만 독감에 걸렸을 때 썼던 걸요"라고 적었다. "어쨌든 지금은 결과물에 전보다 만족하고 있답니다." 에필로그도 이제 막 끝낸 참이었다. 사진 해설도 마무리 지었다. 빌리가 사진을 추가로 넣을 수 있다고 말해주어 하이에나 장에 쓸 새로운 레이아웃 작업도 다시 했다. 참고문헌 목록도 모두 완결이 되었다. 그리고 마지막으로 이제는 "각 장의 제목—흠—을 생각 중이고 홍보용 사진을 좀더 찍어두려고 애쓰는 중이에요."

그때쯤 제인이 머물던 세렝게티 지역에는 매년 철따라 이동하는 동물들이 모여들기 시작했다. "모두 호수 주변에 빽빽하게 모여들었어요. 믿기지 않을지도 모르겠지만 그 멍청한 바보 소영양들이 다시 호수를 건너면서 수백 마리의 새끼들이 익사하거나 고아가 되었어요. 정말 어이없는 일 아닌가요." 한편 제인이 행복한 어조로 썼듯, 빌리 콜린스가 "책을 무척 마음에 들어"했다. 또 아프리카들개에 대해서는 "열광적"이었고 심지어 휴고에게 아프리카들개를 영상에 담도록 자금을 지원하겠다는 결정까지 했다. 그리고 "환상적인 행운" 덕에 최근 다시 발견한 칭기즈 무리의 우두머리 암컷인 하복이 한창 발정기로 짝짓기 중임을 알아냈다. 일이 잘 풀려서 하복이 새끼를 낳고 무리가 8주 정도 굴을 지키면, 휴고가 그 모습을 영상에 담아 그의—그때쯤에는 그들의—책 출판 후 오래지 않아 그 영상도 상영할 수 있게 될 터였다.

32

정권 교체

1970~1972

1970년 초, 곰베 카세켈라 침팬지들은 마이크의 왕국에 살고 있었다. 모두가 인정하는 대장 수컷 마이크는 *1964년*에 덩치 크고 힘 센 골리앗을 일거에 제압한 적이 있었다. 사실 마이크가 당시 서열 1위의 골리앗을 비롯해 여러 위세 등등한 수컷들을 제압하고 내몰 수 있었던 데에는 문명의 이기를 동원한 상황 연출이 한몫을 했다. 마이크는 제인의 텐트에서 밝은 은색 *38리터*들이 빈 등유통을 훔쳐내서 공격 행동 때마다 그 등유통 두세 개를 굴려가며 요란한 소리로 상대를 겁주거나 놀라게 했다.

덩치가 작은 마이크는 몸싸움이나 평범한 위협 행동으로는 서열 1위를 꿰찰 재목이 못 되었으므로 분명 나름대로는 등유통을 이용하면 입지를 높일 수 있으리라는 계산을 했을 것이다. 예를 들어 어느 날, 어른 수컷 여섯 마리가 *9미터* 남짓 떨어진 곳에 둘러앉아 서로 털 고르기를 해주고 있었는데, 조용히 자리에서 일어선 마이크가 제인의 텐트로 들어가 빈 등유통—손잡이를 잡고—두 개를 들고 나왔다. 꼿꼿이 허리를 펴고 원래 앉아 있던 자리까지 통을 들고 간 마이크는 몇 분간 서열 높은 수컷 무리들을 예의주시했다. 자기보다 서열로는 한참 아래인 마이크 따위는 안중에도 없다는 듯, 무리는 털 고르기에만 정신이 팔려 있었다. "잠시 후 털이 조금 선 것 같은 마이크가 별반 티도 안 날 정도로 좌우로 등유통을 굴렸는데 그때까지도 수컷들은 무신경으로 일관했다. 그러다 통 굴리기가 점점 거세지는가 싶더니 어느새 마이크의 머리털이 삐죽 섰으며, 소리를 지르고 거친 호흡을 내뱉으며 높으신 무리를 향해 돌진했다. 마이크가 제 앞에 등유통을 놓고 힘껏 내리치자 다른 수컷들이 줄행랑을 쳤다."

이 같은 행동은 수차례 반복되었다. 제인과 휴고가 캠프에서 등유통을 없애버리자 마이크는 상자, 의자, 탁자, 삼각대 등 다른 물건에까지 손을 대서 극적인 연출 효과를 배가시켰고, 그 물건들마저 하나둘 손에 넣을 수 없게 되었을 때에는 야자나무 잎과 같은 자연물이 동원되었다. 그럴싸한 쇼는 아무런 도구 없이 그냥 마이크가 걸어만 가도 마침내 다른 모든 어른 침팬지들이 바짝 긴장을 하게 된 시점까지 되풀이됐다. 어느새 모든 침팬지들이 응당 그래야 하는 듯 이 교활한 수컷에게 복종하면서 마이크의 수하임을 자처하고 그를 떠받드는 행동을 취함으로써 마이크가 얼마나 고귀한 존재로 부상했는가를 입증해주었다. 먹이나 성교 등의 중요한 자원은 제일 먼저 마이크의 차지가 되었다. 그렇게 해서 1964년, 작지만 영리한 마이크는 곰베 수컷 침팬지들의 제왕이자 마법사이자 대통령이자 수상인 서열 1위에 등극했다.

하지만 그 후로 1970년에 접어들고 마이크도 여섯 해 나이를 더 먹으면서 더는 예전의 마이크가 아니었다. 머리털은 가늘고 듬성듬성해졌으며, 윗니는 닳아 뿌리만 남았고, 송곳니는 깨져 있었다. 마이크의 왕국을 지탱하는 힘은 마이크 혼자서도 적을 불안에 떨게 하는 위력이나 위세가 아니라 사회적 습관이었다. 실제로 플로의 수컷 새끼 중 하나인 피건은 마이크가 돌격 과시 행동을 해도 전혀 개의치 않았다. 어린 녀석이 하는 대수롭지 않은 행동이었지만 약이 오를 대로 오른 마이크는 입술을 질끈 물고 험상궂게 얼굴을 찡그렸으며, 자기 머리털을 한 움큼 뽑고 물구나무를 선 채로 걷거나 바닥이나 나무 근처에서 발을 구르고 주먹을 내리치거나 우악스레

풀을 뽑았으며, 돌팔매질을 하거나 피건의 코앞에서 분노의 질주를 선보였다. 하지만 긴장한 표정의 어린 침팬지는 쭈뼛쭈뼛 뒤돌아서기만 할 뿐, 고개를 떨구거나 발걸음을 재촉하지도 않았다. 피건의 무신경한 태도에 화가 난 마이크는 걸핏하면 피건 앞에서 과시 행동을 일삼았는데 제왕의 불편한 심기를 여실히 보여주겠다는 듯이 피건이 앉아 있던 나뭇가지를 잡아채기도 했다.

또 다른 어린 수컷 에버레드도 마이크의 돌격 과시 행동을 본체만체하며 피건에 버금가는 불복종으로 맞섰다. 마이크는 피건에게 그랬듯 에버레드 앞에서도, 자신을 받들어 모시겠다는 의사나 행동을 꼭 이끌어내고야 말겠다는 듯이 틈만 나면 과시 행동을 일삼았다.

1970년 초, 새롭게 캠프 관리직을 맡은 미국 청년 제럴드 릴링이 곰베로 들어왔다. 그는 소아마비 후유증으로 목발에 의지해 걸었으나 제인이 버치스로 보낸 편지에 쓴 것처럼 "이런 곳까지 올 만큼 의지가 강한 용기 있는 사나이"였다. 곰베 선임연구원 마이클 심슨의 임기 만료도 몇 달 앞으로 다가왔지만 다행히 한때 콘라트 로렌츠의 제자였으며 당시 암스테르담 대학 연구원이던 헬무트 알브레히트가 후임을 맡아주었고, 1969년 말에는 게자 텔레키가 곰베 연구진에 합류했다(그는 침팬지들의 이동 방식을 주제로 박사학위 논문을 준비 중이었다). 이미 곰베에 와 있던 데이비드 바이곳에 이어 몇 달 후면 그의 대학원 동료이자 영국인 친구 앤 퓨지와 리처드 랭험이 곰베에 합류할 계획이었고, 매니토바 대학의 해럴드 바우어는 7월 말에 도착할 예정이었다. 그 후로도 엘런 드레이크, 마가리타(미치) 행키, 니콜러스 오언스, 스티븐 롤런드, 션 시한 등, 저마다 출신 배경이 다른 여러 연구자들이 속속 곰베에 도착했다. 이 곰베의 일원들은 침팬지의 여섯 가지 행동 방식에 관한 정보 수집을 하고 동시에 개코원숭이 및 기타 원숭이, 뱀, 새, 어류, 초목에 관한 데이터를 수집할 계획이었다.

"이런저런 '성장통'을 겪긴 했지만, 분명 곰베 강 연구센터는 이 분야에서 가장 중요한 영장류 연구센터로 성장할 것이라 확신합니다." 1월 10일 레너드 카마이클에게 보낸 편지에서 제인은 이렇게 썼다. "물론 이곳은 '현장 연구의 최일선'이고요!"

하지만 제인이 그토록 곰베의 미래를 낙관하는 사이에 내셔널지오그래픽협회의 대장 수컷들은 정반대의 생각을 하고 있었다. 그들은 곰베에서 손을 떼고 싶어 했다. 그해 2월, 제인이 제출한 1970년도 지원금 신청서를 검토 중이던 카마이클은 늘 제인의 연구를 지지하던 기존의 입장을 선회해 돌연 과학적 발견의 성과 그래프를 언급하고 나섰다. "이젠 '성과곡선'이 일직선에 접어들었습니다." 그즈음 협회 회장에 오른 멜빈 페인도 같은 생각이었다. "구달 씨 부부가 다른 자금원을 찾도록 독려하기 위해서라도 이젠 협회가 지원금을 줄이고 예산 적자를 줄여야 할 때가 왔으니" 연구탐사위원회 연간 지원금도 당초 요청액인 40만 달러에서 25만 달러로 줄여야 한다는 것이었다. 전임 회장 멜빌 벨 그로스브너의 아들 길버트 그로스브너도 의견을 내놓았다. "협회가 뭘 했느냐……, 구달을 세계적인 유명인사로 만들어놓지 않았습니까. 이젠 협회가 아니어도 얼마든지 거금을 지원해줄 자금원을 찾을 수 있을 겁니다." 제인에게 요청액 삭감 통보를 할 때에도 협회의 입장을 분명히 밝혀야 한다고 덧붙였다. "삭감은 현장연구비에서 이루어져서는 안 됩니다. 삭감이 불가피하다면 그 부족분은 그쪽에서 알아서 구달이나 구달 남편 앞으로 할당된 임금이나 일반 경비에서 충당을 해야죠."

지원금이 깎였다는 소식에 제인은 실망감을 감추지 못했으며, 특히 자신과 휴고가 이번에도 임금을 포기하겠거니 여기는 태도가 매우 섭섭했다. 3월 9일 카마이클에게 보낸 편지에서 제인은 두 사람 모두 연구비 지원이라는 "더없이 기쁜 소식"에는 감사드리지만 "곰베 연구 때문에 휴고도 저도 다른 작업을 할 여유가 없어 금전적 어려움이 이만저만이 아닌 만큼(게다가 제가 무급으로 일한 게 올해가 처음이 아니라는 것, 부회장님도 아실 겁니다)" 지원금 삭감 결정은 아주 실망스럽다고 답장을 보냈다. 얼마 뒤에 보낸 편지에서도 자신은 분명 "평생…… 침팬지들의 모습을 가까이에서 지켜볼" 사람이지만 그녀나 휴고나 둘 다 임금도 제대로 못 받고 "빈털터리 신세가 되지 않으려면 곰베 연구에 일정 시간 이상을 할애할 수 없다"는 뜻을 분명히 밝혔다.

드러내놓고 돈 걱정을 하거나 제대로 감사를 표현하지 않는 것은 평소의 제인과는 다른 모습이었다. 그 무렵 제인과 휴고는 분명 자금 압박이라는 거센 폭풍에 시달리고 있었던 듯하다. 하지만 한때는 후하고 자비롭던 정권에서 예산 지원을 철회하려는 데에 대한 우려와 "빈털터리 신세가 되지" 않을까 하는 걱정이 눈앞을 가로막는 상황에서도 제인은 이내 다시 희망을 꿈꾸었다. 그 희망 가운데 하나는 바로 데이비드 햄버그와의 관계였다.

가늘고 날카로운 얼굴선, 뾰족한 턱, 좁은 이마, 차분하고 논리적인 언변의 정신과 임상의 데이비드 A. 햄버그 박사는 오랫동안 스트레스를 주제로 심리학과 생물학에 관심을 기울여오다 인간 진화에까지 흥미를 갖게 되었다. 종종 병리현상으로 치닫곤 하는 현대인의 스트레스와 불안 심리의 전조를 고대인에게서도 발견할 수 있지 않을까 하는 기대에서였다. 마침 1950년대 중반, 신설 스탠퍼드 대학 행동과학 고등연구소로부터 1년 동안 연구원으로 일해보지 않겠냐는 제안을 받은 이 젊은 정신의학자는 인류 진화에 대해서도 연구를 해보겠노라 마음을 먹었다. 연구소에 도착한 지 한 이틀쯤 지났을 때, "웬 자그마한 남자"가 그의 연구실 문을 두드리고 들어와 자신을 소개하며 말을 건넸다. "인류 진화에 관심이 있다고요. 제 연구 분야이기도 한데, 같이 얘기라도 나눠보면 좋겠군요."

그는 형질인류학자로서 당시 시카고 대학 교수로 재직 중이던 셔우드 워시번이었다. 그 무렵 워시번은 대학원생 어빈 드보어와 함께 아프리카에서 막 개코원숭이 연구를 마치고 돌아온 상태였는데, 얼마 지나지 않아 세 사람은 생물학과 행동학을 주제로 세미나를 열었다.

행동과학 고등연구소에서 1년을 보내고 이듬해 미국 국립보건원으로 자리를 옮긴 햄버그는 워시번의 영향으로 국립보건원에서도 영장류에 대한 관심을 놓지 않았다. 그가 보기에 인간을 제외한 모든 영장류 가운데 유전자적 유사성을 기준으로 인간 행동과 심리연구의 모델로 가장 적합한 대상은 침팬지였지만, 드보어나 워시번은 누구도 선뜻 야생 침팬지 연구에 나서지 않을 것이라고 말했다. 위험부담이 너무 컸기 때문이었다. 그렇다 하더라도 반ۑ야생 환경의 침팬지 실험실을 만들 수는 있지 않겠냐는 것이 햄버그의 생각이었다. 대부분의 동물실험실에서와 같은 감옥 같은 환경을 지양하고, 여유 공간을 넉넉히 두며, 침팬지들이 야생에서와 같이 정상적인 행동을 보일 수 있도록 여러 요건을 충실히 구비한 실험실을 꾸미자는 것이었는데, 문제는 어떤 행동이 정상적인 행동인지를 식별할 수 있는 사람이 없다는 것이었다.

그러던 1960년 어느 날, 햄버그는 동료로부터 루이스 리키를 소개받았고 루이스가 제인 얘기를 꺼냈다. 햄버그가 그때 기억을 떠올렸다. "영특하고, 강단 있고, 그런데 경험은 많지 않다고 하더군요. 딱 제가 찾던 사람이었습니다. 기존의 틀에 얽매이지 않고, 편견도 선입견도 없는 사람 말입니다." 루이스는 습관화에 따르는 위험과 고충을 언급하며 무시무시한 힘을 지닌 침팬지가 인간 관찰자를 받아들이게끔 하는 과정이 얼마나 힘든지를 설명했다. 그런데 자기가 데리고 있는 이 젊은 연구자는 침팬지가 가까이 있을 때는 한 시간이고 두 시간이고 꼼짝 않고 앉아 있는 재주가 생겼고, 손가락을 안 움직이고도 글씨를 쓸 수 있으며, 또 글씨는 현미경으로나 보일 정도로 어찌나 깨알 같은지 온종일 쓴 분량이 손바닥만 한 크기의 종이에 다 담길 정도라는 이야기를 늘어놓았다(자기 말에 신이 난 루이스가 이야기를 부풀려 전달했다).

햄버그는 딱 이 사람이라는 생각이 들었다. 햄버그가 제인에게 편지를 보내면서 두 사람의 서신 교환이 시작되었다. 때마침, 캘리포니아 스탠퍼드 대학 정신의학부가 그에게 자리를 제안했으며 햄버그는 대학 측이 10만여 제곱미터의 부지에 꿈에 그리던 반야생 실험실을 세우는 데 동의했기에 흔쾌히 그 제안을 받아들였다. 캘리포니아로 돌아온 그는 UC 버클리에서 학생들을 가르치고 있던 친구 셔우드 워시번에게 연락을 했다. 두 사람은 1962~1963년 9개월에 걸쳐 스탠퍼드 대학 행동과학 고등연구소에서 학술대회를 개최하기로 의기투합하고 생물학, 인류학, 심리학 등, 학문적 기반에 관계없이 영장류 현장연구에 관심이 있는 사람들을 초청하기로 했다(제인에게도 '영장류 프로젝트' 학회 초청장을 보냈지만 당시 제인은 곰베에만 전념키로 결심했으므로 보고서를 보내는 것으로 참가를 대신했다).

마침내 햄버그와 제인의 만남이 이루어진 것은, 1965년 9월 부르크 바르텐스타인에서 열린 "영장류의 사회적 행동" 학술대회에서였다. 휴고도 동석했던 당시 학술대회에서 제인은 주제발표와 함께 휴고가 촬영한 침팬지 영상 가운데 하나를 보여주었는데, 햄버그는 당시를 이렇게 회상했다. "그 영상을 보고 정말이지―저는 그런 축에 끼지도 못합니다만, 산전수전 다 겪은 영장류 동물학자들조차도―한 대 얻어맞은 기분이었습니다. 자세, 동작, 발성에서 인간과 비슷한 부분이 어찌나 많은지." 발표를 들은 햄버그는 제인의 연구가 "이루 말할 수 없이 중요함"을, 또한 제인이 "관찰력뿐 아니라 전달력도 타고난" 사람임을 한눈에 알아보았다. 그의 눈에 비친 제인은 "실제로도 그랬듯, 열정적인 현장연구가이자 동물애호가일 뿐 아니라 그 누구보다도 총명하고 치밀하고 사려 깊고 호기심 넘치는 인물"이었으며 "가르치는 재주를 타고 난" 사람이었다.

그로부터 얼마 후 제인은 데이비드 A. 햄버그 박사를 그냥 데이비드로, 나중에는 애칭으로 데이브라고 부르는 사이가 되면서 정기적으로 그를 곰베로 초대하곤 했는데, 데이비드는 번번이 시간을 내지 못했다. 어린 자식이 둘이었고 새로 생긴 스탠퍼드 대학 정신의학과를 꾸려가느라 일도 많아서였겠지만 그는 "어쨌든 현장에 어울리는 사람은 아니었다." 그러다 1968년 여름, 마침내 데이비드는 곰베 행 길에 올랐다. 데이비드가 당시 제인과 나눈 대화를 들려주었다. 제인은 자신에게는 곰베가 "마지막 정착지"이며 곰베에만 오면 늘 떠나고 싶지가 않다고 했다. 하지만 어려움과 역경도 참 많은데, 돈도 부족하고, 협회의 지원은 갈수록 보잘것없어지고 휴고도 다른 일을 찾아봐야 할 형편이라는 것이었다.

곰베를 떠날 날이 가까워왔을 무렵, 이번에는 데이비드가 먼저 말을 꺼냈다.

"가능하다면 계속 머물고 싶으신지요?"

물으나마나였다.

"어쩌면, 정말 어쩌면 말입니다, 제가 도움을 드릴 수 있을지도 모르겠습니다."

그가 자금원을 물색해주거나, 동료들을 곰베로 보내줄 수 있을지도 몰랐다. 박사후 과정 학생이나, 대학원생이라면 혹시 가능하지도 않을까.

그로부터 몇 달 동안 두 사람은 부지런히 편지를 주고받았다. 두 사람을 의기투합하고 버티게 해준 "가슴 벅찬 열정"은 바로 곰베를 제인이 상주할 수 있는 상설 연구센터로, 더불어 햄버그가 스탠퍼드 대학에 꾸미려는 반야생 실험실과도 긴밀히 협력하는 연구센터로 만들자는 계획이었다. "그건 정말로 가슴 벅차는 계획이었습니다. 정말 꿈같은 일이었죠."

1970년대 중반, 유네스코의 후원으로 파리에서 개최된 인간의 공격성을 주제로 한 회의의 의장을 햄버그가 맡으면서 제인은 보고서를 전달하러 파리로 날아갔다. 당시 분명 두 사람은 곰베-스탠퍼드 동맹에 기반을 둔 새로운 체제를 구축하기 위한 중차대한 계획에 대해서 논의했을 것이다. 제인이 파리행 비행기에 오른 5월 18일, 휴고는 세렝게티에서 편지를 보내 "협력 계획에 관해 데이비드 햄버그가 어떤 말을 했는지" 궁금해했으나, 그때까지도 이렇다 할 소식은 없었던 모양이다. 한 달여 뒤에 영국에 체류 중이던 제인 앞으로 휴고는 다시 편지를 보내 곰베의 미래에 대해 "위험: 협회가 손을 뗀다면 이대로 주저앉을 수밖에 없음"이라는 말을 남겼다.

결국 데이비드 햄버그가 곰베를 지원할 새로운 자금원을 찾아주지는 못했지만, 아직 책에는 기대를 걸어볼 만했다. 어쩌면, 대중적인 침팬지 책인 『인간의 그늘에서』가 큰돈을 벌어들일 수 있을지도 몰랐다. 문제는 원고를 쓸 시간을 낼 수 있는가였다.

4월 말, 제인은 그럽을 데리고 영국으로 떠났다. 집필할 시간을 내기 위해서기도 했지만 그럽을 위해서기도 했다. 그럽은 태어나서부터 여태껏 타국 오지의 낯선 어른들 사이에서만 지내서인지 평범한 환경에서 주위의 또래들과 어울리는 일을 어려워했다. 본머스에 있는 유치원에 두 달 정도 보내면 도움이 될 듯싶었다. 또 제인과 휴고 생각에는 아이가 영국 생활을 경험해보는 것도 좋을 것 같았다. 그럽은 침팬지, 하이에나, 사자 소리는 곧잘 따라했지만 소, 오리의 음매, 꽥꽥 소리는 아직 귀에 설어했으며, 영국 생활의 다른 부분—본머스 정원 화단에서는 뱀을 쫓기 위해 나뭇가지를 휘두를 필요가 없다는 것 등—도 미리 배워둬야 것 같았고, 물론 영국에 있는 친지들과 가까워지는 일도 중요했다.

　영국에 도착해서 루이스 리키가 와병 중이라는 안타까운 소식을 들었다. 그는 1월 31일 이미 올두바이에서 경미한 심장마비 증세를 보이고도 가슴 통증과 구토 증상을 그대로 방치한 채로 평소처럼 눈코 뜰 새 없이 바쁜 일정을 강행하다가 2월 5일에 비행기를 타고 런던으로 돌아왔다. 그는 착륙할 때쯤 이러다간 쓰러지고 말겠다는 생각을 하고 구급차를 불렀으며, 구급차는 그를 싣고 신속히 얼스코트의 아파트로 갔다. 밴이 의사를 불렀으며 의사는 즉시 그를 프린세스베아트리체 병원으로 보냈고, 병원에서 그는 처음보다 훨씬 위중한 두번째 심장마비를 일으켰다. 일주일 동안 중환자실 신세를 지고 '초조, 불안, 화는 금물'이라는 의사의 당부를 듣고서야 병원을 나왔다. 제인이 영국에 도착한 4월 말까지도 이 노년의 저명인사는 아직 회복이 덜 된 상태였고, 아파트 침대에만 꼼짝없이 누워 지내며 마음대로 활동을 못한 따른 탓에 초조하고 불안하고 화가 나 있었다.

　제인도 몸 상태가 평소 같지 않았다. 지난 2월에 앓았던 독감인지 말라리아인지 모를 병이 여태 지속되는 것 같기도 했지만 이제는 거기에다 살 속에서 뭔가가 꼬물꼬물 기어 다니는 느낌마저 들었다. 6월에 하는 수 없이 런던의 열대병 전문병원을 찾았으며 의사는 악성 기생충을 발견했다며 —제인의 표현을 빌자면—"죽기 아니면 까무러치기"식의 처방을 내렸다.

그 와중에 그럽은 백일해를 앓았고, 대니마저 건강이 좋질 않았다(담석이 었던 것 같다). 여러모로 제인에게는 힘든 시기였으며, 휴고를 그리워하는 감상적인 내용의 7월 6일자 편지에서도 알 수 있듯이 휴고와 오래 떨어져 있던 탓에 "때론 너무나 절망적이고 우울"하기까지 했다.

일주일 뒤 휴고에게 보낸 편지에 썼듯, 기생충 탓이었는지 회충약 탓이 었는지 속이 "뒤집히는" 것 같았고, "이제야 침팬지 책을 제대로 써보려던" 찰나에 공교롭게도 『무고한 살육자』의 색인 교정본까지 우편으로 배달되 면서 곧장 검토를 해달라는 요청이 들어왔다. 6월 20일 휴고에게 보낸 편 지에 따르면 아픈 몸도, 색인 교정본도 "원고 집필과 병행하기에는 성가시 기 그지없는" 것들이었다.

하지만 그 무렵, 침대에만 누워 있으면 이상할 만큼 "생각이 술술 풀리 는" 느낌이었다. 실제로 번뜩이는 아이디어와 표현이 쏟아져 나왔고, 덕분 에 제인은 첫 두 장을 이틀 만에 끝냈다. "각 장별로 들어가야 할 내용을 일 단 다 써두는 방식으로 작업 속도를 내고," 다듬어지지 않은 초고이긴 하지 만 서둘러 다음 장으로 넘어갔으며, 내용은 마지막에 가서 "가감을 하고 순 서를 바꾸기도 할" 요량으로 앞으로의 계획을 짰다. "어느 정도 최종 원고 수준이 될 때까지 이틀에 한 장恭씩 원고를 손볼 생각이야. 이미 몇 장은 마무리 단계야. 지금 10장까지 끝냈는데, 그래도 많이 봤다고 할 순 없지. 원래 여기까지 내용을 8장 정도로 묶을 생각이었거든. 그러니까 적게 잡아 서 여섯, 아마도 여덟 장 정도를 더 써야 하는 셈인데, 남은 부분은 내용이 그다지 많진 않으니까, 책이 그렇게 길어지진 않을 것 같아. 얘기하다 보 니까 아무래도 앞부분을 좀더 여러 장으로 나누는 게 좋을 것 같네. 앞으로 일주일간 다른 일정은 전혀 없으니까 잘만 하면 런던에 가기 전에 다 끝낼 수도 있겠다."

한편, 피건은 언제 봐도 유달리 머리가 좋았다. 게다가 대단한 야심가이 기도 해서 어떻게 해서든 수컷 사회에서 더 높은 서열에 오르려고 안달이

나 있었다. 이미 피건은 인상적인 과시 행동을 개발해냈고, 제인이 보기에 피건은 나름대로 트레이드마크라 할 수 있는 '대담성'까지 갖추고 있었다. 1964년, 당시 열한 살이던 마이크가 골리앗의 왕위를 찬탈하는 모습을 본 피건은 "새 대장 수컷이 썼던 기발한 전략에 매료"되었다. 마이크가 빈 등 유통을 동원한 과시 행동으로 모두에게 겁을 줬던 것인데, 흥미로운 부분은 마이크가 등유통을 활용하게 된 정황을 궁금해한 침팬지가 다른 어떤 어른 수컷도 아닌 오직 피건뿐이었다는 점이다. 마이크가 부린 그 마법의 실체를 궁금해한 것도, 마법사의 커튼 뒤에서 몰래 비밀을 훔쳐본 것도, 무리 중에서는 어린 피건이 유일했다. 두 차례, 덩치 큰 수컷들의 눈을 피해 피건이 몰래 등유통을 굴리는 모습이 목격되었다.

피건은 대장 수컷감이었다. '지나치게 민감한 성격'이 유일한 약점이기는 했다. 성격이 너무 예민해서 어떤 일에 흥분을 하면 제정신을 잃고 날뛰기 십상이었으며, 괴성을 지르고, 음낭을 움켜쥐고, 흥분을 가라앉히려고 가까이 있는 침팬지를 덥석 끌어안기도 했다.

피건처럼 제아무리 영리하고 욕심 많은 침팬지라도 서열 1위에 오르기란 쉽지 않다. 때로는 내가 누구인지보다 누구와 친분이 있는가가 더 중요하기도 하다. 동맹 결성은 이루 말할 수 없이 중요한 부분으로, 비단 친구나 동료가 절체절명의 순간에 손을 내밀어주기 때문만이 아니라 친구나 동료는 적어도 적과 손을 잡고 자신을 공격하지 않는다는 점에서도 중요하다. 다행히 피건에게는 혈연으로 맺어진 동맹인 형 페이븐이 있었으므로 남들보다 한 수 앞선 셈이었다. 페이븐은 소아마비가 기승을 부렸던 1966년 한쪽 팔을 못 쓰게 되면서 저보다 덩치도 작고 나이도 어린 피건에게 꼼짝을 못하는 처지가 됐다. 그 무렵 두 형제가 붙어 다니는 경우는 거의 없었지만, 둘 다 늙은 어미 플로를 만나러 가곤 했으므로 좋든 싫든 두 형제는 한 번씩 서로 마주치곤 했다.

그러다 부쩍 두 형제가 함께 있는 시간이 많아졌는데, 1970년 7월 에버레드와 대판 싸움이 벌어졌을 때에는 둘의 혈연동맹이 제 역할을 톡톡히 했다. 그해, 차세대 기대주 피건과 에버레드는 대장 수컷으로서의 리더십을 발휘하지 못하는 마이크를 묵묵히 지켜보는 가운데 서로를 떠보거나 건드려보는 식의 행동을 보이기 시작했다. 밀리는 쪽은 누가 될까? 누가 이길 것 같더라는 짐작뿐 대체로 결판이 나지 않던 둘의 경쟁 구도에 금이 가기 시작한 건 7월의 어느 날, 페이븐과 함께 이동 중이던 피건이 나무꼭대기에서 에버레드와 마주치면서였다(그때 피건은 다른 가족들, 플린트와 플로와도 함께 있었다).

두 형제는 에버레드를 구석으로 몰았다. 플린트는 아래 가지 주위를 맴돌며 에버레드를 향해 짖었고, 할머니가 다 된 플로는 나무 아래에서 노쇠하고 거친 목소리로 울었으며, 윗가지에 있던 피건은 에버레드와 뒤엉켜 몸싸움을 벌였다. 한참이 지나고서야 에버레드가—발을 잘못 디뎠거나 아니면 떠밀려서—나무 밑으로 곤두박질을 쳤다. 입가가 쭉 찢어지면서 피부가 흉측하게 벌어졌고, 그 바람에 에버레드의 얼굴은 험악하게 인상이라도 쓴 것처럼 일그러졌다. 에버레드가 괴성을 지르며 숲으로 줄행랑을 치자 피건과 페이븐이 바짝 그 뒤를 쫓았다.

흉측한 상처는 곧 아물었지만 이후 몇 달 동안 에버레드는 피건이 눈에 띄기만 해도 불안에 떨었다. 여전히 무리의 우두머리는 늙은 마이크였고, 마이크는 그 후로도 6개월간 자신의 지위를 지켜냈다. 에버레드도 피건도 더 이상 마이크를 두려워하거나 떠받들지 않는 듯했지만, 그때까지도 마이크는 일회성 동맹 또는 그보다는 자주 동지가 되어주곤 하는—험프리 같은—저보다 나이 많은 수컷 지원군을 등에 업고 있었다. 특히 험프리가 곰베의 정치적 역학 관계에 미치는 영향력은 남달랐는데, 몸집이 크고 공격성이 강한 불한당 험프리가 줄곧 마이크에게 복종적이라는 의외의 사실 때문에 험프리가 곁에 있을 때에는 피건과 에버레드도 몸을 사려야 했다.

피건은 여전히 야망을 포기하지 않고 있었지만, 페이븐이 험프리와 가까이 지내는 모습을 자주 목격하면서 마냥 페이븐의 도움에 의지할 수만도 없게 되었다. 그렇게 몇 달이 흐르면서 에버레드도 점차 피건 앞에서 자신감을 회복해갔다. 만약 험프리가 마이크 정권의 쇠망을 간파하고 현 정권에 종지부를 찍을 때가 왔다고 판단했다면, 실제로 그런 상황이 벌어졌다면 그 결과는 어떻게 되었을까?

그렇다면 과연, 다음 쿠데타의 선봉이자 현 정권의 전복자는 누가 되었을까?

1970년 7월 그럽을 데리고 나이로비로 돌아간 제인은 곧 휴고가 있는 세렝게티로 가서 조지 더브의 은두투 오두막 캠프 옆에 텐트를 치고 한동안 그곳에서 지냈다. 그로부터 얼마 후 곰베로 이동 중이던 해럴드 바우어와 게자 텔레키가 제인을 만나기 위해 은두투 오두막으로 왔다.

얼마 뒤에 곰베로 가던 길이던 로레타(로리) 볼드윈도 세렝게티 캠프를 찾아왔는데, 로레타는—얼마 전 제인이 치료를 받았던 것과 같은—기생충이 생겨 고생을 하는 바람에 회복 때까지 2주 동안 세렝게티에 머물렀다. 7월 22일 게자와 해럴드가 비행기를 타고 떠났지만 곧이어 곰베 개코원숭이의 놀이 행동을 연구하러 케임브리지 대학에서 온 닉 오언스와 곰베에서 3개월 동안 새를 연구하겠다는 그의 친구 스티븐 롤런드가 세렝게티에 들렀고, 캠프 관리자로 일하던 제리(제럴드) 릴링은 휴가차 세렝게티에 왔으며, 옥스퍼드 대학의 앤 퓨지와 암스테르담 대학 선임연구원 헬무트 알브레히트도 조만간 은두투 오두막에 도착할 예정이었다. 제인은 버치스로 보낸 편지에서 "곰베 사람들 절반은 어딜 가든 우리와 같이 있는 것 같아요!"라고 전했다.

그런 와중에도 제인은 7월 25일 침팬지 책 원고 두 장章을 더 완성했다는 소식을 가족들에게 전했으며, 8월 9일에는 네 장만 더 쓰면 되는 데 "산더미 같은 우편물" 때문에 집중이 잘 안 된다고 전했다. 그로부터 얼마 후에는 14장까지 검토를 마쳤고 "이제 일곱 장만 더 보면" 됐다. "버치스를 떠날 땐 다해야 고작 13장이었는데, 어때요? 놀라셨죠?"

그렇게 해서 책은 생각보다 진도가 빨리 나갔다. 한편, 그달 중순 제인은 잠깐 짬을 내 곰베에 다녀왔는데 일도 사람도 모두 순조롭고 평화로웠지만 유독 길카만 코가 계속 부어올라 안녕치 못했다. "다름이 아니라 길카의 코 때문에 상의를 드릴까 하고요" 하고 제인은 8월 30일 루이스에게 보낸 편지에서 썼다. 어린 침팬지의 코가 흉측하게 부어오른 너무나 "충격적"인 모습에 제인은 의료적 처치가 불가피하다는 판단을 내렸다. 물론 하루라도 빨리 친구의 아픔을 덜어주고 싶다는 안쓰러움도 있었겠지만, 혹시 딸기종 같은 끔찍한 열대병일 수도 있는 데다가 무슨 병이 됐건 간에 그 병이 다른 침팬지에게까지 옮는 일만은 기필코 막아야 했다.

길카의 코 때문에 심난한 와중에도 제인은 마침내 원고를 잘 마무리 짓고 런던에 있는 빌리 콜린스에게 보냈다. 9월 8일 빌리로부터 원고가 마음에 든다는 소식을 들은 제인은 휴고와 함께 자축하는 자리를 마련했는데 때마침 스탠퍼드 대학 정신의학과로부터 제인을 초빙교수로 모시고 싶다는 소식도 전해 들었다. 그로부터 일주일 뒤에 이제 막 활자화된 『무고한 살육자』의 첫 인쇄본이 우편으로 배송되었다.

9월 16일 제인은 뿌듯한 마음에 "무고한 살육자 보셨어요?"라며 가족들에게 편지를 보냈다. "이제 막 책을 받았답니다. 디자인도 훌륭하고, 가격도 정말 싸네요." 그때까지도 제인은 휴고와 함께 며칠간 들개를 쫓아다닌 것만 빼면, 같이 세렝게티에 머물며 "온종일 타자기 앞에 붙어" 각종 기록과 보고서와 이런저런 자료를 정리하고 마지막으로 침팬지 책을 다시 손봤다. 일주일 뒤에는 『무고한 살육자』 홍보를 위해 영국에 가도록 예정되어 있었다. "미국에서의 제 운명과 어긋나는 일이라서 정말 싫어요. 휴, 그래도 원래 살다 보면 이런 일도 해야 되는 거겠죠. 어쨌거나 침팬지 책을 끝내면서 6년 내내 머릿속을 드리웠던 먹구름도 말끔히 걷혔으니, 이런 일쯤은 대수롭지 않게 넘겨야죠."

10월 16일 휴고는 길카를 봐줄 수의사 두 명과 외과의사 한 명을 대동하고 곰베 행 비행기에 올랐으며, 코가 엄청난 크기로 부어오른 이유가 곰팡이 감염 때문이었다는 말에 모두 가슴을 쓸어내렸다. 그 후 휴고는 다시 세렝게티로 돌아가 『무고한 살육자』 속편(가제 『은밀한 살육자』)에서 다룰 고양잇과의 맹수 촬영에 들어갔다. 그사이에 제인은 그럽을 본머스에 있는 유치원에 보내고 미국행 비행기에 올랐다. 『무고한 살육자』가 영국(콜린스 출판사)과 미국(휴턴미플린컴퍼니)에서 동시에 출간되었으므로 제인의 미국에서의 '운명' 중 일부는 공동저서의 홍보였다. 라디오, 신문, 잡지사 인터뷰와 같은 일반적인 홍보는 물론 데이비드 프로스트, 딕 캐빗 같은 방송인과 함께 네트워크 TV의 쇼프로그램 〈투데이〉에도 출연했다(일정은 모두 순조롭게 진행되는 듯했지만 두 차례에 걸친 〈투데이〉 출연 중 첫번째 방송에서 내셔널지오그래픽협회가 큰 도움을 주었다는 말을 미처 하지 못하는 바람에 쇼가 끝난 후 멜빈 페인으로부터 전화가 걸려왔으며 협회 내부 문건에 따르자면, 제인은 "가벼운 '질책'"을 들었다).

미국행의 또 다른 목적은 지원금 확보였다. 리키의 추종자와 몇몇 부자 친구들이 1968년 캘리포니아 남부를 기반으로 설립한 L.S.B. 리키 재단이 캘리포니아 남부 등지에서 제인의 강연회를 주최하는 등 곰베 지원금 마련을 도왔다. 또 11월 첫 주에는 캘리포니아 북부에 머물며 햄버그와 공동으로 스탠퍼드와 버클리에서 강연회를 개최했으며, 햄버그의 소개로 중요한 자금원이 될 사람들과도 만났다. 햄버그가 계획 중인 캘리포니아 반야생 침팬지 실험실과 제인의 아프리카 연구센터 간의 협력지원이 목적이었으므로 지원금 요청에 필요한 일은 두 사람이 함께했다.

11월 24일 화요일 아침 워싱턴 D.C.에서 지오그래픽 협회 연구탐사위원회 직원들에게 보고를 하는 것으로 제인의 미국 일정은 모두 끝이 났다(그날 데이비드 햄버그도 내빈 자격으로 보고회에 참석했다). 햄버그와 제인의 원대한 포부를 지원할 자금줄은 아직 찾지 못한 상황이었지만 제인의 자신감은 여전히 충만했다. 레너드 카마이클에게 11월 30일에 보낸 편지에서 제인은 이렇게 썼다. "곰베 강 연구센터가 스탠퍼드 대학과 협력을 하게 돼서 참으로 기쁩니다. 이번 협력이 어떤 성과를 낼지도 무척 기대가 되고, 스탠퍼드 대학에 강사로 위촉을 받은 것도 저로서는 대단한 영광입니다.

연구가 진척될수록 스탠퍼드 반야생 침팬지 연구시설이 지니는 의미도 한층 더 커지지 않을까 싶네요. 특히 번식 등에 관해 연구를 하는 학생들에게는 큰 도움이 되지 않을까요."

그즈음만 해도 원대한 새 체제, 스탠퍼드와의 협력과 곰베 강 연구센터의 안정적인 재정 기반이 얼마든지 실현될 수 있을 듯 보였지만, 12월 말에 이르러 곰베의 미래를 위협하는 심각한 정치적 위기가 대두되었다. 존 오웬 국립공원장이 동아프리카로 돌아온 반 라빅과 제인을 그의 세렝게티 연구소 집무실로 불렀는데, 그의 말로는 『무고한 살육자』가 일부의 '반감'을 사고 있다는 것이었다.

1968년 곰베가 국립공원으로 승격되고 곰베 침팬지 연구 프로젝트가 지속적인 지원의 대상이 된 이후, 제인과 휴고가 곰베에 계속 머무는 것은 국립공원과 세렝게티 연구소의 의향에 달려 있었기 때문에, 오웬이 어떤 입장을 취하느냐가 두 사람에게는 중요한 문제였다. 하지만 최근까지 식민본국 소관이었던 각종 기관 안에서 탄자니아인들의 비율을 높이겠다는 정부 노력의 일환으로 국립공원과 세렝게티 연구소 안에서도 한참 정권 교체가 진행 중이었다. 1960년대와 1970년대 초 사이에 세렝게티 연구소는 전용 테니스 코트와 글라이딩 클럽까지 안에 있을 정도였지만 연구소 내에 탄자니아 출신 과학자는 단 한 사람도 없었다. 1972년부터는 탄자니아 출신인 투마이나 음차로가 휴 램프리 세렝게티 연구소 초대 연구소장의 역할을 대신할 예정이었고, 1970년 말에는 존 오웬도 사임을 앞두고 있었다. 아직 과거의 권세가 다한 것은 아니었지만, 왜 일부에서 『무고한 살육자』를 못마땅해하는지를 묻는 제인과 휴고의 질문에 대해서 오웬은 본인도 아는 것이 없다고 했다. 그는 책장을 넘기며, 한스 크루크라는 이름을 직접 거론하는 대신 '젊은 네덜란드인 과학자'가 어떻다는 얘기만 슬쩍 내비쳤을 뿐이었다. 말하자면 크루크 같은 사람이 그 책에 실린 세렝게티 야생동물 연구 내용을 보고 자기 연구를 도용했다고 생각할 수 있지 않겠냐는 언질이었다. 버치스로 보낸 편지에서 제인은 이 문제에 대한 생각을 짧게 전했다.

"말하나마나, 결국은 시샘이죠. 우리도 한스가 언짢아하리라는 예상은 했고요. 한스 책은 아직 나오지 않았으니까요." 어쨌든 오웬과 두 사람은 다음에 다 같이 모여 "머리를 맞대고 해결점을 찾는 것이" 바람직하겠다는 의견을 주고받았다.

일단 이 문제는 접어두기로 하고 부부는 서둘러 곰베로 향했으며, 새해 하루 전 캠프에 도착해 3주 동안 곰베에 머물렀다. 도착 후 얼마 지나지 않아 제인은 가족들에게 소식을 전했다. "곰베 상황은 그 **어느 때보다** 좋아요. 덕분에 저도 좀 들떴죠. 알브레히트도 정말 잘 지내고 있고, 게자도 안정을 찾았고, 해럴드는 문제가 전혀 없진 않지만 해결될 수 있을 것 같아요. 앤도 얼마나 적응을 잘 하는지 2년 동안 더 머물면서 연구를 하겠다고 하고, 랭험도 멋지게 해내고 있고, 미치도 연구 자료를 분석하면서 잘 지내고 있답니다. 다들 헬무트(알브레히트)도 아껴주고요. 이만하면, 썩 괜찮죠?" 기분 좋은 가십거리도 있었다. "아, 재미있는 소식 하나 알려드릴까요? 게자랑 로리가 열애 중이랍니다!"

일주일 후인 1971년 1월 7일에는 내셔널지오그래픽협회의 조앤 헤스에게도 침팬지 소식과 가십이 적힌 짧은 편지를 보냈다. 플로는 "안녕"하고, 골리앗은 "폭삭 늙었으며" 피피는 "예전 그대로"이고, 플린트는 진작 "공포의 대상"이 되어버렸으며, 길카의 코는 "아직 가라앉질 않았지만 약은 꼬박꼬박 챙겨 먹이고" 있었다. 마이크 체제의 구 정권은 위태롭게 흔들리고 있었다. "<u>아직은</u> 마이크가 대장이에요(피건 때문에 마음을 졸이고 있긴 하지만요)."

그달 말에 마이크의 왕국은 막을 내렸다. 사건의 발단은 대장 수컷이 먹이 공급장에서 평화롭게 바나나를 먹고 있던 때로 거슬러 올라간다. 아침나절의 평화는, 잠정적 동맹관계를 맺은 페이븐의 지원을 등에 업은 험프리가 언덕을 질주해 먹이 공급장에 도착하자마자 마이크를 두들겨 패기 시작하면서 깨졌다. 한때 마이크의 수하였던 험프리는 황급히 나무 위로 달아난 늙은 마이크를 나무 아래로 끌어내려 때리고 발로 걷어찼으며, 여기에 페이브까지 가세했다. 하지만 그 큰 덩치의 전복자 험프리는, 이후 제인이 글에서 썼듯이, 제 스스로도 너무 흥분해 날뛰었다 싶었는지 "충격을 받은 듯했으며" 페이브과 함께 숲으로 사라졌다. 그사이에 가엾은 늙은 마이크는 "완전히 정신이 나간" 채로 "두려움과 불안이 뒤섞인 나지막한 울음소리"를 내며 차마 자리를 뜨지 못했다.

6년 동안의 통치가 그렇게 끝이 나면서 마이크의 권세도 곧 내리막길을 그렸다. 수컷 1위이던 마이크의 서열은 바닥까지 곤두박질쳐 청소년기 침팬지까지 겁 없이 마이크에게 덤벼들었다. 자신감도 바닥이었던 탓에 이제 마이크는 어쩌다 한 번씩 방어나 할 뿐이었다.

그렇게 해서 험프리가 대장 수컷에 올랐다. 속전속결의 압승이기는 했지만 "영예로운 승리는 아니었다." 마이크는 험프리보다 나이도 많았고, 기력도 딸렸으며, 몸무게도 9킬로그램 남짓이 더 적었으므로 새로운 승자가 단시간에 권좌에 오른 정황 어디에서도 "승리를 꿈꾸며 처절하게 결의를 다졌다"거나 "가공할 상대와 싸워 힘겨운 투쟁을 벌였다"는 등의 모습은 찾아볼 수 없었다. 그 무시무시한 체구와 힘과 불같은 성격에도 불구하고 험프리는 "단 한 번도 진정 위협적인 우두머리"가 되지 못했으며, 예나 지금이나 "선대 대장 수컷 골리앗과 마이크가 보여준 빼어난 지도력, 총기, 용기가 결여된 목소리만 큰 불한당"에 지나지 않았다.

사회 관계의 기술이나 정치적 지략 면에서도 역대 수장에 미치지 못하기는 마찬가지였다. 의지가 될 만한 절친한 동지도 없었고 그나마 기댈 데라곤 어쩌다 한 번씩 동맹관계를 맺는 페이브이 고작이었다. 사실 험프리가 카세켈라 침팬지 무리의 대장 수컷이 될 수 있었던 것은 단지 그 무렵에 무리가 막 나누어지고 있었기 때문이었다. 일부 침팬지들이 영역의 남쪽에 주로 거주하게 되면서 북쪽 지역에 있던 험프리는 수컷 서열에 있는 야심이 많고 위협적인 다른 침팬지들을 피할 수 있었다. 특히 골칫거리는 휴와 찰리였는데 형제로 추정되는 이 두 성년 수컷은 이동 시에도 함께 움직였으며 상호 지원에 기초한 긴밀한 관계를 유지했다. 반면 험프리는 다른 수 컷 강자들과 장기적이고 안정적인 동맹관계를 구축할 만한 능력이 없었다. 결국 험프리 정권은 상대적으로 짧고(18개월) 잠잠할 날 없던 시절로만 기억될 운명이었다.

가장 위협적인 존재는 피건이었다. 제3자가 있을 때는 피건이 험프리에게 늘 복종적으로 대했음에도 불구하고 험프리는 마치 진정 그의 권좌를 위협하는 자가 누구인지를 너무나 잘 안다는 듯이 피건에게 "난폭하고 과감한" 과시 행동을 취함으로써 자신의 기계와 위력을 드러내 보였다. 제 아무리 교활하고 야심이 넘친다고 한들, 피건도 혼자서는 결코 험프리에게 도전장을 내밀 수 없었을 것이다. 하지만 결국 페이븐이 마음을 바꿔먹고 피붙이와 운명을 같이하기로 하면서, 몇 달 후 피건과 페이븐은 강고하고 효율적인 동맹관계를 구축했다.

1971년 초 데이비드 햄버그는 스탠퍼드 대학과 곰베 연구센터에 힘이 되어줄 또 다른 협력 상대를 물색 중이었는데, 바로 다르에스살람 대학이었다. 1월 말 곰베로 간 햄버그는 제인과 함께 탄자니아의 수도 다르에스살람으로 가서 머잖아 두 사람의 친구이자 중요한 동지가 될 인물 압둘 S. 음상기를 만난다. "처음 봤을 때부터 호감이 갔고 존경하게 됐습니다." 데이비드가 당시 다르에스살람 대학 동물학과 교수이자 학장으로 재직 중이던 음상기에 대한 기억을 들려주었다. 다르에스살람에서 제인과 데이비드는 강연회를 열었고, 곰베 연구센터는 탄자니아 학생들에게도 공식적으로 문호를 개방했다.

그해 봄, 존 오웬을 비롯한 세렝게티 연구소 직원들과의 불협화음이 잦아짐에 따라 다르에스살람과의 협력이 한층 더 중요해졌다. 오웬은 탄자니아 출신인 솔로몬 올레 사이불에게 국립공원장 자리를 내주었으나 비공식적으로는 그 후로도 1년 동안 더 권력의 배후에 머물며—제인이 버치스로 보낸 3월 4일자 편지에서 당시 분위기를 언급했듯이—다른 이들과 공모해 "정쟁"을 벌일 정도로 막강한 영향력을 행사했다. 오웬은 "저를 곰베에서 몰아내려는 획책 등등의 일을 꾸미고" 있는 듯했는데, 추정컨대 이 "등등의 일"에는 휴고를 세렝게티에서 몰아내려는 계획도 포함되었던 것 같다. 2주 후에 캘리포니아 리키 재단의 조앤 트래비스에게 보낸 편지에서 제인은 "이렇게 어리석고 몹쓸 짓을 하다니요. 지금껏 제게 쏟아졌던 이런저런 비방(데이터를 훔쳤다느니, [지적] 도용이라느니, 작정하고 거짓말을 한다느니)을 죄다 다시 들춰내고 있어요. 그러면서도 말로만 이러쿵저러쿵 모호하게 떠들어대지, 문서로는 일절 기록을 남기지 않아서 제가 어떻게 해볼 도리도 없네요. 이런 난감한 상황이 또 어디 있겠어요"라고 전했다. 어쨌든 이 모든 일을 겪으면서 반 라빅 부부도 "누가 우리 편인지"를 알게 됐는데, 안타깝게도 세렝게티 연구소의 힘 있는 관료들은 '우리 편'이 아니었다. 그로부터 얼마 후에 제인은 "데이비드 햄버그 덕분에…… 곰베 문제도 해결이 될 것" 같다고 전했다. 하지만 당초 계획과 달리 휴고는 『무고한 살육자』속편 도판 촬영을 맡지 않게 됐다. "휴고의 사자, 표범, 치타 사진 없이 어떻게든 해야 하게 생겼어요!"

데이비드가 제시한 캘리포니아 반야생 침팬지 실험실—공식 명칭은 스탠퍼드 실외 영장류 연구시설이었다—의 최종 구상안은 총 2만 4천여 제곱미터 넓이의 폐쇄형 원형 건물을, 마치 파이를 조각으로 나눈 것처럼 각각 6천여 제곱미터의 우리 네 곳으로 나누고 한가운데 연구관찰본부를 두는 구조였다. 연구관찰본부는 어느 정도 높이가 있는 타원형 건물로 지어 꼭대기에서 관찰진이 우리 네 곳의 구석구석을 한눈에 내려다볼 수 있도록 만들고, 아래층은 연구목적에 따라 개별 침팬지들을 따로 모으거나 분리시킬 수 있는 공간과 먹이 공급장, 연구원용 화장실, 세면장 등을 설치한다는 계획이었다. 또한, 지원금 요청서에 기재된 다소 딱딱한 표현을 빌자면, "침팬지들이 효과적으로 기능하는 동시에 모든 일련의 행동을 표출 가능한 환경"이 반드시 갖춰져야 했다. 곰베의 야생 침팬지에 대한 지식을 토대로 했을 때, 이러한 환경이 갖춰지려면 기어오를 수 있는 재료(인공나무 몇 그루), 사각지대 및 그늘(인공 숲), 둥우리 짓기 재료에 대한 접근성, 각종 먹이, 먹이 공급장 구비와 더불어—연구관찰본부 양 측면에 침팬지가 등장하는 영상을 띄우는 등의—다채로움과 풍부함을 더하는 각종 환경을 갖춰야 했다.

물론 대형 폐쇄형 건물을 짓자면 큰돈이 들었다. 이동로, 울타리, 구조물, 급수, 전기 등 기본 설비를 갖추고 설비가 굴러가게 하는 예산만도 어림잡아 16만 2천 달러가 들었으나 마침내 데이비드는 이런 계획에 필요한 돈을 대고 제인이 꿈꾸는 곰베를 실현시켜줄 단체를 찾아냈다. 유통업계의 거물 윌리엄 T. 그랜트가 대공황 당시 설립한 단체로, 아동발달을 주제로 한 학제 간 연구를 주로 지원해온 그랜트 재단이었다. 침팬지 발달을 이해해야 아동발달에 대한 혜안을 얻을 수 있다고 설득을 한 것이다.

한편 반 라빅 부부는 4월에는 영국에 있는 가족들을, 5월에는 네덜란드의 가족들을 만나러 갔으며, 제인은 5월 마지막 주에 급히 미국 워싱턴에 들러 내셔널지오그래픽협회의 지원 담당자들과 앞으로 있을 TV 프로그램 제작 등을 논의한 후, 5월 25일 15,832달러로 당초보다 낮게 조정된 1971년도 지원금 요청서를 연구탐사위원회에 제출했다. 요청액은 만장일치로 승인되었다.

그달 말에 그랜트 재단에서 지속적으로 곰베를 지원할 수도 있다는 가능성을 내비치며 내년도 곰베 예산안의 대부분을 지원하겠다는 의사를 밝혔고, 직접 현장을 살펴볼 겸 더글러스 본드 이사장이 곰베를 방문할 계획임을 전해왔다. 휴고의 본가가 있는 네덜란드에 머물고 있던 제인은 6월 1일 본드에게 편지를 보내 방문을 환영한다는 인사와 함께 현재 구상 중인 계획을 명확히 밝혔다. "곰베에 영구 체류"할 생각이지만 봄, 가을 1년에 두 차례는 스탠퍼드 대학으로 해외출장을 가겠으며 가을 출장 체류 기간은 약 2주로 그 기간 동안 스탠퍼드 야외 영장류 연구시설(제인이 즐겨 쓰는 표현은 '유럽의 곰베'였다)에 들러 조언을 해주거나 그곳 침팬지 연구에 도움을 주겠다는 내용이었다. 제인은 열정적이고 고무적인 은유로 편지를 끝냈다.

"가끔 저는 그랜트 재단이 천사가 아닐까 생각합니다. 어느 날 갑자기 하늘에서 내려와 자금난에 허덕이는 곰베를 사뿐히 감싸 안아준 우리들의 천사 말입니다!"

잇달아 기쁜 소식이 들려왔다. 제인은 그해 가을 『인간의 그늘에서』 인용에 대한 저작권료로 「레이디스 홈 저널」이 5천 달러를 지불했다는 사실을 알게 되었고, 조만간 케임브리지 대학이 수여하는 스콧 과학상의 영예를 안게 되리라는 소식도 전달받았다. 데이비드는 6월 5일 제인이 있던 네덜란드로 전화를 걸어 그랜트 재단이 스탠퍼드 야외 영장류 연구시설 기금 지원에 공식적으로 합의하였으며, 스탠퍼드 대학의 급료를 지급받는 교수 자리가 결정됐다고 알려왔다. 그즈음 곰베에서 피피가 새끼를 뱄다는 소식도 전해왔다.

피피는 반 라빅 부부가 곰베로 돌아온 7월 12일경에 새끼를 낳았다. 제인은 그날 집으로 편지를 보냈다. "피피가 엄청난 녀석을 낳았어요. 덩치가 또래보다 두 배는 크네요. 이름은 프로이트에요! 그 이름이 아니면 안 될 것 같았거든요!" 마담 비도 새끼를 낳았는데 새끼 이름은 케임브리지 시절 제인의 은사를 기려 비 하인드로 지었다. 산달이 코앞인 윙클의 새끼에게는 윌키라는 이름을 지어주었다. 역시 출산을 앞둔 패션의 새끼는 첫 글자를 돌림으로 쓰는 관례에 맞춰 프로페서 햄버그라고 지었다(이후에는 짧게 '프로프'라고 불렀다).

프로페서 햄버그—침팬지 프로프가 아니라 햄버그 교수—는 체체파리에 물려 심각한 감염 증상을 앓고 있었고 발목까지 부어 몸이 말이 아니었음에도 7월 19일 일찌감치 곰베에 도착했다. 7월은 제인이 곰베 연안에 첫 발을 내디딘 지 11년째 되는 달이었으므로 그달 22일에 모두 모여 축하를 하기로 한 것이었다. 제인을 제외하면 예전(1960년 여름)이나 지금(1971년 여름)이나 변함없이 곰베를 지키고 있는 이는 단둘, 도미니크와 라시디뿐이었으므로 제인은 스와힐리어로 짧게 소감을 밝힌 뒤 둘에게 작은 선물을 건넸다. 잠시 후 저녁식사를 마치고 모두 둘러앉아 커피를 마시는 사이에 제인은 처음 곰베에 왔던 시절과 그 후의 변화와 발전을 떠올리며 추억에 잠겼다. 제인은 앞으로 데이비드가 맡게 될 새로운 역할과 "요즘의 대단한 학생들"의 역할이 얼마나 막중한가를 얘기했고 제인의 뒤를 이어 데이비드는 "이번 연구의 중요성, 앞으로의 방향과 미래에 대해 아주 길게" 늘어놓았다. 저녁이 깊어지자 휴고도 곰베 초기 시절을 회상하며 짧게 몇 마디를 덧붙였다. 마지막으로 모두 밴을 위해 잔을 들었고 "우리가 만난 가장 멋진 두 중년 부인"을 위해서도 건배를 했다. "대니와 플로를 위해!"

"단, 맘에 안 들었던 점 두 가지." 제인은 편지를 읽게 될 본머스 식구들에게 속내를 털어놓았다. "1) 헬무트는 저녁 때 매번 그러듯이 내내 <u>한 마디</u>도 없이 입을 꽉 다물고 미치만 바라보았어요. 2) 휴고는 매년 곰베 도착 기념일마다 기분이 엉망이에요!"

한편 그때까지도 제인은 탄자니아 정부와 국립공원 내 정권교체의 여파로 혹 "곰베에서 쫓겨나지나 않을까" 전전긍긍하고 있었으므로 제인에게나 데이비드에게나 다르에스살람 대학과 새로운 협력관계를 다져나가게 된 것은 더없이 기쁜 일이었다. 음상기 교수의 요청으로 8월 첫째 주 다르에스살람으로 향한 두 사람은 침팬지를 주제로 강연회를 열었다. 8월 7일 식구들에게 보낸 편지에 썼듯이 다르에스살람 강의는 "환희의" 순간이었다. 음상기 교수가 사전 홍보를 "멋지게" 해주었고, 강연 당시 두 사람에 대한 소개말도 "<u>근사하게</u>" 해주었다. 학생들이 너무 많이 몰려 큰 강의실로 자리를 옮겨야 했던 제인은 오륙백 명은 됨직한 청중들 앞에서 마이크도 없이 강연을 이어나갔다. 강연회가 끝난 후 데이비드는 자기가 앉아 있던 뒷자리까지도 제인의 말 한 마디 한 마디가 다 들렸다고 했으며, 음상기 교수는 "상기된" 표정으로 "이토록 역사적이고 흥미진진한 연구의 현장에 우리 다르에스살람 학생들이 함께할 수 있다니 얼마나 기쁜지 모릅니다!"라는 인사와 함께—어쩌면 더 중요한 얘기일 수도 있는—하루라도 빨리 『인간의 그늘에서』를 스와힐리어로 번역하고 싶다는 뜻을 다시 한 번 내비쳤다.

그 무렵 『인간의 그늘에서』가 영국과 미국에서 동시 출간되었다. 영국의

「선데이 타임스」는 9월 5일부터 4주 연속 기획으로 제인의 책을 소개했다. 밴이 당시 영국의 분위기를 제인에게 전했다. "인간의 그늘이 선데이 타임스에서 선풍적인 관심을 끌고 있단다. 사랑하는 우리 딸, 엄마는 얼마나 기쁜지 모른단다. 네가 이렇게 잘 된 게, 또 네게 이 모든 일을 가능케 한 능력이 있다는 게, 얼마나 대견한지 내가 더 말할 필요도 없을 것 같구나. 내 글보다 몇 배는 더 세련된 문장으로, 네가 어떤 사람인지가 온 세상에 전해지고 있으니 말이다."

9월 셋째 주 제인은 영국으로 돌아와 영국판 『인간의 그늘에서』의 홍보를 시작했다. 9월 23일에는 뉴욕행 비행기에 올랐으며, 바로 이튿날은 〈투데이〉 출연을 시작으로 미국 출간본 홍보에 들어간 다음, 캘리포니아로 이동해 스탠퍼드 대학 인간생물학 연구과정 초빙교수로서의 생활을 시작했다. 9월 28일 버치스로 보낸 편지에는 이렇게 전했다. "자주 연락 못 드려 죄송해요. 세상에, 얼마나 바쁜지 몰라요!" 이제 제인에게는 그녀만의 연구실과 전화기와 타자기가 생겼고, 비서도 따로 배정되었다. "대단해요. 오늘만 해도 70통이나 되는 편지를 전부 타자기로 쳐서 제게 건네더라니까요!!"

10월 중순에는 프랑크푸르트 도서전에 참석하러 잠깐 독일에 간 김에 영국에도 들렀다. 11월 초에는 뉴욕에서 진행되는 도서 홍보를 위해 일주일의 빡빡한 일정으로 미국에 들렀다. "애비뉴에 있는 대형 서점 다섯 곳 중 세 곳에서 오전에 저자 사인회를 했어요. 그중 하나는 미국에서 제일 좋은 서점인데 스크로브너스라는 정말 멋진 서점이었어요. 서가 진열이 꼭 떡갈나무 서가가 있던 옛날 도서관처럼 돼 있어요! 직원들도 정말 품격 있고 매력적이고요……. 그나저나 제 책은 그런대로 잘 팔리고 있는 것 같아요. 이곳 방송국 사람들은 영국 방송 관계자들보다는 불친절하고 사무적인 편이에요. 그래도 일은 대체로 순조로웠던 것 같아요." 다분히 겸양의 말이었다. 주요 서평, 지대한 관심, 치솟는 판매고까지, 제인의 책은 엄청난 성공을 거두고 있었다.

물론 『인간의 그늘에서』는 제인이 일반 독자를 대상으로 자신의 인생과 곰베 침팬지에 대해 쓴 첫 책은 아니었다. 앞서 1967년 내셔널지오그래픽 협회의 요구로 쓰게 된 『내 친구 야생 침팬지』가 먼저였다. 그렇지만 협회에서 발간한 이 책은 결과적으로는 잡지와 단행본 성격이 뒤섞인 어정쩡한 책이 되고 말았고, 판형을 키워 얄팍하게 만든 타블로이드판 버전까지 찍어냄으로써 독자들에게 책 크기만 컸지 내용은 얄팍할 것 같은 느낌이 들게 하거나 그런 책으로 단정 짓게 만드는 결과를 낳았다. 『내 친구 야생 침팬지』는 협회 회원들을 대상으로 직거래로만 판매되고 서점에서는 유통되지 않았던 만큼, 곰베 침팬지에 관한 그녀의 연구를 기록한 진정한 첫번째 대중서는 『인간의 그늘에서』라 할 수 있다.

제인 역시 오랫동안 그녀의 '진짜 책'은 『인간의 그늘에서』라 여겼다. 그리고 이제 그 책에서 제인의 개성과 뛰어난 필력은 완전한 해방구를 찾은 듯했다. 『인간의 그늘에서』는 최고의 모험담이자—물론 저자는 겸손하게 쓰고 있지만—용기와 결의로 가득 찬 책이었다. 제인의 이야기 중 특히 독자들을 흥분케 한 것은 그녀가 여성이면서도 뭇 남성들보다 더 용감하다는 점이었는데, 상식에 머물지 않는 지적 열망을 가슴에 품고 타인의 지혜를 수용한다는 점에서도 그녀는 뭇 남성들보다 영리했으며, 그 과정에서 그녀는 영장류 관찰이라는 새로운 과학 분야의 중심에 우뚝 섰다. 그 결과 『인간의 그늘에서』는 여성이 얼마나 용감한가를 보여주는 대표적인 책이자 여성과 여성주의의 성취를 보여주는 일종의 아이콘으로 자리 잡았다. 물론 과학의 대중화에 기여한 역작이기도 하다. 일찍이 제인이 성취해낸 여러 업적—야생동물과 함께 생활하기, 연구 대상을 개별적으로 파악하기, 육식과 도구 사용 여부 파악하기—은 어느덧 일반적인 연구 추세로 자리 잡아가고 있었다. 『인간의 그늘에서』를 통해 제인이 보여준 이러한 일련의 행동은 우리 인간만이 정서적, 사회적, 정치적 세상에서 거주하고 있는 것이 아니며, 한때 멀리 떨어져 잊고 지낸 우리의 친척들 역시도 정서적, 사회적, 정치적 세상에 살고 있음을 보여주었다. 제인의 책은 침팬지 사회의 깊은 곳으로 독자들을 안내하는 이야기의 서막이었다. 요컨대 『인간의 그늘에서』는 제인 반 라빅 구달이 들려주는 인간 이외의 다른 지적 생명체의 발견에 관한 놀라운 이야기였다.

이 책은 곧 영국과 미국에서 베스트셀러의 반열에 오른다. 1971년 12월 중순, 점차 세간의 주목을 받기 시작한 인기 저자 제인은 영국 왕대비를 알현했으며, 이후 휴고와 함께 암스테르담으로 건너가 휴고가 찍은 아프리카 들개 영상을 네덜란드 여왕과 왕자에게 보여주었다. 곧 47개 언어로 번역서도 출간될 예정이었다. 미국 출간본만 하더라도 초판 발행 이후 현재까지 꾸준한 판매고를 올리고 있다. 과학자로서 제인의 대중적 명성을 높이는 데도 크게 기여했으며, (휴턴미플린컴퍼니가 계약금 10만 달러를 지급한 것을 시작으로) 그녀의 은행 잔고에도 적잖이 기여를 했겠지만, 제인은 판매 수익의 상당 부분을 그럽이 단독 수혜자인 취소가 불가능한 신탁으로 돌렸다.

제인, 휴고, 그럽은 그해 마지막 날에 곰베로 돌아왔고, 연구원 둘 사이에 다소 문제가 있기는 했지만 제인이 기대했던 대로 그즈음 곰베는 모든 일이 "순조로웠다."

제인 가족보다 앞서 데이비드 햄버그도 곰베로 향했는데 언제나 그렇듯 그가 곰베에 와 있으면 "다들 왠지 모르게 마음이 편안했다." 이런 내용의 편지를 쓰고 있던 1972년 1월 3일, 제인은 세렝게티 연구소 관료들과 "사활을 건 담판"을 짓기 위해 데이비드와 함께 키고마에서 세로네라로 날아가고 있었다. 탄자니아인 부소장 밑에서 일하는 담당자가 외국인 연구자에게 체류허가서를 발급해주지 않고 있었던 것이다. 제인은 곧 세렝게티 연구소 내 외국인 연구자들의 사정도 곰베의 연구자들과 매한가지라는 사실을 알았다. 1월 10일자 편지에서 제인은 가족들에게 세렝게티 연구소 쪽 외국인 연구자 중 몇몇이 "결정권을 가진 사람들 앞에서 요령도 없이 막무가내로 구는" 바람에 "회의는 비방일색으로" 끝나고 말았다고 전했다.

제인은 1월 13일 로버트 하인드에게 자신과 데이비드는 "일체의 갑론을박에서 한걸음 물러나 귀만 열어놓고 구석에 앉아 있었다"며 당시 회의 상황을 자세히 전했다. 그 과정에서 두 사람은 "많은 것을 알게 되었고," "핵심 인사와의 몇 차례 논의가 잘 풀리기도" 했다. 한편, 마침내 다르에스살람 대학이 두 사람을 초청하면서 양자 간 "협력은 한층 진전"을 했다. 데이비드는 줄리어스 니에레레 탄자니아 대통령의 신임 과학자문위원인 와사우 교수 앞에서 "잘 처신을 했으며," 제인과 데이비드의 친구이자 동지인 다르에스살람 대학의 압둘 음상기는 해변에 있는 한 대형 호텔에서 대학 학장 몇몇을 초대해 성대한 오찬 회동을 열었고, 이어 데이비드의 강연회가 이어졌다. "강연은 정말 대단했어요. 가득 찼었죠. 아, 물론 강연장 안이 말이에요."

데이비드 햄버그의 협상력과 친화력에 힘입어 마침내 1972년 초, 곰베의 새 체제는 서서히 설 자리를 찾고 여러 지원을 받아 그 토대를 닦아나갔다. 1월 22일 레너드 카마이클에게 보낸 편지에는 고마움, 안도감과 함께 내심 승리의 쾌감이 묻어난다. 최근의 연구 상황과 침팬지 이야기를 전한 후 제인은 곰베 강 연구센터가 마침내 내셔널지오그래픽협회로부터 독립하게 되었음을 알렸다.

"이런 말씀을 드릴 날이 오네요……. 금년도 곰베 연구 예산은 충분히 확보했습니다. 덕분에 급박한 자금 지원 요청으로 협회에 부담을 드리는 일은 이제 없을 것 같네요."

33

문전성시, 별거, 죽음

1972

1972년 초부터 스탠퍼드 대학 대학원생들이 도착해 캠프 식구들이 늘기 시작하면서 곰베 강 연구센터는 활기에 넘쳤다. 맨 처음 도착한 사람은 생물학과 교수 폴 에얼릭이 나비 연구를 위해 곰베로 파견한 대학원생 둘이었다. 1월 3일 버치스로 보낸 편지에서 제인은 이렇게 전했다. "폴 에얼릭 교수님 학생들은 나비랑 애벌레를 쫓아다니느라 정신이 하나도 없어요. 그럽까지 덩달아 애벌레를 채집해 키우는 일을 돕겠다며 얼마나 부지런을 떨었는지 몰라요!"

에얼릭의 나비 연구생에 이어 인간생물학 전공 대학원생 캐서린(케이) 크레이그와 도나(디드) 로빈스도 정식으로 6개월 방문객 체류 허가를 받고 입국했다. 로버트 하인드에게 보낸 편지에 썼듯이 1월 13일 즈음에 이르자 두 사람 다 "이젠 센터 사람이 다 된 것" 같았다. "정말 대단한 아가씨들이에요. 그렇잖아도 일손이 모자랐는데 큰 힘이 되고 있어요." 당시 장기 체류 연구진들의 체류기간 연장 허가가 번번이 막히면서 일시적으로 일손이 딸리는 상황이었다. 케이와 디드는 전반적인 기록 업무를 도왔고, 기회가 닿는 대로 전문적인 연구에도 참여했다. 그해 여름 두 사람이 떠나면서 그 자리는 추가로 파견된 인간생물학 전공생 다섯 명으로 채워졌다. 그해 12월과 이듬해 1월에는 세 명이 더 올 예정이었고, 내년 중에 또 여섯, 그리고 또……

스탠퍼드 대학 인간생물학 과정은 데이비드 햄버그의 아이디어가 만들어낸 또 하나의 성과물이었다. 몇몇 동료들과 의기투합해 포드 재단을 설득하여 생물학과 문화연구 사이의 가교 역할을 담당할 대학원 연구과정에 대한 지원을 이끌어낸 것이다. 인간생물학은 "인간을 인간답게 만드는 생물학적 특성이 무엇인가를 연구하는 유일무이의 생물학 연구 분야"였다. 이는 생물학과 사회과학 간의 통합연구는 물론, 영장류 동물학과 영장류 진화학 등의 세부전공 개설까지도 가능함을 의미했다. 스탠퍼드 선형 가속기 뒤편의 푸르른 언덕 위에 위치한, 언제든 침팬지를 관찰할 수 있는 2만 4천여 제곱미터 넓이의 파이형 우리 '스탠퍼드 실외 영장류 연구시설', 또는 '유럽의 곰베'는 인간생물학 연구의 중요한 터전이었다(그렇지만 실제로 침팬지들을 보려면 1974년 봄까지 기다려야 했다). 그러던 어느 날, 인간생물학 전공생들에게 '아프리카의 곰베'로 갈 기회가 찾아왔다. 영장류동물학계의 위대한 학자이자 선구자의 지도를 받으며 야생 침팬지나 개코원숭이를 관찰하고 개별 연구 프로젝트를 구상할 수 있는 일생일대의 기회였다.

학생들은 1년 동안 스와힐리어를 배우고, 여권과 비자 문제를 해결하고, 각종 예방주사를 맞았으며, 되도록 작은 크기의 필립스 카세트테이프 이동식 녹음기와 여분의 배터리와 마이크를 마련했다. 청바지와 간편한 여름옷(여학생들은 수수한 원피스 수영복도 챙겼다), 카메라와 쌍안경(안개나 곰팡이에 민감한 제품에 바를 여분의 탈수건조제 실리카 젤도 준비했다), 손목시계(고장 날 염려가 없는 방수용 시계), 타자기(가져갈 여건이 되는 경우), 여분의 먹지(모든 보고서는 사본을 네 장씩 떴는데, 탄자니아에서 파는 중국산 먹지는 잉크가 앞뒤로 칠해져 있었다), 각종 필기구, 속옷, 양말을 챙겼다. 그리하여, 포드 재단의 돈의 힘으로 학생들은 마법처럼 지구 반대편으로 날아가, 마침내 햇살과 열기와 총천연색으로 물든 경이와 미지의 신세계에 도착했다.

곰베–스탠퍼드 협력은 곰베–다르에스살람 협력과 동시에 진행되었다. 제인이 다르에스살람 대학에서 강의를 하기 위해 정기적으로 탄자니아의 수도를 방문하기 시작했을 즈음부터 스탠퍼드 학생들이 곰베로 밀려들었고 이와 동시에 몇 안 되는 숫자이기는 하지만 다르에스살람 학생들도 침팬지와 개코원숭이 연구에 참여하기 위해 곰베로 들어왔다.

제인은 1972년 5월 22일 "우리 학생들, 참 대단해요" 하고 가족들에게 전했는데, 스탠퍼드 대학과 다르에스살람 대학 학생들뿐 아니라 대학원 연구생인 앤 퓨지, 미치 행키, 리처드 랭험도 마찬가지로 가리킨 말이었다. "스탠퍼드, 다르에스살람 친구들—앤이랑 미치요—은 열정도 대단하고, 마음 씀씀이도 얼마나 고운지 부엌일까지 돕곤 한답니다. 정말 예쁘죠. 리처드는 바나나 공급이 집단 크기에 미치는 영향 등에 대한 보고서를 쓰고 있는데 정말 훌륭해요. 얼마나 대견한지 몰라요. 이 학생들을 가르치고 있으면 신바람이 절로 난답니다. 언젠가는 굉장한 일들을 해낼 학생들이에요. 개코원숭이 연구(어느새 이것도 제가 '선생' 노릇을 하게 됐어요)도 아주 잘 진행되고 있고요. 스탠퍼드 대학 청년 둘은 일 년 동안 이곳에 머물면서 박사 과정 연구까지 해보고 싶대요! 다르에스살람 학생 둘도 내년 여름까지 있겠다고 하고요. 정말 잘 됐죠!"

여러 아프리카인 직원들이 연구팀의 중요한 일원이 되면서 지역 기반이 확대되었고 원정대가 불어넣는 활기를 더해주었다. 앞서 언급했듯, 루스 데이비스가 혼자 침팬지를 쫓다 실족사했던 사건을 계기로 1969년 여름부터 새로운 방침이 도입됨에 따라 안전 확보를 위해 연구진은 현지 직원들과 동행하도록 되어 있었다. 현지 직원은 일자리를 찾아 몰려든 인근 마을 주민들로서 이중 일부는 정규 교육이라고 해봐야 2~3년 정도가 고작이었다. 영어로 말이 되는 사람은 없다시피 했고 영어로 글을 쓸 줄 아는 사람은 아예 없었으며, 어떤 식으로든 과학교육을 받았다고 말할 만한 사람은 전무했다. 하지만 몇 년째 연구원들을 쫓아다니다 보니 어느새 현지 직원들도 침팬지나 개코원숭이를 식별할 수 있게 되었으며, 특정 행동을 보이는 근본적인 이유가 무엇인지를 연구진들과 마찬가지로 이해했고, 그중 똑똑한 몇몇은 1972년부터 연구에 참여하게 되면서 월급도 인상되고 새로운 직함도 얻었다. 여섯 명이 현장 보조로 승격되면서 다섯(힐러리 마타마, 에슬롬 음폰고, 사딜리 루카마타, 카신 셀레만디, 야시니 셀레마니)은 침팬지를 전담했고, 나머지 한 사람(아폴리나이레 신디음워)은 캠프에 상주하며 개코원숭이를 전담했다. 1월 집으로 보낸 편지에서 제인은 이들을 이렇게 평가했다. "우리 탄자니아인 직원들이 큰 힘이 되고 있어요. 수색꾼—지금은 현장 보조가 됐죠—이 다섯인데요, 다른 직원들보다 임금도 높아요. 이 사람들은 현장에서 침팬지들을 쫓아다니는 게 일인데……, 일이 하루 종일 이어질 때도 잦거든요. 그래도 침팬지 쫓아다니는 일만큼은 최고인 사람들이에요. 기록도 얼마나 꼼꼼하게 해주는지(아주 간단한 점검표부터 싸움 같은 이례적인 일까지요). 덕분에 우리도 새롭게 알게 된 게 많고, 현지 직원들도 자부심이 대단하답니다."

이후 몇 달간 현장 보조 직원이 두 배에서 세 배 가까이 늘어나면서 구조물 짓기, 유지 보수, 요리, 살림살이, 불침번 서기 등을 맡아하는 지원 인력의 수도 덩달아 늘어났다. 아프리카인 직원 수 증가와 더불어 전문 연구진의 수도 늘어났다. 개인적으로 제인은 수컷·성년 침팬지들의 사회적 관계 및 어미-새끼의 관계를 오랜 연구 주제로 삼고 있었으며, 1972년 11월 곰베에 도착한 박사후 과정 연구생 빌 맥그루는 청소년기 침팬지의 행동발달을 연구했고, 1972년 1월에서 1975년 5월 사이에는 또 다른 박사후 과정 연구생 래리 골드먼이 침팬지 놀이 행동을 관찰했으며 영국과 북미 출신의 대학원생 열여섯 명도 각각 총 열여섯 가지 측면에 걸쳐 침팬지와 개코원숭이의 생활상의 차이를 심층 비교하는 등, 개인별 연구를 시작해서 진행 중이거나 이미 마무리 지은 상태였다.

연구진, 대학원생, 현장 보조 모두 제인이 이른바 '곰베 정신'이라고 부른, 과학 연구에 필요한 협동정신을 충실히 따라주었다. 침팬지와 개코원숭이들 사이에서 어떤 일이 벌어졌는가는 함께 나눠야 할 지식이지 혼자만의 전유물이 아니었으므로 다른 사람의 연구 프로젝트에 중요한 정보(싸움, 사냥, 짝짓기, 우호적 몸짓 등의 사건)나 대상(특정 침팬지나 개코원숭이)을 목격한 경우에는 서로 빠짐없이 정보를 주고받았다. 물론 개인별 데이터는 모두 공식 기록—곰베 마을 야생동물들의 삶을 다룬 대서사시—으로 남기게끔 했으므로 대부분의 정보 공유가 자동적으로 이루어지기는 했다. 그렇지만 실질적으로는 연구진이나 학생들이 낮 시간에 서로 기록지를 비교해보는 일이 잦았으므로 공식 절차에 따른 것보다 개인적인 정보 공유가 훨씬 많았다. 또한 가시덤불 속을 헤매던 긴 하루가 지나고 모두 큼지막한 식탁—식탁용 매트와 냅킨은 냅킨 고리로 잘 말아뒀으며, 제일 윗자리에는 제인이 앉았다—에 둘러앉은 저녁식사 시간이면, 함께 먹고 마시며 짝짓기에 눈을 뜬 젊은 암컷을 주제로 엉터리 시를 낭송하기도 하고, 성행위 빈도가 지나치게 잦은 청소년기 수컷들이 겪는 문제를 촌극으로 꾸며보기도 했으며, 영장류와 함께 한 오늘의 모험담을 늘어놓기도 했다.

규모 면에서 곰베 연구센터는 이 많은 사람들을 수용하기에 충분했다. 1971년 가을, 반 라빅 부부의 친구인 조지 더브가 솜씨 좋은 전문가들과 일꾼들을 데리고 와서 연구센터를 완전히 다시 짓다시피 하면서 여기저기 흩어져 있던 구조물과 텐트뿐이던 캠프를 꽤 크고 번듯한 연구기지로 바꿔놓았던 것이다.

먹이 공급장이 있는 '위층' 봉우리 캠프에서 관측대인 '라빅 오두막'과 바나나 저장고 겸 먹이 공급장 '팬 팰리스'는 그대로 놔뒀지만, 캠프 앞 초목지에서 꽤 비껴난 산길 언저리쯤에는 새롭게 주거용 막사가 들어섰다. 콘크리트로 둥글게 지반을 깔고 그 위에 볼트로 연결된 지붕이 뾰족한 초가 모양의 조립식 알루미늄 구조물을 세웠다.

'아래층' 연안 캠프에는 방이 세 개 딸린 오래된 연안 막사 말러 맨션이 있었는데 그러블린이 개코원숭이나 다른 침팬지에게 해를 입는 일이 없도록 진작부터 철사를 둘러쳐 침팬지 및 개코원숭이 침입 방지용 안전가옥으로 개조해 쓰고 있었다. 이곳에서 호숫가를 따라 남쪽으로 약 140미터 떨어진 곳에 더브의 감독 아래 석재 건물 하나가 들어섰다. 긴 네모꼴로 낮게 지은 이 건물의 내부는 총 네 개의 작은 사무실로 나누어졌고 사무실 간에 이동이 가능했다. 석재 사무실 건물과 안전가옥 사이에는 식당이 들어섰는데, 우선 기둥 위로 지붕을 얹고, 네 면은 돌과 콘크리트로 낮게 벽을 쌓았으며, 벽 위쪽과 지붕 아래쪽 사이에는 철망을 치고, 입구 바닥에는 데이비드 그레이비어드를 기념해서 그의 얼굴을 그린 모자이크 그림을 새겨 넣었다. 마지막으로 안전가옥에서 북쪽으로 약 90미터 떨어진 곳에는 곰베의 연구책임자인 제인과 제인의 가족들을 위한 연안 숙소 건설이 진행 중이었다. 석재와 목재를 써서 네모꼴로 지은 소박한 집이었는데, 앞쪽은 전면이 발코니였고, 양옆 벽에는 그물망을 둘러쳤으며, 초가지붕이었다. 방은 여러 개가 있었는데, 후에 제인이 집 안 벽을 트는 바람에 방의 개수는 줄어들었다. 화장실은 새로 변소를 파서 만들었으며, 자가 발전기를 들여놓은 덕분에 냉장고도 돌릴 수도 있었고 야심한 시간에도 타자기를 쓸 수도 있었으며 밤벌레들에게는 깜박이는 등대 역할을 해주기도 했다.

심지어 더브는 개코원숭이도 유순하게 바꿔놓았다. 적어도, 뭐 훔쳐 먹을 게 없나 늘 주위를 어슬렁대곤 하던 무시무시한 불청객, 늙은 수컷 개코원숭이 크리스는 분명 예전과 달라졌다. 그전에 곰베 식구들은 이 늙은 개코원숭이를 계속 쫓아내려 했으나, 이놈은 도리어 사나운 이빨을 번득이며 사람들을 쫓았다. 조지 더브는 쫓아내는 대신 먹이를 주는 방법을 택했는데, 1972년 초부터는 이 방법이 제인의 말대로 "엄청난 성과"를 거두었다. 줄곧 먹을 것을 달라는 통에 크리스에게 토스트 한 조각을 던져주는 일이 제인의 아침 일과가 되어버리긴 했지만 어느새 늙은 크리스는 "순둥이"가 다 되었다.

제인은 이제 연구소장으로서 일 년에 여덟아홉 달을 곰베에 머물렀으며,

잠깐씩 자리를 비우는 경우는 스탠퍼드 대학과 다르에스살람 대학 교수로서 맡은 바 책무를 다해야 할 때뿐이었다. 3월 30일 집으로 보낸 편지를 보면 연안 숙소 건설 일정이 지연되면서, 3월 말 휴고마저 잠깐 자리를 비웠을 때 제인은 그럽을 데리고 아직 "다 지으려면 한참인" 숙소로 이사했다.

숙소에서 보낸 첫날밤, 제인이 식당에서 저녁식사를 마치고 돌아오자 어린 그럽이 "눈을 말똥말똥 뜨고 깨어" 있었다. 제인은 깨어 있는 아이를 어떻게든 재워보려고 30분이나 애를 썼지만 그럽은 도무지 잠들 기색이 없었다. "슬리퍼를 신기고 스웨터를 입혀 밖으로 데리고 나갔어요. 그럽을 호숫가에 앉혀놓고, 전 달빛 아래에서 수영을 했어요. 둘이 같이 코코아도 마셨죠. 그러고서야 잠자리에 들었는데, 어느새 11시 45분이 다 됐더라고요!! 그런데도 다음날 아침에 평소처럼 일어나선 그날 저녁 7시까지 쌩쌩했어요! 정말 기운이 넘쳐요."

곰베에서 기운은 중요한 문제였는데, 집 안 공기마저 워낙 후텁지근하다 보니 그렇지 않고서는 몸이 고생을 할 수밖에 없었다. 5월 25일 집으로 보낸 편지를 보면 제인만 해도 유행성 병원균이 체력 저하와 맞물리면서 대상포진이나 심한 고열에 시달리는 일이 잦았고, 고열은 "말라리아인지 독감인지 모를 어떤 몹쓸" 증상으로까지 이어졌다. 8월 14일의 편지에는 이렇게 썼다. "으슬으슬 춥고, 기침도 나고, 목도 아프고, 아마 열병이었나 봐요. 괜찮겠지 생각하고 두 번 밖으로 비틀거리며 나갔죠. 한 번은 아침에 개코원숭이를 관찰하러 갔었고, 또 한 번은 저녁에 회의가 있었거든요. 그런데 두번째 나갔을 때는 이러다 아주 죽겠다 싶어서 다시 들어와 침대에 누울 수밖에 없었어요. 어느 날 밤인가는 자려고 눕자마자 기침이 나기 시작해서 갈수록 심해졌는데, 정말 최악이었어요." 이제 다섯 돌 반 된 그럽도 병에 걸리기 아주 쉬웠기 때문에 때마다 제인과 비슷하게 병치레를 겪었다.

그럽은 이따금 악몽에 시달리곤 했는데 그중 하나는 크리스에게 공격을 당하는 꿈이었다. 그럽이 최근에 얘기했듯이 실제로도 크리스는 매일 받는 토스트 조각으로는 완전히 얌전해지지 않았다. 이따금씩 크리스는 그 큰 덩치를 이끌고 연안 숙소로 와 있는 힘껏 문을 들이받았으며, 한 번 이상 정말 문을 뚫고 들어와 먹잇감을 찾아 온 집 안을 헤집어놓기도 했다. 그러던 하루는 그럽이 나무에 오르려고 하는데 난데없이 크리스가 등장해 그럽을 향해 돌진했다. 다행히 가까이에 있던 휴고가 곧장 달려들어 아슬아슬한 순간에 그럽을 나무에서 낚아채 구해냈다.

바람이 잔잔한 날이면 개코원숭이들이 호숫가에서 헤엄을 치거나 첨벙 거리며 물속을 걷거나 물장난을 쳤지만, 사람들은 급히 호수 깊숙이 이동해 개코원숭이들을 피할 수 있었다. 침팬지들은 개코원숭이와 달랐는데, 더 나쁜 쪽이었다. 한번은 침팬지 한 마리가 나무를 타고 올라가 휴고의 등에 업혀 있던 그럽을 낚아채려 했다. 실제로 침팬지 무리 중 몇몇은 그럽에게 매우 공격적이었으며, 어떤 이유에서인지 몰라도 플린트는 매번 그럽을 잡아채려 들었다. 플린트와 그럽은 몸집도 나이도 엇비슷했다. 그럽은 가장 어릴 적 기억 중 하나로 엄마, 아빠와 함께 침팬지에게 다가서던 순간을 기억한다. 제인이 플라스틱 장난감 바나나를 한 뭉치 들고 와서 그럽더러 플린트에게 그 장난감 바나나를 주라고 했다. 그럽이 싫다고 보채자 제인은 (그럽의 기억을 빌자면) "안 돼, 그럼 안 돼. 어서 가서 플린트에게 바나나를 건네주렴" 하고 이야기했고, 그럽은 늘 그렇듯 엄마 손을 꼭 잡은 채로 몇 걸음을 다가가 플린트에게 장난감 바나나를 건넸다. 플린트는 뒤뚱뒤뚱 몸을 일으켜 바나나를 건네받고는 저만치 걸음을 옮겼지만, 냄새를 맡더니 다시 그럽 쪽으로 다가왔다. 그러자 제인이 말했다. "플린트를 보렴. 너에게 고맙다는 인사를 하려나 봐." 조금 겁이 나긴 했지만 그럽은 플린트 쪽으로 다가갔고, 플린트가 손을 내밀자 그럽도 손을 건넸다. 그 순간, 새끼 침팬지가 와락 그럽의 손을 낚아채서 물어버렸다. 그 일이 있은 후 그럽은 플린트를 조금도 상대하려고 하지 않았다.

또 다른 악몽은 뱀이었다. 한번은 나비를 쫓다 나비가 숲으로 사라졌는데, 수풀을 헤치며 걷던 그럽의 앞으로 머리 하나가 불쑥 올라오는가 싶더니 이어 검고 커다란 뱀의 몸통이 모습을 드러냈다(검은맘바였을 것이다). 몸통을 뒤로 젖힌 공격 자세였다. 그럽이 잡고 있던 덤불에서 손을 떼자 덤불이 뱀의 시야를 가렸고 그럽은 그대로 달려 왔던 길을 되돌아갔다. 또 폭풍 후의 거친 파도에서 놀고 있었는데, 미끈한 뭔가가 손에 걸렸다. 물고기나 뱀장어이겠거니 했다. 그런데 집채만 한 파도가 일어 연안으로 밀려왔다 밀려난 순간, 그럽의 눈앞에서 손가락 사이를 빠져나간 건, 까만색 띠를 두른 갈색의 긴 물코브라였다.

이런 위험 탓에 아이를 돌봐줄 만한 어른이 항상 그럽을 지켜봐야 했다. 오후 시간은 대부분 제인이 맡았으며, 다른 때는 아프리카인 보모가 맡거나 유럽인이나 미국인 캠프 식구들 중 누군가가 자진해 그럽을 맡곤 했다. 그중에서도 그럽은 유달리 마울리디 양고를 좋아했는데, 그는 원래 숲길 청소를 담당하던 사람이었다. 제인의 편지에 따르면 마울리디는 "건장"하고 "힘이 장사"이면서도 "느긋하고 무척이나 익살맞은" 인물로서 그럽의 "어린 시절 우상"이었으며 커서는 친한 친구 사이로 지냈다. 그럽은 직원 중 한 명인 주마 음쿠크웨의 아들이자 곧 둘도 없는 친구 사이가 된 소피를 비롯해 아프리카 아이들과도 친하게 지냈다.

그럽은 금세 자기가 뭘 좋아하는지, 어디에 평생 열정을 바치고 싶은지를 알게 되었다. 바로 물과 물고기였다. 처음부터 호수에서 놀길 좋아했으며, 1972년 초쯤에는 제인이 가족들에게 보낸 편지에서처럼 "꼭 물고기처럼" 완전히 잠수한 상태로 헤엄치는 법도 배웠다. 휴고도 잠수한 채로 수영하는 법을 먼저 배웠으니 전혀 이상할 게 없었다. 그럽은 수영하는 걸 너무 좋아해서 호숫가에서 떼놓기가 힘들었다. 곧 그럽은 오리발과 물안경도 갖게 되었으며, 호수에서 물과 조개를 가져오고 물고기 스무 마리 남짓을 넣은 크리스틸 어항도 생겼다. 그리고 그해 3월 그럽의 여섯번째 생일에 휴고는 펌프와 필터까지 달린 대형 어항을 구해와 식당에 설치해주었다.

그럽도 간혹 밤늦게까지 놀 수 있는 날이 있었는데, 일주일에 한 번 저녁 식사 후 열리는 영화상영 시간이었다. 그해 5월, 휴고가 나이로비에서 프로젝터를 하나 구해오면서부터 '이 주의 영화' 상영이 시작되었고 캠프 사람들은 키고마 유일의 극장에서 매주 한 차례 장편영화 몇 편을 빌려오곤 했다. 월요일이면 누군가가 곰베에서 배를 타고 키고마로 나가 필름을 빌려왔으며, 월요일 저녁 상영이 끝나면 반납 시간인 화요일 오전 9시에 맞춰 바로 다시 키고마로 향했다.

1972년 7월 중순, 월요일 밤 상영작 중에 월트디즈니의 만화영화가 끼어 있었던 덕분에 그날은 그럽도 늦게까지 잠자리에 들지 않았다. 만화영화가 끝나고도 그럽이 잘 생각을 하지 않자 다른 장편영화까지 봐도 좋다고 허락을 받았다. 〈납치〉라는 영화였는데 제인은 가족들에게 그럽이 "무척 신이 나했어요. 싸우는 장면과, 고원에서 살금살금 기어가는 장면과, 덤불 사이와 폭포 뒤에 숨는 장면을 특히요"라고 전했다.

5월 어느 날 공원 관리소장 존 새비지가 그럽과 함께 놀게 하려고 자신의 아들과 토끼 한 쌍을 데리고 왔다. 토끼들은 계속 머물렀고 집에서 기르게 되었는데, 곧 그럽과 제인이 식당에서 저녁식사를 마치고 돌아왔을 때 토끼 두 마리가 느긋하게 안락의자를 차지하고 앉아 있는 모습을 볼 수 있었다. 토끼들은 때로는 사냥을 해서 거미를 먹기도 했지만 골풀 카펫을 물어뜯는 것도 좋아했다. 7월 4일에 이르자 "남아나는 물건이 없이" 죄다 물어뜯었으며, 난데없이 "밝힘증까지(연일 짝짓기네요)" 생겼다. 그럽은 그 모습이 "퍽 재미있어" 보였던지 "시도 때도 없이 '엄마, 빨리 와보세요' 하거나 "엄마, 어서요, 토끼들이 짝짓기를 해요" 하며 제인을 부르곤 했다. 얼마 지나지 않아 숙소에는 새끼 토끼가 태어났다. 처음 넷이던 새끼는 어미가 한 놈을 잡아먹으면서 셋으로 줄었고, 제인과 그럽은 그 새끼 토끼들이 사흘 만에 털이 돋아나는 모습과 닷새 만에 처음 눈을 뜨는 모습을 지켜보았다.

꼬마 그럽에게 세상은 재미난 것들로 가득 찬 커다란 비눗방울 같았겠지만, 그해 봄과 여름에 그 방울들은 학교의 규율이라는 작은 가시에 찔려 맥없이 터져버리곤 했다. 2월로 접어들면서 제인은 그럽을 통신 교육 프로그램에 등록시켰는데 학교는 순탄치 못했다. 3월 12일 가족들에게 보낸 편지에는 이렇게 적었다. "삐딱하게 나가기로 작정을 했나 봐요. 바보같이 웃질 않나, 바닥에 연필을 떨어뜨리질 않나, 꾹꾹 눌러쓴 글씨로 편지를 엉터리로 쓰질 않나, 징글맞게 웃기까지 한다니까요! 어쩌면 좋죠. 제가 화가 머리끝까지 치밀어서 확 나가버리면 그제야 고분고분 말을 듣는답니다." 3월에 다시 보낸 편지에서처럼 그 후에도 학업 태도는 좀처럼 나아지질 않았다. "학교 공부는 1시간 만에 후닥닥 해치워버려요. 기분 내킬 때만 제대로 하죠! 우리는 두 시간 동안 앉아 있는데, 자기는 하기 싫다고 말해요. 그럼 제가 '싫어도 해'라며 또 잔소리를 해야 하니, 참. 제가 입을 틀어막기 전까지 몇 분 동안 계속 투정을 부린다니까요!"

6월 초에는 한결 나아진 듯했다. "요즘 들어 아주 튼튼해져서 스무 마리 토끼들처럼 구릿빛 피부가 됐어요. 학교 공부도 잘 하고 있답니다. 읽기도 물론이고, 저랑 같이 글짓기도 빠짐없이 하고요……. 요즘은 잘 했다는 의미로 카드에 칭찬 스티커도 붙여주고 있어요." 7월 28에 이르자 학교 수업을 부쩍 잘 해내면서 "금별과 은별을 왕창 받았다." "평가가 아주 좋더라고요. 그럽도 자기가 발전한 게 신나고 좋은지, 이젠 새 학기를 손꼽아 기다리는 눈치에요. 그럽 때문에 시간이 더 없었는데, 이제야 저도 숨통이 트였네요."

제인이 시간이 없었던 데는 과학 서적에 실릴 침팬지의 행태에 관한 원고 한 장章을 끝내야 하는 탓도 있었다. 7월 마지막 주 두 주에 걸쳐 제인은 늘 그렇듯 아침 9시부터 밤 12시 30분까지 꼬박 2주간 타자기 앞을 지키는 마라톤식 글쓰기로 간신히 원고를 끝냈다.

꼭 해야만 하는 다른 일도 있었다. 그중 하나가 그해 봄, 미국 정신의학회 연례회의로 댈러스에서 열리는 아돌프 마이어 기념 강연회였다. 정신의학계 관계자 약 3천 명이 모이는 자리이다 보니, 제인이 5월 6일 친구인 조앤 트래비스와 아널드 트래비스 부부에게 보낸 편지에서 고백했듯이 전에 없던 무대 공포증이 생겨났다. "너무 겁이 나네요." 그렇지만 당시 제인의 평판은 미국 안에서는 한창 상승세를 타고 있었고, 이미 5월 중순경 미국 예술과학아카데미 해외명예위원 선임을 알리는 위촉장까지 받은 터였다(예스러운 화려한 수사와 함께 '존하'라는 경칭이 적혀 있었다). 집으로 보낸 편지에서 제인은 이렇게 전했다. "이 자리가 얼마나 대단한 자리인지는 아직 잘 모르겠지만, 너무 영광스러워서 더럭 겁이 날 지경이에요!"

이미 몇 년째 온갖 고비와 마감시간과 일에 치여 발을 동동 구르며 살아온 그녀였고, 제인은 곰베 시절 초기부터 침팬지에 대해 과학적이면서도 대중적으로 교감할 수 있는 성과물을 내야한다는 중압감에 시달리고 있었다. 이전에도 일의 양이나 진행속도가 때로 감당하기 힘들긴 했지만, 지금은 그때보다 프로젝트 규모도 커지고 개인적인 명성도 높아진 터라 더 눈코 뜰 새가 없었다. 3월 23일, 자정이 가까운 시간에 발전기가 멈추고 전등불이 가물거리는 가운데 바삐 써 내려간 로버트 하인드에게 보낸 편지를 통해 그 무렵 제인이 일상적으로 처리해야 하는 일이 얼마나 많았는지를 짐작할 수 있다.

정신이 하나도 없습니다. 끝내야 될 원고는 여태 초고 수준이고(마감은 3월 1일이었어요), 스탠퍼드 대학 세미나 준비 자료가 여덟 개, 대형 강의 하나, 지원금 요청서까지. 짬 날 때마다 '영국의 곰베' 지원서를 작성 중이거든요. 학생들은 날마다 사건 사고를 달고 다니고, 같이 일하는 사람들과 회의도 해야 하고, 세미나도 있고, 방문객도 끊이질 않고……. 게다가, 믿기 힘드시겠지만, 일주일에 제 앞으로 오는 편지가 평균 50통이랍니다. 그럽을 통신 학교에 보내면서는 교사 노릇까지 하고 있고요. 요즘은 휴고까지 자리를 비워서 뭘 좀 할라 치면 불쑥불쑥 끼어드는 일이 어찌나 많은지요(요즘은 정말 휴고 심정이 백번 이해가 간답니다!). 목수들이 여태 미적대고 있는 걸 알면 휴고도 깜짝 놀랄 거예요. 감독자라곤 저 혼자니, 저도 더는 어쩔 도리가 없네요."

한편 활짝 꽃을 피우던 제인의 성공과 명성이, 못지않게 야심이 컸지만 그만큼 성공하지는 못한 그녀의 남편에게는 중압감으로 다가왔던 듯하다. 제인은 1월 집으로 보낸 편지에서 휴고가 "너무 우울해"한다고 털어놓았다.

우선, 휴고는 『무고한 살육자』에 대한 미적지근한 평가나 고만고만한 판매부수에 풀이 죽어 있었는데, 그 무렵 『무고한 살육자』는 앞으로도 영원히 『인간의 그늘에서』의 그늘에 머물게 될 것임이 여실히 드러난 터였다. 또 그즈음 존 오웬을 비롯한 세렝게티 연구소 지도부가 세렝게티의 고양잇과 맹수들을 연구하고 사진으로 찍어 『무고한 살육자』의 속편으로 내놓겠다는 휴고의 계획을 엎어버린 탓도 있었다. 물론 휴고도 고양잇과 동물을 대신할 만한 다른 좋은 아이디어를 구상해둔 게 있었다. 1970년 여름, 휴고와 그의 조수 제임스 맬컴은 홀로 길을 잃은 채로 어디에 있을지 모를 가족들을 찾아 헤매는 어린아이 같은 떠돌이 개 한 마리를 목격한 적이 있었다. 휘청대던 그 암컷 강아지가 자리에서 쓰러지자 흥분한 하이에나 무리가 달려들었고, 그 끔찍한 광경을 더는 보고만 있을 수 없었던 휴고와 제임스는 결국 현장에 뛰어들었다. 둘은 그 어린 강아지를 데려와 솔로라는 이름을 지어주고 먹을 것을 주며 키우다 솔로가 건강을 되찾자 가족들의 품으로 돌아가도록 도왔다. 이 모든 이야기가 마침내 1974년 콜린스 출판사가 펴낸 『솔로: 어느 아프리카 떠돌이 개 이야기*Solo: The Story of an African Wild Dog*』로 출간되면서 결국 휴고는 콜린스와 맺은 출판계약 두 건을 해결할 수 있었다(공개적으로 밝히진 않았지만 『솔로』의 집필은 대부분 제인이 맡았다). 하지만 휴고가 곰베에서는 대체 뭘 할 수 있었을까? 그의 공식 직함은 연구센터의 관리책임자였지만, 사실 그는 촬영기사이자 사진작가였으며, 그가 원하는 곰베는 자신의 촬영을 필요로 하는 곰베였다.

그보다 한 해 앞서, 휴고는 이전에 곰베에서 촬영한 침팬지 초기 촬영분 가운데 대학 배포용 과학교재로 쓸 영상을 어떻게 편집할지를 놓고 종종 제인과 의견을 나누곤 했다. 데이비드 햄버그는 이런 의미 있는 일에 미국 국립정신보건원이 지원을 안 할 리 없다며 호언장담하기도 했다. 하지만 필름 길이만 장장 48킬로미터가 넘는 휴고의 침팬지 영상은 내셔널지오그래픽협회의 소유물이었고, 워싱턴 내셔널지오그래픽협회 본사의 두터운 보관실 벽 안에 발이 묶여 있었으므로 제인과 휴고는 협회를 설득해 협조를 이끌어내야 했다. 그해 5월 마침 워싱턴에 체류 중이던 제인은 멜빈 페인에게 조심스레 이야기를 꺼냈고, 이후 멜빈 페인은 (그 방대한 분량과 길이에 수반되는 경제적 가치와 제인이 "이 분야에서 '가장 돈이 되는 자산'"임을 되새기며) 이 일련의 영상물에 대한 편집권과 제작권 양도는 검토 가능하겠지만 소유권 및 판매권은 이후에도 협회가 가진다는 결론을 내렸다. 본 영상물은 "내셔널지오그래픽협회의 교육자료용 '관리 대상'의 하나로서 자료의 독점적 사용권은 내셔널지오그래픽협회에 있음."

휴고는 플로 가족의 이야기를 영화로 만들면 어떨까도 구상 중이었다. 1971년 5월 말, 제인은 페인에게 이 아이디어에 대해 이야기했는데, 마침 플로의 딸인 피피가 첫 새끼인 프로이트의 출산을 앞두고 있었고 휴고가 침팬지 3대의 이야기를 담아낼 수 있다면 아주 흥미로울 듯했다. 단, 그동안 플로와 피피를 담은 영상자료를 협회가 제공해주어야 했다. 페인은 이번에도 협회가 "본 프로젝트의 독점적 사용권"을 유지한다는 답변으로 일관했다.

제인은 또한 개인적인 용도에서 곰베 침팬지 사진을 쓰고자 하니 허락해주길 바란다는 휴고의 의사도 전달했다. 휴고는 더 이상 내셔널지오그래픽협회의 피고용인이 아니었으므로 그 정도의 자유는 있지 않을까 하는 기대에서였다. 하지만 내부 상의를 거쳐 페인이 내린 결정은 전혀 달랐다. 휴고와 내셔널지오그래픽협회 사이에는 고용 및 기타 의무 관계가 없으나, "내셔널지오그래픽협회는 본 협회가 지원한 현장연구를 통해 산출된 사진에 대한 사용 요청을 불허할 수 있는 권리를 적극 유지하려는 바" 개인적 용도로 침팬지 사진을 사용하겠다는 요청은 받아들일 수 없다는 것이었다 (1971년 당시 제인은 협회로부터 곰베 연구에 필요한 연간 지원금을 받고 있었지만 휴고는 프리랜서였다).

곰베 사진 및 영상이라면 과거, 현재, 심지어 미래의 것까지도 옴짝달싹 못하게 묶어두겠다는 심보에 휴고도 화가 치밀었다. 그러던 1972년 2월 말에서 3월 초에, 마침내 휴고가 메트로미디어라는 회사에 아프리카들개 영상을 팔았는데 그 가격이, 이후 제인의 기록(지인에게 전한 짧은 편지)에 따르자면, "천문학적" 수치여서 휴고는 갑자기 부유해졌다(적어도 촬영을 계속할 만큼은 풍족했다). 같은 계약에서 메트로미디어는 이후 휴고의 촬영물 네 건에 대한 우선 매입권도 따냈으며, 이제 휴고는 곰베에서 흔히 볼 수 있는 두 피사체, 개코원숭이와 곤충을 중심으로 그 네 건 중 두 작품의 촬영 계획 구상에 들어갔다. 이미 개코원숭이는 관찰에 들어간 상태였고, 3월 6일 제인이 조앤 트래비스에게 보낸 편지에 따르면 당시 휴고는 "명작 곤충 영상"을 만들 "만반의 계획"을 준비 중이었다.

1972년부터는 내셔널지오그래픽협회가 모든 종류의 곰베 현장연구에 지원을 그만둔 상태였으므로, 이 시기에는 당연히 어떤 이의도 있을 수 없었다. 그렇지만 제인은 여전히 페인 회장에게 휴고의 계획과, 휴고는 개코원숭이를 촬영할 계획이지만 개코원숭이와 침팬지가 자주 맞닥뜨리기에 침팬지 영상도 얼마간 나올 것이라고 알리기로 했다. 이 편지에 대해, 더는 협회가 곰베와 곰베를 터전으로 삼은 동물들의 영상을 독식할 어떠한 법적 권리도 내세울 입장이 아님을 잘 알고 있었던 페인은 개인의 양심 문제를 운운하고 나섰다. "어쨌거나 이제는 곰베가 우리 협회의 대명사가 된 만큼, 휴고가 협회를 고려하지 않고 암묵적 승인조차 받지 않은 채 전적으로 개인의 이익을 위해 우리 협회를 상업적으로 이용하는 것은 옳지 못합니다. 따라서 이 문제는 도의적 차원에서 따져보아야 할 문제입니다." 이어 그는 과거 협회의 지원이 없었다면 지금의 곰베는 "전혀 다른 모습"이었을 것이며, 휴고가 "사진가로서 자타가 공인하는 성공"을 거둔 것 역시 상당 부분은 협회 덕분이 아니겠다고 했다. 그는 결론을 맺기를, 이런 엄연한 사실과 그간의 배려를 고려해 내셔널지오그래픽협회는 향후 제작 완료될 영상물 중 최소 두 건의 TV 방영분에 대한 우선 매입권을 요구하는 바이며, 협회의 이러한 입장은 당연한 요구가 아닌가 생각한다고 전했다.

휴고는 냉담한 반응으로 맞섰다. 개코원숭이와 곤충은 곰베가 아닌 다른 지역에서도 촬영이 가능하며, 다만 곰베에서 찍으려는 이유는 "제인도 저도 그럼도 가족이 서로 떨어져 있길 원하지 않으며, 그래야 저도 이 일에 더 전념을 하고 현장에서 곰베 일을 도울 수도 있기 때문"이라고 답했으며, 협회가 어떤 식으로 나오든 그가 협회에 진 신세 운운하는 것 따위는 전혀 아랑곳하지 않았다.

한 측면에서는 극적인 반전과도 같은 기회가 찾아온 반면, 같은 시기 제인과 휴고의 결혼생활은 조용히 다른 방향을 향해 흘러갔다. 영국에 있던 제인의 가족들도 상황이 안 좋게 돌아가고 있음을 직감했다(제인은 편지에서 더는 휴고의 이름을 거론하지 않다시피 했다). 언젠가 제인은 당시를 회상하며, 휴고는 그녀가 잘 되도 별반 기뻐하는 기색이 없었고 제인이 과학자로서 경력을 쌓는 일에도 무관심했다는 얘길한 적이 있다. 어쩌면 휴고는 남자가 주도권을 쥐어야 한다는 지극히 남성 중심적인 사고방식을 지니고 있었으며, 그에게 제인은 도무지 통제가 안 되는 여자였는지도 모른다. 문제는 그뿐만이 아니었다. 원래 두 사람이 함께한 데는 동물과 동물행동이라는 공통의 관심사가 큰 영향을 미쳤지만, 세월을 지나오며 점차 서로의 삶에서 함께 기뻐하고 의견을 나누는 부분이 사실은 너무나도 없다는 생각이 커져갔다. 휴고는 제인의 보다 지적인 취향을 결코 함께하지 않았는데, 예를 들면 제인은 클래식 음악이나 시를 좋아했지만 휴고는 전혀 흥미가 없었다. 제인의 영적이고 종교적인 흥미에 대해서도 휴고는 계속 무관심으로 일관했다. 하루는 제인도 있는 자리에서 그럽이 여느 아이들처럼 신에 관해 아빠에게 질문을 했다. 스스럼없이 무신론자이자 현실주의자임을 자처하던 휴고는 때마침 친구들과 함께 있었는데 그럽의 질문에 웃음을 터트리고는 금세 다시 친구들과의 이야기에 빠져들었다. 제인에게 그 일은 잔인하고 용서하기 힘든 상처였다.

두 사람은 멀어졌고, 1972년 별거에 들어갔다. 캠프 외곽에 따로 살림집이 있었다면 각방을 쓰는 식이 됐겠지만, 두 사람의 경우는 곰베 촬영분을 끝낸 휴고가 세렝게티로 돌아가면서 동아프리카의 서로 다른 지역을 각방 삼아 따로 떨어져 지냈다. 그럽은 이제껏 늘 육아를 도맡아왔고 가장 가까이에서 자신을 돌보아온 엄마와 대부분의 시간을 함께 보냈다. 어쩌면 제인은 두 부자의 인생 역정을 보며, 늘 멀리에만 있다 어느 날 완전히 자식들 곁을 떠나버린 그녀의 아버지와 그녀의 어린 시절을 떠올리지는 않았을까. 또 어쩌면 침팬지 가족들의 삶을 떠올렸는지도 모른다. 수컷도 어미 못지않게 새끼들의 일거수일투족에 신경을 쓰고 관심을 기울이지만 침팬지 가족의 삶을 가장 끈끈하고 각별하게 이어주는 끈은 늘 어미와 자식 간의 관계였다.

한편, 곰베 연구진은 침팬지의 일반적인 이유離乳 과정을 밝혀냈는데, 젖떼기는 새끼 침팬지가 4~5세가 되는 시점부터 어미젖이 마를 때까지 약 1년 동안 진행된다. 그 시기는 새끼가 어미에게 좀더 돌보고 보듬어달라거나 안아주고 털을 쓰다듬어달라고 보채기 시작하는 때인 만큼, 새끼에게 이유는 분명 트라우마의 순간으로 남는다. 플린트의 예를 보더라도, 플로가 플레임을 임신한 와중에도 플린트는 줄기차게 플로에게 털을 어루만져달라며 보챘으며, 마침내 플로가 새끼를 낳으면서는 칭얼대는 일이 줄긴 했지만 그나마도 오래가지 않았다. 플린트는 뭐가 성에 안 차는지 곧잘 징징댔고, 갓 태어난 동생에게 가 있는 어미의 손을 잡아당기는 등, 금세 칭얼대던 예전의 모습으로 돌아갔다. 그러다 어린 플레임이 죽으면서 플린트는 예전보다 더 보채고 더 끈질기게 굴었는데, 달리 어쩔 기력도 없었던지 플로는 대체로 플린트가 해달라는 대로 맞춰주었다.

제인이 1972년 1월 22일 레너드에게 보낸 편지에 따르면, 플로의 손자인 프로이트는 "무척 건강한" 침팬지였고, 어느새 플린트는 자주 그 조그마한 조카를 데리고 다니기도 하고 놀아주기도 하며 "부쩍 자상"한 삼촌이 되어갔다. 그래도 여전히 플린트는 "유달리" 철들기가 늦은 편이었다. 혹은 플로가 플린트를 그렇게 만든 것이었을까? 3월 초면 여덟 살이 되는데도 플린트는 밤마다 슬금슬금 어미가 있는 둥우리로 기어 올라가 늘 그렇듯 플로의 품을 파고들거나 등을 기어오르곤 했다.

물론 이유가 모자관계의 끝은 아니다. 어미는 청소년기를 앞둔 시기까지도 자식 곁에 머물며, 어미와 새끼는 자식이 성장해 독립한 후에도 중요한 동맹관계를 유지한다. 일례로 그해 플로의 장성한 아들 피건은 곤경에 처하자 갑자기 어미 품이 너무나도 절실하다는 듯 플로를 찾아와 위안을 찾기도 했다.

1972년 당시까지도 험프리는 대장 수컷의 지위를 지키고 있었지만 영리하고 욕심 많고 젊은 피건은 여전히 험프리에게 견제의 대상이었고, 두 수컷 사이에는 적잖은 긴장감이 감돌았다. 피건이 되도록 험프리를 피한 데반해 험프리는 피건과 마주치기만 하면 순식간에 그 덩치와 위세로 털을 곤두세우고는 거창한 과시 행동을 했다. 하지만 피건은 그 덩치 큰 불한당이 무리의 우두머리 자리를 지키고 있는 사이 결국에는 에버레드가 험프리보다 더 위협한 적수로 부상할 것임을 진작 눈치 채고 있었던 듯, 그해 1972년에는 에버레드를 위협하고 제압하는 데만 정신을 쏟았다. 막 그해 여름으로 접어들었을 무렵, 나무 꼭대기에서 피건 대 에버레드의 대격전이 벌어졌다. 에버레드가 저보다 나이 많은 수컷 하나를 지원군으로 얻어 2대 1의 싸움이 된 가운데 결국 나무 아래로 나가떨어져 9미터 남짓한 맨땅으로 곤두박질친 쪽은 피건이었다. 에버레드는 승리를 자축하기라도 하듯 나무 위로 높이 올라가 과시 행동을 선보였고, 피건은 뼈가 부러졌거나 심하게 삐어 그 후 몇 주간 쓸 수 없게 된 팔을 부여잡고 바닥에 주저앉아 비명을 질렀다. 몇 년 뒤 제인이 쓴 글에서처럼, 그 무렵 플로는 "꼬부랑 할머니가 다 되어" 몸집도 쪼그라들고 움직임도 둔했지만 귓가에 울리는 "아들의 격한 비명소리에 자리를 박차고 일어나 얼마 남지도 않은 머리털을 바짝 곤두세우고 소리가 나는 쪽으로 족히 4백 미터는 떨어진 거리를 득달같이 달려갔다(너무 빨라서 쫓아가던 사람은 한참을 뒤처질 수밖에 없었다)." 플로가 실제로 피건을 위해 해줄 수 있는 일은 없었다. "그래도 플로가 있다는 것만으로 피건은 진정이 됐다. 절뚝거리며 어미에게 다가서는 사이 플로의 격한 비명은 낮은 속삭임으로 바뀌었다. 플로가 털을 쓰다듬었고, 갓 태어나서부터 유년기까지 줄곧 마음의 위안이었던 어미의 손가락이 닿자 그 감촉에 마음에 놓였던지 피건은 이내 잠잠해졌다." 한참 만에 플로가 걸음을 옮기자 장성한 아들도 다친 팔이 땅에 쓸리지 않게 조심하며 어미의 뒤를 따랐다.

플로도 아직 한바탕 버럭 할 만큼은 왕년의 자신감과 기력이 남아 있었다. 플로는 이빨이 빠진 탓에 먹이 공급장에서 자기 몫의 바나나를 따로 받기도 했고 플로가 연안 숙소로 들어서면 제인이 나가 삶은 달걀을 건네기도 했는데, 한번은 숙소 근처에 몰래 숨어 있던 크리스가 제인이 플로에게 준 달걀 하나를 잡아채려 했다. 그러자, 그 노쇠한 플로의 "머리털이 이내 곤두섰고, 자리에서 벌떡 일어나 개코원숭이를 향해 달려가 팔을 허공에 휘휘 내젓더니 그대로 크리스를 갈겨"버렸다. 일보 후퇴한 크리스는 "더는 안 대들겠소 하는 거리만큼 떨어져 앉아 그 꼬부랑 할머니가 나뭇잎까지 곁들여가며 천천히 달걀을 음미하는 모습을 지켜보았다."

하지만 그해 여름이 끝나갈 무렵, 플로는 어디가 아픈지 기운이 하나도 없어 보였고 부쩍 여위었다(8월 16일 집으로 보낸 편지에 따르면 "말 그대로 해골에 털 난 살가죽만 붙은" 꼴이었다). 제인이 보기에도 플로는 피피나 플린트와 있을 때는 마음이 편해 보였지만, 플린트가 "질색할 만큼 성가시게" 굴 때만큼은 예외였다. 그때까지도 플린트는 제 어미 등에 업혀 그 안쓰러운 몸뚱이 위를 기어오르곤 했는데 그즈음 플로는 그 무게도 감당을 못해 휘청휘청했다. 워낙 약해진 탓에 대부분의 시간을 멍하니 땅에 누워서만 지낼 정도였다. 그런데도 플린트는 뿌루퉁한 표정으로 다가가서는 제 어미를 툭툭 밀치며 어떻게든 플로를 움직이게 하려고 애를 썼고, 어떨 때는 털을 더 쓰다듬어달라는 뜻으로 플로를 끌어당기기도 했다. 플로는 죽어가고 있었다. '플로가 떠나고 나면 플린트는 어떻게 될까?' 하는 생각이 내내 제인의 머릿속을 맴돌았다.

  플로의 시체가 발견된 것은, 로버트 하인드와 어빈 드보어가 곰베 연구센터를 방문 중이던 8월 셋째 주였다. 이후 쓴 글에서처럼 제인은 "어느 화창한 아침, 플로가 죽었다는 소식을 들었다." 플로는 세차게 물줄기가 내리치던 카콤베 계곡 한편에 엎어진 채로 널브러져 있었고, 제인이 사체를 뒤집자 평화롭고 온화한 플로의 얼굴이 눈에 들어왔다. "이제 얼마 남지 않았다는 건 진작 알고 있었지만 플로의 시신을 내려다보는 순간, 그 북받쳐오는 슬픔은 좀처럼 가라앉질 않았다. 11년을 알아온 사이였고, 내가 사랑하는 플로였다."

  그날 아침 플로의 시체가 발견되었을 때 플린트는 나무 위에 앉아 있었다. 제인이 사체를 뒤집자 그제야 다가와 허리를 숙이고 물끄러미 어미의 눈을 바라보았다.

  그날 밤, 제인은 플린트가 "어미의 몸이 찢기고 뜯겨져나간 모습을 발견한다면 더 슬퍼할 것"이라는 생각에 밤마다 구석구석을 들쑤시고 다니는 야행성 덤불멧돼지들이 해코지를 하지 못하도록 플로의 사체를 지켰다. 그후로도 며칠 동안 제인은 밤마다 늙은 어미의 시신을 안전가옥으로 옮겨가, 잠든—혹은 잠을 청하려 애쓰는—어빈 드보어의 곁에 짚단으로 만든 요를 깔고 사지를 반듯이 펴 뉘였다. 동이 트기 직전에는 카콤베 계곡으로 다시 사체를 옮겨놓음으로써 곰베 연구진이 플린트의 행동 추이를 파악하고 플로의 다른 자식들의 반응을 관찰할 수 있도록 했다.

  제인은 9월 8일 집으로 보낸 편지에서 "그래도 여러모로 정말 다행이에요"라고 전했다. 플로가 "원체 늙고 기력도 쇠해서 혹시 험한 꼴을 당하진 않을까 걱정했었거든요." 하지만 플린트의 반응을 지켜보노라면 마음이 아팠다. "그렇게 우울해할 수가 없어요. 한 번씩 피피나 피건과 어울려 다니다가도 자리를 피해 혼자 있곤 하는데 하루 종일 거의 움직이지도 먹지도 않네요." 플린트는 잠도 플로가 죽은 곳 근처의 맨땅에서 잤고, 나무 위로 올라가 몇 달 전 어미와 함께 지냈던 둥우리를 물끄러미 바라보는 모습이 눈에 띄기도 했다.

9월 12일경, 제인은 플린트에게 항생제라도 먹여야겠다는 생각에 그럽을 데리고 나이로비로 떠났다. 9월 15일 나이로비에서 조앤 트래비스 앞으로 보낸 편지에는 이렇게 썼다. "플린트에게 먹일 약을 들여오려고 지금 비행기 편을 알아보는 중이에요. 너무 늦어버리지는 않을까 걱정이에요. 그녀석 먹지도 않고 아무것도 하려 들질 않아요. 가엾고 불쌍한 우리 플린트."

너무 늦었다. 제인이 플린트 얘기를 쓰고 있을 즈음 플린트는 죽음을 맞이했다. 9월 20일 제인은 그럽을 데리고 영국으로 떠났고 본머스로 가서 잠깐 버치스에 들른 다음—그럽은 한 학기 동안 본머스에 머물며 버치스에 있는 가족들과 함께 지냈다—제인은 캘리포니아와 스탠퍼드에 들르기 위해 9월 25일 다시 영국을 떠났다. 제인이 미리 써두었던 플로의 부고 기사가 10월 1일 일요일자 「타임스」에 게재되었으며, 기사에는 늙은 어미와 비탄에 잠긴 아들의 사진, 그리고 어린 플린트에게 전하는 마지막 인사가 실렸다. "찢어진 귀, 주먹코, 이따금씩 마법에라도 걸린 듯 격정적으로 짝짓기를 하던 모습, 대담하고 거침없는 성격"을 지닌 곰베 강의 연로한 가장 플로는 "과학 발전에 큰 공을" 세웠다. 플린트의 죽음도 "여러모로 비극이" 아닐 수 없으며 동시에 "침팬지 새끼와 어미를 하나로 이어주는 사랑이라는 유대 관계의 깊이와 그 의미를 입증해" 보였다. 나 역시 어머니로서 "플로와 함께한 시간 동안 참으로 많은 것을 배웠다. 개인적으로 플로에게 감사를 전하며, 나에게 이제 곰베는 결코 예전의 곰베일 수 없다."

인간이 아닌 동물의 부고가 실리기는 「타임스」 발행 이래 처음이었으며, 여느 때 같았다면 제인도 일요일 신문에 그런 기사가 등장했다는 사실에 마음이 들떴을지 모른다. 부고 기사를 보고 밴도 영국에서 전화를 걸어왔던 것 같다. 하지만 바로 그날, 어쩌면 동물의 부고 기사가 실렸다는 작은 사건이 안겨줄 수도 있었던 작은 기쁨을 송두리채 앗아가버린 엄청난 소식이 전해졌다. 일요일 아침에 루이스 S. B. 리키가 운명을 달리했다.

며칠 전이었던 9월 26일 밤, 나이로비를 떠난 루이스는 영국으로 돌아가 그의 런던 집인 얼스코트의 아파트에 도착했다. 지원금 마련을 위해 10월부터 미국에서 있을 또 한 차례의 고된 순회강연에 앞서, 밴의 도움을 받아 두번째 자서전을 좀더 손 볼 계획이었다.

그 무렵 69세에 접어든 루이스는 몸도 좋지 않은 데다 건강을 잘 챙기지도 않았다. 1970년 2월 심각한 심장마비가 온 후로 체중이 14킬로그램 가까이 빠졌지만 여전히 과체중 상태였고, 만성 동맥경화로 통증이 끊이질 않았으며, 골반 이식 수술 결과가 좋지 않아 지난 몇 년간 다리를 절뚝거리며 지팡이에 의지해 걸어야 했다. 그러던 1971년 1월, 첫번째 심장마비가 온 지 채 일 년도 지나지 않아 또다시 문제가 생겼다. 그는 나이로비 주치의에게서 폐색증 진단을 받았고 의사는 그에게 고도가 낮은 지역으로 가서 쉬다 오라는 처방을 내렸다. 의사의 말대로 루이스는 현지인 운전수 클레멘테와 젊고 매력적인 여자들에 둘러싸여 바닷가에서 휴가를 보냈다. 노년의 사내가 바닷가에서 휴식을 취하는 사이 비키니 차림의 젊은 여자들은 인도양에서 스노클링을 즐겼고, 1월 18일 무렵에는 루이스도 한결 좋아진 듯했다. 하지만 나이로비로 돌아가기 전, 루이스는 보여줄 유물이 있다며 일행을 데리고 16세기 아라비아인의 정착지인 게디로 향했다. 클레멘테가 유적지 이곳저곳으로 사람들을 데리고 다니는 사이 루이스는 그늘이 졌다 해가 비추기를 반복하는 망고나무 아래에 앉아 숨을 돌렸다. 바람 한 점 없는 무더운 날씨였는데 땀 때문이었는지 벌까지 꼬였다. 이후 루이스의 기록에서처럼, 그가 유적지에서 뭘 좀 살펴보려고 막 자리에서 일어서려는 순간 "한꺼번에 벌떼가 달려들어 나를 공격했다. 너무나 무서웠고 끔찍했으며 겁에 질렸다. 게다가 난 혼자였다. 수천 마리, 또 수천 마리가 연신 내 쪽으로 날아와 나를 공격했다."

벌을 피해 달아나기 시작한 백발의 사내는 미친 사람처럼 비틀거렸고, 지팡이로 몸을 지탱하고, 벌떼를 손으로 휘저으며, 도와달라고 소리를 지르며 담장 쪽으로 내달리다 결국 담장에 머리를 부딪쳐 그 자리에서 쓰러졌다. 그러고도 여전히 벌떼를 피해보겠다고 안간힘을 쓰던 루이스는 같이 간 젊은 친구들의 도움을 받고서야 가까스로 구조되었다. 응급환자 신세로 비행기에 오른 루이스는 나이로비 병원으로 호송되었다. 몸을 전혀 쓸 수 없었으며 부분적으로 시력까지 잃은 채 그는 병석에 누워 지냈다. 채 한 주가 안 돼 몸이 회복되기 시작했지만 오른손과 오른팔은 여전히 말을 듣지 않았으므로 글을 쓰기에는 여의치 않았다. 그래도 왼쪽은 손끝을 조금씩 움직일 수 있게 되면서 얼마 후 루이스는 이 끔찍한 사건의 전모를 카세트에 녹음해 영국에 있는 밴과 밴의 가족들에게 전했으며, "원체 돈줄이 절박하고 다급"했으므로 순회강연을 강행하기 위해 미국행 비행기의 탑승 날짜를 확정했다.

평소와 마찬가지로 그는 수천 가지 계획과 십여 건의 중요한 일정을 진행 중이거나 앞두고 있었다. 책도 써야 했고, 칼럼도 끝내야 했으며, 참석하거나 주최해야 할 회의도 있었고, 도와주거나 직접 시작해야 할 고고학 발굴 프로젝트도 있었다. 그때까지도 루이스는 박물관 협력기관인 선사학·고생물학센터의 소장이자 1958년에 그가 세운 나이로비 외곽에 위치한 티고니 영장류센터의 소장이었으며, 박물관 관장이기도 했다. 1964년에 시작해 당시 캘리포니아에서 진행 중이던 칼리코 산 고고학 발굴에서는 자금 지원과 감독을 맡고 있었으며, 케냐에서 브라자원숭이를 관찰할 젊은 여성 한 명도 최근 뽑아둔 터였고, 흑백콜로부스원숭이 연구와 소영양 분류작업을 위해서도 또 다른 연구원 둘을 이미 뽑아둔 상태였다. 제인과 다이앤 포시는 이미 각자 영장류 연구 분야에서 완전히 자리를 잡았지만 오랑우탄을 찾아 보르네오로 떠난 세번째 유인원 여성 비루테 갈디카스에게는 지원금을 마련해줘야 했고, 네번째 유인원 여성을 자이르 북중부로 보내 피그미침팬지 연구에 착수하기 위한 계획도 구상 중이었다. 하나에서 열까지 모두 기대를 걸어볼 만한 일인 동시에 돈이 많이 드는 일이었다.

아직 오른쪽 팔다리는 움직이질 못했지만 약 한 달 뒤에 루이스는 병원을 나왔다. 재활기간이었던 두 달이 지나고 그는 봄 순회강연을 위해 캘리포니아로 떠났는데, 첫날인 4월 30일에는 캘리포니아에서 언론 간담회 및 만찬이 계획되어 있었고, 이튿날은 캘리포니아 대학에서 개최되는 학술대회 연단에 설 예정이었다. 하지만 첫날 저녁 만찬을 위해 차에서 내리던 루이스는 앞으로 꼬꾸라져 바닥에 머리를 찧고 말았다. 그래도 품위를 잃지 않고 몸을 일으켰으며, 이튿날에는 학술대회 발표까지 모두 마쳤다. 그러나 그날 늦은 오후 다른 발표자들과 함께 단상에 앉아 질문을 받던 중, 앉아 있던 의자가 연단 모퉁이 아래로 삐끗하면서 루이스는 단상 바닥으로 넘어져 그대로 뒤통수를 찧고 말았다. 멍이 심하게 들고 경미한 뇌진탕 증세까지 온 게 분명했지만 그는 이튿날도 자리를 털고 일어나 순회강연을 계속했다.

거의 하루도 거르지 않고 계속된 3주 동안의 제안서 발표 일정을 모두 마친 5월 25일, 캘리포니아 리버사이드에 위치한 캘리포니아 대학에서 마지막 발표가 있었다. 발표를 하는 동안에는 정신이 말짱했지만 끝날 무렵 그는 부축을 받으며 단상을 내려와 차로 옮겨졌다. 조앤 트래비스와 아널드 트래비스 부부의 거처이자 그의 로스앤젤레스 집에 다다랐을 즈음에는 이미 방향감각을 잃어 걸음을 뗄 수 없을 정도였으므로 조앤은 이웃집에 살고 있던 신경외과 의사 찰스 카턴 박사에게 도움을 청했다. 카턴 박사는 한눈에 응급 상황임을 파악했으며, 5월 29일 이 연로한 노신사는 사지를 곧게 편 채 수술대의 밝은 불빛 아래에 올랐다. 박사는 그의 두개골에 구멍을 뚫고 한참동안 그 안을 들여다보았다. 혈전 두 덩이를 제거했는데 그중 하나는 생긴 지 얼마 안 된 것으로 샌프란시스코에서 넘어졌을 당시 생긴 게 분명했으며, 바로 아래에 있던 나머지 혈전 하나는 벌떼의 공격을 받았던 게디에서 생긴 듯했다. 혈전을 제거하자 뇌압이 낮아지면서 그간 마비되었던 부분 대부분이 기적처럼 다시 회복되었다.

6월 말 루이스는 내셔널지오그래픽협회에 비루테 갈디카스의 연구를 시작하기 위한 소액의 지원금을 요청하기 위해 워싱턴 D.C.로 날아갈 만큼 건강이 좋아졌다(고열과 갑작스런 방광염으로 다시 병원 신세를 지는 바람에 예정보다는 오래 미국에 머물렀다). 협회 쪽에서는 해도 해도 끝이 없는 영장류 연구에 또다시 돈을 대기가 내심 마뜩찮은 눈치였지만 결국 루이스의 뜻을 받아들였다. 윌키 재단도 지원금을 약속했고, 제인앤저스틴다트 재단에서도 지원금을 보낼 예정이었으므로 다 합하면 충분한 액수일 듯했다. 동아프리카로 돌아간 루이스는 마지막 준비를 위해 갈디카스와 그녀의 남편을 만났다.

그래도 돈은, 혹은 돈에 쪼들리는 상황은 늘 루이스의 걱정거리였고, 당시에는 여느 때보다 상황이 더 심각했다. 루이스의 비전과 연구 계획을 지원코자 최근 설립된 리키 재단의 이사회가 내부 불화를 겪으면서 서로 패가 갈라진 데다가 미국의 경제 불황까지 겹쳐 상황이 좋질 않았다. 그 탓에 워싱턴, 뉴욕, 시카고, 덴버, 로스앤젤레스 강연에 이어 유랑객마냥 캘리포니아 주 전역을 오르내리는 3주 동안의 강연 일정을 모두 끝내고 돌아왔을 때에는 1971년 가을 순회강연이 그 어느 때보다 중요한 일이 되어 있었다.

12월 나이로비로 돌아온 루이스는 다시 에티오피아의 수도 아디스아바바로 날아가 제7차 범아프리카 선사학 대회에 참석했다. 크리스마스에는 다시 런던으로 갔으며, 크리스마스 이후에는 필라델피아에서 나이로비로 갔다가 잠깐 올두바이를 방문한 뒤에 2월에 다시 런던으로 갔고, 마지막으로 다시 미국으로 향했다. 미국에서는 뉴욕 주 이시카에 들렀는데 초빙교수로 3주 동안 코넬 대학에 머무는 사이, 벽난로 장작이 왼쪽 엄지발가락 위로 떨어지면서 발가락뼈가 부러졌다. 4월 말 나이로비로 돌아왔을 당시에는 아내인 메리와는 이미 사이가 멀어져 걸핏하면 언성을 높였고 별거상태나 다름없었으며, 이젠 아들 리처드와도 대화가 없다시피 했지만, 그래도 새로운 것을 꿈꾸고 원대한 포부를 품는 태도만큼은 여전했다. 다리도 시원찮고 혈압도 높았지만 등정이나 고도 적응을 견뎌낼 수 있으리라 여겼던 루이스는 다이앤 포시가 있는 숲속 고릴라 캠프 방문을 계획 중이었다. 중요한 고고학 탐사차 케냐 오지에 자리한 수구타 계곡에도 들를 생각이었다. 이미 토니 잭먼을 자이르 피그미침팬지 연구를 위해 네번째 유인원 여성으로 뽑아놓은 상태였으므로 6월 무렵에는, 24일 제인에게 보낸 편지에 썼듯이, 그녀에게 "무엇을 하고 무엇을 하지 말아야 하며, 위험한 동물이 있다는 것을 어떻게 감지하고 긴급 상황에서는 어떻게 대처해야 하는지에 관한 이야기를 단시간에 모두 전달"하느라 바쁜 나날을 보냈다.

미국 출판사로부터 두번째 자서전『증거를 좇아서*By the Evidence*』집필에 따른 계약금도 이미 받은 상태였다. 첫번째 자서전『화이트 아프리칸』이 그런대로 괜찮은 판매고를 올렸으므로 두번째 책도 분량만 어느 정도 채워 낸다면 영국 콜린스 출판사 또한 계약금을 두둑이 내놓을지 몰랐다. 그렇지만 글을 쓰려면 남의 손을 빌려야 했다.

루이스는 이미 진화론과 과학적 발견에 관한 연구 자료를 엮은 저서『인간의 기원을 찾아서*Unveiling Man's Origins*』(1969)에서도 그가 출판사 섭외를 담당하고 대부분의 집필을 밴이 담당하는 방식으로 공동저서를 낸 바 있었다. 밴은 이 책을 '옛날 사람들'이라고 불렀는데 이 책은 밴의 두번째 저서로서 그녀의 소설이 출간된 직후 작업에 착수했으며, 이후 루이스는 세번째 저서를 맡아줄 출판사를 밴에게 소개해주기도 했다("인간의 진화를 주제로 현대의 과학적·철학적 사고의 얼개"를 모두 한자리에 모아 여섯 명의 전문가의 견해를 담는, 일러스트레이션이 곁들여진 책이었다). 그랬던 루이스가 이제 밴에게 자서전 집필을 부탁하고 있었으므로 썩 내키는 제안은 아니었지만 밴도 루이스의 청을 거절할 수가 없었다. 밴은 제인에게 보낸 편지에서 이렇게 속내를 털어놓았다. "루이스에 대해선 물론 잘 안단다, 좋은 점도, 나쁜 점도. 그래도 말이다, 누군가가 제 맘대로 움직여주질 않는 다리 때문에 고생이 끊이질 않고 머릿속에 금속판을 두 개씩이나 넣고 다녀야 하는 처지라면, 게다가 이젠 손도 말을 듣질 않아 알아보지도 못할 글씨를 그나마도 오래 끼적이지도 못하는 처지라면, 더욱이 아무리 제 잘못이 크다 하더라도 가족에게까지 버림을 받았다면, 그 얼마나 비참한 일이겠니. 그렇다 보니 또 덥석 자서전 원고를 떠맡고 말았구나!!!!!!!!!!!!!! 내가 어떻게 거절을 할 수 있겠니."

루이스의 친구가 두 사람의 일을 도왔으며, 루이스와 밴은 루이스가 런던에 체류 중이던 4월에 일차로 약 다섯 장半 분량의 원고를 취합했다. 그리고 7월 말부터는 햄프셔에 있는 루이스 친구의 오두막에 틀어박혀 3주를 함께 지냈는데 막바지에 달했을 무렵에는 열다섯 장을 출판사에 보냈으며 남은 것은 세 장이었다. 9월말 루이스가 런던으로 돌아가 얼스코트에 있는 그의 아파트에서 밴을 만났을 때는 마지막으로 몇 군데를 다듬기만 하면 됐지만 이미 루이스는 지쳐 있었다. 토요일에 루이스는 심전도 정기검진을 받았는데 혈압은 높았지만 심전도 수치는 정상이었다. 그러던 10월 1일 토요일 아침, 옷을 갈아입던 루이스가 심각한 심장마비로 그 자리에서 쓰러졌다. 밴은 병원에서 곁을 지키다 그날 아침 9시경 간호사에게 루이스를 맡기고 병원을 나섰다. 30분 뒤 그는 운명을 달리했다.

전기작가 버지니아 모렐은 루이스와 밴의 관계를 '각별한' 사이라고 묘사한 바 있는데, 물론 이 단어에는 표면적인 뜻과는 또 다른 의미가 실리기도 하지만, 나는 이 표현이 적절했다고 생각한다. 내가 느끼기에도 두 사람은 각별한 벗이었다. 서로에 대한 존경과 관심, 제인에 대한 두 사람 모두의 애착과 기대, 노년기의 공동작업, 고통으로 얼룩졌던 루이스의 말년 동안 점차 쇠약해가는 친구를 바라보며 밴이 느꼈을 모성애적 동정만 봐도 그러하다. 또 모렐은 이들에 얽힌 소문까지 새삼 언급하고 있는데, 두 사람 사이에는 오래전부터 비밀스러운 과거사가 있었으며, 둘의 과거를 거슬러서 파고들면 결국 제인이 두 사람의 생물학적 딸이라는 소문이다. 하지만 이 소문이 사실인지를 입증할 증거가 전무한 데 반해 이를 반박할 증거는 넘쳐나는데, 그중 하나는 루이스가 제인을 처음 만난 1957년 당시 제인을 자신의 밑에 들어온 여느 매력적인 여성들과 전혀 다를 바 없이, 지적이고 개성 있는 여성인 동시에 연애 상대나 성적인 대상으로서도 욕심을 내볼 만한 사냥감으로 대했다는 점이다. 오래 떨어져 있던 딸을 대하는 아버지의 태도는 아니었다.

루이스의 시신은 케냐로 보내졌다. 장례는 조용히 가족장으로 치러졌으며 그의 시신은 선교사였던 부모님의 장지 옆, 리무라라는 작은 마을의 교회 부지에 안장되었다. 이틀 후, 나이로비 올 세인트 대성당에서 열린 그의 추도식에는 인종과 계층을 망라해 그를 존경했던 많은 사람들과 루이스의 친구들이 자리를 가득 메웠고 모두 찰스 은존조 케냐 법무장관의 추도사에 귀를 기울였다. "그는 그 어떤 부류의 사람들에게든…… 그 누구에게든 가까이 다가가 그들과 하나가 되었습니다. 그것이 바로 그가 한결같이 지니고 있던 남다른 재능이었습니다. 그는 이제 우리에게 이렇게 기억되길 바랄 것입니다. 그가 속한 인종이나 국적, 종족으로서가 아닌, 그저 인류 구성원의 한 사람으로서 말입니다."

34

친구, 동지, 그리고 연인

1973

"여기 곰베에 정신과 의사가 한 명 상주해야 해요." 제인은 1972년 여름 데이비드 햄버그의 정신과 동료 의사에게 쓴 편지에 반농담조로 말했다. "일 년만 와 계실 순 없을까요! 사람 속을 뒤집는 일이 한둘이 아니거든요." 다행히 제인은 곧 실무에서부터 개인적인 것까지 도움을 줄 유능한 친구이자 동지를 맞게 된다. 에밀리 반 지니크 베르그만이 1972년의 마지막 날에, 휴고를 대신해서 총 관리자를 맡기 위해 곰베에 도착한 것이다.

에밀리 베르그만은 풍성하고 짙은 머리카락, 유쾌하고 환한 표정, 가감 없는 솔직함이 매력인 네덜란드 출신의 예쁜 여성이었다. 에밀리는 대형 농장에서 가축을 돌보는 수의간호사로 일하면서 위트레흐트 인근에 위치한 대형 저택에서 몇몇 학생들과 같이 지내고 있었는데 마침 휴고의 형제가 같은 지역에 살고 있었다. 1971년, 이 저택에서 150여 명의 청중을 대상으로 연설을 해달라는 초청을 받은 제인이 이곳을 찾았고 당시 21살이었던 에밀리가 이들 모두를 위한 저녁식사를 준비했다. 행사가 끝나자 휴고가 에밀리를 한쪽으로 불러 (그녀가 회상하는 그대로 옮기자면) 이렇게 물었다. "일솜씨가 무척 좋아 보이는군요. 언제 아프리카에 와보지 않겠습니까?"

에밀리는 늘 아프리카에 가길 꿈꿨던 터였다. 그리하여 1972년 말 어느 날, 그녀는 그리 멀지 않은 곳에 살고 있는 휴고의 어머니 모에자를 찾아가 휴고와 제인의 초대가 진지한 제안이라고 생각하느냐고 물었다.

12월의 셋째 주에 에밀리는 제인을 만나기 위해 런던으로 날아갔다. 그 럽이 본머스에 머무르며 폐렴을 치료하는 중이었기에 회복을 위해 본머스에 남겨두고서 크리스마스 직후 제인과 에밀리는 나이로비행 747 직항편을 탔다. 잠이 덜 깬 눈으로 아프리카의 밝은 아침 속으로 들어선 두 사람은 출렁대는 작은 비행기를 타고 조지 더브의 은두투 캠프로 향했다. 에밀리는 킬리만자로 산에 곧 닿을 듯 가까이 날다 저 아래에 펼쳐진 초원 한가운데에서 호수와 캠프와 소형 비행장을 발견하던 그 짜릿한 순간을 기억한다. 소영양과 얼룩말이 풀을 뜯느라 활주로를 뒤덮고 있었고 더브는 비행기 착륙을 위해 랜드로버를 몰아 동물들을 쫓아냈다. 비행기에서 내린 제인과 에밀리는 캠프에 자리를 잡고 느긋한 점심식사를 했다. 그리고 오후 늦게 두 사람은 세렝게티 초원으로 차를 몰고 나가 아프리카들개를 찾아다녔다.

두 사람은, 제인이 집에 알렸듯, 그날 저녁 "잔치"를 벌였다. 그리고는 "침상 위로 쓰러져 잤어요. 천둥이 치고 하이에나가 울부짖었다는 것 같은데, 저는 아무 소리도 못 들었어요! 물론 그 진저리쳐지는 모기 소리는 빼고요." 제인은 이미 런던에서부터 에밀리에게 좋은 인상을 받았던 터였지만 이제는 그녀에 대해 완전히 호의적이 되었다. 제인은 12월 31일, 에밀리와 함께 키고마로 가는 기내에서 집으로 편지를 썼다. "에밀리가 제게 든든한 버팀목이 돼줄 것 같아요."

1월 23일, 폐렴을 완전히 떨쳐낸 그럽이 나이로비행 747 직항편을 탔다. 곰베에서 6개월을 보내기로 한 스탠퍼드 대학 학생 데이비드 리스가 앞서 나이로비에 도착해 있었기 때문에 그가 반 라빅 부부의 집에서 그럽을 맞았고, 그럽이 잠시 아빠와 함께 시간을 보낼 수 있도록 아이를 데리고 비행기로 은두투 캠프로 갔다.

　데이비드 리스는 날씬하고 체격 좋은 스물한 살의 청년으로 짙은 밤색 머리카락, 연푸른색 눈동자, 편안한 미소, 부드러운 음성, 친절하고 시원시원한 성격의 소유자였다. 그는 가업을 이으려고 의대에 입학해 당시 예과생의 신분이었지만 그러는 한편 인간생물학 프로그램에 참여했고 제인 구달과 함께 일하러 아프리카에 가는 것이 굉장히 멋진 일이라고 생각했다. 데이비드가 은두투 캠프에서 본 휴고는 줄곧 담배를 피웠고, 스카치위스키를 많이 마셨으며, 늘 모험을 찾아다니는 듯했다. 사실 휴고에게는 인생 자체가 거대한 모험이나 다름없었다. 낮이면 세 사람은 사진을 찍을 동물들을 찾아다녔다. 저녁이 되면 데이비드는 다른 손님들과 더불어 텐트에 앉아 스카치위스키를 홀짝이며 휴고가 손님들을 즐겁게 해주려고 풀어놓는 장황한 이야기들을 들었다. 세렝게티에 온 지 얼마 안 되어 어리석게도 텐트 밖으로 발을 내놓고 잔 젊은이들, 또는 전혀 예상치 못한 순간에 사자나 하이에나에게 잡혀 사지가 찢기거나 목숨을 잃은 사람들의 이야기. 그러고 나면 데이비드는 포근한 불빛이 있는 텐트에서 빠져나와 혼란한 어둠 속을 비틀거리며 변소로 향했고, 스카치위스키의 취기가 감도는 가운데 홀로 앉아 진짜 사자가 그르렁거리고 진짜 하이에나가 울부짖는 소리를 들었다.

　1월 25일, 제인이 은두투에 와서 그럽을 곰베로 데려갔으며 데이비드 리스도 며칠 뒤에 그들 뒤를 따랐다. 곰베에서 그에게 주어진 첫 임무는 침팬지들이 한 행동을 기록하고 무엇을 먹었는지 파악하며 이동 경로를 표시하는 일이었는데 산길 지도를 받은 터라 언제 어느 동물이 어디에 있는지를 손쉽게 집어낼 수 있었다. 그는 처음부터 야생 침팬지와 함께 있는 것이 즐거웠고 곰베의 모든 사람들이 "열정"이 넘치며 모두가 "정말 좋은 팀"을 이루고 있다고 느꼈다. 한편 그는 에밀리에 대한 스스로도 당황스러울 만큼 갑작스럽고 강렬한 관심으로 인해 혼란을 느끼고 있었다.

　2월 25일 일요일, 그는 마침내 이 문제에 대해 짧은 편지를 써 에밀리에게 건넸다. 쪽지는 "나의 소중한 에밀리에게"로 시작했다.

1973년 2월 6일, 경이로운 그날, 내 두 눈이 당신에게로 처음 향한 바로 그 순간, 나는 내 남은 생을 반드시 당신과 함께 해야 한다는 사실을 깨달았습니다. 그리고 내 평생에 걸쳐 여자란 당신 하나뿐임을, 또 나는 당신을 사랑하고, 당신이 필요하고, 당신과 결혼하게 될 것임을 직감처럼 알 수가 있었습니다. 마법과도 같은 그날 이후 3주가 지나도록 당신을 향한 내 마음은 더욱 커져갈 뿐입니다. 당신은 내가 지금껏 만난 여자들 중 가장 아름답고, 가장 이해심 깊고, 가장 인정 많고, 가장 짜릿하고, 가장 마음 따뜻한 여인입니다. 당신에 대해 생각하는 동안 내 심장은 그 어느 때보다도 뜨겁게 불타올랐습니다. 침팬지들을 따라다닐 때도 이놈의 짐승들에게 온전히 집중할 수가 없습니다. 당신이 늘 내 마음 한편에 자리한 까닭입니다.

그는 이어 에밀리와 여생을 함께하길 바라며, 그녀 역시 자신을 사랑하고 있음을 안다고 썼다. 그녀가 그를 위해 초콜릿 우유를 타주겠다고 했을 때 그 마음을 표현했다는 것이다. "에밀리, 소중한 에밀리, 나의 에밀리"를 부르며 그는 끝맺었다.

내일 PP[팬 팰리스]로 오세요. 우리 함께 떠납시다. '우우' 소리를 내며 나뭇가지를 흔들고 털을 고르는 야생 침팬지들과 '와후' 하고 우는 개코원숭이들이 에밀리와 그의 연인 데이비드에게 작별의 인사를 건네겠지요. 그러니, 이윽고 그 순간이 올 때까지, 저는 제 방에 올라가 당신의 대답을 기다리고 있어야 할 것입니다. 잠 못 드는 고뇌의 밤, 걱정에 찬 기나긴 밤, 내가 언제나 어둑했다고 기억할 밤이 되겠지요……. 하지만 소망컨대, 그 밤이 지나면 저는 제 생애 가장 중요하고 가장 행복한 날을 맞게 될 것입니다. 당신과 내가 서로에게 서로를 맡기는 날, 두 사람이 사랑을 약속하는 날.

한편 제인은 스스로 "들개 책"이라고 부르던 휴고의 책 『솔로: 어느 아프리카 떠돌이 개 이야기』에 큰 부담을 느끼고 있었다. 휴고가 빌리 콜린스와 계약한 이 책을 자신이 써주겠다고 동의했기 때문이다. 제인이 그해 1월 말 집에 부친 편지에 이렇게 썼다. "들개 책 생각에 점점 우울해지고 있어요. 그걸 해야 한다는 게 정말 너무 싫네요. 하지만 분명 일단 시작만하면 괜찮아지겠죠."

또한 재정적인 면에서도 좋지 않은 소식들이 들어오고 있었다. 그중 하나는, 부분적으로는 탄자니아에 갑작스럽게 발생한 큰 폭의 인플레이션 때문에, 곰베 은행에 예치 중이던 탄자니아 통화의 가치가 확 줄어들어버린 것이었다. 어쩌면 사라져버렸다는 표현이 더 정확했다. 제인이 2월 3일 버치스로 부친 편지에 썼듯이 "지금 19,500실링이 초과 인출된 상태래요! 걱정, 걱정이에요. 접객용 건물을 지으라고 8월에 보내준 돈(5천 달러)도 다 쓰고 없는데 말이죠! 폴 에얼릭이 보내준 돈도 사라져버렸답니다!" 런던의 회계사는 영국 파운드화로 보관되어 있는 곰베의 일반 운영 자금이 6월 정도면 모두 바닥날 것이며 곰베의 주 자금원인 그랜트 재단의 신규 지원금 지급 예정일은 10월 이후라고 알려왔다. 또 2월 11일에 가족들에게 보낸 편지에 따르면, 제인은 캘리포니아 대학의 데이비드 햄버그가 "무척 우울한 기분"으로 보내온 전보와 편지를 받아들었다. 그는 그랜트 재단이 스탠퍼드에 실외 영장류 연구시설―'유럽의 곰베'―를 설립하는 데 필요한 종자돈을 제공해주긴 했지만 일일 운영비를 충당할 만한 거액의 지원금은 국립정신보건원에서 받을 것으로 기대하고 있었다. 그런데 현재 "닉슨이 사람들이 예상했던 것보다 훨씬 더 심각한 수준으로 과학 연구 예산을 깎아 내리는" 통에 그는 이제 "과연 우리가 정신보건원 지원금을 단 한 푼이라도 받을 수 있을지 확신할 수 없습니다. 그 모든 수고를 다했는데도 말입니다. 정말 답답한 일입니다! 대통령이 대폭의 예산 절감을 해야 한답니다."

제인은 '아프리카의 곰베' 비용을 줄이기 시작했지만 이미 이곳은 워낙 검소하게 운영되고 있었던 터라 비용 절감은 사실상 상징적인 것에 그쳤다. 제인은 도움이 될 만한 사람들이라면 누구에게나 편지를 써 보내기 시작했다. 마침내 곰베는 몇 군데에서 받은 상당한 규모의 기부 덕택에 재정적 곤란으로부터 구제될 수 있었고 그해 초여름 그랜트 재단으로부터 지원금 갱신을 예정보다 앞당겨 시행해주겠다는 전보를 받은 제인은 안도감과 기쁨에—말 그대로—춤이라도 추고 싶은 기분이었다. 그럼에도 불구하고 제인은 이제 '어떻게 그 돈을 다 마련할까'란 평생을 두고 끝없이 반복되는 문제임을 점차 깨달아가고 있었다. 그리고 돈 문제가 만성적인 골칫거리가 되고 있는 동시에, 연구자들이 이 나라를 방문해서 곰베에서 일할 수 있도록 탄자니아 정부로부터 각종 허가증이나 증명서를 발급받아주는 일 역시 매번 제자리걸음인 것처럼 느껴졌다. 이러한 문제들은 이미 다 해결된 것 아니었던가?

2월 말, 그럽이 휴고와 함께 지내러 세렝게티 초원으로 떠나자 제인은 다르에스살람으로 가서 킬리만자로 호텔에 투숙했다. 찌는 듯 더운 가운데 호텔 에어컨마저 작동하지 않았지만 제인은 베란다에서 한눈에 들어오는 항구의 풍경을 음미했다. 머물고 있는 방에서 가장 시원한 위치가 방 한가운데임을 깨달은 제인은 거실 탁자를 그리로 옮기고 타자기를 탁자 위로 올려놓은 뒤 바닥에 베개 두 개를 쌓고 옷을 모두 벗은 채 베개 위에 앉아 솔로 이야기 원고를 타자로 두드리기 시작했다. 들개 책을 휘몰아치는 중간 중간 "곰베를 위해 멀리서 고군분투"하는 사이 이틀이 훌쩍 지나갔다.

제인은 국무총리 사무실을 방문해서 "호인"으로 보이는 미스터 참보와 대화를 나눈 뒤에 데릭 브라이슨 탄자니아 국립공원 신임 소장(과거 농림부 장관 재임 시절 곰베에 잠깐 방문한 적이 있었다)의 자택에서 점심식사를 했다. 전쟁 중 겪은 비행기 추락사고로 심한 장애를 입은 백발이 성성한 장신의 영국인 브라이슨은 줄리어스 니에레레 탄자니아 대통령과 개인적으로 절친한 사이였으며, 그의 집은 니에레레의 사택 바로 옆 인도양의 작은 만에 맞닿은 해변에 위치해 있었으며 야자수와 모래사장, 보트와 큰 수족관까지 안에 갖추고 있었다. 제인은 이 집이 마음에 들었고, 집주인 브라이슨도 상대방의 말에 공감할 줄 아는 사람이었다. 점심식사 후 그들은 "향긋한 차"를 마시며 투마이나 음차로 세렝게티 연구소 신임 소장과 전임 세렝게티 공원 관리소장으로 최근에는 탄자니아 "밀렵 반대 운동가 대장"이 된 마일스 터너와 대화를 나누었다.

제인은 데릭 브라이슨이 마음에 들었고 믿음이 갔다. 그는 탄자니아 국립공원 전임 소장들인 존 오웬이나 솔로몬 올레 사이불에 비해 그녀와 곰베의 문제에 훨씬 더 열린 마음으로 공감해주었다. 올레 사이불의 재임 기간이 겨우 몇 개월에 지나지 않았음을 감안한다면 이러한 비교는 사실상 오웬과 이루어진 것이라 할 수 있다. 제인은 집으로 보낸 편지에 썼다. "후, 데릭은 그 사람들과는 질적으로 달라요."

킬리만자로 호텔에서의 둘째 밤 자정 무렵, 제인은 들개 책 원고를 잠시 옆으로 밀어두고 호텔 로고가 박힌 편지지를 타자기에 꽂은 뒤 영국의 가족들에게 지난 이틀간 있었던 일을 상세히 썼다. 제인은 짙은 풀밭 그림으로 장식된 편지지의 가장자리 너머, 창문 밖으로 내다보이는 항구를 응시했다. "그야말로 찬란한 순간이에요. 항구가 바로 내려다보이고 바다는 거의 창문 밑까지 차오른답니다. 닻이 내려진 커다란 배들이 수도 없이 둥둥 떠 있네요. 그리고 밤이 되면 모든 배에 불빛이 환하게 켜지고, 특히 달이 보이기라도 하는 날에는(지금은 보이지 않지만요) 더없이 우아한 장면이 연출된답니다. 에어컨이 들어오거나 말거나 저는 이 호텔이 퍽 마음에 드네요." 제인이 창문 아래쪽 풀밭에서 개구리들이 토해내는 커다란 합창 소리에 귀를 기울이며 다시 한 번 항구 쪽을 응시하자 그곳에서는 모든 것이 "여전히 너무도 아름다운" 가운데 아까보다도 더 좋은 무언가가 있었다. 항구는 한층 더 신비로운 꿈처럼 보는 이의 마음을 끌어당겼고 "마치 창문 밖으로 요정의 나라가 있는 것만 같아요. 해수면은 찰랑찰랑 빛나고, 마치 현실의 것이 아닌 양 빛을 내는 화물선과 여객선이 그 위를 떠가네요. 그리고 이따금씩 아라비아 다우선이 조용히 지나갑니다. 불 켜진 조그마한 예인선 한 대가 부지런히 제 갈 길을 가고요. 질주하듯 지나가는 소형 쾌속정의 엔진 소리는 저 아래 개구리들 합창 소리에 묻혀 들리지도 않아요."

제인은 다음 한 주 동안 은두투 캠프 텐트 속에서 아침 6시 반부터 저녁

6시 반까지 줄곧 들개 책을 붙들고 작업한 끝에 결국 원고를 마쳤다. "또한 차례의 마라톤을 끝냈다"고 제인은 3월 10일 (그럽을 데리고 곰베로 돌아가는 기내에서) 가족들에게 썼다. 그리고 이제 원고 걱정을 뒤로 하자, 앞에 있는 다른 걱정거리들을 생각하기 시작했는데, 그중 하나는 곰베를 떠나 있을 때면 종종 엄습하는 작은 두려움이었다. "제가 없는 새 무슨 급한 불상사가 발생하진 않았나 하는 생각이 들어요. 그러지 않길 바라지만요!"

우려와 달리 곰베는 모든 것이 순조로웠다. 사실 유일한 문제라 할 만한 것은 제인에게 끊임없이 쏟아지는 각종 행정 업무였는데 당시 제인은 "각종 통관 서류, 입국 허가증, 감독, 추천 등등에 관해 편지를 매일" 써야 하는 상황이었다. 제인은 호숫가에 세워진 막사 숙소, 말러 맨션의 작은 사무실 책상에 꼼짝없이 붙어 앉아 있는 통에, 침팬지는 구경조차 못하고, 제인의 막사까지 나온 개코원숭이가 창문 너머로 "미친 듯이 타자기를 두들겨 대는 손가락"을 신기한 듯 쳐다보는 모습이나 간간이 쳐다볼 뿐이었다.

4월 초, 제인은 그럽을 데리고 영국으로 갔으며 그럽이 영국 가족들과 함께 몇 주 동안 머무르는 동안 스탠퍼드 대학교로 가서 4월 16일 첫 인간 생물학 강의를 시작했다. 제인이 '아프리카의 곰베'의 모든 사람들에게 보낸 편지에서 알렸듯이 '유럽의 곰베' 자금과 관련한 소식들은 여전히 "무척 암울"했지만, 제인이 이곳저곳을 돌며 공개 강연을 열고 자금 지원을 호소함에 따라 그달 말쯤에는 점차 상황이 덜 암울한 쪽으로 바뀌어갔다. 샌프란시스코에서는 어느 독지가가 2만 5천 달러를 희사했고 다른 잠재적인 후원자들 역시 곰베에 관심을 표시했다. 게다가, 닉슨 대통령이 전반적으로 과학 연구에 관심이 높지 않아 최근 연방 예산이 줄어든 것은 사실이었지만, 닉슨이 워싱턴 워터게이트 호텔에 소재한 민주당 본부 사무실에 몰래 침입하려한 야비한 시도가 만천하에 공개되어 정치적으로 곤란한 입장에 처하게 되면서, 유럽의 곰베 자금 상황이 다소 풀릴 수 있을 거라는 조심스러운 기대를 할 수 있게 되었다.

데이비드 리스와 에밀리 베르그만의 따스한 우정은 요란하진 않지만 유쾌하게 발전해갔으며, 그동안 데이비드는 최고 서열 수컷 세 마리—피건, 페이븐, 에버레드—와 그들 사이의 관계를 연구하기 시작했다. 그는 이 야심만만한 삼인방을 쫓아다니고, 관찰하고, 기록하는 데 그치지 않고 과거의 기록을 멀리 1963년 것에 이르기까지 조금도 빼놓지 않고 철저하게 검토했다. 그는 또한 이 셋을 둘러싸고 수컷들 간 서열이 재조정되는 의미심장한 장면들을 목격하는 행운을 누렸다.

데이비드가 2월에 처음 곰베에 왔을 때, 험프리는 1년 전 주변의 수컷들을 괴롭히며 최고 자리를 꿰찬 이후 여전히 대장 수컷의 지위를 유지하고 있었다. 하지만 이때에는 험프리의 두 부하였던 피건과 에버레드 사이에 중요한 서열 경쟁이 벌어지고 있었는데, 두 마리 모두 험프리에 비해 체구는 작아도 지력과 야심만큼은 결코 뒤지지 않는 듯했다. 둘은 겉으로는 험프리에게 복종하는 척했지만 사실은 호시탐탐 수컷 세계의 사회적 사다리 맨 위에 도달할 기회만을 노리고 있었다. 또 그와 동시에 둘은 서로를 그다음 단계로 오르는 과정에서 가장 중요한 경쟁자로 여기는 듯했다.

1972년에 에버레드가 피건을 나무꼭대기에서 밀어 떨어뜨린 적이 있었지만 피건은 그날의 부상에서 점점 회복함에 따라 몸 상태가 분명 날이 갈수록 좋아지고 있었다. 이후 험프리는 에버레드와 일시적인 동맹관계를 맺었다. 둘은 전보다 더 많은 시간을 같이 보내며 자주 서로의 털을 골라주었고 필요할 때면 과시 행동이나 싸움을 할 때 서로에게 지원군이 되어주었다. 한번은 험프리와 에버레드가 한편이 되어 피건을 덮치기도 했다. 그러나 이날의 공격은 그리 결정적이지 못했고 험프리는 자신을 도와줄 에버레드가 근처에 없는 상태에서는 늘 피건을 피해 다녀야 했다. 하지만 세 수컷이 숲속이나 먹이 공급장에서 다 같이 만났을 때에는 긴장감과 적대감이 늘 최고조에 달했다. 셋은 거친 과시 행동을 보였고, 동맹관계의 두 침팬지가 피건을 겁주고 놀라게 하려고 안간힘을 쓰는 가운데 피건은 피건대로 받은 그대로 되갚아주려고 했다. 팔과 어깨와 몸통을 부풀리고, 털을 곤두

세우고, 분노에 휩싸인 무서운 얼굴로 세 마리의 수컷은 주변의 초목을 가로지르며 앞뒤로 돌진하고, 돌진하고, 또 돌진했으며, 그사이 가지를 부러뜨리고 커다란 바위를 집어던졌으며 주변에 서 있던 애먼 침팬지들은 놀라 흩어졌다.

두려운 두 적이 자신을 상대로 한 패를 이룬 이상 피건이 최고 자리를 차지하기란 어찌 보면 불가능한 일이었지만, 사실 피건은 1972년 여름에 플로가 죽은 뒤 형 페이븐과 무척 가까워진 터였다. 이는 아마도 어미를 잃은 두 형제가 혈연적 유대감을 새로이 맺은 결과였을 것이다. 플로가 죽기 전, 페이븐이 동생을 상대로 다른 침팬지와 패를 이룬 적은 단 한 번도 없었지만 그렇다고 해서 피건을 지원하는 것도 아니었다. 하지만 플로가 죽고 몇 달간 형제는 좋은 친구이자 결속력 강한 동지가 되어 거의 붙어 다니다시피 하기 시작했다. 제인의 표현대로 페이븐이 "권력을 좇는 피건을 돕는 데 전념"하기 시작한 것은 바로 이때부터였다.

1973년 4월 말 피건과 페이븐은 사전 경고도 없이 에버레드를 덮쳤고 에버레드는 필사적으로 기어 높은 나무 꼭대기로 피신했다. 이후 30분 동안, 형제는 그를 끊임없이 추격하며 힘을 과시했고 겁에 잔뜩 질린 에버레드는 나무 위에서 비명을 지르더니 이내 낑낑거리는 소리를 내다 결국에는 몸을 굽실거리며 겨우겨우 자리를 피했다.

나흘 후 여러 마리의 수컷, 암컷, 청소년 침팬지들이 뒤섞인 제법 큰 규모의 침팬지 무리가 기나긴 하루를 마치고 밤을 보낼 잠자리를 마련하느라, 가지를 구부리고 잎을 엮어 둥우리를 만들고 있었다. 무리에 속해 있던 험프리도 둥우리를 다 만들고서 그 안에서 한가롭게 휴식을 취하고 있었다. 그때 피건은 주요 무리에서 다소 떨어진 곳에 있는 나무 위에서 먹이를 먹고 있었는데 어느덧 바람이 서늘해지고 그림자가 길어지자 무언가 생각에 잠긴 듯 잠시 동작을 멈추었다. 그리고 그는 (페이븐이 어느새 다가와 자신을 지켜보는 가운데) 앉아 있던 나무에서 소리 없이 내려오더니 침팬지들이 여럿 자리를 틀고 있는 커다란 나무를 향해 이동했다. 그러는 동안 점차 피건의 털이 곤두서기 시작했는데 마침내는 몸집이 원래보다 두 배는 더 커보였다. 그 뒤 한 순간에 폭탄이 터지듯, 별안간 피건이 커다란 나뭇가지 사이로 돌격해 이쪽저쪽을 닥치는 대로 공격하면서 가지와 가지 사이를 오락가락 뛰어넘는 행동을 시작했다. 비명과 울음과 흐느낌이 뒤섞인 혼란 속에 어떤 침팬지들은 피건을 피해 흩어졌고 어떤 침팬지들은 둥우리 밖으로 도망쳐 나왔다. 피건은 앞에 보이는 낮은 지위의 늙은 수컷을 쫓아가 때린 뒤―마침내 분노를 완전히 분출하며―무방비 상태로 둥우리 안에 앉아 있던 험프리를 덮쳤다. 둘은 서로를 부둥켜안은 채로 뱅글뱅글 돌다가 나무에서 떨어졌으며 겨우 자신의 몸을 떼어낸 험프리는 비명을 지르며 어둠 속을 달려 도망가버렸다.

험프리는 피건보다 몸무게가 7킬로그램 정도나 더 나가는 강한 수컷이었지만 피건은 험프리의 허를 찌른 것이었다. 그렇다 해도 피건은 자신을 도와줄 요량으로 늘 제 쪽을 주시하다가 지원이 필요하다 싶으면 즉시 힘을 보태줄 준비를 하고 있는 형 페이븐의 존재가 없었다면 감히 험프리를 공격할 생각은 하지 못했을 것이다.

그날의 결정적인 구타 사건 이후, 험프리는 피건에게 특별히 더 공손한 자세를 취하게 되었고 이에 따라 피건의 마지막 목표는 이제 에버레드가 되었다. 5월 말 어느 무덥던 날, 피건과 페이븐은 나무 위에서 그들이 찾던 건방진 침팬지를 발견했다. 두 형제는 힘을 과시하며 나무 밑동을 빠른 속도로 돈 뒤 함께 나무에 올라 공포에 찬 에버레드 위로 뛰어내렸다. 세 침팬지가 함께 땅으로 떨어졌다. 에버레드가 빠져나와 언덕 뒤로 도망치더니 다른 나무 위로 올라갔다. 피건, 페이븐 형제는 두번째 나무를 향해 한 시간 동안 거친 과시 행동을 보였고 그들의 희생자는 형제가 자리를 뜰 때까지 별반 믿음직스럽지 못한 피난처에 대롱대롱 매달려 있어야 했다.

이렇게 해서 믿음직한 동지 페이븐을 곁에 둔 피건은 침팬지 사회의 모든 구성원들이 몸짓이나 행동으로 최고의 지위를 인정하는 대장 수컷의 자리에 올랐다.

"꼭 워터게이트 기사들을 모아서 제 쪽으로 보내주세요. 지난번 「선데이 타임즈」에 실린 것처럼 좋은 기사들로요. 그래주시면 정말 좋을 것 같아요." 제인은 5월 20일, 그룹과 함께 비행기를 타고 응고롱고로 분화구에 위치한 휴고의 캠프에 착륙하면서 아프리카로 돌아온 후 영국 가족들에게 이렇게 썼다.

미국에서 일어난 기묘한 워터게이트 사건이 앞으로 어떤 식으로 발전해 갈지는 아무도 예측할 수 없었지만, 5월 마지막 주에 제인과 그룹이 곰베로 돌아갈 즈음에 엄청난 희소식들이 하늘에서 뚝뚝 떨어지듯 갑작스레 쏟아진 것을 보면 닉슨이 처한 난처한 입장은 곰베와는 무관했던 듯하다. 처음 당도한 소식은 제인의 내레이션이 들어간 휴고의 아프리카들개 다큐 〈제인 구달의 동물 행동의 세계: 아프리카들개〉가 미국에서 에미상을 두 개나 받게 됐다는 것이었다. 그리고 데이비드 햄버그에게서 온 전보 두 통은 유럽의 곰베 후원처가 두 군데나 나타났다는 소식을 알렸다. 마지막으로 제인에게 도착한 또 다른 전보는 리키 재단에서 유럽의 곰베의 재정상태가 좋아질 때까지 긴급 지원금을 지급하기로 결정했다는 내용을 담고 있었다. "그저 믿기지 않을 따름이에요! 그저 환상적이고 기적 같고 경이롭고, 아, 최고예요!" 제인은 5월 27일 편지에서 기쁜 마음을 가감 없이 드러냈다.

같은 주에, 데릭 브라이슨이 캐나다의 고위 행정관을 대동하고 곰베를 방문했다. 제인은 "그들에게 멋진 침팬지 구경을 시켜주고 싶은 마음이 간절"했지만 브라이슨은 몸이 너무 불편해서 "지팡이 하나와 본인의 의지력"에만 기댄 채 겨우겨우 힘들게 발걸음을 옮기는 상황이었다. 제인은 '저렇게 해서 먹이 공급장으로 가는 길을 어찌 다 오를까' 하는 생각이 들었다. 그를 의자나 들것에 실어서 보낼까 생각하기도 했지만 브라이슨은 끝까지 걸어갔으며 드디어 그곳에 다 오르고 나니 "지난 5개월 동안에!" 봤던 것 중에 가장 많은 털북숭이 짐승들이 숲에서 먹이 공급장이 있는 풀밭 쪽으로 쿵쿵대며 뛰쳐나왔다. 다정한 미소 그리고 그 어떠한 신체적 장애라도 극복할 수 있을 듯한 인간적인 우아함이 돋보이는 이 백발이 성성한 장신의 사내는 "말로 다 표현할 수 없을 정도로 큰 감동을 받으며 기뻐했어요. 그 사람을 보는 저희들도 무척 기뻤죠." 또한 브라이슨은 두 차례에 걸쳐 짧지만 호소력 넘치는 연설을 했는데 첫번째는 학생들을 대상으로 한 탄자니아의 정치에 관한 영어 연설이었고 두번째는 직원들을 대상으로 스와힐리어로 한 탄자니아 국립공원의 미래에 대한 것이었다. 그는 그립이 게와 메기를 낚는 것을 도와주었고 제인에게는 좋은 책이라며 솔제니친의 『암병동』을 추천해주었다. 제인은 그가 "탄자니아 역사의 그 어떤 사람보다 야생동물을 구하기 위해 많은 일을 해낼" 그저 "기적 같은 사람"이라고 확신했다.

6월 셋째 주, 제인이 조앤 트래비스에게 보낸 편지에서 설명했듯이, "입국 관련 문제들을 해결 지으러" 나흘 여정으로 다르에스살람에 가봐야 할 필요가 생겼다. 이번 출장에서는 또 다른 큰 성과가 있었다. 제인이, 후에 로버트 하인드에게 보낸 편지에서 묘사했듯이, 탄자니아 의회에서 내셔널지오그래픽협회의 침팬지 다큐 상영회가 끝난 뒤 "대통령과 더할 나위 없이 좋은 대화"를 나눈 것이다. 제인은 6년 전에도 줄리어스 니에레레를 만난 적 있었지만 그때 그는 "외롭고 아파" 보였다. 하지만 이번에 만난 그는 "강한 힘을 발산하는 가운데 놀랍도록 부드러운 면모 역시 갖추고 있어 이제까지 만나보지 못한 독특한 유형의 인물이라는 인상을 주었다." 다른 무엇보다 가장 중요한 것은 니에레레 대통령이 곰베가 관광지가 되어서는 안된다는 의견을 강력하게 표명한 것이었는데 그는 제인에게 『인간의 그늘에서』의 스와힐리어 번역서에 서문을 써주겠다는 약속까지 해주었다. 물론 대통령과의 이런 생산적인 만남은 제인의 새 친구, 데릭 브라이슨의 주선으로 이루어진 것이었고 제인은 이제 "곰베가 계속 유지되려면 내가 [다르에스살람으로] 일 년에 몇 번씩은 이런 출장을 나가야 하겠다"는 생각이 들었다.

브라이슨은 7월 중 한동안을 영국에서 보냈다. 그는 런던에서 밴을 만났고 밴은 브라이슨에게 제인에게 보낼 소포를 부탁했다. 페이퍼백으로 출간된 『인간의 그늘에서』 몇 권과 포니테일 스타일로 머리를 묶는 데 쓸 머리핀 한 상자였다.

늘 동물들을 좋아했던 에밀리 베르그만은 동물과 가까이 있을 때 편안함을 느꼈고, 곰베에서 그녀의 역할은 전직인 수의간호사일 때와 비슷한 면이 많았다. 에밀리가 처음 왔을 때 곰베에는 반쯤 길들여진 몽구스 한 마리가 있었다. 사실 수컷이었지만 모두들 미니라는 이름으로 불렀던 이 몽구스는 잽싸고 영리했던 덕에 침팬지들과도 잘 어울리며 곰베에 금세 적응했다. 녀석은 가끔 몸집 큰 개코원숭이 그리너가 겁을 낼 만큼 공격적으로 돌변하기도 했지만 부드럽고 다정한 면도 있어서 어느 날부턴가 밤마다 에밀리의 침대에 기어들기 시작했다. 에밀리는 처음에 크게 개의치 않았지만 그건 어디까지나 한 달쯤 지나 미니에게 이가 득시글거린다는 것을 발견하기 전까지만이었다.

거대한 왕도마뱀 역시 밤에 이따금씩 유령처럼 찾아들곤 했는데 그때마다 에밀리가 자다 일어나 녀석들을 쓰레기더미 밖으로 내쫓곤 했다. 덤불멧돼지 볼리바르도 밤에 야자수 아래를 뱅뱅 돌면서 킁킁, 씩씩거리다 개코원숭이들이 먹다 떨어뜨린 부스러기에 코를 처박고 냄새를 맡았다. 뱀도 있었다. 무슨 이유에선지 맘바가 사람들이 머무는 알루미늄 숙소에 유독 더 자주 들었는데, 곰베는 국립공원이기 때문에 규정상 살아 있는 생물체는 맘바건 뭐건 절대 죽여서는 안 되었다. 에밀리가 숙소에 앉아 등유 전등 불빛 곁에서 작업을 하는 밤이면 으레 나방 한 마리가 날개를 펄럭이며 돌아다니곤 했다. 그러면 어둠 속에서 나타난 도마뱀붙이가 잽싸게 나방을 잡아먹었고 조금 있다가 맘바가 나타나 그 도마뱀붙이를 먹어치웠다. 이쯤되면 에밀리는 혼자 중얼거렸다. '아, 이제 불을 꺼야겠구나.'

어떤 날 아침에는 에밀리가 자리에서 막 일어나 아직 옷을 입지 않은 채로 자기 방에서 세숫대야 물에 몸을 씻고 있는데, 마침 침팬지 피건이 에밀리 숙소 옆에 난 길을 따라 걷고 있었다. 그런데 문득 피건이 멈춰 서서 몸을 틀더니 마치 털북숭이 관음증 환자처럼 에밀리 숙소 창 안을 쳐다보기 시작했다. 에밀리는 재빨리 몸을 가리며 소리 질렀다. "세상에나, 피건, 너 거기서 뭐하니!" 하지만 나중에 에밀리는 이런 생각이 들었다. '피건이 날 쳐다본다고 내가 펄쩍 뛸 게 뭐람? 이 이야기를 사람들한테 하면 다들 나더러 이상하다 하겠지.'

물론 그건 그리 이상한 반응이 아니었다. 곰베 사람들—연구자, 학생, 직원—모두가 침팬지를 자신들과 가까운 존재로 받아들이는 것을 당연하게 여겼고 이러한 동일시 덕분에 이곳 연구자들의 작업은 더욱 창의성을 띠었으며 궁극적으로 연구의 정확도 또한 높아졌다. 몇몇 학생들은 단지 그 느낌이 궁금하다는 이유만으로 밤에 침팬지 둥우리에서 잠을 자보기도 했다. 그리고 다음날이면 학생들은 밤을 보낸 둥우리를 그리워하며 자신들이 향수병 대신 "둥우리 그리움 병"에 걸렸다고 농담을 했다. 그들은 가끔 흰개미 같은 침팬지 먹이를 음식으로 내놓는 파티를 열기도 했다. 그러던 어느 날 침팬지의 먹이와 섭식생태를 연구하던 케임브리지 대학원생 리처드 랭험은 사람이 침팬지의 식단만으로 살아갈 수 있는지 직접 실험해보겠다고 결심했다. 또 실험의 신뢰도를 높이기 위해 침팬지처럼 벌거벗은 채로 걸어 다녀야 한다고 생각한 그는 제인에게 자신이 정한 실험 규칙을 실행할 수 있게 해달라고 허락을 구했다. 평소 창의적 사고방식에 관용적이었던 제인은 그의 요청을 받아들였지만 단, 사람으로서의 지각은 잃지 말고 허리에 간단한 천을 두르고 다니라고 일렀다. 리처드는 이 제한조건에 동의했지만, 뒤늦게나마 지각이 들었는지, 실험을 하지 않기로 결정했다.

에밀리가 전에 해본 관리 업무라고는 암소에 대한 정보를 꾸준히 기록해본 것이 유일했다. 이제는 캠프 하나를 전담해 관리하면서 자금 운영을 감독하고, 각종 기록을 남기고, 세금을 납부하고, 직원들 보수를 지급하고, 정부에 보고서를 제출하고, 출입국 당국을 상대하는 등등의 일을 처리하고 있었다. 이 '등등'에는 플로와 플린트의 뼈(곰베의 침팬지들의 유해가 모두 그렇듯 플로와 플린트의 뼈 역시 과학적으로 중요한 자료로서 보관되었다)를 깨끗이 닦는 등 별난 작업들이 포함되어 있었다. 하지만 에밀리는 또 정기적으로 보트를 타고 키고마로 이동해 은행에 가고, 청구서 요금을 납부하고, 발전기에 필요한 디젤 연료를 사고, 집을 짓는 데 쓸 시멘트와 골함석을 주문하고, 시장에서 식료품값을 흥정했다. 발전기가 있다는 것은 냉장고를 쓸 수 있음을 의미했고 따라서 냉동 음식을 사는 것도 가능했다. 육류를 구할 수 없는 때도 있지만 없으면 없는 대로도 괜찮았다. 하지만 고기를 구할 수 있을 때면 에밀리는 가능한 한 제일 신선한 상태, 즉 산 채로 샀다. 마을 주민들에게 살아 있는 염소나 영계나 오리를 사왔던 것이다. 곰베에 온 지 얼마 안 된 학생들은 에밀리에게 다가와 "그렇게 어린 염소를 어떻게 죽여요!"라고 외치곤 했다. 그러면 에밀리는 "좋아요. 지난 삼 주 동안 고기 먹었잖아요. 그땐 물어보지도 않았으면서. 그럼 염소를 마을에 다시 데려다주고 오세요" 하고 되받아쳤다.

간단히 말해 에밀리는 곰베의 총 관리자라는 중책을 맡아 항상 경계심을 늦추지 않고 모든 상황을 파악하고 있어야 했다. 또 그녀는 전에 수의학 관련 직종에 종사한 데다가 곰베의 의무실 열쇠를 맡은 사람이어서 사람들은 응급 의료 상황이 발생하면 늘 그녀에게 먼저 달려오곤 했다. 에밀리는 스탠퍼드 대학 학생 짐 무어가 자신을 찾아왔던 일을 기억한다. "방금 독뱀한테 물린 것 같은데 어떻게 할 수 있는 게 아무것도 없는 것 같네요. 그냥 제가 뱀에 물린 걸 아셨으면 해요." "제가 뭘 어떻게 하면 되죠?" 에밀리가 물었다. "뭘 해달라는 것은 아니고요, 아무에게도 말씀하지 마세요. 그냥 저와 함께 여기 있어주세요." 에밀리는 그의 곁에 앉았고, 그는 다행스럽게도 초기 증상(말더듬, 호흡 곤란, 눈 처짐)이 전혀 나타나지 않았다. 운이 좋긴 했지만 사실 그렇게 드문 사례인 것은 아니었는데 이는 독사에게 물린 경우 중 4분의 3 정도는 독이 전혀 주입되지 않거나 되더라도 미량만 주입되는 까닭이다.

에밀리는 짐 무어가 옷을 갈아입다 전갈에게 고환을 물린 때에도 그에게 마음의 위안이 되어주었다. 또 척 드 시에예스 학생의 엉덩이에 페니실린

이 가득 찬 피하주사를 힘껏 밀어넣은 적도 있었다. 그리고 또 어느 날 크레이그 패커가 발에 썩은 가시 끝이 깊이 박힌 채 나타나자 그녀는 예전에 감염된 말발굽에 사용해본, 점액질의 까만 덩어리를 상처에 붙여주었다. 하루가 지나도 크레이그의 발 상태가 나아지지 않자 에밀리는 박힌 가시 빼기 전문가인 현장 보조 힐러리 마타마를 불렀다. 힐러리는 상처 입은 스탠퍼드 대학 학생을 얼굴을 바닥에 대고 눕게 하고 움직이지 못하도록 에밀리가 한 쪽을, 반대쪽은 앤 퓨지가 붙잡게 한 다음에 길고 잘 드는 부엌칼과 뾰족한 막대기 두 개를 이용해 가시를 빼냈다.

어느 날은 곰베 직원 캠프촌에 사는 어느 직원의 아내가 신경쇠약으로 어린 아기를 남겨둔 채로 캠프촌을 떠나버린 일이 있었다. 무엇을 어찌해야 할지 전혀 알 수 없었던 남편은 아기를 에밀리에게 데려왔다. 에밀리는 최선을 다해 아기를 편안하게 해주고 우윳병으로 젖을 먹이며 일주일 동안 아기를 돌봤다. 아기 어머니는 나중에 다르에스살람에서 에밀리에게 감사 편지를 보내며 아기를 돌보는 데 든 비용을 드리겠다며 20실링을 같이 부쳤다. 직원 캠프촌의 또 다른 어떤 여인—개코원숭이 전문가 아폴리나이레 신디음워의 아내—은 임신 중에 뱀이 나오는 꿈을 꾸었는데 마을 의사가 잔인하게도 이는 아이를 지우라는 계시라고 꿈을 해석했다. 이에 여인은 에밀리에게 도움을 구했고 에밀리는 출산 시기에 맞춰 그녀를 카방가의 천주교 선교병원에 데려다 주었다.

한번은 도미니크가 한밤중에 그녀를 깨우며 "마마 에밀리, 마마 에밀리, 제 손녀딸이 죽었어요! 가서 아이를 데려와야 합니다! 아이를 집에 데려가야 해요!" 하고 외쳤다. 그들은 어둠을 뚫고 배에 올라타 부룬디 인근 마을로 보트를 몰았는데 그곳에서는 아이 어머니가 아이를 깨끗한 하얀 보에 싸안은 채로 기다리고 있었으며 에밀리는 모두가 흐느끼는 가운데 도미니크와 그의 며느리, 그리고 소녀의 시신을 배에 태우고 장례를 위해 키고마로 향했다.

7월 후반 무렵 데릭 브라이슨이 영국에서 돌아왔다. 그가 곰베를 다시 방문했을 때에는 곰베의 모든 사람들—연구자, 학생, 직원, 직원 가족—이 저녁에 호반에 불을 피우고 모여 앉아 공용 접시에 담긴 염소고기와 밥을 앞에 두고 끊임없이 잔을 부딪치며 곰베 연구 20주년을 축하하고 있었다. 제인이 후에 가족들에게 알렸듯 이날 데릭은 "최고의 연설"을 했고 도미니크가 이어 "좋은" 연설을 한 뒤 제인이 바통을 이어받아 스와힐리어로 적절한 말을 해보려고 시도했다. "제가 스와힐리어를 좀더 잘했더라면 괜찮은 연설이었을 텐데. 뭐 사실 잘하고 못할 것도 없는 실력이지만요!"

제인은 수년 동안 스와힐리어를 연습하고 사용해왔지만 여전히 실력이 변변치 않았다. 그녀는 브라이슨이 스와힐리어에 통달한 것에 자극을 받아 스와힐리어 연습을 더 열심히 했고 또 탄자니아의 미래에 대한 그의 비전이나 헌신적인 노력에서도 큰 감명을 받았다. 제인은 데릭에 대해 더 많이 알아갈수록 더 큰 경애심을 느꼈다. 그는 1922년의 마지막 날 중국에서 태어나 영국에서 교육을 받았고 1939년 유럽이 화염에 휩싸이고 영국이 외부의 침략에 대비할 때 열여섯의 나이로 영국 공군에 전투조종사로 입대했다. 1942년에 그가 타고 있던 비행기가 격추되는 바람에 골반과 두 다리가 산산조각이 났으며 의사들은 그가 영원히 걸을 수 없을 거라고 결론을 내렸다. 그러나 그는 지팡이를 사용해 걷는 연습을 했고 이어 케임브리지 대학교에서 농학을 전공하기에 이른다. 후에 그는 젊은 아내 보비와 함께 케냐로 건너가 탕가니카 킬리만자로 산 기슭에 자리한 약 5제곱킬로미터의 땅에서 농사를 짓기 시작했다. 농사를 시작한 지 3년이 되던 해, 그는 당시 독립 운동 정당인 탕가니카아프리카국민연합의 줄리어스 니에레레 의장을 만났고, 아프리카식 사회주의가 가미된 다민족 민주주의 사회를 세우려는 니에레레의 비전에 백인 정착민들 중에서는 처음으로 지지를 보내게 됐다. 그 후 브라이슨과 니에레레는 절친한 친구가 되었으며, 아프리카인 정치가 니에레레가 다르에스살람에 집을 한 채 지으려고 대출을 받으려고 할 때는 영국인 농부 브라이슨이 기꺼이 그를 은행으로 데려가 보증을 서주기도 했다. 니에레레는 브라이슨의 집 바로 옆 해변에 집을 지었으며, 니에레레가 1962년 탕가니카 대통령으로 선출된 뒤, 또 이어서 1964년에도 탄자니아 합중국 대통령으로 선출된 뒤 구성한 첫 내각에 데릭 브라이슨은 백인으로서는 유일하게 참여했다.

데릭은 용맹하고 너그러운 사람이었다. 그리고 최근 그는 제인에게 문학과 음악을 사랑하며 사려가 깊고 감수성이 풍부한 사람으로서의 면모를 드러냈고 정신적이고 영적인 삶에 대한 그녀의 갈망을 공감해주었다. 브라이슨은 제인에게 셰익스피어를 사랑한다면 그럽에게 햄릿을 크게 읽어주면서 셰익스피어에 다시 한 번 탐닉해보라고 권하기도 했는데, 제인이 당시 아들에게 성경 이야기를 읽어주고 세례나 성 삼위일체와 같은 기독교의 개념에 대해 이야기하기 시작한 것도 아마 데릭의 영향이었던 듯하다. 이처럼 그럽이 새로운 지식을 받아들이기 시작하면서 생긴 부작용이 있었다면 그럽이 햄릿에 등장하는 유령과 성 삼위일체의 성령을 혼동하고, 밤에 유령처럼 보이는 창가에 펄럭이는 커튼을 보고는 무서워했다는 것이다. 겁을 먹은 소년은 어머니 침대로 기어들어가면서 꼭 답을 요구했다. 방금 그건 하느님 유령이에요, 햄릿 유령이에요?

제인은 어디에서나 동지의 존재를 반갑게 맞아들였지만, 그해 여름은 자신을 도와줄 동지 한 사람이 더 있었으면 하는 마음이 특히 더 간절한 때였다. "지금도 곧 미쳐버릴 것 같은 기분이에요." 제인은 8월 8일 로버트 하인드에게 보내는 편지에 썼다. "방금 다 쓴 논문 2부에, 학생들에, 직원들에, 정부기관들 상대에, 그럽까지. 어느 날 밤에는 아직 답장을 보내지 않은 산처럼 쌓인 편지들(무려 허리까지 차는 높이!)을 걱정하느라 새벽 3시 반까지 잠자리에서 뒤척였어요. 자리를 박차고 일어나 모두 불살라버리려고까지 했답니다!" 제인은 데릭이 무슨 특별한 도움을 줄 거라곤 기대하지 않았지만 어쨌든 그는 마음을 털어놓을 만한 상대가 되어주었다. 데릭은 그녀에 비해 연장자였으며—제인이 상대적으로 어린 서른아홉이었던 데 비해 그는 쉰한 살이라는 성숙한 나이였다—강인하고 스스로에 대한 믿음이 굳건해 보였다. 제인은 집에 이렇게 썼다. 데릭은 "탄자니아 사람들을 잘 이해할 뿐 아니라 또 무척 현명하기도 해서 학생들이 모두 그 사람을 무척 좋아해요. 직원들도 마찬가지고요." 제인은 또 덧붙였다. 학생들이 "현지 주민들과의 관계에서 발생하는 문제점에 대해서라면 다들 저보다도 데릭의 말에 훨씬 더 귀를 기울인답니다. 곰베처럼 규모가 큰 장소를 성공적으로 운영하는 데 꼭 필요한 것들은 상당수 규율에 의존할 수밖에 없어요. 그런데 이런 것을 제가 주도하면 일부 사람들은 그걸 '식민주의적!'이라고 받아들이거든요."

규율은 원래 제인이 직접 나서서 심각하게 고려해야 한다고 생각한 개념이 아니었다. 그녀가 곰베를 운영하고 곰베 사람들을 대하는 방식은 그보다 훨씬 더 민주적이고 도움을 주려 하는 편이며, 창의적이었다. 제인은 늘 무언가를 요구하기에 앞서 설명을 하려 했고 지시보다는 설득을 중시했다. 에밀리는 제인이 곰베에 머무를 때면 거의 매일 식당에서 열리는 저녁식사 시간에 참석했던 것을 기억한다. "모든 사람의 이야기에 열린 마음으로 귀를 기울였어요. '아뇨, 그걸 그런 식으로 보면 안 되죠' 하는 말 따위는 단한 번도 하지 않았죠." 에밀리가 생각하기에, 학생들은 "매우 솔직"했으며 "진솔하고 직관적인 관찰"을 하고 있었다. 하지만 그들은 아직 과학자가 아니었다. 또는 에밀리의 표현을 따르자면, 과학 분야에서 기대하는 것에 비춰볼 때 아직 "때가 묻지 않은" 사람들이었다. "그 사람들 정말 관찰을 진솔하게 했어요. 산에서 내려와서 '하는 짓이 꼭 우리 누나 같아'라든가 '꼭 우리 아버지처럼'이라고 표현했는데, 제인은 '그걸 그런 식으로 보면 안 돼요' 하는 따위의 표현은 하지 않았죠. 제 생각에 제인은 모든 사람들이 그날 경험한 내용을 있는 그대로 표현할 기회를 갖게 해주려고 했으며, 또 제인 스스로도 그런 것들을 듣고 싶어 했던 것 같아요. 저는 그곳에서 이루어지는 관찰들이 모두 훌륭하고 솔직하다고 생각했습니다."

아마도 제인은 곰베에 모인 학생들의 연배나 세대와 너무 가까웠으며, 그들의 생각, 의견, 분위기, 방식에 지나치리만큼 공감하고 있었는지도 모른다. 하지만 데릭은 다른 세대에 속한 사람이었기에 학생들을 그녀와는 퍽 대조적인 방식으로 대했다. 어느 특정한 권력 집단에서 최상층까지 올라가본 그로서는 위계질서의 장점—권위, 규율, 자기가 있어야 할 자리를 아는 것—을 굳게 믿었다. 제인은 학생들이나 연구자들을 여전히 열린 자세로 대해 그들은 허물없이 제인에게 다가갈 수 있었으며, 그녀를 부를 때도 존칭 없이 이름만으로 불렀다. 그녀는 그들에게 그저 '제인'이었지만 데릭은 이와 대조적으로 '미스터 브라이슨'이라고 불렸다(마침내 어느 한 사람이 대담하게도 '미스터 B'라는 호칭을 시도해보기는 했다). 제인이 나중에 썼듯이, 데릭은 "탁월한 유머 감각"을 지녔지만 다른 한편으로 "강건하고 힘이 넘쳤"으며 "잔인하다 할 수 있을 만큼 솔직한" 남자였다.

데릭의 사명은 탄자니아 공원의 가치를 높이고 이를 통해 탄자니아 일반 국민의 운명을 더 낫게 바꾸어가는 것이었다. 그는 당시 새로운 사업을 구상하고 있었는데, 다른 지역의 산림감시원들을 일시적으로 곰베에 데려와서 전문 능력을 전반적으로 향상시킬 수 있도록 과학 데이터 수집 훈련을 받게 하는 것이었다. 음웨카 아프리카 야생동물관리 대학 졸업생으로 당시 곰베의 관리소장을 맡고 있던 루웨용에자 음웨네라는 이미 카세켈라 무리의 남쪽 영역에 서식하는 침팬지들의 사회적 관계 맺기에 대한 연구 사업을 개시하고 있었다. 더 넓게 보자면, 데릭은 공원 관리자 및 여타 관계자들, 특히 외국에서 온 연구자들이나 손님들이 탄자니아 일반 국민의 전통적인 정서를 존중하는 모습을 보임으로써 탄자니아인들을 존중해주길 기대했다. 이러한 전통적인 정서로는 소박한 생활 습관과, 그리고 사고방식이 유연한 국가에서 이 경직된 아프리카 대륙에 가벼운 마음가짐으로 오는 신참 학생들이나 연구자들에게 특히 해당되었던 것으로, 단정한 두발을 중시하는 분위기가 있었다.

두발 모양은 이곳에 온 사람들이 느끼는 첫 인상보다 사실 훨씬 더 중요한 문제였다. 니에레레 대통령은 당시 '우자마(가족공동체)'라는 이름의 이상향적인 정치·사회 프로그램을 장려하고 있었는데 이는 정부 주도하에 농업 발전을 앞당기는 동시에 국민 개개인에게 자주와 평등의 정신을 강조했다. 우자마 프로그램은 산업을 국영화하고 공동체 마을을 세우며 계급 장벽을 철폐하고 개개인의 존엄성을 제고하는 것을 목표로 삼았다. 또한 우자마는 탄자니아의 지도층이 일반 국민들을 대할 때 스스로 가장 높은 도덕적 기준을 따를 것을 요구했다. 니에레레는 1967년 "지도층은 자신들과 자신들을 따르는 국민들 사이에 평등을 실천하려는 의식적인 노력을 해야 한다"고 선언하기도 했다. "탄자니아의 지도자는 결코 국민들에게 거만한 자세를 취해서도, 그들을 경멸해서도, 또 그들에게 압제적이어서도 안 된다." 이는 대단한 도덕적 소신이었고, 아마도 니에레레— '음왈리무', 즉 '스승'이라는 애정 어린 호칭으로 알려진—그 자신이 가장 철저하게 이를 실천했을 것이다. 그는 일요일마다 교회에 갔다. 그는 크고 빛나는 차 안에서 대규모 호송대나 경호원의 호위를 받으며 여행을 다니는 일도 없었다. 넥타이를 매거나 세련된 정장을 차려 입는 일도 없었으며, 평소 입고 다니던 소박한 재킷 가슴에 카네이션 하나 꽂는 법도 없었다. 자신을 화려하게 꾸미는 것에는 관심이 없었던 그는 탄자니아 사회 전반에 소박한 태도와 옷차림을 장려했다. 하지만 의복에 관한 이렇듯 합리적인 그의 사고방식은 안타깝게도 집행 차원에서는 가끔 비합리적으로 해석·강요되는 경우가 있었다. 1973년 10월 초에 키고마의 이민 당국이 스탠퍼드 대학 학생 두 명에 대해, 한 명은 반바지를 입었다는 이유로 또 다른 한 명은 나팔바지를 입었다는 이유로 문제를 삼은 일이 발생했으며, 또 비슷한 시기에 키고마 경찰이 이와 비슷하게 옷차림새가 불량하다는 이유로 곰베 직원 두 사람에게 찬물을 끼얹은 일이 일어났다.

데릭이 곰베의 모든 사람들이 두발을 단정하게 관리해주기를 바란 것은 아마도 개개인의 예의범절에 대한 스승(니에레레)의 가르침을 전파하려는 시도에서였던 것 같다. 제인은 이를 즉각 받아들였다. 제인이 7월 5일 집으로 보낸 편지에 썼듯이, 리처드 랭험은 케임브리지에서 한 학기를 마치고 이제 막 곰베에 "**장발인 채로**" 복귀하려 했다. 그녀는 그에게 "머리를 자르지 않으면 곰베를 떠나야 한다"고 이야기하기로 결심했다고 쓰면서 "이런 식으로 관리자 노릇을 하는 건 딱 질색이에요"라고 덧붙였다. 그리고 이튿 날 데릭에게 쓴 편지에서는 코끼리 연구가인 이아인 더글러스 해밀턴의 장 발이 도에 지나치다는 이유로 그의 곰베 방문 요청을 "거절"하기로 굳게 결 심했다고 썼다.

에밀리는 처음에는 곰베에서 '미스터 브라이슨'의 역할이 점차 확대되는 것을 이해할 수 없었다. 에밀리는 데릭으로부터 제인을 보호해야 한다고 느꼈고 데릭이 제인과 가까워지는 것을 의심의 눈초리로 바라보았다. 하지 만 에밀리는 곰베의 모든 사람들이 현재의 자리에서 현재의 일을 하고 있 는 것이 얼마나 큰 특권인가 하는 것 역시 깨달았다. 에밀리는 회상했다. "다 그런 이유에서였어요. 우리는 우리가 살고 있는 이 세계를 바꿀 수는 없다는 걸, 우리가 지금 있는 곳은 탄자니아 국립공원 안이고, 우린 아슬아 슬한 줄타기를 하고 있다는 걸 학생들 모두에게, 그리고 심지어 저 자신에 게도 늘 상기시키려고 했죠." 그렇게 해서 미스터 브라이슨이 곰베에 온 어 느 날, 에밀리는 전원을 소집했다. "좋아요, 여러분. 오늘 모두 이발을 합시 다."

에밀리는 제인에게 일이 지나치게 많은 것이 걱정스러웠다. 게다가 제인은 마음을 쉽게 터놓지 않는 데다 불평하는 일이 거의 없었기 때문에 제인이 혹시 몸이 아픈지, 말라리아에 걸린 건 아닌지, 아니면 그저 피곤한 것인지 따위를 좀처럼 가늠할 수가 없었다.

데릭 역시 제인에 대해 비슷한 걱정을 하고 있었고 제인에게 휴가가 꼭 필요하다고 생각했다. 탄자니아 공원부 회의 참석차 8월 7일 키고마에 온 데릭은 그곳에서 제인을 만났다. 두 사람은 회의가 끝나고 시내에 잠시 들 러 그럽이 물이 깊은 곳으로 어망을 끌어갈 때 쓰기 좋을 타이어 튜브를 찾 아다녔다. 데릭은 중고 타이어 튜브 조각을 이어 붙여줄 전문점을 찾아냈 으며 그날 오후 두 사람은 타이어 작업장에 앉아 참을성 있게 차례를 기다려 흥정한 뒤 타이어 튜브가 완성될 때까지 다시 한 번 기다렸다. 무척 긴 시간이 걸렸고, 두 사람이 배에 올라타 호수로 돌아갔을 때는 이미 날이 저문 뒤였다. 진저에일과 토마토로 기운을 북돋은 두 사람은 이윽고 달이 희고 둥근 얼굴을 내밀어 검은 호수에 빛을 드리울 때 열정적으로 입을 맞추었다.

데릭이 다르에스살람으로 돌아가고 제인과 그럽은 한 주일 내내 휴가를 보내러 데릭을 찾아갔다. 그럽은 개코원숭이나 침팬지와 마주칠 걱정 없이 해변에서 마음껏 거닐고 놀며 더없이 즐거운 한 때를 보냈는데 그중에서도 최고의 순간은 바닷물이 빠져나간 조수 웅덩이에서 조개나 게 그리고 데릭이 수조에 키우는 커다란 물고기들에게 먹이로 줄 조그만 물고기들을 잡던 때였다. 제인은 (키고마로 돌아가는 흔들리는 기내에서 데릭에게 쓴 편지에서 보듯이) "최근 몇 년 동안 온종일 재미있는 것만 하며 일요일처럼 하루를 보낸 것이 대체 얼마만인지!" 좀처럼 기억나지 않았다. 그들은 그날 오후 데릭의 배를 타고 거친 바다를 헤치다가 암초에 부딪힌 곳에서 스노클링을 하다 돌아왔지만, 제인은 (일반적인 감사 편지 분위기를 풍기는) 첫번째 편지에 동봉한 두번째 편지에 쓰기를, "아시겠지만, 저는 아무리 악천후라 해도 바다에 나가는 것이 아예 나가지 않는 것보다 백 배는 더 좋아요. 물론 당신한텐 더 나빴겠죠. 늘 바다를 보고 사는 당신은 좋은 날을 골라서 나가면 되니까. 하지만, 산호와 물고기들을 다시 보고—진한 바다 내음을 맡으며—문어와 벌레들과 고슴도치와 부서질 것 같은 별들을 보는 것만으로도, 제겐 모든 게 환상적이었답니다" 하고 썼다. 그들이 함께한 마지막 날 밤은 "아쉽긴 했지만 그래도 역시 행복했어요. 추운 바깥으로 당신이 나가야 했던 것이 몹시 안타까웠지만. 네, 물론 춥지는 않았지만 제 말 뜻을 아시리라 믿어요. 아침에 일어났을 때 당신이 그토록 가까이 강한 모습으로 있어주어 참 좋았답니다."

물론 두 사람 모두, 비록 행복한 결혼 생활을 하고 있진 않아도, 아직 배우자가 있는 몸이었기에 연서를 쓰는 것은 위험한 일이었다. 제인은 이어서 이렇게 썼다. "사실 앞으로는 이런 편지를 쓰지 않을 거예요. 의미 없는 짓이니까요. 당신도 다 아시잖아요. 늘 위험이 따를 수밖에 없다는 걸. 이렇게 아름답고 더할 나위 없이 좋은 걸, 망치지 않기로 해요. 그건 우리 둘 다 바라는 일이 아니니까요."

어찌되었건 제인이 영국을 거쳐 스탠퍼드로 떠나는 다음 일정을 시작하기 전에 그들에게 남은 시간은 무척 짧았다. 두 사람은 찬란한 9월의 며칠을 함께 보내며, 제인이 데릭에게 보낸 편지에 "천상을 맛보게 해주었다"고 표현한 암초 주변의 스노클링 모험을 몇 번 더 한 뒤 마침내 헤어졌고, 제인은 그럽과 함께 영국으로 떠나는 길에 들른 나이로비 공항 환승 휴게실에서 그 편지를 썼다. 이제 제인에게는 "고장 난 손목시계, 예쁜 펜, 조각품이 가득한 여행가방, 조개껍질이 담긴 상자들, 책 한 권, 그리고 아직도 따스하게 느껴지는 입맞춤의 감각"이 남았다. 두 사람이 함께한 시간은 이제 과거 속으로 희미해져갔고 이제 그녀는 다시 한 번 "중요한 부분이 찢겨나간 듯한 기분, 비현실감, 추억들"을 품은 채 길을 떠나야 했다.

그달 말께 제인은 팔로알토의 실가街 455번지에 임대한 집에 짐을 풀고, 그곳에서 멀지 않은 곳에 위치한 스탠퍼드 대학 교정으로 렌트카를 몰았다. 제인이 곧 (데릭에게 편지로) "정말 최고의 집"이라고 평한 이 집의 정원에는 연두색 열매 몇 개가 매달린 무화과나무가 두 그루 서 있었다. "새들과 새까만 다람쥐들도 있는데 그중 한 마리는 아직 나무를 잘 타지 못하는 새끼랍니다. 무척 재미있는 녀석이에요. 무척 화사한 벌새도 한 쌍 있고요." 마당에는 높고 짙게 나무 울타리가 쳐져 있었는데 그 덕분에 제인은 남의 시선을 의식치 않고 옥외 공간에서 "옷을 아주 간단히만 걸친 채" 아침 햇볕을 쬐며 앉아 데릭에게 보내는 첫번째 편지를 썼다. 제인은 햇볕에 입은 화상이나 산호초에 긁힌 상처가 이젠 거의 아문 것을 보며 데릭이 이곳에 와서 무화과와 다람쥐와 벌새를 그녀와 함께 볼 수 있다면 얼마나 좋을까 하는 생각을 했다.

벌새는 제인이 마련해둔 먹이통에 점점 더 가까이 다가오고 있었다. 제인은 곧 밴과 함께 이곳을 찾을 그럽이 에메랄드빛으로 반짝이며 창가를 맴도는 벌새들을 보고 기뻐할 것을 기대하며 먹이통을 날마다 조금씩 집 쪽으로 가까이 옮겨놓았다.

10월 11일 밴과 그럽이 도착했으며, 며칠 지나지 않아서 그럽이 학교에 다니기 시작했다. 첫째 날 그럽은 학교를 혐오했고, 둘째 날에는 울음을 터뜨렸으며, 셋째 날에는 마지못해 억지로 등교했다. 하지만 이날 그럽은 한껏 들뜬 채로 집에 돌아와 엄마에게 이렇게 외쳤다. "엄마, 아세요? 남자애들은 누가 마음에 들면 걔한테 싸움을 거는 거래요!"

그럽은 책을 읽고 셈을 하고 그림을 그렸다. 남는 시간에 다른 사내아이들과 싸움을 하기도 했지만 골목길을 돌면 바로 보이는 곳에 사는 아이 둘을 친구로 사귀었고, 학교에서는 친구들을 괴롭히는 골목대장에게 맞설 정도로 자신감을 얻게 되었다. 이 아이는 (그럽이 제인에게 말한 것을 제인이 다시 데릭에게 전한 표현에 따르면) "늘 못된 짓만 일삼는" 애였는데 그 아이가 침 뱉은 돌을 사람들에게 던지자, 침 뱉는 걸 굉장히 싫어했던 그럽은 그 돌을 주워서 학교 지붕 위로 높이 던져 올려버렸다. 대장은 두 주먹을 꽉 쥐고 그럽에게 달려들며 소리쳤다. "방금 뭐한 거야?" 하지만 그럽은 물러서지 않고 상대 아이의 두 눈을 노려보았고 결국 이 불쾌한 싸움꾼은 그럽에게 등을 보이며 돌아섰다.

제인은 테이프 녹음기와 스탠퍼드 대학에서 지원해준 능력 있는 비서 덕분에 곰베에서 그녀를 그토록 짓누르던 편지 더미들을 좀더 손쉽게 처리할 수 있었다. 하지만 인간생물학 강의 준비, 학생들과의 상담, 기금 조성, 루이스 리키에 관한 책에 들어갈 한 장章 분량의 글과 헌사 집필, 각종 단체 방문, 강연 등등으로 제인의 생활은 여전히 분주했다. 하지만 제인은 이제 자신의 정서적 삶에서 가장 중요한 부분이 된 데릭과의 대화를 위한 시간은 늘 남겨두었다. 그리고 이러한 대화는 때때로 있는 장거리 전화 통화와, 정기적으로 주고받은 사무적인 느낌의 편지봉투에 '기밀 서신'이라고 쓰고 밀봉한 연서로 이루어졌다. 한 번은 물리적으로 만나기도 했다. 데릭은 11월 말께 로드아일랜드 대학교에서 일주일간 열린 초청강연회에 초청받았는데, 중간에 틈을 내어 탄자니아를 주제로 짤막한 연설을 할 수 있었다. 한 번은 뉴욕에서였고 그 다음이 12월 14일 캘리포니아에 위치한 스탠퍼드 대학 교수회관에서였다.

하지만 이렇듯 새로 다가온 사랑은 두 사람 모두를 혼란스럽게 했다. 데릭은 10월 8일 편지에 썼다. "마음이 너무도 혼란하여 위스키를 반병이나 마셔도 잠을 이룰 수 없소. 단 한 순간도 당신을 생각하지 않을 수가 없다오. 당신을 사랑할 방법을 모르겠소. 한번 시작되어버린 이 감정은 이제 멈춰지지도, 줄지도 않는군. 당신은 항상 여기 있으면서도 또 여기에 없는 사람이오. 어쩌면 결국 내가 미쳐버릴지도 모르지! 혹은 이미 그 길에 들어선 것은 아닐까?" 제인은 이에 답했다. "당신을 만나고, 당신의 두 눈을 들여다보고, 그대의 억센 두 팔이 나를 감싸고, 당신과 키스하고, 당신의 사랑 안에서 안전과 더없는 행복을 느낄 그 순간을 저는 고대해요. 우리는 함께 나눌 것도, 줄 것도 너무도 많아요. 얘기할 것도 너무 많고요. 아니, 사랑하는 당신, 이건 꿈이 아니에요. 이것은 우리가 여태껏 기다려온 진실이에요." 하지만 두 사람이 떨어져 있는 고통은 앞으로 다가올 두 사람의 결합에 대한 우려로 더 악화되었다. 분명 그들 두 사람 모두 여생을 함께 보내길 바랐다. 그것은 분명 그들이 갈망하는 미래였지만, 현실적으로 어떻게 그 꿈을 이룰 수 있을 것인가? 두 사람 모두 이 점을 걱정하고, 걱정하고, 또 걱정했지만, 문제를 대하는 두 사람의 관점은 서로 판이하게 달랐다.

제인은 진실을 숨기는 것에 대한 죄책감과 그것이 드러날 것에 대한 두려움, 그리고 진실이 드러남으로써 자신이 아끼는 사람들, 특히 휴고와 그룹이 받게 될 영향에 대한 걱정에 사로잡혀 있었다. "제가 걱정하는 것은 무엇일까요?" 그녀는 사뭇 웅변조로 질문을 던졌다. "물론, 미래이지요, 데릭. 휴고는—적어도 지금만큼은—그 어느 때보다 제게 많이 의지하고 있어요. 에미상도 수상하고 사람들에게 어느 정도 인정도 받았더라도 말이에요. 제가 지금 그에게 가혹하게 군다면 그는 분명 이루 말할 수 없이 비참해질 거예요." 휴고는 심한 우울증에 빠지기 쉬운 사람이었기에 제인은 휴고가 이 상황을 받아들일 수 있을지 몹시 두려웠다. 한편으로, 휴고는 점차 달라지고 있었다. 전에 비해 더 독립적이 되었고 제인에게 관심을 덜 보이면서 그녀에게서 점점 멀어지고 있었다. 데릭의 아내 보비 역시 점점 더 많은 시간을 영국에서 보내고 있었는데 이는 그녀가 늘 견디기 힘들어한 아프리카의 날씨를 피해서였기도 했지만 동시에 데릭을 피하기 위해서인 것도 같았다. 그렇기에 제인은 데릭에게 그들 두 사람이 끈기를 갖고 운명 또는 하느님의 뜻을 기다려야 한다고 설득했다. "우리는 둘 중 하나를 기다려야 해요. 한 해 한 해가 흘러감에 따라 그에게 어떤 변화가 일어나기(제 바람이에요)를 기다리든지. 또는 운명이 우리에게 자비로운 방향으로 흘러갈 때까지 기다리든지. 제 소망, 제 신념, 제 믿음—제 삶—은 모두 빛나는 별 똥별과 위시본(새의 가슴부분에 있는 V자형의 차골. 뼈의 양쪽을 잡고 당겨서 긴 쪽을 가지게 된 사람이 소원을 이룬다고 해서 이런 이름이 붙었다—옮긴이), 그리고 우리를 하나로 이어준 근원적이고 분명한 하느님의 선한 뜻에 달려 있으니까요."

데릭은 끈기 있게 기다린다거나 하느님의 뜻이나 유성 따위를 믿을 생각이 전혀 없었다. 그는 대신에 행동을 촉구했다. 그는 제인이 하루 빨리 휴고 곁을 떠나고, 스탠퍼드 대학과의 관계를 정리하고, 비로소 그의 보호와 보살핌 아래 안착하길 원했다. 그는 이제까지 제인이 지칠 대로 지쳐 있는 모습을 봐왔기에 그녀가 자기들밖에 모르는 미국인들에게 혹사당하고 휘둘려왔다고 확신했다. 그는 썼다 "제인, 오, 제인, 내 사랑. 당신이 이렇게 미국에 떠나 있는 것을 내가 왜 그토록 싫어하는지 당신은 정녕 이해하지 못한단 말이오? 당신이 몸을 돌보지 않을 것을 알기에, 응당 당신을 돌봐주어야 할 사람들이 그러지 않을 것임을 알기에, 이런 상황을 이용하려드는 사람들이 너무도 많음을 알기에, 이 모든 일이, 꼭 내가 말한 그대로 벌어지고 있기에 그렇다오. 내가 당신에 대한 걱정과 우려로 왜 반은 미쳐 있는지 그 이유를 정녕 모른단 말이오? 당신을 내가 제대로 돌봐주어야 함을 알기 때문이라오." 데릭은 미국인들을 불신했고 어쩌면 혐오하기까지 했다. 제인이 스탠퍼드 일과 미국에서의 명성과 자금 지원에 매달리지만 데릭이 보기에 그 먼 곳에서 그녀가 하는 일들은 기껏해야 도통 도움이 되지 않을 무의미한 일들이었다. 제인이 스탠퍼드에서 일하면서 벌어들이는 수입과 미국에서의 강연을 통해 마련하는 기금에 대해 그는 다음과 같이 썼다. "그놈의 돈. 당신이 돈을 쫓아 돌아다니는 것을 원치 않소. 내게 맡겨요. 어떻게든 잘 해나갈 수 있을 테니."

　데릭은 제인이 당시 생각하는 것 훨씬 이상으로 휴고와 비슷했다. 아니 사실 데릭과 휴고 두 사람 모두 정서적으로는 대다수 남자들과 별반 다르지 않았던 것이었을까? 휴고는 제인의 성공, 명성, 카리스마를 불편해했고 이는 아마도 그녀에 대한 질투심의 발로였다. 제인은 분명 다른 사람들을 흥분케 하는 데가 있었고 사람들의 관심은 늘 그녀에게 집중되었기에 제인 곁에서 휴고는 늘 관심 영역에서 비켜 있었다. 하지만 데릭은 스스로 이미 높은 지위에 오른 데다가 이미 위대한 업적을 남긴 인물이었기에 제인의 명성에 주눅 드는 일 따윈 없을 것이었다. 그게 아니라, 제인이 생각하기에 데릭은 단순히 상황을 잘 이해하지 못할 뿐이었다. 그는 아직 이해하지 못한 것이다. 제인은 데릭을 말로 설득하려 했다. "미국 사회에 일부 악한 면이 있다는 당신 말은 옳지만, 그래도 제 걱정은 하지 않으셔도 돼요!" 제인은 밝은 어조로 글을 이어갔다. "그래도 이곳엔 아직 선한 사람들이 있답니다. 퓨마, 코요테, 회색곰이 사는 광활한 야생이 남아 있고요……. 그리고 미국의 퇴폐를 혐오하면서 이 나라를 타락으로부터 지켜내고, 수렁에 처박힌, 말 그대로 퇴폐의 늪에 처박힌 인간의 존엄성을 되찾고자 노력하는 수많은 사람들이 있어요." 이후 다시 보낸 편지에서 제인은 스탠퍼드에서의 일에 대해 강한 어조로 자신의 입장을 변호했다.

　부디 이해해주세요. 좀 힘들긴 해도 제가 이 일을 하는 이유는 이 일을 **사랑**

하고 또 저 스스로 이 일을 **원하기** 때문이라는 것을요. 세계 침팬지 시설 중 유일무이할 이곳의 벽이 이제야 다 세워졌어요. 장장 4년 동안—중간 중간 끊긴 적도 있었지만—의 힘겨운 노력 끝에 드디어 다 세웠답니다. [곧 그곳으로 옮겨질] 침팬지 무리는 최근 들어 두번째 새끼가 태어나기도 했어요. 가르치는 학생들이 갈수록 더 똑똑해지고 있으며, 오래 지낼수록 좋은 사람들을 더 많이 만나게 됩니다. 저도 이제야 가르치는 방법을 조금씩 터득하기 시작한 것 같아요. 데릭, 제겐 여기 일도 곰베 일만큼이나 중요해요. 제발 이해해줘요. 당신의 편지를 받아보면 너무도 걱정이 되어 제 마음이 심란해집니다. 사랑하고, 사랑하고, 또 사랑하는 데릭. 저는 이 일을 그만두게 되길 **원치** 않아요. 이 일을 그만둘 마음의 준비가 전혀 되어 있지도 않고요. 지금껏 쏟아부은 노력이 이제야 결실을 맺어가고 있으니까요.

하지만 데릭의 관점은 이성적인 토론을 통해 변할 성질의 것이 아니었다. "당신은 내 목표를 알 거요." 그는 썼다. "그건 바로 당신을 내 것으로 소유하는 것, 그리고 자랑스럽고 행복하게 그 사실을 세상에 알리는 것이오. 나의 이러한 꿈을 당신은 그 무엇으로도 막을 수 없소." 물론 데릭의 이러한 꿈은, 잔인하도록 광활한 북미 대륙으로 자꾸만 사라져버리는 제인의 그 이상하고도 짜증스러운 습관을 결국에는 버리도록 하겠다는 것을 의미했고, 그는 어느 시점에서는 그녀가 원하든 원치 않든 이 일을 반드시 그만두게 하겠다는 굳은 결심이 서 있었다. 이는 그녀 자신을 위한 것일 뿐더러 그녀를 이 세계의 악으로부터 지켜내는 것이 그녀의 연인이나 남자로서 주어진 가장 중요한 권리이자 의무이기 때문이기도 했다. "이러한 일이 당신에게 또다시 일어나도록 두지 않겠소." 그는 어쩌면 불길하기까지 한 강한 어투로 선언했다. "멈추게만 할 수 있다면 무엇이든 하겠소. 이를 위해서라면 그 어떤 냉혹한 행위라도 불사하겠소!! 나는 해야 하는 일은 반드시 하는 사람이오. 앞으로 다시는 당신이 내 곁을 훌쩍 떠나 지금처럼 미국에서 당하고 있는 그 숱한 폭력들에 자신을 내맡기도록 두지 않을 것이오. 그

건 내게 너무도 고통스러운 일이니까. 나는 고통을 참는 데 익숙하지만 이 것만은 도저히 참을 수 없소. 나는 결코 이 상황이 다시 발생하게 두지 않 겠소. 이 상황을 멈추기 위해 내가 할 일이 있다면, 나는 무엇이든 할 것이 오."

35

추락과 결별

1974

1974년 새해가 밝고 얼마 안 되어 동아프리카에 돌아온 제인과 그럽은 데릭 브라이슨과 함께 루아하 국립공원으로 짧은 사파리 여행을 떠났다. 일행이 4인승 세스나기를 타고 공원으로 날아가던 중 문득 계기판에서 작게 연기가 피어오르는 것을 발견했다. 세 사람과 조종사가 이 몸부림치는 작은 영혼을 45분간 줄곧 지켜본 끝에 마침내 루아하 강과 산림 감시대 야영지, 여행자 휴게소, 활주로가 이들 시야에 들어왔다. 그러나 막 착륙을 시도하려던 찰나 갑자기 나타난 얼룩말 떼가 활주로를 뒤덮었다. 조종사는 급히 기체를 다시 위쪽으로 띄웠는데, 그는 차분히 활주로 상공을 맴돌며 얼룩말 떼가 자리를 완전히 뜨기를 기다리지 않고 돌연 겁을 내며 강 건너편에 불시착을 시도하려 기체를 하강시켰다.

부조종석에 앉아 있던 데릭이 급작스런 하강을 감지하고 고개를 들어보니 계기판 너머로 거친 벌판과 드문드문 흩어져 있는 덤불, 초목이 눈에 들어왔다. 데릭이 말했다. "설마 여기에 착륙하려는 건 아니겠지!"

조종사가 답했다. "맞습니다!"

데릭이 소리쳤다. "이런, 안 돼!"

곰베에서 1974년은 한시적으로 적은 수의 외국인―연구자 2명, 학생 5명, 에밀리―이 거주하는 가운데 조용히 시작되었다. 연구자 둘은 에든버러 대학 출신의 대학원생들로 둘 다 주된 관심 분야가 성性이었다. 그들 가운데 캐롤린 투틴은 특히 교제consortship 행위를 중심으로 침팬지의 성 행동에 대한 연구를 거의 마무리 짓는 단계에 있었으며 나머지 한 사람인 데이비드 앤서니 콜린스는 개코원숭이의 성 교제 행동을 이제 막 관찰하기 시작한 터였다.

 캐롤린이 연구를 통해 증명했듯이 침팬지는 대개 난교亂交의 행태를 보인다. 전형적인 경우, 번식기에 들어선 암컷 침팬지의 회음부가 분홍빛으로 부풀면 보통 여러 마리의 난폭한 수컷 녀석들이 번식기 암컷에게 몰려든다. 하지만 침팬지의 두번째 성교 유형인 '교제' 관계에서는 한 암컷이 수 시간 혹은 수일에 걸쳐 한 수컷과만 관계를 갖는데 그 양태 또한 훨씬 더 평온하다. 교제 관계에서는 꼭 높은 지위가 아니더라도 운이 좋거나 영리한 수컷 한 마리가 다른 수컷들이 딴 데 정신을 팔거나 자리를 떠나 있는 사이 번식기에 들어선 매력적인 암컷에게 접근해서 일종의 신혼여행과도 같은 조용한 사파리 여행을 떠나자고 청한다. 암컷이 바로 설득되지는 않기 때문에 이때부터 수컷의 확신이 암컷의 불안감을 이겨내는 드라마가 펼쳐진다. 수컷은 암컷을 의미심장한 눈으로 쳐다보며 잎이 달린 나뭇가지를 흔드는데 침팬지 사회에서 이 몸짓은 '나를 따라오라'는 의미이다. 이때 흔히 암컷은 주저하는 모습을 보이거나 어린 새끼에 정신을 판다. 한껏 달뜬 수컷은 더 세찬 몸짓으로 한 번 더 나뭇가지를 흔든다. 그래도 암컷이 여전히 망설이거나 계속 새끼에게 정신을 팔고 있으면 수컷은 세번째로 나뭇가지를 흔든다. 그래도 암컷이 신호를 무시하면 수컷은 암컷에게 펄쩍 뛰어가 두 팔과 다리로 그녀를 내리친다. 이렇게 회유와 위협을 번갈아가며, 확신에 찬 수컷은 확신이 서지 않는 암컷을 설득해서 따라오게 하는 데 성공한다. 수컷은 암컷―새끼가 있는 경우에는 새끼까지―을 이끌고 숲속 낯선 곳으로 사파리 여행을 나서는데 대개 다른 수컷과 마주칠 가능성이 낮고 암컷이 그에게 보호를 청하여 몸을 바짝 붙일 만한 곳을 택한다. 그들만의 포근한 장소에 당도하면 수컷은 암컷에게 보호자가 되어줄 뿐 아니라 심지어 다정한 친구 역할까지 자청하는데 그 대가로 암컷은 그 수컷하고만 짝짓기를 한다. 수컷은 세심하게 암컷의 털을 골라주며 필요에 따라 암컷의 사소한 기호를 존중해주기도 한다(평소보다 늦게 잔다든가, 저쪽 대신 이쪽으로 간다든가 하는 것들). 그리고 둘의 성 관계는 암컷이 일반적으로 경험하는 것보다 훨씬 더 잔잔하고 차분한 분위기로 이루어지며 그 빈도로 훨씬 낮다. 교미 횟수가 보통 하루에 다섯 번 정도에 지나지 않는다.

곰베의 개코원숭이들의 교제 행태 역시 이와 비슷하다. 토니(앤서니) 콜린스는 애초에 침팬지를 연구하려고 했지만 1974년 무렵 자신이 개코원숭이를 무척 마음에 들어한다는 사실을 깨달았다. 그가 보기에 개코원숭이들은 침팬지 못지않게 매 순간순간이 TV 드라마 같았고, 특히 기운이 드세고 도무지 통제가 되지 않는 갓 난 새끼 개코원숭이들 때문에 희극적인 요소도 상당했다. 침팬지들은 무리 안에서 소집단 구성을 수시로 달리하는 경향이 있어서 관찰자를 혼란스럽게 하기도 하는 반면, 개코원숭이들은 구분이 훨씬 더 명확한 '무리' 안에서 생활하며, 이러한 무리 내 모든 구성원은 시각 및 청각적으로 서로 끊임없이 접촉하기 때문에 각 개체가 경험하는 사회의 크기가 침팬지에 비해 현저히 작아 관찰자가 이해하기 훨씬 쉽다. 또 개코원숭이는 침팬지에 비해 성장 속도가 매우 빠르다. 토니는 내게 이렇게 설명했다. "옛날 찰리 채플린 영화를 일반 속도로 돌린 것이 침팬지의 일생이라면, 같은 영화를 '빨리 감기'로 돌린 것이 개코원숭이의 일생입니다."

토니와 캐롤린은 서로의 노트를 비교했으며 에밀리와 다른 스탠퍼드 대학 학생들 다섯 명(존 크로커, 줄리 존슨, 짐 무어, 리사 노웰, 사라 심슨)과 하루 동안 있었던 일화를 공유하기도 했다. 새해 첫날은 당연히 곰베에서도 휴일이었기에 이날은 곰베 사람들 모두 특별한 아침 겸 점심을 먹으러 "위층"로 힘겹게 올라갔고 식사 중에는 토니와 줄리 존슨이 고대 만다린 결투 기술을 선보였다. 즐거운 시간이었다. 그러는 와중에 그들은 다음 주 안에 곰베에 새로 들어올 스탠퍼드 대학 학생 셋, 그리고 닷새가 지나면 그럽과 함께 (아마도 데릭도 더불어) 돌아올 제인에 대해서 이야기했다.

제인이 곰베에 없는 동안에는 줄리 존슨이 제인의 호숫가 막사를 쓰고 있었는데 그녀는 제인이 곧 돌아올 것에 대비해 1월 5일 초저녁 막사 안을 청소하고 물건을 정리했다. 줄리 존슨은 청소와 정리를 마치고 나서, 쓰레기를 한쪽으로 툭툭 던져 쓰레기 더미를 만드는 대신 깊이 파인 변소 구멍으로 곧바로 이어지는 실로 효율적인 나선형 통로를 만들어 그리로 쓰레기를 전부 밀어 넣어버렸다. 막사 정리를 마치고 자기 물건을 챙겨 자신의 작은 알루미늄 오두막으로 돌아온 줄리는 이제 나름대로 집들이 파티를 벌일 준비를 했다. 줄리에게는 부모님이 이제 막 우편으로 보내준 귀한 버몬트 체다 치즈와 최근에 키고마에서 사온 비싼 1쿼트짜리 블랙앤화이트 위스키가 있었는데 평소 마시는 탄자니아 코냑기와 비교하자면 그들에겐 꽤나 사치스러운 술이었다. 줄리는 술을 따라 마실 스테인리스 컵 몇 개를 모았다. 치즈도 꺼냈다. 그런데 위스키가 어디로 갔을까?

줄리의 숙소에 이제 막 도착한 손님 몇몇이 손전등을 들고 줄리와 함께 그녀가 밟았던 길을 더듬어 변소까지 갔다. "그래, 저 아래에 있네!" 누군가가 손전등으로 구멍 안을 비추어 한 번 더 확인했다. "보인다!" 어쨌거나 파티는 열렸고 리사 노웰이 자신이 갖고 있던 증류주를 내놓았다. 얼마 지나지 않아 줄리가 누군가의 제안에 따라 변소에 떨어진 병을 주워오는 사람에게 상을 주겠다고 선언했다. "좋아요, 누가 '추'에서 위스키를 꺼내오면 그만한 대가를 상으로 줄게요."

다음날 1월 6일 아침, 토니, 줄리, 리사는 키고마 공항에 도착할 제인과 그럽을 마중 나가기 위해 보트를 꺼냈다. 호수에 배를 띄워 모터에 시동을 걸고 남쪽을 향해 키고마로 떠나는 여정을 시작했는데, 곰베의 연구기지에서 남쪽으로 8백여 미터 떨어진 곳에 위치한 니아상가의 삼림 감시대 초소 및 공원 본부에서 몇몇 사람들이 그들을 향해 그쪽으로 오라고 손짓했다.

세 사람은 보트를 호숫가에 댔으며 그곳의 송수신 겸용 무전기를 통해 방금 입수된 소식을 들었다. 제인, 그럽, 미스터 브라이슨이 타고 있던 비행기가 추락했다는 것이었다.

기체가 파손되고 데릭이 갈비뼈 몇 군데에 금이 가긴 했지만 제인, 데릭, 그럽, 조종사 모두 생존했다. 얼마 지나지 않아 제인과 그럽은 곰베로 돌아왔으며, 데릭은 공원부 일로 키고마로 간 뒤 며칠을 그곳에 묶여 있었다. 줄리 존슨과 그녀의 위스키 병에 대해서 이야기하자면, 줄리는 사람들이 밤마다 각자 숙소로 돌아가는 길에 갖가지 희한한 도구—집거나 낚아채는 도구—로 술병을 끌어올려보려고 시도하느라 변소 주변에 손전등이 깜빡거리는 것을 자주 목격하곤 했다. 그러다 1월 17일, 짐 무어와 캐롤린 투틴이 드디어 병을 꺼냈다. 그럽에게서 빌려온 낚싯대 끝에 둥근 고리를 만들고 정확한 지점으로 요령 있게 고리를 내려 끈이 병목에 단단히 묶이도록 한 다음에 줄을 당긴 것이다. 두 사람은 이 소중한 물건을 두루마리 휴지로 둘둘 말아 싼 다음 의무실로 가져가 변성 알코올로 닦아 소독하고 철저한 정밀 조사를 거친 끝에 내용물이 사람이 음용하기에 적합하다는 결론을 내렸다. 에밀리는 일지에 썼다. "추'에서의 12일간의 숙성기가 위스키의 풍미에는 전혀 손상을 가하지 않은 것으로 판명되었음."

제인은 사고가 있고 나서 일주일이나 지난 뒤에야 편지로 어머니에게 추락사고 소식을 알렸다. 제인은 "별 일 아니었다"고 어머니를 안심시키며 편지가 너무 늦은 것에 대해 용서를 구했다. "너무 걱정하실까 봐 말씀드릴 수가 없었어요. 나중에 알려드리려고 했죠. 하지만 지금 와서 보니 벌써 신문이나 라디오에서 추락 사고에 대해 보도를 했더라고요. 다른 사람을 통해서 들으실 수 있단 생각을 못하다니 제가 **어리석었어요**."

제인은 이어서 이렇게 썼다. 막상 비행기가 추락한다는 생각이 들자 "무척 차분하고 침착한 기분이 됐어요. 사실 두렵다는 생각 따윈 들 겨를도 없었죠. 그것만 생각나요. 나무에 부딪힐 게 분명한(실제로 부딪혔어요) 그 좁고 빽빽한 공간으로 초속 35미터 속도로 떨어지는데 이젠 죽는구나 싶었답니다. 그래서 그럽을 더 세게 끌어안았어요." 기체는 추락한 뒤 한 번 튀어 거친 땅바닥 위로 떨어지며 바퀴 하나가 떨어져나갔고 이어 나무와 흰개미 둔덕에 부딪히고 나서 기울어 미끄러지고 돌며 땅바닥을 가르다, 마침내 휜 한쪽 날개를 땅에 박은 채로 서서히 멈췄다. 제인은 기체가 완전히 멈춰서기 전에 팔로 문을 밀어 열었고 데릭은 손을 뻗어 엔진을 껐다. 그때 조종사가 "빨리 밖으로 뛰어내리세요. 기체가 곧 폭발합니다"라고 말하고는 밖으로 훌쩍 뛰어 사라져버렸다. 제인은 그럽의 안전벨트를 풀어주며 문밖으로 기어나가 비행기로부터 가능한 한 멀리 도망치라고 일렀고 그럽은 제인이 시킨 그대로 했다. 하지만 그렇지 않아도 마비된 두 다리 탓에 원활히 움직이기가 힘든 데릭은 위에 올려져 있던 짐마저 몸 위에 떨어져 꼼짝달싹 못하고 있었다. 거기다 반대쪽 문은 바닥을 향해 있어 밀어도 꿈쩍도 하지 않았다. 제인이 필사적으로 짐을 잡아당겨 옆으로 치웠다. "지갑이라도 잃어버렸소?" 데릭이 장난스럽게 묻고는 자신이 한 농담에 스스로 웃으며 그녀를 돌아보았다. 제인이 그럽이 앉았던 쪽 문을 열고 밖으로 기어 나왔고 데릭은 조종사 쪽 문으로 무거운 몸을 이끌고 나왔는데 머리부터 떨어지며 바닥에 고꾸라지고 말았다.

전원이 추락한 비행기에서 다 기어 나왔을 즈음에 강 건너편에서 비행기 추락을 목격한 공원 직원들이 (유유히 유영하는 악어들에도 아랑곳하지 않고) 맨몸으로 강을 가로질러, 아마도 형체를 알아볼 수 없게 다친 사람들을 기체에서 꺼내야 할 것이란 생각을 하며 비행기까지 달려왔다. 사람들이 모두 무사한 것을 보고 안심한 그들은 짐을 모아 강 건너편으로 옮기기 시작했으며 제인과 데릭과 그럽이 그들 뒤를 따랐다.

루아하 휴게소에 도착한 세 사람은 마른 옷으로 갈아입은 다음에 편안하게 차를 마시며 그들 모두가 살아 있다는 사실이 얼마나 경이로운지 생각했다. 사실 제인은 그날의 비행기 사고를 통해 좋은 교훈을 얻었던 듯하다. 버치스로 부친 편지에 썼듯 그녀는 "추락 사고를 경험해보는 사람도 많지 않고 더구나 그렇게 심하게 파손된 비행기에서 살아 나온 사람은 더더욱 흔치 않지요. 이제야 비로소 우리가 안전하다는 확신이 든답니다. 여기 사람들은 저희더러 우리가 탄자니아에서 자신들을 마저 도울 수 있기를 신이 바라신 거라고, 그렇게 말을 하네요. 일종의 예언 같기도 하고, 묘한 기분이 들어요." 제인은 이어서 썼다. "제가 생각하기에 아프리카는 지금까지의 제 삶을 지배해온 원동력이었어요. 이젠 더 그런 기분이 들어요. 거의 죽을 뻔한 상황을 겪고 나니 많은 것들이 제자리를 찾아가는 기분이 드네요. 아시죠, 그런 일(죽음 말예요)이 언제라도 실제로 일어날 수 있다는 걸 갑자기 깨달은 거죠. 그래서 삶이 제게 맡긴 일에 최선을 다하자는 생각이 들어요."

제자리를 찾아가는 듯한 많은 것 중에는 데릭과 휴고 문제가 있었다. 제인이 그토록 망설여하고, 불안해하고, 데릭 측에 인내심을 구해온 문제였다. 사고가 발생한 날 저녁 코끼리 무리를 구경하러 나온 낭만적인 분위기의 산책길에서 제인과 데릭은 각자 배우자와 이혼하고 결혼을 하기로 약속했다.

하지만 두 사람은 동시에 한층 더 복잡한 상황에 맞닥뜨리고 있었다. 추락 사고가 곧 라디오를 통해 보도될 것인 이상 이제 두 사람은 단호하게 행동하지 않으면 안 되었다. 데릭은 아내 보비와 장성한 두 자녀에게 이 상황을 설명해야만 했다. 제인은 휴고를 만나야 했고 그럽에게 이 새로운 상황을 납득시켜야 했다. 끝없이 이어질 설명, 비난, 눈물, 분노, 충격, 고통, 그리고 이혼을 생각하면 제인은 온몸의 기운이 다 빠져나가는 듯한 심적 혼란에 빠졌다.

제인은 1월 중순 데릭에게 보낸 편지에 이러한 불안감을 토로했다. 곰베의 날씨는 유난히 더 극적이고 변덕스러웠으며 제인은 지붕을 내리치는 빗소리, 거칠게 파도치는 호수 소리에 귀를 기울이며 "이불 속으로 들어갈 때마다 당신이 내 곁에 있었으면, 그래서 같이 한 이불을 덮고 있었으면 하는 마음이 간절해요" 하고 썼다. 제인은 이렇게 덧붙였다. "하늘이 계속 뿌옳더니 천둥, 번개를 동반한 세찬 폭풍우가 호수를 건너 우리 위를 휩쓸고 지나갔어요. 그런데 누가 신기한 마법이라도 부린 듯 하늘은 이제 우울한 검은색에서 풍성한 흰 구름이 점점이 떠 있는 파란색으로 바뀌었답니다." 실로, 대단한 폭풍우가 지나간 뒤에 마법처럼 찾아온 청명한 날씨는 마치 그들 삶의 마음속 날씨와 같았다. "당신이 이 편지를 받으면 어떤 기분이 들까요? 걱정, 불안, 긴장, 그런 느낌일까요? 크나큰 위기에 봉착한 심정? 근심에 찬 무거운 분위기? 아니면, 만사에 행복해하는 마음일까요? 다음에 우리가 다시 만날 생각을 하면 편지를 받은 것이 마냥 기쁘기만 할까요? 우리 사이의 텔레파시가 왜 더 강렬하지 않은 걸까요? 당신의 느낌을 왜 제가 알지 못할까요?"

텔레파시를 대신해줄 송수신 겸용 무전기가 제인의 호숫가 막사에 설치되었다. 일차적으로는 응급 상황이 발생할 경우에 대비해서 외부 세계와의 의사소통 수단을 마련하기 위한 것이었지만 데릭이 공원부 업무로 출타 중일 때 그와 사적으로 연락하고 싶은 마음에서였기도 했다. 하지만 물론 이 사적인 대화는 절대 '지나치게' 사적일 수는 없었는데 이는 무전기를 소지한 다른 사람이 둘의 대화 내용을 얼마든지 엿들을 수 있기 때문이었다. "무전기가 싫어질 지경이에요." 2월 26일 제인은 데릭에게 불만에 찬 편지를 썼다.

아무런 대화도 할 수 없으니까요. 정말 궁금한 것도 물어볼 수 없고……. 사랑하는 당신, 제가 여기서 무언가를 더 바라는 것이 과연 잘못인지 알고 싶어요. 진정 그런 걸까요. 당신과 지금보다 더 단단하게 함께이고 싶어요. 수신기가 작동이 안 돼 걱정이에요. 안테나가 너무 낮게 설치된 걸까요. 목요일에 새 배터리를 구해서 한 번 더 시도해볼 작정이에요. 일이 잘못되지 않게 해달라고 날마다 기도하고 또 기도해요. 그렇게 돼버리면 우린 서로를 잊을 수도, 용서할 수도 없게 될 테니까요. 우리 관계에 너무도 큰 짐이 놓이게 되겠죠. 제 두려움의 실체가 무엇일까요? 전 정말 모르겠어요.

　제인이 두려워한 것들 중 하나는 이혼에 이르는 과정에서 휴고와 그의 어머니 모에자가 그럽을 데려갈 수도 있다는 것이었다. 다행히 휴고는 그때까지 분별 있는 모습을 보여주었다. 사실 그는 그해 1월, 잠비아에서 압수된 포획 침팬지들을 인근 세네갈 숲에 돌려보내기 위해 애쓰는, 한 매력적인 젊은 여성 스텔라 브루어에 대한 영상물 제작 작업을 하느라 서아프리카로 떠나 있었다. 2월 초에 돌아온 휴고는 제인에게 (제인이 다시 밴에게 2월 10일 편지로 전한 바에 따르면) 두 사람이 "미래에 대해 이제 마음을 정해야 할 때"라며 제인이 "과연 휴고를 위해 곰베를 떠날 수 있는지" 여부를 결정해달라고 말했다. 그의 발언은 당연히 "격한 논쟁"을 불러일으켰지만 그래도 두 사람은 결국 "모든 일을 조목조목 상의한 뒤에 사뭇 차분한 분위기에서 그건 결코 좋은 생각이 아니라는 결론에 도달"했다. 같은 편지에서 언급했듯이, 제인은 휴고가 스텔라 브루어에게 내심 연정을 품고 있다는 느낌이 들었다. 휴고가 "무척 유쾌해 보이고 스텔라나 그녀의 가족들 얘기에 무척 열을 올리는 것을 보니 뭔가가 있다는 느낌이 들더군요. 그렇기만 하다면야 <u>굉장히 좋겠죠</u>. 단지 그가 말을 하지 않고 있을 뿐."

　제인은 물론 두 사람의 이혼이 그럽에게 미칠 심적인 영향도 걱정이었다. 그럽은 "여러 일들에 기뻐하는 듯했으며," "더없이 좋고 차분하게 받아들이는 것" 같았다. 곰베에서 그럽의 같은 반 친구들 중 다수는 아버지가 아내를 여럿 두었기에 그럽은 휴고가 두번째 아내를 얻는 것이 당연하다고 여겼다. 제인이 은두투로 가거나 휴고가 곰베로 올 때는 그 두번째 아내도 잠시 휴고 아내로서의 역할을 내려놓고 휴식 기간을 가질 수 있을 것이라고도 했다.

　휴고와의 고통스러운 논쟁의 시간이 일단 마무리되자 (제인이 2월 10일 편지에서 밴에게 밝은 어투로 썼듯이) 분위기가 "한결 밝아졌고. 이젠 다 잘 되겠다" 싶었다. 하지만 사실 이때 휴고와의 대화는 다소 성급히 진행되었고, 제인은 결국 그로부터 한 달이 지난 3월 초가 되어서야 그에게 모든 것을 다 털어놓았다. 그리고 휴고는 다시 한 번 분별 있는 모습을 보여주었다. "휴고에게 말했어요. 한 단계 더 나가서요." 제인은 3월 4일 데릭에게 알렸다. "휴고가 제게 무척 친절한 편지를 보냈거든요(제가 한 단계 더 나간 얘기를 하기 전에요). 그 편지를 받고 다시 목 놓아 우는데 무언가가 미워졌어요. 뭐가 미운 건지 저도 모르겠어요."

휴고의 반응에 대한 걱정이 기우였음이 드러나는 과정에서 제인에게는 이제 새로운 근심거리들이 생겨났다. 2월 말께 그럽의 치통이 심해졌다 낫기를 반복했으며 제인은 다르에스살람에서 어떻게 치과의사를 구해야 할지 걱정되었다. 제인은 키고마에서 택시로 백 킬로미터 정도 이동하면 있는 카방가의 선교병원에서 치과의사로 일하는 케이트 수녀를 떠올렸다. 하지만 그럽이 아파하는 것을 볼 자신이 없었다. 자신이 어린 시절에 만났던 치과의사—제인은 그를 '고문 기술자'라고 부르기도 했다—에 대한 기억으로 인해 그럽이 받을 고통이 더 걱정되기만 했다. 결국 에밀리가 케이트 수녀에게 진료 예약을 하고 3월 1일 금요일 이른 아침 비가 내리는 날씨에 직접 그럽을 데리고 키고마로 향했다. 번들거리는 비닐 우비를 걸친 그럽은 뱃머리 장식처럼 뱃전에 머리를 내밀고 앉아 앞으로 펼쳐질 모험에 한껏 들떠서 호수를 내려다보았다.

"8시까지 안 와도 걱정하지 마세요." 에밀리는 말했다. 하지만 제인은 7시 반이 되고 두 사람이 돌아오지 않은 채 날이 점점 어두워지자 슬슬 걱정이 되기 시작했다. 제인은 혼자 저녁을 때운 후 8시에는 식당으로 건너가 연구자들이나 학생들과 함께 캐러멜 커스터드를 디저트로 먹었다. 사람들은 제인이 걱정에서 벗어날 수 있도록 여러 다른 이야기들을 꺼내며 제인더러 시계 좀 그만 보라고 핀잔을 주었지만 제인은 같이 있는 사람들의 눈 역시 자꾸 같은 방향을 향하는 것을 느낄 수 있었다. 9시가 되자 모두들 별문제 없지만 그냥 보트가 늦게 도착하게 되는 갖가지 흔한 이유들을 대기 시작했다. 마침내, 맹렬한 두통과 차마 이어붙일 수 없는 끔찍한 생각과 이미지의 단편들이 밀려드는 것을 견디지 못한 제인이 자신의 막사로 돌아갔다. 제인은 신발을 갈아 신은 뒤 갖고 있는 전등 중 가장 빛이 강한 것을 들고 연장 몇 개와 밧줄을 챙겨 나왔다. 호숫가를 따라 삼림 감시대 초소까지 걸어가 그곳에 정박된 공원 보트를 빌린 뒤 배를 천천히 키고마로 몰고 가면서 혹시 부서져 표류하는 배가 있는지 찾아볼 생각이었다. 이때쯤 제인은 두려움과 공포에 완전히 사로잡힌 상태였기 때문에 토니 콜린스와 그랜트 하이드리히(곰베에 이제 막 도착한 스탠퍼드 대학 학생)가 제인과 동행했다. 세 사람은 삼림 감시대 초소를 향해 호숫가를 따라 걸었다. 그런데 10분여가 지나고 보트 소리가 들렸다. 그들이 소리치자 저편에서 모두 괜찮다고 외치는 에밀리의 목소리가 들려왔다.

호숫가에 당도해 식당으로 올라온 그럽은 사람들에게 그날의 무용담을 늘어놓느라 여념이 없었다. 왼쪽 위 어금니 하나와 오른쪽 아래 어금니 하나를 뺐으며—그럽이 입을 열자마자 모두 확인할 수 있었다—자기가 참 잘해서 굉장히 즐거운 시간을 보내고 왔다는 것이었다. 에밀리는 "정말 대단했어요. 케이트 수녀님이 어쩜 이렇게 착하고 씩씩하냐고 칭찬하셨답니다" 하고 그럽을 거들었다. 그럽은 심지어 케이트 수녀의 손을 거들어 X레이 사진 현상을 도와주기까지 했다. 그러고 나서 키고마로 돌아오는 택시 안에서 그럽이 길가에 난 키 큰 대나무들을 봤는데 일전에 제인이 커튼 봉으로 쓸 대나무가 필요하다는 말을 떠올린 그럽은 택시기사에게 차를 멈춰달라고 부탁했으며 기다란 대나무 세 그루를 잘라 장대를 만들었다(안타깝게도 커튼 봉으로 쓰기엔 너무 컸다). 그것 때문에 시간이 지체된 것도 있었지만 귀가가 늦어진 가장 주된 이유는 케이트 수녀가 다른 응급 환자를 돌보느라 오후 늦게까지도 그럽의 입 안을 들여다볼 시간을 내지 못해 출발 자체가 늦었기 때문이었다.

소년에게는 작고 유쾌한 모험의 날이었지만 어머니에겐 악몽 같은 하루였다. 그날 밤 그럽이 잠들고 난 뒤 제인은 뜬 눈으로 자리에 누워 있었는데 (나중에 데릭에게 썼듯) "당신에 대한 걱정" 또 "휴고에 대한 걱정, 다른 여러 일에 대해 두루두루 걱정하는 마음 반, 어느 정도는 그럼에 대한 걱정에서 벗어나 좀 홀가분한 기분 반"이었다. 마침내 제인은 담요를 두르고 "간식으로 간단히 비스킷"을 먹은 뒤 호숫가로 나가 "폭풍우가 연출하는 장관"을 바라보았다.

처음에는 사방이 평온했다. 빛나는 별이 점점이 박힌 검은 하늘이 바람 한 점 없는 따스한 밤을 돔처럼 뒤덮고 있었다. 하지만 호수 저 너머 하늘은 "칠흑빛이었고 콩고 산 저 너머에서는 거의 쉬지 않고 번개가 내리치는 것이 보였어요. 번쩍, 번쩍, 번쩍, 북으로, 남으로, 서로." 돌연 "보는 이의 눈이 멀 듯 강렬한 두 갈래 전광이 산 혹은 호수 저 멀리를 내리쳤고 이어 고막을 찢을 듯 귀가 얼얼하게 큰 우레가 울리는데 소리가 들릴 것을 뻔히 예상하고 있었으면서도 그만 놀라서 펄쩍 뛰었답니다. 하지만 제 머리 위로는 여전히 별이 반짝였고 따스한 밤공기를 흔드는 바람 한 점 없었어요." 그 장면의 모든 것이 "너무도 웅장하고 경이로워서 당신이 제 곁에 있어 이 장엄한 풍광을 함께 볼 수 있다면 얼마나 좋을까 생각했지요." 그러나 30여 분이 지나고 "먹구름이 별을 하나, 둘 삼키기 시작했어요. 빠르게, 더 빠르게. 그리고 저는 폭풍이 다가오는 소리를 들었지요. 저 먼 곳에서 들리던 희미한 속삭임이 한순간에 굉음이 되었지요. 평평하고 잔잔하던 호수 면에 조금씩 일기 시작한 잔물결은 이내 윙윙대는 바람이 호수 위를 덮치자 무섭게 철썩이는 파도로 변하더군요."

제인은 막사로 달려가 열려 있던 창문 위로 캔버스 천을 내리고 각종 서류를 단단히 묶어 고정시키고 다른 물품들은 이불 속에 넣어두었다. 필요한 예방 조치를 거의 마쳤을 즈음 "폭풍우에 실려 온 굵은 빗방울들이 하늘에서 후드득 떨어지기 시작했으며 천둥이 바로 제 머리 위에서 내리쳤어요. 풍랑이 사납게 이는 호수 위로 번개가 닿아 '치직' 하는 소리가 들리는 것만 같았어요." 이불에 폭 싸인 채 다른 방에서 곤히 잠든 아들에게 입맞춤한 뒤 제인은 자기 침대 속으로 기어들며 홀로 상상했다. 침대에 누운 자신을 데릭이 따뜻하게 감싸주는 상상이었다. "둘이 함께 비바람이 내는 목소리에 귀를 기울여요. 그 '목소리'는 우리는 한낱 누군가의 꼭두각시에 지나지 않다고, 우리는 주어지는 것들을 그저 충실히 따라야 하는 존재라고, 우리보다 더 큰 존재가 우리에게 마련해준 대로 움직여야 한다고 깨우쳐주려는 것 같아요."

3월 말, 제인이 봄 학기 강의를 위해 스탠퍼드 대학으로 향할 즈음에 제인과 휴고의 상황은, 제인이 데릭에게 "잘 풀렸어요. 신기하고 놀라울 정도로요" 하는 편지를 쓸 정도가 되었다. 제인은 다르에스살람 비행장에서 창문을 사이에 두고 데릭과 길고 조용한 작별 인사를 나눈 뒤에 다르에스살람을 빠져나가는 비행기 안에서 이 편지를 썼다. 그리고 아루샤에서 비행기가 더 많은 승객들을 싣는 동안 제인은 창밖을 내다보며, 제인이 바라보는 동안 역시 제인을 바라보고 서 있던, 파란 셔츠의 그의 모습을 다시 한 번 생생히 떠올려보았다. "당신의 눈과 내 눈에 어린 그 사랑은 비록 낡고 오래된 창유리가 가로막고 있어도 여전히 너무도 맑게 빛나기에, 우리 둘 사이를 걸어가는 행인이 있다면 그는 멈칫하며 확인해볼 것입니다. 방금 자신이 본, 아침 햇살 속에 아름답게 빛나는 거미줄 같은 그것이 무엇인가 하고요. 제가 당신을 떠날 때 마음이 그렇게 꿈 같았답니다. 우리의 사랑 외에는 모든 것이 현실이 아닌 듯했어요."
　제인은 본머스의 버치스에서 며칠을 머물렀다. 외할머니 대니는 기관지폐렴에 걸렸다가 직접 제인에게 말한 것처럼, 죽음의 문턱까지 갔다 성 베드로가 가라고 밀쳐내 이승으로 돌아온 다음에 서서히 병에서 회복되어가는 중이었다. 한편 휴고는 나이로비에서 제인에게 전화를 걸어 우울한 목소리로 스텔라 브루어에 관한 최근 소식을 전하며(그녀는 최근 휴고에게 양면적인 감정이 엿보이는 편지를 보냈다고 했다) 이혼 절차가 네덜란드에서 신속하게 처리될 수 있는 것 같다고 알려주었다. 그리고 제인은 미국으로 떠났다. 영국해외항공회사의 여객기는 두터운 흰 구름의 거대한 바다 위에 펼쳐진 푸른 하늘과 거친 대기를 가로질렀다. "이 끔찍한 우울을 떨쳐버리려면 어떻게 해야 하나요?" 그녀는 (데릭에게 쓴 편지에서) 이렇게 묻고는 흡연구역 쪽에서 풍겨오는 담배 연기로 인한 짜증을 가라앉히려 두 눈을 감았다. 잠깐 졸고 난 뒤 차 한 잔을 마시고 업무 서신을 살펴본 제인은 데 릭이 최근에 보낸 연서들을 다시 읽어보고 스스로를 자기만의 상상의 낙원 으로 데려갔다. 그녀와 그가 언젠가 함께 나눌 온갖 경이로운 소리와 장면 들로.

하지만 그녀가 도착한 곳은 봄을 맞은 캘리포니아, 아름다운 계절을 맞 은 희망의 땅이었으며, 제인은 친구들—예를 들어 데이비드와 페기 햄버 그는 제인을 따뜻하게 맞이하며 가족끼리 하는 외식 모임에도 그녀를 초대 해주었다—과 침팬지 연구자들과 인간생물학부 학생들과 과거, 현재, 미 래의 곰베 사람들과 함께 있는 것만으로 금세 행복해졌다. 제인은 4월 1일 일요일 데릭에게 썼다. "존[크로커]을 만났어요. 어제 도착했다는군요. 키 고마에서 작별 인사를 할 때 모습 그대로던데요! 존, 참 좋은 사람이죠. 만 나서 무척 반가웠어요. 낸시 부부와 메릭과 니콜슨도 봤고 대학원생들— 앤[퓨지], 바버라[스머츠], 해럴드 바우어]—도 만났답니다. 캐시 픽포드는 아이 젖을 떼는 중이래요. 모두들 자신이 진행하는 연구에 열심이었고 곰 베 이야기를 듣고 반가워했답니다. 사람들을 만나니 참 좋아요."

제인의 방은 캠퍼스 안의 스탠퍼드 교수회관에 있었기 때문에 제인은 마 흔번째 생일을 맞은 4월 3일 첫 강의를 마치고 주변을 돌아보며 캘리포니 아의 봄을 음미했다. 꽃망울이 터지고 새들이 지저귀고 간간이 불어오는 산들바람은 맑고 상쾌했다. 캘리포니아로 오는 비행기에서 한 여자 승무 원이 제인을 알아보고 『인간의 그늘에서』를 쓴 유명 작가를 만났다며 건넨 카네이션 꽃다발은 그녀의 방에서 여전히 싱싱한 모습으로 은은한 향기를 내뿜고 있었다. 교수회관을 운영하는 여자는 제인에게 사과꽃 꽃다발을 가 져다주었다. 그리고 그날 아침 밝은 햇빛을 받으며 사무실로 걸어가던 도 중 제인은 흥미로운 동물들, "아름다운" 개 한 마리와 비둘기 한 마리와 마 주쳤다. 비둘기는 "많이 길들여진" 것 같았는데 "윤기 나는 깃털들이 다양한 색채를 띠고 있어 보기 드물게 화려한" 새여서 제인은 처음 공작새를 떠올렸고 곧 이어 데릭을 떠올린 그녀의 마음은 자연스레 백일몽으로 빠져들어 약간은 방향감각을 상실한 채로 길을 잘못 들어서 결국 "평소보다 더 걸었지만 오히려 더 좋았다."

데릭은 제인에게 보석으로 장식된 물고기 모양 펜던트를 선물로 주었다. 제인은 항상 목에 걸고 다니는 이 물고기를 향해 종종 말을 걸기도 했지만 그냥 고개를 숙여 "꼬리를 팔딱거리며 작고 푸른 눈으로 내게 윙크하는" 이 작은 친구가 거기에 있는 것만 봐도 "따스하고 행복한 기분"이 느껴지곤 했다. 또 제인은 자신의 풍부한 상상력을 활용해서 언제라도 은신처로 피신할 수 있었다. 언제나 그래왔듯, 그녀는 두 눈을 감으면, 빛나는 꿈을 꾸는 듯한, 자신이 불러온 일종의 최면 상태에 서서히 빠져 들었으며 이때부터 스스로 '상상 활동'이라고 부르는 것을 시작하고 했다. 제인은 이따금씩 데릭을 위해 그 자세한 내용을 알려주곤 했다.

당신은 아마 서 계실 거예요. 무전기를 이제 막 껐겠죠. 그럽과 막 통화했는지도 몰라요. 아니면 최소한 그럽에 대한 소식을 들었던가요. 어쩌면 작은 집에서 당신이 기르는 물고기를 바라보거나 먹이를 주고 있는지도 모르지요. 아니면 벌써 밖으로 나가 시내에 있을 수도 있겠네요. 그것도 아니라면, 아예 다른 장소에 있을 수도 있죠. 그러니 당신이 저와 함께 이곳에 있다고 상상해도 괜찮겠지요. 적어도 제 위치만큼은 제가 분명히 알고 있으니까요. 그래서 당신이 제게로 와요. 저는 양팔로 당신을 끌어안고, 제 두 손으로 당신의 머리카락을 느끼고, 당신의 살아 있는 따뜻한 입술에 입 맞추고, 우리의 사랑을 깊이, 깊이, 더 깊이 느껴요.

그러고 나면 그녀는 자연히 그의 편지가 기다려졌다. 제인은 그가 보낸 편지를 하나하나를 보관해두고 꼼꼼히 읽고 또 읽으며 그 안에 담긴—대체로—사려 깊고 애정이 묻어나며 그녀를 한껏 격려해주는 그의 글에서 위안을 얻었다. 하지만 늘 그런 것만은 아니었다.

예를 들어 성聖 금요일이었던 4월 12일, 제인은 아침에 (데릭에게 곧 편지로 써 보냈듯) "비참한" 기분으로 자리에서 일어났다. 방 창문으로 따스한 햇살이 비쳐 들었고 제인은 차를 마신 뒤 자리에 앉아 다급한 업무 서신을 처리했다. 그때 문에서 노크 소리가 났다. 우편물. 데릭이 보낸 편지였다. 제인은 기분이 한결 나아지는 느낌이었다. 하지만 편지를 읽어본 뒤 제인은 "기분이 매우, 매우, 매우 나빠졌다." 다시 일을 하려고 했지만 도저히 집중할 수가 없었다. "자신을 절제하는 데는 한계가 있죠." 제인은 썼다. "지금 저는 무척 비참하고, 혼란스럽고, 외롭고, 그래요, 두렵습니다. 제가 하는 일이라곤 사람들을 불행하게 만드는 것뿐이군요. 이럴 거면 제가 더 살아야 할 이유가 과연 있을까요. 모든 게 갈수록 더 엉망, 엉망, 엉망진창이 되어가고 이젠 당신마저도 제가 잔인하다고, 말도 되지 않는 이유로 당신을 불행하게 만들고 있다고 말하는데, 데릭, 이런데 대체 제가 살아갈 이유가 있다고 어떻게 느낄 수 있나요. 휴고도 불행하고, 보비도 불행하고, 어머니도 걱정하시고, 다른 모든 사람들도, 글쎄요. 그 사람들이 어떨지는 제가 모르겠네요." 제인이 편지를 쓰는 동안 라디오에서는 베토벤의 피아노 협주곡 5번이 아름답게 연주되고 있었는데 이 협주곡의 느린 악장은 언제나 그녀를 울게 했다.

그해 봄 제인은 많은 걱정과 불안과 두려움을 안고 있었지만 그녀가 마음 깊숙이 품고 있었던, 그리고 짐작해보건대 그 이유가 충분히 합당했던 두려움은 어느 날 데릭이 그녀에게서 떠나버리거나 그녀를 외면해버릴지도 모른다는 것이었다. 당시 두 사람은 몇 번에 걸쳐 겨우 며칠을 함께 보냈을 뿐이었고, 지난 12월 미국에서 두 사람이 함께한 열흘이 그들이 함께 보낸 가장 긴 기간이었음을 감안한다면, 두 사람의 폭풍 같은 열애—주로 서로 멀리 떨어진 상태에서 열정적인 서신 교환과 가끔의 장거리 전화 통화로 진행되었을 뿐이었다—의 강도는 참으로 대단한 것이었다. 그들의 열애가 또 하나 대단한 것은 두 사람 모두 서로에게 품고 있는 이상적인 이미지에 매료되어 그토록 짧고 간헐적인 관계 때문에 너무도 많은 위험을 감수하고 있다는 사실이었다. 두 사람이 낮과 밤을 함께할 때면 그들은 거의 처절하다 싶을 정도로 행복했지만, 만에 하나 서로에게 품고 있는 이상적인 이미지가 실제로는 잘못되었다거나 불충분한 것으로 드러난다면? 제인은 한 달 전 이렇게 쓴 적이 있었다. "가끔은 당신이 제게 너무 많은 것을 기대하고 있단 생각에 두려워요. 행여 당신이 제게 실망해서 지금 우리가 이렇게 많은 고통을 불러일으킨 것을 나중에 후회하게 되지 않을까. 하지만 되돌리기엔 이젠 너무 늦어버렸죠."

자신의 모습에 데릭이 결국 실망할 거라는 그녀의 두려움은 특정한 한 가지 문제에 집중되어 있었다. 제인이 미국이나 스탠퍼드 대학과 맺고 있는 관계를 끊어놓을 수만 있다면 자신이 할 수 있는 것은, 그 누구도 아닌 바로 그녀를 위해, 무엇이라도 하겠다고 선언한 그때—겨우 몇 달 전이었을까?—부터 두 사람 사이에 상존해온 문제였다. 데이비드 햄버그와 다른 스탠퍼드 대학 친구들이 끈질긴 노력을 기울인 덕분에, 미국 유수의 15개 자선단체의 회장들이 자신들의 돈을 어떻게 써야할지 듣고자 모인 회의장에 제인이 기조연설자로 초청됐을 때에도 두 사람 사이에는 같은 문제가 불거졌다. 이번 초청은 제인에게 큰 영예였고 소중한 기회였다. 문제는 그녀를 대신해 성사된 이 약속을 지키려면 미국 땅에 예정보다 5월 4일까지, 즉 사흘을 더 머물러야 한다는 것이었다. 데릭은 런던에서 5월 1일에 제인을 만날 것으로 이미 계획을 세워둔 터였다. 데릭은 더 이상 떨어져 있는 것을 도저히 견딜 수가 없다며 괴로움이 묻어나는 편지를 제인에게 보냈다. 그는 미국인들이 여는 이 회의가 어리석은 시간 낭비일 뿐만 아니라 자신의 연인을 대서양 저 너머에 또 한 차례 잡아두는 무의미한 일이라고 폄하했다. 그는 제인이 이 약속을 깨뜨리기를 바랐다. 그렇게 하는 것이 그녀에게 이 기회를 마련해주고자 애쓴 사람들에게 폐가 된다 해도 나쁠 것 없다는 태도였다.

제인이 이미 알고 있었던—그래서 그만큼 두려웠던—더 근본적인 문제는 그가 제인의 일에서 미국과 관련된 부분에 대한 관심이 부족하다는 것이었다. 그녀는 또한 이처럼 자신의 포부를 그가 충분히 이해해주지 않는 것이 그녀와 그녀의 순수한 바람에 대한 철저한 무시로 이어질까 두려웠다. 아니면 그냥 모든 게 수컷의 소유욕에 따른 질투심이라는 단순한 이유였을까? "오, 내가 사랑하는 당신." 제인은 간청했다.

당신에 대한 그리움도 이다지도 큰데 저한테 죄책감까지 느끼게 한다면, 과연 우리가 어떻게 될지 당신은 모르시겠어요? 당신을 떠나 있을 때마다 제게 이렇게 한다면 우리의 미래가 어떻게 될지 당신은 정말 모르시겠어요? 제가 어떻게 처신해야 하는지, 당신과 제가 생각이 다른 것을 걱정하는 편지를 써서 보낸 그때, 이미 이러한 우려가 제 마음 한구석에 자리하고 있었어요. 저는 한 번도 당신에게 거짓을 말한 적이 없고, 한 번도 나 아닌 모습을 내 것인 양 포장한 적이 없어요. 저는 처음부터 줄곧 미국에서 제 일을 계속해야 할 거라고 말했어요. 저는 이 일이 중요하다고 생각하니까요……. 만일 우리가 같이 살면서 제가 계속 당신에게 이런 고통을 준다면 우리 사이가 어떻게 될까요? 제가 꼭 해야 한다고 느끼는 일을 하러 이곳에 올 때마다 죄를 짓는 느낌을 받는다면 우리가 어떻게 함께할 수 있나요? 사랑하는 데릭, 제 말의 의미를 정말 모르시겠어요? 당신이 미국을 사악하게 보는 것을, 또 미국인들은 저를 이용하려고만 든다고 생각하시는 것을 저도 알고 있어요. 하지만 그들이 저를 위해 해준 것들은 왜 보지 못하시나요?

크나큰 심적 고통으로 힘든 시기였다. 하지만 제인은 개인적인 생활은 사적인 것으로 유지하려고 애썼기에 곰베의 연구자들이나 학생, 직원들은 이따금씩 이상한 분위기를 감지할 뿐, 두 가지 중요한 변화를 알게 된 것은 아주 나중의 일이었다. 그들은 처음에 휴고에 대해 들었다. 그리고 나중에는 데릭에 대해. 그리고 제인이 혼란 그 자체가 되어버린 자신의 사생활에 어떤 질서를 부여하려 남모르게 힘겨운 싸움을 이어가는 동안, 곰베에서는 전반적인 연구 작업이 순풍에 돛 단 배처럼 원활히 진행되었고 이곳 사람들은 그 어느 때보다 생산적인 시기를 보내고 있었다.

새로운 스탠퍼드 대학 학생들 커트 부세, 그랜트 하이드리히, 킷 모리스 세 사람이 1월 11일 곰베에 도착했으며 1월 26일에는 박사후 과정을 밟고 있는 래리 골드먼이 침팬지의 놀이 행동을 연구하러 왔다. 아내 헬렌도 함께였는데 그녀는 그럽을 돌보고 개인 교습도 해주기로 했다. 제인이 2월 첫째 주 즈음하여 집에 보낸 편지에 썼듯 헬렌은 자신의 능력을 충분히 증명해 보이고 있었다. 그럽은 "헬렌에게서 <u>최상</u>의 교육을 받고 있어요. 헬렌이 무척 열심히 해주어서 그럽이 책을 너무도 쉽게 읽네요. 감탄스러울 정도예요. 헬렌은 <u>너무</u> 잘 지내는 정도는 아니지만 날마다 더 잘 지내고 있는 것 같아요. 그럽이 많은 도움이 되고 있죠."

거의 같은 시기에 데이비드 리스가 돌아왔다. 데이비드는 작년 여름 곰베에서 일을 마치고 떠난 뒤에 스탠퍼드 대학을 졸업하고 의학대학원에 입학했지만 이런저런 삶의 경험을 하고 곰베에서의 자신의 연구 성과를 책으로 써서 내보려고 1년 동안 휴학계를 낸 터였다. 달리 말하면 그에게 시간이 난 것이라서 제인은 그를 다시 곰베로 불렀고 이 소식에 에밀리가 무척 기뻐했다. 4월 6일에 도착한 데이비드는 곧 커트 부세와 공동으로 수컷의 지배력, 공격성, 섭식, 영역화 행동을 연구했다. 후에 데이비드와 커트는 공동 작업의 초점을 독신 수컷인 피건의 삶에 맞추기 시작했고 두 사람은 작심을 하고 사람들에게 관찰당하는 데 어느 정도 내성이 생긴 이 한 마리 영장류 짐승을 장장 50일간 연속으로 관찰했다("둥우리에서 시작해 둥우리로 끝나는", 즉 피건이 아침에 둥우리에서 걸어 나오는 순간부터 밤에 둥우리로 다시 기어 올라갈 때까지). 이 기록적인 장기 관찰 기간 동안 두 사람은 풍부한 양적 데이터를 축적했으며 결국 이를 하나의 논문에 녹여내서 과학 전문 저널 「폴리아 프리마톨로지카」에 발표했다.

또한 이 기간 동안 데릭 브라이슨은 곰베가 국립공원이기 때문에 발생하는 행정 업무를 맡아줄 누군가가 있다면 곰베에—그리고 너무 많은 짐을 지고 있는 에밀리에게—도움이 될 것이라는 판단을 내렸다. 전에도 한 번 시도했지만, 적합지 않은 한 남자가 그 자리를 맡아서 1973년 말께 잠깐 곰베에 머물렀다가 큰 혼란만 부추기고 떠난 적이 있었다. 데릭의 공이라 할 만한 것으로, 그는 이번에는 이 직책에 여성을 고용함으로써 관례에 도 전하는 인사를 단행했다. 제인은 버치스로 보낸 1974년 1월 16일자 편지에 서 이 조처에 대해 언급했다. "데릭이 이번에는 저희에게 탄자니아 여성을 구해주려고 해요. 에밀리를 도와주려고요."

당시 탄자니아에서는 여성이 일자리를 얻거나 직업을 갖는 것이 무척 드 문 일이었고 매리이서 로헤이(애칭 이서)는 공원에서 일하는 몇 안 되는 여 성 중 한 사람이었다. 그녀는 1948년 12월 12일 아루샤 지역 마마이사 마 을에서, 아내 셋과 슬하에 아이들 열다섯을 두고 목축 및 가축 매매업에 종 사하는 마사이족 로헤이의 딸로 태어났다. 이서의 어머니 보이에게는 네 자녀가 있었는데 그녀는 그중 막내였다. 이서는 처녀 시절에 자수에 취미 를 붙이기도 했지만 거의 대부분의 시간을 아버지가 치는 소를 돌보며 보 냈다. 간호사가 되는 것이 꿈이었지만, 살고 있는 작은 마을에서 중등학교 가 있는 다르에스살람까지 통학하는 길에는 종종 만야라 호수 국립공원의 동물들을 구경하곤 했다. 학업을 마치고 병원에 간호사로 취직했지만, 얼 마 지나지 않아 피를 보는 일이 자신에게 맞지 않음을 깨닫고, 만야라 호수 에서 보았던 온갖 흥미로운 동물을 떠올리며 탄자니아 야생동물부에서 일 을 하는 것이 좋겠다고 생각했다. 이서는 응고롱고로 보호지역을 찾아가 그곳 관리자에게 일자리가 있느냐고 물었다. 그는 (이서가 기억하는 대로 쓰 자면) "숲에서 일하는 사람들이 다 남자라서 여자는 혼자일 텐데요. 영 불 편할 거요. 응고롱고로 보호구에서 같이 일할 만한 다른 여자들이 있는지 알아봐주겠소"라고 말했다.

그는 다른 두 여성을 구했으며 이 세 여성을 음웨카 대학의 아프리카 야 생동물 관리자 과정에 보내 학위를 받도록 했다. 학위를 마친 다음에 그들 셋은 응고롱고로에서 관광객들의 분화구 출입을 안내하는 가이드로 일하기 시작했다. 후에 그들은 일터를 탄자니아 국립공원으로 옮겼다. 그리고 1974년 초 어느 날, 탄자니아 국립공원 소장인 데릭 브라이슨이 이서에게 곰베에서 일해보지 않겠냐는 제안을 했다. 이서는 말했다. "좋아요. 하지만 한 번도 가본 적이 없는 곳이니 일단 장소부터 보고 싶습니다." 그녀는 그해 초 곰베에서 두 주를 보내고 아루샤로 돌아와 짐을 쌌으며 4월 말 즈음, 젊고 미숙하고 수줍음 많고 다정한 인상을 풍기는 이 아프리카 여성은 국립공원 관리자 직책을 맡아 에밀리와 함께 일하게 되었다.

이서는 알루미늄 미니포트 독채에서 지냈으며 학생들이나 연구자들과 함께 저녁식사를 했다. 이서는 곰베에 있는 것이 금방 편해지고 사람들이 전부 마음에 들었다. 행정 업무는 "다소 과중"했지만 많은 사람들이 그녀의 일을 덜어주었다. 요리사 도미니크는 무척 친절했다. 그는 "아, 어떤 종류의 음식을 좋아하나요? 맛있는 계란빵을 만들어줄까요?" 하고 묻거나 "좋아요. 우리 집으로 가서 카사바(고구마 같은 덩이뿌리가 달리는 아프리카의 주요 식량 자원—옮긴이) 요리를 먹읍시다" 하고 말했으며 곧잘 그의 아내가 음식을 만들어주곤 했다. 요리사 보조인 사디키 루쿠마타도 늘 이서에게 뭘 먹고 싶으냐고 물었다. 도미니크나 사디키는 우울해하는 법이 없었다. 그들은 항상 얼굴에 미소를 띠고 있었다. 그리고 이서에게 늘 도움을 많이 주고 좋은 조언을 해주는 앤 퓨지가 있었다. 그녀는 무척 공손하기도 해서 이서는 그녀를 많이 좋아했다. 이서가 좋아한 사람 중에 또 크레이그 패커가 있었다. 그는 이서를 자주 놀렸지만 "항상 응원해주고 잘 웃고 늘 미소를 건넸"으며 이서와 "함께 있을 때 참 즐거워했다." 헬렌 골드먼은 스와힐리어 실력을 늘려보려고 노력했기에 자주 "이서, 이건 뭐예요? 이게 무슨 뜻이죠? 이건 스와힐리어로 어떻게 말해요?" 하고 물어왔다. 그리고 이서의 가장 중요한 동료인 에밀리가 있었다. 에밀리는 늘 변함없이 이서를 지지해주었고 항상 "안녕하세요. 이서, 지금은 뭐 해요? 어려운 게 있나요? 내가 도와줄까요?" 하며 말을 건넸다.

물론 이서의 상관은 데릭 브라이슨이었다. 이서가 그와 아주 긴밀하게 일한 것은 아니지만 어쨌거나 그녀는 데릭을 "어렵지 않은" 사람으로 기억하고 있다. 다른 사람에게는 몰라도 이서에게만큼은 데릭은 "꽤 괜찮은" 사람이었다. 하지만 에밀리는 이서가 학생들과 여는 파티에 참석하기 전에 머리를 올려보려고 빗어 내린 머리카락을 다시 말고 있던 때를 여전히 다소 격앙된 감정으로 회상했다. 그때 미스터 B(브라이슨)가 이서에게 "흠, 지금 뭘 하는 건가? 태생은 아프리카여도 미국인 흉내를 내보고 싶은 건가?" 하고 말했다. 자긍심이 강한 여성이었던 이서는 데릭의 발언에 무척 마음이 상했고 이서의 이러한 감정을 느낀 에밀리는 데릭에게 분노가 치밀었다.

데릭은 가끔 퉁명스럽고 권위적인 면을 드러냈다. 이따금씩 잔인하다 싶을 정도로 솔직하기도 했다. 그는 종종 사람들에게 미리 알리지 않은 채 중요한 결정을 내리기도 했고 자신이 그렇게 결정한 이유에 대해 충분히 설명을 하지도 않았다. 일부 학생들은 그를 쌀쌀맞고 독단적이며 다른 이들에게 감사할 줄 모르는 사람으로 여기기도 했다. 하지만 당시 그는 많은 책임을 맡고 있었고, 심중에 안고 있는 걱정거리도 많았다. 그는 사회적으로 중요한 인물이었다.

제인은 5월 초에 미국을 떠나 4일 영국에 도착해서 본머스에서 가족들과 며칠을 지냈으며 네덜란드에서는 휴고를 만나 이혼 서류를 제출하고 그와 공식적으로 남남이 되었다. 제인은 캘리포니아의 조앤 트래비스에게 이렇게 써 보냈다. "휴고와 저는 계획한 일을 마쳤어요. 헤이그 법정에서 5분 만에 끝나버리더군요. 우린 <u>아주 좋은</u> 친구예요. 여전히."

제인이 그달 말 곰베에 돌아와 보니, 그녀가 집으로 부친 편지에 썼듯이 일들이 "아주 잘" 진행되고 있었다. 개코원숭이 새끼들이 많이 태어났고 연구자들 사기가 "매우 높았다." 새로 부임한 관리자 이서 로헤이에 대해 말하자면 "모두가 그녀를 무척 좋아했다." 이서는 "쉬지 않고" 일했으며 "효율적이고 영리해" 보였다. 학생들은 또 제인이 휴고와 이혼했다는 소식을 "꽤

반기는" 것 같았다. "대놓고 축하하는 것까진 아니지만, 거의 그런 분위기예요!" 학생들 중에 킷 모리스는 "최고"의 침팬지 관찰을 해냈는데 그는 두 암컷 침팬지 어시너와 미프가, 열 마리 남짓 되는 개코원숭이 무리로부터 방금 죽인 부시벅을 훔친 뒤에, 피가 범벅인 약탈물을 나무 위에서 먹고 있는 모습을 목격했다. 그런데 몇 분 뒤 피건(그 "교활한 녀석")이 나타났다. 암컷 침팬지들이 전리품을 들고 달아나버릴 것을 우려한 피건은 몸을 한껏 낮추고 유순하게 다가가서는 30초 정도 비굴한 자세로 비는 듯싶더니 일단 그들에게 아주 가까이 접근하고 나자 먹이를 통째로 잡아채갔다. 제인이 볼 때 이는 "다분히 피건다운" 행동이었다.

그럽 역시 상태가 무척 좋아 보였는데 이 시기만큼은 "낚시할 기분"보다는 "나무에 오를 기분"이었는지 여기저기를 돌아다니며 나무에 올라 뛰어내리거나 덩굴에 매달리느라 열심이었다. 제인은 매주 토요일 저녁을 그럽에게 할애하기로 결심했으며 그렇게 맞은 첫번째 토요일에 모자는 호숫가에 앉아 모닥불을 피우고 저녁을 준비했다. 저녁식사를 마친 뒤에는 막사에 돌아가 제인이 그럽을 침대에 눕히고 『반지의 제왕』을 읽어주었다.

골칫거리는 딱 하나, 쥐, 그것도 무척 큰 쥐로 제인이 잠자리에 들려고 할 때마다 제인의 침대를 가로질러 다니기를 반복하는 실로 "거대한 쥐"였다. 쥐는 그 수가 기하급수적으로 늘어나 6월에는 막사가 쥐 떼로 가득 찰 지경이었다. 제인은 그럽이 휴고와 시간을 보낼 수 있도록 아이를 데리고 비행기로 응고롱고로 분화구를 향해 떠날 준비를 하면서 에밀리에게 그들이 자리를 비운 동안 막사에다 쥐덫을 몇 개 놓아달라고 부탁했다.

응고롱고로에서 휴고와 재회한 제인은 무척 좋은 시간을 보냈다. 이제 부부가 아닌 이상 두 사람의 관계는 서로에게 훨씬 더 만족스러웠다. 휴고는 스텔라와의 관계가 어떤 진전과 후퇴를 보이고 있는지를 제인에게 고백했고 제인은 이 상황에서 어떻게 해야 할지에 대해 아낌없이 조언해주었다. 6월 21일 집으로 보낸 편지에 제인은 이렇게 썼다. "휴고와 단순히 친구 사이라는 것이 얼마나 다행인지 말로 다 표현할 수가 없네요. 덫에 사로

잡힌 듯 절망적인 상황으로 저를 몰아넣던 그 행동들을 지금도 그대로 반복하고 있지만, 이젠 저와는 <u>무관하다</u>는 사실이 그렇게 다행스러울 수가 없어요. 저희는 무척 잘 지내고 있어요. 그럽에게 무척 잘 된 일이지요." 그럽은 응고롱고로에서 몸이 아팠고, 줄곧 추운 날씨가 이어졌지만 그래도 무척 즐겁고 신나는 시간을 보냈다. 그럽이 밴과 대니에게 보낸, 처음으로 제법 어른스러운 느낌이 묻어나는 편지에서 아이는 이번 여행에 대한 이야기를 모두 써 보냈다. "저희는 계속 밖에 나가서 하이에나를 봤어요. 하이에나 한 마리가 코뿔소한테 물리고 나서 바닥에 고꾸라졌어요. 다리를 절뚝거렸어요. 가까이에 사자들이 있었는데 그 사자들이 하이에나를 죽였어요. 사자는 하이에나를 싫어하거든요. 그런데 다른 하이에나들이 전부 이 하이에나를 지켜주려고 뛰어들어서 사자들을 겁주었어요. 다음날 아침에 보니 하이에나가 아직 살아 있긴 했지만 오래 살진 못할 것 같았어요."

마침내 제인과 그럽이 곰베 막사로 돌아왔을 때 두 사람은 조심조심 쥐덫이 놓인 자리를 찾아보았지만 덫에 걸린 쥐는 단 한 마리도 없었다. 제인은 집에다 이렇게 썼다. "누가 그럽이나 제 발가락을 잡을 <u>속셈</u>이었다면 이보다 더 잘 놓았을 수가 없어요. 침대 <u>바로</u> 밑에, 커튼이나 침대 덮개 <u>바로</u> 밑에 잘도 갖다 놓았죠. 참 재미있는 일이죠. 어쨌건 아직까지 쥐가 한 마리도 잡히질 않았네요. 저희 손가락이나 발가락도요. 제 <u>생각</u>엔 쥐가 그냥 사라져버린 게 아닌가 싶어요."

마치 성경의 전염병 이야기처럼 쥐는 곧 뱀으로 대체되었다. 곰베는 곧 뱀으로 넘쳐나는 듯했다. 곰베에 방문한 에밀리의 한 자매는 오싹한 일을 경험했다. '추' 안에 앉아 홀로 명상에 잠겨 앉아 있다가 경악스럽게도 두 다리 사이로 고개를 쳐들며 나타난 커다란 코브라를 발견한 것이다. 다행히 그녀는 자리에서 발딱 뛰어올라 옆으로 뛰어내려 문을 부셔져라 열어젖히고 부리나케 달아났다. 그리고 대학원생 줄리엣 올리버는 자기 사무실에서 일을 보던 중 문득 고개를 들어 위를 쳐다보다가 아가리를 쩍 벌리고 있는 거대한 녹색 뱀을 보기도 했다. 그리고 마지막으로 어떤 연구자는 개코원숭이 에보니가 관槽 모양 머리를 한 검은맘바와 마주친 것을 발견했다. 제인이 7월에 데릭에게 보낸 편지에 쓴 것처럼, 곰베는 "온통 뱀 천지"가 된 것이다.

7월 20일 제인은 부르크 바르텐스타인에서 "영장류의 행동: 인간 진화의 관점에서"를 주제로 열린 베너-그렌 학술회의에 참석을 하러 비행기에 올랐다. 제인과 데이비드 햄버그가 기획한 이번 학술회의에서는 곰베 동창생 셋—데이비드 바이곳, 패트릭 맥기니스, 빌 맥그루—이 논문을 발표했다. 이타니 주니치로와 니시다 도시사다 역시 탄자니아의 곰베 강 남쪽, 마할 산맥에서 연구를 진행하는 일본인 팀을 대표해 참석했으며, 루이스 리키의 세 여걸—제인, 다이앤 포시, 비루테 갈디카스 브린다무르—도 모두 참석했다. 제인이 나중에 가족들에게 써서 보냈듯이 학술회의는 "진정 환상적"이었고 그들 모두 다정한 분위기 속에서 루이스를 위해 건배를 들며 그가 지금도 살아 있어 "자신이 후원한 세 여성이 이러한 자리에 한데 모인 모습"을 보지 못한 것을 안타깝게 여겼다.

8월 초에 동아프리카로 돌아온 제인은 다르에스살람과 루아하 국립공원에서 데릭과 꿈 같은 열하루를 보내고 그달 중순께 곰베로 돌아왔다. 커트 부세와 데이비드 리스는 피건을 50일간 쫓아다닌 끝에 8월 19일, 드디어 관찰을 종결했고 이에 제인은 데릭에게 "오늘은 피건이 다소 방치되고 있다고 느꼈을 거예요!" 하고 써 보냈다. 같은 시기에 매력적인 미국 여배우 캔디스 버겐은 곰베를 방문해 직접 사진을 찍으며 많은 이들의 기억 속에 곰베를 영원히 남기는 작업에 열심이었다. 보도 사진의 영역에 발을 들이기 시작한 이 여배우는 「레이디스 홈 저널」의 의뢰를 받아 '유인원 사이의 제인'을 주제로 기사를 작성했다.

그렇게 1974년 여름도 지나갔다. 그해 제인과 데릭은 거의 여름 내내 떨어진 채 편지와 무전기를 통해서만 간간이 소식을 나누었다. 무전기를 통해 흘러나오는 데릭의 목소리는 어떨 때에는 무척 또렷했지만 어떨 때에는 지

직거리는 소리와 섞이기도 했고 간혹은 심하게 떨리기도 했다. 제인은 데 릭에게 썼다. "마치 피가 주기적으로 제 양쪽 귀를 맹렬히 흐르는 듯하지 만, 들으면 기분이 황홀해요."

10월 초, 제인은 그럽을 본머스 가족들에게 맡기고 다시 한 번 캘리포니 아로 날아갔다. 팔로알토 월너트가 1551번지에 빌린 집에 도착한 당일 제 인은 고열과 극심한 울혈 증세로 침대에 겨우겨우 기어서 들어갔지만 금방 증세가 사라져 곧 즐거운 마음으로 집 구석구석을 돌아보며 데릭 앞으로 보낼 편지를 쓰고 또 썼다. 제인은 늘 그렇듯 학생들을 가르치고 그들과 대 화를 주고받는 것이 더없이 좋았다. 그 어느 때처럼 제인은 그녀 주변에 펼 쳐진 자연을 느끼고 관찰하는 데서 커다란 기쁨을 느꼈다. 이는 아주 작고, 인간에게 거의 길들여지다시피 한 동물과 마주쳤을 때도 마찬가지였다. 예 를 들면, 뒤뜰을 찾아드는 벌새가 있었다. 제인은 벌새에 대해 이렇게 썼 다. "모이통을 발견하면 아주 가까이까지 날아와요. 방금도 조그마한 깃털 뭉치 같은 그 녀석이 양 날개를 부르르 떨며 여기 왔다 갔답니다. 지금은 잔가지 위에 앉아 윙윙거리며 우스꽝스러운 노래를 부르고 있어요. 하지 만 아주 천천히 보면 분명 퍽 예쁜 광경일 거예요." 두 사람이 서로 떨어져 있을 때면 제인은 자주 데릭을 떠올렸다("아름다운 것을 보거나 들을 때마다 제 곁에 있는 당신의 얼굴을 떠올리고 무언가를 읊조리는 당신의 음성을 상상 해요. 그러다 보면 저는 어느새 언제나 웃고 있는 체셔 고양이처럼 얼굴에 커 다란 함박웃음을 짓고 앉아 있답니다!").

캘리포니아에 와 있었던 지난 두 차례의 시기 동안에 제인을 그토록 격 렬하게 사로잡았던 절망적인 기분들도 이젠 과거의 일이 된 듯했는데, 아 마 데릭의 편지가 이제는 훨씬 더 따뜻하고 긍정적인 어투를 띠게 된 것이 하나의 이유였을 것이다. 그해 10월 데릭은 이제까지의 결혼 생활에 종지 부를 찍는 고통스러운 절차에 집중하고 있었다. 그해 대부분의 나날을 영 국에서 보내던 보비가 이혼을 처리하기 위해 다르에스살람에 돌아온 것이 다. 그가 제인을 만나기 전에도 그들의 결혼 생활이 이미 내리막길을 걷고 있었다고는 해도 제인은 보비가 겪을 고통을 생각하면 너무도 마음이 아파서, 제인이 데릭에게 보낸 편지에 썼듯이 일이 "손에 잡히지 않을" 지경이었다. "상황이 어떤 식으로 진행될지, 당신에게—또 그분께—얼마나 고통스러울지. 다시 당신과 가까이에 있게 되었는데 그분이 어떻게 감당할지. 그분이 너무, 너무, 너무 안됐어요. 어쨌거나 당신을 잃는 기분이 어떤 것일지 저는 능히 짐작할 수 있으니까요. 저라면 제 내면으로 저를 가두어버리겠죠. 제 영혼은 죽은 것이나 다름없을 거예요."

그달 중순에 밴과 그럽이 캘리포니아를 찾았다. 다소 지쳐 보였던 밴은 심한 두통에 시달리고 있었는데 기내에서 머리 위에 떨어진 큰 상자의 뚜껑이 열리는 바람에 1킬로그램가량의 깡통에 머리를 부딪친 탓이었다. 그럽은 기분이 무척 좋아보였는데 손에 들고 온 장난감 비행기에서는 장난감 화약 폭탄이 발사되었다. 제인은 화약을 더 사다 주었고 그럽은 폭탄을 쏘고 놀면서 옆집 사내아이와 친구가 되었다. 제인은 여전히 이혼이 아이에게 미쳤을 영향이 걱정되었다. 밴은 그럽이 본머스에서 데릭 이야기를 하지 않으려고 했다고 알려주었다. 밴이 그럽에게 제인과 휴고는 이제 부부가 아니라고 말하자 그럽이 단호하게 절대 그렇지 않다고 소리 질렀다는 것이다. 제인은 (데릭에게 쓴 편지에서) "아시겠죠. 그럽은 사실 혼란스럽고 힘든 상태예요" 하고 결론을 지었다. 그럼에도 한편 제인은 "그럽이 제게는 당신에 대해 무척 즐겁게 말해요. 일부러 그런 척하는 것 같진 않답니다" 하고 썼다. 아이가 진정 속으로는 어떻게 느끼고 있을지는 그저 짐작만 해볼 뿐이었다.

밴과 그럽이 캘리포니아에 머무르는 제인을 잠깐 방문한 그사이에도 제인은 여느 때처럼 과로하고 병을 앓았다. 제인은 어쩌면 옛날에 걸렸던 말라리아가 재발한 것이 아닐까 추측해보았다. 어쨌거나, 제인은 데릭에게 "그제는 저녁 무렵에 지독하게 앓았고 어제는 그냥 진종일 끔찍하게 아팠답니다"라고 썼다. 그래도 제인은 일을 멈추지 않았다. 두 차례의 강연을 강행했고 학생들을 만나 그들이 진행하는 다양한 프로젝트와 그들이 안고 있는 다양한 고민들에 대해 상담을 해주었다. 그리고 결국 "집으로 돌아와 그대로 쓰러졌어요!"

그달 말, 제인은 여전히 "머릿속이 몽롱했으며" "아침에 제대로 몸을 일으킬 수 없을" 정도로 아팠지만 동부로 향하는 비행기에 기어이 올라탔다. 캘리포니아에 되돌아오기 전까지 필라델피아, 뉴욕, 시카고에서 열리는 각종 만찬, 인터뷰, 강연, 오찬, 회의, 학술대회를 소화해내야 했다. 앞으로 이어질 강행군이 못내 두렵기는 했지만 일단 비행기에 올라탄 이상 제인은 이제 스스로를 좌석에 매어둔 채로 혼자만의 평온한 시간으로 떠날 수 있었다. "의사와의 면담, 강연, 만찬, 온전히 자신일 수 없는 시간들, 원피스 구입 등" 각종 약속과 할 일들로 가득 찬, 회오리에 휩쓸린 듯 분주한 일상에 대한 생각에서 벗어나 제인은 그녀 일생일대의 사랑과 함께할 평화로운 미래에 대한 즐겁고 사색적인 이미지들에 자신을 내맡겼다. 기내는 빈자리 없이 꽉 차 있었다. 하지만 활주로를 달리던 비행기가 공중으로 기체를 띄워 하늘 위를 날기 시작하자 제인은, 여전히 몸은 아프고 지쳤지만, 조용히 스스로에게 미소를 지으며 깨끗한 흰 종이 위에 볼펜을 꾹꾹 눌러 글을 썼다. "지금 이 순간, 당신은 곰베에 계시겠지요. 다들 어떻게 지내는지 궁금합니다."

제인은 여러 가지가 궁금했다. 이서와 토니는 어떻게 지내는지, 길카, 세균에 감염되어 코가 발갛게 부은 우리 가엾은 길카는 상태가 어떤지 궁금했다. 에보니는 '호숫가 무리'의 대장 수컷으로서 잘하고 있는지도 궁금했다. 프로이트와 피피가 어떻게 지내는지도 궁금했다. 안부를 물은 뒤에는 여러 소망을 밝혔다. 지금 동부 여행을 떠나는 길이 아니라 마치고 돌아오는 길이었으면 하는 것도 여러 가지 소망 중 하나였다. 또 그녀가 간절히 바란 것은 데릭이 지금 이 순간 그녀 옆에 앉아 다정한 미소를 건네며 그의 밝은 두 눈동자로 그녀를 바라다보는 것이었다. "그런 때가 있었어요. 아프리카의 광활한 하늘과 맑은 공기 그리고 그곳의 동물들을 너무도 갈망해서 마냥 눈물이 나던 그런 때가. 아프리카. 이제 아프리카는 당신에 대한 생각과 촘촘히 엮여 있어 이제 아프리카를 떠올릴 때면 늘 당신을 생각하게 됩니다. 그렇지만 그 반대는 아니랍니다! 당신을 사랑해요."

36

가정생활 그리고 참사

1975

제인은 크리스마스가 지나고 얼마 되지 않아 그럽을 본머스 가족들에게 맡기고 런던에서 데릭을 만나 다르에스살람으로 이동했다.

1975년 1월 3일 곰베에 도착한 제인은 그달 중순께 본머스로 편지를 써서 돌아오는 24일에 있을 밴의 생일을 축하했으며, 그럽에게는 수족관 물고기들이 잘 살고 있으며 몸집도 많이 불었다고 전해주었다. 제인은 '점박이 제인'이라고 이름 붙인 물고기는 이제 "꽤 컸으며" 뱀장어 두 마리도 "양호"한 상태로 "서로 상당히 좋아하는 것 같다"고 썼다. 제인은 이어서 그럽이 없어 퍽 쓸쓸하고 허전한 기분이라고 했다. 밤이면 막사에서 혼자 속삭이거나 그럽의 침대 곁에서 아이가 잠들어 있는 모습을 상상하곤 했다.

하지만 당시 가장 중요한 소식은 제인이 곰베에서 제일 아끼는 사람 중 하나였던 에밀리가 스탠퍼드 대학 인간생물학 프로그램에 입학 허가를 받아 5월 말에 곰베를 떠나게 된 것이었다. 에밀리는 이미 독자적인 연구 프로젝트까지 시작한 터였다. 제인은 자랑스럽게 썼다. "에밀리가 꼭 해낼 것이라 생각해왔어요." 그리고 편지 말미에는 유쾌한 가십거리를 하나 덧붙였다. "두 사람을 알고 있을 만한 사람 **누구에게도** 말하시면 안 돼요. 사실

에밀리랑 데이비드 리스가 서로 <u>많이</u> 좋아한답니다."

그럽이 1월 말에 (새 영국인 가정교사 사이먼 스튜어트와 함께) 아프리카로 돌아와 제인과 함께 2월 첫째 주를 다르에스살람에서 보냈다. 제인과 데릭의 결혼식은 같은 주에 시민 결혼식(신랑이나 신부 거주지 시청에서 간소하게 올리는 비종교적 결혼식—옮긴이) 형태로 조용히 치러진 것으로 보이며 제인은 자신의 물품을 조금씩 다르에스살람 올드 바가모요로路 99번지로 옮기기 시작했다. 제인은 또한 다르에스살람 대학교에서 강의를 11시간 정도 하고, 곰베 일을 처리하고, 데릭이 키우는 털이 반질반질한 조그만 발바리 비틀에게 생긴 벼룩을 잡아주는 등 소소한 집안일도 보살폈다. 그리고 어느 몸집 큰 개가 니에레레 대통령이 키우는 공작을 죽인 사건이 있은 뒤로는 공작 깃털 펜으로 편지를 썼다.

제인은 2월 9일 그럽을 데리고 곰베에 돌아왔으며, 새롭게 깃든 가정생활의 정신으로 자신이 기거하는 막사를 대대적으로 손보았다. 복도의 기다란 세로 벽을 허물고 가로 벽을 더 늘려서 빛과 공기가 더 잘 들게끔 하고 공간 활용도를 높인 것이다. 제인의 서재는 본래 복도를 가운데 두고 낡은 창고와 마주보고 있는 좁은 방이었다. 예전의 이 방은 (제인이 집에 썼듯) "폐쇄공포증을 불러일으킬 정도로 <u>너무</u> 좁아서 그 방에서 뭘 하든 늘 끔찍한 기분이" 들곤 했다. 하지만 복도 벽을 거의 다 뜯어내버리자 막사는 "이제 서늘하고 멋진" 공간이 되었고, 제인은 예전의 서재와 창고가 합쳐진 공간에 앉아 "싱싱하고 푸르른 양치식물들을 바라볼 수 있었다." 침실도 전보다 더 커져서 그럽이 깃털, 조개껍질, 뼈 따위를 모아 '팟'이라는 박물관도 한쪽에 꾸몄다. 그뿐만 아니라 본머스 가족들이 그동안 가끔씩 선물로 보내준 작은 실내 장식품들—세라믹으로 된 오소리와 고슴도치 인형, 행주, 머그잔, 냅킨, 찻주전자 보온싸개, 차수건—을 적절한 자리에 세심하게 놓아두었다.

제인은 지금도 여전히 새벽 한두 시까지 자지 않고 각종 서류를 집어 들고 분류하며 마치 조립 라인에 선 공장 노동자처럼 일했지만 더 이상 일에 압도되는 느낌은 들지 않았다. 그리고 저녁마다 음식을 조금씩 밖에 내놓아 그녀가 일을 하고 있을 때 사랑스러운 정령들—사향고양이, 제닛고양이, 먹을 것을 찾아 부엌 창문 바로 밑에까지 찾아와 코를 킁킁대는 흰꼬리 몽구스—이 어두운 그늘과 밝은 달빛 사이를 드나들며 그녀 주변을 맴돌게 했다.

데릭이 그달 말께 선물꾸러미를 안고 도착했다. 다르에스살람에서 가져온 선물들 중에는 타자 전용 의자가 있었는데 제인은 집으로 보낸 편지에 "왕이나 여왕에게 걸맞을" 이 의자 덕분에 서재 분위기가 "환상적"이 되었다고 썼다. 데릭은 또 호숫가 막사 장식 프로젝트에 필요한 물품들—산호초 장식, 조개껍질, 바구니, 커튼 자재, 벽걸이 그림—도 여러 개 사왔다.

데릭이 사온 여러 물건들 중에서 가장 중요한 건 곧 다가올 그럽의 생일을 위해 준비해온 선물이었다. 토요일 오후에 쉬는 학생들과 연구자들도 파티에 참석할 수 있게 실제 날짜보다 사흘 앞당겨 3월 1일에 생일파티를 하기로 했다. 그날 아침 내내 그럽은 데릭에게 미리 받은 제일 큰 생일 선물인 새 낚싯대로 낚시를 했으며 그럽이 잡은 커다란 물고기로 제인과 데릭이 점심식사를 해결했다. 제인은 그날 오전 대부분에 낚시를 주제로 다섯 장짜리 생일카드를 그렸으며, 오후 세 시경 드디어 생일파티가 시작되었다. 스트리크노스(곰베 스트리크노스 종 열매로 껍질이 딱딱하고 크기가 테니스공만 하며 침팬지들이 좋아한다) 열매를 이용한 사과 낚시 게임(물을 채운 커다란 통에 사과를 띄워놓고 입으로 건져 올리는 놀이—옮긴이), 스캐빈저 헌트(주어진 목록의 물건을 전부 돈을 쓰지 않고 구해오는 놀이—옮긴이), 자루 달리기(두 다리를 자루에 넣고 뛰는 경주—옮긴이), 또 눈을 가리고 물고기 인형에 핀을 꽂는 어지러운 게임 등등이 진행되었으며 우승자에게는 부상으로 초콜릿을 수여했다. 그리고 제인이 케이크를 잘랐다. 데릭은 탄자니아산 위스키를 들고 나왔다. 제인은 케이크 위에 올려진 장식들이 특히 괜찮다고 생각했지만 막상 그럽은 아무것도 없는 조각을 골랐다. 파티가 끝나자 데릭, 제인, 그럽은 천천히 막사를 향해 걸었고, 베란다 계단에 앉아 애플파이 맛을 본 뒤 수영을 하러 갔다. 그리고 마침내 티타임 직전, 그럽이 나머지 선물 포장을 뜯었다. 포장을 풀자 어망, 낚싯줄, 낚시 칼, 주머니칼, 장난감 자동차 몇 개, 그리고 니에레레 대통령이 직접 보낸 레고 블록 세트가 나왔다.

제인은 나흘 뒤에 집으로 편지를 써서 그럽의 생일파티 소식을 전했다. 이때쯤 곰베의 날씨는 맑고 상쾌한 시기를 지나 흐리고 축축한 시기로 접어들고 있었다. 사실, 파티 날 뒤로는 줄곧 비가 내리고 있었다. 제인은 다음과 같이 썼다. "줄곧 비, 비, 비만 내려요. 식당도 큰물에 잠기고, 집 옆에선 폭포가 쏟아지고, 지붕에서 물이 새고, 사람도 젖고, 침팬지도 젖고, 개코원숭이들도 모두 홀딱 젖었답니다." 피건과 페이븐은 특히 더 비가 많이 내리고 추웠던 어느 날 이후, 평소보다 훨씬 더 크게 둥우리를 지어 서로를 껴안고 꼭 "붙어서" 갔다. 제인은 이를 지금까지 전혀 목격된 바 없는 실로 "경이로운" 광경이라고 생각했는데 이 모습을 발견한 사람은 에밀리였다. 에밀리는 (제인이 가족들에게 재차 상기시켰듯) 스탠퍼드에서 공부하기 위해 5월 말 곰베를 떠날 예정이었다. 제인은 편지에 썼다. "많이 보고플 거예요. 정말 열심히 하는 사람이에요. 날마다 쫓고 또 쫓고……, 한참을 쫓아다닌 끝에 흠뻑 젖어 돌아와서는 또다시 나가네요. 제가 짐작한 꼭 그대로예요!"

제인은 3월 후반 말라리아에 걸려 꼼짝 없이 침대에만 누워 땀을 뻘뻘 흘리고 몸을 벌벌 떨면서 오렌지주스만을 들이켰다. 곰베에 이제 막 도착한 스탠퍼드 대학생 미셸 트루도가 스프를 찾아준 뒤로는 스프를 엷게 타 마셨다. 곧 곰베에 찾아온 데릭이 스프를 더 끓여주었다. 3월 24일 월요일, 데릭은 제인이 다르에스살람에 머물면 건강을 더 빨리 회복할 것이라는 판단에 제인을 다르에스살람 집으로 데려갔다. 실제로 제인은 그곳에서 더 빠른 호전을 보였다. 제인은 조수 웅덩이 사이를 산책하며 오전을 보냈고 다른 날 아침에는 산호초가 있는 바닷가에서 수영을 했다. 제인과 데릭은 신기하게 생긴 물고기를 잡아 데릭의 수족관에 살고 있는 다른 물고기들과 같이 살게 넣었고, 유기견 보호소에서는 비틀의 좋은 친구를 구해왔다. 제인이 4월 초 가족들에게 썼듯이 비틀의 새 친구 스파이더는 "우리가 그동안 찾아온 <u>바로</u> 그런 개"였다. 생후 9개월 정도의 이 연노란색 암캐는 아담한 몸집에 털이 짧았으며 예쁜 미소에 이런저런 소리를 많이 내는 "<u>예쁘장한</u>" 개였다.

금요일, 원기를 회복한 제인이 데릭과 함께 곰베로 돌아왔다. 두 사람 눈에 비친 그럽은 "무척 활기찼으며" 제인의 막사는 "반짝반짝 윤이 났으며 정리정돈이 완벽한" 상태였다. 셋은 다 같이 근사한 저녁식사를 하며 부활절을 지냈다. 하지만 3월 31일 월요일, 제인의 병이 다시 도졌다. 일종의 '위장장애성 독감'인 듯한 이 질병으로 인해 제인은 몸이 몹시 허약해져서 음식을 먹을 수도, 돌아다닐 수도, 웬만한 일상생활마저도 할 수 없는 지경에 이르렀다.

제인은 자신의 41번째 생일인 4월 3일, "기적처럼" 병세가 호전되어 데릭, 그럽과 함께 치즈 소스 생선요리와 과일 파이 디저트를 만들어 가족끼리 조촐한 생일파티를 열었다. 그럽은 제인에게 줄 생일카드에 침팬지 그림을 그리고 바이킹과 색슨족 사이의 대전투에 관한 이야기를 썼다. 식사를 마치고 파이까지 먹고 나자 제인은 마음이 몹시 편해졌고 평소 몸 상태를 되찾은 기분마저 들었다. 이튿날 저녁 다시 한 번 제인의 생일파티가 열렸고 이번에는 학생들과 연구자들까지 모두 식당에 모인 가운데 식탁에는 "호화로운 성찬"이 차려졌다. 하지만, "파티 분위기에 흠뻑 빠져든" 와중에 제인의 몸 상태가 "다시 악화"되었지만 제인은 데릭 때문에라도 그렇지 않은 척할 수밖에 없었다. 데릭이 "**무조건** 떠나야 하는 상황이었어요. 안쓰럽게도 그동안 제게 너무 많은 시간을 할애했고 다르에스살람에서도 저를 간호해주느라 급한 일을 많이 취소했으니까요!"

데릭이 떠난 뒤 제인은 침대에 납작 엎드린 채로 무기력한 이틀을 보냈다. 하지만 셋째 날에는 침대에서나마 조금씩 먹기 시작하면서 몸이 조금씩 나아졌으며, 넷째 날에는 상태가 훨씬 좋아져 혼자 일어나 앉고 걸을 수 있게 되어, 아침으로는 죽을 조금 먹고 점심에는 스크램블에그와 토스트도 먹었다.

제인은 영국 가족들에게 보낸 4월 9일자 편지에 자신의 병세를 묘사했다. 이때쯤 제인은 몇 가지 간단한 일을 처리할 수 있을 만큼 건강을 어느 정도 회복한 상태였다. 당시 무엇보다도 시급한 일은 침팬지 무리 사이의 관계에 대한 논문을 쓰는 일로, 이 글은 지난 여름에 열린 베너-그렌 학술회의에서 논의된 내용을 정리한 책의 한 장章을 차지할 예정이었다. 제인이 잠깐 짬을 내서 가족들에게 급하게 쓴 편지에서 볼 수 있듯이, 논문은 4월을 며칠 남겨둔 어느 날 드디어 "완성!"되었다. 새벽 4시 반, 그때까지 가위로 오리고 테이프로 붙여 마무리한 최종 원고를 마지막으로 검토하기 위해 원고를 들고 침대 속으로 기어들어가 잠을 쫓으며 몇 시간을 버틴 뒤 쓴 편지였다. 제인은 도표와 참고문헌까지 합해 행간 여백 없이 총 31쪽 분량의 이 논문이 "매우 흥미로운" 글이라고 썼다. 이렇게 "정신없이" 작업해야 하는 상황만 아니었더라면 "진정 즐겁게 작업할 수 있었을 것"이었지만 그래도 여태껏 퍽 재미있게 작업했다고 했다. "사람을 쏙 빼닮은 침팬지들! 침팬지들 무리 사이의 상호작용에 대해 전에 생각했던 것보다 우리가 훨씬 더 많은 지식을 쌓았음을 실감했어요." 또 제인은 그달 내내 앓다시피 해서 몸이 몹시 수척해진 것은 사실이지만 "그렇게 야윈 뒤에 이제 다시 통통하게 살이 오른 모습을 보시면 모두들 기뻐하실 것"이라며 영국의 가족들을 안심시켰다.

5월 1일이 되자 제인은 캘리포니아의 친구 조앤 트래비스에게 "휴! 이제야 살아났네요!"라고 밝게 써 보낼 정도가 되었다. 하지만 당시 제인은 곰베 연간 보고서의 본론 부분을 마무리해야 하는 데다가, 밀렵과 사냥을 주제로 그녀와 데릭이 함께 「아프리카나」에 실을 글을 마지막으로 손질하고 있었다. 게다가 제인은 그녀의 사려 깊은 답장을 청하는 이백여 통의 편지

더미도 처리해야 했다. 정기적으로 열리는 현장보조 회의에 참석해야 했고 침팬지 쪽 사람들, 개코원숭이 쪽 사람들, 어미-새끼 관계 및 섭식 행동 쪽 사람들이 여는 각종 회의에도 빠질 수 없었으며 "힘들어하는 모든 학생들의 연이은 면담" 요청에 응하는 것도 피할 수 없는 일과였다. 이 시기에는 곰베에 머무르는 총 학생수는 학부생까지 합쳐 18명에 이르렀다. 3월에 새로 합류한 대학원생 두 명(리처드 반즈, 바버라 스머츠)이 이제 곰베에서 어느 정도 연구 기반을 잡은 다른 대학원 연구생 여섯 명(토니 콜린스, 헬렌 닐리, 줄리엣 올리버, 크레이그 패커, 앤 피어스, 앤 퓨지)과 더불어 연구에 매진하고 있었고 그 외에도 스탠퍼드 대학 학부생 아홉 명(짐 보우, 캐리 헌터, 필리스 리, 수잔 로엡, 에밀리 폴리스, 조앤 실크, 케네스 스티븐 스미스, 미셸 트루도, 에밀리 베르그만)과 다르에스살람 대학교 학부생(아델린 음레마)이 한 명 있었다.

그리고 그럽이 아팠다. 날짜가 "5월 3일 또는 4일"로 기록된 편지에서 제인은 영국 가족들에게 그럽이 나흘 전부터 "침대에 맥없이 누워만" 있다고 썼다. 제인은 편지에 "조그만 녀석이 안쓰럽게"도 "기침을 엄청 해대고 열이 오르락내리락 하는 통에" 너무 지쳐 "기운이 하나도 없고 수시로(저한테도 힘들게도) 심한 투정을 부리고" 있었다. 제인은 그럽에게 "아파도 까다롭게 굴기보다는 여전히 남들에게 유쾌한 사람이 되는 기술"을 가르쳐보려고 굉장히 애쓰고 있지만 아직까지는 별 성과가 없다고 전했다. 어쩌면 제인이 막 떨쳐낸 고약한 병원균이 옮은 것인지도 몰랐고, 아니면 제인이 앓았을 때보다 그럽의 기침이 훨씬 더 심한 것으로 보아 전혀 다른 병에 걸린 것일 수도 있었다.

5월 12일 오후, 끔찍한 사고가 발생했다. 승객을 가득 실은 수상택시 한 대가 연구기지를 지나 요란한 소리를 내며 호수를 가로질러 가던 도중 호반에서 180여 미터 떨어진 지점에서 갑자기 불이 붙어 폭발한 뒤에 전복된 것이다. 호숫가에 있던 몇 사람이 폭발음을 들었으며, 에밀리의 회상에 따르면, 에밀리 자신과 토니 콜린스, 헬렌 닐리, 스티브 스미스가 작은 연구용 보트에 올라타고 서둘러 참사 현장으로 갔다. 그들이 도착했을 무렵, 완전히 뒤집힌 채로 이리저리 표류하는 나무배는 에밀리 눈에 흡사 거대한 갈색 고래 같아 보였다. 일행은 사람들을 끌어내려고 물속으로 뛰어들었다. 하지만 수상택시에는 지붕이 달려 있어서 배가 전복되면서 짐들과 사람들의 몸이 엉망진창으로 엉켜버려 승객들 대다수가 선실에 갇혀버렸고, 또 호숫가에 살던 사람들은 전반적으로 수영을 하지 못한 탓에 겨우 탈출한 사람들도 거의 모두 호수 아래로 가라앉고 있었다.

물로 뛰어든 에밀리와 스티브가 사람들을 꺼내 토니와 헬렌에게 넘겼고 토니와 헬렌은 즉시 인공호흡을 시도했다. 에밀리와 스티브는 나무배 위에 올라 가까스로 균형을 잡으며 숨을 고른 뒤 다시 물속으로 뛰어들어 계속 사람들을 끌어 올렸다. 생존자는 없었다. 호수가 깊어서 바닥까지 잠수하지는 못했어도, 물이 완벽하리만치 맑은 상태였기에 에밀리는 물안경 없이도 미세한 물방울 막 너머로 아이들과 어른들, 각종 단지와 바구니, 그리고 재봉틀 한 대가 호수 바닥에 널려 있는 것을 볼 수 있었다. 그녀가 태어나서 본 가장 슬픈 광경이었다.

이것은 혹시 곰베에 흘러들어온 모진 운명 혹은 사나운 운수에 엮인 또다른 매듭일 뿐이었을까? 일주일 뒤인 1975년 5월 19일 월요일 밤 11시 30분경, 무장 괴한 40여 명을 태운 10미터 정도 길이의 갑판 없는 배가 니아상가의 산림감시원 기지 및 공원 본부 부근 자갈 호숫가에 다다랐다.

잿빛 군작업복을 입고 손에는 밧줄, 수류탄, AK-47 소총을 든 침입자 40여 명은 달빛과 안개 사이를 헤치고 걸으며 어두운 육지에서 넓게 흩어졌다. 머리 위에 달린 전등 불빛으로 어둠을 가르며 그들은 불어 또는 어느 아프리카어—아마도 링갈라어였을 듯하다—로 크게 고함을 질렀다. 연구기지에서 남쪽으로 8백여 미터 정도 떨어진 곳에 위치한 니아상가에는 공원 소속 산림감시원 세 명과 그들의 가족 그리고 남쪽 침팬지 무리를 연구하는 미국인 앤 피어스와 짐 보우의 거처가 있었다. 침입자들은 불과 몇 분 사이에 산림감시원 둘을 붙잡아 함께 밧줄로 묶어놓았다. 나머지 한 명은 도망쳤고, 붙잡힌 산림감시원들의 가족들이 공포에 질려 지르는 비명소리에 놀란 미국인 연구원들이 어두운 바깥으로 나가보니, 무장괴한들과 그들에게 붙잡힌 산림감시원 둘이 호숫가를 향해 걷고 있었고 호수에서는 한 쌍의 엔진이 바깥에 달린 커다란 배가 시끄럽게 물살을 가르며 북쪽을 향해 가고 있었다. 두 미국인은 도망친 산림감시원을 발견했고 그는 미국인들에게 어서 빨리 몸을 피해야 한다고 일렀다. 두 사람은 숙소에서 꼭 필요한 몇 가지만 급히 챙겨들고 언덕 쪽으로 피신하다가, 다른 연구기지 사람들에게도 위험한 상황을 알려야 한다는 생각이 들어 숲을 가로질러 북쪽을 향해 움직이기 시작했다.

그러나 괴한들을 태운 배가 그들보다 빨랐고 자정이 되기 몇 분 전 괴한들은 직원 캠프촌 아래쪽에 위치한 자갈밭에 발을 디뎠다. 물을 가르는 모터 소리에 야간 순찰원 베나스 가라바가 호숫가로 내려왔지만 그는 곧 AK-47 소총을 들이대는 괴한들에게 제압당했다. 괴한들은 서툰 스와힐리어로 '와준구' 즉 백인들이 어디 있느냐고 추궁했다. 베나스는 언젠가 나약하고("늘 어색한 미소를 띠며 높은 가성으로 말을 하고") 겁이 많은("밤에 돌아다니길 무서워하고 어두울 때는 늘 목소리가 떨리는") 사람으로 묘사된 바 있었지만 이번에는 큰 용기를 발휘했다. '백인은 없습니다' 하고 말한 것이다. 그들은 연구센터 책임자가 기거하는 곳이 어디냐고 추궁했다. '책임자는 없습니다.' 그가 말했다. 그러나 그때 누군가가 나무 사이로 깜빡이는 불빛을 발견했고 곧 괴한들 중 몇몇이 무리를 이뤄 베나스를 끌고 카콤베 강을 재빨리 가로질러 빛이 있는 곳을 향해 갔다. 불빛은 밤늦게까지 자지 않고 작업에 매진하는 에밀리 베르그만의 소형 알루미늄 오두막에서 새어나온 것이었다.

그들은 에밀리의 집 안으로 쳐들어갔고 격렬한 몸싸움 끝에 밧줄로 그녀의 두 손을 뒤로 묶었다. 그리고 공포에 휩싸인 에밀리를 앞에서 끌고 뒤에서 찌르며 다음 숙소로 향했다. 옆은 토니 콜린스의 거처였는데 마침 그는 바로 전날 줄리엣 올리버와 루아하 국립공원으로 휴가를 떠난 터였다. 밝은 전등불로 창에 달린 모기장 철망 뒤쪽을 비춰보면서 그들은 숙소가 빈 것을 확인했다.

T자형 길에 다다른 괴한 일행은 오른쪽으로 방향을 꺾어 스티븐 스미스의 숙소에 도착했다. 수염을 기르고 어깨가 떡 벌어진 스탠퍼드 대학 학부생 스티브는 입구에 버티고 서서 그들을 막아내면서 도와달라고 소리를 질렀다. 그리 멀지 않은 곳에 위치한 숙소에서 같이 생활하는 미셸 트루도와 캐리 헌터가 스티브의 고함을 들었다. 미셸은 그 길로 달려 이서 로헤이를 찾았고 캐리—장신에 힘이 세고 스스로 일종의 '곰베 해병 전투 훈련'이라고 받아들였던 갖은 고생으로 단련되어 있었다—는 숲속을 가로질러 스티브의 숙소를 향해 달렸지만 이내 낯선 무장 괴한들에게 둘러싸였다. 다른 이들은 단지 총만 겨누고 있는 사이에 괴한 중 몇 명이 그녀를 총으로 가격했고 성난 채로 알아들을 수 없는 말들을 내뱉었다. 캐리는 공포감에 압도당했는데, 자신의 것뿐만 아니라 괴한들의 공포감도 있었다. 캐리는 그들 역시 겁에 질려 있으며 지금 신경이 몹시 예민한 상태임을 느낄 수 있었다. 또 군복을 입고 있기는 하지만 인상이 무척 어려 보였고 훈련을 받은 경험도 많지 않은 듯했다. 자신을 향해 총부리를 겨누는 그들을 보며 그녀는 당장에라도 최악의 상황이 발생할 수 있음을 직감했다.

괴한들은 곧 다른 숙소에서 또 한 사람을 데려왔다. 키가 작고 영리하며 심지가 굳은 스탠퍼드 대학 대학원생 바버라 스머츠가, 스티브가 뱀에 물린 것이라고 생각해 비명소리가 나는 곳을 향해 달리던 도중에 붙잡혀 밧줄에 묶인 채 무릎을 꿇고 있었다.

그때쯤 미셸이 이서의 거처에 도착해 큰 소리로 (이서의 회상에 따르면) "이서! 이서! 스티브가 언덕 위에 무장 강도들이 침입했다고 소리를 지르고 있어요. 스티브를 도와줘야 해요!" 하고 외쳤다. 흰색 면 잠옷만 걸치고 있던 이서는 이 말에 '만일 강도가 맞다면 내가 어떻게 해야 하지?' 하고 생각을 했다. 공원 금고와 연구센터 금고 열쇠를 보관하고 있었던 이서는 다른 사람의 도움을 구해야 한다는 생각에 열쇠 두 개를 손에 꼭 쥔 채로 야간 순찰원을 찾아 나섰다. 이서와 미셸은 언덕 아래로 달리기 시작했다. 길이 구부러지고 갈라져 있어서, 스티브가 소리를 지르고 있는 곳을 피해서 갈 수 있었다. 그런데 미셸이 발을 헛디뎌 굴러서 상처를 입었고, 이서는 앞쪽으로 계속 가다가 그 길을 따라 이동하던 다른 침입자 무리와 맞닥뜨렸다. "어디로 가는 거지?" 그들이 물었다. 이서는 그들 머리에 달린 전등 그리고 수류탄과 총을 보았다. 한 명은 그녀를 향해 총을 겨누고 있었다. "아래로 내려가는 중이었어요." "내려가서 뭘 하려고?" 이서는 대답하지 않았다. "'와준구'는 어디 있지?" "몰라요." 이서가 말했다.

몸을 일으킨 미셸은 이서가 어둠 속에서 몇몇 무장 괴한에게 둘러싸인 것을 보고 길을 벗어나 숲속으로 몸을 숨겼다. 괴한 둘이 이서를 데리고 왔던 길을 거슬러 올라갔고 곧 이서의 숙소에 도착했다. 괴한들은 안쪽에 전등을 비추며 모기장 철망 안을 들여다보았다. "날 어디로 데려가려는 거죠?" 이서가 물은 뒤 외쳤다. "난 안 가!" 하지만 그들은 이서에게 총을 들이댄 채로 앞에서 당기고 뒤에서 밀며 그녀를 다시 오솔길로 데리고 나왔으며 곧 스티브의 숙소에 당도했다. 이서는 그곳에서 자신에게 늘 좋은 친구였던 에밀리가 흐느껴 울고 있는 것을 발견했다. 에밀리가 이서를 보고 말했다. "이서, 이게 어찌된 영문이죠?" 이서가 대답했다. "저도 모르겠어요! 우리 둘 다 같은 처지예요."

스티브가 양손이 뒤로 묶인 채로 자신의 숙소에서 끌려 나왔다. 괴한 무리는 스티브의 거처를 샅샅이 뒤져 돈과 여권은 놔둔 채 침구와 옷만 챙겼고 인질들을 질질 끌며 어지럽게 뒤엉킨 어두운 숲속 오솔길을 더듬어 왔던 길을 되돌아 나왔다. 에밀리의 숙소에서 다시 잠시 멈춰 침구와 옷가지를 더 집어 들고 나온 다음에는 (길에 에밀리의 타자기와 옷가지 몇 벌을 아무렇게나 던지며) 아래쪽으로 걸어 내려가 연구센터 창고에 당도했다. 이곳에서 식량과 각종 재고 물품을 챙긴 그들은 이번에는 발전기가 있는 방에 침입하려고 시도했다. 괴한들은 문을 부서져라 두드려댔지만 결국 문을 여는 데 실패했으며, 이때 멀리 떨어져 있는 제인에게도 들릴 만큼 큰 소리가 났다. 전날 한쪽 눈이 쓰리고 아파 평소보다 일찍 잠자리에 들었던 제인은 호숫가에서 북쪽으로 180여 미터 떨어진 자신의 막사에 있었다. 스티브의 외침소리는 너무 아득했기에 (게다가 중간에 숲이 가로놓여 있어 한 차례 걸러진 이 소리는 가까운 호수물이 찰싹 부딪히고 '쏴' 하고 빠지는 소리 따위에 묻혀버렸다) 그때까지 제인은 특별한 소리는 듣지 못한 터였다. 데릭은 하루 전에 곰베를 떠났고 지금은 제인과 그럽만 막사를 지키고 있었다. 그리고 지금 일 분여 동안 먼 곳에서 반복적으로 들려오는 쿵쿵 소리에 눈을 뜨고 자리에서 일어났다. 제인은 이 소음이 밤이면 일상적으로 들려오는 흔한 소리, 말하자면 어느 집의 부부싸움 소리거나 직원 캠프촌에서 문을 쾅 닫는 소리 정도이겠거니 짐작하고는 다시 자리에 누워 눈을 감았다.

창고 앞에서는 괴한 몇 명이 이서에게 불어로 말을 하고 이서는 그들의 말을 이해하려 애쓰며 영어로 답을 해나가고 있었다. "저는 불어를 못해요." 이서가 말했다. "당신 정체가 뭐지? 탄자니아인? 아니면 뭐야? 불어를 못 하나?" "저는 불어를 못해요. 영어와 스와힐리어만 할 줄 알아요. 다른 언어는 못 해요." 그들은 이서를 쳐다보았다. "좋아. 너는 가!"

이서는 달려 나와 즉시 잡목 숲으로 방향을 틀었다. 눈에 잘 띄지 않으려고 입고 있던 면 잠옷까지 벗어 던지고 사람들에게 위험한 상황을 알리고자 다시 왔던 길을 따라 달려갔다. 이서는 먼저 아델린 음레마의 숙소로 갔고 두 사람은 찾을 수 있는 사람은 모두 찾아—리처드 반즈, 래리 골드먼, 헬렌 닐리—강도들이 침입했다고 알리고 재빨리 귀중품을 챙겨 피신하라고 일렀다.

한편 무장 괴한들은 인질들을 데리고 직원 캠프촌 앞 호숫가로 이동했다. 결박한 네 학생들을 커다란 보트에 태우고 다른 탄자니아인 인질 셋—베나스와 니아상가에서 데려온 산림감시원 둘—은 호숫가에 남겨둔 채로 마을에서 데려온 사람들을 차례차례 심문했다. 용감하게도 질문을 받은 전원이 같은 거짓말을 반복했다. '이곳에는 더 이상 백인이 없습니다. 저기

네 사람이 전부입니다. 더는 없어요. 없습니다.' 마을 대표로서 보트창고 열쇠를 지니고 있던 라시디 키크왈레는 총을 동원한 각종 위협에도 불구하고 끝까지 열쇠를 내주지 않으면서 열쇠를 가져가려면 자기를 먼저 죽여야 할 것이라고 버텼다. 그러다 괴한 중 하나가 총으로 결국 영원히 그의 청력을 앗아가버린 가격을 오른쪽 귀에 가했고 그가 바닥에 쓰러지자 다른 괴한들이 덤벼들어 억지로 열쇠를 빼앗았다. 그들은 보트창고 문을 열어 연구용 알루미늄 보트를 호숫가에 댄 뒤 자신들이 타고 온 기다란 보트의 선미에 쇠사슬로 연결하고 작은 보트에 방금 훔쳐온 옷가지와 침구류, 식량, 여타 비품을 던져 실었다. 새벽 1시 15분경 그들은 모터에 시동을 걸고 자이르가 있는 서쪽을 향해 호수를 가로질러 떠났다.

이제 막 길을 따라 다시 내려온 이서와 아델린이 불빛을 본 뒤 곧 보트가 떠나는 소리를 들었다. 두 사람은 발길을 멈췄다. "오, 세상에!" 이서가 짧은 탄식을 뱉고 흐느끼기 시작했다. 아델린이 말했다. "이서, 괜찮아요. 진정, 진정하고 어서 가요." 이서가 눈물을 멈추었다. "네, 가요." 이서가 말했다. 두 사람은 길을 마저 내려가다 다른 사람들을 만나 잡혀간 사람들이 누구인지, 남은 사람들은 안전한지, 직원들과 그들의 가족은 어디 있는지를 확인한 뒤 제인에게 이 상황을 알리러 갔다. 제인은 경찰에게 도움을 요청하는 서신을 써 공원 산림감시원들을 통해 보냈고 산림감시원들은 니아상가에서 보트를 타고 곧장 키고마로 떠났다. 그러고 나자, 모두가 동의했듯이, 새벽까지 경계를 늦추지 않고 그저 머물러 있는 것 외에는 이제 달리 할 일이 없었다. 새벽이 되면 공원 사람들과 경찰들이 잠에서 깨어나 무선통신을 통해 도움을 요청하는 그들의 목소리를 들을 수 있을 것이다.

캐리 헌터, 바버라 스머츠, 스티브 스미스는 각종 비품과 죽은 닭들과 함께 뱃머리에 차가운 물이 고인 쪽으로 내던져졌다. 캐리와 바버라는 이제 밧줄에서 풀려나 몸을 움직일 수 있었지만 스티브는 아직 단단하게 결박된 채였고 몸이 계속 젖어 있는 탓에 심각할 정도로 체온이 낮아진 상태였다.

캐리와 바버라는 불어로 괴한들에게 스티브를 묶은 밧줄을 풀어달라고 애원했다. 괴한들은 총으로 내려치며 입을 다물라고 소리쳤다. 배 뒤쪽 바닥이 젖지 않은 곳에 자리하고 있었던 에밀리는 주변에 있던 몇몇과 불어로 몇 마디 대화를 주고받은 뒤 자신과 다른 일행들은 몸값을 목적으로 납치되었음을 확신했다.

다음날 아침, 호수 반대편에 도착한 네 사람은 괴한들을 따라 가파른 절벽을 올라 산자락에 아슬아슬하게 세워져 있는 괴한들의 진지에 올라갔다. 그곳에 도착해 보니 소규모 군대가 높은 산등성이에 넓게 퍼져 자리 잡고 있었다. 그 아래 멀리 떨어진 가파르고 좁은 계곡에는 군인들이 에워싼 대나무로 지은 숙소 세 채가 있었는데 그중 두 채는 인질들이 머무를 곳이었고 나머지 한 채는 보초병들이 머무를 곳이었다.

셋째 날, 대원들의 감시하에 다른 대나무집에 이동한 인질들은 그곳에서 작은 대기실에서 기다리라는 명령을 받았다. 주변에 어지럽게 쌓여 있는 여러 물건들을 둘러보던 캐리의 눈에 니코 틴베르헌의 『재갈매기의 세계*The Herring Gull's World*』가 눈에 띄었다. 아마도 이곳 야영지를 통틀어 유일한 영어 출판물일 것이었다.

네 학생은 장군 여섯이 자리한 방으로 들어갔다. 장군들은 높은 자리에 앉았고 학생들은 낮은 곳에 자리를 잡았다. 장군들은 자신만만해 보였고 잘 먹는 듯 영양상태도 좋은 것 같았으며 깔끔하고 다림질이 잘된 군복에는 메달과 리본이 화려하게 매달려 있었다. 장군 중 하나가 불어로 천천히 자신들이 마르크스주의 저항군인 인민혁명당의 지도자들이며 인민혁명당은 로렌트 카빌라의 절대적인 권위와 탁월한 지도 아래 투쟁하고 있다고 설명했다. 자신들의 목표는 모부투 대통령과 그의 정권을 자이르에서 축출하고 마르크스주의 사회, 즉 부가 공평하게 분배되고 모든 시민이 성별과 지위고하를 불문하고 혁명 속에서 동지가 되어 교육, 의료서비스, 신발 등 중요한 모든 것을 동등하게 누리는 사회적 낙원을 건설하는 것이다. 학생들 역시 곧 마르크스주의 혁명에 대한 교육과 함께 식량과 적절한 보살핌을 받게 될 것이다. 하지만 어쨌거나 그들은 인질로 잡혀온 것이기에 자신들은 단 한 순간의 망설임 없이 단번에 사살해버릴 수도 있다. 그들은 귀중한 인질로서 혁명에 봉사하고자 이곳에 온 것이며 인민혁명당은 인질들을 대가로 분명한 요구를 할 것이다. 그들의 요구는 돈(미화 현찰로 50만 달러 또는 영국 파운드화로 그에 상당하는 금액)과 무기(대구경 총과 화약 포함)와 탄자니아 감옥에 투옥되어 있는 몇몇 정치범들의 석방이었고, 또한 요구사항에 들어 있지는 않더라도 인민혁명당은 이번 일을 계기로 그 자신이 사회주의자인 니에레레 대통령과 연을 맺게 되어 탄자니아 내에서 인민혁명당이 자유롭게 이동할 수 있는 권리와 탄자니아 시장에서 거래를 할 수 있게 되기를 기대했다. 마지막으로 학생들이 영어에 능통하기 때문에 지금까지 열거한 요구사항을 분명하게 적어 자신들의 몸값을 요구하는 서신을 직접 작성해야 했다. 만일 그들이 붙잡혀 있는 위치를 암시할 만한 어떤 문구를 적기라도 한다면 발견되는 즉시 모두가 총살될 것이다. 어떤 경우에서든 요구사항이 60일 안에 관철되지 않으면 인질은 모두 살해된다. 질문이나 하고 싶은 말이 있는가?

캐리와 에밀리가 불어로 강력하게 저항했다. 자신들은 가난하고 힘없는 학생일 뿐이다. 저명한 과학자가 아니다. 중요한 인사도 아니다. 아무도 자신들을 신경 쓰지 않는다. 아무도 우리를 찾지 않을 것이다. 따라서 아무리 인민혁명당이 그토록 중요한 사상에 깨어 있는 집단이라 해도, 자신들의 몸값으로 그토록 큰돈과 무기를 받아내고 니에레레 대통령을 당신들의 편으로 돌리려는 계획을 실현하려는 시도는 큰 성과를 거두지 못할 것이다. 장군 대변인은 하고 싶은 말이 또 있느냐고 물었다. "저 책을 주세요." 『재갈매기의 세계』를 가리키며 캐리가 말했다.

호수 건너편에서는 제인은 송수신 무전기로 5월 20일 오전 7시경 아루샤의 공원 본부와 연락이 닿았다. 30분 후 제인은 다르에스살람에 있는 데릭과 통화했다. 그리고 다시 30분 후 데릭은 탄자니아 내무부 장관을 만났고 내무부 장관은 즉시 국방안보부 장관에게 납치 사건을 알린 뒤 경찰청장에게 헬기를 타고 키고마로 날아오라고 지시했다. 그러고 나서 데릭은 공원 비행기를 타고 그날 오후 4시 30분에 키고마에 도착해 비행장에서 제인을 만났다.

납치 사건이 발생했을 때 곰베에서는 학생들 중 다섯 명이 휴가를 떠난 상태였다. 여섯번째 학생은 이틀 일찍 집으로 떠난 터였다. 따라서 곰베에서 백인 학생이나 연구자는 이제 여덟 명만 남아 있었다. 납치범들이 의도적으로 '와준구'만 데려갔기 때문에 이들 여덟 명과 제인, 그럽, 그럽의 가정교사 사이먼, 그리고 사이먼을 대체하러 온 또 다른 영국인 가정교사 한 명은 안전을 위해 곰베를 떠나 마을로 피신했다. 다음날 학생들과 연구자들은 잠시 곰베 방문 허가를 받아 삼엄한 경찰 호위 속에 개인 물품과 중요한 기록을 챙겼다. 한편 제인과 데릭은 전화로 다르에스살람 소재 미국대사관과 통화한 후 공원 경비행기를 타고 행여나 백인 인질들이나 군 야영지 같은 곳을 발견할 수 있을까 싶어 호수를 가로질러 자이르 동쪽 푸르른 언덕들과 절벽 그리고 절반만 겨우 보이는 마을들을 절박한 마음으로 샅샅이 살펴보았다. 두 사람은 아무것도 찾지 못했다.

데릭과 제인은 곰베로 돌아왔다. 이때쯤 곰베는 경찰들로 붐비고 있었다. 두 사람은 이곳에서 다른 쫓겨난 '와준구'들과 함께 이틀을 보내면서, 침통한 마음으로 짐을 싸면서 남아 있는 아프리카인들과 만남을 가졌다. 이중에는 용감하게도 당분간 공원 관리자로 곰베에 남아 있겠다고 한 이서로헤이와 역시 곰베에 더 머무르겠다고 말한 탄자니아인 학생 아델린 음레마가 있었다. 다른 직원들—목수, 야간 순찰원, 주방 담당, 연락책 등등—은 더 이상 곰베에 있을 필요가 없어짐에 따라 모두 일자리를 잃게 되었다. 하지만 현장보조, 즉 12명 정도 되는 숙련되고 튼튼하고 기민한 침팬지와 개코원숭이 관찰자들은 하던 일을 계속 하겠다고 나섰다.

5월 23일 금요일, 제인, 데릭 그리고 다른 '와준구'들은 키고마로 돌아와 데이비드 햄버그와 스탠퍼드 대학 총장이 보내온 소식을 받았다. 스탠퍼드 대학 학생들은 전원 나이로비 안의 안전지대로 떠나야 하며 이제부터 동아 프리카 내 연구 승인은 전면 취소되었다는 것이었다. 학생 대부분과 여타 다른 사람들은 대신 다르에스살람으로 가기로 결정했으며—제인과 데릭의 저택에 인접한 손님용 별장에서 머무를 것이었다—납치된 친구들에게 어떤 식으로든 도움이 될 수 있기를 바라며 그들과 한마음으로 움직이기로 다짐했다. 그들은 기차로, 제인과 데릭과 그렙은 공원 비행기로 다르에스살람을 향해 이동했다.

다르에스살람으로 돌아온 데릭은 미국 대사와 네덜란드 대사에게 전화를 걸어 함께 대책을 논의하기 위해 다음날 자신의 집을 방문해달라고 요청했다. 그리고 5월 24일에 열린 바로 이 회의에서 윌리엄 비벌리 카터 미국 대사에게 메시지 한 통이 전달되었다. 기품 있고 당당한 장신의 아프리카계 미국인 카터 대사는 방에 있는 모두에게 소식을 알렸다. 납치된 네 학생 중 한 사람인 바버라 스머츠가 키고마에 와 있다는 것이었다. 인민혁명당 대원들이 밤사이에 그녀를 호수 건너편으로 실어 옮긴 뒤 동이 트기 직전에 호숫가에 내려두고 떠났고 바버라 스머츠는 그곳에서부터 시내까지 걸어와서 경찰을 찾았다. 눈에 띄는 외상은 없고 전세 비행기를 타고 다음날 다르에스살람으로 온다는 소식이었다.

일요일 저녁 도심 공항에서, 물 빠진 청바지와 민무늬 흰색 면 블라우스를 입은 스물네 살의 미국인 대학원생이 지친 기색이 완연한 표정으로 작은 전세기에서 걸어 내려오자 이내 기자와 사진사들이 구름같이 몰려들며 플래시를 터뜨렸고 곧 제인과 데릭, 미국 대사, 그리고 미국 대사관에서 온 몇몇이 그녀를 따뜻하게 맞았다. 「타임스」의 한 기자는 바버라와 제인이 "서로를 감격스럽게 끌어안았다"고 전했다. 그리고 피곤에 지친 이 학생은 카터 대사가 주장한 대로 "황급히" 미국 대사관으로 몸을 옮겼다. 그리고 이내 바버라 스머츠가 니에레레 대통령, 미국 대사, 네덜란드 대사, 제인 그리고 남은 인질들의 부모에게 보내는 편지를 지니고 있었다는 것을 알게 되었다. 편지에는 남은 인질들의 건강 상태는 양호하며 그럭저럭 적절한 보살핌을 받고 있다는 것과 자신들의 요구, 즉 돈과 무기 지급 그리고 특정 정치범들의 석방이 이루어지지 않으면 인질들이 살해될 것이라는 내용이 담겨 있었다.

그달 말 스탠퍼드 대학을 대표하여 데이비드 햄버그가 캐리 헌터와 스티브 스미스의 부친들과 함께 다르에스살람에 도착했다. 제인은 바버라 스머츠와 그녀의 어머니와 함께 몇 시간 정도 함께 있을 수 있도록 허락을 받았으며, 제인이 버치스에 5월 31일쯤 쓴 듯한 편지에 바버라는 "상태가 훨씬 좋아져서 저희에게 반란군에 관한 자세한 얘기를 들려주었다"고 알렸다. 바버라가 붙잡혀 있는 동안 그들은 하루에 세 끼를 제공해주었고 "여성의 권리"에 대한 말을 많이 했는데 인민혁명당이 새로운 지역을 점령할 때 여자를 겁탈하는 대원이 있으면 그 즉시 처형된다는 따위의 이야기였다. 제인은 또 편지에 데이비드 햄버그가 시차로 인한 극심한 피로, 인두와 비강의 염증, 거기다 복통까지 겹쳐 줄곧 킬리만자로 호텔에서 안정을 취해왔지만 이제 상태가 훨씬 나아졌으며 스스로 "정신적으로…… 훨씬 더 좋아졌다"고 말했다고 전했다. 사실 제인은 "상당히 희망적인 분위기"를 느끼고 있었다. 단, 몇 가지 이해할 수 없는 문제들이 벌어지고 있긴 했다. 그중 하나는 키가 2미터에 이르는, "그레이엄 그린의 소설에 나올 법한 캐릭터" 같은 인물인 미국 대사가 이제까지 "모든 것을 아주 괴상한—그리고 한 마디로 멍청한—방식으로 처리"하고 있다는 사실이었다.

다르에스살람에 머무르고 있는 사람들은 여전히 무엇을 해야 할지 모르는 채였으며 인민혁명당의 지도자들은 먼 거리를 사이에 두고 이루어지는 협상과 의사소통과 관련한 방법론적 문제에 큰 관심을 두고 있지 않은 것이 분명했다. 이와 동시에 다르에스살람의 다양한 당사자들은 협상과 의사소통에서 각기 다른 문제들을 안고 있었다.

일단, 카터 미국 대사가 바버라 스머츠를 "황급히" 데려가버린 직후, 납치 사건과 관련한 정치적 주권과 책임에 대한 갈등이 생기기 시작했다. 데릭이 보관하고 있던 기밀문서에 따르면 니에레레 탄자니아 대통령은 스머츠 양과 짧게 면담을 가질 기회가 있었는데 면담 결과 니에레레 대통령은 미국 대사가 사건의 세부 정황에 관해 솔직하지 않다는 결론을 내렸다. 이에 따라 니에레레는 (데릭의 표현에 따르면) "미국 대사에게 크게 분개"했다. 같은 시기에 미국 대사관은 다음 내용을 공식적으로 발표했다. "납치범들에게 대응하고 학생들이 안전하게 풀려날 수 있도록 조치할 일차적인 책임은 탄자니아 정부에 있다"(당시 실린 기사)는 것이었다. 이에 대한 탄자니아 정부의 공식적인 입장이 탄자니아 국영 일간지를 통해 신속하게 발표되었다. 탄자니아는 인도적 차원에서 학생들의 안녕에 대해 심각하게 우려하지만 탄자니아 정부는 "단언컨대 학생들을 구출하는 문제나 그 외 그들에게 발생할 수 있는 모든 일에 있어 일체의 책임을 거부"한다는 것이었다. "탄자니아, 학생 납치 문제에서 손 떼기로"라고 로이터가 신문기사 제목에서 깔끔하게 요약한 그대로였다.

니에레레는, 최소한 공식적으로만큼은, 납치범들과 협상하지 않기로 결정했다. 한편 헨리 키신저 미국 국무장관은 카터 대사에게 미국 대사관 역시 인민혁명당과 협상하지 말라는 분명한 지시를 내렸다. 당시 미국은 자이르 서쪽에 위치한 앙골라의 마르크스주의 정권—당시 소련의 지원을 받고 있었다—과 전쟁을 벌이면서 모부투 자이르 대통령에게 이 전쟁을 지원해줄 것을 요청하고 있었기 때문에 자이르의 마르크스주의 반란군들과 접촉할 입장이 아니었다. 이 시기를 즈음하여 5월 30일 데이비드 햄버그가 도착했지만 이미 미국 대사관과 탄자니아 정부 간의 의사소통이 심각하게 단절된 상태였으며, 데릭은 미국 측이 정보 제공을 "실상 보이콧"하고 있다고 불평하며 데이비드가 중재에 나서줄 것을 부탁했다.

데릭과 제인은 납치범들과 접촉하기 위해 그들만의 독자적인 시도를 결행하기로 결심했다. 제인은 납치된 학생들에게 보낼 개인적인 편지를 써둔 터였다. 모두가 그들을 사랑하고 부모님들과 다른 가족들이 곧 이곳에 도착할 것이며 다른 동료 학생들도 모두 많이 걱정하고 있고 애정 어린 마음을 그들에게 전하고 싶어 한다는 것, 그리고 어떤 경우라도 희망을 놓지 말아야 한다는 내용이었다. "부디 앞날에 대해선 걱정하지 말도록 해요." 제인은 이어서 썼다. "모든 것이 잘 해결될 것입니다. 여러분을 붙들고 있는 이들이 인도적인 사람들임을 전 세계가 알고 있어요. 우리는 우리가 할 수 있는 최선을 다 할 겁니다. 부디 우리를 믿고 그 믿음을 잃지 마세요." 편지는 당연히 납치범들도 읽을 것이기 때문에 제인은 이 편지가 그들과 의사소통을 여는 계기가 될 수 있도록 막연하나마 그들에게 긍정적인 발언을 우회적으로 전했다. "그들은 분명 이것이 기회임을 알고 있을 거예요. 여러분들을 잘 보살펴주고 가족의 품으로 안전하게 돌려보낸다면 전 세계가 그들의 호의에 크게 감동하리라는 사실을 알 겁니다. 반면 그들이 여러분에게 어떠한 위해라도 가한다면 전 세계가 큰 충격에 빠질 것이고 모든 상황이 불리하게 전개되어 그들이 이 사태를 야기했을 때보다 더 불리한 처지에 빠지게 될 것 또한 알 겁니다." 이어 편지는 곰베의 당시 상황을 자세히 전했고, 반드시 도움이 갈 테니 그때까지 기다리면서 앞으로 진행하고 싶은 연구를 생각해보라며 에밀리, 캐리, 스티브에게 낙관적으로 제안했다. "우리 모두 마음에서 우러나는 깊은 애정을 전합니다." 제인은 편지를 끝맺었다. "그리고 꼭 너무 걱정하지 말라는 말을 전하고 싶어요. 모든 것이 다 잘 될 것입니다."

쓰기 어려운 편지였다. 게다가 이제는 무슨 방법으로 이 편지를 전할 것인가? 당시 인민혁명당 진지의 대략적인 위치가 어느 정도 알려져 있었기에 제인과 데릭은 배달원을 고용하기 위해 키고마로 날아갔다. 키고마 경찰청장의 도움으로 두 사람은 마침내 편지(그리고 네덜란드 대사가 인민혁명당에 보내는 네덜란드산 시가)를 전해줄 사람을 구했지만, 비이성적이다 싶을 만큼 대담하던 이 남자는 결국에는 이성적으로, 중도에 마음을 바꾸었다.

한편 호수 저편의 밤은 비가 많고 소스라치게 차가웠다. 인질들은 처음에는 얇은 담요 한 장이 있고 아래에서 작은 난롯불이 연기를 내고 있는 작은 대나무 집 안에서 각자 잠을 잤다. 가끔 온기를 느껴보려 몸을 뒤집어 바닥에 얼굴을 대보기도 했지만 곧 연기에 질식되어 숨을 쉬지 못하게 되곤 했다. 그리고 다시 몸을 뒤집으면 참을 수 없는 냉기가 온몸을 휘감았다. 그러면 다시 몸을 뒤집었고 곧 몸이 따뜻해지는 것을 느꼈지만 이내, 밑에서 불이 확 타올라 온몸이 불꽃에 휩싸이면 어쩌나 하는 걱정에 사로잡혔다. 바버라가 떠난 뒤에 남은 인질들은 대나무집 한 채에 함께 머물렀다. 스티브는 괴한들이 곰베를 급습해서 훔쳐온 침낭을 썼고, 에밀리와 캐리 역시 그들이 곰베에서 가져온 에밀리의 매트리스를 같이 썼다.

납치범들이 곰베의 창고를 급습했던 데는 인질용 식량을 구하려는 의도도 있었다. 따라서 인질들은 카사바 뿌리를 갈아 반죽해 구운 '우갈리' 빵말고도 으깬 토마토 캔을 많이 먹었고 가끔은 감자, 쌀밥, 닭날개나 닭다리를 배급받았다. 닭고기가 나오면 항상 세 조각으로 나눠 먹었다. 닭고기 살이 상당히 퍽퍽했는데 에밀리는 뼈를 깨서 안에 든 골수를 빨아 먹고 살과 연골은 캐리와 스티브에게 주었다. 세 사람이 인질로 잡혀 있는 동안 딱 두 번 우유를 탄 뜨거운 커피가 나왔는데, 이는 참으로 대단한 대접에 속했다.

하루 중 많은 시간이 재교육에 할당되었다. 재교육 담당자는 알프레드 논도 장군으로 그는 매 강의 시간마다 스와힐리어로 마르크스–레닌주의 사상이나 로렌트 카빌라와 그가 창립한 인민혁명당의 역사에 대해 허세 섞인 설명을 늘어놓았다. 그는 인질들에게 『마오쩌둥 어록』 불어판을 숙독하고, 스와힐리어로 된 몇몇 소논문 역시 읽어보라고 명령했다. 종이가 귀했기 때문에 학생들은 양파껍질과 펜을 지급받았고 표면이 우둘투둘한 대나무 책상에서 읽은 내용에 대한 감상문을 썼다.

날마다 재교육이 진행되던 그 시기 인질들은 주변을 돌아보며 카빌라와 인민혁명당의 마르크스주의가 진정으로 의미하는 바가 무엇인지 깨닫기 시작했다. 차츰 본색을 드러낸 그들의 갖은 위선 중에서 제일 두드러진 것으로 여성의 권리에 대한 강조를 들 수 있는데, 그들의 이러한 구호는 아침마다 인질들에게 더운 물을 가져다주고 식사 시간이면 먹을 것을 날라주는 아프리카 여성 세 명에 관한 이야기와 심각하게 배치되었다. 이들 세 여성 역시 인민혁명당에 붙잡혀 온 사람들로—두 명은 자이르, 한 명은 탄자니아 출신이었다—그들은 현재 이곳에서 인민혁명당의 몇몇 특권층 인물들을 위한 성노예가 되어 있었다. 그런데 어느 날 학생들은 이중 한 여성이 자신들에게 할당된 식량을 빼돌리고 있다는 사실을 알게 되었으며, 탈출 기회가 있을 때를 대비해 힘을 비축해두기 위해서라도 이런 절도 사실을 알려야 한다고 판단했다. 이들은 적절한 절차에 따라 절도 사실을 보고했으며, 곧 인민혁명당 대원들로부터 이런 좀도둑질은 이제 없을 것이며 여자에게 일정 기간 동안 재교육을 실시하겠다며 자신 있게 하는 말을 들었다. 곧 이 재교육이란 공중에 매달린 우리 속에서 24시간 동안 감금당하는 걸 의미한다는 사실을 알게 되었다.

인질들은 일상생활의 사소한 부분에서도 통제를 받았다. 학생들은 배포된 소책자를 숙독하라는 지시를 받고, 자신들이 기거하는 대나무집 숙소 하단을 지탱해주는 흙 포대자루 위에 나와 앉아 책자를 거꾸로 든 채 햇볕을 쬐었다. 이 시기에 『재갈매기의 세계』는 그들에게 크나큰 위안이 되었다. 책을 각자 읽기도 했지만 돌아가면서 서로에게 소리 내어 읽어주곤 했는데 모두들 재갈매기의 세계에 금세 깊게 빠져들었고 상대방의 존재감, 음성, 마치 시처럼 내뱉어지는 영어 단어의 음률에서 그들은 큰 위안을 얻었다.

사기를 북돋고 기운을 유지하기 위해서 학생들은 밤마다 노래를 불렀고, 아침저녁으로 하루에 두 번씩 꾸준히 운동을 하려고 노력했다. 아침이면 스티브와 캐리가 에밀리를 침대에서 억지로 끌어내야 했지만 그렇게 세 명이 다 일어나면 호수가 내려다보이는 움푹 팬 작은 풀밭으로 다 같이 나가 저 멀리 희미하게 보이는, 파랑과 노랑이 뒤섞인 탄자니아의 외곽선을 바라다보며 팔 벌려 뛰기와 팔굽혀펴기, 윗몸일으키기를 했다. 하루는 그들 뒤쪽 산등성이를 올려다보다 수백의 인민혁명당 대원들이 뜀뛰기를 하는 것을 발견했는데 군대 전원이 팔 벌려 뛰기를 하고 있는 듯했다. 아마도 학생들의 아침 체조가 인민혁명당 상부에 어떤 본보기를 제공한 모양이었다.

이후 이틀 동안 모든 인민혁명당 대원들이 학생들의 일일체조를 따라했다. 재미있는 일이었다. 만일 그들이 인질로 잡혀 있지 않았다면 훨씬 더 재미있었을 것이다.

제인은 6월 13일자 편지에서 가족들에게 다르에스살람의 상황을 전했다. 제인과 데릭은 여전히 키고마에서 납치범에게 편지를 전해줄 사람을 구하는 중이었다. 카터 대사와의 관계는 "이제 원만한" 상태가 되었다. 데이비드 햄버그는 사람들이 현 상황에 잘 대처할 수 있도록 "모든 이를 돕고" 있었다. 미셸 트루도는 불안해하는 캐리와 스티브의 부친들을 응대하는 역할을 잘 해내고 있었지만 "이 가엾은 아버지들이 서툰 미국 대사에게 이것저것을 해내라고 자꾸 몰아붙이는 통에 (안 그래도) 미칠 지경인 대사가 아주 돌아버리기 직전이에요. 아무도 이 아버지들을 비난하진 않아요. 단지 그분들이 여기 계셔서 모두에게 더 힘든 상황이 되고 있을 뿐이죠. 모두 그분들을 안쓰럽게 여기고 있어요. 할 수 있는 것은 아무것도 없으니, 참 괴로운 상황이죠." 같은 시기에 미국 대사와 네덜란드 대사 두 사람 모두 일반 우편을 통해 납치범들에게서 새로운 소식을 전해 받았다. 납치범들은 기존 요구사항을 반복했고 곧 면대면 협상을 위해서 작은 배 한 척이 흰색 깃발을 달고 천천히 호수를 건너갈 것이라고 알렸다.

이 배에 대사급 협상가를 보내는 일은 그다지 좋은 생각이 아니었다. 게다가 모부투 대통령이 협상을 거부하며 이 건과 관련된 모든 이들—납치범들과 인질—이 죽으면 다 간단히 해결된다고 주장하면서 협상가를 보내기란 더욱 힘들어졌다. 모부투 대통령은 미국이 최근에 우호의 의미로 보낸 선물인 탕가니카 호 포함砲艦을 호숫가에 배치하고 마르크스주의자들의 야영지로 의심되는 정착지는 모조리 포격하라고 명령했다. 에밀리, 캐리, 스티브, 그리고 그들 위쪽 산등성이에 자리 잡고 있는 인민혁명당 대원 전원은 호수 저편에서 이따금씩 들려오는 포성을 들었다. 그리고 마침내 인민혁명당 지도자들이 호수 반대편으로 밀사를 파견해야겠다고 결정을 내린 뒤에는, 모부투의 포함이 한 시도 쉬지 않고 비추고 있는 조명등을 피해 갈 수 있도록 어두운 밤을 타서 밀사에게 작은 카누에 노를 들려 보내야만 했다.

첫번째로 파견한 밀사 두 사람은 하룻밤 만에 호수 저편에 진입했지만 막상 육지에 도착해 문명 세계를 접하자 다른 데 정신을 팔기 시작했고 곧 술과 여자의 유혹에 빠져버렸다. 두번째로는 알프레드 논도 장군과 그의 부하가 역시 노를 저어 호수 저편에 도착해 이튿날 새벽녘에 키고마 해변에 도착했다. 그들은 키고마에서 기차를 타고 기차 안에서 사흘 낮과 이틀 밤을 보낸 뒤 드디어 다르에스살람에 도착했다. 그리고 6월 20일 금요일 아침에 기차역에서 버스를 타고 시내 상업은행 건물에 도착한 두 사람은 계단을 걸어올라 해군 수비대와 미국 대사관에 자신들을 소개했다. 토니 콜린스에 따르면 어두운 색 청바지와 셔츠를 입고 있었던 논도 장군은 육상선수처럼 체구가 좋고 잘생긴 젊은 남성이었다. 그의 부하는 작고 둥글 둥글한 인상이었는데 말수가 매우 적었다.

이때쯤 학생 편의 협상단은 두 편으로 명백하게 갈려 있었다. 처음부터 주된 책임을 맡은 이들은 당연히 미국 대사와 네덜란드 대사였지만 당시 미국 대사는 헨리 키신저로부터 마르크스주의 반란군들과 직접 협상하지 말라는 분명한 지시가 담긴 전보를 받은 터였다. 하지만 그는 용감하게도 협상에 직접 개입할 것을 선택했다. "한 사람 목숨과 수천 명 목숨의 가치를 다르게 생각하는 순간 우리는 모든 것을 잃는다"는 것이 그의 생각이었다. 한편 니에레레 대통령은 공식적으로는 학생들의 안녕에 대한 일체의 책임을 거부한다고 표명한 뒤였지만 대신 데릭을 탄자니아 대변인으로 세우면서 그에게 협상은 하되 납치범들의 가장 중요한 요구사항인 몸값 지불에는 응해서는 안 된다—몸값을 치름으로써 앞으로 더 많은 납치 사건이 발생할 수 있다는 우려에서였다—는 다소 복잡한 입장을 고수하도록 지시, 내지 허락했다.

반면, 데이비드 햄버그는 가능한 수단을 모두 동원하여 학생들이 되도록 빨리 풀려나게 해야 한다는 한결 더 단순한 목표를 가지고 아프리카에 왔다. 그리고 그는 곧 카터 대사라는 또 한 사람의 확고한 동지를 발견했다. 데이비드는 제인과 다른 몇몇 지인을 통해 데릭 브라이슨이 (나중에 데이비드가 내게 쓴 표현을 따르면) "무척 까다롭고 성미가 급한 사람"이며 "반미 성향"이라는 말을 사전에 들은 터였다. 그는 그들이 묘사한 데릭의 성격이 매우 안타깝게도, 실제로 거의 들어맞음을 확인했다. 데이비드와 데릭과의 첫 대면은 "불쾌"했고 이러한 두 사람의 관계는 위기 상황 내내 그대로 유지되었다. 더 나빴던 것은 데릭이 그들 모두를 교묘하게 조종하고 제인을 통제하면서 제인을 전체 그림에서 제외시키려고 했다는 점이었다. 일단 제인은 그의 아내라는 것 말고는 탄자니아 정계에서 입지가 전무하다시피 했다. 이제 데릭은 제인이 데이비드나 그 외 이 사건과 관련된 다른 사람들과 독자적으로 의견을 주고받는 것조차 허용하지 않았다. 그리고 제인은 자신의 이러한 부차적인 역할을 받아들였다. 제인은 새 남편이 받고 있을 크나큰 부담감을 이해해주고 싶었고 그를 열정적으로 사랑했으며 그가 최선의 선택을 하리라는 것을 전적으로 그리고 무비판적으로 신뢰했다. 나는 당시 제인이 납치사건으로 무척 큰 충격을 받고 혼란스러워했으며, 매우 동요하면서 학생들의 생명을 크게 걱정했겠지만, 역시나 평소의 그녀답게 마음속의 불안을 겉으로 드러내지 않고 밝은 면만을 보려 노력했을 것이라고 생각한다.

데이비드 햄버그는 엄청난 압박감을 안고 다르에스살람으로 갔으며 "제인에게 많이 의지"하고 있었지만, 데릭은 곧바로 "좋게 표현해서, 내가 제인과 단독으로 대화할 수 있는 기회를 최소화"할 것임을 분명히 밝혔다. 데이비드는 몇 차례 제인과 사적인 전화통화를 시도했지만 이러한 원거리 통신마저도 성사되기가 극도로 어려웠던 탓에 이 또한 결국 "최소한"에만 그쳤다. 그동안 데이비드가 봐온 제인은 자신의 "낙관주의적 사고방식"을 유지하는 역량이 무척 큰 사람이었기 때문인지 이번 사건에서 그녀는 인질로 잡힌 학생들에게 가해지고 있는 위협이 실로 얼마나 "실제적이고 끔찍한"

것인지를 분명하게 실감하지 못하고 있는 듯했다. 그는 여전히 제인이 "사안의 중대성을 이해하고 이를 현실적으로 받아들이기만 한다면 지금보다 훨씬 더 도움이 되어줄 것"이라는 믿음을 놓지 않고 있었다. 하지만 그렇다해도 그녀가 무슨 도움을 줄 수 있었을까? 데이비드는 사실, 제인이 고작해야 학계 사람들이나 여타 유력인사들이 납치범들을 공식적으로 압박하도록 고무하는 등의 국제적인 노력을 기울이는 것 외에는 "이 상황에서 할수 있는 일이 그리 많지 않다"는 안타까운 현실 역시 직시하고 있었다.

데이비드 햄버그는 다르에스살람과 키고마를 자주 오가며 갖가지 계획과 위기 대처 방안을 세웠으며, 떠올릴 수 있는 모든 사람들과 밤낮으로 대화를 시도했고, 납치범들과 접촉하기 위해 갖은 애를 썼다. 그는 이 시기내내 설사에 시달렸고 체중이 현저히 줄었다. 그가 머무르는 킬리만자로호텔방은 전기가 제대로 들어오지 않았다. 그리고 "경이로운 사람" 카터 대사는 데릭의 이해할 수 없는 완고한 저항으로 인해 큰 고충을 겪고 있다고데이비드에게 수차례 호소하면서 현재 니에레레 대통령을 비롯한 탄자니아 정부의 주요 인사 그 누구와도 접촉하지 못하고 있다고 불평했다. 데이비드가 보기에 데릭 브라이슨은 데이비드 자신과 미국 대사, 네덜란드 대사, 이 세 사람과 탄자니아 정부 사이를 가로막고 서 있는 "장벽"이 되어가고 있었다.

6월 20일 금요일 정오에 데릭은 미국 대사관으로부터 즉시 와달라는 전화를 받았다. 그가 도착하자 네덜란드 대사와 미국 대사 그리고 데이비드햄버그가 그를 맞이하며 그날 아침 남자 둘이 대사관에 걸어 들어와 자신들이 인민혁명당 대표로서 인질들이 쓴 편지를 들고 왔다고 주장한다고 알려주었다. 데릭은 다 같이 대사관 안에 머무르면서 협상에 즉시 착수해야한다는 데 동의했다. 그렇게 해서 대사 두 명, 데이비드, 데릭, 통역사 한명, 논도 장군과 그의 부하가 자리를 잡고 앉았다. 카터 대사가 외교적 수사로서 납치범들에게 환영 인사를 하고 참석자들을 소개하는 것으로 회의를 연 뒤 데릭 쪽으로 고개를 돌려 먼저 발언해달라고 요청했다.

데릭은 장장 세 시간에 걸쳐 두 남자에게 스와힐리어로 연설—이제는 그들이 재교육을 받을 차례였다—을 했다. 탄자니아 정부의 입장에 대해 장황하게 설명한 뒤 (그가 나중에 글로 정리했듯) "그들이 지금까지 보인 행동에 미루어 볼 때 그들이 진정한 인민혁명당인지 의심스럽다. 그들은 현재 스스로 탄자니아와의 관계를 소원케 하고 있다. 당장 학생들을 무사히 돌려보내야 한다"는 요지의 연설을 했다. 그는 이어 그들이 학생들을 돌려보낸다면 그들의 "인도적 처사로 인해 국제사회로부터 상당한 호의적 반응을 얻을 것"이며 탄자니아의 감옥에 구속 중인 인민혁명당 소속 인사들도 석방될 것이라고 말했다. 말하자면 데릭은 인질 대 인질 교환을 제안한 것이었다. 세 시간의 연설 끝에 데릭은 서로 간에 "좋은 관계가 수립되고 있다"는 확신이 들었다. 그러나 스스로 지쳐버린 그는 휴회를 요청했고 잠깐의 휴식시간 동안 두 대사 및 데이비드 햄버그와 다음을 어떻게 진행할지에 대해 논의했다.

휴식시간 동안 진행된 비밀 회담에서 데릭은 협상이 "잘 진행되고" 있기는 하지만 하루 정도 회의를 중단하여 인민혁명당 밀사들이 방금 데릭에게서 들은 내용을 모두 소화할 수 있게 하는 것이 "반드시 필요"하다고 강력하게 주장했다. 하지만 물론 아직 다른 사람들은 발언할 기회를 거의 갖지 못한 이 상황에서 데릭에게 동의할 사람은 아무도 없었다. 데이비드는 이제 납치범들의 구체적인 요구사항에 대해 논의해야 할 차례라고 주장했지만, 데릭은 그전에 다음날까지 회의를 미루어 납치범들에게 충분히 생각할 시간을 주면 몸값을 치르지 않아도 학생들은 자유롭게 석방될 것이라고 확신한다며 다른 이들을 간절히 설득했다. 하지만 햄버그는 이 자리에 학생들의 부친들을 데려와야 한다고 주장했다. 데릭은 아버지들이 오면 분명 납치범들의 요구사항을 즉시 들어달라며 부탁할 것이고 그러면 자연히 협상자들의 "운신의 폭"이 너무 좁아지게 된다며 강력하게 반대했다.

결국 데릭의 주장은 기각되었고, 협상단은 두 아버지들과 함께 한층 더 커진 협상판으로 돌아왔다. 여타 요구사항에 대한 논의는 생략한 채 대화는 곧바로 몸값이라는 주제에 안착했다. 햄버그는 실제로 얼마나 많은 현금이 모일 수 있는지를 가늠하기 위해 미국 내의 여러 자금 지원처를 접촉해보려면 그날 저녁에 더해 다음날 아침까지 기다려야 할 것이라고 말했다. 그리고 휴회가 선언되었다.

월요일, 몸값은 46만 달러까지 하향 조정되었다. 주말 동안 이에 상당하는 금액을 캐리 헌터의 부친의 신용 대출에 기반해 영국 파운드화 소액권으로 마련했으며, 데릭, 데이비드, 캐리 헌터의 부친, 인민혁명당 밀사 둘, 그리고 미국 대사관에서 파견한 해병대원 두 명이 소액권 지폐가 담긴 금고를 키고마까지 비행기로 공수했다. 화요일 새벽에 돈 상자, 인민혁명당 밀사 두 명, 데이비드, 대사관 해병대 둘을 실은 어선이 키고마 항을 출발했지만 배가 호수 건너편 기슭에 다가가며 반사경을 켜고 입선 신호를 보내자 모부투의 포함 한 대가 그쪽으로 대포를 쏴대기 시작했다. 「로스앤젤레스 타임스」 기사에 따르면 키고마 부근에 위치한 높은 절벽 위에서 모든 상황을 내려다보고 있던 캐리 헌터의 부친은 교환이 성사되지 못한 것에 "격분"했다. 계획을 다시 세워야 했다.

데릭이 다르에스살람으로 돌아왔으며 제인이 버치스로 보낸 편지에 썼듯이, 이제 캐리의 부친과 데이비드 햄버그가 키고마에서 초조하게 사태를 지켜보는 동안 제인과 데릭 역시 다르에스살람에서 스티브의 부친과 함께 애타는 시간을 보내고 있었다. 제인은 다음과 같이 썼다. "저도 거기 같이 있다가 에밀리를 맞이할 수 있으면 좋겠어요. 하지만 적어도 데이비드 H.(햄버그)가 있으니까 오히려 그 편이 더 나을 거예요. 이번 일이 그녀에게 남길 상처를 생각하면 두렵기만 하지만 에밀리는 분명 잘 이겨낼 거라 믿어요." 제인은 이어 썼다. "혹 훨씬 더 오래 기다려야 한다면 우리는 모두 정신이 나가버릴 거예요."

파운드화 지폐가 담긴 커다란 상자는 6월 27일 금요일 인질들과 맞교환되었다. 하지만 납치범들은 모두의 기대를 저버린 채로 에밀리와 캐리, 단

두 사람만 보내주었다. 그들은 스티브 스미스를 억류한 상태로 추가 요구를 발표했다. 인민혁명당 홍보 책자를 국제적으로 공개하고 탄자니아에 수감된 특정 정치범 몇몇 중 최소 두 명을 석방하라는 것이었다. 제인이 집으로 보낸 7월 5일자 편지에 따르면, 스티브 스미스의 부친은 스티브가 여전히 호수 저편에 인질로 잡혀 있다는 이 청천벽력 같은 소식을, 아들을 맞이하러 키고마로 갈 채비를 하던 중에 접했다. 제인은 다음과 같이 썼다. "모두들 스티브가 무사하리라 믿어요. 단지 그를 데려 오기까지 시간이 좀더 걸릴 뿐이라고요(부디 다른 것은 더 필요하지 않아야 할 텐데). 하지만 그곳에 혼자 남겨지다니, 정말 심한 일이죠. 에밀리와 캐리의 부친들께도 참 힘든 시간이었어요. 두 분에겐 그야말로 지옥 같은 나날이었을 테죠. 앉아서 기다리고 무언가를 해봐야 얻는 것도 없는 일상이 반복되었으니. 앞으로도 너무 오래 걸리지 않기를 하느님께 기도할 뿐이에요."

같은 편지에 썼듯이, 에밀리와 캐리는 이제 다르에스살람에서 안전한 상태로 머무르고 있었고, 두 사람 모두 "안색이 무척 좋아 보이고(저보다도 좋던 데요!) 에밀리의 발만 빼면(곧 풀려난다는 소식을 듣고 흥분해서 언덕배기를 달려 내려오다 발에 물집이 잡혔다네요) 모두 무사"했다. "에밀리를 다시보게 되어 이루 말할 수 없이 기뻤고" 또 데이비드 리스가 에밀리를 맞이하러 제시간에 다르에스살람에 도착한 것도 "아주 멋졌다." 제인과 데릭은 에밀리와 데이비드 리스에게 그들 집에서 함께 머물자고 권했지만 에밀리는 킬리만자로 호텔에서 아버지와 상봉한 캐리와 함께 있고 싶어 했다.

제인과 데릭은 이제 막 풀려난 두 학생이 주요 사항을 보고하기 위해 미국 대사관에 들른 동안 간단하게나마 인사를 건넸었지만, 그보다 좀더 개인적으로 그리고 좀더 반갑게 두 사람을 환영하고 싶다는 생각에 함께 킬리만자로 호텔을 방문했다. 제인과 데릭은 에밀리의 방문을 먼저 두드렸다. 대답이 없었다. 두 사람은 몇 분 뒤, 캐리의 방문을 두드렸다. 문을 열고 나온 캐리의 부친이 두 사람을 보더니, 제인이 느끼기에 "굉장히 놀란" 표정을 하고 잠시 그대로 서 있었다. 제인은 캐리의 부친 뒤로 미셸 트루도

854 과학자

와 미국 대사가 방에 함께 있는 것을 보았고 에밀리가 누군가와 통화하는 소리도 들었다. 하지만 잠시 어색한 침묵이 흐른 뒤, 캐리의 부친은 제인과 데릭을 문 밖에 세워둔 채로 조용히, 그러나 단호한 몸짓으로 문을 닫아버렸다. 제인과 데릭은 문이 다시 열릴 것이라고 생각했다. 하지만 끝끝내 문은 열리지 않았고 마치 "10분 같은" 2분이 지난 후 두 사람은 긴 복도를 걸어 나와 호텔을 떠났다.

다음날 두 사람은 에밀리 앞으로 "커다란 꽃다발"을 보냈고 에밀리와 데이비드 리스는 꽃다발을 받고 바로 제인과 데릭의 집에 찾아 왔다. "그래서 한껏 수다를 늘어놓았죠. 하지만 제가 에밀리에게 문이 닫힌 일에 대해 묻자 에밀리는 그냥 웃으면서 사람들이 그저 겁에 질려 그런 거라고 하더군요. 하긴, 요즘 같은 때 제정신인 사람이 누가 있겠어요."

에밀리와 캐리가 풀려난 지 일주일이 되는 날은 미국의 독립기념일인 7월 4일이었고 학생 몇몇이 미국 대사 관저에서 열리는 축하행사에 초대되었다. 행사 장소로 가기 위해 학생들은 네덜란드 대사의 부인 반 덴 뷔르흐 씨에게 차 한 대를 빌렸다.

데이비드 리스가 운전기사로 지명되었고 에밀리, 미셸, 토니 콜린스가 승객 자리에 올라탔다. 사실 데이비드는 운전을 꺼렸는데, 그 이유는 과거 영국 식민주의 정책으로 인해 탄자니아의 모든 고속도로는 미국인의 관점으로 볼 때 잘못된 방향으로 운전해야 했기 때문이었다. 그리고 지금, 학생들이 탄 차가 굽은 도로를 막 돌자 커다란 랜드로버 한 대가 그들 위를 거의 덮치다시피 했고 운전사 데이비드 리스는 핸들을 왼쪽으로 틀어야 할 상황에서 오른쪽으로 꺾고 말았다. 두 자동차가 충돌하면서 학생들이 타고 있던 새 차는 낡은 아코디언처럼 쭈그러지고 말았다. 아래쪽에서는 휘발유가 뚝뚝 떨어졌고 전조등이 엔진 중앙에 깊숙이 박혔다.

대사와 반 덴 뷔르흐 부인에게 재빨리 연락이 갔으며, 마치 기적처럼 전혀 상처를 입지 않은 토니가 차를 지키고 서서 경찰이 오기를 기다리는 동안에 대사와 대사 부인은 세 학생을 아가 칸 병원으로 후송했다. 병원에 도착한 데이비드는 부러진 발목과 얼굴에 입은 깊은 상처를 치료했다. 제인이 즉시 병원으로 달려왔는데, 가족에게 보낸 7월 8일자 편지에 썼듯이, 미셸은 "얼굴 한 쪽이 엄청나게 붓고, 검게 멍든 눈을 꽉 감은 채 끔찍한 모습을 하고 있었다." 한편 에밀리는 이제 자신은 내출혈로 곧 죽게 될 것이라고 여기고 있을 때 마침내 데이비드와 단둘이 있을 기회가 생기자 그에게 이렇게 말했다. "왜 그냥 제게 결혼하자고 하지 않나요. 우리 이젠 그것 말곤 더 해볼 것도 없잖아요. 납치도 당해봤고, 자동차 사고도 겪고. 이젠 곧 죽게 생겼는데, 그냥 나와 결혼하겠다고 말해요."

그로부터 약 한 주 후 납치범들은 탄자니아 정부에서 그들의 최종 요구 사항을 받아들여 인민혁명당 수감자 두 명을 석방시키자 스티브 스미스를 풀어주었다. 그가 풀려나고 이틀 뒤에 윌리엄 비벌리 카터 대사는, 잔뜩 성이 난 헨리 키신저가 자신을 예정돼 있던 덴마크 대사로의 차기 임명을 취소하고 연봉과 직책이 더 낮은 미국 정보부에 배치했다는 소식을 들었다. 데이비드 리스와 에밀리 베르그만은 자동차 사고가 있고 14개월이 지난 뒤인 1976년 9월 2일 결혼식을 올렸다. 납치범들의 지도자 로렌트 카빌라는 납치 사건이 있고 약 22년 뒤 모부투 세세 세코 대통령을 권좌에서 끌어내고 아프리카 대륙에서 추방한 뒤에 스스로 자이르의 대통령이 되었으며 자이르의 국호를 콩고민주공화국으로 바꾸었다. 그리고 그는 2001년, 대통령이 된 지 4년이 채 못 되어 경호대의 총에 암살당했다.

37
새로운 일상

1975~1980

1975년 7월 말, 마지막 인질이 풀려나자 제인은 조앤 트래비스에게 썼다. "천천히 기다리다 보면 모든 게 제자리를 찾아가겠죠. 하지만 정상적인 생활로 돌아가려면 한참은 기다려야 할 거예요. 사실, 애초 제게 '정상적인 생활'이란 건 없었으니까 제가 새로운 일상을 다시 만들어야 하겠죠!"

곰베에서 새로운 일상의 중심에는 후임이 올 때까지 관리자를 계속 맡기로 한 이서 로헤이가 있었다. 다르에스살람 대학의 탄자니아인 학부생인 아델린 음레마도 곰베에 더 머무르기로 했다. 한편, 현장보조 직원들의 역할이 한층 더 강화되었다. 제인이 최근 선임 현장보조로 임명한 엠마누엘 트솔로 도 피스코라는 청년은 이제 일일 연구 및 보고와 더불어 스와힐리어-영어 번역을 책임지게 되었다. 침팬지 담당 현장보조는 총 여섯(루게마 밤방간야, 페트로 레오, 힐러리 마타마, 하미시 음코노, 에슬롬 음폰고, 카신 셀레마니)이었다. 1968년에 처음 현장보조로 고용된 힐러리 마타마가 이제 침팬지 팀의 팀장을 맡았다. 가식이 없는 유쾌한 미소, 주먹코에 커다란 입이 특징이었던 힐러리는 체구는 작지만 주변 사람들이 놀랄 정도로 체력이 좋고 동작이 민첩해 학생들로부터 많은 존경과 사랑을 받았는데 그를 두고 크레이그 패커는 "남다른 자부심과 위엄이 느껴지는" 인물이라고 평하기도 했다.

개코원숭이 팀 현장보조는 처음에는 아폴리나이레 신디음워 한 사람이었지만 곧 페터 니아벤다와 모시 카토타가 보충 인원으로 고용되었다. 곰베 현장보조가 대부분 탕가니카 호 마을 출신의 지역민들이었던데 반해 아폴리나이레(아폴리라고도 불렸다)는 부룬디 후투족 출신이었다. 크레이크 패커의 책에 따르면 아폴리는 어느 일에서나 "빈틈이 없었다." 그는 종종 "명상적이고 철학적인 모습을 보였고 가끔은 시적이기까지" 했지만 "자신의 일에 관해서는 굉장히 객관적이고 합리적인 태도"를 고수했다. 하지만 이 남자가 보여준 "가장 인상적인 재능"은 개코원숭이들을 쫓아 숲을 휘젓고 다니면서도 "머리카락 하나 흐트러지지 않는" 재주였다. "내 경우에는 날카로운 가시 덩굴을 지나 좁고 가파른 산골짜기를 뛰어다니는 개코원숭이들을 쫓아다니다 보면 바지는 진흙투성이가 되고 셔츠가 찢기고 얼굴에 상처가 나고 신발은 다 닳아 떨어지기 일보직전이었다. 반면 아폴리는 곧바로 왕실의 만찬에 참여해도 될 것처럼 전혀 흐트러짐이 없는 모습으로 돌아오곤 했다."

납치 사건이 있은 뒤에 진행된 전문 연구 프로젝트로는 아폴리나이레가 담당한 개코원숭이의 유영 연구가 유일했다. 하지만 개코원숭이와 침팬지에 대한 일반적인 장기 관찰 기록─먹이 공급장에서의 관찰을 담은 기록 A와 개별 유인원 탐색에 기반을 둔 기록 B는 장기 연구로 전과 다름없이 진행되었다. 먹이 공급장에서는 현장보조 중 한 명이 도표와 점검표(출현 여부, 건강 상태, 섭식, 털 고르기, 놀이 등을 표시)를 클립으로 고정한 책받침 두 개와 쌍안경, 타이머, 메모지 몇 장을 들고 진을 쳤다. 먹이 공급장 밖에서는 관찰자 둘이 팀을 이뤄 날마다 그날의 관찰 대상으로 정한 개별 동물을 쫓아다니며 기록을 남겼다. 최종 보고서를 작성하는 관찰자는 종이와 펜이나 연필을 갖고 다녔으며 정확한 시간을 알려줄 손목시계도 차고 다녔다. 두번째 관찰자는 1분, 2분, 5분 간격으로 타이머를 확인하며 도표에 구성 및 이동 양상을 기록했다. 현장보조들이 작업에 열중하다 보면 어느새 땅거미가 지거나 밤이 늦어지기 일쑤였기 때문에 주머니에 손전등을 넣고 다니는 것도 필수였다.

제인은 송수신용 무전기로 매일 현장보조들과 접촉했다. 현장보조들의 질문에 답을 주고 일일 보고서의 정확도도 검토할 겸 정기적으로 곰베를 방문하기도 했다. 처음 한동안은 곰베에 들어가려면 정부 출입허가증이 필요했다. 제인이 곰베를 방문할 때에는 늘 데릭이 동행했는데 그곳에서 제인과 데릭은 곰베에 상주하는 야전군 소속 군인들의 호위를 받아야 했다. 그리고 적어도 1975년 여름만큼은 곰베에 가는 것 자체도 쉽지 않았다. 7월 초에는 제인과 데릭을 곰베까지 실어다 주기로 한 조종사가 갑자기 몸이 아팠으며(제인이 그달 첫 주에 쓴 내용에 따르면 "뼈가 쑤신다는데 산소와 관련된 무슨 병에 걸려서 치료를 받아야" 했다), 이후 다시 곰베 행을 시도했을 때에도 악천후 때문에 결국 포기해야 했다. "곰베 가는 길에 운이 따르질 않네요." 제인이 7월 23일 기내에서 집으로 쓴 편지다. "이번엔 날씨예요. 아침 8시 반부터 소형 비행기(뭔가 특별한 이유가 있는지 라임스 로켓이라 불러요) 안에 앉아 하늘만 살피고 있어요. 시도와 실패를 반복하면서 비구름을 뚫고 곰베에 들어갈 방법만 찾고 있답니다."

결국 두 사람은 세렝게티로 돌아와 다시 연료를 채우고 날씨가 잠시 좋아진 틈을 타 다르에스살람으로 겨우겨우 돌아갔다.

향후 몇 년 동안 탄자니아 현장보조들은 지속적으로 곰베 침팬지들의 평범한 일상을 기록해나갈 것이었다. 대체로 평화로운 나날들은 매일매일 약탈, 사냥, 교미, 친교라는 자잘한 모험으로 양념이 되고, 크고 작은 웃음, 새끼들과 함께하는 차분한 놀이 시간, 친구들과 빈둥대며 보내는 느긋한 한때로 발효되어 익어갔다. 물론 무리들 사이의 경쟁과 같은 극적인 흥분의 순간도 분명히 존재했고, 드물게는 세력을 넓히기 시작한 지 얼마 되지 않은 젊은 침팬지들이 대담하게 기존의 수컷 위계질서에 도전장을 내밀어 심각한 싸움이 벌어지는 경우도 있었는데 이는 늘 그렇듯 한쪽이 도망을 가거나 항복 신호를 보내 자신의 패배를 분명하게 인정해야만 일단락되곤 했다.

한편 현장보조들은 몇몇 흔치 않은 사건들도 관찰했는데 그 예로는 성년 암컷 침팬지 패션과 그의 두 자녀, 폼과 프로프가 행한 카니발리즘 cannibalism(동족을 먹는 행위—옮긴이)을 들 수 있었다. 제인과 데릭은 1975년 8월과 9월에 곰베를 방문했는데 제인은 9월 24일 조앤 트래비스에게 보낸 편지에서 "그곳에서 데릭과 훌륭한 닷새"를 보냈다고 썼다. 현장보조들의 작업은 "매우 매우 잘 진행되고" 있는데 이들은 "썩 유쾌하지 않은 섬뜩한 행동도 기록해야 할 때가 있다"고 적었다. 그리고 사실 최근 침팬지들 사이에서 "소름 끼치는 온갖 사건들"이 벌어지고 있다면서 일련의 끔찍한 폭행들 가운데 첫번째 사건을 소개했다. "패션이 길카의 사랑스러운 어린 새끼를 잡아먹은 이야기 들으셨죠? 세상에."

기회가 있을 때마다 어김없이 자행된 패션 가족의 카니발리즘은 그 후로도 몇 년 동안 지속적으로 관찰되긴 했지만, 사건의 양상이 늘 괴이했으며 분명 침팬지 사회의 상궤를 벗어난 것인 듯했다. 다른 침팬지들도 이 흉포한 암컷 침팬지와 그녀의 자식들을 두려워하는 눈치였고 심지어 혐오하는 것 같기도 했다. 1970년대 후반에는 또 다른 종류의 폭력사태가 기록되었는데, 이 일은 인접 무리들 사이에서 벌어진 수컷 중심의 전쟁으로, 카니발리즘과 달리 정상적인 침팬지 행동으로 판명되었다. 제인은 같은 9월 24일 편지에서 이후 있을 사태의 전조가 될 만한 사건을 언급했다. "카세켈라 침팬지들이 마담 비를 연이어 공격하더니 결국에는 죽음에 이르게 하고 말았어요."

마담 비 살해 사건은 9월 14일 힐러리 마타마와 에슬롬 음폰고가 관찰했다. 이날 두 사람은 침팬지들 사이에 격렬한 다툼이 벌어질 때 흔히 나는 사나운 소리를 듣고 현장에 가보니 힘 좋은 성년 수컷 네 마리—피건, 조미오, 세이튼, 셰리—가 소아마비로 다리를 저는 늙은 암컷 침팬지 마담 비를 죽일 듯이 때리고 있는 끔찍한 장면이 펼쳐지고 있었다. 두 사람이 현장에 나타났을 때는 조미오가 마담 비를 비탈길 아래로 질질 끌고 가더니 갑자기 뒤돌아 두 발로 마구 짓밟으며 손바닥으로 등을 사정없이 내리치고 있었다. 다음에는 피건 역시 마담 비를 마구 짓밟더니 다시 아래쪽으로 질질 끌고 갔다. 마담 비는 몸을 심하게 떨면서 일어나보려고 애를 썼지만 이번에는 세이튼이 이 암컷 침팬지를 밀쳐 바닥으로 고꾸라뜨리고 두 발로 마구 짓밟은 다음, 다시 또 아래로 질질 끌고 갔다. 피건이 다시 양팔로 마담 비를 마구 때리고 밟았다. 다시 조미오가 마담 비의 못 쓰는 다리를 잡더니 바닥으로 내리쳤고 몸뚱이 위로 올라가 함부로 뛰고는 내리막길 아래로 굴려 떨어뜨렸다. 마담 비가 비명을 지르며 미약한 힘이나마 모아 필사적으로 도망쳐보려 애쓰는데 세이튼이 다시 잡아 넘어뜨리고 두 손과 두 발로 연달아 때렸다. 그렇게 네 마리의 수컷이 크게 소리를 지르며 자신의 힘을 과시하듯 마담 비를 발로 차고 손으로 때리고 질질 끌고 짓밟기를 계속해서, 결국 이 암컷 침팬지는 바닥에 고꾸라져 몸을 가누지도 못한 채로 어느 덤불 속으로 힘없이 굴러 들어갔다.

살해자들이 떠난 다음에 힐러리와 에슬롬은 다친 암컷 침팬지를 찾아보려고 덤불 속으로 기어 들어갔지만 아무것도 발견하지 못했다. 사건이 있은 후 얼마 지나지 않아 현장으로 안내를 받아 간 제인도 마찬가지였다. 수색팀이 노력을 기울인 지 사흘 만에 마담 비의 둘째 딸 허니 비가 어느 나무의 가지 사이를 맴돌고 있는 것을 목격하였다. 이어 그 아래쪽 땅바닥에서 마담 비가 발견되었는데 거의 스스로는 움직이지 못하는 상태였고 몸 이곳저곳에 외상이 심각했다. 제인이 후에 썼듯, 어미가 심한 상처로 인해 서서히 죽음을 맞이하는 동안 딸은 "부드러운 손길로 털을 골라주고 모여드는 파리 떼를 쫓아내며 어미를 따스하게 감싸주고" 있었다.

카세켈라와 카하마 사이의 전쟁은 아마도, 제인이 바나나를 얻어먹으러 캠프를 자주 찾아오거나 숲에서 이따금씩 마주치게 되는 대략 18마리의 성년 침팬지들을 비롯해 상당수의 침팬지와 익숙해지고 있던 1960년대에 시작된 사건에 기원을 두고 있다. 이들 성년 수컷 침팬지들은 1960년대 후반 들어 전체 서식 범위 중에서도 북쪽 지대를 특히 더 선호하는 듯했고 다른 침팬지들은 남쪽 지역 숲을 조금 더 선호하는 모습을 보였다. 그리고 1970년대에 들어서면서 이들 수컷 침팬지들은 두 개의 사회적 집단으로 나눠졌으며 이 두 지역에 대한 두 무리의 선호도 역시 갈수록 더 강화되는 듯했다. 처음에는 이러한 경향성이 분명하지 않았는데 이는 곰베의 지형이 복잡하기 때문이기도 했고 또 침팬지의 사회적 생활이라는 것이 본래 매우 복잡한 형태를 띠기 때문이었다. 침팬지 세계에서는 침팬지들이 처한 다양한 사회적·생태적 상황에 따라 무리의 크기나 구성이 늘 바뀌는데, 어떤 무리의 구성원은 독신 수컷 한 마리, 또는 독신 암컷 한 마리, 또는 자녀가 있는 암컷 한 마리가 전부일 수 있는 반면 어느 무리는 다섯 마리 또는 열 마리 또는 스무 마리로 구성될 수도 있다. 이처럼 대체로 느슨한 양상을 띠는 '이합집산'식의 사회체계는 동물 세계에서 흔히 보이는 형태는 아니지만 그렇다고 해서 이러한 사회 형태가 침팬지 사회에만 존재하는 것은 아니다. 인간도 이와 같은 방식으로 행동한다. 그러나 침팬지 사회의 특징은 침팬지들은 오로지 같은 무리에 속하고, 또 그로 인해 같은 땅에서 거주하는 개체들과만 교류한다는 것이다. 달리 말해서 침팬지들은 영역동물이며, 곰베 연구팀이 관찰하던 수컷 무리는 1960년대 후반에 사회적 차원에서 차차 분리되기 시작했고 1970년대에 들어서는 서식 영역 차원에서도 극명한 분리 양상을 보이기 시작했다.

당시 북쪽에는 수컷 침팬지 수가 총 여덟이었는데 이중 전성기를 누리는 수컷이 여섯 마리—에버레드, 페이븐, 피건, 험프리, 제롬, 세이튼—였으며 나머지 두 마리 휴고와 마이크는 이제 한창 시기는 지난 수컷들이었다. 남쪽에 서식하는 무리의 수컷 중 신체적인 힘이 절정에 달한 침팬지들은 총 네 마리—찰리, 데, 고디, 윌리 윌리—가 있었고 다른 수컷들로는 이제 한창 시기는 지난 휴와 노령의 골리앗 그리고 청소년기의 스니프가 있었다. 1973년 초, 이들 두 수컷 무리는 두 개의 영역으로 완전히 나뉘어 한 무리는 카세켈라 계곡을 중심으로 북쪽 숲에 자리를 잡았고 두번째 무리는 카하마 계곡을 중심으로 남쪽 지역에 터를 잡았다. 성년 암컷 침팬지 세 마리—마담 비, 맨디, 완다—역시 남쪽 지대에서 자리를 잡고 카하마 무리의 일원이 되었다.

한때는 카세켈라 무리와 카하마 무리 사이에 평화로운 교류가 오고간 때도 있었지만 1974년이 되면서 이들 두 무리 간에는 외부 개체를 향한 극심한 혐오와 적대감이 증폭되었고 이는 기회가 있을 때마다 여러 차례 연이어 발생한 살해 공격으로 표면화되었다. 두 지역 경계선 양측에서 성년 수컷들은 (종종 청소년기 수컷 또는 암컷 한 마리와 함께) 작게 똘똘 뭉친 패거리를 이뤄 몰려다니며 영토 경계를 순찰하다 이따금씩 궁금한 듯 소란스러운 이방의 땅을 골똘히 쳐다보곤 했다. 양 순찰대가 어쩌다 우연히 서로 마주치기라도 하는 날이면 양측 모두 공격적인 위협의 몸짓을 취했고 숲속에는 이들 침팬지들이 서로에게 내뱉는 비명과 후후거리는 불협화음이 울려 퍼졌다. 서로 머릿수가 비슷한 때면 양측 모두 본거지가 주는 안전한 느낌을 찾아 각자의 영역으로 조심스레 뒷걸음질 치며 물러났지만, 어느 한 무리가 분명한 수적 우세에 있는 날이면 이러한 조심성이나 경계심은 온데간데없이 사라졌다. 이러한 수컷 침팬지들의 순찰 관행과 이와 더불어 수시로 발생한 패거리 공격은 1974년 초에서 1977년 말에 이르기까지 거의 4년 동안에 걸쳐 지속되었고 마침내 침팬지들 사이의 전쟁은 한쪽 무리의 완승과 다른 쪽 무리의 절멸로 끝이 났다. 1978년에는 카하마 무리가 더는 존재하지 않게 되었고 카세켈라 무리의 수컷과 암컷들은 한때 카하마의 땅이었던 영역까지 아우르는 이전보다 훨씬 더 넓어진 지역에서 이동하고 먹고 자고 생활하게 되었다.

제인은 후에 "납치와 그 이후의 고통은 사건과 관계된 우리 모두에게 영향을 미쳤다"고 썼다. 하지만 제인은 상상할 수 있는 갖은 방법으로 인간이 다른 인간을 해칠 수 있다는 사실을 전부터 알고 있었으며, 지난 납치 사건은 사실 그녀 자신이 속한 종족에게는 악행을 저지를 잠재성이 있다는 이미 잘 알고 있는 사실을 한 번 더 확인시켜주는 계기에 지나지 않았다. 그러나 이와는 대조적으로, 그녀가 새로이 접한 끔찍한 카니발리즘의 사례나 곰베 침팬지 사이의 격렬한 전쟁은 이들 유인원의 잠재성에 대한 제인의 예전 생각을 완전히 뒤바꿔놓았다. 처음 침팬지 연구를 시작하고 10년 동안 제인은 침팬지들이 어느 정도는 그들만의 방식으로 '고상한 야만인Noble Savage'(문명이 인간을 타락시키며, 문명 밖의 원시 부족은 선할 것이라는 개념 —옮긴이)의 모습을 보일 것이며 그들이 "많은 면에서 인간보다 더 낫다"고 믿었다. 하지만 그 다음 10년은 침팬지들도 인간과 마찬가지로 "본성에 어두운 측면"을 지니고 있음을 분명하고 확실하게 보여주었다.

1975년 여름 동안 제인은 다르에스살람에서도 새로운 일상을 만들어갔다. 아직 어린 그럽은 납치 사건에 그리 큰 영향을 받지 않은 듯 퍽 활기찬 나날을 보내며 시간이 날 때마다 낚시를 나갔지만 그해 여름, 아이 엄마와 데릭은 그동안 중단되었던 집에서의 학습지도를 다시 시작했다. 제인은 8월 19일 영국 가족들에게 그럽이 "학교에서 상당히 잘 하긴" 하지만 "제가 아이에게 철자법을 가르치는 것은 도저히 하지 못하겠다"고 썼다. 그 시기에 데릭은 아이에게 수학을 나름대로 잘 가르쳐주고 있었고 제인 역시 읽기를 가르쳤다. 하지만 이제 두 사람은 아이가 정규 교육은 영국에서 받고 방학은 아프리카에서 보내는 문제를 상의했으며 그럽은 "굉장히 좋은 생각"이라며 찬성했다.

제인은 또 다르에스살람 집 2층의 넓고 바람이 잘 드는 방에다 책상과 새 책장, 안락의자를 들여놓고 낡은 옷장을 "인쇄물 따위를 정리하는 서류 캐비닛 겸 잡지를 꽂아두는 보관함"으로 만들어 새 서재를 꾸몄다. 인도양을 내다보는 앞쪽 창문은 부겐빌레아와 야자나무가 살짝 시야를 가리고 있긴 했지만 이들 초목이 강한 햇빛을 차단해주는 효과를 낳아 결과적으로 새 서재는 "이보다 더 좋을 수는 없었다."

한편 데릭은 그해 여름 탄자니아 의회에서 다르에스살람에서 규모가 상당히 큰 편에 속하는 선거구인 키논도니 지역 대표로서의 기존 의석을 지키기 위해 여름 선거 운동에 많은 시간을 할애했다. 제인이 같은 편지에 썼듯이, 데릭은 편지를 쓰기 하루 전날 당 회의에 참가하러 떠났는데 이 회의에서는 23명에 이르던 후보자가 데릭과 어느 탄자니아인 여성 둘로 압축되었다. 총선에서 분명히 앞설 것으로 예상되었던 데릭은 결국 아프리카 대륙 전체를 통틀어 민주 선거를 통해 뽑힌 유일무이한 백인 국회의원으로서의 지위를 지켰다.

이렇듯 부드러운 미소, 키가 크고 날씬한 그리고 영구적인 장애를 입은 신체, 두려움이 전혀 보이지 않는 단호한 몸가짐이 돋보이는 백발의 노신사 데릭은 탄자니아에서 그만의 명성을 누리고 있었다. 제인은 다르에스살람에 머무르는 기간 동안에 남편에 비해서는 덜 유명한 인사였고, 동물행동학계의 위대한 개척자 제인 구달 박사로서보다는 주로 '마마 브라이슨' 또는 브라이슨 부인 또는 제인 브라이슨 등 존경받는 데릭 브라이슨의—매력적이지만 약간은 이국적인—배우자로서 주로 인식되고 존경을 받았다. 이 또한 그녀에게는 새로운 일상이었다. 그리고 데릭이 선거에서 승리하고 다르에스살람에서 지역구의 지지자들을 대표하는 동안에, 제인은 그동안 누려온 명성과 자금원과 지적 자양분의 원천이 되어준 미국의 지지자들을 점점 잃어가고 있었다.

납치 사건으로 인해 초래된 첫번째 위기는 곧 두번째 위기를 낳았다. 나는 납치범 대응 방안을 두고 미국 대사관과 탄자니아 정부 사이에서 벌어진 초기의 갈등은 부분적으로는 데릭 때문에 더 악화되었다고 본다. 데이비드 햄버그는 언젠가 당시 데릭이 "필요 이상으로 까다롭게" 굴었다고 말하며 그때 데릭은 곰베에서 미국인들을 진심으로 내보내고 싶어 했으며, 그가 납치 사건을 "우리를 몰아낼 계기"로 활용하고 있었다는 것이 당시 관계자들의 "공통된 견해"였다고 언급하기도 했다. 이보다는 논리가 덜 정교하기는 하지만, 일각에서는 데릭이 납치 사건에 썩 유쾌하지 않은 방식으로 대응한 까닭은 그의 "뼛속 깊은 반미 감정" 때문이었다고 판단하기도 한다. 동기가 무엇이었든 간에 데릭이 일을 처리한 방식은 모두가 압박감이 극에 달한 시기에 미국인 대표단들이 그를 경원시하도록 만들기에 충분했다. 그리고 데릭은 당시 새로 맞이한 아내 제인으로부터 그가 기대한 만큼의 애정과 지지를 충분히 받았기 때문에 더욱 쉽게 그녀를 고립시킬 수 있었고 제인 역시 스스로를 지나치게 외부에 드러내지 않은 탓에 적대감의 주요 표적이 되었다.

"이번 납치 사건에서 사람들이 자꾸 편 가르기를 하고 있어요." 제인은 버치스로 보낸 7월 18일자 편지에 이렇게 썼다. 이때는 스티브 스미스를 제외한 모든 인질이 풀려난 후였다. "미국 사람들이 현 상황에 대해 저희에게 말해주질 않아요. 저희는 헌터 씨가 오늘 키고마로 간다는 얘길 이제야 전해 들었어요. 무슨 일로 가는 걸까요? 학생들 말로는 일이 긍정적으로 해결될 거라네요. 하지만 저희는 그 계획 속에 없는 거죠." 그달에 제인과 데릭이 보는 앞에서 호텔방 문이 닫힌 사건은 사람들 마음 깊이 자리한 씁쓸함의 표현이었고 이러한 그들의 감정은 위기의 끝이 다가올수록 점점 줄어들기보다는 오히려 한층 더 치명적인 독으로 변해가고 있었다.

10월 6일 제인은 스탠퍼드에서 계약된 강의 시간을 채우기 위해 캘리포니아에 갔으며 그곳에서 제인은 한때 자신에게 그렇게도 지지를 보내던 여러 대학 동료들이 이제 전 같지 않다는 것을 깨달았다. 그 예로 무엇보다도 인근 팔로알토에 미리 잡아두었던 주택 임대 계약이 어느 동료 교수에 의해 취소된 사실을 들 수 있었다. 명백한 무시 행위였다. 그 때문에 제인은 첫날 밤, 시내에 위치한 가구조차 없는 방 하나를 급히 빌려 카펫 위에서 자다가 이튿날 아침에는 온몸이 벼룩에 물린 채로 일어나야 했다. 후에 제인은 회고록에서 스탠퍼드 대학에서의 마지막 학기는 "나를 황폐화"한 시기로 내게 "인간 본성에 대해 많은 것을 가르쳐주었다"고 썼다. 그녀가 전에 "진정한 친구"라고 여겼던 사람들 중 상당수가 사실은 "어려운 때에는 믿지 못할 친구들"이었다. 제인이 가르쳤던 학생 몇몇은 "먼 곳에서 달려와 함께 시간을 보내며 끝까지 기운을 북돋아주었지만" 일부 학생들은 제인 쪽으로 아예 다가오지도 않았으며, 제인의 대학 동료들 중 여럿 역시 루머의 안개 속에서 진실의 음영과 형태를 파악하고 있는 듯, 다양한 방식으로 또 다양한 정도로 제인을 피했다.

"대부분의 소문은 데릭에 관한 것이었다. 나쁜 전례를 남길까 봐 그가 몸값을 지불하지 않고 학생들이 석방되기를 바랐던 것은 사실이다. 그러나 학생들이 죽는 편이 나았을 거라고 생각했다는 이야기는 말도 안 된다." 다른 루머들은 본질적으로 제인이 납치 사건을 어떤 감정으로 대했는지(학생들보다 침팬지들을 더 걱정했다는 설) 또는 납치 사건 해결에 있어 다르게 행동할 수도 있었다(남편에게 공공연하게 맞서 한층 더 적극적으로 공적인 역할을 맡을 수도 있었다는 설)는 따위의 추측이었다.

좀더 구체적인 것으로는 납치범들이 나타났을 때 제인이 교묘히 "정글 속으로 슬쩍 내뺐다"는 루머로 이는 당사자들의 모든 직접적인 진술과 납치일 이튿날 수집된 상세한 사건일지 내용과도 모순된다. 그런데도 제인이 "정글"로 교묘하게 몸을 피했다는 의혹은 23년 후 스탠퍼드 대학 동창회지 기사에서 마치 기정사실인 것처럼 활자화되었다. 기관총을 들고 있는 40명의 괴한들에게 제인이 정면대응을 해서 또는 자신이 학생들 대신 인질이 될 것을 자청했을 때에 어떤 바람직한 성과를 얻을 수 있었을지는 분명치 않다. 이러한 행동을 했다면 제인이 어쩌면 더 좋은 책임자로 평가받을 수 있었을는지 모른다. 그러나 그와 동시에 훨씬 나쁜 어머니가 되었을 것이다. 당시 제인은 여덟 살 그럽의 안전을 또한 고려해야 했다. 어쨌거나 제인은 납치가 발생할 당시 소요 현장에서 상당히 멀리 떨어진 곳에서 잠자리에 들어 있었으며 보트가 자이르 방향으로 떠난 뒤에야 당시 상황에 대해 들었다.

그해 10월 제인은 한 지인을 통해 사람들이 그녀에게 적대감을 보이는 또 다른 이유를 알게 되었다. 제인이 개인적으로 상당한 재산가임에도 불구하고 몸값을 지불하는 데 쓰인 은행 빚을 갚기 위한 '5월 19일 비상 기금'

조성에 기부를 거부했다는 루머였다. 사실 제인은 몸값이 학생들이 인질로 잡혀 있을 당시 여러 곳을 통해 모인 저당 물품이나 기부금을 통해 치러진 것으로 짐작하고 있었다. 그러한 기금이 존재한다는 것을 처음으로 알게 되고 나서 제인은 기금 책임자인 데이비드 햄버그에게 연락을 취했다. 두 사람은 10월 10일에 만났고 데이비드 햄버그는 제인에게 (제인이 몇 주 후에 썼듯이) 다음과 같이 말했다. "저희 측에 금융의 귀재가 있어 박사님께서 맡아주실 금액이 2만 5천 달러까지 낮춰졌습니다."

제인은 이 정도 거금을 쉽게 구할 수 없었다. 『인간의 그늘에서』를 통해 벌어들이는 수익 대부분은 그럽을 위한 신탁 자산에 묶여 있었다. 제인은 여전히 휴고의 TV 방송 제작에 도움을 주고는 있었지만 대가로 받는 수입은 전혀 없었다. 스탠퍼드 대학 강의를 통해 얻는 보수는 제인과 제인의 가족이 캘리포니아에 머무르는 동안 드는 생활비를 충당하는 데 거의 다 쓰이고 있었다.

그렇지만 제인이 지난 3년 동안 공개 강연을 통해 벌어들인 수입이 있었으며, 이 돈은 '영장류 연구 계정'이라는 이름으로 곰베에서 예상치 못한 연구비가 필요하게 되었을 때를 대비해 스탠퍼드 대학에 보관되어 있었다. 제인은 이 계정에 보관되어 있는 그녀의 강연 수입 전액을 기부하기로 동의했지만 알고 보니 이미 이 돈은 사전에 제인에게 통지를 하거나 동의를 구하지도 않은 채로 모조리 "납치 사건 처리 비용"으로 쓰이고 없었다. 제인은 대신 그해 가을에 예정된 다양한 기금 조성 강연을 통해 벌어들일 6천 달러를 기부하기로 결정했다. 제안은 받아들여졌다. 제인은 1만 4천 달러짜리 수표를 쓰면서 날짜를 그해 말로 늦추어 적었는데 이에 대해 데이비드에게 그 시기 전까지는 자신의 예금 계좌로 그 정도 금액을 감당할 수 없기 때문이라고 설명했다. 다음날인 10월 11일 아침 제인은 거래 은행으로부터 전날 날짜를 미뤄 발행한 거액의 수표가 곧 부도 처리될 것이라는 통보를 받고 수표 두 장을 더 발행해 우편으로 보냈는데 하나는 당장 사용할 수 있는 수표였고 다른 하나는 역시 날짜를 미뤄 발행한 것이었다. 마지막으로 제인은 학생들의 몸값을 치르느라 발생한 부채 청산에 도움이 될 수 있도록 공적으로나 개인적으로나 캘리포니아에서 더 많은 노력을 기울이겠다고 제안했지만 이 의견은 그냥 묵살되었다.

1975년 가을, 이처럼 불확실하고 혼란한 시기에 제인에게는 샌프란시스코에 사는 두 오랜 벗, 레이니에 디 산 파우스티노 왕자와 그의 아내 제네비에브(제니라고도 불렀다)가 커다란 꽃다발을 들고 제인이 머무르는 교수회관에 찾아왔다. 함께한 저녁식사 자리에서 두 사람은 제인에게 지금의 재정난을 풀기 위한 해결책으로 루이스 리키의 L. S. B. 리키 재단 형태로 세금이 면제되는 자선 재단을 설립하면 어떻겠냐고 제안했다. 새로운 재단이 곰베나 여타 관련된 프로젝트에 안정적인 수입원이 되어줄 수 있다는 의견이었다. 그렇게 해서 제인구달연구 · 보존 · 교육연구소Jane Goodall Institute for Research, Conservation, and Education가 창설되었다. 1976년 재단 이사와 이사회 임원이 선출되었고 그해 7월에는 연구소 공식 로고 디자인이 완성되었다. 1978년 6월에는 미국 국세청이 이 기관을 공식적으로 세금 면제 대상으로 승인해주었다. 하지만 제인구달연구소가 곰베 연구에 어느 정도라도 의미 있는 독자적인 자금 지원처가 된 것은 그 후로도 몇 해가 더 지난 뒤였다.

제인은 영국 집에서 크리스마스를 보내고 1976년 1월 다르에스살람으로 돌아왔다. 이 시기에 그럽은 본머스 버치스에서 밴을 비롯한 다른 가족들과 함께 생활하며 인근 학교에 다녔기 때문에 제인은 아이가 없는 다르에스살람 집이 고요하고 적적하기만 했다. 제인은 아직도 집안에 흩뜨려져 있는 여러 물건—장난감 비행기, 플라스틱 말, 총을 든 플라스틱 인형, 낚시 미끼, 책—을 볼 때마다 자꾸 그럽이 떠올랐다. 그리고 제인의 사무실 옆에 있는 작고 특별한 그럽의 공부방에 대해 제인은 그해 1월 그럽에게 다음과 같이 썼다. "들어가고 싶지 않은 곳이야. 네가 거기에 없다는 생각에 항상 슬퍼지거든. 하지만 내가 아닌 다른 누군가가 네게 철자와 쓰기를 가르쳐주어 엄마는 퍽 기쁘단다." 제인은 그럽에게 꼭 모든 이야기—수업, 놀이, 체육시간, 학교 친구들, 좋은 선생님들 등등—를 편지로 전해달라고 당부했다. 또 곧 다시 만나게 될 것이고—4월에 본머스에서 두 주 동안 머무를 계획이었다—곧 다르에스살람에서 제인과 그리고 세렝게티에서 휴고와 함께 지내며 동아프리카에서 보낼 멋진 여름을 기대하라고 덧붙였다.

지난해에 데릭이 키우는 개 비틀이 죽고 말았지만 작년 4월에 유기견 보호소에서 데려온 털이 짧고 노르스름한 잡종 스파이더가 1월에 건강한 새끼를 여덟 마리나 낳았다. 제인과 데릭은 그중에서 꼬리를 세차게 흔드는 새끼 강아지 한 마리를 데려다 '와가'라는 이름을 붙여주고 길렀고, 제인은 정기적으로 스파이더와 강아지들을 데리고 집 앞 해변으로 산책을 나가곤 했다. 와가가 피부병을 앓고 있어서 제인은 약효 성분이 있는 물을 미지근하게 데워 직접 와가의 첫번째 목욕을 시켜주었다. 제인은 이 이야기를 6월 그럽에게 보낸 편지에 적었다. "그래서, 내가 몸 전체에 비누를 묻혀줬어. 가만히 잘 있더구나. 몸을 떨었지만 꼬리를 다리 사이에 꽉 끼우고는 단 한 번도 흔들지 않았지." 그러고 나서 제인이 비누거품을 씻길 준비를 하는데 돌연 와가가 벗어나려는 몸짓을 했다. "온몸에 비누거품이 골고루 잘 묻은 상태여서 꼭 뱀장어처럼 미끄러웠어. 그럴 때 이 녀석들이 얼마나 미끄러운지 너도 잘 알지! 그래서 그만 놓쳐버렸단다." 암컷 강아지 와가가 재빨리 도망쳐 나와 잰 걸음으로 니에레레 대통령 정원 앞 울타리 아래로 들어가버리자 제인은 와가를 꾀어내려고 울타리 안쪽을 향해 휘파람을 불고 먹이 그릇을 두드렸고, 그렇게 몇 시간을 애쓴 뒤에 강아지가 슬금슬금 집안으로 돌아오자 제인은 녀석을 처음부터 전부 다시 씻겨야 했다.

7월이 되자 그럽은 꼬리를 흔들어대는 새 친구를 직접 만나볼 수 있었고 아이는 강아지를 데리고 나가 해변을 산책하고, 조수 웅덩이를 들여다보고, 데릭의 조개껍질 수집함에 들어갈 만한 이국적인 조개껍질과 낚시에 쓸 미끼를 모았고, 또 물론 해변과 배에서 낚시를 했다.

휴고가 8월 중순 다르에스살람에 도착해서 그럽과 더 많이 낚시를 갔고,

또 아이를 데리고 화석 탐사 등 여러 다른 모험거리를 찾아 두 주 동안 세렝게티로 떠난 덕분에 제인은 (영국 가족들에게 보낸 편지에 썼듯이) "곰베일은 내팽개치고 엄마 노릇에만 온 힘을 기울여야 했던" 시간으로부터 벗어날 수 있었다. 하지만 9월 12일 그럽이 마지막으로 한 번 더 강아지들을 데리고 놀고 수족관의 물고기들을 살펴본 뒤, 이제는 칭얼거리지도 않고 다음 학기를 위해 영국으로 돌아가자 제인은 무언가를 잃은 듯한 느낌이 들었고 이제는 엄마 노릇을 전혀 할 수 없는 시간을 이겨낼 수 있도록 노력해야 했다.

그럽을 떠나보낸 슬픔은 곧 그녀의 오랜 친구인 영국 출판인 빌리 콜린스의 사망 소식으로 더 깊어졌다. 그리고 한 달 후 제인은 훨씬 더 개인적이고 가슴 아픈 소식을 들었다. 바로 외할머니 대니가 돌아가신 것이었다. 이 소식은 10월 27일 오후 제인이 다르에스살람 대학에서 강의를 하고 있는 동안 데릭에게 전보로 전달되었다. 제인이 다음날 집으로 써 보냈듯 두 사람은 집에서 함께 "눈물로 얼룩진 저녁" 시간을 보냈고 이어 찾아온 밤에는 "잠에 드는 것이 불가능"했다. 하지만 결국에 깜빡 든 잠에서 제인은 대니의 환영—아마도 꿈이었을—을 보았다. "최근에 보았던, 몸집이 작아진 모습이셨는데 침대에 앉아서는 '난 어리석은 늙은이야. 아무짝에도 쓸모가 없는. 그래도 그렇게 생각지는 마라. 제발 그러지 말어' 하고 말씀하셨어요." 하지만 대니가 계속 말을 이어가는 동안 점점 모습이 변해가더니 갈수록 더 젊어져서 결국 머리가 검고 밝은 두 눈이 "초롱초롱"한 처녀 시절 모습이 되었다. 장난스러운 표정으로 대니가 제인에게 밝게 말했다. "알지? 그를 만났단다." 무슨 뜻인지 알 수 없었던 제인이 물었다. "아버지 말씀이세요? 아니면 예수님요?" 그러자 대니가 말했다. "가르쳐주지 않을 거야!"

향년 97세였던 대니는 임종까지 심한 병을 앓았다. 제인이 같은 편지에서 썼듯이 대니의 죽음은 제인에게는 "한 시대의 끝"을 의미했지만 미리 예상치 못했던 끝은 아니었다. 그렇기에 다르에스살람에서 강아지들을 데리고 해변을 거닐고, 데릭과 함께하고, 그럽이 오가고, 주기적으로 곰베에 방문하며 쉴 새 없이 자료를 수집·보존하는 제인의 새로운 일상은 이후로도 계속되었다. 그리고 그해 말, 새로운 일상에 드는 비용을 어떻게 감당할 것인가의 문제는 최소한 다음 몇 해 동안은 대충 해결된 듯 보였다.

1970년대 후반 제인이 예상한 곰베 예산은 연간 약 2만 5천 달러였다. 제인은 그랜트 재단의 지원이 곧 끝날 것으로 예상했지만 1976년 10월 말 그랜트 재단에서 더 낮은 수준으로나마(임시로 향후 3년에 걸쳐 총 1만 달러) 곰베를 계속 지원하겠다고 알려왔다. 그리고 제인이 리키 재단에서 만난 새 친구 고든 게티가 같은 시기에 5천 달러를 곧바로 기부해주었다. 제인은 나머지 비용을 리키 재단이 주선하는 미국에서의 대중 강연을 통해, 또 리키 재단에서 수여하는 추가 지원금을 통해 충당할 수 있을 것으로 예상했다. 한편, 어느 정도는 필사적인 시도에서, 내셔널지오그래픽협회의 옛 친구들에게 한 번 더 부탁을 해보기로 결심했으며 10월 15일 제인은 "곰베 카하마 무리 자유서식 침팬지의 행동" 연구비 지원을 위한 정식 요청서를 제출하면서 이듬해 연구비 명목으로 2,011달러 81센트라는 그리 크지 않은 액수로 지원금을 신청했다.

내셔널지오그래픽협회 연구탐사위원회는 1976년 12월 7일 아침에 열린 회의에서 지원금 신청서를 심사했다. 한때는 제인 구달이 스타 대접을 받았고 이러한 일에 있어 우선적인 혜택을 받고는 했지만 이제 위원회는 그녀의 신청 건을 전과는 판이하게 다른 태도로 대했다. 위원회는 제인이 스탠퍼드 대학에서의 교수 직위를 상실했기 때문에 곰베에서 일어나는 "전반적인 사업"은 "이제 구달 박사의 직접적인 통제를 받지 않는다"고 판단했다. 그리하여 위원회는 안을 상정하고 의견을 모은 뒤 제인의 요청서를 탈락시켰다. 그러나 잠시 후 위원회 위원장인 멜빈 페인 박사가 위원회 임원 전체에 재고를 요청하면서 내셔널지오그래픽협회가 "구달 박사와 맺어온 오랜 협력 관계와 그녀가 수행한 여러 선구자적 연구"에 대해 언급했다. 그러자 위원회는 다시 안을 상정하고 의견을 모은 뒤에 이번에는 만장일치로 요청서를 통과시켰고 이렇게 해서 1977년에 곰베 강 침팬지 연구 사업에

천 달러가 조금 넘는 금액이 지원되게 되었다. 이 지원금은 이듬해 한 차례 갱신되었고 금액도 조금 늘어났다. 그리고 1979년 5월에는 「내셔널지오그래픽」에 제인의 네번째 기고문(침팬지를 주제로는 세번째)을 게재하면서 해당 글과 사진에 대해 상당한 액수의 보수를 지급했다. "곰베에서의 삶과 죽음"이라는 제목의 이 기고문은 카니발리즘과 무리들 사이의 전쟁에 대한 놀랍고 빈틈없는 증거들을 담고 있었다.

어느 정도 (불확실하나마) 자금 조달이 안정되자 제인은 이제 곰베 운영에 집중할 수 있게 되었다. 1977년 초 제인은 전동타자기를 쓰기 시작하면서 업무 부담이 다소나마 줄었지만 조앤 트래비스에게 2월 18일에 보낸 편지에 썼듯이 "딱 하나 문제점은 현장보조들이 갈수록 일을 너무 잘한다는 것이지요!! 보내주는 정보의 양이 아주 상당해요. 작업 시간을 전부 여기에만 쏟아부어도 부족할 정도니까요." 제인은 이미 기초 자료를 분류하고 번역하는 일을 도와줄 사람으로 구딜라 타리모라는 젊은 탄자니아 여성을 고용한 터였고, 이제는 타자 업무를 보조해줄 사람으로 다이애나 프랜시스를 시간제로 고용했다. 같은 편지에서 볼 수 있듯이, 제인은 그렇지만 "분류, 보관 등등의 업무를 보다 효율적으로 할 수는 없을까에 대해 항상 고민하고" 있었다.

곰베에서 매일 밀려드는 데이터를 다루고 주기적으로 각종 서신을 처리하는 일 말고도 이 시기에 제인은 지난해의 곰베 연간 보고서를 작성하고 있었고 침팬지 영아 살해 및 카니발리즘에 대한 논문을 마무리하고 있었다. "영아 살해 논문, 힘 빠지는 편지들, 겹겹으로 쌓인 곰베 자료 정리 말고는 아무것도 못하고 있어요." 제인은 버치스로 보낸 1월 23일 편지에 그렇게 썼다. 하지만 적어도 논문만큼은 "마무리"된 상태였다. 이 논문은 몇 주 안에 사실상 완결되어 편지봉투 안에 담겼다(그리고 "야생 침팬지의 영아 살해와 카니발리즘"이라는 제목으로 「폴리아 프리마톨로지카」에 발표되었다). 이와 동시에 제인은 집으로 보낸 2월 10일 편지에 썼듯 "제가 갖고 있는 지도들(침팬지 서식 범위)을 분석해줄" 사람을 구하고 있었다. 한 달에 30시간 이상을 할애해야 하는 일이지만 "지도 위에 격자를 그려 넣는 등 상당히 재미있는 일이 많은 작업"일 것이었다.

그러고 나자 한때 휴고의 마음속 연인이었던 스텔라 브루어가 쓴 책의 교정본이 우편으로 배달되었다. 영국에서는 콜린스 출판사, 미국에서는 크노프 출판사를 통해 발간될 브루어의 『아세리크 산의 침팬지들*The Chimps of Mt. Asserik*』은 포획 침팬지들을 서아프리카 세네갈의 야생지대로 돌려보내려는, 약간은 돈키호테 같지만 용감한 그녀의 노력을 담은 책으로 이제는 제인이 써줄 멋진 서문만을 기다리고 있었다. 제인에게는 이것 역시 또 하나의 일이었다.

곧이어 「내셔널지오그래픽」에 실릴 새로운 기사의 초안을 작성하는 일이 생겼다. 제인은 (어머니에게 전했듯이) "연간 보고서에 파묻혀 지낸" 직후라 "똑바로 정신을 집중"할 수 없는 상태였지만 3월 9일 즈음해서 이 부담스러운 새 작업 역시 거의 다 마무리했다. 그리고 제인은 몇 집 건너 가까이 사는 캐롤 가니아리스라는 유능한 여성을 한 명 더 고용했다.

한편 그해의 중대 프로젝트는—서서히 향후 몇 년 동안의 중대 프로젝트가 될 것이 분명해졌다—아마도 그해 7월에 착수되었던 듯하다. 제인이 이일을 그럽에게 보낸 편지에서 최초로 언급했다. "지난 몇 년 동안의 기록일지를 모두 읽어보느라 꼼짝도 못하고 있단다. 이 책을 쓰기 위해서야. 이러다 두 눈이 사팔눈이 되지 싶구나!" 앞서 1968년에 출판한 바 있는 과학 모노그래프『곰베 강 보호구 자유서식 침팬지의 행동양식』을 바탕으로 이후 새로 알게 된 내용을 이 책에 담으려는 것이 그녀의 애초 계획이었다. 제인은 이 책을 점차 자신의 "모노그래프"라고 부르기 시작했는데 이제 침팬지 연구를 시작한 지 20년에 접어드는 지금, 제인은 이 책이 지금까지 자신의 연구에 대한 완전하고 압축적인 총정리가 되길 바랐다. 물론 이는 힘든 작업이었다. 1978년 3월 20일 제인이 내셔널지오그래픽협회의 한 동료에게 보낸 편지에 썼듯이 "학생들이 손쉽게 들고 다닐 만한 얇은 두께의 책 한

권에 18년간의 연구 성과를 모두 담는다는 것은 정말로 힘든 일"이었다.

두 달이 채 지나지 않아 제인은 이 일이 훨씬 더 길어질 것임을 직감했다. 제인은 5월에 조앤 트래비스에게 썼다. "모노그래프 작업에 꾸준히 매달리고 있어요(아무래도 2권이 될 듯!!)."

6월 중순에는, 침팬지의 공격성을 다룬 장章을 집필하고 있었다. "가장 중요한 방법론에 대한 작업은 이제 마쳤지만 그 모든 위협과 싸움 이야기를 다 모으려니 좀 지루하네요. 하지만 걱정 마세요. 점점 끝이 보이고, 작업도 즐거워지기 시작했으니까요. 예를 들면 고블린이 지난 두 해 동안 얼마나 많이 변했는지에 대해 보는 건 상당한 흥미롭거든요." 한 해가 지나고 1979년 7월 1일, 제인은 버치스로 보낸 편지에서 "'모노그래프'의 I, II장—또는 1, 2장이 되겠지요—이 사실상 마무리"되었다고 알렸다.

그리고 (그럽이 아프리카에서 여름 방학을 보내고 영국으로 돌아간 직후인) 1979년 9월 23일, 제인은 "모노그래프에 다시 몰두하고 있어요. 어제 저녁은 **끔찍**했죠. 모든 걸 다 잃어버린 줄 알았거든요. 1년 동안의 작업을 **깡그리요**. 그럽이 여기 도착한 후로 원고를 아무데서도 찾을 수가 없었어요." 피해망상에 사로잡힌 순간에는 휴고가 아이를 데려갔을 때나 다시 데려왔을 때 고의로 원고를 없애버린 것이 아닌가 하는 상상까지 했다. "하지만 그럽이 쥐를 잡으러 다닌 것이 문제였어요. 그럽에게 찬장 바닥에 있는 온갖 것들을 다 끄집어내도 된다고 말한 것이 불현듯 생각나더군요. **혹시** 다시 도로 옮겨두었을까 싶었죠. 모두 다 제자리에 다시 놓아두었더군요. 모노그래프 원고도요!! 휴, 밤새 온갖 망상에 사로잡혀 집을 뒤졌답니다."

이 시기 몇 년 동안 제인은 자주 곰베로 날아가 매달 며칠 정도는 머무르면서 현장보조들의 작업을 검토하기도 하고 필요에 따라 상담도 해주면서 다양한 문젯거리들을 처리했고 시간을 내 침팬지들을 직접 관찰하고 쫓아다녔다. 카세켈라와 카하마 전쟁은 1977년 말에 끝났고, 제인은 집에 곰베로의 여행에 대해 "진정 최고로 환상적"이라거나 "이번에는 제게 정말 굉장한"

경험이었다고 썼다. 곰베는 늘 좀처럼 제인을 실망시키는 일이 없는 새로움과 발견의 보고였다.

하지만 새로운 일상의 중심은 다르에스살람 집 2층 서재에서의 한층 더 내면적이고 지적인 작업—곰베의 일들을 분류하고 분석하고 생각하고 저술하는 것—에 있었다. 그리고 그녀가 지금까지 침팬지에 대해 알게 된 모든 것의 총체이면서 계속 더 많은 것을 깨닫게 해주는 모노그래프 집필 작업은 갈수록 중심 중에서도 중심이 되어갔다.

제인이 고용한 비서들은 더 바랄 것 없이 일을 잘 해주었다. 캐롤 가니아리스가 일을 시작한 지 1년쯤 지난 1978년 3월부터는 로즈마리(로지) 피에프가 손님용 숙소에서 머무르며 일하기 시작했다. 1979년 1월부터는 닐 마게리슨이 로지의 역할을 맡아주기 시작했고(주로 기록 관리를 맡았다) 1979년 3월부터는 헤타 보만파텔이 더 많은 역할을 맡았다. 헤타는 곧 손님용 숙소에 묵기 시작했으며 9월에는 그녀의 새 남편 프라샨트 판디트와 함께 살기 시작했다. 하지만 이처럼 최고의 비서들이 최상의 도움을 주었지만 제인의 작업은 언어의 장벽, 계속해서 끈적이는 열대 기후, 소리 없이 저항하는 미리 내다볼 수 없는 수천 가지 불편과 방해와의 힘든 싸움일 수밖에 없었다.

다르에스살람은 기온이 높았으며 계절에 따라 습기가 가득 차서, 자주 귀를 찢는 매미 소리가 울려 퍼지고 타자기가 끈적끈적하게 달라붙는 숨이 턱턱 막히는 날씨가 되곤 했다. 데릭은 종종 밖으로 나가 매미를 쫓아보려고 양손으로 손뼉을 쳐보기도 했지만 그의 박수소리는 이내 눅눅한 바람과 야자수가 바스락거리는 소리에 묻혀버렸다.

수천 가지 불편과 방해로는 커피나 차 또는 점심을 위해 찾아오는 방문객들과 장기 숙박객들, 또는 이따금씩 들어오는 인터뷰나 다르에스살람에서의 사적인 강연 요청 등이 있었다. 또 1978년 초 제인과 데릭이 영국에서 크리스마스를 보내고 막 돌아왔을 때에는 배관에 말썽이 생겼다. "2층이 전부 물바다가 되었어요! 한 8센티미터 정도까지 차올랐어요. 더 나쁜 건 이제 아래쪽으로도 물이 옮겨가고 있다는 점이에요. 책과 서류를 다 적시고 이불 같은 걸 넣어둔 그럽의 옷장까지 젖었어요. 세상에나, 세상에나. 이런 일이 생기다니."

다양한 생필품이 간간이 공급이 끊기기도 하는 가운데 모기들과 온갖 사회적 의무(예를 들어 외교 단체와의 디너파티 등)도 간간이 너무 많아서 제인을 힘들게 했는데, 1979년 여름에 제인과 데릭은 시간을 내서 영국 왕실이 여는 정부 축하 연회에 참석하기도 했다. 두 사람은 여왕과 10여 분간 "격식을 차리지 않은 담소"를 나누었는데 여왕은 다소 지친 듯한 기색이었다. "여왕께서 TV 영상물 중 하나를 보셨다고 하시더군요." 제인은 가족들에게 썼다. 여왕은 그 후 데릭과 탄자니아의 정치에 대해 이야기를 나누었다. "퍽 유쾌한 분위기였는데 한 가지 좀 이상한 점이 있다면 여왕께서 다소 정신이 들었다 나갔다 하시는 듯한 느낌이 들었다는 거예요. 마치 머릿속 컴퓨터가 동전을 새로 넣기 전에 좀 느려지는 것 같은 모습을 보인다 싶다가 또 어느덧 미소를 짓고 있고 또 어느 순간 미소가 엷어지다가 갑자기 ―붕 하고―1초 만에 다시 미소가 나타나는 식이었답니다!" 두 사람은 필립 공과도 대화를 나누었다. 그는 침팬지에게 매료되었다고 말했지만 제인은 금세 그가 "동물에는 전혀 흥미가 없는 사람"임을 눈치 챘다. 연회에 참석한 해에 있었던 각종 불편과 방해로는 밤 시간의 절반 동안 시끄러운 음악을 틀어놓는 무신경한 이웃들과 갑자기 고장 나는 무신경한 타자기가 있었다. 타자기가 처음 말썽을 부린 것은 전기 때문이었고 두번째는 고무 부품 때문이었는데, 딱 맞는 것을 본머스에 있는 스파크스 씨의 타자기 가게에서 급히 공수해 와야 했다.

제인의 다르에스살람에서의 생활에서 가장 큰 기쁨이 된 것은 두 마리 개, 스파이더와 와가였지만 녀석들은 동시에 끊임없이 걱정거리를 만들어내는 한 쌍의 견공이자 골칫거리 네발짐승들이었다. 스파이더는 니에레레 대통령 저택의 울타리를 할퀴는 버릇이 있었는데 가끔은 쓰레기 더미 위로 올라가 메스꺼운 냄새를 풍기며 한껏 배를 불리곤 했다. 그러고 나면 코끝에 쓰레기 찌꺼기가 묻고 털에도 지저분한 기름이 잔뜩 묻었다. 한번은 얼굴 전체에 풍선껌을 덕지덕지 붙이고 나타나기도 했다. 와가는 피부병을 앓고 있었는데 제인이 갖가지 방법으로 치료를 해보려고 해도 도저히 완치되지 않았다.

1979년 10월 또는 11월에 스파이더는 온몸에 소독약을 뿌려야 했으며 제인에게는 이 일이 "굉장히 불쾌한 경험"이었다. 그렇지만 제인이 밴에게 썼듯 덕분에 며칠 지나지 않아 개의 상태가 훨씬 좋아졌다. 그 후에 와가가 스파이더와 함께 해변을 달리다가 루시와 앙구스라는 두 마리 개가 살고 있는 마당 안으로 들어갔는데 이곳에서 두 마리 개 중 하나와 와가가 이빨로 물어뜯는 싸움을 벌였다. 결국 와가는 눈 위쪽에 심한 상처를 입고 집으로 후퇴했다. "어휴, 링거 주사 놓기도 지겹네요!"

제인은 몇 주 뒤에 다시 와가를 데리고 동물병원을 찾았다. 이번에는 심각한 수술을 위해서였다. 처음 진정제가 투여되고 그 다음 마취주사를 놓자 와가가 의식을 잃었다. "혈관을 타고 마취 주사액이 들어갔어요. 1분이 지나자 a) 제 품 안에서 사지를 축 늘어뜨리더니 b) 호흡을 멈추더군요. **끔찍**했어요. <u>분명</u> 죽었다는 생각이 들었거든요. 4분 동안(마치 4시간 같았죠) 게일이 인공호흡(공기 흡입) 등을 시도했어요. 그러니까 마침내 와가가 숨을 쉬더군요. 휴! 그 4분이란! 그리고 나서 1시간에 걸쳐 끔찍한 수술을 했죠. 수술이 무사히 끝나서 감사할 따름이죠. '포낭성' 난소였다고 해요. 피부도 그것 때문에 안 좋았던 것 같아요."

와가는 금세 건강을 회복했다. 하지만 두 마리 개 모두 건강 상태가 최상일 때도 항상 어떤 문제의 기미를 보이곤 했다. 해변에서 낯선 사람을 향해 짖고 옷깃을 물어뜯거나 혹은 목줄에 매인 채로 루시와 앙구스가 있는 저택을 향해 덤벼들었고, 그러지 않는 날이면 아폴로 밀턴 오보테의 저택 울타리 쪽 해변을 총총히 거닐며 오보테의 포악한 일곱 마리 개를 자극하곤 했다.

아폴로 밀턴 오보테는 1962년 10월 9일 우간다가 독립했을 때 첫 국무총리가 되었지만, 1966년 야당에서 부정부패를 이유로 그를 궁지로 몰아넣자 오보테는 국회를 해산하고 계엄령을 선포한 뒤 스스로를 우간다의 첫 대통령으로 지명했다. 그러나 1971년 1월, 한때 군 세력 내 자신의 지지자였던 이디 아민 대령이 일으킨 쿠데타로 실각하고 만다. 아민은 우간다의 두번째 대통령으로 취임했고 오보테는 니에레레 대통령의 배려로 탄자니아로 망명했다. 다르에스살람 해변의 주택에서 개 일곱 마리와 함께 딱한 망명 생활을 시작하게 된 것이다.

이디 아민이 우간다에서 자행한 공포 정치는 전설적이다. 우간다는 이미 이전부터 부족과 종교적 신념들 사이의 다툼으로 인해 굴곡진 역사를 써 내려왔으며, 아민은 우선 군대에서 무수히 많은 숙청을 단행함으로써 권력 기반을 다졌다. 그 다음으로 아민은 우간다에서 동아시아 주민들을 모두 쫓아내고 남은 사업체와 재산을 자신에게 우호적인 인물들과 지지자들에게 분배했다. 또 그는 오보테 추종 세력으로 간주되는 자들은 가차 없이 고문과 사형에 처해 결국 삼십만여 명이 진실 여부에 상관없이 아민의 정적이라는 이유로 살해되었다. 그리고 그는 이제 관심을 국제사회로 돌려 1978년 10월 31일 우간다의 남쪽 국경 국가인 탄자니아를 기습 공격하기에 이른다. 그러나 기습적인 공격이었지만 우간다의 침략군은 곧바로 격퇴되었다. 이어 탄자니아는 오만 명으로 구성된 군대를 급히 소집해 보복 공격을 가했으며, 우간다의 수도 캄팔라까지 피비린내 나는 행군을 이어가다가 1979년 4월 11일 마침내 이디 아민 정권을 무너뜨렸다. 전 세계에 악명을 날리던 대통령은 아내 넷과 첩 서른 명 중 일부 그리고 자식 스물을 데리고 리비아로 피신했다.

물자 부족은 몇 년 전부터 탄자니아의 고질적인 문제였지만 전쟁이 벌어지면서 한층 더 악화되었다. 1978년 크리스마스 무렵, 탄자니아에는 휴지, 쌀, 소금, 설탕, 밀가루를 찾아보기 힘들었고 1979년 봄, 전쟁이 공식적으로 종결된 뒤에도 몇몇 생필품의 부족 사태는 전과 다름없거나 심지어 더 심각한 수준이었다. 제인이 1979년 8월 5일 버치스로 보낸 편지에 이 문제를 언급했다. "탄자니아에 휘발유가 떨어졌어요. 말 그대로예요. 부족한 정도가 아니에요, 원유 공급이 끝장났어요." 제인은 이어서 이렇게 썼다. 더구나 "휘발유가 없다 보니 가게에 식료품이 거의 없어요. 시내로 수송해올수가 없는 거죠. 데릭이 다가올 수확 철을 몹시 걱정하고 있어요. 이 모든건 누군가의 **실수**예요. 누군가가 이 지독한 혼란을 초래한 것이죠."

전쟁이 끝나고 1년 뒤에 미국에서 강연과 기금 조성 원정을 마치고 (제인이 5월 11일 미국의 지인에게 쓴 글에서 표현했듯이) "겨우 죽지 않고 살아 있는 상태"로 본머스로 돌아가 전보를 받아든 제인은 "우리가 아끼는 개가 예방 접종을 했는데도 전염병인 개 디스템퍼로 죽었다"는 사실을 알게 되었다. "(애완견이 다 그렇지만) 스파이더는 저희에게 무척 특별한 개예요. 더 나빴던 것은 저희가 스파이더가 아닌 다른 개가 죽었으면 하고 바랐던 점이에요. 그래서 스파이더가 안 되었다고 느끼는 만큼 와가한테도 미안해요. 물론 와가도 저희가 무척 아끼는 개이지요. 살면서 겪어야 할 힘든 일이 참 많은 것 같아요."

5월 말경 다르에스살람으로 돌아간 제인과 데릭은 와가 역시 죽었음을 알게 된다. 와가 역시 개 디스템퍼에 전염된 것이었다. 제인은 겨우 종이에 글을 쓸 수 있을 정도로 진정이 된 후인 5월 26일에 집으로 편지를 썼다. "두 마리가 모두 죽었어요. 개 전염병 때문에. 두 마리 모두……. 우람한 옆집 개 위스키는 같은 병을 앓은 뒤로 신경 쪽에 문제가 생겨 항상 아래턱을 딱딱거리고 있어요. 온 집안이 삭막한 게 텅 빈 것만 같네요. 믿기지가 않아요. 하지만, 네, 사실이지요."

같은 편지에서 제인은 "오보테가 내일 우간다로 떠난다"고 이야기했다. 아마도 아폴로 밀턴 오보테는 그 역시 고국에서 새로운 일상을 맞이할 수 있으리라는 행복한 상상을 하고 있었는지 모른다. 실제로 그는 캄팔라로 돌아와 도착한 비행기에서 의기양양하게 내려오고 난 뒤 곧장 우간다의 임시 지도자 자리를 차지했다. 그러나 그해 말에 치러진 대선에서 패하자 곧 자신에게 충성스러운 군대를 동원하여 자신의 승리가 나올 때까지 재검표를 실시했으며 이후 4년 반 동안 계속될 새로운 독재시대를 열고 전임자가 잘 다듬어놓은 각종 부패, 비호, 고문, 살해의 기술을 활용하며 권력을 유지해갔다.

제인과 데릭의 첫 5년 동안의 결혼 생활은 다소 평범한 궤도를 따라 흘러갔다. 열렬한 격정에 사로잡힌 초반기를 지나 이제 열정은 덜하지만 보다 안정적이고 현실적인 중반기로 접어든 것이다. 하지만 1970년대 후반을 즈음하여 제인은 이번 결혼이 길게 가지 못할 것이라고 조용히 결론지었다. 아마도 문제의 핵심은 한때는 남성적인 매력으로 다가왔던, 매사에 제인을 보호하려드는 그의 태도가 이제는 제인을 숨 막힐 듯 답답하게 짓누르는 소유욕으로 변질되었다는 데 있었다. 짧게 말해서 데릭은 제인의 사회생활을 질투했다. 그는 제인이 친구를 사귀고 그가 관여되지 않은 사회생활을 하는 것을 참지 못했다. 그는 심지어 제인이 자신의 수표장을 정산하는 것조차 스스로 하지 못하게 했다. 이 모든 것이 휴고가 했던 방식과 너무도 비슷했다. 제인은 다소간의 놀라움 속에서 이에 대해 곰곰이 생각해보게 되었고 똑같은 정서적 함정에 왜, 어떻게 두 번씩이나 빠지게 되었는지 혼자 고민하기 시작했다.

그런데 1980년 초 데릭이 소화불량을 겪기 시작하더니 복통이 심해져 다르에스살람으로 돌아가자마자 전문의를 만나봐야 할 정도가 되었다. 제인은 6월 8일 집으로 쓴 편지에 다음과 같이 썼다. "D(데릭)가 내일 그 메스꺼운 바륨 위 검사를 받기로 했어요. 그 사람 혈색만큼은 상당히 좋아서 어디 이상이 있다는 말이 믿기지가 않아요. 뭐라도 이상이 있으면 제가 전화 드릴게요."

이상이 있었다. 엑스레이 검사 화면에 비정상적인 검은 덩어리가 보이자 제인과 데릭은 수술을 집도할 최고의 외과의를 찾아 곧장 영국 런던으로 향했다. 의사는 집도 전에 제인이 『희망의 이유』에서 썼듯이, 두 사람을 푹 안심시켰다. 그러나 수술이 끝나고 의사는 제인을 어두운 병실로 데려가더니—저녁 9시쯤이었을 것이다—불쑥 데릭이 암에 걸렸다고 말했다. 종양은 제거했지만 이미 전이가 된 상태이다. 더 이상의 치료는 의미가 없다. 데릭은 앞으로 3개월 정도밖에 살지 못할 것이다. 그는 제인에게 친구나 친척과 함께 있는 것이 좋겠다고 권했다. "택시를 타는 게 좋지 않겠어요?" 그는 제인의 어깨를 토닥이곤 뚜벅뚜벅 걸어 병실을 나가버렸다.

제인이 병원을 나설 즈음에는 시간도 많이 늦었고 비가 내리고 있었다. 그녀는 어느 먼 곳을 향해 지하철을 탄 뒤 한참 동안 빗속을 걸어 드디어—완전히 젖은 몸을 덜덜 떨며—최근에 미망인이 된 데릭의 형수 팸 브라이슨의 집에 도착했다. 서로 마음에서 우러나는 따뜻한 포옹을 나눈 뒤 제인은 옷을 갈아입었고 불 앞에 앉아 음식을 먹고 위스키 한 잔을 마셨다. 그리고 태어나 처음으로 수면제를 복용한 뒤 잠자리에 들었다.

다음날 저녁 밴이 본머스에서 제인을 찾아왔다. 그리고 제인이 후에 내셔널지오그래픽협회의 친구 조앤 헤스에게 보낸 편지에 썼듯이, "한바탕 울고 위스키를 마신 뒤 어머니와 얘기를 시작했다." 두 사람은 계획을 세웠다. 아프리카에는 치유 효과가 있는 허브를 이용한 약제술에 능한 '주술사'들이 있었고 제인은 다르에스살람의 친한 친구에게 전화를 걸어 이들에게 도움을 구할 방법을 알아봐달라고 부탁했다. 두 사람은 또 인도의 어느 마을에 '신비의 뿌리'가 있다는 말을 듣고 난 후에는 어느 '나이든 인도인 유모'에게 이에 대해 알아봐달라고 일을 맡겼다. 그리고 다음날 제인과 밴은 유명한 거장 바이올리니스트 예후디 메뉴인의 여동생이자 피아니스트인 헵치바 메뉴인이 심각한 암에 걸렸는데도 그 후로 무려 5년 동안이나 살아 있다는 소식을 들었다. 제인은 그녀를 만나러 가서 레이어트릴이라는 다소 논란이 있는 약물과 이 약물을 조제하는 한스 니에퍼라는 독일 의사에 대해 알게 되었다. 실낱같은 희망이라도 잡고 싶은 마음에 제인은 이 약물을 믿어보기로 결심했다. 헵치바가 "제게 책을 몇 권 주었어요. 그녀는 제가 알고 있는 것이 옳음을 <u>증명</u>해주었어요. '이제 할 수 있는 것이 <u>없다</u>'는 말

882 과학자

은 **틀렸다**는 것을요."

　제인과 데릭은 비행기를 예약했으며 7월 초 데릭은 독일 서부 하노버에 위치한 니에퍼 박사의 크란켄하우스 병원 513호 침대에 누웠다. 나흘 동안의 검사와 알약 복용을 마치고 레이어트릴이 데릭의 정맥을 타고 흐르기 시작했을 때 제인은 부푼 희망으로 가득 차서 이 치료로 데릭의 암세포가 비활성화 상태로 변하는 기적이 일어날 것임을 확신했다. "D가 통증을 전혀 느끼지 않아요." 제인은 조앤 헤스에게 썼다. "우리 두 사람 모두 무척 흥분하고 있어요. 아직 여기에서 2주를 더 보낼 계획이에요. 식이요법이 굉장히 중요하거든요. 하지만 제일 중요한 장애물은 넘은 셈이죠. 실험실 보고서에 따르면 데릭의 암은 성장 속도가 **빠른** 유형이라고 했어요. 이런 유형의 암세포는 레이어트릴에 잘 반응하지 않는다고도 했고요. 하지만 혈액 검사 결과를 보니 실제로는 천천히 성장하는 유형이라는군요. **굉장히 다행이지요.**" 물론 "N{니에퍼} 박사는 아직도 갈 길이 멀다"고 말했다. 하지만 제인은 긍정적인 미래를 확신했고 내셔널지오그래픽협회의 모든 친구들과 함께 "런던의 그 의사가 틀렸음을 증명하는 행복"을 나누고자 했다.

　한 달여가 지나고 "니에퍼가 '결절'이라는 것이 데릭에게 생겼음을 알리자" 두 사람의 마음속에 한 가지 "두려움"이 깃들기 시작했다. "결장에 전이가 보인다는 것 같았어요. 이 새로운 장애물에 우리는 몹시 두려워했죠. 하지만 저는 그날 밤 치유의 기적이 일어났음을 알아요. 그저 느낄 수 있었죠. 이튿날 니에퍼가 그러더군요. '아, 결절이 작아졌군요.' 휴."

　제인은 희망이 보이지 않는 상황에서 희망을 찾아보려 필사적으로 애썼지만, 결국 런던 의사의 말이 옳았다. 데릭은 수술 후 3개월을 살았고 제인이 『희망의 이유』에 썼듯 그중 두 달 동안 제인은 "정말로 그가 나을 수 있을 거라고 믿었다. 절대적으로 그렇게 믿었다." 하지만 그들 두 사람이 품었던 잘못된 희망은 결과적으로 그들에게 이로운 결과를 가져왔다. "정신적인 에너지로 충만해"진 데릭은 자서전 작업을 시작했고 제인은 그를 위해 타자를 쳐주었다. 제인은 메리 스미스에게 보낸 편지에서 이 작업에 대해 이야기했다. "데릭이 책을 쓰고 있다는 얘기를 제가 했던가요? 아주 잘 돼가고 있어요. 두 장章을 끝내서 제가 타자 작업을 하고 있어요. 출판사에서도 열의를 보이고 있고요. 앞의 두 장을 검토한 뒤에 두번째 협의를 갖자고 하더군요. 뭔가 할 일이 생기니까 D도 무력증에 대해 짜증을 내거나 하지 않게 되었어요. 그 사람도 아주 열심이거든요! 어려운 시기에 이 작업이 모두에게 도움이 되고 있어요." 두 사람은 클래식 음악을 함께 들었다. 그리고 함께 기도했다. 햅치바 메뉴인이나 그녀의 남편 리처드 하우저와 같은 다른 환자들을 방문하기도 했다. ("리처드와 햅치바는 죽음 이후의 삶과 윤회에 대해 믿고 있었다." 제인은 『희망의 이유』에 썼다. "우리는 그러한 것들에 대해 마치 사실인 것처럼 이야기했고, 데릭도 그것이 진실이라고 믿게 되었다.") 그리고 두 사람은 서로의 내면을 방문했다. 몇 시간을 쉬지 않고 대화하기도 했고 제인과 데릭은 "이 낯설고 새로운 세계에서 매일 매 시간을 함께하면서 매우 가까워졌다."

하지만 데릭의 통증이 갈수록 참기 어려운 정도가 되자 두 사람은 죽음이 가까워지고 있음을 인정하게 되었다. 제인은 좀처럼 잠을 이룰 수가 없었다. 병실의 데릭 침대 옆 의자에서 웅크리고 앉아 있거나 근처 빈 침대 위에서 졸면서 밤을 지새우곤 했다. 결국 데릭은 모르핀 없이는 고통을 견딜 수 없는 상태가 되었고 서서히 반혼수상태에 빠져들었지만 고통은 여전했다. 그가 마지막으로 남긴 말은 "이렇게 고통스러울 수 있으리라고는 생각도 못했어"였다. 데릭은 10월 11일 이른 새벽 홀쩍 떠났다. 제인은 그가 "거친 숨소리"를 내뱉자 이내 "죽음이 다가오는 소리를 들었고, 그가 마침내 고통에서 벗어나 평안을 찾았다는 것을 알게 되었다." 제인은 그의 침대 위로 올라가 이제는 텅 빈 육신만 남은 그녀 일생의 위대한 사랑을 마지막으로 꼭 끌어안았다.

38

삶의 편린들을 추스르며

1980~1986

데렉은 화장해달라는 유언을 남겼으며, 그해 11월 제인은 다르에스살람으로 데릭의 재가 담긴 나무 상자를 들고 돌아왔다.

제인, 데릭의 아들인 이언, 데릭과 좋은 친구 사이였던 애덤 사피 음카와 족장이 빗속을 뚫고 다른 애도객들과 함께 선창 근처의 작은 건물로 들어서자 장례식이 시작되었으며, 키논도니의 후원자들이 쓴 엄숙한 추도사가 스와힐리어로 낭독되었다. 이후 제인과 데릭이 좋아했던 장소들 중 한 곳인 인도양의 산호초들 사이에 있는 어느 섬을 향해 배 세 척을 띄웠다. 얼마 전에도 둘이 수영과 스노클링을 즐기며 빛나는 한때를 보냈던 곳이었다. 그런데 그 모든 과정은, 제인이 집에 보낸 편지에 썼듯이, "만사가 꼬여가기만" 했다. 우선 "퍼붓는" 비 때문에 위치나 방향을 파악하기가 불가능했다. 다음으로는 배 세 척 모두 섬까지 갈 연료가 떨어져 갑자기 멈춰버리는 바람에 산호초 위의 거친 바다 물결에 그저 몸을 맡길 수밖에 없었다. 데릭의 유골함 뚜껑에 박힌 나사못을 빼는 데도 "오랜 시간"이 걸렸다. 마침내 제인이 공중으로, 바닷물 위로 재를 뿌리자 재가 은빛 그물처럼 흩날렸다. 그리곤 상자와 화관에 돌을 달아 바다 속으로 던지려고 했는데 아무도 배에서 상자에 돌을 매달 끈을 찾아낼 수가 없었다. 그 존재하지 않는 끈을 자를 칼을 가지고 있는 사람도 없었다. 제인은 그 일이 관리의 소홀로 빚어진 희극적인 사건이라고 생각한다며 "분명히 데릭이 웃고 있었을 거예요" 하고 썼다.

그나마 그 일은 쉬운 편이었다. 이제 다르에스살람에서는 미망인으로서 혼자 살아가야 하는 고통스럽고 느린 삶이 기다리고 있었다. "아, 집으로 돌아오니 두려워했던 것보다 <u>훨씬 더</u> 끔찍하네요."

며칠 동안은 밤에는 다정한 친구—미국 대사 리처드 비에츠와 그의 아내 마리나—의 집에서 묵고 낮에는 일을 하고 사무를 처리하고 자신의 삶의 편린들을 추스르기 위해 데릭과 함께 살았던 해변의 집으로 돌아왔다. 하지만 얼마 못 가 제인은 비에츠 부부의 집에 대해 이렇게 생각했다. "지나치게 대사관저 같아요. 늘 저녁만찬이 열리거든요. 그분들은 저를 꼭 초대해야만 한다고 느끼고 저는 초대에 응해야 한다는 압박감을 느끼고 말죠!" 그래서 다른 친구인 맥마흔 가족의 집에서 잠을 자기 시작했다. 남편은 휴가를 떠나 있었고 아내인 시기는 흔쾌히 말벗이 되어주었으며 집에서 키우는 귀여운 애완견 복서도 있었다. 하지만 맥마흔네 집의 에어컨이 과도하게 작동하는 바람에 너무 춥고 시끄러워서 결국 며칠 뒤에 제인은 자신의 공간으로 돌아왔다. 그달 말 무렵 그럽에게 쓴 편지에 "지난 3일 동안 집에서 잠을 잤단다" 하고 적었다. "내가 두려워했던 것만큼 나쁘지는 않았단다. 밤늦게까지 네 방에 앉아 책을 읽거나 일을 하다가 잠도 푹 잘 잤어."

하지만 크리스마스 연휴를 그럽과 다른 가족들과 함께 보내기 위해 영국으로 돌아갈 준비를 하면서 내셔널지오그래픽협회의 메리 스미스에게 보낸 편지에는 자신이 "여전히 홀로 방황하는 것 같은 기분을 지울 수 없고 지난 몇 주 동안의 그 모든 기억을 도저히 견딜 수 없을 때에는 저 스스로에게 주문을 건답니다"라고 적었다. 그녀는 계속해서 데릭이 견딘 고통, 그의 갑작스러운 죽음이 "너무나도 불공평해" 보인다고 썼다. "데릭이 단 한 번의 삶 속에서 이미 너무나도 많은 일을 겪었다고 생각하지 않으세요? 어쨌든 저는 그저 마음을 가다듬고 시간이 흘러도 그 행복했던 시절을 오래 오래 추억할 수 있기만 바랄 뿐이에요."

그해 겨울 밴의 건강이 악화되었고 1981년 1월에는 손상된 심장판막을 돼지 심장에서 새로 채취한, 상태가 좋은 판막으로 교체하는 큰 수술을 받게 되었다. 문병을 주저하던 제인은 다음과 같은 사과의 편지를 보냈다. "저의 반은 어머니와 함께 있고 싶어 하지만 나머지 반은 그러고 싶지 않아 하네요. 요 근래 수술로 살을 쨈 사람들을 볼 때마다 머릿속에 떠오르는 생각들이 너무나 끔찍하기만 해서, 어머니의 수술은—하늘에 감사하게도—꽤 다르긴 하지만 제가 느끼는 그 안 좋은 감정들이 어머니에게도 전염될 것 같아요. 그런 일이 생기면 안 좋겠지요. 또 원래 약에 몽롱하게 취해있을 때 텔레파시로 주고받는 의사소통이 더 잘 되기도 하고요!"

다행스럽게도 수술은 대성공이었고 새로운 판막이 제자리에 자리 잡으면서 밴은 오랜만에 몸이 가벼워짐을 느꼈다. 그동안 제인은 어머니를 살리기 위해 대신 죽음을 당한 돼지에 대해 생각해보면서 다음 크리스마스 때에 밴에게 선물할 생각으로 돼지 사진, 자신의 의견, 사실, 이야기를 모아 책을 만들었다. 그해 1월 여전히 본머스에서 머물고 있던 제인은 곰베의 일일 보고서들에 대한 밀린 해석, 분석, 타자 일을 붙잡고 열심히 8월 기록을 거의 정리해냈다. 한편 그달 말 다르에스살람으로 돌아왔을 때 이 돼지 책은 제인에게 추가적인 활동거리, 하루 종일 침팬지와 곰베의 일로 분주하게 일한 뒤 밤 시간에 할 수 있는 재미있는 소일거리가 되어주었다.

그러는 와중에 해묵은 문제인 재원 마련이라는 문제를 다시금 처리해야 했다. 새롭게 기금을 조성해야 할 일이 생긴 것이다. 병에 걸리기 대략 6개월 전 데릭은 탄자니아 식품영양센터의 센터장으로 지명되어 있었다. 그가 죽은 뒤 센터 이사회와 임직원들은 조의금 6천 실링(약 700달러)을 모아 미망인과 아들에게 전달했다. 그 기부금을 탄자니아 학생들을 해외, 주로 미국의 코넬 대학으로 보내기 위한 연수 장학금인 데릭 브라이슨 식품영양 장학금의 종자돈으로 쓰기로 이언과 합의한 제인은 이어 그 사업에 쓸 추가적인 기부금을 모금하기 시작했다.

다르에스살람에서 사무를 보는 간간이 제인은 곰베에도 다녀오고 3월 말에는 영국의 가족을 만나러 여행을 떠났으며, 이후 미국에서는 봄 순회 강연 여행(4월 중순에서 5월 중순 사이)을 다녔고, 스위스에서도 며칠 머물렀다. 5월 22일경에는 다시 다르에스살람으로 돌아왔으며 26일에는 촌각을 다투는 연락 문제로 난관에 부딪혔지만 그래도 집에 보낸 편지에는 긍정적으로 소식을 알렸다. "이곳의 일상에 완전히 적응했답니다. 일찍 일어나 베란다에서 아침을 먹고 타자를 친 뒤 마을로 달려가고(이런저런 사람들을 보러 갔지만 아무도 없더군요! 전화가 없어서 미리 통화를 해둘 수가 없었어요) 다녀와서는 타자를 좀더 친 뒤 자료를 해석하고 헤타[에게] 발끈 화를 내고 물을 끓이고(물에 쓸 소독제가 동이 나서 안전하게 먹으려면 10분 동안 끓여야 하지요!) 모기들을 피해 제 작은 방에서 저녁을 먹고는 자러 갈 때까지 글을 쓰거나 책을 읽어요."

일상으로의 적응은 위안거리로 삼을 만했지만 그다지 길게 가지는 못한 듯했다. 메리 스미스에게 보낸 편지에서, 제인은 5월 말경 곰베를 향해 길을 떠났다가 몇 주 후 다르에스살람으로 다시 돌아온 뒤에 앓아누웠다고 알렸다. "지금까지 걸린 네 차례의 <u>제일</u> 지독한 말라리아들 중 하나로 손꼽힐 만한 병에 걸리는 바람에 늘어져 누워 있어요. 정말 죽을 것만 같았어요!!" 그 말라리아로 족히 수 주 동안 고열, 오한, 식은땀, 두통, 메스꺼움—기력이 완전히 소진되었다—에 시달렸지만 7월 첫째 주 혹은 둘째 주가 되자 조금씩 낫기 시작했다. "다시 기력을 회복해서 <u>너무나 좋아요</u>. 하지만 여전히 새끼 고양이처럼 허약하답니다!" 그래도 같은 편지 안에 돼지 책과 관련한 부탁을 남길 정도의 힘은 있었다. "제 어머니가 심장에 돼지 판막을 넣은 것을 아시지요? 저기, 제가 크리스마스 선물로 돼지를 주제로 한 모음집을 만들고 있거든요. 굉장히 흥미로운 작업이랍니다. 다르에스살람에 있긴 하지만 많은 연구를 해둘 수가 있었어요. 많은 사람들이 도와주고 있거든요. 혹시, 1978년 9월에 쓰신 수퍼돼지에 대한 글 사본을 저에게 주실수 있는지요." 편지는 계속되었다. "이상한 일이지만 저는 늘 돼지를 좋아했었어요. 여덟 살 때 제 꿈이 탬워스 종 돼지 여섯 마리를 갖는 것과 서커스에 입단하기였죠!!"

7월 10일경 제인은 내셔널지오그래픽협회의 조앤 헤스에게 자신을 더 "정신없게, 산만하게 여느 때보다 일을 밀리게" 만들었던 "끔찍한 말라리아"에 걸렸음에도 불구하고 마침내 "저의 방대한 개체군 역학에 대한 보고서를 **끝냈습니다**. 수년 동안의 노력의 결실이 그 안에 담겨 있어요. 그저 누군가 이 글을 출판해줬으면 좋겠군요!"라고 알렸다.

그렇게 다시 시작된 다르에스살람에서의 제인의 평범한 일상생활은 슬픔을 치유하고 몸과 마음을 추스르는 데 신비한 방식으로 보탬이 되었던 듯하다. 일 년 전 사랑을 듬뿍 줬던 스파이더와 와가가 갑자기 죽으면서 상실감으로 가슴속에 생겼던 공허한 구멍도 그녀가 매일 바닷가로 산책을 나설 때마다 그 뒤를 따라나서 준 잡종 개들로 메워졌다. 그러던 7월의 어느날 밀턴 오보테가 살았던 곳 근방의 수풀 주변에서 거의 야생으로 돌아간 듯한 유기견이 겁에 질린 채 눈치를 살피며 숨어 지내는 것을 발견했다. 제인은 금세 이 불쌍한 개가 사실 오보테가 기르던 개들 중 하나였는데 일 년 전 오보테가 우간다로 떠나면서 버려졌다는 것을 알아차렸다.

제인은 개에게 신데렐라라는 이름을 붙여주었다. 집에 보낸 7월 22일 편지에서 그 개를 이렇게 묘사하고 있다. "와가의 펄럭 귀와 얇은 꼬리를 그대로 닮은 데다 스파이더의 털 색깔과도 <u>정확하게</u> 일치해요. 크기는 꼭 와가만 하구요. 그동안 맞고 학대를 받아서 그런지 다가가면 뒤로 물러나버려요. 바다 근처에 있으면 바다로 뛰어들더라니까요. 신데렐라는 모래사장 끄트머리의 관목 숲 안에서 대부분의 시간을 누워서 보내고 있어요." 이내 제인은 "그 개를 길들일 끝내주는 생각을 해냈으며" 그 결과로,

매일 아침저녁으로 그 녀석에게 '습관화'를 시도하고 있어요! 정말로요, 마치 야생동물을 대하듯요. 가망이 없는 일은 아닐까 하는 걱정도 들긴 해요. 신데렐라가 '너무' 슬픔에 빠져 있거든요. 하지만 치즈 껍데기 던져주기를 두 번이나 성공했지요! 그리고 어제는 핍, 복서, 패치(마지막 두 마리는 맥마흔 씨네 애완견들인데 하도 까불어서 가장 다루기 힘든 복서는 붙잡고 있었죠) 와 앉아 있는데 신데렐라가 해변으로 내려와 패치와 조금 놀더니 핍 하고도 놀려고 하더군요. 너무 실망스러운 건 제 쪽은 쳐다보지도 않으려고 했다는 점이에요. 눈곱만큼이라도 꼬리를 흔들어주지도 않았고요. 다른 개들하고 있을 때는 안 그랬으니까, 어쨌든 꼬리를 흔들 줄은 안다는 건 확인한 셈이죠!

전혀 가망이 없지는 않았는지 8월 중순경 신데렐라가 제인의 집으로 들어와 살기 시작했다. "와, 신데렐라는 정말 **환상적**이에요. 일요일에 집으로 들어온 후 월요일에는 제가 벼룩/진드기 청소 목욕(**정말** 필요한 거였지요!)을 하는 것도 허락해줬는데 <u>거기다가</u> 귀에 약을 발라줘도 가만히 있었어요! 아까 저녁에 프라샨트가 커피를 마시러 왔었어요. 그래서 제가 커피를 타고 있었는데 그럽이 저에게 잡아당기기 놀이를 해달라며 위시본을 들고 오더군요. 어쨌든, 그러고 있는데 프라샨트가 와서 신데렐라가 탁자 앞에 앉아 제멋대로 뼈를 물어뜯고 있다고 알려주더라고요!!!" 제인은 계속해서 편지에 하지만 신데렐라가 "우리가 저녁을 먹는 동안 아주 말을 잘 들었으며" 또, "움직이는 동작이 매우 귀족적이고 색깔이 스파이더의 털 색깔하고 꼭 같았다"고 썼다.

다르에스살람의 집 마룻바닥에 조용히 누워 몸을 둥글게 말고 잠을 자거나 해변에서 이리저리 뛰어다녔던 이 벼룩에 물린 자국투성이의 신데렐라는 다정하고 충실한 친구이자 심리치료사가 되어주었다. 하지만 제인이 완전한 치유를 찾은 곳은 바로 침팬지들 사이에서, 곰베의 숲속에서였다. 제인은 『희망의 이유』에서 그때의 감상을 전했다.

침팬지들을 쫓아다니고 지켜보고 때로는 가만히 곁에 있으면서 숲에서 보낸 시간들은 내 존재의 중심을 지탱해주었으며 나를 쓰러지지 않도록 해주었다. 숲속에서는, 죽음이 감춰지지 않는다. 우연히 낙엽 속에라도 묻히지 않는다면 죽음은 우리의 곁에 끝없는 삶의 순환으로서 언제나 존재한다. 침팬지들은 태어나고, 성장하고, 병들고, 죽어간다. 그리고 종의 존속을 지켜가는 어린 침팬지들이 언제나 있다. 이러한 사실들이 나 자신의 삶을 평화롭게 되돌아볼 수 있는 전망을 가져다주었다. 점차로 상실감은 정화되었고, 운명에 대한 쓸모없는 분노도 가라앉았다.

하지만 장례식이 끝난 직후인 1980년 11월에서 12월 초순경 곰베로 갔을 때에는, 12월 10일 메리 스미스에게 보낸 편지에서 짧게 전했듯, "최악"이었으며 "그곳에서 데릭의 자취를 느꼈다." 데릭의 죽음 후 두번째로 갔던 1981년 2월에는 조금 나았다. 하루 동안 침팬지를 쫓고 오후 느지막이 호수에서 수영을 하고 난 뒤 밴과 올리에게 쓴 2월 15일의 편지에서 제인은 날씨가 "굉장히 습하지만 오늘은 운이 꽤 좋아서 비가 그렇게 심하게 오지는 않았어요. 사실 숲은 시원했고, 서로 얽힌 녹색 풀들은 이제 누런 잎이 져서 황갈색으로 변해가는 중이었어요. 군데군데 붉게 물든 곳도 있었죠. 마음이 평온해지더군요. 여전히 슬픔은 가시지 않았지만 지난번처럼 그렇게 괴로운 여행은 아니었어요" 하고 전했다.

1981년 6월 5일 메리 스미스에게 보낸 무선전보에는 이렇게도 적었다. 아직까지는 "여러모로 곰베 여행으로부터 얻은 소득이 없군요(침팬지들이 주위에 없는 한은 어려워요). 장소 자체는 그 어느 때보다도 아름답고 평화롭습니다. 하지만 침팬지들이 멀리 떠나버려서 거의 2주 동안 아주 드물게 몇 마리만 봤어요. 피피도 아직 보지 못했습니다. 그런데 이제 겨우 사흘 반가량의 시간만 남았어요."

숲의 영원히 변치 않는 아름다움에는 깊은 진정 효과가 있었지만, 곰베에서 삶을 안정시켜주고 긍정적으로 살아갈 수 있도록 해준 것은 아마도 침팬지, 같은 세계 속에서 반쯤 가려져서 살아가는 저 감성적이고 신중한 동물들이었을 것이다. 8월에 제인은 최근에 사귄 여자친구를 대동한 휴고, 그리고 그럽과 함께 사진을 찍으러 곰베로 갔다. 8월 29일 가족에게 보낸 편지에 휴고의 근황을 적으며 제인은 이렇게 썼다. "사진 촬영 준비에 걸린 시간이 지독할 정도로 길었지만 휴고가 모든 일에 그저 순응적인 태도로 대하더군요. 준비 시간이 많이 걸리긴 했지만 운이 좋게도 피피가 주위에 오랫동안 머물러줘서 그게 큰 문제는 아니었어요(물론 피피가 오래 머무르지 않았을 가능성도 있긴 했지만요)."

최근 새끼 패니를 낳은 피피는 "훌륭한 어미"가 되어 있었다. 사실 "침팬지들이 모두 주변에 머물러 있어서" 제인은 어미·새끼 무리 중 대부분의 뒤를 추적해 관찰할 수 있었다.

그리고 한때 같은 종족을 잡아먹은 일을 저질렀으며 이제는 두 살배기 팬의 어미가 되어 모든 정신이 새끼에 쏠려 있었던 암컷 폼으로 인해 한바탕 극적인 소동이 벌어졌다. 제인이 돌아온 첫날은 "아주, 아주 춥고 바람이 많이 불었다." 피건과 에버레드를 추적하면서 관찰을 시작한 그녀는 새끼 팬과 함께 야자나무 높은 곳에 앉아 있는 폼을 수컷 두 마리가 반겨주는 모습을 지켜보고 있었다. "12미터 높이에 앉아 있는 녀석들의 모습을 제대로 볼 수는 없었어요. 그저 간간이 주위를 둘러보는 얼굴이나 이 가지에서 저 가지로 옮겨 다니는 팬의 모습만 볼 수 있었죠. 갑자기—믿기지 않는 악몽 같았어요—등을 아래로 한 채 양팔을 활짝 핀 작은 몸뚱이가 공중으로 떨어지는 것이 보였어요. 속이 울렁거릴 정도로 심하게 쿵 하는 소리가 들렸는데 그 다음부터는 나무 사이로 불어오는 바람 소리 말고는 아무 소리도 들리지 않더군요." 제인은 "후들후들 떨리는 다리"로 새끼가 떨어진 장소를 향해 이동했다. "높게 끽끽거리는 희미한 울음소리가 길게 이어졌어요. 그리고 다시 울음소리가 들렸죠. 그리고는 조용해졌어요. 여전히 양팔을 활짝 펼친 채 등을 바닥에 대고 누워 있는 그 작은 몸에서는 조금도 움직임의 기미가 보이지 않았죠." 약 1분 뒤 폼이 야자나무를 내려와 천천히 어린 팬에게로 다가가 "죽었다고 생각한 새끼를 어미가 들어 올렸는데 놀랍게도 새끼가 손과 발로 어미를 붙잡더군요. 그 후 세 시간 동안 팬은 어미 곁에서 몸을 웅크린 채 있었고(폼은 아주 오랫동안, 쉬거나 아니면 땅에서 먹이를 주워 먹었어요) 그러다가 눈을 떴어요." 이틀 후 팬이 "어미의 배에 매달려 있지만 전혀 움직이지 않는" 모습이 보였는데 사흘 후에는 그 자취를 찾을 수 없었다. "불쌍한 어린 팬." 제인은 가슴 아파했다. 폼도 매우 아파 보였고 "마치 해골" 같아서 제인의 생각으로는 폼도 죽고 말 것 같았는데, 그 덕분에 "카니발리즘의 위험은 사실상 제거"될 듯했다.

사실 폼은 살아남았으며 대신 어미인 패션이 정체를 알 수 없는 "소모성 질환"에 걸려 건강이 점점 악화되어 겨우 몇 달만을 버틸 수 있는 지경에 이르렀다. 마지막으로 그 늙은 암컷을 제인이 관찰한 것은 1982년 2월 초순 곰베에서의 어느 "화창한 주" 동안이었다. 당시 집에 보낸 편지에는 이렇게 적혀 있다. "패션이 악독하다는 건 잘 알고 있지만, 그래도 **애처로워요**. 자기가 뭘 하고 있는지조차도 **알지** 못하더군요. 이제는 가죽과 뼈만 남아서 키가 큰 나무는 올라가지도 못해요. 통증을 느끼는 부위라도 있는지 갑자기 몸을 잔뜩 웅크리기 시작했고요. 걷는 것도 **굉장히** 느려요. 한쪽 눈 안에 엄청난 통증을 유발시키는 뭔가가 있는 게 확실해요. 이물질이 들어 갔을 때 사람이 그러듯, 눈을 아주, 아주 천천히 움직이고, 그럴 때마다 아픈 눈 쪽에 손을 가져다 대거든요. 어떤 때는 손가락 하나를 감은 눈에 대고 살살 문지르기도 해요."

그 관찰을 한 직후 패션이 죽었고, 그렇게 1982년은 카세켈라의 어느 동족살상 가문의 종말을 알리는 해가 되었다. 불쌍하게도 돌보는 이가 없으면 죽을 운명에 놓이게 된 네 살배기 남동생 팩스는 패션의 다 자란 새끼들인 폼과 프로프가 맡아 함께 보살폈다.

하지만 1982년은 제인에게 곰베에서 그녀가 경험했던 모든 즐거움을 완벽하게 되찾아낸 해로 기록되었다. "아, 정말 곰베에서 좋은 한때를 보냈어요." 5월 15일 가족에게 보낸 편지의 내용이다. "우선 날씨가 굉장히 좋았어요. 햇살이 쨍쨍 내리쬤지만 제법 시원했고 하루 정도 비가 내려서 땅이 너무 건조하지도, 미끄럽지도 않았어요. 예전에 자주 다녔던 '봉우리'나, 린다로 향하는 길을 돌아다니면서 시간을 많이 보냈답니다. 아주 재미있어서 다시 25살이 된 기분이었어요! 그렇게 오랫동안 산행을 쉬었는데도 제 체력이 여전히 굉장히 좋다는 걸 느꼈죠!"

한 달 뒤인 6월 13일, 또 한 번 곰베를 방문한 후에 메리 스미스에게 보낸 편지에서는 귀환, 회춘, 활력 충전이라는 그 동일 주제가 더욱 강조되고 반복되었다. "곰베의 날씨는 청명하고 화창했고 시원한 바람이 불어 나무랄 데 없이 완벽했습니다. 6월의 온실 같은 날씨를 예상했는데, 전혀요, 전혀 그렇지 않았어요. 숲속에서 굉장히 즐거운 나날을 보냈어요." 아마 인정하기는 힘든 일이었겠지만 제인의 계속된 편지 내용에 따르면, "이상하게도, 1963년 휴고가 영상물을 찍으러 왔었던 그 이후부터 느낄 수 없었던 자유로움을 다시 느꼈어요." 분명 휴고가 온 것은 환영할 만한 일이었지만, 동시에 휴고는 집중을 방해하는 존재이기도 했다. 게다가 "몇 년 동안 그럽 때문에 침팬지 추적을 전혀 할 수가 없었잖아요(캠프 관리, 좋은 엄마 되기, **거기다** 침팬지 추적을 모두 함께 해낼 시간이 없었으니까요). 납치 사건 이후 데릭과 함께 사는 동안, 그러니까 그럽은 영국에 있고 불쌍한 데릭이 사실상 캠프에서 죄수처럼 지내던 그때는 내가 너무 오랫동안 자리를 비우는 것은 아닌지 죄책감마저 느껴졌죠." 데릭이 죽은 후 처음으로 곰베에 몇 번 왔을 때는 "끔찍하고 정말 비참하고 쓰린 심정"이었다. "하지만 갑자기, 이번에 산에 갔을 때는 놀랄 만큼 자유로운 해방감을 느꼈어요. 산속을 배회하며 다시 23살로 돌아간 것만 같았어요!"

그해 여름 제인의 "놀랄 만큼 자유로운 해방감"은 신체적 자유 이상의 것이었으며, 곰베에서 "산속을 오가며 다시 23살로 돌아간 것만 같은" 기분 그 이상의 것이었다. 그것은 일제히 찾아온 좀더 넓은 범위의 감정적, 사회적 해방감이었다. 데릭의 병이라는 시련은 둘이 처음 사랑을 나누던 시절의 친밀함을 다시 느끼게 해주었지만 그의 죽음으로 모든 것이 무너지는 듯한 고통도 마찬가지로 느꼈다. 이제 상실감의 반대편으로 돌아온 제인은 예전의 창의적인 낙관성과 생기발랄한 붙임성을 되찾아가고 있었다.

이 기간 동안 몇몇 예전 곰베인들—데이비드 바이곳과 그의 아내 저넷, 토니 콜린스, 행크 클레인과 그의 아내 주디, 빌 맥그루, 앤 피어스, 앤 퓨지와 크레이그 패커—이 찾아와 다르에스살람에서, 어느 때는 곰베에서 손님으로 묵고 갔다. 1982년 2월 말 가족에게 보낸 편지에는 그 소식이 담겨 있다. "오늘 아침에 앤과 크레이그를 데리고 곰베로 갔었어요. 앤 덕분에 정말로 즐거웠다는 말을 해야 할 것 같아요. 앤을 데리고 있느라 일에 조금 지장이 있기는 했지만 앤 같은 이와 침팬지, 논문, 사람들에 대해 토론을 나눌 수 있어서 굉장히 유쾌했답니다. 정말이지 좋은 사람이에요! 앤의 말로는 자기가 침팬지 지원금(사실 리키 재단에서 받은 것이죠)을 받았으니 저의 안녕에 보탬을 주어야만 하겠대요. 제가 아니었더라면 이곳에 오지도, 그 지원금을 받지도 못했을 거라고요! 그래서 지금 물품들이 풍족하게 갖추어졌답니다. 필요한 건 다 있지요!"

한편 다르에스살람에 있던 외교관들 가운데 그녀가 사귀었던 오랜 친구들이 새로운 일자리를 찾아서, 혹은 보직 이전으로 떠나갔다. 제인은 그들이 언제나 있어주지 않는다는 사실을 깨달으며 탄자니아인 친구 범위를 억지로라도 늘려야겠다는 생각을 하게 됐다. 1982년 7월의 편지에 제인은 "큰 결심을 했어요. 다르에스살람을 떠나는 제 '친구들'에 대해 가만히 앉아서 생각해봤는데, 모두 외교관들이더군요. 탄자니아인들을 알아가려는 **노력**을 해야겠다는 생각이 들었어요. 너무나 좋은 사람들이 많거든요" 하고 썼다. 실제로 제인은 다음에 밴이 다르에스살람에 오면 몇몇 탄자니아 친구들을 만나봤으면 좋겠다는 소망을 피력했다. 밴이 만나야 할 사람으로 꼽은 이는 이랬다. "애덤 족장은 물론 티모시와 그의 아내 메리 반두, 크리스 리운디(**정말** 좋은 친구랍니다. 사실 그가 없으면 전 아무 일도 못할 거예요)와 그의 아내—도도마에 있어서 자주 보지는 못해요—그리고 제 일을 도우러 와줄 크리스의 여동생인지 처제(너무 헷갈리네요!)인지도요. 그런데 그 처제는 꼭 일하길 원하는 건 아니지만, 제가 너무 과로를 해서 도움이 필요하다고 크리스가 신경을 써준 거예요. 오늘 아침에는 크리스가 그 아가씨를 데리고 커피를 마시러 오기도 했어요."

우정이란 원래 눈에 보이지 않는 여러 가지를 주고받는 교환 경제 속에서 존재하는 것으로 때로는 단지 즐거운 대화를 나누거나 힘들 때 옆에 있어주는 것으로도 충분하지만, 당시 실물 경제가 무너지고 있던 탄자니아에서 우정의 교환 경제란 대개 문자 그대로 물물교환을 의미했으며, 실질적인 물건을 의미하기도 했다. 그해 여름 어느 날 데릭의 오랜 정치적 동지 주베리 음니에케야(1982년 7월에 집에 쓴 편지에 제인은 그를 "교육도 못 받았고, 영어도 못하지만 세상의 소금처럼 착한" 사람이라고 평했다)가 "마치 크리스마스의 신부님"처럼 과일, 야채, 설탕이 잔뜩 든 꾸러미를 차에 싣고 와서 자신이 오빠처럼 제인의 뒤를 돌봐주기를 데릭이 원했었다고 이야기했다. 식량이건 비누건 기차표건 필요한 것이 있으면 자신이 무엇이든 구해주겠노라고 했다. 음니에케야는 오물 청소 명령이 지역 관청에서 통과되도록 교섭을 할 때도 도움이 되었으며, 덕분에 오수 청소부들이 제인의 집 배관 설비의 맨 아래쪽(이웃집 니에레레 대통령이 지하 폭탄 대피소를 만든 이후 계속 엉망이었다)을 고쳐주었다. 거기다가 그 정수 교섭 담당자는 자원해서 그해 여름 제인이 필요로 하는 것은 모두 구해주었다. 탄자니아에서는 구할 수 없는 항공우편 봉투도 케냐에 있는 자신의 형제를 통해 5백 장이나 구해주었다. 한편 같은 시기에 다르에스살람으로, 그 다음에는 곰베로 제인을 보러 온 족장 애덤 사피 음카와("그렇게 멋진 사람이 있다니, 그를 보고 있노라면 탄자니아를 향한 신념이 회복될 정도죠")는 곰베에서 쓰는 램프에 필요한 파라핀—재고가 점점 줄어만 가고 있었다—을 채워주었다.

신데렐라에게 또 다른 입양 유기견 배긴스라는 친구가 생긴 1982년 시작 무렵, 개 사료를 비롯한 식량의 가격이 점점 올라갔다. 운이 좋게도 1983년 초 제인은 "매력적인 그리스인" 디미트리 만세아키스와 친구가 되었으며 1월 24일 집에 보낸 편지에는 그 사람이 "육류 판매상이에요. 개들에게 줄 먹이를 가지고 들르기로 했어요! 제 어깨에서 큰 짐을 내려놓게 되었어요" 하고 소식을 전했다. 또 새로 부임한 미국 대사 데이비드 밀러의 아내 몰리 밀러는 종종 마른 사료를 주기로 했다. 한편 예전에 키고마에 살았던 소매상인인 옛 친구 람지 다르하시는 이따금씩 '셈베'(옥수수 가루)가 담긴 꾸러미를 가정부이자 요리사인 제노 응앙가에게 가져다주기 시작했는데, 그 중요한 식재료도 마찬가지로 공급 부족이기 때문이었다.

그해 1월 비행기를 타고 이동 중이던 제인은 비행기 안에서 우연히 전에 데릭이 처음 곰베로 올 때 타고 온 비행기의 조종사를 만난 적이 있는데, 이제는 스위스항공 직원이 된 그 조종사가 객원연구원들이나 미래의 브라이슨의 제자들을 위해 저렴한 비행기 표를 구할 수 있는지 알아봐주겠다는 약속을 하기도 했다. 또 제인의 자동차를 수리해야 하는 일이 있었는데, 밀러 대사의 도움으로 외교행낭으로 여분의 부품을 탄자니아로 보낼 수 있었고 로저 테일러라는 이름의 미국 해군이자 뛰어난 수리공이 차를 고쳐주기로 했다. 다르에스살람에 있는 제인의 수조에 들어갈 물고기들은 키고마에서 열대어 수출을 하는 친구들인 키릿과 자얀트 바이사의 호의 덕택에 구했으며, 같이 넣을 모래와 수초는 곰베를 잠시 방문한 뒤에 다르에스살람으로 온 토니 콜린스가 운반해주기로 했다.

1983년 6월 중순 메리 스미스에게 쓴 편지에 제인은 "탄자니아가 확실히 어려운 상태입니다" 하고 전했다. "당장 이득이 있는 일들만 하려고 해요. 그로 인한 단기적인 여파는 끔찍해요, 왜냐하면 경제가 굴러가도록 일하는 사람들이 모두 불안해하며 그 이상은 일을 하려고 하지 않거든요. 또 부당한 일들도 발생했고요. 피해자들은 여전히 감옥 속에서 고통을 겪고 있지요. 하지만 가장 심각한 문제는 식량이에요. 저는 그다지 영향을 받지 않고 있어요. 식품을 구하는 일은 그렇게 어렵지도 않고, 개 사료나 가정부 제노에게 필요한 식재료를 구해주는 좋은 친구들이 있거든요."

그렇지만 그 전해까지 내내 집에 있는 카메라들 중 가장 좋은 것, 타자기, 쌍안경, 옷, 곰베로 보내기로 했던 시계를 훔쳐가는 좀도둑에 시달리고 있었으며, 1982년 말에는 곰베에서 모터보트 한 척을 도난당했다. 여기에는 (당시 메리 스미스에게 보낸 편지로는) "내가 아끼고 겨우 네 번 쓴 새로 산 멋진 소형배도 있어요. **제길!**" 게다가 제인이 곰베에서 일하는 사람들에게 여분의 식량을 공급해주고 있었는데, 여기에 들어가는 추가 비용이 물가 상승과 폭등한 환율과 맞물리면서 곰베 예산이 갑자기 1년에 3만 3천 달러로 치솟았다.

곰베 운영비가 증가하는 반면 미국으로부터의 각종 단체 후원금—그랜트 재단과 미국 내셔널지오그래픽협회의 지원—은 줄어들기만 해서 제인은 업무에 필요한 추가지원금을 신청하겠다는 생각을 대부분 포기해버렸다. 그래도 미국에서 연례 봄 순회강연 여행을 계속한 덕분에 일 년에 평균 10건가량 하는 대형 강의에서 행사당 약 2천5백 달러를 벌어들이고 있었다. 하지만 이제는 그것만으로 부족했으므로 이제 개 사료 친구, 자동차 수리 친구, 수조 물고기 친구에 더불어 자금 친구—연구와 침팬지를 도와줄 인심이 넉넉한 후원자—를 찾기 시작했다. 1983년 10월 다르에스살람의 대사관 만찬에 참석한 제인은 네덜란드의 베른하르트 공⌂ 옆에 앉게 되었는데, 얼마 후 가족에게 보낸 편지에 썼듯이, "곰베를 위한 돈에 대해 그를 붙잡고 오랫동안 이야기를 했다." 대화는 "꽤 고무적"이었으며 베른하르트 공은 구체적인 사항을 보내달라고 요청했다. "저는 그분이 잊었을 거라고 생각했는데 지난번에 만났던 일을 상기시켜주시더군요. 작별 인사는 조금 웃기기도 했지요. 저는 격식을 갖춰 그분과 악수를 나눴어요. 그런 뒤 베른하르트 공이 계단을 올라갔고요(우리는 베란다에 있었거든요). 공의 측근이 제 양쪽 뺨에 네덜란드식 뽀뽀를 하며 작별 인사를 했지요. 그런데 PB{베른하르트 공}가 계단을 다시 내려와서 '작년에 제가 실례를 무릅쓰고 작별 키스를 한 적도 있었는데, 그걸 깜빡 잊어버리고 있었군요!' 하고 말씀하신 거예요. 웃기지 않아요? 그분은 저를 스스럼없이 '제인'이라고 불러요. 모두들 어떻게 그렇게 하는지, 재밌지 않은가요."

미국에서도 많은 이들이 친근하게 그녀를 성이 아닌 이름으로 제인이라 부르면서 도와주기에 나섰다. 내셔널지오그래픽협회가 곰베 연구에 대한 공식적인 지원을 중단해버렸음에도 1982년 초 멜빈 페인은 워싱턴에서 후원 만찬 행사를 크게 열어주었으며, 그 행사를 통해 경비를 제외하고도 7천 달러가 모금되었다. 그 순전한 우정의 행동에 대한 화답으로 제인은 미프의 네번째 새끼에게 멜이라는 이름을 붙여주었다.

1982년 6월 그레믈린이 새끼를 낳았을 때도 마찬가지로, 1979년부터 제인구달연구소의 소장을 맡아온 고든 게티에 대한 경의의 뜻으로 새끼에게 게티라는 이름을 붙여주었다. 게티 소장은 그 얼마 전에는 곰베 연구의 후원을 위해 큰 선물을 보내주는 우정을 보여주기도 했으며, 또한 1983년 5월에는 연구소를 위한 50만 달러의 기부금 모금에 대한 25만 불의 부응기금(일반 기부 모금에 부응해 단체나 개인이 일정 비율로 내는 기부금—옮긴이)도 약속했다.

제인구달연구소는 1970년대 말 세금면제 지위를 획득한 이후 법적 단체로 존속해왔으나 고든 게티가 이전에 보낸 선물과 역시 그가 기부한 부응기금을 받으면서 은행 계좌를 만들게 되었고, 그 은행 계좌로 단체가 응당 갖춰야 할 견실성과 적법성을 보장할 수단을 확보할 수 있었다. 그때까지만 해도 L. S. B. 리키 재단이 제인에게 강연을 주선해주고 그 소득을 곰베 연구에 배정되는 지원금 중 일부로 재사용하곤 했는데, 1983년 5월 25일 제인은 리키 재단의 직무대행자인 데버러 스파이스에게 "지난 강연 여행 중 미국에서 얻은 제 수입의 수취인을 제인구달연구소로 변경하고자 합니다. 또 리키 재단을 통해 제 연구로 기부되는 자금 전부에도 마찬가지로 적용시키고자 합니다. 이 일이 처리되기를 바랍니다" 하고 편지를 보냈다.

제인은 한 분기 동안 강연을 할 수 없는 상황이 닥치더라도 그 50만 달러의 기부금이면 곰베의 예산을 맞출 수 있는 소득을 지속적으로 충당할 수 있을 거라 기대했다. 그러나 안타깝게도 담당 관리자가 누구였는지는 모르겠지만 이 돈을 연간 겨우 2.5퍼센트의 이자를 받는 계좌에 예치해두었고, 몇 년도 채 지나지 않아 원금이 줄어들기 시작했다. 어쨌든 1983년경에는 무수히 밤을 지새우게 만들었던 "하루 벌이로 먹고 사는 식의 생활"(베른하르트 공에게 보낸 편지의 내용)로부터 벗어나리라는 꿈을 꿀 수 있었다. 그리고 1984년 하반기에는 적어도 신규 프로젝트인 침팬주ChimpanZoo를 출범시키기에 충분한 흑자의 전망도 보였다.

몇 년 동안 제인은 포획된 유인원의 처우에 대해 우려해왔었다. 제인의 연구로 침팬지가 지능이 있고, 예민하고 사회적이며 감성적이고 놀랄 만큼 사람과 유사한 동물임이 증명됐음에도, 침팬지들은 여전히 강철봉이 박히고 콘크리트 바닥으로 된 열악한 감옥 같은 전시관에 사회적 교감을 나눌 대상도 없이, 아무 할 일도 없는 채로 갇혀 있는 경우가 다반사였다. 침팬주에서는 "환경 풍부화environment enrichment", 즉 유인원들에게 깔 짚과 둥우리 재료, 신선한 나뭇가지, 통나무 사이사이에 끼워 넣어둔 건포도, 인공 개미둔덕 같은 손으로 조작할 수 있고 생각할 수 있는 거리를 제공함으로써 침팬지들의 동물원 환경을 개선하고자 했다. 프로젝트의 장기 목표가 침팬지들의 활동을 이끌어내는 것이었다면 좀더 단기적인 목표는 침팬지 주변에 있는 사람들의 참여를 이끌어내는 것이었다. 간단히 말해 침팬주 프로그램은 주로 대학 교수들과 학생들이 동물원 직원들과 공동으로 참여해 동물원의 침팬지들과 곰베의 야생 침팬지들 사이의 행동을 비교(곰베의 동물행동학 개념과 자료 수집 기법을 이용해서)하는 연구 프로젝트로 운영될 것이었다. 침팬주 프로그램은 선천성 대 후천성의 문제에 대한 탐구, 상이한 육아 체제에 따른 그 효과의 연구, 동물원 군집에서 형성되는 침팬지들의 문화적 전통과 관련된 증거 수집 등등을 수행할 예정이었다.

1984년, 곰베에서 한때 일했던 대학원생 연구원 앤 피어스가 침팬주 프로그램 참여에 관심이 있을지 모를 동물원과 대학을 찾아 나섰다. 한 노스캐롤라이나 출신의 기부자가 폭스바겐 버스를 대여해줬고 기본비용은 제인이 처리해주기로 약속했다. 3개월 동안 이 동물원에서 저 동물원으로 전국을 돌아다닌 끝에 앤은 마침내 1985년 초 즈음에 침팬주 프로젝트로 받을 수 있는 지원금 확보 건에 대한 공식 제안서를 제인구달연구소로 제출했다.

그 3개월 동안 앤이 해낸 일은 인상적이었다. 전국 동물원 여섯 곳에서 사육사 20여 명과 대학생 35명이 자료 수집을 시작했고 네 곳 이상의 동물원이 앞으로의 참여를 약속하거나 약속까지는 아니더라도 지대한 관심을 표명했다. 예전에 곰베에서 일했던 사람이자 당시 캘리포니아 대학 데이비스 캠퍼스에서 재학 중이었던 짐 무어가 중앙데이터베이스 구축을 목적으로 각 동물원에서 자료의 표본을 추출해 자료 간 호환성 문제를 연구하기로 했고, 또 다른 전前 곰베 사람인 조지 메이슨 대학의 래리 골드먼은 고문으로 참여하기로 했다. 그런데 진행 관리자의 일 년 급여를 포함한 제안서의 예산이 5만 달러나 되었다. 제인은 앤 앞으로 보낸 편지에 "그 수치가 곰베 연구 전체를 운영하는 데 필요한 것보다 더 많기 때문에" "완전히 기겁했다"는 소감을 전했다.

마침내 제인구달연구소로 규모가 축소된 1만 8천5백 달러의 예산안이 제출되었지만 또다시 이사회에서 부결되었고, 이에 제인은 자신의 돈으로 침팬주의 첫해 운영비를 댔다. 몇 달이 채 지나지 않아 제인은 1986년 2월 1일의 편지에서 새로 사귄 친구이자 잠재적인 후원자에게 자랑스럽게 아래와 같은 결과를 알려줄 수 있었다.

다른 사람들의 우려에도 그 일이 아주 잘 진행되고 있다는 점을 꼭 말씀 드려야 할 것 같습니다. 제 생각에 앤을 제일 칭찬해줄 점은, 2월 8일 콜로라도 스프링스(이미 그 대학에서는 본 프로그램과 연계한 강의를 하고 있어요)에서 침팬주 워크숍이 대규모로 열릴 예정인데, 그게 **저 없이 진행될 예정**이라는 사실입니다!!! 불참하게 되어 저도 애석하고, 참석자들도 그렇습니다만, 어쨌든 다른 사람들은 모두 올 예정이랍니다. 등록한 사람이 45명인데 참석하고 싶어하는 사람들이 22명 더 있습니다. 벌써 연계가 된 동물원이 13곳이나 됩니다. 굉장히 흥분되는 일이지요. 지금까지 앤의 급여와 비용 이외에 달리 들어간 돈도 없습니다. 제가 애초에 계획한대로 여러 동물원들이나 지역 대학들이 우리에게 현물 지원을 해주기도 하고요.

감정, 재정 상태를 추스르면서 제인은 한편 자신의 학문적 경력도 챙기기 시작했다. 그동안 제인은 주기적으로 곰베 남쪽 마할레 산에 있는 일본인 동료들과 짧은 편지들을 주고받아왔으며 이따금 학회에서 만나 서로 의논을 하기도 했다. 1982년 제인은 유인원 연구의 저명한 선구자들인 이타니 주니치로와 니시다 도시사다가 어미와 새끼 사이의 유대 형성을 주제로 주최한 학술회의에 논문 발표자로 초대받은 적이 있으며, 그때 처음으로 일본을 방문해 학회에 참석했다. 12월 1일 내셔널지오그래픽협회의 조앤 헤스에게 쓴 편지에 제인은 그곳에서 "**멋진** 시간"을 가졌으며 "많이 배웠고 새로운 영감도 얻었다"고 썼다. 새롭고 흥미로운 음식—날 해삼, 회, 날 사슴 고기—도 먹어봤고 산속에 있는 멋진 여관에도 가봤다. 하지만 가장 좋았던 것은 이타니 박사를 알게 된 일이었다. "멋진 아내와 예스러운 기모노 차림의 연세가 많은 어머니가 있는, 굉장히 친절하고 상냥하며 이해심도 많은 사람이에요."

한편 1981년부터 시작해 스위스에도 정기적으로 들러 강연을 하고 취리히 대학의 동물행동학자 한스 쿠머와 의견을 교류했다. 쿠머는 제인의 좋은 친구, 또 날이 갈수록 귀중한 동료가 되어주었다. 제인은 쿠머의 학생들인 크리스토프 보쉬, 헤드비게 보쉬와도 학문적으로 우정을 쌓기 시작했는데, 제인이 5월 21일에 집에 보낸 편지에 따르면 이들은 그때 서아프리카 "코트디부아르에서 **굉장히** 어려운 침팬지 연구"를 시작한 참이었다. "그곳의 침팬지들은 돌, 또는 나무로 만든 망치를 써서 너무나도 **환상적인** 방식으로 단단한 나무 열매를 깬다고 해요." 제인은 기꺼이 그 과학자들을 모두 곰베로 초대했다.

그러나 곰베로 와서 머무는 일이 늘 쉽기만 하지는 않았다. 우선 말라리아가 점점 더 기승을 부리고 끈질겨졌다. 또 1984년 후반을 시작으로 교통이 점점 불안정해졌다. 키고마 공항의 소방차가 망가졌는데, 이는 곧 비행기 착륙이 허가되지 않음을 뜻했고 얼마 후에는 다르에스살람에서 키고마로 가는 열차를 타려면 2달 전에 예매를 해야 하는 상황이 벌어졌다. 마침내 소방차는 수리가 되었지만 1년 뒤에 또다시 망가져 비행기들이 다시 지상에 발이 묶여버렸고 기차도 도둑들이 고의로 저지른 듯한 탈선 사고로 한동안 운행이 정지되기도 했다.

이런저런 난관이 있었지만 그래도 제인의 동료들 중 몇몇은 곰베로 찾아왔다. 크리스토프 보쉬는 곰베에서 두세 달 동안 머물렀다. 1982년 10월 한스 쿠머는 다르에스살람으로, 그리고 곰베로 잠시 동안 제인을 방문했다. 그리고 1984년에서 1989년까지는 매년 노던켄터키 대학의 언어학 전문 인류학자인 크리스토퍼 보엠이 몇 주 동안 곰베에서 묵으며 침팬지 발성 연구를 하기도 했다.

1985년 집에 보낸 편지에 제인은 그때의 일을 설명했다. "캠프 주변에서 벌어지는 그 많은 일들을 보다니 크리스는 운이 좋았어요. 심지어 사냥 장면도 봤어요! 관찰이 아주 성공적이지는 않았지만요. 하지만 육식 장면은 봤어요(그 전날 스패로우가 죽인 원숭이의 사체를 먹는 고블린을 봤죠). 어쨌든, 크리스토퍼가 와줘서 제 책에 정말로 도움이 되었어요. 저랑 끊임없는 토론도 나누고 저한테 굉장히 훌륭한 조언도 해줬거든요."

그 "책"은 원래 데릭과 지내던 시절에 시작한 프로젝트로, 제인은 1968년에 낸 과학 모노그래프 『곰베 강 보호구 자유 서식 침팬지의 행동양식』을 정리해 얇고 단순한 개정판으로 만들 구상을 하고 있었다. 하지만 개정판은 그 책만의 생명을 얻어 제인의 일생의 업적을 최근까지 정리한 두 권짜리 백과사전식 책으로 발전하기 시작했고, '최근'으로 설정한 시간은 끊임없이 연장되었다.

그녀의 모든 글이 다 그랬듯, 제인은 단순함과 쉬운 이해를 추구했다.

과학자로서의 경력을 쌓기 시작한 초반, 그러니까 처음 케임브리지 대학에 입학한 순간부터 제인은 대다수의 사람들이 이해할 수 있는 언어로 글을 쓰리라 다짐했었다. 예를 들어 흥분하거나 공포에 질리거나 화가 난 침팬지의 털이 곧추 선 상태를 '입모piloerection'라고 표현하는 대신 '털이 바짝 섬hair erection'이나 '털이 곤두섬bristling'이라고 부르면 안 될 이유가 있을까? 간단한 말로도 충분한데 어려운 용어를 쓰는 것은 늘 과시로 보였고, 게다가 어려운 용어를 사용하면 많은 독자들이 배제되고 쉽게 이해하지 못하게 된다는 문제도 있었다. 그런 점에서 제인은 두번째 다짐을 했다. 누군가의 문장을 세 번 읽어야 한다면 그 책을 치워버리리라. 언젠가 제인은 내게 이렇게 말했다. "저는 제 자신이 제법 지적이라고 생각하는데, 만약 어떤 뜻을 이해하기 위해 세 번이나 읽어야 한다면 제 시간을 그런 것에 낭비해야 할 이유가 있을까요?" 다른 사람의 글에 대해 그 같은 결론에 도달한 뒤 제인은 자신의 글을 크게 소리 내어 읽어보고 이해가 쉬운지 검토해보는 버릇을 길렀다. 그리고 이번에 집필 중인 책에서도 당연히 침팬지와 인간 이외의 다른 복잡한 동물들에게 평범한 인칭 대명사—'그것', '어느 것' 대신 '그', '그녀', '누구의'—를 쓰는 평소의 버릇을 이어나갔다.

1981년 말 집필 작업을 재개했으며 1982년 초에 출판을 해줄 미국 출판사—하버드 대학출판부—를 구했다. 하지만 일을 할 수 있는 시간을 더 늘릴 수는 없었기에 자투리 시간이 날 때마다 쪼개서 글을 썼다(여기서 몇 시간, 운 좋은 날은 저기서 하루 종일 일했다). 밴에게 쓴 편지에서 볼 수 있듯이, 1982년 10월의 어느 날도 그런 운 좋은 날이기를 고대하며 제인은 아침 일찍 한스 쿠머를 포함한 손님들이 올 때 대접하기 위한 민스파이를 굽자마자 먹이 행동에 대한 장章을 쓰느라 벌이는 자신의 전투로 복귀했다. "거의 다 되었어요. 하지만 정말로 힘드네요. 타자기 앞에 계속 앉아 글을 쓰도록 나를 다잡아야 해요. 전부 다 지겨워요. 아, 하지만 다음 장으로 넘어가야 해요. 어떤 내용이 될까요? 공격 행동이나 의사소통 아니면 친근 행동(의사소통의 일부가 되겠죠) 아니면 ♀의 사회구조나 성性이 될 수도 있어요."

다르에스살람에 한스 쿠머가 나타난 날에, 제인은 친구가 있어서 매우 든든하다는 생각을 했다. 최근 격렬한 싸움에 휘말려든 신데렐라가 응급 수술까지 받게 된 직후라 더욱 그랬다. 밴에게 보낸 편지에 제인은 "한스가 곁에 있어줘서 너무 좋아요. 제가 신데렐라의 <u>앞발</u>을 쥐어주듯 한스가 제 손을 잡아줘요!" 하고 쓰기까지 했다. 더욱 중요한 점은 이 스위스 동물행동학자가 책의 집필을 도와주겠다고 <u>확언</u>을 했으며, 제인 스스로도 그가 특별한 동료이자 스승이었던 로버트 하인드의 자리를 대신해줄 사람임을 깨달았다는 것이었다. "책의 모든 장을 읽고 제게 비평을 해주겠다고 했어요. 그렇게 되면 추가적인 일이 많아지고 아마도 마감일을 맞추지 <u>못</u>하게 될 수도 있지요. 하지만 그럴 가치가 충분한 일이에요. 아주 <u>오랫동안</u> 제게 필요했던 부분이니까요(그동안 제가 너무 단절되고 고립된 생활을 했잖아요). 기억하시겠지만, 나를 위해서 그런 일을 해줄 사람이 <u>누가</u> 있을까 의문이었고, 그래서 그동안 포기상태였죠. 이제, 제 기도에 대한 응답을 얻은 것 같아요."

또 성실한 유급 조수들과 타자수도 몇 명 구했다. 손님용 숙소에서 남편인 프라샨트 판디트와 함께 살았던 믿음직스러운 헤타는 1981년 결혼 생활이 깨지자 믿음직스럽지 못한 행동을 일삼다가 마침내 인도의 고향집으로 돌아가버렸다. 하지만 프라샨트가 서둘러 결혼한 덕분에 그의 새 아내 트루샤가 헤타가 떠난 자리를 메워주었다. 1983년 1월에 집에 보낸 편지에서 제인은 "트루샤가 아주 바지런하게 일을 잘하고 있어요!" 하고 썼다. 그리고 "벌써 다음 장章을 진행 중이에요."

내셔널지오그래픽협회의 한 친구에게 보낸 짤막한 편지에 따르면, 2월 6일경에는 "공격 행동에 대한 장章을 한창 쓰는 중"이었다. "재미있지만, 어렵네요." 6월 17일경 또 다른 친구에게 쓴 편지에는 "책이 그렇게 빨리 써지지가 않는다"고 썼는데, 그 이유는 이랬다. "초반의 산고 과정, 정말 피할 수 없고 너무나도 무시무시한 그 과정을 거치고 있어서 그래요. 그동안 읽고 생각한 모든 것이 머릿속에서 쪼개지고 충돌하고 있고, 하루 종일 앉아서 백 쪽도 넘게 쓴 것을 찢은 후에야 겨우 한 쪽을 쓰고 있어요. 하지만 결국에는 한 장章이 탄생한답니다! 지금은 '사회구조'인데, 믿을 수 없을 정도로 복잡하고, 자칫 잘못하면 그럴 듯하지만 지나친 단순화로 흘러가기 쉬워요. 아마 대부분의 사람들은 그렇게 하겠죠. 사실 지나친 단순화를 하지 않으면 쓰기 힘들기도 해요."

제인은 지평선에 스며드는 희미한 첫 햇살을 지켜보는 것을 좋아해서 해가 뜰 무렵 집필 시간이 시작되기 전에 개들을 데리고 해변에서 산책을 하며 밤늦게까지 이어지는 집필에서 벗어나 휴식을 취했다. 산책을 하는 동안 책에 쓸 내용이 떠오를 때를 대비해 작은 구술 녹음기인 딕터폰도 가지고 다니기 시작했다. 시적인 감상에 젖어 있을 때마다 그 딕터폰 덕분에 머릿속으로 흘러 들어오는 시 구절을 놓치지 않고 담아올 수 있었다. 그러던 1983년 12월 제인은 "그동안 이 책에 얽매어 있었"는데 "그 **끝**이 **보이**네요!!!"라고 선언했다. 편지는 이어졌다. "메리, 침팬지의 **마음**을 들여다보는 **매머드** 급 연구를 마쳤어요. 지능, 사랑, 전쟁의 진화를요. 애초에 계획했던 것보다 두서너 배나 양이 늘어났죠. 결과적으로 가치가 있는 작업이었지만, 어휴 맙소사, 지금도 한숨이 다 나오네요."

당시에는 끝이 보이는 듯했지만 결과물이 실제로 손에 들어오기까지는 거의 1년이나 더 걸렸다. 1984년 10월 6일 내셔널지오그래픽협회의 네바 포크에게 보낸 편지에는 이렇게 적혀 있다. "사실상 책을 **마무리**했답니다. 그 책을 시작—아주 오래된 옛일이죠—한 후 거의 내내 제 머릿속을 떠나지 않은 장章을 타자로 치기만 하면 되요." 10월 28일 마침내 미국인 친구들 두 사람에게 보낸 편지에서는 그 책이 정말로, 진짜로, 실제로 "**끝이 났어요!!!!!!**"라는 소식을 전했다.

하지만 여전히 할 일은 남아 있었고, 하버드 대학출판부 측에서는 원고 편집자 중 한 사람에게 편집 전쟁의 임무를 맡겨서 아프리카로 보내기로 결정했다. 비비안 윌러라는 이 키가 크고 우아한 여성은 여권의 먼지를 털어내고 항말라리아 약을 복용하기 시작했고 콜레라, 장티푸스, 황열병 예방 주사도 맞았다. 녹색 펜, 여름 옷, 제인이 부탁한 신선한 치즈 한 묶음을 챙긴 뒤 비비안은 스위스항공 비행기를 타고 떠났다. 2월 11일 월요일에 제네바에서 제인과 만난 뒤 그들을 다르에스살람으로 데려다 줄 비행기를 갈아탈 예정이었다. 불행하게도 대형 눈 폭풍—비비안이 읽은 신문 표제에 나왔듯 "세기의 눈"—이 모든 일을 망쳐놓았다. 다르에스살람으로 가기로 돼 있던 비행기가 제네바에서 취리히로 우회하고 만 것이다. 윌러는 취리히로 가는 셔틀버스가 떠나기 직전인 마지막 순간에야 간신히 버스에 몸을 구겨 넣을 수 있었으며 다르에스살람행 비행기도 떠나기 10분 전에야 겨우 탑승했다. 하지만 다른 방향에서 오고 있었던 제인이 비행기를 놓치는 바람에 편집자는 (나중에 그녀가 묘사했듯이) "아는 사람 하나 없는 대륙으로" 향하는 비행기에서 초초한 마음으로 안전벨트를 채웠다.

비비안 윌러는 자신이 생각하기에 심각하게 토론을 할 여지가 있는 긴 목록의 질문과 문제들을 들고 아프리카로 왔었는데 이틀 뒤에 제인이 도착했을 때 둘은 모든 일에 너무나도 쉽게 합의를 했다. 트루샤 판디트까지 합류해 모두 세 명이 된 여인들은 거대한 더미의 사진, 도표, 그래프와 타자가 쳐진 얇은 푸른색 박엽지에 덤벼들었다. 초반에 스위스에서 연결 편을 놓친 공황을 겪고 난 후여서 그랬는지 비비안은 다르에스살람의 생활이 주는 신선함과 예측불허성—정전, 고장 난 자동차, 쓸모없는 전화기, 옆집 니에레레의 자택을 경호하는 병사들—이 모두 "꽤 일상적"으로 보인다는 생각마저 들기도 했다. 사실 매우 즐거운 시간이어서 그들은 편집 일정을 2주 정도 더 연장하고 곰베에도 다녀오기로 결정했다.

곰베에서 세 여인은 새벽이 되면 매일 같이 해변에 나가 모닥불을 피워 놓고 아침을 만들었고, 의논 중인 장章을 아무것이나 꺼내어 들고는 먹이 공급장을 향해 "위층"으로 올라가서 침팬지들이 모습을 드러낼 때까지 글을 읽고 문제가 되는 부분은 표시를 해두었다. 제인이 숲속으로 사라지고 없는 동안이면 비비안과 트루샤가 침팬지들을 관찰하거나 사진을 찍었다.

간단히 점심을 먹은 다음 편집자와 조수는 캠프로 돌아와 오후가 다 저물 때까지 일을 했으며 그 후에는 호숫가로 내려가 제인이 오기를 기다렸다. 세 여인은 호수에서 기분이 상쾌해지는 목욕을 즐겼으며 그런 다음에는 매일 밤마다 불을 지펴 저녁으로 늘 스튜—고기 덩어리, 콩, 쌀, 토마토—를 만들곤 했다. 어둠이 내리면 비비안과 트루샤는 침대로 기어들어가 누워서 말똥말똥한 눈으로 주위의 동물 소리에 귀를 기울였는데, 비비안의 기억에 따르면 "제인은 촛불을 밝히고 추가로 글을 더 쓰거나 낮에 내가 작업한 장 후들을 검토했다. 체력이 굉장했다."

마침내 떠나야 할 시간이 다가와 세 여인은 물건들을 지고 고무보트에 올랐다. 하지만 호수는 어둡고 거칠었으며 대형 폭풍도 밀려오고 있었다. 제인은 그 작은 보트에 달린 엔진을 작동시키지 못했다. 세 여인은 표류하기 시작했다. 호수는 점점 더 거칠어졌고 하늘에는 험악한 먹구름이 끼기 시작했다. 마침내 호숫가에 있던 연구원들 중 한 명이 무언가 잘못되었다는 사실을 깨닫고 보트까지 수영을 해 와서 모터에 시동을 걸어주었다. 배는 다시 움직였다. 그리고 천천히 출렁대는 물결을 하나씩 넘어 연안으로부터 뻗어져 나온 안전한 곳을 향해 나아갔다. 제인이 이렇게 말했다. "이제 됐네요, 저곳을 지나가고 나면 모두 M&M 초콜릿을 먹도록 하지요."

그것이 편집 과정의 시작이었으며 다음 몇 달 동안 전면적인 다듬기 과정이 이어졌다. 원고, 휘갈겨 쓴 쪽지들, 타자를 친 장문의 편지들, 잡음들이 지지직거리는 전화 통화들이 번잡하게 왔다 갔다 했다. 11월 초순 제인은 마침내 "제 책에서 마지막으로 재작성한 글, 삭제한 곳, 수정한 부분, 재구성한 것, 누락된 참고문헌 등을 모두 보냈어요. 이번의 작업은 교정쇄 단계였답니다. 휴! 실제적으로 모두 **끝났어요**" 하고 쓴 편지를 몇몇 미국 친구들에게 보낼 수 있었다.

1986년 2월 말 무렵 다른 친구들에게는 "제 책은 지금 페이지 조판 교정쇄를 만드는 중이에요. 지금까지 700장이나 되는 걸 모두 훑어보았지요!!!!

출판사로부터 초판 인쇄본이 5월이나 6월에 와요. 굉장히 흥분돼요. 하지만 책은 가을에야 시중에 풀릴 예정이랍니다(복잡한 책이다 보니 우리가 기대했던 것보다 훨씬 더 시간이 많이 걸렸어요)" 하는 내용을 쓴 편지를 보내기도 했다.

4월 중순 제인은 미국에서 정기 봄 순회강연 여행을 시작했으며 5월 17일에는 책 홍보와 하버드 대학출판부의 편집부 직원들이 열어준 출간 축하 저녁모임을 위해 매사추세츠 케임브리지에 들렀다. 18일 오전에는 인근 터프츠 대학에서 명예박사 학위를 받았으며 오후에는 터프츠 수의과 대학에서 졸업 축사를 했으며, 그 다음에는 브라이슨 장학기금에서 주최한 기금마련 만찬에 참석하기 위해 헬리콥터에 몸을 싣고 코네티컷으로 날아갔다. 6월 초순에는 영국으로 돌아와 그럽의 기숙사 학교에서 침팬지에 대한 강연(6일)을 했고 그 다음에는 다르에스살람으로 돌아가기 전 한스 쿠머와 보쉬 형제를 만나러 스위스로 가는 비행기에 올랐다.

"하루 중 제일 무더운 시간을 빼면 다르에스살람은 제법 시원하답니다." 1986년 네바 포크에게 보낸 짤막한 편지에는 이렇게 적혀 있다. "하지만 모기가 엄청나게 많아서 말라리아 문제가 더 심해질 것 같아요. 그렇지만 우리 탄자니아인들은 단련되어 있어서 대부분은 그저 어깨나 한번 으쓱하고 되도록 예방약이나 미리 많이 먹어두죠. 그리곤 그저 별일 없기만을 바라는 게 다예요!" 그러나 제인의 어깨나 으쓱하고 말뿐인 낙관적인 성향에도 불구하고 곰베로의 다음 여행에서는 네 살배기 게티가 죽었다는 "끔찍하고 나쁜, 소름끼치는 소식"(7월 7일 집에 보낸 편지)을 듣게 된다. "<u>어째서, 그 모든 침팬지들 중에서 게티였을까요</u>. 사라진 지 7일 뒤에 게티의 몸이 발견되었는데 머리가 없었다는군요. 주술 말고는 다른 이유를 생각할 <u>수가 없어요</u>. 그동안 주술에 대해 이런저런 얘기를 많이 들었거든요. 음왕공고에는 현재 60명의 주술사가 있는데 그중 여섯 명은 굉장히 세력이 큰 지도자들이라는군요. 지금 모두들 의논 중이에요. 현재 정부에서는 그 주술사들을 몰아내려고 백인 주술사들을 몇 명 보내기는 했는데 패배할지도 모른다고 두려워하고 있다더군요."

여름의 끝 무렵에는 좋은 소식이 무려 세 가지나 들려왔다. 첫째, 1년 반 전에 사라졌던 폼이 어린 새끼를 안은 채로 침팬지 무리들이 출몰하는 북쪽 지역에서 돌아다니는 모습이 관찰되었다. 다시 말해 폼은 카세켈라로부터 성공적으로 이주해 새로운 삶을 시작하고 있었던 것이다. 또 현장 연구원들 중 몇몇이 휴대용 비디오카메라를 사용하기 시작했으며 그 덕분에 매일의 일지에 완전히 새로운 종류의 기록인 포착하기 어려운 작은 사건과 생활양식(예를 들어 모성 행동에서의 개체별 차이), 예전에는 영상물로 남겨지지 못했던 양상을 포착한 것(영역 순찰에 나선 수컷들, 위험한 뱀에 대응하는 몸의 반응, 동료의 죽음에 대한 반응 등) 등이 추가적으로 기록되었다.

8월 14일경 곰베에서 다르에스살람으로 돌아온 제인을 맞은 것은 책 여덟 권이 담긴 소포였다. "**대단**해요. 정말 굉장한 책이에요! 저는 사실 과연 이 책이 나올 수 있을지 자신이 없었어요." 제인은 즉시 비비안 윌러와 하버드 대학출판부의 모든 이에게 편지를 보냈다. "그런데 어제 지친 하루를 마치고 나서 밤에 왔더니 책이 **놓여** 있더군요! 저는 마무리가 다 끝난 그 책을 바라보고 또 바라봤답니다." 그 책의 완성은 "언젠가 실현될 거라 믿었던 꿈, 힘든 시기를 헤쳐 나갈 수 있게 이끌어준 꿈"이 현실로 이루어진 것이었다.

일반 책보다 두 배, 세 배, 아니 네 배나 무겁고 크고 두꺼웠던 이 책은 650쪽이 넘는 종이에 2도(검정과 녹색)로 인쇄가 되어 있었으며, 보통 책에 담기는 정보의 두 배 가까운 내용이 매 쪽마다 실려 있었다. 천으로 된 표지는 짙은 황록색이었고 앞면과 책등에는 불룩하게 도드라진 황금색 문자로 『곰베의 침팬지: 행동양식 *The Chimpanzees of Gombe: Patterns of Behavior*』이라고 새겨져 있었다. 책을 펼치면 보이는 속표지에는 산길을 따라 걸어가는 침팬지 여섯 마리와 그들 중 가장 멀리 떨어져 있는 침팬지가 멈춰서 등 뒤를 바라보는 모습이 담긴 흑백 사진이 실려 있었다. 헌정사에는 제인이 가장 소중하게 생각하고 사랑하는 조력자들의 이름이 실려 있었다.

나의 어머니 밴을 위해,

곰베의 침팬지들을 위해,

그리고 루이스 리키를 추모하며 이 책을 바칩니다.

밴은 책이 마음에 든다고 딸에게 이야기했다. 유일한 문제점은 침대에서 읽기에는 너무 크고 무겁다는 것이었다.

제인 구달은 야생 침팬지들 사이에서 자유롭게 걷고 사는 것이 가능하며 비록 단 한 사람일지라도—다리를 드러낸 채 다니는 포니테일 머리의 젊은 여자일지라도—시간과 엄청난 공을 들인다면 야생 유인원의 행동, 살아가는 방식, 그리고 그들의 본질에 대한 중요한 지식을 쌓을 수 있다는 것을 증명해주었다. 제인은 침팬지의 육식 행동과 도구 사용 행동을 발견하고 문서화한 최초의 과학자였다. 또 침팬지와 다른 여러 대형 동물들에게 개성이 있음을 인정한 최초의 과학자들 중 한 명이며, 과학자로서 그녀의 사례는 한때 혁명적이라고 여겼던 관점이 이제 일반상식으로 받아들여지는 데 크게 기여했다. 제인은 침팬지들이 그들만의 극적인 삶 속의 주연 배우라는 생각, 복잡한 의도를 지닌 채 움직이는 개체들이라는 생각을 도입했으며 이를 통해 동물의 의지와 지능을 과학적으로 인정하게 된 토대를 쌓는 데 일조했다. 또 야생 침팬지들이 인간과 유사한 감정을 지녔음을 전파했고, 침팬지들의 정서적 유산과 일상적으로 나타나는 욕망들이 침팬지의 행동으로부터 인간의 여러 행동을 되짚어보고 그 근간을 규명하는 데 여러 가지로 도움을 준다는 점을 널리 알렸다. 예를 들면 가부장적 정치역학과 수컷 주도의 무리 내 전쟁과 같은 행동들 말이다. 그리고 제인은 침팬지 행동이 문화적 맥락 안에서 나타난다는 이론, 즉 몇몇 행동 양식은 지역마다, 무리마다 다르며 학습과 아마도 적극적인 교육으로 인해 세대에 걸쳐 전수된다는 이론을 주창한 첫번째 학자, 또는 그런 과학자들 중 한 명이었다.

제인 구달은 전통적인 유럽 동물행동학의 냉정한 순수성에 자신만의 직관적이면서도 윤리적인 따뜻한 사고방식을 결합시킨 과학을 연구하고 가르쳤으며, 그녀의 연구는 20세기와 21세기 영장류학의 방대한 성과 중에서도 진실로 중심적이고 독창적인 업적으로 추앙받고 있다. 또 그녀는 놀라울 정도로 관대함을 발휘해 연구 장소를 개방하고, 연구 결과물과 연구 방법을 공개함으로써 동료 과학인 공동체에 지대한 기여를 했으며, 차세대 영장류학을 시작하는 데도 크게 기여했다. 한편으로 제인의 과학은, 현상의 어지러움과 난잡함을 심미와 실용이라는 틀로 묶어냄으로써 혼란 속에서 질서를 찾아내는, 서구 문화의 더 커다란 방법론에 포함된다 할 수 있다. 이런 맥락에서 본다면 그녀의 책은 정리 중의 정리라 할 수 있었다. 그녀는 탕가니카 호 끝에서 명멸하고 있는 숲속에서 발견되는, 작지만 한없이 풍성한 단면으로부터 얻어낸 25년 동안의 뒤죽박죽된 자료라는 혼란에 경계를 지어주고 질서를 만들어냈다. 결론적으로『곰베의 침팬지: 행동양식』은 과학자로서 빛나는 경력의 지표, 또는 요약문으로서의 역할을 하게 될 것이었다.

제3부

사회운동가

39

우리 속의 복지

1986~1991

"참, 하버드 대학출판부 책 출간을 '축하'하기 위해 시카고에서 개최하는 학술회의에 대해 들으셨나요? 시카고 과학아카데미의 후원으로 3일 내내 열리는데 전 세계 각지에서 침팬지를 연구하는 사람들이 온다는군요. 일본, 서아프리카 사람들도 오고요. 수화 연구자들, 물론 침팬주 사람들도요. 정말 신나네요. 원래는 제가 그 행사를 주관하도록 되어 있지만 다른 사람들이 재원 마련을 포함한 모든 행사 준비를 해주고 있어요." 제인은 내셔널지오그래픽협회의 메리 스미스에게 편지를 보내어 소식을 전했다.

1986년 11월 7~9일 "침팬지의 이해"라는 대형 학회가 열렸다. 제인이 행사의 여왕벌이었고, 그녀의 '큰 책'의 출간을 축하하기 위해 학회 일정을 조정해두었던 것이었으므로 학회의 논리적 토대는 모두 곰베에서 한 제인의 25년 동안의 연구에 두었다. 하지만 제인에게 그 시카고 학회는 과학자로서의 활발한 경력의 마감을 장식하는 자리였다. 몇 년 후 제인은 시카고에서의 경험이 자신을 근본적으로 변화시켰다고 썼다. "시카고에 도착했을 때 나는 연구 과학자였고, 『곰베의 침팬지』 제2권을 계획하고 있었다. 하지만 그곳을 떠날 때쯤에 내 마음속에는 보존과 교육에 헌신하겠다는 결심이 서 있었다. 어쨌거나 나는 다음 책을 쓰는 일은 없을 것임을 알고 있었다. 내가 여전히 활동을 하는 한, 힘이 남아 있는 한은 확실히 아니었다."

시카고 학회가 끝나기 전 마지막 몇 시간 동안에는 서른 명 남짓한 정상급 침팬지 전문가들이 침팬지들을 대신해 로비 활동을 벌일 새로운 단체를 만들기로 뜻을 모았다. 한때 곰베의 사람이었고 지금은 조지워싱턴 대학에서 인류학자로 활동 중인 게자 텔레키가 초대 의장으로 선출되었다. 단체의 이름은 누군가의 제안에 따라 '침팬지보존보호위원회Committee for Conservation and Care of Chimpanzees, CCCC'로 지었는데, 말을 더듬는 듯한 약자인 CCCC로 쉽게 기억할 수 있었다. 제인은 침팬지보존보호위원회의 유명인으로 홍보대사로 활동했으며 (제인구달연구소를 통해) 상당한 재정적 후원자로서의 역할도 했다. 제인은 처음 4,5년 동안은 학술적인 도움이나 이동시 사용할 교통편 등을 게자와 침팬지보존보호위원회에 의존했으며 워싱턴 D.C. 교외에 있는 게자의 집에 마련한 침팬지보존보호위원회 사무실을 그녀가 미국의 수도에 올 때마다 묵을 출장용 숙소로 사용했다.

최근 살아 있는 동물을 국제적으로 거래하는 무리들이 서아프리카의 숲을 주기적으로 급습해 연구용으로 쓸 새끼 침팬지들을—수출되는 침팬지 한 마리를 잡을 때 엽총에 맞아 죽는 침팬지는 10마리나 됐다—포획해오고 있었다. 서아프리카의 몇몇 야생동물 종의 개체 수에 중대한 영향을 미쳤던 이 밀거래의 대부분은 시에라리온 프리타운의 밀렵꾼 두 명이 관장하고 있었다. 시에라리온 원주민 출신인 술레이만 만사라이가 그 프리타운 밀렵꾼들 중 하나였는데, 미국의 연구소들은 좀더 평판이 좋다고 여겨지는 다른 밀거래꾼 프란츠 시터 박사—전과자이자 한때 나치 일원이었던 사람—로부터 침팬지를 사들이는 쪽을 선호했다. 1975년 국제조약과 국내법(멸종위기 동식물 보호법)이 함께 적용되면서 미국으로의 밀거래 반입이 금지되자 1980년대 동안 미국 국립보건원의 지도부는 아프리카에서 산 채로 포획된 침팬지들의 거래선을 다시 트기 위해 상상할 수 있는 무수한 방법들을 모색하기 시작했다.

그래서 제인의(그리고 침팬지보존보호위원회의) 첫 과제는 미국 법에 명시된 침팬지의 보호 수위를 높이는 일이었다. 제인은 1988년 국립보건원 예산안에 "어떠한 재원도…… 야생 침팬지 포획 또는 조달을 수반하는 프로젝트로는 …… 국립보건원에 의해 사용되는 일이 없을 것이다"라는 수정 조항을 삽입하도록 존 멜처 몬태나 주 상원의원을 설득했다. 또 휴메인 소사이어티Humane Society of the United States와 세계야생생물기금과의 공조를 통해 멸종위기 동식물 보호 법안에 정의된 침팬지의 공식 지위를 상향 조정하는 청원을 성공적으로 이끌어냈다. 그러나 미국 국립보건원의 최고 의사 결정권자들이 계속해서 법의 제재를 넘어설 수 있는 방법(예를 들어 아프리카에서 자체적인 프로젝트를 개시하거나 협력관계를 구축하는 식)을 의논하고 장려하자, 결국 제인은 최고위층, 미국 국무장관인 제임스 A. 베이커 3세에게로 달려갔다.

베이커 국무장관과의 첫 만남은 1990년 3월 12일, 그의 사무실에 열린 사적인 오찬 자리에 게자와 함께 초대를 받으면서 이루어졌다. 베이커 장관이 호주의 한 동물원을 방문해 침팬지를 구경했던 기억을 되살리면서 점심 시간의 대화를 연 후, 이야기는 침팬지 보존 문제와 아프리카에서 침팬지 연구를 하기 위해 최근 국무부 안에서 지지자들을 모으려는 시도를 했던 국립보건원의 움직임으로 옮겨갔다. 게자의 회상에 따르면 베이커 장관은 "그 정보에 불편해하는 모습이 확연"했다고 한다. 더 나아가 "의례적인 소개 인사말이 끝나면 지루함으로 눈이 급속도로 게슴츠레해지는 몇몇 워싱턴의 VIP들과는 달리 베이커는 침팬지 문제에 집중하는 태도를 보여 우리에게 큰 인상을 남겼다." 그들은 아프리카의 보존에 대해 이야기를 나눴다. 베이커 장관은 제인이 아프리카에서 계획 중인 프로젝트들을 국무부 차원에서 지원하겠다고 제안했다. 점심시간이 끝나자 자리에서 일어난 장관은 단호한 어조로(게자의 표현에 따르면) "장관직에 계속 있는 한…… 어떠한 정부 기관도 침팬지의 부당한 이용을 금하는 미국의 정책을 위반할 때에는 [미국 국무부의] 도움을 얻지 못할 것입니다" 하고 선언했다.

그 후 1990년 봄 어느 친구에게 보낸 편지에서 제인은 성취감을 드러냈다. "우리가 진전을 보고 있다고 생각해요. 제임스 베이커 장관과의 점심식사는 굉장히 유용했어요. 아프리카에 있는 동안 미국 국무부가 제 뒤를 봐준다니, 정말 좋네요. 그리고 어제는 바버라 부시와 오랫동안 한담도 나눴답니다!!!"

제인의 두번째 과제는 이미 실험실 우리 안에 갇힌 침팬지들의 환경 조건을 개선하는 것이었는데, 그 방면의 캠페인은 1986년 크리스마스가 지난 지 이틀 뒤—시카고 학회가 있은 후 한 달 반 뒤—에 본머스 집의 거실에서 가족들과 앉아 시머라는 이름의 미국의 어느 생명의학 회사 연구실험실 내부에서 비밀리에 촬영된 비디오테이프를 보면서 시작되었다.

시머는 메릴랜드 주 록빌의 한 은행과 스테이크 음식점 사이에 서 있는 단층짜리 건물 안에 들어선 회사로, 판유리 창문 뒤 커튼으로 안을 꽁꽁 감춰놓았으며 언뜻 보기에는 위험한 일을 하는 곳이라는 느낌을 전혀 풍기지도 않고 그저 평범하게만 보였다. 그 건물 안의 사업체는 전적으로 미국 시민들의 세금(국립보건원을 통해 연간 150만 달러를 지원받고 있었다)으로 지탱이 되었지만 하는 일의 내용은 세금을 내는 시민들에게 철저히 비공개 상태였다. 그러나 1986년 12월 초 한 지하 동물권리보호 운동단체의 회원들이 연구실의 근무 시간이 끝난 뒤에 잠입해 각종 기록과 우리 두 채, 침팬지 네 마리를 빼냈으며, 또 비디오테이프에 긴 분량의 영상물을 찍어 왔다. 그리고는 훔쳐온 기록과 비디오테이프를 합법 단체인 '동물을 인도적으로 대하는 사람들People for the Ethical Treatment of Animals, PETA'에 넘겼다. PETA 회원들은 그 테이프를 편집해서 〈장벽 허물기〉라는 제목을 붙인 뒤 자체적인 요약 조사보고서를 첨부해 관심을 가질 만한 수많은 사람들에게 우편으로 보냈는데, 여기에 제인 구달도 포함되어 있었다.

시머에서는 대략 500여 마리의 영장류—침팬지 및 기타 다양한 원숭이 종—를 실험재료로 사용했으며 그 실험실의 자체 기록에 따르면 그곳 영장류들의 사망률이 매우 높아서 5년 동안 78마리가 죽은 것으로 드러났다. 일부는 배관 사고가 일어난 날에 원숭이 26마리가 증기에 질식해 죽은 사고처럼 단순한 사고 때문인 경우도 있었다. 침팬지 네 마리를 포함한 다른 희생 동물들의 죽음은 부적절한 관리와 의료 처치 때문에 초래된 결과였던 것 같다. 하지만 이 실험실의 진짜 공포는 더 단순하고 평범한 것이었다. 수년 동안 시머에서는 자사의 연구 동물들 중 많은 수를 "보육기"라고 부르는 용접으로 밀폐한 작은 상자들 안에 가둬두고 있었다. 겉으로 보기에 전자레인지처럼 보였던 그 보육기(높이 1미터, 깊이 79센티미터, 너비 66센티미터)는 안에 갇힌 동물을 완전히 에워싸서 고립시켰다. 이 보육기들에는 공기 전염 바이러스의 확산을 억제하기 위해 하루 24시간 운영되는 중앙여과시스템을 거친 공기가 순환되었으며, 그렇게 밀려들어오는 공기와 환풍기의 웅웅거리는 소음은 안에 있는 동물을 끊임없이 깜짝깜짝 놀라게 만들었다. 당시 시머에서 사용된 보육기는 325개였는데, 그중 32개가 어린 침팬지들을 위해 남겨둔 것이었다. 그 새끼 침팬지들을 데리고 온 곳은 바로 국립보건원에 있던 대형 번식 시설이었다. 국립보건원에서는 새끼들이 태어나자마자 어미로부터 떼 내 포육실에서 8개월간 젖병으로 젖을 먹이며 사람의 손으로 기른 다음 어느 정도 자라면 짝을 지워 포장해 메릴랜드 교외에 있는 시머의 실험실로 보냈다. 시머에서는 그 한 쌍의 어린 침팬지들을 너무나도 작아 몸을 돌리기도 힘든 우리—높이가 61센티미터였는데 너비, 깊이는 그에 못 미쳤다—안에 넣어 보관했다. 두 살 정도가 되면 새끼 침팬지들은 각각 용접해서 밀폐한 보육기 안으로 밀어 넣어져 감금되었으며 볼 수도, 냄새를 맡을 수도, 맛을 볼 수도, 소리를 들을 수도, 심지어 사물의 감촉을 느낄 수 없는 채로, 대개 30~36개월 동안 지속된 연구실의 실험기간 내내 세상에 있는 다른 생명체의 존재조차도 인지하지 못한 채로 지냈다.

"우리는 모두 그 테이프를 보며 앉아 있었다." 나중에 제인은 가족과 함께 크리스마스 연휴 때 본 〈장벽 허물기〉에 대한 소감을 이렇게 썼다. "모두들 크게 충격을 받았다. 나중에는 한동안 말을 할 수조차 없었다."

1987년 1월 초 제인은 다르에스살람으로 돌아왔다. 그때쯤이면 보통 날씨가 불쾌했지만 당시에는 집에 보낸 편지에 따르면 좋은 편이었다. "거의 내내 기분 좋은 산들바람—아니, 그보다는 대개 그냥 바람—이 불어 여느 때보다 시원해요. 일하기에 좋답니다. 정말 다행이죠. 아직 소식지를 끝마치지 못했거든요." 제인은 제인구달연구소 회원들을 위해 1년에 두 차례 발행되는 소식지를 만들기 위해 고민 중이었으며 새로운 아동용 도서의 집필, 『인간의 그늘에서』 속편 구상, 또 갑자기 찾아오는 여러 깜짝 손님들을 접대하면서 바쁘게 지내고 있었다. 또 잔뜩 밀린 곰베의 연구 데이터도 검토하고 있었다. 그리고 키고마로부터 새 편지 꾸러미를 짊어지고 조만간 당도할 친구 람지 다르하시를 기다리고 있었다.

. 그런 일들은 모두 몇 년 동안 제인이 씨름을 해왔던 똑같은 과제들과 문제들이 일상 활동으로 자리 잡은 것들에 지나지 않았다. 그러나 이제 제인은 새로운 문제들에 마음을 빼앗겨 있었다. 우선 먹을거리 문제였다. 마침내 피터 싱어의 책 『동물 해방*Animal Liberation*』을 읽고 공장식 농장의 공포를 접한 제인은 채식주의자가 되기로, 적어도 작은 우리에서 기른 닭이 낳은 알은 더 이상 먹지 않고 포유류의 고기도 삼가기로 마음먹었다. 1월 29일 제인구달연구소의 새 책임자로 부임해 봄 기금모금 여행 일정을 짜는 중이었던 수 엔젤에게 보낸 편지에서 제인은 그런 문제들에 대해 언급했다. "수, 제가 같이 지낼 사람들이나 저를 위해 이런저런 방문 준비를 해주는 사람들과 연락을 할 때 제가 절대로 동물의 고기나 배터리식 닭장(산란만을 목적으로 촘촘하고 작게 지은 닭장에서 닭을 기르는 양계 방식—옮긴이)에서 모은 달걀을 먹지 않겠다고 이야기해줘요. 절대로 먹지 않을 거예요. 음식은 반드시 생선이나 방목한 닭이 낳은 달걀이어야만 해요. 아시겠죠?" 생선을 먹는 일은 조금 미묘한 문제였는데, 낚시에 몰두해 있었던 그럽이 낚시를 정당화하면서 제인을 납득시켰다. "당분간은 저도 그렇게 믿어봐야

겠어요. 어쨌든 물고기들한테 그렇게 나쁜 일만은 아니니까요. 우선 물고기들은 자유로운 삶을 살잖아요. 그리고 그럽이 하는 말처럼 물고기들은 서로를 산 채로 잡아먹지요. 그럽이 고기를 잡지 않는다고 해도 더 큰 물고기나 상어한테 잡혀 먹히고요. 질식해 죽거나 산 채로 소화되는 게 더 끔찍하지 않을까요!! 그러니 생선은 먹도록 할게요."

제인은 또 자신이 생각해낼 수 있는 모든 사람들, 동조를 해줄 만한 친구와 동료들에게 〈장벽 허물기〉의 사본을 보내고 있었다. 사본 테이프에는 편지가 첨부되었으며, 그런 편지의 하나인 1월 18일 영장류 동물학자 앨리슨 졸리 앞으로 보낸 편지에서 제인은 시머의 환경을 두고 "이 끔찍한 비인간적인 행위가 과학의 이름으로 자행되고 있어요"라고 썼다. 한편 시머의 환경 조건에 대한 전문가 평가서를 마련해서 이미 그것을 미국 언론에 뿌리기로 계획을 짜둔 PETA의 연락책에게 보내기도 했다.

이렇게 많은 일들을 한 뒤 2월 2일에는 3주 동안의 체류를 위해 곰베로 떠났다. 그사이 미국에서는 PETA의 비디오테이프에 근거해 시머 연구실 내부 조건을 평가한, 제인이 서명한 성명서가 일반 시민에게 공개되었으며, 그렇게 논쟁이 시작되었다. 당시 야생 침팬지에 관해서는 제인이 전 세계에서 가장 으뜸가는 권위자로 인정되고 있던 터라 그녀의 발언("그 황량하고 메마른 환경 조건은 유인원들에게 심각한 심리적 위해를 주고 있으며 절망에까지 이를 수 있는 중대한 스트레스의 유발은 필연적이다")을 들은 존 랜든—시머로 영입된 지 얼마 되지 않은 불운한 최고경영자—은 방어적인 대답을 할 수밖에 없었다. "우리 실험실은 최상의 시설입니다." 랜든의 기자회견 뒤에, 일반 시민들도 시머가 실제로 진지한 연구 활동이 이루어지고 있는 실험실임을 알게 되었다. 랜든은 구달 박사처럼 생각이 깊은 과학자가 자신의 평가를 내릴 때 직접 눈으로 확인하러 오는 대신 도난당한 문서 같은 간접적으로 전해 들은 정보에 의존한다는 것이 진심으로 놀랍다고 말했다.

그 초대에 가까운 발언 이후, 3월 말 미국에 봄 순회강연 여행을 하러 온 제인은 진짜 초대를 받게 되며, 그 초대에는 캠페인 이후로 동지가 된 센트럴워싱턴 대학의 로저 푸츠도 포함되어 있었다. 1960년대 후반부터 침팬지에게 미국 수화를 가르쳐온 로저 푸츠는 자신의 실험실에서 매일 침팬지들과 일하며 얻은 몇 년 동안의 전문 지식과 그들과 의사소통을 하면서 습득한 남다른 관점으로 캠페인 당시 제인에게 도움을 주었다. 로저와 제인은 국립보건원 관료가 모는 차를 타고 메릴랜드 교외로 가 시머 실험실에서 존 랜든의 마중을 받은 다음 회사를 둘러보았다.

회사를 구경한 뒤 제인과 로저는 자리에 앉아 랜든 사장, 수석 수의사, 과학자 몇 명과 기타 실험실 직원들과 간단한 토론을 나눴다. 나중에 로저가 썼듯이, 제인은 자연 상태의 침팬지에 대해 자신이 아는 바를 묘사하면서 대화를 시작했다. 어미와 새끼 간의 오랜 유대 관계, 복잡한 사회 체계, 그리고 침팬지의 풍부한 감성 생활을 암시하는 무수한 정황들을 언급했다. 제인은 침팬지가 즐거운 환경에서는 웃기도 하고, 사랑하는 이의 죽음에 애도를 하기도 하며 사회적 고립에서 오는 우울함의 징후를 드러내기도 한다고 말했다. 그리고 제인은 핵심적인 문제, 즉 시머가 한 번에 몇 달씩 새끼들 각각을 작은 상자 안에 홀로 있도록 감금하는 관행에 이의를 제기했다. 동정심이 있는 사람이라면 어떻게 지각력이 있고 감정적으로 살아 있는 동물을, 사회적 관계 형성에 대한 욕구가 여느 인간의 아이가 갖는 것과 별반 다르지 않은 동물을 실험 절차의 일환이라는 이유로 그렇게 완전히 고립된 상황에 밀어 넣을 수 있는가?

회의에 참석한 과학자들은 시머 직원들을 HIV나 간염의 전염으로부터 보호하는 데는 보육기들이 반드시 필요하다고 반박했다.

제인과 로저는 연구실에 HIV나 간염에 전염된 직원이 있다고 해도 어느 누구도 그들을 보육기에 넣지는 않는다고 맞섰다. 침팬지들을 쌍으로, 아니면 소규모의 무리로 함께 있게 해서 실험 동안 서로의 동무가 되어주도록 하지 않는 이유가 무엇이란 말인가?

"그렇게 되면 비효율적입니다." 누군가가 대답했다. "한 우리에 감염된 침팬지가 두 마리라면 연구할 '기준점'이 하나밖에 없게 됩니다. 그렇게 되면 침팬지 한 마리는 그냥 낭비하는 셈입니다."

제인과 로저 푸츠는 그날 시머로 자신들을 데려다준 바로 그 국립보건원의 고위 관료가 운전하는 차를 타고 워싱턴으로 돌아왔다. 관료는 실험실 견학이 성공적이었다고 착각했던 듯하다. 어깨 너머로 뒷자리에 앉은 자신의 승객들을 향해 그는 "제인, 마침내 이 침팬지들을 잘 돌보고 있다는 사실에 동의하실 것 같군요. 이 실험실이 미국 농림부 규정을 준수하며 어떤 위반 사항도 없다는 진술 편지를 써주시는 데 문제가 없으실 거라고 확신합니다" 하고 말했다. 제인은 눈물을 훔쳐내며 부드럽게, 하지만 단호하게 대답했다. "절대로 그런 편지는 써줄 수가 없습니다."

다음 7주 동안 진행된 봄 순회강연 여행에서는 대륙 사이를 지그재그로 넘나들며 도시 14곳과 동물원 여섯 곳에서 12건의 대형 강연회, 일곱 차례의 기자 회견, 일곱 번의 네트워크 TV 인터뷰, 다섯 번의 만찬, 두 번의 세미나를 가졌다. 가끔 짬짬이 생기는 평화로운 순간에는 휴대용 타자기 앞에 앉아 글을 썼으며 "침팬지들을 위한 호소"라는 제목의 이 글은 이후 1987년 5월 「뉴욕 타임스 매거진」에 실렸다.

기사는 근본적인 딜레마를 간단하게 짚은 문장들로 시작되었다. 침팬지들이 생화학적으로나 생리학적으로 인간과 거의 99퍼센트에 가까운 유전적 일치성을 보이기에 실험실 동물로 매력적인 것은 사실이다. 그러나 심리적으로나 감정적으로 인간과 매우 비슷하다는 그 유사성이 윤리적 문제를 제기하는 것 또한 사실이다. "우리와 너무나 비슷한 동물을…… 의학 실험에서 인간 대체물로 사용하는 일을 우리가 스스로에게 정당화하고 있지는 않은가?" 그러나 많은 유수의 과학자들이 연구에서 침팬지들이 필수적이라고 주장하고 있었기에 그 당시에는 제인도 더 큰 윤리적인 문제는 접어두고 대신 좀더 작은 문제, 위험한 바이러스를 주입받는 실험 동안 우리 안에 갇혀 있는 침팬지들을 우리가 어떻게 처우하고 있는가 하는 문제에만 집중했다.

문제가 되는 사례로 3월 말 방문했던 시머 실험실을 들었다. "내가 절대로 잊지 못할 방문이었다. 연구실마다 작고 황량한 우리들이 겹겹이 쌓여 올려진 채 줄줄이 늘어서 있었고, 그 안의 원숭이들은 빙글빙글 원을 그리며 끊임없이 돌고 침팬지들은 우울함과 절망에 휩싸여 몸을 잔뜩 움츠린 채로 앉아 있었다." 아직 실험 대상도 아닌 어린 침팬지들이 자그마한 보관 우리에 "억지로 한데 밀어 넣어져" 있는 것도 보았고, 보육기 안의 실험용 침팬지들이 "심각한 감각적 박탈 상태"인 것을, 그리고 시간이 흐를수록, 사회적 욕구가 크며 지각력이 있고 감정적인 존재라면 보일 반응과 동일한 반응을 보이는 모습을 목격했다고 밝혔다. "청소년기의 암컷이 고립된 자신의 방에 달린 유리 문 뒤에서 바깥세상과 완전히 떨어져서 좌우로 몸을 흔들고 있었다. 그녀는 구석의 어둑어둑한 그늘에 가려져 있었다. 들을 수 있는 소리라고는 통풍구를 통해 그녀의 감옥으로 밀려들어오는 공기가 끊임없이 내는 울림뿐이었다." 침팬지들이 보살핌을 잘 받고 있음을 보여줄 의도였는지 실험실의 사육사가 상자들 중 하나의 문을 열었다. 안에 있던 암컷 침팬지는 반응하지 않았다. "움직이지도 않고 그냥 앉아만 있었다." 사육사가 안으로 손을 뻗쳐보았지만 침팬지는 반갑게 여기지 않았고, 사육사도 마찬가지였다. "약이라도 맞았는지 그녀는 사육사가 자신을 끌어내도 가만히 있었다. 그녀는 사육사의 품 안에 꼼짝도 않고 그저 앉아 있었다. 사육사도 그녀에게 말을 걸지 않았고, 그녀도 사육사를 쳐다보지도 않았다. 사육사가 그녀의 입술을 가볍게 만졌다. 그래도 여전히 반응은 없었다. 사육사는 그녀를 다시 우리로 돌려보냈다. 그녀는 바닥의 창살로 다시 주저앉았다. 그리고 문이 닫혔다."

제인은 그토록 철저한 수동성과 애정의 결여는 단연코 정상적인 침팬지의 모습이라 할 수 없으며 심각하게 우울한 감정을 암시하는 것이라고 썼다. "견뎌낼 수 있는 정도를 넘어선 스트레스를 받아 모든 것을 포기한 채로 심각한 절망의 무력함에 완전히 굴복한 사람의 눈을 들여다본 적이 있는가? 언젠가 나는 부룬디에서 전쟁으로 가족이 모두 죽은 어린 아프리카 소년을 본 적이 있다. 그 아이도 역시 생기가 없는 텅 빈 눈으로 아무것에도 시선을 고정시키지 않은 채로 그저 멍하니 세상을 내다봤었다."

3월 말 시머를 방문한 직후 제인은 어느 비공식적인 만찬 자리에서 국립보건원의 몇몇 고위 유력인사들과 자리를 함께했으며, 그들이 (국립보건원의 부국장인 윌리엄 F. 라우브에게 보낸 감사 편지에 썼듯이) 다행스럽게도 "새로운 생각을 잘 받아들이는" 사람들임을 알게 되었다. 비록 시머의 환경 조건을 옹호하며 예산이 제한되어 어쩔 수 없다는 말을 하기는 했지만, 제인의 시각도 민감하게 받아들이는 듯했다. 제인은 그들이 시머의 어린 침팬지들을 도울 수 있으리라 확신했고, 그래서 라우브에게 보낸 편지에 실험실의 환경을 단시간에 개선시킬 수 있는 간단한 방법을 열거했다. 편지에 제인은 국립보건원의 새 친구들이 실험실 침팬지들의 안녕에 대한 "대화를 시작할" 준비가 된 것으로 보여서 더욱 잘된 일이라는 말을 특히 강조하여 썼다. 또 라우브에게 자신들이 12월에 생명의학연구 산업 관련자들—연구원들, 정부 관료들, 수의사들, 사육사들—과 현장 생물학자, 침팬지행동 전문가, 기타 동물복지에 관심이 있는 사람들을 한자리에 모으는 국제 학술회의를 열 계획을 세웠다는 것을 상기시켰다. 학회는 휴메인 소사이어티, 세계야생동물기금과 함께 제인구달연구소가 조직할 예정이며, 논쟁의 찬반 진영으로부터 세심하게 선택한 약 65명가량의 지도자들이 초대될 예정이었다. 모든 비용은 국립보건원이 대기로 되어 있었다.

그 만찬에서 이야기를 나눴던 또 다른 국립보건원 중역 토머스 월플레에게 보낸 4월 28일의 편지에서는 그런 학술회의의 가치에 대해 상세하게 설명했다. 제인은 "중요 관심사"인 실험실 침팬지에 대한 더 나은 처우의 필요성은 전혀 "논란의 여지가 <u>없다</u>"고 썼다. 따라서 학회 참석자들이 모두 "합리적이고, 정직하며, 남을 돕는 마음이 있는 사람들"이라고 가정할 때, 이런 다양한 관점을 한데 모은다면 반드시 바람직하면서도 가능한 변화를 결정한다는 측면에서 굉장히 많은 것을 이루어낼 수 있을 것이다. 아마도 참석자들은 침팬지들의 심리적 요구를 반영하면서도 연구 과학자들의 타당한 요구를 만족시키는 합의를 도출해낼 수 있을 것이라고도 썼다.

그러나 제인과 국립보건원의 인사들 모두 잘 알고 있듯이, 침팬지의 "심리적 요구"에 대해 심각하게 공개적으로 논의를 하자면 중요한 법적, 재정적 결과가 뒤따를 수 있었다. 수의사 교육을 받은 경험이 있는 유일한 국회의원인 존 멜처 상원의원은 2년 전 실험실 유인원용 규격으로 제작된 우리 안에 들어가 본 적이 있었는데 그때 그것이 얼마나 잔인할 정도로 작은지—침팬지의 크기와 상관없이 1.52×1.52미터의 공간—를 체험하게 되었다. 멜처 의원은 실험실의 침팬지들에게는 반드시 "여유 공간과 운동, 삶을 재미있게 만들어줄 놀이거리들"이 필요하다고 주장하며 동물복지법의 1985년 수정법안에서 연방정부의 자금지원을 받는 모든 실험실은 "영장류의 심리적 안녕을 증진하는 데 필요한 적절한 물리적 환경"을 제공해야 한다는 부수 조항을 삽입시켰다.

훌륭한 생각이었지만, 그 조항이 진실로 의미하는 것은 무엇일까? 동물복지법 집행을 맡은 미국 농림부는 그 조항의 단어들을 해설해 특정 물리적 환경을 구체적으로 지칭한 상세한 안을 만들어내고자 했으며 1987년 3월에는 새 규정안을 발의해 공청회를 가졌다. 그리하여 시머에 대한 제인의 공개적 공격, 국립보건원의 고위 관리들과 가졌던 3월 말의 모임, 12월에 열릴 예정인 저명학자를 대상으로 한 학회의 공동개최 계획은, 본질적으로 미국의 실험실들이 우리에 갇힌 영장류들의 심리적 안녕을 증진시키기 위해 취해야 할 조처의 법적 정의를 둘러싼 좀더 큰 논의의 한 단면을 이루는 셈이었다.

토머스 월플레에게 보낸 4월 28일자 편지는 친필로 다음과 같이 끝맺어졌다. "톰, 저는 이번 학회가 잘 되기만을 바라고 있어요. 제가 너무 오랫동안 실험실 침팬지들 문제를 보지 못하고 있었던 것 같아요. 그 문제가 공개적으로 나타난 뒤부터는 밤에 잠을 이루기가 힘들어요."

제인이 실험실 침팬지들을 위해 그 영역에 뛰어들도록 이끈 것은 다름 아닌 그녀만의 윤리적 직감이었으며, 침팬지가 감정적이고 지각력이 있는 생명체라는 학문적 확신과 결합된 동정심이라는 동기도 그녀를 움직였다. 제인은 다른 사람들도 비슷한 직감에 이끌리고, 동기 부여가 되어 있으며, 확신을 가지고 있다고 가정했던 듯하다. 물론 국립보건원을 운영하는 사람들이 모두 윌리엄 F. 라우브와 토머스 월플레 같은 지적이고 선의를 품은 사람들일 수도 있었다. 그렇지만 국립보건원은 단순히 그곳에서 일하는 사람들을 모아놓은 것 이상의 존재였으며, 그 사람들이 얼마나 선량한지가 중요한 것이 아니었다. 국립보건원은 거대한 관료 체제이며 미국 내 생명의학 연구에 쓰이는 연간 90억 달러 중 대략 35억 달러를 제공하는, 전 세계에서 가장 큰 생명의학 자금지원자이기도 했다. 국립보건원이 우리에 갇힌 영장류의 심리적 안녕을 개선해야 할 위치에 있음은 분명했지만 꼭 그래야만 하는 이유라도 있을까? 동물의 복지는 그들의 임무에 속하지 않았다. 국립보건원은 개선 단위당 최저의 자금으로 인간의 복지를 증진시키는 데 헌신하는 산업의 한 중심에 서 있었으며, 침팬지의 안녕의 증진이란 더 큰 비용을 의미할 수도 있었다. 더 큰 우리? 야외로의 접근권? 더 많은 사육사? 미국의 실험실에 있는 침팬지들이 1천8백 마리인 것을 감안한다면 그 같은 변화로 발생하는 비용은 굉장히 많을 것이다. 그리고 실험실 우리의 전 영장류를 위한 환경 조건을 향상시키도록 요구받는다면 어떻게 될 것인가? 미국 내 실험실들에 있는 유인원 종은 침팬지만이 유일하지만, 2만 3천여 마리나 되는 각종 원숭이 종들도 고려의 대상이 될 수도 있다. 그리고 역시나 미국 내 실험실들에 있는 10만 마리의 고양이, 25만 마리의 개, 6천만 마리의 생쥐와 일반 쥐들의 환경 조건을 향상해야 한다면, 과연 국립보건원의 회계 담당자가 그런 문제를 생각해보고 싶기나 할까?

　1987년 여름 내내 제인, 로저 푸츠, 제인구달연구소의 자원봉사자들은 12월에 있을 실험실 과학자들과 현장 과학자들 사이의 대규모 대화의 장을 조직하는 일에 시간을 보냈다. 하지만 9월에 4일간 미국을 방문한 제인은 국립보건원이 지원을 철회했다는 사실을 알았으며, 뒤늦게야 이루어진 변경이라 다른 곳에서 자금을 끌어오기가 불가능했기 때문에 제인은 그 일을 계산된 배신이라고 생각했다. 9월 22일 한 조력자에게 보낸 편지에서 이렇게 썼다. "적어도 알려드려야 할 것 같아서요. 12월로 예정된 그 대형 국립보건원 학술회의가 없었던 일이 되었습니다. 마지막 순간에 자금 지원을 철회해버렸어요. 아무리 생각해도 다시 재조직할 시간이 없네요. 새 동물 복지법안과 관련한 최종 연방 규제안이 1988년 초에 상정될 예정인데, 아무래도 국립보건원이 12월 회의를 원하지 않는 이유가 그 때문인 듯해요."

결국 제인과 제인구달연구소는 휴메인 소사이어티와 협력해서 15명의 참석자들을 모은 독자적인 소규모의 행사를 조직했다. 12월 1~3일까지 워싱턴 D.C.에서 열린 이 워크숍은 생명의학 전문연구가, 동물치료 전문가, 현장연구 전문가, 동물원 행정 전문가들과 함께 동물 보존 및 복지의 관점에서 의견을 제시해줄 사람들을 한데 모은 자리였다. 이 다양한 분야의 사람들은 함께 3일을 보내면서 침팬지들이 인간과 진화적으로 유사함을 감안할 때 실험실 및 기타 포획 상황에서 특별한 대우를 받아 마땅하다는 데 합의했다. 그들은 침팬지를 이용하는 실험자들의 윤리적 의무를 명확히 선언했다. 그리고 침팬지의 심리적 안녕에 필요한 일련의 기본적 요구 사항을 열거했다. "적절한 운동을 할 수 있게 해줄 뛰기, 기어 올라가기, 그네타기 같은 활발한 활동을 위한 공간, 나무 둥우리의 대체물로서 편안한 잠자리를 만드는 데 필요한 재료, 다른 침팬지들과 인간 사육사들과의 빈번한 사회적 접촉, 다양한 연령과 성으로 이루어진 무리 내에서 친밀한 사회적 유대관계를 형성할 수 있는 기회, 식단·사회적 상호작용·물체 조작 등을 포함한 기본 일상 활동에서의 다양성, 지적 자극과 지적 도전을 유도할 놀이거리." 이 모든 권고 사항은 이미 한두 곳의 실험실에서는 표준 관행으로 굳어져 있는 것들이었으므로 12월 8일 제인은 그 합의 선언문의 사본을 존 멜처 상원의원에게 전달하면서 "따라서 그 권고안들은 그저 단순하게 인도주의적 이상에만 근거한 것이 아닙니다"라고 당당히 말할 수 있었다.

멜처 의원은 그 선언문을 연줄이 닿는 미국 농림부의 인사들에게 보내 그 선언문이 자신의 동물복지법 수정안이 요구하고 있는 영장류의 심리적 안녕 증진 방안 토론에 포함되도록 해달라고 촉구했다.

그러나 불행하게도 그 유용한 선언문은 흔적도 없이 재빠르게 사라졌다. 1985년도 동물복지법을 개정하는 심리적 안녕 수정법안은 이론적으로는 미국 법 안에 존재했지만 실제로는 1988~1990년 사이 내내 관료기관 주변을 맴돌며 방치된 채로 의회 안에서 개념 정립도 거치지 못한 상태였다. 한편 국립보건원 지도부와 그들과 규합한 연대 세력이 어떤 수정도 있어서는 안 된다며 저지에 나섰다. 제인인 1988년 3월 21일 내셔널지오그래픽협회의 지인에게 상황을 설명했다. "우리는 현재…… 놀라운 저항에 직면해 있습니다. 사실 전 생명의학계가 새로운 법안이 그 정신에 따라 통과되는 것을 막기 위해 대규모의 공격에 나선 듯해요. 제가 말하는 것은 1985년 12월 의회에서 통과한 동물복지법 수정안인데 어찌된 일인지 아직까지 법률로 제정이 되지 않고 있어요."

그 와중에 제인 구달과 로저 푸츠는 손쉬운 공격 대상이 되었다. 나중에 로저가 썼듯이, 그 둘은 "국립보건원 대변인에 의해 이단자로, 동물 권리를 주장하는 극단주의자로 낙인 찍혔다. 그들의 말에 따르면, 동물의 복지를 증진시키길 원하는 이는 모두 생명과학 연구를 폐지시키려는 의도를 가지고 있으므로 반드시 추방해야 한다는 것이다." 어느 실험실 소장은 제인에게 "광신적인 생체 해부 반대자"라는 별명을 붙였다. 시머의 사장인 존 랜든 같은 사람들은 제인이 간염에 감염된 침팬지로 인한 교차 감염의 위험—실험자를 위협하는 보건상의 위험도 있지만 실험 자료의 신뢰성을 저해하는 문제가 될 수 있다고 주장했다—을 우려해 용접으로 밀폐한 작은 상자에 가둬야 하는 필요성 같은 실험실만의 현실적인 요구를 이해할 전문 지식이 부족하다고 불평했다.

그즈음 제인은 환경 조건이 시머의 것과는 큰 차이가 나며 자신의 전문

지식을 포용해주었던 텍사스 주 샌안토니오 소재 사우스웨스트 생명의학 연구재단과 네덜란드의 TNO 영장류센터 같은 실험실들을 둘러보았다. 1987년 초봄에 먼저 TNO를 방문한 제인은 침팬지들이 큰 우리에서 지내고 대부분 무리로 지낼 수 있는 환경임을 보았다. 물론 그 장소가 "완벽하지는 않았지만"(제인구달연구소 소식지에 쓴 글), 오스트리아의 악명 높은 이뮤노 실험실과 미국의 시머에서 최근에 목격한 것들과 비교하면 그 네덜란드 실험실의 환경 조건은 "궁전" 같았다. 게다가 제인의 개선안, 예를 들어 우리에 갇힌 침팬지들이 생각을 하고 손으로 조작을 할 수 있는 거리들을 제공해서 물리적 환경을 풍부하게 만들어주는 것 같은 제안들도 진지하게 받아들였다.

TNO 센터와 사우스웨스트 재단의 과학자들은 모두 침팬지를 이용해 간염과 에이즈 같은 혈액 매개 질환을 연구하고 있었지만 다들 침팬지의 친구 관계 형성에 대한 심리적 요구가 연구자가 침팬지들을 고립시켜야 하는 그 어떤 보관 관리상의 요구보다도 선행한다는 데 동의했다. 그들 외에도 이 의견에 동조한 사람으로는 뉴욕 혈액센터의 바이러스학자인 알프레드 프린스, 라이베리아 생명의학연구소의 소장 벳시 브로트먼이 있었다. 그래서 1987년 후반에서 1988년 초반까지 제인은 실험실 세계로부터 만난 새로운 조력자들과 공조해 소논문 "전염병학적, 심리적 관점에서 바라본 혈액 매개 바이러스 연구시 침팬지 관리에 필요한 적절한 조건들"을 쓰느라 바빴다. 1989년에 출판된 이 소논문에서는 간염과 HIV에 감염된 침팬지들이 쌍으로 혹은 소규모의 무리로 지내는 것이 가능하며, 또 그렇게 지내야만 하고, 특정 실험실—시머 사 같은 곳—에서 사용되는 "견고한 벽으로 된 고립적인 상자들"은 "바이러스학적으로 볼 때 적당한 고립에 불필요한 것"이고 오히려 유인원들에게 "그들의 심리적 안녕에 반하는 감각적, 심리적 박탈"을 유발한다고 결론을 내렸다.

제인은 또 뉴욕 주 틱시도의 영장류실험의학·수술 실험실Laboratory for

Experimental Medicine and Surgery in Primates, LEMSIP이라는 대형 침팬지 연구소 출신의 사람들 두 사람과도 인간관계를 쌓고 있었다. 아일랜드 출신의 수석 수의사인 제임스 마허니는 부드러운 감성의 이상주의자였으며 본인의 말로는 자신이 관리하는 동물들과 관련한 선택의 문제 때문에 잠을 설치는 사람이었다. 폴란드 출신의 연구소 소장인 얀 무어 얀코브스키는 강심장의 현실주의자로 고집스러운 독립성과 참된 진실성 덕분에 실험실은 기자들과 호기심이 많은 과학계 인사들에게도 늘 문이 열려 있었다. 또한 무어 얀코브스키는 다른 관점을 강요받아 심기가 불편해지더라도 조금은 마음의 문을 열어놓은 채로 사람들을 대할 줄 아는 사람이기도 했다.

그러나 동시에 LEMSIP의 물리적 환경은 굉장히 암울했다. 알루미늄 봉으로 만들어진 침팬지의 우리는 최소한의 법적 규격(너비 1.52미터, 깊이 1.52미터)만을 준수할 뿐이었고, 심지어 위생관리라는 미명 아래 천장에 걸린 고리에 줄을 걸어 매달린 채 바닥에서 몇 센티미터 떨어져 있었다. 매달아둔 우리들은 마치 거대한 새장처럼 보였으며 그 안의 침팬지들은 실제 바닥 위로 몇 센티미터 떨어진 공중에서 골이 지고 반쯤 뚫린 표면을 밟고 살도록 강요당했다. 시머의 침팬지들과 달리 LEMSIP의 침팬지들은 서로를 볼 수 있었으며 죄수나 마찬가지인 처지인 다른 동료들을 외쳐 부를 수도 있었지만 실험실 직원들이 간간이 우리들을 서로 가까이 옮겨주지 않는 한 스킨십을 할 기회는 없었다. 실외 환경에서 운동 삼아 달릴 수 있는 여건도 아니었고, 사실 침팬지 우리들이 창문도 없는 헛간 같은 건물 안에 나란히 일렬로 다섯 채씩 놓여 있는 상태였던 터라 바깥을 보거나 햇볕을 쬘 길도 없었다.

공교롭게도 로저 푸츠는 이미 얀 무어 얀코브스키와 짐 마허니, 그리고 LEMSIP와 간접적으로 접촉한 경험이 있었다. 1970년 로저는 네바다 대학에서 와슈라는 이름의 침팬지에게 미국 수화를 가르치는 과정에서 얻은 진전에 근거해 심리학 박사학위를 받았다. 와슈는 수화를 사용하는 침팬지로 유명해졌고, 로저가 대학원을 마친 다음에 그 유명 침팬지와 그녀가 가장 좋아하는 선생은 오클라호마 주 노먼으로 옮겨갔다. 로저는 오클라호마 대학에서 초빙교수가 되었으며, 윌리엄 레먼이라는 사람이 운영했던 영장류연구소Institute for Primate Studies에서 위촉연구원으로 일했다. 1970년대 말경 연구소에는 대략 30여 마리의 침팬지가 있었으며, 모두 어느 정도까지는 수화로 의사소통을 할 수 있게 되었다. 그러나 그 즈음 대형 유인원을 활용한 수화 연구에 지원되었던 연방 자금이 고갈되기 시작했다. 자금 고갈과 더불어 불행한 사건도 벌어졌다. 예전에도 와슈는 사람들을 몇 번 문적이 있었으며 연구소의 다른 침팬지들도 마찬가지였다. 하지만 스탠퍼드 대학의 실험외과의 칼 프리브램이 와슈를 만나러 왔을 때는 그 암컷 침팬지가 프리브램의 손가락을 너무 세게 물어서 일부분이 잘려 나가는 사고가 일어나고 말았다. 그런 일을 저지른 다음 침팬지는 미안해 어쩔 줄을 몰라 했다. "미안! 미안! 미안!" 와슈는 수화로 그 말을 하고 또 했다. 하지만 프리브램이 로저 푸츠, 윌리엄 레먼, 그리고 영장류연구소에 연구 허가를 내준 오클라호마 대학을 상대로 수백만 달러의 소송을 제기해버렸다.

나중에 결국 프리브램이 소송을 취하하기는 했지만 오클라호마 대학 측은 레먼의 영장류연구소와의 관계를 끊어버렸으며, 그래서 레먼은 침팬지들을 팔기로 작정했다. 와슈와 다른 두 마리의 침팬지는 법적으로 로저 푸츠의 소유였으므로, 로저는 아내이자 연구 동료인 데비, 그리고 침팬지들과 함께 오클라호마를 떠나 워싱턴 주에 있는 센트럴워싱턴 대학의 좀더 나은 직장에 자리를 잡았다. 하지만 레먼에게 남겨져 있었던 다른 침팬지들은 1982년 B형 간염 백신 시험의 실험동물로 전락할 운명에 놓인 채로 모두 트럭에 실려 뉴욕 주 턱시도의 LEMSIP로 이송되었다.

그 침팬지들은 모두 로저와 와슈의 친구였다. 앨리, 부이, 브루노, 신디, 매니, 님, 셀마 등의 이름이었던 그 침팬지들은 다정하면서도 한편으로는 영리한 동물들이었으며, LEMSIP에 도착했을 때 수화로 의사소통을 했지만 아무도 수화로 대답해주지 않자 아마도 무척 놀랐던 듯했다. 짐 마허니가 처음 부이를 만났을 때의 이야기를 내게 해준 적이 있다. 그때 우리 안에 놓인 대형 트럭 타이어 위에 앉아 있던 그 덩치 큰 수컷은 마허니가 가까이 다가오자 수화를 하기 시작했는데 무언가를 요구한다는 것을 한눈에 알아볼 수 있었다. 수의사 짐은 그 침팬지가 먹이를 달라는 줄 알고 자신에게 더 이상 먹이가 없다고 소리를 내어 말해줬다. 부이는 몇몇 영어 단어는 알아들을 수 있었지만, 계속 수화로 손짓을 했고, 뜻을 짐작하기 어려운 손짓을 하는 걸로 봐서는 먹이는 관심사가 아니었다. 마허니는 그때 자신이 목에 카메라를 매고 있었던 것을 기억했다. 그래서 카메라를 가리켰다. "이거 달라는 거야?" 그러자 이렇게 무식한 사람을 상대하려니 분통이 터진다는 듯이 부이가 트럭 타이어를 들었다 마치 인형을 던지듯 바닥에 쾅 내던졌다. 흩날리던 먼지가 잠잠해지자 침팬지는 다시 의사소통을 할 자세로 되돌아와 자신의 중요한 의사를 전달하려고 한 번 더 시도했다. 수의사는 아래를 내려다보다가 셔츠 주머니 밖으로 삐져나와 있던 담배들을 보고 하나를 꺼냈다. "그럼, 이걸 달라고?" 그러자, 마허니의 표현에 따르면, 부이가 "마치 양처럼" 순해져 긍정의 뜻으로 머리를 열심히 끄덕이고 또 끄덕였다. 수의사는 담배를 준 뒤 불을 붙여줬고, 인간과 침팬지는 조용히, 마치 오랜 친구처럼 창살 사이로 담배를 주고받으며 한 모금씩 빨면서 담배를 나눠 피웠다.

제인이 LEMSIP의 일에 관여하게 된 것은 1987년 후반 얀 무어 얀코브스키와 제임스 마허니가 워싱턴 D.C.에서 열린 12월 워크숍에 참석한 이후부터였는데, 그 후 셋은 LEMSIP의 실험실 환경 조건을 향상시킬 방안에 대해 의견을 교환하기 시작했다. 제일 쉬운 것은 비교적 관리가 쉽고 연구에 아직 사용되지 않는 어린 침팬지들의 시설을 교체하는 일이었다. 짐 마허니는 자신이 "작은 아프리카"라고 부른, 새끼들을 위한 특별포육부를 신설했으며 로저 푸츠는 좀더 나이가 많은 동물들을 위해 해줄 수 있는 환경 풍부화 방안의 조언을 위해 대학원생을 LEMSIP로 파견하는 일을 주선했다. 한편 제인과 무어 얀코브스키는 성년 침팬지들을 위한 운동용 실외 공간을 만들어줄 방안과 침팬지들의 지루함을 줄여줄 방법을 논의했다.

1988년 1월 곰베에서 2주 정도의 시간을 보낸 뒤 제인은 그때쯤에는 일상적인 일이 되어버린 의회 로비 활동을 위해 워싱턴 D.C.로 짧은 여행을 떠났다. 하지만 워싱턴의 날씨는 매우 추웠으며 그 추운 날씨에 뒤따라 감기에 걸려 반갑지 않은 기침이 따라왔다. 다음에는 스웨덴으로 가서 스톡홀름의 그랜드 호텔에서 강연을 했고 이어진 저녁 만찬에서는 스웨덴의 실비아 왕비, 칼 구스타프 16세와 자리를 함께했다. 호텔의 무도장은 열대우림을 모방한 숲처럼 만들어졌지만 바깥의 현실은 휘몰아치는 눈과 지독한 바람으로 몹시 반열대적이었으며, 오스트리아로 친구 콘라트 로렌츠를 만나러 가면서 제인의 기침 감기는 점점 심해져 심각한 폐렴으로 발전했다. 네덜란드로 간 제인은 TNO 영장류센터에서 실험실 영장류의 복지를 주제로 한 센터의 자체 워크숍에서 논문을 발표하고 영국으로 돌아와 병원에 가서 항생제 치료를 시작했다.

4월 초 미국에서의 강연 여행이 시작되었을 때도 여전히 기침이 났고 폐렴약도 계속 먹어야 했다. 12곳에서 강연을 한 뒤 5월 9일에는 뉴욕으로 이동해서 미국 동물학대방지협회에서 수여하는 상을 받았다. 뉴욕으로부터 멀리 떨어지지 않은 곳에 턱시도가 있었으므로, 제인은 아침에 언론의 인터뷰를 마치고, 점심을 먹은 뒤 다시 한 차례의 강연을 하고 나서 차로 45분간 달려갔다. 그렇게 해서 처음으로 LEMSIP의 내부를 보게 되었다.

제인이 보호 가운과 부티 장화, 얼굴 마스크를 착용하자 짐 마허니가 자신이 너무나도 자랑스럽게 여기는 새로 마련한 포육실로 그녀를 데리고 갔다. 제인은 한 시간가량이나 카펫이 깔린 바닥에 앉아 기저귀를 찬 갓 난 새끼들과, 그리고 이제 걸음마를 하는 새끼들 여섯 마리와 함께 놀며 편히 쉬었다. 유아기와 아동기 내내 이 작은 침팬지들에게는 가지고 놀 수 있는 많은 인형과 기어오를 수 있는 정글짐, 주방을 들여다볼 수 있는 창문들, 호기심을 불러일으키는 복도 밖의 여러 분주한 활동들, 그들에게 절실히 필요한 엄마의 따뜻한 품이 되어줄 인간 사육사들이 있었다. 제인은 황홀했다.

그러고 나서 마허니 박사가 실험실의 나머지 공간들, 포육실에서 2~3년 동안 천진난만한 시절을 보낸 뒤에 가게 되는 성년 침팬지들의 지하 감옥을 보여줬다. 자신의 연구소 회원들에게 보내는 소식지에 제인은 이렇게 적었다. "문 안을 막 들어섰습니다. 처음 한 5분 동안 시끄러운 소리 때문에 귀가 멀 것 같았습니다. 기대하지도 않았던 시간에 하루의 끔찍한 단조로움이 깨지고 친구인 짐이 보이자 침팬지들이 흥분해서 그런 것이었죠. 그들은 울음소리를 내며 감옥의 창살을 흔들고 바닥과 벽을 쳐대었습니다." 하지만 수의사가 그들에게 말을 걸자 침팬지들은 차차 진정했고, 마허니는 오른편의 제일 첫 자리에 있는 침팬지, 자신이 가장 좋아하고 진정한 친구로 생각하는 스파이크라는 이름의 그 수컷에게 제인을 소개시켰다. "그는 매우 점잖아서 당신을 해치려고 하지 않을 겁니다"라는 수의사의 말에 제인은 허리를 구부려 그 유인원의 슬프고 어리둥절해하는 눈을 들여다보면서 말을 걸었다.

　하지만 아주 긴 하루에 지친 상태인 데다가 깊은 슬픔—지하 감옥, 거대한 새장에 갇힌 유인원들, 스파이크의 조용한 응시 때문이었다—에 빠져 있었던 제인이 말을 잇지 못한 채로 조용히 울기 시작했으며 마스크 뒤로 눈물이 흘러내렸다. 스파이크가 창살 사이로 손을 내밀어 눈물에 젖은 제인의 뺨에 가져다 대더니 호기심에 차 눈물에 젖은 자기 손가락의 냄새를 맡고 핥았다. 잠시 자리를 비웠던 마허니가 돌아와 무언가 얘기했다. 제인은 대답조차 할 수 없었다. 아래를 향해 시선을 내린 마허니가 눈물을 보더니 바닥으로 내려 앉아 팔로 제인의 몸을 감싸며 부드럽게 호소했다. "이러지 말아요, 제인. 저는 제 삶의 매일 아침마다 이런 일과 마주해야 해요." 잠시 뒤에 다시 일어난 마허니 본인도 심란한 표정을 지으며 나가버렸다……. 하지만 다음에 일어난 일은 감정 과잉과 의사소통의 실패, 혹은 어느 예민한 유인원이 낯선 여성이 자신의 오랜 친구를 아프게 했다고 오해를 한 경우였을까? 스파이크가 갑자기 제인의 오른쪽 엄지손가락 끝을 잡고 거칠게 물어뜯어 심하게 잘려나가는 일이 벌어지고 말았다.

충격에 빠진 제인은 피를 흘리고 고통스러워하며 몸을 일으켰다. 급히 엄지손가락을 천으로 감싼 제인은 실험실에서 실려 나가 차에 태워져 병원으로 향했으며 검사를 마친 뒤에 엄지손가락의 끝은 절단되었다.

고통은 몇 주 동안 계속되었고, 그녀의 몸을 매우 쇠약하게 만들어버렸다. "그렇게 작은 내 몸의 조직을 잃은 결과로 몸이 이렇게 허약해질 수 있다니 아직도 놀라울 뿐입니다." 연구소의 소식지에는 이렇게 적혀 있다. "그렇지만 진짜 이유는 아마도 수술과 항생제 때문이라고 생각하고, 그 상처로 거의 다른 일을 못 하고 있는 것이 사실입니다. 그렇다고 해도 우리가 엄지손가락, 특히 오른쪽 엄지손가락에 얼마나 많이 의존하고 있는지를 새삼 깨닫게 되어서 무척 놀라웠답니다." 그래도 제인은 즉시 줄줄이 이어지는 강연회에 복귀했으며—5월 12일에는 버팔로로 갔다—엄지손가락이 조금 나아졌을 때에는 자신이 입는 옷 색깔과 대략 맞춘 천으로 감고 다녔다.

강연회 여행을 마친 뒤에는 워싱턴으로 돌아가 좀더 많은 상원, 하원의원들의 문을 두드렸다. 제인은 뒤에 이렇게 썼다. "어떤 일이 있어도 꼭 해야 하는 일이지요. 대부분이 힘들고 고단한 나날이었어도. 약속 목록의 몇 건 안 되는 아침 일찍 있는 첫 약속들은 괜찮아요. 정오쯤 되면 지칠 대로 지쳐서 생기도 없고 말하는 것도 지겨워져요. 그래도 아침처럼 또렷하고 조리 있게, 생기가 넘쳐 보이는 것이 무척 중요해요."

5월 말경에는 본머스의 집으로 돌아가 그럽과 가족들과 시간을 보냈으며 엄지손가락을 좀더 치료받았다. 하지만 회복 기간은 곧 6월 11일의 기금 마련 행사—곰베의 산림감시초소 건설을 위한 복권 추첨 행사와 무도회—에 참석하느라 급하게 다르에스살람으로 가 나흘간 지내게 되면서 잠시 중단되었다. 그 후 제인은 영국으로 돌아와 며칠 동안 머물다가 워싱턴으로 돌아가서 로비 활동을 재개했다. 워싱턴에서 제인은 물정에 익숙한 조언자를 구해 도움을 받았는데, 그는 미로처럼 복잡하게 연결된 정부 건물들을 찾아다닐 때면 길잡이도 해주었다. 그러나 같은 순간, 그녀는 또 하나의, 관념적인 미로를 헤매고 있었으며, 그 길의 중앙에는 보이지 않는 적이 숨겨져 있는 듯하고 사방에서는 타성과 음모의 기운이 느껴졌다. 아니면 그저 무관심이었던 것일까? 이미 세워진 법을 집행하는 데 필요한 규정을 정의하는 일을 반대했던 그 저항의 실체는 무엇이었을까?

마지막 날의 마지막 로비 행사에서 돌아오는 길에 택시 뒷좌석에 앉아 큰 한숨을 내쉬는 제인에게 앞자리의 운전기사가 무슨 문제가 있느냐고 물었다. 제인은 하루 종일 로비활동을 하느라 지쳤다고 말했다.

"아, 그렇군요. 무슨 일로 로비를 하시는지요?"

제인이 이야기를 해주자 그녀를 바라보기 위해 운전사가 돌아앉았으며, 그의 둥근 얼굴은 놀라움에서 나오는 웃음으로 한껏 벌어졌다. "세상에! 내 택시에 제인 구달이 타다니!"

아프리카계 미국인이자 자연애호가였던 그 택시 운전사는 자신의 영웅에게 계속 말을 걸고 싶어서 머리를 뒤로 돌린 채로 운전을 했으며, 제인은 그가 차 사고를 내지는 않을까 두렵기까지 했다. 제인은 운전기사에게 차를 세우게 하고 앞 좌석으로 건너가 앉아 그와 침팬지와 야생동물에 대해 길고 행복한 대화를 나눴다. "정말 좋은 사람이었어요." 내셔널지오그래픽협회 친구인 네바 포크에게 보낸 짧은 편지에 제인은 그렇게 썼다. "관심이 대단하더군요. 자신의 아이들도 그렇게 관심을 가지길 바란대요." 결국 운전기사는 택시비의 절반만 받겠다고 했으며 제인은 야생동물 비디오테이프를 구해다 주겠다는 약속을 했다. 제인은 아마도 네바가 내셔널지오그래픽협회 사무실에서 무언가 찾을 수 있을 것이라고 생각한다면서 한껏 고무된 깨우침으로 편지를 마무리했다. "이 세상에는 너무나 멋진 사람들이 많아요. 전부 다 나쁜 것만은 **아니**더군요."

7월 첫 주 즈음, 다르에스살람으로 돌아온 제인은 다시 그동안 손 놓고 있던 일을 해결하느라 분주했다. 엄지손가락은 여전히 붓고 물러 있었지만 텍사스의 부호 에드 바스가 기부한 새 워드프로세서인 소형 도시바1000의 자판 위로 아홉 개의 손가락을 써서 타자를 쳤다. 여러 다른 일이 많았지만 그중에서도 제인은 우선 새로운 친구인 터프츠 대학 수의대 학장 프랭클린 로 앞으로 워드프로세서로 친 서신을 보냈다. 로 학장이 실험실 영장류의 심리적 안녕을 주제로 한 또 다른 대형 워크숍을 열 장소로 터프츠 대학 수의대를 제공하였으며, 7월 28일 로에게 보낸 편지에 적었듯이, 제인은 그 제안을 매우 기쁘게 받아들였다. "지금, 제게 가장 중요한 일이 그 워크숍이에요."

예전 워크숍에 왔던 사람들 중 몇 명을 초청할 수도 있겠지만 제인이 여전히 바랐던 것은 국립보건원과의 의사소통의 벽을 허무는 일이었다. "이번 차례의 행사에서는 반드시 국립보건원의 철옹성 같은 사람들도 불러와야 합니다. 해치 상원의원님이 저를 위해 그 일을 주선해주겠다고 했어요."

워크숍은 다음 봄에 개최될 예정이었으며, 1987년 12월 워싱턴 워크숍과 2월 네덜란드에서 열린 TNO 학술회의에서 일궈냈던 진보적인 성과에 기초를 둘 수 있을 것 같았다. 영장류의 안녕 증진에 대한 개념도 정립되어 있었으며 일반적인 권고안을 만들어둔 상태였으므로 이번 세번째의 전문가 모임에서는 특정 문제들—세부적인 비용, 세부적인 크기, 강철이냐 플렉시 유리냐 하는 문제에 대한 논의—에 집중하기로 했다. "각자 구체적인 정보를 가지고 모이는 자리입니다." 제인은 이렇게 썼다. "각 실험실의 **가장 좋은 점**들을 모아보자는 거죠. 어떤 특정 개인이나 실험실을 비난하려고 모이는 자리가 아니에요. **모든 이**가 적어도 한 가지의 긍정적인 기여를 할 수 있다는 생각에서 모이는 것이지요. 한 곳, 혹은 여러 곳의 실험실과 그리고 **연구**에 사용되고 있는 방식들. 그게 바로 열쇠입니다. 이미 시험해보고 실험해서 좋은 결과를 낳은 어떤 것이요(심지어 빈의 악명 높은 **이뮤노**에도 좋은 것이 있습니다. 물론 **시머**의 경우에는 작은 것이라도 기여를 할 수 있을지 심히 의문이기는 합니다만)."

8월이 되자 엄지손가락의 통증이 덜해졌으며, 제인은 곰베에서 바쁘면서도 슬픈 2, 3주 동안의 시간을 보냈다. 바빴던 이유는 그 기간 동안 크리스 보엠, 독일에서 온 사진가 친구인 미카엘 노이게바워, 그럽과 그럽의 친구 셋, 토니 콜린스와 동행했기 때문이었다. 슬펐던 이유는 오랜 친구인 라시디 키크왈레가 최근 말라리아로 사망했기 때문이었다. 라시디는 28년 전 제인이 곰베에 도착했던 바로 그날부터 제인과 함께했던 사람이었다. 은근한 유머 감각을 갖춘 고상한 사람이었던 라시디는 지난 이삼십 년 동안 제인의 인생 선배이자 굉장히 충성스러운 조력자가 되어주었다. 1975년 납치 사건 당시에 그 창고의 열쇠를 넘겨주지 않으려다 심하게 두들겨 맞은 일을 겪었던 사람도 바로 그였다. 제인은 가족에게 보낸 편지에 썼다. "그가 없으니 이제 예전과 같을 수 없어요. 사실이라고 믿기가 힘들어요. 그렇게 오랜 세월을 함께했는데. 모두들 충격에 빠져 있어요. 힐러리와 다른 동료들도 받아들이기 힘들어해요. 이제 젊은이들을 지켜보면서 현명한 조언을 줄 수 있는, 이곳 내부의 다양한 갈등을 중재해줄 사람이 없다고요. 끔찍하지 않은가요."

1989년 5월 10일과 11일 프랭크 로 학장이 의장을 맡은 터프츠 대학 워크숍이 개최되었으며 침팬지 현장연구 분야의 전문가들, 국립보건원에서 온 대표, 미국 과학아카데미의 인사, 총 9백여 마리의 침팬지들을 보유하고 있는 일곱 군데의 주요 영장류 연구기관들에서 온 책임자급 직원들을 포함한 20여 명의 최고 전문가들이 참석했다. 게자 텔레키의 보고에 따르면, "첫날에는 양측이 구달이 연구에 적대적인 입장을 취했다는 잘못되고 과장된 소문을 포함한 여러 부정적인 의견들을 내세워 분위기가 긴장되어 있었지만, 둘째 날이 되자 서로 주고받는 말이나 행동에서 눈에 띄게 긴장감이 풀어져 있었다." 학회는 한 가지 사항에 대한 최종 합의를 도출했다. 시머식의 보육기는 과학적으로나 윤리적으로 잘못되었다는 것이다. 다른 기본 문제에 대한 합의에는 여전히 도달하지 못했지만, 국립보건원과 미국 과학아카데미 대표 측이 일찍 자리를 뜬 뒤 막판에 발의된 침팬지 우리 크기(바닥 공간을 37제곱미터로 함)에 대한 타협안은 큰 관심을 불러 모았다. 하지만 제인과 그녀의 조력자들은 5월 학회에서 만장일치의 선언문을 공표하지는 못했고 대신 단지 세 차례의 심리적 안녕 워크숍의 결론을 일반화한 요약서만을 만들어 미국 농림부에 제출했다.

그해 제인은 워싱턴을 제각각 다른 목적으로 일곱 차례 방문했으며, 농림부 장관을 방문하기도 하고 30여 명의 의원들과 무수한 정부 고위 정책 자들을 대상으로 정력적인 청원활동도 펼쳤다. 한 해가 지나고, 또 지나고……. 그리고 또 지나고……. 마침내 1991년에서야 1985년 동물복지법을 보충하기로 되어 있었던 규정 발의안이 최종 심사를 위해 백악관 행정관리예산국Office of Management and Budget, OMB으로 제출되었다.

그러자 미국 생명의학 연구 산업의 주요 로비단체인 미국 생명의학연구협회National Association for Biomedical Research가 규정 발의안에 불만을 표시했으며, 제인 측이 "실험실 동물 관리에 대해 매우 구체적인 그림을 그렸습니다. 하나하나 짚어가며 논지를 폈는데, 본 기관이 반대하는 부분이 바로 그것입니다" 하고 반론을 펼쳤다. 그 반대서는 최근까지 국립보건원의 원장이었다가 현재는 백악관 과학기술 고문이 된 제임스 윈가덴을 통해 행정관리예산국 심사위원들의 책상에 놓았다. 윈가덴의 교묘한 유도로, 행정관리예산국은 "설비 설치"에 대한 공식적인 지침이 없어도 1985년 동물복지법만으로도 각 실험실의 "이행" 보고 기준에 합법적으로 규제를 가할 수 있다고 주장하면서, 농무부가 제출한 규정안의 중요 요점을 모두 삭제했다. 애초의 발의안에서 빈껍데기만 남은 그 규정안에는 제인, 로저 푸츠, 제인 구달연구소, 휴메인 소사이어티, 그 일을 위해 일해온 여러 사람들과 단체가 바랐던 침팬지 우리 크기의 상향 조정이나 다른 개선안에 대해서는 조금도 언급되어 있지 않았다.

엄청나게 실망스러운 일이었지만, 곧 그 실망감을 어느 정도 상쇄해줄 기분 좋은 깜짝 놀랄 소식이 들려왔다. 1991년 12월 시머의 최고경영자인 존 랜든과 다시 한 번 연락을 하게 된 제인은 그로부터 시머를 다시 방문해 실험실이 얼마나 개선되었는지를 직접 보고 침팬지들도 얼마나 잘 있는지를 보라는 따뜻한 초대를 받았다. "그런 개선을 할 수 있도록 내가 했던 역할에 대해서 심지어 고마워하기까지 하더군요." 후에 제인은 이렇게 썼다. 록빌의 실험실은 제인의 공격에 대한 직접적인 대응으로, 랜든의 감독 아래 이름부터 시작해 처음부터 끝까지 모든 것이 바뀌어 있었다. 제인의 방문 후 7개월 뒤에 시머에서 다이애그넌으로 이름이 바뀐 그 회사를 내가 찾았을 때, 냉장실 같은 보육기들은 공간도 넓고 부분적으로 개방된 24기의 플렉시 유리로 된 칸막이 우리로 바뀌어 있었으며, 우리들에는 놀이용 공간과 수면용 공간도 딸려 있었다. 이리 저리 돌아다닐 공간이 생긴 어린 침팬지들은 서로의 모습을 보고 소리를 들을 수 있었고 실험 기간 동안에도 때때로 무리를 지어 지내도록, 서로 스킨십을 나누도록 허용이 되었으며 인간 사육사들도 주기적으로 찾아와 같이 놀고 그들을 보듬어주었다. 랜든은 이렇게 이야기했다. "새로운 우리로 들어가자 그들의 성격이 변하더군요. 제 눈으로 확인할 수 있었습니다."

40

고아, 어린이, 보호구역

1986~1995

1986년 시카고 학술회의 이후 제인이 가장 야심차게 준비한 프로젝트는 야생 침팬지 보호 캠페인이었다. 제인의 동료이자 마할레 산맥 연구 프로젝트 총책임자인 니시다 도시사다는 침팬지보존보호위원회 동료들과 함께 침팬지 보호를 위해 공식적인 행동계획을 수립하기로 의기투합했다. 기본 발상은 단순했다. 아프리카 전역에 제1, 제2, 제3의 침팬지 보호구를 만들어나가자는 것이었다. 문제는 어디에, 어떻게 하느냐였다. 침팬지 서식지 가운데 보호구로 지정할 만한 최적의 후보지가 어디인지, 비용을 치르고 탐사를 의뢰하는 것도 한 방법일 수 있었다. 어떻게 문제를 해결하기 위해서는 아프리카 정부를 설득해 참여를 이끌어내고, 중기 계획으로 연구진을 파견해 기지를 세우며, 생태계 관광 등의 방법을 통해 장기적인 차원에서 재정적으로 안정된 연구기지를 구축해야 했다.

1987년 봄, 곰베 연구 공동체를 휩쓴 폐렴으로 침팬지 아홉 마리가 죽고 새끼 침팬지 두 마리가 어미를 잃었다. '고아'가 된 이 두 새끼 침팬지는 멜(미프의 아들)과 다비(리틀 비의 딸)였으며 둘 다 이제 42개월이었다. 갓 태어났거나 아직 어린 침팬지들은 어미가 죽어도 손위 형제가 맡아 키우면 살 수 있었는데, 다비의 경우는 오빠―언니와는 전혀 가까운 사이가 아니었다―가 그 역할을 맡아줄 수 있을지 몰랐지만 멜은 손위 형제마저 다 죽고 남은 가족이 없었다.

제인은 봄 순회강연으로 북미에 체류 중이던 때에 편지로 폐렴 소식을 전해 들었다. 멜은 전에도 병치레를 한 적이 있는 데다가 이젠 어미마저 잃고 이곳저곳을 배회하는 처지였는데, 무리 중 특별히 멜을 괴롭히는 침팬지는 없었지만 특별히 관심을 기울이는 침팬지도 없었다. 그로부터 얼마 후 보낸 답장에서 썼듯 제인은 "이젠 두 번 다시 멜을 못 보겠구나" 하고 생각했다.

그러던 어느 날, 제인 앞으로 전보 한 통이 도착했다. "스핀들이 멜을 입양했음."

스핀들? 스핀들은 피붙이가 아니었다. 어린 멜과는 아무런 혈연관계가 없는 열두 살짜리 수컷이었다. 하지만 스핀들도 당시 폐렴으로 어미를 여읜 처지라 친구가 필요했는지도 모른다. 동기야 어떻든 스핀들은 "아기 돌보기가 제법이었다. 밤이면 멜에게 둥지를 내주었고, 먹을 것이 생기면 나눠주었으며, 덩치 큰 수컷들 사이에 신경전이 벌어지면 얼른 멜을 데리고 빠져나오는 등, 최선을 다해 보호했다. 이동 중 멜이 힘들어 낑낑거리기라도 하면 발걸음을 멈추고 제 등에 올라타게 했고 어떨 때는 비가 오거나 춥기만 해도 멜을 들쳐 업었다." 하지만 청소년기에 접어들면서 스핀들은 어른 수컷 침팬지들의 무리 생활에 끼고 싶어 했는데, 그러다 보니 어떤 때는 멀리 카세켈라 영역 끝까지 나가기도 했고 잔뜩 기대에 부푼 무리들과 함께 맛난 음불라 열매를 찾아 장거리 여행을 떠나기도 했다. 어른 수컷들과 보조를 맞추다 보니 자연스레 걸음걸이가 빨라지고 이동거리가 늘어난 스핀들은 입양한 고아 침팬지를 데리고 다닐 때마저도 멜이 자기 속도에 맞추기를 요구했다.

그러던 7월 말 무렵, 멜과 스핀들이 따로 다니기 시작했다. 멜이 힘없이 혼자 어슬렁대는 모습이 눈에 띄곤 했는데, 나이가 많은 수컷들은 의외로 이 가여운 고아 침팬지에게 매우 친절했다. 멜은 그중 아무에게나 가서 먹을거리를 청했으며, 심지어 한판 쟁탈전을 치르고 남은 고기 조각에도 손을 댔다. 하지만 어미나 보호자—스핀들—없이 혼자서는 먹을거리를 구하기도, 제 몸을 돌보기도 어려웠다.

제인은 8월 첫째 주 곰베에 도착해서 그달 11일 버치스로 소식을 전했다. "고아 침팬지 멜과 다비는 잘 지내고 있답니다. 멜에겐 정말 좋은 일이 생겼어요. 왜, 지금 청소년기인 스핀들이 한 달 정도 맡아 키웠던 침팬지 말이에요……, 그 녀석을 지금 팩스가 돌보고 있어요!"

그 무렵 열 살가량이던 팩스는 고아여서 그런지 나이에 비해 몸집이 작았다. 네 살 때 어미 침팬지 패션이 죽은 뒤로 한동안 누나 폼과 형 프로프가 어미 노릇을 하다가 폼이 카세켈라를 떠나 북쪽 무리로 옮겨가면서부터 프로프가 혼자 팩스를 맡아 키웠다. 훗날 제인이 글에서 썼듯이, 프로프는 어미가 죽기 전부터도 언제나 세심하고 배려 깊은 형이었다. "한번은 우기 때였는데, 팩스가 감기에 걸렸다. 요란한 재채기에 콧물까지 지저분하게 흘려댔지만 프로프는 얼른 팩스 곁으로 다가가 콧물이 줄줄 흐르는 녀석의 코를 찬찬히 살폈다. 그러더니 나뭇잎을 한 줌 집어 들고 조심스레 콧물을 훔쳐냈다." 여전히 함께이던 팩스와 프로프가 멜을 입양한 1987년 8월에, 제인은 며칠에 걸쳐 두 형제와 이들이 입양한 어린 침팬지를 따라다녔다. 이동 시에는 대개 프로프가 무리를 이끌고 팩스는 아기 침팬지 멜을 어부바하듯 들쳐 업고 형의 뒤를 쫓았다. 스핀들이 그랬듯이 팩스도 멜에게 먹을거리를 나눠줬으며, 둘은 매일 밤 같은 둥지에서 잠을 잤다. 맏형인 프로프도 이따금씩 두 동생에게 먹을거리를 나눠주었다.

이 삼총사는 늘 붙어 다니곤 했으나, 몇 주 뒤에 스핀들이 나타나면서 멜은 팩스와 프로프 형제를 떠나 처음 자신을 돌봐주었던 스핀들에게로 돌아갔다.

1987년 일로 고아가 된 또 다른 새끼 침팬지 다비는 원래 베토벤이라는 수컷 침팬지에게 입양되었으나, 몇 달이 지나고부터는 베토벤보다는 새끼가 없는 암컷 침팬지 지지와 함께 있기를 좋아했다. 멜도 결국에는 스핀들의 품을 떠나 지지를 입양모로 삼았다. 훗날 제인이 쓴 글에도 이 이야기가 짧게 등장한다. "지지가 그 둘에게 드러나게 관심을 보이진 않았다. 다정한 행동이라 해봐야 한 번씩 털을 매만져주는 게 고작이었지만, 지지는 위험천만인 침팬지들의 세상에서 그들이 누군가를 필요로 할 때 힘이 되어주곤 했다. 혈기왕성한 사춘기나 청소년기 침팬지의 거친 행동 탓에 지지의 어린 후견 침팬지 중 누군가가 비명을 지르기라도 하면, 지지가 나섰다. 또 지지와 함께일 때만큼은 두 고아 침팬지도 이런저런 걱정을 할 필요가 없었는데, 지지가 이동 경로와 잠잘 곳 등을 모두 알아서 정해준다는 걸 알고 있었기 때문이다."

1987년 여름 제인은 아직 다듬어지지 않은 상태로나마 신작 『창을 통해서: 곰베 침팬지와 함께한 30년*Through a Window: My Thirty Years with the Chimpanzees of Gombe*』의 초고 집필을 이어가고 있었는데, 멜과 다비와 두 침팬지의 입양모 이야기도 포함되었다. 하지만 1988년 여름에 고아 침팬지 부분은 다시 고쳐 써야 했다. 어미 침팬지 윙클이 죽으면서 세 살배기 울피가 홀로 남겨진 것이었다. 다행히 울피는 아홉 살짜리 누나 운다와 친했다. 운다는 예전부터도 꼬맹이 남동생을 끔찍하게 아끼며 곧잘 데리고 놀아주거나 달래주거나 돌보곤 했는데, 갑자기 어미가 사라지면서 윙클이 해왔던 모든 의무를 떠안았다. 물론 젖먹이기도 그중 하나였다. 운다는 가임기까지는 아직 2, 3년이 더 남은 나이였으므로 사실 '젖먹이기'는 당치도 않은 일이었지만, 그런데도 그 어린 울피가 워낙 열심히 젖을 빨아댄 탓에 제인마저도 운다가 실제로 젖이 나온다고 믿을 정도였다(나중에야 그렇지 않다는 사실을 알았다). 8월 13일 제인은 친구에게 보낸 편지에 이렇게 썼다. "정말 놀라운 일이야. 열 살짜리 운다가 입양을 했는데 같이 데리고 다니면서 보호해주고 기다려주고 음식을 나눠먹고 같이 자기만 하는 게 아니라, **모유**까지 주고 있어. 어떻게 이런 일이……. 8월 1일에만 그 장면을 목격했는데, 아픈 엄지손가락에 신경 쓰다가 그만 운다를 놓치고 말았어."

제인은 1989년까지도 『창을 통해서: 곰베 침팬지와 함께한 30년』과 씨름 중이었다. 3월 7일 미국 출판 관계자에게 보낸 편지에서는 "인간의 그늘 차 기작에 한 장을 더 추가하고 싶습니다만 세상에나, 일이 산더미네요"라고 전했다. 제인구달연구소 영국 지부는 3월 25일에 영국에서 공식 출범할 예정이었지만 제인은 이미 동아프리카 부룬디에서 제인구달연구소(영국 지부)가 추진하는 프로젝트를 진행 중이었다. "상아나 코뿔소 뿔 밀매를 통해 거둬들인 벌금을 단순히 야생동물 전체에 환원할 게 아니라…… 특별히 그 돈은 침팬지에게 돌아가야 한다는 걸, 부룬디에 머물면서 이곳 대통령과 장관 등에게 납득시켜야 해요. 그 일에 침팬지 약 3백 마리의 목숨이 달렸으니 **노력은 해봐야**지요."

부룬디는 탄자니아와 더불어 고래로부터 아프리카 전역에 걸쳐 형성된 침팬지 서식지의 동단에 자리해 있었으며, 1989년경에는 농경지 확대에 따른 삼림훼손으로 부룬디의 침팬지 분포 형태가 점차 소집단화하는 추세였다. 살아남은 개체의 절반은 북쪽 키비라 국립공원에 분포해 있었으며, 나머지 절반은 고립 집단의 형태로 부룬디 중부와 남서부 일대에 산재해 있었는데, 루몬게 삼림보호구도 그중 하나였다. 3월 키비라와 함께 루몬게로 향한 제인은 대통령을 비롯해 몇몇 정부 관료들과 의견을 교환했다. 얼마 후 제인구달연구소(영국 지부)는 부룬디 남부에서 침팬지 연구 및 관광 사업을 해도 좋다는 허가를 받아냈으며, 최근 브리스틀 대학에서 동물학 공부를 마친 샬로테 울렘브릭이 이끄는 3개월짜리 예비연구로 그 시작을 열었다.

부룬디뿐 아니라 콩고 침팬지도 문제였다. 일전에 영국에 머물던 중 제인은 콩고 침팬지들의 안타까운 사정을 익히 들은 바 있었다. 〈BBC 와일드라이프〉의 작가이자 동물학자인 이언 레드먼드가 제인에게 보여준 사진에는 콩고 인민공화국 남서부 항구도시 푸앵트누아르의 한 동물원으로 추정되는 곳에 수용된 침팬지들의 모습이 담겨 있었다. 콘크리트와 철재로 만든 너무나 작은 우리 안에 비쩍 마른 성년 침팬지 일곱 마리와 새끼 침팬지 두 마리가 갇혀 있었으며, 레이먼드의 말로는 사육사들이 침팬지에게 먹이는커녕 물조차 주지 않다시피 해서 굶어죽기 직전이라는 것이었다. 그로부터 채 열흘이 안 돼 제인구달연구소(영국 지부)는 침팬지 구조를 위해 영국인 자원봉사자 카렌 팩을 푸앵트누아르로 파견했다. 하지만 제인이 미국 내 실험실 침팬지를 위한 또 다른 로비 원정을 펼치고자 워싱턴에 체류 중이던 6월 말, 팩은 제인에게 전화를 걸어서—얼마 후 제인이 친구에게 보낸 편지에서 썼듯이—이렇게 물었다. "선생님, 지금 여기에 갇혀 있는 갓난 새끼 침팬지들이 많게는 스무 마리쯤 됩니다. 돌봐줄 만한 가정으로 옮겨서 앞으로 2년은 더 보살펴줘야 할 것 같은데, 우리 연구소에서 이 침팬지들을 맡으면 어떨까요?"

1989년 12월 24일 밤 1시 무렵, 제인은 가족들과 함께 크리스마스를 보내기 위해 버치스에 도착했다. 그리고 『창을 통해서: 곰베 침팬지와 함께한 30년』의 마무리 작업에 들어간 제인은 무서운 속도로 일을 해치워 이듬해로 넘어갈 즈음에는 집필을 끝냈다. 1990년 1월 8일 마이애미행 기내에서 내셔널지오그래픽협회 네바 포크에게 쓴 편지에서 제인은 이렇게 전했다. "3년째 붙들고 있던(한 번에 2주 정도씩밖에 못 썼으니 실제로는 훨씬 적겠지만) 책을 마이애미행 PA 009편 비행기에 앉아 포크 씨에게 편지를 쓰는 **지금에서야 막 끝냈네요!!** 부록으로 딸린 **두 장**과 **감사의 말**은, 정말이지 정신이 하나도 없이 써 내려갔어요. 덕분에 부록과 감사의 말은 어제 다 끝냈어요. 사진 고르는 작업은 계속하고 있고요(여태 하는 중이랍니다!) 원고는 **그래도 다 끝냈네요!!**" 마음이 한결 가뿐해진 제인은 책을 다 끝냈다는 묘하지만 홀가분한 기분을 자축하고자 머리 위 버튼을 눌러 승무원에게 프랑스산 와인 한 병을 주문하고 이 대단한 사건을 기념해 잔을 들었다. "자 그럼, **건배!**"

『창을 통해서: 곰베 침팬지와 함께한 30년』은 1990년 초가을에 출간되었으며, 베스트셀러인 전작 『인간의 그늘에서』에 이어 다시 한 번 독자들을 이제껏 베일에 가려졌던 곰베 침팬지의 나라, 성性과 본능적 행위, 전쟁과 평화, 포식자와 피포식자, 권력자와 권력을 노리는 자들의 세상으로 안내했다. 그뿐 아니라 『창을 통해서: 곰베 침팬지와 함께한 30년』은 친족인 판 트로글로디테스와 호모 사피엔스 사이의 슬프고 비극적이기까지 한 관계를 처음으로 가까이에서 관찰한 저작이었으며 시카고 학술회의 이후 제인의 삶에서 매우 중요한 부분으로 자리한 두 가지 문제—보살핌과 보호—에 대해서도 상세히 다루었다.

실제로 제인은 지난 3년 동안 침팬지에 대한 대중들의 인식을 높이고자 최선을 다했다. 이미 언론 인터뷰만 수백 차례를 했고, 다시 수백 회를 더 하라고 해도 기꺼이 나설 생각이었다. 제인 덕분에 유럽과 북미에서는 자연과학 전문 TV 프로덕션 여섯 곳이 그 기반을 다졌으며, 제인은 몇몇 네트워크 TV 쇼에도 초대 손님으로도 출현하였고, 제인의 설득으로 내셔널지오그래픽협회는 케이블 TV용 프로그램 두 편을 제작했다. 또 게자와 함께 화려한 도판의 독일 자연사 잡지 「게오」에 실릴 중요한 원고도 집필 중이었으며, 「내셔널지오그래픽」을 설득해 이 대단한 침팬지들의 이야기를 다룬 기고문 두 건의 게재를 추진, 이미 게자와 공동으로 집필에 착수한 상태였다. 또한 1990년 1월 제인은 중요한 저서가 될 또 다른 책의 출판 계약을 체결했는데, 이 책에서는 침팬지에 대한 관심과 보호 문제에 거의 모든 지면을 할애할 생각이었다.

그러니 마이애미 행 PA 009편에서 『창을 통해서: 곰베 침팬지와 함께한 30년』의 탈고를 기념하며 기분 좋게 건배의 잔을 든—조용히 자축의 잔을 든 제인은 살짝 잔을 기울여 가볍게 한 모금을 들이켰다—제인은 아마 가볍게 두번째 자축의 잔도 들었으리라. 앞으로도 할 수 있는 일이 많다! 다시 책도 낼 수 있다! 게다가 게자가 소개해준 공동저자도 집필에 전력을 쏟겠다고 했고, 게자도 워싱턴에 있는 침팬지보존보호위원회 서류함 가득 쌓인 기사며 각종 스크랩, 서류, 편지, 일지, 보고서, 기록지는 물론이거니와 각종 전문지식을 동원해 제인에게 도움을 줄 것이므로 다음 책은 이번보다 훨씬 수월할 터였다. 이제껏 공동저자로 집필한 경험은 단 한 번 『무고한 살육자』 때뿐이었는데 그때는 손이 가는 일이 꽤 많았다. 하지만 지금은 타자와 내용 구성, 자료조사, 현장조사는 물론 때에 따라서는 같이 머리를 맞대고 고민해줄 누군가가 있다는 사실에 마음이 든든했다. 그런 만큼 새로운 공동저자─이름하여 데일 피터슨이다─가 침팬지에 대한 지식이 일천하다는 위험부담도 기꺼이 감수할 만했다.

한편, 부룬디에서 진행 중이던 샬로테 울렘브룍의 예비 연구가 3개월에서 6개월로 늘어나면서 1990년 2월경 샬로테는 산봉우리에 있는 키룬구라는 작은 부락의 조그마한 벽돌집에 터를 잡았다. 높은 산들이 줄지어 물결을 이룬 봉우리 중 하나로 농사를 짓기에 알맞게 햇빛이 잘 들어 숲을 경작지와 목초지로 개간한 곳이었다. 반면 가파른 봉우리 사이는 강물이 흐르는 깎아지른 계곡과 위험천만한 협곡이 들어서 농사를 짓기에는 일조량도 부족하고 경사가 심했지만 대신 시원하게 드리운 그늘 덕분에 벌들이 집을 짓기에 좋은 쉼터가 되어주었으며, 지저귀는 새들과 낮게 웅얼대는 흙빛 강물, 양치류의 식물, 들꽃, 이끼, 또 어딘가에 숨어 있을 개코원숭이나 침팬지가 담긴 한 폭의 풍경화가 만들어지곤 했다. 샬로테는 키가 작고 다리가 튼튼한 현지인 다섯 명을 고용해 좀처럼 모습을 드러내지 않는 영장류를 찾아다녔다. 이후에는 현지인들이 연구 및 관광을 목적으로 영장류를 습관화하는 일도 도왔으나, 우선은 침팬지를 찾는 일에만 힘을 쏟았다.

샬로테가 남쪽 숲에서 예비조사를 하는 사이, 제인이 침팬지 서식지인 부룬디에 관심을 갖고 있다는 사실이 알려지면서 부룬디인들 사이에서도 침팬지가 화제가 되었다. 그해 봄에 샬론테가 기거하는 키룬구의 조그마한 벽돌집으로 그녀를 찾아갔을 때 그녀는 내게 이런 이야기를 들려주었다. "사실, 제인 구달이 처음 부룬디에 온 게 고작 지난해 3월이었어요. 그렇게 생각하면 참 놀라운 일이죠. 그간 정말 많은 일이 있었고, 이미 부줌부라 등 여러 지역 주민들이 침팬지에 관심을 가지게 됐거든요. 택시를 타면 이렇게들 물어보세요. '어이고, 침팬지 연구하시는 선생님이시라고요? 침팬지 구경은 언제쯤 시켜주실 겁니까?'"

몇 해 전만 해도 사람들은 부룬디에 야생 침팬지가 있다는 사실조차 몰랐지만 침팬지의 존재를 알게 되면서 많은 부룬디인들이 고아 침팬지 문제에 대해서도 관심을 갖게 되었다. 고아 침팬지는 이른바 '숲고기bush-meat(숲에 사는 동물을 사냥해 얻는 고기를 뜻하는 말로서 현재는 야생동물 보호단체 등이 숲고기뿐 아니라 어류 포획 등과 같은 야생동물 고기wild-meat 전반에 걸친 밀렵·밀매 금지 운동을 전개해나가고 있다—옮긴이) 사냥의 의도치 않은 부산물로서 전문 밀렵꾼의 총에 어미를 잃은 새끼들이 어미의 주검 곁을 배회하는 처지로 전락해서 고아 침팬지가 늘어났다. 부룬디에 있는 새끼 침팬지들은 대부분 자이르 등지에서 사냥꾼의 손에 팔려 부룬디까지 흘러든 침팬지로서 종종 애완동물로 키워졌다(새끼 침팬지는 어린아이와 유사점이 많아 귀여운 애완동물 축에 끼지만 그 귀여운 어린 침팬지가 일단 어느 정도 나이를 먹고 덩치가 커지면 주인의 힘을 능가하고도 남는다). 부룬디 정부에서는 압수한 침팬지를 어디로 보낼지를 결정하면 애완용 침팬지를 전부 압수할 계획이었다.

그 무렵에 나는 부룬디의 수도 부줌부라에 간 적이 있었는데 당시 미국 대사관 직원이던 미미 오브라이언이 새로운 사실을 알려주었다. 불법 애완 침팬지 수가 부줌부라에만 약 스무 마리가 되는데, 압수한 침팬지를 수용할 만한 소규모 보호구역sanctuary(정부 차원에서 한 지역 전체를 지정하여 보호하는 개념의 'reserve'는 '보호구'로, 외부로부터 보호하기 위해 철조망 등으로 경계를 짓고 보호하는 피난처의 의미로 사용되는 'sanctuary'는 '보호구역'으로 옮겼다—옮긴이)을 설립하기 위해 제인과 제인구달연구소 측이 진작부터 부룬디 정부와 협상을 시작했다는 것이었다. 부룬디 정부가 1990년 봄에 탕가니카 호수 인근에 울타리를 치고 보호구역 부지를 따로 마련해두었으며, 전前 미국 대사 부부인 댄 필립스와 루시 필립스가 협상의 물꼬를 터 첫번째 보호구역을 짓는 데 필요한 재원은 이미 확보해두었다고 했다.

점심시간 동안에 미미는 어린 두 침팬지 포코와 소크라테스가 있는 그녀의 집으로 나를 데려가주었다. 두 침팬지는 당장은 그녀의 뒤뜰에 놓인 큰 우리 하나를 함께 쓰며 더 크고 좋은 거처가 마련되길 기다리는 중이었다. 그러고 나서 우리는 미미의 차를 타고 전파상으로 향했는데 도로처럼 포장이 된 전파상 뒷마당에 놓인 우리 몇 채에는 아프리카회색앵무새 두 마리와 시끄럽게 짖어대는 개 몇 마리, 그리고 암컷 고아 침팬지 한 마리가 있었다. 조조라는 이름의 무척 조용하고 순한 그 침팬지는 창살 너머로 손을 뻗어 내 손을 잡고 제 얼굴로 가져가더니 내 손에 뽀뽀를 했다. 다른 한 손으로는 미미의 손을 잡았다. 미미와 나는 조조가 잡고 있지 않은 다른 한 손을 창살 안으로 넣어 가만히 조조의 팔을 쓰다듬어주었다. 우유 빛깔 피부 위로 살짝 주근깨가 난 조조의 얼굴 위로 어딘지 아득하고 쓸쓸한 표정이 어렸다. "이곳 사람들이 분명 조조를 없애려들 거예요. 전파상 남자 말이, '우린 무슬림이오. 내 아내는 이런 동물들을 좋아하지 않는다오'라고 했거든요." 포코나 소크라테스와 마찬가지로 조조도 새 둥지를 기다리고 있었다.

우리는 조조를 떠나 다른 곳으로 향했다. 콘크리트 블록으로 담장을 세운 곳으로 '아틀리에 드 콩스트뤽시옹 메탈리크'라는 표지판이 서 있었다. 주인은 우리를 작은 콘크리트 우리로 데려갔는데 화장실을 개조한 그곳에는 그가 애완동물로 키우는 침팬지가 살고 있었다. 화장실 한가운데에 철로 된 말뚝이 박혀 있고 묵직한 체인이 말뚝과 연결이 되었는데 굵은 철재 목줄에 묶인 그 침팬지는 잠이 든 듯 한쪽에 웅크리고 앉아 있었다.

"위스키! 위스키!" 미미가 소리치자 그제야 위스키는 고개를 들고 우리를 발견했으며, 움직일 때마다 덜컹덜컹 소리를 내는 체인을 끌며 맥없이 미미와 내가 있는 곳으로 다가왔다. 미미가 바나나를 하나 건네자 몇 입 베어 문 다음에 남은 바나나를 미미와 나에게 던졌다. 허리를 쭉 펴고 뒤로 돌아선 위스키는 자세를 낮춰 화장실 가운데에 놓여 있던 철재 말뚝 위로 올라섰다. 그리고 두 손으로 제 몸을 감싼 다음에 어깨 너머로 뒤를 돌아보며 두번째 바나나가 있는 곳—미미가 위스키의 발이 닿을 만한 위치에 올려두었다—까지 마치 발레리나처럼 한쪽 다리를 쭉 뻗었다. 두번째 바나나를 집어든 위스키는 제자리에서 한 바퀴를 돈 후 자리에 앉아 바나나를 조금 베어 먹었으며, 먹고 남은 바나나는 다시 미미와 나에게 던졌다.

위스키의 주인은 저녁때면 가끔 위스키에게 여자 옷을 입히고 차에 태우고 나가 사람들에게 위스키가 자기 신부라고 말한다고 했다. 위스키도 새 집을 기다리고 있었다.

제인이 부룬디에 간 목적은 분명했다. 연구·관광을 기반으로 침팬지들이 지속적으로 서식할 수 있는 새로운 보호구를 만드는 것이었다. 하지만 자신의 사명을 아프리카의 보다 많은 지역에서 실천하고자 대륙 곳곳을 누비면 누빌수록, 고아 침팬지를 둘러싼 문제가 얼마나 어렵고 복잡한가를 절감해야 했다.

1990년 3월 초에 제인은 처음으로 콩고 인민공화국을 방문했다. 콩고에서는 카렌 팩이 푸앵트누아르의 한 작은 동물원에서 동물원 환경 개선을 위해 고군분투 중이었는데 이미 카렌은 청소, 먹이주기, 물주기 등과 같은 일상적인 부분에 대해서는 조처를 취해놓고 있었다. 침팬지 우리는 철과 콘크리트로 지은 작은 크기였지만 옆으로 이어진 다른 우리와도 서로 통하게 해 침팬지들이 오갈 수 있게 했으며, 그중 하나는 하루 종일 문이 열려 있기도 했다(그 우리에 있던 노부인 라 비에이는 거의 노이로제 수준으로 밝은 바깥세상을 두려워해 줄곧 한쪽 구석에만 웅크리고 있었으므로 도망갈 염려가 없었다).

지난해 6월 전화통화 때만 해도 카렌은 제인에게 이곳에 있는 갓 난 새끼 중 당장 집이 필요한 침팬지가 많게는 스무 마리에 이른다고 전했으나, 제인이 푸앵트누아르에 도착해 깡마른 체구와 부산스런 성격의 알리테 자마르트라는 벨기에 여인을 소개받았을 즈음에는 이 벨기에 여인이 자기 집을 내준 덕분에 점점 늘어만 가는 고아 침팬지들도 머물 곳을 찾은 상태였다. 그로부터 1년 뒤에 내가 알리테 자마르트를 찾아갔을 때까지도 여전히 그녀의 집은 어린 침팬지로 넘쳐났는데, 기저귀를 찬 갓 난 새끼 침팬지들이 집 안을 아장아장 걸어 다녔고, 그보다 월령이 몇 달 앞서는 침팬지들은 바깥뜰에서 달음박질을 치며 양철 지붕 위를 풀쩍풀쩍 오르내리거나 처마 끝에 매달리거나 창문 안을 들여다보거나 창턱을 기어오르곤 했으며, 잔뜩 현관문에 몰려들어 있는가 하면 자그마한 주먹을 불끈 쥐고 현관문 유리창을 힘껏 두드려대기도 했다. 아마 1990년 3월 제인에게도 비슷한 얘기를 했을 것 같은데, 알리테 자마르트는 유창한 불어로—나를 위해 간간이 어설픈 영어로 내용을 요약하기도 했다—어떻게 침팬지와 인연이 닿게 되었는지를 들려주었다.

알리테 자마르트의 말로는, 오랫동안 한 동네에 살던 이웃이 죽으면서 쿡쿠라는 애완 침팬지가 혼자 남겨졌다고 한다. 쿡쿠는 푸앵트누아르 동물원으로 보냈지만 곧 동물원에서 도망쳤으며, 아마 누군가의 손에 죽었을 것이다. 그런데 그즈음에 마침 동물원에 간 알리테 자마르트는 그곳 상황이 얼마나 열악한지를 알게 되었고 그 후로 동물원 침팬지들에게 음식을 가져다주기 시작했다. 그러던 어느 날 못 보던 어린 암컷 침팬지 하나가 눈에 띄었다. 숲고기를 노린 사냥꾼들로 인해 고아가 된 그 암컷 침팬지 저넷은 마을사람들의 손을 거쳐 선교사에게 보내졌다가 결국 동물원까지 오게 되었는데 거의 아사 직전이었다. 자마르트 부인과 그녀의 남편은 저넷을 집으로 데려와 직접 키우기 시작했다. "우리 부부는 저넷을 참 좋아해요. 우리 맏딸이랍니다."

곧 또 다른 고아 침팬지, 욤베라는 이름의 수컷 침팬지도 알게 되었다. 욤베는 사냥꾼이 놓은 덫에 걸리는 사고로 한쪽 다리가 썩어 들어가서 결국 다리를 잘라내야 했다. 알리테 자마르트는 욤베도 집으로 데려왔다. "말을 잘 듣는 녀석인데 대장 침팬지이기도 해요. 집에 손님이라도 오면 침팬지 대장이 저라는 걸 꼭 증명해 보이고야말죠." 나는 도저히 시선이 가지 않으래야 않을 수 없을 만큼 요란스레 현관문 유리를 두드려대는 세 발 침팬지가 욤베임을 알 수 있었다.

하지만 알리테 자마르트가 저넷과 욤베를 동물원에서 데려온 후 지역 당국이 불법 애완 침팬지 압수에 들어가면서 사람들이 집 앞에 침팬지를 버리고 가기 시작했다. 은콜라는 육군 장교가 키우던 침팬지였고, 얼굴색이 초록빛인 투베는 엽총으로 입은 부상이 심각했으며, 마타릴라는 금속 상자 안에 들어 있었다. 이매뉴얼은 가방에 들어 있었는데 자마르트 부인에게 이매뉴얼을 넘긴 두 백인 남자 중 한 사람이 "자마르트 부인, 저는 도저히 이 침팬지에게 정이 가질 않네요"라고 말했다.

그 다음은 소피였고, 다음은 애거서, 그리고 마블, 그리고 또 다음, 또 다음 침팬지까지.

1990년 8월 중순, 워싱턴 D.C.를 출발한 제인은 콩고인민공화국으로 향했다. 텍사스에 본사를 둔 석유회사 코노코가 내준 전용기에 맥스 피처 탐사·생산 부분 부사장과 함께 오른 덕분에 경비는 따로 들지 않았다. 대서양 콩고 해안을 따라 시추 사업을 벌이고 있던 코노코는 푸앵트누아르에 지사를 두고 있었다. 콩고에 도착하자마자 피처와 로저 심슨 코노코 콩고 지사장은 코노코는 불도저를 들이밀어 숲길을 훼손하는 대신에 시추에 필요한 모든 장비를 헬리콥터로 공수해오고 있다며 제인을 지반 테스트 장소로 안내했다. 두 사람은 다른 경쟁사들이 이 일대를 얼마나 엉망으로 훼손시켰는지도 보여주었다. 피처는 대규모 정유회사들이 너나없이 녹색기업을 표방하지만 "저희는 언행이 일치하는 기업입니다"라고 강조했다.

푸앵트누아르에서 대서양 북쪽으로 두 시간 거리에 자리한 쿠일루 강 한가운데에 코노코의 바지선 두 대가 서로 연결된 채로 닻을 내리고 있었으며, 강철 플랫폼 위에서는 십여 명 남짓한 장정들이 강바닥까지 약 3킬로미터 깊이의 구멍을 파고 들어가는 엄청난 규모의 굴착작업을 한창 진행 중이었다. 시험 굴착지를 비롯한 다른 어떤 시추지에서도 코노코는 아직 석유를 찾아내지 못한 상태였으나, 석유 발굴이 콩고인에게 미치는 경제적 잠재력이 워낙 큰 만큼 코노코라면 제인의 편에서 정치적 영향력을 행사해 주거나 어쩌면 고아 침팬지에게 힘이 되어줄 수도 있었다. 맥스 피처와 로 저 심슨은 일전에 쿠일루 강에 떠 있는 무인도 하나를 찾아낸 적이 있는데, 이곳을 침팬지 보호구역 부지로 삼을 수도 있었다. 보호구역 설립계획, 자 금문제, 계약체결은 이미 코노코와 합의를 본 상태였고, 이제 이 모든 일을 현실화하기 위해 정부의 허가만을 남겨두고 있었다. 이를 위해 제인은 다 시 코노코의 전용기를 타고 콩고인민공화국의 수도 브라자빌로 떠났다. 드 니 사수 응게소 대통령을 접견해서 고아 침팬지 보호구역이 지역 경제, 고 용 창출, 교육, 자연보호, 관광산업에 힘을 실어줌으로써 실질적인 혜택을 가져올 수 있음을 설명할 생각이었다.

제인은 짬을 내 브라자빌 동물원에도 들렀다. 동물들 중 일부는 굶어죽 기 직전이었는데, 관계자의 말로는 동물원 원장 입장에서는 사료 값보다 사냥꾼에게 동물을 새로 사는 게 더 싸게 먹혀서라고 했다…… 그나마 그 레그와르라는 침팬지만이, 우리 위에 적힌 설명에 나와 있듯, 1944년 이후 줄곧 이곳 브라자빌 동물원에서 살고 있었다. 쇠창살 너머 나무 바닥이 깔 린 우리 안을 들여다본 제인은 "창백한 낯빛과 털이 거의 없다시피 한 살 갗……, 비쩍 마른 몸 위로 피부가 팽팽히 당겨지다 못해 뼈라는 뼈는 죄다 보일 지경"인 "낯선 동물"의 모습에 깜짝 놀랄 수밖에 없었으며 순간 분노가 일었다. 그런데도 목숨은 붙어 있다니, 대체 46년 세월을 어떻게 버텨냈단 말인가? 제인이 이 수척하고 유령 같은 몰골의 생명체를 바라보며 서 있는 사이 한 무리의 학생이 제인 쪽으로 다가왔고, 그중 열 살 남짓한 한 여학 생이 바나나를 손에 들고 소리쳤다. "그레그와르, 춤 춰! 춤 춰!" 그러자 우 리에 있던 그 창백한 유령이 춤을 췄다. 품위라고는 찾아볼 수 없는 그저 어색하기만 한 몸짓으로 그레그와르는 허리를 곧게 펴고 제자리에서 세 바 퀴를 돌더니 북을 치듯 손으로 나무 선반을 두드렸다. 그리고 손으로 바닥을 짚고 발을 위로 치켜든 물구나무 자세로 바나나를 들고 서 있는 어린 소녀 앞에 있던 창살을 발로 움켜쥐었다. 마지막으로 그 늙은 침팬지는 다시 몸을 바로 하고 춤 춘 대가로 바나나를 받았다.

제인이 콩고 침팬지 보호구역 설립을 촉구하기 위해 드니 사수 응게소 대통령을 만난 때가 9월 초순이었고, 그 후 제인은 모부투 자이르 대통령을 만나기 위해—얼마 전 제인과 친구가 된 미국 국무장관이 약속을 잡아주었다—보트를 타고 풍랑이 이는 자이르 강을 헤치고 자이르의 수도 킨샤사로 갔다. 약속대로라면 모부투 대통령을 만나 침팬지 사냥 및 고아 침팬지 밀거래에 대한 의견을 나눠야했지만, 손발이 맞지 않은 자이르 정부 각료들이 제각각 불협화음을 내는 바람에 모부투와의 약속은 지켜지지 않았다.

하지만 한동안 마을에 머무르던 제인은 킨샤사에서 관광객들이 주로 찾는 시장을 지나던 중에 허리가 줄에 묶인 채로 뜨거운 태양이 내리쬐는 작은 상자 위에 앉은 새끼 침팬지 한 마리를 목격했다. 원숭이 몇 마리도 우리에 줄이 매인 채로 거래가 한창이었으며, 철사로 만든 작디작은 새장 안에는 아프리카회색앵무새가 빼곡히 들어차 있었다. 모두 판매용이었다. 제인은 사진작가 닉 니콜스와 동행하고 있었는데 이후 제인이 쓴 글에는 이런 내용이 등장한다. "우리가 새끼 침팬지에게 다가가자 몸을 일으킨 녀석은 마치 절망뿐이라는 듯 흐릿한 눈빛으로 우리를 바라보았다. 내가 그 옆에 웅크리고 앉아서 반갑다는 뜻으로 낮은 소리를 내자 한쪽 팔을 뻗어 내 목을 감쌌다. 꼼짝 없이 갇힌 그 새끼 침팬지의 주위로 웅성웅성 사람들이 몰려들었는데, 닉이 사진을 찍으려 하자 하나둘씩 모두 자리를 피했다. 잔뜩 화가 나서 소리를 지르던 침팬지 주인만이 그대로 있었다." 그날 오후 제인 일행이 다시 그곳을 찾았을 때 새끼 침팬지는 바닥에 쓰러져 있었다. "아카시아 나무 아래로 손바닥만 하게 드리운 그늘이 푹푹 찌는 열기를 식혀줄 리 만무했다. 녀석의 얼굴은 땀으로 번들거렸다. 그런데도 우리가 마실 걸 건네자 고개를 돌려버렸다. 이 어린 새끼 침팬지가 얼마나 더 버틸 수 있단 말인가."

밀거래 시장이 미국 문화원 바로 건너편에 있었으므로 그날 저녁 제인은 문화원에 들러 잠깐 이야기를 나눴다. 돌아가는 길에 제인은 다시 한 번 살아 있는 동물들을 밀거래하는 가게 앞을 지나치게 되었는데, "전조등 불빛 아래 쓸쓸히 앉은 그 작은" 고아 침팬지는 그때까지도 어둠이 내린 인적 드문 장터를 떠나지 못하고 있었다. "우리가 속도를 줄이자 자리에서 일어섰다. 우리 차가 앞을 지나칠 즈음에는 조그마한 팔을 우리 차 쪽으로 내밀었다. 그렇다! 저 갓 난 새끼 침팬지를 구할 방법을 찾기 전까지는 우리 중 그 누구도 편히 잠자리에 들 수 없을 것이다." 제인은 그 새끼 침팬지에게 리틀 제이라는 이름을 붙여주었다.

미국 대사관이 자이르 환경 · 자연보호 · 관광청에 단속 요청을 한 이튿날에 제인과 닉 니콜스가 시장에 갔을 때는 이미 경찰관이 와 있었다. 제인이 새끼 침팬지가 묶여 있던 끈을 자르자 리틀 제이는 제인의 팔을 타고 올라와 팔로 목을 감싸 안았다. 당시 킨샤사에 살고 있던 그라질러 코트먼이라는 여성—고아 침팬지를 길러본 경험이 있었다—이 리틀 제이를 돌보아주기로 했다.

이후 몇 달에 걸쳐 자이르 주재 미국 대사관은 킨샤사 시장에 있는 다른 새끼 침팬지 여섯 마리에 대해서도 공식적인 압수 집행이 이루어지도록 힘을 써주었다. 그중 첫번째 침팬지에게는 미국 국무장관 짐 베이커에 대한 감사의 뜻으로 리틀 짐 B.라는 이름을 붙여주었다. 두번째 침팬지의 이름은 리틀 제인으로 정했다.

그해 가을 제인은 『창을 통해서: 곰베 침팬지와 함께한 30년』 홍보와 캐나다 강연을 마치고 새로 창립된 제인구달연구소 캐나다 지부 관계자와 만남의 자리를 가졌으며, 10월 말에는 과학연구 공로자에게 주어지는 일본 최고 권위의 과학상인 교토상을 받기 위해 일본으로 갔다가, 크리스마스 무렵 잠시 버치스에 들린 다음, 1991년 1월 다시 한 번 브라자빌과 킨샤사를 찾았다. 그에 앞서 제인구달연구소는 브라자빌로 자원봉사자를 파견해놓았는데, 그는 동물원 관리 체계를 다시 세우는 한편, 지역사회 자원 동원력이 뛰어나고 일에도 헌신적인 콩고 현지인 진 마보토트를 침팬지 관리 총책임자로 고용했다. 댄 필립스와 루시 필립스 미국 대사 부부(부룬디 대사로 있다가 그 무렵 근무처를 옮겼다)도 현지 호텔과 협의해 남은 음식물이 동물원에 전달될 수 있도록 했으며, 영국 동물복지단체 두 곳에서도 긴급 구호금을 보내왔다. 그레그와르는 전보다 건강해 보였다.

그사이에 킨샤사의 미국인 학교 학생모임에서도 '침팬지의 친구들'이라는 동아리를 꾸려 침팬지에게 줄 음식을 들고 은셀레 동물원으로 향하고 있었다. 제인이 자이르 침팬지들이 처한 상황, 특히 돈벌이 목적의 숲고기 사냥에 따른 고아 침팬지 증가에 관심을 기울인 것을 계기로 자이르에서는, 이후 제인의 표현을 빌리자면, "다수의 자이르인들이 열성적으로 참여한 동물보호운동 열풍"이 일었다. 그 결과 제인과 제인구달연구소는 이미 추진 중이던 부룬디와 콩고 보호구역 설립과 더불어 자이르에서도 세번째 보호구역 추진 계획에 한시적으로나마 관여하게 되었다. 비록 대단한 변화는 아니라 할지라도 이 세번째 보호구역은 아프리카 동부와 서부, 중앙 적도 부근에서 여전히 늘어나고 있는 고아 침팬지 수백, 아니 수천 마리 가운데 다만 몇 마리가 됐든, 그 침팬지들의 삶을 변화시키는 시발점이 될 수 있었다.

당시 제인은 아동 및 청년 교육에도 힘을 쏟았다. 제인은 이 일에 팝 가수 마이클 잭슨이 도움을 주었으면 하는 바람이었는데, 일전에 잭슨은 자신의 애완 침팬지 버블스를 돌보는 문제로 자문을 구하고자 캘리포니아에 있는 자신의 대저택 네버랜드로 제인을 초대한 적이 있었다. 제인은 그때 그에게 시머 사 실험실에 있는 새끼 침팬지들의 모습이 담긴 비디오테이프를 보여주었다. 마이클 잭슨은 노래 "힐 더 월드"를 만들 당시 비디오 속 침팬지들의 안타까운 모습을 떠올리며 곡 작업을 했고, 곡 수익금 일부를 제인이 추구하는 대의를 위해 내놓겠다고 약속했다. 그리고 두 사람은 서로 다른 분야에서 누리고 있는 각자의 유명세를 활용해 어떻게 하면 좀더 아이들에게 다가가고 또 아이들을 교육시킬 수 있을지 함께 의견을 나눈 적이 있었다.

"당신의 노래를 주제로 우리가 함께 책을 내보면 어떨까요?" 1989년 7월 8일 제인은 그때 일을 다시 한 번 상기시킬 겸, 부드러운 어투로 잭슨에게 보낼 편지의 서두를 열었다. "저는 얼마 전에 서로 다른 동물 가족들을 주제로 한 8권의 책을 끝냈답니다." 그녀는 이어서 "멋진 컬러 사진들"도 넣었으며 책은 "슈퍼마켓 체인이나 주유소 등에서 1달러 정도에 판매"될 예정이라는 말도 덧붙였다. "저로서는 정말 흥분되는 일이 아닐 수 없어요. '동물도 중요하다'라는 메시지를 수천 명의 아이들에게 전할 수 있을 테니까요. 만약 잭슨 씨와 제가 힘을 합친다면, 잭슨 씨로 인해 그 아이들의 수는 수만 명으로 늘어날 테고, 또 저로 인해 잭슨 씨 혼자일 때와는 또 다른 메시지를 전할 수도 있겠지요. 그렇게 된다면 우리가 세상을 바꿀 수 있지 않을까요."

하지만 어느덧 1990년으로 접어들었고, 잭슨의 관심사는 다른 곳으로 옮겨갔다. 제인은 곰베 30주년을 기념해 그해 10월 사흘 동안 다르에스살람에서 열리는 대규모 행사 준비에 들어갔다. 칵테일파티, 만찬, 회의, 강의, 퍼레이드, 춤, 영화 상영 등이 예정되어 있었다. 취학아동을 대상으로 탄자니아 전국 규모의 백일장과 사생대회도 준비 중이었다. 큰 밑그림이 점차 구체화되어가는 상황이었으므로 그때까지만 해도 '곰베 30주년 기념 야생동물 주간' 행사가 결국 1991년 2월까지 미뤄지리라고는 아무도 예상치 못했다. 사담 후세인의 이라크 군대가 쿠웨이트를 침공한 데 이어 1991년 초 미국이 걸프전에 돌입하면서 탄자니아 주재 미국 대사관 직원 대부분이 탄자니아를 빠져나갔으며, 미국인들에게는 분쟁지역으로의 여행을 삼가라고 공식적인 권고가 내려지면서 행사 일정이 불투명해졌다. 다른 외국인들도 해외로 나가기를 꺼리는 상황이었을 테지만 제인은 버치스로 보낸 편지에서 "다르에스살람은 괜찮아요. 겁먹을 일도 없고요"라고 전했다. 야생동물 주간 행사가 국제행사로서의 면모를 잃어버린 것은 안타까운 일이었지만 달리 생각하면 더 탄자니아답고 더 아프리카다운 행사가 될 수도 있었다. "계획대로는 아니겠지만" 그래도 "**잘 됐어요**. 탄자니아 사람들에겐 잘 된 일이지요."

야생동물 주간 행사의 첫 문을 연 2월 11일 리셉션은 미국 대사관이 주최를 맡았다. 줄리어스 니에레레 전前 탄자니아 대통령이 자리를 빛낸 가운데 탄자니아 국립박물관에서 개최된 이날 행사에는 어린이 사생대회 입상자들의 작품과 야생동물을 전문으로 하는 유수 사진작가들의 작품, 비디오 영상, 아프리카 전역에서 발견된 침팬지들의 도구가 전시되었다. 그 주에는 침팬지 행동을 다룬 라디오 프로그램이 매일 한 편씩 총 다섯 편이 방송되었고, 다르에스살람 자동차 극장에서는 매일 밤 작품을 바꿔가며 야생동물을 주제로 한 영화를 상영했다. 또 제인과 토니 콜린스는 다르에스살람 소재의 몇몇 중고등학교에서 특강을 했는데, 두 사람은 꼬챙이, 나뭇가지, 나뭇잎을 준비해 침팬지들이 어떻게 도구를 만들어 사용하는지를 직접 보여주었다. 제인은 자신의 손짓, 몸짓, 목소리를 이용해 침팬지들이 어떻게 의사소통을 하는지 보여주었고, 토니는 수컷 침팬지들의 돌격 과시 행동 흉내를 냈다. 그리고 2월 15일 행사 마지막 날 저녁에는 알리 하산 음위니 탄자니아 대통령이 성대한 공식 만찬을 마련해주었다.

학교 순회특강 기간 동안 제인과 토니는 학생들에게 누구든 더 궁금한 게 있으면 이름을 적어서달라고 했는데 그렇게 일주일이 흐르자 꽤 긴 명단이 작성되었다. 2주 후에 이 중 열네 명이 인도양이 내려다보이는 제인의 집 발코니에 모여 앉았다. 학생들은 제인이 학교에서 들려주었던 내용과 관련해 질문거리들을 풀어놓았고, 제인은 침팬지와 침팬지들의 성격에 대해 이런저런 설명을 덧붙였다. 제인은 이는 코끼리나 몽구스도 마찬가지이며 이들도 각자 개성과 성격이 있다고 했다. 또 다이너마이트 고기잡이 때문에 해안선이 침식되었다는 이야기도 들려주었는데 한참을 듣고 있던 학생들은, 훗날 제인이 내게 말해주었듯이, "이런 건 학교에서 안 배워요"

라고 말했다.

그렇지만 지역 야생동물 보호 모임에서도 종종 학교를 찾아가곤 했는데, 그렇다면 그 사람들은 학교에 가서 무슨 얘기를 했단 말인가?

"코끼리를 몰래 사냥하는 얘기랑, 기린을 총으로 쏴버리는 얘기요."

"이중에 코끼리랑 기린 본 적 있는 사람?"

두 사람뿐이었다. 닭을 예로 드는 게 좋을 것 같았다. "암탉은 다들 본 적이 있죠? 사람들이 암탉 날개를 움켜들고 가는 건요? 아니면 암탉 다리를 잡고 거꾸로 들고 가는 건 봤어요? 그때 암탉들이 머리를 위로 들려고 막 애를 쓰는 모습, 다들 본 적 있어요?" 모두 본 적이 있다고 했으므로 제인은 암탉을 가지고 이야기를 시작했다. 과연 이 동물이 고통을 느꼈을지 느끼지 않았을지, 암탉을 그렇게 거꾸로 들고 가거나 장이 서는 시간에 뜨거운 태양 아래에 내버려두는 것이 닭들을 괜히 못살게 굴거나 고통스럽게 만드는 일이 아닐지에 대해 아이들과 함께 이야기를 나누었다.

그렇게 아침나절을 보낸 학생들은 자연생태계 보호에 힘씀으로써 야생동물 및 가축의 안녕을 증진하고 나아가 인간의 삶을 드높이는 활동을 하는 자체적인 청소년 동아리를 결성하자고 뜻을 모았다. 이 동아리는 이후 '뿌리와 새싹Roots & Shoots'이라 불리게 된다.

뿌리와 새싹의 첫번째 뉴스레터에서 제인이 짧게 밝혔듯이, 뿌리는 땅속 어디든 뻗어나가며 제 아무리 큰 거목도 뿌리에 의존하고 있다. 새싹은 처음에는 약하고 보잘 것 없지만 일단 그 싹이 뻗어나가기 시작하면 콘크리트 벽도 벽돌 담장도 뚫는다. 뿌리와 새싹이 어린이와 청년이라면 콘크리트 벽과 벽돌 담장은 인간이 지구에 미친 나쁜 영향과도 같다. 뿌리와 새싹은 젊은 패기와 이상을 원동력 삼아 결집된 행동의 위력을 보여주는 한편, 개개인의 중요성도 소홀히 여기지 않는다. "누구든 중요하지 않은 사람은 없다. 인간이든 동물이든 마찬가지다. 개개인도 누구든 세상을 바꿀 수 있다."

한편, 콩고 푸앵트누아르에 설립을 추진했던 침팬지 보호구역은 얼마 전 계획이 미뤄진 상태였다. 무엇보다 이전까지 적합한 후보지로 꼽혔던 쿠일루 강의 섬이 우기 때에는 강물이 범람하는 것으로 밝혀진 데다가, 이전까지 단일 사회주의 정당이었던 체제 지배권을 놓고 여러 정치세력이 정쟁에 돌입하면서 콩고 정부도 산산조각이 나고 있었다. 아직 유혈 사태까지는 가지 않았지만 용감하게 나서서 사태 해결을 주도할 만한 인물 또한 없었다. 마침 코노코의 석유 시추구도 아무런 소득 없이 바닥을 드러내면서 코노코도 콩고에서 발을 뺄 심산이었다. 그렇다면 침팬지 지원에서도 발을 빼겠다는 것인가?

1991년 봄 기금 마련 여행차 미국에 체류 중이던 제인은 이 질문에 대한 답을 얻기 위해 텍사스 휴스턴에 위치한 코노코 본사를 찾았다. 혈기왕성한 영국 여성이자 회장 비서였던 메리 루이스는 당시 제인의 모습을 이렇게 기억했다. "250명 남짓이 근무하는 사무실이었어요. 대부분 남자였고, 다 코노코 사람들이었죠. 맥스 피처 회장을 만나야 한다며 제인이 회사를 찾아왔더군요. 저는 그때 피처 씨와 얘기를 나누는 중이었는데 불쑥 제인이 들어왔죠. 노란색 옷을 입고 있었는데 참 매력적이었어요. 빛이 난다고나 할까. 홀연히 들어서서 환하게 빛을 뿜어냈죠."

제인은 맥스 피처 회장으로부터 시추구는 바닥을 드러냈지만 침팬지 프로젝트는 계속해서 지원할 것이라는 확답을 받아냈다. 그리고 메리 루이스는 몇 안 되는 다른 코노코 직원과 함께 5월 6일 로스앤젤레스 베버리힐튼 호텔에서 열리는 곰베 30주년 기념 및 기금 마련 행사에 초대되었다.

그 무렵 제인은 미국 영화채널 HBO가 제작한 〈침팬지, 우리와 다르지 않은 그들Chimps, So Like Us〉이 오스카상 후보에 올라 아카데미 시상식에 참석한 것을 계기로 영화계에까지 명성을 알렸다. 동시에 제인의 유명인사 친구 마이클 잭슨과 잭 레먼이 곰베 30주년 축하행사 홍보를 도와주었으며, 5월 6일 저녁 베버리힐튼 호텔 대연회장의 식탁은 이끼, 고비, 목각버섯, 난초가 줄줄이 들어선, 흡사 아프리카 열대우림을 연상시키는 모습으로 바뀌었다. 식탁으로 음식을 내오고 '쟁그랑' 소리를 내며 은 식기가 서로 맞부딪히는 가운데, 곰베 30년을 정리하는 비디오 영상이 이어졌으며 아프리카 그룹이 북을 두드리며 죽마竹馬춤을 선보이고 로스앤젤레스 어린이 합창단이 노래를 불렀으며, 로스앤젤레스 현악 사중주단은 모차르트를 연주했다. 기금 마련을 위한 경매행사 후 저녁 식순의 대미는 제인이 장식했다. 제인은 친구에게 보낸 편지에서 이렇게 썼다. "내게 주어진 시간은 20분. 그렇게 앞이 깜깜해지긴 난생 처음이었지! 그런데 아드레날린이 솟구치는가 싶더니 어느 순간 초특급 마법이 나를 찾아왔어."

6월 초 아프리카로 돌아간 제인은 콩고 브라자빌에 들러 도심 동물원에 있는 동물들에게 음식을 나눠주는 프로젝트가 순조롭게 진행되고 있는지부터 살폈다. 제인이 동물학대방지협회 관계자에게 보낸 편지에 썼듯이, 신임 관리 총책임자인 진 마보토트는 "무척 잘 해내고" 있었다. "침팬지, 원숭이 등 다른 여러 동물과의 관계도 매우 좋고요. 같이 이야기도 나눈답니다." 그 무렵 침팬지 몇 마리가 정체불명의 질병—끝내 무슨 병인지 밝혀내지 못했다—으로 죽기는 했지만 남은 다섯 마리는 건강했다. "하지만 모두 외로운 독방 신세를 면치 못하고 있네요. <u>무리를 지어줄 전문가가 필요합니다.</u>" 늙은 그레그와르도 건강이 꽤 좋아졌다. "이제야 진짜 침팬지 같네요! 온몸에 다시 털이 나기 시작했고, 윤기도 흐른답니다. 눈빛도 초롱초롱해졌고요." 새, 사향고양이, 원숭이, 몽구스, 재칼, 돼지 등 그곳에 있던 다른 동물들도 상태가 양호했다. 하지만 7월 중순까지 쓸 돈밖에 남아 있지 않았으므로 "**동물학대방지협회**가 최소 <u>얼마라도</u> 당장 추가 지원을 해주기를 **간절히 바라는**" 수밖에 없었다.

6월 말 한 차례 말라리아를 심하게 앓고 회복된 후에 제인은 '야생동물 인식제고 주간' 행사를 아프리카 각지에 알리고자 또 다른 교육 사업에 뛰어드는 한편, 이 행사를 위해 '찾아가는 침팬지 박물관'을 들고서 이곳저곳을 다니기 시작했다. 박물관은 여행용 가방 안에 포장해 담았고, 박물관에는 비디오테이프, 도표, 불어 · 영어 · 스와힐리어로 번역된 자료, 아프리카 각지의 침팬지들이 사용하는 도구 등이 포함되었다.

이동식 박물관 마련 및 박물관 운반에 드는 비용은 코노코에서 댔으며, 제인은 이동식 박물관과 함께 한 곳 한 곳 아프리카 각처를 옮겨 다녔다. 제인은 7월 11일에 미국인 친구 프랭크 로에게 보낸 편지에서 그 일을 설명했다. "제가 박물관을 싣고 떠나면, 그 지역에서 제일 높으신 분(또는 비교적 높은 분!)께서 가방을 열고, 그렇게 해서 자연보호 인식제고 주간 행사가 시작된답니다. 아이들이 버스로 몰려들고, 라디오, TV, 세미나, 학교 특강에도 가고, 각종 행사가 줄을 잇습니다. 참 멋진 일이지요." 한 주에 한 나라의 주요 도시 한 곳을 가는 속도로, 제인은 1991년 여름부터 부룬디, 자이르, 앙골라, 콩고를 시작으로 1년간 4,5개국을 돌 계획이었다. 이듬해에는 우간다, 말리, 코트디부아르, 카메룬에도 갈 생각이었다. "그렇다 보니, 계속 바쁠 것 같습니다!"

1991년 9월 셋째 주, 제인은 여행용 가방과 침팬지 박물관과 함께 야생동물 인식제고 주간 공식행사를 펼치기 위해 콩고 브라자빌로 향했다. 가는 길에 제인은 자이르부터 들르기로 하고 강을 건넜다. 킨샤사에 있는 친구를 만나 최근 압수 집행이 이루어진 고아 침팬지 일곱 마리가 잘 지내는지 확인하기 위해서였다. 제인은 루스 듀마와 세드릭 듀마의 집에 머물며 두 사람이 돌보고 있는 새끼 고아 침팬지, 크리스와 컬래머티 제인을 보러 갔다. 그런데 9월 22일 밤, 인플레이션의 여파로 월급봉투가 휴지조각이 된 것에 불만을 품은 모부투 수상의 호위대가 반란을 일으킴으로써 약탈과 폭동이 야기되었다. 이튿날 프랑스 공수부대가 자이르에 진군해 도심까지 진격했다. 듀마 집 발코니 바로 맞은편에서 군인 한 명이 총에 맞으면서 총알이 침실 창을 뚫고 들어와 유리가 산산조각이 났다. 다행히 다친 사람은 없었다.

이튿날은 잠잠했지만 제인이 없는 상태에서 야생동물 인식제고 주간 행사를 시작한 브라자빌로 가기 위해 다시 강을 건너거나 킨샤사를 빠져나갈 형편이 아직은 못 되었다. 킨샤사에서 고아 침팬지를 돌보고 있던 벨기에 여성 그라지엘라 코트먼도 듀마의 아파트로 왔는데 그라지엘라는 자신의 아파트에 있던 가구는 물론, 심지어 수도관까지 몽땅 도둑을 맞는 바람에 엄청난 정신적 충격에 휩싸여 있었다.

이튿날 제인과 루스 듀마는 군인들의 호위를 받으며 킨샤사를 벗어나 브라자빌로 갔으며, 그로부터 일주일 뒤에는 그라지엘라도 얼마 전 은셀레 동물원에서 구출한 새끼 침팬지 일곱 마리를 데리고 두 사람의 뒤를 따랐다. 고아 침팬지 일곱 마리는 차후에 제인구달연구소와 코노코가 콩고 푸앵트누아르 인근에 설립을 추진 중인 보호구역으로 데려가기로 하고 일단 브라자빌 동물원 임시 우리에 맡겼다(그렇지만 자이르 보호구역 추진 계획은 더 이상의 진전 없이 끝났다).

한편, 그사이 동아프리카는 정치도 일상생활도 평정을 되찾은 듯했다. 제인구달연구소는 부룬디 남부에 보호구역이 들어서길 기다리는 동안에 부줌부라에 '중간지점 거처'를 세우고 그곳에서 고아 침팬지 열세 마리를 돌볼 전일제 근로자 두 사람을 고용했다. 중간지점 거처에 있는 침팬지 중 하나인 앨리는 그림 그리기를 좋아했다. 처음 왔을 때만 해도 안쓰러울 만치 불안해하고 털도 다 빠졌던 우루하라는 어느새 근육이 붙고 검은 털이 복슬복슬한, 에너지와 활기가 넘치는 개구쟁이 새끼 침팬지로 바뀌어 있었다. 목줄에 묶인 채 카센터 화장실에서 살았던 위스키도 이젠 중간지점 거처에서 지내고 있었다. 같이 놀 친구도 생겼고 자원봉사자들이 나뭇가지와 나무열매도 가져다주었으며, 위스키는 그 가지로 자기만의 둥우리 만들기를 좋아했다.

같은 시기, 부지 선정—탕가니카 호가 내려다보이는 부룬디 남부 지역으로 정해졌다—이 끝나면서 설계 초안이 마련되고 예산안이 작성되는 등, 부룬디 상설 보호구역 설립 계획도 순항을 이어갔다.

1992년 여름, 코노코는 콩고 쿠일루 강의 섬 대신 제인구달연구소가 침팬지 보호구역을 만들기에 적합한 다른 부지를 찾아냈다. 푸앵트누아르에서 북으로 1시간 30분가량 떨어진 트침푼가 계곡이었다. 총 면적 약 20만 제곱미터로 수려한 경관과 생태적 다양성을 갖춘 지세를 겸비하고 있었으며, 삼림지대와 늪, 초원이 다채롭게 어우러진 곳이었다. 이 땅에 자리하게 될 폐쇄형 보호구역에는 관련 인력이 거주하는 장소와 침팬지들이 거주하는 장소를 모두 마련하고, 수풀지대가 끝나는 외곽에는 그 주위를 따라 전류가 흐르는 울타리를 칠 계획이었다. 시설 운영을 위해서는 울타리에 흘려보낼 전기 생산이 가능한 발전기, 급수용 우물, 쓰레기 처리 설비, 침팬지 및 관련 인력들이 먹을 수 있는 작은 과일나무 정원 및 채소밭, 운송용 사륜구동 자동차 두 대가 필요했으며, 울타리 외곽에 입출구 겸용으로 쓸 수 있는 대형 구조물도 하나가 더 필요할 것이었다.

12월, '트침푼가'라는 이름의 보호구역이 완성되면서 어린 고아 침팬지 스물다섯 마리와 이전까지 열악한 환경에 놓여 있던 애완 침팬지, 동물원 침팬지들이 사람들의 환영 속에서 신선한 공기와 나무와 풀, 그리고 마음껏 뛰어놀 수 있는 널찍한 공간이 기다리고 있는 새로운 거처로 자리를 옮겼다.

하지만 트침푼가 보호구역 운영에는 돈이 너무 많이 들었다. 철재 설비, 새끼 침팬지가 먹을 이유식 등이 모두 유럽에서만 판매가 되는 것들이라 비싼 돈을 치르고 수입을 해야 했다. 코노코는 초기 건설 비용만 약 66만 달러를 쏟아부었고, 제인구달연구소도 연간 운영비 예산 10만 달러의 거의 대부분을 떠안았으나 얼마 지나지 않아 더는 트침푼가 운영비를 감당할 수 없게 되었다. 특히 1993년 경기 침체의 여파로 미국에서 들어오는 기부금이 눈에 띄게 줄어들었다. 그해 7월 중순까지만 해도 곰베에 체류 중이던 제인은 그달 말, 부득이 아프리카 오지 밖으로 나올 수밖에 없었는데 제인구달연구소 미국 지부가 파산했다는 달갑지 않은 소식이 전해진 탓이었다. 제인은 7월 27일 한 지인에게 보낸 편지에서 "문제는, 이젠 미국에는 제대로 돌아가는 사무실이 없다는 겁니다"라고 전했다. 7월 29일에 쓴 짧은 편지에 나와 있듯이, 또 다른 지인에게는 더 솔직하게 상황을 털어놓았다. "돈줄이 **완전히 바닥**이 났네요."

당시 퇴임을 앞둔 미국 지부장은 기부금이 다 떨어졌으며 일반 운영비도 석 달 후면 완전히 바닥이 나 파산할 것이라는 소식을 팩스로 알려왔다. 그 소식을 들은 제인은 지난해 교토상 상금으로 받은 5만 달러—제인이 개인적으로 갖고 있던 돈의 대부분이었다—를 기부금 계좌로 보내는 한편, 한 독지가의 도움으로 7만 5천 달러를 마련해 11월 경비를 충당했다. 그 후 제인은 할리우드에서 두번째 기금마련 행사에 참석하기 위해 로스앤젤레스행 비행기에 올랐다. 행사는 대성공이었다. 8월 13일 친구 마크 맥리오에게 보낸 편지에서 이렇게 전했다. "**내 생각**에 곧 <u>훌륭한</u> 사람이 와서 제인구달연구소를 맡아줄 것 같아."

돈 버포드가 제인구달연구소(미국 지부)의 신임 지부장으로 취임했다. 그는 1993년 10월 1일 애리조나에 있던 제인구달연구소 미국 본부를 코네티컷으로 이전하고 곧 그간 제인이 맡아온 여러 복잡하고 어려운 일들을 익혀나가는 한편, 재정 부실을 극복해나가기 위해 노력했다. 이에 앞서 제인은 지인 및 기부자에게 일일이 전화를 걸고 편지를 쓰며 지부가 회생 가능하고 아직 자신이 건재하며 모든 일이 순조롭게 진행되고 있다고 전했다. 한편으로는 강의, 연결망 구축, 기금 마련도 계속하는 등, 10월 22일 취리히에서 다르에스살람으로 떠나는 스위스항공 비행기 기내에서 네바포크에게 쓴 편지에 적혀 있듯이, 쉴 새 없이 이런저런 일들을 해치웠다. 북미로 돌아가기 전에 쓴 편지에는 일주일 동안 다르에스살람에 머물 계획이라는 내용도 적혀 있다. 이어 제인은 "지원액이 **매우** 클 수도 있는 **어마어마한**" 행사에 참석하기 위해 토론토로 갈 예정이라 "무척 바**빠**질 것 같다"고 전했다. 토론토 행사 후에는 캐나다에서 두 손가락 안에 드는 갑부 집안과 오찬 약속이 있어 몬트리올에 들렀다가, 11월 8일에는 마하일 고르바초프 前 소련 대통령을 환영하는 오찬 모임에 참석하러 워싱턴으로 떠나고, 그 후에는 다시 코네티컷에서 회의가 있었으며, 그 뒤에는 다시 뉴욕,

다시 본머스…….

그랬다. 제인은 다시 한 걸음 한 걸음 내딛는 중이었다. 그렇지만 당장은 아프리카라는 그 눈부시게 밝고 아름다운 땅에서 해발 2,400여 미터나 떨어진 공기조차 희박한 추운 기내에 발이 묶인 채 잠시 편지쓰기를 멈춰야 했다. 그날 조간신문에서 읽은 가슴 아픈 뉴스가 자꾸만 머릿속을 맴돌았다. 그날 신문에는 멜치오르 은다다웨 부룬디 대통령이 암살당했다는 소식이 단신으로 처리되어 있었다.

은다다웨 대통령은 후투족이었다. 암살자는 급진적 성향의 조직 소속의 투치족 군인들로서 이들은 은다다웨에 이어 고위 정부 관료까지 연이어 제거함으로써 단시간에 정부와 군대를 장악했다. 이에 전국의 후투족이 닥치는 대로 무기를 집어 들고 맞섬으로써 이후 3개월 동안 투치족 10만에서 20만 명이 학살당했다.

제인이 동아프리카로 돌아간 1994년 1월 말 무렵에는 부룬디도 안정을 되찾았고 파란 헬멧을 쓴 UN평화유지군이 들어와 있었으므로 제인도 탕가니카 호 북단에서의 삶이 평소대로 평화를 되찾지 않았을까 하는 기대를 걸어보았다. 제인이 다르에스살람 집으로 돌아왔을 무렵에는 지붕에는 구멍이 뚫려 있고 쥐가 돌아다녔으며, 물도 없는 데다 집 앞에는 작업한지 얼마 안 된 듯 정화조 구덩이를 파느라 생긴 흙무더기가 쌓여 있었다. 평소와 다름없었다. 이젠 어른이 다 돼 낚시 관련 사업을 구상 중이던 그럽이 사업 준비를 위해 새로 구입한 배는 늘 그렇듯 세관에 발이 묶인 채로 뇌물이 오기를 기다리고 있었다. 이것 역시 평소와 다름없었다. 제인은 잠시 곰베에 들른 후 평소처럼 각종 프로젝트와 강의, 기금 조성을 위해 유럽을 거쳐 미국으로 떠났다.

하지만 1994년 4월 6일 르완다 키갈리 공항 지상에서 정체불명의 사내들의 요격으로 르완다 대통령과 부룬디 임시정부 대통령이 탑승한 비행기가 추락해 사망하는 사건이 발생하고 나서, 이웃나라 르완다에서 살상무기로 무장한 후투족 폭도들이 투치족을 위주로 50만 명을 대량 학살함으로써 가뜩이나 암울한 부룬디의 일상은 더욱 암울해졌다.

6월 초 제인은 한참 태동기를 거치고 있던 보호구역 두 곳을 비롯해 아프리카 프로젝트를 잠시 살펴보기 위해서 돈 버포드와 장기간 영국 지부 지부장을 역임했던 딜리 배스와 함께 아프리카로 돌아왔다. 보호구역 중 한 곳은 우간다였고 완성을 눈앞에 둔 다른 한 곳은 케냐였다. 케냐 보호구역 '스윗워터스'는 전기방벽으로 외부로부터 차단된 80만 9,371제곱미터 넓이의 보호구역으로서 난유키 마을 인근에 위치한 동식물 보호구 안에 자리해 있었으며, 관광 수익을 통해 전적으로 자립적 운영이 가능하도록 설계되었다. 6월 8일 버치스로 보낸 편지에서 제인은 스윗워터스의 제반 시설이 "아주 호사스럽다"고 전했다. "그래서 돈 버포드는 눈이 엄청 높아졌죠. 다른 곳에 가면 영 딴판일 텐데 말이에요. 호사는 꿈도 못 꾸죠!"

제인 일행은 다르에스살람을 거쳐 다시 곰베로 돌아갔는데 7월 12일 네바 포크에게 보낸 편지에 따르면 곰베는 **"대단히"** 잘 운영되고 있었다. 다음 행선지는 부룬디였다. 그 무렵 부룬디 침팬지를 놓고 제인이 품었던 야심찬 계획—보호, 연구, 관광, 보호구역—은 국가적 인프라 붕괴와 더불어 완전히 물거품이 된 상황이었고, 이젠 부줌부라의 '중간지점 거처'마저 철수가 불가피했다. 중간지점 거처에 있던 고아 침팬지 스무 마리야 나중에 스윗워터스로 옮기면 그만이었지만, 같은 날 쓴 편지에처럼, 제인이 부룬디에서 만난 사람들은 "실로 <u>두려움</u> 속에" 살아가고 있었다. 규정상 불가능했음에도 불구하고 제인은 어린 두 소녀를 위해 어렵사리 비자를 마련해 아이들이 영국에 있는 학교에 다닐 수 있도록 했다. "그 아이들 부모는 밤마다 우느라고 눈물이 마를 날이 없어요. 행여 부룬디에 무슨 일이 터지지 않을까 하는 걱정 반, 아이를 떠나보내는 걱정 반이죠."

부룬디를 출발한 제인과 두 지부장은 아프리카 대륙을 가로질러 콩고 푸앵트누아르로 떠났으며, 그곳에서 다시 차를 타고 트침푼가 보호구역을 보기 위해 험한 길을 넘어 남쪽으로 내려갔다. 당시, 트침푼가 보호구역은 당초 스무 마리로 정했던 수용 규모보다 훨씬 더 많은 수의 침팬지를 수용하고 있었다(물론 제인이 집으로 보낸 편지에서처럼 그 무렵 보호구역 관리책임자로 임명된 그라지엘라 코트먼은 "일 처리가 매우 뛰어난 **대단한**" 인물이기는 했다).

이후 일행은 브라자빌로 돌아갔고 돈 버포드와 딜리 배스는 영국행 비행기에 올랐다. 제인은 미국 대사와 함께 콩고 대통령을 만나기로 한 선약이 있어 브라자빌에서 하루를 더 머물렀다. 그날은 콩고 대통령이 반군 지휘부와 정전 협상을 하는 날이기도 했으므로, 대립하고 있던 양측은 모두 자신들의 무력을 과시하고 있었다. 미국 대사를 모시러 가기 위해 그라지엘라의 픽업트럭을 타고 마을을 가로지르던 중, 누군가 제인 일행의 차를 바리케이드 앞에서 멈춰 세우고 차문을 홱 열어젖혔다. 두 여인은 총구가 겨눠진 채로 그대로 차 밖으로 끌려나왔다. 제복을 입지 않은 반군 측 일당들이 기관총을 흔들며 서 있는 모습이 보였다. 그중 한 사내가 제인 일행의 픽업트럭을 뺏을 작정으로 차를 세운 게 분명했다. 이루 말할 수 없이 심각한 상황이었다. 그런데 그라지엘라가 절대 자동차 열쇠를 넘겨주지 않겠다고 버티는 바람에 총을 든 장정들의 분위기가 점점 더 험악해지면서 위협적으로 변해갔다. 다행히 다른 차에 타고 있던 콩고 남자가 그 실랑이에 끼어들어 차량을 빼앗으려던 사내의 마음을 돌려놓았다. 총을 든 남자는 다시 총구를 겨누고 제인과 그라지엘라를 픽업트럭에 밀어 넣은 다음 두 사람을 보내주었다.

1995년 7월 제인이 트침푼가 보호구역을 방문했을 당시, 트침푼가에서 돌보는 고아 침팬지는 약 40마리였다. 제인은 미국 친구 두 사람에게 쓴 편지에서 당시의 감상을 전했다. "아기 침팬지 열 마리가 푸른색 유니폼 차림의 콩고 사람 둘을 따라 탁 트인 평원으로 향했어. 그리고 수풀 초입에 들어섰을 때쯤 모두들 그 자리에서 멈춰 섰지. 큼지막한 푸른색 통이 하나 있고, 침팬지들은 한 녀석씩 우유를 따른 빨간 컵을 받아들었어(둘은 컵이 아니라 유리병이었어). 그러더니 우유를 다시 채워달라며 빈 컵을 내밀더라고. 다시 한 컵을 뚝딱 하고는 컵을 되돌려주고 모두 숲으로 가 아침을 맞았지. <u>대단한</u> 광경이었어."

그 열 마리에 이어 이번에는 그보다 나이가 많은 침팬지 스물여섯 마리가 우리 밖 들판으로 나왔다. 각각 우유가 담긴 푸른색 플라스틱 컵을 받아들었다. 이번에도 어린 침팬지들과 마찬가지로 우유를 마신 후 한 번 더 채워달라며 컵을 내밀었다. 한 마리만은 예외였는데, 습관처럼 빵 한 조각을 따로 겨드랑이에 챙겨 넣고 다니는 그 침팬지는 우유가 스며들도록 빵을 먼저 우유에 담군 다음에 우유를 마셨다. 모두 우유 마시기를 끝냈을 때쯤 또 다른 사육사가 바게트 빵 조각이 가득 든 포대를 들고 나타났다. "한 녀석당 한 조각이었는데 어떤 녀석은 두 조각을 가져가기도 했어. 그러고는 각자 알아서 숲으로 가 하루를 보냈지. 남은 녀석은 대장 침팬지뿐이었는데, 맥실로라는 이 여덟 살짜리 침팬지는 사람들을 따라서 울타리 순찰 도는 걸 좋아해. 그날은 나랑 같이 다녔어! 저녁에도 비슷한 식이었는데 다만 순찰장소만 침팬지들의 취침 장소로 바뀌었지. 저녁에는 빵 대신 큰 접시에 과일을 담아 내왔고, 다음날 아침 우유 전에 마지막으로 나눠준 건, 크고 찰진 둥근 주먹밥이었어!"

1996년 여름에 이르자 트침푼가 보호구역의 침팬지 수는 50마리를 훌쩍 넘어섰다. 한때 바깥세상을 너무 두려워해 종일 우리 구석에만 웅크려 있던 늙은 암컷 침팬지 라 비에이는 자신의 우리를 찾는 어린 침팬지들과 하루에도 몇 시간씩 어울려 놀곤 했다. 그러던 어느 날 처음으로 밖으로 나갈 용기가 생겼는지, 라 비에이는 우리 밖에 있는 친구를 만나러 가기 위해 긴장한 표정이 역력한 얼굴로 행여 풀을 밟지나 않을까 조심조심하며 콘크리트 길 가장자리를 따라 밖으로 걸어 나갔다. 늙은 침팬지의 눈에 모습을 드러내기 시작한 바깥세상은 예전처럼 나쁘지만은 않았다.

41

항해

1996~2000

이제 제인은 1년에 3백 일을 빡빡한 일정에 따라 이곳저곳을 옮겨 다닌다. 예를 들어 7주 동안 북미에 머문다면 대개는 비행기를 31번 타고 27개 도시를 돌며 170건의 언론 인터뷰를 하고 각각 다른 장소에서 총 3만 3천 명가량의 청중에게 71차례에 걸쳐 강연을 하며, 짬짬이 프로젝트 회의나 식사 약속이 있고, 늘 칼럼, 책, 편지—매일 길고 짧은 편지 5통에서 20여 통—를 쓴다.

예전에도 그랬듯이 지금도 곁에서 누군가가 제인을 도와준다. 협회 간사들과 자원봉사자들은 제반 사항을 조율하고 필요한 물품을 챙기고 항공기 및 이동수단과 식사, 호텔을 미리 알아봐주며, 개인 비서 메리 루이스는 그 누구보다 늘 가까이에서 그녀의 곁을 지킨다.

제인은 이동시에는 늘 한쪽 겨드랑이나 작은 천가방 안에 행운의 원숭이, 봉제인형 미스터 H를 데리고 다닌다. 그리고 수수한 원피스 두 벌, 단출하게 입을 수 있는 스커트와 블라우스 상하의 두어 벌, 여벌의 터틀넥, 모카신 한 켤레, 정장 구두 두 켤레, 단정하게 맨 허리띠 몇 개, 한 컵 용량의 전기주전자, 비상식량인 과일과 초콜릿, 빵에 발라먹는 마마이트가 든 작은 단지 등의 생필품과 이런저런 책과 서류까지, 묵직하고 덜컹덜컹 바퀴 소리가 요란한 여행용 가방—제인과 메리는 '관'이라고 부른다—을 적어도 하나는 끌고 다닌다.

이동 생활이 남들보다 소박한 이유는 필요한 게 소박해서이기도 하다. 옷은 이래저래 변화를 주기보다는 수수하게 입는다(제인은 좀처럼 땀도 흘리지 않는 것 같다). 언제든 어디서든 잘 수만 있으면 밤이든 낮이든 잠을 청하고, 난데없이 밤낮이 뒤바뀌고 시차가 생겨도 그러려니 여긴다. 아주 조금만 먹고도 품위를 유지하며 잘 버틴다. 토스트 반 조각에 버터는 한 번만 쓱, 우유를 섞기도 하고 안 섞기도 하는 커피 한 잔이면 아침도 끝이다. 토스트는 빵과 호텔 방 다리미만 있으면 만들 수 있다.

조타수는 일정, 휴대전화, 인터넷을 오가는 삼각측량에 능한 메리가 맡는다. 비행기, 자동차, 에스코트, 그리고 호텔 체크인 후에는 '관'을 풀고, 옷을 걸고, 일을 처리하고, 중요한 전화통화를 한다. 그 후에는 자동차가 제인과 메리를 싣고 저녁 강연회장을 향해 달린다. 경비원이 두 사람을 데리고 미로 같은 문과 복도를 통과한다. 어딘가에 있는 빈 방으로 메리—제인이 부르는 애칭으로는 '마우스'—가 제인을 안내하고, 제인은 한쪽 구석에 다리를 꼬고 앉는다. 작은 종잇조각에 메모를 긁적이며 제인은 메리에게 "오늘은 누가 오시지?" 하고 묻는다. 제인은 오늘 강연회에 참석한 친구나 후원자의 이름을 분명 강연 중에 언급할 것이다.

제인과 메리는 오늘 강연에서는 특별한 의미가 있는 물건을 등장시켜보면 어떨까 생각한다. 메리가 감응을 불러일으킬 만한 물건 열두 개가 든 특별한 꾸러미를 끄르면서 제인에게 묻는다. "베를린 장벽? 아니면 넬슨 만델라로 드릴까요?"

"성냥 있어?" 제인의 손에는 조그마한 허브 잎이 들려 있다. "없네요. 향은 잎 채로 맡으셔야 할 것 같아요." 그리고 제인은 카루크족 치료사 친구 칙투스가 준 인디언들의 약제이자 마음의 정화제인 허브 향을 음미한다. 그리고 30분 동안의 정적, 제인은 몇 차례 더 메모를 해가며 오늘 있을 강연을 찬찬히 머릿속에 그려본다.

"사람들은…… 내가 어디서 힘을 얻는지 항상 묻는다." 제인의 책에는 이런 글귀가 적혀 있다.

또한 내가 무척 평화로워 보인다고 한 마디씩 한다. 어떻게 그다지도 평화스러울 수 있느냐고 말이다. 사람들은 또 묻는다. 내가 명상을 하는지, 신앙심은 깊은지, 기도하는지 말이다. 무엇보다도 그렇게 많은 환경 파괴와 인간 고통에 직면해서도 어떻게 낙관적일 수 있는지를. 이를테면 과잉 인구와 과소비, 공해, 삼림 남벌, 사막화, 빈곤, 기근, 잔혹함, 증오, 탐욕, 파괴, 그리고 전쟁과 같은 것에 대해서이다. 그들은 내가 말한 바를 스스로도 정말로 믿고 있는지 의아해하는 것 같다. 내가 속으로 무슨 생각을 하는지, 생활 철학은 무엇인지, 나의 낙관주의와 희망을 구성하는 비밀스러운 것들은 무엇인지 궁금해하는 것 같다.

한편, 1980년대 초 비교종교학에 관심이 있던 작가 필립 버먼은 존 바에즈, 리타 매 브라운, 로버트 콜, 마리오 쿠오모, 휴 다운스, 제인 구달, 텐진 갸초(달라이라마), 빌리 그레이엄, 짐 젠슨, 엘리엇 리처드슨, 벤저민 스폭, 에드워드 텔러, 레흐 바웬사, 어빙 월리스, 에드워드 O. 윌슨, 마이클 요크 등 남녀 저명인사 33인이 생각하는 각자의 신념과 이 신념을 어떻게 실천하는지를 주제로 여러 편의 짧은 에세이를 한데 엮은 적이 있었다. 이 『신념이라는 용기 The Courage of Conviction』는 성공을 거두었고, 제인도 내심 공동저서에 실린 자신의 짧은 에세이가 마음에 들었다. 그러던 차에 1995년 버먼이 에세이에서 다뤘던 주제를 좀더 확장해 제인이 어떤 종교 철학을 갖고 있는지를 함께 책으로 써보면 어떻겠냐고 하자 제인은 그래보자고 대답했다. 작고 소박한 책이 되지 않을까 하는 게 제인의 당초 짐작이었고, 제인이 시간 여유가 전혀 없었으므로 대부분의 집필은 버먼이 맡기로 했다. 종교 전문가의 시선으로 본 동물행동학자의 철학이라, 재미있는 글이 나올 듯했다. 버먼이 질문을 하고, 제인은 버먼이 옮긴 글을 다듬기로 했다.

본머스, 다르에스살람, 곰베에서 인터뷰를 시작한 버먼은 얼마 후에 녹음테이프를 챙겨 어딘가로 떠났다. 그러던 1996년 어느 날, 출판 에이전트가 하얀 꽃 한 다발과 짧은 편지 한 통을 보내왔다. '축하드립니다!' 편지에는 계약금 100만 달러에 출간 계약이 성사되었다고 적혀 있었다. 현재 한 시간짜리 공중파 TV 프로그램 제작도 협의 중이며 책 내용도 소개하고 책 제목도 반복적으로 알릴 겸 방송 편성은 출간 시기에 맞출 계획이라는 내용이 적혀 있었다.

큰일이었다. 무엇보다 그렇게 큰돈이 오가다니, 애초의 생각처럼 작고 소박한 책이 될 리 만무했다. 가제『경외의 삶: 제인 구달, 영적인 자서전 *Reverence for Life: The Spiritual Autobiography of Jane Goodall*』에서 시사하는 의미도 문제였다. 훗날 제인은 내게 "'영적인 자서전'이라니, 상상도 못했어요. 그럴 생각이었으면 제가 직접 쓰겠다고 했겠죠"라고 했다. 마음속으로는 언젠가부터 "그놈의 책"이 되어버렸다. 그렇다 하더라도 필립 버만은 좋은 사람이었고 믿을 만한 사람이었다. 게다가 두 사람이 똑같이 나누기로 한 그 돈도 큰 도움이 될 것이었다. 당시 제인은 기부금과 강연회 활동 등으로 연간 약 2백만 달러를 벌어들였고, 줄곧 그 돈으로 협회와 프로젝트를 운영해오던 터였다. 개인적으로야 돈은 없어도 그만이었고 제인과 마찬가지로 제인 가족들도 씀씀이를 줄였다. 일례로 그 무렵에 본머스 본가에 비가 줄줄 새서 지붕을 다시 얹어야 하는데도 가족들은 손을 대질 않고 있었다. 책 계약금을 받으면 수리비도 내고, 거기다가 층계에 기본형 좌식 리프트도 하나 달아서 부쩍 밤에 계단 오르기를 힘겨워하는 올리(9월이면 아흔 넷이었다)와 밴(어느새 아흔이었다)을 편하게 해줄 수 있을 듯했다.

이후 몇 달 동안 버먼은 제인의 인생 역정, 종교 생활, 인생철학, 영성 등에 관한 인터뷰를 계속해서 1998년 다듬어지지 않은 대로나마 초고를 완성했다. 본인 얘기인 데다 간단하게 풀 수 있는 얘기도 아니었던 만큼, 초고가 제인 마음에 쏙 들지 않았던 것은 어쩌면 당연했다……. 결국 제인은 이제까지의 작업을 모두 자신이 이어서 하기로 결심했다. 자리를 잡고 앉은 제인은 녹음테이프를 토대로 버먼이 짜놓은 구성을 따라 스스로 만족할 수 있을 만한 글을 써 내려갔다. 작업은 생각처럼 순조롭지 못했고 예상 외로 너무나도 힘에 부쳤다. 이후 글에서 제인은 "만약 글쓰기에 그렇게 많은 시간이 걸리고, 때로는 고통스러운 영혼의 방황이 있을 거라는 걸 알았다면, 나는 도전을 받아들이지 않았을 것이다"라고 쓰기도 했다. 평소 같으면 버치스 식구들을 만나는 데 할애했을 시간마저도 이젠 새벽부터 일어나 늦게까지 잠들지 못한 채로 구상과 집필이라는 장거리 마라톤식 글쓰기에 모두 쏟아부어야 했다. 그렇게 하는데도 시간은 생각보다 더 많이 걸렸다.

1999년 9월, 마침내 『희망의 이유: 영성을 향한 여정*Reason for Hope: A Spiritual Journey*』이라는 제목으로 책이 출간되었다(한국판 제목은 부제 없이 『희망의 이유』이다—옮긴이). 첫번째 평이 어떨지 두려웠다. 제인은 내게 "사람들이 분명 '왜 제인 구달이 이런 주제로 글을 썼지?' 하는 말을 하겠다 싶었다"고 했다. 하지만 대체적으로 평은 훌륭했다. 초기 판매고 덕분에 곧 「뉴욕 타임스」 베스트셀러 목록에도 올랐고 책은 그 후에도 꾸준히 잘 팔렸다.

책의 첫 페이지는 1974년 봄 제인이 파리 노트르담 성당에 갔을 때의 한 순간으로 시작한다. 대성당의 아치형 내부는 낯설 만큼 적막했고, 제인은 "경외감 속에서 침묵하며" 그 자리에 멈춰 서서 아침 햇살에 빛나는 거대한 '장미 창유리'를 응시했다. 홀연히 "장엄한 소리가" 성당 전체를 "가득 메웠다. 멀리 모퉁이에서 거행되는 결혼식을 위해 오르간이 연주되었던 것이다. 바흐의 토카타와 푸가 D단조였다. 나는 그 곡의 시작 테마를 매우 좋아했다. 그러나 그때 들린 그 음악은, 성당의 거대한 공간을 가득 채우고는 마치 음악 자체가 살아 있는 듯 나의 내부로 들어와 자아를 완전히 사로잡은 듯했다." 휴고와의 결혼 생활이 끝을 향해 가고 표류하던 그녀의 애정이 점차 열렬하게 데릭을 향해 가던 그 순간, 제인의 인생은 요동치고 있었다. 대성당에서의 그 짧지만 강렬한 감정과 아름다움의 순간은 시간과 자아를 새롭게, 혹은 처음부터 다시 깨닫게 해주었다. "무언가에 도취된 그 영혼의 순간은 내 인생을 통틀어 신비로운 무아의 경지에 가장 가까이 다가간 시간이었을 것이다."

제인이 자라며 보아온 기독교는 관대했고 강압적이지 않았는데 이는 식구들, 특히 외할머니 대니의 영향이었다. 열정적이고 성경 본위였던 어린 시절 제인의 신앙은 그동안의 경험과 교육—루이스 리키와 나눈 대화, 과학적 연구방법의 타당성에 대한 수용적 태도, 케임브리지에서 받은 정규 과학 교육 등을 포함해서—을 통해 과거와는 사뭇 달라졌다. 무르익은 사상가가 된 제인은 기독교 신앙이란 하나의 거대한 메타포라고, 엄격한 문자주의 너머에 있는 심오한 진리를 담고 있는 암호이며, 산문이 아닌 시라고 결론 내렸다. 제인은 그 시와 더불어 자랐고 그 안에서 위안을 찾았지만, 은유적 시어를 산문적 현실에 대입하는 것은 유구한 역사의 산물을 간과하고 나와 다른 사고방식을 배제하는 상상력의 고갈이었다. 그녀는 이제 "나는 기독교 교인으로서, 그 영적인 권능을 하느님이라고 부른다. 그러다가 점점 나이가 들고 다른 신앙들에 대해서도 알게 됨에 따라, 결국은 단지 하나의 신이 상이한 이름들로 존재한다는 것을 믿게 되었다. 알라, 도道, 조물주 등의 이름이 그것이다. 나에게 하느님은 '우리가 그 안에서 살고, 그 안에서 움직이고, 그 안에서 존재하는' 위대한 정신이었다" 라고 믿게 되었다.

다른 인생 경험도 어린 시절의 신앙을 되돌아보는 데 영향을 미쳤다. 침팬지 연구라는 실용적 목표를 위해 곰베 행을 택했지만, 한편으로 그곳에서의 생활은 "내 사고에 주요한 영향을" 미친 사변적 시간이기도 했다. 동물과 자연에게 더 가까이 다가서자 그녀 자신에게도 한 발 더 가까워졌고 그녀는 "주변의 영적인 힘과 조화"되어갔다. 점차 대자연을 이해하게 되었고 어느새 그녀는 숲과 야생의 땅이 지닌 아름다움의 하모니와 영혼의 하나 됨에 깊이 매료되었으며, 시나브로 야생의 동물들이 무슨 생각을 하는 지도 알게 되었다. 당시 대부분의 과학자들과 신학자들이 다른 건 몰라도 딱 한 가지, 공히 의견의 일치를 본 부분이 있었는데 바로 "인간만이 마음을 가지고 있으며, 인간만이 이성적으로 사고할 수 있다"라는 검증되지 않은 편견이었다. 일찍부터 동물들과 더불어 살아왔던 그녀는 그들에게도 정서와 성품과 마음이 존재한다는 것을 직관적으로 알고 있었으므로 그런 특성이 침팬지에게도 있다는 것을 쉽게 받아들였다. 특히 침팬지들과 함께 있을 때, 그들의 눈을 바라볼 때면, 그 눈길을 마주하는 그들의 눈빛 속에서 그들 또한 생각과 의사를 가진 존재임을 분명히 알 수 있었다.

제인은 인간의 공격 행위와 침팬지의 공격 행위 사이에서 여러 가지를 생각하게 만드는 유사성을 발견하기도 했다. 인간과 마찬가지로 침팬지도 '우리'와 '남'을 가르는 벽(마음과 감정 속에서 만들어지고 신체로써 실행되는)으로 구분지어진 가부장적 공동체 안에서 살았다. 인간에게는 우리의 진화적 과거에 깊이 박혀 있는 "어둡고 악한 면"이, "특정한 종류의 맥락에서 공격적으로 행동하게 되는 강한 성향"이 있으며, 침팬지들 역시도 바로 그런 맥락에서 공격성을 보인다는 생각도 하게 되었다. 침팬지와 인간 모두에게서 영역 침범에 대한 본능적 공격성, 즉 강한 외인공포증xenophobia의 심리가 있어서 동족이라 할지라도 언제라도 상호 적대적인 집단으로 분열할 수 있다. 그러나 뇌가 크고 언어가 복잡할수록 이해력이 높거나 혹은 높을 수 있다는 특성 때문에 인간의 공격성은 독특하며, 독특하게 표출된다.

두 종족 모두의 두드러지는 특성인 파괴, 잔혹함, 악함의 반대편에는 희망적이라 할 만한 사랑, 애정, 돌봄, 이타성 등의 특징이 존재한다. 제인은 도덕의 진화—시간이 흐름에 따라 인간은 "덜 공격적이고 덜 호전적이며 점차 배려하고 공감"하는 법을 알게 된다—를 믿는다. 하지만 그렇더라도 도덕의 진화는 긴긴 세월을 두고 지켜봐야 할 먼 얘기일 수밖에 없다. 더군다나 인간들끼리의 미움과 공격성이라는 사악함은 차치하더라도, 급격한 전 세계적 인구증가가 서구 사회가 주도하는 소비 중심의 경제구조 및 물질 중심의 생활 양식과 맞물리면서 이제 인간은 자연환경에 대해서까지 수자원 낭비, 대기 오염, 토양의 척박화, 야생 지대 소멸, 야생 동식물 멸종 등과 같은 공격성을 드러내고 있다. 지구에 대한 인간의 공격성은 또 다른 차원의 사악함이며, 우리가 마땅히 경각심을 가져야 할 또 다른 이유이다.

그 어느 때보다 많은 사람들이, 그 어느 때보다 많은 자원을 소비하고 있는 현실 속에서 과연 그 종착점은 어디일까? 우리는 미래에 어떤 기대를 걸 수 있을까? 제인의 개인적인 논리와 안정감의 상당 부분은 인생의 의미와 영적인 힘, 혹은 '영성'의 실재에 대한 신념에서 비롯된다. 그렇지만 책에서 설명하고 있듯이, 제인에게 더 가까이에 있는 희망의 이유는 열렬한 간청과 기도를 하면 인간사에 개입해주는 자신의 신(혹은 어떤 것이 됐건 그러한 존재)에게 있지 않다. 그녀는 우리 스스로가 우리의 일에 개입해야만 한다고 주장하며, 그래서 그녀는 결국에 진정한 희망의 이유를 인간의 잠재력과 행동 속에서 찾는다. 그 희망의 이유는 구체적이고 한정된 네 가지에 있다. 첫째, 인간의 두뇌가 지닌 무한한 가능성. 둘째, 자연의 놀라운 회복력. 셋째, 젊은이들의 위대한 창조적 에너지. 그리고 마지막 희망의 이유는 제인이 말하는 이른바 "불굴의 인간 정신"이다.

『희망의 이유』 출간 후, 강연에서도 책 내용이 언급되는 경우가 부쩍 많아졌다. 침팬지와 자연보호에 역점을 둔 슬라이드 상영이 대부분이던 강연회는 이제 영적인 소명, 가치와 행동을 호소하는 이야기로까지 그 범위를 넓혀갔다. 유년기 및 곰베 초기 시절에 관한 자전적 일화로 서두를 연 제인은 야생 침팬지들과 함께한 그녀의 경험담을 들려주며 그 경험을 바탕으로 인간의 본성에 대한 혜안을 제시하고, 아프리카와 그 밖의 지역의 자연이 얼마나 심각하게 위협받고 있는지를 알리며, 희망의 이유 네 가지를 명시하는 것으로 강연회를 마무리 짓곤 한다.

첫번째 희망의 이유, 인간의 두뇌가 지닌 무한한 가능성은 우리에게 새삼 인간이 얼마나 유연한 사고와 놀라운 창의성을 지닌 존재인가를 일깨워준다. 우리는 전기자동차와 대기오염을 줄일 수 있는 다른 형태의 전기 발전을 창안해낼 능력이 있으며, 개인이나 기업 단위의 쓰레기 재활용을 통해 환경오염을 줄일 수 있는 능력도 있다. 제인의 친구 그레이 젤러가 개발한 친환경 '생태 벽돌ecobricks'은 쓰레기 처리 문제를 해결하는 동시에 튼튼하면서도 저렴한 건축 자재로도 활용될 수 있다.

두번째 희망의 이유, 자연의 놀라운 회복력은—우리가 기회를 주거나 심지어 일말의 여지만 주더라도—자연이 인간의 만행을 스스로 딛고 일어설 수 있음을 새삼 일깨워준다. 이러한 성공 사례는 전 세계적으로 발견된다. 템스 강 생태계 살리기에 노력을 기울임으로써 깨끗한 물과 물고기와 새들의 번식을 다시 한 번 볼 수 있었던 것도 그러한 사례 가운데 하나이다. 또 캐나다 니켈 탄광 인근에서 유해 오염물질을 정화한 후에 40년 만에 송골매가 되돌아온 사례를 언급할 수도 있다. 제2차 세계대전 종식과 함께 원폭 투하로 잿더미가 되었던 나가사키 방문기도 늘 제인이 언급하는 이야기 가운데 하나이다. 과학자들은 향후 최소 30년 동안은 폭탄 투하지가 불모의 황무지로 남으리라 장담했지만, 얼마 지나지 않아 작은 식물들이 고개를 내밀었다. 한 어린 묘목은 어떻게 해서인지 그 폭격을 겪고도 온전히 살아남았다. 제인이 나가사키에 들렀을 무렵, 그 묘목은 노목 중에 노목이 다 되어 뒤틀리고 갈라진 채였지만 봄이면 변함없이 새순을 틔웠다. 그때 그 고목에 달려 있던 나뭇잎 하나를 높이 치켜든 제인은 이제, 이곳 강연장에서 그 잎을 참석자들에게 보여준다. 그것은 희망의 증표이다.

강연의 다음 내용은 한때 멸종 위기에 처했던 종의 귀환으로 이어진다. 과거 숲에서 종적을 감추고 동물원에서만 근근이 몇 안 되는 개체수로 명맥을 유지했던 타이완꽃사슴은 다시 야생에 모습을 드러냈다. 그 사슴에게서 떨어져 나온 뿔 하나를 손에 든 제인이 이번에는 사람들에게 그 뿔을 보여준다. 또 다른 희망의 증표이다. 혹은 캘리포니아 콘도르 프로젝트가 화제에 오르기도 한다. 그 거대한 새는 한때 완전히 멸종되다시피 했으나 실험실에서 개체수 증식에 성공하여 한 마리씩 방사하는 과정을 거쳐 이제는 그 큰 날개 사이를 통과하는 바람이 만들어내는 음악 소리와 함께 다시 한 번 캘리포니아의 산과 계곡을 가르며 위용 찬 날갯짓을 뽐낸다. 누군가 제인에게 콘도르의 깃털을 주었고, 지금 제인은 그 위대한 깃털, 또 다른 희망의 증표를 불빛 위로 높이 치켜든다.

세번째 희망의 이유, 젊은이들이 지닌 위대한 창조적 에너지가 있기에 제인은 직접 꾸린 청년 모임이자 1999년 4월경 이미 전 세계 40여 개 국 2천여 회원의 조직으로 성장한 뿌리와 새싹 클럽을 이야기할 수 있다.

네번째 희망의 이유, 굴복하지 않는 인간의 정신력은 용기와 존엄성을 무기로 엄청난 난관을 이겨낸 제인의 영웅과 친구, 지인들에서 그 예를 찾을 수 있다. 제인은 그녀의 친구이자 자신이 몸담고 있던 정부의 전체주의적 전횡에 맞섬으로써 동유럽에 자유의 바람을 몰고 온 미하일 고르바초프를 이야기할 수 있다. 아마도 장벽 붕괴 직후에 손에 넣은 베를린 장벽의 돌 조각을 보여줄 것이다. 또 어쩌면 자신을 체포한 이들에 대한 분노와 반목을 뛰어넘어 로번 섬에서 30년에 걸친 고된 노동을 견뎌내고 카리스마 넘치는 지도자로 부상해 유혈사태 없이 남아공의 아파르트헤이트(인종차별분리정책)를 무너뜨린 인물이자 제인의 친구이기도 한 넬슨 만델라와의 만남을 떠올릴 것이다. 이제 제인은 또 다른 희망의 증표, 로번 섬의 돌을 높이 올려든다.

굴복하지 않는 인류의 영웅이자 또 다른 희망의 증표는 여기에 그치지 않는다. 제인의 친구로 참치잡이 배의 요리사로 일하다 바다에 뛰어들어 어망에 걸린 어미 돌고래와 새끼 돌고래를 풀어주었던 존 스토킹의 이야기도 나왔을 것이다. 그는 목숨을 걸고 뛰어들었던 그 일로 일자리를 잃고 말았지만 '멸종 위기 종을 위한 초콜릿 회사Endangered Species Chocolate Company'를 세웠고 멸종 위기에 처한 동물들을 보호하는 데에 쓸 자금을 마련코자 초콜릿을 만든다. 제인의 친구이자 한때 미국 해군이었으며 헬리콥터 사고로 시력을 잃고도 노련한 마술사—'놀라운 혼디니'—이자 스쿠버다이빙 선수, 무술 고수, 크로스컨트리 스키 선수가 된 게리 혼의 이야기도 빠질 리가 없다. 1994년 4월, 그레이는 제인에게 동물 봉제인형 하나를 건넸다. 게리는 침팬지인 줄 알고 준 것이었는데, 제인은 그의 손을 잡고 인형의 꼬리 쪽으로 손을 가져가 원숭이는 꼬리가 있지만 영장류는 꼬리가 없다고 설명해주었다. 제인이 미스터 H라는 이름을 붙여준 인형이 바로 그 인형이다. 또 다른 희망의 증표이다.

곁에 두고 만질 수 있는 미스터 H는 여행길의 위안일 뿐 아니라 남다른 재주까지 가지고 있다. 『희망의 이유』에는 "미스터 H에게 손을 대는 사람은 변화를 경험하리라고 나는 사람들에게 말하곤 한다. 왜냐하면 그것에 깃든 게리 혼의 불굴의 정신이 전달될 것이라고 믿기 때문이다. 이제 거의 20만 명이 넘는 사람들이 미스터 H를 쓰다듬거나 안거나 키스를 했으니, 그 와중에 복슬복슬했던 털이 많이 헝클어지고, 밝은 흰색이었던 얼굴이 더러워지고(여러 번 빨기는 했지만), 몸이 더욱 기형처럼 되어버린 것도 놀라운 일이 아니다"라고 적혀 있다.

나는 언젠가 탕가니카 호에서 제인, 미스터 H, 아프리카 학생 열두 명과 함께 승객들로 북적거리던 대중교통용 배인 수상택시를 탄 적이 있었다. 제인은 누구든 안고 쓰다듬을 수 있도록 미스터 H를 이 사람 저 사람에게 건넸는데 그러자 아이들의 얼굴에 함박웃음이 떠올랐고, 신이나 낄낄대기도 하며 좋아 어쩔 줄을 몰라 했다. 제인에게 미스터 H는 낯선 사람과의 서먹함을 덜어주는 역할도 한다.

제인은 사람들을 둘러싸고 있는 자아라는 벽을 허물어뜨리는 능력을 갖추었는데, 제인 스스로는 아프리카에서 보낸 긴 세월 덕분에 그럴 수 있게 되었다고 여긴다. 아프리카 사람들은 반드시 상대방과 개인적, 직접적으로 서로 친밀함을 나누고 먼저 친구가 되어야만 그 사람의 집 안으로 발을 들여놓는다(만나러 간 사람이 집에 없는 경우에도 마찬가지다). 그들은 활짝 미소를 건네고, 따뜻하게 악수를 청하고, 진심으로 상대방과 상대방의 아내와 아이들과 부모의 안부를 묻는다. 반갑게 상대를 맞이하고 이런 식의 인사를 나누는 일은 의례적인 행동인 동시에 그 사람과 진심으로 교감하는 의미 있는 행동이기도 하다. 이런 아프리카 방식이 제인에게는 큰 도움을 주었는데, 특히 1990년대 초 워싱턴 D.C.에서 로비활동을 벌이던 때도 그러했다. 무턱대고 집무실에 발부터 들여놓고 프로젝트 이야기를 꺼내는 대신, 제인은 늘 개인적인 유대감부터 쌓았다.

침팬지와 함께 살았던 경험도 도움이 되었다. 한번은 여자 수감자들이 뿌리와 새싹 모임을 만들었다고 해서 제인과 함께 코네티컷 댄버리에 있는 연방 교정위원회에 간 적이 있었다. 부슬비가 내려 하늘도 부옇게 찌푸렸던 그날 아침에 도착과 함께 우리는 몸수색을 받고 지문을 찍은 후에야 유치장으로 들어섰다. 동행한 두 교도관 중 한 사람은 아직 모닝커피도 마시지 못한 듯했다. 크고 다부진 체구의 그 교도관은 사무적으로—드센 인상에 표정도 돌처럼 굳어 있었다—우리를 대했는데 제인이 침팬지들이 내는 '헐떡이며 웅얼거리는 소리'로 인사를 건네자 돌처럼 굳어 있던 그의 태도가 눈 녹듯 녹아내렸다. 동료 교도관은 "저 친구 웃은 지가 백만 년은 됐을 겁니다. 어디 기록이라도 해둬야겠어요"라고 말했다.

사우스센트럴 소재 학교를 대상으로 뿌리와 새싹 결성 캠페인을 벌이고자 로스앤젤레스에 머물던 중, 제인은 로스앤젤레스 경찰 고위 간부들에게 강연을 해달라는 부탁을 받았다. 워낙 시일이 촉박하게 부탁을 해서 준비할 시간이 전혀 없는 채로 제인은 부국장의 안내로 받아 이층 방에 들어섰다. 모두 고위 관료들이었다. 제인에게 주어진 시간은 10분이었고, 참석자 대부분이 제인이 전하려는 내용에 별반 관심이 없을 것이라는 얘기는 미리 들은 터였다. 경찰국장이 제인을 소개했을 때 그 많은 사람 중 고개를 들어 제인을 쳐다본 사람은 단 두 사람뿐이었다. 더럭 겁부터 났고, 제인이 내게 말했듯이, 그렇게 한없이 작아질 수밖에 없는 상황에 서자 "두려움이 온몸 가득 퍼지면서 도대체 무슨 말을 해야 할지 막막했다." 제인은 머릿속에 떠오르는 대로 일단 말문부터 열었다. "제가 만약 암컷 침팬지인데 오늘 이 자리처럼 서열 높은 수컷들이 수두룩한 방에 들어섰다면, 바보가 아닌 다음에야 내가 당신들보다 한 수 아래다 하는 뜻의 인사부터 건넸을 겁니다."
그리고 제인은 암컷들이 복종의 의미로 건네는 인사를 보여주었다. 그러자
누구 하나 제인에게서 눈을 떼는 사람이 없었다.

1998년 11월 제인은 처음으로 중국 본토를 방문해 상하이에서 강연을
했으며 이후 중국 환경부 차관을 만나 어떤 이유로 중국에 왔는지를 설명
하라는 지시를 받고 베이징으로 이동했다. 차관과 만나기로 한 호텔 방에
는 제인을 보기 위해 온 참관인들과 관료, 보안요원은 물론이고 이리저리
조명과 마이크와 카메라를 들이대는 방송 관계자들로 가득했다. 이번에도
제인에게 주어진 시간은 딱 10분이었는데 쌍방향 통역이 불가피했으므로
그나마도 중간 중간에 대화가 끊어질 게 분명했다.

제인과 나란히 앉은 차관은 사뭇 격식을 차린 딱딱한 인상이었다. 어떤
말을 해야 이 딱딱한 분위기를 깨고 10분 안에 이 자리에 온 이유를 설명할
수 있을까? 제인의 선택은 침팬지에 빗대 상황을 설명하는 것이었다. 혼자
숲을 지나던 암컷 침팬지가 서열이 아주 높은 수컷 침팬지와 맞닥뜨렸다.
암컷은 상황에 맞게 복종의 뜻을 담아 울음소리를 낸다. "차관님처럼 서열
이 높은 수컷이 저와 같은 암컷을 받아주고 그 암컷이 전하는 복종의 표현
을 받아들일 마음이 있는 경우 수컷은 암컷에게 손을 내밀어"(그녀는 마뜩
치 않아하는 차관의 반응을 느꼈고, 그 자리에 있던 사람들의 초조한 숨소리가
제인의 귓가에까지 와 닿았지만, 어떻게든 차관의 팔을 그녀 쪽으로 끌어당겼
다), "암컷이 마음을 놓을 수 있도록 머리를 쓰다듬어줍니다. 이렇게 말이
지요." 허리를 숙인 제인은 그녀의 정수리로 차관의 손을 가져와 부드럽게
그녀의 머리를 쓸어내렸다.

버럭 역정이라도 낼 것 같던 차관의 얼굴 위로 순간 당혹감이 스치는가
싶더니, 잠시 후 차관은 고개를 뒤로 젖히고 껄껄 웃음을 터트렸다. 대담하
기 그지없던 제인의 행동 탓에 처음에는 바짝 긴장했던 다른 사람들도 그
제야 마음이 놓였는지 다들 웃기 시작했다. 약속했던 10분은 90분으로 늘
어났고, 덕분에 제인은 5천만 명의 TV 시청자들이 지켜보는 가운데 뿌리

와 새싹을 소개했으며, 그 후 제인은 차관으로부터 중국 학교에서도 뿌리와 새싹을 조직해보면 어떻겠냐는 부탁을 받았다.

원에 중심이 있듯, 항해에는 선착장과 나루터가 있기 마련이다. 그곳은 쉼터인 동시에 뭇 사람에게 공개되지 않은 자기만의 공간이며 집이다. 일 년에 3백 일 이상을 길에서 보낸다는 것은 집에서 보내는 시간이 채 65일이 안 된다는 뜻이기도 하다. 하지만 정확히 어디를 제인의 집으로 불러야 할까? 한번은 내가 아는 어떤 분이 제인에게 이 질문을 한 적이 있는데 그가 들은 대답은 간단했다. 제인은 하늘을 가리키며 말했다고 한다. "저기, 비행기 안이요." 좀더 길게 대답하자면, 1990년대 후반 제인의 집은 세 곳, 본머스, 다르에스살람, 곰베였다.

본머스 더를리 차인 남로 10번지에 자리한 제인의 본가, 슬레이트 지붕과 아치형 창문이 달린 빅토리아식 빨간 벽돌집 버치스는 제인이 어린 소녀였을 때나 그때나 그다지 달라진 게 없었다. 이층에 놓인 오래된 책장에는 타잔 시리즈, 둘리틀 선생 시리즈, 표지가 눅진눅진해진 시집 등과 같은 옛날 책들이 예나 당시나 변함없이 꽂혀 있었다. 제인이 어린 시절 가장 아꼈던 봉제인형 주빌리도, 물론 이제는 털도 다 빠지고 더는 보송보송하지도 않았으며 면으로 된 안감이 슬금슬금 밖으로 삐져나오기 시작해서 왼쪽 발가락은 떨어지기 직전이었지만, 역시 그대로 2층에 있었다. 아래층 부엌의 싱크대와 찬장도 그대로였다. 예전처럼 온수기 위에는 못과 끈과 천장에 달린 도르래로 정교하게 만든 빨래 건조대가 놓여 있었다. 오래전 제인은 정원사이자 수리공이었던 업셀 씨가 그 건조대를 만들던 모습을 직접 지켜보기도 했었다.

하지만 이제는 올리와 밴만이 버치스에 살고 있었으며, 아흔을 훌쩍 넘긴 두 사람은 모두 세월에 스러져가고 있었다. 1996년 내가 처음으로 올리를 만났을 때 올리는 밝고 매력적이었으며 간혹 짓궂은 농담을 건네기도 했는데 이미 정신은 흐릿해진 듯했다(아니면 청력에 문제가 있었는지도 모르겠다). 밴은 자그마한 체구에 갈색 눈에는 웃음이 가시질 않았고, 갈색 빛이 도는 고수머리의 끝이 하얗게 새어 있었다. 재치 있고 반어법을 쓰기도 하는 밝은 밴의 모습에서는—비록 몸은 쪼그라들었지만—명민함이 느껴졌다. '위스키 비스키'라고도 불렸던 강아지 위스키도 그 즈음에는 늙고 몸도 둔해져 잘 짖지 않았다.

한편 데릭과 함께 살았던 제인의 다르에스살람 집은 이젠 제인만의 아프리카 집—그중 하나—이었다. 1990년대 말에는 그 집도 본머스 본가와 마찬가지로 낡고 편안한 낡은 집이 다 되어 있었다. 외관에 무늬를 넣은 갈색 벽돌집으로, 집 앞 모래사장이 인도양의 파도를 따라 밀려들었다 밀려났다 반복한 탓에 외관은 조금 낡아 있었다. 집 안에서는 개 두 마리가 시원한 콘크리트 바닥에 누워 낮잠을 자곤 했으며, 낮에는 창가를 따라 흔들리는 레이스 커튼 위로 햇살이 반짝였다.

다르에스살람 집은 제인이 아들 그럽과 며느리 머라이어 칠랄라, 손자손녀인 멜린, 에인젤과 함께 지낸 곳이기도 하다. 이곳저곳에서 이런저런 일—영국 옥스퍼드 종합기술전문대학 인류학과 1학기 이수, 세렝게티에서 아버지를 따라 1년간 동물사진 촬영 등등—에 손을 댔던 그럽은 1990년대 중반 이후에는 자신이 열정을 쏟을 곳을 찾았는데 제인이 손님용 숙소로 내준 다르에스살람 집에 정착해 어업 일을 하고 있었다.

곰베는 제인의 세번째 집이자 세번째 가족이기도 한 침팬지들이 사는 곳이었다. 곰베 역시 예전과 마찬가지로 수년째 그 모습 그대로였다. 작지만 조용할 날 없는 수풀 한 편에는 물결이 일렁이는 거대한 호숫가를 따라 바람이 잘 통하는 소박한 막사 하나가 들어서 있었다. 그때까지도 제인은 곰베 연구소장 자리에 있었지만 당연히 실무적인 운영은 다른 사람에게 맡겼다. 개코원숭이 연구는 토니 콜린스가 관리했다. 1997년 가을 당시 침팬지 연구는 키고마 출신으로서 막 콜로라도 대학에서 인류학 박사학위를 받고 돌아온, 늘 나지막한 목소리로 말을 건네곤 하는 샤드라크 카멘야가 맡고 있었다. 물론 제인이 곰베에 들를 때마다 캠프 사람들 사이에서 겪는 갈

등을 해결해줘야 하는 경우도 있었으며, 언제나 곰베를 찾은 손님들과 신임 연구원들이 있었으므로 이들에게도 모두 신경을 써줘야 했다. 또한 침팬지나 개코원숭이들 사이에서도 걱정거리가 될 만한 사회적, 의료적 문제가 발생하기 마련이었다. 호흡기 질환이 생기기도 했고, 1996년에는 난데없이 튀어나온 밀렵꾼의 덫에 걸려 어린 나이에 어미가 된 로레타의 손이 잘려나갔으며, 1997년에는 개코원숭이 세 마리가 덫에 걸렸다.

이 세 곳이 각기 제인에게는 집이었으며, 잠깐 한 곳, 두 곳, 혹은 연이어 세 곳을 모두 들른 뒤에는 제인은 거대한 비행기에 자신의 몸을 맡겼고, 비행기가 다시 한 번 궤도로 접어들면 다시 항해가 시작되었다. 이는 자기 자신으로서, 딸로서, 어머니로서, 친구로서 조각조각 나눠진 인간 제인 구달의 삶으로부터의 회항인 동시에, 줄곧 자신의 영역을 넓혀왔던 공인 제인 구달 박사로서의 삶으로 다시 진입하는 것이다.

뿌리와 새싹 일로 떠날 때만큼은 구달도 필요 없이 그저 제인 박사면 충분했다.

뿌리와 새싹이 어떻게 탄자니아에서 대중적 지지를 받았는가를 얘기할 때면 제인은 늘 기쁘고 뿌듯한 마음이다. 키고마 지역만 하더라도 2000년을 기준으로 지부가 약 24개에 이르렀으며, 이들 모두 동물과 환경과 인간 공동체의 복지 증진을 위한 프로젝트를 진행 중이었다. 사생대회와 백일장을 개최하였으며, 마을 장터에 나가 쓰레기를 줍고, 환경을 주제로 한 영화를 상영하였으며, 곰베를 방문하고, 묘목 수천 그루를 심었다. 다르에스살람에서도 각처의 뿌리와 새싹 회원들이 나서서 나무를 심고 쓰레기를 치웠으며, 종이를 재활용하고, 병원에 있는 환자들을 찾아가고, 환경에 대한 인식을 높이고자 공연을 열었으며, 평화를 촉구하는 시위와 강연회와 토론회에 참여했다. 그렇게 탄자니아의 뿌리와 새싹은 제인의 바람대로 점점 더 많은 지역으로 퍼져나갔으며, 편지와 인터넷과 회원 간 교류 프로그램을 통해 다른 나라, 다른 대륙의 뿌리와 새싹 지부와도 협력을 맺어나갔다.

2000년 말을 기준으로 전 세계 67개 국가, 3천여 곳에서 뿌리와 새싹 지부가 활동을 펼치고 있다. 지부는 초등학교, 중고등학교, 전문대학, 종합대학, 교도소, 양로원은 물론 동네 단위로도 조직되었다. 남아공의 뿌리와 새싹은 암 병동 입원 아동들과도 함께 활동한다. 다르에스살람의 뿌리와 새싹은 제1회 전국 장애인 스포츠의 날을 마련했고, 캐나다 지부 두 곳은 함께 협력해 학교에서 폭탄 피해를 입은 아이티 학생들을 도왔다. 독일의 뿌리와 새싹은 알제리 사라위족 난민들에게 청바지 50벌을 전달했다. 또 독일 지부는 지역의 습지를 보호하고, 포획된 채로 살아가는 동물들에 대한 처우를 개선하는 활동을 하고, 환경교육 프로그램 개발에도 힘을 쏟았다. 타이완 뿌리와 새싹은 종이를 재활용하고 지역 내의 오염된 연못을 되살렸으며, 호랑이구조기금을 위한 모금에 나서기도 했다. 한편 중국 지부는 상하이 동물원 침팬지들의 생활환경 개선에 뛰어들었다. 미국 오리건의 월도 중학교 지부는 숲의 생태다양성을 탐구하고자 원거리 탐사 프로젝트에 참여했다. 오하이오 윌밍턴 중학교 지부는 그 지역의 각종 나무 수종을 관찰하고 특수 프린팅 기술을 동원해 누빈 천 네 귀퉁이에 각각 나뭇잎 세 잎을 찍어 넣은 퀼트 작품을 만들었다. 그 작품을 탄자니아의 협력 지부인 다르에스살람 밀리마니 초등학교에 보냈는데 다르에스살람에서도 직접 나뭇잎 퀼트를 만들어볼 수 있도록 필요한 용품과 도구를 함께 보냈다.

자금난은 늘 서둘러 제인을 항해에 나서게 했으며, 1990년대 말에는 한 해도 거르지 않고 매년 강의를 비롯한 각종 기금 마련 행사가 잡혔다. 하지만 끝없이 계속되는 기금마련 강연회와 행사 가운데서도 정기적으로 뿌리와 새싹 전국 및 세계 대표자회의에 참석했으며, 기꺼이 '침팬주' 연례 학술회의에 참석해서 강의를 했다. 또한 매년 열리는 '오늘의 세계 포럼State of the World Forum'과 같은, 저명인사들이 참여하는 자리에도 때마다 빠지지 않았다. 성 프란체스코 기념일에는 두 차례 설교도 했고, 샌프란시스코 그레이스 대성당에서 개와 고양이에게 동물 세례를 주는 행사를 감독하기도 했다. 다르에스살람 대학에서는 줄곧 동물학을 가르쳤고, 미국 대학 네

곳과 학문 교류를 이어나가며 맡은 바 책무를 다했다. 1996~2000년에 걸쳐 제인은 또다시 7개 전문대학과 종합대학에서 명예학위를 받았다. 그보다 앞서 1995년에는 엘리자베스 2세가 제인의 작위를 CBE(Commander of the British Empire, 영국 훈장 상급 훈사)로 승격시켰다. 이러한 영예에 이어 1996년에는 런던 동물학회가 수여하는 실버 메달, 탄자니아 킬리만자로 메달, 영국 영장류협회의 환경보존상, 케어링인스티튜트상, 북극곰상, 윌리엄 프록터 과학공로상을, 1997년에는 존 앤 앨리스 타일러 환경공로상, 데이비드 S. 잉걸스 주니어 우수상, 커먼웰스Common Wealth 공공서비스상, 필드자연사박물관 공로상, 왕립지리학회·디스커버리 채널 발견의 생애 상을 받았다. 1998년에는 디즈니로부터 동물의 왕국 에코 히어로에 임명되었으며, 미국 국립과학위원회 공공서비스상, 오리온협회 존 헤이상, 크리스티산즈 다이레파크스 줄리어스상을 수상했다. 그리고 1999년에는 국제평화상, 텍사스 식물연구협회 세계 환경보호 우수상까지……. 그렇게 바쁘게, 또 많은 것을 일궈내며 제인은 새해이자 또 다른 백 년의 시작인 새 천 년을 맞았다. 하지만 정신없이 스쳐가는 비행기와 택시, 호텔, 오찬 회의, 만찬 약속, 회의, 인터뷰, 강연회와 또 강연회가 반복되는 쳇바퀴 속에서 어쩌면 제인에게는 일 년도, 한 세기도, 새 천 년도, 모두 처음에는 묵은해와 별반 다를 게 없이 느껴졌는지도 모른다.

42

메시지

2000~2003

2000년 초반에 개최된 종교 및 영성 지도자들이 모인 유엔 세계밀레니엄 평화정상회의에 참석한 제인은 100개 국가로부터 온 각 종교의 다채로운 전통 복식 차림을 한 종교 지도자 대표 천 명 앞에서 연설을 했다. 이 대규모 회합에 참석한 지도자들 중 어떤 이들은 같은 인간으로서 화해와 단합을, 또 어떤 이들은 그 반대의 메시지를 전했다. 인간이 아닌 다른 동물을 대변한 발언을 한 이는 제인을 제외하고는 어느 힌두교 종교 지도자 한 사람이 고작이었다. 환경에 대한 인류의 영적, 윤리적 의무를 언급한 이도 에스키모 칼라아릿(그린란드의 에스키모를 가리킴—옮긴이)의 장로인 앙가앙가크 라이버스뿐이었다. "내 형제, 자매들이여, 북쪽에 있는 그대들의 형제, 자매들의 메시지를 전합니다. 남반구에서 그대들이 매일 행하고 있는 일을 우리는 잘 알고 있습니다. 북쪽 저 위에서는 지금 얼음이 녹고 있습니다." 라이버스는 잠시 말을 멈추더니 마지막 문구를 한 번 더 되풀이하면서 연설을 끝맺었다. "북쪽 저 위에서는 지금 얼음이 녹고 있습니다. 그런데 사람의 가슴 속에 있는 얼음은 무엇으로 녹일 수 있는 것일까요?" 이 말이 새천년이 열리던 때 뉴욕 시에서 보낸 그 나흘 동안 제인의 기억 중에 가장 뚜렷하게 아로새겨진 말이었다.

한편 밴은 쇠약해진 몸으로 침대에서 조용히 새천년 행사를 지켜봤다. 20년 전 밴의 심장에 이식한 돼지 심장판막은 애초에 겨우 10년 정도밖에는 버틸 수 없었던 것이다. 이미 여동생 주디가 버치스로 돌아와 왕진 간호사의 도움을 받으며 밴, 그리고 마찬가지로 건강이 좋지 못했던 올리를 돌보고 있었다. 제인은 안부 전화를 자주 걸었다. 하지만 2000년 4월 12일 미네소타 주 세인트폴의 한 호텔 방에서 집으로 전화를 걸었을 때에 주디가 이제 아흔 넷이 된 어머니 밴의 입에서 간신히 속삭이듯 흘러나오는 말을 대신 전달해줘야 할 상황에 이르러 있었다. 그날 전화통화 후 밴은 운명을 달리했다. 제인은 뿌리와 새싹 소식지에 그 소식을 전했다. "비록 하루가 다르게 몸이 쇠약해지셨지만 어머니는 마지막 순간까지도 정신이 맑고 또렷하셨습니다. 그 어느 누구도 제 어머니보다 훌륭한, 자식에게 아낌없는 뒷바라지를 해준 어머니를 둔 분은 없으실 겁니다." 묘한 표현이지만 제인이 즐겨 표현했듯이 이제 밴도 "구름 군단"에 합류하게 되었다. 대니, 에릭 삼촌, 오드리가 있는 곳으로 가서 아름다운 흰 구름에 올라타고 이리저리 떠돌며 뒤에 남은 우리들을 평온하게 내려다보고 있다는 것이었다.

2000년 7월 14일은 모녀가 처음 곰베로 갔던 날의 40주년이었으므로 제인은 그날을 자축하기 위해 곰베로 돌아갔다. 그날 하루 대부분은 곰베를 이리저리 헤매고 다니거나 조용히 회상하는 데 보냈지만 비디오 작가 빌 발로어의 비디오카메라 앞에서 소회를 남기는 일도 잊지 않았다. 제인이 기억하기로는 자신을 제외하고 40년 전 곰베에 있었던 생명체 중에서 아직도 살아 있는 이들은 딱 둘뿐이었다. 하나는 곰베의 직원이자 '음지'(존경받는 연장자)인 주만네 키크왈레로, 그 당시에 키크왈레는 보트를 탄 백인 여성 두 사람이 나타나 호숫가로 와서 캔버스 천으로 된 텐트를 세우는, 낯설면서도 굉장한 장면을 해변에서 목격했던 어린 소년이었다. 다른 이는 침팬지 대모인 피피였는데 40년 전에는 피피도 플로의 품에서 보살핌을 받던 자그마한 새끼에 불과했었다.

동물행동 연구 프로젝트의 역사로 보자면 곰베에서의 연구는 일본에서 이루어진 일본원숭이 연구에 이어 두번째로 유서가 깊은 것이었다. 그래서 제인은 40주년을 맞아 옛날식 기금 모금법과 새로운 기부 캠페인을 한데 섞은 기념행사를 벌이기로 했다. 제인구달연구소가 외부에 발주해 만들어진 예산안은 제인의 전 지구적 사명을 지속하는 데 매년 5백만 달러가 필요할 것으로 추산했으며, 덧붙여 5천만 달러의 기부금이 있으면 이자 수익으로 그 돈을 충당할 수 있을 것이라며 낙관적인 결론을 내렸다. 곧 그 어마어마한 규모의 모금액은 공식 모금 목표액이 되었고, 당시 미국 경제가 호황이었던 덕분에 이 목표는 합리적인 것으로 보였다.

2001년 한 기금 모금 컨설턴트가 제인에게 1월 첫째 주의 어느 아침 월스트리트에서 개회 종을 울려줄 수 있겠냐고 물어왔다. 「뉴욕 타임스」에 난 짤막한 기사에 따르면 그 컨설턴트가 제인더러 "정글의 언어를 쓰시는 선생님을 뉴욕 증권거래소로 꼭 모셔가고 싶습니다"라고 말했다고 한다. 안타깝게도 기사 게재 시기가 일렀으며, 또 거래소 고위층이 그 가벼운 어조의 추정 기사에 불쾌했던지 그 제안에 시들한 반응을 보였다. 그 무렵 증권 시장 자체도 시들해지고 있었다. 지난 몇 달간 첨단기술 주가가 40퍼센트나 하락하면서 미 증시의 시가 총액이 2조 5천억 달러도 넘게 증발해버렸던 것이다. 대통령 선거 유세 초반 조지 W. 부시는 막대한 세수 잉여와 유례없는 경제 호황을 믿고 국가 채무 2조 달러를 갚는 동시에 향후 10년 동안 1조 6천억 달러나 되는 세금을 감면하겠노라고 공약을 한 바 있었다. 하지만 최근 증시가 침체되고 경기 후퇴의 조짐을 보이자 신임 대통령은 약속했던 세금 감면을 부유한 납세자들이 마땅히 받아야 할 보상이 아닌 경기 부양정책—"잠재적인 경기 침체"를 막기 위한 "보험"—으로 언급하기 시작했다.

그 같은 미국의 경제 상황이 제인과 연구소 이사회를 근심케 하는 문제이기는 했으나 그것보다 더 시급한 관심사는—적어도 제인에게만큼은—새로 취임하는 대통령의 환경에 대한 관심과 관점이었다. 부시 대통령이 석유업자 출신이었고 친기업적 성향이 두드러짐은 사실이었지만 그래도 유독쓰레기 처리장의 청소나 국립공원 재정 확충 같은 환경 문제에 대해서는 긍정적으로 볼 수 있는 발언을 한 것도 사실이 아닌가. 게다가 대통령 유세 동안 지구 온난화 위협에 대한 근본적이면서도 최초의 대응으로 미국 내 석탄, 석유 연소 발전소에서 이산화탄소 배출량을 줄이겠노라고 다짐까지 하지 않았는가.

　10년 전만 해도 지식인들에게 지구 온난화 문제는 아직 토론이 더 필요한 이론으로 간주할 수 있었지만, 2001년이 시작될 무렵에 등장한 한 국제적인 종합 연구에 따르면 대기 중 이산화탄소 수준이 산업혁명 이전 수준보다 30퍼센트나 높아졌으며 평균 지구 온도도 이미 지난 백 년 동안 섭씨 0.56도나 상승해서 지난 10년이 사상 최고로 더웠던 기간이었음이 드러났다. 지구 기온은 급속도로 올라가고 있어서 21세기 말이 되면 세계적으로 평균 온도가 섭씨 1.4도에서 5.8도 상승할 것으로 예측하고 있었다. 작은 온도 상승으로 보인다 하더라도 이 같은 기온 상승은 이미 중대한 영향을 미치고 있었다. 지난 20년 동안 남극에서는 매년 찾아오는 해빙기가 3주나 길어졌고 만년설도 매년 줄어들고 있었다. 빙하와 극지의 만년설이 점점 녹기 시작하면 해수면이 높아지는데 이는 결국에는 끔찍한 홍수로 이어지며, 이에 따라 해상 온도가 높아지게 되면서 기상 악화, 예를 들어 극심한 태풍이 더 자주 일어날 수도 있다. 급격한 농업 생산의 변동과 대규모의 생물 멸종 가능성과 맞물린 이러한 환경 변화는, 지구 온난화가 거의 세기적으로 가장 중대한 환경 문제로 떠올랐다는 사실을 의미했다. 새로 취임한 국무장관 폴 오닐의 말을 빌자면 지구 온난화는 국제 사회의 안정에 핵전쟁만큼이나 중요한 과제였다.

　이런 지구 온난화에 대한 유일한 국제적 대응책으로 발의된 1997년 교토의정서는 선진국들이 이산화탄소와 기타 온실 가스 배출 제한을 시작하겠다는 합의서였다. 미국도 앞으로 15년 동안 탄소 등의 배출을 7퍼센트 줄이는 데 합의했다. 하지만 2001년 초까지도 여전히 조약 가맹국들은 교토의정서에 실릴 세부 사항을 두고 갑론을박을 벌이고 있었으며, 그러다 3월이 되자 부시 대통령이 미국 발전소의 탄소 배출을 줄이겠다는 공약을 번복하면서 교토의정서에서도 가입을 철회하겠다고 발표했다.

그때쯤 미국은 전 세계적으로 가장 거대한 대기 오염물질 공급원으로 손꼽히고 있었으며, 전 세계 인구의 고작 4퍼센트에 해당하는 미국인들이 자국의 굴뚝과 자동차 배기관을 통해 전 세계 온실 가스의 25퍼센트를 내뿜고 있던 상황이었으므로 부시 대통령의 이 같은 갑작스러운 가입 철회는 오만한 처사인 동시에 위험한 행동이기도 했다. 하지만 신임 대통령은 자신이 더 우려하는 사항은 극지의 얼음이 녹기 시작하면서 전 세계적으로 지불하게 될 장기적인 비용이 아닌 당장의 미국 내 휘발유 가격임을 분명히 했다. "우리의 경제가 후퇴하고 있습니다. 또 에너지 위기도 겪고 있는 상황이라 이산화탄소 제한 정책 같은 것은 경제 관점에서는 타당하지 않은 정책입니다."

하지만 이제 막 대통령직에 오른 사람이었다. 분명히 시간이 흐르면 대통령 직무를 수행하는 과정에서 성숙해질 것이다. 그리고 교토의정서를 폐기하지 않고 수립하는 것이 옳은 일이라고 설득할 수 있을 것이다. 이 같은 낙관적인 생각을 한 제인은 자신의 서명—지미 카터, 월터 크롱카이트, 해리슨 포드, 존 글렌, 미하일 고르바초프, 조지 소로스, J. 크레이그 벤터, 에드워드 O. 윌슨의 서명과 스티븐 호킹의 지문도 함께—이 담긴 메시지를 부시 대통령에게 보냈으며, 이 편지는 2001년 4월 9일자 「타임」 마지막 면에 짤막한 "에세이"로 게재되었다.

친애하는 대통령께
지금 우리가 직면한 지구 기후 변화의 위협만큼 중대한 과제도 없습니다. 교토의정서에 담긴 현 조항들은 분명 논의가 더 필요한 문제이긴 합니다. 하지만 상황이 점점 더 긴박해지고 있으므로 이제 합의를 이끌어내고 행동을 취해야 할 시간이 왔습니다. 경제 성장을 둔화시키지 않으면서도 온실 가스 배출을 감소시킬 전략은 많습니다. 사실 더 깨끗하고 향상된 기술이 확산되면 위험을 초래하기는커녕 오히려 경제적 기회를 더욱더 많이 창출해낼 수 있습니다. 이에 저희는 대통령께서 미국의 온실 가스 생산을 감소시킬 방안을 만들어주시기를 촉구합니다. 우리 아이들—그리고 그 아이들의 아이들—의 미래는 대통령과 다른 세계 지도자들의 결단에 달려 있습니다.

2001년 5월 초 기력이 쇠해 병원에 입원한 제인의 아버지 모티머 모리스 구달이 5월 15일 향년 94세로 사망했다. 파리에서 로스앤젤레스로 가던 길에 영국에 들린 제인은 브라이턴에서 거행된 아버지의 장례식에 참석했다.

7월 2일 즈음에는 탄자니아로 돌아와 다르에스살람에서 그럽, 머라이어, 손자, 손녀들과 함께 시간을 보냈다. 폐기종에 걸리는 바람에 세렝게티의 텐트 캠프에서 나오게 된 휴고도 다르에스살람에 와 있었으며 손님용 별채에서 그럽, 며느리, 손자, 손녀들과 함께 지내고 있었다. 다르에스살람 방문 후에는 본머스에서 다른 가족들, 즉 주디와 주디의 아이들, 손자, 손녀들과 시간을 보냈다.

9월 7일에는 미국으로 돌아왔다. 동부 해안의 날씨—밝게 빛나는 초가을 하늘, 상쾌한 공기, 마음이 안정되는 시원한 저녁—는 무척이나 좋았다. 제인은 비서인 메리 루이스와 함께 9월 8일에는 뉴욕 주 라인벡으로 가서 강연을 했으며, 그 이튿날에는 버몬트에서 열린 지구헌장Earth Charter 행사에서 강연을 했다. 지구헌장 행사는 도심에서 떨어진 전원에서 열린 꽤 목가적인 분위기의 축하 행사였다. 그날 마련된 행사에서는 백 명의 사람들이 루시라는 이름의 털이 반지르르한 클라이드즈데일 암말과 조용히 햇빛이 반짝이는 풀밭을 걸었으며, 흰색 가운의 무용수들이 길게 늘어선 나무들의 나뭇가지 위에서 우아한 공연을 펼쳤고, 폴 윈터스의 한 번 들으면 잊지 못할 색소폰 소리가 울려 퍼졌으며, 그리고 농장에서는 그곳을 가득 메운 2천 명의 사람들이 제인이 도착하기만을 손꼽아 기다리고 있었다.

9월 10일에는 메리와 함께 뉴욕 시로 돌아와 자신이 즐겨 묵는 호텔인 렉싱턴가 501번지의 로저 스미스 호텔에 방을 잡았는데, 그곳에서 제인은 콜린 파월 미국 국무장관이 보낸 팩스를 받았다. 조만간 있을 제인의 대중 행사들 가운데 하나에 참석해달라는 초대를 아쉽지만 거절한다는 내용이 었지만 "귀하를 세계의 뛰어난 시민 중 하나로 인정하는 그 자리에서 귀하의 친구들과 동료들의 목소리에 저도 목소리를 보태고 싶다"는 말이 덧붙여져 있었다.

그날 저녁 제인은 〈찰리 로즈쇼〉에 출연해 최근에 출간한 아동도서를 홍보했다. 그 이튿날인 11일에는 여느 때처럼 아침 일찍 일어나 책 홍보에 필요한 일들을 처리한 다음 제인구달연구소 미국 지부의 신임 최고경영자인 프레드 톰슨과 홍보를 담당한 부회장 노너 갠델먼과의 회의를 준비했다. 프레드는 기차로 뉴욕으로 오는 중이었고 노너는 비행기를 타고 오는 중이었다. 하지만 노너의 비행기가 착륙 예정이었던 그 시각, 메리 루이스가 제인의 방으로 뛰어 들어와 말했다. "텔레비전을 켜보세요. 꼭 보셔야 할 일이에요." 되도록이면 텔레비전을 보지 않는 편이었으나 메리의 말에 텔레비전을 켠 제인의 눈에 비행기 한 대가 세계무역센터 건물에 충돌해 건물이 불타오르고 있는 모습이 들어왔다.

한편 공항에 도착한 노너는 택시를 타고 뉴욕 시내로 들어오는 중이었다. 도시의 윤곽이 서서히 시야에 들어올 때쯤, 소용돌이치는 사나운 검은 연기 기둥이 그 윤곽의 일부분을 집어 삼킨 것이 보였다. 노너는 운전사에게 저게 뭐냐고 물었다. 운전사는 "연기가 나는군요. 저기는 세계무역센터인데" 하고 대답했다. 택시의 라디오 볼륨이 낮아 무슨 말인지 알아듣기 힘들었지만 목소리에서 긴박함이 묻어나자 노너는 운전사에게 소리를 높여달라고 부탁했다. 곧 소형 비행기가 세계무역센터의 쌍둥이 타워 중 한 곳에 사고로 충돌했음을 알았다. 소형 비행기를 조종해본 경험이 있었던 노너는 그렇게 커다란 건물에 사고로 충돌하는 것이 가능한 일인지 상상하기 어려웠다. 하지만 그 이유를 골똘히 생각하던 노너의 눈앞에서 또다시 대형 여객기가 도시 위로 저공비행을 하며 지나갔다. 그리고 새까만 연기 기둥의 소용돌이 속에서 섬광이 번쩍였다. "이런, 세상에! 우리가 공격을 받고 있어요!"

한편 로저 스미스 호텔에 있던 제인과 메리는 텔레비전으로 뉴스를 보고 있었다. 전화는 작동하지 않는 듯했지만 그날 늦게 메리는 자신의 연락처에 올려져 있는 나를 포함한 몇몇 사람들에게 간단한 이메일을 보낼 수 있었다.

친애하는 데일.

우리는 뉴욕에 있어요. 정말 끔찍한 하루였어요. 전화는 사실상 먹통이에요……. 오늘 아침에 회의를 가질 예정이었어요. 지금은 모두 그저 눈물만 흘릴 따름이에요. 거리에 앰뷸런스와 경찰 차 말고는 아무도 없어요. 정말 너무 무서워요…….

애정을 담아,

m

독한 연기를 직접 코로 맡고 두 눈으로 볼 수 있었으며, 도시는 으스스할 정도로 고요하기만 했고 들려오는 소리라곤 응급차량에서 흘러나오는 경보음이 다였다. 마침내 바깥으로, 메리와 노너가 연기만 자욱한 채 고요하기 이를 데 없는 거리 속으로 나섰을 때 그들을 감싼 것은 기이할 정도로 다른, 전혀 뉴욕 같지 않은 분위기였다. 사람들은 시민의 의무를 다했고 서로를 구하느라 여념이 없었다. 충격과 슬픔이 섞인 엄청난 감정을 모든 사람들이 공유했고, 그 감정은 서로에 대한 동정심과 자신이 얼마나 약한 존재인가에 대한 깨달음으로 번졌다. 세상을 덮고 있던 가면이 한순간 벗겨진 것 같았다. 뛰고 밀치고 시끄러운 경적을 울려대는 도시의 일상사가, 마치 따뜻한 산들바람을 맞은 레이스 커튼처럼, 흔들리고 들어 올려져 삶의 연약한 단면을 드러내는 듯했다.

노너와 메리는 작은 개와 함께 걸어가는 여자를 보자 그 여인의 뒤를 쫓아가 개를 잠시 안아봐도 되겠냐고 물었다. 무릎을 꿇고 그 동물에게 팔을 내밀어 꼭 껴안자, 두 여인에게 답례로 돌아온 것은 따뜻한 키스였다.

공격이 있은 다음 일주일 정도 공항이 폐쇄되는 바람에, 제인과 메리는 8일째 되던 날에야 중단된 강연 여행을 마무리하기 위해 비행기를 타고 오리건 주의 포틀랜드로 갔다. 그러나 비행기를 탄 지 1시간가량 되었을 무렵 제인은 어딘가 몸이 이상하다고 느끼기 시작했다. 배가 아픈 것 같았다. 한참 후에야 공포로 인해 위가 뒤틀리고 있음을 깨달았다. 하지만 무엇이 두렵단 말인가? 그녀는 무엇을 두려워하고 있었던 것일까? 비행은 아니었다. 또 다른 비행기 납치 사건의 가능성을 두려워했던 것은 아니었다. 아니야, 마침내 제인은 8백 명의 고등학생들 앞에서 강연을 하기로 되어 있는 이튿날 아침에 무슨 말을 할지 전혀 생각해낼 수 없다는 것에 두려움을 느끼고 있음을 깨달았다. 강연의 제목이 '희망의 이유'가 될 것인데, 도대체 희망을 품을 만한 것이 무엇이 남아 있단 말인가?

그날 저녁 제인은 포틀랜드에서 열린 뿌리와 새싹 축제에 참석했다. 그곳에 모인 아이들은 모두 자신이 한 멋진 프로젝트를 담은 사진과 그림으로 만든 전시물을 들고 왔으며, 너무도 당연한 일이지만 아이들은 모두 매우 흥분해 있었고 생기로 가득 차 있었다. 반면 축제에 온 뿌리와 새싹 클럽의 어리고 열의에 넘치는 회원들을 바라보고 있던 제인은 이런 생각을 하고 있었다. '너희들은 이해하지 못할 거야. 세상이 변했다는 것을.' 또다시 그 강박적인 질문으로 되돌아왔다. 내일 아침 고등학생들 앞에서 무엇을 이야기해야 하지?

이튿날 강당에 도착한 제인은 약력 소개가 끝나자 강연을 시작했다. 자신의 말이 어디로 흘러가는지 여전히 알지 못했지만 제인은 놀라우리만큼 침착해짐을 느꼈다. 서두는 쉬웠다. 고블린, 패티, 피피와 피피의 가족, 그레믈린과 쌍둥이의 최근 근황을 자세히 들려주었다. 아프리카의 야생 침팬지에게 가해진 위협들을 지적하고 인간이 이미 얼마나 많은 자연 환경을 훼손시켰는가를 이야기했다. 자신이 생각하는 희망의 이유 네 가지도 하나하나 설명했다……. 그리고 뉴욕에서 하루 동안에, 인간이 생각해낼 수 있는 최고의 악—무고한 사람들을 죽이기 위해 무고한 또 다른 사람들을 이용한 행위—을 목도했고 구조대원들이 위험을 감수하고, 어떤 때는 자신의 목숨을 바쳐 무너진 잔해에 갇힌 사람들을 구해주는 광경을 지켜보면서 인간의 용기와 이타성이 최고로 빛나는 순간을 보았노라고 말했다. 또 극도의 유독성분이 뿜어져 나오고 당장이라도 무너지려고 하는 위험한 건물 잔해 속에서 날마다 지칠 때까지 일한 구조견들이 보여준 놀라운 용기에 대해서도 이야기했다.

뒤이어 9.11 공격을 강연 내용 안으로 끌어들였다. 그렇다, 그 사건은 말 그대로 트라우마였으며 믿을 수 없을 정도로 파괴적이었다. 뉴욕, 워싱턴, 펜실베이니아에서 수천 명이나 되는 일반 시민의 목숨을 앗아갔으며, 바깥 세상에 도사린 위험과 악을 실현할 수 있는 인간의 잠재성을 미처 몰랐던 미국인들의 순진함을 산산이 박살냈다. 뉴욕의 모습과 정서는 예전과 같을 수 없을 것이며, 그 공격의 충격적인 심각성을 인식해야만 했다. 또 테러리즘이 오랫동안 지속되어왔다는 사실을 기억하는 것이 중요했다. 사실 유럽인들은 그동안 무고한 사람들을 죽이려고 하는 테러리스트들의 폭탄에 익숙해져 있었다. 제인 자신도 런던에서 아찔했던 적이 있었다. 왕립해외동맹Royal Overseas League의 한 회의실의 연단—IRA 테러리즘을 주제로 하는 회의에 쓰일 예정이었다—안에 대형 폭탄이 숨겨져 있었던 것이다. 그때 제인은 새벽 6시에 클럽에 있던 자신의 방을 나와 급히 대피했는데, 그 폭탄 장치는 그녀의 방에서 정확히 3층 위에 놓여 있었다. 또 폭탄 위협으로 공항에서 대피한 적도 세 번이나 되었고 비슷한 상황으로 기차역에서 빠져나온 적도 두 번이나 있었다. 사람은 적응을 하게 마련이다. 매년 수만 명의 사람들이 교통사고로 죽거나 심각하게 부상을 입는다. 이 계속되는 대량 학살이 단 한 명의 테러리스트가 저지르는 그 어떤 일보다도 훨씬 더 심하지만, 사람들은 통계적으로 자동차로 인한 위험이 매우 크다는 것을 알면서도 차 때문에 공포로 몸이 얼어붙지는 않는다.

제인은 매우 어릴 때 몸소 지켜보았던 제2차 세계대전의 끔찍한 공포에 대해서도 이야기했다. 영국이 독일을 상대로 전쟁을 선포했음을 라디오에서 들었을 때를 지금도 생생하게 떠올릴 수 있는데 라디오에서 흘러나온 말의 논리를 이해하기에는 너무나 어렸지만 자신의 주변에 있던 어른들이 걱정하고 두려워한다는 것쯤은 잘 이해할 수 있었다. 삼촌 렉스는 전쟁에서 죽었다. 두번째 남편인 데릭은 비행기 충돌 사고로 장애를 남긴 심각한 부상을 당했다. 전 세계에 휘몰아쳤던 그 총력전으로 인해 전투에 참가하거나 아니면 전쟁과 상관없는 일반 시민이었던 이들 수백만 명이 죽거나 장애인이 되었고, 수백만도 더 되는 또 다른 사람들이 히틀러와 나치가 만든 죽음의 공장에서 온갖 실험에 시달리며 굶주리고 총을 맞고 가스에 질식되는 일을 겪었다. 선한 사람들은 두려워했지만, 결국 그들은 도덕적 올바름에 대한 감각에 인도되고 용기가 뒷받침하는 행동을 수행해 승리를 거두었다. 제2차 세계대전은 생명을 잃은 많은 이들에게는 끝이었지만 이 땅의 생명들에게는, 문명에게는, 나아가 서구의 민주주의에게도 끝은 아니었다. 마찬가지로 9.11 테러도 그만큼이나 끔찍한 사건이기는 했지만 끝을 의미하는 것은 아니며 미국인들은 공포에 몸을 맡기기보다는 용기를 내어 일어섬으로써 그 위기로부터 온전히 빠져 나오게 되리라.

2001년 제인은 명예학위를 4개, 권위 있는 상은 5개나 받았지만 그녀가 가장 귀중하게 여겼던 명예로운 상은 10월 30일 유엔에서 수상한 세계비폭력운동 간디·킹 비폭력상이었다.

10월 30일 오전에 상을 받기 직전 제인은 브롱크스의 한 학교에 들러 그곳에서 열린 뿌리와 새싹 회합에서 강연을 했다. 제인의 연설이 끝난 뒤에 스티브 스멀든이라는 어느 뉴욕 경찰국 경사가 한산이라는 이름의 독일

세퍼드 구조견을 끌고 단상으로 올라왔다. 스멀든 경사는 그라운드 제로 Ground Zero에서의 담당 업무, 즉 유독 물질이 가득한 현장 안에서 한산과 함께 조각조각 난 사람들의 시신을 수습하는 일을 하며 겪어야 했던 엄청 난 스트레스에 대해 이야기했다. 그는 제인과 그 자리에 모인 학생들에게 9월 11일부터 그곳에서 한산과 함께 일하기 시작했으며 하루에 열다섯 시 간씩 근무를 한 뒤 교대했고 2주마다 겨우 하루밖에 쉬지 못했다는 이야기 를 들려주었다. 일을 시작한 첫 주부터 한산은 앞발이 찢어지는 상처를 입 었지만 소형 특별 장화를 신은 채로 계속 일을 강행해야만 했다면서 스멀 든은 제인에게 그 장화를 건네주었다.

그날 오후 늦게 유엔 신탁통치이사회에서 열린 간디 · 킹 비폭력상 시상 식에서의 연설 때 제인은 용기 있는 개와 그의 영웅적인 인간 파트너가 보 여준 희망이라는 상징적 메시지를 전달하기 위해 그 장화를 들어 올려 보 여주었다. 또 어린 시절 자신이 길렀던 애완견 러스티가 동물의 진정한 본 능에 대해 얼마나 많은 것을 가르쳐주었는지 보여주는 가슴 따뜻한 일화를 이야기했다. '수훈의 견공들'이라는 주제를 계속 이어나가면서 제인은 이번 에는 관객석에 있는 맹인안내견 케슬러—주인인 알 골라벡 전 세계 맹인 스키 점프 챔피언 옆에 앉아 있었다—를 소개했다. 아마 유엔에서 소개된 개는 케슬러가 처음이었을 것인데, 사람들의 관심이 쏠리자 케슬러는 제인 의 얼굴을 핥으며 뽀뽀를 퍼부었다.

인간의 삶에서 동물이 차지하는 중요성은 그날 제인의 연설에서 근본적 인 주제였다. 하지만 동물들과 동물 애호가라는 주제가 적절한 것이었을 까? 상의 이름을 따온 마틴 루터 킹과 마하트마 간디라는 이 유명한 두 위 인과 이전 수상자인 코피 아난과 넬슨 만델라는 모두 인간의 정치 영역에 서 평화로운 변화를 이끌어내기 위해 협상과 도덕적 설득이라는 비폭력 방 식을 사용한 결출한 인물들이 아니었는가.

코피 아난 유엔사무총장은 세계 지속가능 발전 정상회의(2002년 9월 개 최 예정이었다) 준비를 하면서 회의가 개최되기 몇 달 전 제인을 13명의 '저명인사들'로 이루어진 자문위원단의 위원으로 임명했다. 이후 유엔에서 열린 예비회의에 그 13인이 모였을 때 코피 아난이 지속가능한 발전을 위해 각자 할 수 있는 일이 무엇인지를 간략히 말해달라는 요청을 하자 제인은 뿌리와 새싹에 대해 이야기하기로 했다. 제인은 수십 개 국가에 수천 개의 지부가 있는 어린이들을 위한 이 프로그램이 서로 다른 문화와 나라와 종교 배경을 가진 사람들 사이에 세워진 장벽을 어떻게 무너뜨려가고 있는지를 설명했다. "우리는 진실로 세계 평화의 씨를 뿌리고 있습니다." 뒤이어 이어진 다른 위원들의 발언이 모두 끝났을 때 아난 총장은 자신의 결론을 이야기했다. 뿌리와 새싹이 이야기해볼 만한 유일한 주제인 것 같다는 말이었다. 또 청소년들이 미래라는 제인 구달의 말이 마음에 들었으며 뿌리와 새싹에 대한 제인의 생각도 훌륭했다고 말했다. 이후 예정된 단체 점심식사를 하러 가는 길에, 아난은 식당으로 가는 내내 제인과 이야기를 나누었다. 하지만 정작 식당에서는 제인의 반대편에 앉은 데다 식탁이 너무 커서 대화를 이어나가기에 너무 멀자 아난은 뿌리와 새싹에 대한 이야기를 나누고 싶다며 자리까지 바꿨다.

그 대화 덕분이었는지는 몰라도 아난이 제인을 '유엔 평화 사절'이라는 명예로운 자리에 지명했으며, 2002년 4월 16일 유엔 빌딩 38층의 사무총장 개인 회의실에서 조촐하게 공식적인 임명식이 거행되었다. 그 자리에서 아난 총장은 구달 박사의 "인류를 위해 유익한 일에 쏟는 헌신"을 언급하며 귀금속 디자이너 레니 펄먼이 디자인한 은색 '평화의 비둘기'를 제인의 옷깃에 꽂아주었다. 제인은 무하마드 알리, 매직 존슨, 윈턴 마살리스, 루치아노 파바로티, 엘리 비젤 등의 뒤를 이은 열번째 사절이었으며, 유엔의 사명을 돕는 데 자신의 에너지와 카리스마를 사용하겠다고 동의했다. 또 "세계에 평화와 희망의 사절이 절실하게 필요한" 시기에 그런 책임을 떠맡게 되어 "매우 영광스럽게" 여긴다고 소감을 밝히며 "세계 평화를 이룩하기 위해서는 우리가 서로 싸움을 중단하는 것뿐만 아니라 자연 세계를 파괴하는 일 또한 반드시 멈춰야 한다는 메시지를 전달하겠다"고 약속했다.

제인을 향해 축하의 메시지가 물밀듯이 쏟아졌으며 그 가운데에는 전 CBS 텔레비전 뉴스 앵커 월터 크롱카이트가 보낸 절박한 평화와 희망의 메시지도 있었다. "만약 당신이 세상을, 특히 미국을, 지금 우리가 최대한 많은 수의 인간을 좀더 효율적으로 죽일 새로운 방법을 고안하고 건설하는 데 막대한 돈을 쓰는 이런 우둔함으로부터 깨어나게 할 수 있다면, 지금 우리가 서 있는 이 헛되이 도는 쳇바퀴에서 벗어나 몇 킬로미터는 더 나아갈 수 있게 될 것입니다."

콜린 파월 미국 국무장관도 날이 갈수록 빠듯해지는 일정에서 잠시 시간을 내어 개인적인 메시지를 보냈으며 손으로 직접 쓴 그 편지에는 "다시 한 번 소식을 듣게 되어 기쁘고," "귀하의 '평화의 메시지'는 그 어느 때보다도 필요한 것입니다"라고 적혀 있었다.

그렇게 제인 구달 박사는 저명한 과학자이자 세계적으로 유명한 침팬지 전문가라는 최초의 신분에서 침팬지와 기타 인간이 아닌 동물을 대변하는 운동가로, 인간의 정신성과 심리적 안녕에 관해 명성이 높은 권위자로, 정치, 평화 문제에서 저명한 세계 시민이자 대변인으로 성장했다(어찌 보면 그 성장은 계속되고 있었다).

같은 달 제인은 워싱턴 D.C.의 컨스티튜션 홀에서 내셔널지오그래픽협회에서 증정한 주재駐在 탐험가 모자를 쓰고 대형 침팬지 강연을 했으며 열광적인 반응을 보이는 관중들에게 야생 침팬지 소리를 흉내 내어 들려주었다. 이어 5월 6일에는 온타리오 과학센터에서 열린 대형 아이맥스 다큐멘터리 영화 〈제인 구달의 야생 침팬지〉 시사회에 참석했다. 이 기간 동안 제인은 조용히 영적인 메시지가 담긴 모자를 쓰고 다니기도 했는데 처음에는 4월 17일 코넬 대학의 캠퍼스에 있는 세이지 예배당에서 열린 "희망 예배"에서 썼고 그 다음에는 5월 12일 샌프란시스코 그레이스 대성당에서 열린 "창조를 위한 돌봄" 설교 시간에 썼다. 또 제인은 1월 중순 코스타리카를 방문해서 미구엘 로드리게즈 대통령과 오스카 아리아스 전 대통령과 사적인 대화를 나눈 것을 시작으로, 영감이 넘치는 정치 평론가이자 전 지구를 바삐 도는 평화 사절로서의 새 역할을 수행하기 시작했다. 2월 중순에는 펜실베이니아 주 하버포드에서 열린 "세계적 책임" 학술회의에 참석했다. 4월 16일에는 앨런 크랜스턴 평화상 시상식에서 유엔 군축 사무차관인 자얀타 다나팔라에게 상을 수여했다. 5월에는 세계은행에서 열린 '환경 및 사회적으로 지속가능한 발전 주간' 행사에서 기조연설을 했다. 5월 14일에는 버지니아 주 맥린에서 소수의 전문가들을 대상으로 열린 생화학 테러리즘 학술대회에서 침팬지 행동으로부터 인간의 파괴 행동에 대한 실마리를 발견하는 것을 주제로 강연을 했다.

한편 다르에스살람에서는 이제 65세의 고령이 된 휴고가 독감에 걸려 병석에 눕고 말았다. 폐기종으로 몸이 많이 쇠약해진 휴고는 5월 5일 병원에 입원했다가 퇴원한 뒤에 건강이 악화된 채로 다시 입원했다. 6월 2일 오전 7시 그럽, 머라이어, 토니 콜린스가 곁을 지키는 가운데 휴고는 세상을 떠났다.

  탄자니아 정부의 여러 고위층 인사들은 세렝게티 보존과 관광산업을 위해 그가 평생 봉사한 점을 인정해 각별한 예의를 갖춰 국장을 치르기로 결정했다. 그의 시신은 현장연구 복장을 입혀 다르에스살람의 어느 큰 망고나무 아래 시원한 그늘에 놓였으며, 꽃으로 둘러싸인 그의 시신이 있는 곳으로 많은 사람들이 찾아와 애도와 추모, 작별의 메시지를 전했다. 이튿날 시신은 비행기에 실려 세렝게티로 날아갔으며, 그곳에서 다시 차에 실려 사자, 하이에나, 타조, 얼룩말 등 세렝게티의 동물들 옆을 지나쳐 달려서 은두투 오두막 캠프에 도착했다. 그런 뒤 관을 예전 그의 캠프가 있던 곳으로 운구하였고, 유럽, 미국, 곰베, 다르에스살람, 기타 탄자니아 지역에서 찾아온 2백여 명의 애도객들이 그 길을 함께했다. 탄자니아 관광부 장관 자키아 메그흐지 선생의 감동적인 낭독이 있었고, 몇몇 사람들의 휴고에 대한 추억담과 인물평이 이어졌다. 모든 애도객들이 한 줄로 서서 관을 지나가며 마지막 작별 인사를 남기는 의식이 끝나자 산림 감시원들이 관을 들어 한들한들 흔들리는 높은 파라솔 같은 아카시아 나무들 밑에 판 무덤으로 옮겼다. 관이 내려진 뒤에 그 위로 흙을 뿌리고 애도객과 유족들, 아이들이 함께 흙 위로 꽃다발을 던졌다. 이후 애도객들은 점심식사를 위해 은두투 오두막으로 돌아갔다.

토니 콜린스가 제인에게 보낸 이메일에 따르면 휴고의 무덤은 "아름다운 장소, 굉장히 평화로운 곳, 그가 있어야 할 바로 그런 장소, 기린들이 다가와 굽어보고 아름다운 임팔라 떼가 그 곁을 지나쳐 가고 밤이면 하이에나들이 컹컹 짖는" 곳에 마련되었다고 한다.

6월 중순 제인은 아프리카로 돌아왔으며 7월 중순에는 콩고 북동쪽 숲지대 쪽으로 이동한 뒤 어느 탐사대—방곰베 피그미족의 길 안내를 받았다—에 합류해 아프리카 대륙에서 가장 들어가기 힘들고 오지로 손꼽히는 지역의 심장부로 여행했다. 콩고 은도키와 구알루고 강의 교차점 안에 위치한 구알루고 삼각주가 목적지였는데, 그곳은 굉장히 넓은 늪지와 몰려드는 벌레 떼들, 이곳저곳에 숨어 있는 코끼리 무리와 어디서 갑자기 나타날지 예상하기 어려운 고릴라 무리, 그리고 코끼리가 지나가면서 얽히고설킨 식물 더미 때문에 다니기가 굉장히 어려웠다. 단념하지 않을 수 없는 이런 사정들 때문에 역사적으로도 사냥꾼들이 꺼려하는 지역이 되었는데, 그렇게 외진 지역인 덕택에 그곳의 침팬지들은 인간이 두려운 존재인지를 전혀 몰랐다. 두 다리로 선 사촌, 인간이 난생 처음 풀잎을 스치는 소리를 내고 고약한 냄새를 풍기며 약탈을 하러 왔을 때에도 구알루고의 유인원들은 몸을 숨기는 대신에 둥근 원을 그리며 모여들어서는 주변을 어슬렁거리며 우우거리는 날카로운 울음소리를 내거나 멍청히 바라보기만 했다고 한다.

제인이 구알루고 삼각주로 간 것은 2003년 4월 「내셔널지오그래픽」에 보도된 것과 같이, "환경 보존론자 마이클 페이가 제인 구달의 도움이 필요하다고 요청했기" 때문이었다. 약 12년 전 J. 마이클 페이는 야생생물보존협회의 청탁을 받아 코끼리 연구를 진행하고 있었는데, 당시 콩고인 동료

마르셀린 아그나그나와 함께 우연히 구알루고 지역으로 흘러 들어가 이 순진한 침팬지들을 목격했던 것이다. 이후 페이는 콩고 정부에 누아발레 은도키 국립공원을 지정하자는 로비를 성공적으로 수행했고, 이렇게 해서 약 4,198제곱킬로미터에 달하는 원시 그대로의 숲을 벌목하지 못하도록 보호할 수 있게 되었지만, 구알루고 삼각주로 알려진 이 중요한 지역만은 미묘한 정치적 문제들 때문에 포함되지 못했다. 하지만 2001년 공원의 남쪽 외곽 지역이 확대되면서 삼각주 중 약 258제곱킬로미터 넓이의 면적이 공원으로 편입되었고, 이후 2002년 여름 무렵에는 페이가 콩고 정부에게 마지막 남은 약 95제곱킬로미터의 삼각주 지역도 보호해주기를 청원하고 있었던 상황이었다. 일주일 동안의 탐사가 끝나고 페이와 제인은 브라자빌로 돌아가서 콩고 대통령을 만나 이 마지막 남겨진 지역에 대한 로비를 벌이기로 했다.

은도키 늪지대를 빠져나온 제인과 페이는 삼각주에 있는 베이스캠프를 향해 약 16킬로미터를 더 걸어갔으며, 해가 떨어지고 나서야 캠프 인근에 도착한 둘은 마지막 관문인 허벅지까지 차올라오는 작은 늪을 조심스럽게 헤치며 통과했다. 이미 텐트는 모두 세워져 있었고, 늦은 저녁으로 콩, 쌀로 된 요리가 준비되어 있어서 마침내 제인은 휴식을 취하며 그곳을 즐길 여유를 찾을 수 있었다. 그녀가 최초로 경험해보는 장기간의 진짜 탐험이었으며, 중앙아프리카 지역에서 숲 깊숙한 곳까지 들어가기도 이번이 처음이었다. 나쁜 점 하나는, 발에 심한 물집이 잡혀 5일 동안이나 발에 붕대를 감고 면사 테이프로 고정을 시켜둬야 했다는 것이었다.

이 오지체험의 또 다른 유일한 아쉬움은 고독을 즐길 여유와 사적인 시간을 가질 수 없다는 것이었다. 탐사대에는 마이클 페이와 다른 몰이꾼들 말고도 열의에 넘치는 젊은 침팬지 연구원들과 「내셔널지오그래픽」에서 온 작가 데이비드 쾀멘, 사진작가 닉 니콜스가 있었다. 게다가 협회의 TV 부서 산하 영화 제작팀이 붐 마이크와 카메라를 들고 와 있었는데 이들은 모든 장면과 소리를 담으려고 벼르고 있었다. 쾀멘식으로 표현하자면 "모든 말과 시선을 굶주린 듯이 기록했다." 그래서 "숲 자체가 TV 무대가 되었으며" 제인은 그 어느 때보다 "인내심 있고 전문가적인 면모"를 보여주었다. "매 장면마다 자신을 표현하고, 다른 부분으로 넘어가야 할 때면 이런저런 평가를 했으며, 평소에 자신의 명성에 따라오는 무거운 짐과 기회를 잘 활용하듯이, 이번에도 TV의 관심을 잘 활용했습니다. 자신의 메시지를 전달하기 위해서요." 쾀멘이 재정리한 그 메시지는 이렇다. "동물이든 인간이든 모든 개체가 중요하기에, 만약 당신이 냉혹한 인간 중심주의와 잔혹성을 버린다면, 당신의 행동으로 이 지구를 더 나은 장소로 만들 수 있을 것입니다."

제인은 탐사 마스코트로 자신의 봉제 원숭이 인형 미스터 H를 가지고 왔었는데, 니콜스가 이 인형을 넣은 배낭을 메고 숲으로 사라지는 제인의 흐릿한 모습을 담은 예술적인 장면을 연출해냈고, 이 사진은 기사의 마지막을 장식했다. 제인이 사진작가에게 들려준 미스터 H가 보내는 희망의 메시지는 이랬다. "앞을 보지 못하는 이가 마술을 할 수 있다면, 앞을 볼 수 있는 당신의 행동은 온 세상을 얻을 수 있을 정도로 강력할 겁니다."

그 무렵 제인이라는 존재는 사실상 현인으로, 더 큰 세상의 메신저로 자리매김하고 있었다. 이 은발의 현명한 여인이 가르침을 주고 방향을 제시하며 희망에 목마른 모든 사람들에게 응답을 해주었기 때문이었다. 물론 점점 커져만 가는 이 새로운 명성은 긍정적인 면과 부정적인 면을 모두 가져왔다. 사실 제인은 다른 사람들의 관심과 기대에 꽁꽁 묶여 있었고, 공인이라는 단단한 껍질 속에 갇힌 채로 대중 앞에 노출이 되면서 사생활과 익명의 자유를 빼앗긴 상황이었다. 하지만 제인은 마음의 문을 열고, 사람들의 관심을 사로잡고, 다른 이의 생각을 바꾸게 함으로써 좋은 일들이 이루어지게 하는 마술 같은 힘을 지니고 있었다. 그런 힘을 부정하는 것은 삐뚤어진 시선일 것이다.

8월 26일 세계지속가능발전 정상회의 개최에 맞춰 환경 특집호를 제작한 「타임」에 훼손된 지구 환경과 그 치유 방법에 대한 제인의 메시지가 담긴 에세이가 전면 게재되었다. 한편 이 메시지가 신문 가판대에 나타났을 즈음에는 제인은 요하네스버그에 체류하며 이 세계지속가능발전 정상회의에 참가해서 또 다른 메시지를 전달하고 있었다.

요하네스버그 정상회의는 유엔 총회가 1992년 리우데자네이루 지구 정상회의 10주년 기념행사로 공식 인정한 회의였다. 당시 리우 정상회의에는 지구 각지의 환경주의자들, 즉 환경에 가해지는 인류의 공격을 반전시키고 인류의 빈곤을 줄여야 한다고 열렬히 외치는, 희망에 찬 남녀가 모여들었다. 10년 후에도 환경은 여전히 악화되고 있었고 인류가 처한 여건도 나빠지고 있었다. 사실 사람의 머릿수가 훨씬 더 많아진 상황이었다. 그 10년 사이에 지구에 늘어난 인구의 수는 7억 5천만 명이나 되었다. 이는 어떤 지역에서는 굶주리는 사람들이 늘어났다는 의미였고, 또 어떤 지역에서는 살찌고 자원을 낭비할 사람들이 늘어났다는 뜻이었다. 동시에 인간의 수가 놀라울 정도로 급증함에 따라 침팬지나 기타 대형 유인원들을 포함한 인간이 아닌 생명체들이 살아가는 세계의 상당 부분이 위협을 받게 되었다는 뜻이기도 했다. 이런 경향에 대응하고 리우 회의의 공허한 희망을 좀더 실제적인 비전과 구체적인 해결책으로 대체하기 위해 8월 26일부터 9월 4일까지 10일간 요하네스버그 정상회의가 개최된 것이다.

당연히 제인도 이 행사의 틀을 갖추고 홍보하는 일을 도운 '저명인사들' 가운데 하나였고 행사 기간 동안 제인은 하루에 네 번씩 연설을 했다. 또 짬을 내어 코피 아난 총장 내외, 남아프리카공화국 대통령 사보 음베키 내외와 동반해 스테르크폰테인 동굴로 소풍을 갔으며 지금까지 현장에서 발견된 오스트랄로피테쿠스 화석 중 가장 보존이 잘 된 화석을 둘러보기도 했다. 인류의 옛 과거를 들여다보는 놀라운 체험이었다. 나중에는 코피 아난 총장 내외와 함께 소웨토 '희망의 산' 정상을 등정해서 인류의 현재와 이후 다가올 미래를 고찰하는 시간도 가졌다.

이 소웨토 희망의 산은 '코피'라고 부르는 바위투성이의 작은 산으로, 소웨토의 흑인 거주 지역 한가운데에 위치해 있었다. 아파르트헤이트가 최악으로 혹독했던 시절 그곳은 잔혹한 정치 숙청의 어두운 악행이 암암리에 벌어지던 장소였으며 그 잔해의 처리장이기도 했다. 하지만 그 시절에서 살아남은 만들라 멘투어라는 이름의 소웨토 토박이 청년이 그곳을 청소하기 시작했다. 처음에는 도와주는 사람이 가족밖에 없었지만 이내 다른 사람들도 참여하기 시작했고 마침내 멘투어는 아만들라웨이스트 크리에이션스라는 사업체를 설립해서 재활용을 통해 새로운 일자리를 창출해내기까지 했다. 동시에 멘투어와 그의 가족, 조력자들은 쓰레기를 치우고 계단식 대지를 조성해 그 절망의 무덤 산에다가 꽃을 심어 정원을 가꿨고, 그렇게 해서 소웨토 희망의 산으로 탈바꿈되었다. 이후 제인이 쓰기로는 만들라 멘투어는 "작고 깐깐한 남자였지만 엄청난 에너지로 가득 찬 사람이었으며, 눈부신 미소와 너무나도 따뜻한 눈을 가졌으며, 그에게서 사랑과 상냥함이 뿜어져 나왔다"고 한다. 그는 "여전히 범죄가 만연한 지역의 중심에 평화와 희망의 오아시스"를 세워냈다.

제인의 촉구로 이 소웨토 희망의 산에서 어린이 지구 정상회의의 개·폐막 행사가 열렸다. 전 세계에서 온 150여 명의 아동과 청소년(어른들의 지속가능발전 정상회의에서 같이 회합을 갖는 뿌리와 새싹 회원들도 포함해서)이 모인 자리였다. 폐막식에 참석한 제인과 코피 아난 총장 내외는 어린이 지도자―에콰도르의 아날리즈 베르가라(14세), 중국의 리아오 밍유(11세), 캐나다의 저스틴 프리슨(11세)―옆에 섰다. 전 세계 취재 기자들이 세운 많은 마이크와 카메라 앞에서 아이들은 "대부분의 세계 지도자들은 귀를 기울이고 있지 않습니다. 너무나 많은 어른들이 환경보다는 돈에 관심이 있어 실망스럽습니다" 하고 분명히 말했다. "당신의 아이와, 조카와, 손자들을 생각해주세요…… 그들에게 어떤 세상을 물려주시길 원하세요?" 또 "환경에 해를 끼치는 사람들에게 벌을 주고 감옥에 가두는 일이 그렇게 힘드세요?" 하고 물었다.

아난 총장에게 다섯 장짜리 선언문과 이어 어린이 대표단 각자의 모국어로 인쇄된 신문지를 손으로 접어 만든 평화의 종이학 천 개가 건네졌다. 각각의 종이학 속에는 어린이들이 세상에 바라는 개인적인 소망이 하나씩 적혀 있었다. 마지막으로 제인은 아난 총장 내외와 함께 희망의 산에 평화를 기원하는 나무 심기 행사에 참여했다.

9월 중순 경에는 미국으로 돌아온 제인은 평소와 같이 책임을 맡은 일들을 처리하느라 코네티컷에서 뉴욕, 캘리포니아로 이동했다.

　뉴욕에서는 아난 총장이 9월 21일에 열릴 유엔 평화의 날 기념 행사를 준비하고 있었다. 이 축하연은 전 세계의 사람들로 하여금 평화에 대한 생각과 노력을 고취하기 위해 계획된 것이었는데, 캘리포니아 주 새크라멘토에서 체류 중이었던 제인도 자신의 의견을 전달하기 위해 새벽이 되기도 전에 일어나 CNN 생방송 인터뷰에 나섰다. 그날 아침 10시 유엔 빌딩 안에서는 아난 총장이 울린 대형 평화의 종소리가 울려 퍼졌다. 나중에 아난 총장은 제인에게 인터뷰를 위해 너무 일찍부터 깨워서 미안하다는 가벼운 사과를 담은 감사의 편지를 보냈다. "저는 박사님 잠의 희생이 전 세계 사람들의 평화에 대한 헌신감을 고취시키는 데 도움이 되었다고 확신합니다."

　그러나 당시의 시간과 장소라는 맥락을 고려해본다면, 그러한 희생이 과연 사람들의 헌신을 이끌어내는 데 정말로 실제적인 차이를 만들어냈는가 의문을 제기해볼 만하다. 확실히 상징적 메시지—종 울리기, 나무 심기, 산 정상에 서기, 연설하기—를 보낼 능력과 이 메시지를 전 지구적으로 증폭시키고 빠른 속도로 전파되도록 할 수 있는 능력은 부러워할 만한 것이다. 제인이 유엔 평화사절로 임명된 이유는 분명 굉장히 많은 사람들이 제인의 말이나 행동에 관심을 기울일 것이라는 생각에서였다. 하지만 궁극적으로, 상징적 메시지를 보내는 것만으로 정말 많은 것을 성취해낼 수 있을까? 오히려 세상을 바꾸는 더 큰 힘은 더 간단하지만 실체가 확실한 메시지를 전달하는 능력에 있지 않을까? 총을 발사하거나 로켓 미사일을 쏘아 올려서 전달하는 것과 같은 힘 말이다.

2001년 9월 11일 세계무역센터와 미국 국방부에 가해진 인명 살상 공격 이후 부시 대통령은 미국인들의 보안, 또는 보안 의식을 재건할 목적으로 아프가니스탄에 미군을 파병해 전쟁을 일으켰다. 9.11 사건의 배후자인 오사마 빈 라덴을 체포 또는 살해하고 아프가니스탄을 기반으로 한 빈 라덴의 알카에다 조직을 무력화시키려 했던 것이다. 이듬해 가을 무렵 아프가니스탄에서의 인상적인 군사작전 성공과 본국에서 자신에게 힘을 실어 주는 전 국민적 애국심을 바탕으로 부시 대통령이 다음으로 진행한 새로운 전략은 이라크 문제를 시작으로 중동을 변화시키겠다는 것이었다. 사담 후세인 이라크 대통령은 세계무역센터를 공격한 테러리스트들을 지원한 사실은 없었으나 다른 곳에서 테러를 자행한 자들을 도운 적이 있고, 그의 정권은 중동의 중심에 있는 검버섯 같은 독재정권으로, 세계 평화를 위협한 바 있었다. 부시는 무엇보다도 중요한 점은 사담 후세인 정권이 상상할 수도 없는 파괴를 초래할 화학, 생물학, 핵무기를 활발히 개발 중이라는 사실이라고 주장했다.

미국 대외 정책의 새로운 전개 방향을 두고 벌어지는 논란이 신문을 장식하는 사이에 제인은 여행을 하고 있었다. 극동 지역을 방문한 뒤 유럽으로 돌아온 제인은 12월 17일 영국으로 돌아와 본머스에서 주디와 주디의 아이들, 손자, 손녀들과 함께 크리스마스를 보냈다. 그해 내내 제인은 국무장관 콜린 파월과 간간이 편지를 주고받고 있었는데, 아마도 크리스마스 휴가 동안에도 본머스에서 또다시 파월에게 편지를 보냈던 듯하다. 한편 이라크 침공에 대한 국제적 지지를 구하고 있었던 부시 대통령은 자신의 뛰어난 국무장관인 파월로부터 협력을 얻어냈다. 이라크 문제로 5일간 조지 테넷 CIA 국장과 함께 집중적인 브리핑을 받은 파월 장관은 2003년 2월 5일 수요일 뉴욕의 유엔안보리를 방문해 미국 행정부의 전쟁 명분에 대해 설명했다. 주된 이유는 사담 후세인이 대량살상무기를 만들어두었다는 혐의였다.

2월 14일 콜린 파월은 이라크 문제를 두고 제기된 토론을 위해 다시 안보리로 돌아갔다. 긴장한 표정으로 관망하는 참관인 4백 명이 가득 메운 방에 들어선 후 파월은 안보리의 윤이 나는 말발굽 모양 탁자 앞에 앉아 15명의 안보리 대표들과 좌장 자리에 앉은 아난 총장과 마주했다.

 의견 교환에 나선 도미니크 드 빌팽 프랑스 외무장관이 침공 반대 주장을 펼치며 추가 사찰과 의견 수렴 및 시간을 갖자고 했다. 곧 다른 안보리 대표들도 이 의견에 동조를 표명했다. 상임이사국 5개국 중 3국—프랑스, 러시아, 중국—이 다른 제재 조치의 장점에 대해 강력한 주장을 펼친 데다, 비상임이사국인 독일도 파월과 미국의 입장에 반대 의사를 표명했다.

 자신의 발언 차례가 되자 파월 장관은 잠시 동안 마치 기도라도 하듯 손을 마주 잡더니 곧 단호히 손을 탁자 표면에 얹어둔 채 미리 적어온 발언문은 거의 보지도 않고 항변을 하기 시작했다. 확실히 그의 발언은 감동적이고 강력했다. 그렇다 하더라도 자발적인 박수를 이끌어내지는 못했으며 탁자에 앉은 대표들의 마음을 바꿔놓지도 못했음은 분명했다. 몇 달 뒤에 밝혀졌듯이 사실 파월 국무장관이 받은 첩보에는 심각한 오류가 있었다. 사담 후세인이 만들고 있다는 대량살상무기에 대한 주장은 반대 사실로 반박되었거나 전쟁의 구실을 삼기에는 사실성이 결여되어 있었다. 결국 파월은 그해 2월 유엔에서 한 자신의 발언이 자신의 인생 기록에 있어 영원히 "오점"으로 남게 될 것이라는 발언을 하기에 이른다. CIA의 몇몇 전문가들이 자신에게 신뢰하기 어려운 정보를 알려주었음을 깨닫게 되어 "고통스럽고" "끔찍한" 기분을 느꼈으며 사실 "무너져 내리는 듯한 충격"을 받았다고 인정했다. 하지만 이 발언은 아직 나중의 일이다.

 안보리에서의 토론이 있은 직후 파월은 국무장관으로서의 임기 동안 제일 중요한 공적 과제가 끝났다는 사실에 안도했었던 듯하다. 한편으로는 안보리로부터 전쟁에 대한 합의나 공식적인 찬성을 이끌어내지 못한 자신의 실패에 대한 실망도, 또 두려움도 느꼈던 것 같다. 미국 행정부 인사들 중 전쟁터에 나가 국가를 위해 실제로 목숨을 걸어본 경험이 있는 유일한 인물이었기에 파월은 남들과는 다른 시각에서 앞으로 펼쳐질 포화, 유혈 사태, 반역 행위를 고찰해볼 수 있었던 것이다. 그래서 그 주에는 그가 집에 혼자 틀어박혀 침울하게 개인적인 편지들, 그중에서도 제인에게 보내야 할 답신을 작성했을 것이라고 상상해볼 수 있다.

친애하는 제인.
보내주신 아름다운 편지에 감사합니다. 당신이 말한 내면의 평화를 느낄 수 있군요. 언젠가 곰베에 가보고 싶습니다.
우리가 직면한 문제들에 대한 평화적 해결방법을 찾아야 하는 지금은 매우 힘들기만 한 시절이군요. 당신의 생각을 저희들에게 계속 들려주세요.
조만간 다시 뵙기를 바랍니다.

항상 행운이 가득하시길
C

"평화적 해결 방법"을 언급한 파월의 짤막한 편지를, 권력의 중심부 인물로부터 전해진 작은 희망의 메시지로 받아들일 수도 있었을 것이다. 하지만 실제로는 매일 하루하루가 지날 때마다 희망은 점점 희박해지기만 했으며, 3월 8일 제인은 다른 상황에서라면 좋은 친구로 여겨도 좋았을 그 사람에게 마지막으로 편지를 보냈다.

친애하는 콜린
이토록 끔찍한 시절이기에 더더욱 우리는 서로를 구달, 파월이나 박사, 장군이 아닌 콜린, 제인이라는 이름으로 불러야 합니다. 사실 저는 늘 당신을 생각하고 있습니다. 앞으로의 나날에 어떤 신적인 중재가 일어나기만을 기도하고 있어요. 바그다드 공격으로 일어날 반향이 너무나도 두렵군요. 저는 영국인인 데다가, 또 영국과 미국이 함께 공조하고 있는 상황이며, 제 희디 흰 피부색은 부적절한 색깔이죠. 제가 시간을 보낸 전 세계 곳곳의 너무나도 많은 지역들에서 우리 두 국가에 대한 분노가 분출하고 말 것이라는 두려움이 생기더군요. 또 더 극심한 테러리즘과 증오로 세상이 얼룩질 일이 벌어질지도 모른다니 생각만 해도 끔찍합니다.

누군가 제게 그저 최악의 시나리오는 벌어지지 않을 것이라는 확신을 준다면 얼마나 좋을까요.

앞으로도 저는 절대 희망을 포기하지 않을 겁니다. 계속 기도도 할 것이고요. 의사 결정자들을 위해, 세상의 사람들을 위해, 환경을 위해, 그리고 미래를 위해서요.

그 어느 때보다도 제가 당신을 생각하고 있음을 알아주시길 바라며.

당신의 영원한 친구
제인

3월 18일 동부 표준시 오후 8시까지 이라크를 떠나라는 최종 시한이 사담 후세인에게 주어졌다. 그날 제인은 콜로라도 주 덴버에서 강연을 할 예정이었지만 심한 눈 폭풍으로 덴버 공항이 폐쇄되면서 장기간의 봄 순회강연 여행에서 잠시 해방되어 네브라스카에서 휴식 시간을 더 가질 수 있게 되었다. 당시 제인은 야생생물 사진작가인 톰 맨젤슨이라는 친구와 그의 조카 두 사람과 함께 시간을 보내고 있었다. 맨젤슨의 아버지가 지은 플랫 강의 오두막에서 캐나다두루미와 흰기러기들의 철새 이동을 관찰하며 새들이 알래스카와 시베리아의 여름 번식처를 향해 북쪽으로 날아가기 전에 강둑에서 잠자리를 찾아 쉬고 먹는 모습을 지켜봤다. 그 시간은 제인에게 여행과 사교, 연설의 압박감에서 풀려나, 전쟁이 임박한 인간 세계와 달리 평화롭기만 한 자연 세계에 대해 생각해볼 수 있는 기회가 되었다.

3월 17일 저녁 제인은 톰과 함께 하늘을 양탄자처럼 뒤덮은 기러기와 두루미의 끊임없는 행렬이 머리 위로 지나가는 모습을, 위풍당당하게 어마어마한 떼를 지어 여행하다가도 때로는 섬세하고 우아한 실타래 같은 모습으로 길어지는 모습을 관찰했다. 다른 방향에서도 날아오는 새 떼가 있었는데 멀리에서 바라본 그 모습은 마치 부드럽게 물결치는 구름 같았다. 해가 떨어지면서 노을로 물들었던 하늘이 어두컴컴해졌는데도 새들은 계속 날아왔다. 이제 완전히 어두워지자 제인과 톰, 그의 조카들은 오두막으로 돌아가 몸을 따뜻하게 하려고 불을 지피고 평화를 기원하며 촛불을 켰다.

3월 18일 새벽 얼음장 같은 돌풍이 몰아닥치며 비가 내리는 바람에 다들 오두막 안에 머무르는 것이 좋겠다고 생각했다. 10시쯤 캐나다두루미 떼가 하늘 위로 높이 나선형으로 날아올랐다가 창문 밖으로 보이는 그루터기만 남은 옥수수 밭을 향해 내려왔다. 잠시 후 흰기러기까지 포함해 약 2천 마리로 불어난 두루미 떼가 오두막 주변으로 날아다녔다.

제인은 새들의 춤을 지켜봤다. 뿌리와 새싹 소식지에 적었듯, "거의 두 시간 동안 처음에는 새 떼 한 무리가, 다음에는 다른 무리가 날개를 활짝 펴고 날아오르고 또 날아오르며 지푸라기와 흙덩어리를 물어 올렸다가 공중에 던지며 춤을 췄습니다." 마치 깃털이 달린 발레리나처럼, 부서질 것 같은 긴 다리의 흰옷을 입은 유령처럼, 상상할 수 있는 평화사절 중 가장 우아한 사절처럼 보였다. 제인은 이 놀라운 동작을 바라보며 황홀해했다. 2천 마리의 춤추는 두루미들이라니. 갑자기 그 춥고 흐린 날의 두루미들이 어떤 특별한 의미나 목적을 가지고 있다는 것이 분명하다는 강력한 느낌이 제인을 사로잡았다. 그 두루미들이 희망의 메시지를 안고 온 것만 같았다. "저는 두루미들이 우리에게 아무리 암울한 시절이더라도 결국 평화가 오리라는 사실을 말해주러 보내졌다고 믿고 있습니다. 제가 본 것은 그들의 '평화의 춤'은 아니었을까요."

43

힘차게 약진하는 여성

2003~2004

유쾌하게 비틀대는 거대한 꼭두각시 인형들이 제인이 참석한 미국 뿌리와 새싹 축제 분위기를 한층 더 고조시켰다. 위스콘신 애시랜드 지역 퍼핏 팜 소속 꼭두각시 전문가들이 자원하여 제작·공연해준 인형이었다. 2002년 4월 코피 아난이 제인의 옷깃에 '평화의 비둘기' 핀을 꽂아주며 제인을 UN 평화 사절로 임명하자, 이에 퍼핏 팜 회원 세 사람이 이 일을 기념하는 거대한 평화의 비둘기 모형을 설계해주겠다고 나섰다.

맨 처음 제작된 평화의 비둘기 대형 모형은 다양한 재활용품—철망으로 틀을 잡고 그 위에 침대시트를 기워 입혀 완성되었다—으로 조립되었다. 총 1.5미터 정도 길이의 하얀색 원뿔형 머리에는 까만색 눈과 녹색 천으로 만든 올리브 가지를 물고 있는 뾰족한 노란 부리가 달려 있었는데, 머리 양쪽으로 펼쳐진 갈기 모양 날개의 길이가 족히 6미터가 넘는 이 비둘기 모형은 크기도 컸고 퍽 자애로운 모양새였다. 사람 셋이 대나무 장대로 모형을 높이 띄우며 앞으로 걸어가면 거대한 비둘기가 하늘을 나는 것 같은 장면이 연출되기도 했다. 길이 2.4미터의 대나무 장대로는 거대한 비둘기의 머리통을 받쳤고 날개 끄트머리에 부착된 3.6미터 길이의 장대 둘로는 날개를 활짝 펼쳐 펄럭이는 시늉을 했다.

퍼핏 팜 기술자들은 비둘기 모형 원본을 미네소타 덜루스로 보내 날씨가 퍽 쌀쌀했던 10월, 2002년도 평화대회에서도 비둘기들이 거대한 흰 날개를 펼칠 수 있도록 했다. 이 대형 아상블라주(일상품을 한데 모아 구성한 미술품—옮긴이)가 주는 미적 효과와 극적인 느낌이 실로 대단했기 때문에 제인은 이 모형을 뿌리와 새싹의 평화의 상징으로 채택해야겠다고 결심을 한다. 이 비둘기들은 UN 국제 평화의 날에도 사람들의 관심을 끌어 모으는 데 톡톡히 한 몫을 할 것이었다. 2003년 2월 워싱턴 D.C.에서 열린 평화대회에서는 대형 비둘기 여덟 마리가 날개를 펄럭였다. 사실 여덟 마리는 제인의 애초 구상에 비하면 턱없이 부족한 수였는데, 제인이 밝혔듯 그녀의 애초 구상은 이 거대한 새들이 최소 만 마리 이상은 동원되어 우주에서도 그 광경을 지켜볼 수 있을 정도의 장관을 연출하는 것이었다. 제인은 그해 뿌리와 새싹 소식지에 다음과 같이 썼다. "이제 뿌리와 새싹에서 제일 집중해야 하는 부분은 평화 이니셔티브입니다. 우리는 다른 종교, 문화, 나라에 속한 사람들에게도 관심을 기울여야 합니다." 평화의 비둘기 모형에 마음을 빼앗긴 제인은 각 뿌리와 새싹 단체에서 비둘기 모형을 적어도 한 개쯤은 제작해주기를 바랐다. "조만간 모든 뿌리와 새싹 단체에서 대형 비둘기 모형을 적어도 한 개씩 준비해 한날한시에 함께 날리는 행사를 열 계획입니다. 그날 우리의 모습은 우주 인공위성에서도 보일 것입니다!" 2003년에는 약 6천여 개의 뿌리와 새싹 단체가 뿌리를 내리고 정착해 환경, 동물, 인류를 위해 전개되는 최소 6천 개 이상의 다양한 사업에 새싹을 틔우고 있었다. 그러니 각 지부 단체에서 잠시 시간을 내어 폐품이나 재활용품 조각들을 모아 대형 비둘기 모형을 만든다면 어떻게 되겠는가.

제인과 여동생 주디는 그해 8월 본머스 집의 정원에서 가족, 친구들과 함께 '평화의 비둘기 만들기' 파티를 열었고 9월 21일 국제 평화의 날, 주디 일행은 본머스를 가로지르는 대행진 행사에 참가해 다른 수백 명의 사람들이 마련해온 비둘기 모형 네 개와 더불어 자신들이 준비해온 비둘기를 하늘 높이 띄워 올렸다. 한편 대서양 저편에서는 제인이 코피 아난과 함께 아침 10시 뉴욕 UN 본부에서 열리는 '평화의 종' 행사에 참석했다. 행사가 끝나고 뿌리와 새싹 회원 30여 명은 국제학생대회에 참석한 친구 천여 명 과 더불어 UN 본부 잔디 광장에서 평화의 비둘기 대형 모형을 날렸다. 각자 자신의 비둘기를 준비해온 제인과 코피 아난도 이 자리에 동참했다.

사실 같은 시각에는 미국을 비롯한 삼십 여 개 국가에서 거대한 비둘기 수백 마리가 올리브 가지를 입에 문 채로 하늘 높이 비상하고 있었다. 제인은 그날 아침 뉴욕 도처에서 울려 퍼지는 평화의 종소리를 들으며 새로운 미래를 예견豫見, 혹은 예청豫聽했다. 그리고 이 국제 행사에 종소리가 사방에서 울려 퍼지게 해야겠다고, 제인은 이 자리에서 결심했다. 제인이 코피 아난 UN 사무총장에게 이 생각을 전하자 총장 역시 찬성했다. 제인은 그해 가을 뿌리와 새싹 소식지에 다음과 같이 썼다.

내년에는 전 세계적으로 5천에서 1만 마리의 비둘기들이 '비상'할 수 있기를 바랍니다. 상상해보세요. 2004년 9월 21일 10시, '평화! 평화! 평화!'를 알리는 종소리가 울려 퍼지고 수많은 비둘기들이 하늘로 날아오르는 모습을. 종소리와 새들의 날갯짓은 점차 지구 곳곳으로 퍼져나갈 것입니다. 여러분 개개인의 삶, 가정, 학교, 지역사회에서, 그리고 다른 문화, 종교, 국가에서, 여러분이 평화를 위해 쏟는 다양한 노력을 앞으로도 지금처럼 꾸준히 유지해나가세요. 그러면 내년, 비둘기들이 세계 평화를 위한 우리의 노력을 치하하며 하늘 높이 '비상'할 것입니다.

한편, 또 다른 전쟁—동물 세계에의 습격—은 그 기세가 조금도 사그라지지 않았는데 특히 중앙아프리카 유인원들을 둘러싼 상황은 최근 들어 더욱 불길했다. 20년 전부터 유럽 및 아시아 지역 벌목 회사들은 아프리카 중심부에 진출했으며, 이제는 자국의 소비자들을 위해 매년 1,100만 세제곱미터 분량의 목재를 베어내고 있었다. 중앙아프리카 지역 벌목꾼들은 스스로를 '지속가능한 개발'의 실천가들이라고 일컬으며 자신들이 상업적 가치가 높은 소수 종만 베어내는 선별적 벌목을 실시하고 있다고 주장했다. 이들의 벌목 행위로 인해 거대한 면적의 숲이 초토화되는 현실이 겉으로 쉽게 드러나지 않는 것이 사실이지만, 그들이 숲을 밀어 넓은 새 도로망을 냄으로써 전문 밀렵꾼들에게 숲을 활짝 열어젖혀준 효과를 초래했다는 사실만큼은 분명했다. 이들 전문 밀렵꾼들은 이제 매년 1백만에서 5백만 톤에 이르는 야생동물의 고기를 도시에 공급하고 있었다.

현재 아프리카 숲고기 산업은 숲에 사는 모든 종류의 동물—쥐, 박쥐, 개미핥기, 영양, 원숭이, 유인원—의 고기를 도시 소비자들에게 이국적인 취향의 고가 사치품으로 공급하고 있다. 본래 오래된 시골 지역(이들 지역민들에게는 숲에서 구한 고기가 상대적으로 저렴하고 중요한 단백질 원천이다)에 뿌리를 두고 있는 이러한 숲고기 소비 습관은 20세기가 끝날 무렵 도시 장사치들과 팀을 이룬 시골 사냥꾼들에게 상당한 금액의 소득을 안겨주는 연간 3억 5천만 달러 규모의 산업으로 변모했다. 상업적 야생동물 밀렵꾼 수가 폭발적으로 늘면서 몇몇 야생동물 종의 보존이 위협받게 되었는데 그중에서도 특히 유인원의 경우가 특히 더 심각했다. 사실 유인원 고기는 전체 숲고기 거래량의 1퍼센트에 지나지 않는다. 하지만 유인원들은 번식 속도가 매우 느린 종이다. 번식 속도가 느리다는 것은 종의 취약성이 높다는 것을 뜻하며 실제로 유인원들은 새로운 숲에 발을 디딘 밀렵꾼들의 손에 가장 빨리 멸종되는 동물 종이다. 사냥당한 유인원들의 사체가 조각조각 절단되어 중앙아프리카 대도시의 시장에서 나타나는 동시에 유인원들은 세상에서 서서히 사라져가고 있었다.

1990년대에 얼마 안 되는 수의 과학자들이 이 문제에 대해 본격적으로 조사에 나섰다. 1994년 여름에는 한 젊은 연구자가 몇 주에 걸쳐 벌목이 한창인 콩고 북부 도시 우에소 중심부에 일주일에 두 차례 들어오는 육류 운반 트럭을 몰래 지켜보았다. 트럭에서 고기가 내려지는 동안에 동물 종을 확인하고 중량을 추정한 결과 그는 매주 5천7백여 킬로그램의 숲고기가 매매되고 있다고 추산했다. 우에소의 인구가 1만 1천여 명임을 감안할 때 이는 매주 한 사람이 450그램가량을 소비하고 있다는 것을 뜻했다. 숲고기로 팔리는 동물은 총 39종으로 여기에는 박쥐, 덤불멧돼지, 애기사슴, 사향고양이, 악어, 독수리, 코끼리, 제닛고양이, 황금고양이, 표범, 몽구스, 천산갑, 호저, 뱀, 영양 8종, 원숭이 7종, 유인원 2종(침팬지, 고릴라) 등이 포함되어 있었다.

또한, 유인원은 1990년대 말 에볼라 바이러스가 일으킨 전염병 때문에 중앙아프리카 전역에서 빠르게 자취를 감추어가고 있었다. 수십만 제곱킬로미터의 면적에 퍼져 있는 유인원 집단 사이에서 삽시간에 번져나간 이 신종 전염병도 어쩌면 이 지역의 대규모 벌목이 초래한 현상일지 모른다. 벌목이 숲의 생태계를 예상치 못한 방식으로 바꾸어놓음으로써 에볼라 바이러스의 보유 숙주 종의 상태를 변화시켰을 수 있다는 것이다. 그 누구도 진실은 모른다. 하지만 에볼라 바이러스 전염병 확산에 이어 상업적 야생동물 사냥까지 활발해지면서 상당수의 유인원들이 광범위한 지역에서 자취를 감추고 있었다.

누구도 생각지 못한 최악의 생태적 위기였다. 아프리카의 야생 피그미침팬지, 침팬지, 고릴라들은 이제 가파른 추락의 길에 들어선 것이나 다름없었다. 제인은 사적인 자리에서 이 상황을 "절망적"이라는 말로 묘사했다. 전기톱과 산탄총 사이에 갇힌 수천 혹은 수만 마리의 침팬지들의 처지를 그려볼 때 이는 분명 적절한 표현이다. 제인은 구알루고 삼각주 지역 트래킹 여행에 대해 쓴 2003년 「내셔널지오그래픽」 기고문에 자신의 소회를 적었다. "내가 벌목으로 인한 산림 파괴와 숲고기 매매를 생각할 때 이는 단순히 침팬지 개체수의 변화라는 차원의 문제가 아니다……. 나는 침팬지의 개체수 감소를 개별 침팬지 하나하나에 가해지는 위해와 결코 따로 떼어 생각할 수가 없다."

평화 운동을 전개하다 보면 종종 외롭고, 또 가끔은 스트레스를 많이 느끼기 마련이지만 제인은 이러한—인류와 동물 모두를 위한—평화 운동을 쉬지 않고 전개해나갔다. 물론 그로 인한 외로움과 스트레스는 분명 전 세계 제인구달연구소 18개 지사에서 일하는 공식 도우미(직원 및 자원봉사자들)의 도움으로 상당 부분 완화되었다. 또 비공식적으로도 제인의 친구들과, 그녀를 지지·후원하는 많은 사람들, 또 경계는 불분명하지만 대략 베이스캠프Base Camp, 제인의 친구들Friends of Jane, 브러더스Brothers(가까운 남성 친구들)로 분류되는 든든한 지원군이 제인에게 힘이 되어주었다.

이곳저곳을 두루 돌아다니는 제인의 생활을 장기간의 캠핑 여행에 빗댄다면 베이스캠프 지역 모임은 뉴욕, 로스앤젤레스, 샌프란시스코, 휴스턴, 불더 등등에서 그녀에게 텐트와 모닥불이 되어준다고 할 수 있다. 예를 들어 2004년 1월 5일 제인과 메리 루이스가 로스앤젤레스를 방문했을 때에도 두 사람을 차에 태워 데려간 이들은 로스앤젤레스의 베이스캠프 회원들이었다. 두 사람이 이곳을 방문한 것은 TV 비평가 협회에서 디스커버리 채널을 통해 방영할 새 프로그램, 〈곰베로 돌아가다Return to Gombe〉와 〈유인원의 현재The State of the Great Apes〉 시사회 때문이었다. 제인은 이 행사를 위해 사흘 동안 방송 인터뷰에 응해야 했고, 위성 방송으로 생중계되는 가운데 전국 방송 진행자 스물 두 명과 차례차례 인터뷰를 갖는 인내력 콘테스트를 장장 세 시간에 걸쳐 치러야 했다. 분명 힘든 일정이었지만, 제인의 호텔방에서 베이스캠프 회원들과 함께 밖에서 사온 중국 음식을 먹으며 담소를 나누고 브레인스토밍 회의를 갖는 저녁시간은 늘 즐겁고 편안했다.

로스앤젤레스 다음은 뉴욕이었다. 더 많은 방송 인터뷰, 뿌리와 새싹 모임, 코피 아난과의 만남, 그리고 제인구달연구소 미국 지부 이사회 회의. 이곳 뉴욕 베이스캠프 대표들 역시 제인의 로저 스미스 호텔 스위트룸에서 제인의 친구들 회원 20여 명과 즐겁게 어울렸다.

뉴욕 다음은 런던. 이곳에서는 베이스캠프나 제인의 친구들 회원 대신 가족들이 제인을 맞아주었다. 히드로 공항으로 제인을 마중 나온 주디는 아프리카 의상을 담은 제인의 여행용 가방을 들고 있었다. 두 사람은 제인의 비서 메리의 런던 아파트에서 휴식을 취하며 그동안의 이야기를 나눈 다음에 곧바로 제인의 손자, 손녀를 위한 선물을 샀다. 그리고 1월 21일, 다음으로 다르에스살람에 도착해서도 제인은 역시 그녀를 맞이하러 공항에 나온 가족, 직원, 친구들의 환영을 받았다. 마중 나온 이들은 그럽이 데리고 나온 손자, 손녀, 제인구달연구소 탄자니아 지부 직원들, 평화 봉사단 및 뿌리와 새싹 자원봉사자들 그리고 또 여럿이었다.

제인은 1월 24일 키고마로 날아가 곰베 공원 관리 계획 업무를 추진하는 주요 요직의 정부 관리들을 만났다. 회의 첫날인 1월 25일, 곰베에서 과학 연구를 지속할 것인가의 문제가 안건으로 올랐다. 현재 곰베의 과학 연구를 총괄하고 있는 앤 퓨지의 진행하에 최신 연구 결과, 위성 영상 판독과 관련한 최근 프로젝트, 공원 바깥쪽 산림 지도를 제작하는 데 사용되는 다양한 기술에 대한 논의가 진행되었다. 곰베 관계자들의 생각을 들은 정부 대표단은 이번에는 곰베 이웃들의 생각을 듣고 싶어 했다. 회의에는 각 마을에서 대표로 다섯 명씩 참석해 있었고 그들의 대변인들은 곰베 국립공원에 가까이 사는 것이 그들에게 어떤 영향을 주는지 솔직히 발언해달라는 요청을 받았다. 제인이 후에 이날 논의가 "상당히 조화롭게" 진행되었다면서 "TACARE 활동이 마을 사람들의 태도에 지대한 영향을 주었다"고 덧붙였다.

TACARE는 탕가니카 호 집수 재조림 교육the Lake Tanganyika Catchment Reforestation and Education의 약자로 제인구달연구소에서 곰베 주변 지역의 농림업을 촉진하고자 1994년에 시작한 사업이다. 당시 곰베는 헐벗은 땅과 척박한 자급용 텃밭에 둘러싸인 숲으로 된 섬이 되어 있었다. TACARE는 곰베가 이웃 지역사회에 다가가려는 시도의 일환으로 마련한 사업이었지만, 그 누구에게도 억지로 강요하는 것은 없었다. 주민들은 이 서비스 이용 여부를 투표로 정했다. 그리고 웃음, 노래, 아이디어, 교육, 초기 서비스 외에 주민들에게 자선 차원에서 제공되는 것은 아무것도 없었다. 마을사람들은 그저 TACARE의 이점을 취할 수 있는 권리를 부여받았을 뿐이었다.

주민들은 자신의 노동력이나 현금으로 묘목을 샀다. 그리고 스스로 묘목을 키우고 종묘를 생산하는 법을 배웠다.

2004년에는 32개 마을에서 TACARE를 도입할 것을 선택했으며, 주민들은 장작이나 건축 기둥으로 쓰기 적합한, 목질이 단단하고 생장 속도가 빠른 종을 택해 1백만 그루의 나무를 심었다. 스스로 사용할 산림 보호구를 60개 이상 조성했고 이제 백 군데의 나무 종묘 생산지를 운영하면서 지속적인 재조림을 위한 묘목을 자체적으로 배포했다. TACARE 사업 영역은 이제 애초의 목적을 훨씬 뛰어넘어 확장되었다. 수확량이 높은 기름야자나무의 묘목 이종교배 사업을 추진한 결과 기름야자나무가 이곳의 중요한 환금작물이 되었으며, 커피·코코넛·버섯 등 다른 환금작물의 지속가능한 농업 방식에 대한 교육을 실시했다. 또한 주민 개개인이 작은 사업을 시작하거나 기존 사업을 확장할 수 있도록 소액 대출을 제공하는 예금 대출 프로그램이 추진되고, 수원지 보호나 학교 건축과 같은 기반시설 사업을 위한 마을 개발 자금이 마련되기도 했다. 또 장학 프로그램을 운영하여 2004년까지 가난한 집안 출신의 소녀들 150여 명이 중등학교를 마치고 대학에 진학할 수 있도록 도왔다. TACARE는 또한 연료 효율이 높은 난로의 사용을 장려함으로써 장작 사용량을 3분의 2나 줄였다. 그리고 TACARE 추진 마을 17군데에 생식 건강 및 가족계획 서비스를 도입하여 지역 주민 80명을 교육시켜 동료교육가 및 서비스 제공자로 일하게 했다. TACARE는 자연 보호 의식이 강한 곰베의 과학자들과 곰베 주변의 자급 농업가들 사이에 연대를 이끌어내는 데 성공했다.

국립공원 회의가 끝난 뒤에, 제인구달연구소 이사회의 몇몇 임원들은 키고마 공항을 거쳐 곰베로 향했다. 임원들이 우선 TACARE에 대해 자세히 알고 싶어 한 까닭에 이튿날인 1월 28일 아침 일찍 일행 모두 호송선에 올라타 한 마을로 향했다. 마을에 도착해 마을 연장자들이 건네는 의례적인 환영 인사를 받은 임원진은 이어 TACARE의 농림 사업에 대한 개괄적인 설명을 들었다. 이 마을은 종묘 생산지를 여럿 운영하며 묘목을 기르고 있었고, 지속적으로 장작을 얻기 위한 목적으로 사용되는 숲도 따로 관리하고 있었다. 또 토양을 단단하게 잡아주고 침식된 토지 재생에 탁월한 효과를 발휘하는 식물인 베티버 생산지도 운영하고 있었다.

다음에는 몇몇 주민이 TACARE 사업이 그들에게 개인적으로 어떤 도움을 주었는지를 설명했다. 몇몇 여성들은 생선 가공 및 판매 등 소규모 사업을 시작할 때 소액 대출 프로그램에서 큰 도움을 받았다고 발언했다. 소액 대출 프로그램에 참여한 이들은 상업과 부기 수업을 받았고, 사업을 시작해 벌어들인 수입으로 아이들이 먹을 음식을 더 넉넉히 사고 학교 등록금을 납부했다. 한 소녀는 TACARE 여학생 장학금 덕택에 중등학교에 진학할 수 있어 자신의 삶의 질이 향상되었다고 설명했다. 소녀는 교사가 될 계획을 품고 있었다.

또 다른 누군가는 여성 보건 및 에이즈 교육 프로그램과 가족계획 서비스에 대해 설명했다. 한 여인이 앞으로 걸어 나오더니 가족계획 서비스와 소액 대출 프로그램 덕분에 자신과 자신의 자녀들이 가난에서 벗어나게 되었다고 말했다. 여인은 아이가 하나일 때 작은 장사를 시작했으며 이제 그 아들이 여섯 살이 되었다. 아이를 하나 더 갖기로 결심한 그녀는 자식을 둘만 키우기로 결정했다. 그녀는 다음과 같이 말했다. "두 아이 모두 좋은 교육을 받고 잘 먹고 잘 입고 자랄 겁니다. 저에게 삶의 보람을 준 TACARE에 감사합니다." 이렇게 여자가 마을사람들 앞에 나서서 이런 이야기를 편하게 할 수 있다는 것 자체가 마을의 변화를 보여주는 것이었다.

일행은 또한 지반 침식과 토지의 과도한 사용 때문에 한때 불모지로 버려진 밭을 TACARE 서비스의 도움을 받아 쓸 만한 땅으로 개간하는 데 성공한 농부를 방문했다. 이제 작은 농장으로 사용되고 있는 이 땅은 생산성이 높을 뿐더러 지속가능한 농업 기법을 배우는 데 관심이 많은 다른 농부들에게 본보기 교육장이 되고 있었다. 손님들은 새로 심은 나무 그늘 아래에서 점심을 먹고 난 뒤 농부가 유기농법으로 손수 키웠다며 자랑스럽게 내놓은 신선한 파인애플을 후식으로 맛보았다.

TACARE는 뿌리와 새싹과 연계되어 있어서 TACARE 마을의 아이들도 뿌리와 새싹 클럽을 조직할 수 있었다. 제인과 미국 대표단이 그날의 마지막 행사를 치르기 위해 도착한 곳에는 아이들 60여 명이 나뭇가지를 흔들며 밝게 웃는 얼굴로 환영 노래를 부르고 있었는데 가사에서 "제인처럼", "TACARE", "뿌리와 새싹" 따위의 단어들이 귀에 들어왔다. 손님들은 또 인근 학교로 에스코트를 받으며 이동해 뿌리와 새싹 후원자인 이 학교의 교장 그리고 마을 어른들과 학부모들의 따뜻한 환대를 받았다. 의례적인 연설과 의례적인 의식이 이어지는 중간 누군가가 제인 곁에 다가와 가위를 건네며 꽃이 엮인 붉은 리본을 잘라달라고 했다.

가장 신난 것은 아이들이었다. 어떤 문 앞에 길게 쳐진 붉은 리본이 잘리고 누군가가 문을 열어젖히자 제인이 안쪽을 들여다보았다. 그녀는 통풍 개량식 화장실인 새 변소를 볼 수 있었다. 제인은 여학생 변소를 유심히 들여다보았다. 바닥에 구멍이 뚫린 각 변소 칸 사이사이에 잠금 장치가 달린 칸막이가 있었고, 역시 세 개의 변소 칸으로 이루어진 남학용 변소와의 사이에도 단단한 벽이 서 있었다. 변소 앞에는 이것이 뉴질랜드에서 조성된 모금으로 세워진 '뿌리와 새싹 변소'임을 알리는 간판이 달려 있었다.

몇 차례 연설이 더 이어지고, 제인은 이 뿌리와 새싹 간판이 주는 의미에 대해 발언할 기회를 얻었다. "모두들 적어도 하루에 한 번쯤은 이곳을 사용할 것입니다. 그때마다 저희를 떠올리겠죠!"

제인은 후에 이렇게 썼다. 하지만 "아이들이 왜 그렇게 신나했었는지를 생각하면 몹시 가슴이 아픕니다. 이전에는 제대로 된 변소가 없었던 것이지요. 칸막이도 문도 없었습니다. 대신 흙과 지독한 냄새 그리고 수천 가지 병을 옮기는 파리만이 있었지요." 게다가 제인은 여학생들이 학교를 끝까지 마치지 못하는 중요한 원인 중 하나가 낡고 허름한 변소에서 혼자만의 공간을 확보하는 것이 불가능하기 때문이라는 말을 들었었다. 이는 여학생들이 사춘기에 들어설 때면 상당히 곤혹스러운 문제가 되곤 했다. 통풍 개량식 변소를 짓는 데는 겨우 7백 달러밖에 들지 않았고 이 돈은 뉴질랜드

뿌리와 새싹 단체와 탄자니아의 뿌리와 새싹 파트너들과의 선물 교환 프로그램의 일환으로 마련되었다.

동아프리카에서의 TACARE 성공 사례는 동일한 역학 관계가 작용하는 중앙아프리카의 문제에 어떻게 대응해야 할 것인지 흥미로운 시사점을 던져주었다. 물론 중앙아프리카에서는 산림 벌채보다는 전문 밀렵꾼들과 도시에서의 숲고기 거래 문제가 가장 심각했다.

제인은 1990년대 초, 제인구달연구소에서 밀렵꾼들 때문에 부상을 입거나 부모를 잃은 뒤 동물원에 수용된 동물들을 돌봐주려는 목적으로 코노코사와 제휴하여 트침푼가 침팬지 보호구역을 세우면서 그 이후 정기적으로 중앙아프리카를 방문하기 시작했다. 트침푼가 보호소의 애초 목적은 20여마리 유인원의 생존을 도우려는 것이었지만 2004년에는 26만 제곱미터 면적에 116마리가 서식하는 아프리카 최대의 침팬지 보호구역이 되었다. 이 무렵에 콩고 정부는 제인구달연구소에서 관리를 맡아준다면 트침푼가 주변 7만 3천 제곱킬로미터에 이르는 숲과 사바나를 야생동물 보호구로 지정하기로 결정을 내렸다.

트침푼가는 언제나 야심만만한 사업이었다. 2003년 제인구달연구소는 TACARE 프로그램을 콩고에 도입했다. 타 지역의 기존 프로젝트를 새로운 지역에 도입하는 과정에서 그들이 맞닥뜨린 첫번째 문제는 'TACARE'라는 이름 중 탕가니카 호에서 따온 약어 부분 'TA'를 어떻게 처리할 것인가였는데, 이 문제는 원래 어딘가 불어처럼 들리던 발음을 살짝 바꾸어 분명한 영어식 발음인 '테이크케어TakeCare'로 읽는 것으로 해결했다. 그 밖의 해결이 쉽지 않은 부분은 꾸준히 많은 노력을 기울였다. 시골 학교를 짓고, 또 다른 학교를 보수하고, 진찰소를 세우고, 교사와 교육 전문가들을 데려오고, 토지 사용 계획 사업 및 자원 관리 협정을 주도하고, 밀렵꾼들로부터 보호구를 지켜줄 지역 수비대를 고용하는 등 다양한 사업을 전개했다.

제인구달연구소는 또 2000년부터 중앙아시아 숲고기 거래 문제에 보다 계획적으로 접근하기 위해서 '콩고 분지 프로젝트'를 추진하기 시작했는데 이 프로젝트는 크리스티나 엘리스라는 열정적인 캐나다 여성을 카메룬으로 정찰 파견을 보내는 것으로 시작되었다. 그리고 2003년에는 크리스티나와 제인구달연구소가 협력하여 TACARE 방식의 지역사회 개발 프로젝트를 카메룬 내 1,000제곱킬로미터 면적의 멘가메 보호구에 소재한 마을들에 도입하기에 이르렀다. 또 2005년에는—제인구달연구소는 이제 미국 국제개발처로부터 1백만 달러의 지원금을 받고 있었다—다이앤 포시 고릴라 국제기금과 힘을 합쳐 콩고민주공화국 동부의 30만 제곱킬로미터 넓이의 보전 통로(동물 또는 식물이 고립되지 않고 보호구에서 다른 보호구로 이동할 수 있도록 마련해주는 통로—옮긴이)에 위치한 마을들에 TACARE 방식의 개발 프로그램을 소개했다.

탄자니아에서 TACARE 마을 방문과 새 변소 리본 커팅 행사를 마친 제인은 이틀 동안 곰베에 머무르며 행복한 시간을 보냈다. 그중 몇 시간 동안은 제인이 아끼는 침팬지 그레믈린 가족들과 숲속에서 여유로운 한때를 보내기도 했다. 그리고 제인은 나이로비로 날아가 새로 신설된 제인구달연구소 케냐 지부의 이사회 회의에 참석했다. 다음으로는 채식을 다룬 새 책의 집필을 시작하려는 생각으로 런던으로 돌아가 본머스행 열차를 탔다. 또한 글을 쓰는 중간에 잠시 런던의 버킹엄 궁전에 갔으며, 그곳에서 찰스 왕세자가 대영제국 데임—영국에서 일반 시민이 받을 수 있는 가장 영예로운 서훈(남성은 기사이고 여성은 데임이다—옮긴이)—작위를 수여했고 이로써 그녀는 '데임 제인'이 되었다.

하지만 시력이 갈수록 나빠지고 있었다. 〈곰베로 돌아가다〉의 또 다른 시사회를 위해 워싱턴 D.C.로 날아간 제인은 한쪽 눈에 통증을 느꼈다. 전에도 이런 일은 흔했기에 대단찮게 여겼다. 하지만 본머스로 돌아가 나흘을 보내고 파리로 향하는 제인의 눈 상태는 더욱 악화되었고 통증이 다른 쪽으로까지 번졌다. 제인이 후에 썼듯이 마치 "벌레들이 내 눈알을 빠져나오려고 사방을 긁으며 돌아다니는 느낌!"이었다. 통증으로 인해 흰자위가 붉게 변했고, 제인은 거울에 비친 자신의 모습이 꼭 드라큘라 같다고 생각했다. 가족 주치의는 세균 감염으로 진단하고 약을 처방해주었다. 하지만 의사가 처방해준 약은 효과가 없었으며 눈 주변이 부어오르기까지 했다. 제인은 바이러스 감염 치료용 연고를 발라보았지만 역시 소용이 없었다.

제인은 파리에서 열리는 쥘 베른 영화제에 참석해서 쥘 베른 상을 받았다. 〈곰베로 돌아가다〉가 상영되었고 제인은 선글라스를 쓴 채로 짧게 소감을 발표했다. 제인이 웃으며 말했듯이 그녀의 새로운 "할리우드 패션"이었다. 말쑥한 차림의 말수가 적은 프랑스인 의사가 제인의 호텔방으로 찾아와 새 처방전을 갈겨 써주었고, 이에 제인은 괴로움에 시달리는 안구들이 하루빨리 나아지기를 간절히 소망했다.

하지만 붉어진 제인의 눈에서는 여전히 눈물이 그치지 않았고 제인의 할리우드 패션은 요하네스버그에서도 이어졌다. 이곳에서 제인은 뿌리와 새싹 소풍을 가고, 한 회원의 집에 방문해 더 많은 뿌리와 새싹 학생들과 만남의 시간을 가졌으며, 기금 마련 조찬 모임과 기자회견에 참석하고, 큰 손 기부자들을 위한 '골프 데이'의 만찬 모임에서도 연설을 했다. 남아프리카 다른 지역에서 열린 유쾌한 모임과 기금 마련회에도 참석하는 와중에 짬을 내어 다른 안과 전문의도 만나보았고 그 역시 제인에게 새 안약을 처방해주었다. 그러다 남아프리카 그레이엄스타운에서 제인을 차에 태워준 한 젊은이가 자신도 한쪽 눈에 문제가 생겼을 때 최고 수준의 안과의에게 치료를 받았다는 말을 해주었다. 제인은 어느 토요일 공항으로 가는 길에 젊은이가 소개해준 전문의를 만나보았고 이제 막 개인병원을 연 이 의사는 시간을 내어 제인의 두 눈을 자세히 들여다봐주었다. 의사는 몇 가지 새로운 검사를 시행하고 약을 더 처방해주었고 앞의 전문가들이 모두 그랬듯이 그역시 진찰료 받기를 한사코 거절했다.

자꾸만 눈물이 고여 오는 흐릿한 눈을 선글라스 뒤로 감춘 채로 제인은 3월 24일 북미로 향했으며, 이곳에서 봄 순회강연을 시작했다. 그녀는 이어 산타바바라의 옥시덴탈 대학 그리고 필라델피아의 하버드 대학에서 명예학위를 받았다. 라졸라에 위치한 스크립스 해양연구소에서는 그녀에게 공공이익 부문 니렌버그 과학상을 수여했다. 콜롬비아 대학교는 공로 훈장을 수여했다. 크레이지 호스 추장의 직계 후손인 필 레인 추장은 이제 고인이 된 자신의 부친 필 레인 시니어를 기리는 행사에서 제인에게 (자신의 부친이 꿈에서 들었다는) 다코다족 이름을 수여했다. 그 이름은 '마코세 와지 얌피'로, 풀어서 옮겨보자면 '자연 세계를 위해 용기와 결단력을 갖고 일어나 힘차게 약진하는 여성'이라는 의미를 담고 있다.

4월 3일 토요일, 칠순을 맞은 제인은 뿌리와 새싹 축제에 참가하기 위해 캘리포니아 파사데나 헌팅턴 가든스로 힘차게 약진했다. 로스앤젤레스 지역에서 온 50개 이상의 뿌리와 새싹 단체에서 꼭 그만 한 개수의 프로젝트 전시대를 세웠으며, 제인은—여느 날처럼 가녀리면서도 동시에 힘차 보이는 그녀는 진홍색 터틀넥 스웨터에 누비 재킷을 입고 손에는 미스터 H와 최근에 새로 제작된 작은 크기의 미스터 H 주니어를 들고 있었다—매 전시대마다 멈춰 서서 각 단체와 함께 사진을 찍었다.
　"젊음을 유지하는 비결이 무엇입니까?" 누군가가 물었다.
　"할 일이 너무도 많습니다." 제인의 대답이었다.
　50개 남짓한 단체와 기념사진을 찍고, 제인을 향해 뻗은 백여 개의 작은 손과 악수를 하고, 온화한 미소를 지으며 작은 격려의 말을 건넨 후, 제인은 확 트인 너른 잔디밭에 들어섰다. 이곳에는 천여 명의 인파가 이제 막 다듬은 것 같은 풀밭에 자리를 잡고 모여 있었다. 아메리카 원주민들이 환영의 춤과 노래를 선보인 뒤에 제인을 연기로 뒤덮는 의식을 행했다. 하지만 춤과 연기 의식이 끝나자, 하늘에 끼기 시작한 먹구름이 한두 방울씩 비를 뱉어내더니 이내 '후드득' 장대비를 쏟아내기 시작했다. 몇몇이 우산을 폈다. 일부는 비닐 천을 위로 들어 올렸다. 헌팅턴 가든스의 회장이 짧게 연설을 하는 동안에 빗줄기는 더욱 굵어졌다. 마침내 제인이 발언할 순서가 되어 자리에서 일어선 순간, 청중 뒤쪽 작은 숲속에서 종소리가 울려 퍼지기 시작했고 거대한 평화의 비둘기 모형이 날개를 퍼덕이기 시작했다. 우아하게 흔들리는 비둘기를 높이 들어 올리고 있는 이들은 젊은 뿌리와 새싹 회원 셋이었고 긴 장대를 들고 있는 이 세 아이들 사이를 네번째 어린이가 뛰어다니며 종을 울리고 있었다. 청중들의 박수갈채가 쏟아졌다.

그리고 두번째 평화의 비둘기가 모습을 드러냈다. 그리고 세번째, 네번째, 다섯번째……. 결국 마흔다섯 개의 하얀색 평화의 비둘기 모형이 각각 한 명씩 종을 든 소년, 소녀들을 동반한 채로 날개를 힘차게 펄럭이며 너른 잔디밭을 가로지른 후 마침내 연사가 서 있는 플랫폼 뒤에 새장에 무리지어 있듯 모여 섰다. 청중이 열광적인 박수를 보냈다. 제인 역시 박수를 보낸 다음 다시 한 번 발언 자세를 갖춰 잡았다. 하지만 그때까지 내리던 비는 이제 호우 수준이 되었고 제인은 이제 발언을 미루어야 할지 다시 시도해야 할지를 망설이기 시작했다. 하지만 막상 제인이 마이크를 향해 손을 뻗자 비가 그치고 구름이 흩어지더니 해가 비치기 시작했고, 이에 제인은 미소를 지으며 연설을 시작했다.

행사 마지막에 제인은 몸집 좋은 안전요원 세 사람의 에스코트를 받으며 이별을 못내 아쉬워하는 청중들 사이를 헤쳐 나갔다. 사람들이 제인 쪽으로 선물이며 편지, 잡지 스크랩, 사인을 기다리는 책, 제인을 만져보려는 또는 제인의 손길에 닿고 싶은 손이나 얼굴 또는 팔을 불쑥불쑥 내밀었다. 그리고 마침내 기나긴 하루를 마친 제인의 호텔방에 메리 루이스와 브러더스 회원 네 사람—말씨가 나긋나긋한 UN 외교관, 콧수염을 기르는 LA 경찰 수사관, 정이 많은 야생동물 전문 사진작가, 수염 난 작가—이 모여들었다. 밖에서 사온 중국 음식을 함께 먹은 그들은 이제 생일 축하로 하루를 마감했다. 케이크를 잘라 나누어 먹고, 카드를 개봉해 내용을 읽었다. 또 몇 가지 소박한 선물 포장을 뜯어 함께 구경하기도 했다. 소수의 친한 친구들과 조용히 치르는 사적인 생일 축하였다. 이튿날, 일요일 아침 역시 메리와 브러더스 회원 네 사람이 제인의 호텔방을 찾아와 커피를 마신 후 제인이 생일을 정리하기 위해 필요한 작업들을 도와주었다. 받은 지 얼마 안 되어 또는 편지에 동봉된 채 전달되어 미처 다 열어보지 못한 다른 선물들을 모두 개봉하고 감사 카드에 써야 할 중요한 정보들을 정리해주었다.

어떤 선물은 아이들이 터트리며 놀기 좋아하는 공기방울 비닐 포장지에 싸여 있었다. 뭔가 재미있는 것이 생각났다는 듯 제인이 비닐 포장지를 바닥에 떨어뜨리더니 그 위를 뛰기 시작했다. 톡, 톡, 톡. 다른 사람들도 곧 한껏 웃음을 지으며 제인의 놀이에 동참했고 이내 모두 함께 손을 잡고 몸만 커버린 어린아이들처럼 포장지 위를 방방 뛰었다. 톡, 톡, 톡, 톡, 톡, 톡, 톡, 톡. 제 아무리 '자연 세계를 위해 용기와 결단력을 갖고 일어나 힘차게 약진하는 여성'이라도 가끔은 웃고 즐길 시간이 필요했다.

하지만 그녀는 또한 '두 눈이 근질근질한 여성'이기도 했기에 미국에서 봄 강의를 하는 내내 여전히 할리우드 패션을 유지해야 했다. 그동안 대체의학 치료사 둘과 일반 안과 전문의 셋을 만나보았지만 전문가들은 한결같이 제인의 눈 질환이 바이러스성이며 치료책은 휴식밖에 없다고 말했다. 단 며칠 동안만이라도 움직이지 않으면, 즉 계속되는 비행을 피하고, 컴퓨터 모니터 앞에서 실눈 뜨는 것도 멈추고, 눈부신 스포트라이트와 번쩍이는 카메라 플래시를 바라보는 것을 며칠간만 그만두면 된다는 것이었다. "바이러스가 박사님을 너무 좋아하나 봅니다." 한 의사는 이렇게 결론을 내렸다. 이 반갑지 않은 인연을 완전히 끝낼 가장 빠른 길은 휴식과 원기 회복이었다. 제인은 의사들의 충고를 무시하고 두 눈을 선글라스로 가린 채로 5월 19일경에는 이탈리아로 그리고 스위스로, 네덜란드로, 독일로, 아일랜드로, 영국으로, 탄자니아로, 스페인으로, 그리고 다시 미국으로 줄곧 옮겨 다녔다. 이내 7월 말이 되었고 그녀의 두 눈은 그 어느 때보다도 심하게 따끔거렸지만 또 다른 중요한 생일 파티에 참석해야 하는 그녀로서는 다시 뉴욕에서 파리로 브라자빌로 푸앵트누아르로 그리고 다시 북쪽을 향해 트침푼가까지 힘차게 약진해 나아갔다.

트침푼가 방문이 늘 즐거웠던 제인은 일 년에 두 번씩은 꼭 이곳을 방문해서 보호구 직원들의 안면을 익히고 침팬지 친구들을 살펴보려 애썼다. 이곳 침팬지들 중 가장 눈에 띄는 노령 침팬지들은 노인 그레그와르와 노부인 라 비에이였다. 그리고 제인이 일흔번째 생일을 맞이한 2004년은 그레그와르가 예순번째 생일을 맞이한 해이기도 했기에 이를 경축하는 행사가 7월 26일 월요일에 열렸다.

늙을 대로 늙은 그레그와르를 위해 준비된 생일 케이크에는 얇게 저민 과일과 과일 젤리, 까만 까치밥나무 열매, 그리고—그레그와르가 좋아하는—란타나 잎이 장식으로 얹어졌다. 하지만 별 감흥이 없는 듯한 그레그와르는 란타나 잎을 한 장씩 걷어서 내버렸다. 이에 케이크는 역시 나이 많은 그의 짝꿍 라 비에이 앞으로 옮겨졌지만 그녀 역시 별로 반가운 기색 없이 케이크 위에 올려진 까치밥나무 열매를 들어서 바닥에 던져버렸다. 케이크는 여전히 상자 안에 담겨 있었고 제인은 케이크를 주변에서 구경하고 서있는 다른 젊은 침팬지들에게 나누어주어야겠다고 생각했지만, 라 비에이가 바닥에 떨어진 더러운 까치밥나무 열매들을 모두 주워서는 망가뜨린 것을 되돌려놓겠다는 듯이 다시 케이크 위에 꾹꾹 눌러 꽂아버렸다. 어쨌거나 젊은 침팬지들은 케이크를 굉장히 좋아했다.

그날 보호구역에는 학생들 열여섯 명이 견학을 왔고 아이들과 그들을 인솔하는 교사들이 현장에 도착하자 생일 파티 분위기는 최고조에 이르렀다. 그레그와르에게 커다란 생일 선물—오렌지와 시계꽃 열매가 하나씩 담긴 마분지 상자를 고운 천으로 싸고 그 위에는 란타나 잎으로 만든 부케를 얹었다—이 전달되었다. 그레그와르는 상자를 받아들고 이리저리 살펴보더니 란타나 잎들을 잡아뜯어버린 후에 포장 천을 잡아당겼다. 손가락으로 긁어 상자에 안을 들여다볼 수 있을 만한 구멍을 낸 그레그와르는 시력이 좋은 쪽 눈으로 안을 조심스레 살펴보았다. 그리고 안에 비친 내용물이 퍽 만족스러웠는지 나이가 들어 부실해진 이빨을 모두 드러내며 활짝 웃어 보이고는 이내 흥분해서 소리를 질러댔다. 상자에서 오렌지를 꺼내든 그레그와르는 아이들 반대편 지점에 자리를 잡고 기쁨에 가득 차 끽끽 소리를 내며 오렌지를 먹기 시작했다.

제인과 더불어 그곳에 자리한 모든 이들이 그레그와르에게 영어로, 불어로, 링갈라어로 생일 축하 노래를 불러주었다. 노래가 끝나고 아이들 넷이 늙은 침팬지 앞으로 나와 그레그와르의 생일을 맞아 그에게 바라는 것들을 말했다. 앞의 세 아이는 앞으로도 오래도록 행복한 생일을 맞이하라는 평범한 소망을 빌어주었다. 그런데 네번째 아이의 소망이 약간 남달랐다. "'그레그와르, 생일 축하해요. 그리고 당신과 함께 사는 이 여자분─라 비에이를 가리키는 말이었다─께 친절하게 대해주길 바라요."

한편 고블린이 죽어가고 있었다. 1964년 9월 6일에 태어난 고블린은 이제 곰베의 수컷 침팬지 중 가장 연장자였다. 2004년 8월 7일 고블린의 마흔번째 생일이 다가오기 한 달 전 무척 느릿하게 걷는 고블린의 모습이 어느 현장보조의 눈에 띄었다. 몸 상태가 좋지 않은 데다가 아무것도 먹지 않는 듯해서 곰베의 현장보조들이 항생제를 뿌린 먹이를 가져다주었다. 몸이 너무 힘들어 둥우리를 지으러 나무에 오를 수조차 없는 밤이면 행여 고블린에게 표범이 덮치지 않을까 걱정한 현장보조들이 불침번을 서기도 했다.

그리고 곰베에 불이 났다. 그해 건기는 유난히 더 혹독했고, 8월 18일 오후 곰베 동쪽 변두리 고지대에 화염과 연기의 장막이 펄럭였다. 곰베 및 탄자니아 공원부 직원들이 잎이 달린 나뭇가지로 화염을 내리쳤고 불길이 더 번지지 않도록 도끼, 삽, 괭이로 바닥을 파냈다. 하지만 오후의 강한 돌풍으로 불은 빠르게 이동했고 곰베 열두 계곡 안의 수풀과 덤불을 삽시간에 집어 삼켰다. 인근 지역 주민들까지 가세해서 밤낮 없이 소방 작업을 계속했다.

그즈음 고블린은 마지막 둥우리를 짓고 있었다. 그리고 8월 24일 화요일 새벽 자정을 몇 분 넘긴 시각에 심장이 박동을 멈추고 두 눈이 흐려졌다.

고블린은 놀라우리만큼 어린 나이에 수컷 서열 싸움에 가세한 야심에 차고 결단력 있는 침팬지였다. 게다가 그는 유아기 때부터 사람들 괴롭히기에 재미를 붙였는데 네 살이 되었을 때에는 곰베에서 상당히 귀찮은 골칫거리가 되었다. 제인이나 다른 여학생들 위로 마구 올라타 손목을 세게 붙잡고 매달리는 통에 도저히 노트 기록을 할 수 없을 정도였다. 제인과 학생들은 쓰고 난 엔진오일이나 마가린 등 무엇이든 미끄러운 것을 깡통에 담아서 다니다 이 작은 침팬지가 나타나면 재빨리 꺼내어 손과 팔목에 묻혔다. 손이 더럽혀지는 것을 싫어했던 고블린은 이내 매달리기 놀이를 그만두었다.

그리고 고블린은 청소년기에 접어들었다. 사회적 권력을 쟁취하는 데 야심을 보이는 여느 수컷들과 마찬가지로 고블린 역시 암컷 침팬지들에게 차례대로 싸움을 거는 것으로 그의 기나긴 여정을 시작했는데, 암컷을 향해 위협을 가하는 과시 행동은 처음에는 단순히 짜증을 불러일으키는 데 그쳤지만 나중에는 결국 암컷들이 화를 내게 만들곤 했다. 13살이 되었을 때 고블린은 가장 힘센 암컷 침팬지인 지지에게 도전장을 내밀어 그녀를 위협한 뒤 곧이어 수컷들에게 도움을 구하여 그들의 기개를 시험해보기도 했다. 영리하게도 고블린은 힘 있는 수컷 피건과 동맹을 맺었고 피건은 고블린이 권좌에 오르는 데 든든한 지원군이 되어주었다. 게다가 이 젊은 수컷 침팬지는 결단력과 끈기에 덧붙여 기본적인 심리학적 지식까지 갖추고 있었다. 가령 고블린은 덤불 속에 숨어 있다 다른 침팬지들이 나타날 때 갑자기 튀어나오면 상대가 소스라치게 놀란다는 것을 잘 이해해 이를 이용할 줄 알았으며, 동트기 전에 다른 침팬지들은 아직 정신이 들지 않은 상태로 둥우리에서 몸을 웅크리고 있을 때 경쟁자들을 향해 거친 과시 행동을 보이기도 했다. 격렬한 싸움과 조용한 신경전으로 점철된 참으로 기나긴 투쟁이었지만 고블린은 열일곱 살에 명실 공히 인정받는 카세켈라의 대장 수컷이 되었고 그 후로 10년 동안 그 지위를 유지했다. 그리고 이렇게 격상된 지위를 통해 그는 가장 중요한 두 가지, 즉 먹이와 성교에서 우월한 입지를 누렸다.

1989년, 고블린은 격렬했던 정권 탈취 과정에서 심각한 부상을 입고 권좌에서 밀려났다. 현장보조는 이 실각한 대장 수컷이 은신처에 머무르고 있는 것을 발견하고 그가 건강을 회복하여 사회에 복귀할 수 있도록 충분한 양의 먹이와 항생제를 가져다주었다. 고블린은 다시 최정상에 오르지는 못했지만 정치적 기교 덕에 그 후로도 줄곧 잘 지낼 수 있었다. 누구든 대장 수컷이 되는 자에게는 털을 골라주고 지지를 표시하는 과시 행동을 보임으로써 그들과 친구가 되었고 이러한 방식으로 계속 영향력 있는 침팬지로 남을 수 있었던 것이다. 고블린에게는 그보다 오래 생존한 형제 그렘린과 김블, 딸 패니와 탕가, 손자 퍼지, 펀디, 톰이 있었다.

불은 8월 25일 완전히 꺼졌다. 그런데 피피는 어디로 갔을까? 피피는 이곳에서 가장 나이가 많은 침팬지로 1960년 제인이 처음 곰베에 도착했을 때 곰베에서 살고 있던 침팬지 중 그때까지 남아 있는 유일한 침팬지였다. 피피가 그해 8월 마지막으로 목격되었을 때(가장 어린 자녀들인 두 살배기 푸루아하와 여섯 살배기 플러트와 함께였다)만 해도 건강한 모습이었지만 소방 작업이 진행되는 동안 기록 B 담당 현장보조는 피피를 따라다닐 수 없었다. 피피는 불이 난 뒤로 단 한 번 목격되었고 그 후로 그녀와 아이들은 종적을 감추었다. 처음에는 피피가 없다는 사실을 사람들이 잘 인식하지 못했는데 이는 최근 피피가 멀찍이 떨어진 린다와 루탕가 지역 북쪽 계곡을 주로 찾아다니며 모습을 잘 드러내지 않은 탓이었다. 그러다 9월 19일 연구자들은 숲속에서 혼자 돌아다니는 플러트를 발견했다. 이 정도 어린 나이의 암컷 침팬지로서는 보기 드문 일이었다. 연구자들과 현장보조들은 10월 한 달 동안 피피와 푸루아하를 찾아다녔지만 아무도 그들을 찾지 못했고 사람들은 어미와 새끼가 숨을 거둔 것으로 짐작할 뿐이었다. 실로 대단한 모성을 보여주었던 플로의 딸 피피는 자신의 세대에서도 카세켈라에서 단연 돋보이는 어미이자 가장 다산한 암컷 침팬지로서 총 아홉 마리의 새끼를 낳았는데 이 중 두 아들 프로이트와 프로도는 대장 수컷의 지위까지 올랐다. 피피의 딸 패니와 플로시 그리고 아들 프로도가 낳은 자녀도 모두 합해 최소 열 마리였다.

같은 해 곰베에서는 선임 현장보조 여섯 명—야하야 알마스, 힐러리 마타마, 야하야 마타마, 하미시 음코노, 에슬롬 음폰고, 아폴리나이르 신디음워—이 퇴직했다. 곰베에서 중요한 역할을 해준 이들 전문 인력이 침팬지와 개코원숭이 관찰에 쏟은 시간을 다 합치면 무려 130년이 넘었다. 퇴직 선물(제인과 곰베 동창생들이 마련해주었다)로 곰베 현장연구 공동 책임을 맡고 있는 샤드라크 카멘야가 사파리 여행을 시켜주었는데, 탄자니아의 여러 도시와 국립공원을 둘러보는 4천8백여 킬로미터가 넘는 긴 여행이었다.

최악의 사건이었던 8월 화재로 공원 절반에 해당하는 면적이 까맣게 타버리고 수많은 나무가 사라졌으며 침팬지들의 먹이 공급이 위협받게 되었다. 하지만 11월께 여느 해처럼 비가 곰베 땅을 적셔준 뒤로는 풀밭이 푸르게 변했고 까맣게 옹이가 졌던 나무들에서는 새싹과 이파리가 움트기 시작했다. 이 정도면 침팬지들에게 충분한 먹이가 되어줄 것이었다. 그리고 고블린, 피피, 피피의 어린 푸루아하가 사라진 것은 슬픈 일이었지만 곰베에 청년기 암컷 침팬지 한 마리가 새로 들어오는 경사도 있었다. 2005년 초를 기준으로 침팬지 수가 거의 60마리에 달한 카세켈라는 적어도 당분간 동안은 존속할 수 있을 듯했다. 그리고 탄자니아인 직원 중 연장자들이 무려 여섯 사람이나 곰베를 떠나게 된 일은 곰베의 권위와 전문성이 심각하게 하락하는 것을 의미할 수도 있었지만, 다른 한편으로는 거의 정규직 직원 40명으로 구성된 곰베의 일꾼들에게 진급의 기회가 생긴 셈이기도 했다.

짧게 말해서 곰베 강 연구센터는 동물행동학 사상 두번째로 긴 기간에 걸쳐 연구를 수행하는 단체로서 그 역할을 다하고 있었을 뿐 아니라 세계에서 가장 높은 연구 성과를 자랑하는 연구기지 중 하나로 번창하고 있었다. 선임 과학자 여섯 명과 영국, 미국, 탄자니아의 대학 및 여러 기관에 소속된 연구원 및 박사급 지원자 열두 명의 공동 작업으로 진행되는 곰베 강 연구센터의 프로그램은 그 어느 때보다도 탄탄했고 2004년 한 해에만 과학계 출판물에 총 13편(과학서적 중 한 장章, 박사논문 2편, 학회지 기사 10편)의 글을 실었다. 그리고 그해 곰베에서의 작업은 각종 국제 학회에서 12회에 걸쳐 공식 발표되었다.

인류와 동물 세계의 평화를 위한 제인 구달 박사의 캠페인은 계속되었다. 9월 21일 국제 평화의 날, 제인은 뉴욕에서 평화의 종을 울리고 뿌리와 새싹의 거대 비둘기 인형을 날리는 자리에 함께했다. 이날 뉴욕에서 날려진 몇 마리를 포함해 오스트레일리아, 바레인, 보스니아헤르체고비나, 캐나다, 중국, 코스타리카, 핀란드, 독일, 아이티, 인도, 이란, 이스라엘, 이탈리아, 일본, 케냐, 레바논, 몽골, 네팔, 네덜란드, 파키스탄, 필리핀, 러시아, 사우디아라비아, 시에라리온, 스페인, 남아프리카공화국, 시리아, 탄자니아, 우간다, 영국, 그리고 미국 다른 도시에서 3천 마리의 비둘기 인형이 날개를 퍼덕였다.

10월 초, 제인은 독일로 향했으며 다시 오스트리아로 또 체코로 이동했다. 11월 초에는 오타와와 밴쿠버를 향해 힘차게 약진했고 그 다음에는 로스앤젤레스, 그리고 털사, 오클라호마 방문이 이어졌다. 그 뒤에는 비행기를 타고 한국으로 날아갔으며 11월 11일에는 일본에 도착했다. 제인은 일본에서 그녀의 첫 일본인 친구이자 동료였던 이타니 주니치로의 아들 이타니 젠을 방문하고, 이후 긴 영상물로 제작된 인터뷰에 참여하고, 영장류동물학 학회에서 연설을 하고, 도쿄 대학교에서 강연을 하고, 제인구달연구소 일본 지부 자원활동가 파티에 참석한 뒤 베이징으로 가기 위해 기차를 타고 공항으로 갔다. 11월 16일로 예정된 북한 입국을 위해서였다.

제인은 북한 방문이 이번이 처음이었다. 평양에서 도착한 제인은 영빈관에 머물렀다. 불빛이 전혀 없는 거리를 보고 있으려니 수십년 전 등화관제가 실시되던 전시 영국의 밤이 떠올랐다. 하지만 식당에서 저녁식사를 마치고 방으로 돌아가는 차 안에서 제인은 이따금씩 어느 집 창문 뒤로 희미하게 보이는 불빛을 발견했고 머리 위로 떠 있는 하현달이 드리우는 사랑스럽고 푸른 광휘를 음미했다. 그러고 나서 제인은 차 앞을 지나가는 거대한 검은 형체와 그림자를 보았다. 대형을 이루어 선 총을 든 젊은이들이 누군가 크게 내뱉는 구령에 따라 앞으로 행진을 하거나 이쪽저쪽으로 방향을 꺾으며 잠시 길을 막았다.

이튿날은 밝은 햇살 아래 차를 타고 김일성 종합대학으로 향하는 것으로 하루를 시작했다. 제인은 그곳에서 통역사와 함께 위대한 영도자의 사진이 나열된 여러 개의 방을 따라 안내를 받으며 김일성이 쓴 편지와 책이 전시된 유리 상자 안을 둘러보았다. 제인은 김일성 종합대학 교수 일곱 사람과 학생 둘을 만나 자신의 침팬지 연구와 뿌리와 새싹 프로그램에 대해 이야기했고 교수와 학생들은 제인에게 북한의 야생동물과 그들이 기울이는 여러 보존 노력을 설명해주었다.

북한 방문 마지막 날인 11월 19일, 제인은 평양 중앙동물원을 방문했다. 하지만 동물들을 보기 전에 우선 동물원 수석 관리자이자 침팬지 사육과 조련을 담당하는 동물원 원장을 만나보았다. 제인은 나중에 이날의 만남을 "이상한 회의"로 회상했다. 회의가 시작되자 사람들이 침팬지들이 자꾸 죽는다면서 동물원에 침팬지를 더 데려올 수 있도록 도와달라고 요청한 것이다. 그들은 침팬지들에게 적합한 먹이가 무엇이냐고도 물었다. 마침내 제인은 방에서 나와 우리로 향했다. 전시장은 초목은 물론이고 이렇다 할 만한 시설물조차도 전혀 없이 단순히 담장만 둘러 세워진 휑한 공간이었다. 바닥에는 6미터 높이의 철봉 두 개가 3.6여 미터 간격으로 바닥에 고정되어 있었다. 바닥에 수평으로 지상 1.5미터 위쪽에 위치한 가로대에 비스듬하게 연결된 철사가 철봉을 고정시키고 있었고, 두 철봉의 양 꼭대기는 팽팽한 철사로 연결되어 있었다. 바닥에 놓인 자전거도 눈에 띄었다.

곧 아까 그 젊은 침팬지 조련사가 영양 상태가 몹시 부실해 보이는 두 마리의 야윈 침팬지—수컷과 암컷—의 손을 이끌고 나타났다. 두 마리 모두 허리를 꼿꼿하게 세우고 걷는 모습이 영 어색했다. 조련사가 몸짓으로 지시를 내리자 기력 없어 보이는 암컷 침팬지가 한쪽 철사 줄을 다리와 발가락으로 움켜쥐며 위로 오르기 시작했다. 천천히, 천천히, 아주 천천히 줄을 타고 오르던 침팬지는 중간쯤 가서 철사가 심하게 흔들리자 겁을 내며 다시 밑으로 내려왔다. 조련사가 다시 몸짓을 하자 암컷은 다시 한 발 한 발 내딛어 결국 꼭대기까지 올랐다. 그러고 나자 가장 어려운 도전이 이 암컷 침팬지를 기다리고 있었다. 지상 6미터에서 팽팽한 철사 위로 이 끝에서 저 끝까지 걸어가야 했다. 그녀는 마침내 다른 쪽 끝에 도착해 철봉을 타고 내려와 서둘러 주인 곁으로 돌아왔다.

이번엔 수컷 차례였다. 성년 침팬지라고 들었지만 이 가련한 동물은 꼭 허수아비 같은 모습을 하고 있는 것이 암컷보다도 상태가 더 심각해 보였다. 조련사가 사과 반쪽을 던지자 먹지는 않고 입에 물기만 한 채로 자전거를 세우더니 자리에 앉아 페달을 밟기 시작했다. 제인은 후에 말했다. "상당히 허약했죠. 페달을 밟을 힘이 거의 없었어요. 자전거가 덜덜 떨리더군요. 침팬지는 필사적으로 페달을 밟았고 결국 우리 안을 한 바퀴 도는데 성공했습니다. 그런데도 침팬지는 이때도 감히 사과를 먹지 못했고 나중에 명령을 받고서야 먹더군요."

다음으로 수컷 침팬지는 철봉에서 한 팔로 턱걸이를 하라는 지시를 받았지만 침팬지는 한쪽 팔에 부상을 입은 듯했다. 침팬지는 애원하는 듯한 몸짓으로 조련사를 향해 그 팔을 뻗어 보였다. 다시, 또다시 애원했지만 조련사는 더욱 세찬 몸짓으로 지시를 반복할 뿐이었다. 그리하여 이 쇠약한 침팬지는 아주 서서히, 분명 극심한 고통 속에서, 자신의 턱이 가로대 위에서 겨우 휴식을 취할 수 있을 때까지 한 팔로 몸을 끌어올렸다. 그리고 이 고통스러운 노동을 한 번 더 했다. 그리고 세번째. 결국 조련사가 침팬지에게 마지막 인사를 하라는 명령을 내리자 팔을 들어 제인에게 작별 인사를 건넸다.

몇 개월 동안 치료를 지속한 뒤에도 여전히 눈 상태가 좋지 않았던 제인은 이날도 할리우드 배우처럼 선글라스를 끼고 있었기에, 아마도 제인의 눈물은 선글라스의 어두운 렌즈 뒤로 가려졌을 것이다. 하지만 눈물이 가시고 난 뒤, 제인은 이 슬픈 두 짐승을 꼭 도와주리라 결심하며 조용히 평양 중앙동물원을 떠났다. 이미 침팬지 관련 서적 몇 권을 건네준 터였고 빠른 시일 안에 침팬지의 먹이에 관한 정보를 인쇄물로 정리하여 동물원 행정과에 우편으로 보내줄 예정이었다. 어쩌면 그 동물원 원장 겸 수석 관리자가 베이징 동물원을 방문해 그곳의 유인원들은 어떤 보살핌을 받고 있는지 직접 관찰해보게 할 수도 있을 것이었다. 그리고 여기에는 이제 막 태동한 북한 뿌리와 새싹 클럽도 참여할 수 있을 것이다……. 하지만 아, 미처 다 하지 못한 일들이 여전히 참으로, 참으로 많았다.

주석

1. 아빠의 자동차, 유모의 뜰(1930~1939)

미출간 자료(주로 인터뷰, 편지, 밴 구달이 쓰다 완결시키지 못한 채 끝난 제인 구달의 전기)의 출처는 보통 본문 안에 표시했으나, 그러지 않았던 것도 있다. 마이클 H. 구달이 고맙게도 빌려준 구달 가문의 역사 자료와 내가 가지고 있었던 구달 가족의 초기 기록은 이 장에서 출처를 밝히지 않았다. 구달 가문의 트럼프카드 사업에 대한 추가 자료는 Thorpe, 1980에서 가져왔다. 애스턴마틴에 대한 배경 자료는 대부분 Borgeson and Jaderquist, 1980, pp. 30~37에서 가져왔다. 모티머 모리스 구달과 A. C. 베르텔리의 첫 만남과 관련한 이야기의 출처는 Feather and Joscelyne, 1973이다. 찰스 B. 코크런에 대한 자료는 Cochran, 1929과 Graves, n.d.에서 가져왔다. 1933년 르망대회 일화는 Hunter and Archer, 1992와 Feather and Joscelyne, 1973을 바탕으로 썼다.

놀런드 간호학교(노팅힐 게이트에 소재)의 커리큘럼은 Gathorne-Hardy, 1973, p. 176에 나와 있다. 하이드 파크의 유모차 행렬 일화는 Gathorne-Hardy, p. 198에 인용된 Bridget Tisdall의 회고 내용을 일부 참고했다. 1950년대 초기에 관행처럼 행해진 체벌에 대한 연구 자료도 Gathorne-Hardy(pp. 55~56)에서 가져왔다. 런던동물원의 주빌리 탄생 일화의 출처는

"Chimpanzee Born," 1935이다. 브룩랜즈에 대한 자료는 Brooklands, 1985와 Boddy, 1995에서 가져왔다. 대니 너트의 장원 저택과 웨스턴행어 성의 자료는 그 저택의 소유자(1987~1996년)였던 Michael, Jenny Mannon 부부에게서 얻었으며, 또 G. Force, Ltd., Civil Engineering의 "Historical Notes"도 참고했다. 제인 구달의 낭만적인 장원 저택에 대한 회상과 달걀 찾기, 페인스테이커를 탔던 기억은 Goodall, 1988, pp. 9~11(제인 구달, 『제인구달: 침팬지와 함께한 나의 인생』, 박순영 옮김, 사이언스북스, 2005, 27~29쪽)에서 관련 내용을 찾아볼 수 있다.

2. 전쟁, 그리고 아버지의 부재(1939~1951)

히틀러의 "조잡한 연극"과 이후의 폴란드 침공은 Wernick, 1977, pp. 18~21(로버트 워니크, 『독일 전격전』, 타임라이프북스 편집부 옮김, (주)한국일보타임라이프, 1997)을 바탕으로 썼다. 영국인들의 전쟁 준비에 대한 내용은 Ziegler, 1995, p. 44에서 볼 수 있다. 전쟁에 관한 다른 자료는 Spirit, 1995와 Ferrel, 1984, pp. 216~217을 참고했다. 전쟁 초기 본머스 지역에서 침공을 대비해 벌인 여러 사전 준비 활동에 대한 내용은 Forty, 1994에서 가져왔다. 제인 구달이 닭장 안에서 겪은 체험담은 Goodall, 1988, pp. 1~2(『제인 구달: 침팬지와 함께한 나의 인생』, 15~16쪽)에서 인용했다.

3. 아이의 평화(1940~1945)

본 장, 특히 제인 구달의 가족사와 성장배경에 관한 부분은 밴 구달이 쓴 제인 구달의 미출간 전기에서 많은 부분을 참고했다. 제인 구달이 자신의 성별 때문에 하고 싶은 일에 구애를 받은 적이 없다고 언급한 부분은 2003년 4월 시몬스 대학에서 여성 경영자를 주제로 열린 학회에서 제인 구달이 한 강연에서 인용했다. 대니를 비롯한 가족들에 대한 묘사는 Goodall and

Berman, 1999, pp. 8, 9(제인 구달, 『희망의 이유』, 궁리, 2003, 27, 30쪽)를 참고했다. 당시 영국 정부가 시행한 식품 배급제도는 Spirit, 1995, p. 12에 묘사되어 있다. 본머스의 첫 공습에 관한 내용은 Forty, 1994, p. 46에서 볼 수 있다. "전쟁 때문에 큰 영향을 받지는 않았다" 인용의 출처는 Goodall, 1988, p. 13(『제인 구달: 침팬지와 함께한 나의 인생』, 30쪽)이며, 집단수용소 사진과 관련한 인용 및 서술은 Goodall and Berman, 1999, p. 20(『희망의 이유』, 36쪽)을 참조했다.

4. 숲속의 아이(1940~1951)

러스티와 관련하여 구달이 "일평생 기억"하는 "이때 배운 내용들"과 "정의감"에 대한 인용은 Goodall, 1988, pp. 22, 23(『제인 구달: 침팬지와 함께한 나의 인생』, 42쪽)에서 가져왔다. 제인 구달의 학교에 대한 태도나 선호한 책에 관한 인용의 출처는 Goodall and Berman, 1999, p. 11(『희망의 이유』 33쪽)이며, 비제이가 『둘리틀 선생 아프리카로 간다』를 처음 읽었을 때를 묘사한 부분은 Goodall, 1988, p. 14(『제인 구달: 침팬지와 함께한 나의 인생』 33쪽)에서 인용했다. 둘리틀 선생 이야기 인용의 출처는 Lofting, 1988 (1920), p. 4(휴 로프팅, 『둘리틀 선생 아프리카로 간다』, 변은숙, 홍혜영 옮김, 길벗어린이, 2006, 10쪽)이다.

5. 유년기의 끝(1951~1952)

진로 문제에 대한 밴의 조언을 요약한 인용문("어머니는 늘 이렇게 말씀하셨다.")은 다른 글에도 유사한 내용이 언급되어 있으며 이 책에서는 1996년 10월 샌프란시스코에서 개최된 세계 포럼 학술회의 강연 자료를 인용하였다. 트레버에 대한 제인의 태도, "누구든지 너로 오 리를 가게 하거든 그 사람과 십 리를 동행하라"는 Goodall and Berman, 1999, p. 23에 나와 있다.

6. 미뤄진 꿈(1952~1956)

전쟁의 폐허 속에서 모습을 드러낸 쾰른 대성당에 대한 제인 구달의 감상은 Goodall and Berman, 1999, p. 31(『희망의 이유』, 58쪽)에서 인용하였다. 밴은 딸의 독일행을 적극적으로 지지해주었으며 이 부분에 관한 내용은 같은 책, p. 30에 나와 있다. 퀸스 비서학교에 관한 정보는 Letts, n.d.; Lewis, 1994; and Murray, 1994를 참고하였다.

7. 되찾은 꿈(1956~1957)

케냐행 뱃삯에 대해 구달은 1956년 5월 샐리 캐리에게 보낸 편지에서 표를 사는 데 90파운드가 든다고 적고 있으나 이는 편도 티켓 값만 어림잡아 말한 게 아닐까 싶다. 실제로는 왕복 티켓을 구입한 것으로 보인다(Goodall, 1988, p. 32 참조). 또한 애초에는 수에즈를 가로질러 가는 빠른 배편을 이용할 생각이었지만 그 무렵에는 이 항로 운행이 중단된 상태였다. 1957년 3월 1일자 유니언캐슬 항로별 운임표에 따르면, 아프리카 서부 해안을 경유하는 편도 티켓 가운데 가장 싼 것이 131파운드였다. 왕복 뱃삯은 이 가격의 2배에서 10퍼센트를 할인한 금액이었을 것이다. 어느 날 저녁 가족들과 함께 그동안 번 돈을 세어본 장면은 Goodall, 1988, p.32(『제인 구달: 침팬지와 함께한 나의 인생』, 54쪽)에서 인용하였다. 한스와의 관계를 "불륜에 가까웠던"이라고 설명한 부분은 Goodall and Berman, 1999, p. 23에서 인용하였다. 케냐캐슬에 대한 구체적인 설명은 Harris and Ingpen, 1994와 유니언캐슬 라인의 1952년 2월 27일자 보도자료를 참고하였다.

8. 아프리카!(1957)

파이어 플라이의 키는 Goodall and Berman, 1999, p. 43(『희망의 이유』, 73쪽)을 참고했다. 루이스 리키의 출생 및 성장배경은 Cole, 1975, Morrell, 1995,

Leakey 1966 (1937)을 참조했다. 처음 등장하는 리키의 대사 인용 셋의 출처는 Leakey 1966 (1937) pp. 69, 70, 85이다. 리키에 대한 소니아 콜의 묘사는 Cole, 1975, p. 20에서 볼 수 있다. "후에 제인이 회상한" 내용은 Goodall, 1988, p. 35(『제인 구달: 침팬지와 함께한 나의 인생』, 57쪽)에서 인용했다. 구달과 리키 간에 이루어진 첫번째 대화는 Morrell, 1995, p. 238에서 가져왔다. 루이스 리키에게 여자들이 "부나방처럼 몰려들었다"는 인용은 같은 책 p.73에서 가져왔으며, 리키의 전임 비서와 관련한 문제들, 그의 가족, 이혼 위기와 관련한 묘사 및 인용은 같은 책 pp. 243~246을 참조했다.

9. 올두바이(1957)

카튄켈 및 레크와 관련한 이야기는 Cole, 1975, Morrell, 1995, Leakey, 1966 (1937)을 참조했다. 레크와 관련한 인용의 출처는 Cole, 1975, p.82이다. 시간의 증거를 제시하는 장소로서 올두바이를 묘사한 근거는 Morrell, 1995, pp. 60, 61에서 찾아볼 수 있다. 루이스 리키와 레크의 첫 만남에서 리키가 한 말 그리고 이후 리키가 올두바이에서 레크에게 한 말의 인용은 Leakey 1966 (1937), pp. 177, 292에서 가져왔다. 1931년 리키와 레크의 올두바이 원정에 대한 묘사는 Morrell, 1995, pp. 62, 63을 참고했으며, 리키가 언급한 내용("진정한 천국" 등)의 출처는 Leakey 1966 (1937), p. 295이다. 1955년에 올두바이에서 최초로 호미니드가 발견된 내용은 Cole, 1975, p. 228와 Morrell, 1995, p. 179를 참조했다. 제인 구달이 "40여 년 후"에 쓴 글의 출처는 Goodall and Berman, 1999, p. 49(『희망의 이유』, 79쪽)이다. 리키와 제인이 올두바이에서 모닥불 가에 앉아 나눈 대화는 Goodall and Berman, 1999, pp. 48~51(『희망의 이유』, 79~82쪽)에 기초해 재구성되었다. 이후 이어지는 리키와 제인의 대화 내용은 Goodall and Berman, 1999, pp. 52~55(『희망의 이유』, 82~86쪽)에서 볼 수 있다. 리키가 곰베 강 침팬지 보호구역에 가진 초기 관심에 대한 배경 정보는 Morrell, 1995를 참조했으며, 모렐의 언급

인용 및 리키가 말한 내용("철저하게 실패") 역시 같은 책 p. 239에서 찾아볼 수 있다. 발터 바움게르텔과 그가 운영한 트레블러스레스트에 관한 이야기는 Baumgartel, 1976을 참고했고 관련 인용은 같은 책의 pp. 19, 36, 37, 38, 40, 86에서 가져왔다. 루이스 리키가 1956년 후반에 제프리 브라우닝과 접촉을 시도했다는 내용은 Morrell, 1995, p. 239에서 볼 수 있으며, 같은 책 p. 240에서 리키가 워시번에게 쓴 편지의 일부 내용을 확인할 수 있다. 루이스 리키는 1959년 2월 12일 레이턴 윌키에게 쓴 편지에서 워시번이 이 편지에 답장을 보내지 않았음을 밝힌 바 있다. Morrell, 1995, p. 241에는 리키가 남성 관찰자들은 관찰 대상 동물들에게 위협적으로 보일 것으로 판단했다는 레이턴 윌키의 언급이 등장한다. 리키가 "단순명료"하고 "이론적 편견이 없는" 사람을 찾고 있었다는 제인 구달의 언급은 Goodall, 1971, p. 6에서 볼 수 있다.

10. 사랑, 그 외의 문제들(1957~1958)

코린돈 박물관의 새 박제 소장품을 본 제인의 첫인상은 Goodall and Beckoff, 2002, p. 113(『제인 구달의 생명 사랑 십계명』, 제인 구달·마크 베코프, 최재천, 이상임 옮김, 바다출판사, 2003, 167~168쪽)을 바탕으로 썼다. 브라이언 헤르네에 대한 자료는 Goodall and Berman, 1999(『희망의 이유』)에서 찾아볼 수 있으며 본문에 "진정한 첫사랑"이라고 인용한 부분도 이 책의 p. 54(『희망의 이유』, 85쪽)에 있다. 백인 사냥꾼 데이비드 옴매니와 데릭 던에 대한 소개는 Herne, 1999, p. 381에 있으며 카 하틀리와 하틀리의 목장에 대한 배경 설명도 같은 책 pp. 310~313에서 가져왔다.

11. 동물 군단(1958)

My Life with the Chimpanzees(Goodall, 1988, p. 41)(『제인 구달: 침팬지와 함께

한 나의 인생』, 66~67쪽)에는 콤보가 코비로, 콤보의 "각시"는 레터스라고
되어 있지만, 여러 편지들에서 볼 수 있듯 구달이 버빗원숭이에게 지어준
이름은 콤보였다. 이 책에는 심블이 구달의 집으로 온 일에 대한 언급이 없
지만, 구달이 아프리카를 떠나기 며칠 전 샐리 캐리에게 보낸 편지에는 야
생 버빗원숭이들을 "콤보와 심블 등의 여러 마리의 원숭이들"이라고 쓴 바
있다. "테디베어 피크닉"도 Goodall, 1988, p. 43(『제인 구달: 침팬지와 함께
한 나의 인생』, 67쪽)에 나와 있는데, 그 부분을 읽어보면 고슴도치와 쥐는
데려가지 않았고, 고양이는 차 안에 두었다고 되어 있다. 올로르게사일리
에 선사유물 지역과 그곳에서 발굴한 유물에 대한 자료는 Morrell, 1995, pp.
125, 126에서 가져왔다.

12. 런던 간주곡(1959~1960)

레이턴 윌키의 배경 자료와 윌키가 루이스 리키, 레이몬드 다트와 처음 만
나게 된 사연(관련 인용 포함)은 Cole, 1975, pp. 212~215에 나와 있다. 1955
년 윌키가 로데시아로 여행을 갔던 일은 "Africa Cradled," 1955를 바탕으
로 썼다. 윌키 재단의 연구 지원에 대한 자료는 윌키 재단의 내부 보고서
(1953~1957)와 루이스 리키, 윌키 사이의 개인적인 서신 교환 등을 포함한
여러 미출간 기록에서 가져왔다. 메리 리키가 1959년 7월 17일 진지를 발
견한 순간을 회상한 내용은 Leakey, 1984, p. 121에서 인용했다. 루이스 리
키가 진지에 대해 한 발언은 Leakey, 1984, p. 125에서 인용했다. 메리 리
키가 필립 토비아스의 반응에 대해 한 말은 Leakey, 1984, p. 125에서 인용
했다. 영국에서 '호두까기 사람'이 불러일으킨 뜨거운 호응과 강연에 참석
한 신문 기자들의 기사는 Cole, 1975, p. 233을 참고, 인용했다. 이 외에도
Weiner, 1959도 참고했다. 리키가 시카고 대학에서 한 강연 내용은 Leakey,
1960, p. 17에서 인용했다. 리키의 미국 강연 여행에 대한 배경 자료는 Cole,
1975, pp. 234~236에서 가져왔다. 제인 구달의 할머니 대니가 로버트 영

에 대해 언급한 일기 내용은 밴 구달의 미출간 전기에서 인용했다. 포획 영장류에 대한 초기 연구는 Köhler, 1925, Yerkes, 1916(pp. 233, 234, 232에서 인용), Yerkes, 1925(pp. 173~174에서 인용), Kellogg and Kellogg, 1967(1933)을 참고했다. 여키스가 후원한 20세기 최초의 현장연구 세 건에 대한 내용은 Bingham, 1932, Nissen, 1931, Carpenter, 1934에서 찾아볼 수 있다. 니슨에 대한 인용은 Nissen, 1931, pp. 13~15("시간을 두고 갈고 닦은 방식"), p. 25("유목생활"), p. 73("무리 크기"), p. 72(소변 대 대변)에서 가져왔다.

13. 롤루이 섬, 그리고 곰베로 가는 길(1960)

이 장의 첫 부분에 있는 인용("침팬지 보호구역의 호숫가에서 생활하는 어부들 사이에서 말썽이 생겼다")은 Goodall, 1971, pp. 7,8(제인 구달, 『인간의 그늘에서: 제인 구달의 침팬지 이야기』, 최재천 · 이상임 옮김, 사이언스북스, 2006, 44쪽)에서 가져왔다. 메리 리키가 하산 살리무를 묘사한 내용은 Leakey, 1984, p. 101에 있다. 리키의 연구용 배 마이오세 레이디에 대한 배경 자료의 출처는 Morell, 1995, p. 156이다. 리처드 버턴이 탕가니카 호수에 대해 쓴 글은 Burton, 1995(1860), p.307에서 인용했다. 콩고 독립으로 야기된 혼란과 피난민 문제는 Reader, 1998, pp. 649~659를 참고했다. 제인이 키고마에서 스팸 샌드위치를 만들었던 기억을 회상하는 부분은 Goodall, 1971, p. 10(『인간의 그늘에서』, 47쪽)에서 인용했으며, 곰베 연안을 바라보며 느낀 "고립된다는 것에 대한 호기심"과 관련한 인용도 같은 책 pp. 14~15(『인간의 그늘에서』, 55쪽)에서 가져왔다.

14. 천국에서 보낸 여름(1960)

곰베에서 제인 구달과 식사 후 나눈 대화는 Peterson, 2003(1995), p. 83에서 인용하였다. 곰베 생태계와 야생동물에 대한 묘사 가운데 일부는 Goodall,

1986, pp. 45~51을 참고하였으며, 제럴드 릴링과 개인적인 대화를 통해 곰베의 야생동물, 특히 뱀에 관한 보다 구체적인 정보를 얻을 수 있었다. 곰베와 야생동물에 대한 생각 등을 비롯해 와족의 문화적 태도에 관한 배경지식은 Wagner, 1996을 참고하였다. 표범에 대한 제인의 "거의 무조건적인 두려움"은 Goodall, 1971, p. 31(『인간의 그늘에서』, 78쪽)에서 인용하였다. 곰베에서 현장 일꾼을 뽑은 것과 흐트왈레에 대한 설명 등은 같은 책, p. 17을 참고하였다. 밴의 진료소에 대한 저자의 설명은 Goodall, 1971, p. 40에 적힌 설명 및 인용("우리가 새로운 이웃과 좋은 관계를 만드는 데 도움을 주었다.")과 밴이 쓴 편지에 언급되어 있다.

15. 데이비드의 선물(1960)

말라리아열이 누그러든 뒤이자 8월 마지막 주 동안에 있은 제인 구달의 단독 산행에 관한 인용 및 설명은 Goodall, 1971, p. 25에 나와 있다. 데릭 던에 관한 설명 중 일부는 Herne, 1999, p. 376에 나와 있으며, 윌버트에 관해 제인이 이후 편지에 쓴 내용은 Goodall, 1971, p. 23(『인간의 그늘에서』, 65쪽)에서 인용하였다. 구달의 초기 현장연구와 헨리 니슨의 현장연구를 비교한 부분과 관련해, 9월 15일은 제인이 곰베에서 지낸 지 64일째 되던 날이었으나, 그 사이 제인은 캠프 일에 관련한 출타, 키고마 방문 등으로 몇 일간 곰베를 비웠다. 한편 니슨은 78일을 '숲'에 있었으며 이중 '현장연구' 기간은 64일이었다(Nissen, 1931, p.16). 침팬지의 세 가지 행동법칙에 관해 언급한 부분은 Nissen, 1931, pp. 18, 25, 30에서 인용하였다. 로잘리 오즈번과 질 도니소프의 초기 논문에 대해 조지 셜러가 직접 기술한 그의 반응은 Schaller, 1964, pp. 9, 10을, 고릴라의 기질에 관한 내용은 같은 책, pp. 115, 116에 나와 있다. 침팬지의 도구 사용에 대해서는 Beatty, 1951과 Merfield and Miller, p. 63에도 이미 언급되어 있으며, 셜러도 그의 저서에서 이러한 내용을 다룬 바 있다(Schaller, 1964, pp. 224~227). 곰베 흰개미 및 흰개미 낚시에 관한 내용은 Goodall, 1986, pp. 248~251, 536~538에 언급되어 있다. 데이비드 그레이비어드에 대해 서술한 마지막 두 인용구는 같은 책, p. 61에서 인용하였다.

16. 영장류, 패러다임의 변화(1960~1962)

곰베 침팬지들이 도구를 사용한다는 소식을 접한 루이스 리키가 보인 반응은 Goodall, 1971, p. 37(『인간의 그늘에서』, 87쪽)과 Goodall, 1990, p. 19에 언급되어 있다. 루이스 리키의 컨스티튜션 홀 강연에 대한 내용은 Morrell, 1995, pp. 210, 211에 묘사되어 있으며, 이에 대한 그로스브너의 언급의 출처는 Cole, 1975, p. 242이다. 아드리안 코르트란트의 「사이언티픽 아메리칸」 기고문은 Kortlandt, 1962이며, 처음 등장하는 세 인용구는 같은 글의 p. 128에서 찾아볼 수 있다. 코르트란트는 해당 연구가 진행된 기간을 두 가지 다른 글에서 기록한 바 있는 데 두 글의 내용이 약간 모순된다. Kortlandt, 1999, p. 5에서 그는 "[베니에서의] 작업은 모두 1960년 4월에서 6월에 이르는 기간 동안 이루어졌다. 이 작업에는 잠복관찰처를 짓는 데 걸린 3주 및 이후 관찰을 하며 보낸 7주의 기간이 포함되었다"라고 언급했는데 이는 그가 수행한 총 연구 기간이 3개월 또는 2개월 반임을 암시한다. 한편 Kortlandt, 1991, p. 6에서는 "나는 2개월간…… 돌아다닌" 끝에 "겨우 4개월을 남겨두고" 베니 현장을 발견했다고 썼다. 두 글에서 코르트란트는 연구 기간 동안 총 54회의 성공적인 관찰 활동을 수행했다고 회고한다. 잠복관찰처 다섯 곳에 대한 묘사는 Kortlandt, 1962에서 볼 수 있으며, 잠복관찰처와 관련한 첫번째 인용구("내가 이미 안에 자리하고 있었다")의 출처는 Kortlandt, 1991, p. 7이며 두번째와 세번째 인용구(높은 나무 위의 잠복관찰처 관련 인용구)의 출처는 Kortlandt, 1962, p. 129이다. 수컷 침팬지가 땅 위 잠복관찰처 안을 들여다본 긴장된 순간에 대한 인용 묘사의 출처는 Kortlandt, 1999, p. 4이며, 이 순간이 일생에서 가장 중요한 경험이었다는 회고는 Kortlandt, 1986에서 볼 수 있다. 코르트란트의 학자로서의 경력에 대한 간략한 서술은 van Hooff, 2000, p.121에 기초했다. 왓슨과 행동주의에 대한 설명은 Sparks, 1982, pp. 155~166을 참고했다. 해리 할로의 이야기는 Blum, 2002(데버러 블룸, 『사랑의 발견』, 임지원 옮김, 사이언스북스, 2005)를 참고했고 두 인용구는 각각 p. 78(143쪽)과 p. 170(283쪽)에서 가져왔다. 크로버와 후턴이 일찍이 영장류 연구를 강조한 사실은 Sussman, 2002, p. 89에서 찾아볼 수 있다. 실용적인 측면에서 발생한 몇 가지 변화가 영장류 현장 연구에 길을 열어주었다는 나의 주장은 Rowell, 2002, p. 63에 기초한 것이며, 거대 뇌 용량 패러다임의 종말이 영장류 현장 연구의 시작을 앞당겼다는 이론은 Sussman, 2002, pp. 85~103에 기초했다. 워시번과 관련하여 그가 영장류 패턴을 발견하는 연구에서 지나친 낙관론에 빠져 있었다는 등의 내용에 대한 배경 설명은 대부분 Strum and Fedigan, 2002를 참고했다. 일본의 영장류 동물학과 관련하여 마이클 허프만과 다카요시 가노(개인적인 연락) 그리고 니시다 도시사다가 많은 정보를 제공해 준 데 대해 깊은 감사를 드린다. Takasaki, 2002, Nishida, 1989, Nishida, 1990 역시 참고 자료로 활용했다. 이마니시가 발터 바움가르텔에게 보낸 편지는 Baumgartel, 1976, p. 94에서 처음 인용되었다. 마할레 산맥에 먹이 공급 방식에 기반한 연구 센터를 세우기까지 거친 긴 과정에 대한 설명은 Nishida, 1989와 Nishida, 1990을 참조했으며, 니시다와의 인터뷰를 통해 내용을 더욱 보강했다. 자이르에서 진행된 1970년대 프로젝트는 Kano, 1992에서 찾아볼 수 있다. 조지 셜러가 부동고 숲에서 비명을 지르는 유인원들에게 둘러싸인 사건에 대한 묘사의 출처는 Schaller, 1964, p. 222이다. 버넌, 프랜시스 레이놀즈 부부의 부동고 숲 연구 이야기의 출처는 Reynolds, 1965(인용구는 같은 책 p. 51)와 Reynolds and Reynolds, 1965이다. 제인의 연구 방식에 대한 코르트란트의 비판 및 인용의 출처는 Kortlandt, 1991, pp. 3, 7이다. 코르트란트와 제인의 작업에 대한 비교 및 관련 인용의 출처는 Kortlandt, 1986, p. 2이다. 코르트란트가 "윤리적으로 올바르며 무해한 실험"을 추구했다는 인용구와 그의 표범 실험에 대한 언급은 Kortlandt, 1998, p. 3에서 찾아볼 수 있으며, 다른 실험("알이 든 둥지" 등)은 Kortlandt, 1999에서 볼 수 있다. 또 그의 "아시시의 성 프란체스코" 발언은 Kortlandt, 1998, p. 3에서 찾아볼 수 있다. 수컷 침팬지가 잠복관찰처에 접근했을 때 코르트란트가 받은 느낌에 대한 인용의 출처는 Kortlandt, 1993, p. 141이며, 침팬지가 "자연 채식"을 한다는 코르트란트의 주장 및 침팬지가 왜 도구를 제작하지 않는지에 대한 그의 궁금증은 Kortlandt, 1962, p. 133에 나타나 있다.

17. 마법과 일상(1960~1961)

앞부분에 등장하는 『희망의 이유』에서 발췌한 짧은 두 인용문은 Goodall and Berman, 1999, pp. 71(『희망의 이유』, 106쪽)에서 가져왔으며, 두번째 긴 인용문은 같은 책 p. 73(같은 책, 106~108쪽)에서 가져왔다.

18. 촬영 실패(1961)

내셔널지오그래픽 협회 직원의 멜빌 벨 그로스브너의 성격에 대한 발언의 출처는 Bryan, 1994(1987), p. 334이다. 루이스 리키와 27세의 여성 메리 그리스월드와의 짧은 대화는 Smith, 1993에 실린 회상 내용에서 가져왔다. 테드 보스버그의 성격과 관련한 인용은 Bryan, 1994 (1987) p. 379에서 찾아볼 수 있으며, 루이스 리키가 1961년 12월 초 밴에게 보낸 전보의 내용은 Goodall, 1971, p. 67(『인간의 그늘에서』, 124쪽)을 참조했다.

19. 다른 언어(1961~1962)

하인로스 및 폰 프리슈에 대한 소개를 포함해 동물행동학을 개괄적으로 서술한 도입부는 상당 부분 Sparks, 1982, pp. 180~189를 참조했으며, 폰 프리슈가 한 말의 인용은 같은 책 p. 185에서 가져왔다. 폰 프리슈의 벌 연구에 대한 간략한 소개는 von Frisch, 1967, pp. 109~114에 기초했으며 벌의 탁월한 방향감각에 관련해서는 p. vi를 특히 많이 참조했다. 하인로스가 각인 현상을 발견하고 이를 개념으로 정립한 내용은 Sparks, 1982, pp. 193, 193에서 찾아볼 수 있다. 로렌츠의 성장 배경은 Sparks, 1982, pp. 193~196을 참조했으며, 로렌츠 관련 인용("좋은 음식을 넣어주고 싶은 충동을 느꼈다")은 Nisbett, 1976, p. 28에서 가져왔다. 틴베르헌의 성장 배경은 대부분 Baerends, 1991을 참고했다. 인용된 "한 평론가"의 언급은 Baerends, 1991, p. 12에서 가져온 것이며, 동물행동학이 "무의식적이고 전형적이고 특징적"인 행동에 초점을 두었다는 것 역시 같은 책 p. 9를 참고한 것이다. "한눈에 통했다"는 인용은 Nisbett, 1976, p. xiii를 참조했으며, 로렌츠와 틴베르헌의 상호보완적이면서도 대조적인 성격에 관해서는 Baerends, 1991, p. 13을 참조했다. 소프의 학문적 배경에 관해서는 Sparks, 1982, pp. 168~171을 참조했고, 푸른머리되새의 울음소리에 대한 인용 묘사의 출처는 Hinde, 1982, p. 82이다. 존 크렙스가 회상한 내용의 출처는 Krebs, 1991, pp. 60, 61이며, "객관적이고 과학적인 방법" 인용은 Baerens, 1991, p. 9에서 가져왔다. 틴베르헌의 "네 가지 이유"에 대한 논의는 Hinde, 1982, pp. 19~131 및 Lorenz, 1982 (1981)을 참고했다. 랙의 유럽붉은가슴울새 연구 내용은 Sparks, 1982, p. 202를 참조했다. 틴베르헌이 젊은 시절의 로버트 하인드에 대해 회상한 내용의 출처는 Tinbergen, 1991, p. 463이며, 틴베르헌에 대한 하인드의 회상 내용은 Hinde, 1991, p. 31을 참조했고, 데스먼드 모리스가 과장된 추론을 시도한 것을 틴베르헌이 불편하게 생각했다는 내용은 같은 책 p. 32를 참조했다. 하인드가 매딩리에서 히말라야원숭이 무리를 길렀다는 내용은 Hinde, 2000에서 볼 수 있다. 제인 구달이 로버트 하인드에게 보인 반응("크나큰 경외의 대상"으로 시작하는 부분)에 대한 인용의 출처는 Goodall, 1991이다. "케임브리지에서의 첫 과학 연구보고서" 내용의 출처는 Goodall, 1963a, p. 39 및 Goodall, 1962이다. "케임브리지 대학에 처음 들어갔을 때"

의 감상 및 러스티를 "훌륭한 선생님"이라고 지칭한 인용의 출처는 Goodall and Bekoff, 2002, p. 20(『제인 구달의 생명 사랑 십계명』, 53쪽)이다.

20. 첫 학술대회(1962)

셔우드 워시번과 "신형질인류학"의 발달에 대한 내용은 다음을 참고했다. 워시번의 생김새 묘사와 그의 "미래상"은 Grand, 1999, p. 229에서 인용했으며, "전파력이 강한 열정"은 Hamburg, 1999, p. xiii에서 인용했다. 워시번에 대한 기타 다른 자료는 Washburn, 1999a, p. 7과 Washburn, 1999b, p. 5에서 인용했다. 워시번이 쓴 편지는 Zihlman, 1999, p. 182에서 가져왔다. 1960년대 초반 영장류 동물학계의 현황에 대한 내용은 DeVore, 1965, p. viii에서 볼 수 있다. 런던 학회에서 로잘리 오즈번이 한 발표 내용은 Osborn 1963, p. 36에서 인용했으며 제인 구달의 발표 내용은 Goodall, 1963a, p. 45에서 인용했다. 당시 학회 때 상영한 드보어의 케냐 개코원숭이 영상물의 내용은 Jolly, 2000, p. 74에 있는 내용을 재구성한 것이다. 주커만의 일생에 대한 설명은 Zuckerman, 1978과 Peyton, 2001을 바탕으로 썼다. 그러나 원숭이 언덕에 대한 설명과 평가는 Sparks, 1982, p. 233과 Zuckerman, 1981(1932), pp. 218~219에서 가져왔다. "세월이 흐른 뒤" 주커만이 플로리다 방문에 대해 털어놓은 이야기는 Zuckerman, 1978, p. 71에서 인용했다. 주커만이 하렘 구조가 전 영장류 사회의 특징이라고 주장한 연구 결과는 Zuckerman, 1981(1932), p. 209에서 찾아볼 수 있다("앞선 두 장에서 다룬 원숭이 및 유인원 연구 결과로 판단할 수 있듯 하렘은 야생의 하위 영장류의 사회적 삶에서 필수 요소이다"). 마지막으로 1962년 런던 학회 당시 솔리 주커만이 한 발언은 모두 Zuckerman, 1963에서 인용했다. 1960년 이후 "현대 영장류 연구"에 대한 역사적 평가는 Strum and Fedigan, 2000(특히 pp. 15~17)을 바탕으로 썼으며, Jolly, 2000, pp. 80~82도 참고하였다.

21. 성공적인 촬영(1962)

홀랜드 주에서 휴고 반 라빅이 난생 처음 작은 동물들에게 "몰래 기어가서" 사진을 찍는 경험담은 1997년 2월 내가 휴고와 했던 인터뷰 내용에 있는 것이다. 그 경험담의 다른 버전(작은 동물 대신 야생 양이 등장)은 Goodall, 1967, p. 41에 나와 있다. 1962년 6월 28일 메리 그리스월드가 제인을 두고 한 말은 Smith, 1993, p. 30에서 인용했다.

22. 가까이, 더 가까이(1963)

레너드 카마이클의 말은 Carmichael, 1963에서 인용하였다. 제인 구달의 "섣부른 주장"은 Goodall, 1963b, pp. 296, 297에 나와 있다. 내셔널지오그래픽협회의 사명은 Bryan, 1994(1987), p. 24에 언급되어 있다. 「내셔널지오그래픽」 1963년 발행분의 적재 높이(24킬로미터)는 같은 책, p. 49에 언급된 주장을 토대로 저자가 직접 계산한 것으로서, 500만 부의 적재 높이는 약 40킬로미터이다.

23. 로맨스, 사랑, 열정, 그리고 결혼(1963~1964)

『열대우림 너머에서』의 내용은 Morris-Goodall, 1967, p. 35에서 인용하였다. 1963년 10월 11일 구달에게 있었던 일에 관한 언급("무엇보다 제인을 들뜨고 설레게 한 순간"), 데이비드 그레이비어드가 제인을 안심시켜주듯 손을 잡아주었다는 내용은 Addley, 2003을 참고하였다. 휴고 반 라빅과 깊이 사랑에 빠졌다는 내용, 휴고가 들뜬 마음으로 본머스로 보낸 전보, 결혼식을 즐겼다는 마지막 인용구는 Goodall, 1971, p. 90(『인간의 그늘에서』, 164~165쪽)에서 인용하였다.

24. 새끼 침팬지와 바나나(1963)

도미니크 반도라의 짧은 편지를 번역한 부분은 Goodall, 1965, p. 802에서 가져왔다. 맬컴 맥도널드에 대한 간략한 언급은 MacDonald, 1969, pp. 231, 232에서 기본적인 자료를 참고하였으며, 맥도널드를 평가한 인용구 등의 추가 자료는 Lapping, 1985, p.441에서 가져왔다. 기존 바나나 공급의 문제점과 보다 체계적인 바나나 공급 시스템 개발에 대한 설명은 Goodall, 1971, pp. 92~98에 언급되어 있으며, 이 책에서도 부분적으로 이 자료를 활용하였다. 봉우리 캠프로 올라간 데 대한 설명은 이 책보다 관련 내용을 좀 더 상세히 언급하고 있는 Goodall, 1967, pp. 77, 78을 참고하였다. 구달은 『인간의 그늘에서』(Goodall, 1971, pp. 92, 93)에서 콘크리트 상자에 대해 설명하고 있는데, 크리스 피로진스키가 1963년 12월에 상자를 처음 이용했다는 것처럼 쓴 부분은 실수였던 것 같다. 편지에 따르면, 반 라빅이 1964년 2월에 강철 상자를 처음 주문했고, 그 후 6월로 추정되는 시기부터 하산 살리무가 대용품으로 콘크리트 박스를 만들었다는 내용이 명시되어 있다.

25. 상설 연구센터(1964~1965)

"플로가 처음 캠프에 나타났던 1963년 초부터 표준화된 일일 데이터였다"는 부분은 Goodall, 1986, p. 598을 보기 바란다. 레너드 카마이클이 도심에서 강도를 만난 일화는 Galdikas, 1995, p. 59에 나와 있다.

26. 곰베 밖에서(1965)

도미니크 반도라가 곰베 일을 그만두고 키고마로 돌아간 이야기는 Goodall, 1967, p. 107에서 볼 수 있다. 데스몬드 모리스가 구성과 편집을 맡았다는 책은 Morris, 1967을 말한다. 린 뉴먼이 한 말의 인용은 Green, 1970, p. 189에서 가져왔다.

27. 떠도는 반 라빅 박사와 석기시대 독수리(1966~1967)

인용된 「이브닝 스타」 기사는 Schaden, 1966이다. 「네이처」에 실린 곰베 침팬지의 도구 사용에 관한 글은 Goodall, 1964를 말한다. 역시 「네이처」에 실린 세렝게티 이집트독수리의 도구 사용에 관한 글은 van Lawick-Goodall and van Lawick, 1966이며, 같은 주제로 「내셔널지오그래픽」에 실린 글은 van Lawick-Goodall, 1968이다.

28. 전염병(1966~1967)

미스터 맥그리거의 이름의 유래 등을 포함한 여타 배경 자료는 Goodall, 1971, pp. 32, 33(『인간의 그늘에서』, 80, 81쪽)에서 가져왔으며, 맥그리거와 험프리가 형제일지도 모른다는 추측 역시 같은 책의 pp. 222, 223(『인간의 그늘에서』, 345쪽)을 바탕으로 썼다. 메리 리키가 다이앤 포시를 두고 한 말과 그에 대한 포시의 반응은 Morrell 1995, pp. 269~270에 있으며, 포시와 관련한 각종 배경 설명과 포시와 제인 구달의 짧은 만남에 대한 인용은 Fossey, 1983(『안개 속의 고릴라』, 다이앤 포시, 최재천, 남현영 옮김, 승산, 42쪽)에서 가져왔다.

29. 그러블린(1967)

침팬지 육아 원칙을 바탕으로 한 제인 구달의 육아에 대한 견해는 "Chimps," 1970에서 더 자세히 알 수 있다. 이집트독수리의 성급한 투석 행동을 두고 제인 구달이 한 말은 van Lawick, 1968, p. 638에서 인용했다. 자이르에서 포시가 겪은—간단하고 일부 내용이 삭제된 듯한—고난 일화는 Fossey, 1983, pp. 15~18(『안개 속의 고릴라』, 55쪽)에서 인용했다. 그 일에 대한 더 자세하고 설득력 있는, 더 참혹한 이야기는 Morrell, 1995, p. 327에 있으며, 리키가 멜빈 페인에게 간단히 요약해 보낸 편지 내용도 같은 책 p.

327에 있다. 여러 종류의 알을 가지고 독수리와 한 실험 내용은 휴고 반 라빅이 내셔널지오그래픽협회의 조앤 헤스에게 1월 말에 보낸 편지에서 일부 찾아볼 수 있으며, 나는 휴고의 설명과 제인이 1968년 「내셔널지오그래픽」에 쓴 글(van Lawick-Goodall, 1968)에서 설명한 내용을 취합해 사용했다.

30. 성공과 상실(1968~1969)

사무엘 텔레키 폰 세크 백작에 대한 정보는 Heaton, 1989, pp. 6~7에서 가져왔다.

31. 휴고의 책(1967~1970)

동아프리카 육식동물의 "무고하지만" "공포를 불러일으키는" 사냥 방식은 van Lawick-Goodall and van Lawick-Goodall, 1971, pp. 13~14에서 인용했으며 응고롱고로 분화구를 내려가면서 느낀 감상도 같은 책 pp. 30, 31에서 인용 및 재구성했다. 반 라빅이 사진촬영을 할 때 시도한 여러 실제적인 접근법은 Green, 1970, pp. 172~177에서 찾아볼 수 있으며, 그린이 반 라빅 가족을 만났을 때 받은 첫인상도 같은 책 p. 160에서 인용 및 재구성했다. 얼룩하이에나의 사회 구조에 대한 내용은 Kruuk, 1968에서 가져왔다. 레가자 호수 끝자락에 있는 캠프에 대한 (그녀가 "이후에 썼듯") 제인의 감상 중 일부는 van Lawick-Goodall and van Lawick-Goodall, 1971, pp. 38~39에서 인용했으며, 아프리카들개 추적과 사진촬영의 어려움, 칭기즈 무리의 삶에 대해 휴고가 한 말도 같은 책(pp. 40, 41, 50, 51, 54)에서 인용했다. "은두투 캠프를 방문했던 한 방문객"이 조지 더브의 수염을 두고 한 말은 Rhodes, 1973, p. 232에서 가져왔다.

32. 정권 교체(1970~1972)

영리한 마이크가 권좌에 오른 이야기의 주요 출처는 Goodall, 1986이며, 인용은 같은 책, p. 426에서 가져왔다. 소, 오리의 음매, 꽥꽥 소리에 익숙해지는 등, 그럽이 영국 생활에 적응하는 데서 겪은 문제는 원래 "스폭(전 세계적으로 베스트셀러가 된 『육아와 유아의 상식』의 저자—옮긴이) 대신 침팬지"(1970)로 기술되어 있으며, 리키가 심장마비에 걸렸다는 슬픈 소식을 1970년에 영국에서 전해 들었다는 내용은 Morrell, 1995, pp. 331, 332에서 기본적인 자료를 참고하였다. 피건이 권력자로 부상한 이야기는 Goodall, 1990에 기술된 내용을 재기술한 것이며, 짧은 인용문은 같은 책, pp. 43, 44에 나와 있다. 험프리가 권좌에 오른 이야기는 Goodall, 1990에도 기술되어 있으며, 몇몇 인용문은 같은 책, p. 46, 47을 참고하였다.

33. 문전성시, 별거, 죽음(1972)

스탠퍼드 대학 인간생물학에 관한 내용은 Billings, 1997/1998에 인용된 도널드 케네디의 설명을 참고하였다. 스탠퍼드 대학 학생들이 곰베로 떠나기 전 준비 상황에 대한 정보는 2002년 10월 미네소타 주 미니애폴리스에서 열린 곰베 모임 참석자들의 도움을 받았다. 캠프 식당에서 보낸 저녁시간에 대한 내용은 Packer, 1994, pp. 157, 158에 나와 있으며, 마울리디 양고로에 대한 설명은 같은 책, p. 29에서 인용하였다. 피건과 험프리의 관계, 피건과 에버레드의 대격전은 Goodall, 1990, pp. 47, 48을 기본 자료로 삼아 저자가 다시 기술한 것이다. 피건이 떨어져 상처를 입었을 때 플로가 보인 반응(인용 포함)은 같은 책, p. 48에서 가져왔으며, 플로와 크리스의 다툼(p. 30), 플로의 시체를 발견한 것과 관련한 인용 및 기타 구체적인 사항(p. 31)도 같은 책을 참고하였다. 플로의 부고 기사 "연로한 플로"는 1972년 자료이다. 루이스 리키의 사망 전 마지막 몇 해, 몸이 쇠약해져 죽음에 이른 내용은 대부분 Morrell, 1995, pp. 372~384와 Cole, 1975, pp. 275~398을 토대로 기술하였으며, 루이스 리키에 관한 첫번째 인용("벌떼")은 Morrell, 1995, p. 270에서, 두번째 인용문("돈줄이 절박했다")은 같은 책, pp. 370, 371에서 가져왔다. 『인간의 기원을 찾아서』에 관한 짧은 인용문은 Vanne Goodall, 1975, p. 7에 나와 있다. 루이스 리키의 죽음에 대한 설명은 Morrell, 1995, p. 402와 Cole, 1975, p. 405를 참고하였다. 밴과 루이스의 관계를 "각별한" 사이로 설명한 부분은 Morrell, 1995, p. 250에 나와 있다. 찰스 은존조의 추도사는 같은 책, p. 403에서 인용하였다.

34. 친구, 동지, 그리고 연인(1973)

피건이 페이븐과 동맹을 맺어 험프리와 에버레드를 물리친 이야기는 Goodall, 1990, pp. 48~52에 기초해서 썼으며 관련 인용의 출처는 같은 책 p. 49이다. 크레이그 패커의 발에 가시가 박혀 빼낸 이야기는 Packer, 1994에서 가져왔다(pp. 168, 169). 브라이슨의 "유머 감각"과 "강건"함에 대해 구달이 언급한 내용은 Goodall and Berman, 1999, p. 97(『희망의 이유』, 138쪽)에서 찾아볼 수 있다. 줄리어스 니에레레에 관한 내용 및 그가 한 말의 인용의 출처는 "Julius K. Nyerere," 2004 (1994)이다.

35. 추락과 결별(1974)

침팬지의 성행동 및 교제관계에 관한 배경 정보는 주로 Goodall, 1986, pp. 450~453을 참조했다. 위스키 병이 변소에 떨어진 일화는 2002년 10월 미네소타주 미네아폴리스에서 열린 곰베 동창회에서 줄리 존슨이 한 이야기에 기초했다. 루아하 국립공원에서의 비행기 추락사고 이야기는 구달이 집으로 부친 편지와 Goodall and Berman, 1999, pp. 98~101(『희망의 이유』, 139~142쪽)에 적은 글에 기초했으며, 인용의 출처는 대부분 구달의 편지글이다. 침팬지 피건을 대상으로 한 50일간의 추적은 Riss and Busse, 1977에 정리되어 발표되었다.

36. 가정생활 그리고 참사(1975)

납치사건과 관련한 일부 세부묘사는 외부인의 진술인 Aaronstam, 1998을 참고했으나, 이 글에 실린 내용은 대부분 캐리 헌터, 이서 로헤이, 에밀리 리스와의 인터뷰 그리고 사건 다음날 한 학생이 매우 상세하게 남긴 진술서에 기초해서 썼다. 베나스 가라바와 관련된 인용의 출처는 Packer, 1994, p. 183이다. 바버라 스머츠가 납치에서 풀려난 후 그녀와 구달 간의 짧은 만남에 관한 서술 및 인용은 "Kidnap Girl," 1975를 참조했다. 미국 대사관의 입장과 탄자니아 정부의 입장을 보도한 로이터의 기사는 5월 28일자 신문에 게재되었다. 카터 대사가 한 말의 인용의 출처는 "Humane Diplomat," 1975이다. 헌터 씨가 "격분"했다고 보도한 「로스앤젤레스 타임스」의 기사는 "Zaire Patrol," 1975이다. 키신저가 카터 대사의 직위를 재배정한 사실의 근거는 Shannon, 1975에서 찾아볼 수 있다.

37. 새로운 일상(1975~1980)

힐러리 마타마와 아폴리나이레 신디음워에 대해 크레이크 패커가 한 말의 인용의 출처는 Packer, 1994이며 각각 p. 166, p. 158에서 가져왔다. 현장 보조팀의 구성, 훈련, 역할에 대한 설명 및 관련 인용은 Goodall, 1986, pp. 601~608에 기초했다. 허니 비가 죽은 어미에게 보인 반응에 대한 인용의 출처는 Goodall and Berman, 1999, p. 118(『희망의 이유』, 160쪽)이다. "납치와 그 이후의 고통" 및 "어두운 측면"에 대한 인용 역시 Goodall and Berman, 1999, p. 117(『희망의 이유』, 159~160쪽)이다. 스탠퍼드에서의 가을학기에 대해 쓴 구달의 회고록 내용의 출처는 Goodall and Berman, 1999(『희망의 이유』)이며 관련 인용은 pp. 104, 106(146~147쪽)이다. 이 장에서 언급된 스탠퍼드 대학 동창회지 기사는 Aaronstam, 1998이며 해당 인용은 p. 78에 실렸다. 구달의 네번째 「내셔널지오그래픽」 기고문은 Goodall, 1979이다. 밀턴 오보테와 이디 아민에 대한 설명의 출처는 각각 "Idi Amin"과 "Uganda's Milton Obote"이다. 데릭 브라이슨이 숨지기 전에 보낸 마지막 몇 달에 대한 이야기는 구달이 쓴 편지와 『희망의 이유』(Goodall and Berman, 1999)에 기초했다. 의사가 한 말("택시를 타는 게 좋지 않겠어요")는 Goodall and Berman, 1999, p. 156(『희망의 이유』, 199쪽)에서 가져왔으며, 다른 인용의 출처 또한 같은 책 pp. 158, 159(202쪽)이다.

38. 삶의 편린들을 추스르며(1980~1986)
개체군 역학 글은 Goodall, 1983에서 가져왔다. 『희망의 이유』(Goodall and Berman, 1999)에서 인용한 부분은 p. 169(216쪽)이다.

39. 우리 속의 복지(1986~1991)
이 장에 삽입된 인용을 포함한 여러 내용은 Peterson and Goodall, 1993의 10장과 11장, 특히 pp. 215~229와 pp. 262~283에서 가져왔다. 그 외에도 이 기간 동안 발행된 제인구달연구소 소식지와 게자 텔레키가 CCCC의 내부 자료로 작성한 진행 보고서 등을 참고했다. 로저 푸츠가 자신과 제인 구달이 시머를 방문했을 때를 두고 한 이야기와 여러 인용문은 Fouts and Mills, 1997, pp. 318~320에서 가져왔다. 「뉴욕타임스 매거진」 기사에서 인용한 내용은 Goodall, 1987, pp. 108~109에서 찾아볼 수 있다. 미국 내 동물 연구에 사용되는 연간 자금 규모는 Rowan, 1984, p. 21을 바탕으로 썼다. 미국 연구실 내에서 사용되는 침팬지의 숫자(1천8백 마리)는 내가 별도로 수행한 조사 결과를 근거로 썼으며, Peterson and Goodall, 1993, p. 250에도 나와 있다. 다른 동물 종의 숫자는 Rowan, 1984, p. 71에서 가져왔다. 1987년 12

월 워크숍 결과는 Goodall and Peterson, 1993, pp. 314~319(부록 부분)에서 인용 및 재구성했다. 푸츠가 말한 "낙인이 찍혔다"는 Fouts and Mills, 1997, p. 324에 있다. 소논문 "전염병학적, 심리적 관점에서 바라본 혈액 매개 바이러스 연구시 침팬지 관리에 필요한 적절한 조건들"은 Prince et al., 1989에 있다. Peterson and Goodall, 1993에 삽입된 제임스 마허니와 얀 무어 얀코브스키의 인터뷰는 이 책에서도 유용하게 사용되었는데, 마허니와 관련된 내용은 Mahoney, 1998을 참고하여 부족한 부분을 보충시켰다. 1998년 5월 9일 제인 구달이 LEMSIP를 방문했다가 겪은 불의의 사고는 연구소 소식지, 개인적인 편지, 인터뷰 등의 여러 자료를 정리하여 썼다. 본 장의 마지막 부분에서 제인이 존 랜든에 대해 한 말은 Goodall and Peterson, 1993, p. 277에서 인용했으며 존 랜든이 새 실험실에 대해 한 발언은 Miller, 1995, p. 127에서 인용했다.

40. 고아, 어린이, 보호구역(1986~1995)

이 장의 대부분은 제인구달연구소 미국 지부 및 영국 지부 회원들이 개인적으로 발간한 소식지를 토대로 기술하였다. 스핀들이 어린 멜을 입양한 이야기에 대한 설명 및 인용에는 Goodall, 1999, p.202의 내용이 포함되어 있다. 프로프가 팩스를 극진히 돌봐준 내용과 관련한 인용은 Goodall, 1999, p. 198에 나와 있으며, 지지에 관한 내용은 같은 책, p. 204에서 인용하였다. 몇몇 인용문을 포함해 브룬디에서 샬로테 울렘브뢱과 있었던 이야기는 Peterson, 2003(1995), pp. 97, 98을 토대로 기술하였으며, 부줌부라에 있던 고아 침팬지 이야기와 미미 오브라이언에 대한 인용문은 같은 책, pp. 94, 95에 언급되어 있다. 푸앵트누아르에서 자마르트 부인이 들려준 이야기도 같은 책, pp. 222~230에 나와 있다. 맥스 피처의 이야기는 Peterson and Goodall, 1993, p. 305에서 가져 왔으며, 브라자빌 도심 동물원에 관한 제인의 언급과 그레그와르에 대한 이야기도 같은 책을 참고하였다(pp. 294,

295). 킨샤사 시장에서 리틀 제이를 발견한 이야기는 같은 책, pp. 73, 74에 나와 있다. 뿌리와 새싹 창립에 관한 내용은 뿌리와 새싹 초창기 소식지, 제인 구달과의 2005년 인터뷰 등을 비롯한 몇몇 출처를 참고하여 작성하였다.

41. 항해(1996~2000)

서두에 요약해 설명한 "7주 동안 북미에 머문다면 대개는"은 Goodall and Berman, 1999, p.xiii(『희망의 이유』)를 다시 서술한 것이다. 이 장에 있는 몇 몇 다른 인용문, "사람들은 …… 궁금해하는 것 같다"(pp. xiv, xv)(17쪽), "만약 글쓰기에 …… 받아들이지 않았을 것이다"(p. 280)(346쪽), 노트르담 성당 내부에 관한 내용(p. xi)(13쪽), "나는 기독교 교인으로서 …… 위대한 정신이었다"(pp. xi, xii)(14쪽), "내 사고에 주요한 영향을", "주변의 영적인 힘과 조화", "인간만이 마음을 가지고 있으며, 인간만이 이성적으로 사고할 수 있다", "어둡고 악한 면", "특정한 종류의 맥락에서 …… 강한 성향"(pp. 72~76)(107, 109, 176쪽), "덜 공격적이고 덜 호전적이며 점차 배려하고 공감"(p. 187)(239쪽), "불굴의 인간 정신"(p. 233)(289쪽)도 같은 책을 참고하였다. 미스터 H에 관한 언급 "미스터 H에게 손을 대는 사람은 …… 놀라운 일이 아니다"는 같은 책, p. 249(309쪽)에서 인용하였다.

42. 메시지(2000~2003)

이 장에서 사용된 자료는 대개 제인구달연구소와 뿌리와 새싹 소식지들에서 가져왔으며, 기타 자료의 출처는 다음과 같다. 월스트리트의 개회종 행사는 "Did She Say," 2001을, 미국의 경기 후퇴는 kadlec, 2001과 Lacayo, 2001(p. 26에서 인용)에서, 기후 변화와 미국의 교토의정서 가입 철회는 Lemonick, 2001, Thompson, 2001, Kluger, 2001을 바탕으로 썼다. 제인의 구알루고 여행과 관련된 내용 및 여러 인용은 Quammen, 2003에서 가져왔다. 요하네스버그 정상회의에 대한 내용은 Annan, 2002를 바탕으로 썼으며 어린이 지도자의 발언은 "Give Environment," 2002에서 인용했다. 콜린 파월이 유엔 안보리에서 한 발언 및 논의 내용은 Barringer, 2003에서 인용하거나 재구성했으며, 파월의 회고는 "Powell Calls," 2005로부터 인용했다.

43. 힘차게 약진하는 여성(2003~2004)

제인구달연구소 및 뿌리와 새싹 소식지 그리고 제인구달연구소에서 발표한 다른 문헌에서 배경 정보를 주로 구했다. 중앙아프리카 숲고기 문제에 관한 설명은 Peterson, 2003을 참고했으며 관련 인용의 출처는 같은 책 pp. 130~132이다. 구달이 숲고기 문제에 관해 쓴 글의 인용 및 에볼라 바이러스 전염병에 관한 내용은 Quammen, 2003, p. 103에서 찾아볼 수 있다.

참고문헌

Aaronstam, Brian C. 1998. "Out of Africa." *Stanford Magazine* (July/Aug.): 76−80.

Addley, Esther. 2003. "The Ascent of One Women." *Manchester Guardian*, Apr. 3.

"Africa Cradled Birth of Western Civilization, Say U.S. Visitors." 1955. *Sunday Mail*, July 10.

Annan, Kofi. 2002. "Beyond the Horizon." *Time* (Aug. 26): A18−A19.

Baerends, Gerard P. 1991. "Early Ethology: Growing from Dutch Roots." In *The Tinbergen Legacy*. Ed. by M. S. Dawkins, T. R. Halliday, and R. Dawkins. London: Chapman and Hall: 1−17.

Barringer, Felicity. 2003. "Envoys Abandon Scripts on Iraq and Bring Emotion to U.N. Floor." *New York Times*, Feb. 15: A1, A9.

Baumgartel, Walter. 1976. *Up Among the Mountain Gorillas*. New York: Hawthorne.

Beatty, Harry. 1951. "A Note on the Behavior of the Chimpanzee." *Journal of Mammalogy* 32, 1:118.

Beck, Benjamin B. et al., eds. 2001. *Great Apes and Humans: The Ethics of Coexistence. Washington*, D.C.: Smithsonian Institution.

Billings, Molly. 1997/1998. "Donald Kennedy and the Evolution of Human Biology." *Human Biology Newsletter* 5, 3:1ff.

Bingham, Harold C. 1932. *Gorillas in a Native Habitat*. Washington, D.C.: Carnegie Institution.

Blum, Deborah. 2002. *Love at Goon Park: Harry Harlow and the Science of Affection*. Cambridge, Mass.: Perseus(데버러 블룸, 『사랑의 발견』, 임지원 옮김, 사이언스북스, 2005).

Boddy, Bill. 1995. *Brooklands Giants: Brave Men and Their Great Cars*. Sparkford, Eng.: Haynes.

Borgeson, Griffith, and Eugene Jaderquist. 1955. *Sports and Classic Cars*. New York: Bonanza.

Brooklands. 1985. Weybridge, Eng.: Brooklands Museum.

Bryan, C.D.B. 1994(1987). *The National Geographic Society: 100 Years of Adventure and Discovery*. New York: Harry N. Abrams.

Burton, Richard F. 1995(1860). *The Lake Regions of Central Africa*. New York: Dover.

Carmichael, Leonard. 1963. "Unique Scientific Record, Says Smithsonian's Secretary." *National Geographic* (Aug.): 274.

Carpenter, Clarence R. 1934. "A Field Study of the Behavior and Social Relations of Howling Monkeys(*Alouatta palliata*)." *Comparative Psychology Monographs* 10, 48: 1−168.

"Chimpanzee Born at the Zoo." 1935. *Times*, Feb. 16:12.

"Chimps Instead of Spock." 1970. *Time* (Nov. 30): 51.

Cochran, Charles B. 1929. *The Secrets of a Showman*. London: Heinemann.

Cole, Sonia. 1975. *Leakey's Luck: The Life of Louis Seymour Bazett Leakey, 1903–1972*. New York: Harcourt Brace Jovanovich.

DeVore, Irven. 1965. "Preface." In *Primate Behavior: Field Studies of Monkeys and Apes*. Ed. by Irven Devore. New York: Holt, Rinehart and Winston: vii–x.

"Did She Say Primate or Prime Rate?" 2001. *New York Times*, Feb. 4: sec. 3, p. 2.

Dunlop, Becky Norton. 1989. "Endangered and Threatened Wildlife and Plants, Proposed Endangered Status for Chimpanzee and Pygmy Chimpanzee, Proposed Rule." *Federal Register*, Feb. 24: 8152–57.

Feather, Adrian, and Brian Joscelyne. 1973. "The Memoirs of Mort Goodall: Part I, The Pre-War Years." *AM Magazine*: 35–43.

Ferrell, Robert H., ed. 1984. *The Twentieth Century: An Almanac*. New York: World Almanac.

Forty, George. 1994. *Frontline Dorset: A County at War, 1939-45*. Tiverton, Eng.: Dorset.

Fossey, Dian. 1983. *Gorillas in the Mist*. Boston: Houghton Mifflin(다이앤 포시, 『안개 속의 고릴라』, 최재천·남현영 옮김, 승산, 2007).

Fouts, Roger, and Stephen Tukel Mills. 1997. *Next of Kin: What Chimpanzees Have Taught Me About Who We Are*. New York: William Morrow.

Galdikas, Biruté M. F. 1995. *Reflections of Eden: My Years with the Orangutans of Borneo*. Boston: Little, Brown(비루테 갈디카스, 『에덴의 벌거숭이들』, 홍현숙 옮김, 디자인하우스, 1996).

Gathorne-Hardy, Jonathan. 1973. *The Unnatural History of the Nanny*. New York: Dial.

"Give Environment a Chance, Children Tell World Leaders." 2002. *Times*, Sept. 3: 12.

Goodall, Jane. 1991. "Robert Hinde in Africa." In *The Development and*

Integration of Behaviour: Essays in Honour of Robert Hinde. Ed. by Patrick Bateson. Cambridge, Eng.: Cambridge University Press: 467–70.

———. 1990. *Through a Window: My Thirty Years with the Chimpanzees of Gombe*. Boston: Houghton Mifflin.

———. 1988. *My Life with the Chimpanzees*. New York:Simon and Schuster(제인 구달,『제인 구달: 침팬지와 함께한 나의 인생』, 박순영 옮김, 사이언스북스, 2005).

———. 1986. *The Chimpanzees of Gombe: Patterns of Behavior*. Cambridge, Mass.: Harvard/Belknap.

———. 1983. "Population Dynamics During a 15-Year Period in One Community of Free-living Chimpanzees in the Gombe National Park, Tanzania." *Zeitschrift fuer Tierpsychologie* 61, 1–60.

———. 1979. "Life and Death at Gombe." *National Geographic* (May): 593–621.

———. 1971. *In the Shadow of Man*. Boston: Houghton Mifflin(제인 구달,『인간의 그늘에서』, 최재천 · 이상임 옮김, 사이언스북스, 2006).

———. 1967. *My Friends the Wild Chimpanzees*. Washington, D.C.: National Geographic Society.

———. 1965. "New Discoveries Among Africa's Chimpanzees." *National Geographic* (Dec.): 802–31.

———. 1964. "Tool-Using and Aimed Throwing in a Community of Free-living Chimpanzees." *Nature* 201: 1264–66.

———. 1963a. "Feeding Behavior of Wild Chimpanzees: A Preliminary Report." *In The Primates. Symposia of the Zoological Society of London* 10 (Aug.): 39–47.

———. 1963b. "My Life Among Wild Chimpanzees." *National Geographic*

(Aug.): 272−308.

―――. 1962. "Nest Building Behavior in the Free-Ranging Chimpanzees." In *Annals of the New York Academy of Sciences* 102, 2: 455−67.

Goodall, Jane, and Marc Bekoff. 2002. *The Ten Trusts: What We Must Do to Care for the Animals We Love*. New York: Harper(제인 구달 · 마크 베코프, 『제인 구달의 생명 사랑 십계명』, 최재천 · 이상임 옮김, 바다출판사, 2003).

Goodall, Jane, and Phillip Berman. 1999. *Reasons for Hope: A Spiritual Journey*. New York: Warner(제인 구달, 『희망의 이유』, 박순영 옮김, 궁리, 2003).

Goodall, Vanne. 1975. "Introduction." In *The Quests for Man*. Ed. by Vanne Goodall. New York: Praeger: 7−9.

Grand, Theodore I. 1999. "Sherry Washburn and the Revolution in Functional Anatomy." *In The New Physical Anthropology: Science, Humanism, and Critical Reflection*. Ed. by Shirley C. Strum, Donald G. Linburg, and David Hamburg. Upper Saddle River, N.J.: Prentice Hall: 228−36.

Graves, Charles. n.d. *The Cochran Story*. London: W. H. Allen.

Green, Timothy. 1970. *The Adventures: Four Profiles of Contemporary Travelers*. London: Michael Joseph.

Hamburg, David A. 1999. "Introduction." In *The New Physical Anthropology: Science, Humanism, and Critical Reflection*. Ed. by Shirley C. Strum, Donald G. Linburg, and David Hamburg. Upper Saddle River, N.J.: Prentice Hall: xiii−xiv.

Harris, C. J., and Brian D. Ingpen. 1994. *Mailships of the Union-Castle Line*. Cape Town, S.A.:Fernwood.

Heaton, Tom. 1989. *In Teleki's Footsteps: A Walk Across East Africa*. London: Macmillan.

Herne, Brian. 1999. *White Hunters: The Golden Age of African Safaris*. New York: Henry Holt.

Hinde, Robert A. 2000. "Some Reflections on Primatology at Cambridge and the Science Studies Debate." In *Primate Encounters: Models of Science, Gender, and Society*. Ed. by Shirley C. Strum and Linda Marie Fedigan. Chicago: University of Cambridge Press: 104–15.

————. 1991. "From Animals to Humans." In *The Tinbergen Legacy*. Ed. by M. S. Dawkins, T. R. Halliday, and R. Dawkins. London: Chapman and Hall: 31–39.

————. 1982. *Ethology: Its Nature and Relations with Other Sciences*. Oxford, Eng.: Oxford University Press.

"Humans Diplomat." 1975. *New York Times*, Aug. 14:30.

Hunter, Inmans, and Alan Archer. 1992. *Aston Martin, 1913-1947*. London: Osprey.

"Idi Amin." n.d. Heroes and Killers of the 20th Century. www.moreorless. au.com/killers.amin.html.

Inskipp, Tim, and Sue Wells. 1970. *International Trade in Wildlife*. London: Earthscan.

Jolly, Alison. 2000. "The Bad Old Days of Primatology?" In *Primate Encounters: Models of Science, Gender, and Society*. Ed. by Shirley C. Strum and Linda Marie Fedigan. Chicago: University of Cambridge Press: 71–84.

"Jullius K. Nyerere." 2004(1994). Historic World Leaders; Gale Research. Biography Resource Center, Farmington Hills, Mich.: Thompson Gale. galenet. galegroup.com/servlet/BioRC에 다시 게재.

Kadlec, Daniel. 2001. "How to Navigate the Storm." *Time*, Jan. 8:23–25.

Kano, Takayoshi. 1992. *The Last Ape: Pygmy Chimpanzee Behavior and Ecology*. Stanford, Calif.: Stanford University Press.

Kellogg, Winthrop N., and Luella A. Kellogg. 1967(1933). *The Ape and the Child: A Study of Environmental Influence upon Early Behavior*. New York:

Hanfner.

"Kidnap Girl Brings '$1 Million Ransom Demand.'" 1975. *Times*, May 26:1.

Kluger, Jeffrey. 2001. "A Climate of Despair." *Times* (Apr. 9): 30–38.

Köhler, Wolfgang. 1925. *The Mentality of Apes*. London: Routledge and Kegan Paul.

Kortlandt, Adriaan. 1999. "An Ecosystem Approach to Ape and Human Evolution (and Some Truisms for Primatologists)." 강연 자료.

———. 1998. "Some Comments on American Teaching Programs in Primatology and Evolutionary Anthropology." Mar. 10. 예비자료 초안.

———. 1994. "The True History of the Rift Hypothesis of African Ape-Hominid Divergence." 서신.

———. 1993. "Spirits Dressed in Furs?" In *The Great Ape Project: Equality Beyond Humanity*. Ed. by Paola Cavalieri and Peter Singer. New York: St. Martin's Press: 137–44.

———. 1991. "Open Letter to All Field Workers in Chimpanzee Research." 서신.

———. 1986. "Statement." 서신.

———. 1962. "Chimpanzees in the Wild." *Scientific American* 206, 5: 128–38.

Kerbs, John R. 1991. "Animal Communication: Ideas Derived from Tinbergen's Activities." In *The Tinbergen Legacy*. Ed. by M. S. Dawkins, T. R. Halliday, and R. Dawkins. London: Chapman and Hall: 60–74.

Kruuk, Hans. 1968. "Hyenas: The Hunters Nobody Knows." *National Geographic* (July): 44–57.

Lacayo, Richard. 2001. "Is a Tax Cut the Right Remedy?" *Time* (Jane. 8): 26, 27.

Lapping, Brian. 1985. *End of Empire*. New York: St. Martin's.

Leakey, L.S.B. 1966. (1937). *White African: An Early Autobiography*.

Cambridge, Mass.: Schenkman.

———. 1960. "The Origin of the Genus Homo." In *Evolution After Darwin*, vol. 2: *The Evolution of Man*. Ed. by Sol Tax. Chicago: University of Chicago Press: 17–32.

———. 1959. "A New Fossil Skull from Olduvai." *Nature* (Aug. 15): 419–93.

Leakey, Mary. 1984. *Disclosing the Past*. London: Weidenfeld and Nicolson.

Lemonik, Michael D. 2001. "Life in the Greenhouse." *Time* (Apr. 9): 24–29.

Letts, Quentin. n.d. *Daily Telegraph*.

Lewis, Julia. 1994. "The Queen's Secretarial College." *Jobs and Careers Weekly*, Aug. 5.

Lofting, Hugh. 1988 (1920). *The Story of Doctor Dolittle*. New York: Bantam Doubleday Dell(휴 로프팅, 『둘리틀 선생 아프리카로 간다』, 변은숙 · 홍혜영 옮김, 길벗어린이, 2006).

Lorenz, Konrad. 1982 (1981). *The Foundations of Ethology: The Principal Ideas and Discoveries in Animal Behavior*. New York: Simon and Schuster.

MacDonald, Malcolm. 1969. *People and Places: Random Reminiscences of the Rt. Hon. Malcolm MacDonald*. London: Collins.

Mack, David, and Ardith Eudey. 1984. "A Review of the U.S. Primate Trade." In *The International Primate Trade*, vol. I. Ed. by David Mack and Russell Mittermeier. Washington, D.C.: TRAFFIC (U.S.A.): 91–136.

Mahoney, James. 1998. *Saving Molly: A Research Veterinarian's Choices. Chapel Hill*, N.C.: Algomquin.

Merfield, Fred, and Harry Miller. 1956. *Gorillas Were My Neighbours*. London: Longmans, Green.

Miller, Peter. 1995. "Jane Goodall." *National Geographic* (Dec.): 102–28.

Morrell, Virginia. 1995. *Ancestral Passion: The Leakey Family and the Quest for*

Humankind's Beginnings. New York: Simon and Schuster.

Morris, Desmond, ed. 1967. *Primate Ethology*. Chicago: Aldine.

Morris-Goodall, Vanne. 1967. *Beyond the Rain Forest*. London: Collins.

Murray, Iain. 1994. "Fergie's Former Ladies College Helps to Find Jobs for the Boys." *Daily Express*, Aug.9.

Nisbett, Alec. 1976. *Konrad Lorenz*. New York: Harcourt Brace Jovanovich.

Nishida, Toshisada. 1990. "A Quarter Century of Research in the Mahale Mountains: An Overview." In *The Chimpanzees of the Mahale Mountains: Sexual and Life History Strategies*: Toyko: University of Tokyo Press: 3−35.

──────. 1989. "Research at Mahale." In *Understanding Chimpanzees*. Ed. by Linda A. Marquardt and Paul G. Heltne. Cambridge, Mass.: Harvard University Press: 66−67.

Nissen, Henry W. 1931. "A Field Study of the Chimpanzee." *Comparative Psychology Monographs* 8, 1−121.

"Old Flo, the Matriarch of Gombe, Is Dead." 1972. *Sunday Times*, Oct. 1: 9.

Osborn, Rosalie M. 1963. "Observations on the Behaviour of the Mountain Gorilla." In *The Primates. Symposia of the Zoological Society of London* 10 (Aug.): 29−37.

Packer, Craig. 1994. *Into Africa*. Chicago: University of Chicago Press. (크레이그 패커, 『아프리카 동물기행』, 장동현 옮김, 가람기획, 1997)

Peterson, Dale. 2003(1995). *Chimpanzee Travels: On and Off the Road in Africa*. Athens: University of Georgia Press.

──────. 2003. *Eating Apes*. Berkeley: University of California Press.

Peyton, John. 2001. *Solly Zuckerman: A Scientist Out of the Ordinary*. London: John Murray.

"Powell Calls His U.N. Speech a Lasting Blot on His Record." 2005. *New York*

Times, Sept. 9: A10.

Prince, Alfred M., et al. 1988. "Chimpanzees and AIDS Research." *Nature* (June 9): 513.

————. 1987. "Appropriate Conditions for Maintenance of Chimpanzees in Studies with Blood-Borne Viruses: An Epidemiologic and Psychological Perspective." *Journal of Medical Primatology* 18: 27–42.

Quammen, David. 2003. "New Hope in Goualougo, Congo." *National Geographic* (Apr.): 90–103.

Reader, John. 1988. *Africa: A Biography of the Continent*. New York: Knopf.

Reynolds, Vernon. 1965. *Budongo: An African Forest and Its Chimpanzees*. Garden City, N.Y.: Natural History Press.

Reynolds, Vernon, and Frances Reynolds. 1965. "Chimpanzees of the Budongo Forest." In *Primate Behavior: Field Studies of Monkeys and Apes*. Ed. by Irven DeVore. New York: Holt, Rinehart and Winston: 368–424.

Rhodes, Richard, 1973. "Goodbye to Darkest Africa." *Playboy* (Nov.): 142ff.

Riss, David, and Curt Busse. 1977. "Fifty Day Observation of a Free-ranging Adult Male Chimpanzee." *Folia Primatologica* 28: 283–97.

Rowan, Andrew N. 1984. *Of Mice, Models, and Men: A Critical Evaluation of Animal Research*. Albany: SUNY Press.

Rowell, Thelma. 2000. "A Few Peculiar Primates." In *Primate Encounters: Models of Science, Gender, and Society*. Ed. by Shirley C. Strum and Linda Marie Fedigan. Chicago: University of Chicago Press: 57–70.

Schaden, Herman. 1966. "Baroness to Tell Chimp Story." *Evening Star*, Feb. 17: B2ff.

Schaller, George B. 1964. *The Year of the Gorilla*. Chicago: University of Chicago Press.

Shannon, Don. 1975. "Kissinger Fires Envoy Who Dealt with Zaire Kidnappers." *Los Angeles Times*, Aug. 16.

Smith, Mary G. 1993. "A History of Research." In *The Great Apes: Between Two Worlds*. Washington, D.C.: National Geographic Society: 22–41.

Sparks, John. 1982. *The Discovery of Animal Behavior*. Boston: Little, Brown.

The Spirit of Wartime: Memories of the Way We Were. 1995. London: Orbis.

Strum, Shirley C., and Linda M. Fedigan. 2000. "Changing Views of Primate Society: A Situated North American View." In *Primate Encounters: Models of Science, Gender, and Society*. Ed. by Shirley C. Strum and Linda Marie Fedigan. Chicago: University of Chicago Press: 3–49.

Sussman, Robert L. 2000. "Piltdown Man: The Father of American Field Primatology." In *Primate Encounters: Models of Science, Gender, and Society*. Ed. by Shirley C. Strum and Linda Marie Fedigan. Chicago: University of Chicago Press: 85–103.

Takasaki, Hiroyuki. 2000. "Traditions in the Kyoto School of Field Primatology in Japan." In *Primate Encounters: Models of Science, Gender, and Society*. Ed. by Shirley C. Strum and Linda Marie Fedigan. Chicago: University of Chicago Press: 151–64.

Taylor, A.J.P. 1975. *The Second World War: An Illustrated History*. London: Penguin.

Thompson, Dick. 2001. "Will Bush Turn Green?" *Time* (Mar. 12): 7.

Thorpe, John G. 1980. *The Playing Cards of the Worshipful Company of Makers of Playing Cards*. 5th ed. London: Stanley Gibbons.

Tinbergen, Nikolaas. 1991. "Some Personal Remarks." In *The Development and Integration of Behaviour: Essays in Honour of Robert Hinde*. Ed. by Patrick Bateson. Cambridge, Eng.: Cambridge University Press: 463–64.

"Uganda's Milton Obote." n.d. wiwi.essortment.com/ugandamiltonob_rhiw.
htm.

Van Hooff, Jan A.R.A.M. 2000. "Primate Ethology and Socioecology in the
Netherlands." In *Primate Encounters: Models of Science, Gender, and Society*. Ed.
by Shirley C. Strum and Linda Marie Fedigan. Chicago: University of Chicago
Press: 116−37.

van Lawick-Goodall, Hugo, and Jane van Lawick-Goodall. 1971. *Innocent
Killers*. Boston: Houghton Mifflin.

van Lawick-Goodall, Jane. 1968. "Tool-using Bird: Egyptian Vulture Opens
Ostrich Eggs." *National Geographic* (May): 630−41.

van Lawick-Goodall, Jane, and Hugo van Lawick. 1966. "Use of Tools by the
Egyptian Vulture, Neophron percnopterus." *Nature* 212 (Dec. 24): 1468−69.

von Frisch, Karl. 1967. *The Dance Language and Orientation of Bees*. Cambridge,
Mass: Harvard/Belknap.

Wagner, Michele. 1996. "Nature in the Mind in Nineteenth-and Early
Twentieth-Century Buha, Tanzania." In *Custodians of the Land: Ecology and
Culture in the History of Tanzania*. Ed. by Gregory Maddox, James L. Giblin,
and Isaria N. Kimambo. Athens: Ohio Univerisy Press: 175−99.

Washburn, Sherwood L. 1999a (1951). "The Analysis of Primate Evolution with
Particular Reference to the Origin of Man." In *The New Physical Anthropology:
Science, Humanism, and Critical Reflection*. Ed. by Shirley C. Strum, Donald G.
Linburg, and David Hamburg. Upper Sddle River, N.J.: Prentice Hall: 7−17.

―――. 1999b (1951). "The New Physical Anthropology." In *The New Physical
Anthropology: Science, Humanism, and Critical Reflection*. Ed. by Shirley C.
Strum, Donald G. Linburg, and David Hamburg. Upper Saddle River, N.J.:
Prentice Hall: 1−5.

Weiner, J. S. 1959. "The Toolmaker's Skull from Olduvai." *Sunday Times*, Oct.

II.

Wernick, Robert. 1977. Blitzkrieg. Chicago: *Time-Life*(로버트 워니크, 『독일 전격전』, 타임라이프북스 편집부 옮김, (주)한국일보타임라이프, 1997).

Wilson, Michael L., and Richard W. Wrangham. 2003. "Intergroup Relations in Chimpanzees." *Annual Review of Anthropology* 32: 363−92.

Yerkes, Robert M. 1925. Almost Human. New York: Century.

─────. 1916. "Provisions for the Study of Monkeys and Apes." *Science* 43, 1193: 231−34.

"Zaire Patrol Boat Blocks Rescue of 3 Students." 1975. *Los Angeles Times*, June 26: 17.

Ziegler, Philip. 1995. *London at War, 1939-1945*. London: Sinclair-Stevenson.

Zihlman, Adrienne. 1999. "Fashions and Models in Human Evolution: Contributions of Sherwood Washburn." In *The New Physical Anthropology: Science, Humanism, and Critical Reflection*. Ed. by Shirley C. Strum, Donald G. Linburg, and David Hamburg. Upper Saddle River, N.J.: Prentice Hall: 151−61.

Zuckerman, Solly. 1981 (1932). *The Social Life of Monkeys and Apes*. London: Routledge and Kegan Paul.

─────. 1978. *From Apes to Warlords*. New York: Harper and Row.

─────. 1962. "Concluding Remarks." In *The Primates. Symposia of the Zoological Society of London* 10 (Aug.): 119−23.

감사의 글

10년 전, 나는 현존 인물의 전기 집필에 착수했는데 참 운이 좋았던지 더없이 관대하고 간섭이라고는 모르는 인물이었다. 그러니 우선 제인 구달에게 깊은 감사를 전하는 것으로 이 글의 서두를 열어야 할 것 같다. 그녀는 늘 흔쾌히 내게 응해주었고 나에게 모든 것을 맡겨주었다. 그녀의 가족들, 특히 올웬(올리) 조셉, 마가렛 미판웨(밴) 조지프 구달, 주디스 구달 워터스 또한 전기 작가가 만날 수 있는 가장 이상적인 인물들이었다. 내심 그래주었으면 싶을 때면 어김없이 나를 반겨주었고, 질문에는 빠짐없이 답을 주었으며, 아무런 대가도 바라지 않았다. 올리는 위스키와 재미난 이야기로 나를 북돋워주었다. 밴은 딸에게서 받은 그 끝도 없을 듯이 많은 편지들을 몇 차례고 찾아내어 내게 전해주었다. 주디스는 힘든 인터뷰와 엉뚱한 질문에도 응해주었으며, 서류함 열쇠를 건네주기도 했다. 성가시고 고집스런 인터뷰 요청에도 친절하게 응해준 다른 가족들, 제인 구달의 아들 휴고(그럽) 반 라빅 구달, 그녀의 아버지 모티머 모리스 구달, 첫번째 남편 휴고 반 라빅 남작, 조카 엠마 워터스와 피프 워터스에게도 감사드린다. 자신이 작업 중이던 가족사 연구 자료를 인심 좋게 내준 구달 가문의 마이클 구달에게도 고마움을 전한다.

제인 구달의 어린 시절 절친한 친구였던 샐리 캐리 푸와 유모였던 낸시 소덴 릴스톤은 제인의 가족이나 마찬가지라고 해야 할 것 같은데, 옛 기억을 떠올리며 내게 많은 시간을 내준 이 두 사람에게도 감사를 드린다. 그렇게 친절할 수가 없었던 샐리는 개인적으로 보관 중인, 1940년대 중반부터 이후 20년간 붉은제독과 주고받은 편지 뭉치를 모두 내게 건네주었다.

제인 구달과 어린 시절 친하게 지낸 다른 몇몇 친구들, 마가렛 아서 맥클로이, 마리 클로드 (클로) 망주 어스킨, 브라이언 헤르네에게도 깊은 감사를 전한다. 제인과의 우정을 소중히 간직하고 있던 이 친구들은 서신이나 구두로 내게 지난 얘기를 들려주었다. 또한 루스가 집으로 보낸 편지와 루스 어머니의 일기를 사용할 수 있게 해준 루스 데이비스의 누이 진 니체와, 참으로 선뜻 자신의 개인적인 기억, 편지, 사진 등을 내게 선물처럼 건네준 데이비스 리스와 에밀리 베르그만 리스에게는 특히 신세를 많이 졌다.

과거 곰베 강 연구센터에서의 삶의 풍경을 내게 잘 전달해준 앤서니 콜린스, 캐리 헌터, 매리이서 키바사 로헤이, 마크 레이턴, 패트릭 맥기니스, 앤 퓨지, 제럴드 릴링, 게자 텔레키, 빌 월라워, 리처드 랭험에게도 감사하며, 매우 유용하고 중요했던 동아프리카 역사·생태계 문헌 서비스 사이트 eafricbk@ix.netcom.com을 통해 동아프리카 문화 및 역사와 관한 각종 서적을 살펴볼 수 있게 해주고 파충류학에 대한 전문적인 식견으로 내게 도움을 준 제럴드 릴링에게도 다시 한 번 고마움을 전한다.

곰베 연구의 과학적 배경지식을 채워나갈 수 있게 도와준 데이비드 햄버그, 로버드 하인드에게도 감사한다. 영장류동물학의 인류학적·동물행동학적·심리학적·동물학적 근간과 제인 구달과 곰베에 관한 추가 정보를 제공해준 어빈 드보어, 비루테 갈디카스, 마이클 허프만, 앨리슨 졸리, 가노 다카요시, 아드리안 코르트란트, 데스먼드 모리스, 니시다 도시사다, 조지 셸러, 리처드 랭험에게도 고마움을 전한다. 실험실 및 기타 포획 환경에 있는 침팬지들이 처한 상황에 관한 정보는 상당 부분 밀턴 에이프럴, 요르그 아이히베르그, 로저 푸츠, 존 랜던, 제임스 마호니, 셜리 맥그릴, 얀 무어 얀코스키, 알프레드 프린스, 듀안 럼바우 등을 비롯한 다른 몇몇 전문가

들이 제공한 정보에 토대로 두었다. 내셔널지오그래픽협회에서 근무했던 메리 그리스월드 스미스, 네바 포크도 자료, 회고, 서신 등으로 도움을 주었다. 네바는 협회 자료실에 보관되어 있던 제인 구달과 휴고 반 라빅의 파일을 내게 보여주었다. 그 외 전문적 도움 및 자료 제공에 대해서는 케냐 국립박물관의 기데온 마트왈레와 모헤메드 이사하키아, L.S.B. 리키재단의 조앤 트래비스에게 감사한다. 더불어 애스턴마틴 운전자 클럽의 제임스 와이먼, 두올ㆍ리키재단의 리처드 헤르만, 모터사이클링 클럽의 메리 마게츠, 케임브리지 대학 뉴냄 칼리지의 앤 톰슨, 퀸스 비서학교의 코린 빅포드, 루시 내퍼, 세러 워링에게도 고마움을 전한다.

제인구달연구소에서 일하는 직원 및 자원봉사자 가운데 몇몇 분은 자료 하나만 더 찾아봐달라는 나의 잦고 성가신 부탁에도 언제나 도움을 주었다. 이 부분에서는 메리 루이스가 지난 몇 년간 제인구달연구소, 연구소 내 각종 자료, 제인 구달, 이 셋과 나를 이어주는 누구보다 믿음직스러운—그리고 쾌활한—연락책 역할을 해준 만큼, 그녀에 대한 고마움은 몇 페이지는 더 써야 할 것이다. 그 외 제인구달연구소의 다른 활동가, 크리스티너 엘리스, 노나 갠델먼, 제니퍼 그레스햄, 딜라이스 맥키넌, 메리 패리스에게도 특별히 고맙게 생각한다. 영국 자료조사를 맡아준 레이첼 케네디는 불명확한 사실과 세부적인 사항을 추적해내는 데 탁월한 능력을 보여주었고, 미국에서는 발레리 로히가 같은 역할을 해주었다.

그 외에 페틀 앨런, 카를 앰먼, 캐사 앰먼, 데이비드 앤스티, 릭 애설터, 셀리너 부시, 테레서 콜드웰, 제니스 카터, 수전 캐리 페더스톤, 티모시 그린, 리처드 헤르먼, 캐서린 힐커, 알리테 자마르트, 마이클 래섬, 조너선 리키, 리처드 리키, 프랭클린 로, 케네스 러브, 마크 맥리오, 마이클 매니언, 제니 매니언, 모린 마셜, 이브 미첼, 마이클 노이게바우어, 베티 피트먼, 리처드 포데스, 케이 셜러, 존 셔리스, 데이비드 시들, 실러 시들, 케이 터너, 샬로테 울렘브뢱, 조이 업턴, 피오너 버닌, 비비언 윌러, 로버트 영, 필립 치글러 등 많은 이들이 자발적으로 참여해 중요한 사실과 구체적인 정보를 풍부히 제공해주었다.

　이 모든 자료도 당시로서는 정리가 필요한 상태였는데, 이 부분에서는 물론 나의 편집자, 에이전트, 친구, 가족들의 도움이 결정적이었다. 편집을 맡아준 해리 포스터는 대단한 끈기를 보여주었으며, 원고 편집자 리즈 듀발과 펙 앤더슨도 그랬다. 에이전트로서 나를 지지해주고 현명한 조언을 해준 스터링로드리터리스틱의 피터 맷슨에게도 고마움을 전한다. 글을 쓰는 동안 간간이 나의 정신 건강에 중요한 기여를 해준 나의 친구 데이비드 리어와 마사 리어에게 감사하며, 언제나 내게 책을 쓸 수 있는 원동력이 되어주는 세 사람에게 감사를 전하고 싶다. 윈 켈리, 브릿 피터슨, 베인 피터슨, 이들이 없었다면 나는 어떤 책도 쓰지 못했을 것이다.

역자후기

1957년, 이제 겨우 23살이 된 한 젊은 여성이 아프리카에 첫 발을 내딛는 다. 타잔처럼 동물과 어울려 살고 싶다는 어린 시절의 꿈을 이루러 간 길이 었다. 그로부터 몇 년 후, 대학에서 정식 교육도 받지 못한 이 젊은 여성은 과학계의 주목을 한 몸에 받을 만큼 엄청난 발견을 한다. 기존 영장류학에 서 채식성 동물로 규정했던 침팬지가 알고 보니 가끔 육식도 하는 동물이 었고, 인간만이 도구를 사용한다는 종래의 학설과 달리 풀줄기나 나무 잔 가지를 개미집에 쑤셔 넣어 흰개미를 낚아 먹는 등 조잡하지만 도구를 만 들고 사용할 줄 안다는 사실을 밝혀낸 것이다. 이밖에도 침팬지의 식성, 성 행동, 수컷 침팬지들이 추는 환상적인 '비춤' 등 여러 사실들을 알아내면서 이 젊은 여성은 나중에 침팬지의 어머니로 불릴 만큼 유명한 학자가 된다. 그녀의 이름은 바로 제인 구달, 이 책의 주인공이다.

제인 구달은 학계뿐만 아니라 대중적으로도 주목을 받았다. 이 예쁘고 어린 금발의 아가씨가 아프리카에서 침팬지들과 함께 살며 그들과 친구로 서 교감하는 모습이 담긴 사진이 「내셔널지오그래픽」과 같은 잡지에 게재 되자 그야말로 폭발적인 반응을 불러일으켰으며, 그녀는 이내 문화 아이콘 으로 떠올랐다. 또 초창기 연구 결과가 담긴 〈구달과 야생 침팬지들〉 같은 다큐멘터리 영화나 베스트셀러인 저서 『인간의 그늘에서』는 침팬지에 대한 대중의 호기심을 크게 자극했다. 그렇게 제인 구달은 학자이자 세계적으로 미디어의 세례를 받는 유명인이 되었다. 제인 구달의 명성은 이곳 한국에서도 이어졌다. 그녀의 어린 시절을 담은 자서전, 전 세계적으로 인기를 끈 침팬지 관련 서적, 기타 여러 책들이 번역서로 출간되어 베스트셀러가 되곤 했다. 또 1996년부터 수차례 우리나라를 방문하기도 했는데 당시 인터뷰들이 세간의 화제가 되기도 했다. 그런 유명인이기에 이 책을 고른 독자라면 제인 구달이 어떤 사람인가 충분히 알고 있다고 생각하고 책을 살펴볼지도 모르겠다. 하지만 우리는 정말로 제인 구달이라는 사람에 대해 잘 알고 있을까?

저자인 데일 피터슨은 이 책에서 제인 구달의 행적이 담긴 방대한 자료를 펼쳐 놓는다. 일기, 시, 편지, 책, 신문 기사, 현장연구 기록, 논문, 주변 사람들과의 인터뷰를 통해 그녀의 본질적인 모습을 좀더 구체적으로 그려 낸다. 사실 피터슨은 제인 구달과 공저로 책을 쓴 적도 있고, 자서전격인 편지 모음집을 출간한 적도 있어 심정적인 거리를 두기가 어려웠을 것이다. 그래서인지 피터슨은 제인 구달에 대한 과도한 찬양도 비판도 하지 않겠다고 다짐이라도 한 듯, 최대한 제3자의 냉정하고 객관적인 입장을 취하려 노력하며 가능한 한 독자 스스로가 그녀의 일생을 입체적으로 바라볼 수 있도록 다양한 자료를 인용하며 세밀하게 그려나가는 데 초점을 맞춘다. 구달 집안의 역사, 어릴 적에 떠난 아버지 모티머 구달에 대한 이야기, 제2차 세계대전을 몸소 겪었던 일, 학교생활, 절벽을 헤매며 동물을 관찰했던 일, 비서로서 첫 사회생활을 시작했던 일, 케냐의 코린돈 박물관에서 평생의 스승이었던 루이스 리키를 만난 일, 곰베에서 침팬지를 연구하기에 앞서 롤루이 섬에서 버빗원숭이를 연구했던 일, 곰베에서의 연구생활, 처음으로 친구가 된 침팬지 데이비드 그레이비어드와의 만남, 내셔널지오그래픽협회와의 관계, 결혼 생활과 아들 그럽의 출산과 양육 이야기, 남편 휴고 반 라빅과 함께 동아프리카 육식동물에 관한 책을 썼던 일, 이후 환경운동을 시작하면서 겪게 되는 일 등 많은 이야기를 담아내고 있다. 또 그동안 출간된 제인 구달의 아동용 전기와는 차별화된 본격적인 성인용 전기로서 젊은 시절의 연애담과 그녀가 휘말렸던 각종 고난과 불운한 사건들도 다루고 있다.

피터슨이 펼쳐 놓은 방대한 일생의 모습을 번역하면서 알게 된 제인 구달은 딱딱하고 고지식한 과학자가 아닌 고정관념이나 통념에 얽매이기를 거부한 자유분방하고 생기발랄한 사람이었다. 누구와도 친구가 될 수 있고, 나 이외의 다른 사람, 다른 세상을 사랑할 줄 아는 사람이었다. 제인 구달이 그렇게 성장할 수 있었던 바탕은 그녀의 가족이었던 듯하다. 어렸을 때 부모가 이혼해 아버지 없이 자랐지만 제인에게는 자유롭고 열린 마음을 가질 수 있게 아낌없는 사랑과 가르침을 준 어머니, 이모, 할머니가 있었다. 지금보다 훨씬 더 보수적이었을 1950년대에 젊은 여자가 아프리카—이 책의 본문에도 나와 있듯 '유럽 여자'에게 보호자의 동행을 요구하는 것이 당연하던 시대였다—로 가겠다는 결심을 하기까지에는 개방적인 가족 내 분위기가 한몫을 했던 듯하다. 특히 어머니인 밴은 제인에게는 정신적인 지주나 마찬가지였다. 융통성 없고 딱딱하기만 당시의 교육관을 고집하거나 평범한 직업을 가지라고 강요하기보다는 동물에 관심이 많았던 딸이 선택한 길을 지지해주고, 나중에는 아프리카까지 따라가서 딸의 연구 활동을 지원한 밴의 모정은 남달랐다. 또 아프리카에서 만난 현지인들이나 학계에서 우정을 나눈 친구들도 그녀에게 큰 영향을 끼쳤던 듯하다. 제인 구달은 친화력이 강해서 다양한 계층의 사람들과 친구가 되었는데, 단순히 인맥을 넓히는 데 그치지 않고 적극적으로 소통했으며, 그들로부터 도움을 받고 또 그들에게 도움을 주었다. 매일매일 다른 사람들을 통해 세상을 배우면서 그녀의 시야는 더더욱 넓어졌을 것이다.

사실 제인 구달은 기존의 보수적인 학자들로부터 많은 비판을 받았고 온갖 편견에 시달렸다. 침팬지에게 인간의 이름을 붙여주며 지나치게 감정적으로 이입하는 오류를 저질러 연구의 객관성이 떨어진다고 폄하를 받았던 것이다. 동물에게도 감정이 있고 개성이 있다는 그녀의 주장은 한때 인정받지 못했지만 결과적으로 침팬지에 대한 놀라운 연구 결과를 이끌어 내는 데 큰 기여를 했다. 만약 제인 구달에게 어린 시절부터 길러진 열린 사고가 없었더라면 어떻게 되었을까? 아마 그 같은 통념을 깨는 주장과 연구 결과는 나오지 못했을 것이다.

　제인 구달은 소박하면서도 열정이 넘치는 사람이기도 했다. 자신에게 쓰는 것, 예를 들어 먹고 입는 것은 늘 소박했지만 동물을 연구하고 그들을 돕는 데는 어떤 고난이나 불편함도 이겨내고 자신의 모든 것을 바칠 정도로 열정적이었다. 연구지였던 아프리카의 정치적 상황은 늘 불안했다. 1960년에 처음 곰베에 갔을 당시에는 인근 콩고에서 전국적인 폭동이 일어나 피난민들이 속출했고, 연구를 시작하기로 예정되어 있었던 탕가니카 호수까지 폭력사태가 번질까 봐 전전긍긍하기도 했으며, 1967년에는 마운틴고릴라를 연구했던 동료 연구가 다이앤 포시가 무장 군인들에게 억류되었다가 도망친 일도 있었다. 1975년에는 자이르 정권에 대항하는 테러 집단이 곰베 연구원들을 인질로 납치했던 일도 있을 정도로 늘 주변에는 위험이 도사리고 있었다. 생활 환경도 나쁘긴 마찬가지였다. 지독한 말라리아, 심하면 혼수상태로 사망에까지 이르는 수면병을 일으키는 체체파리 떼의 습격, 먼지투성이의 지저분한 텐트 생활, 함부로 물을 마셨다가는 병에 걸리는 열악한 위생 환경, 침팬지를 추적할 때면 3미터가 넘게 자라는 풀밭과 산속을 헤치며 다녀야 하는 험난한 생활을 제인 구달은 열정과 특유의 낙천성으로 살아냈다. 그리고 작고 허름한 텐트에서 시작해 수십 명의 연구자들이 상주하는 대형 침팬지 연구 센터도 일궈냈다. 작가 데일 피터슨이 세세한 것까지 구체적으로 그려낸 아프리카에서의 생활, 가령 알루미늄 '론다벨'에서 침팬지 연구원들이 살아가는 모습이나 숲속에서 침팬지들의 뒤를 쫓는 장면, 침팬지를 상대로 실험한 바나나 배급 시스템 등은 이 책을 읽는 독자에게 실제로 자신이 탐험을 하는 듯한, 침팬지의 생활을 바로 옆에서 지켜보는 듯한 생생한 체험의 재미를 안겨줄 것이다.

　제인 구달은 1980년대 중반부터는 침팬지를 포함한 모든 생명을 존중

하고 보호하자는 환경 운동을 시작했으며, 올해 일흔 여섯이 된 지금까지도 강연, 기금 모금 활동, 동물 보호를 위한 로비 등 여러 활동으로 하루하루 분주한 나날을 보내고 있다. 제인 구달의 열정이 밑거름이 된 청소년 단체 뿌리와 새싹, 제인구달연구소(http://www.janegoodall.org) 등도 여전히 활발하게 운영되고 있다. 또 그녀에겐 제2의 고향이나 마찬가지인 곰베도 일 년에 두 번 이상은 방문해서 자신이 평생 아껴온 침팬지들을 본다고 한다.

이렇듯 어린 시절의 엉뚱한 꿈을 평생의 업적으로 일궈낸 제인 구달의 삶을 들여다보면서, 옮긴이로서 가장 기억이 나는 것은 겨우 한 사람의 나이 어린 여성이었지만 시간과 노력을 투자해 동물의 본질에 대한 중요한 지식을 쌓을 수 있었다는 데일 피터슨의 말, 즉 한 사람의 노력이 세상의 관점을 바꿀 수도 있다는 메시지였다. 제인 구달과는 비교할 수 없겠지만, 옮긴이의 노력과 시간이 투자된 덕분에 이 책을 읽는 누군가의 시각도 달라지고, 나아가 세상의 생각에까지도 조금이나마 변화를 일으킬 수 있기를 빌어본다.

박연진 · 이주영 · 홍정인

찾아보기

싱어, 피터 919

◎

아난, 코피 1000, 1001, 1007~1010, 1015, 1017, 1020

아냥고 493, 516, 620, 622

아돌프 시웨지 287, 288, 295, 296, 298, 300~302, 313, 598

아리아스, 오스카 1002

아민, 이디 879

아서, 마가렛 132~135, 139

아이베스펠트, 아이블 555, 585, 586

알브레히트, 헬무트 713, 723, 727

앤스티, 데이비드 284~288, 290, 294~296, 304, 313

얀코브스키, 얀 무어 930, 932

양고로, 마울리디 746

에얼릭, 폴 738, 770

에이버리, 샐리 600, 604, 616~618, 620

에이클리, 칼 264, 322, 323, 631

엔젤, 수 919

엘리스, 크리스티나 1026

여키스, 로버트 265~268, 330, 344, 345, 444, 453, 459

영, 로버트 261~264, 268, 269, 367

오닐, 폴 912

오드리 63~65, 67, 74, 75, 111~113, 115, 119, 141, 231, 990

오보테, 아폴로 밀턴 878~880, 889

오언스, 니콜러스 713, 723

오웬, 존 726, 727, 729, 730, 750, 772

오즈번, 로잘리 172, 194~196, 322, 323, 350, 448, 449

올웬(올리) 27, 27~59, 63, 64, 67, 84, 98, 101, 231, 375, 384, 519, 891, 974

와사우 737

울렘브뢱, 샬로테 945, 948

워시번, 셔우드 197, 349~351, 440~445, 458, 460, 490, 585, 715~717

워싱턴, 네빌 705~707

월플레, 토머스 924~926

윈가덴, 제임스 939

윌러, 비비안 906~908, 910

윌키, 레이턴 249, 251, 252, 257, 272, 337, 340, 341, 349

은다다웨, 멜치오르 967

음니에케야, 주베리 896

음베키, 사보 1007

음상기, 압둘 729, 733, 737

음차로, 투마이나 726, 771

음카와, 애덤 사피 885, 896

음폰고, 에슬롬 741, 857, 860, 861, 1035

응게소, 드니 사수 954, 955

이마니시, 긴지 351, 352, 355, 356, 444